Anatomie und Physiologie

Kompendium für medizinische Fachberufe

Von Jürgen Rosenkranz und Wieland Pfeil

Mit 169 Abbildungen und 13 Tabellen

Autoren:

Dr. rer. medic. Jürgen Rosenkranz
Zweifelbach 13
07768 Reinstädt

Dipl.-Med.-Päd. Wieland Pfeil
Hohe Straße 11
07589 Münchenbernsdorf

3. Auflage 2008

Kaiserstraße 32 08209 Auerbach
Telefon: +49 (0)3744/22 41 97
www.verlag-wiss-scripten.de
info@verlag-wiss-scripten.de

ISBN 978-3-928921-86-2

Vorwort

Das vorliegende Kompendium ist aus einer mehrjährigen Unterrichtspraxis entstanden. Zahlreiche Ideen und Anregungen, die sowohl von den Auszubildenden der Jahrgänge 1987 bis 2003 als auch von Kolleginnen und Kollegen der Berufsbildenden Schulen für Gesundheit und Soziales aus mehreren Bundesländern stammen, sind in dieses Buch eingeflossen

In diesem kurzgefaßten Lehrbuch werden Grundlagenkenntnisse über den Aufbau und die Funktion des gesunden menschlichen Organismus und der Zellbiologie vermittelt. Dabei wird berücksichtigt, daß der Mensch ein hierarchisches Bauprinzip aufweist, das sich in verschiedene Ebenen gliedert. Zu diesen gehören die Zellen, Gewebe, Organe und Organsysteme. Zwischen den Ebenen bestehen vielfältige morphologisch-funktionelle Wechselwirkungen, und sie ergeben in ihrer Gesamtheit den Organismus. Der Besprechung dieses Bauprinzips sind zwölf aufeinanderfolgende Kapitel gewidmet. Im abschließenden Kapitel werden Grundbegriffe der Chronobiologie und Regulation erläutert sowie die dynamischen Beziehungen zwischen Gesundheit und Krankheit aufgezeigt. Diese ganzheitliche Betrachtung des Organismus ist zugleich Voraussetzung und Grundlage für den erfolgreichen Umgang mit den gesunden und kranken Menschen. Denn es wird nicht die Krankheit behandelt, sondern der kranke Mensch, wie auch nicht schlechthin die Gesundheit aufrechterhalten wird, sondern der gesunde Mensch bzw. die Gesundheit des Menschen.

Jena, Dezember 2007

Jürgen Rosenkranz
Wieland Pfeil

Inhaltsverzeichnis

1. Zellenlehre ... 1

1.1. Allgemeines ... 1

1.2. Grundbauplan einer menschlichen Zelle ... 2
Zellmembran ... 3
Endoplasmatisches Retikulum ... 4
Golgi-Apparat ... 5
Lysosomen ... 5
Mitochondrien ... 6
Zentriol ... 7
Mikrotubuli ... 7
Filamente ... 7
Zellkern ... 8
Grundplasma ... 9
Zusammenfassung ... 10

1.3. Zellphysiologie ... 12
Mitose ... 12
Meiose ... 14
Wachstum ... 15
Bewegung ... 16
Stoffaufnahme ... 17
Zusammenfassung ... 19

1.4. Klinischer Anhang ... 20
Krebsvorsorge ... 20
Pränatale Diagnostik ... 20
Amniozentese ... 21
Chorionbiopsie ... 21

2. Gewebelehre ... 23

2.1. Allgemeines ... 23

2.2. Epithelgewebe ... 24
2.2.1. Oberflächenepithel ... 24
Plattenepithel ... 24
Kubisches Epithel ... 25
Zylinderepithel ... 25
Übergangsepithel ... 25

2.2.2. Drüsenepithel ... 27
Sekretionsrichtung ... 27
Gestaltlicher Aufbau ... 28
Sekretabgabemodus ... 29
Sekretzusammensetzung ... 30
Zusammenfassung ... 31

2.3. Binde- und Stützgewebe ... 33
2.3.1. Bindegewebe ... 33
2.3.1.1. Zellreiches Bindegewebe ... 33
Embryonales Bindegewebe ... 33
Gallertiges Bindegewebe ... 33

	Retikuläres Bindegewebe	33
	Fettgewebe	33
2.3.1.2.	Faserreiches Bindegewebe	35
	Lockeres Bindegewebe	35
	Straffes Bindegewebe	35
2.3.2.	Stützgewebe	36
2.3.2.1.	Knorpelgewebe	37
	Hyaliner Knorpel	37
	Elastischer Knorpel	37
	Faserknorpel	37
2.3.2.2.	Knochengewebe	39
	Geflechtknochen	39
	Lamellenknochen	40
	Knochenentwicklung	41
	Knochenwachstum	41
	Zusammenfassung	42
2.4.	**Muskelgewebe**	44
	Glatte Muskulatur	44
	Herzmuskulatur	44
	Skelettmuskulatur	45
	Zusammenfassung	48
2.5.	**Nervengewebe**	50
	Nervenzelle	50
	Nervenfaser	52
	Peripherer Nerv	53
	Synapse	54
	Gliazelle	55
	Zusammenfassung	56
2.6.	**Klinischer Anhang**	58
	Tumoren des Epithelgewebes	58
	Osteoporose	58
	Muskeldystrophie	59
	Multiple Sklerose	59
3.	**Herz-Kreislauf-System**	61
3.1.	**Blut**	61
3.1.1.	Blutzellen	61
	Rote Blutkörperchen	61
	Weiße Blutkörperchen	62
	Blutplättchen	64
3.1.2.	Blutplasma	64
	Plasmaeiweiße	64
	Elektrolyte u.a. Bestandteile	66
	Zusammenfassung	67
3.1.3.	Blutphysiologie	68
	Blutstillung - Blutgerinnung	68
	Fibrinolyse	70
	Abwehr	70

	Blutgruppen	76
	Zusammenfassung	79
3.1.4.	Klinischer Anhang	80
	Kugelzellanämie	80
	Akute lymphatische Leukämie	80
	Kwashiorkor	80
	Hämophilie A	81
3.2.	**Herz**	82
3.2.1.	Lage und Bau	82
	Allgemeines	82
	Herzbeutel	82
	Herzäußeres	83
	Herzwand	84
	Herzinneres	85
	Erregungsbildungs- und -leitungssystem	87
	Zusammenfassung	88
3.2.2.	Herzphysiologie	89
	Elektrophysiologische Grundlagen	89
	Herzmechanik	92
	Elektrokardiogramm	94
	Zusammenfassung	97
3.3.	**Gefäßlehre**	98
3.3.1.	Allgemeine Gefäßlehre	98
	Arterien	98
	Arteriolen	98
	Kapillaren	98
	Venolen	99
	Venen	99
	Sondergefäße	100
	Nervenversorgung	101
3.3.2.	Spezielle Gefäßlehre	101
	Arterien des Körperkreislaufes	101
	Venen des Körperkreislaufes	106
	Körperkreislauf	108
	Lungenkreislauf	108
	Pfortaderkreislauf	109
	Embryonaler Kreislauf	109
	Zusammenfassung	111
3.4.	**Lymphgefäßsystem**	112
	Allgemeines	112
	Lymphgefäße	112
	Lymphknoten	113
	Milz	115
	Thymus	117
	Zusammenfassung	118
3.5.	**Physiologie des Gefäßsystems**	119
	Allgemeines	119
	Gesetzmäßigkeiten der Blutströmung	119
	Eigenfunktion der Gefäße	120
	Blutdruck	124

	Regulation des Gesamtkreislaufs	125
	Zusammenfassung	127
3.6.	**Klinischer Anhang**	129
	Fallot-Tetralogie	129
	Ösophagusvarizen	129
	Elephantiasis	129
	Neurogener Schock	130
4.	Atmungssystem	131
4.1.	**Allgemeines**	131
4.2.	**Luftleitende Organe**	131
	Nase	131
	Nasenhöhle	131
	Nasennebenhöhlen	132
	Rachen	133
	Kehlkopf	135
	Luftröhre	140
	Bronchialbaum	141
4.3.	**Gasaustauschendes Organ**	143
	Lunge	143
	Zusammenfassung	148
4.4.	**Atmungsphysiologie**	150
4.4.1.	Allgemeines	150
4.4.2.	Lungenbelüftung	150
	Atembewegungen	150
	Atemvolumina und -kapazitäten	151
	Atemdrücke	152
	Atemwiderstände	153
	Atemarbeit und -leistung	154
4.4.3.	Alveolärer Gasaustausch	154
	Totraumbelüftung	154
	Belüftung der Lungenbläschen	155
	Atemgasdiffusion	155
	Kapilläre Durchblutung	156
4.4.4.	Gastransport im Blut	156
	Sauerstofftransport	157
	Kohlendioxidtransport	157
4.4.5.	Atmungsregulation	158
	Selbststeuerung der Atmung	158
	Chemische Atmungsregulation	159
	Physikalische Atmungsregulation	160
	Zusammenfassung	161
4.5.	**Klinischer Anhang**	163
	Adenoide Vegetationen	163
	Rekurrensparese	163
	Lungenemphysem	163
	Asthma bronchiale	164
	Pneumocystis-carinii-Pneumonie (PcP)	164

5.	Verdauungssystem	165
5.1.	**Allgemeines**	165
5.2.	**Mundhöhle, Rachen und Speiseröhre**	165
5.2.1.	Lage und Bau	165
5.2.1.1.	Mundhöhle	165
	Allgemeines	165
	Mundspalte	166
	Mundvorhof	166
	Zähne	166
	Mundboden	171
	Mundspeicheldrüsen	171
	Zunge	172
	Gaumen	174
5.2.1.2.	Rachen	174
	Allgemeines	174
	Rachenraum	174
	Rachenmuskulatur	175
	Bindegewebsraum	175
5.2.1.3.	Speiseröhre	176
	Allgemeines	176
	Abschnitte	176
	Engen	176
	Wandaufbau	177
	Gefäß- und Nervenversorgung	178
5.2.2.	Physiologie von Mundhöhle, Rachen und Speiseröhre	178
	Allgemeines	178
	Kauen	178
	Speichel - Speichelsekretion	179
	Schluckakt	180
	Zusammenfassung	182
5.3.	**Magen**	184
5.3.1.	Lage und Bau	184
	Allgemeines	184
	Magenäußeres	184
	Mageninneres	185
	Wandaufbau	186
	Magendrüsen	187
	Gefäß- und Nervenversorgung	188
5.3.2.	Magenphysiologie	189
	Allgemeines	189
	Magenmotorik	189
	Magensaftsekretion	190
	Magensaft	191
	Zusammenfassung	193
5.4.	**Dünndarm**	194
5.4.1.	Lage und Bau: Zwölffingerdarm, Leerdarm, Krummdarm	194
5.4.1.1.	Zwölffingerdarm	194
	Allgemeines	194
	Abschnitte	194

	Wandaufbau	195
	Gefäß- und Nervenversorgung	196
5.4.1.2.	Leer- und Krummdarm	196
	Allgemeines	196
	Wandaufbau	196
	Gefäß- und Nervenversorgung	198
5.4.2.	Dünndarmphysiologie	198
	Allgemeines	198
	Dünndarmmotorik	198
	Dünndarmsekretion	199
	Dünndarmsaft	200
	Dünndarmresorption	200
	Zusammenfassung	204
5.5.	**Dickdarm**	206
5.5.1.	Lage und Bau: Blinddarm, Grimmdarm, Mastdarm	206
5.5.1.1.	Blinddarm	206
	Allgemeines	206
	Wandaufbau	207
	Gefäß- und Nervenversorgung	207
5.5.1.2.	Grimmdarm	208
	Allgemeines	208
	Wandaufbau	209
	Gefäß- und Nervenversorgung	209
5.5.1.3.	Mastdarm	209
	Allgemeines	209
	Wandaufbau	210
	Gefäß- und Nervenversorgung	211
5.5.2.	Dickdarmphysiologie	212
	Allgemeines	212
	Dickdarmmotorik	212
	Dickdarmsekretion	212
	Dickdarmresorption und Bakterienwirkung	213
	Darmentleerung	213
	Zusammenfassung	214
5.6.	**Bauchspeicheldrüse**	216
5.6.1.	Lage und Bau	216
	Allgemeines	216
	Exokriner Teil	216
	Endokriner Teil	217
	Gefäß- und Nervenversorgung	217
5.6.2.	Physiologie der Bauchspeicheldrüse	218
	Allgemeines	218
	Sekretion des Bauchspeicheldrüsensaftes	218
	Bauchspeicheldrüsensaft	218
	Zusammenfassung	220
5.7.	**Leber**	221
5.7.1.	Lage und Bau	221
	Allgemeines	221
	Leberflächen	221

	Feinbau	222
	Gallenwege und Gallenblase	224
	Gefäß- und Nervenversorgung	225
5.7.2.	Leberphysiologie	226
	Allgemeines	226
	Gallensaftsekretion	226
	Gallensaft	227
	Zusammenfassung	228
5.8.	**Klinischer Anhang**	230
	Magengeschwür	230
	Darmverschluß	230
	Hirschsprung-Krankheit	230
	Gelbsucht	231
6.	Harn- und Geschlechtssystem	233
6.1.	**Allgemeines**	233
6.2.	**Harnsystem**	233
6.2.1.	Niere	233
	Lage	233
	Nierenäußeres	233
	Nierengewebe	234
	Feinbau	236
	Gefäß- und Nervenversorgung	238
6.2.2.	Ableitende Harnwege	239
	Sammelrohre	239
	Nierenbecken	239
	Harnleiter	240
	Harnblase	240
	Harnröhre	241
6.2.3.	Nierenphysiologie	242
	Allgemeines	242
	Harnbildung	242
	Harntransport und Harnausscheidung	244
	Niere und pH-Wert des Blutes	244
	Niere und Wasser-Elektrolyt-Haushalt	244
	Zusammenfassung	246
6.3.	**Geschlechtssystem**	248
6.3.1.	Männliches Geschlechtssystem	248
6.3.1.1.	Innere männliche Geschlechtsorgane	248
	Hoden	248
	Nebenhoden	250
	Samenleiter	251
	Vorsteherdrüse	252
	Samenbläschen	252
	Cowper-Drüsen	252
	Gefäß- und Nervenversorgung	253
6.3.1.2.	Äußere männliche Geschlechtsorgane	253
	Hodensack	253

	Männliches Glied	254
	Gefäß- und Nervenversorgung	255
6.3.1.3.	Physiologie des männlichen Geschlechtssystems	255
	Sexualdifferenzierung	255
	Entwicklung der Spermien	256
	Männliche Pubertät	257
	Sexueller Reaktionsablauf	258
	Zusammenfassung	259
6.3.2.	Weibliches Geschlechtssystem	261
6.3.2.1.	Innere weibliche Geschlechtsorgane	261
	Eierstock	261
	Eileiter	263
	Gebärmutter	264
	Scheide	267
	Gefäß- und Nervenversorgung	268
6.3.2.2.	Äußere weibliche Geschlechtsorgane	269
	Schamlippen	269
	Kitzler	269
	Scheidenvorhof	270
	Gefäß- und Nervenversorgung	270
6.3.2.3.	Physiologie des weiblichen Geschlechtssystems	271
	Sexualdifferenzierung	271
	Entwicklung der Eizellen und Follikelreifung	272
	Menstruationszyklus	273
	Weibliche Pubertät	277
	Sexueller Reaktionsablauf	278
	Klimakterium	278
	Zusammenfassung	280
6.4.	**Klinischer Anhang**	282
	Zystennieren	282
	Kryptorchismus	282
	Blasenmole	283
	Retroflexio uteri	283
7.	**Hormonsystem**	285
7.1.	**Allgemeines**	285
7.2.	**Reine Hormondrüsen**	285
7.2.1.	Hypothalamus	285
	Lage und Bau	285
7.2.2.	Hirnanhangsdrüse	286
	Lage und Bau	286
	Feinbau der Adenohypophyse	287
	Feinbau der Neurohypophyse	287
7.2.3.	Zirbeldrüse	288
	Lage und Bau	288
	Feinbau	288
7.2.4.	Schilddrüse	288

	Lage und Bau	288
	Feinbau	289
7.2.5.	Beischilddrüse	289
	Lage und Bau	289
	Feinbau	289
7.2.6.	Nebennieren	289
	Lage und Bau	289
	Feinbau	290
7.3.	**Gemischte Drüsen**	291
7.3.1.	Langerhans-Inseln	291
	Feinbau	291
7.3.2.	Hoden	292
	Feinbau	292
7.3.3.	Eierstock	292
	Feinbau	292
7.4.	**Physiologie des Hormonsystems**	293
7.4.1.	Hormonbegriff	293
7.4.2.	Hormonklassifizierung	293
	Einteilung nach chemischen Gesichtspunkten	293
	Einteilung nach der Rezeptorlokalisation in den Zielzellen	294
7.4.3.	Mechanismen der Hormonwirkung	295
	Weiterleitung der Hormoninformation über einen 2. Boten	295
	Weiterleitung der Hormoninformation ohne einen 2. Boten	296
7.4.4.	Hypothalamus-Neurohypophysen-System	296
	Oxytozin-Hormonwirkung	296
	Vasopressin-Hormonwirkung	296
7.4.5.	Hypothalamus-Adenohypophysen-System	297
	Nichtglandotrope Hormone	298
	Glandotrope Hormone	299
7.4.6.	Zirbeldrüse	300
	Hormonwirkung	300
7.4.7.	Schilddrüse	300
	Hormonregulation	300
	Hormonwirkung	301
7.4.8.	Beischilddrüse	301
	Hormonwirkung	301
7.4.9.	Nebennieren	302
	Hormonregulation	302
	Hormonwirkung	303
7.4.10.	Langerhans-Inseln	304
	Hormonwirkung	304
	Blutzuckerregulation	305
7.4.11.	Hoden	306
	Hormonwirkung	306
7.4.12.	Eierstöcke	306

	Hormonwirkungen	306
	Zusammenfassung	307
7.5.	**Klinischer Anhang**	310
	Akromegalie	310
	Hypophysärer Zwergwuchs	310
	Morbus Cushing	310
	Hyperthyreose	311
8.	Hautsystem	313
8.1.	**Allgemeines**	313
8.2.	**Haut**	313
8.2.1.	Hautschichten	313
	Oberhaut	313
	Lederhaut	315
	Unterhaut	316
8.2.2.	Anhangsorgane der Haut	316
	Hautdrüsen	316
	Haare	318
	Nägel	320
8.2.3.	Physiologie der Haut	320
	Schutzhülle	320
	Ausscheidungsfunktion	321
	Stoffwechselfunktion	322
	Depotfunktion	322
	Immunologische Funktion	322
	Wärmeregulation	322
	Sinnesorgan	323
	Gestaltungsfunktion	325
	Zusammenfassung	326
8.3.	**Klinischer Anhang**	328
	Basaliom	328
	Malignes Melanom	328
	Acne vulgaris	328
	Glatzenbildung	329
9.	Nervensystem	331
9.1.	**Allgemeines**	331
9.2.	**Zerebrospinales Nervensystem**	331
9.2.1.	Zentrales Nervensystem	331
9.2.1.1.	Gehirn	331
	Allgemeines	331
	Endhirn	331
	Zwischenhirn	337
	Mittelhirn	338
	Hinterhirn	340
	Nachhirn	341

9.2.1.1.1. Hirnhäute 342
Allgemeines 342
Weiche Hirnhaut 342
Spinnwebenhaut 342
Harte Hirnhaut 342

9.2.1.1.2. Hirnkammern und Adergeflechte 343
Allgemeines 343
Seitenventrikel 343
Dritter Ventrikel 345
Vierter Ventrikel 345
Adergeflechte 345

9.2.1.1.3. Blutversorgung des Gehirns 345
Hirnarterien 345
Hirnvenen 346

9.2.1.2. Rückenmark 346
Lage und äußerer Bau 346
Innerer Aufbau 347

9.2.2. Peripheres Nervensystem 351
Allgemeines 351
Hirnnerven 351
Rückenmarknerven 354

9.3. Vegetatives Nervensystem 357
Sympathikus 357
Parasympathikus 361
Zusammenfassung 362

9.4. Physiologie des Zentralnervensystems 364
9.4.1. Elektrophysiologische Grundlagen 364
Allgemeines 364
Bildung des Ruhemembranpotentials 364
Bildung des Aktionspotentials 365
Synaptische Erregungsübertragung 367
Postsynaptische Prozesse 367

9.4.2. Arbeitsweise neuronaler Verbände 368
Allgemeines 368
Bahnung 368
Hemmung 368
Präsynaptische Prozesse 369
Postsynaptische Prozesse 370
Erregungskreise 370

9.4.3. Reflexe 370
Allgemeines 370
Angeborene Reflexe 371
Erworbene Reflexe 373

9.4.4. Sensorik 376
Allgemeines 376
Spezifisches sensorisches System 376
Unspezifisches sensorisches System 377

9.4.5. Motorik 378

Allgemeines ... 378
Spinale Motorik ... 378
Halte- und Stützmotorik ... 378
Zielmotorik ... 379

9.4.6. Integrative Leistungen des Zentralnervensystems ... 380
Allgemeines ... 380
Wachen und Schlafen ... 380
Bewußtsein und Sprache ... 382
Lernen und Gedächtnis ... 383
Zusammenfassung ... 386

9.5. Klinischer Anhang ... 388
Zentrale Sprachstörungen ... 388
Hirntod ... 388
Durchblutungsstörungen des Gehirns ... 388
Hypnagogen ... 389

10. Sinnessystem ... 391

10.1. Allgemeines ... 391

10.2. Sehorgan ... 391
Allgemeines ... 391

10.2.1. Augapfel ... 391
Allgemeines ... 391
Wandschichten ... 391
Kern oder Inhalt ... 396

10.2.2. Schutz- und Hilfsorgane ... 396
Allgemeines ... 396
Augenlider ... 396
Bindehaut ... 397
Tränenapparat ... 397
Augenmuskeln ... 397

10.2.3. Inhalt der Augenhöhle ... 399
Allgemeines ... 399

10.3. Hör- und Gleichgewichtsorgan ... 399
Allgemeines ... 399

10.3.1. Äußeres Ohr ... 399
Allgemeines ... 399
Ohrmuschel ... 400
Äußerer Gehörgang ... 400
Trommelfell ... 401

10.3.2. Mittelohr ... 401
Allgemeines ... 401
Paukenhöhle ... 401
Gehörknöchelchen ... 401
Ohrtrompete ... 402

10.3.3. Inneres Ohr ... 402
Allgemeines ... 402

10.3.3.1.	Knöchernes Labyrinth	402
	Allgemeines	402
	Innerer Gehörgang	403
	Vorhof	403
	Knöcherne Bogengänge	403
	Knöcherne Schnecke	403
10.3.3.2.	Häutiges Labyrinth	404
	Allgemeines	404
	Schläuchlein	405
	Säckchen	405
	Endolymphgang	405
	Häutige Bogengänge	405
	Sinnesepithel des Gleichgewichtsorgans	405
	Häutiger Schneckengang	405
	Sinnesepithel des Hörorgans	407
10.4.	**Geruchsorgan**	408
	Allgemeines	408
	Riechepithel	408
10.5.	**Geschmacksorgan**	408
	Allgemeines	408
	Geschmacksknospen	408
10.6.	**Tastorgane**	409
	Allgemeines	409
	Oberflächensensibilität	409
	Tiefensensibilität	409
	Zusammenfassung	410
10.7.	**Physiologie der Sinnesorgane**	411
10.7.1.	Gesichtssinn	411
	Allgemeines	411
10.7.1.1.	Lichtantransport im Auge	411
	Allgemeines	411
	Optischer Apparat	411
	Akkommodation	412
	Pupillenreaktion	412
	Konvergenzreaktion	412
10.7.1.2.	Lichttransformation in der Netzhaut	413
	Allgemeines	413
	Funktion der Zapfen und Stäbchen	413
	Funktion der bipolaren Nervenzellen	414
	Funktion der multipolaren Nervenzellen	414
10.7.1.3.	Sehbahn	415
	Verlauf der Sehbahn	415
10.7.1.4.	Fehlsichtigkeit	417
	Allgemeines	417
	Strichsichtigkeit	417
	Kurzsichtigkeit	417
	Weitsichtigkeit	417
	Altersweitsichtigkeit	417
	Schielen	417

10.7.2. Gehörsinn 418
Allgemeines 418
10.7.2.1. Physikalische und physiologische Eigenschaften des Schallreizes 418
Allgemeines 418
Physikalische Eigenschaften 418
Physiologische Eigenschaften 419
10.7.2.2. Schallantransport 421
Allgemeines 421
Luftleitung 421
Knochenleitung 421
10.7.2.3. Schallverteilung 421
Allgemeines 421
Tonzuordnung auf der Basilarmembran 422
10.7.2.4. Schalltransformation 423
Allgemeines 423
Transformationsvorgang 423
10.7.2.5. Hörbahn 423
Verlauf der Hörbahn 423
10.7.2.6. Hörstörungen 424
Allgemeines 424
Altersschwerhörigkeit 424
Hörsturz 424
Menière-Krankheit 424
Otosklerose 424
10.7.3. Gleichgewichtssinn 424
Allgemeines 424
10.7.3.1. Funktion des Schläuchleins und des Säckchens 425
Allgemeines 425
Arbeitsweise der Vorhofsäckchen 425
10.7.3.2. Funktion der häutigen Bogengänge 425
Allgemeines 425
Arbeitsweise der häutigen Bogengänge 425
10.7.3.3. Gleichgewichtsbahn 426
Verlauf der Gleichgewichtsbahn 426
10.7.4. Geschmackssinn 426
Allgemeines 426
10.7.4.1. Arbeitsweise der Geschmacksknospen 427
Allgemeines 427
Geschmacksqualitäten 427
Transformation des Geschmacksreizes 427
10.7.4.2. Geschmacksbahn 427
Verlauf der Geschmacksbahn 427
10.7.5. Geruchssinn 427
Allgemeines 427
10.7.5.1. Arbeitsweise des Geruchsorgans 428
Allgemeines 428

	Antransport der Riechstoffe und Rezeptorfunktion	428
	Geruchsqualitäten	428
10.7.5.2.	Riechbahn	428
	Verlauf der Riechbahn	428
	Zusammenfassung	430
10.8.	**Klinischer Anhang**	432
	Grüner Star	432
	Grauer Star	432
	Kinetosen	432
11.	Knochensystem	433
11.1.	**Allgemeines**	433
11.2.	**Allgemeine Knochenlehre**	433
	Knochenformen	433
	Knochenbestandteile	434
	Knochenentwicklung	435
	Knochenwachstum	435
	Knochenverbindungen	436
11.3.	**Spezielle Knochenlehre**	440
	Wirbelsäule	440
	Brustkorb	445
	Schultergürtel	446
	Obere Gliedmaßen	448
	Beckengürtel	454
	Untere Gliedmaßen	457
	Schädel	464
	Zusammenfassung	473
11.4.	**Physiologie des Knochensystems**	475
	Regulation der Mineralisation	475
	Blutbildung	476
11.5.	**Klinischer Anhang**	477
	Osteoporose	477
	Osteosarkom	478
	Marmorknochenkrankheit	478
	Knochenmetastasen	478
12.	Muskelsystem	479
12.1.	**Allgemeines**	479
12.2.	**Allgemeine Muskellehre**	479
	Allgemeines	479
	Muskelformen	479
	Muskelbestandteile	481
	Hilfseinrichtungen der Muskeln	483
	Wirkungsweise der Muskeln	483
12.3.	**Spezielle Muskellehre**	484
	Allgemeines	484

	Muskulatur des Schultergürtels	484
	Muskeln mit Wirkung auf das Schultergelenk	486
	Muskeln mit Wirkung auf das Ellenbogengelenk	488
	Muskeln mit Wirkung auf das Handgelenk	490
	Muskeln mit Wirkung auf die Fingergelenke	492
	Muskeln mit Wirkung auf die Daumengelenke	493
	Atemmuskulatur	494
	Bauchmuskulatur	496
	Rückenmuskulatur	498
	Muskeln mit Wirkung auf das Hüftgelenk	500
	Muskeln mit Wirkung auf das Kniegelenk	505
	Muskeln mit Wirkung auf die Fuß- und Zehengelenke	505
	Kopfmuskulatur	509
	Halsmuskulatur	513
	Zusammenfassung	516
12.4.	**Muskelphysiologie**	518
	Allgemeines	518
	Mechanismen der Muskelkontraktion	519
	Bewegungsformen des Muskels	520
	Leistung und Ausdauer	522
12.5.	**Klinischer Anhang**	525
	Muskelatrophie	525
	Duchenne-Muskeldystrophie	525
	Muskelhernien	525
	Myasthenia gravis	525
13.	**Ganzheitliche Betrachtung des menschlichen Organismus**	527
13.1.	**Der Mensch als bio-psycho-soziales Wesen**	527
	Allgemeines	527
	Biologischer Aspekt	527
	Psychischer Aspekt	527
	Sozialer Aspekt	527
	Bio-psycho-soziale Einheit	527
13.2.	**Zeitverhalten und Chronobiologie**	529
	Allgemeines	529
	Zeitwahrnehmung	531
	Zeitverhalten	531
	Minutenrhythmus	531
	Zirkadianer Rhythmus	532
13.3.	**Biologische Regulation**	533
	Regulation und medizinische Diagnostik	533
	Regulationsbegriff	533
	Selbstregulation und Stress	533
	Hierarchischer Aufbau der Regulationssysteme	535
	Regulationsstörungen	536
13.4.	**Gesundheit und Krankheit**	537
	Allgemeines	537
	Historische Betrachtungen	537
	Gesundheit – Krankheit	538

Glossar 541
Namensregister........ 547
Sachwortregister 550

1. Zellenlehre

1.1. Allgemeines

Merke **Die Zytologie ist die Lehre von den Zellen (griech. kytos = Zelle). Die Zellen sind die kleinsten Bau- und Funktionseinheiten des menschlichen Organismus. Sie besitzen alle Eigenschaften eines lebenden Systems. Dazu gehören die Vermehrung, die Entwicklung, die Reizbarkeit, das Wachstum und der Stoffwechsel.**

Diese Eigenschaften sind bei den verschiedenen Zellarten nicht im gleichen Maße ausgeprägt. Spezialisierungsvorgänge führten zur Ausbildung bestimmter Zelleistungen. Die Muskelzellen besitzen die Fähigkeit zur Kontraktion, die Nervenzellen verfügen über eine gut ausgebildete Erregbarkeit und Erregungsleitung und Drüsenzellen sind in der Lage, ihre Inhaltsstoffe durch Sekretionsmechanismen freizusetzen.
Die Zellgrößen sind unterschiedlich und stehen in enger Beziehung zur Differenzierung und Leistung der betreffenden Zellen. Der Durchmesser einer menschlichen Eizelle beträgt 0,15 bis 0,20 mm, der eines roten Blutkörperchens etwa 7,5 µm, die quergestreifte Muskelfaser kann bis zu 15 cm und die Nervenzellen mit ihren Fortsätzen bis zu einem Meter lang werden. Die Zellform ist abhängig von der Funktion der jeweiligen Zelle. In flüssigen Medien streben die Zellen eine Kugelform an. Die weißen Blutkörperchen entsprechen einer solchen Form. Knochen- und Nervenzellen bilden an ihrer Zellmembran Fortsätze und resorbierende Zellen zarte Ausstülpungen (Mikrozotten).

Allen Zellen liegt ein gemeinsamer Bauplan zugrunde.

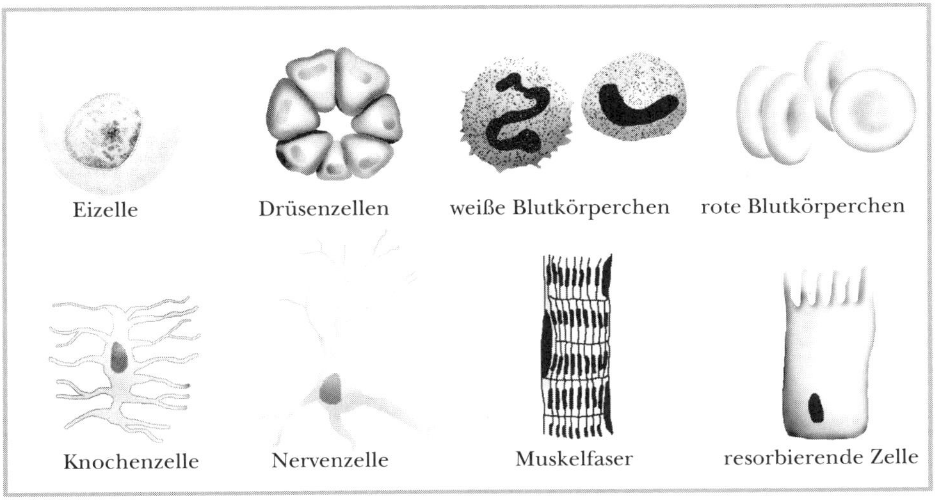

Abb. 1 Beispiele für unterschiedliche Zelldifferenzierungen

Merke **Die roten Blutkörperchen und die Blutplättchen sind keine echten Zellen, da sie keinen Zellkern enthalten.**

1.2. Grundbauplan einer menschlichen Zelle

Nach ihrem mikroskopischen Erscheinungsbild unterteilt man die Zelle in Zelleib (Zytoplasma) und Zellkern (Nukleus). Der Zelleib enthält verschiedene Zellorganellen, die in das Grundplasma eingebettet sind. Beispiele für Organellen sind:

- Zellmembran,
- endoplasmatisches Retikulum,
- Golgi-Apparat,
- Lysosomen,
- Mitochondrien,
- Zentriol,
- Filamente.

Zusätzlich können im Grundplasma Zelleinschlüsse, wie Stäube, Farbstoffe, Fette und Glykogen, vorkommen.
Im Zellkern sind die Chromosomen lokalisiert, deren verschlüsselte genetische Information verantwortlich ist für:

- das Funktionieren des Zellstoffwechsels,
- die Differenzierung der Zelle und
- ihre identische Verdopplung durch Teilung.

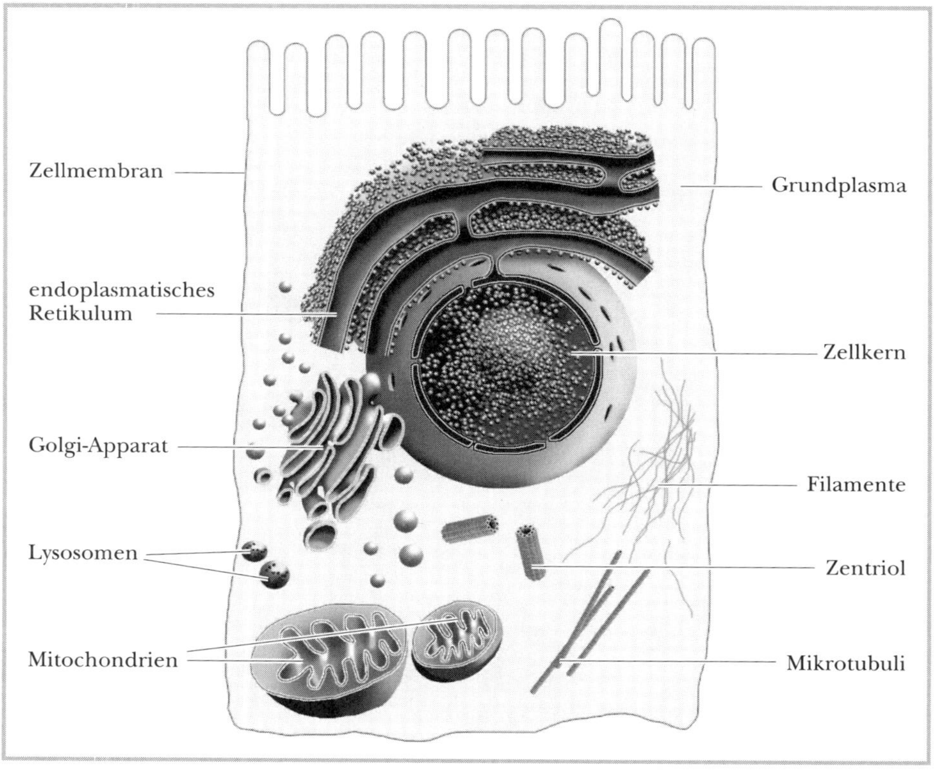

Abb. 2 Schematische Darstellung einer menschlichen Zelle und ihrer Bestandteile

Zellmembran

Merke

Die Zellmembran stellt die äußere Begrenzung einer Zelle dar und besteht aus:

- **einer Doppelschicht von Phospholipiden,**
- **einer süßen Kapsel (Glykokalyx = Zucker-Eiweiß-Verbindung),**
- **Tunnelproteinen,**
- **integrierten Proteinen.**

Ein Phospholipid besteht aus einem wasseranziehenden Kopf und zwei wasserabweisenden Schwänzen. Die Phospholipidmoleküle stehen sich gegenüber, wobei die Schwänze nach innen gerichtet sind und die Köpfe die Zellmembran zum Zellinneren bzw. zum Zelläußeren hin begrenzen. Tunnelproteine und integrierte Proteine durchsetzen mosaikartig die Doppelschicht von Phospholipiden.
Die Glykokalyx ist eine Schicht, die sich an der Zellmembranaußenseite befindet und aus Glykoproteinen und Glykolipiden besteht. Die chemische Struktur ist genetisch festgelegt und bestimmt die immunologischen Eigenschaften einer Zelle.

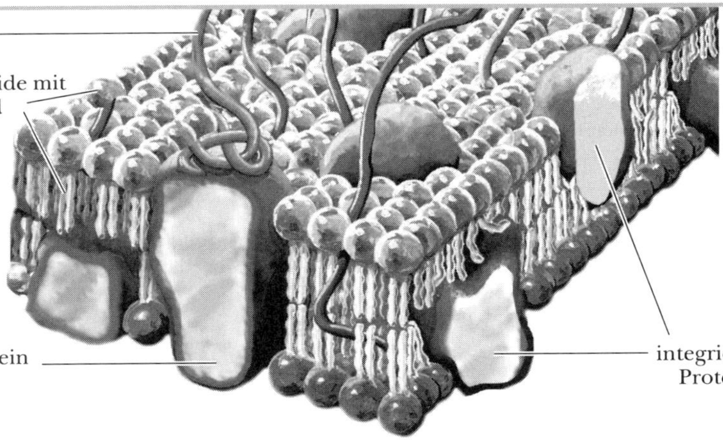

Abb. 3 Elektronenmikroskopische Struktur einer Zellmembran

Über die Zellmembran erfolgt der Stoffaustausch mit der Zellumgebung. Welche Stoffe in das Zellinnere oder in das Zelläußere gelangen, hängt von deren Fettlöslichkeit, Molekülgröße und elektrischen Ladung ab. Die Zellmembran besitzt somit die Eigenschaft der Halbdurchlässigkeit (Semipermeabilität). An die Glykokalyx bestimmter Zellen sind immunologische Eigenschaften gebunden wie z.B. Abstoßungsreaktionen bei Transplantationen, das Erkennen von körperfremden und körpereigenen Zellen und die Blutgruppeneigenschaften.
Die Zellmembran übt eine Schutz- und Stützfunktion aus und kann zu benachbarten Zellen Kontakte herstellen.

Merke

An die Zellmembran sind folgende Funktionen gebunden:

- **Stoffaustausch,**
- **immunologische Eigenschaften,**
- **Schutzfunktion,**
- **Stützfunktion.**
- **Kontaktherstellung,**

Endoplasmatisches Retikulum

Merke **Es ist ein Labyrinth von Doppelmembranen, das die innere Zelloberfläche vergrößert und den intrazellulären Stoff- und Flüssigkeitstransport gewährleistet.**

Das endoplasmatische Retikulum (ER) durchzieht den ganzen Zellinnenraum und stellt die Verbindung zwischen den Zellorganellen und der Zellmembran her. Nach dem Aussehen kann das ER in zwei Typen unterteilt werden:

- rauhes oder granuläres ER,
- glattes oder agranuläres ER.

Rauhes endoplasmatisches Retikulum
Das rauhe ER ist mit Ribosomen besetzt und erhält daher eine gekörnte (granuläre) Oberflächenstruktur. Da an den Ribosomen die Synthese körpereigener Eiweiße (Proteine) stattfindet, bildet das rauhe ER eine wichtige Arbeitsstruktur für die Zelle und wird zusätzlich auch als Ergastoplasma (griech. ergasticos = arbeitsam) bezeichnet. Zu diesen körpereigenen Proteinen zählen z.B.:

- Albumine (Transporteiweiße des Blutes),
- Globuline (biologisch aktive Eiweiße),
- Gerinnungseiweiße.

Glattes endoplasmatisches Retikulum
Dieses ER ist frei von Ribosomen und kommt nur in wenigen Zellarten vor. Es ist beteiligt an:

- der Speicherung von Kalziumionen (Muskelzellen),
- der Bildung von Steroidhormonen (Nebennierenrindenzellen),
- der Bildung von Lipoproteinen (Leberzellen).

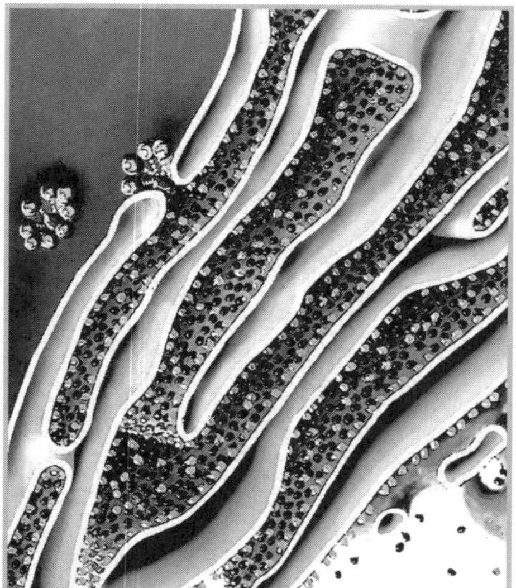

Abb. 4 Rauhes endoplasmatisches Retikulum

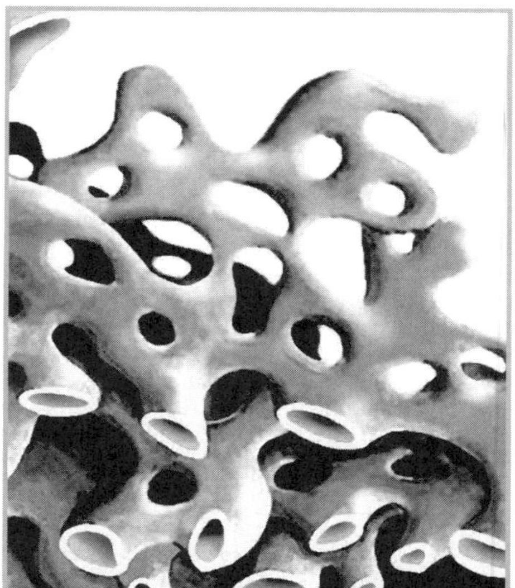

Abb. 5 Glattes endoplasmatisches Retikulum

Golgi-Apparat

1898 entdeckte der Italiener Camillo Golgi mittels einer Osmiumsäuretechnik ein netzförmiges innerplasmatisches System in Nervenzellen. Der nach ihm benannte Golgi-Apparat kommt in allen Zelltypen vor.

Merke **Der Golgi-Apparat ist ein Stapel mehrerer flacher Membranzisternen (Diktyosomen), die dicht gepackt übereinander liegen. An den Rändern schnüren sich kleine Bläschen ab, die Golgi-Vesikel.**

Zellen können unterschiedlich viele Golgi-Strukturen enthalten, die vorrangig in Kernnähe lokalisiert sind. Die Funktion des Golgi-Apparates besteht in der

- Regeneration der Zellmembran,
- Weiterverarbeitung von Stoffen des ER,
- Bildung von Lysosomen,
- Sekretion und Resorption von Stoffen.

In Drüsenzellen ist die Anzahl der Golgi-Strukturen hoch, da sie die im rauhen ER synthetisierten Sekretvorstufen (Prosekrete) aufnehmen und konzentrieren. Die Weiterleitung der Prosekrete erfolgt über die Golgi-Vesikel zur Zellmembran. Die Art und Weise der Sekretabgabe ist vom Zelltyp der Drüsen abhängig.

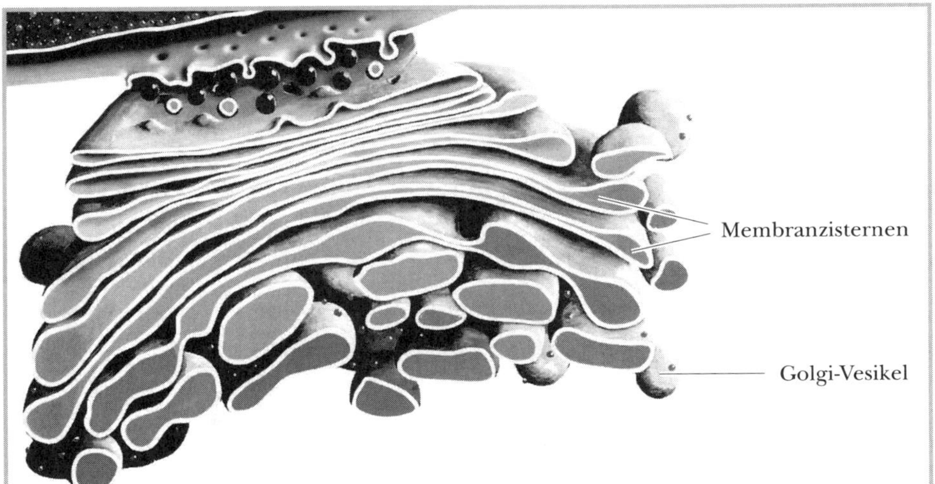

Abb. 6 Golgi-Apparat

Lysosomen

Merke **Lysosomen sind bläschenförmige Gebilde, die vom Golgi-Apparat gebildet werden und spezifische Enzyme enthalten**

Ihre Aufgabe besteht darin, zellfremdes Material (z.B. Bakterien, Viren, Staubpartikel) und überalterte Zellstrukturen enzymatisch aufzulösen. Diese Eigenschaft wird als intrazelluläre Verdauung bezeichnet.

Mitochondrien

Der Name leitet sich von der Form und dem Aufbau dieser Zellorganellen ab und setzt sich aus den griechischen Begriffen „mitos" (der Faden) und „chondros" (das Korn) zusammen.

Merke **Die Mitochondrien sind gestreckt zylindrische bis rundliche Organellen, die von einer äußeren und inneren Membran umgeben werden.**

Die äußere Membran umhüllt das Mitochondrium, wobei die gefaltete innere Membran eine Vergrößerung der Innenoberfläche darstellt. Nach Art der Faltung unterscheidet man im wesentlichen zwei Typen von Mitochondrien:

- Kristatyp (lat. crista = Kamm, Leiste),
- Tubulustyp (lat. tubulus = Röhrchen).

An der Innenmembran sind Multienzymkomplexe lokalisiert, deren Aufgabe in der Steuerung einer Vielzahl von lebenswichtigen Stoffwechselvorgängen besteht.
Als „Kraftwerke der Zellen" dienen sie vor allem der Energiegewinnung durch den biologischen Oxidationsprozeß. Dabei werden die Nährstoffe zu Kohlendioxid und Wasser abgebaut. Die dabei schrittweise freigesetzte Energie wird zur Bildung von ATP (Adenosintriphosphat) genutzt. Diese chemische Energieform wird von den Zellen benötigt, um ihre Stoffwechselprozesse aufrecht erhalten zu können. Stoffwechselaktive Zellen besitzen zahlreiche Mitochondrien.

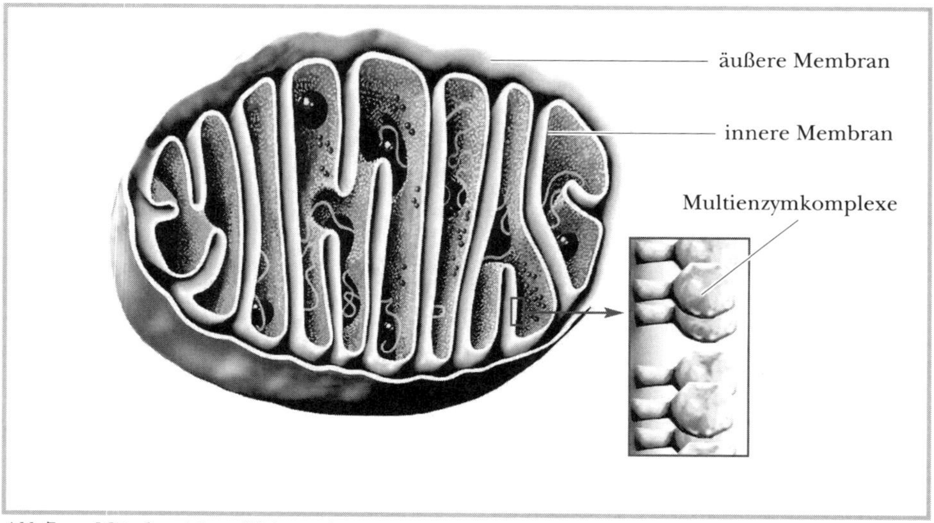

Abb. 7 Mitochondrium (Kristatyp)

Bei gesteigertem Energiebedarf bestimmter Zellen (Leberzellen, Muskelzellen), kann sich die Zahl der Mitochondrien erhöhen, da sie die Fähigkeit zur Selbstreduplikation (eigene Verdopplung) besitzen. Diese Fähigkeit erhalten sie durch den Besitz von eigener DNS (Desoxyribonukleinsäure) und RNS (Ribonukleinsäure).

Zentriol

Merke

Es ist ein Hohlzylinder, der aus neun Bündeln von je drei Mikrotubuli besteht. Das Zentriol wird vom Zentroplasma, das eine feine fasrige Struktur bildet, umgeben. Zentriol und Zentroplasma nennt man auch Zentrosom.

In der Regel liegen die Zentriolen paarig als Diplosom in Zellkernnähe. Während der Mitose wandern sie getrennt zu den Zellpolen und bilden den Spindelapparat aus. Als feine Mikrotubuli ziehen die Spindelfasern von den Zentriolen zu den Chromosomen und bewegen diese polwärts. Somit erfüllen sie eine wichtige Funktion bei der Zellteilung.

Mikrotubuli

Merke

Die Mikrotubuli sind nur elektronenmikroskopisch sichtbare Röhrensysteme, die aus Proteinuntereinheiten bestehen und dem Zytoskelett zugeordnet werden.

Unterteilt werden die Mikrotubuli in:

- die stabilen Tubuli und
- die labilen Tubuli.

Erstere dienen der Aufrechterhaltung der Zellform, wobei die labilen Tubuli zeitweise in Zellen auf- bzw. abgebaut werden (z.B. Mikrotubuli des Spindelapparates).

Filamente

Merke

Filamente sind fadenförmige Proteine, die sich zu Fibrillen (Bündel) zusammenlagern können.

In Abhängigkeit von Funktion und Beanspruchung der Zellen differenzieren sich die Filamente. Wie folgt werden die Filamente unterteilt:

- in Myofilamente,
- in Tonofilamente,
- in Neurofilamente.

Myofilamente
Myofilamente ermöglichen die Beweglichkeit von Zellorganellen, amöboide Bewegung ganzer Zellen und die Kontraktion von Muskelzellen.

Tonofilamente
Die Tonofilamente kommen z.B. in den Zellen der Oberhaut vor und verleihen ihnen eine hohe mechanische Widerstandsfähigkeit.

Neurofilamente
Sowohl in den Nervenzellen als auch in den Nervenfasern bilden Neurofilamente ein stabilisierendes Zytoskelett.

Zellkern

Merke **Der Zellkern (lat. nucleus; griech. karyon = Kern) steuert den Zellstoffwechsel und ist Träger der in den Chromosomen lokalisierten genetischen Information.**

Zellkerne lassen sich mit einem basischen Farbstoff (Hämatoxylin) anfärben und können deshalb lichtmikroskopisch betrachtet werden. Dies ist nur möglich, wenn sich die Kerne in Teilungsruhe befinden. Es werden verschiedene Kernformen unterschieden, die von Zellart zu Zellart variieren. Typische Beispiele sind:

- spindelförmige Kerne in glatten Muskelzellen,
- kugelförmige Kerne in Eizellen,
- nierenförmige Kerne in Monozyten (weiße Blutzellen) und
- segmentierte Kerne in neutrophilen Granulozyten (weiße Blutzellen).

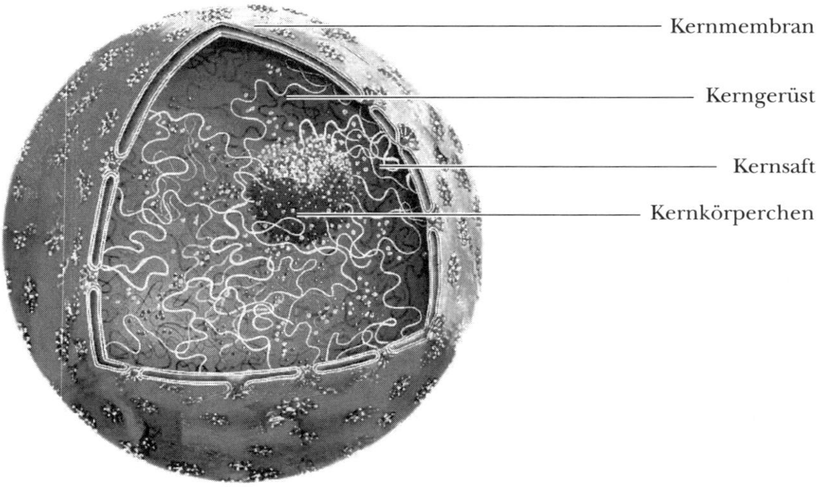

Abb. 8 Bestandteile des Zellkerns

Die Zellkerne aller Zellen enthalten im Grundaufbau die gleichen Strukturen. Zu diesen rechnet man:

- die Kernmembran (griech. karyolemma),
- das Kerngerüst (griech. chromatin),
- den Kernsaft (griech. karyolymphe) und
- das Kernkörperchen (lat. nucleolus).

Kernmembran
Die Kernmembran grenzt den Zellkern gegen den Zelleib ab, steht aber mit dem endoplasmatischen Retikulum in Verbindung. Unter elektronenmikroskopischer Betrachtung stellt sich die Kernmembran als eine Doppelmembran dar.

Kerngerüst
Es bildet den Hauptbestandteil des Kernplasmas und besteht aus sich unterschiedlich anfärbbaren Chromosomenanteilen. Entspiralisierte Chromosomenanteile, die Syntheseleistungen vollbringen, lassen sich mit dem Farbstoff Hämatoxylin nur schwach anfärben und bilden das Euchromatin. Chromosomenanteile, die eine dichte Spiralisierung aufweisen und somit einen inaktiven Zustand darstellen, sind stärker anfärbbar und werden als Heterochromatin bezeichnet. Das Chromatin stellt eine Kernstruktur dar, die nur zwischen den Zeiträumen der Zellteilung (Intermitosephasen) existiert.

Kernsaft
Der Kernsaft füllt den Raum zwischen dem Chromatin aus und dient als Quellungs- und Lösungsmittel.

Kernkörperchen
Das Kernkörperchen ist ein kugliges Gebilde, das nur im Interphasenkern vorkommt. Seine Bildung ist an einen bestimmten Chromosomenabschnitt gebunden (Nukleolusorganisator). Ihm obliegt die Bildung von RNS, welche für die Steuerung der Proteinsynthese notwendig ist.

Grundplasma

Merke

Masse, in die alle Zellbestandteile eingebettet sind. Es enthält Proteine, Enzyme,
Das Grundplasma (Hyaloplasma; griech. hyalinos = gläsern) ist eine durchsichtige
Spurenelemente und Lösungswasser.

Im Grundplasma finden Stoffwechselreaktionen statt, und es ist gleichzeitig ein Transportraum für die Zelle. In das Grundplasma können Einschlüsse (Inklusionen) abgelagert werden, die als Produkte des Zellstoffwechsels anfallen oder exogener Herkunft sind. Sie werden auch als paraplasmatische Substanzen bezeichnet. Dazu gehören z.B.:

- Glykogen,
- Lipide,
- exogene Pigmente,
- endogene Pigmente.

Glykogen
Das Glykogen ist eine Speicherform der Glukose und reichert sich besonders in Leber- und Muskelzellen an.

Lipide
Die Lipide lagern sich in den Fettzellen in Form kleiner Tröpfchen ab. Talgdrüsen und Nebennierenrindenzellen können ebenfalls Lipide speichern.

Exogene Pigmente
Exogene Pigmente sind z.B. Staubpartikel, die über die Atemwege in die Lunge gelangen und in den Wandzellen der Lungenbläschen abgelagert werden.

Endogene Pigmente
Zu den endogenen Pigmenten zählen z.B. das Bilirubin als Abbauprodukt des roten Blutfarbstoffes (Hämoglobin) und das Melanin, das u.a. in den Zellen des Unterhautgewebes gebildet wird.

Zusammenfassung

Zytologie	Dieses Fachgebiet befaßt sich mit dem Bau und der Funktion von Zellen.
Zelle	Die Zelle ist die kleinste funktionsfähige Grundeinheit des Organismus.
Zellmembran	Sie bildet die äußere Grenzfläche einer Zelle und besteht aus Lipiden, Proteinen und einer süßen Kapsel.
ER	Dieses Labyrinth vergrößert die innere Zelloberfläche und unterteilt die Zelle in Stoffwechselräume. Im rauhen ER werden z.B. Proteine und im glatten ER Steroide hergestellt.
Golgi-Apparat	Dieser Apparat besteht aus Membranstapeln und verpackt Stoffe, die im ER hergestellt wurden. Zugleich werden verbrauchte Zellmembranbestandteile regeneriert.
Lysosomen	Die Bläschen enthalten Enzyme und sind für die intrazelluläre Verdauung verantwortlich.
Mitochondrien	Diese Gebilde liefern der Zelle chemische Energie und besitzen Multienzymkomplexe für Stoffwechselvorgänge.
Zentriol	Dieser aus Mikrotubuli bestehende Hohlzylinder ist verantwortlich für Chromosomenbewegungen während der Zellteilung.
Mikrotubuli	Die aus Proteinuntereinheiten bestehenden Röhrensysteme zählen zum Zytoskelett.
Filamente	Die fadenförmigen Proteine können sich zu Fibrillen bündeln und die Resistenz von Zellen erhöhen. Aktin- und Myosinfilamente ermöglichen die Kontraktion von Muskelzellen.
Zellkern	Der Zellkern ist die Steuerzentrale einer Zelle, enthält die Chromosomen mit den Erbanlagen und existiert als Teilungs- oder Arbeitskern.
Chromatin	Das Chromatin besteht aus DNS-Proteinkomplexen und läßt sich unterschiedlich anfärben. Das Heterochromatin färbt sich stärker an als Euchromatin.
Kernsaft	Diese Flüssigkeit füllt den Raum zwischen dem Chromatin aus.
Nukleolus	Dieses kugelige Gebilde steuert die Nukleinsäure- und Proteinbiosynthese.
Hyaloplasma	In diese durchsichtige Masse sind Zellbestandteile eingebettet, und es unterliegt einer ständigen Sol-Gel-Transformation.
Inklusionen	Es sind Zelleinschlüsse, die Produkte des Zellstoffwechsels oder exogener Herkunft sind.

1.2. Grundbauplan einer menschlichen Zelle

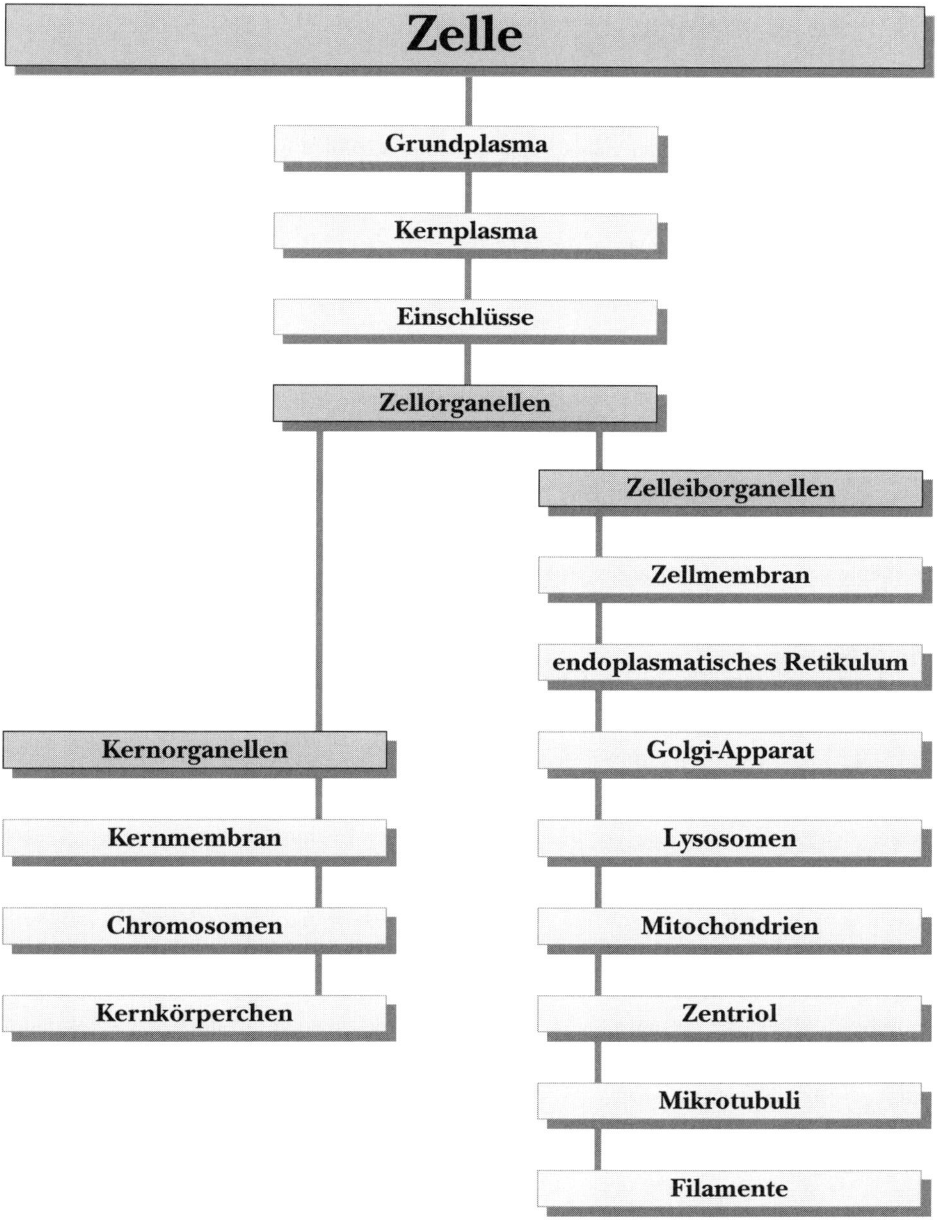

1.3. Zellphysiologie

Zu den zellphysiologischen Vorgängen, die mit morphologisch sichtbaren Veränderungen einhergehen, zählen:

- die Mitose (griech. mitos = Faden; indirekte Zellteilung),
- die Meiose (griech. meiosis = Verminderung),
- das Wachstum,
- die Bewegung,
- die Stoffaufnahme.

Mitose

Merke **Die Mitose ist ein zellphysiologischer Vorgang, bei dem die Chromosomen sichtbar werden und nach Verdopplung ihrer DNS gleichmäßig auf die Tochterzellen verteilt werden. Während der Zellteilung werden die Prophase, die Metaphase, die Anaphase und die Telophase durchlaufen.**

Prophase (griech. pro = vorher; griech. phasis = Erscheinung)
In dieser Phase stellt die Zelle ihre spezifischen Funktionen ein. Der Golgi-Apparat löst sich auf, das ER u.a. Zellorganellen werden zurückgebildet, die Kernmembran zerfällt in Bläschen und der Nukleolus verschwindet. Gleichzeitig spiralisieren sich die Chromosomen und erscheinen als Knäuel. Die Zentriolen rücken auseinander und wandern zu den Zellpolen hin. Zwischen ihnen bildet sich der aus Mikrotubuli bestehende Spindelapparat aus.

Metaphase (griech. meta = nach)
Die Chromosomen teilen sich durch eine partielle Längsspaltung in zwei Chromatiden (Tochterchromosomen), die am Zentromer zusammenhängen. Der Spindelapparat ordnet alle Chromosomen in der Zellmitte (Teilungsebene) zu einer sternförmigen Figur (Monaster = Mutterstern) an.

Anaphase (griech. ana = hinauf)
Die Chromatiden werden vollständig voneinander getrennt und der Spindelapparat zieht sie zu den entgegengesetzten Zellpolen. Beim Auseinanderweichen bilden sie vorübergehend einen Doppelstern (Diaster = Tochterstern). Der Zelleib beginnt sich in der Teilungsebene einzuschnüren.

Telophase (griech. telos = Ende)
Nachdem sich die Chromatiden um die Zentriolen angeordnet haben, ist die Kernteilung (Karyokinese) beendet. Die in der Anaphase begonnene Einschnürung des Zelleibes wird fortgesetzt, und am Ende der Telophase ist der Zelleib vollständig durchgeschnürt (Zytokinese). Es sind zwei identischeTochterzellen entstanden.

In jeder Tochterzelle entspiralisieren sich die Chromosomen und bilden das Chromatingerüst. Neue Nukleolen treten auf, die Kernmembranen werden gebildet und die Zellorganellen werden resynthetisiert. Beide Tochterzellen haben ihre Arbeitsfunktion erreicht. Mit dieser Rekonstruktion wird die Mitose abgeschlossen, die etwa 30 - 180 Minuten dauert.

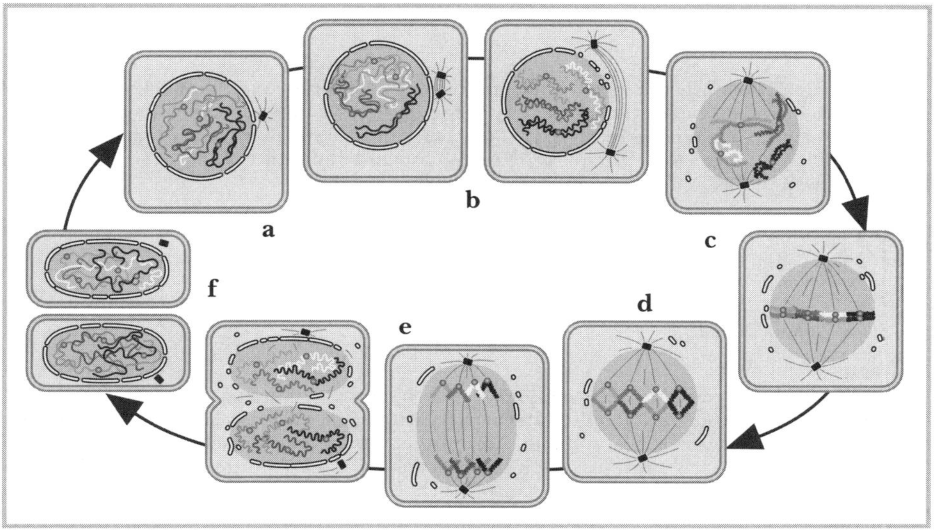

Abb. 9 Schematische Darstellung des Mitoseverlaufes

a Prophase mit spiralisierten Chromosomen
b Prophase mit Spindelapparatausbildung, teilweiser Kernmembranauflösung und Sichtbarwerden der Chromosomen
c Metaphase mit Anordnung der Chromosomen in der Teilungsebene
d Anaphase mit längsgeteilten Chromosomen
e Anaphase mit Chromatiden an den Zellpolen und beginnender Einschnürung des Zelleibes
f Telophase mit zwei identischen Tochterzellen

Nach der Mitose beginnt die G_1-Phase (G; engl. growth = Wachstum) der Tochterzellen. Sie wachsen zur spezifischen Zellgröße heran und produzieren Enzyme für die DNS- und Proteinsynthese. In der sich anschließenden S-Phase (Synthesephase) erfolgt die Verdopplung der DNS. Am Ende dieser Phase besitzen die Zellen den doppelten Chromatinbestand bei gleichbleibender Chromosomenzahl. Nach dieser Phase treten die Zellen in eine Ruhepause ein (G_2-Phase = postsynthetische Wachstumsphase). Dieser schließt sich die nächste Zellteilung an.

Merke **Zwischen zwei Mitosen liegt die Interphase, in der die eigentlichen Zellfunktionen und auch die Verdopplung der DNS (identische Reduplikation) ausgeübt werden.**

Mitosen kommen häufig vor:

- während der Entwicklung,
- während des Wachstums,
- in Organen mit hohem Zellverschleiß (z.B. Darmepithel, Talgdrüsen, blutbildende Organe, Oberhaut).

Es gibt auch Zellen, die auf Kosten ihrer hohen Spezialisierung keine Zellteilung mehr vollziehen können, wie z.B. die Nervenzellen.

Meiose

Merke

Die Meiose ist eine spezialisierte Form der Zellteilung, und ihr Wesen besteht in der Reduktion des diploiden (griech. diploos = doppelt) auf den haploiden (griech. haploos = einfach) Chromosomensatz. Sie kommt nur in den menschlichen Keimdrüsen (Eierstöcke, Hoden) vor und vollzieht sich in einer ersten und zweiten Reifeteilung.

Die erste Reifeteilung verläuft in den nachfolgenden Phasen:

- Prophase,
- Metaphase und
- Anaphase

Prophase
In der Prophase werden die Chromosomen durch Spiralisierungsvorgänge sichtbar, und sowohl die mütterlichen als auch die väterlichen Chromosomen legen sich parallel aneinander. Diesen Vorgang bezeichnet man als Chromosomenpaarung. Zwischen den homologen Chromosomen kommt es zum Austausch von Chromosomenabschnitten, dem crossing over (engl. = überkreuzend). Dieser ist verantwortlich für die Umverteilung des genetischen Materials. Die Kernmembran wird aufgelöst, die Zentriolen wandern zu den Zellpolen hin und bilden den Spindelapparat aus.

Metaphase
Die Chromosomenpaare ordnen sich in der Teilungsebene an.

Anaphase
In der Anaphase trennen sich die gepaarten Chromosomen und werden durch den Spindelapparat zu den entgegengesetzten Zellpolen gezogen. Jeder Pol enthält somit einen haploiden Chromosomensatz. Anschließend schnürt sich der Zelleib durch.
Es sind zwei Tochterzellen entstanden, die einen einfachen oder halbierten Chromosomensatz enthalten. Die Chromosomen verharren in dieser spiralisierten Form und deshalb wird eine Telophase häufig vermißt.

Die zweite Reifeteilung verläuft wie eine mitotische Zellteilung, so daß aus den beiden Tochterzellen zwei weitere Tochterzellen entstehen. Diese enthalten jeweils einen haploiden Chromosomensatz.

Merke

Aus einer weiblichen Keimzelle entstehen vier Tochterzellen. Nur eine entwickelt sich zu einer reifen Eizelle und die drei anderen Zellen (Polkörperchen) degenerieren. Aus einer männlichen Keimzelle entstehen vier Tochterzellen, die alle ausreifen und haploide Chromosomensätze besitzen.

Die Meiose verhindert eine fortschreitende Verdopplung der Chromosomenzahl bei der Befruchtung und unterscheidet sich von der Mitose durch:

- die Chromosomenpaarung in der 1. Reifeteilung,
- den Crossing over,
- die Halbierung des Chromosomensatzes und
- den Teilungsort (Keimdrüsen).

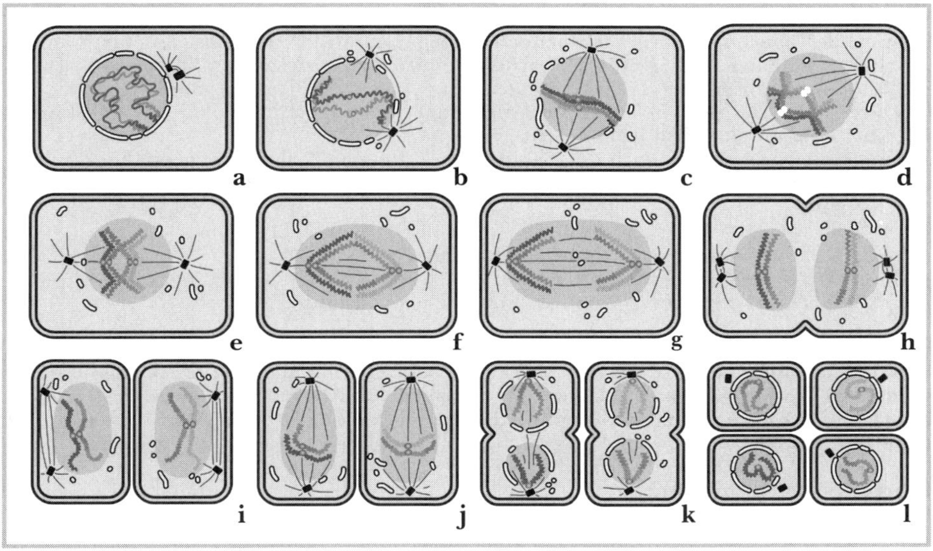

Abb. 10 Schematische Darstellung des Meioseverlaufes

a-d verlängerte Prophase, die in folgende Stadien unterteilt wird:
a Leptotän mit einer Paarung des väterlichen und mütterlichen Chromosoms (Konjugation)
b Zygotän mit einer Verkürzung der gepaarten Chromosomen
c Pachytän – die gepaarten Chromosomen liegen jetzt genau gegenüber und überkreuzen sich (Chiasmabildung). In diesem Stadium erfolgt das Crossing over.
d Diplotän – die Chromosomen weichen auseinander
e Metaphase mit Anordnung der Chromosomen in der Äquatorialebene
f-h Anaphase mit homologen Chromosomen an den Zellpolen und beginnender Einschnürung des Zelleibes
i Telophase mit zwei identischen Tochterzellen
j Beginn der zweiten meiotischen Teilung
k Einschnürung der neuen Tochterzellen
l Im Ergebnis der zweiten meiotischen Teilung entstehen vier Tochterzellen mit jeweils dem halben Chromosomensatz (haploide Zellen)

Wachstum

Nach jeder Zellteilung besteht die Notwendigkeit darin, daß die Tochterzellen wieder zur Größe der Mutterzelle heranwachsen.

Merke **Zellwachstum ist die mengenmäßige Zunahme der gesamten Substanz, die von der Zellmembran umgeben wird. Sie beruht auf der Vermehrung der Zellzahl durch Teilung oder auf Vergrößerung der einzelnen Zelle und benötigt ATP als Energielieferant.**

Während der pränatalen (lat. natalis = die Geburt betreffend; lat. prae = davor liegend) Entwicklung entsteht durch fortlaufende Teilung und Differenzierung der ursprünglich gleichartigen Zellen aus der Zygote (befruchtete Eizelle) ein vielzelliger Organismus. Dieses Wachstum bezeichnet man als Teilungswachstum.
Das postnatale (lat. post = nach, später) Wachstum ist vor allem ein Volumenwachstum, das mit einer konstanten Zellzahl einhergeht.
Nicht alle Zellen verlieren nach der Geburt ihre mitotische Teilungsfähigkeit. Sie kann unterschiedlich ausgeprägt sein, und nach dieser Fähigkeit werden folgende Zellen unterschieden:

- Zellen mit intermitotischem Wachstum,
- Zellen mit fixiertem Wachstum,
- Zellen mit reversiblem postmitotischem Wachstum.

Intermitotisches Wachstum
Gewebe, die einen hohen Zellverlust aufweisen, besitzen eine intensive Zellneubildung und werden als Wechselgewebe bezeichnet. Zu diesen zählen z.B. die blutbildenden Zellen des Knochenmarkes, Epithelien der Haut und des Magen-Darm-Traktes und Fibroblasten (Bindegewebszellen).

Fixiertes postmitotisches Wachstum
Nervenzellen und Zellen der Herz- und Skelettmuskulatur verlieren nach Abschluß ihres Wachstums die Zellneubildungsfähigkeit und zeichnen sich durch eine Zellkonstanz aus.

Reversibles postmitotisches Wachstum
Leber, Nieren und Speicheldrüsen sind Organe, deren Zellen normalerweise keine Mitosen aufweisen. Unter bestimmten Bedingungen, wie z.B. entzündliche Erkrankungen der betreffenden Organe, erlangen sie ihre Teilungsfähigkeit zurück.

Bewegung

Zu den Bewegungserscheinungen von Zellen zählen:

- Plasmaströmungen,
- amöboide Bewegungen,
- Flimmerbewegungen,
- Muskelbewegungen.

Plasmaströmungen
Diese intrazellulären Strömungen des Grundplasmas erleichtern den Stofftransport und Stoffaustausch. Die Ursache besteht in einem ständigen Wechsel von Sol- und Gelzustand der Zellproteine und einer stetigen Änderung des Wassergehaltes der Zelle.

Amöboide Bewegungen
Derartige Bewegungen gehen immer mit Ortsveränderungen der gesamten Zelle einher. Dabei bildet die Zelle Zytoplasmafortsätze (Pseudopodien), die an der Unterlage haften und die Zelle ziehend fortbewegen. Die amöboide Beweglichkeit ist eine wichtige Voraussetzung für Zellen, die Phagozytoseeigenschaften (griech. phagein = fressen; griech. kytos = Zelle) besitzen. Weiße Blutzellen (Granulozyten, Lymphozyten, Monozyten) und freie Bindegewebszellen (Histiozyten) z.B. sind amöboide Zellen, die diesen Eigenschaften entsprechen. Verantwortlich für die amöboide Beweglichkeit sind Aktin- und Myosinfilamente, die sich innerhalb der Zelle befinden.

Flimmerbewegungen
Diese Bewegungen werden von Flimmerhärchen, die an der Zellmembranoberfläche bestimmter Zellen ausgebildet sind, ausgeführt. Der Flimmerschlag erfolgt in Richtung auf die jeweilige Körperöffnung. Die Epithelien der Atemwege und der Eileiter vollziehen eine derartige Flimmermotorik.
Die Ursache für diese Bewegungen sind Mikrotubuli, die sich im Inneren der Flimmerhärchen befinden

Muskelbewegungen
Im Grundplasma der Muskelzellen sind Myofibrillen vorhanden, die aus kontraktilen Proteinen (Aktin, Myosin) bestehen und Muskelbewegungen hervorrufen.

Stoffaufnahme

Zellen verfügen über Mechanismen, mit deren Hilfe sie Stoffe aufnehmen können. Zu diesen zählen:

- Bläschentransport,
- Transport durch Carrier,
- Transport durch Tunnelproteine,
- Diffusion,
- Osmose.

Bläschentransport
Zellmembranen sind in der Lage, kleine Vesikel (lat. vesicula = Bläschen) abzuschnüren, die Transportstoffe in sich einschließen und diese an das Zellinnere oder Zelläußere abgeben.
Werden extrazelluläre Substanzen an die Zellmembranoberfläche gebunden, durch abgeschnürte Membranbläschen aufgenommen und in das Zellinnere transportiert, dann bezeichnet man diesen Bläschentransport als Endozytose. Werden größere Bläschen von der Zellmembran abgeschnürt, die zu verdauende Substrate umschließen, heißen sie Phagosomen. Innerhalb der Zelle verschmelzen sie mit Lysosomen, die Verdauungsenzyme enthalten, zu Phagolysosomen. Letztere bauen das eingeschlossene Material enzymatisch ab. Diesen Vorgang nennt man Phagozytose. Sind die abgeschnürten Bläschen sehr klein, dienen sie der Aufnahme gelöster Stoffe. Die Aufnahme gelöster Stoffe entspricht dem Vorgang einer Pinozytose.
Bei der Exozytose werden Sekrete, Hormone u.a. Zellprodukte durch Bläschen, die vom Golgi-Apparat stammen, aus der Zelle ausgeschleust. Dabei verschmelzen die Bläschen mit der Zellmembran, öffnen und entleeren sich nach außen, ohne dabei abgestoßen zu werden.

Transport durch Carrier
Carrier (engl. carrier = Träger) sind integrierte Zellmembranproteine, die das zu transportierende Molekül binden und durch Pumpbewegungen auf die andere Seite der Membran bringen. Der Transport kann in Richtung eines Konzentrationsgefälles oder gegen ein Konzentrationsgefälle unter Verbrauch von ATP erfolgen.

Transport durch Tunnelproteine
Tunnelproteine sind mosaikartig in die Zellmembran eingelagert. Diese Proteine werden von einem wassergefüllten Kanal durchzogen, der sich schließen bzw. öffnen kann. Ionen diffundieren durch diese Kanäle entsprechend ihrem Konzentrationsgradienten. In der Zellmembran existieren z.B. Kalium-, Natrium- und Kalziumkanäle.

Diffusion
Stoffe werden ihrem Konzentrationsgefälle folgend durch die Zellmembran transportiert. Es handelt sich um einen gerichteten Transport, der bis zum Ausgleich der Konzentration im Zellinneren und der Zellumgebung anhält.

Osmose
Zellmembranen können als semipermeable (halbdurchlässige) Membranen aufgefaßt werden. Bei der Osmose gelangt Wasser als Lösungsmittel aus Medien mit geringer Konzentration in solche mit höherer Konzentration von gelösten Teilchen. Das Wasser diffundiert solange durch die semipermeable Membran, bis beide Medien die gleiche Konzentration aufweisen.

Zusammenfassung

Mitose	Die Mitose ist ein zytophysiologischer Vorgang, bei dem die Chromosomen gleichmäßig auf die Tochterzellen verteilt werden. Die Zellen enthalten in ihren Kernen doppelte Chromosomensätze (46XX oder 46XY).
Meiose	Während der Meiose wird der Chromosomensatz von Keimzellen halbiert (1. Reifeteilung). Die entstandenen Tochterzellen teilen sich mitotisch (2. Reifeteilung).
Crossing over	Das ist ein Vorgang während der Prophase der 1.Reifeteilung, bei dem es zum Austausch von Chromosomenabschnitten kommt und damit zur Umverteilung des genetischen Materials.
Wachstum	Man versteht darunter die Zunahme der zelleigenen Proteinmasse und der Zellgröße.
Intermitotisches Wachstum	Zwischen den Mitosen wachsen die Tochterzellen zu ausgereiften Zellen heran. Der Zellzyklus beginnt erneut. Dieses Wachstum ist an Stellen des Organismus anzutreffen, die einem hohen Zellverbrauch unterliegen (blutbildende Zellen, Epithelzellen der Haut und der Darmschleimhaut).
Postmitotisches Wachstum (reversibel)	Unter bestimmten Bedingungen erlangen diese Zellen ihre mitotische Aktivität zurück, die sich sonst nicht teilen würden (Leberzellen).
Postmitotisches Wachstum (fixiert)	Diese Zellen haben die Teilungsfähigkeit verloren (Nervenzellen).
Plasmaströmung	Es ist eine Bewegung des Grundplasmas, die den Stofftransport und Stoffaustausch der Zelle erleichtert.
Amöboide Bewegung	Sie wird durch Pseudopodien hervorgerufen und ermöglicht der Zelle eine Ortsveränderung.
Flimmerbewegung	Diese Bewegung führen Flimmerhärchen durch, die sich an der Zellmembran befinden und spezifische Funktionen ausüben.
Muskelbewegung	Blutgefäße, Skelettmuskelfasern und Herzmuskelzellen können sich kontrahieren und erschlaffen.
Endozytose	Das ist die Stoffeinschleusung in die Zelle durch Bildung von Membranbläschen, die den Stoff aufnehmen und transportieren.
Exozytose	Das ist die Stoffausschleusung aus der Zelle mit Hilfe von Membranbläschen.
Carrier-Transport	Transportform, die an spezifische Membranproteine gebunden ist.
Diffusion	Das ist die passive Stoffaufnahme oder Stoffabgabe infolge eines Konzentrationsgefälles.
Osmose	Die Wasseraufnahme erfolgt durch eine halbdurchlässige Membran. Zellmembranen (Biomembranen) sind als semipermeable Membranen aufzufassen.

1.4. Klinischer Anhang

Krebsvorsorge

Das zu untersuchende Zellmaterial kann z.B. gewonnen werden durch:

- Abstriche von Körperoberflächen (Haut, Schleimhäute)
- Endoskopien (griech. skopia = Umschau, Spähen); Ausleuchtung und Betrachtung von Körperhohlräumen und Hohlorganen mittels eines Endoskops),
- Punktionen (lat. punctio = Einstich),
- Exzisionen (lat. excisio = Ausschneidung).

Die entnommenen Zellproben werden auf Objektträgern ausgestrichen, fixiert, gefärbt und anschließend mikroskopisch beurteilt. Zelluläre Kriterien, die auf einen bösartigen Tumor hinweisen, sind z.B.:

- Hyperchromasie (erhöhte Anfärbbarkeit des Kerns),
- Polymorphie (Vielgestaltigkeit des Kerns),
- Nukleolusvergrößerung,
- unregelmäßige Kernmembranbegrenzung,
- zugunsten des Kerns verschobene Kern-Plasma-Relation,
- erhöhte Anfärbbarkeit des Grundplasmas,
- atypische Mitosen.

Die Hauptaufgabe der klinischen Zytologie besteht jedoch in der Frühdiagnostik, d.h. im rechtzeitigen Erkennen zytologischer Abnormitäten. Im Screening-Verfahren (engl. screen = Sieb), sogenannte epidemiologische Such- oder Siebtests, werden Zellveränderungen frühzeitig erkannt, auch wenn die betroffenen Patienten klinisch keinerlei Krankheitszeichen (Symptome) aufweisen.

In der Frauenheilkunde (Gynäkologie) hat die Zytodiagnostik eine besondere Bedeutung erlangt. Als Such- oder Siebtest werden von den zu untersuchenden Frauen Abstriche vom Gebärmutterhals (Zervix) und vom Muttermund (Ostium uteri) vorgenommen, um die eventuell bestehenden Vor- und Frühstadien eines Gebärmutterhalskrebses zu erfassen. Die Behandlungserfolge steigen, wenn das Zervixkarzinom in seinen Vor- bzw. Frühstadien erkannt wird.

Pränatale Diagnostik

Eine ganze Reihe von Erkrankungen sind genetisch bestimmt und zum Teil schon frühzeitig zu diagnostizieren. Durch die Entwicklung von Techniken zur zuverlässigen Diagnose genetischer Krankheiten im vorgeburtlichem Zeitraum ist es möglich, Risiken für Mutter und Kind weitgehendst zu erkennen und auszuschalten. Die pränatale Diagnostik beruht auf der Anwendung verschiedener Verfahren:

Amniozentese (griech. amnion = Schafshaut; griech. kentein = stechen, durchbohren) Fruchtwasserentnahme,
Chorionbiopsie (griech. xorion = Haut, Fell; griech. biopsie = Gewebeentnahme) Gewebentnahme aus der Zottenhaut.

Amniozentese

Hierbei wird Fruchtwasser einschließlich der abgeschilferten Zellen des Feten transabdominal (durch die Bauchdecke) aus der Amnionhöhle entnommen. Durch die direkte Untersuchung der fetalen Zellen können z.B. nachfolgende Krankheiten diagnostiziert werden:

- Down-Syndrom (Trisomie 21),
- Tay-Sachs-Syndrom (erbliche degenerative Nervenkrankheit),
- Neuralrohrdefekte(z.B. Spaltwirbel mit Vorwölbung von Rückenmarksteilen).

Die Fruchtwasseruntersuchung ermöglicht auch eine direkte Geschlechtsbestimmung und kann ab der 15. Schwangerschaftswoche vorgenommen werden.

Chorionbiopsie

Die Zellgewinnung aus dem Choriongewebe des Feten ist zwischen der 8. und 11. Schwangerschaftswoche möglich. An diesem Zellmaterial sind verschiedene Untersuchungen durchführbar:

- Chromosomenanalysen,
- DNS-Untersuchungen,
- Enzymdiagnostik.

Indikationen (lat. indicatio = Heilanzeige) für die pränatale Fruchtwasserpunktion und Chorionbiopsie sind z.B.:

- erhöhtes Alter der Mutter,
- vorangegangenes Kind mit einer Chromosomenabweichung,
- Geschlechtbestimmung bei bestehendem Risiko einer X-chromosomal-rezessiven Erkrankung (Bluter, Rot-Grün-Blindheit, Muskeldystrophie),
- Risiko eines Neuralrohrdefekts(Spaltwirbel, Fehlen des Gehirns).

2. Gewebelehre

2.1. Allgemeines

Merke **Die Histologie (griech. histos = Gewebe) ist die Lehre von den Geweben. Gewebe sind Verbände gleichartig differenzierter Zellen mit den von ihnen hergestellten Zwischenzellsubstanzen.**

Nach dem Bau, der Funktion und der entwicklungsgeschichtlichen Herkunft werden vier Gewebearten unterschieden:

- Epithel- oder Grenzflächengewebe,
- Binde- und Stützgewebe,
- Muskelgewebe,
- Nervengewebe.

Organe bestehen aus verschiedenen Geweben und lassen sich zu folgenden Organsystemen zusammenfassen:

- Kreislaufsystem,
- Atmungssystem,
- Verdauungssystem,
- Harn- und Geschlechtssystem,
- Hormonsystem,
- Hautsystem,
- Nervensystem,
- Sinnessystem,
- Knochensystem,
- Muskelsystem.

Der menschliche Organismus weist ein hierarchisches Bauprinzip auf, das einer Pyramidenstruktur entspricht. An deren Spitze steht die Zelle als kleinste funktionstüchtige Einheit. Zellverbände bilden Gewebe, die sich zu Organen zusammensetzen. Mehrere Organe sind zu Organsystemen zusammengefaßt, die in ihrer Gesamtheit den Organismus ergeben. Zwischen den Hierarchie-Ebenen bestehen morphologische und funktionelle Wechselwirkungen.

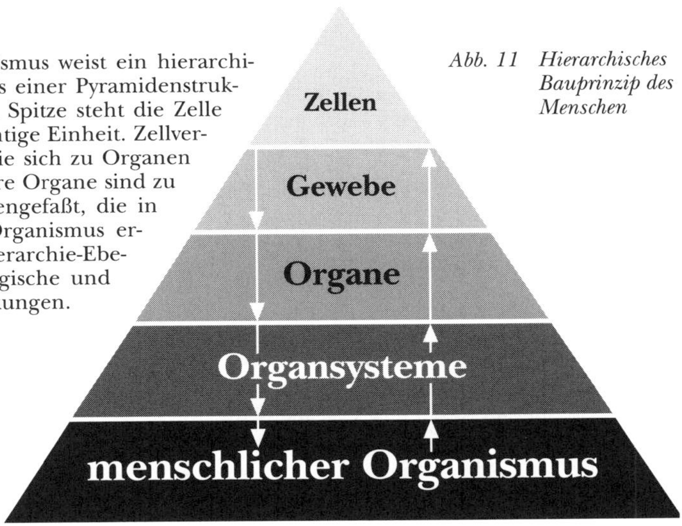

Abb. 11 Hierarchisches Bauprinzip des Menschen

2.2. Epithelgewebe

2.2.1. Oberflächenepithel

Merke **Das Oberflächenepithel (griech. epitheleo = über etwas hinweg wachsen) ist ein flächenhafter Zellverband, der sowohl die äußere als auch die innere Körperoberfläche auskleidet. Zwischen den sehr dicht aneinander gelagerten Zellen befindet sich eine strukturlose Kittsubstanz.**

Alle Oberflächenepithelien sind gefäßfrei. Ihre Ernährung erfolgt aus den Gefäßen des Bindegewebes, das von den Epithelien bedeckt wird. Das Epithelgewebe ist über eine Basalmembran mit dem Bindegewebe verbunden.

Nach der Form und Schichtung der Zellen lassen sich die Oberflächenepithelien einteilen in:

- Plattenepithel
  - einschichtiges Plattenepithel
  - mehrschichtiges unverhorntes Plattenepithel
  - mehrschichtiges verhorntes Plattenepithel
- kubisches Epithel (isoprismatisches Epithel)
  - einschichtiges kubisches Epithel
- Zylinderepithel (hochprismatisches Epithel)
  - einschichtiges Zylinderepithel
  - mehrreihiges Flimmerepithel
- Übergangsepithel
  - mehrreihiges gedehntes Übergangsepithel
  - mehrreihiges ungedehntes Übergangsepithel

Plattenepithel

Das einschichtige Plattenepithel besteht aus einer Schicht flacher Zellen, die einer Basalmembran aufliegen und untereinander verzahnt sind. Dieses Epithel kommt an inneren Körperoberflächen vor, die wenig mechanisch beansprucht werden und eine besondere Durchlässigkeit fordern. Beispiele dafür sind:

- Gefäß- und Herzinnenräume (Endothel),
- seröse Häute (Brustfell, Bauchfell, Herzbeutel),
- Gelenkinnenhaut,
- Lungenbläschen.

Das mehrschichtige unverhornte Plattenepithel besteht aus dicht übereinanderliegenden Zellen, die in Basalzellen, Zwischenzellen und Oberflächenzellen eingeteilt werden. Die oberen Zellen sind abgeflacht. Dieses Epithel findet man in verschiedenen Schleimhautbereichen:

- Mundhöhle,
- Speiseröhre,
- Scheide.

Sekrete von Schleimdrüsen benetzen dieses Epithel, halten es feucht und schützen es vor Austrocknung.

Das mehrschichtige verhornte Plattenepithel bildet die Oberhaut, und diese schützt den Körper vor Umwelteinflüssen sowie vor dem Austrocknen. Die basalen Zellen teilen sich ständig, die Tochterzellen werden an die Oberfläche der Oberhaut geschoben und machen dabei einen Verhornungsprozeß durch. Die oberflächlichen Zellen enthalten keine Zellkerne und bestehen nur aus Hornschüppchen, die keine Merkmale einer lebenden Zelle mehr aufweisen.

Kubisches Epithel

Die Zellen haben eine gleiche Höhe und Breite. Der zentralliegende Zellkern ist kugelförmig. Dieses zur Resorption und Sekretion befähigte Epithel kommt vor in:

- Abschnitten der Nierenkanälchen,
- Drüsenausführungsgängen,
- kleinen Gallengängen,
- Hirnkammern.

Zylinderepithel

Die Längsachse der Zellen ist größer als ihre Breite. Der ovoide Zellkern liegt im basalen Teil der Zelle. Als einschichtiges Zylinderepithel steht es hauptsächlich im Dienst der Resorption und bildet die Epithelschicht der Schleimhaut folgender Organe:

- Verdauungskanal,
- Gallenblase,
- Gebärmutter.

Das mehrreihige Zylinderepithel (Flimmerepithel) besteht aus Zellen, die alle der Basalmembran aufsitzen. Die Zellkerne sind in unterschiedlicher Höhe angeordnet. An der Zellmembran sind Flimmerhärchen ausgebildet, die einen Flimmerstrom erzeugen. Dieses Epithel kommt in der Schleimhaut der nachfolgenden Organe vor:

- Nasenhöhle,
- Luftröhre,
- Bronchien,
- Eileiter.

Zwischen den mehrreihigen Zellen sind einzellige Drüsen (Becherzellen) eingelagert. Die schleimbildenden Becherzellen und die Flimmerhärchen schützen z.B. die Lungenbläschen vor Staubpartikeln und somit vor einer Verschmutzung.

Übergangsepithel

Es ist ein besonderes mehrreihiges Epithel mit oberflächlich liegenden Deckzellen, die einen schleimartigen Stoff als Schutz gegen den Harn sezernieren. Dieses Epithel paßt sich den wechselnden Füllungszuständen der Harnwege an. Zu den ableitenden Harnwegen gehören:

- Nierenbecken,
- Harnleiter,
- Harnblase,
- Harnröhre (Anfangsteil).

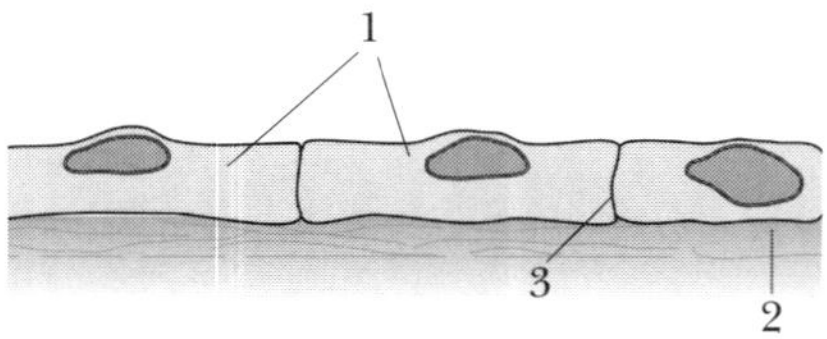

einschichtiges Plattenepithel
1 einschichtige Plattenepithelzellen; **2** Basalmembran; **3** Kittsubstanz

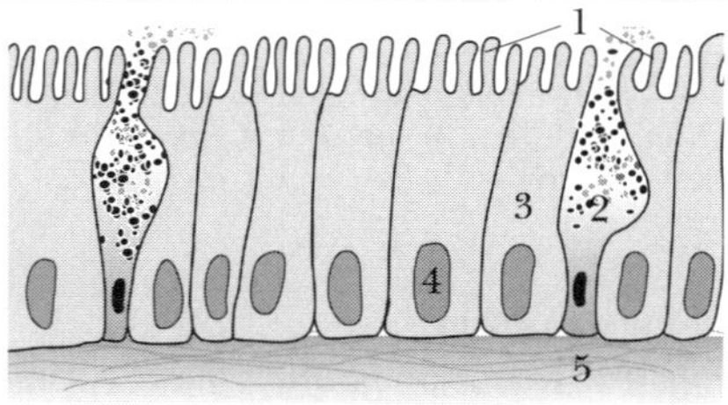

einschichtiges Zylinderepithel
1 Mikrovilli; **2** Becherzellen; **3** Zylinderzelle; **4** basale Zellkerne; **5** Basalmembran

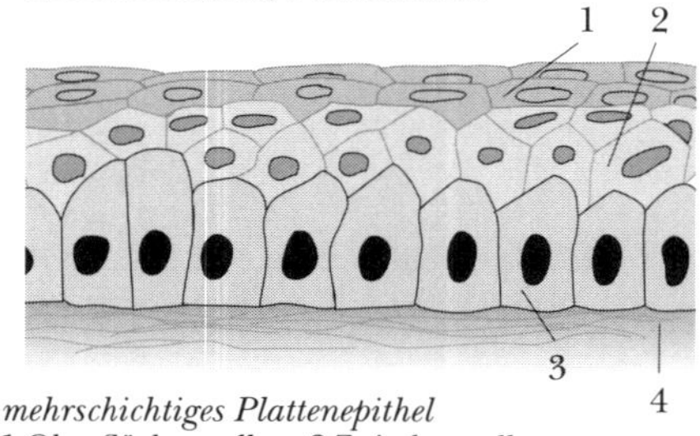

mehrschichtiges Plattenepithel
1 Oberflächenzellen; **2** Zwischenzellen; **3** Basalzellen; **4** Basalmembran

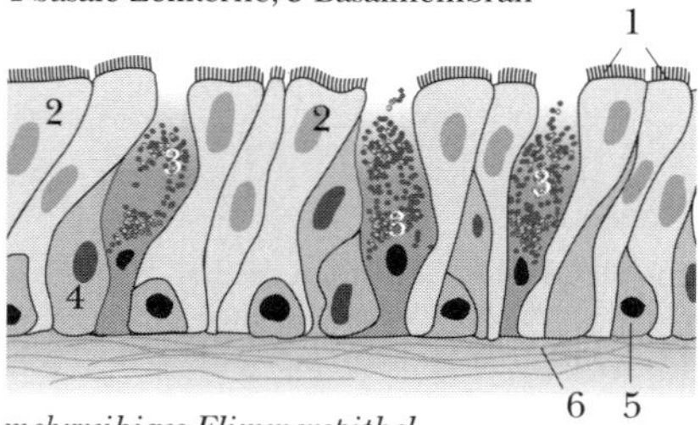

mehrreihiges Flimmerepithel
1 Flimmerhaare; **2** Oberflächenzellen; **3** Becherzellen; **4** Zwischenzellen; **5** rundliche Basalzelle; **6** Basalmembran

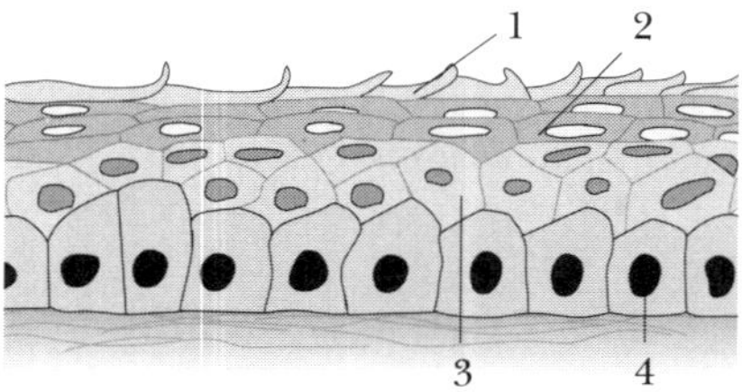

mehrschichtiges, verhorntes Plattenepithel
1 Hornschuppen; **2** Oberflächenzellen; **3** Zwischenzellen; **4** Basalzellen

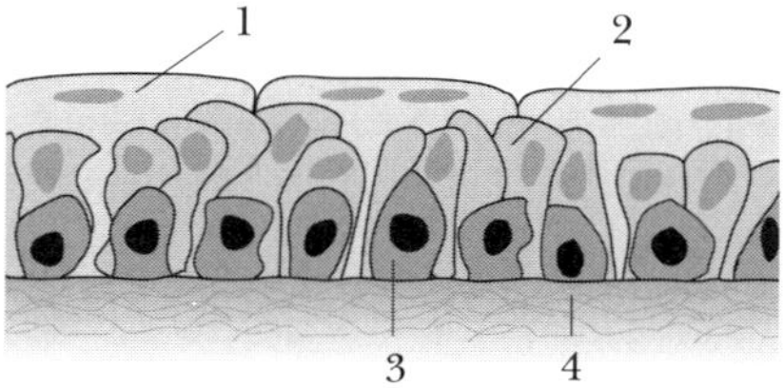

gedehntes Übergangsepithel
1 Deckzellen; **2** Zwischenzellen; **3** Basalzellen; **4** Basalmembran

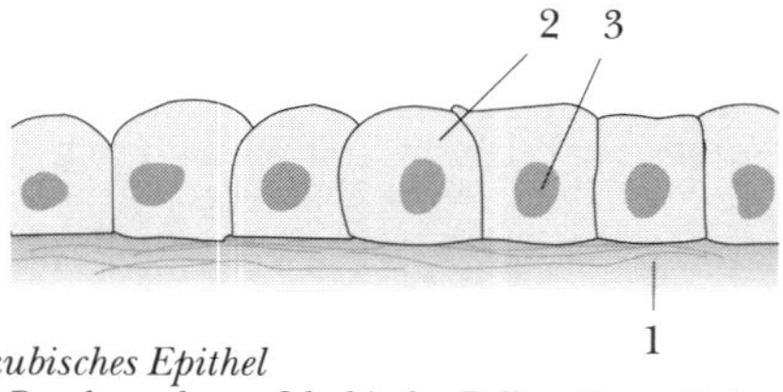

kubisches Epithel
1 Basalmembran; **2** kubische Zellen; **3** rundliche Kerne

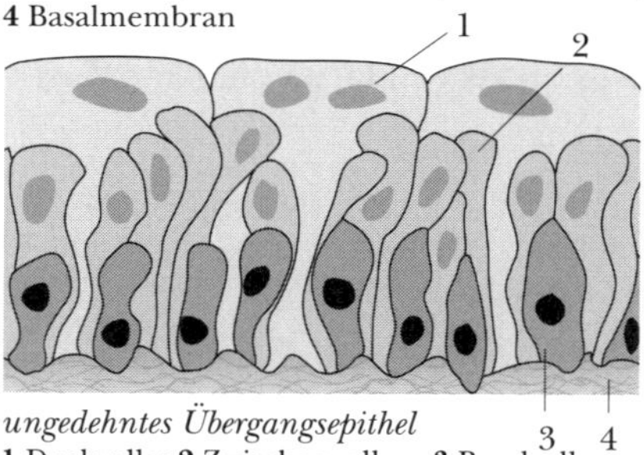

ungedehntes Übergangsepithel
1 Deckzelle; **2** Zwischenzellen; **3** Basalzellen; **4** Basalmembran

Abb. 12 Epithelgewebe

2.2.2. Drüsenepithel

Merke **Drüsen sind Abkömmlinge des Oberflächenepithels. Sie sind durch Differenzierungsvorgänge während der Embryonalentwicklung aus ihm hervorgegangen.**

Drüsenzellen sind stoffwechselaktive Zellen, die besonders zur Sekretion (lat. secretio = Absonderung) befähigt sind. Die Drüsensekretion ist ein aktiver und energieverbrauchender Prozeß und deshalb zeigen Drüsen eine gute Durchblutung und Nervenversorgung.
Drüsen lassen sich nach den folgenden Kriterien einteilen:

- nach der Sekretionsrichtung,
- nach dem gestaltlichen Aufbau,
- nach dem Sekretabgabemodus,
- nach der Sekretzusammensetzung.

Sekretionsrichtung

Drüsen, die keine Verbindung zum Oberflächenepithel aufweisen, geben ihr Produkt an das Blut ab. Drüsen mit dieser inneren Sekretion bezeichnet man als endokrine Drüsen oder, da ihre Produkte Hormone sind, als Hormondrüsen.
Beispiele für derartige Drüsen sind:

- Hirnanhangsdrüse,
- Schilddrüse,
- Nebenschilddrüse,
- Langerhans-Zellen der Bauchspeicheldrüse,
- Nebennieren,
- Keimdrüsen.

Drüsen, die ihre Sekrete über Ausführungsgänge an innere oder äußere Körperoberflächen leiten, nennt man exokrine Drüsen. Die Ausführungsgänge stellen somit die Verbindung zum Muttergewebe her. Beispiele für derartige Drüsen sind:

- Ohrspeicheldrüsen,
- Unterzungendrüsen,
- Unterkieferdrüsen.

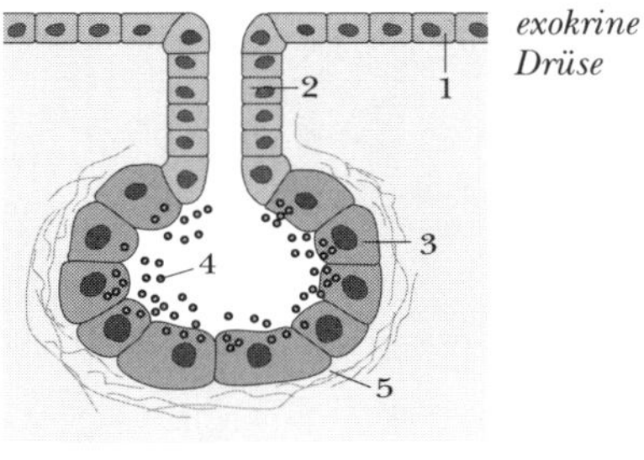

1 Oberflächenepithel; 2 Gangzellen; 3 Drüsenendstück mit sezernierenden Zellen; 4 Sekret; 5 Basalmembran

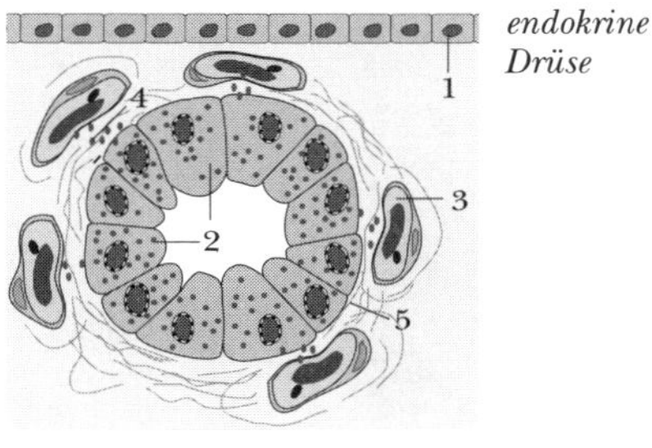

1 Oberflächenepithel; 2 Drüsenzellen; 3 Kapillaren; 4 Inkret; 5 Basalmembran

Abb. 13 Drüsen

Gestaltlicher Aufbau

Die einfachste Struktur besitzen einzellige Drüsen, die im Epithelverband verbleiben. Sie kommen z.B. als exokrine Becherzellen im Darmepithel und im mehrreihigen Flimmerepithel des Atmungssystems vor.

Die exokrinen mehrzelligen Drüsen weisen verschiedene Drüsenendstücke, die aus sezernierenden Drüsenzellen bestehen, auf. Sie können azinös (beerenförmig), tubulös (schlauchförmig) oder alveolär (bläschenförmig) sein.

Die Verbindung zum Herkunftsgewebe kann über einen Ausführungsgang oder ein Ausführungsgangsystem erfolgen.

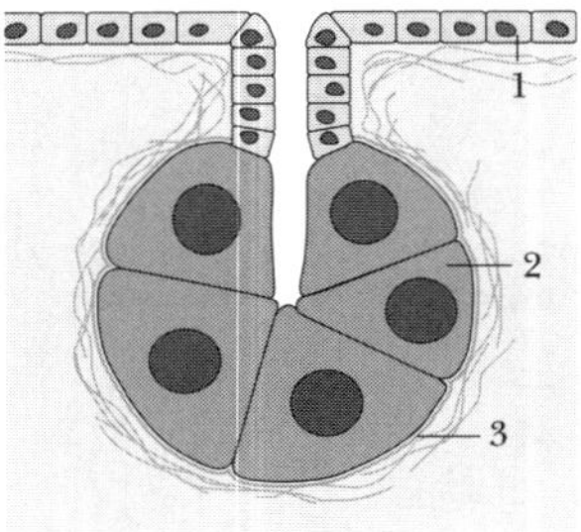

azinöse Drüse

1 Oberflächenepithel
2 beerenförmige Anordnung der Drüsenzellen
3 Basalmembran

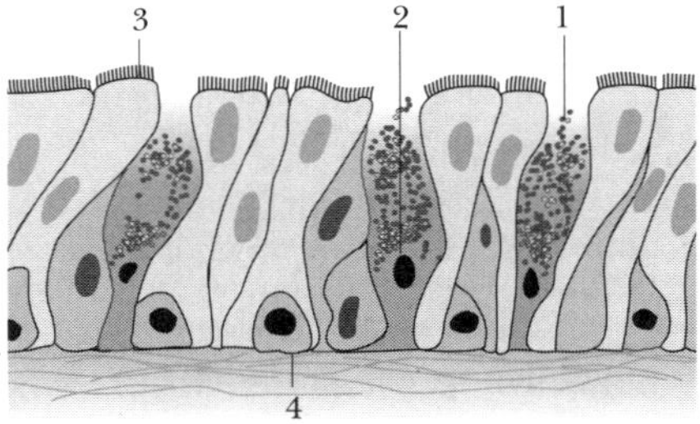

intraepitheliale Becherzelle

1 Sekret
2 Becherzellen
3 Flimmerepithel
4 Basalmembran

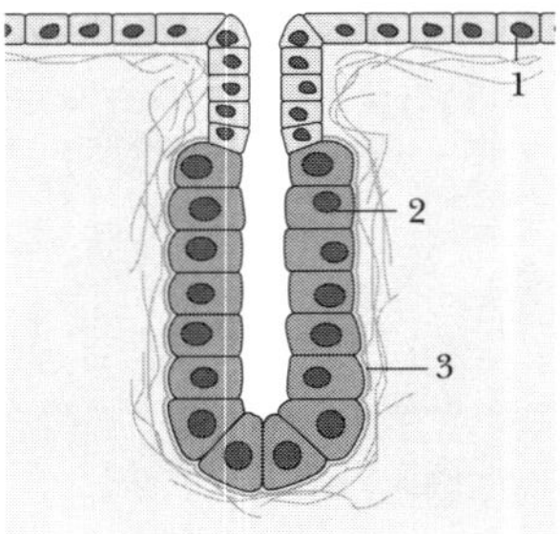

tubulöse Drüse

1 Oberflächenepithel
2 schlauchförmige Anordnung der Drüsenzellen
3 Basalmembran

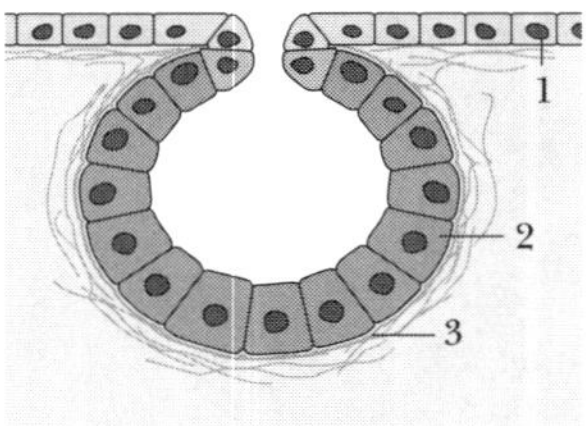

alveoläre Drüse

1 Oberflächenepithel
2 bläschenförmige Anordnung der Drüsenzellen
3 Basalmembran

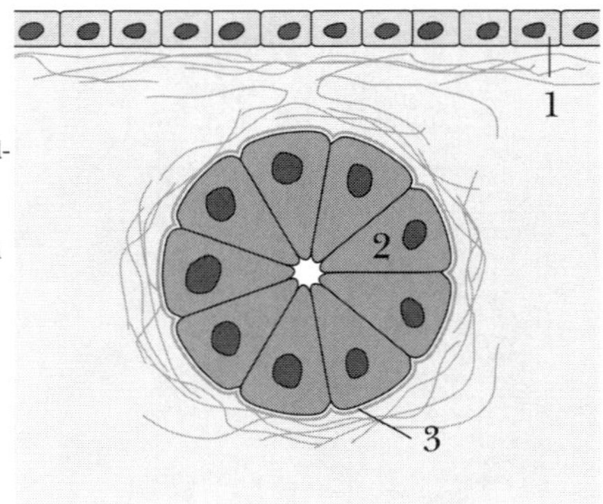

extraepitheliale Drüse

1 Oberflächenepithel
2 Drüsenzellen
3 Basalmembran

Abb. 14 Drüsen

Sekretabgabemodus

Apokrine Drüsen (griech. krinein = absondernd) häufen ihr Sekret in der Zellspitze an. Die Freisetzung des Sekrets erfolgt durch Abschnürung des apikalen (lat. apicalis = zur Spitze hin liegend) Zellbereichs. Mit jeder Sekretion erleidet die Zelle einen Substanzverlust, der wieder ausgeglichen wird. Nach diesem Modus wird das Milchfett von den Brustdrüsenzellen abgegeben.

Merokrine Drüsen (griech. meros = Teil) geben nur einen Teil ihrer Sekretgranula durch den apikalen Teil der Zelloberfläche ab, ohne daß dabei Zellsubstanzverluste auftreten. Endokrine Drüsen, Speicheldrüsen und kleine Schweißdrüsen setzen nach diesem Modus ihr Sekret frei.

Holokrine Drüsen (griech. holos = ganz) sind solche, bei denen sich die ganze Zelle mit Sekret anfüllt und nach Beendigung der Sekretbereitung aus dem Zellverband ausgestoßen wird. Die basalen Zellen ersetzen durch Teilung die untergegangenen Drüsenzellen. Auf diese Art und Weise sezernieren die Talgdrüsen.

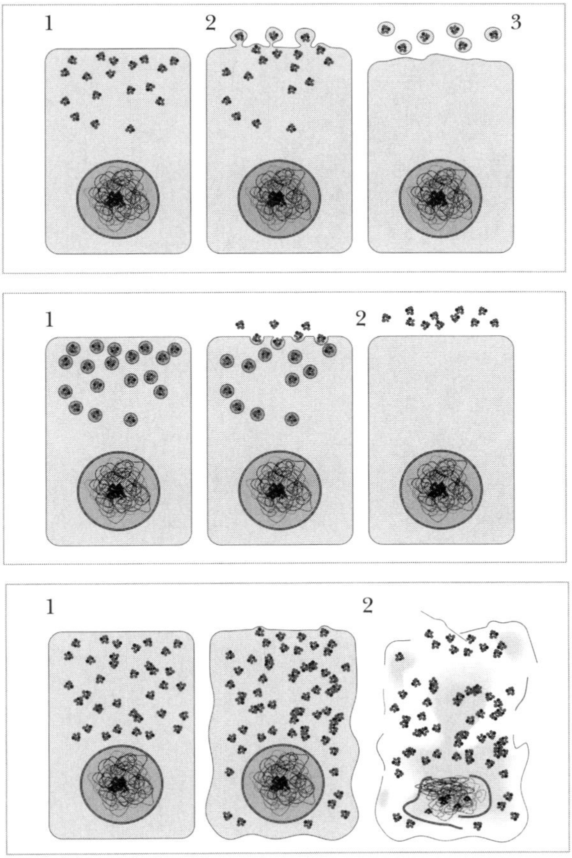

apokrine Sekretion

1 Sammlung des Drüsensekretes in den Zellspitzen
2 beginnende Abschnürung des Zellspitzenbereiches
3 abgeschnürter Spitzenbereich mit Sekret (Zellsubstanzverlust)

merokrine Sekretion

1 Ansammlung von Sekret in der Zellspitze
2 Abgabe eines Teiles der Sekretkörnchen (kein Zellsubstanzverlust)

holokrine Sekretion

1 Anhäufung von Drüsensekret innerhalb der Zelle
2 Auflösung der Zelle, Sekretfreigabe

Abb. 15 Sekretion

Sekretzusammensetzung

Seröse Drüsen (lat. serosus = aus Serum bestehend) produzieren ein dünnflüssiges und eiweißreiches Sekret. Die Bauchspeicheldrüse, die Tränendrüse und die Ohrspeicheldrüse sind seröse Drüsen.
Muköse Drüsen (lat. mucosus = aus Schleim bestehend) bilden ein zähflüssiges und schleimiges Sekret. Beispiele für muköse Drüsen sind die Gaumendrüsen, die Zungengrunddrüsen und die Becherzellen.
Gemischte Drüsen, wie z.B. die Unterkieferdrüse und die Unterzungendrüse, besitzen in ihren Endstücken sowohl seröse als auch muköse Zellen.

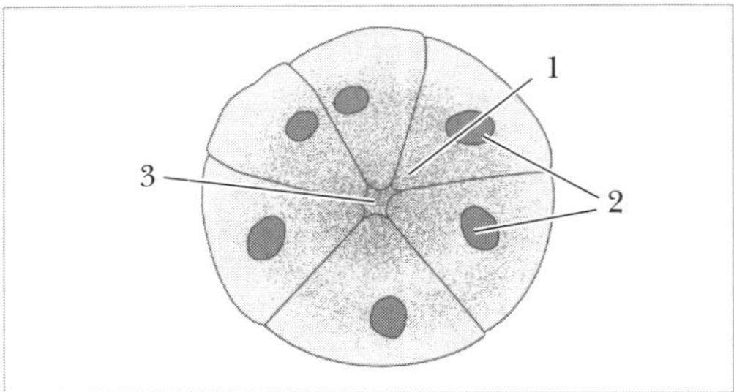

seröse Drüse

1 Abgabe eines dünnflüssigen und proteinreichen Sekretes
2 basale Zellkerne
3 enges Drüsenlumen

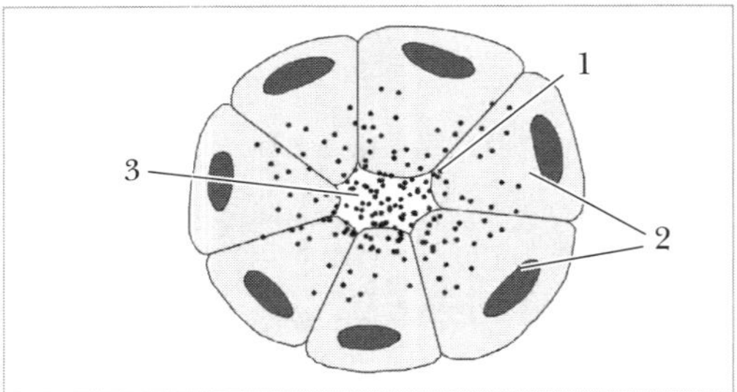

muköse Drüse

1 Abgabe eines zähflüssigen, schleimigen Sekretes
2 randständige Zellkerne
3 weites Drüsenlumen

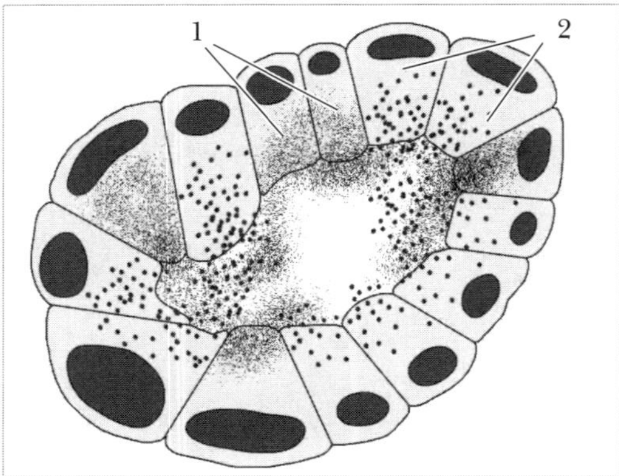

sero-muköse Drüse

1 seröse Drüsenzellen
2 muköse Drüsenzellen

Abb. 16 Drüsen

Zusammenfassung

Oberflächenepithel	Das Oberflächenepithel ist ein Verband von Zellen, der kaum eine Interzellularsubstanz enthält. Es kleidet die äußeren und inneren Körperoberflächen aus.
Einschichtiges Plattenepithel	Dieses Epithel besitzt flache polygonale Zellen, die einer Basalmembran aufsitzen und der transzellulären Stoffpassage dienen.
Mehrschichtiges Plattenepithel	Die Zellen sind übereinander geschichtet und weisen verschiedene Formen auf. Die Basalzellen sind prismatisch und liefern den Zellersatz für abgenutzte oder abgestorbene Oberflächenzellen, die den flachen Zwischenzellen aufliegen. Es dient dem Schutz mechanisch beanspruchter Schleimhäute.
Verhorntes Plattenepithel	Die oberflächlichen Zellen sind verhornt, kernlos und schützen die Haut vor äußeren Einflüssen.
Kubisches Epithel	Die würfelförmigen Zellen dienen der Sekretion und Resorption von Stoffen.
Einschichtiges Zylinderepithel	Die Zellen sind zylinderförmig, haben an der Zellmembranoberfläche kleine Zotten (Mikrovilli) ausgebildet und eignen sich besonders zur Sekretion und Resorption. Eingestreute Becherzellen produzieren Schleim.
Mehrreihiges Flimmerepithel	Dieses Epithel ist eine Sonderform des Zylinderepithels. Alle Zellen sitzen einer Basalmembran auf. Die Flimmerhärchen erzeugen einen Flimmerstrom, der auf die Schleimhäute der Atemwege eine Reinigungsfunktion ausübt.
Übergangsepithel	Die Deckzellen dieses mehrreihigen Epithels schützen die ableitenden Harnwege vor dem aggressiven Harneinfluß. Es kommt als gedehntes und nicht gedehntes Epithel vor.
Drüsen	Drüsen sind Abkömmlinge des Oberflächenepithels.
Exokrine Drüsen	Diese Drüsen geben ihr Sekret über einen Ausführungsgang an innere oder äußere Körperoberflächen ab.
Endokrine Drüsen	Das sind Drüsen, die Hormone herstellen und diese an das Blut abgeben. Ein Ausführungsgang ist nicht vorhanden.
Intraepitheliale Drüsen	Diese einzelligen Drüsen (Becherzellen) liegen innerhalb eines Epithelverbandes.
Extraepitheliale Drüsen	Alle Drüsen, die sich außerhalb eines Epithelverbandes befinden, werden so bezeichnet.
Tubulöse Drüsen	Die Drüsenendstücke sind schlauchförmig angeordnet.
Alveoläre Drüsen	Die Drüsenendstücke sind bläschenförmig.
Azinöse Drüsen	Die Drüsenendstücke sind beerenförmig.
Apokrine Drüsen	Die Drüsen sammeln das Sekret an der Zellspitze und schnüren es mit Membranbestandteilen ab.
Holokrine Drüsen	Die ganze Drüse füllt sich mit Sekret und geht mit der Sekretabgabe zugrunde.
Merokrine Drüsen	Diese Drüsen sondern ihr Sekret ohne Membranverluste ab.
Seröse Drüsen	Diese Drüsen bilden ein eiweißreiches und dünnflüssiges Sekret.
Muköse Drüsen	Diese Drüsen produzieren ein zähflüssiges Sekret.
Gemischte Drüsen	Diese Drüsen produzieren ein sero-muköses Sekret.

Epithelgewebe

Oberflächenepithel

Plattenepithel

- einschichtiges Plattenepithel
- mehrschichtiges Plattenepithel
- mehrschichtig-verhorntes Plattenepithel

kubisches Epithel

- einschichtiges kubisches Epithel

Zylinderepithel

- einschichtiges Zylinderepithel
- mehrreihiges Flimmerepithel

Übergangsepithel

- gedehntes Übergangsepithel
- ungedehntes Übergangsepithel

Drüsenepithel

Ausführungsgang

- exokrine Drüsen (mit Gang)
- endokrine Drüsen (ohne Gang)

Lage der Drüsen

- intraepitheliale Drüsen
- extraepitheliale Drüsen

Gestalt der Drüsenendstücke

- tubulöse Drüsen
- alveoläre Drüsen
- azinöse Drüsen

Sekretionsmodus

- apokrine Drüsen
- holokrine Drüsen
- merokrine Drüsen

Art des Sekretes

- seröse Drüsen
- muköse Drüsen
- sero-muköse Drüsen

2.3. Binde- und Stützgewebe

2.3.1. Bindegewebe

Dieses Gewebe ist ein Abkömmling des embryonalen Bindegewebes. Im Gegensatz zum Epithelgewebe bildet es Zellverbände, bei denen der Abstand zwischen den Zellen größer ist. Die Zwischenräume enthalten geformte und ungeformte Substanzen, deren stoffliche Zusammensetzung sich bei den einzelnen Gewebeformen unterscheidet. Die Zwischenzellsubstanzen werden von den Gewebezellen gebildet und in den Zwischenzellraum eingelagert. Das Verhältnis der zellulären Bestandteile zu den Komponenten der Zwischenzellsubstanz ist das Kriterium für die nachfolgende Klassifikation des Bindegewebes:

zellreiches Bindegewebe

- embryonales Bindegewebe
- gallertiges Bindegewebe
- retikuläres Bindegewebe
- Fettgewebe

faserreiches Bindegewebe

- lockeres Bindegewebe
- straffes Bindegewebe

2.3.1.1. Zellreiches Bindegewebe

Merke **Das zellreiche Bindegewebe ist ein Gewebe, bei dem die zellulären Bestandteile gegenüber den Zwischenzellsubstanzen überwiegen.**

Embryonales Bindegewebe

Dieses Mesenchym ist ein Füllgewebe, das sich überall im Körper des Keimlings ausbreitet. Aus diesem Gewebe entwickeln sich die Binde- und Stützgewebeformen.
Die verzweigten Mesenchymzellen stehen untereinander in Verbindung und bilden ein lokkeres Schwammwerk. Zwischen den Zellen befindet sich eine eiweiß- und kohlenhydratarme Gewebsflüssigkeit, die keine Faserstrukturen enthält. Die Mesenchymzellen sind amöboid beweglich und mitotisch aktiv.

Gallertiges Bindegewebe

Das gallertige Bindegewebe ist eine Sonderform des Mesenchyms und tritt in der Nabelschnur des Föten als Wharton'sche Sulze auf.
Die Bindegewebszellen sind verzweigt und bilden Fibrillen, die in eine gallertige Grundsubstanz eingebettet sind. Diese Gallerte schützt die Nabelschnurgefäße vor deren Abknickung bzw. Verdrehung und sichert somit die Durchgängigkeit der Gefäße.

Retikuläres Bindegewebe

Das retikuläre Bindegewebe (lat. reticularis = netzartig) besteht aus verzweigten Retikulumzellen, die einen netzartigen Zellverband bilden. Zwischen den Zellen befindet sich eine flüssige Interzellularsubstanz, die Erythrozyten, Granulozyten oder Lymphozyten enthält.
Retikulinfasern versteifen das weitmaschige Netz der Retikulumzellen. Retikulumzellen können sich aus dem Zellverband lösen und so Makrophagen bilden.
Das retikuläre Bindegewebe bildet das Grundgewebe für das Knochenmark, die Lymphknoten, die Milz, die Mandeln und das lymphatische Gewebe im Darm.

Fettgewebe

Das Fettgewebe ist eine Sonderform des retikulären Bindegewebes und besteht aus Fettzellen (Lipozyten), die von Retikulinfasern umgeben werden. Kollagene Fasern fassen mehrere

Fettzellen zu Läppchen zusammen. Die Lipozyten speichern Fett in Form eines großen Tropfens, so daß der Zellkern ganz an den Rand der Zelle gedrängt wird.
Das Baufett dient zur Erhaltung der Organlage (Fettkapsel der Niere) oder als Polstermaterial im Bereich der Wange, der Augenhöhle, des Gesäßes, der Fußsohle und des Handtellers. Das gesamte Unterhautgewebe, das große Netz und die Umgebung von Blutgefäßen enthalten Speicherfett. Speicherfett dient als Energiereserve, dem Wärmeschutz, der Regulation des Wasserhaushalts und erfüllt mechanische Aufgaben.

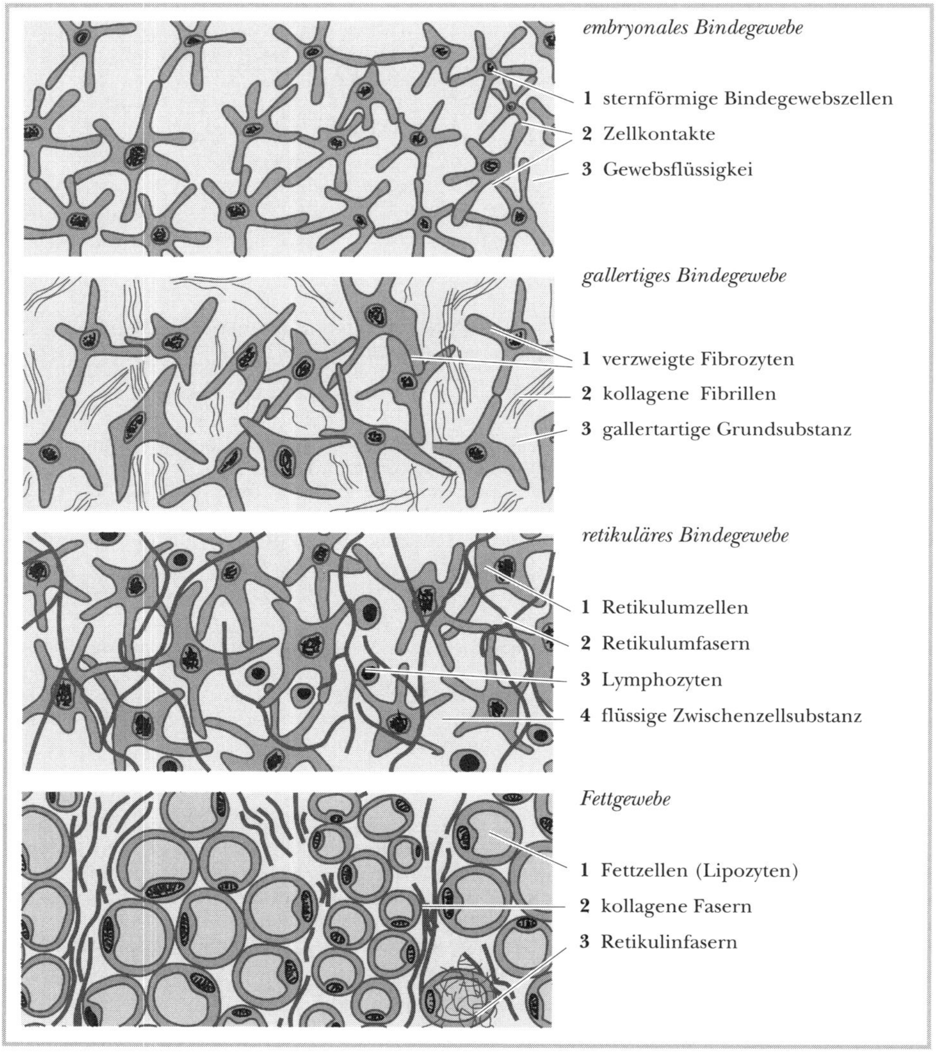

Abb. 17 Bindegewebe

2.3.1.2. Faserreiches Bindegewebe

Merke **Das faserreiche Bindegewebe ist ein Gewebe, bei dem die Fasern als geformte Bestandteile der Zwischenzellsubstanz gegenüber der Zellzahl überwiegen.**

Lockeres Bindegewebe

Das lockere Bindegewebe enthält kollagene, elastische und retikuläre Fasern. Die eigentlichen Bindegewebszellen sind die Fibrozyten. Neben diesen Zellen kommen im lockeren Bindegewebe auch zahlreiche freie Bindegewebszellen vor, wie z.B. Mastzellen, Plasmazellen, Granulozyten und Makrophagen. Zwischen den zellulären und faserigen Bestandteilen ist reichlich Gewebslymphe anzutreffen, die eine große Bedeutung für den Stoffaustausch zwischen den Zellen und dem Blut hat.
Das lockere Bindegewebe ist im menschlichen Körper an verschiedenen Stellen anzutreffen:

- als Füllgewebe zwischen den Organen,
- als Hüllgewebe um Arterien, Venen, Lymphgefäße,
- als Unterlage für Epithelzellen,
- als Unterschleimhaut im Magen-Darmkanal,
- als Endomysium zwischen den Muskelfaserbündeln,
- als Stroma innerhalb von Organen.

Innerhalb und zwischen den Organen ist das lockere Bindegwebe als bindegewebiges Stützgerüst anzutreffen und übt somit eine mechanische Funktion aus. Es erhält die Form der Organe und letztlich die des Körpers. In diesem Gewebe kann Wasser nach Bedarf gespeichert werden. Abwehr- und Regenerationsvorgänge sind ebenfalls an das lockere Bindegewebe gebunden, da es über zahlreiche Entzündungs- und Abwehrzellen verfügt.

Straffes Bindegewebe

Dieses weiß und glänzend aussehende Gewebe ist besonders mechanisch widerstandsfähig, da der Faseranteil innerhalb des Gewebes sehr ausgeprägt ist und nur wenige Zellen vorhanden sind. Verlaufen die Fasern in einer Richtung und liegen dicht beieinander, dann handelt es sich um ein parallelfaseriges straffes Bindegewebe. Sehnen, flache Sehnenplatten (Aponeurosen), Muskelbinden (Faszien) und Bänder bestehen aus diesem Bindegewebe. Verflechten sich die Faserverläufe untereinander und verlaufen in verschiedene Richtungen, dann liegt ein geflechtartiges Bindegewebe vor. Die Nierenkapsel, Milzkapsel, Leberkapsel und Hodenkapsel bestehen aus geflechtartigem Bindegewebe. Sie verleiht den Organen Festigkeit und Elastizität. Die Lederhaut, harte Hirnhaut und die äußere Augenhaut bestehen auch aus diesem Gewebe.

2.3.2. Stützgewebe

Das Stützgewebe zeichnet sich durch seine besondere Festigkeit aus und verleiht dem Körper eine bestimmte Form. Der Grad der Festigkeit hängt von dem Anteil der organischen und anorganischen Grundsubstanz ab. Enthält das Gewebe vorwiegend eine organische Grundsubstanz, dann ist es nicht starr und fest, sondern schneidbar und druckelastisch. Durch Einlagerung von organischen Salzen in die Zwischenzellsubstanz nimmt der Härtegrad des Stützgewebes zu. In die Grundsubstanz sind die entsprechenden Zell- und Faserarten eingebettet. Nach dem Gehalt an Grundsubstanz und Fasermaterial wird das Stützgewebe in die nachfolgenden Gewebearten unterteilt:

Knorpelgewebe
- hyaliner Knorpel
- elastischer Knorpel
- Faserknorpel

Knochengewebe
- Geflechtknochen
- Lamellenknochen

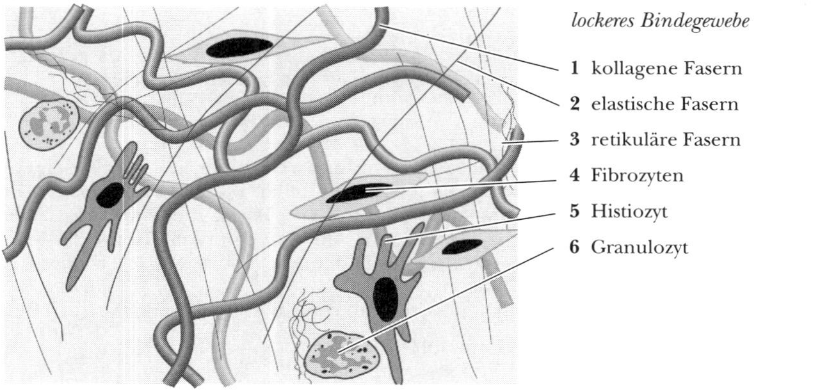

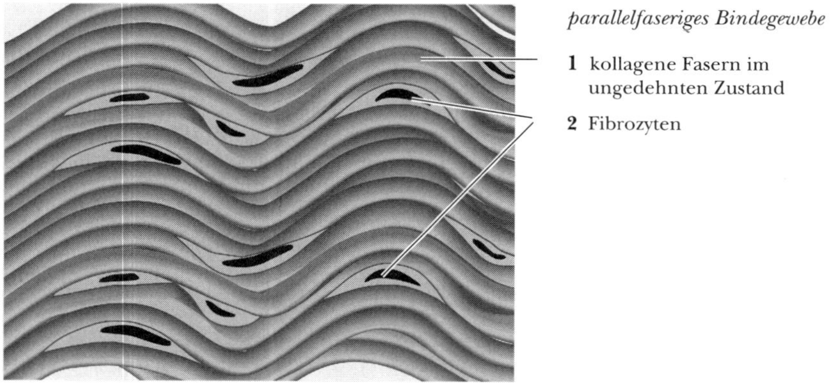

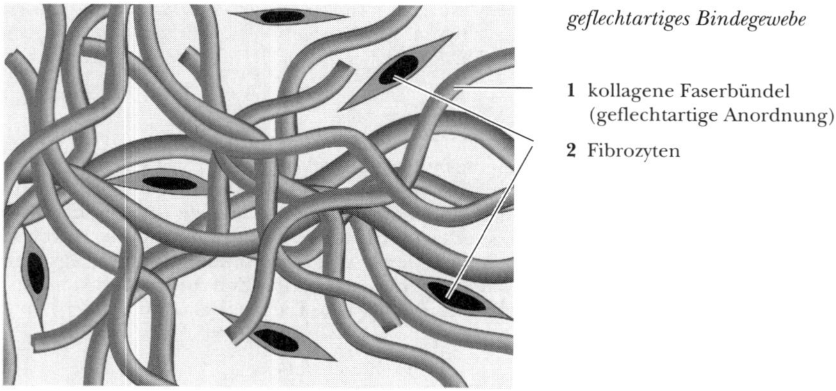

Abb. 18 Bindegewebe

2.3.2.1. Knorpelgewebe

Das Knorpelgewebe ist ein Abkömmling des Mesenchyms. Die rundlichen Knorpelzellen (Chondrozyten) liegen einzeln oder in Gruppen in Knorpelzellhöhlen, die von einer verdichteten Grundsubstanz umgeben werden. Diese morphologisch-funktionelle Einheit wird als Chondron bezeichnet. Die Chondrone sind für die Druckelastizität des Knorpels verantwortlich. Die zwischen den Chondronen gelegene Grundsubstanz enthält:

- 60% Wasser,
- Glykoproteine,
- Proteoglykane,
- kollagene Fasern,
- elastische Fasern,
- Mineralien (geringer Anteil).

Merke **Das Knorpelgewebe besitzt keine eigenen Gefäße, so daß die Ernährung von der gefäßführenden bindegewebigen Hülle des Knorpels durch Diffusion erfolgt.**

Von der gefäßführenden bindegewebigen Hülle (Perichondrium) geht auch das Knorpelwachstum aus.

Hyaliner Knorpel

Der hyaline Knorpel (lat. hyalinos = durchscheinend) besteht etwa zu gleichen Teilen aus kollagenen Fibrillen und einer amorphen Grundsubstanz. Die Fibrillen haben das gleiche Lichtbrechungsvermögen wie die Grundsubstanz und sind lichtmikroskopisch unsichtbar, sie sind maskiert. Der hyaline Knorpel kommt im Körper an folgenden Stellen vor:

- als Schild-, Ring-, Stellknorpel (Kehlkopfknorpel),
- als Knorpel der Luftröhre,
- als Gelenkknorpel,
- als Nasenknorpel,
- als Rippenknorpel,
- als embryonale Skelettanlage (größter Teil).

Elastischer Knorpel

Der Grundbauplan entspricht dem des hyalinen Knorpels. Neben den maskierten kollagenen Fasern enthält die Grundsubstanz elastische Fasern, die deutlich sichtbar sind. Sie verleihen dieser Knorpelart eine hohe Elastizität und geben dem Knorpel seine gelbe Farbe. Der elastische Knorpel kommt an wenigen Stellen des Körpers vor:

- als Ohrknorpel,
- als äußerer Gehörgang,
- als Knorpel der Ohrtrompete (Tuba auditiva),
- als Kehldeckelknorpel,
- als kleinste Bronchialknorpel.

Faserknorpel

Der Faserknorpel besteht vorwiegend aus kollagenen Fasern, die nicht maskiert sind. Dieses Gewebe erweckt den Eindruck, als ob ein straffes Bindegewebe mit eingestreuten Knorpelzellen vorliegt. Deshalb wird der Faserknorpel auch als Bindegewebsknorpel bezeichnet. Die Chondrone sind klein und liegen weiter auseinander als bei den beiden anderen Knorpelarten.

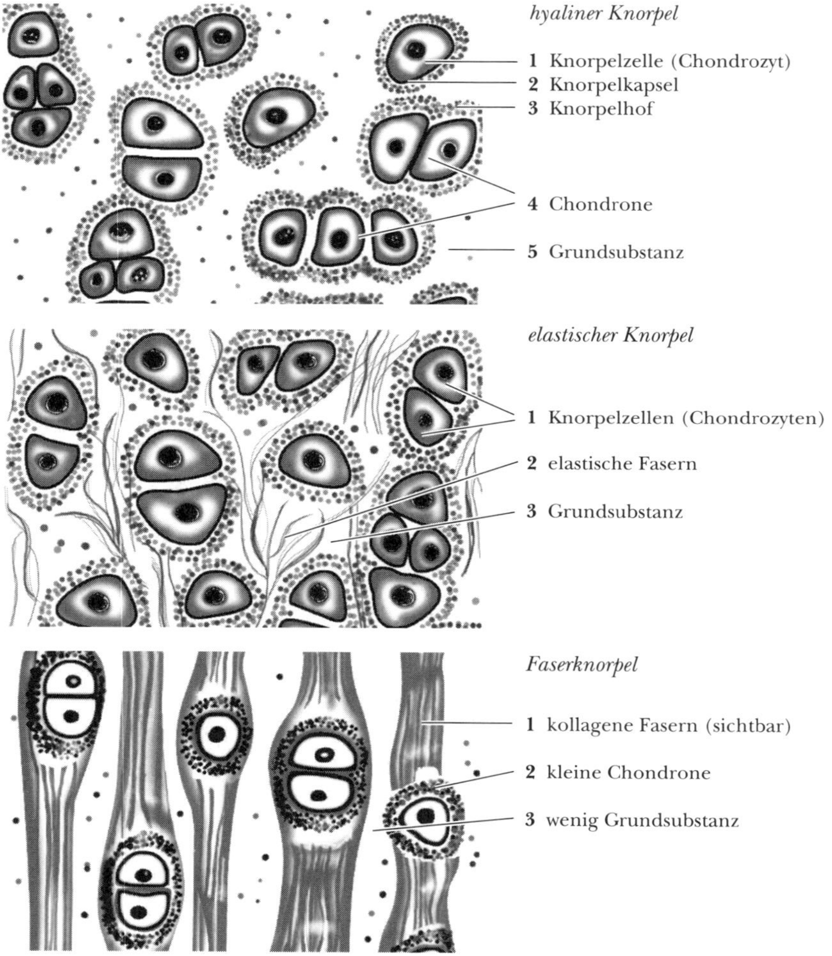

Abb. 19 Knorpelgewebe

Faserknorpel ist ebenfalls nur an wenigen Stellen des Körpers anzutreffen:

- als Zwischenwirbelscheiben,
- als Gelenkscheiben,
- als Gelenklippen,
- als Knorpel der Schambeinfuge.

2.3.2.2. Knochengewebe

Das Knochengewebe übt zwei wesentliche Funktionen im Organismus aus. Es bildet in Form des Skeletts ein hochspezialisiertes Stützgewebe und stellt den Kalzium- und Phosphatspeicher für den Organismus dar.

Merke **Das Knochengewebe ist ein hochspezialisiertes Stützgewebe, das aus Knochenzellen, knochenbildenden Zellen, knochenabbauenden Zellen und einer Grundsubstanz besteht, die sich durch Härte und Festigkeit auszeichnet.**

Die knochenbildenden Zellen (Osteoblasten) sind für die Synthese der Grundsubstanz verantwortlich, zu der die kollagenen Fibrillen, eiweißgebundene Polysaccharide und Wasser zählen. Sie vermitteln dem Knochen die Eigenschaft der Biegeelastizität. Diese organischen Substanzen und das Wasser haben einen 50% igen Anteil an der Gesamtzusammensetzung der Grundsubstanz der Knochen. Die Osteoblasten synthetisieren die alkalische Phosphatase, ein Enzym, das zur Ausfällung der in die Grundsubstanz eingelagerten Kalksalze führt. Es sind 85% Kalziumphosphat, 10% Kalziumkarbonat und 5% Magnesium- und Alkalisalze. Sie verleihen dem Knochen seine Härte und Festigkeit. Die anorganischen Substanzen ergeben einen 50% igen Anteil an der Gesamtzusammensetzung der Grundsubstanz des Knochens.
Die knochenabbauenden Zellen (Osteoklasten) synthetisieren die saure Phosphatase, mit deren Hilfe sie den Knochen abbauen können. Sowohl Aufbau-, Abbau- und Mineralisationsprozesse unterliegen einer hormonellen Steuerung und laufen zeitlebens ab. Sie sind Ausdruck der biologischen Plastizität und besitzen die Fähigkeit zur Anpassung an veränderte Beanspruchungen.

Die Knochenzellen (Osteozyten) liegen in Knochenhöhlen und entsenden zahlreiche Fortsätze, die in zarten Knochenkanälchen verlaufen. Über diese stehen sie untereinander in Verbindung.
Die Osteozyten häufen Kalzium und Phosphat an und regulieren die Enzymaktivität innerhalb des Mineralisierungsprozesses.

Die räumliche Struktur der Osteozyten und die der kollagenen Fasern bestimmen die nachfolgende Unterteilung des Knochengewebes:

- Geflechtknochen (Faserknochen),
- Lamellenknochen (Schalenknochen).

Geflechtknochen

Merke **Der Geflechtknochen ist die primitive Vorläuferform des eigentlichen Knochengewebes. Er ist während der Embryogenese anzutreffen und wird nach der Geburt in den Lamellenknochen umgebaut. Dieser Umbau dauert etwa bis zum fünften Lebensjahr.**

Der Geflechtknochen besteht aus geflechtartig angeordneten kollagenen Fibrillen, zahlreichen Osteozyten und einer Grundsubstanz, die wenig Mineralien enthält. Nur an einigen Stellen des Körpers kann noch Geflechtknochen nachgewiesen werden. Dazu gehören:

- die Ansatzstellen von Muskeln und Sehnen,
- das knöcherne Labyrinth (Innenohr),
- der Alveolarfortsatz und
- die Schädelnähte.

Lamellenknochen

Merke **Der Lamellenknochen ist die Knochenart, die den meisten Knochen des Skeletts beim Erwachsenen zugrunde liegt. Die Knochenzellen, die kollagenen Fasern und die Hartsubstanz weisen konzentrische Anordnungen auf, die man als Lamellensysteme bezeichnet.**

Die morphologisch-funktionelle Einheit des Lamellenknochens ist das Osteon, das aus folgenden Teilen besteht:

- Haverskanal,
- Speziallamellen,
- Kittsubstanz,
- Osteozyten,
- Knochenkanälchen.

Haverskanal
Der Haverskanal verläuft in Längsrichtung des Osteons und führt Blutgefäße, Lymphgefäße und Nervenfasern mit sich.

Speziallamellen
Die Speziallamellen stellen die konzentrisch geschichtete Hartsubstanz dar, in denen feine Knochenkanälchen verlaufen. Etwa 3-50 solcher Lamellen umgeben einen Haverskanal.

Kittsubstanz
Diese Substanz liegt zwischen den Lamellen und enthält die Knochenzellen.

Osteozyten
Die Osteozyten befinden sich in der konzentrisch angeordneten Kittsubstanz und entsenden Fortsätze.

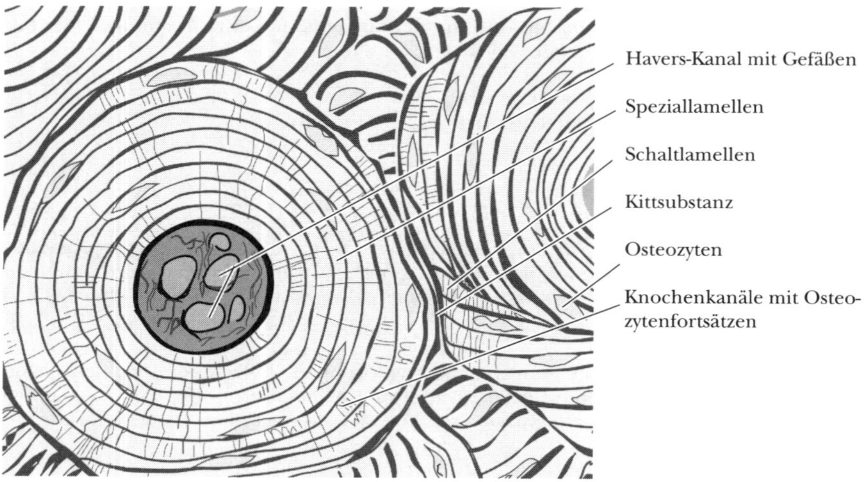

Abb. 20 Osteone eines Lamellenknochens

Knochenkanälchen
In diesen feinen Knochenkanälchen verlaufen die Fortsätze der Osteozyten, die somit untereinander in Verbindung stehen.

Die Osteone unterliegen Ab-und Aufbauvorgängen, und so sind neben neugebildeten Osteonen auch alte Osteone dazwischen geschaltet, die als Schaltlamellen bezeichnet werden. Die Grundlamellen begrenzen die Hartsubstanz des Knochens zur Markhöhle und zur Knochenhaut (Periost) hin. Die innere Schicht der Knochenhaut ist verantwortlich für die Knochenregeneration nach Knochenbrüchen. Die äußere Schicht besteht aus Fasern und verbindet den Knochen mit seiner Umgebung.

Knochenentwicklung

Das Knochengewebe ist ein Abkömmling der Mesenchymzellen, die über zwei Wege den Knochen bilden können. Die direkte Bildung aus einer bindegewebigen Vorstufe bezeichnet man als die desmale Ossifikation. Hierbei wandeln sich die embryonalen Bindegewebszellen in Osteoblasten um und beginnen mit der Synthese der organischen Grundsubstanz. Durch Einlagerung von Kalksalzen und enzymatischer Ausfällung dieser, entstehen Knochenspangen, die zu einem einheitlichen Knochen zusammenwachsen. Auf diese Weise entstehen

- die platten Knochen des Schädeldaches,
- Teile des Schlüsselbeines und
- einige Gesichtsknochen.

Innerhalb des embryonalen Bindegewebes wird zunächst ein hyalines Knorpelskelett angelegt, das nachfolgend in Knochengewebe umgewandelt wird. Diese Knochenentwicklung bezeichnet man als chondrale Ossifikation. Die Mehrheit der Knochen des Skelettsystems entstehen auf diese Weise.

Merke **Die Knochenentwicklung vollzieht sich als desmale Ossifikation (Bindegewebsknochenentwicklung) und als chondrale Ossifikation (Ersatzknochenentwicklung).**

Knochenwachstum

Das Knochenwachstum kann durch Anlagerung von neuem Knochengewebe erfolgen, nachdem zuvor eine Knochenmanschette angelegt wurde. Dieses Dickenwachstum nennt man perichondrale Ossifikation.
Das Längenwachstum ist an die Epiphysenscheibe gebunden, die aus Knorpelgewebe besteht und an der Grenze von Mittelstück und Gelenkende liegt. Sie baut nach beiden Seiten Knorpelgewebe ab, das durch Knochengewebe ersetzt wird, während das Knorpelgewebe der Epiphysenscheibe immer wieder neu gebildet wird. Dieses Längenwachstum bezeichnet man als enchondrale Ossifikation. Es ist etwa mit dem 23. Lebensjahr abgeschlossen.

Zusammenfassung

Zellreiches Bindegewebe	In diesem Gewebe dominieren die zellulären Bestandteile gegenüber der Interzellularsubstanz.
Embryonales Bindegewebe	Aus dieser Muttersubstanz entwickeln sich die Binde- und Stützgewebearten. Es kommt als Füllgewebe im Keimling vor. Die Mesenchymzellen sehen sternförmig aus.
Gallertiges Bindegewebe	Die Nabelschnurgefäße sind in diese Gallerte eingebettet und werden dadurch vor einer möglichen Verdrehung oder Knikkung geschützt.
Retikuläres Bindegewebe	Das retikuläre Bindegewebe liefert das Grundgewebe für die lymphatischen Organe (Milz, Lymphknoten, Tonsillen, Knochenmark).
Fettgewebe	Das Fettgewebe ist ein stoffwechselaktives Gewebe, das siegelringförmige Fettzellen enthält und in Läppchen gegliedert ist.
Faserreiches Bindegewebe	Dieses Bindegwebe besteht vorwiegend aus kollagenen, elastischen und retikulären Fasern.
Lockeres Bindegewebe	Das lockere Bindegewebe enthält Fasern, fixe und freie Zellen, besitzt besonders die Fähigkeit zur Abwehr und Regeneration.
Parallelfaseriges Bindegewebe	Die Faseranordnung ermöglicht den Sehnen, Bändern und Muskelbinden eine Zugbeanspruchung.
Geflechtartiges Bindegewebe	Dieses Bindegewebe ist Bestandteil von Organkapseln.
Knorpelgewebe	Das Knorpelgewebe besteht aus Chondrozyten und einer schneidbaren Zwischenzellsubstanz, die 60-70% Wasser, 10% Mineralien und eine organische Grundsubstanz enthält.
Hyaliner Knorpel	Dieser bläulich und durchscheinende Knorpel enthält maskierte kollagene Fasern und besteht zu 50% aus Chondronen und zu 50% aus einer Zwischenzellsubstanz.
Elastischer Knorpel	Die sichtbaren elastischen Fasern verleihen diesem Knorpel seine gelbe Farbe.
Faserknorpel	Die wenigen Chondrone sind in Längsrichtung der kollagenen Fasern angeordnet.
Chondron	Diese morphologisch-funktionelle Einheit besteht aus Chondrozyten, einer Knorpelzellhöhle und der umgebenden verdichteten Grundsubstanz.
Knochengewebe	Das Gewebe enthält Osteozyten, Osteoblasten, Osteoklasten und eine stark mineralisierte Grundsubstanz.
Geflechtknochen	Dieser Knochen ist die Primitivform des Lamellenknochens.
Lamellenknochen	Die Osteozyten, die Hartsubstanz und die kollagenen Fasern sind konzentrisch angeordnet und ergeben Lamellensysteme.
Osteon	Das ist eine morphologisch-funktionelle Einheit des Knochens, die aus einem Haverskanal, 3-50 konzentrisch angeordneten Lamellen und Osteozyten besteht.
Desmale Ossifikation	Das ist die direkte Entwicklung des Knochens aus dem Mesenchym.
Chondrale Ossifikation	Hierbei entwickelt sich der Knochen aus einem Knorpelskelett.
Perichondrale Ossifikation	Darunter versteht man das Dickenwachstum eines Knochens.
Enchondrale Ossifikation	Dieses Längenwachstum geht von den Epiphysenscheiben aus.

Binde- und Stützgewebe

- **Bindegewebe**
  - **zellreiches Bindegewebe**
    - embryonales Bindegewebe
    - gallertiges Bindegewebe
    - retikuläres Bindegewebe
    - Fettgewebe
  - **faserreiches Bindegewebe**
    - lockeres Bindegewebe
    - straffes Bindegewebe
      - parallelfaseriges Bindegewebe
      - geflechtartiges Bindegewebe
- **Stützgewebe**
  - **Knorpelgewebe**
    - hyaliner Knorpel
    - elastischer Knorpel
    - Faserknorpel
  - **Knochengewebe**
    - Geflechtknochen
    - Lamellenknochen

2.4. Muskelgewebe

Merke **Das Muskelgewebe ist ein hochdifferenziertes Gewebe, das Myofibrillen als spezialisierte Organellen enthält und die Eigenschaft zur Kontraktion besitzt.**

Die Muskelkontraktion ist ein aktiver Vorgang, der an die Existenz von chemischer Energie, Kalziumionen und ATP`asen (Enzyme) gebunden ist. Eine weitere Voraussetzung für den Ablauf einer Muskelkontraktion ist die Übertragung der elektrischen Nervenimpulse auf die Muskulatur und ein funktionierender Muskelstoffwechsel. Innerhalb der Muskulatur befindet sich das gefäßführende lockere Bindegewebe, von dem die Ernährung des Muskelgewebes ausgeht.
Nach morphologisch-funktionellen Merkmalen unterscheidet man:

- die glatte Muskulatur,
- die Herzmuskulatur,
- die Skelettmuskulatur.

Glatte Muskulatur

Das glatte Muskelgewebe besteht aus ovalen oder spindelförmigen Muskelzellen, deren Kerne zentral liegen. Die Zellmembran einer Muskelzelle ist über eine Basalmembran mit der Gitterfaserhülle verbunden, die mit dem Muskelbindegewebe verwachsen ist und somit für eine Kraftübertragung sorgt. Im Grundplasma befinden sich längs angeordnete Myofibrillen (kontraktile Strukturelemente), die unter lichtmikroskopischer Sicht keine Querstreifung ergeben, sondern glatt erscheinen. Mitochondrien, der Golgi-Apparat, das endoplasmatische Retikulum und Glykogeneinlagerungen sind weitere Muskelzellbestandteile.
Die glatten Muskelzellen können unterschiedlich angeordnet sein, zum Beispiel

- als Balken- oder Flechtwerk,
- als Muskelbündel,
- als Nexus (Verschmelzung angrenzender Zellmembranen).

Merke **Die glatte Muskulatur wird über das vegetative Nervensystem versorgt (innerviert). Man findet sie überall dort, wo es nicht auf eine schnelle Muskelkontraktion ankommt.**

Die glatte Muskulatur bildet z.B. die Muskelschicht nachfolgender Organe:

- Luftröhre, Bronchien,
- Speiseröhre (besonders im unteren Drittel),
- Magen, Darm,
- Gallenblase,
- Nierenbecken, Harnleiter, Harnblase,
- Gebärmutter, Eileiter,
- Gefäße.

Herzmuskulatur

Das Herzmuskelgewebe ist eine besondere Form der quergestreiften Muskulatur. Im Gegensatz zur Skelettmuskulatur, die aus vielkernigen Muskelfasern besteht, wird die Herzmuskulatur aus Muskelzellen aufgebaut. Die Herzmuskelzellen sind verzweigt, bilden untereinander Kontaktzonen aus und ergeben in ihrer Gesamtheit ein dreidimensionales Netz. Die Lücken dieses Netzwerkes sind mit einem gefäßführenden lockeren Bindegewebe ausgefüllt. Sowohl die Verzahnung der Zellgrenzen als auch die Einlagerung einer Kittsubstanz an den Kontaktflächen, führen zu der Ausbildung von Glanzstreifen. Die Zellkerne sind zentral gelegen und werden von einem fibrillenfreien Hof umgeben, in dem Glykogen eingelagert ist.

Weitere Bestandteile der Herzmuskelzelle sind:

- Myofibrillen,
- zahlreiche Mitochondrien,
- Golgi-Apparat,
- endoplasmatisches Retikulum,
- Lysosomen.

Die Zellen der Arbeitsmuskulatur des Herzens entsprechen diesem Aufbau. Der Herzmuskel enthält neben der Arbeitsmuskulatur noch spezifische Herzmuskelzellen, die in ihrer Gesamtheit das Erregungsbildungs- und leitungssystem ergeben. Diese Zellen zeichnen sich durch ihre Fibrillenarmut aus und sind viel glykogenreicher als die Arbeitsmuskelzellen. Makroskopisch können beide Zellarten nicht voneinander unterschieden werden.

Skelettmuskulatur

Merke **Das Skelettmuskelgewebe wird vom zentralen Nervensystem versorgt und besteht aus mehrkernigen Muskelfasern, die parallel angeordnet sind und Myofibrillen als spezialisierte Zellorganellen enthalten.**

Die Muskelfasern sind entwicklungsgeschichtlich aus der Verschmelzung langgestreckter Myoblasten hervorgegangen, so daß die Muskelfasern mehrkernige Zytoplasmakomplexe darstellen, die auch als Synzytium bezeichnet werden.
Hauptbestandteile einer Muskelfaser sind:

- Sarkolemm,
- Zellkerne,
- Sarkosomen,
- sarkoplasmatisches Retikulum,
- Myofibrillen,
- Myoglobin,
- Fett, Glykogen, Kreatinphosphat.

In der Umgangssprache wird das Muskelgewebe als Fleisch (griech. sarx = Fleisch) bezeichnet und deshalb ergeben sich für bestimmte Zellbestandteile besondere Bezeichnungen.

Sarkolemm
Die Muskelfasern werden von einer Zellmembran (Plasmalemm) umgeben, an die sich eine Basalmembran anschließt. Letztere wird außen von kollagenen Bindegewebsfasern verstärkt. Diese Baustruktur bezeichnet man als Sarkolemm (griech. sarx = Fleisch; griech. lemma = Rinde, Schale). In regelmäßigen Abständen ziehen schlauchförmige Einstülpungen vom Sarkolemm quer in das Innere der Muskelfaser.

Zellkerne
Im Gegensatz zur Herzmuskulatur sind die Zellkerne der Muskelfaser in das randständige Sarkoplasma eingebettet. Eine Muskelfaser kann mehr als 1000 Kerne enthalten.

Sarkosomen
Sarkosomen sind die Mitochondrien der Muskelfaser und sie liegen ebenfalls im randständigen Sarkoplasma.

Sarkoplasmatisches Retikulum

Es ist das endoplasmatische Retikulum der Muskelfaser und verläuft im randständigen Sarkoplasma zwischen den schlauchförmigen Einstülpungen des Sarkolemms in länglicher Richtung.

Myofibrille
Die Muskelfasern werden in der Längsrichtung von zahlreichen parallelen Eiweißfäden (Myofibrillen) durchzogen. Die einzelne Fibrille ist charakterisiert durch eine Bänderung, die helle und dunkle Abschnitte aufweist. Die Abschnitte liegen bei den benachbarten Fibrillen auf der gleichen Höhe, so daß sich eine Querstreifung ergibt. Deshalb wird die Skelettmuskulatur als quergestreifte Muskulatur bezeichnet. Die breiten dunklen Abschnitte verhalten sich im Polarisationsmikroskop anisotrop (das Licht doppelbrechend) und man nennt sie A-Bänder. Die schmalen hellen Abschnitte sind in ihrem Lichtverhalten isotrop (einfachbrechend) und sie ergeben die I-Bänder.
Unter elektronenmikroskopischer Betrachtung können Aktin- und Myosinfilamente als Bestandteile der Myofibrillen erkannt werden. Die dicken Myosinfilamente sind den A-Bändern und die dünnen Aktinfilamente den I-Bändern zuzuordnen.
Beide Myosinfilamente stehen über Querbrücken miteinander in Verbindung. Diese lösen sich während der Kontraktion und die Aktinfilamente gleiten in die Myosinfilamente hinein und bilden neue Querbrücken aus. Die hellen Bänder verkürzen sich dabei. Da die Aktinfilamente der Myofibrillen am Sarkolemm angeheftet sind, kommt es zu einer Kraftübertragung und Verkürzung der Muskelfasern.

Myoglobin
Das Myoglobin ist ein eisenhaltiges Protein, das Sauerstoff binden kann. Innerhalb eines Skelettmuskels lassen sich verschiedene Fasertypen unterscheiden. Fasertypen mit geringem Myoglobingehalt erscheinen hell und kontrahieren sich schnell, sind aber nicht geeignet für langdauernde Kontraktionen. Dagegen enthalten die dunklen Fasertypen reichlich Myoglobin und kontrahieren sich langsam, aber langanhaltend.

Fett, Glykogen, Kreatinphosphat
Diese paraplasmatischen Substanzen dienen dem Muskel zur Energiebereitstellung.
Die einzelnen Muskelfasern werden von einem Bindegewebe umgeben, dem Endomysium. Das Perimysium schließt mehrere Muskelfasern zu größeren Muskelfaserbündeln zusammen. Sie ergeben in ihrer Gesamtheit den Muskel. Die abschließende Bindegewebsumhüllung bildet das Epimysium. Die freie Oberfläche des Muskels wird von einer Muskelbinde, die aus straffem Bindegewebe besteht, überzogen. Diese Muskelfaszie ist verantwortlich für die Muskelform.
Die Skelettmuskulatur kommt im Körper an folgenden Stellen vor:

- Skelettmuskulatur,
- Zungenmuskulatur,
- Schlundmuskulatur,
- Speiseröhrenmuskulatur (oberes Drittel),
- äußerer Schließmuskel.

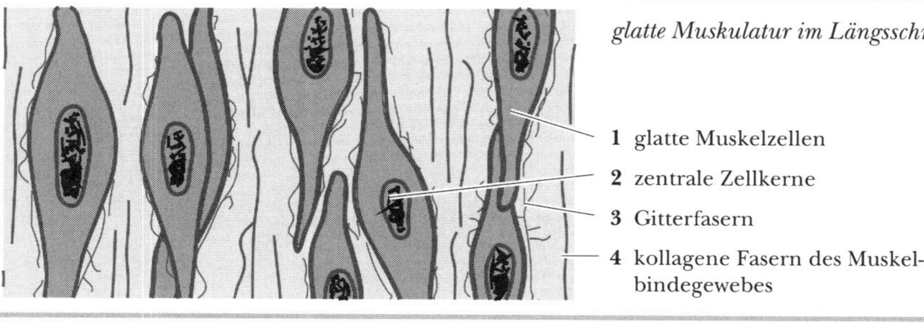

glatte Muskulatur im Längsschnitt

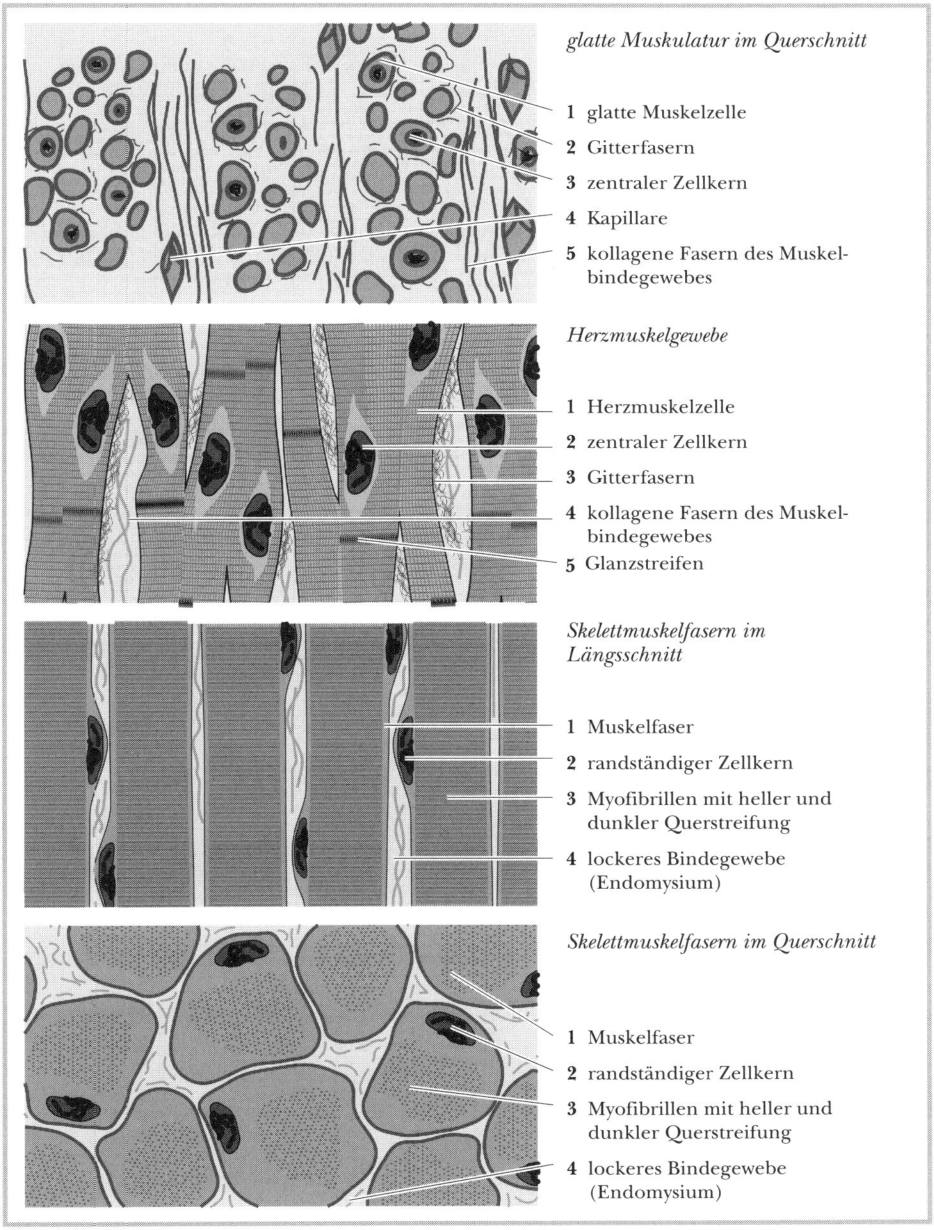

Abb. 21 Muskelgewebe

Zusammenfassung

Muskelgewebe	Das Muskelgewebe besteht aus spezialisierten Zellorganellen, den Myofibrillen, die die Eigenschaft zur Kontraktion besitzen.
Glatte Muskulatur	Die Myofibrillen dieser Muskelzellen weisen keine Querstreifung auf. Der Kontraktionsverlauf vollzieht sich langsam und unwillkürlich. Die Muskelschichten der Eingeweideorgane bestehen aus glatter Muskulatur.
Herzmuskulatur	Das hochspezialisierte Muskelgewebe enthält Herzmuskelzellen, die ein dreidimensionales Netz aufbauen und deren Zellgrenzen lichtmikroskopisch als Glanzstreifen zu sehen sind.
Herzarbeitsmuskulatur	Diese Herzmuskelzellen ermöglichen die Herzaktionen (Systole, Diastole).
Spezifische Herzmuskulatur	Die spezifischen Herzmuskelzellen bilden die Erregung und leiten sie zur Arbeitsmuskulatur weiter. Ihr Gehalt an Myofibrillen ist gering, dafür der Glykogengehalt entsprechend höher.
Skelettmuskulatur	Die Skelettmuskulatur besteht aus Muskelfasern, die sich willkürlich kontrahieren können.
Sarx	Sarx ist ein griechisches Wort und bedeutet Fleisch. Das Fleisch, das wir essen, besteht vorwiegend aus Muskulatur und daher werden bestimmte Faserbestandteile anders bezeichnet.
Sarkolemm	Das ist die Zellmembran der Muskelfaser. Sie besteht aus dem Plasmalemm, der Basalmembran und kollagenen Fasern.
Sarkoplasma	Das ist das Grundplasma der Muskelfaser, in die Zellorganellen eingebettet sind.
Sarkoplasmatisches Retikulum	Es entspricht dem endoplasmatischem Retikulum anderer Zellen.
Sarkosomen	Das sind die Mitochondrien der Muskelfaser.
Myofibrillen	Die Myofibrillen sind kontraktile Proteine, die aus Aktin- und Myosin-Filamenten bestehen.
Myoglobin	Dieser Muskelfarbstoff ähnelt in seiner chemischen Zusammensetzung dem Hämoglobin (roter Blutfarbstoff) der Erythrozyten und bindet Sauerstoff.
Endomysium	Die einzelnen Muskelfasern sind von diesem lockeren Bindegewebe umgeben.
Perimysium	Mehrere Fasern werden durch dieses Bindegewebe zu Muskelfaserbündel zusammengefaßt.
Epimysium	Es bildet die abschließende Bindegewebsumhüllung.
Muskelfaszie	Sie besteht aus straffem Bindegewebe und umgibt die freie Oberfläche des Muskels.

Muskelgewebe

- glatte Muskulatur
- Herzmuskulatur
  - Arbeitsmuskulatur
  - spezifische Muskulatur
- Skelettmuskulatur

2.5. Nervengewebe

Merke **Im Gegensatz zum Binde- und Stützgewebe, das sich aus dem Mesoderm (mittleres Keimblatt) entwickelt hat, stammt das Nervengewebe aus dem Ektoderm (äußeres Keimblatt). Es ist ein stark differenziertes Gewebe mit der Fähigkeit zur Erregungsbildung, - leitung und - verarbeitung sowie Reizbeantwortung.**

Die Zellen des Nervengewebes entstehen aus Stammzellen, die sich im Neuralrohr des Ektoderms befinden. Aus den Neuroblasten entwickeln sich die Nervenzellen und die nichtnervösen Hüll- und Stützzellen sind Abkömmlinge der Glioblasten.

Nervenzelle

Die Nervenzellen, auch Ganglienzellen oder Neurozyten genannt, haben ihre Mitosefähigkeit verloren. Sie können sich nicht mehr teilen und untergegangene Nervenzellen sind nicht durch neue ersetzbar.
In ihrer Größe und Form variieren die Nervenzellen sehr stark. Die kleinsten Nervenzellen sind etwa 4 µm und die größten 150 µm breit. Die Beetz'schen Riesenzellen sind die Ursprungszellen der Pyramidenbahn, befinden sich in der Hirnrinde und zählen mit zu den größten Zellen des Körpers.
Nervenzellen sind funktionell bipolar, d.h. sie besitzen einen Erregungseingang und einen Erregungsausgang. Der Erregungsaufnahme dienen Nervenfortsätze, die man Dendriten (griech. dendron = Baum) nennt. Diese verzweigten Nervenfasern leiten der Nervenzelle elektrische Erregungen zu. Der Neurit (griech. neuron = der Nerv) überträgt die Erregung auf eine andere Nervenzelle, auf eine Muskelfaser oder eine bestimmte Drüse.

Merke **Eine Nervenzelle mit ihren Fortsätzen bezeichnet man als Neuron. Es ist die kleinste morphologisch- funktionelle Einheit des Nervengewebes.**

Nervenzellen sind zur Bildung einer Zwischenzellsubstanz nicht in der Lage. Nach der Anzahl der vorkommenden Fortsätze werden verschiedene Nervenzelltypen unterschieden:

- unipolare Nervenzellen,
- bipolare Nervenzellen,
- pseudounipolare Nervenzellen,
- multipolare Nervenzellen.

Unipolare Nervenzellen
Nervenzellen, die nur einen Fortsatz besitzen, befinden sich in der Netzhaut des Auges. Sie werden als Stäbchen- und Zapfenzellen bezeichnet. Die Riechregion und das Innenohr enthalten auch unipolare Nervenzellen.

Bipolare Nervenzellen
Diese Nervenzellen verfügen über zwei Fortsätze, die vom Zelleib an gegenüberliegenden Polen abzweigen. Die Ganglien (Ansammlung vieler Nervenzellen) der Netzhaut und des Innenohres enthalten bipolare Nervenzellen.

Pseudounipolare Nervenzellen
Sie gehen aus den bipolaren Nervenzellen hervor. Unsymmetrisches Wachstum führt beide Fortsätze zusammen, so daß sie gemeinsam aus dem Zelleib entspringen. Die sensiblen Ganglien des Rückenmarkes bestehen aus pseudounipolaren Nervenzellen.

Multipolare Nervenzellen
Sich mehrfach teilende Dendriten sind typisch für diese Nervenzellen, die am gegenüberliegenden Pol einen Neuriten aufweisen. Die Neurone des Gehirns und Rückenmarks sind multipolar.

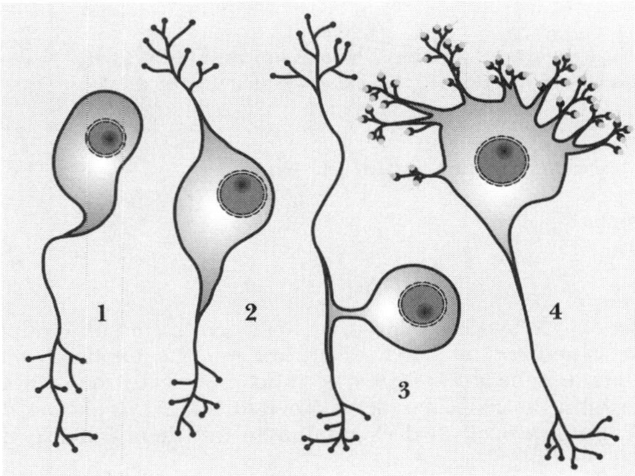

1 unipolare Nervenzelle
2 bipolare Nervenzelle
3 pseudounipolare Nervenzelle
4 multipolare Nervenzelle

Abb. 22 Nervenzelltypen

Neben den üblichen Zellorganellen enthält eine Nervenzelle die Neurofilamente, die Nissl-Substanzen und gelegentlich Pigmente. Die Neurofilamente zählen zum Zytoskelett der Nervenzelle und bestehen aus Filamenten und Mikrotubuli. Die Nissl-Substanz entspricht dem granulären ER und ergibt nach der Anfärbung ein fleckiges Aussehen. Sie wird deshalb auch als Tigroidsubstanz bezeichnet (griech. tigroid = fleckig). Einige Nervenzellansammlungen im Gehirn (Kerngebiete) enthalten Pigmente, die ihnen eine bestimmte Farbe verleihen. Der rote Kern (Nucleus ruber) enthält feine Eiseneinlagerungen, die ihm seine Farbe geben. Der schwarze Kern (Nucleus niger) besitzt Melaninkörnchen, die die Nervenzellen dunkel erscheinen lassen. Beide Kerngebiete kommen im Mittelhirn vor.

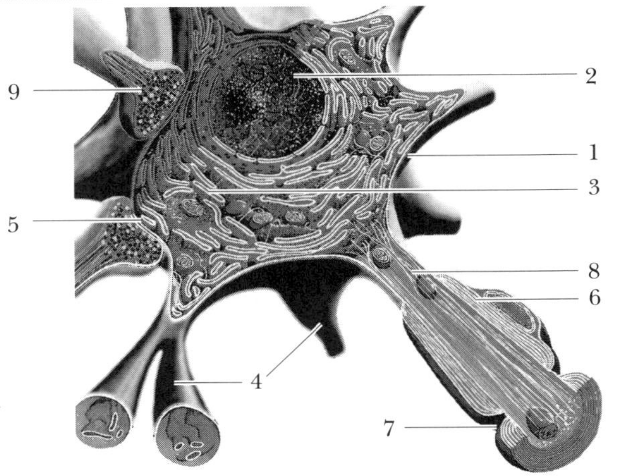

1 Zellkörper
2 Zellkern
3 Nissl-Substanz (ER)
4 Dendriten
5 Synapse
6 Gliascheide
7 Ranvierscher Schnürring
8 Axon
9 Endköpfe

Abb. 23 Struktur eines Neurons

Nervenfaser

Merke **Eine Nervenfaser ist ein Neurit, der von einer Gliascheide umgeben wird. Da dieser in der Achse der Gliascheide verläuft, wird der Neurit auch als Axon oder Achsenzylinder bezeichnet.**

Nach dem Bau werden nachfolgende Nervenfaserarten unterschieden:

- markhaltige Nervenfasern,
- marklose Nervenfasern.

Markhaltige Nervenfasern
Die peripheren Nervenfasern werden von Schwann-Zellen umgeben, den scheidenbildenden Gliazellen des peripheren Nervensystems. Sie umfassen das Axon und bilden dabei eine Zellmembranverdopplung. Die Schwann-Zelle umwickelt das Axon mehrfach, so daß eine spiralig aufgebaute Gliascheide entsteht, die zwischen den Lamellen noch Zytoplasma der Schwann-Zelle enthält. In einem Reifungsprozeß wird es zusammen mit dem Zellkern der Schwann-Zelle nach außen verlagert. Die reife Gliascheide besteht aus

- dem Axon umgebenden Zytoplasma,
- der Markscheide und
- dem äußeren kernhaltigen Zytoplasma.

Merke **Die reife Markscheide besteht aus spiralig angeordneten Schichten doppelter Zellmembranen der Schwann-Zelle.**

An der Gliascheidenbildung eines Axons sind mehrere Schwann-Zellen beteiligt. Jede Schwann-Zelle umwickelt nur eine Teilstrecke, so daß zwischen zwei Schwann-Zellen die Markscheide fehlt. An diesen Stellen kommt es zu Einschnürungen, den Ranvier`schen Schnürringen. Den Abschnitt zwischen zwei Schnürringen bezeichnet man als Schwann`-sches Segment.
Die zentralen markhaltigen Nervenfasern erhalten ihre Markscheiden durch die Oligodendrozyten, die eine Gliazellart des zentralen Nervensystems repräsentieren. Diese Gliazellen umwickeln mehrere Axone.
Die Markscheiden sind unterschiedlich ausgeprägt, so daß dickere von dünneren Markscheiden unterschieden werden können. Die elektrische Erregung wird von den Nervenfasern mit dicken Markscheiden schneller geleitet als von denen mit dünneren Markscheiden.
Die Markscheiden üben nachfolgende Funktionen aus:

- Sie ermöglichen eine sprunghafte Erregungsleitung und isolieren das Axon gegenüber der Umwelt.

Marklose Nervenfasern
Sowohl im peripheren als auch im zentralen Nervensystem werden die entsprechenden Neuriten nicht von Gliazellen umhüllt, sondern lediglich in diese eingebettet.
Diese Nervenfasern leiten die Erregung langsam.

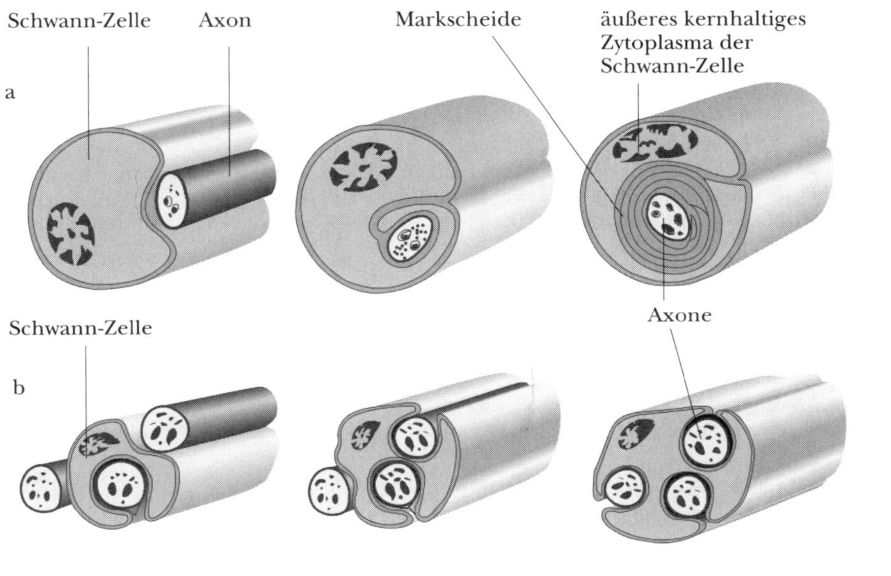

a) Gliascheidenbildung eines markhaltigen Nerven
b) Gliascheidenbildung eines marklosen Nerven

Abb. 24 Gliascheidenbildung (nach G. H. Schumacher, 1984)

Peripherer Nerv

Merke **Der periphere Nerv enthält mehrere Nervenfaserbündel, die vom gefäßhaltigen Bindegewebe umhüllt werden.**

Der Querschnitt eines solchen Nervs besteht aus

- den Nervenfasern mit
- ihrem Endoneurium,
- den Nervenfaserbündeln mit
- ihrem Perineurium und
- dem Epineurium.

Endoneurium
Das Endoneurium setzt sich aus lockerem Bindegewebe zusammen und umgibt die einzelnen Nervenfasern.

Perineurium
Dieses straffe Bindegewebe faßt Nervenfasern zu Bündeln zusammen.

Epineurium
Alle Nervenbündel werden von diesem lockeren Bindegewebe umschlossen. Es stellt eine verschiebliche Verbindung zur Umgebung des Nervs dar.

Synapse

Merke **Synapsen (griech. synhapsis = Verknüpfung) sind Umschaltstationen für die Übertragung der elektrischen Erregung von einem Neuron auf ein anderes oder auf Erfolgsorgane, wie z.B. die Muskeln und die Drüsen.**

Die Synapsen haben folgenden Aufbau:

- knopfartig aufgetriebene Axonendigung (franz. le bouton = Knopf, Knospe),
- Synapsenspalt,
- Membran der Rezeptorzelle.

Bouton
Im Synapsenbereich wird das Axon nicht von einer Gliascheide umgeben. In der knopfartigen Axonendigung befinden sich Mitochondrien und vor allem synaptische Bläschen. Sie enthalten einen chemischen Überträgerstoff, den Transmitter (lat. transmittere = hinüberschicken). Der Membranabschnitt, der sich vor dem synaptischen Spalt befindet, heißt präsynaptische Membran.

Synapsenspalt
Der synaptische Spalt beträgt 20-35 nm und enthält Zucker- und Eiweißverbindungen.

Membran der Rezeptorzelle
Diese Membran ist dem synaptischen Spalt nachgeschaltet und wird als postsynaptische Membran bezeichnet. Sie verfügt über Membranrezeptoren für die Bindung des Transmitters.

Bei einer Erregungsübertragung wandern die synaptischen Bläschen an die präsynaptische Membran und entleeren ihren Transmitter in den synaptischen Spalt. Der chemische Überträgerstoff gelangt zur postsynaptischen Membran und wird von deren Rezeptoren gebunden. Die Erregung kann weitergeleitet oder gehemmt werden, das hängt von der Art des Transmitters ab und von der Beschaffenheit der postsynaptischen Rezeptoren.
Als chemische Überträgerstoffe wirken z.B. Adrenalin, Noradrenalin, Acetylcholin, Dopamin, Histamin und Serotonin.

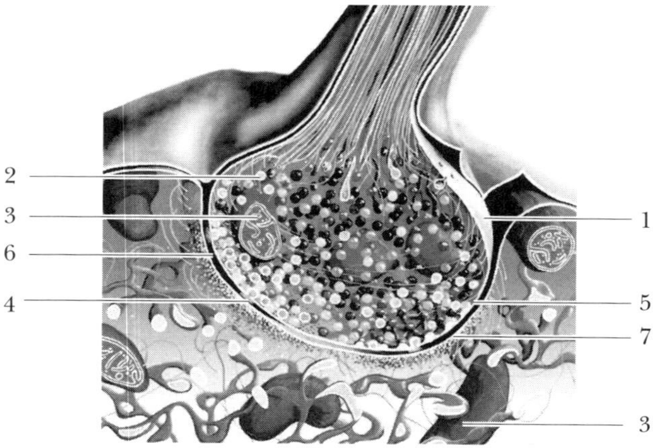

1 Bouton
2 synaptische Bläschen
3 Mitochondrium
4 Transmitter
5 präsynaptische Membran
6 synaptischer Spalt
7 postsynaptische Membran mit Rezeptoren

Abb. 25 Aufbau einer Synapse

Merke **Die Synapsen eines Neurons enthalten in der Regel nur eine Transmitterart. Deshalb kann ein Neuron entweder nur erregende oder nur hemmende Wirkungen entfalten.**

Gliazelle

Merke **Die Gliazellen (griech. glia = Kitt, Leim) bilden die Gesamtheit der nichtnervösen Stütz- und Hüllzellen des Nervengewebes. Im Gegensatz zu den Nervenzellen haben sie ihre Mitosefähigkeit nicht verloren.**

Die Gliazellen kommen sowohl im zentralen als auch im peripheren Nervensystem vor. Es werden nachfolgende Gliazellen unterschieden:

- zentrale Neuroglia (Gliazellen des zentralen Nervensystems),
- periphere Neuroglia (Gliazellen des peripheren Nervensystems).

Zentrale Neuroglia
Zu der Glia im zentralen Nervensystem zählen z.B.:

- Ependymzellen,
- Astrozyten,
- Oligodendrozyten,
- Hortega-Zellen.

Ependymzellen: Die Ependymzellen kleiden die Hirnkammern aus. Sie besitzen Flimmerhaare, die eine Hirnwasserbewegung erzeugen. Die Ependymzellen sind untereinander verbunden und stellen die morphologische Grundlage für die Hirnwasser-Hirn-Schranke dar.

Astrozyten: Die Astrozyten sind die größten Gliazellen und werden deshalb als Makroglia bezeichnet. Sie kommen in der Nähe von Blutgefäßen vor und vermitteln den Stoffaustausch zwischen den Kapillaren und den Nervenzellen. Desweiteren regulieren sie das Elektrolytgleichgewicht im Gehirn. Astrozyten und die Basalmembran, die die Kapillaren umgibt, bilden zusammen die Blut-Hirn-Schranke. Astrozyten können phagozytieren und Glianarben bilden. Die Narbenbildung erfolgt, wenn Defekte der Hirnsubstanz vorliegen.

Oligodendrozyten: Die Oligodendrozyten sind für die Gliascheidenbildung im zentralen Nervensystem verantwortlich.

Hortega-Zellen: Die kleinen Hortega-Zellen sind amöboid beweglich. Sie befinden sich in der Nähe von Blutgefäßen und besitzen die Fähigkeit zur Phagozytose. Zusammen mit den Oligodendrozyten werden sie zu der Mikroglia des zentralen Nervensystems gerechnet.

Periphere Neuroglia
Zu der peripheren Glia gehören die

- Schwann-Zellen und die
- Mantelzellen.

Schwann-Zellen: Die Schwann-Zellen bilden die Gliascheiden der Axone im peripheren Nervensystem.
Sie isolieren, wie die Oligodendrozyten, die Nervenfasern von dem umgebenden Gefäßbindegewebe und ermöglichen eine schnelle Erregungsleitung.

Mantelzellen: Die Mantelzellen umhüllen in einer epithelartigen Schicht die Nervenzellen und vermitteln deren Stoffaustausch mit ihrer Umgebung.

Merke **Die Gliazellen üben Hüllfunktionen, Stützfunktionen, formerhaltende Funktionen, Stofftransportfunktionen, Ernährungsfunktionen, Abwehrfunktionen und Narbenbildungsfunktionen aus. Damit entspricht das Gliagewebe einem Bindegewebe.**

Zusammenfassung

Nervengewebe	Das Nervengewebe ist ein hochdifferenziertes Gewebe, das aus Nervenzellen und Gliazellen besteht.
Neuron	Eine Nervenzelle mit ihren Fortsätzen wird als Neuron bezeichnet. Nervenzellen sind immer funktionell bipolar.
Unipolare Nervenzelle	Die Nervenzelle besitzt nur einen Neuriten und keinen Dendriten.
Bipolare Nervenzelle	Solche Nervenzellen haben zwei Fortsätze, einen Neuriten und einen Dendriten.
Pseudounipolare Nervenzelle	Sie sind aus den bipolaren Nervenzellen hervorgegangen. Beide Fortsätze entspringen gemeinsam aus dem Zelleib.
Multipolare Nervenzelle	Die Dendriten zweigen sich baumartig auf und am entgegengesetzten Zellpol befindet sich ein Neurit.
Nervenfaser	Ein Axon mit seiner Gliascheide wird als Nervenfaser bezeichnet.
Markhaltige Faser	Scheidenbildende Gliazellen wickeln sich mehrfach um ein Axon und bilden so die Markscheide.
Marklose Faser	Die Gliazellen umwickeln das Axon nicht. Es wird in die Gliazelle eingebettet.
Peripherer Nerv	Nervenbündel und das gefäßführende Bindegewebe bilden zusammen den peripheren Nerv.
Endoneurium	Dieses lockere Bindegewebe umgibt die einzelne Nervenfaser.
Perineurium	Das straffe Bindegewebe faßt Nervenfasern zu Bündeln zusammen.
Epineurium	Der Nerv wird über dieses lockere Bindegewebe mit seiner Umgebung verschieblich verbunden.
Synapse	Die Synapsen übertragen die elektrischen Erregungen auf Neurone, Muskeln oder Drüsen.
Gliazelle	Gliazellen sind nichtnervöse Hüll- und Stützzellen. Sie haben ihre Teilungsfähigkeit nicht verloren.
Zentrale Glia	Ependymzellen, Astrozyten, Oligodendrozyten und Hortega-Zellen zählen zur zentralen Glia.
Periphere Glia	Schwann-Zellen und Mantelzellen sind Vertreter der peripheren Glia.

Nervengewebe

- **Nervenzellen**
  - unipolare Nervenzellen
  - bipolare Nervenzellen
  - pseudounipolare Nervenzellen
  - multipolare Nervenzellen
- **Gliazellen**
  - periphere Neuroglia
    - Mantelzellen
    - Schwann-Zellen
  - zentrale Neuroglia
    - Astrozyten
    - Oligodendrozyten
    - Hortega-Zellen
    - Ependymzellen
    - Plexusepithelzellen

2.6. Klinischer Anhang

Tumoren des Epithelgewebes

Die Oberflächenepithelien schützen zwar den Organismus vor äußeren und inneren Einflüssen, sie können aber auch Ausgangspunkt für Tumorbildungen sein. Vom Epithelgewebe gehen gutartige oder bösartige Tumoren aus. Gutartige Tumoren sind:

- Papillome,
- Adenome.

Papillome
Gutartige Tumoren, die vom Plattenepithel ausgehen, bezeichnet man als Papillome.
Die papilläre Warze ist der häufigste gutartige Hauttumor. Die Epithelzellen der Oberhaut wuchern und bilden kompakte Epithelknoten, die auch Bindegewebe enthalten. Sie zeigen eine unterschiedliche Verhornungstendenz und wölben sich als Warze nach außen oder wachsen nach innen.
Gutartige Tumoren, die vom Übergangsepithel ausgehen, sind ebenfalls Papillome. Das Harnblasenpapillom besteht aus einem schmalen bindegewebigen Stil, der sich baumartig verzweigt. Auf diesem Bindegewebe liegt das mehrreihige Übergangsepithel.

Adenome
Adenome sind gutartige Tumoren, die vom Drüsengewebe ausgehen. Beispiele für Adenome sind Schilddrüsenadenome, Hirnanhangsdrüsenadenome und Adenome der Eierstöcke.

Zu den bösartigen Tumoren, die vom Epithelgewebe ausgehen, gehören:

- Karzinome,
- Adenokarzinome.

Karzinome
Plattenepithelkarzinome entstehen z.B. aus dem Plattenepithelgewebe der Mundhöhle, der Speiseröhre und der Oberhaut. Sie können sich auch aus einer Plattenepithel-Metaplasie (griech. metaplassein = umbilden) der Bronchialschleimhaut entwickeln. Sie trägt normalerweise ein mehrreihiges Flimmerepithel, das sich unter dem Einfluß von langjährigem Rauchen in Plattenepithel umwandelt.

Adenokarzinome
Aus allen Drüsen können sich diese bösartigen Tumoren entwickeln.

Osteoporose

Die Osteoporose ist ein mit Brüchen einhergehender Verlust von Knochenmasse, Knochenstruktur und Knochenfunktion. Die Knochenhartsubstanz wird aufgelockert und dünner. Die Knochenbälkchen der Spongiosa werden zarter und die Markräume weiter. Die Osteoporose betrifft vor allem die Wirbelsäule, das Becken, die Rippen, die Oberschenkelknochen und die Kieferknochen. Der Osteoporose liegen verschiedene Ursachen zugrunde:

- Schilddrüsenüberfunktion,
- Überfunktion der Nebenschilddrüse,
- Vitamin C-Mangel,
- höheres Lebensalter (senile Osteoporose),
- Östrogenmangel (Frauen nach den Wechseljahren).

Muskeldystrophie

Sie ist die häufigste erbliche Muskelerkrankung und basiert auf einem Enzymdefekt im Muskelstoffwechsel. Die Krankheit geht mit einem fortschreitenden Muskelschwund einher.
Die Muskelfasern weisen verschieden große Querschnitte auf und besitzen viele Zellkerne, die in der Fasermitte liegen. Untergegangene Muskelfasern werden durch Fettgewebe ersetzt.
Symptome, die schon im Kleinkindalter auftreten, sind:

- ungeschicktes Laufen,
- Schwierigkeiten beim Treppensteigen,
- Watschelgang,
- Hochklettern an sich selbst beim Sich-Aufrichten,
- Gnomenwaden.

Multiple Sklerose

Die multiple Sklerose ist eine Erkrankung, die mit einem Zerfall der Markscheiden einhergeht.
Krankhafte Immunreaktionen oder Slow-Virus-Infektionen werden für diese Krankheit verantwortlich gemacht. Die Entmarkungsherde sind regellos über die gesamte graue und weiße Substanz von Gehirn und Rückenmark verstreut. Die Zerstörung der Markscheiden verhindert die Weiterleitung der Nervenimpulse. Die Folgen dieser Leitungsstörung können sein:

- Sehstörungen, Augenzittern,
- abgesetzte Sprache,
- Lähmungserscheinungen der Arme und Beine,
- gesteigerte Reflexe,
- Blasenstörungen.

3. Herz-Kreislauf-System

3.1. Blut

Das Blut (lat. sanguis; griech. haima) besteht aus geformten Bestandteilen, den Blutzellen und einem flüssigen Anteil, dem Blutplasma. Die Gesamtblutmenge beträgt etwa 6-8% des Körpergewichtes.
Vor der Geburt wird es zunächst im Mesenchym gebildet. Am Ende des zweiten Monats übernehmen die Leber und ab dem vierten Monat auch die Milz die Blutbildung. Diese Blutbildungsphase dauert bis zur Geburt an. Das Knochenmark beginnt mit seiner Blutbildung schon zu Beginn des fünften Monats, so daß bis zur Geburt die Leber, die Milz und das Knochenmark die blutbildenden Organe darstellen.
Nach der Geburt reduziert sich die Blutbildung auf das rote Knochenmark, das beim kleinen Kind in allen Knochen, beim Erwachsenen nur noch in den platten Knochen und in den spongiösen Anteilen der Röhrenknochen sowie in den Wirbeln und Rippen vorkommt.
Das Blut kann als flüssiges Gewebe aufgefaßt werden, dessen äußere Grenze durch die Gefäßwände hergestellt wird.

Abb. 26 Blutzellenarten

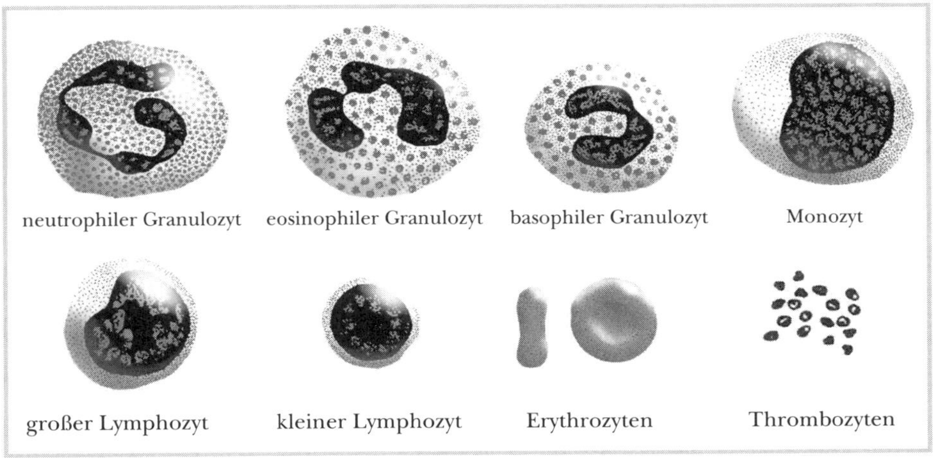

3.1.1. Blutzellen

Rote Blutkörperchen

Die roten Blutkörperchen oder Erythrozyten (griech. erythros = rot; griech. kytos = Zelle) besitzen keinen Zellkern und sind somit keine echten Zellen. Ihr Durchmesser beträgt 7-8 µm. Die Dicke des Randes entspricht etwa 2,5 µm und die der Mitte nur 1µm. Die Gestalt der Erythrozyten entspricht somit einer bikonkaven Scheibe, die die Eigenschaft einer Formelastizität aufweist. Sie ermöglicht den Erythrozyten die Passage von im Durchmesser kleineren Kapillaren. Die Erythrozyten enthalten den roten Blutfarbstoff (Hämoglobin), der Sauerstoff reversibel binden kann. Zellorganellen sind innerhalb der Erythrozyten nicht vorhanden. Die Erythrozytenmembran trägt Rezeptoren, die zu den Blutgruppenmerkmalen gehören.

Die Bildung der Erythrozyten erfolgt im roten Knochenmark über Vorläuferzellen, die zu funktionstüchtigen Erythrozyten ausreifen. Diesen Ausreifungsvorgang bezeichnet man als Erythropoese. Der Proerythroblast, der Erythroblast und der Normoblast sind solche Vorläuferzellen, die im Blut nicht vorkommen und nur im roten Knochenmark vorhanden sind. Retikulozyten sind jugendliche Erythrozyten, die noch über geringe Reste von Zellorganellen verfügen und im zirkulierenden Blut nachgewiesen werden können.
Die Lebensdauer der Erythrozyten beträgt 100-120 Tage. Sie werden in der Milz, der Leber und im Knochenmark abgebaut. Die Abbauprodukte des Hämoglobins werden zur Bildung der Gallenfarbstoffe, und das im Hämoglobin enthaltene Eisen wird zu dessen Neusynthese verwendet.

Weiße Blutkörperchen

Die weißen Blutkörperchen oder Leukozyten (griech. leukos = weiß; griech. kytos = Zelle) sind farblose, kernhaltige und hämoglobinfreie Zellen. Die Leukozyten sind amöboid beweglich, können die Gefäßwände verlassen(Leukozytendiapedese) und in die Zwischenzellräume einwandern. Über 50% der Leukozyten halten sich in diesen auf. Im zirkulierenden Blut befinden sich nur 5%, und der Rest verteilt sich auf das lymphatische Gewebe und das Knochenmark. Die Leukozyten sind zur Phagozytose befähigt, d.h. sie können Fremdkörper umschließen, in sich aufnehmen und enzymatisch abbauen.

Die Leukozyten bilden keine einheitliche Zellgruppe. Sie besteht aus den nachfolgenden Zellen:

- Granulozyten (lat. granularis = körnig),
- Monozyten (griech. monos = allein),
- Lymphozyten (lat. lympha = klares Wasser).

Granulozyten
Die Zellen enthalten in ihrem Plasma Granula (lat. granulum = Körnchen), die Ausdruck einer zellulären Reifung sind und sich unterschiedlich anfärben lassen.

Neutrophile Granulozyten: Die Granula verhalten sich dem roten Farbstoff Eosin und dem blauen Farbstoff Hämatoxylin gegenüber neutral. Ihre Granula färben sich nur schwach violett an. Sie enthalten Hydrolasen, Lysozyme, Peroxidasen und basische Proteine. Die neutrophilen Granulozyten können mit diesen Granulabestandteilen phagozytiertes Material (Bakterien, Gewebetrümmer, unbelebte Fremdstoffe...)abbauen. Diese, auch als Mikrophagen bezeichneten Zellen, sind mit verantwortlich für die Durchführung der unspezifischen Abwehr des Organismus. Im Grundplasma befinden sich kleine Mitochondrien, ein schwach entwickeltes ER und kaum freie Ribosomen. Im Plasma ist reichlich Glykogen eingelagert.
Mit 50-70% stellen sie die häufigste Leukozytenart dar.

Eosinophile Granulozyten: Die Granula dieser Zellen lassen sich mit dem Farbstoff Eosin rot anfärben und ergeben eine Erdbeertüpfelung. Die relativ großen Granula enthalten proteolytische Enzyme, mit denen sie Antigen-Antikörper-Komplexe und artfremde Proteine phagozytieren und abbauen können.
Im Grundplasma kommen Mitochondrien, das ribosomale ER, der Golgi-Apparat und ein aus zwei Segmenten bestehender Zellkern vor. Bei allergischen Erkrankungen treten die eosinophilen Granulozyten vermehrt auf (Eosinophilie).
Ihr Anteil an der Gesamtleukozytenzahl beträgt 2-4%.

Basophile Granulozyten: Die Granula dieser Zellen färben sich blauschwarz an und enthalten Histamin und Heparin. Heparin wirkt gerinnungshemmend, Histamin erweitert die Gefäße und steigert die Kapillarpermeabilität. Ihre Phagozytoseeigenschaft ist gering. Die basophilen Granulozyten tragen an ihrer Zellmembran Rezeptoren für die Abwehrproteine der Klasse E und sind verantwortlich für die Ausbildung allergischer Symptome wie Gefäßerweiterung, Hautrötung und Quaddelbildung.
Sie machen weniger als 1% der Leukozyten aus.

Monozyten
Die Monozyten sind die größten weißen Blutzellen. Sie sind amöboid beweglich und in der Lage, ganze Zellen zu phagozytieren. Sie werden auch als Makrophagen bezeichnet. Die Lysosomen enthalten hydrolytische Enzyme. Der Zellkern ist nierenförmig und liegt am Zellrand. Die Monozyten werden im Knochenmark gebildet und zirkulieren im Blut nur 2-3 Tage. Danach gelangen sie in das Bindegewebe und differenzieren sich in verschiedene Makrophagenformen wie z.B. Histiozyten, Sinusendothelzellen und Alveolarmakrophagen. Monozyten haben einen Anteil an der Gesamtleukozytenzahl von 2-6%.

Lymphozyten
Die Lymphozyten gehen aus den lymphatischen Organen hervor, zu denen die Lymphknoten, Tonsillen, Milz, das Knochenmark, der Wurmfortsatz, Adenoide und die Peyer-Plaques des Darmes zählen. Es werden kleine und große Lymphozyten unterschieden. Die kleinen Lymphozyten haben um den rundlichen Zellkern einen schmalen Plasmasaum, der bei den großen Lymphozyten breiter ist. Im zirkulierenden Blut werden nur etwa 2% der Lympho-

Tab. 1 Blutzellenmerkmale

Zellart	Zellzahl im ∝l Blut	Zirkulationszeit im Blut	Eigenschaften	Abbau - bzw. Eliminationsort
Erythrozyten	Frauen: 4,0 - 5,0 Mill. Männer: 4,5 - 5,5 Mill.	100 - 120 Tage	Gastransport	Knochenmark, Milz, Leber
Thrombozyten	150 000 - 300 000	5 - 11 Tage	Freisetzung von Inhaltsstoffen die Blutungsstillung	Milz, Leber, Lunge
Leukozyten				
neutrophile Granulozyten	2120 - 6750	6 - 8 Stunden	Phagozytose amöboide Beweglichkeit Eiterbildung	Epithelien des Magen-Darm-Kanals Knochenmark, Milz, Leber
basophile Granulozyten	90	12 Stunden	Freisetzung von Heparin und Histamin	Knochenmark, Milz, Leber
eosinophile Granulozyten	80 - 360	24 Stunden	Phagozytose von Ag-Ak-Komplexen	Knochenmark, Milz, Leber
Monozyten	80 - 540	2 - 3 Tage	Phagozytose	Knochenmark, Milz, Leber
Lymphozyten	1000 - 3600	wenige Stunden	spezifische Abwehr	Knochenmark, Milz, Leber

zyten angetroffen. Der Rest verteilt sich auf die lymphatischen Organe und die Gewebe. Funktionell können zwei verschiedene Lymphozytenarten unterschieden werden:

- T-Lymphozyten,
- B-Lymphozyten.

Beide Zellarten sind immunkompetente Zellen, die die spezifische Abwehr des Organismus vermitteln. Kleine und große Lymphozyten ergeben zusammen 20 - 40% der Gesamtleukozytenzahl.

Blutplättchen

Die Blutplättchen oder Thrombozyten (griech. thrombos = dicker Tropfen, Blutpfropf) entstehen durch Plasmaabschnürungen aus den Knochenmarkriesenzellen. Eine Riesenzelle kann etwa 1000 Thrombozyten formen. Sie sind kernlos und stellen eigentlich keine Zellen dar. Man unterscheidet eine hellere Außenzone (Hyalomer) von einer inneren Organellenzone (Granulomer). Aktin- und Myosinfilamente befinden sich im Hyalomer, das Pseudopodien ausbilden kann. Die Granula enthalten Stoffe, die für die Blutungsstillung notwendig sind. Solche Stoffe sind z.B. Serotonin, Histamin, Adrenalin, Noradrenalin und Adenosindiphosphat (ADP). Thrombozyten zirkulieren im Blut etwa 5 - 11 Tage und werden dann von der Milz phagozytiert.

3.1.2. Blutplasma

Wird das ungerinnbar gemachte Blut von den Zellen durch eine Zentrifugation abgetrennt, so erhält man das Blutplasma.

Merke **Das Blutplasma ist eine wäßrige Flüssigkeit, die pro Liter 900g Wasser, 65-80g Eiweiß und 20g kleinmolekulare Substanzen enthält.**

Das gesamte Plasmavolumen beträgt etwa 4,5% des Körpergewichtes und entspricht 56% der Gesamtblutmenge. Läßt man das Blut gerinnen und zentrifugiert es anschließend, dann erhält man das Blutserum, das sich vom Plasma durch das Fehlen des Fibrinogens, eines Gerinnungseiweißes, unterscheidet.

Plasmaeiweiße

Die im Serum verbleibenden Eiweiße können durch die Elektrophorese in 5 Hauptfraktionen, die Plasmaeiweiße, getrennt werden.

Merke **Unter einer Elektrophorese versteht man die Wanderung von elektrisch geladenen Teilchen in einem Gleichspannungsfeld.**

Die Serumeiweiße besitzen verschiedene Molekülgrößen und Ladungen, so daß sie auf einem Gelträger unterschiedlich schnell auf die Anode zu wandern. Die getrennten Eiweiße werden angefärbt, und die Farbintensität der einzelnen Fraktionen wird photometrisch bestimmt. Die gewonnene Kurve bezeichnet man als Serumeiweiß-Elektropherogramm. Sie dient als Maß für die Konzentration der 5 Eiweißfraktionen.

Die Normalwerte betragen:

- Albumine 50 - 65 %
- α_1-Globuline 2 - 5 %
- α_2-Globuline 7 - 14 %
- β-Globuline 8 - 15 %
- γ-Globuline 10 - 20 %

Abb. 27 Elektropherogramm eines menschlichen Serums

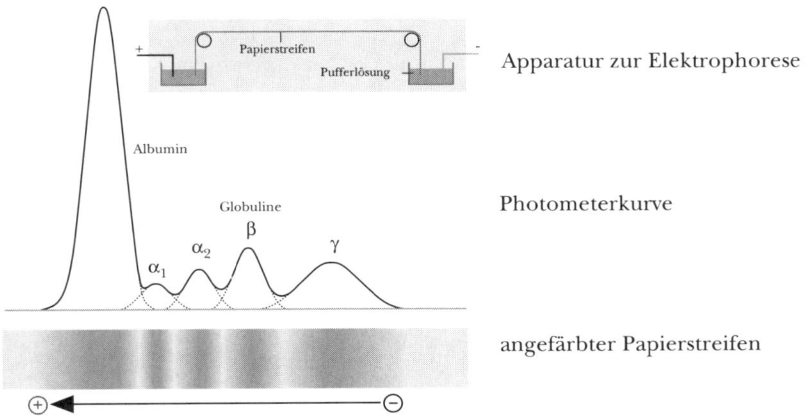

Die Albumine sind die kleinsten Serumeiweiße und die γ-Globuline besitzen die größten Molekulargewichte. Aus der Tabelle 2 gehen die wichtigsten physiologischen Bedeutungen der 5 Plasmafraktionen hervor.
Die zum größten Teil in der Leber synthetisierten und an das Blut abgegebenen Gerinnungseiweiße können ebenfalls den α-, β- oder γ-Globulinen hinsichtlich ihrer elektrophoretischen Beweglichkeit zugeordnet werden. Die Gerinnungseiweiße sind für die Blutstillung notwendig und üben eine Schutzfunktion aus.

Tab. 2 Serumfraktionen und ihre Funktionen

Serumfraktionen		**Funktionen**
Albumine		Reserveeiweiß Stoffbindungsfunktion (Bilirubin, freie Fettsäuren, Penicilin, Sulfonamide...) Regulation des kolloidosmotischen Druckes im Plasma
α_1-Globuline	α_1-Lipoprotein	Lipidtransport (Phospholipide)
α_2-Globuline	Coeruloplasmin Haptoglobin Makroglobulin	bindet 90% des gesamten Plasmakupfers Bindung von freiem Hämoglobin Plasmin- und Trypsininhibitor
β-Globuline	ß-Lipoprotein Transferrin	Transport von Lipiden (bevorzugt Cholsterin) Eisenbindung und Eisentransport
γ-Globuline	Immunglobulin G Immunglobulin A Immunglobulin M Immunglobulin E Immunglobulin D	Schutz- und Abwehrfunktionen

Elektrolyte u.a. Bestandteile

In einem Liter Blutplasma sind etwa 10g Elektrolyte enthalten, die sich aus Kationen und Anionen zusammensetzen. Die Ionenzusammensetzung des Blutplasmas ist in der Tabelle 3 zusammengestellt.

Tab. 3 Ionenzusammensetzung des Blutplasmas

Kationen	(mval/l)	Anionen	(mval/l)
Na^+	143	Cl^-	103
K^+	5	HCO_3^-	27
Ca^{2+}	5	HPO_4^{2-}	2
Mg^{2+}	2	SO_4^{2-}	1
		organische Säuren	6
		Eiweiß	16
Summe	155		155

Die Konzentrationen der Kat- und Anionen sind im Blutplasma gleich groß und das Ergebnis regulatorischer Einflüsse. Die Gleichartigkeit des Mischungsverhältnisses dieser Ionen bezeichnet man als Isoionie.

An der Entstehung des osmotischen Druckes des Blutes sind die Elektrolyte mit 96% beteiligt. Er beträgt 745 kPa und wird auf diesen Wert eingeregelt. Diesen gleichbleibenden osmotischen Druck nennt man Isotonie.

Die Hydrogenkarbonationen (HCO_3^-) und die Serumeiweiße können Wasserstoffionen binden oder abgeben und regeln somit den Blut-pH-Wert, der im arteriellen Blut bei 37°C zwischen 7,37 und 7,43 liegt. Die Konstanz der Wasserstoffionen bezeichnet man als Isohydrie.

Die Elektrolyte und Bluteiweiße können auch als Funktionsbestandteile des Blutplasmas aufgefaßt werden.

Nährstoffe, Vitamine, Spurenelemente, Stoffwechselprodukte, Hormone, Enzyme und Ausscheidungsprodukte benutzen das Plasma vorwiegend als Transportmittel.

Zusammenfassung

Blutbildung
Vor der Geburt fungieren das Mesenchym, die Leber, die Milz und das Knochenmark als blutbildende Organe.

Erythrozyten
Die roten Blutkörperchen enthalten Hämoglobin, das Sauerstoff reversibel binden kann. In die Zellmembran der Erythrozyten sind Rezeptoren integriert, die zu den Blutgruppenmerkmalen gehören.

Neutrophile Granulozyten
Diese Zellen sind amöboid beweglich, verfügen über eine ausgeprägte Phagozytoseeigenschaft und können das Gefäßsystem verlassen. Sie sind an der unspezifischen Abwehr des Organismus beteiligt.

Eosinophile Granulozyten
Sie sind in der Lage, Antigen-Antikörper-Komplexe sowie körperfremdes Eiweiß zu phagozytieren. Eine Eosinophilie tritt bei allergischen Erkrankungen, wie Asthma und Heuschnupfen auf.

Basophile Granulozyten
Diese Zellen phagozytieren kaum und können allergische Reaktionen vermitteln, die mit Hautrötung und Quaddelbildung einhergehen. Weiterhin sind sie bedeutsam bei der Abwehr parasitärer Infektionen.

Monozyten
Diese, auch als Makrophagen bezeichneten Zellen, sind die größten weißen Blutzellen und nehmen eine zentrale Stellung bei der unspezifischen und spezifischen Abwehr des Organismus ein.

Lymphozyten
T-Lymphozyten und B-Lymphozyten sind immunkompetente Zellen, die die spezifische Abwehr des Organismus vermitteln.

Thrombozyten
Die Thrombozyten wirken durch ihre in den Granula gespeicherten Stoffe auf die verschiedenen Phasen der Blutgerinnung ein.

Blutplasma
Das Blutplasma ist eine wäßrige Flüssigkeit, die Albumine, Globuline, Fibrinogene, organische Säuren, Nahrungsstoffe, Vitamine, Spurenelemente, Hormone, Enzyme und Ausscheidungsprodukte enthält.

Serum
Das ist der von Fibrin und zellulären Bestandteilen befreite, wäßrige und leicht gelblich gefärbte Bestandteil des Blutes.

3.1.3. Blutphysiologie

Blutstillung – Blutgerinnung

Die Mechanismen der Blutstillung und Blutgerinnung stellen einen natürlichen Schutz gegen ein Verbluten bei inneren und äußeren Verletzungen dar. Wirksam werden sie nur, wenn die kleinen und mittleren muskulären Arterien, die Arteriolen und die Venolen von einer Verletzung betroffen sind. Der Blutdruck in den größeren Gefäßen ist zu hoch, so daß bei größeren Verletzungen eine Blutpfropfbildung nicht möglich ist, da die Kapillarwundflächen verkleben oder kollabieren.

Ablauf der Blutstillung
Nach einer Verletzung, die die kleinen Blutgefäße eröffnet hat, hört die Blutung etwa nach 1-3 Minuten auf. An dieser vorläufigen Blutstillung (primäre Hämostase) sind die Thrombozyten und die betroffenen Gefäße beteiligt. An den Gefäßwundrändern bleiben die Thrombozyten haften (Thrombozytenadhäsion) und formen sich um. Sie werden rundlich und bilden stachelartige Zellmembranausläufer, über die sie sich untereinander verbinden (Thrombozytenaggregation). Diese Aggregation wird durch ADP und Adrenalin verstärkt.
Während der Aggregation werden u.a. Serotonin, ein Katecholamin, und ADP aus den Speichern der Thrombozyten freigesetzt. Das Serotonin bewirkt eine Kontraktion der verletzten Gefäße, und ADP fördert die weitere Anlagerung nachfolgender Thrombozyten an die verletzte Gefäßstelle.

Merke **Das Ergebnis der primären Hämostase besteht in der Verengung der verletzten Gefäße und deren Abdichtung durch die Bildung eines reversiblen Thrombozytenpfropfes (Abscheidungsthrombus).**

Ablauf der Blutgerinnung
Der provisorische Blutpfropf wird durch die Freisetzung von Thrombozytenfaktoren und unter dem Einfluß des Gerinnungssystems in einen irreversiblen Plättchenpfropf umgewandelt, der letztlich eine stabile sekundäre Blutstillung (sekundäre Hämostase) ermöglicht.
Das Thromboxan A_2, ein Plättchenfaktor, fördert die Thrombozytenaggregation und deren Faktorenfreisetzung sowie die Steigerung der Gefäßkontraktion im Verletzungsgebiet. Somit kommt es zu einem Anwachsen des Plättchenpfropfes. Dieser wird im Verlaufe der Gerinnung von unlöslichem Fibrin durchwachsen und verfestigt. Das so gebildete Blutgerinnsel wird nachfolgend bindegewebig organisiert und die Wunde endgültig verschlossen.
Die Blutgerinnung ist an das Vorhandensein von 13 Gerinnungsfaktoren gebunden, die zum größten Teil in der Leber synthetisiert werden und als inaktive Eiweiße im Blutplasma enthalten sind (Tab. 4).

Diese Gerinnungsfaktoren werden aktiviert, wenn eine Endothelverletzung der Gefäße oder eine Gewebsverletzung vorliegt, bei der die kleinen Gefäße eröffnet wurden. Die Bildung des unlöslichen Fibrins aus dem löslichen Fibrinogen setzt voraus, daß aktiviertes Thrombin vorhanden ist. Das Gerinnungssystem verfügt über zwei Systeme, die zur Bildung des aktivierten Faktors X (Stuart-Prower-Faktor) führen.

Dazu gehören:

- das exogene System (Extrinsic System),
- das endogene System (Intrinsic System).

Extrinsic System
Dieses System wird gestartet, wenn es bei Gewebsverletzungen zum Einbluten kommt.

Aus den Gewebezellen werden Lipoproteine freigesetzt (Gewebsthromboplastin = Faktor III), die sich mit dem Gerinnungsfaktor VII verbinden und unter dem Einfluß von Kalziumionen den Faktor X in seine aktive Form überführen.

Tab. 4 Gerinnungsfaktoren

Faktor	Bezeichnung	Bildungsort	Elektrophoretische Beweglichkeit
I	**Fibrinogen**	Leber	β-Globulin
II	**Prothrombin**	Leber (**Vitamin-K-abhängig**)	α_1-Globulin
III	**Gewebsthromboplastin**	Gewebszellen	---
IV	Ca^{2+}	---	---
V	**Proaccelerin**	Leber	β-Globulin
IV	entfällt (**aktivierter Faktor V**)		
VII	**Proconvertin**	Leber (**Vitamin-K-abhängig**)	α-Globulin
VIII	**Antihämophiles Globulin**	?	β-Globulin
IX	**Christmas-Faktor**	Leber (**Vitamin-K-abhängig**)	α_1-Globulin
X	**Stuart-Prower-Faktor**	Leber (**Vitamin-K-abhängig**)	α_1-Globulin
XI	**Plasma-Thromboplastin-Antecedent**	?	γ-Globulin
XII	**Hageman-Faktor**	?	β-Globulin
XIII	**Fibrinstabilisierender Faktor**	Megakaryozyten	β-Globulin

Intrinsic System
Das endogene System wird in Gang gesetzt, wenn das Gefäßendothel verletzt wird (Intimaläsion). An der Gefäßverletzungsstelle befinden sich freigelegte kollagene und elastische Fasern, die Bestandteile der subendothelialen Strukturen der betroffenen Gefäße sind. Sie tragen negative Ladungen und bewirken die Anziehung des im strömenden Blut vorhandenen Hageman-Faktors XII. Dieser Faktor ist ein Eiweiß, das mit der Anheftung an kollagene und elastische Fasern seine Konformation ändert. Mit seiner Entfaltung ist eine aktive Enzymform entstanden. In der Folge werden die Faktoren XI und IX aktiviert. Der aktivierte Faktor IX bildet mit dem Plättchenfaktor 3 und Kalziumionen einen Enzymkomplex, der nachfolgend den Faktor X aktiviert.

Beide Systeme münden auf der Stufe der Aktivierung des Faktors X zusammen. Die gemeinsame Endstrecke beginnt mit der Bildung des Prothrombinaktivators, aus dem durch die Zusammenlagerung des aktivierten Faktors X, des aktivierten Faktors V und Kalziumionen ein Enzymkomplex entsteht. Der Prothrombinaktivator spaltet aus dem inaktiven Prothrombin (Faktor II) proteolytisch das aktive Thrombin ab.

Das aktivierte Thrombin setzt aus dem unlöslichen Fibrinogen (Faktor I) Fibrinopeptide A und B frei, die gefäßkontrahierend wirken. Die zurückgebliebenen Fibrinmonomere lagern sich unter Beteiligung von Kalziumionen längs-parallel zu Fibrinpolymeren aneinander. Der aus den Thrombozyten stammende fibrinstabilisierende Faktor (XIII) wird durch Thrombin und Kalziumionen aktiviert. Dieser aktivierte Faktor XIII bildet kovalente Bindungen zwischen den Fibrinmonomeren aus, wodurch sich diese verfestigen.

Merke **Das Ergebnis der Gerinnung ist die Bildung eines lockeren dreidimensionalen Netzwerkes aus unlöslichen Fibrinfäden, das Thrombozyten und andere Blutzellen enthält.**

In der Nachphase der Gerinnung ziehen sich die Fibrinfäden zusammen (Retraktion) und Serum wird aus dem Gerinnsel herausgepreßt. Am Ende der Gerinnung ist das Gerinnsel mechanisch verfestigt und die Wundränder sind zusammengezogen.

Eine erfolgreiche Blutstillung wird ermöglicht, wenn sich die Gefäße im Verletzungsgebiet kontrahieren, die Thrombozyten durch Adhäsion und Aggregation einen Blutpfropf bilden, der von einem sich zusammenziehenden Fibrinnetz verfestigt wird. Die Bildung des unlöslichen Fibrins ist das Ergebnis der Gerinnung. Die Aktivierung der dazu benötigten Faktoren erfolgt im Sinne einer Kettenreaktion. Diese Reaktionen sind hintereinandergeschaltet und werden auch als Gerinnungskaskade bezeichnet. Die Abläufe der Blutstillung und Blutgerinnung sind in der Abbildung 28 schematisch dargestellt.

Fibrinolyse

Nachdem das Blutgerinnsel seine Aufgabe erfüllt hat, wird es wieder aufgelöst. Verantwortlich für diese Auflösung ist das fibrinolytische Enzymsystem.
Gewebs- und Blutaktivatoren wandeln das im Blutplasma vorkommende Plasminogen (Profibrinolysin) in das aktive Plasmin (Fibrinolysin) um, das Fibrin in lösliche Bruchstücke spaltet und somit das Fibringerinnsel auflöst.
In den Gefäßen werden ständig geringe Mengen von Fibrin gebildet, auch wenn keine Verletzung vorliegt. Dieses Fibrin wird durch das fibrinolytische System aufgelöst. Sowohl das Gerinnungssystem als auch das Fibrinolysesystem stehen miteinander im Gleichgewicht, so daß es innerhalb der Gefäße nicht zu einer manifesten Gerinnung kommt.
Aus einer Störung des Gleichgewichtes kann entweder eine Thrombosebildung oder eine Blutungsneigung resultieren.

Einen regulativen Einfluß, im Sinne einer hemmenden Wirkung, üben plasmaeigene Enzyme auf das Gerinnungs- und Fibrinolysesystem aus. Somit werden eine überschießende Gerinnung und eine zu schnelle Gerinnselauflösung verhindert.

Abwehr

Die innere und äußere Körperoberfläche des menschlichen Organismus ist ständig einer großen Anzahl pathogener Organismen wie Viren, Bakterien, Pilze und Parasiten ausgesetzt. Beim Eindringen der Krankheitserreger werden im Organismus Abwehrsysteme aktiviert, die in der Lage sind, diese als körperfremd zu erkennen und zu zerstören. Blutbestandteile sind wesentlich an der erfolgreichen Abwehr pathogener Organismen beteiligt. Der Organismus verfügt über zwei Basismechanismen, mit denen er die Abwehrleistungen vollbringt. Dazu zählen:

- die unspezifischen Abwehrmechanismen,
- die spezifischen Abwehrmechanismen.

Unspezifische Abwehrmechanismen

Das unspezifische Abwehrsystem ist gegenüber einem weiten Spektrum von Mikroorganismen wirksam und schon bei der Geburt voll ausgeprägt. Träger dieser Abwehr sind:

- unspezifische Zellen,
- humorale Faktoren.

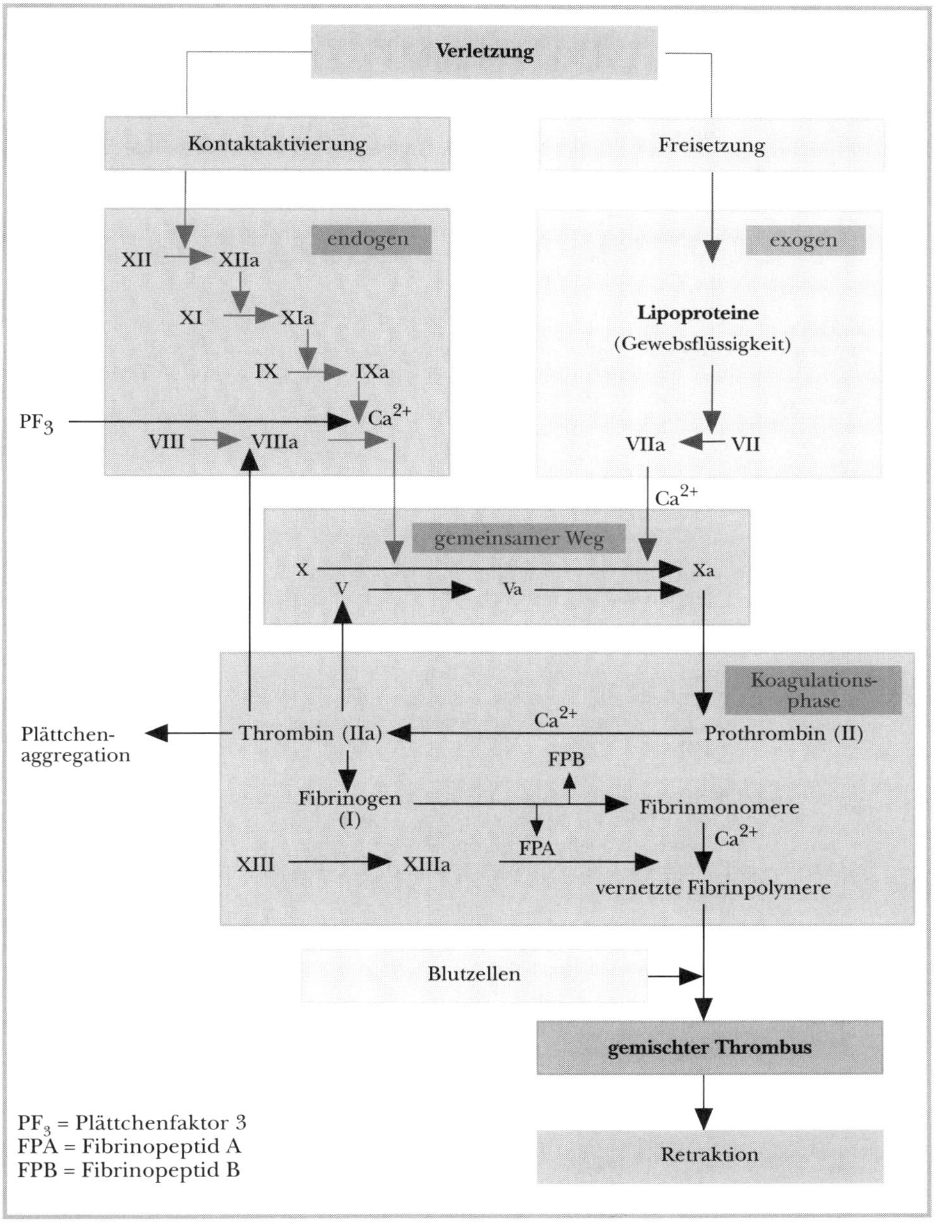

Abb. 28 Gerinnungsschema

Unspezifische Zellen
Zu diesen Zellen zählen die neutrophilen und eosinophilen Granulozyten, die auch als Mikrophagen bezeichnet werden, und die Makrophagen. Diese Zellarten sind zur Phagozytose befähigt, die einen unspezifischen Abwehrmechanismus darstellt. Der Mechanismus der Phagozytose stellt sich wie folgt dar:

- Bakterientoxine, Zerfallsprodukte von Bakterien oder körperfremde Zellen z.B. locken die phagozytierenden Zellen an. Diesen Vorgang bezeichnet man als Chemotaxis.
- Die phagozytierenden Zellen nehmen diese Fremdsubstanzen auf, indem siediese mit ihren Zytoplasmaausläufern umschließen. Die Enzyme der Lysosomen bauen das aufgenommene Material ab.

Humorale Faktoren
Die humoralen Faktoren (lat. homor = Flüssigkeit, Feuchtigkeit) sind nichtzelluläre Abwehrsubstanzen, die im Blut zirkulieren oder aus geschädigten phagozytierenden Zellen abgegeben werden. Zu diesen Substanzen rechnet man:

- Komplementsystem,
- Interferon,
- C-reaktives Eiweiß,
- Lysozym.

Komplementsystem
Dieses System besteht aus etwa 20 verschiedenen Glykoproteinen, die im Blutserum und auf Zelloberflächen vorkommen. Sie werden z.T. von Leberzellen, Darmepithelzellen und Makrophagen synthetisiert. Das Komplementsystem (lat. complementum = Ergänzung) ergänzt die Antikörperwirkung.

Merke **Antikörper sind Abwehreiweiße (Immunglobuline), die der Organismus als Antwort auf eingedrungene Antigene herstellt. Antikörper besitzen Bindungsstellen für die Antigene.**

Merke **Antigene sind Substanzen, deren Eindringen in den Organismus die Synthese spezifischer Immunglobuline hervorruft. Als Antigene können z.B. Krankheitserreger und körperfremde Eiweiße fungieren. Antigene tragen an ihrer Oberfläche Teilstrukturen (Determinanten), über die sie sich mit den Antigenbindungsstellen der Antikörper verbinden.**

Das Komplementsystem wird durch Antigen-Antikörper-Komplexe oder durch Bakterien, Pilze, Viren u.a. Mikroorganismen aktiviert.
Die Abwehrleistung beruht auf nachfolgenden Prozessen:

- Stimulation phagozytierender Zellen,
- Änderung der Oberflächenbeschaffenheit körperfremder Zellen,
- Viruszerstörung (Virolyse),
- Bakteriolyse,
- Auflösung der Antigen-Antikörper-Komplexe.

Interferon
Das ist eine Gruppe von Glykoproteinen, die antiviral wirken und die der Organismus bei einer Virusinfektion bildet. Leukozyten, Bindegewebszellen (Fibroblasten) und T-Lymphozyten können Interferone synthetisieren. Interferone hemmen die Eiweißsynthese und die Vermehrungsfähigkeit von Viren.

C-reaktives Eiweiß
Dieses Eiweiß tritt während bakterieller Infektionen vermehrt im Blutplasma auf. Es aktiviert das Komplementsystem und fördert die Opsonierung und Phagozytose von Bakterien.

Lysozym
Dieses Enzym kommt in den Granula der phagozytierenden Leukozyten und in den Makrophagen vor. Beim Zerfall dieser Zellen wird es freigesetzt. Das Lysozym ist in allen Sekreten enthalten, besonders in der Bronchialschleimhaut und in der Tränenflüssigkeit. Es wirkt bakterizid.

Spezifische Abwehrmechanismen
Dieses Abwehrsystem ist das Immunsystem im engeren Sinne und basiert auf immunkompetente Zellen, zu denen die T- und B-Lymphozyten gehören. Die Spezifität dieses Systems besteht in der Fähigkeit, körperfremde Strukturen zu erkennen und mit einer spezifisch angepaßten Immunantwort zu reagieren. Der Kontakt mit körperfremden Strukturen wird in sogenannten Gedächtniszellen (engl. memory cells) gespeichert. Die spezifische Abwehr wird im Leben erworben und ist für die Ausbildung der Immunität verantwortlich. Basismechanismen der spezifischen Abwehr sind:

- zelluläre Immunreaktionen,
- humorale Immunreaktionen.

Zelluläre Immunreaktionen
Diese sind vor allem an die T-Lymphozyten gebunden, wobei auch die unspezifischen Makrophagen eine wichtige Aufgabe bei dieser Abwehr haben. Die T-Lymphozyten zirkulieren nicht dauerhaft im Blut, sie halten sich zwischenzeitlich in den sekundären lymphatischen Organen auf. Nach einer Antigenstimulation differenzieren sie sich in:

Effektorzellen

- T-Helferzellen,
- T-Suppressorzellen,
- T-Killerzellen.

Gedächtniszellen

- langlebige Zellen,

T-Helferzellen
Diese Zellen erkennen antigenpräsentierende B-Lymphozyten und fördern deren Differenzierung zu Plasmazellen.

T-Suppressorzellen
Sie bremsen die Immunantwort, indem sie die Funktion der B- und der anderen T-Lymphozyten hemmen. Beide Zellarten üben einen regulativen Einfluß auf die Immunantwort aus.

T-Killerzellen
Die Killerzellen töten virusinfizierte Zellen und Tumorzellen ab und lösen Abstoßungsreaktionen von transplantierten Organen aus. Diese Zellen besitzen lysierende Enzyme, Perforine und Lymphokine mit deren Hilfe sie die genannten Zielzellen abtöten. Wegen ihrer Eigenschaft werden sie auch als zytotoxische T-Lymphozyten bezeichnet.

Merke **Die T-Lymphozyten erkennen die Antigene nicht sofort als fremd, sie müssen erst durch antigenpräsentierende Zellen wie Makrophagen und B-Lymphozyten auf das Antigen aufmerksam gemacht werden.**

Die virusinfizierten Zellen präsentieren an ihrer Zellmembranoberfläche ebenfalls das Virusantigen, so daß die Killerzellen diese Fremdstruktur erkennen und vernichten können.

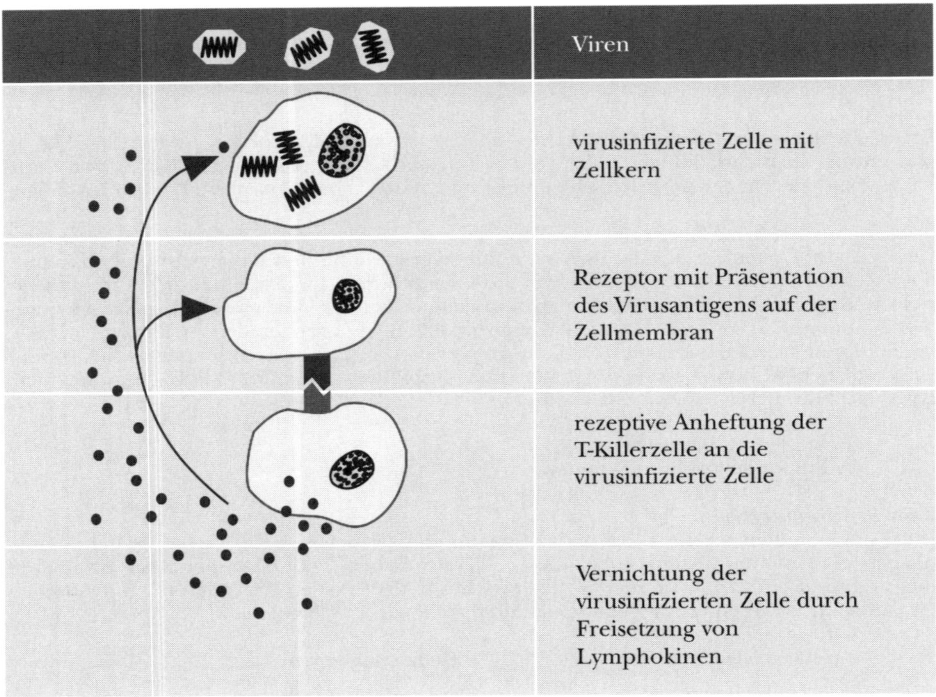

Abb. 29 Zelluläre Immunreaktion

Humorale Immunreaktionen
Die immunkompetenten Zellen, die eine spezifische Immunreaktion nach erfolgtem Antigenkontakt auslösen, sind die B-Lymphozyten. Diese Zellen besitzen an ihrer Zellmembranoberfläche spezifische Rezeptoren für die Antigene. Bei der Vermittlung der humoralen Antwort sind Kooperationen mit Makrophagen und T-Helferzellen notwendig.
Der humorale Abwehrmechanismus verläuft wie folgt:

- Makrophagen nehmen definierte Antigene auf.
- Sie bilden Phagolysomen und bauen die Antigene ab.
- Bruchstücke dieser Antigene erscheinen als Bestandteile der Makrophagenzellmembran.
- Der Makrophage präsentiert somit die Antigene den B-Lymphozyten und den T-Helferzellen.
- Beide Zellen kooperieren miteinander über bestimmte Botenstoffe.
- Die B-Lymphozyten proliferieren und differenzieren sich zu Plasmazellen.
- Die Plasmazellen synthetisieren, bedingt durch die spezifische Antigenstimulation, monoklonale Antikörper
- Die Antikörper reagieren mit den Antigenen, die ihre Bildung hervorgerufen haben. Lysis (Auflösung), Agglutination (Verklumpung) oder Präzipitation (Ausfällung) sind Mechanismen, die zur Vernichtung der Antigene führen.

Nicht alle B-Lymphozyten wandeln sich nach einer Antigenstimulation in Plasmazellen um. Der andere Teil entwickelt sich zu langlebigen B-Gedächtniszellen, die den Kontakt mit den Antigenen in Erinnerung behalten.
Bei einem erneut definierten Antigenkontakt wird die spezifische Antikörperbildung schneller eingeleitet. Diesen Effekt bezeichnet man als Booster-Effekt.
Die Antikörperbildung ist wesentlich stärker. Die Antikörper erkennen dabei die Antigenstrukturen besser. Bei dieser sekundären Immunantwort dominiert das Immunglobulin G (IgG). Bei der ersten Begegnung mit einem Antigen wird vorwiegend das Immunglobulin M (IgM) gebildet.

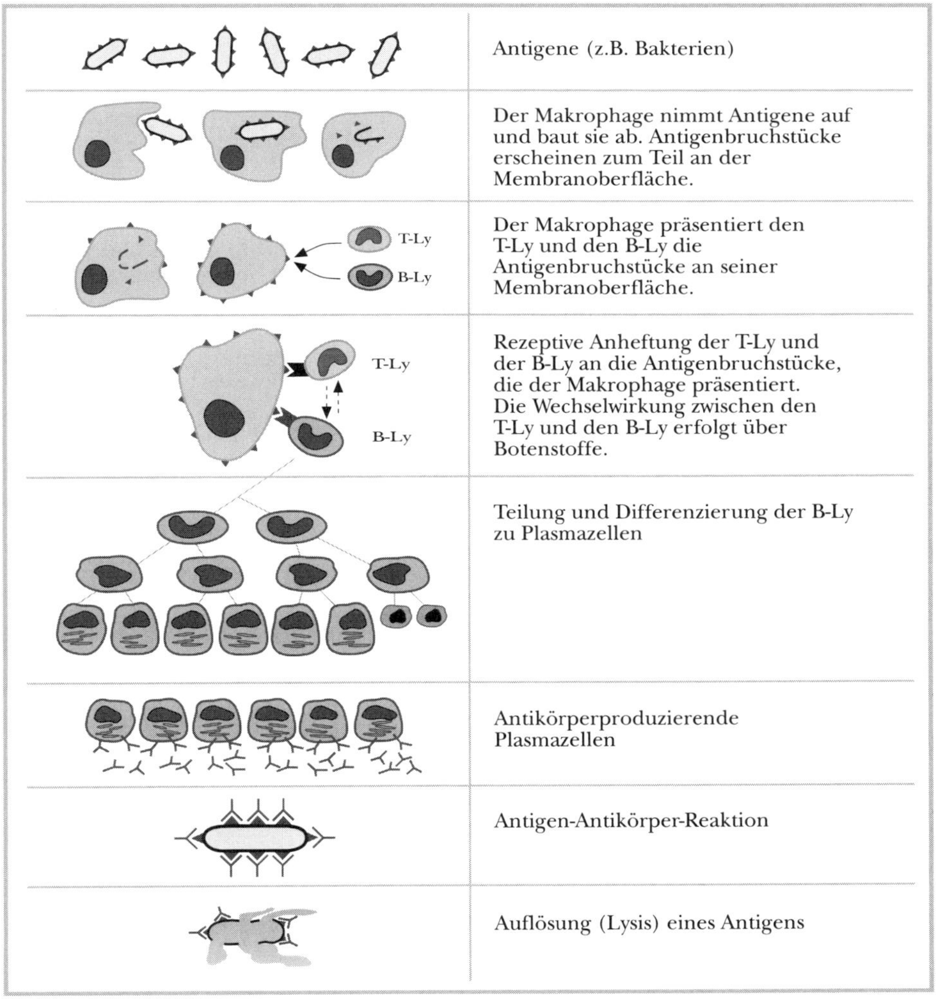

Abb. 30 Humorale Immunreaktion

Blutgruppen

AB0-System
Die Erythrozyten enthalten als Zellmembranbestandteile sogenannte Außenlipide, die antigene Eigenschaften besitzen. Der chemischen Struktur nach sind es Glykosphingolipide (Aminoalkohol + Fettsäure + Zuckerreste), deren Zusammensetzung genetisch festgelegt ist. Nach der Art des Zuckerrestes werden drei verschiedene Antigeneigenschaften unterschieden:

- die Eigenschaft A,
- die Eigenschaft B,
- die Eigenschaft AB.

Gegen diese Antigene werden Antikörper gebildet, jedoch nicht gegen die eigenen Erythrozytenantigene. Nach diesen vererbten antigenen Eigenschaften der Erythrozyten können vier verschiedene Blutgruppen unterteilt werden:

- Blutgruppe A,
- Blutgruppe B,
- Blutgruppe AB,
- Blutgruppe 0.

Blutgruppe A
Das Plasma dieser Blutgruppe verfügt über Antikörper gegen Erythrozyten der Blutgruppe B. Diese Antikörper bezeichnet man als Anti-B. Etwa 43% der Mitteleuropäer haben die Blutgruppe A.

Blutgruppe B
Das Blutplasma der Gruppe B enthält Antikörper gegen Erythrozyten der Blutgruppe A und diese Antikörper nennt man Anti-A. Ungefähr 12 % der Mitteleuropäer besitzen diese Blutgruppe.

Blutgruppe AB
Das Blutplasma enthält keine Antikörper und ist in der mitteleuropäischen Bevölkerung mit rund 5% vertreten.

Blutgruppe 0
Im Plasma dieser Blutgruppe sind Antikörper sowohl gegen die Erythrozyten der Blutgruppe A als auch der Blutgruppe B vorhanden. Die Blutgruppe 0 kommt mit fast 40% in der mitteleuropäischen Bevölkerung vor.

Im Verlaufe des ersten Lebensjahres werden diese Antikörper gebildet, wobei Bakterien der physiologischen Darmflora bedeutsam sind. Die Antikörper gehören zum Immunglobulin M-Typ (IgM) und können Erythrozyten, die andere antigene Eigenschaften besitzen, durch Vernetzung zur Agglutination (Verklumpung) bringen. Wegen dieser Eigenschaft bezeichnet man die Antikörper auch als Agglutinine. Die Antigene, die die Erythrozyten an ihrer Zellmembranoberfläche tragen, werden als Agglutinogene bezeichnet.

Merke **Bei Blutgruppenübertragungen muß darauf geachtet werden, daß nur AB0-gruppengleiches Blut transfundiert wird, da es sonst zu Unverträglichkeitsreaktionen, wie Hämolyse der Erythrozyten und Transfusionsschock kommen kann.**

Vor einer Bluttransfusion muß die Blutgruppe des Spenders und Empfängers bekannt sein und die Verträglichkeit getestet werden. Die Testung erfolgt mit der Kreuzprobe:

- **Spendererythrozyten** gegen **Empfängerserum**
  Erythrozyten des Spenders werden mit frischem Serum des Empfängers auf einem Objektträger gemischt. Auftretende Agglutinationen zeigen an, daß das Empfänger-

serum Antikörper gegen die Spendererythrozyten enthält. Nur wenn der Test negativ ausfällt, also keine Agglutination auftritt, darf transfundiert werden. Dieser Test heißt Major-Test.

- **Empfängererythrozyten** gegen **Spenderserum**
  In der Gegenprobe werden Empfängererythrozyten mit Spenderserum vermischt. Auftretende Agglutinationen zeigen an, daß das Spenderserum Antikörper gegen die Empfängererythrozyten enthält. Dieser Test heißt Minor-Test.

Die Blutgruppenbestimmung einer Person kann mit Testseren durchgeführt werden. Das normale Reaktionschema geht aus der Abbildung 31 hervor.

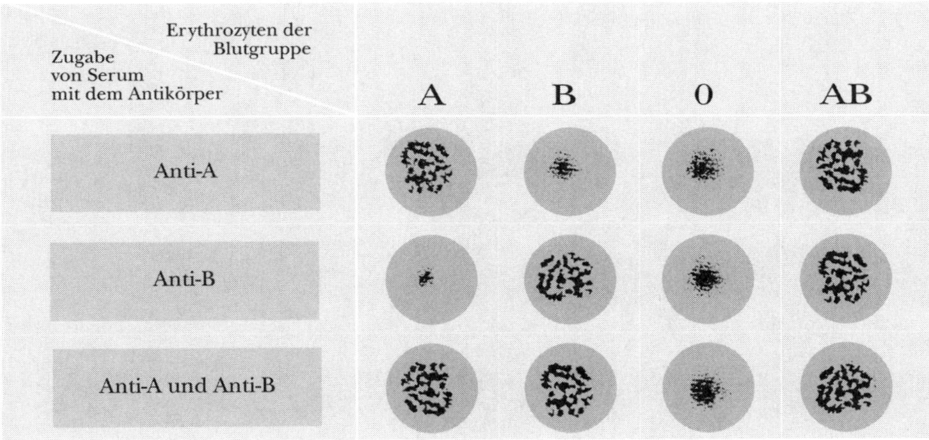

Abb. 31 Blutgruppenbestimmung mit Hilfe von Testseren

Rhesus-System
Landsteiner und Wiener übertrugen Erythrozyten von Rhesusaffen auf Meerschweinchen und stellten fest, daß diese Antikörper (Agglutinine) gegen die roten Blutkörperchen der Rhesusaffen bildeten. Sie isolierten die Antikörper und wandten sie auf menschliches Blut an.
Bei 85% der Menschen führten die Antikörper auch zu einer Agglutination, und bei den restlichen 15% verklumpte das Blut nicht. Die Erythrozytenmembranen der Rhesusaffen besitzen Antigene, die man als Rhesusfaktoren bezeichnet.
Menschliche Erythrozyten enthalten auf ihrer Zellmembranoberfläche mehrere Rhesusantigene (C, D, E, c, e), unter denen das D- Antigen die größte antigene Wirksamkeit zeigt. Blut, das D-Erythrozyten enthält, bezeichnet man als Rh-positiv (Rh). Erythrozyten, denen die D-Eigenschaft fehlt, sind Rh-negativ (rh).

Merke **Die Antikörper (Agglutinine) werden erst gebildet, wenn ein Kontakt mit rhesuspositivem Blut vorausgegangen war. Sie gehören zu den Immunglobulinen der Klasse G (IgG) und können die Plazentaschranke passieren.**

Gelangen Rh-positive Erythrozyten eines Feten in den Kreislauf einer Rh-negativen Mutter, so bildet die Mutter Antikörper gegen die fetalen Erythrozyten. Die Antikörperbildung erfolgt langsam und dauert Monate an, so daß die erste Schwangerschaft ohne Störungen verläuft.

Bei einer erneuten Schwangerschaft mit einem Rh-positiven Kind, steigt die mütterliche Antikörperbildung stark an. Sie gelangen durch die Plazentaschranke und zerstören die kindlichen Erythrozyten. Es kommt zu schweren Schäden des Neugeborenen oder zum intrauterinen Tod.

Merke **Zur Verhinderung dieser Erscheinung erhält eine Rh-negative Mutter nach der Geburt ihres Rh-positiven Kindes eine Anti-D-Prophylaxe. Dieses α-Globulin zerstört die kindlichen Erythrozyten im mütterlichen Kreislauf, so daß die Mutter keine Antikörper gegen Rh-positive Erythrozyten bilden kann.**

Auch bei Bluttransfusionen dürfen Rh-negative Empfänger nur Rh-negatives Spenderblut erhalten.

Zusammenfassung

Blutstillung

Thrombozytenadhäsion, Thrombozytenaggregation und Gefäßkontraktion sind Mechanismen, die im Verletzungsgebiet für eine primäre Hämostase sorgen.

Blutgerinnung

Das Wesen der Blutgerinnung besteht in der Überführung des inaktiven Prothrombins in das aktivierte Thrombin, das aus dem löslichen Fibrinogen zwei Fibrinopeptide abspaltet. Die verbleibenden Fibrinmonomere lagern sich zu Fibrinpolymeren aneinander und werden durch den fibrinstabilisierenden Faktor verfestigt. Die entstandenen unlöslichen Fibrinfäden ziehen sich zusammen und pressen aus dem Gerinnsel Serum heraus. Mit dieser sekundären Hämostase ist die Blutgerinnung abgeschlossen.

Fibrinolyse

Das Fibringerinnsel wird, nachdem es seine Aufgabe erfüllt hat, durch das aktivierte Enzym Plasmin in lösliche Fibrinbruchstükke abgebaut.

Unspezifische zelluläre Abwehr

Mikrophagen und Makrophagen üben über den Mechanismus der Phagozytose die unspezifische zelluläre Abwehr aus.

Unspezifische humorale Abwehr

Das Komplementsystem unterstützt die phagozytierenden Zellen in ihrer Abwehr, ist in der Lage, Viren und Bakterien aufzulösen und kann Ag-AK-Komplex zerstören. Interferone hemmen die Eiweißsynthese und die Vermehrungsfähigkeit der Viren. Das C-reaktive Protein fördert die Phagozytose der Mikro- und Makrophagen.

Spezifische zelluläre Abwehr

Lysozyme, die in den Sekreten enthalten sind, wirken bakterizid. Diese Abwehr ist an die immunkompetenten T-Lymphozyten gebunden.
T-Helferzellen fördern die Differenzierung der B-Lymphozyten in Plasmazellen.
T-Suppressorzellen hemmen die B- und T-Lymphozyten in ihrer Tätigkeit.
T-Killerzellen töten virusinfizierte Zellen und Tumorzellen ab.

Humorale spezifische Abwehr

Diese Abwehr wird von den immunkompetenten B-Lymphozyten ausgeübt, die sich nach einem Ag-Kontakt in Plasmazellen differenzieren. Die Plasmazellen produzieren monoklonale Antikörper. Die Antikörper sind Immunglobuline, die in fünf Klassen eingeteilt werden: IgM, IgG, IgE, IgD, IgA. Plasmazellen synthetisieren nach einer Ag-Stimulierung immer nur eine Art von Immunglobulinen. Die Antikörper reagieren mit den Antigenen, indem sie diese auflösen, verklumpen oder ausfällen.

AB0-System

Die Erythrozytenmembranen besitzen Außenlipide, die antigene Eigenschaften aufweisen. Es werden die Eigenschaften A, B und AB unterschieden. Es erfolgt keine Antikörperbildung gegen die eigenen Erythrozytenantigene.

Rhesus-System

Erythrozytenmembranen, die das Rhesusantigen D als Eigenschaft besitzen, bezeichnet man als Rh-positiv und jene, denen diese fehlt, als Rh-negativ (rh).

3.1.4. Klinischer Anhang

Kugelzellanämie

Dieser Krankheit liegt eine angeborene Störung der Ionendurchlässigkeit der Erythrozytenmembran zugrunde. Es besteht eine erhöhte Permeabilität für Natrium und Wasser in die Zellen, in deren Folge die bikonkave Scheibenform der Erythrozyten in eine Kugelform übergeht. Die daraus resultierende verminderte Verformbarkeit der Erythrozyten ist der Grund für eine behinderte Milzpassage und deren dortiger Abbau. Es kommt somit zu einer Verminderung der Hämoglobinkonzentration und zu dem klinischen Bild einer Anämie (Blutarmut). Typische Symptome, die auf diese Anämie hinweisen, sind:

- Leistungsminderung,
- Schwäche,
- Ermüdbarkeit,
- Herzklopfen,
- Schwindel,
- Kopfschmerzen,
- Ikterus (Gelbfärbung),
- Gallensteinbildung,
- Milzschwellung.

Die operative Milzentfernung (Splenektomie) beseitigt die bestehende Anämie.

Akute lymphatische Leukämie

Die akute lymphatische Leukämie ist ein bösartiger Tumor, der seinen Ausgang von im Knochenmark wuchernden unreifen Lymphozyten (Lymphoblasten) nimmt. Vom Knochenmark gelangen die Lymphoblasten in das zirkulierende Blut. Sie erreichen über den Blutweg vor allem die Leber, die Milz und die Nieren. In diesen Organen vermehren sich die Lymphoblasten erheblich und führen zu deren Schwellung.
Die wuchernden Lymphoblasten nehmen zunehmend mehr Raum im Knochenmark ein und behindern sowohl die Bildung und Reifung der Erythrozyten, Granulozyten als auch der Thrombozyten. Die daraus resultierenden klinischen Symptome sind:

- eine Leistungsminderung,
- eine Infektionsneigung und
- eine erhöhte Blutungsneigung.

Die akute lymphatische Leukämie ist bevorzugt eine Erkrankung der Kinder bis zum zehnten Lebensjahr. Sie kommt auch im höheren Lebensalter vor.

Kwashiorkor

Kwashiorkor (afrik. = roter Knabe) ist eine Eiweißmangelkrankheit, die besonders bei Kleinkindern in Afrika, Mittel- und Südamerika und Südasien nach dem Abstillen auftritt, wenn auf eine kohlenhydratreiche aber proteinarme Kost umgestellt wird. Maniok, Mais, Reis, Bananen und Yamswurzeln sind solche Nahrungsmittel.
Die Eiweißmangelernährung führt bei den Kleinkindern zu Funktionseinschränkungen der Leber und der quergestreiften Muskulatur. Die Leber stellt ungenügend Plasmaproteine her und dadurch vermindert sich der kolloidosmotische Druck im Blut. Das Blutplasma tritt aus den Gefäßen in das umgebende Gewebe und somit entstehen Wasseransammlungen im Körper, die Ödeme. Der Verlust an Muskeleiweißen ruft in der Muskulatur eine Muskelschwäche hervor.
Die Verminderung des Eiweißgehaltes bedingt in der Leber eine zunehmende Verfettung und in den Nieren eine Funktionsstörung.
Das Fehlen wichtiger Aminosäuren verursacht Wachstumsstörungen und eine verminderte Synthese der Verdauungsenzyme: Amylase, Lipase, Trypsin. Es treten Resorptionsstörungen und Intoleranz gegenüber von Nahrungsstoffen (Fett, Stärke, Disaccharide) auf, die von Durchfällen begleitet werden. Letztere bedingen die vermehrte Ausscheidung von Elektrolyten. Rotfärbung der Haare, Pigmentanomalien, Schuppenbildung der Haut, gesteigerte

Infektanfälligkeit und Wesensveränderungen sind weitere Folgen einer länger bestehenden Eiweißmangelernährung.
Der Krankheitszustand kann nur durch die Gabe von biologisch hochwertigen Eiweißen und Elektrolyten ausgeglichen werden. Hochwertige Eiweiße sind in den folgenden Nahrungsmitteln enthalten:

- fettarmes Fleisch,
- Fisch,
- Ei,
- Milch- und Milchprodukte,
- Erbsen,
- Bohnen,
- Linsen.

Hämophilie A

Die Hämophilie A ist eine Gerinnungsstörung, die durch einen angeborenen Faktor VIII-Mangel (antihämophiles Globulin A) hervorgerufen wird.
Die defekte Genstruktur ist an das Geschlechtschromosom X gekoppelt und wird meistens bei der Frau durch das normale zweite X-Chromosom überdeckt. Bei Männern ist dies nicht möglich, da ein zweites X-Chromosom nicht vorhanden ist.
Frauen übertragen lediglich das defekte Gen und werden wegen dieser Eigenschaft als Konduktorinnen bezeichnet. Das defekte Gen wird von diesen Frauen auf 50% ihrer Söhne übertragen, die somit Bluter sind und auf die Hälfte ihrer Töchter. Letztere sind wieder Konduktorinnen, die phänotypisch gesund sind.
Mit dem Krankheitsbild sind Blutungen unter alltäglichen Belastungen oder aus dem Schlaf heraus, vor allem in die Gelenke (Knie-, Ellenbogen-, Sprunggelenk) und Muskeln, verbunden. Die Therapie besteht in der Injektion des fehlenden Gerinnungsfaktors und richtet sich nach der Schwere der bestehenden Hämophilie.

3.2. Herz

3.2.1. Lage und Bau

Allgemeines

Das Herz liegt im vorderen Mittelfellraum (Mediastinum anterius) zu zwei Dritteln in der linken und zu einem Drittel in der rechten Brustkorbhälfte. Seitlich grenzen beide Lungenflügel an das Herz und überlappen sich teilweise. Der das Herz enthaltende Herzbeutel ist mit dem zum Mittelfell zeigenden wandständigen Blatt der Lungenflügel und mit einem Teil des Zwerchfells verwachsen. Hinter dem Herzen befinden sich die Speiseröhre (Ösophagus), die Luftröhre (Trachea), der Grenzstrang (Sympathikus) und die Brustwirbelsäule. Der Thymus, eine Hormondrüse, grenzt oberhalb an das Herz. Lockeres Bindegewebe füllt den Raum zwischen dem Herzen und der Hinterfläche des Brustbeins aus. Die Herzachse verläuft schräg von hinten und oben nach links und vorn durch den Brustkorb (Thorax). Die Herzgröße entspricht etwa der Faust des betreffenden Menschen und ist abhängig von Alter, Geschlecht, Konstitution und der Arbeitsleistung. An der Herzbasis münden acht Gefäße ein bzw. aus. Zu diesen Gefäßen zählen:

- die obere Hohlvene (Vena cava superior),
- die untere Hohlvene (Vena cava inferior),
- der Lungenstamm (Truncus pulmonalis),
- die vier Lungenvenen (Venae pulmonales) und
- die aufsteigende Aorta (Aorta ascendens).

Im Gegensatz zur Herzbasis ist die Herzspitze beweglich und ihr Herzspitzenstoß (Ictus cordis) kann im fünften Zwischenrippenraum links in der Medioklavikularlinie an der vorderen Brustwand getastet werden.

Herzbeutel

Der Herzbeutel (Perikard) besteht aus folgenden Schichten:

- einer Innenschicht und
- einer Außenschicht.

Innenschicht
Die Innenschicht ist das Eingeweideblatt (Lamina visceralis) und wird auch als Epikard (griech. epi = auf etwas liegen; griech. kardia = Herz) bezeichnet. Das Epikard überzieht die Muskelschicht des Herzens von außen und besteht aus einer zarten Bindegewebsschicht, der einschichtige Plattenepithelzellen aufsitzen. Zwischen dem Epikard und der Muskelschicht breitet sich das subepikardiale Fettgewebe, das in der Umgebung der Herzkranzgefäße besonders zu finden ist, aus.

Außenschicht
Die äußere Schicht besteht aus einer derben Faserschicht, der innen eine seröse Schicht, die Lamina parietalis, anliegt. Die Faserschicht vermittelt den Einbau des Herzbeutels in die Umgebung.
Der zwischen der Lamina visceralis und der Lamina parietalis gelegene und mit seröser Flüssigkeit gefüllte Spaltraum, ermöglicht ein reibungsarmes Gleiten des Herzens im Herzbeutel.

Merke **Die Herzbasisgefäße verlaufen noch einige Zentimeter innerhalb des Herzbeutels, bevor sie ihn verlassen.**

Herzäußeres

Wird der Herzbeutel entfernt, dann kann das Herzäußere betrachtet werden. Herzfurchen, Herzkranzgefäße, Fettgewebe und Vorhof- und Kammeranteile werden sichtbar. Die Herzkranzfurche (Sulcus coronarius) deutet äußerlich die Grenze von Kammern und Vorhöfen an. Die vordere und hintere Zwischenkammerfurche (Sulcus interventricularis anterior und posterior) entspricht dem Verlauf der inneren Kammerscheidewand (Septum interventriculare). Die Vorderwand des Herzens wird vorwiegend von der rechten Herzkammer (Ventriculus dexter) und zu einem kleinen Teil auch vom rechten Vorhof (Atrium dextrum) gebildet. Die Hinterwand des Herzens wird von der linken Kammer (Ventriculus sinister) und vom linken Herzvorhof (Atrium sinistrum) gebildet. Beide Herzkammern sind mit dem Zwerchfell verwachsen.

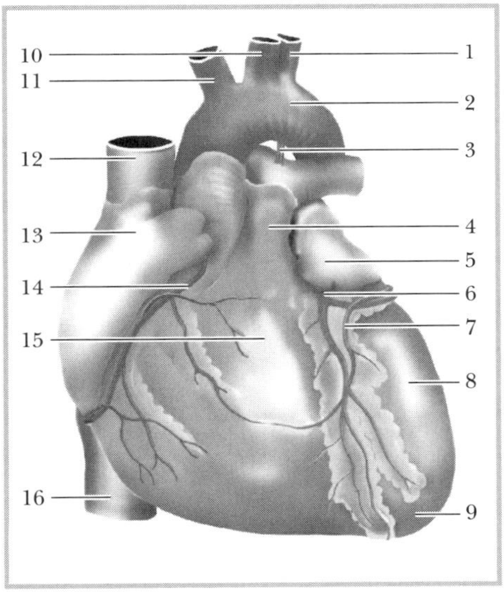

Abb. 32 Herz, Ansicht von vorn

1 Linke Schlüsselbeinarterie (A. subclavia sinistra)
2 Aortenbogen (Arcus aortae)
3 Botallo-Band (Lig. arteriosum)
4 Lungenstamm (Truncus pulmonalis)
5 Linkes Herzohr (Auricula sinistra)
6 Linke Herzkranzarterie (A. coronaria sinistra)
7 Große Herzvene (V. cordis magna)
8 Linke Herzkammer (Ventriculus sinister)
9 Herzspitze (Apex cordis)
10 Gemeinsame linke Halsschlagader (A carotis communis sinistra)
11 Gemeinsamer Stamm der Kopf- und Armschlagader (Truncus brachiocephalicus)
12 Obere Hohlvene (V. cava superior)
13 Rechtes Herzohr (Auricula dextra)
14 Rechte Herzkranzarterie (A. coronaria dextra)
15 Rechte Herzkammer (Ventriculus dexter)
16 Untere Hohlvene (V. cava inferior)

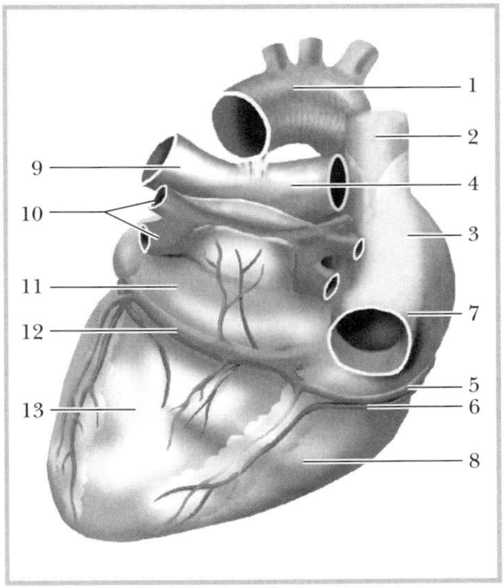

Abb. 33 Herz, Ansicht von hinten

1 Aortenbogen (Arcus aortae)
2 Obere Hohlvene (V. cava superior)
3 Rechter Vorhof (Atrium dextrum)
4 Rechte Lungenarterie (A. pulmonalis dextra)
5 Kleine Herzvene (V. cordis parva)
6 Rechte Herzkranzarterie (A. coronaria dextra)
7 Untere Hohlvene (V. cava inferior)
8 Rechte Herzkammer (Ventriculus dexter)
9 Linke Lungenarterie (A. pulmonalis sinistra)
10 Linke Lungenvenen (Vv. pulmonales sinistrae)
11 Linker Vorhof (Atrium sinistrum)
12 Große Herzvene (V. cordis magna)
13 Linke Herzkammer (Ventriculus sinister)

Herzkranzarterien
Die Herzkranzarterien entspringen oberhalb der Aortenklappen und verlaufen in den Herzfurchen. Sie dienen der Ernährung des Herzens und sind funktionell als Endarterien zu betrachten. Die Herzkranzarterien sind die ersten Äste, die von der aufsteigenden Aorta abzweigen. Es werden zwei Koronargefäße unterschieden:

- die rechte Herzkranzarterie (Arteria coronaria dextra) und
- die linke Herzkranzarterie (Arteria coronaria sinistra).

Rechte Herzkranzarterie
Sie entspringt oberhalb der rechten Aortenklappe und verläuft im Sulcus coronarius nach rechts und zieht im Sulcus interventricularis posterior zur Hinterwand des Herzens. Sie gibt mehrere Äste zur Kammer- und Vorhofmuskulatur ab. Die rechte Koronararterie versorgt die nachfolgenden Herzanteile:

- den größten Teil des rechten Herzens,
- den hinteren Abschnitt der Kammerscheidewand und
- einen kleinen Bereich der Hinterwand der linken Kammer.

Linke Herzkranzarterie
Sie entspringt oberhalb der linken Aortenklappe und verläuft im linken Teil des Sulcus coronarius und teilt sich in den vorderen Zwischenkammerast (Ramus interventricularis anterior) und in den umlaufenden Ast (Ramus circumflexus). Die linke Koronararterie versorgt mit ihren beiden Ästen die nachstehenden Herzanteile:

- den größten Teil des linken Herzens,
- die vordere Kammerscheidewand und einen kleinen Bereich der Vorderwand der rechten Kammer.

Herzvenen
Die Herzvenen (Venae cordis) verlaufen neben den Koronararterien und sammeln sich an der Hinterwand in den venösen Blutleiter (Sinus coronarius), der in den rechten Vorhof einmündet.
Zu den Herzvenen zählt man:

- die kleine Herzvene (Vena cordis parva),
- die große Herzvene (Vena cordis magna) und
- die kleinsten Herzvenen (Venae cordis minimae).

Kleine Herzvene
Diese Vene begleitet die rechte Herzkranzarterie.

Große Herzvene
Die große Herzvene verläuft in der vorderen Zwischenkammerfurche neben der Arterie aufwärts und gelangt mit dem umlaufenden arteriellen Ast zur Hinterwand des Herzens.

Kleinste Venen
Die kleinsten Venen können auch direkt in die rechten Herzinnenräume einmünden.
Die kleine und große Herzvene münden über den Sinus coronarius in den rechten Vorhof.

Herzwand

Die Herzwand besteht aus drei Schichten, wobei die mittlere Schicht am stärksten ausgebildet ist. Zu den Herzschichten zählen:

- die Herzinnenhaut (Endokard),
- die Muskelschicht (Myokard) und
- die Herzaußenhaut (Epikard).

Endokard
Das Endokard besteht aus einer einschichtigen Endothelschicht, die einer zarten Bindegewebsschicht aufliegt. Sie schafft eine glatte, reibungsmindernde Oberfläche für den Blutstrom und setzt sich als Gefäßinnenhaut (Intima) in die Gefäße fort. Eigene Gefäße enthält des Endokard nicht, es wird von der darunterliegenden gefäßführenden Bindegewebsschicht ernährt. Das Endokard bildet Duplikaturen aus, die man als Herzklappen bezeichnet.

Myokard
Diese Muskelschicht setzt sich aus Herzmuskelzellen zusammen, die eine räumliche Anordnung aufweisen und untereinander in Verbindung stehen. Die Muskelschicht ist in der linken Herzhälfte dicker, da hier höhere Druckverhältnisse herrschen. Die Herzkammern verfügen über drei Muskelschichten, zu denen eine innere Längsschicht, eine mittlere Ringschicht und eine äußere Schrägschicht zählen. Die Vorhöfe bilden nur zwei Muskelschichten aus, die dünner sind als die Kammermuskulatur. Das Arbeitsmyokard dient der Kontraktion (Systole) und Erschlaffung (Diastole) des Herzens.

Epikard
Das Epikard überzieht die Muskelschicht von außen und stellt das Eingeweideblatt des Herzbeutels dar. Es besteht aus einschichtigem Endothel, das einer zarten Bindegewebsschicht aufliegt. Das Epikard überzieht alle Blutgefäße und das dem Herzen aufgelagerte Fett.

Herzinneres

Die Vorhof-Kammerscheidewand trennt das Herz in ein rechtes und linkes Herz. Das rechte Herz enthält venöses Blut und das linke Herz arterielles Blut. Es kommt nicht zur Vermischung zwischen den Blutarten.

Rechter Vorhof
In den rechten Vorhof (Atrium dextrum) münden die obere Hohlvene (Vena cava superior), die untere Hohlvene (Vena cava inferior) und der Sinus coronarius ein. Somit nimmt das rechte Herz das gesamte venöse Blut aus dem Körperkreislauf auf. Der rechte Vorhof besitzt eine glatte Innenwand, die dem Endokard entspricht. Das rechte Herzohr (Auricula dextra) ist eine Aussackung des Vorhofes und legt sich der Aorta an. Das Herzohr ist innen nicht glatt, sondern enthält Muskelstränge, die Musculi pectinati. Zum linken Vorhof befindet sich eine Scheidewand (Septum interatriale), die eine umgrenzte dünne Stelle enthält, das Foramen ovale.
Das ovale Loch schließt sich nach der Geburt und ermöglicht somit die Lungendurchblutung.

Zwischen dem rechten Vorhof und der rechten Kammer befindet sich eine Vorhofkammeröffnung, das Ostium atrio-ventriculare. In diese Öffnung ist eine dreizipflige Segelklappe (Valva tricuspidalis) eingebaut. Sie besitzt drei Segel, die über Sehnenfäden (Chordae tendineae) an den Papillarmuskeln der rechten Kammer befestigt sind.

Rechte Kammer
Die rechte Herzkammer (Ventriculus dexter) sieht pyramidenförmig aus und besitzt einen unebenen Einströmungsteil und einen glatten Ausströmungsteil. Im Einströmungsteil befinden sich zahlreiche Muskelbälkchen, die Trabekel. Besonders stark ausgebildete Trabekel sind die Papillarmuskeln, an denen die drei Segel über die Sehnenfäden befestigt sind. Ein Durchschlagen der Segel in den Vorhof während der Systole wird somit verhindert. Über den glatten Ausströmungsteil wird das Blut in den Lungenstamm geleitet. Im Anfangsteil des Lungenstammes (Truncus pulmonalis) befindet sich eine Taschenklappe, die Pulmonalklappe (Valva trunci pulmonalis). Sie besteht aus drei halbmondförmigen Taschenklappen, die wie Schwalbennester an der Innenwand des Lungenstammes sitzen und nach der Kammersystole ein Zurückfließen des Blutes verhindern.

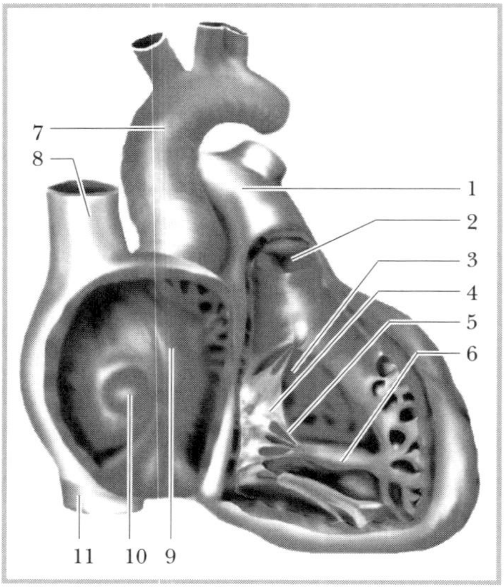

Abb. 34 Herz, Einsicht in den rechten Vorhof und in die rechte Kammer

1 Lungenstamm (Truncus pulmonalis)
2 Pulmonalklappe (Valva trunci pulmonalis)
3 Rechte Herzkammer (Ventriculus dexter)
4 Vorderes Klappensegel der Tricuspidalis
5 Sehnenfäden (Chordae tendineae)
6 Vorderer Papillarmuskel
7 Aufsteigende Aorta (Aorta ascendens)
8 Obere Hohlvene (V. cava superior)
9 Rechter Vorhof (Atrium dextrum)
10 Ovale Grube (Fossa ovalis)
11 Untere Hohlvene (V. cava inferior)

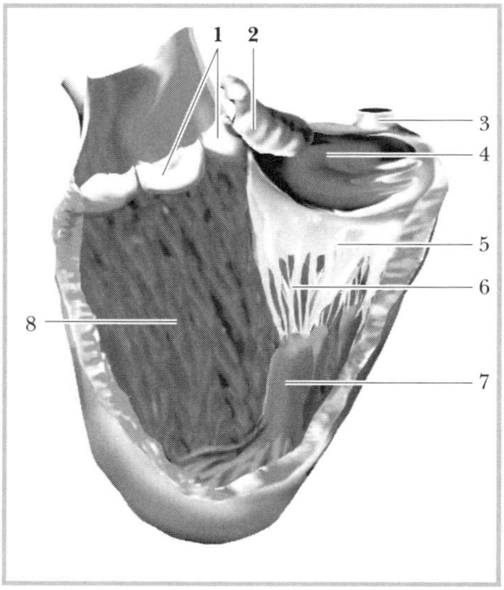

Abb. 35 Herz, Einsicht in den linken Vorhof und in die linke Kammer

1 Aortenklappe (Valva aortae)
2 Linkes Herzohr (Auricula sinistra)
3 eine der vier Lungenvenen (V. pulmonalis)
4 Linker Vorhof (Atrium sinistrum)
5 Mitralis (Valva mitralis)
6 Sehnenfäden (Chordae tendineae)
7 Papillarmuskel (M. papillaris)
8 linke Kammer (Ventriculus sinister)

Linker Vorhof
In den linken Vorhof (Atrium sinistrum) münden vier Lungenvenen (Venae pulmonales) ein. Sie führen arterialisiertes Blut mit sich. Der Innenraum hat die Form eines Rechteckes, ist glatt gestaltet, und das linke Herzohr (Auricula sinistra) umgreift die Lungenschlagader von vorn. Das linke Herzohr enthält ebenfalls Muskelstränge und besitzt eine unebene Oberfläche

In das Ostium atrio-ventriculare ist eine zweizipflige Segelklappe (Valva bicuspidalis) eingebaut. Diese, auch als Mitralis bezeichnete Segelklappe, wird über Sehnenfäden an den beiden Papillarmuskeln befestigt, die sich in der linken Herzkammer befinden

Linke Kammer
Die linke Herzkammer (Ventriculus sinister) sieht kegelförmig aus und besitzt, wie die rechte Kammer, einen unebenen Einströmungsteil und einen glatten Ausströmungsteil. Kräftig entwickelte Trabekel sind die vorn und hinten gelegenen Papillarmuskeln, an denen die zwei Segel der Mitralis befestigt sind. Über den glatten Ausströmungsteil wird das Blut in den aufsteigenden Teil der Aorta (Aorta ascendens) geleitet. Am Übergang des linken Ventrikels

zur aufsteigenden Aorta befindet sich eine Taschenklappe, die Aortenklappe (Valva aortae) die ein Zurückfließen des Blutes aus der Aorta in die linke Kammer verhindert

Merke **Im Herzinneren werden zwei Segelklappen und zwei Taschenklappen unterschieden, die als Duplikaturen der Herzinnenhaut aufzufassen sind. Die Tricuspidalis besitzt drei Segel und die Mitralis zwei Segel, die jeweils über Sehnenfäden an Papillarmuskeln befestigt werden.**

Erregungsbildungs- und -leitungssystem

Das Erregungszentrum bildet der Sinusknoten (Keith-Flack-Knoten), der sich am Übergang der oberen Hohlvene in den rechten Vorhof befindet. Die Erregung wird zum Vorhof-Kammerknoten (Atrio-Ventrikular-Knoten, Aschoff-Tawara-Knoten) weitergeleitet. Das His-Bündel verläuft zum membranösen Teil der Kammerscheidewand und teilt sich in einen rechten und linken Kammerschenkel. Sie verzweigen sich in die Purkinje-Fasern, die an den Papillarmuskeln und der Arbeitsmuskulatur des Herzens endigen. Neben der Automatie wird die Herztätigkeit von Nerven beeinflußt. Diese vegetativen Herznerven stammen aus dem Grenzstrang (Sympathikus) und dem parasympathischen Anteil des Nervus vagus (X. Hirnnerv). Beide Nerven bilden Geflechte. Der Sympathikus übt folgende Einflüsse auf die Herztätigkeit aus:

- Beschleunigung der Herzfrequenz,
- Förderung der Herzmuskelkontraktionskraft,
- Steigerung der Herzerregbarkeit und
- Verkürzung der Überleitungszeit der Herzerregung von den Vorhöfen zu den Kammern.

Der Nervus vagus wirkt gegensinnig. Die Koordination beider Nerven ermöglicht dem Herzen die Anpassung an körperliche Belastungen.

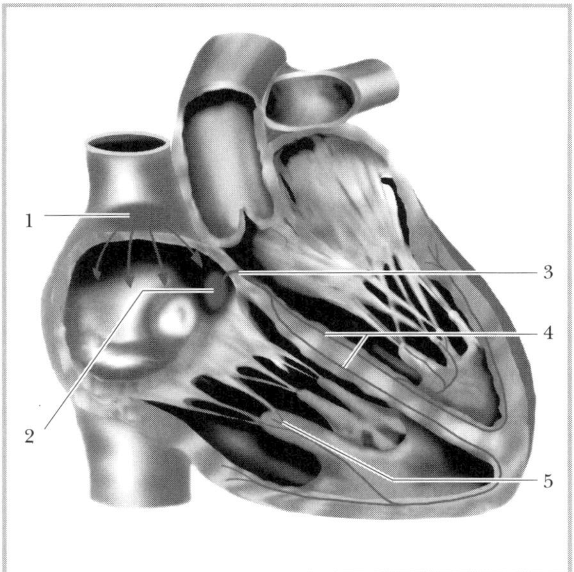

Abb. 36 Herz, Erregungsbildungs- und -leitungssystem

1 Sinusknoten (Keith-Flack-Knoten)
2 Vorhof-Kammer-Knoten (Aschoff-Tawara-Knoten)
3 His-Bündel
4 Rechter und linker Kammerschenkel (Crus dextrum et sinistrum)
5 Purkinje-Fasern

Zusammenfassung

Herzbasisgefäße	Zu den Herzbasisgefäßen zählen die obere Hohlvene, die untere Hohlvene, der Lungenstamm, die vier Lungenvenen und die Aorta.
Herzspitze	Im Gegensatz zur Herzbasis ist die Herzspitze beweglich und an der vorderen Brustwand im fünften Zwischenrippenraum tastbar.
Herzbeutel	Der Herzbeutel besteht aus zwei Blättern, dem visceralen und parietalen Blatt. Er enthält das Herz.
Herzkranzarterien	Die rechte und linke Herzkranzarterie entspringen oberhalb der Aortenklappe und verlaufen in den Herzfurchen.
Herzvenen	Die Venen begleiten die Arterien und münden in den Sinus coronarius ein.
Herzfurchen	Dazu rechnet man die Herzkranzfurche sowie die vordere und hintere Zwischenkammerfurche.
Herzwand	Die Herzwand besteht aus dem Endokard, dem Myokard und dem Epikard.
Trikuspidalklappe	Die Trikuspidalklappe verhindert während der rechten Kammerkontraktion das Zurückfließen des Blutes in den rechten Vorhof.
Pulmonalklappe	Die Pulmonalklappe besteht aus drei halbmondförmigen Taschenklappen, die ein Zurückfließen des Blutes aus dem Lungenstamm in die rechte Kammer verhindern.
Mitralklappe	Die Mitralklappe verhindert während der linken Kammerkontraktion das Zurückfließen des Blutes in den linken Vorhof.
Aortenklappe	Die Aortenklappe ist eine Taschenklappe, die ein Zurückfließen des Blutes aus der Aorta in die linke Kammer verhindert.
Sehnenfäden	Die Sehnenfäden befestigen die Segelklappen an Papillarmuskeln.
Sinusknoten	Der Sinusknoten ist der primäre Schrittmacher des Herzens.
Vorhof-Kammerknoten	Der Vorhof-Kammerknoten leitet die Erregung zum His-Bündel weiter.
His-Bündel	Das His-Bündel überträgt die Erregung auf die beiden Kammerschenkel.
Kammerschenkel	Der rechte und linke Kammerschenkel leiten die Erregung zu den Purkinje-Fäden.
Purkinje-Fäden	Die Purkinje-Fäden übertragen die Erregung auf die Arbeitsmuskulatur, die sich daraufhin kontrahiert.
Sympathikus	Der Sympathikus beeinflußt die Herztätigkeit im Sinne einer Herzfrequenzsteigerung, einer Förderung der Kontraktionskraft, einer Steigerung der Herzerregbarkeit und verkürzt die Überleitungszeit der Erregung von den Vorhöfen zu den Kammern.
Parasympathikus	Der Nervus vagus wirkt gegensinnig.

3.2.2. Herzphysiologie

Elektrophysiologische Grundlagen

Bevor die Arbeitsmuskulatur des Herzens sich kontrahieren bzw. erschlaffen kann, müssen nachfolgende elektrophysiologische Grundlagen erfüllt sein. Zu den Grundlagen zählen:

- die Bildung des Ruhepotentials,
- die Bildung des Aktionspotentials,
- die Weiterleitung des Aktionspotentials und
- die elektromechanische Kopplung.

Bildung des Ruhepotentials
Die spezifischen Herzmuskelzellen im Sinusknoten besitzen im Ruhezustand ihrer Zellmembranen eine unterschiedliche Leitfähigkeit für Natrium-, Kalium- und Chloridionen. Die Konzentrationen für diese Ionen sind innerhalb und außerhalb der Zellen verschieden. Für die Aufrechterhaltung dieser Konzentrationsunterschiede ist die Na-K-ATPase, ein Membranenzym, verantwortlich. Sie sorgt dafür, daß Natriumionen aus der Zelle und Kaliumionen in die Zelle transportiert werden. Die Transporte verbrauchen dabei chemische Energie in Form von ATP. Die nachfolgenden Mechanismen erklären die Bildung des Ruhemembranpotentials einer spezifischen Herzmuskelzelle im Sinusknoten.

- Im unerregten Zustand besitzt die Membran einer spezifischen Herzmuskelzelle im Sinusknoten eine sehr geringe Durchlässigkeit für Natriumionen, so daß Natriumionen kaum in das Zellinnere gelangen.
- Dagegen besteht eine hohe Membrandurchlässigkeit für Kaliumionen, so daß diese aus der Zelle in den extrazellulären Raum diffundieren.
- Die Folge besteht in dem Entstehen eines K-Diffusionspotentials, das Chloridionen entgegen ihres Konzentrationsgradienten aus der Zelle treibt, bis es zu einer Einstellung der Gleichgewichtspotentiale für Kalium- und Chlorid-Ionen gekommen ist.
- Die Zellmembran lädt sich jetzt an der Innenseite negativ auf. Die Negativität ist auf den Kaliumausstrom und das Verbleiben negativ geladener Eiweiße und organischer Phosphate innerhalb der Zelle zurückzuführen.
- Die entstandene Ladungstrennung kann mit Mikroelektroden gemessen werden.

Merke **Die spezifischen Herzmuskelzellen im Sinusknoten bauen ein vorübergehendes Ruhepotential von etwa -70mV auf.**

Bildung des Aktionspotentials
Nach Reizeinwirkung (Stoffwechselmetabolite) reagiert die Zellmembran einer spezifischen Herzmuskelzelle im Sinusknoten an dieser Stelle mit einer erhöhten Durchlässigkeit für Natriumionen und mit einer verringerten Kaliumleitfähigkeit. Der starke Natriumeinstrom ruft an der gereizten Herzmuskelzellmembran eine Umpolung der Membranladung hervor, die man als Depolarisation bezeichnet. Die Zellmembran ist jetzt an ihrer Innenseite positiv und an ihrer Außenseite negativ geladen. Das meßbare Potential beträgt etwa + 20mV und wird als Aktionspotential bezeichnet (Abb. 37).

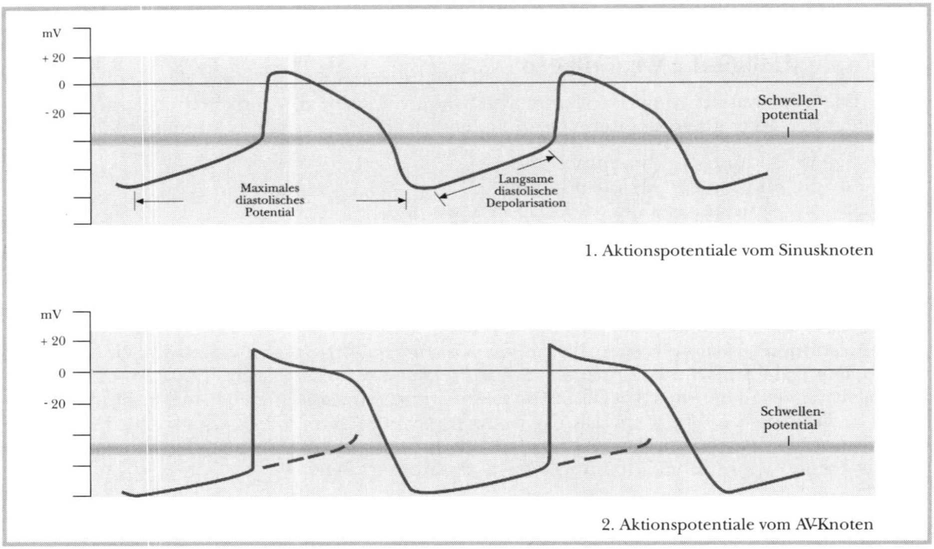

Abb. 37 Aktionspotentiale

Weiterleitung des Aktionspotentials
Das Aktionspotential existiert nur an dem gereizten Membranabschnitt und es besteht ein Ladungsunterschied zwischen dem gereizten und noch nicht gereizten Zellmembranbereich. Längs der spezifischen Herzmuskelzellmembran kommt es zu einem Ladungsausgleich, zu einem elektrotonischen Stromfluß, bis die Reizschwelle erreicht und somit ein neues Aktionspotential ausgelöst wird.

Merke

Das Prinzip der Erregungsweiterleitung besteht darin, daß jedes Aktionspotential in den noch nicht erregten Membranabschnitten Stromschleifen ausbildet, die letztlich zu erneuten Aktionspotentialbildungen führen. Die Erregung wurde somit auf einen weiteren Membranabschnitt weitergeleitet und das ausgelöste Aktionspotential ist abgeklungen.

Diese Erregungsweiterleitung erfolgt kontinuierlich und verbraucht Energie. Die Aktionspotentiale des Sinusknotens erreichen das Arbeitsmyokard über den Atrio-Ventrikular-Knoten, das His-Bündel, die Kammerschenkel und die Purkinje-Fäden.

Elektromechanische Kopplung
Das von den Purkinje-Fasern einlaufende Aktionspotential erfaßt die Arbeitsmuskulatur und löst einen Kalziumioneneinstrom in die Arbeitsmuskelzellen aus. Dieser ruft folgende Mechanismen hervor:

- Kalziumionenbindung an Troponin (Eiweiß),
- Wegfall der hemmenden Wirkung des Tropomyosins (Eiweiß) auf die Aktin-Myosin-Verbindung,
- Myosin bindet ATP und verbindet sich mit Aktin,
- Abspaltung des ATP vom Myosin durch eine ATPase,
- Ablösung des Phosphats vom Myosin,

- Kippen der Myosinköpfe aus der 90-Grad-Stellung in die 50-Grad-Stellung,
- Vorbeigleiten der Aktin- und Myosin-Filamente (Herzmuskelkontraktion),
- Abspaltung des ADP vom Myosin,
- Beendigung des Gleitvorganges (der Muskelkontraktion),
- Bindung von ATP an das Myosin (Lösung der Aktin-Myosin-Bindung) und
- Erschlaffung des Herzmuskels infolge der Weichmacherwirkung des ATP.

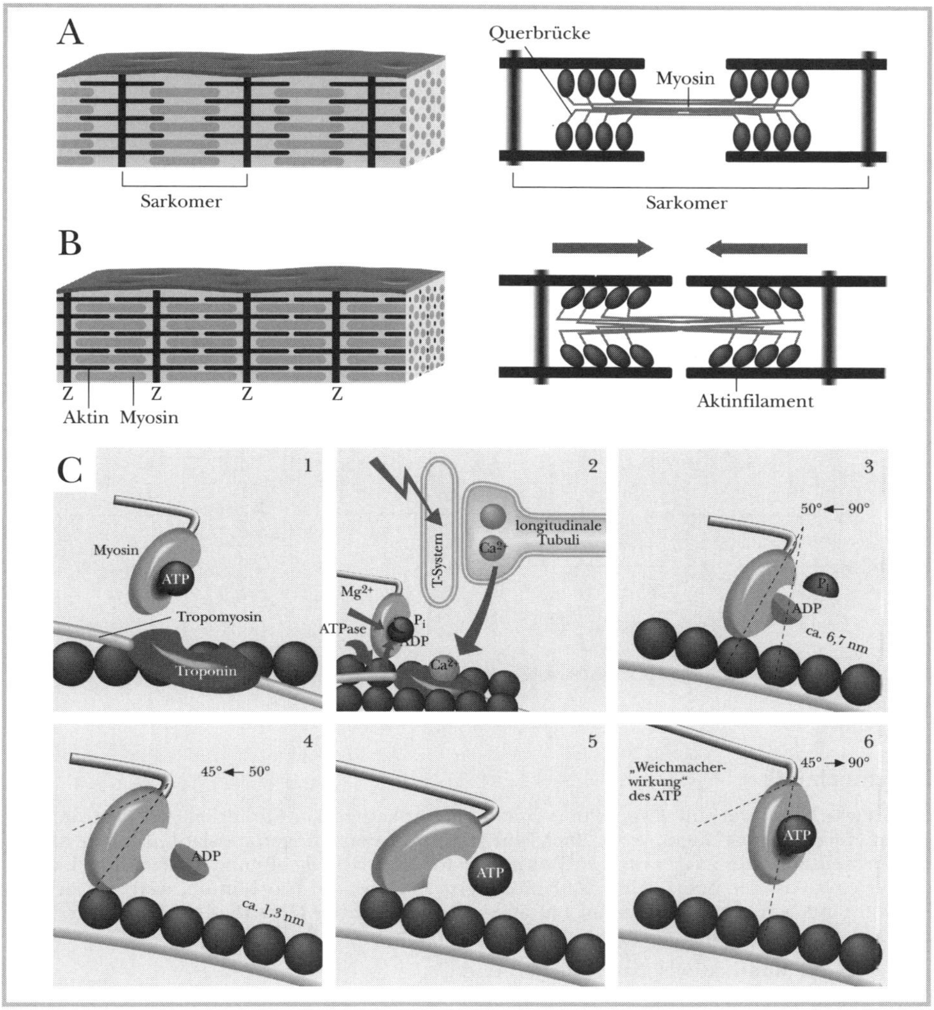

Abb. 38 Mechanismus der Muskelkontraktion
A Myofibrillen im erschlafften Zustand; B Myofibrillen im kontrahierten Zustand; C Elektromechanische Kopplung der Aktin- und Myosinfilamente (1 - 6)

Merke **Für die Auslösung einer Herzmuskelkontraktion sind Kalziumionen, ATP und eine ATPase notwendig. Voraussetzung ist ein einlaufendes Aktionspotential, das im Sinusknoten gebildet wurde. Die Impulsfrequenz des Sinusknotens bestimmt die Schlagfrequenz des Herzens, d.h. jedes Aktionspotential löst einen Herzschlag aus. Die Herzfrequenz beträgt etwa 60-80 Schläge pro Minute.**

Merke **Das Aktionspotential bildet in einer Arbeitsmuskelzelle ein Plateau aus, das die Muskulatur vor einer zu schnellen Wiedererregung schützt und sorgt dafür, daß der Herzmuskel ausreichend Zeit zur Erholung hat.**

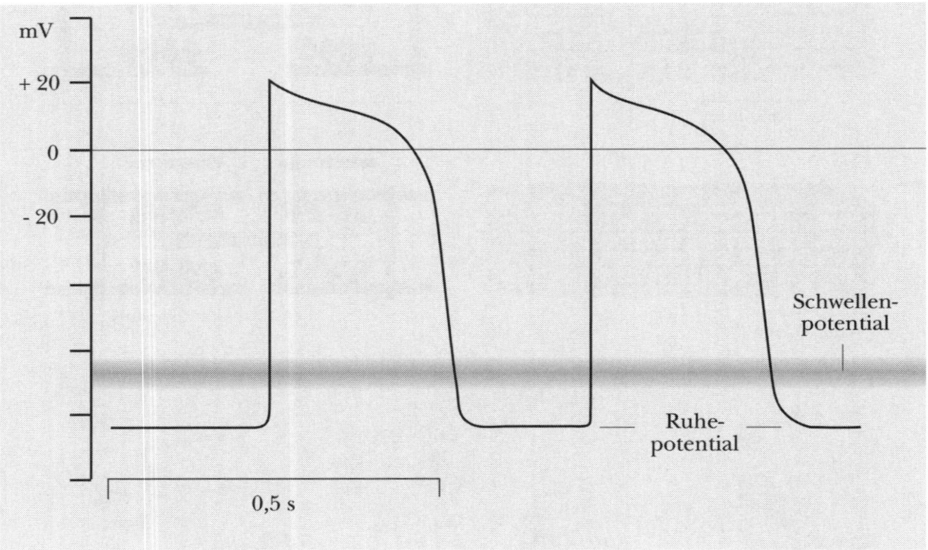

Abb. 39 Aktionspotentiale einer Arbeitsmuskelzelle

Herzmechanik

Das Herz arbeitet wie eine Pumpe und erzeugt daher keinen kontinuierlichen Blutstrom. Mit jedem Herzschlag gelangen etwa 70ml Blut sowohl in den Lungenkreislauf als auch in den Körperkreislauf. Die ausgeworfene Blutmenge wird als Schlagvolumen bezeichnet. Ein gesunder Erwachsener besitzt eine Schlagfrequenz von etwa 70 pro Minute, wenn er sich im Ruhezustand befindet. Nach jedem Blutauswurf muß sich das Herz wieder füllen und damit ergeben sich für die Herzmechanik zwei Hauptphasen:

- die Kontraktionsphase (Systole) und
- die Erschlaffungsphase (Diastole).

Kontraktionsphase der Kammern
Die Kontraktion der Arbeitsmuskulatur der beiden Herzkammern verläuft in zwei Phasen, zu der die Anspannungsphase und die Austreibungsphase zählen.

Anspannungsphase
Während dieser Phase sind die Herzkammern mit Blut gefüllt. Die erschlaffte Muskulatur der beiden Kammern beginnt sich anzuspannen und übt auf das inkompressible Blutvolumen einen Druck aus. Es kommt in den Kammern zu einem beginnenden Druckanstieg, der zum Verschluß der Segelklappen führt. Diese sind über Sehnenfäden mit den Papillarmuskeln verbunden, so daß ein Durchschlagen in die Vorhöfe nicht möglich ist. Zu diesem Zeitpunkt herrschen in den Kammern Druckverhältnisse, die noch unter denen der abführenden Arterien (Lungenstamm, Aorta) liegen. Die Taschenklappen sind geschlossen, so daß sich das Innenvolumen der Kammern trotz der Anspannung der Arbeitsmuskulatur nicht ändert.

Austreibungsphase
Übersteigt der Kammerdruck den Druck im Lungenstamm bzw. in der Aorta, dann öffnen sich die Taschenklappen und die Austreibungsphase beginnt. Das Blut der rechten Herzkammer gelangt in die Lungenschlagadern und von dort in die Lungen und das Blut der linken Herzkammer wird über die Aorta in den Körperkreislauf getrieben. Gegen Ende der Austreibungsphase werden die Taschenklappen geschlossen, da der Druck in den arteriellen Gefäßen größer wird als in den Kammern. In beiden Kammern verbleibt ein Restvolumen von etwa 70 ml, d.h. die Kammern entleeren sich während der Systole nicht vollständig.

Erschlaffungsphase der Kammern
Die Erschlaffung der Herzkammern verläuft in zwei Phasen, zu denen die Erschlaffungsphase und die Füllungsphase zählen.

Erschlaffungsphase
Die Arbeitsmuskulatur erschlafft und die Kammerinnendrücke beginnen abzunehmen, sie liegen noch über denen der Vorhöfe, so daß die Segelklappen geschlossen bleiben. Die Kammervolumina ändern sich nicht.

Füllungsphase
Beim Unterschreiten der Vorhofdrücke, öffnen sich die Segelklappen und Blut strömt aus den Vorhöfen in die Kammern. Die Blutfüllung erfolgt anfänglich schnell, sie läßt dann nach und zu diesem Zeitpunkt befinden sich sowohl die Vorhöfe als auch die Kammern in einer Ruhepause, der Diastase. Sie stellt die Erholungszeit dar, in der die Durchblutung des Herzmuskels selbst erfolgt. Das restliche Blut gelangt durch die sich anschließende Kontraktion der Vorhöfe (Vorhofsystolen) in die Kammern. Sowie die Kammerdrücke über denen der Vorhöfe liegen, schließen sich die Segelklappen, und damit geht die Kammerdiastole in die folgende Kammersystole über.

Merke **Das Herz arbeitet nicht nur als Druck-, sondern auch als Saugpumpe.**

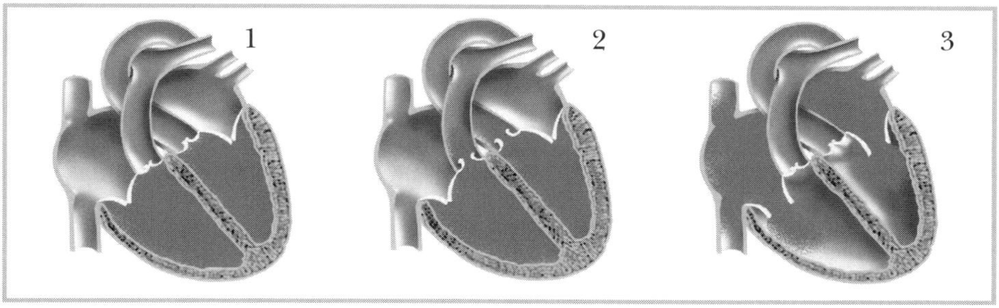

Abb. 40 Herzmechanik der Kammern
1 Anspannungsphase (Systole); **2** Austreibungsphase (Systole); **3** Füllungsphase (Diastole)

Während der Austreibungsphase wird von den Kammern nicht nur Blut in die großen Arterien ausgeworfen, sondern auch Blut aus den großen Venen (obere und untere Hohlvene) in die Vorhöfe angesaugt. Die Kammerbasis, die die Herzklappen enthält, bezeichnet man als Ventilebene. Diese verschiebt sich dabei in Richtung zur Herzspitze und dehnt die erschlafften Vorhöfe, in die jetzt Blut angesaugt wird. Am Ende der Austreibungsphase sind die Vorhöfe mit Blut gefüllt. Die Ventilebene kehrt unter Öffnung der Segelklappen in ihre Ausgangslage zurück, wenn die Kammermuskulatur erschlafft. Sie schiebt sich über das Blutvolumen der Vorhöfe hinweg und ermöglicht somit die schnelle Füllungsphase der Herzkammern.

Herztöne
Mit der Herzmechanik geht die Bildung von Herztönen einher, die an der Brustwand an definierten Stellen mit einem Stethoskop abgehört werden können.

Der erste Herzton entsteht zu Beginn der Kammersystole. Die rechte und linke Kammermuskulatur spannen sich beim Schluß der Atrio-Ventrikular-Klappen ruckartig um die blutgefüllten Inhalte an. Dabei geraten die Kammermuskulaturen und die geschlossenen Atrio-Ventrikular-Klappen in Schwingungen, die sich auf die Brustwand übertragen. Dieser dumpfe Anspannungston hat etwa eine Frequenz von 25-45 Hz.
Wenn sich die Taschenklappen schließen, entsteht zu Beginn der Kammerdiastole ein hellerer zweiter Herzton, der etwa eine Frequenz von 50 Hz aufweist.
Sowohl der erste als auch der zweite Herzton sind physiologisch auftretende Töne.

Elektrokardiogramm

Das sich rhythmisch ausbreitende Aktionspotential führt zur Ausbildung von räumlichen Potentialdifferenzen zwischen erregten und unerregten Herzmuskelbezirken. Diese übertragen sich auch auf das umgebende Gewebe und können von der Herzoberfläche und von der Haut abgeleitet werden. Das Elektrokardiogramm (EKG) zeichnet diese Potentialdifferenzen in Abhängigkeit von der Zeit auf und reflektiert somit den Ablauf der Herzerregung.
Es existieren verschiedene standartisierte Ableitmethoden zu denen z.B. die

- bipolare Extremitätenableitung nach Einthoven,
- unipolare Extremitätenableitung nach Goldberger und die
- unipolare Brustwandableitung nach Wilson zählen.

Bipolare Extremitätenableitung nach Einthoven
Bei dieser Ableitung werden Ableitelektroden an beiden Unterarmen und am linken Unterschenkel angebracht. Die Ableitungen werden römisch numeriert:

- Ableitung I (zwischen beiden Armen),
- Ableitung II (zwischen rechtem Arm und linkem Fuß),
- Ableitung III (zwischen linkem Arm und linkem Fuß).

Unipolare Extremitätenableitung nach Goldberger
Die Ableitung erfolgt zwischen einer Elektrode auf der Körperoberfläche (differente Elektrode) und einer spannungskonstanten Elektrode (indifferente Elektrode), die durch Zusammenschluß mehrerer Ableitungsstellen erhalten wird.

Bei der Goldberger-Ableitung werden drei Ableitungen unipolar von jeweils einer Extremität registriert und die anderen beiden Extremitäten werden über Widerstände zu einer indifferenten Null-Elektrode zusammengeschaltet. Da mit dieser Ableitmethode höhere Potentiale erreicht werden, bezeichnet man diese als verstärkte unipolare Ableitung (engl. = augmented Voltage).

Die drei unipolaren Extremitätenableitungen werden wie folgt bezeichnet:

- aVF (augmented Voltage linker Fuß) = der rechte und linke Arm sind zusammengeschaltet,
- aVR (augmented Voltage rechter Arm) = der linke Arm und der linke Fuß sind zusammengeschaltet,
- aVL (augmented Voltage linker Arm) = der rechte Arm und der linke Fuß sind zusammengeschaltet.

Unipolare Brustwandableitung nach Wilson
Die durch die Herzerregung erzeugten Potentialschwankungen werden von sechs festgelegten Punkten der Brustwand abgeleitet. Die drei Extremitätenkabel werden zur indifferenten Bezugselektrode zusammengeschaltet. Die Ableitpunkte bezeichnet man mit V1, V2, V3, V4, V5 und V6.

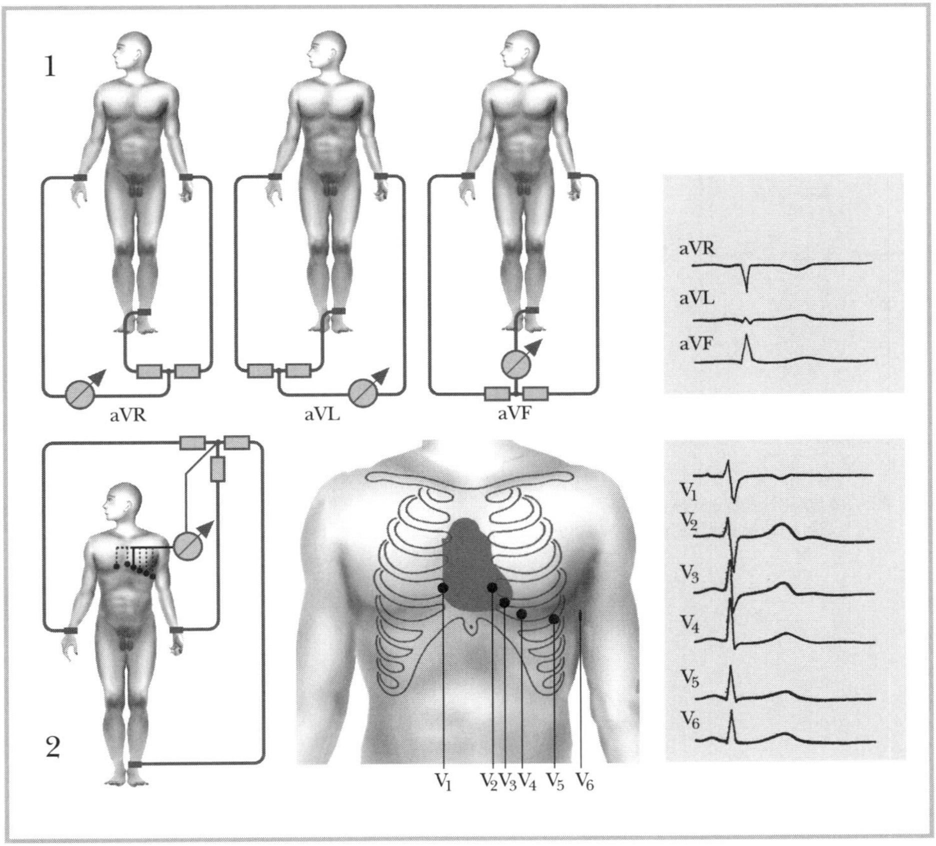

Abb. 41 Elektrokardiogramm (EKG)
1 Ableitung nach Goldberger; **2** Ableitung nach Wilson

Das Elektrokardiogramm einer bipolaren Extremitaetenableitung nach Einthoven ergibt in der Ableitung II bestimmte Wellen und Srecken mit nachfolgender Zuordnung:

P-Welle	repraesentiert die Erregungsausbreitung in den Vorhoefen,
PQ-Strecke	vollstaendige Erregung der Vorhoefe,
PQ-Dauer	Mass fuer die Ueberleitungszeit der Erregung von den Vorhoefen auf die Kammern (120-200ms),
QRS-Komplex	entspricht der Erregungsausbreitung im Kammermyokard (60-100ms),
ST-Strecke	Kammermuskulatur ist vollstaendig erregt,
T-Welle	entspricht der Erregungsrueckbildung im Kammermyokard,
QT-Dauer	Mass fuer die Erregungsdauer des Kammermyokards (320-390 ms).

Mit dem Elektrokardiogramm koennen z.B. Informationen gewonnen werden ueber:

- die Herzfrequenz,
- den Ursprung der Erregung,
- Rhythmusstšrungen,
- Erregungsleitungsstoerungen,
- Herzlage,
- Herzinfarkte.

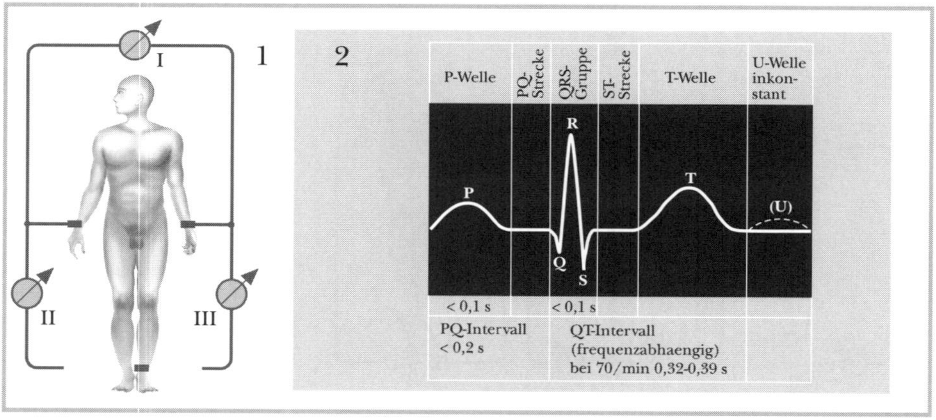

Abb. 42 Elektrokardiogramm (EKG)
1 Ableitung nach Einthoven; **2** Elektrokardiogramm der Ableitung 2

Zusammenfassung

Ruhepotential	Das Ruhemembranpotential einer spezifischen Herzmuskelzelle im Sinusknoten beruht auf einem Kalium-Ionen-Auswärtsstrom. Das Potential beträgt etwa -70 mV.
Aktionspotential	Die Reizung eines Membranabschnittes einer spezifischen Herzmuskelzelle im Sinusknoten führt zu einem massiven Natrium-Ionen-Einstrom und zur Depolarisation der Membranladungen. Die Innenmembran ist jetzt positiv geladen und das Aktionspotential beträgt etwa +20 mV.
Weiterleitung der Erregung	Das Aktionspotential bildet in den benachbarten, noch nicht erregten, Membranabschnitten Stromschleifen aus, die wiederum zu einem Aktionspotential führen, während das sie auslösende Aktionspotential abklingt. Auf diese Art und Weise pflanzt sich die Erregung bis zu den Purkinje-Fäden fort.
Elektromechanische Koppelung	Das Aktionspotential ruft in der Arbeitsmuskulatur einen Kalzium-Ionen-Einstrom hervor, der zusammen mit ATP und einer ATPase zur Muskelkontraktion führt.
Anspannungsphase	Während dieser Phase sind die Kammern mit Blut gefüllt und alle Herzklappen geschlossen. Die Innenvolumina ändern sich trotz beginnender Anspannungen der Kammern nicht.
Austreibungsphase	In dieser Phase übersteigen die Kammerdrücke die der abführenden Arterien, und das Blut wird ausgeworfen.
Erschlaffungsphase	Die Kammermuskulaturen erschlaffen und die Innendrücke beginnen abzunehmen. Die Herzklappen sind noch verschlossen.
Füllungsphase	In der Füllungsphase öffnen sich die Segelklappen, und Blut strömt aus den Vorhöfen in die Kammern.
Herztöne	Der erste Herzton entsteht während der Anspannungsphase zu Beginn der Kammersystole. Der zweite Herzton entsteht, wenn sich die Taschenklappen zu Beginn der Kammerdiastole schließen.
Elektrokardiogramm	Das EKG reflektiert den Ablauf der Herzerregung und stellt eine Spannungs-Zeit-Funktion dar.
Bipolare Ableitung	Bei dieser Ableitung wird die Spannung zwischen zwei Punkten der Körperoberfläche abgeleitet.
Unipolare Ableitung	Die Ableitung erfolgt zwischen einer differenten und einer indifferenten Elektrode. Letztere wird durch den Zusammenschluß mehrerer Ableitungsstellen erhalten.

3.3. Gefäßlehre

3.3.1. Allgemeine Gefäßlehre

Arterien

Arterien (Schlagadern) sind Gefäße, die das Blut vom Herzen zu den Organen transportieren, und ihre Gefäßwände weisen folgenden Grundaufbau auf. Die Gefäßwände bestehen aus:

- der Innenschicht (Tunica intima = Intima),
- der Mittelschicht (Tunica media = Media) und
- der Außenschicht (Tunica externa = Adventitia).

Intima
Die Intima besteht aus einer Lage von Endothelzellen, die einer lockeren Bindegewebsschicht aufsitzen. Eine aus elastischen Fasern bestehende Schicht (Membrana elastica interna) grenzt die Intima von der anliegenden Schicht, der Media, ab. Die Fasern sind lichtmikroskopisch an ihrem gewellten Verlauf zu erkennen.

Media
Die Media setzt sich aus glatten Muskelzellen, elastischen Membranen und kollagenen Fasern zusammen. Zur Adventitia hin ist eine äußere elastische Membran (Membrana elastica externa) ausgebildet, die aber dünner ist als die Membrana elastica interna.

Adventitia
Diese äußere Schicht enthält kollagene und elastische Fasernetze und verankert das betreffende Gefäß mit seiner Umgebung. Sie führt die ernährenden Gefäße, die notwendig für die Versorgung der äußeren Gefäßwandschichten sind und Gefäßnerven mit sich.

Arterien, die von diesem Grundbauplan der Gefäßwände abweichen, sind:

- Arterien vom elastischen Typ und
- Arterien vom muskulären Typ.

Arterien vom elastischen Typ
Bei diesen Arterien überwiegen die elastischen Fasern in der Gefäßwand. Diese Gefäße kommen in der Nähe des Herzens vor und wandeln die pulsatorischen Druckschwankungen durch die Elastizität der Gefäßwände in eine gleichmäßige Strömung um.

Arterien vom muskulären Typ
Diese Gefäßart enthält einen höheren Anteil an glatten Muskelzellen und ist in der Kreislaufperipherie anzutreffen. Die Gefäße regeln durch Gefäßkontraktion (Vasokonstriktion) und Gefäßerschlaffung (Vasodilatation) die Weite ihres Gefäßlumens. Sie bestimmen die Durchblutungsgröße der Versorgungsgebiete und die Blutdruckgröße.

Arteriolen

Arteriolen sind Endarterien, die den Kapillaren vorgeschaltet sind. Sie sind die kleinsten Arterien des muskulären Typs und regulieren die Durchblutungsrate der Kapillaren. Wegen dieser Eigenschaft heißen sie auch präkapilläre Sphinktergefäße.

Kapillaren

Kapillaren sind Haargefäße, die sich am Ende der arteriellen Strombahn verzweigen. Sie ermöglichen den Stoff- und Gasaustausch zwischen Blut und Organen.

Die Kapillaren besitzen einen Durchmesser von etwa 5-20 µm und bestehen aus folgenden Schichten:

- einer Endothelschicht,
- einer Basalmembran und
- einer Gitterfaserhülle.

Endothelschicht
Diese innere Schicht besteht aus einschichtigen Plattenepithelzellen, die auch als Endothelzellen bezeichnet werden. Die Endothelzellen können miteinander fest verankert sein, so daß eine geschlossene Endothelschicht vorliegt. Kapillaren, die eine derartige Anordnung der Endothelzellen aufweisen, sind nichtgefensterte Kapillaren und kommen z.B. in der Skelettmuskulatur, im Herzmuskel, im Gehirn und in der Lunge vor.
Bilden die abgeflachten Endothelzellen untereinander dünne poröse Scheidewände aus, spricht man von gefenstertem Endothel. Gefensterte Kapillaren sind z.B. in der Niere, in Drüsen und in Darmzotten vorhanden.
Besteht zwischen den Endothelzellen keine Verbindung und bildet die Basalmembran keine geschlossene Unterlage mehr, dann handelt es sich um geweitete Kapillaren, die als Sinusoide bezeichnet werden. Organe, die diese geweiteten Kapillaren enthalten, sind die Leber, Milz und das Knochenmark.

Basalmembran
Sie dient den Endothelzellen als Verankerungsschicht und erscheint lichtmikroskopisch glasig bis durchsichtig.

Gitterfaserhülle
Hierbei handelt es sich um ein Netz von Gitterfasern (Retikulinfasern), das die Kapillare äußerlich umgibt. Dieser Faserhülle können Perizyten aufgelagert sein, die als Deckzellen fungieren.

Venolen

Venolen sind die kleinsten Venen, die den Kapillaren nachgeschaltet sind. Sie haben einen Durchmesser von etwa 10-30 µm, und der Wandaufbau ist dem der Kapillaren ähnlich.

Venen

Venen (Blutadern) sind Gefäße, die das Blut von den Organen zum Herzen transportieren.
Die Venen zeigen, wie die Arterien, einen dreischichtigen Wandaufbau. Die Venenwand besteht aus:

- der Intima,
- der Media und
- der Adventitia.

Intima
Diese Innenschicht besteht aus Endothelzellen, die einer lockeren Bindegewebsschicht aufsitzen. Eine Membrana elastica interna fehlt oder ist nur schwach ausgebildet.

Media
Diese Schicht enthält glatte Muskelzellen und reichlich Bindegewebe. Die Media ist nicht so stark ausgeprägt wie bei den Arterien.

Adventitia
Diese Schicht ist gut entwickelt und enthält kollagene und reichlich elastische Fasern.

Die Wand der Venen ist dünner als bei den Arterien, die Schichten sind nicht so ausgeprägt, und das Lumen ist weiter. Venen, die einem größeren Druck ausgesetzt sind, haben an der Intima Klappen ausgebildet, die ein Zurückfließen des Blutes verhindern. Die Venen der Gliedmaßen besitzen solche Klappen, die Intimaduplikaturen darstellen.

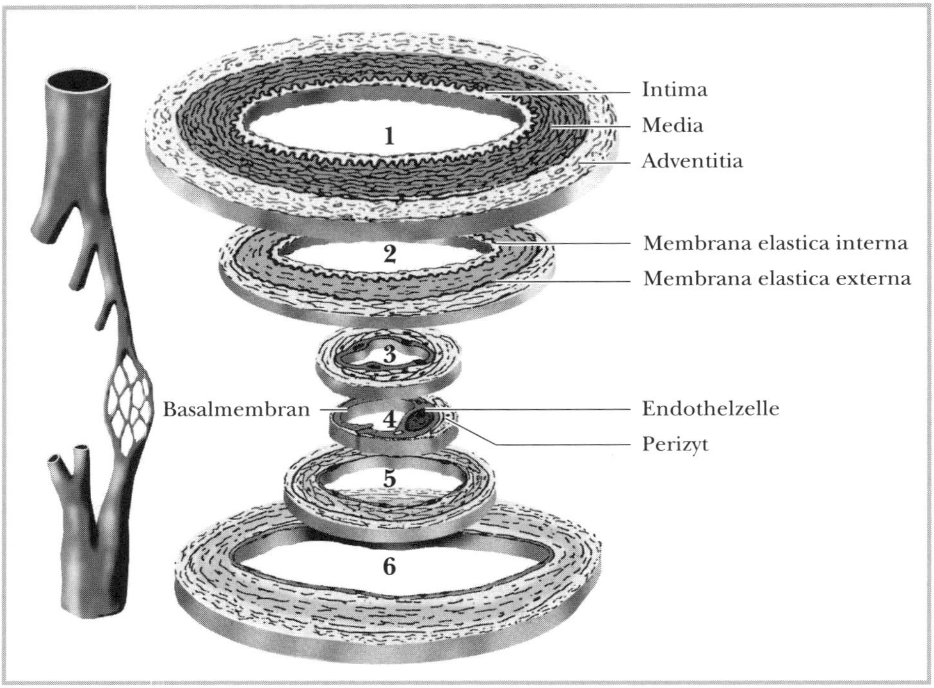

Abb. 43 Gefäßquerschnitte

1 Arterie vom elastischen Typ
2 Arterie vom muskulären Typ
3 Arteriole
4 Kapillare
5 kleine Vene
6 große Vene

Nicht alle Venen zeigen diesen klassischen Wandaufbau. Von diesem Aufbau abweichende Venen sind:

- klappenlose Venen (Venen des Kopfes, der Körperhöhlen),
- klappenhaltige Venen (Venen der Gliedmaßen),
- muskelfreie Venen (venöse Blutleiter im Schädel),
- Drosselvenen (Venen in den Schwellkörpern des Genitale, Venen der Nasenschleimhaut),
- Venengeflecht (als Venengeflecht an der Schädelbasis, in der Nasenschleimhaut, in der Schlundwand).

Sondergefäße

Zu den Sondergefäßen zählen die:

- Anastomosen,
- Kollateralen,
- Vasa publica und
- Vasa privata.

Anastomosen
Anastomosen sind Verbindungen zwischen Arterien, Venen oder Lymphgefäßen. Anastomosen zwischen Arterien und Venen nennt man arterio-venöse Anastomosen. Sie dienen der Durchblutungsregulation.

Kollateralen
Das sind kleinere Arterien oder Venen, die parallel zur Hauptstrombahn verlaufen. Sie bilden Umgehungskreisläufe aus.

Vasa publica
Das sind Gefäße, die ein Organ selbst nicht ernähren, jedoch ihm Blut zur Verarbeitung zuführen (Lungenarterien, Nierenarterien, Herzbasisgefäße).

Vasa privata
Die Gefäße dienen der Ernährung von Organen mit spezifischen Funktionen. Die Herzkranzgefäße versorgen das Herz selbst mit Nährstoffen und Sauerstoff, und ebenso versorgen die Bronchialarterien die Lungen.

Nervenversorgung

Die Nervenversorgung der Blutgefäße erfolgt durch das vegetative Nervensystem. Zum vegetativen Nervensystem zählt man den Sympathikus und den Parasympathikus.
Die Mehrheit der Gefäße wird von sympathischen Nervenfasern versorgt. Diese Fasern gelangen von der Adventitia, in der sie Geflechte bilden, bis zur Media und beeinflussen deren glatte Muskelzellen durch die Freisetzung von Noradrenalin als Transmitter.

In Abhängigkeit von der Freisetzungsrate dieser Überträgersubstanz kontrahieren sich die Gefäße. Je stärker die sympathische Nervenversorgung ist, desto deutlicher ist die Gefäßverengung ausgeprägt. Läßt die sympathische Nervenversorgung nach, dann zeigen die Gefäße eine Weitstellung. Die Gefäße erschlaffen nicht vollständig, da sie über einen Ruhetonus verfügen, der von einer sympathischen Grundaktivität eingestellt wird.

Merke **Der Sympathikus reguliert sowohl die Gefäßverengung als auch die Gefäßweitstellung. Bestimmend dafür ist das Maß des freigesetzten Überträgerstoffes.**

Die sympathische Gefäßversorgung ist nicht in allen Gefäßen gleichermaßen ausgeprägt. Die kleinen Arterien und Arteriolen der Bauchorgane, der Niere und der Haut verfügen über eine zahlenmäßig hohe sympathische Nervenversorgung. Das Gehirn und die Skelettmuskulatur weisen eine schwächere sympathische Nervenversorgung auf. Lediglich die äußeren Genitalorgane erhalten eine parasympathisch gefäßweitstellende Nervenversorgung ihrer Gefäße. Sexuelle Erregungen führen zu einer parasympathisch bedingten Gefäßerweiterung und somit zu einer verstärkten Durchblutung der äußeren Genitalorgane.

3.3.2. Spezielle Gefäßlehre

Arterien des Körperkreislaufes

Die arterielle Versorgung des Körpers wird untergliedert in:

- die arterielle Versorgung des Kopf-Hals-Arm-Gebietes,
- die arteriellen Versorgungsgebiete der Brustaorta,
- die arteriellen Versorgungsgebiete der Bauchaorta und
- die arteriellen Versorgungsgebiete der inneren und äußeren Hüftschlagader

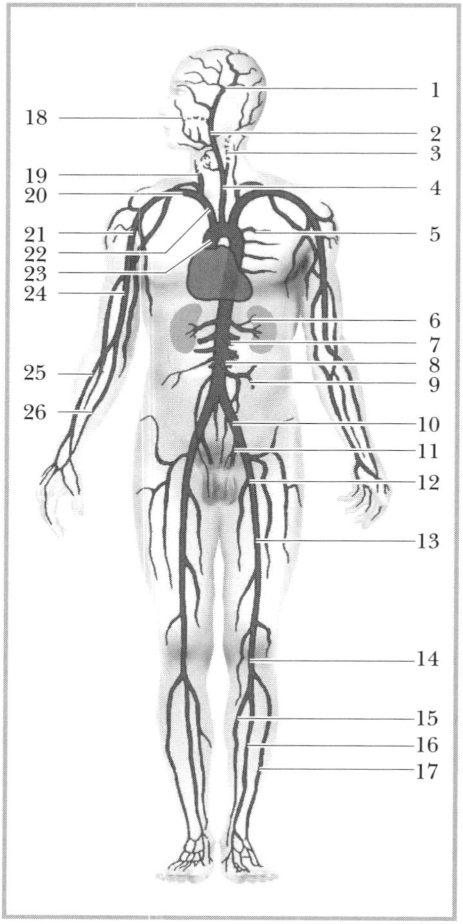

Abb. 44 Arterien des Körperkreislaufes (Auswahl)

1 Schläfenarterie (A. temporalis superficialis)
2 Äußere Kopfarterie (A. carotis externa)
3 Innere Kopfarterie (A. carotis interna)
4 Linke gemeinsame Kopfarterie (A. carotis communis sinistra)
5 Hintere Zwischenrippenarterien (Aa. intercostales posteriores)
6 Nieren- und Nebennierenarterien (Aa. renalis et suprarenales)
7 Bauchhöhlenstamm (Truncus coeliacus)
8 Obere Gekrösearterie (A. mesenterica superior)
9 Untere Gekrösearterie (A. mesenterica inferior)
10 Gemeinsame Hüftarterie (A. iliaca communis)
11 Innere Hüftarterie (A. iliaca interna)
12 Äußere Hüftarterie (A. iliaca externa)
13 Schenkelarterie (A. femoralis)
14 Kniekehlenarterie (A. poplitea)
15 Hintere Schienbeinarterie (A. tibialis posterior)
16 Vordere Schienbeinarterie (A. tibialis anterior)
17 Wadenbeinarterie (A. peronea)
18 Gesichtsarterie (A. facialis)
19 Rechte gemeinsame Kopfarterie (A. carotis communis dextra)
20 Rechte Schlüsselbeinarterie (A. subclavia dextra)
21 Achselarterie (A. axilaris)
22 Arm-Kopf-Stamm (Truncus brachiocephalicus)
23 Große Körperschlagader (Aorta)
24 Armarterie (A. brachialis)
25 Speichenarterie (A. radialis)
26 Ellenarterie (A. ulnaris)

Arterielle Versorgung des Kopf-Hals-Arm-Gebietes
Die Arterien nehmen ihren Ausgang aus der großen Körperschlagader (Aorta) und versorgen den Organismus mit arterialisiertem Blut. Die Aorta entspringt aus der linken Herzkammer und beginnt mit einem aufsteigenden Teil, der Aorta ascendens. Oberhalb der Aortenklappe nehmen die beiden Herzkranzgefäße ihren Ausgang und führen dem Herzen sauerstoffreiches Blut zu.
Der aufsteigenden Aorta schließt sich der Aortenbogen (Arcus aortae) an, aus dem drei große Gefäße hervorgehen.

Als erste Arterie zweigt der gemeinsame Stamm der Kopf- und Armschlagader, der Truncus brachiocephalicus, vom Aortenbogen ab. Nach kurzem Verlauf teilt er sich in die rechte gemeinsame Kopfschlagader (Arteria carotis communis dextra) und in die rechte Schlüsselbeinarterie (Arteria subclavia dextra).

Die linke gemeinsame Kopfschlagader (Arteria carotis communis sinistra) ist das zweite Gefäß, das seinen Ursprung im Aortenbogen hat.

Die linke Schlüsselbeinarterie (Arteria subclavia sinistra) ist das letzte Gefäß, das vom Aortenbogen abzweigt.

Die beiden gemeinsamen Kopfschlagadern teilen sich in Höhe des oberen Kehlkopfrandes in eine innere Kopfschlagader (Arteria carotis interna) und in eine äußere Kopfschlagader (Arteria carotis externa).

Die beiden Schlüsselbeinarterien verlaufen durch die Achselhöhle, heißen dann Achselarterie (Arteria axillaris), die am Oberarm in die Armschlagader (Arteria brachialis) übergeht. In der Ellenbeuge teilt sie sich in die Speichenschlagader (Arteria radialis) und Ellenschlagader (Arteria ulnaris). Im Bereich der Hohlhand bilden beide Arterien sowohl einen oberflächlichen als auch tief gelegenen Arterienbogen aus.

Aus jeder Schlüsselbeinarterie verläuft eine Wirbelarterie (Arteria vertebralis) zur Hirnbasis, wo beide sich zur Hirnbasisschlagader (Arteria basilaris) vereinen. Diese verbindet sich mit den Ästen, die aus dem Stromgebiet der inneren Kopfschlagader stammen und bildet einen Arterienring an der Unterseite des Gehirns aus.

Tab. 5 Arterielle Versorgung des Kopf-Hals-Arm-Gebietes

Arterien (Auswahl)	deutsche Bezeichnung	Versorgungsgebiete (Auswahl)
Arteria carotis externa	äußere Kopfschlagader	Kopf außerhalb der Schädelhöhle, Hals
Arteria carotis interna	innere Kopfschlagader	Stirnlappen, Scheitellappen, Schläfenlappen des Großhirns, Auge
Arteria subclavia	Schlüsselbeinarterie	Mittelhirn, Kleinhirn, Hinterhauptlappen des Großhirns, Rückenmark, Mittelfell, Thymus, Bronchien, Brustdrüse, vordere Zwischenrippenmuskulatur, Herzbeutel; Zwerchfell, Schulterblätter, Nackenmuskulatur,
Arteria axillaris	Achselschlagader	Brustwand, Schulter, Oberarm
Arteria brachialis	Oberarmarterie	Oberarmmuskeln, Ellenbogengelenk
Arteria radialis	Speichenarterie	Unterarmmuskeln, Handmuskeln
Arteria ulnaris	Ellenarterie	Unterarmmuskeln, Handmuskeln

Arterielle Versorgungsgebiete der Brustaorta

Die absteigende Aorta (Aorta descendens) schließt sich dem Aortenbogen an und verläuft im Brustteil links vor der Wirbelsäule absteigend bis zum Zwerchfell. Sie wird auch als Brustschlagader (Aorta thoracica) bezeichnet. Von ihr zweigen paarige Gefäße für die arterielle Versorgung der Brusteingeweide, der Zwischenrippenmuskulatur, des Mittelfellraumes, des Herzbeutels, der Oberfläche des Zwerchfells und der Speiseröhre ab.

Tab. 6 Arterielle Versorgungsgebiete der Brustaorta

Arterien (Auswahl)	deutsche Bezeichnung	Versorgungsgebiete (Auswahl)
Rami bronchiales	Bronchialäste	Lunge (Vasa privata)
Rami oesophagei	Äste für die Speiseröhre	Speiseröhre
Rami pericardiaci	Herzbeuteläste	Hinterwand des Herzbeutels
Rami mediastinales	Mittelfelläste	hinteres Mittelfell
Arteriae phrenicae superiores	obere Zwerchfell-schlagadern	Zwerchfelloberseite
Arteriae intercostales posteriores	hintere Zwischenrip-penschlagadern	Zwischenrippenräume (III-XI), Rückenmark

Arterielle Versorgungsgebiete der Bauchaorta
Nach dem Durchtritt der Brustaorta durch das Zwerchfell wechselt sie ihren Namen und wird Bauchaorta (Aorta abdominalis) genannt. Sie verläuft vor der Wirbelsäule und endet in Höhe des vierten Lendenwirbels, wo sie sich in eine rechte und linke gemeinsame Hüftschlagader (Arteria iliaca communis dextra und sinistra) aufgabelt.

Aus der Bauchaorta entspringen paarige Arterien für die Versorgung des Zwerchfells, der Nieren und der Keimdrüsen (Eierstöcke, Hoden).

Die Baucheingeweide werden insgesamt von drei unpaaren Schlagadern, der oberen und unteren Gekröseschlagader (Arteria mesenterica superior und inferior) und dem Bauchhöhlenstamm (Truncus coeliacus), der sich in drei Äste teilt, versorgt.

Die gemeinsame Leberschlagader (Arteria hepatica communis), die linke Magenarterie (Arteria gastrica sinistra) und die Milzschlagader (Arteria lienalis) sind die Äste, in die sich der Bauchhöhlenstamm, der auch als Tripus Halleri bezeichnet wird, aufteilt.

Arterielle Versorgungsgebiete der inneren und äußeren Hüftschlagader
Die rechte und linke gemeinsame Hüftschlagader geben keine Äste ab, und teilen sich in Höhe des Kreuzbein-Darmbein-Gelenkes in die innere und äußere Hüftschlagader.

Die innere rechte und linke Hüftschlagader (Arteria iliaca interna dextra und sinistra) versorgen mit ihren Ästen die Beckenorgane, die Beckenwand und die Gesäßmuskeln mit Blut. Die rechte und linke äußere Hüftschlagader (Arteria iliaca externa dextra und sinistra) geben Äste für die Versorgung der vorderen Bauchwand ab und in ihrer Fortsetzung, nach dem Durchtritt unter dem Leistenband, heißen sie Oberschenkelschlagadern (Arteriae femorales).

Von der Arteria femoralis zweigt die tiefgelegene Oberschenkelarterie (Arteria profunda femoris) ab, die ebenfalls den Oberschenkel versorgt. Die Arteria femoralis verläuft auf die Rückseite des Kniegelenkes und wird hier Kniekehlenschlagader (Arteria poplitea) genannt.

Aus der Kniekehlenschlagader gehen die vordere Schienbeinschlagader (Arteria tibialis anterior), die Wadenbeinschlagader (Arteria peronea) und die hintere Schienbeinarterie (Arteria tibialis posterior) hervor, die in ihrer Gesamtheit den Unterschenkel und den Fuß mit Blut versorgen.

Tab. 7 Arterielle Versorgungsgebiete der Bauchaorta

Arterien (Auswahl)	deutsche Bezeichnung	Versorgungsgebiete (Auswahl)
Arteria phrenica inferior	untere Zwerchfell-schlagader	Unterfläche des Zwerchfells
Truncus coeliacus Arteria gastrica sinistra Arteria hepatica communis Arteria lienalis	Bauchhöhlenstamm linke Magenarterie gemeinsame Leberarterie Milzarterie	Magen, Zwölffingerdarm, Leber, Milz, Bauchspeicheldrüse
Arteria mesenterica superior	obere Gekröseschlagader	Dünndarm, Grimmdarm bis zur linken Biegung = Cannon-Böhmscher Punkt
Arteria mesenterica inferior	untere Gekröseschlagader	von der linken Grimmdarmbiegung bis zum oberen Teil des Mastdarmes
Arteria renalis	Nierenschlagader	Niere, Nebenniere, Ureter
Arteria testicularis Arteria ovarica	Hodenschlagader Eierstockschlagader	Hoden, Nebenhoden, Eierstock, Teile des Eileiters
Arteriae lumbales	Lendenschlagadern	Bauch- und Rückenmuskulatur, Lendenmark

Tab. 8 Arterielle Versorgungsgebiete der inneren und äußeren Hüftschlagader

Arterien (Auswahl)	deutsche Bezeichnung	Versorgungsgebiete (Auswahl)
Arteria iliaca interna	innere Hüftschlagader	Beckenwand, Harnblase, Geschlechtsorgane, Mastdarm, Gesäßregion
Arteria iliaca externa	äußere Hüftschlagader	vordere Teile der Bauchwand
Arteria femoralis	Oberschenkelschlagader	Oberschenkel
Arteria poplitea	Kniekehlenschlagader	Kniegelenkregion
Arteria tibialis anterior	vordere Schienbein-schlagader	Unterschenkel, Fuß
Arteria tibialis posterior	hintere Schienbein-schlagader	Unterschenkel, Fuß
Arteria fibularis	Wadenbeinschlagader	Wadenbeinbereich

Venen des Körperkreislaufes

Das venöse Blut des Körpers erreicht über zwei Hohlvenen das rechte Herz. Die obere Hohlvene (Vena cava superior) führt das venöse Blut aus der oberen Körperhälfte und die untere Hohlvene (Vena cava inferior) das Blut der unteren Körperhälfte dem rechten Herzen zu.

Einmündungsbereich der oberen Hohlvene
Die rechte und linke innere Drosselvene (Vena jugularis interna) sammeln das Blut, das aus dem Kopf-Hals-Bereich stammt.

Die rechte und linke Schlüsselbeinvene (Vena subclavia) enthalten den venösen Abfluß aus den oberen Gliedmaßen. Auf der rechten und linken Seite vereinen sich jeweils die innere Drosselvene mit der Schlüsselbeinvene unter Bildung einer Arm-Kopf-Vene (Vena brachiocephalica). In den linken Venenwinkel mündet der Milchbrustgang und in den rechten Venenwinkel der rechte Lymphgang ein.

Beide Arm-Kopf-Venen vereinigen sich zur oberen Hohlvene in die von hinten die Vena azygos einmündet, die venöses Blut aus dem Brustkorb enthält.

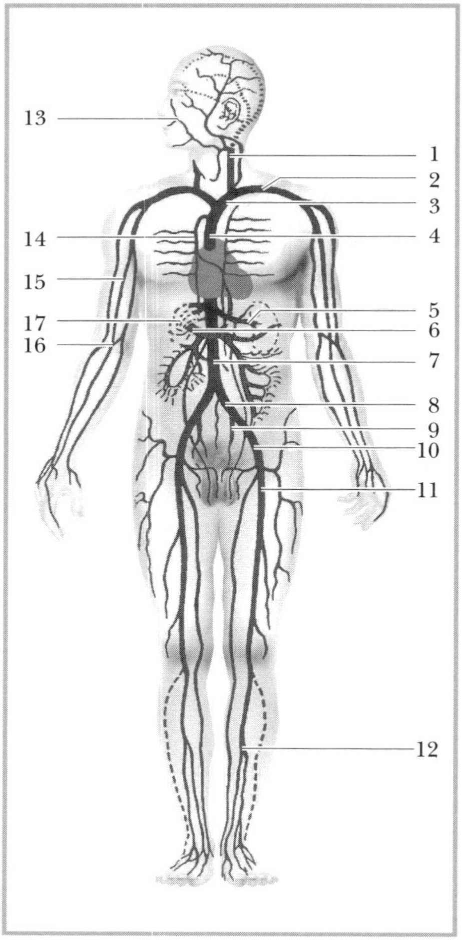

Abb. 45 Venen des Körperkreislaufes (Auswahl)

1 Linke innere Drosselvene (V. jugularis interna sinistra)
2 Linke Schlüsselbeinvene (V. subclavia sinistra)
3 Linke Arm-Kopf-Vene (V. brachiocephalica)
4 Obere Hohlvene (V. cava superior)
5 Nieren- und Nebennierenvenen (Vv. renales et suprarenales)
6 Pfortader (V. portae)
7 Untere Hohlvene (V. cava inferior)
8 Gemeinsame Hüftvene (V. iliaca communis)
9 Innere Hüftvene (V. iliaca interna)
10 Außere Hüftvene (V. iliaca externa)
11 Schenkelvene (V. femoralis)
12 Unterschenkelvenen (Vv. tibialis anteriores)
13 Gesichtsvene (V. facialis)
14 V. azygos mit Zwischenrippenvenen
15 Armvenen (Vv. brachiales)
16 Ellenbeugevene (V. mediana cubiti)
17 Lebervenen (Vv. hepaticae)

Einmündungsbereich der unteren Hohlvene

Das venöse Blut der unteren Gliedmaßen und des Beckens gelangt in die rechte und linke gemeinsame Hüftvene (Vena iliaca communis), die sich zur unteren Hohlvene vereinen. In ihrem aufsteigenden Verlauf zum Herzen nimmt sie die Venen der Eierstöcke oder Hoden, der Nieren, der Leber und der seitlichen Bauchwand auf.

Die Pfortader, die das venöse Blut aller unpaaren Bauchorgane enthält, mündet in die Leber ein.
Die Lebervenen selbst haben Anschluß an die untere Hohlvene, so daß der venöse Abfluß der unpaaren Bauchorgane über diese indirekten Weg erfolgt.

Zwischen der oberen und unteren Hohlvene bestehen Anastomosen, die durch die Vena azygos auf der rechten und die Vena hemiazygos und Vena hemiazygos accessoria auf der linken Seite gebildet werden.

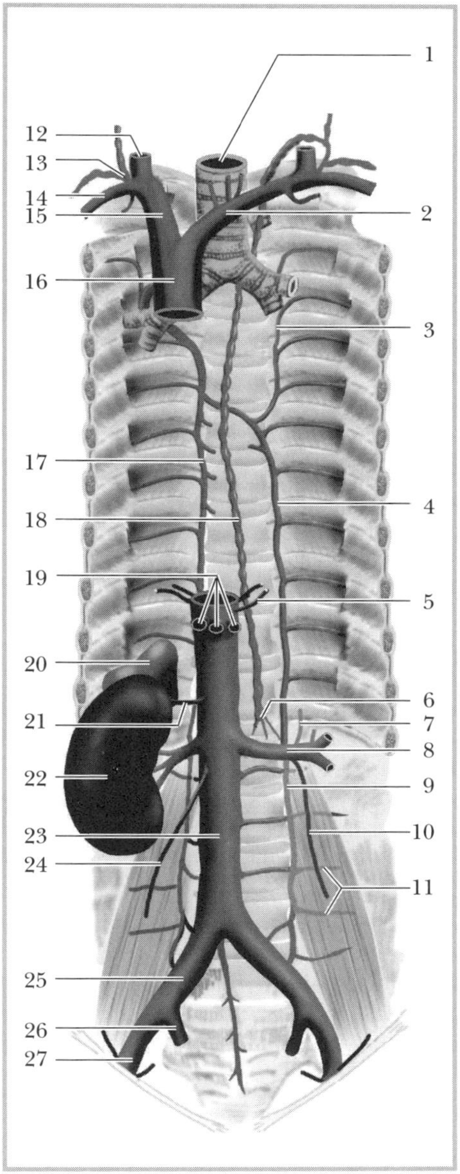

Abb. 46 Anastomosen zwischen der oberen und unteren Hohlvene

1 Luftröhre (Trachea)
2 Linke Arm-Kopf-Vene (V. brachiocephalica)
3 V. hemiazygos accessoria
4 V. hemiazygos
5 Untere Zwerchfellvenen (Vv. phrenicae inferiores)
6 Cisterna chyli
7 Linke Nebennierenvene (V. suprarenalis sinistra)
8 Rechte Nierenvene (V. renalis dextra)
9 Aufsteigende Lendenvene (V. lumbalis ascendens)
10 Eierstock- bzw. Hodenvene (V. ovarica, V. testicularis)
11 Lendenvenen (Vv. lumbales)
12 Innere Drosselvene (V. jugularis interna)
13 Rechter Hauptlymphstamm (Ductus lymphaticus dexter)
14 Linke Schlüsselbeinvene (V. subclavia sinistra)
15 Rechte Kopf-Arm-Vene (V. brachiocephalica)
16 Obere Hohlvene (V. cava superior)
17 V. azygos
18 Milchbrustgang (Ductus thoracicus)
19 Lebervenen (Vv. hepaticae)
20 Nebenniere
21 Rechte Nebennierenvene (V. suprarenalis dextra)
22 Niere
23 Untere Hohlvene (V. cava inferior)
24 Rechte und linke Eierstock- bzw. Hodenvene
25 Rechte gemeinsame Hüftvene (V. iliaca communis dextra)
26 Innere Hüftvene (V. iliaca interna)
27 Außere Hüftvene (V. iliaca externa)

Venen der oberen Gliedmaßen
An den oberen Gliedmaßen unterscheidet man die oberflächlichen Hautvenen von den tiefen Venen.

Oberflächliche Hautvenen
Die Hautvenen münden alle in zwei Hauptstämme ein, die Vena cephalica und die Vena basilica. Beide entwickeln sich aus dem Venengeflecht des Handrückens.
Die Vena cephalica entsteht in der Gegend des Daumens und steigt an der Speichenseite des Unterarmes aufwärts und mündet im Bereich des Musculus deltoideus (Deltamuskel) in die Achselvene (Vena axillaris) ein. Die Vena basilica kommt von der Kleinfingerseite der Hand und zieht am Ellenrand des Unterarmes bis zur Mitte des Oberarmes und mündet hier in die Armvene (Vena brachialis) ein. Zwischen beiden Venen besteht in der Ellenbeuge eine Verbindungsvene, die mittlere Ellenbeugevene (Vena mediana cubiti), die eine große Variabilität aufweist.

Tiefe Venen
Die tiefen Venen der oberen Gliedmaßen entsprechen in ihrem Verlauf und ihren Bezeichnungen den Arterien, die sie in doppelter Anzahl begleiten. Nur die Achselvene und Schlüsselbeinvene sind als einzelne Stämme vorhanden.

Venen der unteren Gliedmaßen
Auch an den unteren Gliedmaßen werden oberflächliche Hautvenen von tiefen Venen unterschieden.

Oberflächliche Hautvenen
Die Hautvenen entstehen aus einem venösen Geflecht am Fußrücken und sammeln sich in den folgenden Stämmen. Die Vena saphena magna entsteht aus den Venen des Fußrückens und der Fußsohle und verläuft an der medialen Fläche des Unterschenkels aufwärts und mündet im Oberschenkelbereich in die Vena femoralis. Die Vena saphena parva entsteht am seitlichen Fußrand und verläuft zur Hinterfläche des Unterschenkels, wo sie in die Kniekehlenvene (Vena poplitea) einmündet, deren weiterer Verlauf die Oberschenkelvene (Vena femoralis) darstellt.

Tiefe Venen
Die tiefen Venen entsprechen in ihrem Verlauf und ihrer Bezeichnung den Arterien.
Die Vena femoralis und die Vena poplitea bilden einfache Stämme, während die übrigen kleinen Venen in doppelter Anzahl die entsprechenden Arterien begleiten.

Körperkreislauf

Der Körperkreislauf beginnt in der linken Herzkammer und endet im rechten Vorhof. Sowie sich die linke Kammer in der Systole befindet, wird das in ihr enthaltene Blut ausgeworfen. Das Blut erreicht über die arteriellen Gefäße alle Bereiche des Organismus und versorgt diese mit Nährstoffen und Sauerstoff. Die anfallenden Stoffwechselprodukte und das bei der Gewebeatmung entstehende Kohlendioxid werden über das venöse Gefäßsystem der oberen und unteren Hohlvene zugeleitet, die beide in den rechten Vorhof des Herzens münden.

Lungenkreislauf

Der Lungenkreislauf wird auch als der kleine Kreislauf bezeichnet und beginnt in der rechten Herzkammer und endet im linken Vorhof. Das in der rechten Herzkammer enthaltene sauerstoffarme Blut wird während der rechten Kammersystole in den Lungenstamm ausgeworfen. Das Blut erreicht über die rechte und linke Lungenarterie die beiden Lungenflügel. In der Lunge erfolgt der Gasaustausch. Das Kohlendioxid wird ausgeatmet und der eingeatmete Sauerstoff an die roten Blutkörperchen gebunden. Das mit Sauerstoff beladene Blut erreicht den linken Vorhof über die vier Lungenvenen.

Pfortaderkreislauf

Der Pfortaderkreislauf kann als Nebenschluß des Körperkreislaufes aufgefaßt werden und besteht aus zwei hintereinander geschalteten Kapillarnetzen. Das erste Kapillarnetz nimmt das nährstoffreiche und sauerstoffarme Blut aus den unpaaren Bauchorganen auf. Zu diesen zählen der Magen, die Milz, der Darm und die Bauchspeicheldrüse. Das Blut wird der Pfortader (Vena portae) zugeleitet. Die Pfortader zieht zusammen mit der Leberarterie in die Leber, und beide ergießen ihr Blut in die geweiteten Leberkapillaren. Diese Lebersinusoide bilden das zweite Kapillarnetz. Das venöse Blut der Leber wird über zwei bis drei Lebervenen in die untere Hohlvene geleitet, die in den rechten Vorhof mündet.

Embryonaler Kreislauf

Die Lungen haben während der Embryonalzeit für den Gasaustausch noch keine Bedeutung. Die Plazenta (lat. placenta = Kuchen; Mutterkuchen) übernimmt die Sauerstoffanreicherung des embryonalen Blutes. Der embryonale Kreislauf kann über zwei Wege beschrieben werden. Zu diesen gehören:

- der Weg des sauerstoffangereicherten Blutes und
- der Weg des sauerstoffarmen Blutes.

Weg des sauerstoffangereicherten Blutes
Das von der Plazenta arterialisierte Blut strömt durch die Nabelvene (Vena umbilicalis), die in der Nabelschnur verläuft, zum Embryo. Ein größerer Teil des Blutes gelangt über den Venengang (Ductus venosus Arantii) direkt in die untere Hohlvene.
Der kleinere Teil strömt in die Leber und vermischt sich mit dem Blut aus der Pfortader. Über die Lebervenen erreicht das Mischblut die untere Hohlvene.
Die untere Hohlvene führt venöses Blut aus der unteren Körperhälfte, der Leber und arterialisiertes Blut aus der Nabelvene.
Dieses Mischblut gelangt in den rechten Vorhof. Eine Klappe, die sich an der Einmündung der unteren Hohlvene befindet, sorgt dafür, daß der größte Teil des Blutstromes durch das offene ovale Loch (Foramen ovale) in den linken Vorhof fließt. Nur ein geringer Teil erreicht die rechte Kammer.
Vom linken Vorhof fließt das Blut in die linke Kammer und von dieser über die aufsteigende Aorta in den Aortenbogen und über die abzweigenden Gefäße zu den Organen des Embryos.
Die beiden aus der rechten und linken Hüftschlagader stammenden Nabelarterien (Arteriae umbilicales) führen einen Teil des Mischblutes der Plazenta wieder zurück und der Kreislauf beginnt von neuem.

Weg des sauerstoffarmen Blutes
Das venöse Blut der oberen Hohlvene wird in die rechte Kammer geleitet und in die Lungenschlagader gepumpt. Nur eine sehr geringe Menge des Blutes erreicht die noch funktionslosen Lungen über die Lungenarterien.
Der größere Teil fließt über den Arteriengang (Ductus arteriosus Botalli) vom Lungenstamm zum Aortenbogen. Diese Verbindung bedingt, daß die untere Körperhälfte des Embryos schlechter mit Sauerstoff versorgt wird als die obere.

Merke

Die funktionslosen Lungen werden durch den Blutfluß durch das offene Foramen ovale und durch den bestehenden Ductus arteriosus Botalli umgangen.
Alle Arterien des embryonalen Kreislaufes enthalten gemischtes Blut. Die Nabelvene dagegen führt arterialisiertes Blut.

Nach der Geburt veröden die Nabelschnurarterien, die Nabelschnurvene, der Ductus venosus und der Ductus arteriosus zu bindegewebigen Strängen.

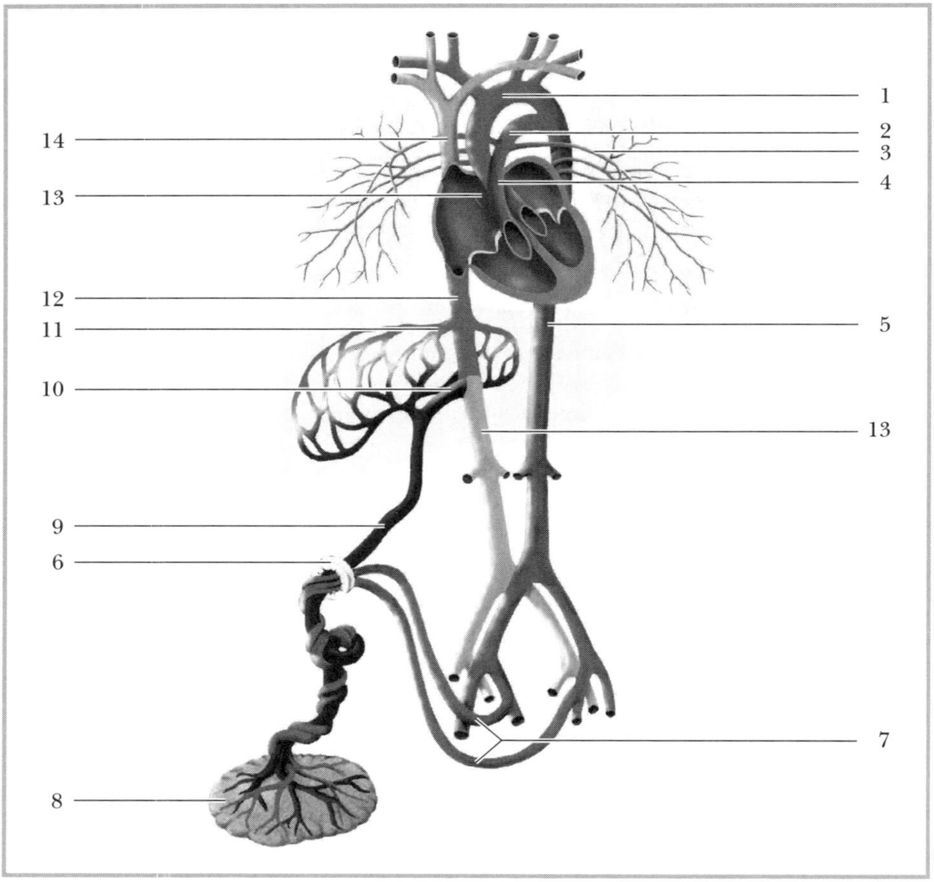

Abb. 47 Embryonaler Kreislauf

1 Aortenbogen
2 Arterieller Gang (Ductus arteriosus Botalli)
3 Lungenarterie (noch unterentwickelt)
4 Lungenstamm
5 Körperschlagader
6 Nabel
7 Nabelarterien (Aa. umbilicales)
8 Mutterkuchen (Plazenta)
9 Nabelvene (V. umbilicalis)
10 Venöser Gang (Ductus venosus Arantii)
11 Lebervenen
12 Untere Hohlvene (V. cava inferior)
13 Ovales Loch (Foramen ovale)
14 Obere Hohlvene (V. cava superior)

Zusammenfassung

Arterien	Arterien sind Gefäße, die das Blut vom Herzen wegführen.
Arteriolen	Arteriolen sind präkapilläre Sphinktergefäße. Sie regulieren die Durchblutungsrate der Kapillaren.
Kapillaren	Kapillaren sind Haargefäße, die den Stoff- und Gasaustausch zwischen Blut und Gewebe ermöglichen.
Venolen	Venolen sind kleinste Venen, die den Kapillaren nachgeschaltet sind.
Venen	Venen sind Gefäße, die das Blut von den Organen zum Herzen transportieren.
Gefäßwände	Arterien haben einen dreischichtigen Wandaufbau. Zu den Schichten zählen die Intima, Media und Adventitia. Es werden Arterien vom elastischen und muskulären Typ unterschieden. Venenwände sind ebenfalls dreischichtig, jedoch ist die Schichtung nicht so stark ausgeprägt. Man unterscheidet klappenlose, klappenhaltige, muskelfreie Venen, Drosselvenen und Venengeflechte. Kapillaren bestehen aus einer Endothelschicht, Basalmembran und Gitterfaserhülle, der außen Deckzellen aufsitzen können. Es werden ungefensterte, gefensterte und geweitete Kapillaren unterschieden.
Sondergefäße	Anastomosen, Kollateralen, Vasa publica und Vasa privata sind Beispiele für Sondergefäße.
Nervenversorgung	Die Mehrheit der Gefäße wird von sympathischen Nervenfasern versorgt. Sie regulieren sowohl die Gefäßweitstellung als auch die Gefäßverengung. Die äußeren Genitalorgane erhalten eine parasympathische gefäßweitstellende Nervenversorgung ihrer Gefäße.
Brustaorta	Die von der Brustaorta abzweigenden Arterien versorgen die Brusteingeweide, Zwischenrippenmuskulatur, den Mittelfellraum, den Herzbeutel, die Zwerchfelloberseite und die Speiseröhre mit Nährstoffen und Sauerstoff.
Bauchaorta	Die paarigen Arterienäste versorgen die Zwerchfellunterseite, die Nieren und die Keimdrüsen. Die drei unpaaren Arterienäste versorgen insgesamt die Baucheingeweide.
Hüftschlagadern	Die inneren Hüftschlagadern versorgen mit ihren Ästen die Beckenorgane, die Beckenwand und die Gesäßmuskeln. Die äußeren Hüftschlagadern versorgen mit ihren Ästen die vordere Bauchwand und die unteren Gliedmaßen.
Obere Hohlvene	Die obere Hohlvene führt dem Herzen das venöse Blut aus der oberen Körperhälfte zu.
Untere Hohlvene	Die untere Hohlvene führt dem Herzen das venöse Blut aus der unteren Körperhälfte zu.
Körperkreislauf	Er beginnt in der linken Kammer und endet im rechten Vorhof.
Lungenkreislauf	Dieser kleine Kreislauf beginnt in der rechten Kammer und endet im linken Vorhof.
Pfortaderkreislauf	Das venöse Blut der unpaaren Bauchorgane wird zur Leber geleitet und von dieser in die untere Hohlvene.
Embryonalkreislauf	In diesem Kreislauf werden die funktionslosen Lungen umgangen, indem das Blut durch das offene Foramen ovale und den Ductus arteriosus fließt.

3.4. Lymphgefäßsystem

Allgemeines

Das Lymphgefäßsystem ist ein Nebenschluß des Blutgefäßsystems. Das Lymphgefäßsystem nimmt einen Teil der extrazellulären Gewebsflüssigkeit und das im Darm resorbierte Fett auf. In das Lymphgefäßsystem sind Lymphknoten eingeschaltet, die eine Filterfunktion entfalten. Am linken und rechten Venenwinkel mündet das Lymphgefäßsystem über zwei Hauptstämme in das Venensystem ein und erhält somit den Anschluß zum Körperkreislauf.

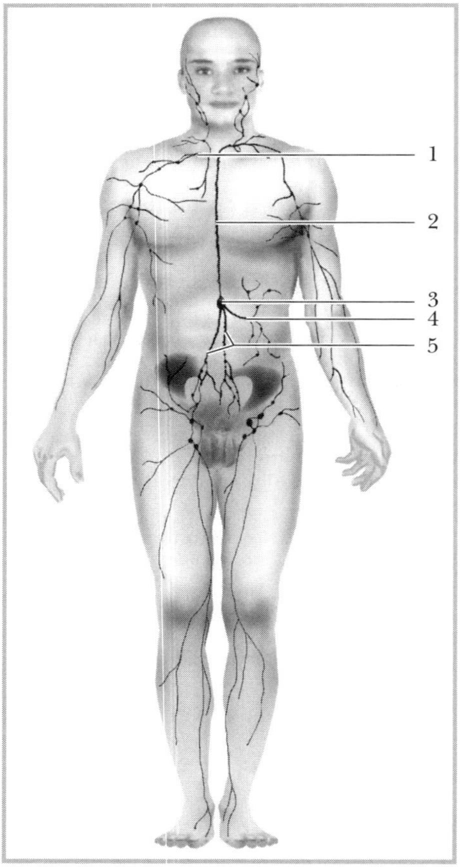

Abb. 48 Hauptlymphstämme

1 Rechter Lymphstamm (Ductus lymphaticus dexter)
2 Milchbrustgang (Ductus thoracicus)
3 Cisterna chyli
4 Darmlymphstamm (Truncus intestinalis)
5 rechter und linker Lendenlymphstamm (Truncus lumbalis dexter et sinister)

Lymphgefäße

Zu den Lymphgefäßen gehören:

- die Lymphkapillaren,
- die Leitgefäße,
- die Transportgefäße,
- der linke Hauptlymphstamm,
- der rechte Hauptlymphstamm.

Lymphkapillaren
Die Lymphkapillaren bestehen aus Endothelzellen, die einer unvollständig ausgebildeten Basalmembran aufsitzen. Lymphkapillaren haben keine Perizyten, die der Basalmembran außen anliegen und bilden vorübergehend Lücken zwischen den Endothelzellen aus. Zwischen dem umgebenden Bindegewebe und der Basis der Endothelzellen sind Verankerungsfilamente vorhanden, die eine Rolle bei der Öffnung der interzellulären Spalten spielen.

Die Lymphkapillaren beginnen in der Peripherie, wo auch die Kapillaren des Blutgefäßsystems sich befinden und bilden Netze aus. Diese münden in die Leitgefäße.

Leitgefäße
Die Leitgefäße gehen aus den Lymphkapillaren hervor, bestehen aus Endothelzellen, die von einer kollagenen Faserhülle umgeben werden, und sie enthalten vereinzelt Klappen.

Transportgefäße
Diese Gefäße haben einen Wandaufbau, der den Venen entspricht. Sie besitzen eine Intima, Media und Adventitia. Letztere ist stärker ausgebildet als bei den Blutgefäßen. Nach ihrem Verlauf unterscheidet man die oberflächlichen von den tiefgelegenen Lymphgefäßen.

Linker Hauptlymphstamm
Der linke Hauptlymphstamm entsteht an der Vorderfläche des zweiten Lendenwirbels aus

der Vereinigung von drei kurzen und weiten Lymphgefäßstämmen, zu denen der

- rechte Lendenlymphstamm (Truncus lumbalis dexter),
- linke Lendenlymphstamm (Truncus lumbalis sinister) und
- Darmlymphstamm (Truncus intestinalis) zählen.

Rechter und linker Lendenlymphstamm
Beide Stämme nehmen die Lymphgefäße aus den Beinen, den Beckenorganen, den Nieren, den Nebennieren, dem Dünndarm, Dickdarm, den Hoden und Eierstöcken auf.

Darmlymphstamm
Der Darmlymphstamm nimmt die Lymphgefäße aus der Leber, Gallenblase, Milz, Bauchspeicheldrüse, dem Magen und den Abschnitten des Dünn- und Dickdarmes, die allseitig von Bauchfell umgeben sind, auf.
Die Vereinigungsstelle der drei Lymphstämme bezeichnet man als Cisterna chyli. Sie liegt etwa in Höhe des 12. Brust- oder des 1. Lendenwirbels, ist geweitet und enthält Chylus, ein milchig trüber Inhalt, der nach fettreichen Mahlzeiten in den Darmlymphgefäßen enthalten ist. Deshalb bezeichnet man den linken Hauptlymphgang auch als Milchbrustgang.
Der Milchbrustgang mündet in den linken Venenwinkel. Dieser entsteht durch den Zusammenfluß der linken inneren Drosselvene mit der linken Schlüsselbeinvene.
Der Milchbrustgang nimmt die Lymphgefäße der linken Kopf- und Halsseite, der linken Brustkorbhälfte und dem linken Arm auf.

Rechter Hauptlymphstamm
Er ist nur etwa 1cm lang und nimmt die Lymphgefäße der rechten Kopf- Halsseite, rechten Brustkorbhälfte und des rechten Armes auf.
Dieser kurze Stamm mündet in den rechten Venenwinkel

Lymphknoten

Die Lymphknoten sind einzeln, als regionäre Lymphknoten meist gruppenweise oder als Sammellymphknoten in das Lymphgefäßsystem eingeschaltet.

Merke **Die Lymphgefäße eines Organs oder einer Körperregion passieren mindestens einen Lymphknoten, bevor sie in das Venensystem einmünden.**

Die Lymphknoten weisen eine rundliche bis ovale Form auf, haben eine Größe von etwa 2-20 mm und verfügen über einen typische Aufbau, der ihnen ihre Funktion im Abwehrsystem ermöglicht.

Bau eines Lymphknotens
Der Lymphknoten wird von einer dünnen Bindegewebskapsel umgeben, die ihn von seiner Umgebung abgrenzt. Von der Innenseite dieser Kapsel ziehen Balken (Trabekel) in das Innere des Lymphknotens.
Zwischen den Balken und der Kapsel befindet sich das retikuläre Bindegewebe, das gleichzeitig das Grundgewebe des Lymphknotens darstellt. In den Maschen dieses Gewebes sind Lymphozyten und Plasmazellen eingestreut.
Das retikuläre Bindegewebe, die Lymphozyten und die Plasmazellen ergeben das lymphatische Gewebe. Es verdichtet sich in der Außenzone zur Rinde, die Ballungen von Lymphozyten enthält, die als Follikel bezeichnet werden.
Zwischen dem Hilus und der Rinde befindet sich das Mark, das lymphatisches Gewebe in Form der Markstränge enthält.

Zwischen der Rinde und dem Mark liegt die Parakortikalzone, die ebenfalls aus lymphatischem Gewebe besteht.
Die zuführenden Lymphgefäße durchbohren die Kapsel des Lymphknotens und ergießen ihre Flüssigkeit (Lymphe) in ein den Lymphknoten durchziehendes Kanalsystem. Dieses wird von Endothelzellen ausgekleidet und enthält Retikulumzellen, die mit den Retikulinfasern ein Netz bilden.
Die wegführenden Lymphgefäße treten am Hilus aus. Er ist auch gleichzeitig die Eintrittspforte für die Blutgefäße des Lymphknotens.

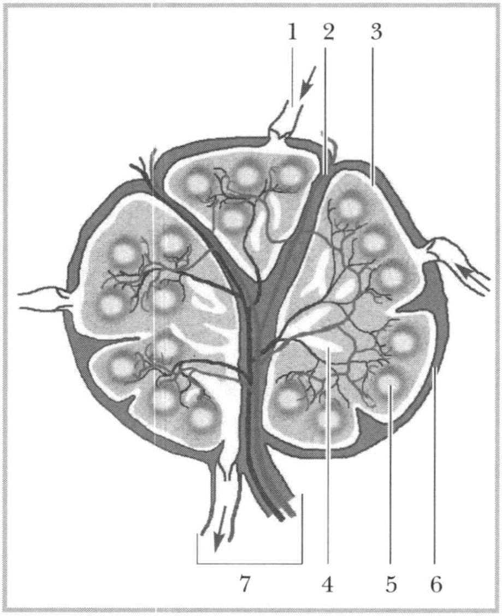

Abb. 49 Bau eines Lymhknotens

1 Zuführendes Gefäß (Vas afferens)
2 Trabekel mit kleinen Blutgefäßen
3 Randsinus
4 Marksinus
5 Rinde mit Follikeln
6 Kapsel
7 Hilus mit Arterie, Vene und abführendem Lymphgefäß (Vas efferens)

Funktion der Lymphknoten
Entsprechend seinem Aufbau lassen sich Funktionen zuordnen, die gebunden sind an:

- das retikuläre Bindegewebe,
- die Retikulumzellen,
- die Lymphozyten.

Retikuläres Bindegewebe und Retikulumzellen
Sie sind in der Lage, Bakterien, Viren, Fremdeiweiße und Zelltrümmer zu phagozytieren. Weiterhin können sie Stäube, Fette und eisenhaltige Pigmente speichern. Stark speichernde Zellen runden sich ab und werden als Makrophagen mit dem Lymphstrom weggespült. Tochterzellen von bösartigen Tumoren können von diesen Zellen des Lymphknotens abgefangen werden. Wachsen die Tochterzellen weiter, dann entstehen Lymphknotenmetastasen.

Lymphozyten
Die immunkompetenten Lymphozyten sind an festgelegten Orten innerhalb des Lymphknotens angesiedelt. Die B-Lymphozyten befinden sich in den Marksträngen und in der Rinde. Die T-Lymphozyten kommen in der rindennahen Zone (Parakortikalzone) vor.
Beide Zellarten führen die spezifische Abwehr durch.

Milz

Milzlage

Die Milz (lat. lien; griech. splen) ist ein unpaares Organ, das im linken Oberbauch in der Zwerchfellnische liegt und allseitig vom Bauchfell umgeben wird. Die Milz besitzt die Form einer Kaffeebohne, entspricht der Größe einer Faust und wiegt etwa 150-200g. Die Längsachse verläuft parallel zur 10. Rippe. In ihrer Lage wird die Milz durch das Magen-Milz-Band (Ligamentum gastro-lienale), Zwerchfell-Milz-Band (Ligamentum phrenico-lienale) und durch das Zwerchfell-Grimmdarm-Band (Ligamentum phrenico-colicum) gehalten.

Merke **Die Lage der Milz wird durch die Bewegungen des Zwerchfells und durch den Füllungsstand sowohl des Magens als auch des Grimmdarms beeinflußt**

Milzaufbau

An der Milz unterscheidet man eine Zwerchfellfläche (Facies diaphragmatica), eine Eingeweidefläche (Facies visceralis), ein oberes und unteres Ende, einen rechten und linken Rand sowie einen Milzhilus, in dem die Milzarterie einmündet und die Milzvene und Lymphgefäße ausmünden. Die Milz wird von einer straffen Bindegewebskapsel umgeben. Von dieser ziehen bindegewebige Balken (Trabekel) in das Milzinnere und verzweigen sich baumartig.

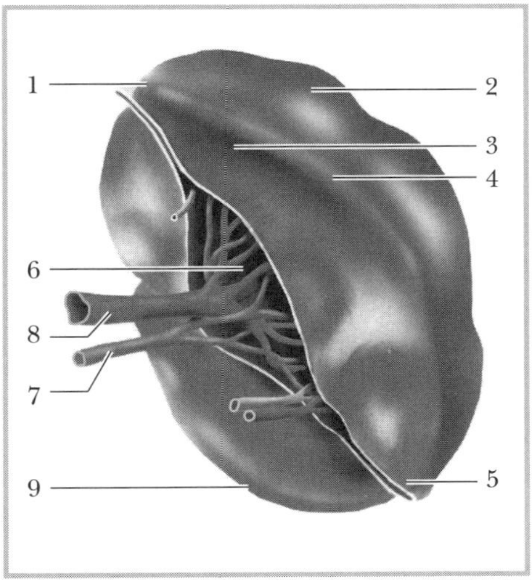

Abb. 50 Milzäußeres

1 Oberes Ende (Extremitas superior)
2 Zwerchfellfläche (Facies diaphragmatica)
3 Eingeweidefläche (Facies visceralis)
4 Oberer Rand (Margo superior)
5 Unteres Ende (Extremitas inferior)
6 Milzhilus
7 Milzarterie (A. lienalis)
8 Milzvene (V. lienalis)
9 Unterer Rand (Margo inferior)

Das Gewebe zwischen den Balken besteht aus einer weißen und roten Pulpa (lat. pulpa = Fleisch). Das lymphatische Gewebe begleitet die in den Balken verlaufenden Arterien und verdichtet sich an bestimmten Stellen zu Milzfollikeln.

Merke **Die Gesamtheit des lymphatischen Gewebes einschließlich der Milzfollikel besitzt ein weißliches Aussehen und wird deshalb als weiße Pulpa bezeichnet.**

Zwischen der weißen Pulpa befinden sich große Bluträume (Milzsinus) und schwammartige Pulpastränge, in denen sich Retikulumzellen und Monozyten befinden.

Die Milzarterie verzweigt sich zu den in den Balken verlaufenden Balkenarterien, die sich zu den Pulpaarterien aufteilen. Die Pulpaarterien werden von einer weißen lymphatischen Scheide umgeben. Aus den Pulpaarterien gehen die Follikelarterien hervor, die von Milzknötchen umhüllt werden. Die Follikelarterien teilen sich pinselartig auf. Die Pinselarterien verzweigen sich zu Kapillaren, die in die Bluträume oder in das weitmaschige Netz der schwammartigen Pulpastränge einmünden.
Das Blut fließt über die Pulpavenen und Balkenvenen aus den Bluträumen zum Hilus zurück und von dort über die Milzvene in die Pfortader.

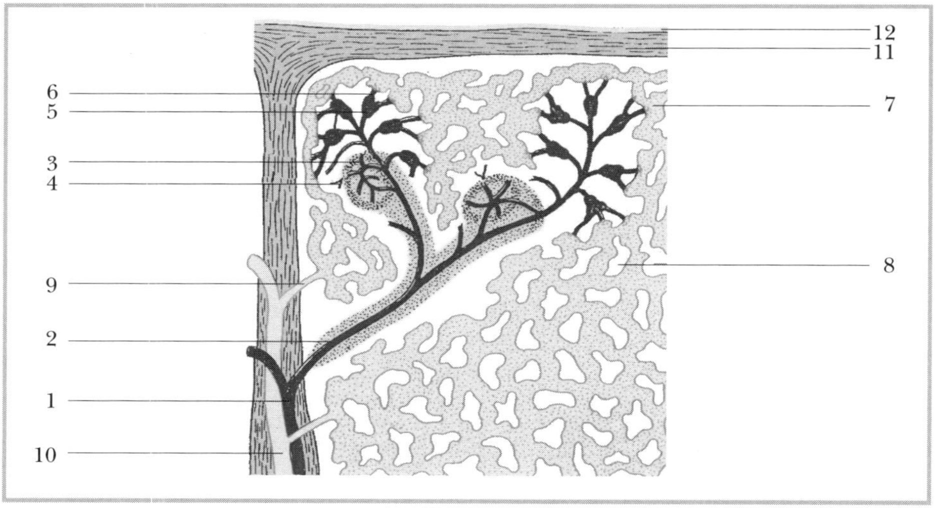

Abb. 51 Blutgefäße der Milz (modifiziert nach Brandis)

1 Balkenarterie
2 Pulpaarterie mit lymphatischer Scheide
3 Follikelarterien mit Milzknötchen
4 Pinselarterien
5 Hülsenarterien
6 Kapillaren
7 Milzsinus
8 Pulpastränge
9 Pulpavenen
10 Balkenvenen
11 Milzkapsel
12 Bauchfell

Milzfunktion
Der Milz können nachfolgende Funktionen zugewiesen werden:

- Abwehrfunktion,
- Blutmauserung,
- Speicherfunktion,
- Zellproduktion,
- humorale Fernwirkung.

Abwehrfunktion
Sowohl die T- als auch die B-Lymphozyten sind in der Lage, eine spezifische Abwehr durchzuführen. Die Antikörperbildung findet in der weißen Milzpulpa statt.

Blutmauserung
Die Milz kann Bruchstücke alter roter Blutkörperchen und zerfallene Blutplättchen phagozytieren.

Speicherfunktion
Das beim Hämoglobinabbau freigewordene Eisen wird an Eiweiß (Ferritin) gebunden, in der Milz gespeichert und zur Hämoglobinsynthese neu verwertet.
Die Speicherung von roten Blutzellen ist beim Menschen gering ausgeprägt. Die menschliche Milz ist keine Blutspeichermilz, sondern eine Abwehrmilz.
Hunde, Katzen und Pferde besitzen eine Blutspeichermilz, die nach Bedarf Blut in den Kreislauf freigeben kann.

Zellproduktion
In der Milz werden Lymphozyten und Plasmazellen gebildet.
Vor der Geburt bildete die Milz zusammen mit der Leber und dem Knochenmark Blut. Nach der Geburt hat das rote Knochenmark diese Funktion vollständig übernommen.
Nur wenn das rote Knochenmark durch eine Krankheit verödet, oder bei bestimmten Leukämieformen, dann kann die Milz auch rote Blutkörperchen und Granulozyten wieder bilden.

Humorale Fernwirkung
Die Milz nimmt Einfluß auf die Blutzusammensetzung und die Blutgerinnung. Zu folgenden Organen bestehen humorale Wechselwirkungen: Leber, Knochenmark, Thymus.

Thymus

Lage
Der Thymus liegt im oberen vorderen Mittelfellraum und grenzt kaudal an den Herzbeutel und ventral an den Handgriff des Brustbeins. Der Thymus besitzt eine grau-rötliche Farbe und eine weiche Konsistenz. Daher rührt auch die Bezeichnung des Thymus als Kalbsmilch (Bries).

Bau
Eine Bindegewebskapsel umgibt beide Thymuslappen. Bis zur Pubertät erreicht der Thymus ein Gewicht von 40 g. Nach der Geschlechtsreife wird der Thymus allmählich zu einem Thymusfettkörper umgebaut mit jedoch verbleibender Restfunktion.

Die arterielle Versorgung erfolgt durch die untere Schilddrüsenarterie, die innere Brustarterie und die Herzbeutel-Zwerchfellarterie. Das venöse Blut gelangt über die Arm-Hals-Venen in die untere Hohlvene. Die Lymphgefäße münden in die vorderen mediastinalen Lymphknoten ein. Der Sympathikus und Parasympathikus sind für die Nervenversorgung (Innervation) verantwortlich.

Mikroskopisch kann eine Läppchenstruktur erkannt werden, die durch Bindegewebssepten, die von der Kapsel in das Organinnere ziehen, entstehen. Das Grundgewebe ist ein retikuläres Bindegewebe, das nicht aus dem Mesenchym stammt, sondern aus dem entodermalen Epithel.

Das Thymusgewebe unterteilt sich in einen Rinden- und Markabschnitt. In der Thymusrinde befinden sich zahlreiche Lymphozyten, die hier Thymozyten genannt werden. Im Mark sind nur wenige Thymozyten vertreten, dagegen kommen zahlreiche Hassall'sche Körperchen vor. Es sind zwiebelschalenartig angeordnete Retikulumzellen.

Funktion
Der Thymus ist ein zentrales lymphatisches Organ, das für die Entwicklung sekundärer lymphatischer Organe, wie z.B. Lymphknoten und Milz verantwortlich ist. Im Thymus werden die T-Lymphozyten unter dem Einfluß von Thymushormonen (Thymosin, Thymopoietin) geprägt. Von der Thymusrinde gelangen die geprägten immunkompetenten T-Lymphozyten in das Thymusmark, und von dort werden sie über den Blutweg in die Lymphknoten und die Milz ausgeschwemmt.

Zusammenfassung

Lymphkapillaren	Die Lymphkapillaren sind die kleinsten Lymphgefäße und nehmen einen Teil der extrazellulären Flüssigkeit auf. Sie üben somit eine Drainagefunktion auf die Gewebe aus.
Leitgefäße	Das sind Gefäße, die aus den Lymphkapillaren hervorgehen und vereinzelt Klappen enthalten.
Transportgefäße	Diese Gefäße besitzen regelmäßig Klappen und haben einen dreischichtigen Wandaufbau: Intima, Media, Adventitia. Nach dem Verlauf werden oberflächlich und tiefgelegene Transportgefäße unterschieden.
Brustmilchgang	Der Brustmilchgang entsteht aus dem Zusammenfluß von zwei Lendenlymphstämmen und einem Darmlymphstamm. Er mündet in den linken Venenwinkel.
Rechter Hauptlymphstamm	Dieser Lymphstamm ist nur etwa 1 cm lang und mündet in den rechten Venenwinkel.
Lymphknoten	Lymphknoten bestehen aus retikulärem Bindegewebe, Lymphozyten und Plasmazellen. Sie sind zur Immunabwehr und Phagozytose befähigt.
Milz	Die Milz besitzt eine weiße und rote Pulpa. Sie dient der Abwehr, Blutmauserung, Eisenspeicherung, Lymphozytenbildung und übt einen Einfluß auf die Blutzusammensetzung und Blutgerinnung aus.

3.5. Physiologie des Gefäßsystems

Allgemeines

Arterien, Arteriolen, Kapillaren, Venolen und Venen sind Blutgefäße, die in Verbindung mit dem Herzen das Herz-Kreislauf-System bilden. In diesem System verrichtet das Herz eine Druck-Volumen-Arbeit. Diese sorgt dafür, daß das Blut in den Gefäßen in einem Kreislauf bewegt wird. Die Aufgabe des Blutkreislaufes besteht einerseits in der Versorgung der Zellen des Organismus mit Sauerstoff und Nährstoffen und andererseits im Abtransport der anfallenden Stoffwechselprodukte der Zellen.
Zum Blutkreislauf gehören zwei hintereinander geschaltete Abschnitte:

- der Körperkreislauf und
- der Lungenkreislauf.

Körperkreislauf
Während der linken Kammersystole wird das sauerstoffreiche Blut in die Aorta gepumpt, von der zahlreiche Arterien abzweigen. So entstehen viele untereinander parallel geschaltete örtliche Gefäßgebiete, die sich als Organ- bzw. Teilkreisläufe (z.B. Gehirn-, Leber-, Nieren-, Muskulatur-, Hautkreislauf) im Körper verteilen. Innerhalb der Organe zweigen sich die Gefäße baumartig auf, so daß ihre Gesamtzahl ständig zunimmt. Der Gefäßdurchmesser nimmt dabei ab. Das verzweigte Kapillarsystem bildet ein dichtes Netz von Haarnadelgefäßen, die im Gesamtorganismus etwa eine Fläche von 1000 m^2 bilden. Die Kapillaren sind Austauschgefäße, sie vereinigen sich zu Venolen und diese zu kleinen Venen. Weitere Venenzusammenschlüsse führen dazu, daß die Zahl der Venen ständig abnimmt. Sie münden letztlich in die untere Hohlvene ein, die das sauerstoffarme Blut in den rechten Vorhof transportiert.
Der Körperkreislauf verteilt das Herz-Minuten-Volumen (HMV) auf Organsysteme, die einen unterschiedlichen Blutbedarf haben. Dieser hängt auch vom Aktivitätszustand der Organsysteme ab.

Lungenkreislauf
Dieser Kreislauf beginnt in der rechten Herzkammer und endet im linken Vorhof.
Das gesamte Herzminutenvolumen passiert den Lungenkreislauf. Er dient dem Gasaustausch und der Wärmeabgabe.

Gesetzmäßigkeiten der Blutströmung

In den Kreisläufen durchströmt das Blut Gefäße, die einen unterschiedlichen Wandaufbau und verschiedene Querschnitte aufweisen. Die Blutsströmung unterliegt in den beiden geschlossenen Kreisläufen biophysikalischen Gesetzmäßigkeiten. Zu diesen Gesetzen zählen:

- das Strömungsgesetz,
- das Widerstandsgesetz und
- die Kontinuitätsgleichung.

Strömungsgesetz und Widerstandsgesetz
Das Blut kann in den Gefäßen nur fließen, wenn in der Aorta und im Lungenstamm höhere Drücke herrschen als in der oberen und unteren Hohlvene. Der Druckabfall wird durch Strömungswiderstände hervorgerufen. Sie entstehen durch Reibung des Blutstromes an den Gefäßwänden und durch die bestehende innere Reibung der Blutsuspension. Da die durchströmten Gefäße immer enger werden und sich zunehmend aufzweigen, wird der Strömungswiderstand immer größer. Der höchste Druckabfall besteht in den Arteriolen, so daß die Kapillaren einen niedrigen Druck besitzen, der in den Venen noch kleiner wird.
Das Strömungsgesetz beschreibt diesen Zusammenhang.

Merke

$$Q = P : R$$

Die Blutstromstärke (Q) ergibt sich aus dem Quotienten von P, der mittleren Druckdifferenz zwischen arteriellem und venösem Teil, und dem Strömungswiderstand R in den jeweiligen Gefäßgebieten.
Die Blutstromstärke (Q) ist das durch einen bestimmten Gefäßquerschnitt strömende Blutvolumen pro Zeiteinheit.

Von welchen physikalischen Größen der Strömungswiderstand abhängt, das wird durch das Widerstandsgesetz definiert.

Merke

$$R = \frac{8 \cdot l \cdot \eta}{\pi \cdot r^4}$$

Der Strömungswiderstand hängt von den geometrischen Größen der durchströmten Blutgefäße (l = Gefäßlänge, π = Kreisumfang, r = Gefäßradius) und von der Viskosität (Zähigkeit, η) des Blutes ab.

Kontinuitätsgleichung
Das in sich geschlossene Gefäßsystem wird gleichmäßig von Blut durchströmt. Durch alle zu betrachtenden Gefäßabschnitte fließt unabhängig vom Querschnitt pro Zeiteinheit die gleiche Stromstärke. In den kleinen Gefäßen muß sich deshalb die Geschwindigkeit erhöhen.
Der Gesamtquerschnitt der Kapillaren ist wesentlich größer als der Querschnitt der Aorta bzw. des Lungenstammes. Die Kapillaren entsprechen in ihrer Gesamtheit den weiten, die Aorta und der Lungenstamm den engen Gefäßen. Somit fließt das Blut in der Aorta und im Lungenstamm schneller als in den Kapillargebieten.

Merke

$$Q = V \cdot A$$

Die Stromstärke (Q) ist unabhängig vom Querschnitt (A) der einzelnen Gefäße konstant. Je größer die Gefäßquerschnitte werden, desto langsamer wird die Geschwindigkeit (V) des Blutstromes.

Für die Verminderung des Blutdrucks sind die Querschnitte des einzelnen Blutgefäßes verantwortlich, während die Strömungsgeschwindigkeit vom jeweiligen Gesamtquerschnitt der Blutgefäße abhängt. Der Verlauf von Blutdruck, Blutstromgeschwindigkeit und Gesamtquerschnitt in den einzelnen Abschnitten des Herz-Kreislauf-Systems ist in der Abbildung 52 dargestellt.

Eigenfunktionen der Gefäße

Der anatomische Wandaufbau der Gefäße bedingt unterschiedliche physiologische Funktionen der Gefäßabschnitte. Die Gefäße werden funktionell eingeteilt in:

- Arterien als Leitungsgefäße,
- Arterien als Verteilungs- und Widerstandsgefäße,
- Kapillaren als Austauschgefäße und
- Venen als Speichergefäße.

Arterien als Leitungsgefäße
Die herznahen Arterien werden während jeder Kammerkontraktion durch das ausgeworfene Blutvolumen gedehnt und speichern einen Teil des Schlagvolumens. Sowie der Gefäßinnendruck abnimmt und das geschieht im Verlaufe der Kammererschlaffung, wird das gespeicherte Volumen an den angrenzenden Gefäßabschnitt als Volumenpuls weitergegeben. Der Volumenpuls dehnt diesen Gefäßabschnitt und erzeugt einen Druckpuls. Die Entdehnung

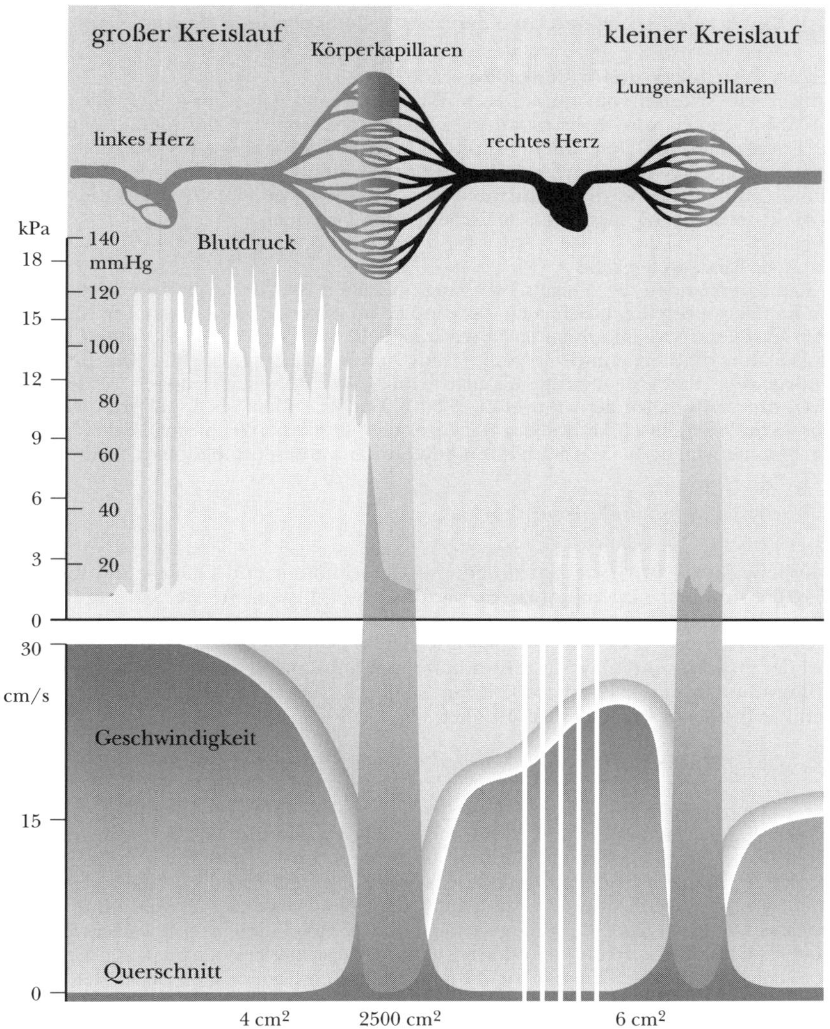

Abb. 52 Druck, Strömungsgeschwindigkeit und Gesamtquerschnitt im Blutkreislauf

befördert den Volumenpuls weiter und unterhält den gleichmäßigen peripheren Blutstrom. Die Dehnung und Entdehnung breiten sich als Pulswelle mit einer Geschwindigkeit, die größer ist als die Strömungsgeschwindigkeit des Blutes, über das arterielle Gefäßsystem aus. Sie kann an oberflächennahen Arterien getastet werden.

Merke **Die Arterien vom elastischen Typ wandeln den vom Herzen erzeugten pulsierenden Blutstrom in eine mehr gleichmäßige Strömung um. Die Folge ist, daß das Blut kontinuierlich durch die peripheren Gefäßabschnitte strömt.**

Arterien als Verteilungs- und Widerstandsgefäße
Die peripheren Arterien vom muskulären Typ sind in der Lage, eine Stellwirkung auszuüben. In Abhängigkeit von der sympathischen Nervenversorgung der Gefäße, kontrahieren sich die Endarterien und Arteriolen, erhöhen somit den Strömungswiderstand, und ermöglichen eine angepaßte Verteilung der Durchblutung der Organgebiete des Körpers. Diese Verteilung erfüllt in Ruhe die Bedürfnisse der Organfunktionen. In Belastungssituationen erfolgt die Durchblutung zugunsten der arbeitenden Organe.

Kapillaren als Austauschgefäße
In den Kapillaren finden die Austauschvorgänge zwischen Blut und Gewebsflüssigkeit statt. Neben den Kapillaren beteiligen sich auch die Venolen an Austauschvorgängen. Die Kapillardichte ist in den einzelnen Organkreisläufen unterschiedlich. Das Gehirn, die Skelettmuskulatur, die Herzmuskulatur, die Leber und die Nieren verfügen über eine hohe, die Knochen, das Fett- und Bindegewebe über eine niedrige Kapillardichte. Unter Ruhebedingungen werden nicht alle Kapillaren durchblutet, sondern nur etwa 25-30%. Der Rest dient als Kapillarreserve. Der Kontraktionszustand der glatten Muskulatur der Arteriolen bestimmt das Ausmaß der Kapillardurchblutung. Mechanismen, die den Kapillaren den Stoffaustausch ermöglichen, sind vor allem:

- die Diffusion,
- die Filtration und Absorption.

Diffusion
Wasserlösliche Substanzen, wie Natriumionen, Chloridionen und Glukose diffundieren fast ausschließlich durch Zellmembranporen. Fettlösliche Substanzen, wie Sauerstoff und Kohlendioxid, können im Bereich der gesamten Kapillarmembran frei diffundieren.
Die Diffusionsrichtung wird vom jeweiligen Konzentrationsgefälle der Substanzen bestimmt. Die Zahl der auswärts und einwärts diffundierenden Substanzen ist weitgehend gleich, so daß das Plasmavolumen in der Kapillare konstant bleibt. Es besteht eine gleichmäßige Mischung zwischen Plasmawasser und Gewebsflüssigkeit.

Merke **Die Diffusion fördert fast vollständig den Stofftransport für die Gewebe.**

Filtration und Absorption
Der in den Kapillaren bestehende Blutdruck treibt Wasser und Elektrolyte in die Gewebsflüssigkeit. Dieser Vorgang wird als Filtration bezeichnet. Im Verlaufe des Kapillargebietes verbraucht sich der Kapillardruck und sinkt entsprechend ab. Die Plasmaeiweiße verlassen die Kapillaren wegen ihrer Molekülgröße kaum und üben eine wasseranziehende Wirkung auf die Gewebsflüssigkeit aus. Diese Wirkung geht von großen Molekülen, den Eiweißen, die im Plasma gelöst sind, aus und wird als kolloidosmotischer Druck bezeichnet. Am Ende der Kapillaren kommt es zur Umkehr der Transportrichtung, da der kolloidosmotische Druck den herrschenden Kapillardruck übersteigt. Anfallende Stoffwechselprodukte und Kohlendioxid werden absorbiert (wieder aufgenommen). Aus allen Kapillaren werden pro Tag etwa 20 l Flüssigkeit in die kapillären Gewebsspalten abgefiltert. Von diesen werden 18 l am Ende der Kapillarstrecken wieder absorbiert. Die restlichen 2 l nehmen die Lymphkapillaren auf.

Merke **Die Filtration und Absorption regulieren das Wassergleichgewicht zwischen Blutplasma und Gewebsflüssigkeit und sind für die Erhaltung des Lymphstromes wichtig. Die Filtrationsleitfähigkeit der Kapillarenporen ist wesentlich kleiner als bei der Diffusion.**

Venen als Speichergefäße
Venenwände sind ausgesprochen dehnbar und können große Blutvolumina aufnehmen, ohne dabei wesentlichen Druckveränderungen zu unterliegen. Im Venensystem befinden sich etwa 85% des zirkulierenden Blutvolumens. Somit fungiert das Venensystem als Volumenspeicher, aus dem ein anpassungsfähiges Volumenangebot für das Herz gespeist werden kann. Als Speicher wirken für das linke Herz der venöse Lungenkreislauf und für das rechte Herz die Leber und das Baucheingeweidegebiet.

Merke **Die Herzarbeit und der arterielle Blutdruck werden weitgehend vom venösen Blutangebot bestimmt.**

Der Druck, der am Ende der oberen und unteren Hohlvene herrscht, beträgt etwa 2-4 mmHg und wird zentraler Venendruck genannt. Seine Größe wird vom venösen Angebot und von der Funktion des rechten Herzens bestimmt.
Das Venensystem wirkt nicht nur als Volumenspeicher, es transportiert das sauerstoffarme Blut auch zum Herzen. Daran sind folgende Mechanismen beteiligt:

- der Venendruck,
- der Ventilebenenmechanismus,
- die Druck-Saugpumpe der Atmung,
- die arterio-venöse Kopplung und
- die Muskelpumpe.

Venendruck
In den Venolen kommt es zu einem Druckabfall von 15-20 mmHg in Kapillarnähe auf 10-15 mmHg in den kleinen Venen. Am Ende des Venensystems findet man in den herznahen Anteilen der oberen und unteren Hohlvenen einen zentralen Venendruck von 2-4 mmHg. Der bestehende Druckgradient zwischen dem Anfang und Ende des Venensystems trägt dazu bei, daß das venöse Blut zum Herzen fließt.

Ventilebenenmechanismus
Während der Austreibungsphase der Herzkammern senkt sich die Ventilebene und saugt Blut aus den herznahen Venen in die Vorhöfe an.

Druck-Saugpumpe der Atmung
Die Einatmung verstärkt den Unterdruck , der sich den Venen des Brustkorbes mitteilt. Sie werden gedehnt , der Strömungswiderstand nimmt ab, und Blut wird aus den angrenzenden Gefäßabschnitten angesaugt. Die Einatmung führt zur Senkung des Zwerchfells und zur Druckerhöhung im Bauchraum. Diese fördert den venösen Blutstrom herzwärts.

Arterio-venöse Kopplung
Der Arterienpuls massiert die Begleitvenen, und das Blut wird etagenweise, wobei die Venenklappen der Gliedmaßen ein Rückstrom verhindern, zum Herzen transportiert.

Muskelpumpe
Die Kontraktion der Skelettmuskulatur fördert den Rückstrom des venösen Blutes zum Herzen.

In der aufrechten Körperhaltung, der Orthostase, erzeugt die Schwerkraft in den Gefäßen hydrostatische Drücke der Blutsäulen. Die dehnbaren Venen der unteren Gliedmaßen geben nach und nehmen ein größeres Blutvolumen auf.

Versacken größere Blutvolumina beim Wechsel von der liegenden in die stehende Position aus den Zentralvenen in die Beine, kann es zu Sehstörungen, Schwindelgefühl oder sogar zum Kollaps kommen. Die Ursache liegt in der Abnahme des venösen Angebotes an das Herz. Damit verbunden nimmt das Schlagvolumen ab und der arterielle Blutdruck sinkt. Reflektorisch steigt die Herzfrequenz, der Venentonus erhöht sich durch Wanddehnung und damit normalisieren sich das Herz-Minuten-Volumen und der arterielle Blutdruck.

Blutdruck

Merke **Der Blutdruck ist der Druck, den das strömende Blut auf die Gefäßwand ausübt. Er schwankt bei jedem Herzschlag zwischen einem systolischen und diastolischen Wert.**

Der systolische Blutdruck entsteht, wenn das Schlagvolumen während der Austreibungsphase in das arterielle Gefäßsystem ausgeworfen wird. Vom diastolischen Blutdruck spricht man, wenn die gedehnten herznahen Arterien ihr gespeichertes Blutvolumen freigeben. Das geschieht zur Zeit der Kammerdiastole.
Der systolische Blutdruck in der aufsteigenden Aorta beträgt bei einem liegenden jugendlichen Erwachsenen 120 mmHg und der diastolische Blutdruck 80 mmHg. Die Differenz zwischen beiden Werten bezeichnet man als Blutdruckamplitude, und der Mittelwert stellt den arteriellen Mitteldruck dar. Dieser entspricht der treibenden Kraft für die Blutströmung und ist für die Organdurchblutung bedeutsam. Systolische Druckwerte von 25 mmHg und diastolische Werte von 10 mmHg herrschen im Lungenstamm. Auf Grund der bestehenden niedrigen Druckwerte bilden sowohl der Lungenkreislauf als auch das venöse Gefäßsystem das Niederdrucksystem. Das arterielle Gefäßbett dagegen wird zum Hochdrucksystem gerechnet.
Die Höhe des individuellen Blutdrucks hängt ab vom:

- Herz-Zeit-Volumen,
- Blutvolumen,
- peripheren Gefäßwiderstand,
- Alter,
- Geschlecht,
- genetischen Material,
- physischen und
- psychischen Zustand.

Der Blutdruck kann blutig, durch Einführen von Kathetern in das Gefäßsystem, oder unblutig gemessen werden. Die unblutige Messung des Blutdrucks geht auf den italienischen Kinderarzt Scipione Riva-Rocci zurück, der diese 1896 entdeckt hat. Das Prinzip seiner Messung kann wie folgt beschrieben werden: Eine mit Stoff überzogene aufblasbare Gummimanschette wird um den Oberarm des zu Messenden so befestigt, daß sie sich nur nach innen ausdehnen kann. Die Manschette wird luftdicht mit einem Quecksilber- oder Spiralfeder-Manometer verbunden. Die Manschette wird solange manuell aufgepumpt, bis der Untersucher den Puls der Speichenarterie (Arteria radialis) nicht mehr fühlt. In diesem Moment hat die Manschette den Blutfluß in der Oberarmarterie (Arteria brachialis) gestoppt. Der abgelesene Wert entspricht dem systolischen Blutdruck in der Arteria brachialis.
Mit dieser Methode konnte nur der systolische Blutdruck gemessen werden.

Der russische Chirurg N.S. Korotkow, verbesserte die Methode von Riva-Rocci 1905. Bei dieser Methode wird zusätzlich ein Stethoskop, das in der Ellenbeuge des zu Messenden locker aufgesetzt wird, benutzt. Hat die aufgepumpte Manschette den Radialispuls unterdrückt, kann kein Geräusch gehört werden. In dem Moment, wo der Manschettendruck den systolischen Druck unterschreitet und während der Systole Blut in die Armarterie einschießt, ist ein Klopfgeräusch wahrnehmbar und der Radialispuls wird wieder tastbar. Das Klopfgeräusch entspricht dem systolischen Blutdruck in der Armarterie.
Die Korotkow'schen Klopfgeräusche sind auf Turbulenzen der Blutströmung unterhalb der Manschette zurückzuführen. Sie sind solange hörbar, bis die Arteria brachialis wieder ihren normalen Gefäßdurchmesser erreicht hat. Derjenige Druck, bei dem das Klopfgeräusch gerade nicht mehr gehört werden kann oder plötzlich leiser wird, entspricht dem diastolischen Blutdruckwert.
Diese Methode erfaßt auch den diastolischen Blutdruck und wird auch heute noch als unblutige Messung des Blutdrucks angewandt.

Regulation des Gesamtkreislaufs

Die Anpassung der Kreislauffunktion an wechselnde Anforderungen wird durch nachfolgende Regulationsmechanismen gewährleistet. Dazu zählen:

- kurzfristige Regulationsmechanismen,
- mittelfristige Regulationsmechanismen und
- langfristige Regulationsmechanismen.

Kurzfristige Regulationsmechanismen
Bei diesen Mechanismen handelt es sich um von Nerven gesteuerte Umstellungen der Gefäßweite. Die Regulationen werden innerhalb weniger Sekunden wirksam und halten nur wenige Tage an. Zu diesen gehören die Dehnungsrezeptorenreflexe, Chemorezeptorenreflexe und die Reaktion des Gehirns auf eine unzureichende Sauerstoffversorgung.

Dehnungsrezeptorenreflexe
Dehnungsrezeptoren sind spezialisierte Nervenendigungen, die in der Adventitia und äußeren Media bestimmter Arterien vorkommen. Zu diesen rechnet man den Aortenbogen, die beiden gemeinsamen Halsschlagadern und deren Aufgabelungsstelle, den Karotissinus.
Diese Dehnungsrezeptoren informieren das Kreislaufzentrum, das sich im verlängerten Mark, der Medulla oblongata, befindet, über den jeweiligen Blutdruck der Arterien.
Kommt es zu einer Blutdrucksteigerung in diesen Gefäßen, werden die Dehnungsrezeptoren gereizt und senden verstärkte elektrische Impulse über Nerven (Eingeweidenerv, Zungenschlundnerv) zum Kreislaufzentrum. Das Zentrum verarbeitet die Impulse und normalisiert den erhöhten Blutdruck, in dem der Sympathikuseinfluß auf die Widerstandsgefäße gehemmt wird. Die Folge ist eine Weitstellung dieser Gefäße und daraus resultiert eine Abnahme des arteriellen Drucks.
Das Kreislaufzentrum hemmt auch die Herzfrequenz über eine zunehmende Stimulation des Eingeweidenerves, den N. vagus. Die Herzfrequenz sinkt, und das Herz-Zeit-Volumen nimmt ab, so daß es auch zu einem arteriellen Druckabfall kommt.
Bei einer bestehenden Blutdrucksenkung werden gegenteilige Reaktionen ausgelöst.

Chemorezeptorenreflexe
Chemorezeptoren kommen in der Aorta und in der Aufgabelung der gemeinsamen Halsschlagader vor. Diese Rezeptoren registrieren den Sauerstoffpartialdruck und den Kohlendioxidpartialdruck des Blutes. Eine Zunahme des Kohlendioxidpartialdrucks im Blut führt zu einer Stimulation sowohl des Atem- als auch des Kreislaufzentrums im verlängerten Mark. Die Belüftung (Ventilation) der Lungen wird verstärkt, und der periphere Gefäßwiderstand nimmt durch Verengung der Gefäße zu, so daß es zum Blutdruckanstieg kommt. Beides führt zu einer Normalisierung der Partialdrücke von Sauerstoff und Kohlendioxid.

Reaktion des Gehirns auf Sauerstoffmangel
Wird das Gehirn unzureichend durchblutet, wird das Kreislaufzentrum im verlängerten Mark aktiviert und die peripheren Gefäße enggestellt, so daß ein Blutdruckanstieg folgt.

Mittelfristige Regulationsmechanismen
Die Wirkungen setzen langsam im Verlauf von Minuten ein und sind nach Stunden voll ausgebildet. Zu den Mechanismen zählen z.B. die Filtrationszunahme in den Kapillaren bei erhöhtem arteriellen oder venösem Druck und das Renin-Angiotensin-System.

Filtrationszunahme in den Kapillaren
Erhöht sich der arterielle oder venöse Druck, dann folgt eine vermehrte Filtration von Flüssigkeit in das Zwischengewebe. Damit verbunden nimmt das Volumen in den Gefäßen ab, und der arterielle Blutdruck sinkt.
Ein niedriger Blutdruck ruft eine erhöhte Flüssigkeitsaufnahme aus dem Gewebe in die Kapillaren hervor.

Renin-Angiotensin-System
Dieses System erreicht seine volle Wirksamkeit nach 20 Minuten und wird in Gang gesetzt, wenn eine Minderdurchblutung der Niere vorliegt. Das kann der Fall sein, wenn der arterielle Blutdruck abnimmt oder die Nierengefäße verkalkt sind.
Die Blutdrucksenkung ruft in der Niere die Reninbildung hervor. Renin wird an das Blut abgegeben und wandelt das in der Leber gebildete Angiotensinogen (α_2-Globulin) in Angiotensin I (Peptid) um. Das Angiotensin I wird enzymatisch in Angiotensin II überführt. Es erhöht den peripheren Gefäßwiderstand und somit den Blutdruck.

Langfristige Regulationsmechanismen
Längerfristige Regulationsmechanismen werden durch das nierenbedingte Volumenregulationssystem, das Adiuretinsystem und das Aldosteronsystem ermöglicht.

Nierenbedingtes Volumenregulationssystem
Die Steigerung des Blutdrucks führt zu einer vermehrten Flüssigkeitsauscheidung durch die Nieren. Die Folge besteht in der Abnahme des Blutvolumens. Das Herz-Zeit-Volumen verkleinert sich, und der Blutdruck sinkt.
Eine Blutdrucksenkung hat eine verminderte Flüssigkeitsausscheidung durch die Nieren zur Folge. Das sich vergrößernde Blutvolumen erhöht das Herz-Zeit-Volumen und somit den Blutdruck.

Adiuretinsystem
Adiuretin ist ein Hormon, das im Hinterlappen der Hirnanhangsdrüse gespeichert wird. Das Hormon wird bei stärkeren Blutdruckabnahmen freigesetzt. Das Hormon erhöht den peripheren Gefäßwiderstand und hebt somit den Blutdruck an.
Desweiteren ist das Adiuretin bei der Regulation des Flüssigkeitsvolumens bedeutsam. Eine Zunahme des Blutvolumens löst eine Hemmung der Adiuretinfreisetzung aus der Hirnanhangsdrüse aus. Damit steigt die Flüssigkeitsausscheidung über die Nieren.
Eine Abnahme des Blutvolumens führt zu einer verstärkten Freisetzung des Adiuretin und veranlaßt die Niere zu einer verstärkten Flüssigkeitsaufnahme über die Sammelrohre. Damit wird das Blutvolumen wieder aufgefüllt.

Aldosteronsystem
Aldosteron ist ein Nebennierenrindenhormon, das die Natrium- und Wasserrückresorption über die Nieren reguliert. Es erhöht die Ansprechbarkeit der Gefäßmuskulatur für Angiotensin II. Angiotensin II stimuliert die Bildung des Aldosterons. In diesem Zusammenhang wird auch vom Renin-Angiotensin-Aldosteron-System gesprochen. Die Aldosteronwirkung auf den Kreislauf setzt erst nach Stunden ein und ist nach einigen Tagen voll ausgeprägt.

Merke	**Akute Störungen des Kreislaufs werden durch Reaktionen des Gefäßsystems und chronische Störungen durch ƒnderungen des Blutvolumens ausgeglichen.**

Dem Kreislaufzentrum übergeordnete Strukturen befinden sich in der Hirnrinde und im Hypothalamus, ein Abschnitt des Zwischenhirns.
In der Hirnrinde existieren zahlreiche Gebiete, von denen bei Aktivierung Herz- und Gefäßreaktionen ausgelöst werden. Streß und Emotionen können auf das Vegetativum und den Blutdruck steigernd wirken.
Im Hypothalamus führen Erregungen der hinteren Bereiche zu einem Blutdruckanstieg, zu einer Erhöhung der Herzfrequenz, des Herz-Zeit-Volumens, zu vegetativen Reaktionen und zu einer gesteigerten Aufmerksamkeit.
Von vorderen Hypothalamusanteilen gehen dämpfende Wirkungen auf die Herz-Kreislauf-Funktionen aus.

Zusammenfassung

Strömungsgesetz	Die Blutstromstärke hängt von der mittleren Druckdifferenz zwischen arteriellem und venösem Kreislaufabschnitt und dem Strömungswiderstand in den jeweiligen Gefäßgebieten ab.
Widerstandsgesetz	Der Strömungswiderstand wird bestimmt von der Länge, vom Radius und vom Kreisumfang der durchströmten Blutgefäße sowie von der Zähigkeit des Blutes.
Kontinuitätsgleichung	Zu jedem Zeitpunkt fließt durch alle Gefäßabschnitte die gleiche Stromstärke. Je größer die Gefäßquerschnitte werden, desto langsamer wird die Blutströmungsgeschwindigkeit.
Herznahe Arterien	Sie besitzen elastische Gefäßwände, die den pulsierenden Blutstrom in eine gleichmäßige Strömung umwandeln.
Herzferne Arterien	Diese Gefäße haben eine gut entwickelte Media und ermöglichen durch ihre Stellwirkung eine angepaßte Verteilung der Organdurchblutung.
Kapillaren	Über diese Haargefäße erfolgt der Stoffaustausch zwischen Blut und Gewebe. Zu den Austauschmechanismen zählen die Diffusion, Filtration und Absorption.
Speichergefäße	Wegen der guten Dehnbarkeit ihrer Gefäßwände können die Venen große Blutvolumina speichern. Im Venensystem befinden sich 85% des zirkulierenden Blutvolumens.
Venöser Rückstrom	Der Venendruck, Ventilebenenmechanismus, die Druck-Saug-Pumpe der Atmung, die arterio-venöse Kopplung und die Muskelpumpe ermöglichen den Rückstrom des venösen Blutes zum rechten Herzen.
Blutdruck	Der Blutdruck ist der Druck, den das strömende Blut auf die Gefäßwand ausübt. Er kann blutig und unblutig gemessen werden.
Dehnungsrezeptorenreflexe	Diese spezialisierten Nervenendigungen kommen im Aortenbogen, in den Halsschlagadern und im Karotissinus vor. Sie regulieren die Gefäßweite und die Herzfrequenz. Eine Dehnung der Rezeptoren, bedingt durch eine Blutdruckerhöhung, führt zu einer Weitstellung der peripheren Gefäße und zur Abnahme der Herzfrequenz und somit zur Blutdrucksenkung.
Chemorezeptorenreflexe	Die in der Aorta und in der Aufgabelung der gemeinsamen Halsschlagader vorhandenen Chemorezeptoren registrieren den Sauerstoff- und Kohlendioxidpartialdruck des Blutes. Die Zunahme des Kohlendioxidpartialdrucks hat eine Gefäßverengung mit Blutdruckanstieg zur Folge.
Hirnreaktion auf Sauerstoffmangel	Unzureichende Hirndurchblutungen führen in der Gefäßperipherie zur Kontraktion und damit zur Blutdruckerhöhung.
Filtrationszunahme in den Kapillaren	Bei einem erhöhten Blutdruck wird vermehrt Flüssigkeit aus den Kapillaren in das Zwischengewebe filtriert. Das Gefäßvolumen nimmt ab und der Blutdruck sinkt.

Renin-Angiotensin-System Eine Blutdrucksenkung stimuliert die Reninfreisetzung aus der Niere. Renin wandelt Angiotensinogen in Angiotensin I um. Ein weiteres Enzym wandelt Angiotensin I in Angiotensin II um. Letzteres erhöht in der Gefäßperipherie den Widerstand und hebt so den Blutdruck an.

Nierenbedingte Volumenregulationssystem Die Nieren antworten auf eine Blutdruckerhöhung mit einer kompensatorischen Druckdiurese, die zu einer vermehrten Flüssigkeitsausscheidung und zu einer Blutdrucksenkung führt.

Adiuretin Dieses Hormon wird im Hinterlappen der Hirnanhangsdrüse gespeichert und reguliert sowohl das Blutvolumen als auch den peripheren Gefäßwiderstand. Eine Blutvolumenzunahme hemmt die Hormonfreisetzung und über die Nieren wird vermehrt Flüssigkeit ausgeschieden, so daß der Blutdruck abfällt. Bei einer stärkeren Blutdrucksenkung wirkt es auf die peripheren Gefäße verengend und hebt so den Blutdruck an.

Aldosteron Aldosteron ist ein Nebennierenrindenhormon, das die Ansprechbarkeit der Gefäßmuskulatur für Angiotensin II verbessert. Es reguliert auch das Gefäßvolumen durch eine angepaßte Natrium- und Wasserrückresorption in den Nieren.

Zentrale Kreislaufkontrolle Sie wird von der Hirnrinde und den vorderen und hinteren Hypothalamusanteilen ausgeübt.

3.6. Klinischer Anhang

Fallot-Tetralogie

Die Fallot-Tetralogie ist ein angeborener Herzfehler, bei dem folgende Veränderungen vorliegen:

- Verengung des Lungenstammes (Pulmonalstenose),
- Kammerscheidewanddefekt (Ventrikelseptumdefekt),
- Aortenverlagerung nach rechts (Dextroposition der Aorta),
- Rechtsherzvergrößerung (Rechtsherzhypertrophie).

Die Folgen dieser Veränderungen sind ein Rechts-Links-Shunt, da die rechte Herzkammer ihr Blut zum großen Teil in die überreitende Aorta auswirft und eine entsprechende Minderdurchblutung der Lunge.
In der rechten Herzkammer herrscht ein systolischer Blutdruck von 120 mmHg, der dem Aortendruck gleicht. Die Muskulatur der rechten Herzkammer paßt sich diesen Druckverhältnissen durch eine Hypertrophie an.
Das Leitsymptom der Fallot-Tetralogie ist die Blaufärbung, die oft erst nach dem dritten Lebensmonat auftritt.
Die Pulmonalstenose kann zu anfallsweisen Sauerstoffmangelzuständen führen, die mit schwerer Blaufärbung, Atemnot und Bewußtlosigkeit einhergehen. Trommelschlegelfinger und Uhrglasnägel sind Ausdruck für den bestehenden Sauerstoffmangel im Körper.
Die körperliche Leistungsfähigkeit ist stark vermindert. Die Kinder nehmen nach einer Belastung eine Hockstellung ein, die den Blutdruck im großen Kreislauf erhöht und die rechte Herzkammer zwingt, einen großen Teil seines Schlagvolumens in die Lungenarterien auszuwerfen.
Die geistige Entwicklung entspricht der Norm.
Der Herzfehler wird zwischen dem 3. und 4. Lebensjahr operativ korrigiert. Die Prognose hängt vom anatomischen Schweregrad ab.

Ösophagusvarizen

Ösophagusvarizen sind blaurote, mit venösem Blut gefüllte Venen, die geschlängelt in der Unterschleimschicht im unteren Speiseröhrendrittel verlaufen. Sie wölben die Schleimhaut vor und können perforieren.
Eine Ursache für die Ausbildung von Ösophagusvarizen ist die alkoholisch bedingte Lebererkrankung, die Leberzirrhose. Die Leber ist verkleinert und weist eine feste Konsistenz auf. Dadurch kommt es zur Einengung und Verlegung der geweiteten Leberkapillaren, und der Leberdurchfluß des Pfortaderblutes wird behindert. Im Pfortaderkreislauf steigt der Blutdruck, und über die Ausbildung von Umgehungskreisläufen kann dem erhöhten Pfortaderdruck entgegengewirkt werden. Der vermehrte Abfluß des Pfortaderblutes von den Magenüber die Zwerchfell- zu den Ösophagusvenen, führt zu deren Erweiterung. Von den Ösophagusvenen gelangt das Pfortaderblut in die Vena azygos und von dieser in die obere Hohlvene. Dieser Umgehungskreislauf entlastet den erhöhten Pfortaderdruck.
Auslösende Mechanismen für eine Ösophagusvarizenblutung können mechanische Irritationen wie Husten, Erbrechen oder Pressen sein.
Ösophagusvarizenblutungen stellen lebensbedrohliche Blutungen dar.

Elephantiasis

Die Elephantiasis (griech. elephas = Elefant) ist eine abnorme Lymphansammlung im Zwischenzellraum, die mit einer Hypertrophie des subkutanen und kutanen Bindegewebes einhergeht. Die Haut ist verdickt, verhärtet, schuppt und neigt zur Verhornung. Meist sind die unteren Gliedmaßen betroffen, die dann dem Fuß eines Elefanten ähneln.

Die ausgeprägten Lymphödeme treten z.B. auf:

- infolge von Tumormetastasen im Lymphgefäßsystem,
- nach Infektionen mit α-hämolysierenden Streptokokken der Gruppe A,
- nach operativer Lymphknotenentfernung,
- nach Bestrahlungstherapie bösartiger Tumoren und
- nach Verlegung der Lymphgefäße durch Fadenwürmer.

Die Elephantiasis wird operativ behandelt.

Neurogener Schock

Der neurogene Schock entsteht durch einen Tonusverlust der Widerstands- und Speichergefäße. Die Gefäßkapazität ist in Relation zum vorhandenen Blutvolumen zu groß. Deshalb nehmen der venöse Blutrückstrom und das Herz-Zeit-Volumen ab.
Die periphere Blutströmung verlangsamt sich, die roten Blutkörperchen verklumpen, die Zähigkeit des Blutes erhöht sich und in zahlreichen Gebieten der Mikrozirkulation kommt es zum Stillstand der Blutströmung. In den Geweben führen sowohl der bestehende Sauerstoffmangel als auch der saure pH-Wert zu einer Schädigung.
Der neurogene Schock kann durch folgende Ursachen ausgelöst werden:

- Schädel-Hirn-Traumen,
- länger bestehende Hirndurchblutungsstörungen,
- Hirnblutungen,
- tiefe Narkose,
- hohe Spinalanästhesie,
- medikamentöse Vergiftung.

Die Behandlung des neurogenen Schocks hat die Ausschaltung der auslösenden Ursachen, die Anhebung des Blutdrucks, die Verbesserung der Herzkraft sowie der Fließeigenschaften des Blutes und die Beseitigung der Gewebsübersäuerung zum Ziel.

4. Atmungssystem

4.1. Allgemeines

Über das Atmungssystem werden der Gasaustausch zwischen dem Sauerstoff der Luft und der Kohlensäure des Blutes, die Stimmbildung und das Riechvermögen vermittelt.
Das Atmungssystem besteht aus den luftleitenden Organen, zu denen die Nase, die Nasennebenhöhlen, der Kehlkopf, die Luftröhre und die Bronchien zählen, sowie die Lungen als gasaustauschende Organe.

4.2. Luftleitende Organe

Nase

Die Nase (lat. nasus, griech. rhinos) besteht aus einem mosaikartig zusammengesetzten knöchern-knorpeligen Gerüst. Die knöcherne Grundlage der äußeren Nase bilden die beiden Nasenbeine (Ossa nasalia) und die Stirnfortsätze des Oberkiefers (Processus frontales maxillae). Die Nasenbeine und die Stirnfortsätze des Oberkiefers bilden die knöcherne Nasenöffnung (Apertura piriformis).
Den größten Anteil am Aufbau der äußeren Nase haben die Nasenknorpel. Zu ihnen gehören die Nasenflügelknorpel und die knorpligen Anteile der Nasenscheidewand, die sich auf dem Nasenrücken nach beiden Seiten umbiegen.
An der äußeren Nase unterscheidet man die Nasenwurzel (Radix nasi), den Nasenrücken (Dorsum nasi), die Nasenspitze (Apex nasi), die Nasenflügel (Alae nasi) und die Nasenlöcher (Nares).
Die Nasenmuskeln zählen zur mimischen Gesichtsmuskulatur. Sie fixieren besonders im Kindesalter den Naseneingang, den sie bei tiefer Einatmung erweitern.
Die Nase ist individuell unterschiedlich gestaltet.

Nasenhöhle

Die äußere Haut der Nase geht am Nasenloch in die Haut des Nasenvorhofs (Vestibulum nasi) über, die mit kurzen borstenartigen Haaren (Vibrissae) besetzt ist. Der Nasenvorhof reicht von den Nasenlöchern bis zu einer seitlich gelegenen Vorhofschwelle (Limen nasi). Sie entspricht dem unteren Rand des Nasenflügelknorpels.
Die Nasenhöhle (Cavitas nasi) beginnt hinter dem Nasenvorhof und wird durch die Nasenscheidewand (Septum nasi) geteilt. Die Begrenzung der Nasenhöhle erfolgt durch

- das Nasenhöhlendach,
- den Nasenhöhlenboden,
- eine seitliche Nasenhöhlenwand und
- eine mediale Wand.

Nasenhöhlendach
Das Dach der Nasenhöhle wird vorn von der Siebbeinplatte und hinten vom Keilbeinkörper, der die Keilbeinhöhle enthält, gebildet. Durch die Poren der Siebbeinplatte verlaufen die Riechnerven. Sie nehmen ihren Ausgang von einer Schleimhautregion, die sich im oberen Teil der Nasenhöhle befindet.

Nasenhöhlenboden
Der harte Gaumen (Palatum osseum) stellt für die Nasenhöhle den Boden und für die Mundhöhle (Cavum oris) das Dach dar.

Seitliche Nasenhöhlenwand
Das Skelett der seitlichen Wand bilden im wesentlichen der Oberkiefer und das Siebbein. Von der seitlichen Nasenhöhlenwand wölben sich drei übereinander liegende Nasenmuscheln (Conchae nasales) in die Nasenhöhle vor. Die obere und mittlere Nasenmuschel sind Teile des Siebbeins. Die untere Nasenmuschel ist ein selbständiger Knochen. Unter jeder Nasenmuschel verläuft ein Nasengang (Meatus nasi). In den oberen Nasengang münden die hinteren Siebbeinzellen und die Keilbeinhöhle. In den mittleren Nasengang die Stirnhöhle, die vorderen und mittleren Siebbeinzellen und die Kieferhöhle. Über diese beiden Nasengänge besteht somit die Verbindung zu den Nasennebenhöhlen.
Der Tränennasengang (Ductus nasolacrimalis) endet im unteren Nasengang.

Mediale Wand
Die mediale Wand ist das Nasenseptum, das von dem knöchernen Pflugscharbein (Vomer), der knöchernen senkrechten Platte des Siebbeins (Lamina mediana ossis ethmoidalis) und dem vorderen knorpligen Teil gebildet wird.
Die hinteren Öffnungen der Nasenhöhle sind die Choanen (griech. choanos = Trichter), die eine Verbindung der Nasenhöhle mit dem Rachen herstellen.
Zum größten Teil wird die Nasenhöhle von einer Schleimhaut ausgekleidet, die ein mehrreihiges Flimmerepithel trägt und tubulo-alveoläre Drüsen enthält. Diese Region wird als Atmungsregion (Regio respiratoria) bezeichnet. An bestimmten Stellen wird die Schleimhaut von dichten Venengeflechten durchzogen, deren Blutfüllung durch die Funktion glatter Muskelbündel und Drosselvenen geregelt wird.
Die Riechschleimhaut (Regio olfactoria) ist auf einen kleinen Bereich der oberen Nasenmuschel und der oberen Nasenscheidewand begrenzt. Durch ihre gelbbraune Färbung unterscheidet sie sich von der rötlichen Regio respiratoria. Die Riechschleimhaut trägt ein Sinnesepithel, das bipolare Nervenzellen (Riechzellen), Stützzellen und Basalzellen enthält.

Nasennebenhöhlen

Die an die Nasenhöhle angrenzenden Knochen enthalten lufthaltige Hohlräume, die als Nasennebenhöhlen (Sinus paranasales) bezeichnet werden. Zu diesen Nebenhöhlen zählen:

- die Stirnhöhle (Sinus frontalis),
- die Keilbeinhöhle (Sinus sphenoidale),
- die Siebbeinhöhle (Sinus ethmoidalis) und
- die Kieferhöhle (Sinus maxillaris).

Stirnhöhle
Die Stirnhöhle liegt in der Spongiosa (lat. spongia = Schwamm) des Stirnbeines und zeigt hinsichtlich der Ausdehnung individuelle Unterschiede. Über einen Gang steht die Stirnhöhle mit dem mittleren Nasengang in Verbindung.

Keilbeinhöhle
Sie liegt im Körper des Keilbeines. Das Dach der Keilbeinhöhle ist der Türkensattel (Sella turcica), in dem die Hirnanhangsdrüse liegt. Der Boden ist das Dach des Rachens. Die Keilbeinhöhle steht mit dem oberen Nasengang in Verbindung.

Siebbeinhöhle
Sie grenzt seitlich an die knöcherne Augenhöhle (Orbita), oben an die Stirnhöhle und hinten an die Keilbeinhöhle. Die Siebbeinhöhle besteht aus etwa zehn kleineren Hohlräumen (Cellulae ethmoidales), die in vordere und hintere Siebbeinzellen unterteilt werden. Die hinteren Siebbeinzellen münden im Bereich des oberen Nasenganges und die vorderen in den mittleren Nasengang.

Kieferhöhle
Die Kieferhöhle ist die größte Nasennebenhöhle. Sie grenzt oben an die knöcherne Augenhöhle, seitlich und vorn an das Gesicht und den Mundvorhof, unten an den Alveolarfortsatz und Gaumen. Es besteht ein enge Lagebeziehung zu den Zahnwurzeln der Mahlzähne des Oberkiefers. Die Kieferhöhle mündet in den mittleren Nasengang.

Merke **Alle Nasennebenhöhlen sind paarig angelegt. Sie werden von einer Schleimhaut ausgekleidet, die der Nasenhöhlenschleimhaut (Regio respiratoria) entspricht. Die Nasenhöhle und die Nasennebenhöhlen stehen untereinander in Verbindung und unterliegen einer einheitlichen Belüftung.**

Rachen

Der Rachen (Pharynx) ist eine etwa 12 cm lange Muskelrinne, die von der Außenfläche der Schädelbasis bis zum Kehlkopfeingang und der dahinter liegenden oberen Öffnung der Speiseröhre (Ösophagus) reicht.
Der Rachen verbindet sowohl Mundhöhle (Cavum oris) und Speiseröhre als auch Nase und Luftröhre (Trachea) miteinander. Der Atem- und Speiseweg kreuzen sich im mittleren Teil des Rachens. Deshalb kann der Rachen zum Atmungs- und Verdauungssystem gerechnet werden.
Die Vorderseite des Rachens besitzt drei Öffnungen, durch die Verbindungen zur Nasenhöhle, zur Mundhöhle und zum Kehlkopf hergestellt werden. Infolge dieser Lagebeziehung wird der Rachen in drei Abschnitte unterteilt. Zu diesen gehören:

- der Nasenrachenraum (Epipharynx),
- der Mundrachen (Mesopharynx) und
- der Kehlrachen (Hypopharynx).

Nasenrachenraum
Der Nasenrachenraum wird oben durch das Rachendach und unten vom freien Rand des Gaumensegels begrenzt. Über die beiden hinteren Nasenöffnungen, die Choanen, steht der Nasenrachenraum mit der Nasenhöhle in Verbindung.
In der linken und rechten Seitenwand, etwa 1 cm hinter den unteren Nasenmuscheln, befinden sich die beiden Öffnungen der jeweiligen Ohrtrompete (Tuba auditiva). Sie verbinden den Nasenrachen mit dem linken und rechten Mittelohr.
Im Bereich der Tubenöffnung kommt lymphatisches Gewebe vor. Dieses wird als Tubenmandel (Tonsilla tubaria) bezeichnet. Da es zwei Tubenöffnungen gibt, sind die Tubenmandeln paarig angelegt.
Am Übergang des Rachendachs in die muskuläre Rachenhinterwand liegt eine weitere Mandel, die unpaare Rachenmandel (Tonsilla pharyngea).
Der Nasenrachenraum wird von einer Schleimhaut ausgekleidet, die ein mehrreihiges Flimmerepithel mit zahlreichen schleimbildenden Becherzellen trägt. Dieses Epithel wird auch respiratorisches Epithel genannt.

Mundrachen
Dieser Rachenabschnitt erstreckt sich vom freien Rand des Gaumensegels (Velum palatinum) bis zum oberen Rand des Kehldeckels (Epiglottis). Die Schlundenge (Isthmus faucium) grenzt den Mundrachen gegenüber der Mundhöhle ab. Sie entspricht dem Verlauf des vorderen Gaumenbogens (Arcus palatoglossus).
Unterhalb der Schlundenge liegt der Zungengrund mit der unpaaren Zungenmandel (Tonsilla lingualis).
Zwischen den vorderen und hinteren Gaumenbögen liegen in der Seitenwand des Mundrachens die Gaumenmandeln (Tonsillae palatinae).

Die Hinterwand ist ein Bestandteil der Rachenmuskelrinne.
Die Mundrachenschleimhaut trägt, wie die Mundhöhle und Speiseröhre, ein mehrschichtiges unverhorntes Plattenepithel. In die Schleimhaut sind muköse Drüsen eingelagert (Glandulae pharyngeae), die den Gleitspeichel sezernieren.

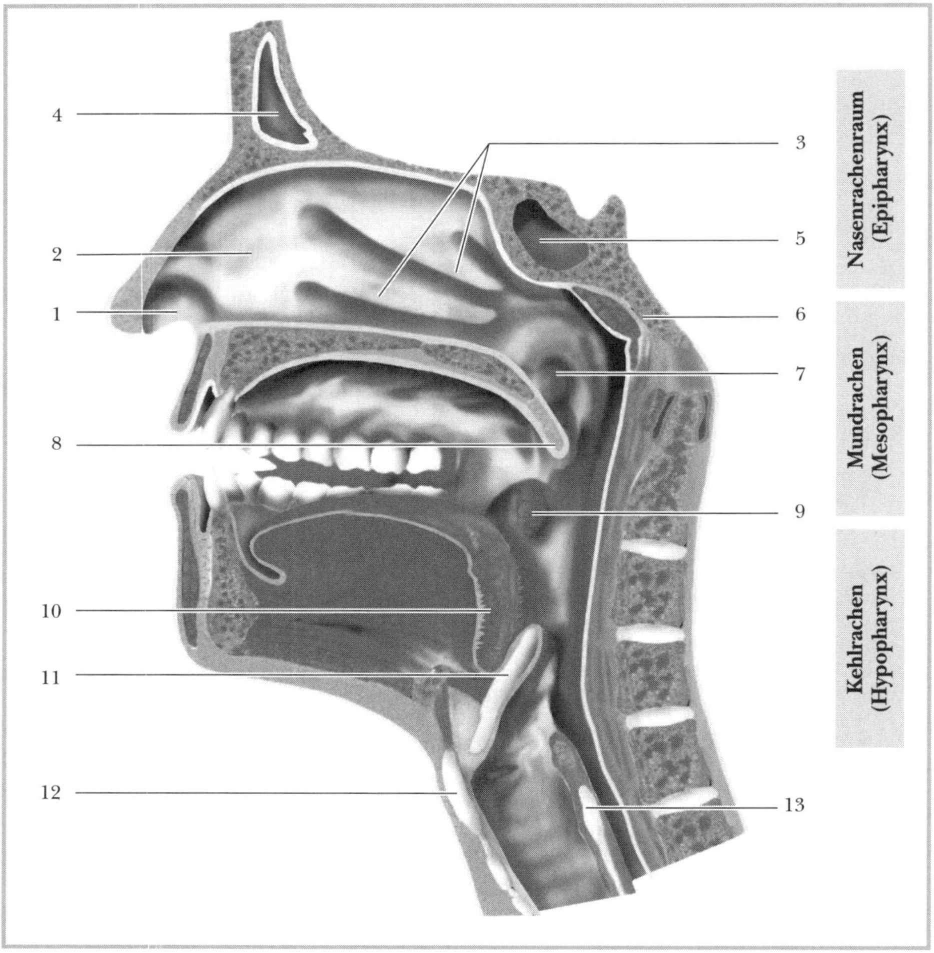

Abb. 53 Medianschnitt durch den Kopf-Hals-Bereich

1 Nasenvorhof (Vestibulum nasi)
2 Nasenhöhle (Cavitas nasi)
3 Nasenmuscheln (Conchae nasales)
4 Stirnhöhle (Sinus frontalis)
5 Keilbeinhöhle (Sinus sphenoidale)
6 Rachenmandel (Tonsilla pharyngea)
7 Tubenöffnung (Ostium pharyngeum tubae)
8 Gaumensegel (Velum palatinum)
9 Gaumenmandel (Tonsilla palatina)
10 Zungenmandel (Tonsilla lingualis)
11 Kehldeckel (Epiglottis)
12 Schildknorpel (Cartilago thyroidea)
13 Ringknorpel (Cartilago cricoidea)

Kehlrachen
Der Kehlrachen reicht vom freien Kehldeckelrand bis in das Niveau der Ringknorpelplatte, wo er in die Speiseröhre übergeht. Die Vorderwand wird vom Kehlkopf (Larynx) bestimmt. Beiderseits des Kehlkopfes bildet der Kehlrachen je eine trichterförmige Schleimhauttasche (Recessus piriformes) über welche der Speiseweg führt und somit den Kehlkopf umläuft.
Der Kehlrachen wird von einer Schleimhaut ausgekleidet, die muköse Drüsen enthält und ein mehrschichtiges unverhorntes Plattenepithel trägt.

Kehlkopf

Der Kehlkopf liegt im oberen vorderen Halsgebiet, in der Höhe des dritten bis sechsten Halswirbels. Hinter dem Kehlkopf befindet sich der Kehlrachen, und zu beiden Seiten verläuft die gemeinsame Halsschlagader (Arteria carotis communis). An den Seitenflächen des Kehlkopfes erstrecken sich die beiden Lappen der Schilddrüse (Glandula thyroidea). Kopfwärts grenzt er an das Zungenbein (Os hyoideum) und an den Zungengrund. Sein unteres Ende geht in die Luftröhre über.
Der Kehlkopf ist ein Organ, das zur Stimmbildung (Phonation) und zum reflektorischen Verschluß der Atemwege befähigt ist. Der anatomische Aufbau des Kehlkopfes gliedert sich in:

- das Kehlkopfskelett,
- die Kehlkopfgelenke und Bänder,
- das Innenrelief und
- die Kehlkopfmuskulatur.

Kehlkopfskelett
Das Kehlkopfskelett wird hauptsächlich von vier hyalinen und einem elastischen Knorpel gebildet. Zu diesen Knorpeln zählen:

- der Ringknorpel (Cartilago cricoidea),
- der Schildknorpel (Cartilago thyroidea),
- die beiden Stellknorpel (Cartilagines arytaenoideae) und
- der elastische Kehldeckelknorpel (Cartilago epiglottica).

Ringknorpel
Der Ringknorpel bildet die Basis, auf der die anderen Knorpel aufgebaut sind. Er hat die Form eines Siegelringes und ist unten mit der ersten Luftröhrenspange bindegewebig verbunden. Der Ringknorpel trägt an seiner Außenseite die Gelenkflächen für die Stellknorpel und den Schildknorpel.

Schildknorpel
Der Schildknorpel liegt oberhalb vom Ringknorpel. Er besteht aus zwei Platten, die vorn in einer Kante zusammenstoßen. Die Platten bilden einen schützenden Schild vor dem eigentlichen stimmbildenden Teil. Der obere Rand weist einen Vorsprung (Prominentia laryngea, Adamsapfel) auf, der in der Mitte eine Kerbe (Incisura thyroidea superior) trägt. Am Hinterrand befinden sich Oberhörner (Cornua superiora) und die Unterhörner (Cornua inferiora). Sie dienen oben zur Verbindung mit dem Zungenbein und unten zur gelenkigen Verbindung mit dem Ringknorpel.

Stellknorpel
Auf dem Ringknorpel sitzen die paarigen Stellknorpel, die auch Aryknorpel genannt werden, mit ihrer Basis auf. Sie haben die Form einer Pyramide, deren Basis in zwei Fortsätze ausläuft. Der Stimmbandfortsatz (Processus vocalis) zeigt nach vorn. Von ihm verläuft das Stimmband (Ligamentum vocale) zur Innenseite des Schildknorpels. Der seitlich gerichtete größere Muskelfortsatz (Processus muscularis) ist sowohl Ursprungs- als auch Ansatzort für mehrere innere Kehlkopfmuskeln.

Kehldeckelknorpel
Dieser elastische Knorpel, auch Epiglottis genannt, hat die Form eines Fahrradsattels. Die Basis bildet die vordere Umrandung des Kehlkopfeinganges. Die Spitze ist nach unten gerichtet. Durch ein kleines Band wird der Kehldeckel an der Rückseite des Schildknorpels befestigt.

Kehlkopfgelenke und Bänder
Die wichtigsten Gelenke liegen zwischen dem Ring- und Schildknorpel (Articulatio cricothyroidea) und zwischen dem Ring- und den Stellknorpeln (Articulatio cricoarytaenoidea). Das Ring-Schildknorpelgelenk erlaubt Scharnierbewegungen, so daß die Stimmbänder gespannt oder entspannt werden können.
Die kombinierten Dreh- und Gleitbewegungen in den Ring- und Stellknorpelgelenken ermöglichen Öffnung und Verschluß der Stimmritze.

Zwischen dem Zungenbein und dem Schildknorpel verläuft eine Bindegewebsmembran (Membrana thyrohyoidea), die in der Mitte und an den freien seitlichen Rändern verstärkt ist. Der Ringknorpel wird über ein Band (Ligamentum cricothyroideum) mit dem Schildknorpel verbunden, welches Teil einer größeren elastischen Membran (Conus elasticus) ist, die vom Ringknorpeloberrand bis ins Innere des Kehlkopfs verläuft. Der obere freie Rand des Bandes bildet das Stimmband, das am Stimmbandfortsatz der Aryknorpel ansetzt. Das Band wird vorn zwischen Ring- und Schildknorpel zum Ligamentum conicum verstärkt. Über eine weiteres Band (Ligamentum cricotracheale) wird der Ringknorpel mit der oberen Luftröhrenspange verbunden.

Merke **Das knorpelige Grundgerüst wird über den Bandapparat derartig verbunden, daß der Kehlkopf im ganzen der Form der Luftröhre nahekommt.**

Innenrelief
Wird der Kehlkopf frontal halbiert, so kann das Kehlkopfinnere mit der Form einer Sanduhr verglichen werden. Der Innenraum (Cavitas laryngis) weist von oben nach unten eine deutliche Dreiteilung auf. Er gliedert sich in ein

- oberes Stockwerk = Vorhof (Vestibulum laryngis),
- mittleres Stockwerk = Kehlkopfkammer (Ventriculus laryngis) und
- unteres Stockwerk = Höhle unter der Stimmritze (Cavum infraglotticum).

Oberes Stockwerk
Dieses Stockwerk reicht vom freien Rand des Kehldeckels bis zu den Taschenfalten (Plicae vestibulares). Die aus Schleimhaut bestehenden Falten haben eine rote Farbe, sind nicht an der Stimmbildung beteiligt und werden daher auch „falsche Stimmbänder" genannt. Der Kehlkopfeingang (Aditus laryngis) liegt im oberen Stockwerk.

Mittleres Stockwerk
Es liegt beidseits zwischen den Taschen- und Stimmfalten (Plicae vocales) und stellt eine Schleimhautrinne (Ventriculus laryngis) dar. Hier sind unter der Schleimhaut vermehrt Lymphknoten eingelagert. Die Taschenfalten ragen nicht so weit zur Mitte vor wie die Stimmbänder (Ligamenta vocalia). Die Stimmbänder haben eine weiße Farbe und begrenzen die Stimmritze (Rima glottidis). Sie sind für die Stimmbildung verantwortlich.

Unteres Stockwerk
Es ist der Raum unterhalb der Stimmritze bis zum unteren Rand des Ringknorpels. In diesem Bereich erweitert sich der Kehlkopfinnenraum wieder (Cavum infraglotticum) und geht in die Luftröhre über.

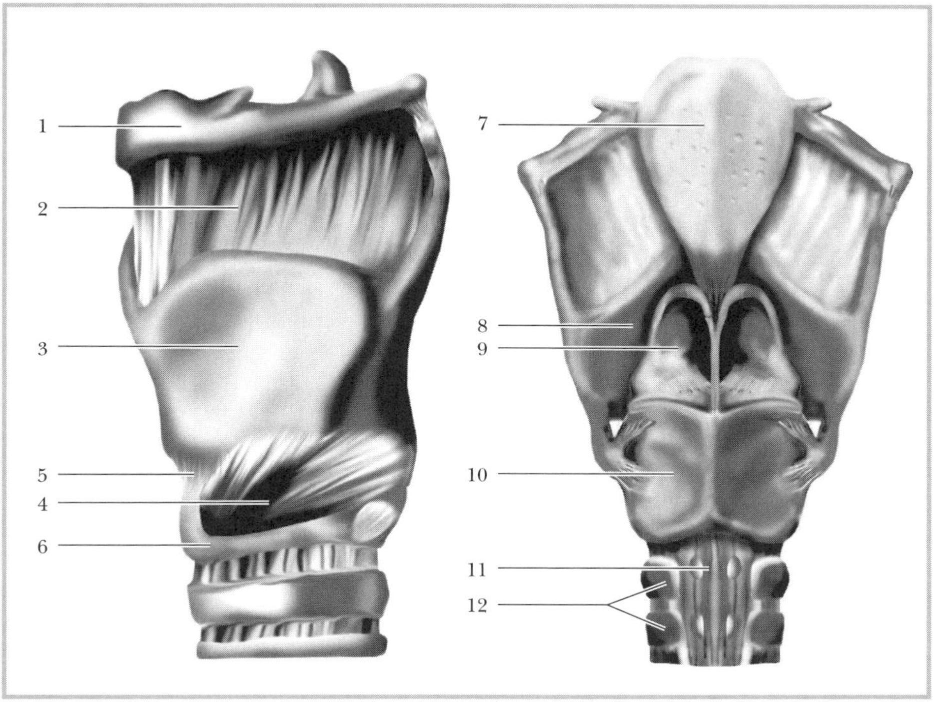

Abb. 54 Kehlkopf

Seitenansicht

1 Zungenbein (Os hyoideum)
2 Bindegewebsmembran (Membrana thyrohyoidea)
3 Schildknorpel (Cartilago thyroidea)
4 äußerer Kehlkopfmuskel (Musculus cricothyroideus)
5 Band zwischen Ring- und Schildknorpel (Ligamentum cricothyroideum)
6 Ringknorpel (Cartilago cricoidea)

Rückseite

7 Kehldeckel (Epiglottis)
8 Schildknorpel (Cartilago thyroidea)
9 Stellknorpel (Cartilagines arytaenoideae)
10 Ringknorpel (Cartilago cricoidea)
11 bindebewebig- muskulöse Membran (Paries membranaceus)
12 Knorpelspangen der Luftröhre (Cartilagines tracheales)

Der Innenraum des Kehlkopfes wird von einer Schleimhaut ausgekleidet, die vorwiegend ein mehrreihiges Flimmerepithel mit Becherzellen trägt. Die obere Epiglottisrückfläche sowie die Stimmfalten, welche die Stimmbandmuskeln (Musculi vocales) und die Stimmbänder enthalten, sind von einem mehrschichtigen unverhornten Plattenepithel überzogen.

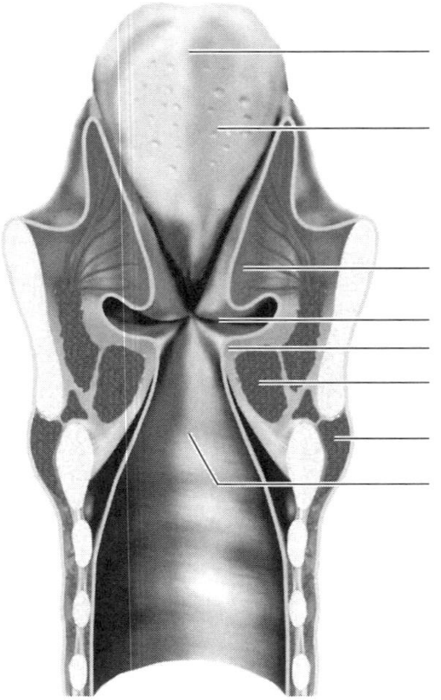

Abb. 55 Kehlkopfinnenrau

1 Kehldeckel (Epiglottis)
2 oberes Stockwerk (Vestibulum laryngis)
3 Taschenfalten (Plicae vestibulares)
4 mittleres Stockwerk (Ventriculus laryngis)
5 Stimmfalten (Plicae vocales)
6 Stimmbandmuskel (Musculus vocales)
7 äußerer Kehlkopfmuskel (Musculus cricothyroideus)
8 Höhle unter der Stimmritze (Cavum infraglotticum)

Kehlkopfmuskulatur

Am Kehlkopf können äußere und innere Muskeln unterschieden werden. Funktionell bilden sie den

- Stellapparat und
- Spannapparat.

Stellapparat

Die inneren Kehlkopfmuskeln werden nach ihrer Funktion in Erweiterer und Verengerer der Stimmritze unterteilt. Sie bilden insgesamt den Stellapparat.

Der Postikus ist der einzige Erweiterer der Stimmritze. Er zieht die Muskelfortsätze nach hinten, nähert sie aneinander, und dabei weichen die Stimmbandfortsätze mit den Stimmbändern auseinander.

Ein Gegenspieler zum Postikus ist der Lateralis. Dieser zieht die Muskelfortsätze nach vorn und zugleich die Stimmbandfortsätze zur Mitte. Somit verengen sich die vorderen zwei Drittel der Stimmritze.

Der hintere dreieckige Spalt zwischen den Aryknorpeln wird durch den Transversus verschlossen. Für einen völligen luftdichten Verschluß der Stimmritze sorgt der Vokalis, der jedoch vor allem zum Spannapparat gerechnet wird.

Merke **Zum Stellapparat gehören der Postikus als einziger Stimmritzenerweiterer und die drei Verengerer: Lateralis, Transversus und Vokalis.**
Die Stimmritze wird bei der Atmung erweitert und bei der Stimmbildung verengt.

Spannapparat
Zu diesem Apparat zählen die Stimmbandmuskeln (Musculi vocales). Sie passen die Spannung der Stimmbänder den Erfordernissen bei der Stimmbildung an.
Eine gewisse Vorspannung wird durch das Abkippen des Schildknorpels nach vorn erreicht. Diese Bewegung führen die paarigen äußeren Kehlkopfmuskeln aus, zu denen der Externus gehört.

Muskeln, welche die Stellung des Kehlkopfes als Ganzes verändern, sind die unteren Zungenbeinmuskeln und die unteren Schlundschnürer. Diese Muskeln sind für den Hoch- und Tiefstand des Kehlkopfes beim Sprechen und Schlucken verantwortlich.
Der Kehlkopf ist ein Organ, das nicht nur die Atemluft leitet, sondern diese auch zur Stimmbildung benutzt. Im Gegensatz zur normalen Atmung ist die Stimmritze bei der Stimmbildung geschlossen oder zumindest stark verengt.

Mechanismen der Stimmbildung (Phonation)
Im Brustkorb entsteht beim Sprechen ein höherer Druck als bei einer normalen Ausatmung. Die Stimmbänder werden durch diesen Druck auseinandergepreßt.
Somit entsteht ein Luftstrom, der durch die Stimmritze in den Mund-Rachen-Raum gelangt. Das mittlere Stockwerk des Kehlkopfes ist eng, so daß die Strömungsgeschwindigkeit der Ausatmungsluft wesentlich höher ist als in der Luftröhre.
Der Luftdruck wird folglich kleiner, die Stimmritze schließt sich wieder, und der Vorgang beginnt von neuem.

Merke **Die Stimmbänder führen Schwingungen aus. Im Rhythmus dieser Schwingungen wird der Luftstrom dauernd unterbrochen. Es entsteht ein hörbarer Klang, die Stimme. Deren Grundfrequenz (Tonhöhe) entspricht den Unterbrechungen des Luftstromes.**

Die Grundfrequenz hängt von der Spannung der Stimmbänder und vom Druck unterhalb der Stimmritze ab. Je höher die Spannung der Stimmbänder ist, desto höher wird die Grundfrequenz des erzeugten Klanges. Sie kann willkürlich verändert werden.
Die anatomischen Unterschiede des Kehlkopfes erlauben die Einteilung der Stimmlagen in Baß, Tenor, Alt und Sopran. Verantwortlich für diese verschiedenen Stimmlagen sind die Längen der Stimmbänder, die ein unterschiedliches Schwingungsverhalten aufweisen.

Während der Pubertät erhöht sich das Kehlkopfgewicht. Die Länge des Kehlkopfes und die der Stimmbänder nehmen zu. Bei Jungen ist dies besonders der Fall, so daß es zu einem ausgeprägten Stimmbruch kommt. Kinder verfügen über einen kleinen Kehlkopf mit kürzeren Stimmbändern und haben damit eine höhere Stimme als Erwachsene. Der Wechsel von der Kinder- zur Erwachsenenstimme wird als Stimmbruch bezeichnet. Bei Jungen senkt sich die Stimmlage um etwa eine Oktave.

Mechanismen der Lautbildung (Artikulation)
Die aus der Stimmritze austretende Luft gelangt in den Mund-Rachen-Raum, der als Ansatzrohr bezeichnet wird. Er umfaßt den Rachen-, Nasen- und Mundraum. Die Räume des Ansatzrohres besitzen bestimmte Eigenfrequenzen. Sie entstehen, wenn die Luft in diesen zu Schwingungen angeregt wird.
Der von den Stimmbändern erzeugte Klang und das an den Engstellen des Ansatzrohres entstehende Rauschen, enthalten ebenfalls diese Eigenfrequenzen. Somit wird das Ansatzrohr zur Resonanz angeregt. Die Kaumuskulatur, die Zungenmuskulatur und die Gaumenmuskulatur können die Gestalt (Konfiguration) des Ansatzrohres verändern. Die dabei entstehenden Räume heben unterschiedliche Eigenfrequenzen. Geraten diese in Resonanz, dann werden typische Frequenzen hörbar. Sie werden als Formanten bezeichnet und hängen

nur von der Gestalt des Ansatzrohres ab, nicht von der im Kehlkopf gebildeten Stimme. Die Vokale (a, e, i, o, u) entstehen beim normalen Sprechen durch stimmhafte Anregung des Ansatzrohres. Es hat dabei eine stabile Gestalt und die Schallabstrahlung erfolgt aus dem Mund.
Bei der Bildung von Konsonanten ist das Ansatzrohr stärker verengt als bei den Vokalen. Die Konsonanten können an drei Artikulationszonen gebildet werden. Dazu gehören die Lippen, die Zahnreihen und der Gaumen. Die Konsonanten ergeben keine einheitliche Lautklasse. Man unterscheidet Reibelaute (w, s, j, f, ss, sch, ch), Explosionslaute (b, d, g, p, t, k) und Nasale (m, n, ng).
Die Konsonanten r und l stehen phonetisch den Vokalen sehr nahe.
Alle Konsonanten sind akustisch durch bestimmte Frequenzanteile charakterisiert.

Merke **Die Stimmbildung ist eine Funktion der Stimmbänder und die Lautbildung hängt von der Konfiguration des Ansatzrohres ab.**

Luftröhre

Die Luftröhre (Trachea) beginnt unterhalb des Ringknorpels und reicht bis zu ihrer Teilungsstelle (Bifurcatio tracheae), die sich im Niveau des vierten Brustwirbels befindet. Die Gesamtlänge der Luftröhre beträgt etwa 10-12 cm. Auf Grund ihrer Längenausdehnung kann sie in einen Halsteil (Pars cervicalis) und einen Brustteil (Pars thoracica) gegliedert werden.
Im Halsbereich liegt die Luftröhre vor der Speiseröhre (Ösophagus) und wird zu zwei Dritteln von der Schilddrüse umfaßt.
Im Brustbereich verläuft die Luftröhre etwas rechts von der Speiseröhre. Das untere Ende der Luftröhre wird linksseitig vom Aortenbogen überlagert. Zwischen dem Brustbein und der Luftröhre dehnt sich bei Kindern die Thymusdrüse aus, die bei Erwachsenen durch einen Fettkörper ersetzt wird.

Die Luftröhre besteht aus 16-20 hufeisenförmigen Knorpelspangen (Cartilagines tracheales), deren Bogen nach vorn gerichtet ist. Die hintere offene Seite wird von einer bindegewebig-muskulösen Membran (Paries membranaceus) verschlossen. Die einzelnen hyalinen Knorpelspangen sind längs durch ein Bindegewebe verbunden, das reichlich elastische Fasern enthält (Ligamenta anularia). Die Luftröhre erhält damit eine Quer- und Längsverspannung. Die Verspannung hält das Lumen der Luftröhre offen und sorgt für die Sicherung der Luftzufuhr der Lunge.

Die Luftröhre weist folgenden Wandaufbau auf:

- Schleimhaut (Tunica mucosa),
- Bindegewebs-Knorpelschicht (Tunica fibrocartilaginea),
- lockeres Bindegewebe (Tunica adventitia).

Schleimhaut
Die Luftröhre wird von einer Schleimhaut (Tunica mucosa) ausgekleidet, die ein mehrreihiges Flimmerepithel mit eingestreuten Becherzellen trägt. In der Schleimhaut liegen seromuköse Drüsen (Glandulae tracheales), die zusammen mit den Becherzellen einen klebrigen Schleimfilm erzeugen. Schwebestoffe werden somit festgehalten und durch den Flimmerschlag rachenwärts transportiert.

Bindegewebs-Knorpelschicht
Sie besteht aus der hyalinen Knorpelspange und der bindegewebig-muskulösen Membran, die die Spange hinten verschließt. Diese Schicht ist auf Grund eingelagerter elastischer Fasern in Längsrichtung dehnbar.

Lockeres Bindegewebe
Diese Bindegewebsschicht (Tunica adventitia) stellt die verschiebliche Verbindung zur Umgebung her.

Bronchialbaum

Als Bronchialbaum wird die Aufzweigung der Bronchien in immer kleinere Äste bezeichnet. In Höhe des 4. Brustwirbels teilt sich die Luftröhre an der Bifurkation in die beiden Hauptbronchien (Bronchi principales). Der rechte Hauptbronchus verläuft steiler und ist kürzer als der linke Hauptbronchus. Beide treten in den Hilus der Lungenflügel ein. Ihr anatomischer Aufbau entspricht dem Bau der Luftröhre.

Innerhalb der Lungenflügel verzweigen sich die Hauptbronchien in

- die Lappenbronchien (Bronchi lobares),
- die Segmentbronchien (Bronchi segmentales) und
- die Endbronchien (Bronchi terminales).

Lappenbronchien
Der rechte Hauptbronchus teilt sich in einen oberen Lappenbronchus (Bronchus lobaris superior), mittleren Lappenbronchus (Bronchus lobaris medius) und unteren Lappenbronchus (Bronchus lobaris inferior).

Der linke Hauptbronchus teilt sich nur in einen oberen und unteren Lappenbronchus.
Die Lappenbronchien werden innen von einer Schleimhaut ausgekleidet, die ein mehrreihiges Flimmerepithel mit eingestreuten Becherzellen trägt. In der Schleimhaut kommen seromuköse Drüsen vor. Der Schleimhaut folgt eine Ringmuskelschicht, die aus glatten Muskelzellen besteht. An Stelle der hyalinen Knorpelspangen enthalten die Lappenbronchien elastische unregelmäßige Knorpelplättchen. In der Adventitia verlaufen Gefäße und Nerven.

Segmentbronchien
Die Lappenbronchien des rechten Lungenflügels verzweigen sich in 10 Segmentbronchien (Bronchi segmentales) und die des linken Lungenflügels in 9 Segmentbronchien.
Segment- und Lappenbronchien haben den gleichen Wandaufbau. Lediglich das Lumen wird in den Segmentbronchien kleiner.

Endbronchien
Die Segmentbronchien gabeln sich in zahlreiche Endbronchien (Bronchioli terminales) auf. Die Endbronchien werden von einer Schleimhaut ausgekleidet, die ein einschichtiges Flimmerepithel ohne Becherzellen trägt. Darunter befindet sich eine geschlossene Ringmuskelschicht, die glatte Muskelzellen enthält. Die Endbronchien sind knorpelfrei.
Ihr Lumen wird durch die elastischen Fasern, die in der Schleimhaut vorhanden sind, offengehalten und hat einen Durchmesser von 0,7 - 1 mm. Der Muskelschicht liegt außen die Adventitia an, die aus lockerem Bindegewebe besteht.

Merke **Die Bronchien enthalten immer Wandknorpel, die Bronchioli dagegen sind knorpelfrei. Das luftleitende System reicht bis zu den Endbronchien, den Bronchioli terminales.**

Die Endbronchien teilen sich in kleinste Bronchien, in deren Wand sich schon einige Lungenbläschen (Alveolen) befinden. Diese nennt man Bronchioli respiratorii. Deren Schleimhaut trägt ein einschichtiges kubisches Epithel ohne Flimmerhaare. Die geschlossene Ringmuskelschicht endet im Bereich der Bronchioli respiratorii.

Weitere Aufspaltungen dieser Bronchioli lassen die Lungengänge (Ductus alveolares) und die Alveolarsäckchen (Sacculi alveolares) entstehen. Die Alveolarsäckchen enthalten nur noch Lungenbläschen.

Merke **Die Aufzweigungen der Endbronchien bis zu den Lungenbläschen gehören nicht mehr zum luftleitenden, sondern zum gasaustauschenden System.**

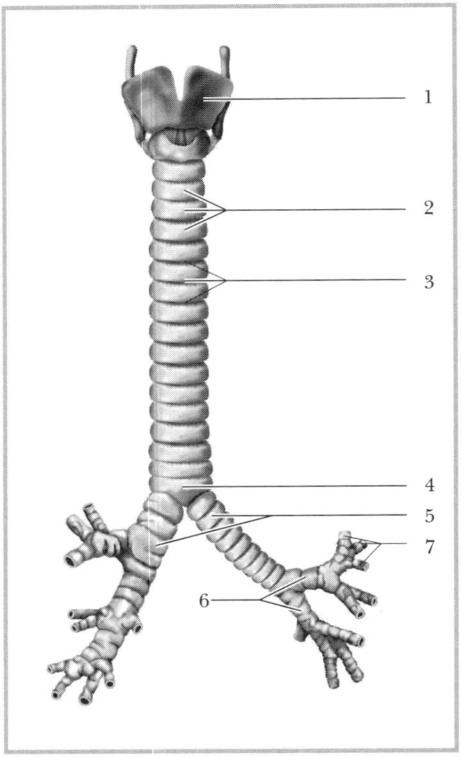

Abb. 56 Luftröhre und Bronchialbaum

1 Kehlkopf (Larynx)
2 Knorpelspangen (Cartilagines tracheales)
3 Bindegewebsbrücken (Ligamenta anularia)
4 Luftröhrengabelung (Bifurcatio tracheae)
5 Hauptbronchien (Bronchi principales)
6 Lappenbronchien (Bronchi lobares)
7 Segmentbronchien (Bronchi segmentales)

4.3. Gasaustauschendes Organ

Lunge

Die Lunge (lat. pulmo) ist ein paariges Organ, das im Brustraum (Cavitas thoracis) gelegen ist. Dieser wird durch das Mittelfell (Mediastinum) in zwei ungleichgroße Höhlen unterteilt. Das Mittelfell ist eine mediane Scheidewand, die sich von der Hinterfläche des Brustbeines (Sternum) bis zur Vorderfläche der Brustwirbelkörper erstreckt.

Die Innenräume der beiden Höhlen werden von einer serösen Haut, der Pleura, ausgekleidet und als Pleurahöhlen bezeichnet. Die Lungen füllen diese Pleurahöhlen bis auf einen kapillären Gleitspalt aus. Die Oberfläche beider Lungen sind ebenfalls von einer serösen Haut überzogen. Beide serösen Häute ergeben das Brustfell. Es besteht aus dem

- wandständigen Blatt (Pleura parietalis) und
- dem Eingeweideblatt (Pleura visceralis).

Wandständiges Blatt
Die seröse Haut, welche die Pleurahöhlen auskleidet, kann in vier Abschnitte unterteilt werden. Zu diesen Abschnitten gehören:

- das Rippenfell (Pleura costalis),
- die Pleura diaphragmatica,
- die Pleura mediastinalis und
- die Pleurakuppel (Cupula pleurae).

Rippenfell
Der Abschnitt der serösen Haut, der die Innenfläche der Brustwand auskleidet, wird als Rippenfell bezeichnet. Zwischen dem Rippenfell und der Brustwand befindet sich noch eine bindegewebige Verschiebeschicht (Fascia endothoracica).

Pleura diaphragmatica
Dieser Abschnitt des wandständigen Blattes bedeckt die Zwerchfelloberseite.

Pleura mediastinalis
Sie begrenzt das Mittelfell seitlich und liegt dem Herzbeutel an.

Pleurakuppel
Die Kuppel stellt den oberen Abschnitt des wandständigen Blattes dar. Er überragt das Schlüsselbein um einige Zentimeter.

Eingeweideblatt
Das Eingeweideblatt überzieht die Lungenoberfläche, einschließlich der tiefen Spalten, durch die die Lungen in Lungenlappen unterteilt werden. Die Lungen sind Eingeweide (Viscera), und der Lungenfellüberzug wird deshalb als Eingeweideblatt (Pleura visceralis) bezeichnet.

Das Lungenfell bildet im Bereich des Lungenhilus eine Pleuraduplikatur aus. An der medialen Wand der Pleurahöhle geht diese in das wandständige Blatt (Pleura parietalis) über.

Zwischen dem Brust- und Lungenfell befindet sich der kapilläre Spalt, der einen serösen Flüssigkeitsfilm enthält und in dem ein Unterdruck herrscht. Der kapilläre Spalt stellt die Pleurahöhle dar. Der im Pleuraspalt vorkommende Flüssigkeitsfilm übt Kapillarkräfte aus, welche die Lunge zwingen, allen Bewegungen der Wandungen des Brustraumes zu folgen. Desweiteren ermöglicht der Pleuraspalt das Gleiten der Lungen bei der Atmung.

4. Atmungssystem

Die anatomische Beschreibung der rechten und linken Lunge erfolgt nach folgenden Gesichtspunkten:

- Lungenflächen,
- Lungenlappen,
- Lungensegmente,
- Lungenwurzel,
- Gefäße und Nerven,
- Lungengewebe,
- Feinbau.

Lungenflächen
An der rechten und linken Lunge sind entsprechend ihren Umgebungsbeziehungen drei Flächen zu unterscheiden:

- die Rippenfläche (Facies costalis),
- die mediale Fläche (Facies medialis) und
- die Zwerchfellfläche (Facies diaphragmatica).

Rippenfläche
Sie ist die größte Fläche und liegt sowohl den Rippen (Costae) als auch den Zwischenrippenräumen an.

Mediale Fläche
Die mediale Fläche ist dem Mittelfell zugekehrt und besitzt zwei Teile. Ein Teil liegt vor dem Lungenhilus (Pars mediastinalis) und der andere hinter dem Hilus (Pars vertebralis). Vor dem Lungenhilus befindet sich das Herz, das an beiden Lungen einen Eindruck (Impressio cardiaca) hinterläßt. An der medialen Fläche der rechten Lunge hinterlassen die obere Hohlvene, die Vena azygos, die Speiseröhre (Ösophagus) und an der medialen Fläche der linken Lunge die Aorta Eindrücke. Im Zentrum der medialen Lungenflächen befindet sich der Lungenhilus.

Zwerchfellfläche
Die Lungenbasis ist konkav und liegt dem Zwerchfell auf.
Die Lungenspitzen sind abgerundet und füllen die Pleurakuppeln vollständig aus.

Lungenlappen
Tiefe, bis an den Lungenhilus reichende Spalten (Fissurae), gliedern die Lungen in ihre Lungenlappen. Jede Lunge wird durch eine schräg verlaufende Spalte (Fissura obliqua) in einen Oberlappen (Lobus superior) und einen Unterlappen (Lobus inferior) geteilt. In der rechten Lunge teilt eine querverlaufende Spalte (Fissura horizontalis) noch den Mittellappen (Lobus medius) ab. Die einander zugekehrten Flächen, die auch vom Lungenfell überzogen werden, bezeichnet man als Zwischenlappenflächen (Facies interlobares).

Lungensegmente
Lungensegmente sind keilförmige Unterabschnitte der Lungenlappen. In der Achse eines jeden Keiles verläuft ein Segmentbronchus, dessen Aufzweigung auf den Keil begrenzt bleibt. Innerhalb der Keile befindet sich ein Segmentast der Lungenarterie. Die Lungenvenenäste liegen dagegen zwischen den Keilen und markieren somit die Keilgrenzen. Im Gegensatz zu den Lungenlappen sind die Lungenkeile nicht sichtbar. Es handelt sich um eine den klinischen Bedürfnissen entsprechende Einteilung. Die Anzahl der Keile oder Segmente ist in der rechten und linken Lunge verschieden. Die rechte Lunge verfügt über zehn und die linke Lunge über neun Segmente.

Lungenwurzel
Die Lungenwurzel (Radix pulmonis) befindet sich an der medialen Lungenfläche. Sie wird von den großen Gefäßen der Lungen und von den Stammbronchien gebildet. Zu den Gefäßen zählen die Lungenarterie (Arteria pulmonalis), die Lungenvenen (Venae pulmonales), Lymph-

gefäße mit regionären Lymphknoten, Bronchialarterien (Arteriae bronchiales) und die Bronchialvenen (Venae bronchiales). Neben diesen Gefäßen sind auch vegetative Nervengeflechte Bestandteil der Lungenwurzel

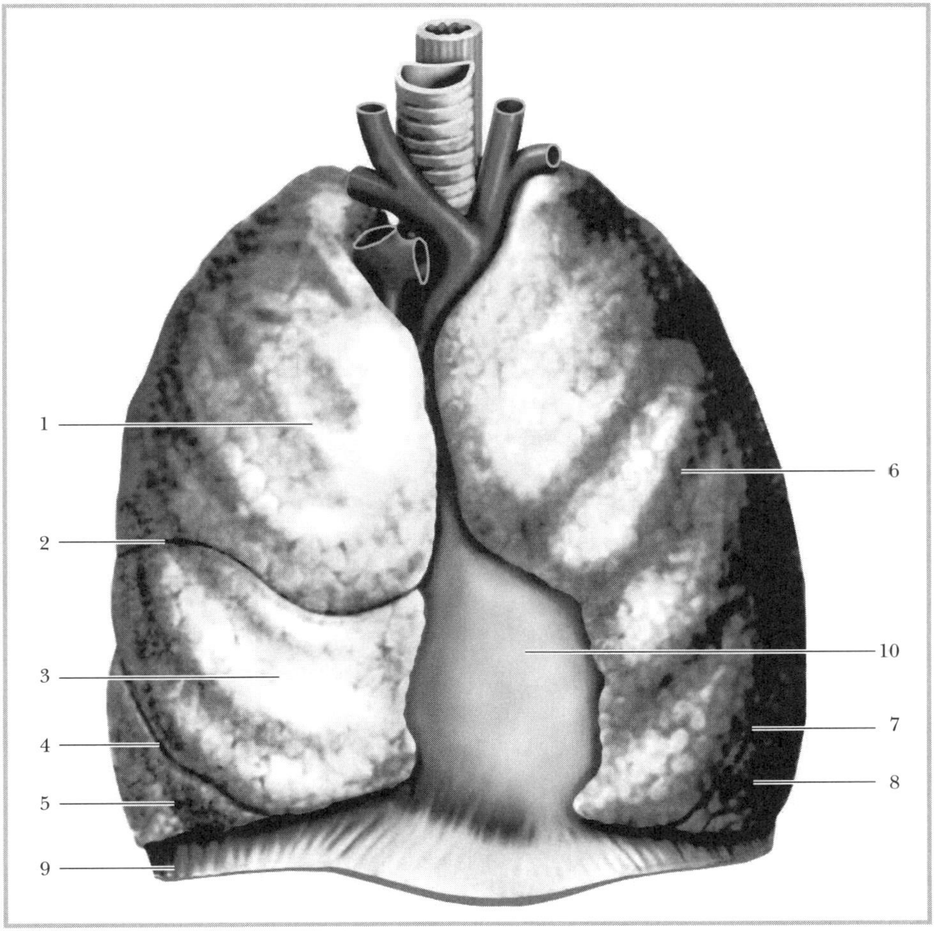

Abb. 57 Lunge

1 rechter Oberlappen (Lobus superior)
2 querverlaufende Spalte (Fissura horizontalis)
3 Mittellappen (Lobus medius)
4 schrägverlaufende Spalte (Fissura obliqua)
5 rechter Unterlappen (Lobus inferior)
6 linker Oberlappen (Lobus superior)
7 schrägverlaufende Spalte (Fissura obliqua)
8 linker Unterlappen (Lobus inferior)
9 Zwerchfell (Diaphragma)
10 Herzbeutel (Perikard)

Gefäße und Nerven

An der Lunge sind zwei verschiedene Gefäßsysteme zu unterscheiden. Die Lungenarterien und die Lungenvenen bilden einen funktionellen Kreislauf. Sie ernähren die Lungen nicht. Diese Gefäße stellen mit ihren Verzweigungen die Vasa publica der Lunge dar.

Die Bronchialarterien und Bronchialvenen dagegen ergeben den die Lunge ernährenden (nutritiven) Kreislauf. Diese Gefäße bezeichnet man als Vasa privata.

Die Bronchien und Arterien der Lunge werden von einem vegetativen Nervengeflecht (Plexus pulmonalis) umsponnen. Dieses Geflecht setzt sich aus verschiedenen Faseranteilen zusammen, die sowohl aus dem Parasympathikus (Nervus vagus) als auch aus dem Sympathikus (Truncus sympathicus) stammen. Eine zusätzliche Nervenversorgung erfolgt über den Zwerchfellnerv (Nervus phrenicus).

Lungengewebe

Die Lungensegmente gliedern sich in Lungenläppchen (Lobuli), die eine Kantenlänge von 1-3 cm aufweisen. Aneinander liegende Läppchen werden durch das blutgefäßführende Bindegewebe getrennt. Dieses ruft an der Lungenoberfläche die Felderung hervor. Die Lungenläppchen enthalten die Bronchioli mit ihren Endaufzweigungen.

Merke **Das eigentliche Lungengewebe (Lungenparenchym) besteht aus Lungenläppchen (Lobuli), die von einem gefäßführenden Bindegewebe begrenzt werden.**

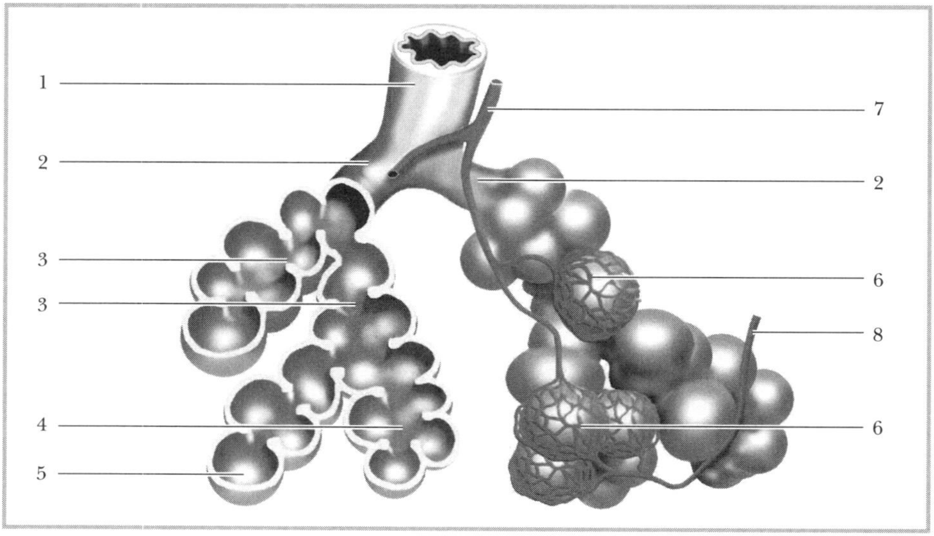

Abb. 58 Lungenläppchen

1 Endbronchus (Bronchiolus terminalis)
2 kleinste Bronchien (Bronchioli respiratorii)
3 Lungenbläschengänge (Ductuli alveolares)
4 Alveolarsäckchen (Sacculi alveolares)
5 Lungenbläschen (Alveole)
6 Lungenkapillaren
7 Ast der Lungenarterie
8 Ast einer Lungenvene

Feinbau

Die kleinste Baueinheit des Lungengewebes stellt das Lungenbläschen (Alveole) dar. Zwei benachbarte Lungenbläschen werden durch ein zartes Bindegewebe (Alveolarseptum) voneinander getrennt. Am Eingang eines jeden Lungenbläschens befinden sich konzentrische Basalringe, die aus glatten Muskelzellen bestehen. Sie regulieren die Lumenweite der Lungenbläscheneingänge.

Sowohl die Lungenbläschen als auch die Alveolargänge werden außen von einem zarten und lockeren Bindegewebe umgeben. Dieses enthält die gut ausgebildeten Blutkapillarnetze des funktionellen Kreislaufes. Der hohe Anteil an elastischen Fasern, die im lockeren Bindegewebe eingebettet sind, bedingt den Hauptanteil der Lungenelastizität.

Zwischen den Lungenbläschen und den Kapillaren findet der Gasaustausch statt. Die Gase müssen dabei eine aus drei Schichten bestehende Barriere überwinden. Sie wird als alveolokapilläre Membran bezeichnet und besteht aus

- den Lungenbläschenzellen (Pneumozyten),
- den Basalmembranen und
- den Endothelzellen der Lungenkapillaren.

Lungenbläschenzellen

Die Lungenbläschenzellen stellen die zelluläre Auskleidung des Lungenbläscheninnenraumes dar. Es werden zwei verschiedene Lungenbläschenzellarten unterschieden: die flachen

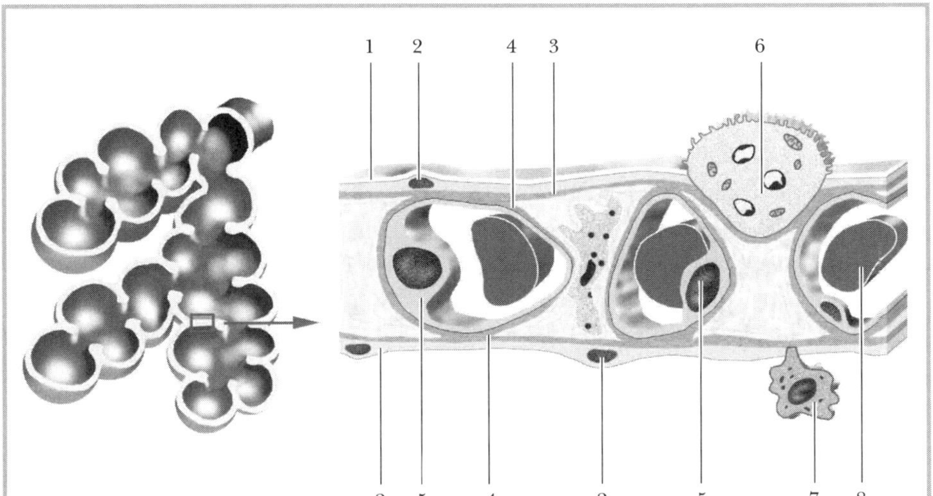

Abb. 59 Bau der Alveolarwand

1 Surfactant
2 Lungenbläschenzellen (Pneumozyt vom Typ I)
3 Basalmembran der Lungenbläschen
4 Basalmembran der Lungenkapillaren
5 Kapillarendothel
6 Lungenbläschenzelle (Pneumozyt vom Typ II)
7 Alveolarphagozyten
8 Erythrozyt

Typ-I-Zellen und die rundlichen Typ-II-Zellen. Letztere liegen als Nischenzellen zwischen den Typ-I-Zellen. Die Typ-II-Zellen sezernieren einen Phospholipidfilm (Surfactant), der als Grenzfläche zur Luft die Oberflächenspannung des Lungenbläschens herabsetzt.
Die Typ-I-Zellen kleiden zu 95 % die Lungenbläschenwand innen aus und ermöglichen eine kurze Diffusionsstrecke.

Basalmembranen
Sowohl die Lungenbläschenzellen als auch die Endothelzellen der Kapillaren sitzen jeweils Basalmembranen auf, die sich gegenüber liegen.

Endothelzellen der Lungenkapillaren
Die nichtgefensterten Endothelzellen kleiden die Kapillaren innen aus.

Die Diffusionsstrecke für den Gasaustausch beträgt etwa 0,5 µm.
Neben der Funktion des Gasaustausches üben die Lungenbläschen auch Abwehraufgaben aus. Monozyten, die aus den Lungenkapillaren stammen, können sich vorübergehend in den Verband der Lungenbläschenzellen einschalten und als Alveolarphagozyten fungieren. Die Monozyten und die Typ-II-Zellen sind in der Lage Fremdstoffe zu phagozytieren, die sie zum Abtransport an die Lymphbahnen weiterleiten.

Merke **Ruß- und Schmutzpartikel, die sich in den Lungenlymphknoten sowie im Bindegewebe unter der Pleura ablagern, werden als anthrakotisches Pigment bezeichnet.**

Zusammenfassung

Nase	Die Nase besteht aus einem knöchern-knorpeligen Gerüst. An der Nase unterscheidet man die Nasenwurzel, den Nasenrücken, die Nasenspitze, die Nasenflügel und die Nasenlöcher.
Nasenhöhlendach	Das Dach wird von der Siebbeinplatte und vom Keilbeinkörper gebildet.
Nasenhöhlenboden	Der harte Gaumen stellt den Boden für die Nasenhöhle und das Dach für die Mundhöhle dar.
Seitliche Nasenhöhlenwand	Die knöcherne Grundlage bilden das Siebbein und der Oberkiefer. An der seitlichen Wand befinden sich drei Nasenmuscheln. Unter ihnen verläuft jeweils ein Nasengang.
Mediale Nasenhöhlenwand	Die mediale Nasenwand wird vom Nasenseptum, dem Pflugscharbein und der knöchernen senkrechten Siebbeinplatte gebildet.
Nasenrachenraum	Im Nasenrachenraum kommen folgende anatomische Gebilde vor: die unpaare Rachenmandel, die Tubenöffnungen, die Tubenmandeln.
Mundrachen	Der Mundrachen weist folgende anatomische Gebilde auf: die unpaaren Zungenmandeln, die paarigen Gaumenmandeln.
Kehlrachen	Beiderseits des Kehlkopfes bildet der Kehlrachen trichterförmige Schleimhauttaschen.
Kehlkopf	Der Kehlkopf besteht aus einem Ringknorpel, zwei Stellknorpeln, einem Schildknorpel, dem Kehldeckel und dem Zungenbein. Der

Bandapparat verbindet alle Teile, so daß der Kehlkopf im ganzen der Form der Luftröhre nahekommt. Das Kehlkopfinnere gliedert sich in drei Stockwerke, die im wesentlichen von einer Schleimhaut ausgekleidet werden, die ein mehrreihiges Flimmerepithel trägt. Die Schleimhaut der Stimmfalten tragen ein mehrschichtiges Plattenepithel. Der Postikus ist der einzige Stimmritzenerweiterer. Als Stimmritzenverengerer funktionieren der Lateralis, der Transversus und der Vokalis.

Luftröhre

Die Luftröhre besteht aus hyalinen Knorpelspangen, die hinten von einer bindegewebig-muskulären Membran verschlossen werden. Die Knorpelspangen sind längs durch ein Bindegewebe verbunden. Die Schleimhaut trägt ein mehrreihiges Flimmerepithel mit eingestreuten Becherzellen.

Bronchialbaum

Die Luftröhre gabelt sich in zwei Hauptbronchien. Jeder Hauptbronchus teilt sich in die Lappenbronchien. Deren Zahl stimmt mit der Anzahl der Lungenlappen überein. Die Lappenbronchien verzweigen sich in die Segmentbronchien. Die Segmentbronchien teilen sich in zahlreiche Endbronchien. Mit ihnen endet das luftleitende System.

Brustfell

Das Brustfell besteht aus zwei Blättern: dem wandständigen Blatt, dem Eingeweideblatt. Das wandständige Blatt besteht aus vier Abschnitten: dem Rippenfell, der Pleura diaphragmatica, der Pleura mediastinalis, der Pleurakuppel. Das Eingeweideblatt überzieht die Lungenoberfläche.

Pleuraspalt

Dieser Spalt befindet sich zwischen den beiden Pleurablättern. In ihm herrscht ein Unterdruck, und er enthält eine seröse Flüssigkeit.

Lungenflächen

An der Lungenoberfläche unterscheidet man die Rippenfläche, die mediale Fläche und die Zwerchfellfläche.

Lungenlappen

Die rechte Lunge gliedert sich in einen Oberlappen, einen Mittellappen und einen Unterlappen. Die linke Lunge hat keinen Mittellappen.

Lungensegmente

Das sind keilförmige Unterabschnitte der einzelnen Lungenlappen. Die rechte Lunge besitzt zehn und die linke Lunge neun Segmente.

Lungenwurzel

Die Lungenwurzel befindet sich an der medialen Lungenfläche. Sie wird von den großen Gefäßen der Lungen und von den Stammbronchien gebildet.

Gefäße und Nerven

An der Lunge werden ein funktioneller und ein ernährender Kreislauf unterschieden. Die Bronchien und Arterien der Lunge werden von einem vegetativen Nervengeflecht umgeben.

Lungengewebe

Das eigentliche Lungengewebe besteht aus den Lungenläppchen, die von einem gefäßführenden Bindegewebe umgeben werden.

Lungenfeinbau

Die kleinste funktionelle Einheit des Lungengewebes sind die Lungenbläschen (Alveolen). Die Innenwand der Alveolen wird von Pneumozyten (Lungenbläschenzellen) ausgekleidet. Die Pneumozyten Typ I sind flache Zellen, die zu 95 % die Alveolen von innen auskleiden. Die Pneumozyten Typ II sind kugelige Zellen, die einen Phospholipidfilm sezernieren, der die Oberflächenspannung der Alveolen herabsetzt. Die Pneumozyten Typ II sind auch zur Phagozytose von Fremdstoffen befähigt. Die Pneumozytenarten sitzen einer Basalmembran auf.

4.4. Atmungsphysiologie

4.4.1. Allgemeines

Die Zellen des menschlichen Organismus gewinnen ihre Energie in der Regel durch den oxidativen Abbau der Nährstoffe. Sie sind deshalb auf eine ständige Sauerstoffzufuhr angewiesen. Das im Stoffwechsel gebildete Kohlendioxid wird laufend abtransportiert.

Merke **Dieser zwischen den Zellen und der Umgebung stattfindende Gaswechsel wird ganz allgemein als Atmung bezeichnet.**

Der Atemgastransport erfolgt innerhalb des Organismus mit Hilfe der konvektiven Prozesse und durch den Mechanismus der Diffusion. Zu den konvektiven Prozessen zählen die Lungenbelüftung (Ventilation) und der Blutkreislauf. Die Atemgase werden somit über größere Distanzen transportiert. Diffusionsprozesse finden sowohl im Bereich der Lungenbläschen als auch in den Geweben statt.
Der Transport des Sauerstoffes von der Umgebung bis zu den Orten des Sauerstoffverbrauchs in den Zellen ist gebunden an:

- die Lungenbelüftung (Ventilation),
- den alveolären Gasaustausch,
- den Gastransport im Blut.

4.4.2. Lungenbelüftung

Die Belüftung der Lungen erfolgt über die luftleitenden Organe. Die Lungen besitzen keine quergestreifte Muskulatur. Sie sind deshalb nicht in der Lage, sich selbst zu bewegen und dadurch zu belüften. Ihr Einbau in den Brustkorb zwingt sie, die Bewegungen des Brustkorbes und die dabei auftretenden Volumenveränderungen mitzumachen. Die Beschreibung der Lungenbelüftung richtet sich nach folgenden Kriterien:

- Atembewegungen,
- Atemvolumina und -kapazitäten,
- Atemdrücke,
- Atemwiderstände,
- Atemarbeit und -leistung.

Atembewegungen

Die Atembewegungen werden durch eine aufeinander abgestimmte Kontraktion und Erschlaffung der Atemmuskulatur hervorgerufen. Zu dieser Muskulatur zählen die Zwischenrippenmuskeln (Musculi intercostales) und das Zwerchfell (Diaphragma). Im Ruhezustand werden die basalen Lungenanteile durch die Zwerchfelltätigkeit und die mittleren und oberen Lungenanteile durch die Tätigkeit der Zwischenrippenmuskulatur belüftet. Somit sind zwei Atemformen unterscheidbar:

- die Zwerchfellatmung (abdominale Atmung),
- die Rippenatmung (thorakale Atmung).

Zwerchfellatmung
Das Zwerchfell ist ein Muskel, der sich kuppelförmig in den Brustraum vorwölbt. Seine Muskelfaseranordnung ist radiär. Die Kontraktion des Zwerchfells führt zu einer Senkung der Kuppeln. Damit entsteht eine Vergrößerung des Brustinnenraumes. Mit der Senkung des

Zwerchfells wird Luft aus der Atmosphäre in die Lungen angesaugt. Diesen Vorgang bezeichnet man als Einatmung (Inspiration). Das Tiefertreten des Zwerchfells bei der Einatmung komprimiert die Baucheingeweide, und es resultiert eine Vorwölbung der Bauchdecken. Sowohl die Lungendehnung als auch die Bauchdeckenvorwölbung rufen eine Speicherung elastischer Kräfte hervor.
Sowie die Kontraktion des Zwerchfells beendet ist, bedingen die elastischen Rückstellkräfte der Lungen, der Bauchdecken und der lufthaltigen Baucheingeweide das Zurückführen der Zwerchfellkuppeln in den Brustraum. Damit nehmen das Innenvolumen des Brustkorbes und der Lungen ab. Die Luft wird passiv aus den Lungen getrieben. Dieser Vorgang wird als Ausatmung (Exspiration) bezeichnet.
Die Tätigkeit der Zwerchfellmuskulatur wird durch den Zwerchfellnerv (Nervus phrenicus), der aus dem Halsmark stammt, ausgelöst und gesteuert.
Die Zwerchfellatmung fördert in Ruhe etwa zwei Drittel des bewegten Atemvolumens.

Rippenatmung
Die Rippen sind gelenkig an der Brustwirbelsäule befestigt. In der Ausatmungsstellung zeigen sie schräg nach unten. Bei der Kontraktion der äußeren Zwischenrippenmuskulatur werden die Rippen in ihren Gelenken gedreht und angehoben. Somit vergrößert sich das Innenvolumen des Brustkorbes und Luft wird eingeatmet.
Die Rippenhebung erfolgt gegen den elastischen Zug des Atmungssystems und gegen die Wirkung der Schwerkraft. Es werden sowohl elastische als auch Schwerkräfte gespeichert.
Die Erschlaffung der äußeren Zwischenrippenmuskulatur, die elastischen Kräfte der Lunge und die Schwerkraft lassen den Brustkorb nach unten sinken. Das Innenvolumen des Brustraumes und der Lungen nimmt ab, und die Luft wird ausgeatmet.
Die Zwischenrippenmuskulatur wird segmental aus dem Brustmark innerviert.
In Ruhe fördert die Rippenatmung etwa ein Drittel des Atemvolumens.

Atemvolumina und -kapazitäten

Die Volumenänderungen des Brustinnenraumes sind nicht immer gleich. Je nach Art der Bewegung kommt es zur Aufnahme oder Abgabe verschiedener Luftvolumina in die Lungen. Folgende Atemvolumina werden unterschieden:

- Atemruhevolumen,
- inspiratorisches Reservevolumen,
- exspiratorisches Reservevolumen.

Atemruhevolumen
Dieses Atemvolumen wird vom erwachsenen Menschen bei normaler Atmung bewegt. Es beträgt etwa 500 ml.

Inspiratorisches Reservevolumen
Dieses Volumen kann nach einer Ruheeinatmung noch zusätzlich aufgenommen werden. Das Atemvolumen hat eine Größe von etwa 3000 ml.

Exspiratorisches Reservevolumen
Dieses Volumen kann nach einer Ruheausatmung aktiv ausgeatmet werden. Das Atemvolumen beträgt etwa 1200 ml.
Nach einer maximalen Ausatmung verbleibt noch Luft in den Lungen. Das in den Lungen verbleibende Volumen bezeichnet man als Residualvolumen.
Das Residualvolumen beträgt etwa 1300 ml. Es unterteilt sich:

- in das Kollapsvolumen und
- in das Minimalvolumen.

Kollapsvolumen
Dieses Volumen entweicht, wenn die Pleurakopplung aufgehoben wird. Sowie Luft in den Pleuraspalt tritt, kollabiert die Lunge, und es entweicht ein Kollapsvolumen von etwa 700 ml.

Minimalvolumen
Auch eine kollabierte Lunge enthält noch Luft. Dieses immer in den Lungen verbleibende Minimalvolumen beträgt etwa 600 ml.

Lungenkapazitäten erhält man, wenn verschiedene Volumina zusammengefaßt werden. Die Lungenkapazitäten sind in der Klinik bedeutsam. Es werden folgende Lungenkapazitäten unterschieden:

- die Totalkapazität,
- die Vitalkapazität,
- die Inspirationskapazität,
- die funktionelle Residualkapazität.

Totalkapazität
Alle Volumina, die die Lunge fassen kann, werden als Totalkapazität bezeichnet. Sie beträgt 6000 ml.

Vitalkapazität
Die Volumina, die durch Atembewegungen transportiert werden können, ergeben die Vitalkapazität. Dazu gehören das Ruheatemvolumen, das exspiratorische und inspiratorische Reservevolumen. Sie stellt ein grobes Maß für die Belüftungsfähigkeit der Lungen dar und beträgt etwa 4700 ml.

Inspirationskapazität
Sie gibt eine Auskunft über das Ausdehnungsverhalten des Brustkorbes. Die Kapazität umfaßt das Atemruhevolumen und das inspiratorische Reservevolumen. Es beträgt 3500 ml.

Funktionelle Residualkapazität
Die Kapazität gibt das Volumen an, das nach normaler Ausatmung noch in der Lunge enthalten ist. Es ergibt sich aus dem exspiratorischen Reservevolumen und aus dem Residualvolumen und beträgt etwa 2500 ml.

Die Volumenangaben der Kapazitäten sind keine konstanten Größen. Sie hängen vom Alter, Geschlecht, Körpergröße, Körperposition und vom Trainingszustand der betreffenden Menschen ab. Nach dem 40. Lebensjahr z.B. nimmt die Vitalkapazität ab. Die Ursachen bestehen in dem Elastizitätsverlust der Lunge und in der zunehmenden Einschränkung der Brustkorbbeweglichkeit.

Atemdrücke

Nach einer normalen Ausatmung enthält die Lunge etwa 2500 ml Luft, und in den Lungenbläschen herrscht ein Druck, der dem Außendruck gleicht. Es besteht eine Druckdifferenz von Null.
Bei der Einatmung bedingt der Strömungswiderstand, daß die Luft nicht schnell genug in den vergrößerten Lungenbläschenraum einströmen kann. Der Druck in den Lungenbläschen nimmt gegenüber dem Außendruck ab, d.h. er wird gegenüber diesem negativ. Der Einatmungsdruck beträgt –2 bis –4 Torr gegenüber dem Außendruck.

Die Abnahme des Druckes in den Lungenbläschen (intrapulmonaler Druck) führt auch zu einer zusätzlichen Negativierung des Druckes im Pleuraspalt. Bei der Einatmung senkt sich der Pleuradruck von –3 auf –6 Torr unter dem Außendruck. Diese Druckdifferenz zwischen dem Druck, der im Pleuraspalt herrscht und dem Außendruck, wird als intrapleuraler Druck bezeichnet.

Merke **Die Kontraktion der Atemmuskulatur während der Einatmung ruft eine Vergrößerung des Brustkorbinnenraumes hervor. Die damit erzeugte Druckdifferenz, zwischen dem intrapulmonalen Druck und dem Außendruck, saugt Luft in die Lungen. Verantwortlich für das Ansaugen der Luft ist die Druckdifferenz von –2 bis –4 Torr, die zwischen dem Druck in den Lungenbläschen und dem Außendruck besteht.**

Bei der Ausatmung erschlaffen die Atemmuskeln, der Brustkorbinnenraum verkleinert sich, und in den Lungenbläschen wird ein positiver Druck von 2 bis 5 Torr gegenüber dem Außendruck erzeugt. Dieser, in den Lungenbläschen herrschende Überdruck, ist für die Ausatmung verantwortlich.
Der Unterdruck in den Lungenbläschen kann bei einer beschleunigten und starken Einatmung auf –60 bis –80 Torr gesteigert werden. Eine verstärkte Ausatmung erhöht den Druck in den Lungenbläschen auf 60 bis 100 Torr.

Atemwiderstände

Bei der Atmung müssen folgende Widerstände überwunden werden:

- elastische Widerstände,
- Strömungswiderstände und
- Deformationswiderstände.

Elastische Widerstände
Lungen und Brustkorb werden durch die Pleurakopplung zusammengehalten. Der Brustkorb übt auf die Lungen eine elastische Zugwirkung nach außen aus. Die Lungen haben auf Grund ihrer elastischen Bauelemente das Bestreben, sich zu verkleinern. In der Ausatemruhelage treffen die entgegengesetzten elastischen Kräfte im Pleuraspalt aufeinander und stehen miteinander im Gleichgewicht. Sie erzeugen zwischen den beiden Pleurablättern einen Druck, der unter dem Außendruck liegt.

Merke **Bei jeder Einatmung muß Arbeit gegen den elastischen Lungenzug verrichtet werden. Die während der Ausatmung aufzuwendende Arbeit ist notwendig, um den Auswärtszug des Brustkorbes zu überwinden.**

Der die Lungenbläschen innen auskleidende Phospholipidfilm setzt die Oberflächenspannung der Lungenbläschen herab und begünstigt somit die Vergrößerungsfähigkeit der Lungenbläschenoberfläche während der Einatmung, die mit einer Lungendehnung einhergeht.

Strömungswiderstände
Die geatmete Luft strömt, angetrieben durch die bestehenden Druckdifferenzen, durch die luftleitenden Organe in die Lungenbläschen. Zwischen der Luftströmung und der Wandung der zuführenden Atemwege treten Reibungskräfte auf. Der Luftstrom selbst besteht aus Luftlamellen, die parallel zueinander verlaufen und aneinander reiben. In der Mitte ist die Luftströmung stärker als am Rand. Diese laminare Luftströmung herrscht bei langsamem Strom in den weiten Atemzuführungswegen.
Liegt eine höhere Atemgeschwindigkeit vor, treten besonders an den Verengungen der Luftwege Strömungswirbel auf. Es herrschen an diesen Stellen turbulente Strömungsverhältnisse. Für die Überwindung dieser bedarf es eines entsprechenden Druckverbrauchs und Energieaufwands, der höher ist als bei laminaren Strömungsverhältnissen.

Deformationswiderstände
Diese Widerstände entstehen bei der Ein- und Ausatmung durch die Gewebereibung und die nichtelastische Verformung der Gewebe im Brust- und Bauchraum.

Merke **Bei einer normalen Ruheatmung entfallen auf die elastischen Widerstände etwa 60 %, auf die laminaren und turbulenten Strömungswiderstände 30 % und auf die Deformationswiderstände 10 % des Gesamtwiderstandes.**

Atemarbeit und -leistung

Die Arbeit, die bei der Atmung von der Atemmuskulatur verrichtet wird, ist eine Druck-Volumen-Arbeit. Sie dient zur Überwindung der Atemwiderstände.
Bei einer Ruheausatmung können die Strömungswiderstände durch die zuvor elastisch gespeicherte Energie überwunden werden. Deshalb kann die Ausatmung rein passiv, d.h. ohne Mitwirkung der Ausatemmuskulatur, erfolgen.
Dies gilt nicht für eine beschleunigte Atmung.

Das Luftvolumen, das in 1min durch die Atemtätigkeit gefördert wird, bezeichnet man als Atemleistung. Dieses Atemminutenvolumen ergibt sich als Produkt aus Atemtiefe und der Atemfrequenz.
Beträgt die Atemtiefe eines Erwachsenen in Ruhe 500 ml und die Atemfrequenz 12 Atemzüge pro Minute, so ergibt sich ein Atemminutenvolumen von 6 l pro Minute.
Die maximale Steigerung der Atemleistung wird als Atemgrenzwert bezeichnet. Er ist das Produkt aus maximaler Atemtiefe und Atemfrequenz. Das größte bewegliche Atemvolumen ist die Vitalkapazität (4700 ml) und die dabei erreichbare Atemfrequenz von etwa 35 Atemzügen ergeben einen Atemgrenzwert von 164,5 l pro Minute.
Für eine an die Stoffwechselbedürfnisse angepaßte Atmungsleistung sorgen Regulationsercheinungen.

4.4.3. Alveolärer Gasaustausch

Unter einem alveolären Gasaustausch versteht man die Diffusion der Atemgase durch die alveolo-kapilläre Wand.
Zu den Mechanismen, die mit dem Gasaustausch zusammenwirken, zählen:

- die Totraumbelüftung,
- die Belüftung der Lungenbläschen,
- die Atemgasdiffusion und
- die kapilläre Durchblutung.

Totraumbelüftung

Das Luftvolumen der leitenden Atemwege wird als anatomischer Totraum bezeichnet, weil in diesem Bereich kein Gasaustausch stattfindet. Zu den luftleitenden Atemwegen gehören die Räume von Nase bzw. Mund, Rachen, Kehlkopf, Luftröhre, Bronchien und Bronchiolen.
Das Totraumvolumen beträgt bei einem Erwachsenen etwa 150 ml. Bei einem tiefen Atemzug vergrößert sich dieser Wert, da sich der Brustraum zusätzlich erweitert. Das hat zur Folge, daß sich die Bronchien und Bronchiolen stärker dehnen und somit ein größeres Luftvolumen aufnehmen.

Die Totraumbelüftung erfüllt verschiedene Aufgaben, welche die Einatmungsluft betreffen. Diese unterliegt einer

- Reinigung,
- Erwärmung und Befeuchtung.

Reinigung
Die Reinigung der Atemluft erfolgt schon in der Nase, wo kleinere Partikel, Staub und Bakterien von den Schleimhäuten abgefangen werden.
Die Wände der luftleitenden Atemwege sind von einer Schleimhaut überzogen, die ein Flimmerepithel mit eingestreuten Becherzellen trägt. Unter dem Epithel befinden sich Drüsen. Sowohl die Becherzellen als auch die Drüsen synthetisieren ein schleimiges Sekret. Dieses wird ständig durch rhythmische Bewegung der Flimmerhaare des Epithels zum Kehldeckel befördert und anschließend verschluckt.

Merke **Der Schleimtransport sorgt für die Entfernung von Fremdpartikeln und Bakterien aus dem Atmungstrakt.**

Größere Fremdkörper und Schleimablagerungen lösen durch Reizung der Schleimhäute in der Luftröhre und den Bronchien den Hustenakt aus. Es handelt sich um einen reflektorischen Vorgang, bei dem die zunächst geschlossene Stimmritze plötzlich geöffnet wird, und Fremdkörper werden z.B. mit dem extrem beschleunigten Ausatemstrom herausbefördert.

Erwärmung und Befeuchtung
Die Erwärmung und Befeuchtung finden zum überwiegenden Teil bereits im Nasenrachenraum statt. Die großen Oberflächen der Nasenmuscheln und die gut durchblutete Nasenschleimhaut mit ihren Schleimdrüsen bieten hierfür gute Voraussetzungen.
In den tiefen Atemwegen wird Luft weiter erwärmt und befeuchtet, so daß sie bei Eintritt in die Lungenbläschen die Körpertemperatur angenommen hat und vollständig mit Wasserdampf gesättigt ist.

Belüftung der Lungenbläschen

Die Belüftung der Lungenbläschen wird auch als alveoläre Ventilation bezeichnet. Sie umfaßt die Atemluftmenge, die den Alveolarraum erreicht, und demzufolge am Gasaustausch teilnehmen kann.

Bei einer Ruheatmung eines Erwachsenen entfallen auf die Belüftung der Lungenbläschen 70 % des Atemzugvolumens und auf die Belüftung des Totraumes 30 %. Bei einem Atemzugvolumen von 500 ml erreichen die Lungenbläschen 350 ml und 150 ml werden für die Totraumbelüftung benötigt.
Entscheidend für die Belüftung der Lungenbläschen ist nicht das Atemzeitvolumen, sondern die Atemtiefe.

Merke **Durch die ständige Zufuhr von Sauerstoff und den Abtransport von Kohlendioxid erfolgt die Sicherung einer festen Einstellung des alveolären Sauerstoff- und Kohlendioxidpartialdruckes (pO_2; pCO_2).**
Der Partialdruck ist der Teildruck eines Gases in einem Gasgemisch.
Bei einer normalen Belüftung der Lungenbläschen betragen der Sauerstoffpartialdruck etwa 100 Torr und der Kohlendioxidpartialdruck etwa 40 Torr.

Atemgasdiffusion

In den Lungenbläschen findet der Gasaustausch statt. Die „treibenden" Kräfte für die Sauerstoff- und Kohlendioxiddiffusion sind die bestehenden Partialdruckunterschiede dieser Gase zwischen den Lungenbläschen und dem venösen Schenkel der Lungenkapillaren.
Der Sauerstoffpartialdruck (pO_2) beträgt in den Lungenbläschen 100 Torr und in dem venösen Kapillarschenkel 40 Torr. Mit einer Druckdifferenz von 60 Torr diffundiert Sauerstoff von den Lungenbläschen in den arteriellen Schenkel der Lungenkapillaren.

Der Kohlendioxidpartialdruck (pCO_2) beträgt in den Lungenbläschen 40 Torr und in dem venösen Kapillarschenkel 46 Torr. Mit einer Druckdifferenz von 6 Torr diffundiert Kohlendioxid vom venösen Kapillarschenkel in die Lungenbläschen.

Merke **Nach dem Gaswechsel besitzt das arterielle Lungenblut die gleichen Partialdrücke für Sauerstoff und Kohlendioxid wie die Alveolarluft. Das bedeutet, daß die anfangs vorhandenen Druckdifferenzen zum venösen Blut völlig ausgeglichen werden.**

Für die pro Zeiteinheit diffundierende Gasmenge (Q/t) sind das Konzentrationsgefälle, das sich aus der Partialdruckdifferenz (ΔP) der Gase ergibt, die Diffusionsfläche (F) aller belüfteten Lungenbläschen, die Diffusionsstrecke (L) und die Diffusionskonstante (D) von Bedeutung.
Der gesetzmäßige Zusammenhang wird durch das Fick'sche Diffusionsgesetz beschrieben:

$$\frac{Q}{t} = D \cdot F \cdot \frac{\Delta P}{L}$$

Kapilläre Durchblutung

Bei einer Ruheatmung werden nur etwa 50 % der Lungenkapillaren durchblutet. Zwischen der Belüftung der Lungenbläschen und der kapillären Durchblutung besteht eine Wechselwirkung.

Merke **Es werden vorwiegend diejenigen Lungenbläschen durchblutet, die eine gute Belüftung aufweisen. Schlecht belüftete Lungenbläschen mit einem niedrigen Sauerstoffpartialdruck und hohem Kohlendioxidpartialdruck erzeugen in den umgebenden Kapillaren eine Gefäßverengung. Sie werden somit wenig oder nicht durchblutet.**

In aufrechter Position weisen die Lungen regionale Unterschiede hinsichtlich ihrer Durchblutung auf. Die basalen Lungenanteile werden besser durchblutet als die Lungenspitzen. Die Ursache besteht in einer hydrostatischen Druckdifferenz zwischen den Gefäßregionen im Basis- und Spitzenbereich.
Im Liegen und bei körperlicher Betätigung vermindern sich die regionalen Unterschiede der Lungendurchblutung.

Die Durchblutungsrate der Lungen kann bei schwerer körperlicher Betätigung auf das 4fache des Ruhewertes ansteigen. Dabei nimmt der Druck in den Lungenarterien nicht wesentlich zu, da die Lungengefäße sich druckpassiv dehnen und Reservekapillaren eröffnet werden. Damit nimmt gleichzeitig die gasaustauschende Oberfläche zu. Auf diese Art und Weise werden sowohl die Sauerstoffaufnahme als auch die Kohlendioxidabgabe den Stoffwechselbedürfnissen entsprechend gesteigert.

4.4.4. Gastransport im Blut

Eine wichtige Aufgabe des Blutes besteht darin, den in der Lunge aufgenommenen Sauerstoff zu den Geweben und Zellen zu transportieren sowie das hier gebildete Kohlendioxid der Lunge zuzuführen. Der Atemgastransport wird unterteilt in den

- Sauerstofftransport im Blut und den
- Kohlendioxidtransport im Blut.

Sauerstofftransport

Nach dem Fickschen Diffusionsgesetz tritt der Sauerstoff von den Lungenbläschen in das Kapillarblut der Lungen über. In den Lungenkapillaren wird der größte Teil des Sauerstoffs chemisch an das in den roten Blutkörperchen vorkommende Hämoglobin (griech. haima = Blut) gebunden. Das Hämoglobin besteht aus dem Eiweiß Globin und vier Farbstoffkomponenten, dem Häm, welche die für die Sauerstoffbindung notwendigen zweiwertigen Eisenmoleküle tragen. Ist das Hämoglobin mit Sauerstoff gesättigt, dann liegt es als Oxyhämoglobin (HbO_2) vor und besitzt eine hellrote Farbe. Maximal kann 1 mol Hämoglobin 4 mol Sauerstoff binden, womit die größte O_2 - Kapazität erreicht wäre ($Hb + 4\ O_2 \Leftrightarrow Hb[O_2]_4$).
Somit kann 1g Hämoglobin etwa 1,34 ml Sauerstoff binden. Die maximale Sauerstoff-Bindungskapazität der Lunge beträgt bei einem pO_2 von 100 Torr etwa 200 ml, wenn angenommen wird, daß in 1 l Blut 150 g Hämoglobin vorhanden sind. Der Vorgang der Anlagerung heißt Oxygenation, die Abspaltung Desoxygenation.
In der Zwischenzellflüssigkeit beträgt der Sauerstoffpartialdruck (pO_2) nur etwa 40 Torr. Strömt das arterialisierte Blut in die Gewebekapillaren und kommt es mit diesem niedrigen Sauerstoffpartialdruck in Kontakt, dann diffundiert ein Teil des vom Hämoglobin abgegebenen Sauerstoffs von den Kapillaren in das Gewebe. Dieses nicht mehr voll gesättigte Hämoglobin wird als desoxigeniertes Hämoglobin bezeichnet und ist dunkelrot.
Bei der Passage durch die Gewebekapillaren werden normalerweise nur 25 % der gesamten Sauerstoff-Bindungskapazität ausgeschöpft. Das entspricht einer Sauerstoffabgabe von 50 ml.

Kohlendioxidtransport

Das arterialisierte Blut weist einen Kohlendioxidpartialdruck (pCO_2) von 40 Torr auf, wenn es in die Gewebekapillaren eintritt. Das in den Gewebezellen als Endprodukt des oxidativen Stoffwechsels gebildete Kohlendioxid läßt in der Zwischenzellflüssigkeit einen Kohlendioxidpartialdruck (pCO_2) von 46 Torr entstehen. Mit einer Druckdifferenz von 6 Torr diffundiert somit das Kohlendioxid vom Gewebe in die roten Blutkörperchen der Kapillaren.
Dort reagiert Kohlendioxid (CO_2) mit Wasser (H_2O) zu Kohlensäure (H_2CO_3). Diese chemische Reaktion ($CO_2 + H_2O \Leftrightarrow H_2CO_3$) wird durch das Enzym Carboanhydrase beschleunigt. Die entstandene Kohlensäure dissoziiert in Hydrogenkarbonat (HCO_3^-) und Protonen (H^+). Innerhalb der roten Blutkörperchen erhöht sich fortschreitend die Hydrogenkarbonatkonzentration. Zwischen dem Blutplasma und den roten Blutkörperchen entsteht ein Diffusionsgefälle, das Hydrogenkarbonat in das Plasma diffundieren läßt. Die Diffusion erfolgt im Austausch mit Chloridionen(Cl^-). Der größte Teil des Kohlendioxids wird in Form des Hydrogenkarbonats im Blutplasma zu den Lungen transportiert. Ein geringer Teil wird gebunden an das Hämoglobin oder in physikalisch gelöster Form transportiert. Die Löslichkeit des CO_2 im Plasma ist etwa 20 mal größer als für O_2. Die anfallenden Wasserstoffionen werden vom Hämoglobin gebunden.
In den Lungenkapillaren gelangt das Hydrogenkarbonat vom Blutplasma im Austausch mit Chloridionen wieder in die roten Blutkörperchen zurück. Das Hydrogenkarbonat reagiert mit den Wasserstoffionen zu Kohlensäure, die unter dem Einfluß der Carboanhydrase zu Kohlendioxid und Wasser reagiert.
Das Kohlendioxid diffundiert von den Lungenkapillaren in die Lungenbläschen, da der Kohlendioxidpartialdruck im venösen Schenkel der Lungenkapillaren 46 Torr und in den Lungenbläschen nur 40 Torr beträgt.

Merke

Die Hauptmenge des Sauerstoffs wird gebunden an das Hämoglobin der roten Blutkörperchen transportiert.
Der größte Teil des Kohlendioxids wird in Form von Hydrogenkarbonat im Blutplasma transportiert.

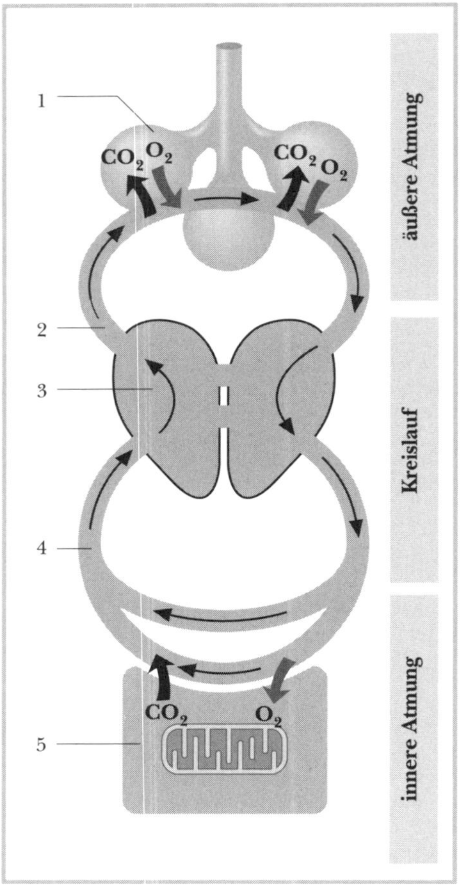

Abb. 60 Gasaustausch in der Lunge und im Gewebe

1 Lungenbläschen (Alveolen)
2 Lungenkreislauf
3 Herz (Cor)
4 Körperkreislauf
5 Gewebe

4.4.5. Atmungsregulation

Die Atmungsregulation hat die Aufgabe, für eine Anpassung der Atemgastransportraten an die Stoffwechselerfordernisse der Zellen zu sorgen.
Folgende Arten der Atmungsregulation werden unterschieden:

- die Selbststeuerung der Atmung,
- die chemische Atmungsregulation und
- die physikalische Atmungsregulation.

Selbststeuerung der Atmung

Die Selbststeuerung der Atmung bedarf weder der Energie aus dem Körper, noch der nervös oder humoral übertragenen Informationen. Sie tritt als erste Reaktion bei Veränderungen im Stoffwechsel sofort auf. Die Leistungsfähigkeit dieses Regelsystems ist jedoch nicht sehr groß, so daß größere Anforderungen an gesteigerte Transportraten nicht erfüllt werden können.

Es dient zur Überbrückung der Zeit, die chemische und physikalische Regelsysteme benötigen, ehe sie ihre volle Wirksamkeit entfalten können.
Die im Ruhezustand auftretenden Partialdrücke der Atemgase verändern sich bei körperlicher Betätigung. Die dabei entstehende Stoffwechselerhöhung in den Geweben führt zu einer vermehrten Bildung von Kohlendioxid, das zunehmend in die Kapillaren diffundiert. Die daraus resultierende Übersäuerung in den Kapillaren bewirkt eine zusätzliche Sauerstoffabspaltung vom Hämoglobin und damit eine verstärkte Abgabe an die Gewebszellen. In den Lungenkapillaren führt die zunehmende Diffusion des Kohlendioxids in die Lungenbläschen zu einer verbesserten Sauerstoffaufnahme von den Lungenbläschen in die Lungenkapillaren.
Diese Beeinflussung der Sauerstoffabgabe und Sauerstoffaufnahme durch den Kohlendioxidpartialdruck (pCO_2) im Blut, ohne Änderung des Sauerstoffangebotes, wird als Bohr-Effekt (Christian Bohr, 1855 - 1911, dän. Physiologe) bezeichnet.

Andererseits fördert die bei körperlicher Betätigung gesteigerte Sauerstoffausschöpfung die Kohlendioxidbindungsfähigkeit des Blutes. Somit wird die Kohlendioxidabgabe aus dem Gewebe in das Blut verstärkt, da sauerstoffreduziertes Blut mehr CO_2 aufnehmen kann als sauerstoffgesättigtes. Die Sauerstoffaufnahme in der Lunge senkt dagegen die Kohlendioxidbindungsfähigkeit und erhöht die diffusionsbedingte Kohlendioxidabgabe.
Dieser Haldane-Effekt (John Scott Haldane, 1860 - 1936, engl. Physiologe) unterstützt den Austausch des Kohlendioxids sowohl in den Geweben als auch in der Lunge.

Merke **Der Bohr und Haldane-Effekt werden bei körperlicher Betätigung verstärkt und somit kann die Transportleistung der Atemgase den veränderten Stoffwechselbedingungen kurzzeitig angepaßt werden. Das Transportmittelvolumen ändert sich nicht.**

Chemische Atmungsregulation

Die chemische Atmungsregulation ist für die Einstellung des Atemminutenvolumens auf die jeweiligen Stoffwechselanforderungen verantwortlich. Die chemische Regulation sichert somit die Konstanz der arteriellen Blutgaswerte und des arteriellen pH-Wertes.
Die chemische Atmungsregulation erfolgt als ein selbstregulierendes System nach dem Prinzip eines biologischen Regelkreises. Zu den Abschnitten des Regelkreises zählen:

- die Regelstrecke,
- die Meßfühler,
- das Regelzentrum und
- die Stellglieder.

Regelstrecke
Als Regelstrecke dient das arterielle Blut.

Meßfühler
Sowohl das an der Teilungsstelle der gemeinsamen Halsschlagader (Arteria carotis communis) vorkommende Glomus caroticum als auch das unterhalb des Aortenbogens gelegene Glomus aorticum stellen Chemorezeptoren dar, die den Blutgasgehalt (pO_2, pCO_2) sowie den pH-Wert des Blutes kontrollieren. Beide Chemorezeptoren sind etwa 5 - 7 mm große Knötchen, die sich aus der Anlage des Parasympathikus, einem Abschnitt des vegetativen Nervensystems, entwickelt haben. Die Knötchen bestehen aus epithelähnlichen spezifischen Zellen, die in ein blutgefäß- und nervenreiches Gewebe eingebettet sind. Diese spezifischen Zellen registrieren den Blutgasgehalt und den pH-Wert. Über synaptische Verbindungen geben sie die Informationen an afferente Nervenfasern weiter, die im Falle des Glomus caroticum im Zungenschlundnerv (Nervus glossopharyngeus) und im Falle des Glomus aorticum im Eingeweidenerv (Nervus vagus) zum Atmungszentrum verlaufen.

Neben diesen peripheren Chemorezeptoren existieren zentrale Chemorezeptoren im Bereich des verlängerten Markes (Medulla oblongata). Dieser Abschnitt des Zentralnervensystems verbindet das Gehirn mit dem Rückenmark. Die zentralen Chemorezeptoren registrieren die mit einer Steigerung des Kohlendioxidpartialdruckes (pCO_2) verbundene Zunahme der Wasserstoff-Ionen-Konzentration in der zwischenzellulären Flüssigkeit.

Regelzentrum
Das Atmungszentrum befindet sich im verlängerten Mark, der Medulla oblongata. In diesem Zentrum gibt es Neurone, die für die Einatmung und Neurone, die für die Ausatmung verantwortlich sind. Sobald die Einatmungsneurone (inspiratorische Neurone) aktiviert sind, werden die Ausatmungsneurone (exspiratorische Neurone) gehemmt. Es besteht somit ein nerval gesteuerter rhythmischer Wechsel zwischen Ein- und Ausatmung.
Das Regelzentrum erhält von den Chemorezeptoren Informationen über die Partialdruckverhältnisse der Blutgase und den pH-Wert des Blutes. Die Nervenzellen des Regelzentrums legen das Atemminutenvolumen als einzustellende Größe fest. Es ist die Regelgröße, welche die Bedürfnisse des Stoffwechsels kennzeichnet.

Stellglieder
Als Stellglieder wirken die Atemmuskeln. Über die Arbeitsweise dieser Muskulatur wird die Größe des Atemminutenvolumens und damit die Sauerstoffzufuhr und der Kohlendioxidabtransport eingestellt.

Die Chemorezeptoren reagieren mit einer Aktivitätszunahme, wenn der Sauerstoffpartialdruck (pO_2) abnimmt, der Kohlendioxidpartialdruck (pCO_2) zunimmt oder der pH-Wert sinkt.
Über die afferenten Nervenfasern, die sowohl im Zungenschlundnerv (Nervus glossopharyngeus) als auch im Eingeweidenerv (Nervus vagus) verlaufen, gelangen die Informationen über die Abweichungen der Istwerte (pO_2, pCO_2, pH-Wert) zum Atmungszentrum. Hier vergleichen die Neurone die Istwerte mit den endogenen Sollwerten und reagieren mit einer Aktivitätsänderung. Efferente Nervenfasern, die in den Zwischenrippennerven (Nervi intercostales) und im paarigen Zwerchfellnerv (Nervus phrenicus) verlaufen, bewirken über die Atmungsmuskulatur eine Atmungssteigerung.

Über die gesteigerte Atmung werden die Blutgase sowie der pH-Wert des Blutes wieder normalisiert. Im arterialisierten Blut werden der Sauerstoffpartialdruck (pO_2) auf etwa 100 Torr, der Kohlendioxidpartialdruck (pCO_2) auf etwa 40 Torr und der pH-Wert auf etwa 7,4 eingeregelt.

Physikalische Atmungsregulation

Das durch die chemische Regulation eingestellte und den Stoffwechselerfordernissen angepaßte Atemminutenvolumen wird durch die physikalische Regulation unterstützt. Sie sorgt dafür, daß die Atmungsleistung mit dem niedrigsten Energieaufwand betrieben wird. Dabei werden die Atemtiefe und Atemform auf die Leistung eines erforderlichen Atemminutenvolumens abgestimmt.

In den Bronchiolen, den Bronchien und an der Luftröhre befinden sich Dehnungsrezeptoren. Diese erfassen sowohl den Dehnungszustand der Lungen als auch seine fortlaufenden ƒnderungen. Werden die Lungen gedehnt, verlaufen die Informationen von den Rezeptoren über afferente Fasern des Eingeweidenerves (Nervus vagus) zum verlängerten Mark (Medulla oblongata). Mit zunehmender Lungendehnung kommt es zur Hemmung der Einatmungsneurone (inspiratorische Neurone). Damit wird die Einatmung beendet und die Ausatmung eingeleitet. Dieser reflektorische Ablauf wird als Hering-Breuer-Reflex bezeichnet, der die Atemtiefe einstellt.

Muskelspindeln, die als Dehnungsrezeptoren in der Atmungsmuskulatur vorkommen, regulieren entsprechend den Atemleistungen die Verteilung der Atembewegung zwischen der Brustkorb- und Bauchatmung.

Zusammenfassung

Atmung	Das ist der Gaswechsel, der zwischen den Zellen und der Umgebung stattfindet.
Atemformen	Im Ruhezustand werden die basalen Lungenanteile durch die Zwerchfellatmung und die mittleren sowie oberen Lungenanteile durch die Rippenatmung belüftet.
Atemruhevolumen	Das Atemruhevolumen ist das Volumen, welches bei normaler Atmung bewegt wird (500 ml).
Inspiratorisches Reservevolumen	Dieses Volumen kann nach einer Ruheeinatmung noch zusätzlich aufgenommen werden (3000 ml).
Exspiratorisches Reservevolumen	Nach einer Ruheausatmung kann dieses Volumen aktiv ausgeatmet werden (1200 ml).
Residualvolumen	Das ist der Luftanteil, der nach einer maximalen Ausatmung in den Lungen enthalten ist (1300 ml).
Kollapsvolumen	Wird die Pleurakopplung aufgehoben, entweicht dieses Volumen (700 ml).
Minimalvolumen	Es ist das Luftvolumen, das immer in den Lungen verbleibt (600 ml).
Totalkapazität	Alle Luftvolumina, die die Lungen fassen können, ergeben diese Kapazität (6000 ml).
Vitalkapazität	Sie stellt ein grobes Maß für die Belüftungsfähigkeit der Lungen dar und umfaßt alle Volumina, die durch die Atembewegungen transportiert werden können (4700 ml).
Funktionelle Residualkapazität	Diese Kapazität gibt das Volumen an, das nach normaler Ausatmung noch in den Lungen enthalten ist (2500 ml).
Intrapleuraler Druck	Darunter versteht man die Druckdifferenz zwischen dem Druck, der im Pleuraspalt herrscht und dem Außendruck. Er ist gegenüber dem Außendruck negativ.
Intrapulmonaler Druck	Das ist die Druckdifferenz zwischen dem Außendruck und dem Druck, der in den Lungenbläschen herrscht.
Elastische Atemwiderstände	Sie werden durch die elastischen Bauelemente der Lungen und des Brustkorbes hervorgerufen.
Widerstände durch Luftströmung	Das sind Reibungskräfte, die zwischen der Luftströmung und der Wandung der zuführenden Atemwege auftreten. Es werden laminare von turbulenten Luftströmungen unterschieden.
Widerstände durch Verformung	Diese Widerstände entstehen durch die Gewebereibung und die nichtelastische Verformung der Gewebe im Brust- und Bauchraum.
Atemarbeit	Die Atemmuskulatur verrichtet eine Druck-Volumen-Arbeit, um die Atemwiderstände zu überwinden.
Atemleistung	Sie ist definiert aus dem Produkt von Atemtiefe und Atemfrequenz.
Totraumbelüftung	Sie dient der Reinigung, Erwärmung und Befeuchtung der Atemluft.

Alveoläre Ventilation	Das ist die Atemluftmenge, welche die Lungenbläschen erreicht und am Gasaustausch teilnimmt.
Atemgasdiffusion	Die Diffusion der Atemgase erfolgt nach dem Fickschen Diffusionsgesetz.
Kapilläre Durchblutung	Die Durchblutung der Lungenbläschen hängt von der Körperposition, der körperlichen Betätigung und der Lungenbelüftung ab. Schlecht belüftete Lungenbläschen werden wenig oder nicht durchblutet.
Transport des Sauerstoffs	Der Sauerstoff wird zum größten Teil an das Hämoglobin gebunden und in dieser Form im Blut transportiert.
Bohreffekt	Bei diesem Effekt beeinflußt der Kohlendioxidpartialdruck des Blutes die Sauerstoffabgabe von den Kapillaren in das Gewebe. In der Lunge begünstigt der abnehmende Kohlendioxidpartialdruck die Sauerstoffaufnahme von den Lungenbläschen in die Lungenkapillaren.
Haldane-Effekt	Bei diesem Effekt beeinflußt der Sauerstoffpartialdruck des Blutes die Aufnahme von Kohlendioxid aus dem Gewebe in die Kapillaren. In der Lunge begünstigt der zunehmende Sauerstoffpartialdruck die Kohlendioxidabgabe aus den Lungenkapillaren in die Lungenbläschen.
Chemische Atmungsregulation	Sie stellt das Atemminutenvolumen ein, das den jeweiligen Stoffwechselanforderungen entspricht.
Physikalische Atmungsregulation	Diese Regulation stimmt die Atemtiefe und Atemform auf die Leistung eines erforderlichen Atemminutenvolumens ab. Die Atemleistung wird somit mit dem niedrigsten Energieaufwand betrieben.

4.4.6. Klinischer Anhang

Adenoide Vegetationen

Adenoide Vegetationen (griech. adenoid = drüsenähnlich; lat. vegetatio = Belebung) stellen eine Vergrößerung der Rachenmandel dar, die meistens im Kindesalter auftritt.
Die Rachenmandel besteht sowohl aus lymphatischem als auch aus epithelialem Gewebe. Dieses nimmt bis etwa zum vierten Lebensjahr im Rahmen der immunbiologischen Aktivität an Umfang zu. Eine erhebliche Vergrößerung führt zu einer Verlegung des Nasenrachens.
Durch die Verlegung können hervorgerufen werden:

- schniefendes Atmen,
- Schnarchen,
- gestörter Nachtschlaf,
- kloßige Sprache,
- Nasennebenhöhlenentzündungen,
- Entzündungen des Kehlkopfes,
- Entzündungen der Luftröhre und
- der Bronchien.

Adenoide Vegetationen werden in der Regel nach dem zweiten Lebensjahr operativ entfernt (chirurgische Adenotomie).
Normalerweise bildet sich die vergrößerte Rachenmandel nach der Pubertät völlig zurück.

Rekurrensparese

Unter einer Rekurrensparese versteht man eine ein- oder beidseitige Lähmung des Nervus recurrens.
Der Nervus recurrens ist ein Ast des Eingeweidenervs (Nervus vagus), der aus der Brusthöhle zum Kehlkopf zurückläuft. Im Halsbereich verläuft dieser zwischen Luft- und Speiseröhre aufwärts, überkreuzt die untere Schilddrüsenarterie und gelangt in das Kehlkopfinnere. Dort versorgt er alle inneren Kehlkopfmuskeln und die untere Hälfte der Schleimhaut bis zur Stimmritze.

Ursachen, die zu einer Lähmung des Nervus recurrens führen können, sind z.B.:

- Schilddrüsenoperationen,
- Aortenaneurysmen,
- Herzerweiterungen,
- Tumoren der Speiseröhre und
- Tumoren innerhalb des Brustkorbes.

Die Folgen einer einseitigen Rekurrensparese sind Stimmstörungen und Luftnot bei starker körperlicher Anstrengung.
Eine beidseitige Rekurrensparese führt zu einer drohenden Erstickung.

Lungenemphysem

Das Lungenemphysem ist eine irreversible Vergrößerung des Luftraumes im alveolären Bereich. Die Lungenbläschen sind mit Luft überfüllt, wobei Zerstörungen der Bronchioli sowie der Lungensepten und der Alveolen selbst auftreten können. Ursachen, die zu dieser Erkrankung führen können, sind:

- das Asthma bronchiale,
- die chronisch-obstruktive Bronchitis und
- das Rauchen.

Als Folge des Emphysems tritt eine Beeinträchtigung des Gasaustausches auf. Auf Grund eines zunehmenden Elastizitätsverlustes des Lungengewebes ist vor allem die Ausatmung erschwert. Die Vitalkapazität ist deutlich herabgesetzt und das Residualvolumen nimmt zu.
Für das Herz ergibt sich folglich eine Mehrarbeit, die auf Dauer nicht kompensiert werden kann und zu einem Versagen des rechten Herzens (Rechtsherzinsuffizienz) führt.

Eine unter Belastung rasch zunehmende chronische Atemnot ist das führende Symptom dieser Krankheit. Der Brustkorb besitzt auf Grund horizontal gestellter Rippen einen großen Durchmesser und wird deshalb auch als Faßthorax bezeichnet.

Asthma bronchiale

Asthma bronchiale ist eine Krankheit, die mit Anfällen von Atemnot einhergeht.
Reize, die ein Asthma bronchiale auslösen können, sind z.B.:

- allergische Faktoren (Blütenstaub, Tierhaare, Gräserpollen ...),
- Umweltreize (Tabakrauch, Hausstaub, Kältereize ...),
- Berufsnoxen (Desinfektionsmittel, Formaldehyd, Haarspray ...),
- körperliche Belastung (Anstrengungsasthma),
- Ärger, Streß, Emotionen (Streß-Asthma) und
- Medikamente (Penicillin, Acetylsalicylsäure ...).

Die in der Schleimhaut gelegenen Rezeptoren werden durch Reize erregt. Afferente Fasern des Nervus vagus leiten die Erregung zum Zentralnervensystem. Efferente Vagusfasern gelangen zur glatten Muskulatur der Luftröhre, der Bronchien und Bronchiolen zurück. Es besteht somit ein vagaler Reflexbogen.
Eine erhöhte efferente Vagusaktivität, wie sie beim Asthma bronchiale vorliegt, führt zu

- einem Spasmus der Bronchialmuskulatur und
- einer vermehrten Schleimbildung in den Bronchien.

Auto-Antikörper vom Immunglobulin E-Typ (IgE), die mit einem bestimmten Antigen (z.B. Gräserpollen) gekoppelt sind, regen die Mastzellen zu einer gesteigerten Syntheseaktivität an. Sie setzen verstärkt definierte Stoffe (Histamin, Leukotriene ...) frei, die auch zu einer reflektorischen Kontraktion der Bronchialmuskulatur führen.
Die Asthmaanfälle treten gehäuft in der Nacht auf, da das Maximum der Vagusaktivität etwa gegen 3 Uhr liegt. Zu dieser Zeit sind der Atemwegswiderstand und die Erregbarkeit der Bronchialmuskulatur erhöht.
Ein langanhaltender schwerer Asthmaanfall über 12 Stunden wird als Status asthmaticus bezeichnet. Es handelt sich hierbei um eine lebensbedrohliche Situation, die eine Behandlung und eine intensivmedizinische Überwachung erfordert.

Pneumocystis-carinii-Pneumonie (PcP)

Diese Erkrankung tritt vorrangig bei Menschen mit einer angeborenen oder erworbenen Immunschwäche auf. Besonders häufig sind HIV-infizierte Personen von dieser Krankheit betroffen. Verursacht wird diese Lungenentzündung (Pneumonie) durch Pneumocystis carinii, einer noch nicht eindeutig zugeordneten Art von einzelligen Lebewesen. Diese parasitieren im Alveolarraum und vermehren sich an den Pneumocyten Typ I unter Bildung von Zysten. Dabei werden betroffene Alveolarzellen zerstört, wodurch entzündliche Prozesse hervorgerufen werden.
Das klinische Bild zeigt sich in einer schleichenden Verlaufsform mit uncharakteristischen Symptomen. Atemnot (Dyspnoe) ist häufig das einzige Anzeichen einer Erkrankung, was allerdings keine eindeutige Zuordnung zuläßt. Von Bedeutung ist eine frühzeitige parasitologische Diagnose.
Vor allem im Zusammenhang mit der AIDS- Erkrankung kommt es zur Ausbildung eines schweren Krankheitsbildes, wobei die Sterberate (Letalitätsrate) sehr hoch ist.

5. Verdauungssystem

5.1. Allgemeines

Die Aufnahme und Verarbeitung der wichtigen energieliefernden Nahrung erfolgt durch die Organe des Verdauungssystems. Der Organismus benötigt Nahrung in Form von Eiweißen, Zucker und Fetten. Die Aufgaben des Verdauungssystems bestehen zum einen in der Verdauung der Nahrungsstoffe, dazu gehören Nahrungseinführung, Zerkleinerung, Transport, enzymatische Aufspaltung und Ausscheidung der Restprodukte, und sie bestehen zum anderen in der Resorption der Nährstoffmoleküle, wobei diese die Schleimhautwand des Verdauungstraktes passieren und ins Blut oder in die Lymphe gelangen. Zum Verdauungssystem gehören die Mundhöhle, der Rachen, die Speiseröhre, der Magen, der Dünndarm, der Dickdarm sowie die großen Verdauungsdrüsen Leber und Bauchspeicheldrüse.

5.2. Mundhöhle, Rachen und Speiseröhre

5.2.1. Lage und Bau

5.2.1.1. Mundhöhle

Allgemeines

Die Mundhöhle (Cavum oris) bildet den Anfang des Verdauungstraktes und ist mit einer Schleimhaut (Tunica mucosa) überzogen, die aus mehrschichtigem nichtverhornten Plattenepithel besteht. Seitlich wird sie von den Wangen (Buccae), vorne durch die Lippen (Labia oris), oben durch den Gaumen (Palatum), unten durch den Mundboden (Diaphragma oris) und hinten durch die Gaumenbögen begrenzt. Den Übergang von der Mundhöhle zum Rachen bildet die Rachenenge (Isthmus faucium).

Die Kieferfortsätze und die Zahnreihen unterteilen die gesamte Mundhöhle nochmals in zwei Abschnitte, in den Mundvorhof (Vestibulum oris) und in die eigentliche Mundhöhle (Cavitas oris propria), die von der Zunge ausgefüllt wird.

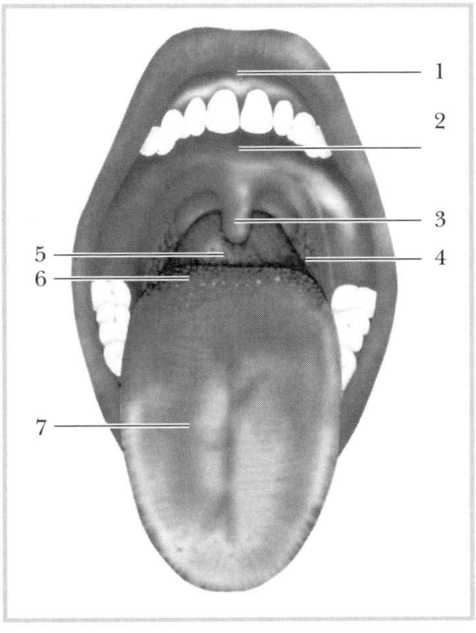

Abb. 61 Mundhöhle

1 oberes Zungenbändchen (Frenulum labii superioris)
2 harter Gaumen (Palatum durum)
3 Zäpfchen (Uvula)
4 Gaumenmandel (Tonsilla palatina)
5 Schlundenge (Isthmus faucium)
6 Zungenmandel (Tonsilla lingualis)
7 Zungenkörper (Corpus linguae)

Mundspalte

Die Mundspalte (Rima oris) wird bei geschlossenem Mund begrenzt durch

- die Lippen (Labia oris) und
- die Mundwinkel (Anguli oris).

Lippen
Entsprechend ihrer Lage unterscheidet man eine Oberlippe (Labium superius) und Unterlippe (Labium inferius). Die Oberlippe weist in der Mitte des oberen Randes eine geschwungene Einkerbung auf, welche durch die vom Nasenseptum zur Oberlippe reichende Rinne (Philtrum) hervorgerufen wird. Die äußere Haut der Lippen besteht aus mehrschichtig verhorntem Plattenepithel und enthält Schweißdrüsen, Talgdrüsen sowie eine Terminalbehaarung, die beim Mann durch die Barthaare (Barbae) besonders stark ausgeprägt ist. Den Übergang von der äußeren Lippenhaut zur Mundschleimhaut bildet das Lippenrot mit einer schwachen Hornschicht des Epithels, was die darunter liegenden Blutkapillaren durchscheinen läßt.
Haare und Schweißdrüsen gehen beim Übergang der äußeren Lippenhaut zum Lippenrot verloren, die Talgdrüsen bleiben erhalten.
Die Lippeninnenseite überzieht eine aus mehrschichtig unverhorntem Plattenepithel bestehende Schleimhaut. In dem darunter liegenden Bindegewebe der Unterschleimhaut (Submukosa) sind gemischte Drüsen (Glandulae labiales) eingelagert.
Der Ringmuskel des Mundes (Musculus orbicularis oris) ermöglicht den festen Verschluß der Lippen und bildet deren muskuläre Grundlage.

Merke **Das Bindegewebe unter dem dünnen, pigmentarmen Epithel des Lippenrotes ist sehr kapillarreich. Bei Sauerstoffmangel verfärben sich die Lippen blau (Zyanose).**

Mundwinkel
Am Mundwinkel gehen Ober- und Unterlippe ineinander über. Dieser Übergang wird als Lippenverbindung (Commissura labiorum) bezeichnet.

Mundvorhof

Der Mundvorhof (Vestibulum oris) ist der Raum zwischen den zahntragenden Kieferfortsätzen des Ober- und Unterkiefers (Processus alveolaris, Pars alveolaris) sowie den Lippen vorne bzw. den Wangen seitlich. In halber Höhe der Zahnwurzeln liegen am Gewölbebogen des Vorhofs (Fornix vestibuli) die Umschlagstellen der Schleimhaut auf die Lippen und Wangen. Die Schleimhaut ist im Fornixbereich leicht verschieblich.
Vorn wird der Mundvorhof durch ein oberes und ein unteres Lippenbändchen (Frenulum labii superioris bzw. inferioris) unterbrochen. Die Wangen begrenzen den Mundvorhof seitlich. Als deren muskulöse Grundlage dient der stark dehnbare Wangenmuskel (Musculus buccinator).Die Schleimhaut der Wangen besteht aus mehrschichtig unverhorntem Plattenepithel. In der Unterschleimhaut (Submukosa) liegen gemischte Wangendrüsen (Glandulae buccales). Auf einem kleinen Schleimhauthöcker (Papilla parotidea) seitlich des 2. oberen Mahlzahnes münden beidseitig die Ausführungsgänge der Ohrspeicheldrüsen in den Mundvorhof.

Zähne

Das Gebiß des Menschen setzt sich aus verschieden geformten Zähnen (Dentes) zusammen und ist somit heterodont. Die Zahnbögen des Ober- und Unterkiefers haben die Form einer Parabel, und zwischen den einzelnen Zähnen sind normalerweise keine Lücken (Diastemen) vorhanden. Im Zeitraum des 6. - 8. Lebensmonats bis etwa zum 2. Lebensjahr erfolgt die Ausbildung des Milchgebisses mit den 20 Milchzähnen (Dentes decidui), die bei einem einmaligen Zahnwechsel (Diphyodontie) durch die bleibenden Zähne (Dentes permanentes) ersetzt bzw. ergänzt werden. Das sich im Zeitraum vom 6. - 12. Lebensjahr entwickelnde bleibende Gebiß oder Dauergebiß verfügt über 32 Zähne.

Merke

Das Milchgebiß des Kindes besitzt 20 Zähne, und das Dauergebiß im Jugend- und Erwachsenenalter enthält 32 Zähne. Bleibende Zähne, welche die Milchzähne ersetzen, sind Ersatzzähne und diejenigen, die hinter der Milchzahnreihe durchbrechen, werden als Zuwachszähne bezeichnet.

Gegenstand der folgenden Betrachtung sind:

- die Zahngruppen und Einzelzähne,
- die Teile des Zahnes,
- das Zahngewebe und der
- Zahnhalteapparat.

Zahngruppen und Einzelzähne

Die Zähne sind Bestandteile des oberen und unteren Zahnbogens (Arcus dentalis superior et inferior), auf denen sie symmetrisch in Quadranten angeordnet sind. In jedem Quadranten liegen beim Dauergebiß von vorn nach hinten verlaufend folgende Zahngruppen:

- 2 Schneidezähne (Dentes incisivi),
- 1 Eckzahn (Dens caninus),
- 2 Vormahlzähne (Dentes praemolares),
- 3 Mahlzähne (Dentes molares).

Entsprechend dieser Einteilung lautet die Zahnformel des Menschen 2 - 1 - 2 - 3.

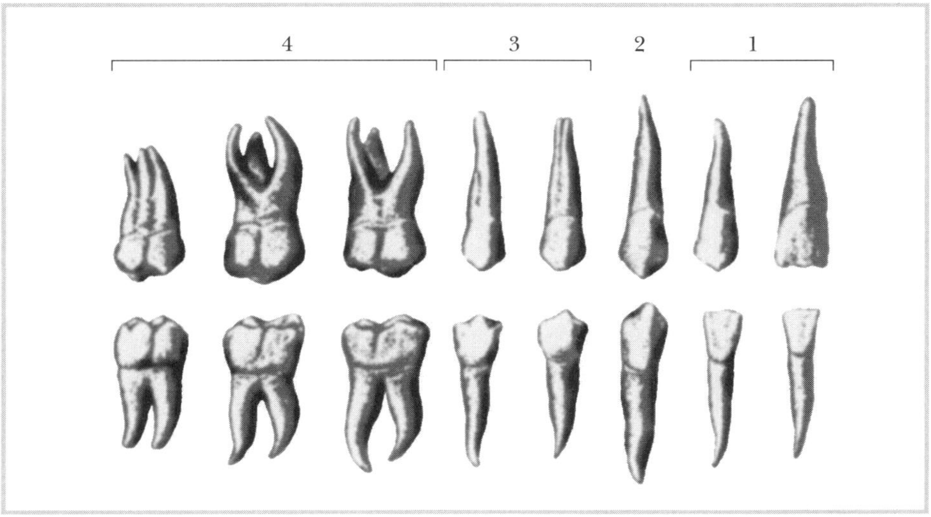

Abb. 62 Zahnarten

1 Schneidezähne (Dentes incisivi)
2 Eckzähne (Dentes canini)
3 Backenzähne (Dentes praemolares)
4 Mahlzähne (Dentes molares)

Schneidezähne
Sie besitzen eine scharfkantige schaufel- oder meißelförmige Zahnkrone und sind einwurzlig. Die oberen Schneidezähne sind wesentlich größer als die unteren.

Eckzähne
Ihre Krone wird durch zwei schräg verlaufende Schneidekanten geprägt, die sich in der Kauspitze treffen. Auch sie besitzen nur eine Wurzel.
Die oberen Eckzähne sind die längsten Zähne des Gebisses. Die Bezeichnung Dentes canini wird von den Reißzähnen der Hunde abgeleitet (lat. canus = Hund).

Vormahlzähne
Die Kronen der Vormahlzähne, auch Backenzähne genannt, weisen eine zweihöckrige Kaufläche auf, wobei der untere 2. Vormahlzahn auch drei Höcker tragen kann.
Bis auf den zweiwurzligen oberen 1. Vormahlzahn besitzen alle anderen eine Wurzel.

Mahlzähne
Die Mahlzähne sind Zuwachszähne und somit nur beim Dauergebiß ausgebildet. Ihre Kauflächen sind vier- bis fünfhöckrig und eignen sich besonders zum Zermahlen der Nahrung. Die oberen Mahlzähne besitzen drei, die unteren zwei Wurzeln.
Wegen ihrer späten Durchbruchszeit werden die 3. Mahlzähne auch Weisheitszähne (Dentes serotini) genannt. Häufig kommen diese unvollständig oder gar nicht zum Durchbruch.

Merke

Zur Vereinfachung bezeichnet man im üblichen Sprachgebrauch die Zähne auch wie folgt:

- **Schneidezähne – Incisivi,**
- **Eckzähne – Canini,**
- **Vormahlzähne – Praemolares oder Prämolaren,**
- **Mahlzähne – Molares oder Molaren.**

Teile des Zahnes
Obgleich sich die einzelnen Zähne in Form und Größe voneinander unterscheiden, sind sie vom anatomischen Aufbau gleich. Jeder Zahn besitzt

- eine Zahnkrone (Corona dentis),
- einen Zahnhals (Cervix dentis),
- eine oder mehrere Zahnwurzeln (Radix dentis) und
- eine Zahnhöhle (Cavitas dentis).

Zahnkrone
Die Zahnkronen der Schneidezähne haben eine und die der Eckzähne zwei Schneidekanten (Margo incisalis). Die Kaufläche (Facies occlusalis) der anderen Zähne ist dreieckig, rechteckig oder rhombenförmig, und das Relief wird geprägt durch Höcker (Cuspides dentis) und Furchen (Fissurae dentis) mit Verbindungsleisten (Cristae dentalis) zwischen den benachbarten Höckern.
Die Zahnkrone wird vollständig vom sehr harten Zahnschmelz überzogen.
Der im Mund sichtbare Teil des Zahnes wird als klinische Krone (Corona clinica) bezeichnet.

Zahnhals
Durch den Zahnhals sind Krone und Wurzel des Zahnes miteinander verbunden. Er wird vom Zahnfleisch (Gingiva) bedeckt und bildet den Übergang vom Schmelzüberzug der Krone zum Zementüberzug der Wurzel.

Zahnwurzel
Sie liegt in den Zahnfächern (Alveoli dentales) der Kieferknochen, beginnt unterhalb des Zahnhalses und ist mit Zahnzement überzogen. An ihrer Spitze (Apex radicis dentis) befindet sich die Öffnung (Foramen apicis dentis) des Wurzelkanals (Canalis radicis dentis).

Zahnhöhle
Die Zahn- oder Pulpahöhle liegt im Inneren des Zahnes und ist mit Zahnmark (Pulpa dentis) gefüllt. Die Pulpa wird in einen Kronen- und Wurzelabschnitt unterteilt.

Zahngewebe
Jeder Zahn besteht aus Hart- und Weichgeweben, die wie folgt unterteilt werden:

- Zahnschmelz (Enamelum),
- Zahnbein (Dentinum),
- Zahnzement (Cementum),
- Zahnmark (Pulpa dentis).

Zahnschmelz
Als die härteste Substanz des menschlichen Organismus bedeckt der Zahnschmelz den Kronenbereich des Zahnes. Zu 96 % besteht der Zahnschmelz aus phosphorsaurem Kalk in Form von Hydroxylapatit. Diese feste anorganische Substanz ist nicht regenerationsfähig, wobei chemische Ein- oder Abbauprozesse (z.B. Fluoreinbau) den Grad der Festigkeit und Säurebeständigkeit beeinflussen. Durch mechanische Beanspruchung unterliegt der Zahnschmelz einem ständigen Abrieb.

Zahnbein
Das Zahnbein bildet die Kernsubstanz des Zahnes. Es umschließt die Zahnhöhle und wird im Kronenbereich vom Zahnschmelz und im Wurzelbereich vom Zahnzement überzogen.
Das knochenähnliche Zahnbein enthält neben Hydroxylapatid auch organische Strukturen in Form von kollagenen Fibrillen. Feine annähernd parallel liegende Dentinkanälchen ziehen von der Zahnhöhle in Richtung Schmelz bzw. Zement und enthalten Fortsätze der dentinbildenden Zellen (Odontoblasten) sowie Nervenfasern.
Das Zahnbein besitzt die Fähigkeit zur Neubildung.

Zahnzement
Im Wurzelbereich überzieht das Zahnzement die Zahnbeinoberfläche und dient der Verankerung des Zahnes im Zahnfach. Als zellulären Bestandteil enthält es Zementozyten, die neben kollagenen Fibrillen in die mineralisierte Grundsubstanz eingelagert sind.
Auch das Zahnzement besitzt regenerative Fähigkeiten.

Zahnmark
Das Grundgewebe des Zahnmarks ist dem gallertigen Bindegewebe ähnlich. Es enthält die dentinbildenden Odontoblasten als spezifische Zellen und Monozyten, Lymphozyten sowie Histiozyten als freie Zellen zur Infektionsabwehr. Für die Ernährung und Innervation des Zahnes ist das Zahnmark mit Blutgefäßen und Nerven ausgestattet.

Zahnhalteapperat
Der Zahnhalteapparat (Parodontium) verbindet den Zahn mit der Knochenwand der Zahnalveole. Die leicht federnde Zahnaufhängung ist für die Kompensation des Kaudruckes von Bedeutung. Zum Zahnhalteapparat gehören:

- das Zahnfleisch (Gingiva),
- die Wurzelhaut (Desmodontium),
- das Zahnzement (Cementum) und
- der Alveolarknochen (Os alveolare).

Zahnfleisch
Das Zahnfleisch besteht aus mehschichtig unverhorntem Plattenepithel und dem darunterliegenden Bindegewebe. Aus diesem Bindegewebe strahlen Kollagenfaserbündel aus, die das Zahnfleisch mit dem Zahnzement und dem Alveolarknochen im Bereich des Zahnhalses ver-

binden. Dem unteren Teil der Zahnkrone liegt das Zahnfleisch mit einem Verbindungs- oder Saumepithel fest an.

Wurzelhaut
Die Wurzelhaut liegt in einem schmalen Raum zwischen Zahnwurzel und Alveolarknochen. Diesen bezeichnet man als Peridontalspalt. Die Wurzelhaut stellt die Verbindung zwischen dem Zahnzement und dem Alveolarknochen her. Sie bildet den aus Kollagenfasern bestehenden intraalveolären Faserapparat. Diese Fasern strahlen als Sharpey- Fasern in die Hartgewebe ein. Außer Bindegewebe enthält die Wurzelhaut Nerven und Gefäße.

Zahnzement
Das Zahnzement dient der Verankerung des Faserapparates.

Alveolarknochen
Er ist der zahntragende Teil des Kiefers und enthält die Zahnfächer (Alveoli dentales), in denen die Zahnwurzeln verankert sind. Am Grund der Zahnfächer kommen zahlreiche Öffnungen für den Durchtritt von Nerven und Gefäßen vor.

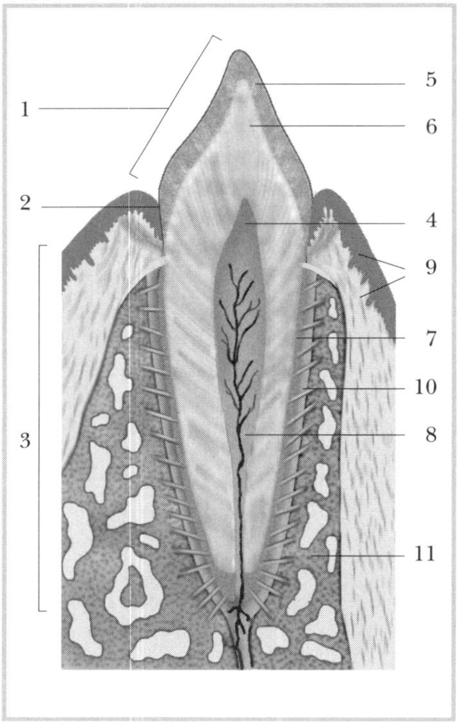

Abb. 63 Zahnbestandteile, Zahngewebe, Zahnhalteapparat

Zahnbestandteile

1 Zahnkrone (Corona dentis)
2 Zahnhals (Cervix dentis)
3 Zahnwurzel (Radix dentis)
4 Zahnhöhle (Cavum dentis)

Zahngewebe

5 Zahnschmelz (Enamelum)
6 Zahnbein (Dentinum)
7 Zahnzement (Cementum)
8 Zahnmark (Pulpa dentis)

Zahnhalteapparat

9 Zahnfleisch (Gingiva)
10 Wurzelhaut (Desmodontium)
11 Alveolarknochen (Os alveolare)

Merke **Die Zähne sind über einen speziellen Halteapparat in den Zahnfächern der Kieferfortsätze verankert. Die im Mund sichtbare Zahnkrone wird von dem sehr festen Zahnschmelz überzogen, der durch die Stoffwechselprodukte säurebildender Bakterien zerstört werden kann (Karies = Zahnfäule).**

Mundboden

Der muskulöse Mundboden wird durch die oberen Zungenbeinmuskeln gebildet. Der eigentliche Mundbodenmuskel ist der zweiteilige Kieferzungenbeinmuskel (Musculus mylohyoideus), dessen Fasern an den Innenseiten des Unterkieferknochens entspringen, sich in der Mitte über einen Bindegewebsstreifen (Raphe mylohyoidea) verbinden und hinten am Zungenbeinkörper ansetzen. Er bildet die Muskelplatte (Diaphragma oris) des Mundbodens. Weitere Zungenbeinmuskeln befinden sich über bzw. unter dem Diaphragma.
Auf dem Mundboden ruht die Zunge, deren Lage und Spannungszustand durch die Mundbodenmuskeln bestimmt wird. Diese unterstützen die Kieferöffnung.

Mundspeicheldrüsen

Die Mundhöhle enthält mehrere Drüsen, die den Speichel (Saliva) produzieren. Sie werden unterteilt in

- große Mundspeicheldrüsen (Glandulae salivatoriae majores) und
- kleine Mundspeicheldrüsen (Glandulae salivatoriae minores).

Große Mundspeicheldrüsen
Es sind paarig angelegte Drüsen, deren Ausführungsgänge in die Mundhöhle münden. Zu diesen Drüsen zählen:

- die Ohrspeicheldrüse (Glandula parotidea, Glandula parotis),
- die Unterkieferspeicheldrüse (Glandula submandibularis) und
- die Unterzungenspeicheldrüse (Glandula sublingualis).

Ohrspeicheldrüse
Sie ist die größte Speicheldrüse, die vor und unter dem äußeren Ohr in der Parotisloge liegt. Der Ausführungsgang (Ductus parotideus) ist 5 bis 6cm lang und mündet gegenüber dem 2. oberen Molaren in den Mundvorhof. Die Ohrspeicheldrüse ist eine rein seröse Drüse.

Unterkieferspeicheldrüse
Sie befindet sich unterhalb des Mundbodens neben dem Unterkiefer in der Submandibularloge. Auch sie besitzt einen 5 bis 6 cm langen Ausführungsgang (Ductus submandibularis), der zusammen mit dem Gang der Unterzungendrüse auf einem kleinen Schleimhauthöcker (Caruncula sublingualis) beidseits des Zungenbändchens mündet. Die Unterkieferspeicheldrüse ist eine gemischte Drüse mit überwiegend serösen Drüsenendstücken.

Unterzungenspeicheldrüse
Sie ist die kleinste der drei großen Speicheldrüsen und ruht in der Sublingualloge auf dem Diaphragma oris. Neben einem großen Ausführungsgang (Ductus sublingualis major), der auf der Caruncula sublingualis mündet, besitzt sie 20 - 40 kleinere Ausführungsgänge (Ductus sublinguales minores), welche beidseits auf einer am Mundboden nach hinten verlaufenden Schleimhautwulst (Plica sublingualis) münden. Die Unterzungenspeicheldrüse ist ebenfalls eine gemischte Drüse, bei der jedoch die mukösen Drüsenendstücke überwiegen.

Merke

Den Hauptanteil des Mundspeichels bilden mit ca. 70 % die beiden Unterkieferspeicheldrüsen. Die Ohrspeicheldrüsen sezernieren trotz ihrer Größe nur 25 % des Gesamtspeichels.

Kleine Mundspeicheldrüsen
Es sind kleine Drüsen, die in der Mundschleimhaut verteilt sowohl geringe Mengen serösen als auch mukösen Speichel sezernieren. Nach ihrer Lokalisation benannt sind das u.a. die Lippenspeicheldrüsen, die Wangenspeicheldrüsen, die Gaumenspeicheldrüsen oder die Zungenspitzenspeicheldrüsen (Blandin-Nuhn-Drüsen).

Zunge

Die eigentliche Mundhöhle (Cavitas oris propria) wird fast vollständig von der Zunge (Lingua) ausgefüllt. Sie ist ein von Schleimhaut überzogenes muskulöses Organ mit hoher Formveränderlichkeit. Bei geöffnetem Mund sind die Zungenspitze (Apex linguae) und der Zungenrücken (Dorsum linguae) zu überblicken. Die rachenwärts gelegene Zungenwurzel (Radix linguae) reicht bis zum Kehldeckel hinab, mit dem sie in einer verschieblichen Verbindung steht.

Einen besonderen Bau weisen

- die Zungenschleimhaut und
- die Zungenmuskulatur auf.

Zungenschleimhaut
Die gesamte Zunge wird von einer Schleimhaut (Tunica mucosae linguae) überzogen, die auf der Zungenunterseite in das Zungenbändchen (Frenulum linguae) übergeht und die Zunge auf dem darunterliegenden Bindegewebe befestigt. Die Schleimhaut des Zungenrükkens ist über eine derbe Bindegewebslage (Aponeurosis lingualis) mit der darunterliegenden Muskulatur fest verbunden und somit nicht verschieblich. Die Oberfläche des Zungenrückens weist bis zum Zungenrand (Margo linguae) eine starke Schleimhautrauhigkeit auf, die durch verschiedene Arten von Papillen (lat. papilla = Warze) hervorgerufen wird. Die Zungenpapillen (Papillae linguales) besitzen einen mit Schleimhautepithel überzogenen Bindegewebskern mit zahlreichen sensiblen Nervenendigungen und enthalten zum Teil Geschmacksknospen und Tastrezeptoren.

Es werden vier Arten von Zungenpapillen unterschieden:

- die Wallpapillen (Papillae vallatae),
- die Pilzpapillen (Papillae fungiformes),
- die Fadenpapillen (Papillae filiformes) und
- die Blattpapillen (Papillae foliatae).

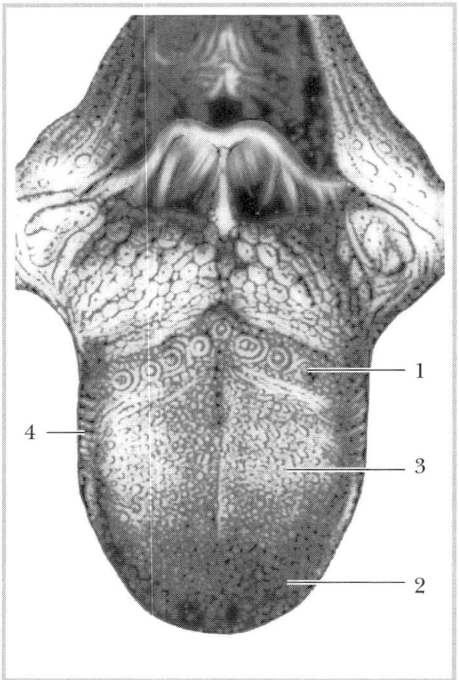

Abb. 64 Zungenpapillen

1 Wallpapillen (Papillae vallatae)
2 Pilzpapillen (Papillae fungiformes)
3 Fadenpapillen (Papillae filiformes)
4 Blattpapillen (Papillae foliatae)

Wallpapillen
Es sind 8 bis 12 in V-förmiger Linie angeordnete Papillen, die vor der Grenzfurche (Sulcus terminalis) am Übergang des Zungenrückens in die Zungenwurzel liegen.
Der Durchmesser der Wallpapillen beträgt 1 bis 3 mm, und in den zu einem Graben verlaufenden Rändern kommen bis zu 20 Geschmacksknospen mit Geschmackssinneszellen vor. In der Tiefe des Grabens münden seröse Spüldrüsen (Glandulae serosae, v. Ebner-Drüsen), welche den kapillären Spaltraum des Grabens ausschwemmen und somit von Speiseteilchen befreien. Papille und Graben werden von einem ringförmigen Wall umgeben.

Pilzpapillen
Die pilzförmigen Papillen befinden sich hauptsächlich im Gebiet der Zungenspitze und des Zungenrandes, wo pro cm^2 bis zu 90 Papillen vorkommen. Im Bereich des Zungenrückens sind sie zahlenmäßig weniger konzentriert. Ihr Durchmesser beträgt 0,5 bis 1,5 mm, und sie besitzen eine rötliche Färbung. Anfangs eingestreute Geschmacksknospen bilden sich im Erwachsenenalter zurück.

Fadenpapillen
Sie verteilen sich mit etwa 500 pro cm^2 auf der gesamten Schleimhaut des Zungenrückens. Ihre rachenwärts gerichteten Spitzen weisen eine schwache Verhornung auf und verleihen der Zunge das rauhe, samtartige Aussehen. Als Tastpapillen besitzen sie sensible Mechanorezeptoren.

Blattpapillen
Am hinteren seitlichen Zungenrand liegend, sind sie in 4 bis 8 parallel verlaufenden Schleimhautleisten angeordnet. Auch die Blattpapillen tragen Geschmacksknospen und zwischen den Blättern mündende Spüldrüsen.

Merke **Die Geschmacksknospen vermitteln je nach Lage auf der Zunge unterschiedliche Geschmacksqualitäten. Von der Grenzfurche zur Zungenspitze folgen die Geschmackswahrnehmungen bitter, sauer, salzig und süß aufeinander.**

Zungenmuskulatur
Die Zungenmuskeln (Musculi linguae) gehören zu den quergestreiften Muskeln und bilden die Hauptmasse des unter der Aponeurosis linguae liegenden Zungenkörpers (Corpus linguae). Eine in der Mitte des Zungenkörpers senkrecht ausgebildete Bindegewebsplatte (Septum linguae) teilt ihn in zwei Hälften und dient gemeinsam mit der Aponeurose den Muskeln als Ansatzfläche (Insertionsfläche).

Folgende Muskeln werden unterschieden:

- äußere Zungenmuskeln und
- Binnenmuskeln.

Äußere Zungenmuskeln
Diese Muskeln entspringen von Knochen des Kopfskelettes wie Unterkiefer, Zungenbein oder dem Griffelfortsatz des Schläfenbeins und ziehen in die Zunge, wodurch diese ihre Lage verändern kann. Zu den äußeren Zungenmuskeln, auch Fremd- bzw. Außenmuskeln genannt, gehören der Kinnzungenmuskel (M. genioglossus), der Zungenbeinzungenmuskel (M. hyoglossus), der Knorpelzungenmuskel (M. chondroglossus) und der Griffelzungenmuskel (M. styloglossus).

Binnenmuskeln
Die Binnenmuskeln, die auch als Eigenmuskeln bezeichnet werden, entspringen und enden in der Zunge, haben also keine Befestigung an Skelettelementen. Ihre Fasern verlaufen längs (longitudinal), quer (transversal) und senkrecht (vertikal). Durch dieses dreidimensionale Fasersystem erhält die Zunge eine hohe Eigenbeweglichkeit und ist sehr formveränderlich.

Zu den Binnenmuskeln zählen der M. longitudinalis superior et inferior, der M. transversus linguae sowie der M. verticalis linguae.

Merke **Die äußeren Zungenmuskeln ermöglichen die Lageveränderung und die Binnenmuskeln die Formveränderung der Zunge. Wenn mehrere Muskeln zusammenwirken, erreicht die Zungenspitze jede Stelle in der Mundhöhle.**

Gaumen

Das Dach der Mundhöhle wird vom Gaumen (Palatum) gebildet. Er gliedert sich in

- den harten Gaumen (Palatum durum) und
- den weichen Gaumen (Palatum molle).

Harter Gaumen
Er erstreckt sich über die vorderen zwei Drittel des Mundhöhlendaches und wird durch die knöchernen Gaumenfortsätze des Oberkiefers (Processus palatini) und der horizontal velaufenden Knochenplatte (Lamina horizontalis) des Gaumenbeins (Os palatinum) gebildet.
Die Knochen des harten Gaumens werden von einer Schleimhaut überzogenen, die im vorderen Gaumenabschnitt 3 bis 4 quere Falten (Plicae palatinae transversae) bildet, welche als Reibefeld für die Zunge bei der Nahrungszerkleinerung dienen. Die hinteren Schleimhautabschnitte fungieren als Gleitfeld für die Nahrung, sind mit Fettgewebe unterlagert und enthalten kleine muköse Gaumendrüsen (Glandulae palatinae).

Weicher Gaumen
Er zieht vom hinteren Rand des harten Gaumens segelförmig nach unten und bildet das bewegliche Gaumensegel (Velum palatinum), was in dem medianen Zäpfchen (Uvula) endet. Im Gaumensegel verlaufen Muskeln, deren Sehnen die Grundlage der Gaumenaponeurose (Aponeurosis palatina) darstellen und am Schluckakt beteiligt sind. Ist die Muskulatur des Gaumensegels erschlafft, liegt es dem Zungengrund auf.
Der freie Rand des Gaumensegels zieht als Schleimhautfalte beidseits vom Zäpfchen bogenförmig in die seitliche Rachenwand und ebenfalls am Zäpfchen beginnend als weitere Schleimhautfalte zum Rand des Zungengrundes. Zwischen diesen beiden Gaumenbögen (Arcus palatopharyngeus und Arcus palatoglossus) liegt auf beiden Seiten eine Gaumenmandelnische (Fossa tonsillaris) mit der Gaumenmandel (Tonsilla palatina). Durch den Verlauf des vorderen Gaumenbogens (Arcus palatoglossus) entsteht eine Einengung beim Übergang zum Rachen. Das ist die Rachen- oder Schlundenge (Isthmus faucium).

5.2.1.2. Rachen

Allgemeines

Der Rachen (Pharynx) ist eine etwa 12 cm lange Muskelrinne und gleichzeitig das Verbindungsstück zwischen der Nasenhöhle (Cavum nasi), der Mundhöhle (Cavum oris), dem Kehlkopf (Larynx) und der Speiseröhre (Ösophagus). Die Hinterwand des Rachens ist flach und besitzt keine Öffnungen. Im mittleren Abschnitt überkreuzen sich der Atem- und Speiseweg. Die Schleimhaut (Tunica mucosa) des Rachens besteht zum größten Teil aus mehrschichtig unverhorntem Plattenepithel.

Rachenraum

Topographisch wird der Rachen in drei Abschnitte gegliedert:

- in den Nasenrachenraum (Epipharynx),
- in den Mundrachen (Mesopharynx) und
- in den Kehlrachen (Hypopharynx).

Nasenrachenraum
Er steht nicht direkt in Beziehung zum Verdauungstrakt und ist als Abschnitt der luftleitenden Organe mit respiratorischem Epithel ausgekleidet. Der Nasenrachenraum liegt hinter den dorsalen Nasenhöhlenöffnungen (Choanen) und reicht vom Rachendach bis zum freien Rand des Gaumensegels. Am Übergang des Rachendachs in die Rachenhinterwand liegt die Rachenmandel (Tonsilla pharyngea). Hinter den unteren Nasenmuscheln mündet rechts und links die Ohrtrompete (Tuba auditiva oder Eustachische Röhre) in die Seitenwand, wo im Bereich der Tubenöffnung jeweils eine Tubenmandel (Tonsilla tubaria) ausgebildet ist.

Mundrachen
Der Mundrachen erstreckt sich vom Gaumensegel (Velum palatinum) bis zum Kehldeckel (Epiglottis). Über die Schlundenge (Isthmus faucium), die dem Verlauf des vorderen Gaumenbogens (Arcus palatoglossus) entspricht, ist der Mundrachen gegenüber der Mundhöhle abgegrenzt. Zwischen den beiden Gaumenbögen liegen die Gaumenmandeln (Tonsillae palatinae). Unterhalb der Schlundenge befindet sich der Zungengrund mit der unpaaren Zungenmandel (Tonsilla lingualis). Die Schleimhaut des Mundrachens ist mit mehrschichtig unverhorntem Plattenepithel überzogen und enthält muköse Drüsen (Glandulae pharyngeae), die den Gleitspeichel sezernieren.

Kehlrachen
Er erstreckt sich vom freien Rand des Kehldeckels bis zum Ringknorpel (Cartilago cricoidea), in dessen Höhe die Speiseröhre beginnt. An der vorderen Wand liegen die Kehlkopföffnung (Aditus laryngis) und darunter die Rückfläche des Ringknorpels. Der Kehlrachen bildet zu beiden Seiten des Kehlkopfes eine trichterförmige Schleimhauttasche (Recessus piriformis), die lateral von der Schildknorpelplatte begrenzt wird.
Auch der Kehlrachen ist mit mehrschichtig unverhorntem Plattenepithel ausgekleidet und enthält Schleimdrüsen.

Rachenmuskulatur

Die Rachen- oder Schlundmuskeln sind quergestreifte Muskeln und unterliegen somit der Willkürmotorik. Zu ihnen gehören

- die Schlundschnürer und
- die Schlundheber.

Schlundschnürer
Die Muskelfasern der drei Schlundschnürer vereinigen sich hinten in einer vom Hinterhauptsbein des Schädels nach unten verlaufenden Bindegewebsnaht (Raphe pharyngis). Man unterscheidet einen oberen, mittleren und unteren Schlundschnürer (Musculus constrictor pharyngis superior, medius und inferior).

Schlundheber
Die drei vertikal verlaufenden Schlundheber strahlen von oben in die seitliche Rachenwand ein. Zu ihnen gehören der Griffelfortsatzrachenmuskel (M. stylopharyngeus), der Gaumenrachenmuskel (M. palatopharyngeus) und der schwach ausgebildete Ohrtrompetenrachenmuskel (M. salpingopharyngeus).

Merke **Die Schlundschnürer verengen das Rachenlumen und die Schlundheber verkürzen den Rachen, wobei sie das Zungenbein und den Kehlkopf mit anheben.**

Bindegewebsraum

Der Rachen wird seitlich und hinten von einem Bindegewebsraum begrenzt. Der seitlich gelegene heißt Spatium parapharyngeum und enthält die innere Drosselvene, innere Halsschlagader, den Eingeweidenerv, Zungenschlundnerv und den Zungenmuskelnerv. Er hat

Lagebeziehungen zur Gaumenmandel. Zwischen der hinteren Rachenwand und der tiefen Halsfaszie befindet sich das Spatium retropharyngeum, in dem vor allem Blutgefäße und Lymphbahnen verlaufen. Die Bindegewebsräume ermöglichen die Bewegungen des Rachens während des Schluckaktes und erstrecken sich von der Schädelbasis bis in das hintere Mittelfell.

Merke **Über diese Bindegewebsräume breiten sich Entzündungsprozesse aus, die das Gehirn oder Mittelfell erreichen können.**

5.2.1.3. Speiseröhre

Allgemeines

Die Speiseröhre (Ösophagus, Esophagus) ist ein muskulärer Schlauch, der je nach Körpergröße zwischen 20 und 30 cm Länge variiert und einen Durchmesser von etwa 1cm aufweist. Sie liegt im Mittelfellraum hinter der Luftröhre (Trachea) und vor der Wirbelsäule (Columna vertebralis), und sie verbindet den Rachen mit dem Magen.

Abschnitte

Die Speiseröhre beginnt unter dem Ringknorpel in Höhe des VI. Halswirbels mit dem Ösophagusmund und endet am Mageneingang (Pars cardiaca). In ihrem Verlauf werden drei Abschnitte unterteilt:

- der Halsteil (Pars cervicalis),
- der Brustteil (Pars thoracica) und
- der Bauchteil (Pars abdominalis).

Halsteil
Er liegt hinter der Luftröhre der Halswirbelsäule an und besitzt einen runden Querschnitt. Dieser Abschnitt ist etwa 8 cm lang, beginnt am sechsten Halswirbel (C VI) und endet am ersten Brustwirbel (Th I).

Brustteil
Der Brustabschnitt verläuft durch das hintere Mittelfell (Mediastinum posterius), entfernt sich zunehmend von der Wirbelsäule, überkreuzt die absteigende Körperschlagader (Aorta descendens) und zieht hinter dem linken Hauptbronchus sowie dem Herzbeutel leicht spiralförmig abwärts. Der Brustteil der Speiseröhre ist etwa 16 cm lang und reicht vom ersten Brustwirbel bis zum Durchtritt durch das Zwerchfell.

Bauchteil
Dieser etwa 1 - 3 cm kurze Abschnitt beginnt am Durchtrittsloch im Zwerchfell (Foramen oesophageum) und endet am Mageneingang (Pars cardiaca).

Engen

Die Speiseröhre besitzt, bedingt durch die unmittelbare Nachbarschaft der Organe, drei physiologische Engstellen. Zu diesen gehören

- die Ringknorpelenge,
- die Aortenenge und
- die Zwerchfellenge.

Ringknorpelenge
Sie entspricht dem Ösophagusmund und ist bezüglich der Lumenweite die engste Stelle. Durch einen Ringmuskel, dem oberen Ösophagussphinkter, wird der Wandtonus in diesem Bereich reguliert.

Aortenenge
Diese mittlere Speiseröhrenenge wird durch den Aortenbogen hervorgerufen, der gemeinsam mit dem linken Hauptbronchus den Ösophagus komprimiert. Der Durchmesser beträgt 12 bis 13mm und kann auch mechanisch nicht erweitert werden.

Zwerchfellenge
Sie wird durch die zirkulär verlaufenden Muskelzüge des unteren Ösophagussphinkter hervorgerufen. Er verhindert, daß Mageninhalt in die Speiseröhre zurückfließen kann.

Merke **Entzündungen und Tumoren der Speiseröhre treten bevorzugt an den Engstellen auf.**

Wandaufbau

Die Schichten der Ösophaguswand entsprechen weitgehend den Wandschichten der restlichen Abschnitte des Verdauungstraktes. Von innen nach außen werden folgende Schichten unterschieden:

- die Schleimhaut (Tunica mucosa),
- die Unterschleimhaut (Tela submucosa),
- die Muskelschicht (Tunica muscularis) und
- die Hüllschicht (Tunica adventitia)

Schleimhaut
Auf Grund der starken mechanischen Beanspruchung trägt die Grenzschicht gegenüber dem Speiseröhrenlumen ein mehrschichtig unverhorntes Plattenepithel. Unter dieser Epithelschicht (Lamina epithelialis) der Schleimhaut befindet sich das gefäßführende Schleimhautbindegewebe (Lamina propria), welches die Epithelschicht mit der dünnen Schleimhautmuskelschicht (Lamina muscularis mucosae) verbindet. Dadurch erhält die Schleimhaut eine geringe Eigenbeweglichkeit, was die Verletzungsgefahr beim Schlucken spitzer oder kantiger Bissen herabsetzt.

Merke **Die Schleimhaut besteht aus einer Epithelschicht (Lamina epithelialis), einer Bindegewebsschicht (Lamina propria) und einer Muskelschicht (Lamina muscularis), die glatte Muskelzellen enthält.**

Unterschleimhaut
Als Verschiebeschicht zwischen Schleimhaut und Muskulatur besteht sie vorwiegend aus kollagenem Bindegewebe und enthält Nerven, Gefäße sowie muköse Drüsen (Gll. oesophageae). Sie bilden den Schleimüberzug auf dem Ösophagusepithel.

Muskelschicht
Sie gliedert sich in eine innere Ringmuskulatur (Stratum circulare) und eine äußere Längsmuskulatur (Stratum longitudinale). Die Muskularis der Speiseröhre besteht im oberen Drittel aus Skelettmuskulatur und im weiteren Verlauf aus glatter Muskulatur.

Hüllschicht
Es ist eine lockere Bindegewebshülle (Adventitia), welche die Speiseröhre mit der Umgebung verschieblich verbindet. Lediglich in ihrem kurzen Verlauf im Bauchabschnitt wird die Adventitia vom Bauchfell (Tunica serosa) bedeckt.

Gefäß- und Nervenversorgung

Die Blutversorgung der Speiseröhre erfolgt, bedingt durch ihren Verlauf vom Hals- bis in den Bauchraum, über verschiedene Arterienäste. Im Halsteil erhält sie Äste von der unteren Schilddrüsenarterie (A. thyroidea inferior), im Brustteil ziehen Äste (Rami oesophagei) aus der Brustaorta zur Speiseröhre, und im Bauchteil wird sie von Abzweigungen der Zwerchfellarterie (A. phrenica inferior) sowie der linken Magenarterie (A. gastrica sinistra) versorgt. Die Venen der Speiseröhre (Vv. oesophageae) bilden ein Venengeflecht. Das venöse Blut der oberen zwei Drittel der Speiseröhre fließt aus dem Venengeflecht über Zwischenvenen in die obere Hohlvene. Die Venen des unteren Drittels haben über die Magenvenen Verbindung zur Pfortader. Damit besteht eine Anastomose zwischen der oberen Hohlvene und der Pfortader.

Merke **Bei Pfortaderstau können sich die Venen der Speiseröhre zu Krampfadern (Ösophagusvarizen) erweitern.**

Die Lymphabflüsse erfolgen u.a. über die tiefen Halslymphknoten (Nll. cervicales profundi), die Luftröhrenlymphknoten (Nll. paratracheales) und die Magenlymphknoten (Nll. gastrici).

Die nervöse Versorgung erfolgt über ein Nevengeflecht, das die Speiseröhre umgibt (Plexus oesophageus). Dieses enthält Nervenfasern des parasympathischen Nervus vagus und des sympathischen Grenzstranges, dessen Äste zwischen den Wirbelkörpern austreten und horizontal zur Speiseröhre ziehen. Zwischen den Muskelschichten liegen Ganglienzellen des Plexus myentericus (Auerbach-Plexus) und unter der Schleimhaut Ganglienzellen des Plexus submucosus (Meissner-Plexus). Beide Geflechte gehören zum vegetativen Nervensystem.

5.2.2. Physiologie von Mundhöhle, Rachen und Speiseröhre

Allgemeines

Die Aufgaben der oberen Abschnitte des Verdauungstraktes liegen vorrangig in der mechanischen Zerkleinerung, im Transport und in der teilweisen chemischen Aufspaltung der Nahrung. Über die Mundhöhle wird die Nahrung aufgenommen, durch Beißen und Kauen zerkleinert und für den Weitertransport vorbereitet. Um die Durchmischung mit Speichel ausreichend zu gewährleisten, sind Zungenbewegungen und Bewegungen der Kaumuskeln notwendig. Gleichzeitig werden auch die Geschmacksqualitäten der Nahrungsbestandteile über die rezeptiven Felder der Zunge festgestellt und geprüft. Der Schluckakt leitet den Weitertransport der zerkleinerten Nahrungsbestandteile über die Speiseröhre ein, deren rege Peristaltik den Nahrungstransport in Richtung Magen ermöglicht.

Merke **In der Mundhöhle wird die Nahrung zerkleinert, mit enzymhaltigem Speichel durchmischt und durch die Bewegung der Zunge in Richtung Rachen gedrückt. Durch das Schlucken erfolgt der Weitertransport über den Rachen und die Speiseröhre.**

Kauen

Eine wichtige motorische Funktion der Mundhöhle ist die mechanische Zerkleinerung der aufgenommenen festen Nahrung. Beim Kauvorgang sind von physiologischer Bedeutung:

- die Schneidebewegung,
- die Mahlbewegung,
- die Kaukraft,
- der Kaudruck sowie
- die nervale Steuerung.

Schneidebewegung
Durch Öffnungs- und Schließbewegungen wird der Unterkiefer (Mandibula) gegen den Oberkiefer (Maxilla) bewegt. Feste Nahrung wird mit den Schneidezähnen in Stücke gebissen. Diese Bewegung erfolgt durch zwei von drei Kaumuskeln (Mm. masticatores), zu denen der eigentliche Kaumuskel (M. masseter) und der Schläfenmuskel (M. temporalis) gehören.

Mahlbewegung
Durch das Vor- und Zurückschieben sowie durch seitliche Bewegungen des Unterkiefers gegen den Oberkiefer wird die Nahrung mit den Mahlzähnen zermahlen und damit weiter zerkleinert. Für diese Bewegungsabläufe sind der hintere Teil des Schläfenmuskels und der seitliche Flügelmuskel (M. pterygoideus lateralis) zuständig. Um die Nahrung ständig zwischen die Backen- und Mahlzähne zu schieben, sind bei diesen Bewegungen auch die Zungen-, Wangen- und Mundbodenmuskeln beteiligt.

Kaukraft
Das ist die gesamte Kraft, welche von allen Kaumuskeln entfaltet wird. Eine Kraftentwicklung von bis zu 2000 N (Newton) ist theoretisch möglich.

Kaudruck
Der Kaudruck ist abhängig von den Zahngrößen und der Belastbarkeit des Zahnhalteapparates. Es ist der Druck, der als Anteil der Kaukraft beim Zusammenbeißen der Zähne auf 1 cm^2 Zahnfläche entfällt. Der Kaudruck, der auf einen Molaren ausgeübt wird, beträgt etwa 400 - 500 N/cm^2.

Nervale Steuerung
Zu den Nerven des Kauapparates gehören der N. mandibularis, der N. facialis und der N. hypoglossus. Der N. mandibularis ist der dritte Ast des V. Hirnnervs und versorgt motorisch die Kaumuskulatur. Der N. facialis (VII. Hirnnerv) innerviert motorisch den Wangenmuskel (M. buccinator), und der N. hypoglossus (XII. Hirnnerv) die Zungenmuskeln. Als Koordinationszentrum steuert das im verlängerten Rückenmark (Medulla oblongata) gelegene Kauzentrum die Bewegungen. Rezeptoren in der Wangenmuskulatur überwachen Tonusveränderungen und passen den Kaudruck entsprechenden Widerständen an.

Speichel – Speichelsekretion

Die Menge des in den großen und kleinen Mundspeicheldrüsen produzierten Speichels beträgt etwa 0,5 - 1,5 Liter pro Tag und seine Zusammensetzung ist von der Art der Nahrung abhängig. Im Folgenden sollen näher betrachtet werden:

- die Zusammensetzung des Speichels,
- die Funktionen des Speichels und
- die Steuerung der Speichelsekretion.

Zusammensetzung des Speichels
Der Speichel enthält zu 99 % Wasser und zu einem Prozent gelöste Anteile. Zu diesen gehören:

- Schleimstoffe,
- Enzyme,
- anorganische Ionen und
- Fluoride.

Schleimstoffe
Die Schleimstoffe dienen als Vermittler der Gleitfähigkeit des im Mund geformten Bissens (Bolus) und erleichtern gleichzeitig das Sprechen und das Kauen. Der wichtigste Schleimstoff ist das von den mukösen Drüsen produzierte Muzin, was hauptsächlich aus Glykoproteinen besteht.

Enzyme
Dazu zählt das kohlenhydratspaltende Ptyalin, eine α-Amylase, die fast ausschließlich von der Ohrspeicheldrüse (Gl. parotidea) sezerniert wird.

Weiterhin ist im Speichel eine nichtspezifische Lipase enthalten, die von den v. Ebner-Drüsen (Gll. serosae) am Zungengrund gebildet wird. Das bakterizid wirkende Lysozym unterstützt die Infektionsabwehr im Mundraum.

Anorganische Ionen
Neben Natriumionen (Na^+), Kaliumionen (K^+), Chloridionen (Cl^-) und Kalziumionen (Ca^{2+}) enthält der Speichel Bikarbonationen (HCO_3^-), die durch eine Pufferfunktion den pH-Wert zwischen 7,0 und 8,0 regulieren. Dadurch ist der Speichel leicht alkalisch und hypoton.

Fluoride
Sie dienen dem Schutz des Zahnschmelzes und somit der Kariesprävention.

Funktionen des Speichels
Der Speichel ist notwendig für das Gleit- und Schluckfähigmachen fester Bissen, für die orale Hygiene durch Reinigung der Mundhöhle, für die Rezeption von Geschmacksreizen und für eine teilweise Aufspaltung der Kohlenhydrate.
Da der enzymatische Kontakt mit der Nahrung nur relativ kurzzeitig in der Mundhöhle erfolgt, liegt die Hauptaufgabe der Amylase mehr im Abbau der zwischen den Zähnen hängengebliebenen Nahrungsreste.
Die in den v. Ebner-Drüsen gebildete Lipase ist v.a. für den Säugling wichtig, da er durch dieses Enzym das Milchfett bereits im Magen verdauen kann.

Steuerung der Speichelsekretion
Auch in Ruhe erfolgt eine geringe basale Speicheldrüsensekretion. Im Schlaf ist der Speichelfluß besondes niedrig. Auslösende Reize für die verstärkte Sekretion sind der Nahrungskontakt mit der Mundschleimhaut, Geruchs- und Geschmacksreize aber auch visuelle und gedankliche Reizeinwirkungen lösen reflektorisch den Speichelfluß aus.
Die Speichelsekretion wird durch das vegetative Nervensystem gesteuert.

Dabei unterliegt die Sekretion einer Doppelinnervation durch

- den Sympathikus und
- den Parasympathikus.

Sympathikus
Über die sympathischen Fasern wird die Sekretion eines wasserarmen, viskösen Speichels ausgelöst. Hierzu zählt auch die Bildung von muzinreichem Schleim.

Parasympathikus
Die Erregung des Parasympathikus führt zur Absonderung von dünnflüssigem Speichel.

Schluckakt

In der Mundhöhle beginnt der Nahrungstransport mit dem Schluckakt, wobei der Bissen über den Rachen in die Speiseröhre befördert wird. Der Schluckakt wird in drei Phasen unterteilt, bei denen nur die erste willkürlich beeinflußt werden kann. Zu den Phasen zählen:

- die orale Phase,
- die pharyngeale Phase,
- die ösophageale Phase.

Orale Phase
Bei dieser einleitenden Phase wird der Bissen mit Hilfe der am Kauen beteiligten Muskulatur und der Zunge in Richtung Rachen gedrückt. Berührt der Bissen die Gaumenbögen, die hintere Rachenwand oder den Zungengrund, wird der Schluckreflex ausgelöst. Es findet dann der Übergang zur unwillkürlichen und reflektorischen Schluckbewegung statt.

Pharyngeale Phase
Die zweite Phase läuft in Form eines Fremdreflexes ab. Durch die Reizung von Berührungsrezeptoren im Rachenraum wird die Muskulatur des Rachens aktiviert. Reflektorisch werden durch Vorwölbung der hinteren Rachenwand und Heben des Gaumensegels der Nasenrachenraum und durch das Umklappen des Kehldeckels der Kehlkopfeingang verschlossen. Dabei wird der Kehlkopf leicht nach vorn angehoben, und die Atembewegungen werden kurzzeitig angehalten (Schluckapnoe).
Die Mundbodenmuskulatur drückt den Bissen in die Speiseröhre, der Kehlkopf senkt sich, und die Atmung setzt wieder ein.

Ösophageale Phase
Sowie der Bissen den Ösophagusmund erreicht hat, öffnet sich der obere Ösophagussphinkter. Nach dem Durchtritt des Bissens schließt er sich, und durch Reizung der Ösophagusschleimhaut wird eine peristaltische Kontraktionswelle, die vom Halsteil des Ösophagus bis zum unteren Ösophagussphinkter verläuft, ausgelöst.
Die herannahende peristaltische Welle trifft auf einen geöffneten unteren Ösophagussphinkter, so daß der Bissen in den Magen eintreten kann. Danach schließt er sich wieder und verhindert so den Rückfluß von Mageninhalt in den Ösophagus.
Für den Normalablauf der Ösophagusperistaltik sowie der Verschluß- und Öffnungsfunktion des unteren Ösophagussphinkters sind der N. vagus und das vegetative Nervengeflecht (Plexus myentericus) verantwortlich. Letzteres befindet sich in der glatten Muskelschicht des Ösophagus.
Die Transportgeschwindigkeit der abgeschluckten Bissen hängt von deren Konsistenz und der Körperlage ab. Flüssigkeiten erreichen den Magen in senkrechter Körperposition nach etwa einer Sekunde und feste Bissen nach 4 - 8 Sekunden. Wird nicht geschluckt, dann sind beide Ösophagussphinkteren geschlossen. Der obere Sphinkter, eine 2 - 4 cm lange tonische Hochdruckzone, verhindert das Eindringen von Luft in den Ösophagus. Der untere Ösophagussphinkter, eine weitere Hochdruckzone, verhindert den Rückfluß (Reflux) von Mageninhalt in den Ösophagus.

Merke

Bei einer bestehenden Insuffizienz des unteren Ösophagussphinkters wird die Ösophagusschleimhaut durch das Zurückfließen des Magensaftes geschädigt, und es kann sich eine Reflux-Ösophagitis entwickeln

Zusammenfassung

Mundhöhle	Sie dient der Nahrungsaufnahme. Vor den Zahnreihen liegt der Mundvorhof, dahinter die eigentliche Mundhöhle mit der Zunge. Der gesamte Mundhöhlenraum ist mit Schleimhaut ausgekleidet.
Lippen	Die äußere Lippenhaut enthält Schweißdrüsen, Talgdrüsen und eine Terminalbehaarung. Die innere Lippenhaut besteht aus einer Schleimhaut. Den Übergang zwischen beiden Abschnitten bildet das Lippenrot mit einem sehr dünnen Epithel und durchscheinenden Blutkapillaren.
Mundvorhof	Das ist der Raum zwischen den Zähnen und den Lippen bzw. den Wangen. Oben und unten ziehen die Lippenbändchen zur Schleimhaut. In der seitlichen Unterschleimhaut liegen die Wangendrüsen. In Höhe der zweiten oberen Mahlzähne münden die Ausführungsgänge der Ohrspeicheldrüsen.
Zähne	Sie bilden in ihrer Gesamtheit das Gebiß mit 32 bleibenden Zähnen beim Erwachsenen und 20 Milchzähnen beim Kind.
Zahngruppen	Das sind die in einer Zahnbogenhälfte befindlichen Zähne nach der Zahnformel 2-1-2-3.
Einzelzähne	Zu ihnen gehören: Schneidezähne, Eckzähne, Vormahlzähne und Mahlzähne.
Zahnteile	Jeder Zahn besteht aus einer Zahnkrone, einem Zahnhals, einer Zahnwurzel und einer Zahnhöhle.
Zahngewebe	Diese werden in Hartgewebe (Zahnschmelz, Zahnbein, Zahnzement) sowie in Weichgewebe (Zahnmark) unterteilt.
Zahnhalteapparat	Er verbindet den Zahn mit dem Kieferknochen. Zum Zahnhalteapparat gehören das Zahnfleisch, die Wurzelhaut, das Zahnzement und die Alveolarknochen.
Mundboden	Er wird von den oberen Zungenbeinmuskeln gebildet und ist mit Schleimhaut überzogen. Auf ihm liegt die Zunge.
Mundspeicheldrüsen	Sie werden in große und kleine Mundspeicheldrüsen unterteilt. Zu den ersteren gehören die Ohrspeicheldrüse, die Unterkieferspeicheldrüse sowie Unterzungenspeicheldrüse. Die kleinen Drüsen sind über die gesamte Mundschleimhaut verteilt.
Zunge	Sie ist ein mit Schleimhaut überzogener Muskelkörper mit großer Beweglichkeit. Die Zunge hilft bei der Nahrungszerkleinerung, formt die Bissen, leitet den Schluckakt ein, dient der Geschmacks- und Tastempfindung und ist an der Lautbildung beteiligt.
Zungenpapillen	Sie sind je nach Art auf der Schleimhaut lokalisiert und enthalten zum Teil Geschmacksknospen und Tastrezeptoren. Man unterscheidet Wallpapillen, Pilzpapillen, Fadenpapillen und Blattpapillen.
Zungenmuskeln	Es sind ausschließlich quergestreifte Muskeln, die als Binnenmuskeln ihren Ursprung und Ansatz in der Zunge haben und als äußere Zungenmuskeln von den Knochen des Kopfskeletts in die Zunge einstrahlen.

Gaumen Er bildet das mit Schleimhaut überzogene Mundhöhlendach und wird in den vorderen harten und hinteren weichen Gaumen unterteilt. Den harten Gaumen bilden der Oberkieferknochen und das Gaumenbein. Den weichen Gaumen bildet die Muskulatur des Gaumensegels.

Rachen Der Rachen oder Schlund stellt ein mit Schleimhaut ausgekleidetes Muskelgewölbe mit drei Etagen dar. Der obere Nasenrachenraum ist mit respiratorischem Epithel überzogen, darunter schließen sich der Mund- und Kehlrachen an.

Bindegewebsräume Zwischen der Rachenmuskulatur und der tiefen Halsfaszie liegen bindegewebige Verschiebeschichten, in denen z.T. Nerven, Gefäße, Lymphbahnen und Muskeln verlaufen. In diesen Räumen können sich leicht Krankheitsprozesse ausbreiten.

Speiseröhre Sie ist der Anfangsabschnitt des Magen-Darm-Kanals, besitzt einen Halsteil, einen Brustteil, einen Bauchteil und hat ausschließlich Transportfunktionen. Die stark beanspruchte Schleimhaut besteht aus mehrschichtig unverhorntem Plattenepithel.

Speiseröhrenengen Bedingt durch ihren Verlauf sind eine Ringknorpelenge, eine Aortenenge und eine Zwerchfellenge ausgebildet.

Physiologie

Kaubewegungen Dazu gehören Schneide- und Mahlbewegungen, die durch die kräftigen Kaumuskeln ermöglicht werden.

Speichel Der Mundspeichel enthält Schleimstoffe für die Erhöhung der Nahrungsgleitfähigkeit, Enzyme für die Kohlenhydratspaltung, Wasser für die Reinigung der Mundhöhle sowie Elektrolyte und Fluoride.

Ptyalin Ptyalin ist eine im Speichel enthaltene kohlenhydratspaltende α-Amylase.

Muzin Muzin ist ein aus Glykoproteinen bestehender Schleimstoff.

Lysozym Darunter versteht man ein bakterientötendes Enzym.

Schluckakt Das ist eine zu einem Drittel willkürlich und zu zwei Drittel unwillkürlich verlaufende Transportbewegung, wobei der Bissen aus dem Mundraum über die Speiseröhre in den Magen befördert wird.

Schluckreflex Das ist eine durch mechanische Reizung der Rachenschleimhaut und des Zungengrundes ausgelöste reflektorische Kontraktion der Rachenmuskulatur bei gleichzeitigem Verschluß des Nasenrachenraums und des Kehlkopfes.

Schluckphasen Es werden eine orale, eine pharyngeale und eine ösophageale Phase unterschieden. Nur die erste Phase unterliegt der Willkür.

5.3. Magen

5.3.1. Lage und Bau

Allgemeines

Der Magen (griech. gaster; lat. ventriculus) ist ein Organ des Oberbauchs und stellt eine sackartige Erweiterung des Verdauungskanals dar. Der größte Teil des Magens liegt im linken Oberbauch unter der linken Zwerchfellkuppel und hinter dem linken Rippenbogen.
Der Oberbauch wird nach oben vom Zwerchfell und nach unten vom querliegenden Teil des Grimmdarms (Colon transversum) begrenzt. Der Zwölffingerdarm (Duodenum), die Leber (Hepar), die Bauchspeicheldrüse (Pankreas) und die Milz (Lien) sind weitere Organe des Oberbauchs. Da der Oberbauch zwei Drüsenorgane (Hepar, Pankreas) enthält, bezeichnet man ihn auch als Drüsenbauch.
Der Magen wird allseitig vom Eingeweideblatt des Bauchfells (Peritoneum viscerale) umgeben. Organe, die diese Bauchfellbeziehung aufweisen, liegen innerhalb des Bauchfells und somit intraperitoneal.

Zwischen dem Magen und den nachfolgenden Organen bestehen Bandverbindungen. Zu diesen zählen

- das Leber-Magen-Band (Ligamentum hepatogastricum),
- das Magen-Milz-Band (Ligamentum gastrolienale) und
- das Magen-Grimmdarm-Band (Ligamentum gastrocolicum).

Die Form des Magens entspricht im Stehen einem Angelhaken und im Liegen einem Stierhorn. Sie ist auch abhängig vom Füllungszustand, vom Alter und Geschlecht.

Magenäußeres

Am Magen unterscheidet man folgende Abschnitte:

- Mageneingang (Pars cardia),
- Magengewölbe (Fundus ventriculi),
- Magenkörper (Corpus ventriculi),
- Magenpförtner (Pylorus ventriculi),
- große Magenkrümmung (Curvatura ventriculi major),
- kleine Magenkrümmung (Curvatura ventriculi minor).

Mageneingang
Der Mageneingang ist die direkte Fortsetzung der Speiseröhre. Er liegt in Höhe des 10. Brustwirbels und projiziert sich auf den Knorpel der 7. Rippe. Dieser Anfangsteil des Magens wird vorn vom linken Leberlappen überlagert.

Magengewölbe
Die Speiseröhre mündet nicht an der höchsten Stelle des Magens ein, sondern rechts daneben. Das Magengewölbe liegt links vom Mageneingang und ragt über diesen hinweg bis unter die linke Zwerchfellkuppel. Im Magengewölbe sammelt sich die verschluckte Luft. Links vom Magengewölbe befindet sich die Milz.

Magenkörper
Der Magenkörper stellt den Hauptanteil des Magens dar und verläuft mehr senkrecht. Mit einem scharfen Knick (Incisura angularis) geht der Magenkörper in einen waagerechten Teil (Pars pylorica) über.

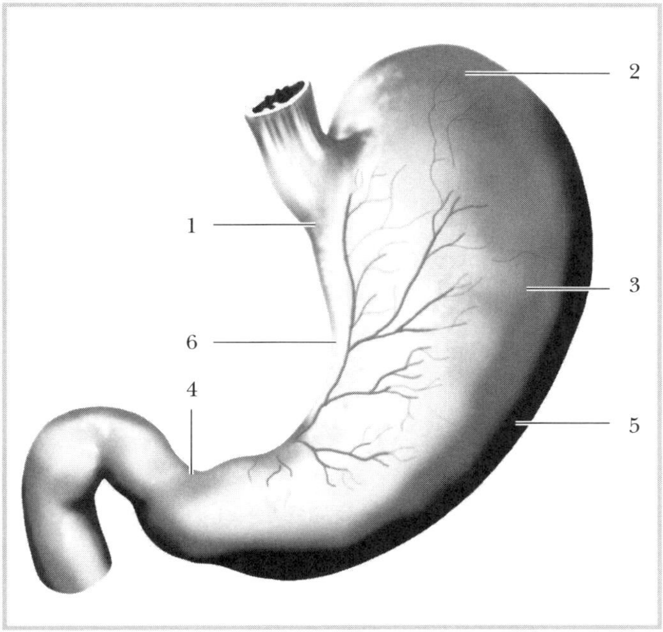

Abb. 65 Vorderansicht des Magens

1 Mageneingang (Pars cardiaca)
2 Magengewölbe (Fundus ventriculi)
3 Magenkörper (Corpus ventriculi)
4 Magenpförtner (Pylorus)
5 große Magenkrümmung (Curvatura ventriculi major)
6 kleine Magenkrümmung (Curvatura ventriculi minor)

Magenpförtner
Der Magenpförtner stellt den Übergang vom Magen zum Zwölffingerdarm dar. Seine Grundlage ist ein Ringmuskel (Musculus sphincter pylori). Der Magenpförtner befindet sich rechts von der Mittellinie in Höhe des 1. und 2. Lendenwirbels und wird vorn von der Leber überlagert.

Große Magenkrümmung
Die große Magenkrümmung verläuft vom Magengewölbe zum Magenpförtner. Sie steht über Bänder mit der Milz (Lig. gastrolienale) und dem querliegenden Teil des Grimmdarms (Lig. gastrocolicum) in Verbindung.

Kleine Magenkrümmung
Die kleine Magenkrümmung verläuft vom Mageneingang zum Magenpförtner. Sie steht über das Leber-Magen-Band (Lig. hepatogastricum) mit der Leber in Verbindung.

Mageninneres

Die innere Magenoberfläche wird von einer Schleimhaut (Tunica mucosa) ausgekleidet, die gewundene Falten in Längsrichtung aufweist. Am Magengewölbe sind sie weniger ausgeprägt. An der kleinen Magenkrümmung liegen mehrere gerade verlaufende Schleimhautfalten parallel nebeneinander. Sie verbinden den Mageneingang mit dem Magenpförtner auf dem kürzesten Wege und bilden die sogenannte „Magenstraße".
Wird die Schleimhaut unter Lupenvergrößerung betrachtet, dann werden an deren Oberfläche Felderungen (Areae gastricae) sichtbar, in denen sich zahlreiche Magengrübchen (Foveolae gastricae) befinden. In jedes Grübchen münden mehrere schlauchförmige Magendrüsen.

Wandaufbau

Die Wand des Magens läßt folgende Schichtung erkennen:

- Schleimhaut (Tunica mucosa),
- Unterschleimhaut (Tela submucosa),
- Muskelschicht (Tunica muscularis),
- Eingeweideblatt (Peritoneum viscerale).

Schleimhaut
Unter mikroskopischer Betrachtung besteht die Schleimhaut, die die innere Magenoberfläche überzieht, aus einem einreihigen hochprismatischen Epithel, dessen Zellen Schleim produzieren. Dieses Epithel kleidet auch die Magengrübchen aus.
Vom Grund der Magengrübchen senken sich schlauchförmige Drüsen in das aus lockeren Fasern bestehende Schleimhautbindegewebe (Lamina propria mucosae) ein.
Dieses Bindegewebe befindet sich unter dem hochprismatischen Epithel, enthält Blutgefäße, Lymphgefäße, vegetative Nervenfasern und Lymphfollikel. Von dieser Schicht wird das hochprismatische Epithel ernährt.
Die Schleimhautmuskelschicht (Lamina muscularis mucosae) grenzt die Schleimhaut von der Unterschleimhaut ab und ermöglicht der Schleimhaut eine gewisse Eigenbeweglichkeit.

Unterschleimhaut
Diese Schicht ist eine aus lockerem Bindegewebe bestehende Verschiebeschicht, die die Schleimhaut mit der Muskelschicht verbindet. In ihr verlaufen Blutgefäße, Lymphgefäße sowie Nerven.

Muskelschicht
Die glatte Muskulatur des Magens besteht aus drei Schichten. Dazu zählen

- die innere schrägverlaufende Schicht (Fibrae obliquae),
- die mittlere Ringmuskelschicht (Stratum circulare) und
- die äußere Längsmuskelschicht (Stratum longitudinale).

Schrägverlaufende Muskelschicht
Diese Muskelschicht verläuft vom Magengewölbe schräg absteigend. Die Innenseite der kleinen Magenkrümmung wird dabei freigelassen.

Ringmuskelschicht
Die Ringmuskelschicht umgibt den ganzen Magen und nimmt zum Magenpförtner hin an Dicke zu und bildet hier den kräftigen Ringmuskel (M. sphincter pylori).

Längsmuskelschicht
Sie ist an beiden Magenkrümmungen verdichtet und bildet im waagerechten Teil (Pars pylorica) des Magens eine geschlossene Längsschicht.

Eingeweideblatt
Der Magen wird außen vom Eingeweideblatt überzogen, das auch als Serosa bezeichnet wird.

Merke

Der Magen wird allseitig von einer Serosa umgeben, liegt somit intraperitoneal und besteht aus einer:

- **Schleimhaut,**
- **Unterschleimhaut,**
- **Muskelschicht und**
- **Serosa.**

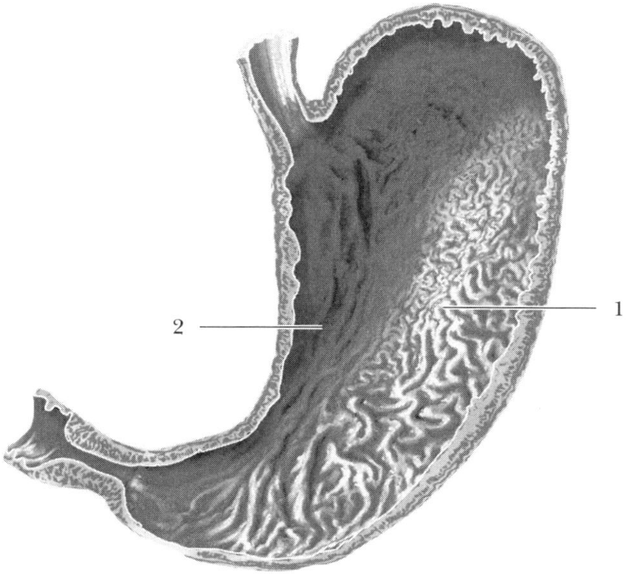

Abb. 66 Schleimhaut des Magens

1 gewundene Falten in Längsrichtung
2 gerade verlaufende Schleimhautfalten („Magenstraße")

Magendrüsen

Die schlauchförmigen Magendrüsen (Glandulae gastricae) werden unterteilt in

- spezifische Drüsen und
- unspezifische Drüsen.

Spezifische Drüse

Zu diesen unverzweigten schlauchförmigen Drüsen gehören die Haupt- bzw. Fundusdrüsen. Diese Drüsen bestehen aus den folgenden Zellarten:

- Hauptzellen,
- Belegzellen und
- Nebenzellen.

Hauptzellen

Diese serösen Drüsenzellen bilden das eiweißspaltende Pepsinogen.

Belegzellen

Diese Zellen sind größer als die Haupt- und Nebenzellen. Sie sind für die Bildung der Salzsäure verantwortlich. Die Belegzellen synthetisieren ein Glykoprotein (Intrinsic factor), das entscheidend für die Resorption von Vitamin B_{12} ist.

Nebenzellen

Die Nebenzellen beteiligen sich an der Bildung des Magenschleims.

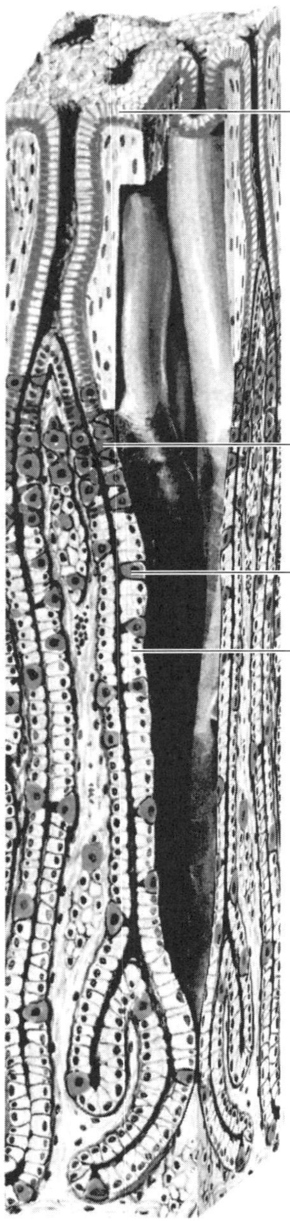

Abb. 67 Fundusdrüsen des Magens

1 Hauptzellen
2 Belegzellen
3 Nebenzellen
4 Schleimhautepithel

Unspezifische Drüse
Zu diesen Drüsen gehören:

- Kardiadrüsen und
- Pylorusdrüsen.

Kardiadrüsen
Die Kardiadrüsen sind verzweigte schlauchförmige Drüsen. Sie bilden neutrale Schleimstoffe, die dem Magensaft beigemischt werden.

Pylorusdrüsen
Es sind verzweigte schlauchförmige Drüsen, die neben schleimproduzierenden auch hormonproduzierende Drüsenzellen besitzen. Letztere synthetisieren das die Salzsäureproduktion stimulierende Hormon Gastrin.

Merke **Der Magenschleim wird vom Oberflächenepithel, von den Nebenzellen der Fundusdrüsen und von den Kardiadrüsen gebildet. Er schützt den Magen vor der aggressiven Salzsäurewirkung.**

Gefäß- und Nervenversorgung

Die Stämme der Magenarterien und Magenvenen sind so angeordnet, daß sie bei den wechselnden Füllungszuständen des Magens und bei auftretenden Lageveränderungen des Organs weitgehend geschützt sind. Sie verlaufen bogenförmig entlang der großen und kleinen Magenkrümmung.
Die Magenarterien entspringen aus dem obersten unpaaren Gefäß der Bauchaorta, dem Truncus coeliacus. Dieser Stamm teilt sich in

- die gemeinsame Leberarterie (A. hepatica communis),
- die linke Magenarterie (A. gastrica sinistra) und
- die Milzarterie (A. lienalis).

Zwischen diesen Aesten bestehen zahlreiche Anastomosen, die eine optimale Magendurchblutung gewährleisten.

Die Magenvenen verlaufen gemeinsam mit den Magenarterien. Das venöse Blut gelangt in das Stromgebiet der Pfortader, welches über die Lebervenen Anschluß an die untere Hohlvene hat.
Die beiden Vagusnerven begleiten die Speiseröhre im Brustraum und treten mit ihr durch das Zwerchfell in die Bauchhöhle. Der rechte Nervus vagus bildet einen Stamm (Truncus vagalis anterior) und zieht zur vorderen Magenfläche, während der linke Nervus vagus einen Stamm (Truncus vagalis posterior) bildet, der zur hinteren Magenfläche zieht. Dieser paarige zum Parasympathikus zählende Nerv bildet mit sympathischen Nervenfasern das Magengeflecht.
Dieses Nervengeflecht ermöglicht eine den Erfordernissen angepaßte Magenmotorik und Magensaftproduktion.

5.3.2. Magenphysiologie

Allgemeines

Der Magen speichert die geschluckte Nahrung und bildet den Magensaft. Dieser vermischt sich mit dem Mageninhalt und verändert ihn chemisch. Gegebenenfalls wird der Speisebrei mechanisch weiter zerkleinert und nach Abschluß der Verdauungsphase im Magen portionsweise an den Zwölffingerdarm abgegeben.

Physiologisch finden im Magen folgende Vorgänge statt:

- Magenmotorik,
- Magensaftsekretion.

Magenmotorik

Die Magenmotorik dient folgenden Hauptfunktionen:

- der Nahrungsspeicherung,
- dem Durchmischen und Zermahlen der Nahrung,
- der zeitgerechten Entleerung der Nahrung.

Nahrungsspeicherung
Die Wände des leeren Magens liegen dicht aneinander. Bei der Aufnahme der abgeschluckten Bissen paßt sich die Magenwand in ihrer Grundspannung (Tonus) dem jeweiligen Füllungsvolumen an. Zunächst erhöht sich der Mageninnendruck trotz steigenden Volumens nur wenig. Diese Eigenschaft wird als Füllungsplastizität bezeichnet.

Merke **Sowie das Magenvolumen durch die Nahrungsaufnahme zunimmt, hält eine reflektorische Erschlaffung der Fundusmuskulatur den Mageninnendruck niedrig.**

Feste Nahrungsbestandteile lagern sich schichtweise übereinander. Aufgenommene Flüssigkeiten und Magensaft fließen an der Außenseite in den unteren Magenabschnitt. Ab einem gewissen Füllungsvolumen beginnen rhythmisch-tonische Kontraktionen der Fundusmuskulatur auf den Mageninhalt einen Druck auszuüben. Dieser bewegt den Mageninhalt langsam pyloruswärts.

Durchmischen und Zermahlen der Nahrung
Im Gegensatz zur Fundusmuskulatur besitzt die Muskulatur des Magenkörpers die Fähigkeit zur spontanen Erregungsbildung. Bei ausreichenden Erregungsbildungen treten regelmäßige Zyklen peristaltischer Kontraktionen auf, die im oberen Magenkörper beginnen. Sie breiten sich in Richtung auf den Pylorus aus. Sowie sich die Kontraktionswellen dem Pylorus nähern, schließt sich dieser. Dadurch wird der Mageninhalt zurückgeworfen. Dabei reiben sich die festen Nahrungsbestandteile aneinander, werden zerdrückt und zermahlen.

Merke **Der Pylorus schließt sich im allgemeinen im Rhythmus der Peristaltik. In den Zwischenzeiten ist er offen.**

Zeitgerechte Entleerung der Nahrung
Bei ausreichender Zerkleinerung des Speisebreis (Partikelgröße unter 1mm³) tritt eine kleine Portion des Speisebreis (Chymus) im Vorfeld der ankommenden peristaltischen Wellen in den Zwölffingerdarm über.

Aufgenommene Flüssigkeit kann in den Phasen, in denen der Pylorus offen ist, in den Zwölffingerdarm gelangen. Voraussetzung ist, daß der Fundustonus größer ist als der Innendruck des Zwölffingerdarms. Unverdauliche größere und nicht zerkleinerbare Bestandteile des Chymus (Partikelgröße über 3 mm³) werden nach längerem Verweilen im Magen durch eine kräftige Peristaltik in den Zwölffingerdarm transportiert. Bei dieser Peristaltik bleibt der Pylorus offen.

Die Magenmotorik wird vom N. vagus und vom Sympathikus reguliert. Der N. vagus fördert die Peristaltik, während der Sympathikus diese hemmt. Gastrin, ein Hormon, das in der Magenschleimhaut gebildet wird, regt die Peristaltik an. Den gleichen Effekt übt das in der Schleimhaut des Zwölffingerdarms hergestellte Hormon Motilin aus. Sekretin, Somatostatin und Glukagon sind Hormone, die hemmend auf die Magenperistaltik wirken.

Magensaftsekretion

Die Drüsen des Magens sezernieren täglich etwa 2 - 3 l Magensaft. Im nüchternen Zustand ist die Magensaftsekretion niedrig. Die Sekretionsrate ist in der Verdauungsphase wesentlich höher und wird durch die Nahrungsaufnahme ausgelöst.
Die Magensaftbildung verläuft während der Verdauungsphase in drei Phasen, die sich zeitlich überschneiden. Zu diesen zählen

- die psychisch-nervale Phase,
- die Magenphase (gastrale Phase),
- die Dünndarmphase (intestinale Phase).

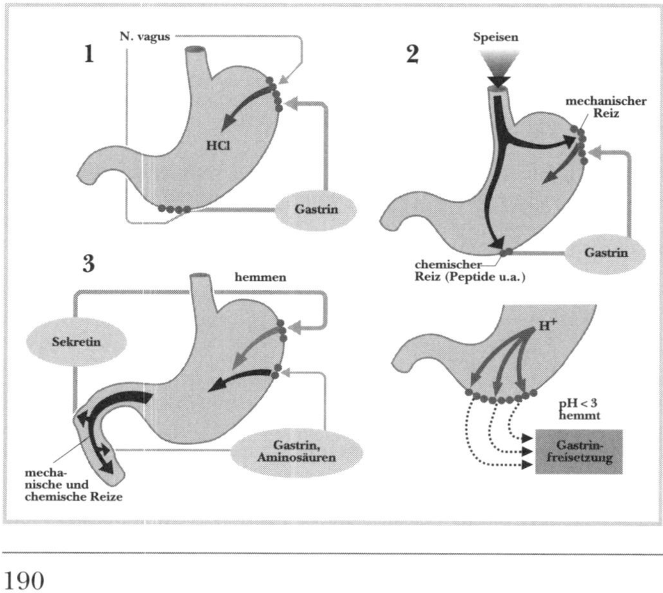

Abb. 68 Phasen der Magensaftsekretion

1 psychisch-nervale Phase (vagale Phase)
2 Magenphase (gastrale Phase)
3 Dünndarmphase (intestinale Phase)

Psychisch-nervale Phase
Sie wird durch das Sehen, Schmecken und Riechen der Nahrung ausgelöst. Erwartungen und Vorstellungen von der Nahrung führen ebenfalls zur Magensaftsekretion.
Die dadurch entstehenden Nervenimpulse werden, von verschiedenen Strukturen des ZNS ausgehend, über den Eingeweidenerv (N. vagus) zum Magen geleitet. Der N. vagus stimuliert die Beleg- und Hauptzellen im Fundus- und Korpusbereich über die Freisetzung von Acetylcholin zur unmittelbaren Salzsäure-und Pepsinogenbildung. Acetylcholin ist eine chemische Substanz, die in den synaptischen Bläschen des N. vagus hergestellt wird und die elektrische Erregung auf die Magendrüsen überträgt.
Der N. vagus stimuliert auch die G-Zellen der Pylorusdrüsen, die daraufhin das Hormon Gastrin freisetzen. Über den Blutweg gelangt dieses Gewebshormon zu den Beleg- und Hauptzellen des Fundus- und Korpusbereichs und regt diese zur Salzsäure- und Pepsinogenbildung an.

Merke **Die psychisch-nervale Phase dient der Vorbereitung des Magens auf die bevorstehende Nahrungsaufnahme. Bevor die Nahrung in den Magen gelangt, wird auf reflektorischem Weg die Salzsäure- und Pepsinogenbildung in Gang gesetzt.**

Magenphase
Sowie die Nahrung vom Magen aufgenommen wird, beginnt diese Phase der Magensaftsekretion. Die von der Nahrung ausgeübte mechanische Dehnung der Magenwand löst die Magensaftsekretion aus. Sie wird ebenfalls über den N. vagus vermittelt. Chemische Reize stimulieren die Pylorusdrüsen zur Gastrinfreisetzung, das über den Blutweg die Fundus- und Korpusdrüsen zur Salzsäure- und Pepsinogensekretion anhält. Eiweißabbauprodukte, Röststoffe, Gewürze, Coffein und Alkohol z.B. sind chemische Stoffe, die eine Magensaftsekretion bewirken.

Merke **Die im Magen enthaltene Nahrung übt eine mechanische Dehnung und chemische Reizung auf die Schleimhaut aus. Beides ruft eine Magensaftsekretion hervor.**

Dünndarmphase
Sowie Chymusportionen in den Zwölffingerdarm eintreffen, dehnen diese dessen Wand, und Eiweißabbauprodukte reizen die Schleimhaut des Zwölffingerdarms. Die anfängliche Entleerung von schwach saurem Mageninhalt erregt die gastrinproduzierenden Zellen des Zwölffingerdarms. Das von diesen Zellen gebildete Gastrin stimuliert über den Blutweg die Fundus- und Korpusdrüsen des Magens zur Salzsäure- und Pepsinogensekretion.
Tritt später saurer Chymus aus dem Magen in den Zwölffingerdarm über, wird von den S-Zellen der Schleimhaut Sekretin gebildet. Dieses Hormon hemmt über den Blutweg die Magensaftsekretion und erhöht den Bikarbonatanteil des Bauchspeicheldrüsensaftes.
Die Folge ist, daß der Darminhalt neutralisiert wird.
Fettsäuren und Fette, die in den Zwölffingerdarm gelangen, hemmen die Magensaftsekretion und die Magenmotorik, so daß die weitere Magenentleerung verzögert wird.

Merke **Der Zwölffingerdarm paßt die Menge und die Zusammensetzung des vom Magen kommenden Chymus an die Erfordernisse des Dünndarms an.**

Magensaft

Der Magensaft besitzt folgende funktionelle Bestandteile:

- Pepsinogene,
- Salzsäure,
- Schleim (Muzin),
- Intrinsic factor,
- Gastroferrin.

Pepsinogene
Pepsinogene sind Enzyme, die in den Hauptzellen gebildet werden. Im Magensaft erhalten sie die Fähigkeit zur Spaltung von Eiweißen. Die Magensäure wandelt Pepsinogene in aktive Pepsine um. Die Pepsine sind in der Lage, Eiweiße in Polypeptide mit 10 - 100 Aminosäuren zu zerlegen.

Salzsäure
Die Belegzellen der Fundus- und Korpuszellen produzieren die Salzsäure, die ein wesentlicher Bestandteil des Magensaftes ist. Der Magensaft hat einen pH-Wert von etwa 2.
Die Salzsäure hat folgende Aufgaben:

- Aktivierung von Pepsinogenen,
- Denaturierung der Nahrungseiweiße,
- bakterizide Wirkung.

Schleim
Das Schleimhautepithel, die Zellen der Kardia- und Fundusdrüsen sowie die Nebenzellen produzieren einen basischen Schleim. Dieser enthält Glykoproteine, die eine Haftung des Schleims an der Mageninnenoberfläche hervorrufen. Der Magenschleim hat eine wichtige Schutzfunktion vor dem aggressiven Magensaft. Die intakte Schleimhaut ist an eine ausreichende Durchblutung der Magenschleimhaut gebunden.

Intrinsic factor
Dieser Faktor wird ebenfalls von den säurebildenden Belegzellen synthetisiert. Dieses Glykoprotein ist entscheidend für die Resorption des Vitamin B_{12} (Extrinsic factor) im Krummdarm. Das Vitamin B_{12} ist für das blutbildende Knochenmark, das Nervensystem, die Haut und Schleimhäute wesentlich.

Gastroferrin
Das ist ein im Magenschleim enthaltendes Glykoprotein, das Eisen-Ionen binden kann.

Zusammenfassung

Magen

Lage Der Magen ist ein Organ des Oberbauchs und liegt intraperitoneal.

Bänder Über Bänder steht der Magen mit Nachbarorganen in Verbindung. Zu diesen Bändern zählen das Leber-Magen-Band, das Magen-Milz-Band und das Magen-Grimmdarm-Band.

Abschnitte Zu den Magenabschnitten gehören der Mageneingang, das Magengewölbe, der Magenkörper, der Magenpförtner, die goße und kleine Magenkrümmung.

Wandaufbau Die Magenwand besteht aus einer Schleimhaut, Unterschleimhaut, Muskelschicht und Serosa.

Drüsen In der Schleimhaut kommen spezifische und unspezifische Drüsen vor. Haupt- bzw. Fundusdrüsen sind spezifische, Kardia- und Pylorusdrüsen dagegen unspezifische Drüsen.

Gefäße Die Magenarterien stammen aus dem Stromgebiet des Truncus coeliacus, der unpaar aus der Bauchaorta entspringt. Das venöse Blut fließt über die Pfortader in die Leber.

Nerven Das Magengeflecht, bestehend aus Vagusfasern und sympathischen Nervenfasern, innerviert den Magen.

Physiologie

Füllungsplastizität Das ist die Fähigkeit der Magenwand sich in ihrer Grundspannung dem jeweiligen Füllungsvolumen anzupassen.

Peristaltische Kontraktionen Sie treten in regelmäßigen Zyklen auf und beginnen im oberen Magenkörper. Die Ausbreitung erfolgt in Richtung auf den Magenpförtner.

Kräftige Peristaltik Bei dieser Peristaltik bleibt der Magenpförtner offen und größere, nicht zerkleinerbare Bestandteile des Chymus, werden in den Zwölffingerdarm transportiert.

Sekretion Die Magendrüsen sezernieren täglich etwa 2 - 3 l Magensaft. Er enthält Pepsinogene, Salzsäure, Schleim, den Intrinsic factor und das Gastroferrin.

Phasen der Saftsekretion Zu diesen zählen die psychisch-nervale Phase, die Magenphase und die Dünndarmphase. Sie überchneiden sich zeitlich.

5.4. Dünndarm (Intestinum tenue)

5.4.1. Lage und Bau: Zwölffingedarm, Leerdarm, Krummdarm

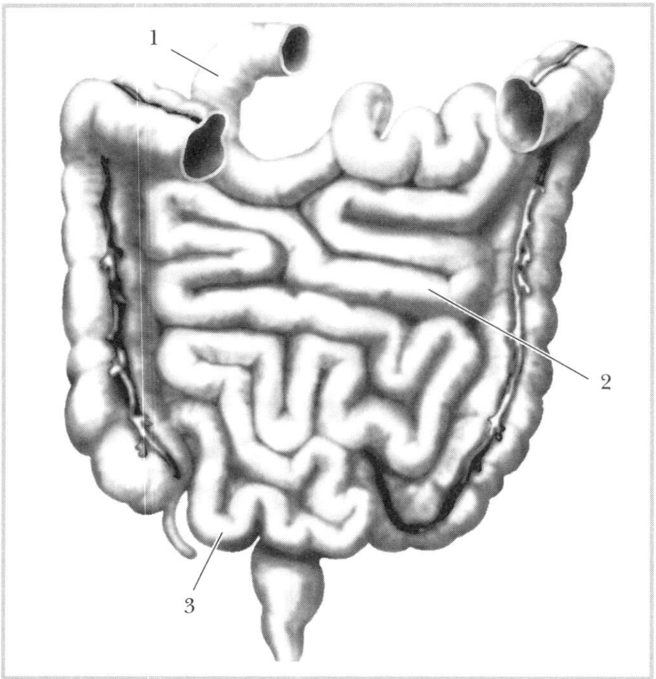

Abb. 69
Dünndarmabschnitte

1 Zwölffingerdar
2 Leerdarm
3 Krummdarm

5.4.1.1. Zwölffingedarm

Allgemeines

Der Zwölffingerdarm (lat. duodenum = das Zwölffache) ist etwa 25 - 30 cm lang und schließt sich unmittelbar an den Magen an. Er beginnt am Magenpförtner (Pylorus) und reicht bis zur Zwölffingerdarm-Leerdarm-Biegung (Flexura duodenojejunalis). Die Form entspricht einem lateinischen C. Der Zwölffingerdarm projiziert sich auf die Höhe der ersten drei Lendenwirbel. Zum größten Teil liegt der Zwölffingerdarm hinter dem Bauchfell.
Diese Organbeziehung zum Bauchfell wird als retroperitoneale Lage bezeichnet. Nur sein Anfangsteil wird allseitig vom Bauchfell umgeben und liegt somit intraperitoneal.

Abschnitte

Am Zwölffingerdarm werden folgende Abschnitte unterschieden:

- oberer Abschnitt (Pars superior),
- absteigender Abschnitt (Pars descendens),
- unterer Abschnitt (Pars inferior),
- aufsteigender Abschnitt (Pars ascendens).

Oberer Abschnitt
Der obere Abschnitt ist erweitert, etwas beweglich und wird als Bulbus duodeni (griech. bolbos = Zwiebel) bezeichnet. Dieser vom Eingeweideblatt des Bauchfells umgebene Abschnitt liegt der Gallenblase und dem rechten Leberlappen an.

Absteigender Abschnitt
Der absteigende Abschnitt ist mit dem Kopf der Bauchspeicheldrüse verwachsen. In ihm münden der Gallengang (Ductus choledochus) und der Ausführungsgang der Bauchspeicheldrüse (Ductus pancreaticus).

Unterer Abschnitt
Dieser Abschnitt kreuzt die untere Hohlvene (Vena cava inferior) und die Bauchaorta (Aorta abdominalis).

Aufsteigender Abschnitt
Der aufsteigende Abschnitt überquert die Lendenwirbelsäule und an der Zwölffingerdarm-Leerdarm-Biegung (Flexura duodenojejunalis) tritt der Dünndarm aus dem Raum, der hinter dem Bauchfell gelegen ist (Retroperitonealraum), in die freie Bauchhöhle. Ab hier beginnt der Leerdarm.

Wandaufbau

Der Zwölffingerdarm läßt folgenden Wandaufbau erkennen:

- Schleimhaut (Tunica mucosa),
- Unterschleimhaut (Tela submucosa),
- Muskelschicht (Tunica muscularis),
- lockeres Bindegewebe (Tunica adventitia) mit/ohne
- Eingeweideblatt (Peritoneum viscerale bzw. Serosa).

Schleimhaut
Die Schleimhaut des Zwölffingerdarms zeigt ringförmig verlaufende Falten, die sogenannten Kerckring-Falten. Sie entstehen durch Ausstülpungen von Schleimhaut und Unterschleimhaut. Sie tragen an ihrer Oberfläche Zotten (Villi).
Die Zotten sind fingerförmige Fortsätze der Schleimhaut. Ein einschichtiges hochprismatisches Epithel begrenzt die Zotten lumenwärts. Die Zellmembranen dieses Epithels besitzen zahlreiche Mikrozotten (Mikrovilli). Die Mikrozotten werden durch eine starke Einfaltung der Zellmembranoberfläche des hochprismatischen Epithels gebildet. Im Verband der hochprismatischen Epithelzellen kommen schleimproduzierende einzellige Becherzellen vor.
Zwischen den Zotten senken sich schlauchförmige unverzweigte Drüsen (Glandulae intestinales) in das Schleimhautbindegewebe. Diese, auch als Lieberkühn-Krypten bezeichneten Drüsen, bestehen aus Paneth-Körnerzellen und Becherzellen, die zusammen einen Teil des Darmsaftes bilden. Neben diesen Zellen kommen vereinzelt auch serotoninproduzierende Zellen vor. Serotonin ist ein Verdauungshormon.

Unterschleimhaut
In dieser bindegewebigen Verschiebeschicht liegen die Brunner-Drüsen, die ein schleimiges Sekret absondern. Vereinzelt kommen die Brunner-Drüsen auch im Schleimhautbindegewebe vor. Neben diesen Drüsen enthält die Unterschleimhaut Blut- und Lymphgefäße sowie Nerven. Die Nerven bilden ein Geflecht, das Meissner-Geflecht. Dieses reguliert die Bewegungen der Schleimhautmuskelschicht.

Muskelschicht
Der Zwölffingerdarm besteht aus einer inneren Ringmuskelschicht und einer äußeren Längsmuskelschicht. Zwischen den aus glatter Muskulatur bestehenden Schichten befindet sich ein Nervengeflecht, das Auerbach-Geflecht. Es reguliert die Motorik des Zwölffingerdarms und besteht aus parasympathischen und sympathischen Nervenfasern.

Eingeweideblatt
Nur der Anfangsteil des Zwölffingerdarms wird vom Eingeweideblatt überzogen.

Lockere Bindegewebeschicht
Die restlichen Abschnitte des Zwölffingerdarms besitzen als äußere Schicht eine lockere Bindegewebeschicht, die Adventitia.

Gefäß- und Nervenversorgung

Der Zwölffingerdarm erhält seine arterielle Blutversorgung aus dem Stromgebiet des Truncus coeliacus, der aus der Bauchaorta entspringt. Der venöse Abfluß erfolgt über die Pfortader. Sowohl das Auerbach- als auch das Meissner-Geflecht enthalten sympathische und parasympathische Nervenfasern. Die sinnvolle Abstimmung beider Anteile des vegetativen Nervensystems ermöglicht eine optimale Funktionsleistung des Zwölffingerdarms.

5.4.1.2. Leer- und Krummdarm

Allgemeines

An der Zwölffinger- Leerdarm- Biegung geht der Zwölffingerdarm in den Leerdarm (Jejunum) über. Diese Biegung liegt links von der Mittellinie in Höhe des ersten und zweiten Lendenwirbels direkt unter dem kaudalen Rand der Bauchspeicheldrüse.
Der Leerdarm bildet Darmschlingen, die sich vorwiegend links oben im Darmbauch ausbreiten. Ohne eine sichtbare Grenze geht der Leerdarm in den Krummdarm (Ileum) über. Die Darmschlingen des Krummdarms liegen im rechten Unterbauch. Der Krummdarm mündet in den Blinddarm ein. Die Gesamtheit aller Darmschlingen nennt man Dünndarmkonvolut.

Die Gesamtlänge der beiden Darmabschnitte beträgt 4-5 m, wobei etwa zwei Fünftel auf den Leerdarm und drei Fünftel auf den Krummdarm entfallen. Sowohl der Leerdarm als auch der Krummdarm werden vom Eingeweideblatt des Bauchfells umgeben und weisen damit eine intraperitoneale Lage auf. Dieser Bauchfellüberzug setzt sich hinten in eine breite Aufhängeplatte fort. Sie wird als Dünndarmgekröse (Mesenterium) bezeichnet und enthält Blutgefäße, Lymphgefäße, vegetative Nervengeflechte und lockeres Bindegewebe. Das Gekröse ist eine Bauchfellduplikatur, die mit der Gekrösewurzel (Radix mesenterii) in das wandständige Blatt (Peritoneum parietale) des Bauchfells übergeht.

Wandaufbau

Beide Dünndarmabschnitte haben folgenden Wandaufbau:

- Schleimhaut (Tunica mucosa),
- Unterschleimhaut (Tela submucosa),
- Muskelschicht (Tunica muscularis),
- Eingeweideblatt des Bauchfells (Peritoneum viscerale).

Schleimhaut
Die ringförmig verlaufenden Schleimhautfalten (Kerckring-Falten) tragen zahlreiche Zotten. Wie im Zwölffingerdarm begrenzt ein einschichtiges hochprismatisches Epithel diese Zotten (Villi) lumenwärts. Die einzelnen Epithelzellen bilden Mikrozotten (Mikrovilli) aus, die in ihrer Gesamtheit einen Bürstensaum ergeben. Deshalb wird dieses Epithel auch als Saumepithel bezeichnet. Die Lebensdauer des Saumepithels beträgt nur wenige Tage. Dieses Epithel ist auf eine hohe Regenerationsrate angewiesen. Die Neubildung erfolgt im Kryptengrund durch mitotische Zellteilungen.
An der Basis der Zotten senken sich schlauchförmige Drüsen in das Schleimhautbindegewebe (Lieberkühn-Krypten). Paneth-Körnerzellen und Becherzellen, die auch im Epithelverband vorkommen, bilden zusammen einen Teil des Darmsaftes.

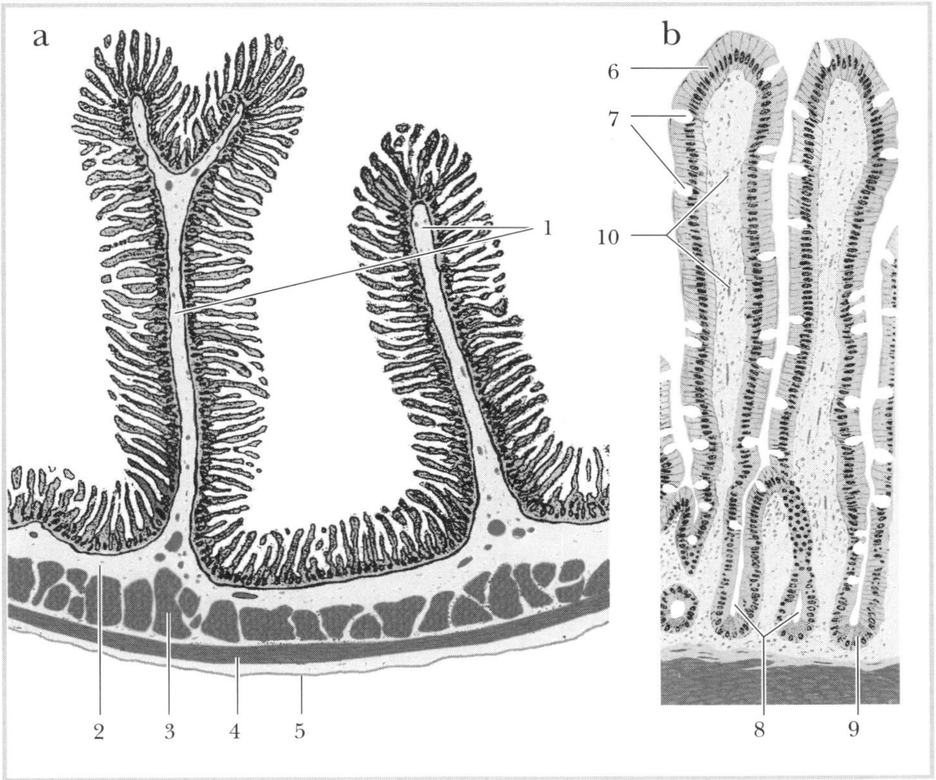

Abb. 70 Wandaufbau des Dünndarms

a) **1** Schleimhautfalten (Kerckring-Falten)
2 Unterschleimhaut (Tela submucosa)
3 innere Ringmuskelschicht
4 äußere Längsmuskelschicht
5 Eingeweideblatt des Bauchfells (Peritoneum viscerale)

b) Dünndarmzotten
6 einschichtiges hochprismatisches Epithel
7 Becherzellen
8 Lieberkühn-Krypten
9 Paneth-Körnerzellen
10 glatte Muskelzellen der Zotten

Die Kerckring-Falten werden in der unteren Leerdarmhälfte niedriger und stehen weiter auseinander. Der Leerdarm besitzt lange fingerförmige Zotten. In der Schleimhaut kommen vereinzelt Anhäufungen von lymphatischem Gewebe (Solitärfollikel) vor.
Der Krummdarm hat im Anfangsteil flache Kerckring-Falten, die dem Endabschnitt vollständig fehlen können. Die Zotten sind kürzer und weisen eine zunehmende Zahl von Becherzellen auf. Das lymphatische Gewebe ist gut entwickelt und zeigt beetartige Anordnungen (Peyer-Plaques).

Unterschleimhaut
Die Unterschleimhaut verfügt über Blut- und Lymphgefäße sowie Meissner-Geflechte. Im Krummdarm enthält diese Schicht Peyer-Plaques.

Muskelschicht
Die Muskelschicht des Leer- und Krummdarms besteht aus einer inneren Ring- und äußeren Längsmuskulatur. Diese glatte Muskulatur ist im Leerdarm stärker ausgeprägt.

Eingeweideblatt
Beide Dünndarmabschnitte werden allseitig vom Eingeweideblatt des Bauchfells (Serosa) umgeben.

Gefäß- und Nervenversorgung

Die arterielle Versorgung des Leer- und Krummdarms erfolgt sowohl aus der oberen als auch aus der unteren Gekrösearterie, die jeweils aus der Bauchaorta stammen. Äste der Gekrösearterien (Leerdarmarterien, Krummdarmarteien) bilden Gefäßbögen untereinander, die als Arkaden bezeichnet werden und im Dünndarmgekröse verlaufen.
Das venöse Blut fließt über die Pfortader in die Leber.
Das Auerbach-Geflecht, das zwischen den Muskelschichten des Dünndarms liegt, und das in der Unterschleimhaut gelegene Meissner-Geflecht regulieren sowohl die Darmmotorik als auch die Darmsekretion.

5.4.2. Dünndarmphysiologie

Allgemeines

Im Dünndarm wird der Chymus mit den Sekreten der Bauchspeicheldrüse, der Leber und der Darmschleimhaut vermischt. Die verdauten Nahrungsbestandteile werden in Form von Glukose, Aminosäuren, Fettsäuren und Glyzerin resorbiert und der verbleibende Inhalt wird durch die Peristaltik in Richtung Dickdarm transportiert. Hormonale und nervale Einflüsse regulieren die Dünndarmtätigkeit.

Dünndarmmotorik

Bei der Dünndarmmotorik unterscheidet man:

- Pendelbewegungen,
- Segmentationsbewegungen,
- peristaltische Bewegungen,
- Zottenbewegungen.

Pendelbewegungen
Diese Bewegungsart kommt durch die abschnittsweise wechselnde Kontraktion der Längsmuskulatur (Stratum longitudinale) zustande. Zwischen den sich zusammenziehenden Abschnitten ist die Muskulatur erschlafft.
In der folgenden Bewegungsphase verkürzen sich die erschlafften Darmabschnitte während die kontrahierten erschlaffen. Dabei wird der Darminhalt hin und hergeschoben.

Segmentationsbewegungen
Die Ringmuskulatur (Stratum circulare) kontrahiert und erschlafft abschnittsweise. Der Darm wird mit seinem Inhalt in regelmäßigen Abständen durch diese tiefen Einschnürungsringe segmentiert. Sie erschlaffen und in der Mitte der Segmente bilden sich neue Kontraktionsringe, die dann den betreffenden Darminhalt wiederum abschnittsweise unterteilen.

Merke	**Pendelbewegungen und rhythmische Segmentierungen führen zur Durchmischung des Darminhaltes.**

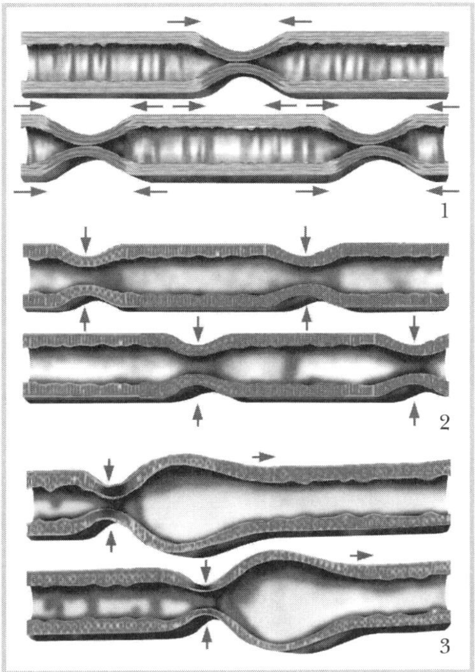

Abb. 71 Dünndarmmotorik

1 Pendelbewegungen
2 Segmentationsbewegungen
3 Peristaltische Bewegungen

Peristaltische Bewegungen
Die peristaltische Bewegung beginnt oberhalb eines gedehnten und gefüllten Darmabschnittes mit einer Kontraktion. Unterhalb dieses Bereichs erschlafft die Ringmuskulatur gleichzeitig. Der Darmabschnitt wird dabei entleert und der Inhalt weiter geschoben.
Die Wiederholung dieses Vorganges führt zu häufigen wellenförmigen Kontraktionen der Ringmuskulatur. Sie breiten sich mit einer Geschwindigkeit von 2cm pro Minute aus und transportieren den Darminhalt in Richtung Dickdarm.

Merke **Die peristaltischen Bewegungen dienen der Fortbewegung des Darminhaltes in Richtung Dickdarm.**

Zottenbewegungen
Die Dünndarmzotten als fingerförmige Ausstülpungen der Schleimhaut kontrahieren sich in der Verdauungsphase alle 10 - 20 s.

Merke **Die Zottenbewegungen dienen der Feindurchmischung des momentan an der Darmwand anliegenden Darminhaltes.**

Die Darmwandmotorik erfolgt automatisch unter dem Einfluß des zwischen der Ring- und Längsmuskelschicht gelegenen Auerbach-Geflechtes.
Für die Zottenbewegung ist das in der Unterschleimhaut liegende Meissner-Geflecht verantwortlich.
Beide autonomen Nervengeflechte werden vom Eingeweidenerv (N. vagus) und Sympathikus regulatorisch beeinflußt. Der N. vagus verstärkt und der Sympathikus hemmt die Darmmotorik.

Dünndarmsekretion

Der Darmsaft wird von den Brunner-Drüsen, Lieberkühn-Drüsen und Becherzellen gebildet. Der von diesen Drüsen sezernierte Saft beträgt pro Tag etwa 2 - 3 Liter. Die Sekretion wird durch chemische und mechanische Reizung der Darmwand ausgelöst.
In der Darmwand vorhandene Nervengeflechte (Meissner-Geflecht, Auerbach-Geflecht) und Hormone regulieren die Darmsaftsekretion.
Die Nervengeflechte stehen mit dem N. vagus und Sympathikus in Verbindung und eine Stimulation des N. vagus führt bsw. zur Darmsaftsteigerung.

Unter der Einwirkung des Darminhalts wird aus der Schleimhaut des Zwölffingerdarms Sekretin und das in der Darmschleimhaut vorkommende Enterokinin freigesetzt. Beide Hormone fördern die Darmsaftsekretion.

Dünndarmsaft

Der Dünndarmsaft setzt sich zusammen aus

- Schleim (Muzin),
- Bikarbonat,
- Enzymen und
- Hormonen.

Schleim
Die Brunner-Drüsen und Becherzellen sezernieren Schleim. Er bildet für das Darmlumen einen schützenden Film. An seiner Oberfläche werden Enzyme und abzubauende Nahrungsstoffe angereichert.

Hydrogenkarbonat
Das Sekret der Brunnerdrüsen enthält viel Hydrogenkarbonat, so daß der pH-Wert des Zwölffingerdarmsaftes 8 - 9 beträgt. Im Zwölffingerdarm wird dadurch der saure Magensaft neutralisiert und die Darmschleimhaut vor der aggressiven Salzsäurewirkung geschützt.

Enzyme
Die Saumzellen der Dünndarmschleimhaut stellen zahlreiche Enzyme her, die sie in ihre durch Mikrozotten (Mikrovilli) vergrößerte Zellmembranoberfläche einbauen. Diese Enzyme können von dort aus ihre Wirkung auf den der Darmwand anliegenden Chymus entfalten. Nur ein geringer Anteil der Enzyme wird in das Darmlumen abgegeben.
Die Abnutzungsrate der Saumzellen ist hoch. Die Neubildung vollzieht sich vom Kryptengrund der Lieberkühn-Drüsen.
Die Enzyme vollenden die bereits durch die anderen Verdauungssäfte (Gallensaft, Bauchspeicheldrüsensaft) eingeleiteten Spaltungen der Nahrungsbestandteile.

Hormone
Der Darmsaft enthält verschiedene Gewebshormone. Zu diesen gehören z.B. Serotonin, Gastrin, Sekretin, Cholezystokinin-Pankreozymin, Villikinin und Enterokinin. Diese Hormone besitzen regulative Eigenschaften auf motorische oder sekretorische Vorgänge im Magen-Darm-Kanal.

Dünndarmresorption

Die Oberfläche des Dünndarms ist durch Faltungen, das Vorhandensein der Zotten sowie die Ausbildung der Mikrozotten auf der Zelloberfläche zu einer großen Kontaktfläche ausgedehnt. Über diese werden die verdauten Nahrungsbestandteile, Wasser und Elektrolyte resorbiert.

Merke

Als Resorption wird der Transport der durch die Verdauung gebildeten Fettsäuren, Glyzeride, Einfachzucker und Aminosäuren durch die Darmwand in das Blut bezeichnet. Sie kann erst nach Ablauf der Verdauungsvorgänge stattfinden, deshalb geschieht sie im wesentlichen im Dünndarm.

Dabei spielen aktive und passive Mechanismen der Resorption eine Rolle.
Im Dünndarm vollziehen sich folgende Vorgänge:

- Verdauung und Resorption von Fetten,
- Verdauung und Resorption von Kohlenhydraten,
- Verdauung und Resorption von Eiweißen,
- Resorption von Wasser und Elektrolyten.

Verdauung und Resorption von Fetten

Die täglich aufgenommene Fettmenge beträgt etwa 60 - 100 g und setzt sich aus Triglyzeriden (90 %), Phospholipiden, Cholesterin und fettlöslichen Vitaminen zusammen. Zu den fettlöslichen Vitaminen gehören die Vitamine A, D, E und das Vitamin K.

Die vom Magen nach einer fetthaltigen Mahlzeit in den Zwölffingerdarm übergetretenen Fette werden durch die Gallensäuren emulgiert, d.h. in kleine Tröpfchen mit einer Größe von 1 - 2 µm umgewandelt. Diese Fetttröpfchen bieten den fettabbauenden Enzymen (Lipasen) eine große Oberfläche. Die Gallensäuren erreichen den Zwölffingerdarm über den Gallengang (Ductus choledochus).

Die Lipasen sind Bestandteil des Bauchspeicheldrüsensaftes, der über den Ausführungsgang der Bauchspeicheldrüse (Ductus pancreaticus) in den Zwölffingerdarm geleitet wird. Das emulgierte Nahrungsfett wird von den Lipasen in freie Fettsäuren (f FS) und Monoglyzeride (MG) zerlegt. Diese Bestandteile sind schlecht wasserlöslich (hydrophob) und müssen in eine lösliche Form überführt werden.

Die f FS und die MG bilden spontan Mizellen. Diese kugel-stäbchenförmigen Gebilde haben eine Größe von 3 - 6 nm (Nanometer) und sind wesentlich kleiner als die Emulsionströpfchen. Im Inneren der Mizellen befinden sich die wasserunlöslichen zerlegten Fettbestandteile und außen legt sich eine „Wasserhülle“ um die negativ geladenen Gallensäuren.

In dieser gelösten Form (hydrophil) werden die Fettspaltprodukte zu den Saumzellen der Dünndarmschleimhaut transportiert. Durch passive Diffusion gelangen die Mizellbestandteile in die Saumzellen. Innerhalb der Saumzellen werden aus den f FS und den MG wieder Triglyzeride (TG) aufgebaut.

Sie werden mit einer Hülle versehen und die so entstandenen Chylomikronen gelangen über die Lymphgefäße der Zotten, den Milchbrustgang (Ductus thoracicus) letztlich am linken Venenwinkel in den großen Blutkreislauf. Nach einer fettreichen Mahlzeit sind solche Mengen Chylomikronen im Blut, daß dieses milchig trüb erscheint. Über diesen beschriebenen Weg gelangt etwa 60% des Nahrungsfettes in die Blutbahn.

Kurz- und mittelkettige Fettsäuren können nicht zur Bildung von Chylomikronen verwendet werden. Sie diffundieren aus den Saumzellen der Dünndarmschleimhaut in das Kapillarblut der Zotten. Von hier aus erreichen sie das Pfortaderblut und werden mit diesem zur Leber transportiert.

Merke **Die resorbierten Fettbestandteile gelangen sowohl über den Brustmilchgang in den großen Blutkreislauf als auch über das Pfortaderblut.**

Verdauung und Resorption von Kohlenhydraten

Die täglich aufgenommene Kohlenhydratmenge beträgt etwa 250 - 800 g und setzt sich aus Pflanzenstärke, Rohr- oder Rübenzucker (Saccharose), Milchzucker (Laktose) und tierischer Stärke (Glykogen) zusammen. Der Anteil der pflanzlichen Stärke in der Nahrung kann mit 60 % angegeben werden. Die schon in der Mundhöhle begonnene Stärkespaltung wird im Zwölffingerdarm fortgesetzt.

Das aus der Bauchspeicheldrüse stammende kohlenhydratspaltende Enzym (Amylase) wandelt die schon teilweise zerlegte Stärke in Malzzucker (Maltose) um. Ebenfalls im Bauchspeichelsaft vorhandene Enzyme sind die Saccharasen und Laktasen. Die Saccharasen spalten den Rohr- oder Rübenzucker in Glukose und Fruktose. Die Laktase überführt den Milchzucker in Glukose und Galaktose.

Die Saumzellen der Dünndarmschleimhaut besitzen an ihren Mikrozotten auch Enzyme, die diese Zweifachzucker (Disaccharide) in Einfachzucker (Monosaccharide) spalten.

Merke **Kohlenhydrate können von den Saumzellen der Dünndarmschleimhaut nur in Form von Einfachzuckern (Monosaccharide) resorbiert werden. Zu diesen zählen:**

- **Glukose**
- **Fruktose**
- **Galaktose**

Die Einfachzucker Glukose und Galaktose werden von den Saumzellen aktiv resorbiert, während die Fruktose in Form der Diffusion aufgenommen wird. Die resorbierten Einfachzucker werden über das Pfortaderblut zur Leber transportiert.

Verdauung und Resorption von Eiweißen
Die tägliche Eiweißaufnahme beträgt ungefähr 70 - 90 g. Kinder benötigen in Relation zum Körpergewicht eine höhere Eiweißzufuhr. Die mit der Nahrung aufgenommenen Eiweiße sind pflanzlicher und tierischer Herkunft. Von der Gesamtmenge sollen etwa ein Drittel tierischen Ursprungs sein.
Die im Magen begonnene Eiweißverdauung wird im Dünndarm fortgesetzt. Von der Bauchspeicheldrüse werden verschiedene eiweißabbauende Enzyme (Peptidasen) gebildet. Diese gelangen über den Ausführungsgang der Bauchspeicheldrüse (Ductus pancreaticus) in einer inaktiven Form in den Zwölffingerdarm. Nach ihrem Angriffspunkt werden sie unterteilt in

- Endopeptidasen und
- Exopeptidasen.

Endopeptidasen
Die Endopeptidasen spalten aus den Eiweißen von zentral her Oligopeptide ab. Oligopeptide sind Eiweißkörper, die aus wenigen Aminosäuren bestehen (2 - 6 Aminosäuren). Zu diesen Enzymen gehören das Trypsin, Chymotrypsin und die Elastase.

Exopeptidasen
Die Exopeptidasen trennen von den Oligopeptiden die endständigen Aminosäuren ab. Zu diesen Enzymen gehören die Karbopeptidasen. Weitere Peptidasen befinden sich in der Membran der Saumzellen und im Zellinneren dieser Zellen.
Oligopeptide und Dipeptide (Verbindungen von 2 Aminosäuren) werden letztlich in Aminosäuren, die Endprodukte der Eiweißpaltung darstellen, zerlegt.

Merke **Die Aminosäuren sind die Endprodukte der Eiweißspaltung. Über das Kapillarsystem der Dünndarmzotten werden die Aminosäuren der Leber über die Pfortader zugeführt.**

Resorption von Wasser und Elektrolyten
Täglich passieren etwa 9 l Flüssigkeit den Dünndarm. Davon stammen 2 l aus der zugeführten Nahrung. Die verbleibende Menge setzt sich aus den folgenden Sekreten zusammen:

- Speichel (1000 ml),
- Magensaft (2000 ml),
- Bauchspeicheldrüsensaft (1000 ml),
- Gallensaft (400 ml),
- Dünndarmsaft (2600 ml).

Über 80% davon werden im Dünndarm resorbiert, wobei der obere Dünndarm (Duodenum, Jejunum) die stärkste Wasserresorption aufweist. Der Rest wird vom Dickdarm aufgenommen. Nur etwa 100 ml werden über den Stuhl ausgeschieden.
Die Wasserresorption im Darm ist ein passiver Vorgang, der im Zusammenhang mit dem Transport löslicher Substanzen, Elektrolyten und Nichtelektrolyten erfolgt. Zu den letzteren gehören z.B. wasserlösliche Vitamine, Gallensäuren, Aminosäuren und Glukose.
Im Dünndarm werden vor allem folgende Elektrolyte resorbiert:

- Natriumionen (Na^+),
- Kaliumionen (K^+),
- Chloridionen (Cl^-),
- Hydrogenkarbonationen (HCO_3^-),
- Kalziumionen (Ca_2^+),
- Eisenionen (Fe^{2+}, Fe^{3+}).

Natriumionen
Etwa 250 - 300 mmol (Milimol) werden mit der Nahrung aufgenommen, und weitere 200 mmol stellen die Verdauungssekrete zur Verfügung. Von der Gesamtmenge (450 - 500 mmol) verlassen nur 3 bis 7 mmol den Körper im Stuhl. Der größte Teil wird im Dünndarm durch aktive und passive Mechanismen resorbiert.

Kaliumionen
Der Transport der Kaliumionen verläuft im wesentlichen passiv und folgt einer Konzentrationsdifferenz. Im Leerdarm kommen etwa 14 mmol /l und im Blutplasma 4 mmol/l vor, so daß die Konzentrationsdifferenz von 10 mmol/l die Transportrichtung der Kaliumionen bestimmt.

Chloridionen
Die Resorption dieser Ionen erfolgt zusammen mit den Natriumionen.

Bikarbonationen
Die Bikarbonationen stammen zum Teil aus der Nahrung, aus den Sekreten der Brunner-Drüsen und aus dem Bauchspeicheldrüsensaft. Im Leerdarm (Jejunum) werden die Bikarbonationen resorbiert.

Kalziumionen
Die tägliche Kalziumaufnahme beträgt etwa 1g und erfolgt vorwiegend in Form von Milch und Milchprodukten. Im oberen Dünndarm werden bereits 40 % resorbiert. Die Resorption ist an aktive Transporte gebunden. An der Regulation der Kalziumresorption sind das Parathormon und das Vitamin-D-Hormon beteiligt.

Eisenionen
Von den 10 - 20 mg in der täglichen Nahrung werden etwa 10 % resorbiert. Eisen wird sowohl in der zweiwertigen als auch in der dreiwertigen Form vorwiegend im oberen Dünndarm resorbiert. Die Resorption ist an aktive Prozesse gekoppelt. Im Blutplasma wird Eisen an Transferrin gebunden und in dieser Form transportiert.

Zusammenfassung

Zwölffingerdarm

Lage Der Anfangsteil liegt intraperitoneal und die restlichen Anteile des Zwölffingerdarms weisen eine retroperitoneale Lage auf.

Abschnitte Zum Zwölffingerdarm gehören ein oberer, absteigender, unterer und aufsteigender Abschnitt. In den absteigenden Teil münden der Gallengang und Bauchspeicheldrüsengang.

Wandaufbau Der Zwölffingerdarm besteht aus einer Schleimschicht, Unterschleimhaut, Muskelschicht, Serosa bzw. Adventitia.

Kerckring-Falten Das sind ringförmige Falten, die durch Ausstülpungen von Schleimhaut und Unterschleimhaut entstehen.

Zotten Die Zotten stellen fingerförmige Fortsätze der Schleimhaut dar. Sie befinden sich an der Oberfläche der Kerckring-Falten.

Mikrozotten Die Mikrozotten werden durch eine starke Einfaltung der Zellmembranoberfläche des Saumepithels hervorgerufen.

Lieberkühn-Krypten Diese schlauchförmigen Drüsen senken sich zwischen den Zotten in das Schleimhautbindegewebe.

Brunner-Drüsen Die Brunner-Drüsen kommen vor allem in der Unterschleimhaut des Duodenums vor und sondern schleimiges Sekret ab.

Becherzellen Im Verband des Saumepithels sind diese einzelligen Drüsen eingestreut. Sie bilden Schleim.

Gefäße Das arterielle Stromgebiet stammt aus dem Truncus coeliacus. Das venöse Blut wird über die Pfortader zur Leber geleitet.

Nerven Die Innervation erfolgt über die autonomen Nervengeflechte (Auerbach-Plexus, Meissner-Plexus), die vom Parasympathikus und Sympathikus beeinflußt werden.

Leer- und Krummdarm

Lage Diese Darmabschnitte liegen intraperitoneal.

Aufhängeband Beide Dünndarmanteile verfügen über ein Aufhängeband, das als Mesenterium bezeichnet wird. Es verbindet die Darmabschnitte beweglich mit der hinteren Bauchwand. Das Mesenterium enthält die zu- und wegführenden Gefäße sowie Nerven.

Wandaufbau Die Wand besteht aus einer Schleimschicht, Unterschleimhaut, Muskelschicht und Serosa. Die Kerckring-Falten tragen Zotten, die vom Saumepithel begrenzt werden. Die lumenwärts gerichteten Zellmembranen des Saumepithels besitzen Mikrozotten. Kerckring-Falten, Zotten und Mikrozotten dienen der Oberflächenvergrößerung.

Solitärfollikel Das sind Anhäufungen von lymphatischem Gewebe in der Dünndarmschleimhaut.

Peyer-Plaques Diese beetartigen Ansammlungen von lymphatischem Gewebe kommen in der Schleimhaut des Krummdarms vor.

Auerbach-Plexus Das ist ein autonomes Nervengeflecht, das sich zwischen den beiden Muskelschichten befindet.

Meissner-Plexus Das ist das autonome Nervengeflecht der Unterschleimhaut.

Gefäße Die obere und untere Gekrösearterie versorgen diese Abschnitte des Dünndarms mit Sauerstoff. Das venöse Blut fließt in die Pfortader, die in die Leber mündet.

Nerven Sowohl die autonomen Nervengeflechte, der Vagusnerv als auch sympathische Nervenfasern innervieren diese Dünndarmabschnitte.

Physiologie

Motorik Es werden Pendelbewegungen, Segmentationen und peristaltische Darmbewegungen unterschieden. Die ersten beiden dienen der Durchmischung des Darminhalts. Die peristaltischen Bewegungen befördern den Inhalt in Richtung Dickdarm. Zottenbewegungen ermöglichen die Feindurchmischung wandständiger Darminhalte.

Sekretion Der Darmsaft wird von den Brunner-Drüsen, Becherzellen und Lieberkühn-Krypten gebildet. Die tägliche Menge beträgt etwa 2 - 3 l.

Fettresorption Kurz- und mittelkettige Fettsäuren werden vom Saumepithel resorbiert und über die Pfortader der Leber zugeführt. Die Triglyzeride unterliegen einer Emulgierung durch die Gallensäuren. Lipasen spalten das emulgierte Fett in freie Fettsäuren und Monoglyzeride. Diese Spaltprodukte bilden unter Beteiligung der Gallensäuren spontan Mizellen. In dieser gelösten Form werden die Fette zum Saumepithel transportiert. Nach der Resorption der Fettspaltprodukte entstehen aus ihnen in den Saumzellen wieder Triglyzeride. Die umhüllten Triglyzeride heißen Chylomikronen und werden über den Milchbrustgang in den großen Blutkreislauf geleitet.

Resorption der Kohlenhydrate Sie werden enzymatisch in Einfachzucker zerlegt. Resorbierbare Einfachzucker sind Glukose, Galaktose und Fruktose.

Resorption der Eiweiße Endo- und Exopeptidasen spalten die Eiweiße in Aminosäuren, die über das Kapillarsystem der Zotten in die Pfortader gelangen und so die Leber erreichen.

Wasserresorption Von den 9 l Flüssigkeit, die den Dünndarm täglich passieren, werden über 80 % resorbiert. Der Rest wird vom Dickdarm aufgenommen. Nur etwa 100ml werden über den Stuhl ausgeschieden.

Resorption von Elektrolyten Natriumionen, Kaliumionen, Chloridionen und Hydrogenkarbonationen sind die wesentlichen Elektrolyte, die resorbiert werden.

5.5. Dickdarm (Intestinum crassum)

5.5.1. Lage und Bau: Blinddarm, Grimmdarm, Mastdarm

5.5.1.1. Blinddarm

Allgemeines

Der Blinddarm (Caecum) ist der Abschnitt unterhalb der Einmündungsstelle des Krummdarms in den Dickdarm. Er ist ein etwa 7 cm langer Blindsack, an dessen Ende sich der Wurmfortsatz (Appendix vermiformis) befindet.
Der Wurmfortsatz ist ein rudimentärer Teil des Blinddarms und besitzt eine ausgesprochene Variabilität hinsichtlich seiner Lage und Länge. Der Wurmfortsatz kann bis in das kleine Bekken reichen, hinter dem Blinddarm liegen bzw. vor oder hinter dem Krummdarmende zu liegen kommen. Seine durchschnittliche Länge beträgt etwa 9 cm. Im Gegensatz zum Blinddarm besitzt der Wurmfortsatz ein Aufhängeband und erhält somit eine gewisse Beweglichkeit.
Der Wurmfortsatz und der Blinddarm liegen intraperitoneal.
Der Blinddarm als Bestandteil des Dickdarms unterscheidet sich vom Dünndarm durch drei Merkmale. Zu diesen gehören:

- die Bänder (Taeniae coli),
- die Fettläppchen (Appendices epiploicae),
- die Schöpfeimer (Haustra coli).

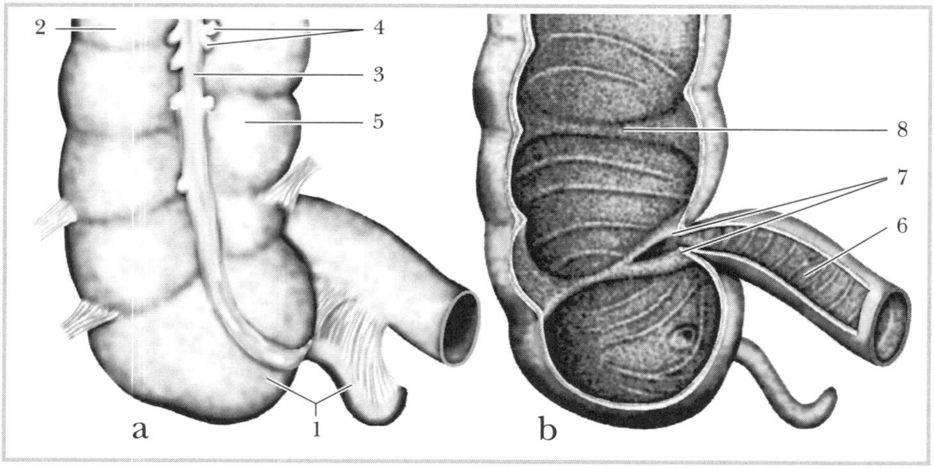

Abb. 72 Anfangsteil des Dickdarms

a) **1** Blinddarm mit Wurmfortsatz (Caecum, Appendix vermiformis)
2 aufsteigender Teil des Grimmdarms (Colon ascendens)
3 ein Dickdarmband (Taenia libera)
4 Fettläppchen (Appendices epiploicae)
5 Schöpfeimer (Haustra coli)
6 Krummdarm (Ileum)
b) **7** Bauhin-Klappe
8 halbmondförmige Schleimhautfalten (Plicae semilunares coli)

Bänder
Die Bänder sind Verstärkungszüge der Längsmuskulatur des Blinddarms. Sie kommen an drei Stellen des Darmumfangs vor.

Fettläppchen
Das Eingeweideblatt des Bauchfells zeigt längs der Bänder fettgewebshaltige Ausstülpungen, die als Fettläppchen bezeichnet werden.

Schöpfeimer
Die Schöpfeimer sind Ausbuchtungen der zwischen den Bändern verbleibenden dünnen Wand. Die einzelnen Schöpfeimer sind durch tiefe Einschnürungen der Ringmuskulatur voneinander getrennt, die in das Lumen des Blinddarms vorspringen. Sie sind keine starren Gebilde, sondern wandern mit der Peristaltik über die Darmoberfläche. Man spricht vom Fließen der Haustren.

Wandaufbau

Der Blinddarm besitzt folgenden Wandaufbau:

- Schleimhaut (Tunica mucosa),
- Unterschleimhaut (Tela submucosa),
- Muskelschicht (Tunica muscularis),
- Eingeweideblatt des Bauchfells (Peritoneum viscerale).

Schleimhaut
Die Schleimhaut des Blinddarms läßt keine Kerckring-Falten erkennen. Zotten fehlen im Blinddarm völlig. Die Schleimhaut trägt ein einschichtiges hochprismatisches Saumepithel. Zwischen den Saumzellen kommen zahlreiche Becherzellen vor.
Das Saumepithel senkt sich zu langen, unverzweigten Drüsen (Lieberkühn-Krypten) in das Schleimhautbindegewebe. Die Krypten werden von Saum- und zahlreichen schleimproduzierenden Becherzellen ausgekleidet. Lymphatisches Gewebe (solitäre Lymphfollikel) kommt in der Schleimhaut vor.

Unterschleimhaut
Neben den Gefäßen und Nerven enthält diese Schicht zahlreiche solitäre Lymphfollikel. Besonders häufig sind diese im Wurmfortsatz anzutreffen, der auch als Darmtonsille bezeichnet wird.

Muskelschicht
Die Muskulatur des Blinddarms besteht aus einer inneren Ring- und äußeren Längsmuskelschicht. Letztere ist allerdings zu drei Längsbändern, den Taenien, verdichtet.
Im Wurmfortsatz schließen sich die Bänder wieder zu einer kontinuierlichen Muskelschicht zusammen.

Eingeweideblatt des Bauchfells
Der Blinddarm und Wurmfortsatz werden allseitig von diesem Blatt umgeben und liegen somit intraperitoneal.

Gefäß- und Nervenversorgung

Äste aus der oberen Gekrösearterie, die aus der Bauchaorta stammt, versorgen den Blinddarm und Wurmfortsatz. Das venöse Blut fließt über die obere Gekrösevene zur Pfortader. Die Nervenversorgung wird von Ästen des N. vagus (Kopfteil) und vom Brustteil des Sympathikus übernommen. Sie stehen mit dem Meissner- und Auerbach-Geflecht in Verbindung.

5.5.1.2. Grimmdarm

Allgemeines

Dieser Darmabschnitt beginnt oberhalb der Krummdarmeinmündung in den Dickdarm. Seine Länge beträgt, einschließlich des Blinddarms, etwa 1,2 - 1,5 m. Er besteht aus folgenden Teilen:

- aufsteigender Teil (Pars ascendens),
- querverlaufender Teil (Pars transversum),
- absteigender Teil (Pars descendens),
- s-förmiger Teil (Pars sigmoideum, Sigmoid).

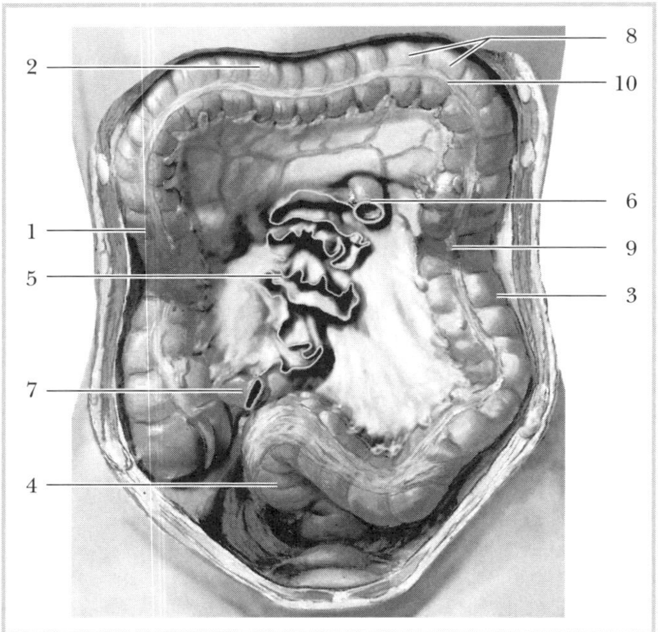

Abb. 73
Grimmdarmabschnitte und Mesenterium

1 aufsteigender Grimmdarmabschnitt (Colon ascendens)
2 querverlaufender Grimmdarmabschnitt (Colon transversum)
3 absteigender Grimmdarmabschnitt (Colon descendens)
4 s-förmiger Grimmdarmabschnitt (Colon sigmoideum)
5 Mesenterium
6 Leerdarm, durchtrennt
7 Krummdarm, durchtrennt
8 Schöpfeimer (Haustra coli)
9 Fettläppchen (Appendices epiploicae)
10 ein Dickdarmband (Taenia libera)

Aufsteigender Teil
Der aufsteigende Teil reicht von der Einmündung des Krummdarms bis zur rechten Grimmdarm-Biegung (Flexura coli dextra). Der rechte Leberlappen überlagert das obere Ende des aufsteigenden Teils. Dieser Teil ist mit seiner hinteren Seite flächenhaft mit der hinteren Bauchwand verwachsen. Die Vorderwand und die Seitenwand werden vom Eingeweideblatt des Bauchfells überzogen. Der aufsteigende Teil des Grimmdarms liegt somit hinter dem Bauchfell (retroperitoneal).

Querverlaufender Teil
Dieser Teil reicht von der rechten bis zur linken Grimmdarm-Biegung (Flexura coli sinistra). Die linke Grimmdarm-Biegung liegt höher, so daß der querliegende Teil einen nach links aufsteigenden Verlauf hat. Die linke Grimmdarm-Biegung ist über ein Band (Ligamentum

phrenicocolicum) mit dem Zwerchfell befestigt. Der querverlaufende Teil verbindet sich über das Magen-Grimmdarmband (Ligamentum gastrocolicum) mit der großen Magenbiegung. Der querverlaufende Teil wird allseitig vom Eingeweideblatt des Bauchfells umgeben, besitzt ein Aufhängeband und weist eine intraperitoneale Lage auf.

Absteigender Teil
Der absteigende Teil reicht von der linken Grimmdarmbiegung bis in die linke Darmbeingrube. Die Bauchverhältnisse entsprechen denen des aufsteigenden Teils.

S-förmiger Teil
In seinem unteren Ende geht der absteigende Teil in den s-förmigen Teil über. Dieser besitzt ein Aufhängeband und liegt innerhalb des Bauchfells (intraperitoneal). Er endet in Höhe des zweiten Kreuzbeinwirbels.

Wandaufbau

Der Wandaufbau entspricht dem des Blinddarms. Die Grimmdarmwand besteht demnach aus:

- Schleimhaut (Tunica mucosa),
- Unterschleimhaut (Tela submucosa),
- Muskelschicht (Tunica muscularis),
- Eingeweideblatt des Bauchfells (Peritoneum viscerale) oder
- lockerer Bindegewebsschicht (Adventitia).

Gefäß- und Nervenversorgung

Das Versorgungsgebiet der oberen Gekrösearterie reicht bis zur linken Grimmdarm-Biegung. Mit ihren Ästen werden der Wurmfortsatz, der Blinddarm, der aufsteigende Grimmdarmteil und etwa zwei Drittel des querliegenden Grimmdarmteils versorgt.
Das linke Grimmdarmdrittel, der absteigende Grimmdarmteil, der s-förmige Grimmdarmteil und obere Teile des Mastdarms werden von Ästen der unteren Gekrösearterie, die ebenfalls aus der Bauchaorta stammt, versorgt.
Die obere Gekrösevene sammelt das venöse Blut aus dem Wurmfortsatz, dem Blinddarm, dem aufsteigenden Teil des Grimmdarms und aus etwa zwei Drittel des querliegenden Grimmdarmteils. Die obere Gekrösevene vereinigt sich mit der Milzvene zur Pfortader.
Die untere Gekrösevene nimmt das venöse Blut vom linken Drittel des Grimmdarms, vom absteigenden Grimmdarmteil, vom s-förmigen Grimmdarmteil und von oberen Teilen des Mastdarms auf. Die untere Gekrösevene mündet in die Milzvene.
Äste des N. vagus (Kopfteil) und Äste des Sympathikus (Brustteil) versorgen den Wurmfortsatz, den Blinddarm und den Grimmdarm bis zur Grenze zwischen dem mittleren und linken Drittel des querliegenden Teils des Grimmdarms. Von diesem als Cannon-Böhm-Punkt bezeichnetem Gebiet übernehmen der Beckenteil des Parasympathikus und der Brustteil des Sympathikus die Nervenversorgung des restlichen Dickdarms.

5.5.1.3. Mastdarm

Allgemeines

Der Mastdarm (lat. rectum) beginnt an der Stelle, wo der s-förmige Grimmdarmabschnitt sein Aufhängeband verliert und sich mit seiner Hinterwand an das Kreuzbein anlegt. Der Mastdarm verläuft nicht gerade, sondern zeigt zwei Biegungen. Zu diesen zählen die:

- Kreuzbeinbiegung (Flexura sacralis),
- Dammbiegung (Flexura perinealis).

Kreuzbeinbiegung
Die Kreuzbeinbiegung wird durch die Wölbung des Kreuzbeins hervorgerufen und verläuft nach hinten konvex. Die Kreuzbeinbiegung stellt einen erweiterungsfähigen Darmabschnitt dar, der auch als Ampulla recti bezeichnet wird.

Dammbiegung
Die Dammbiegung verläuft nach vorn konvex und bildet den wesentlich engeren Austreibungskanal, den Canalis analis.

Der Mastdarm wird nur im oberen Bereich an der Vorder- und Seitenfläche vom Eingeweideblatt des Bauchfells umgeben. Dieser Teil des Mastdarms liegt hinter dem Bauchfell, also retroperitoneal. Die restlichen Anteile des Mastdarms haben keine Berührung mit dem Bauchfell. Sie liegen außerhalb von diesem. Diese Lagebeziehung zum Bauchfell bezeichnet man als extraperitoneal.
Der Mastdarm ist mit dem Kreuzbein bindegewebig verbunden. Beim Mann zieht ein Bindegewebsseptum (Septum rectovesicale) vom Mastdarm zur Harnblase, Vorsteherdrüse und zu den Samenbläschen. Bei der Frau verbindet ein Bindegewebsseptum (Septum rectovaginale) den Mastdarm mit der Scheide.

Wandaufbau

Der Mastdarm besitzt folgenden Wandaufbau:

- Schleimhaut (Tunica mucosa),
- Unterschleimhaut (Tela submucosa),
- Muskelschicht (Tunica muscularis),
- Eingeweideblatt des Bauchfells (Peritoneum viscerale) bzw.
- lockeres Bindegewebe (Adventitia).

Schleimhaut
Die Schleimhaut im ampullären Bereich des Mastdarms ist ähnlich wie im Grimmdarm aufgebaut. An Stelle der halbmondförmigen Schleimhautfalten sind im ampullären Mastdarmabschnitt 3 - 4 feststehende Schleimhautfalten ausgebildet. Die Kohlrausch-Falte ist die stärkste der Querfalten und befindet sich etwa 6 - 7 cm oberhalb der Afteröffnung.
Die Schleimhaut trägt ein ein- bis mehrschichtiges prismatisches Epithel, das zahlreiche Becherzellen enthält und sich zu Krypten in das Schleimhautbindegewebe einsenkt. Die Krypten enthalten Becher- und Saumzellen. In der Schleimhaut kommen zahlreiche Lymphfollikel vor.

Der Analkanal wird in drei Zonen gegliedert:

- Hämorrhoidalzone (Zona hämorrhoidalis),
- Zwischenzone (Zona intermedia),
- Hautzone (Zona cutanea).

Hämorrhoidalzone
Diese Zone enthält 8 - 10 länglich verlaufende Schleimhautfalten, die durch das Venengeflecht hervorgerufen werden.

Zwischenzone
Sie schließt sich dem unteren Ende der Schleimhautfalten an und ist etwa 1cm lang. Die Zwischenzone ist eine Übergangszone zwischen Schleimhaut und Haut. Die Schleimhaut trägt ein mehrschichtiges Plattenepithel, und freie Talgdrüsen kommen vor.

Hautzone
Die Hautzone trägt ein mehrschichtiges verhorntes und pigmentiertes Epithel. Sie enthält Haare mit Talgdrüsen, Schweißdrüsen und Duftdrüsen.

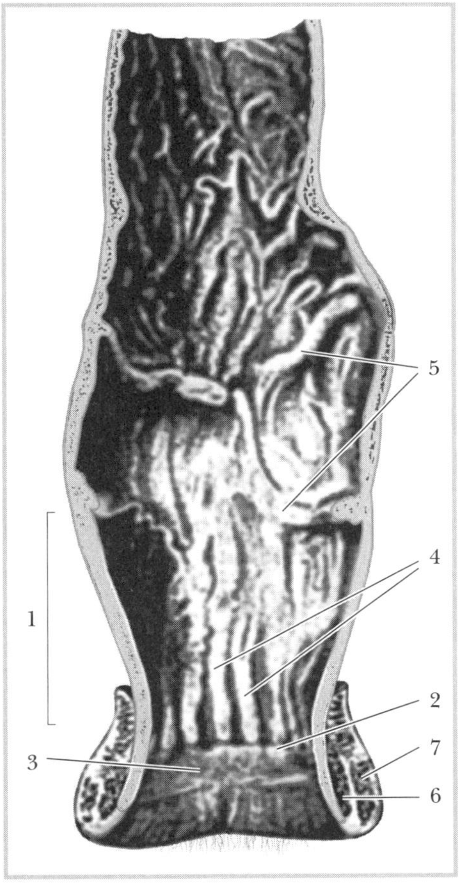

Abb. 74
Mastdarmschleimhaut und Schließmuskel

1 Hämorrhoidalzone (Zona haemorrhoidalis)
2 Zwischenzone (Zona intermedia)
3 Hautzone (Zona cutanea)
4 längliche Schleimhautfalten (Columnae anales)
5 quere Schleimhautfalten (Plicae tranversae recti)
6 innerer Schließmuskel (M. sphincter ani internus)
7 äußerer Schließmuskel (M. sphincter ani externus)

Unterschleimhaut
Die Unterschleimhaut enthält Blut- und Lymphgefäße sowie Nerven.

Muskelschicht
Die Muskulatur des Mastdarms besteht aus einer inneren Ring- und äußeren Längsmuskulatur. Die Längsmuskulatur bildet eine geschlossene Schicht und besitzt keine Bänder und Schöpfeimer mehr.
Die innere Ringmuskulatur verstärkt sich am kaudalen Ende zum inneren Schließmuskel des Afters (Musculus sphincter ani internus).

Eingeweideblatt bzw. lockeres Bindegewebe
Nur der obere Teil des Mastdarms wird vom Eingeweideblatt überzogen. Die restlichen Mastdarmanteile haben als äußere Schicht ein lockeres Bindegewebe, die Adventitia, ausgebildet.

Gefäß- und Nervenversorgung

Der obere Mastdarmabschnitt wird von der unpaaren oberen Mastdarmarterie (Arteria rectalis superior), die aus der unteren Gekrösearterie stammt, versorgt.
Die mittlere Mastdarmarterie (Arteria rectalis media) entspringt jeweils aus der rechten und linken inneren Hüftschlagader. Sie versorgen den mittleren Teil des Mastdarms.
Die untere Mastdarmarterie (Arteria rectalis inferior) entspringt aus der inneren Schamarterie (Arteria pudenda interna), die ebenfalls ein Ast aus der inneren Hüftschlagader ist. Die paarigen unteren Mastdarmarterien versorgen den kaudalen Teil des Mastdarms.

Der venöse Abfluß erfolgt über gleichnamige Venen. Das venöse Blut aus dem oberen Mastdarmabschnitt gelangt in die Pfortader, während das venöse Blut der restlichen Mastdarmanteile in die untere Hohlvene geleitet wird.

Die Nervenversorgung wird durch das Mastdarmgeflecht (Plexus rectalis) ermöglicht, das parasympathische und sympathische Fasern enthält.

5.5.2. Dickdarmphysiologie

Allgemeines

Im Dickdarm wird der Chymus durchmischt, eingedickt und durch die Wirkung von Bakterien weiter aufgeschlossen. Sogenannte Massenbewegungen des Grimmdarms transportieren den Chymus in den Mastdarm. Dessen Entleerung wird über vegetative Reflexe geregelt und unterliegt zentralen Einflüssen.

Dickdarmmotorik

Die motorische Aktivität des Dickdarms ist im Verhältnis zum Dünndarm gering. Bei der Dickdarmmotorik unterscheidet man:

- Segmentationen,
- peristaltische Bewegungen,
- Massenbewegungen.

Segmentationen
Das sind unregelmäßige Kontraktionen der Ringmuskulatur (Haustrenkontraktionen), die an verschiedenen Stellen gleichzeitig erfolgen. Sie durchmischen den Darminhalt, fördern ihn jedoch nicht weiter.

Peristaltische Bewegungen
Diese wellenförmige Kontraktion der Ringmuskulatur transportiert den Chymus über etwa 20 cm weiter. Die Peristaltik kann auch gegenläufig sein.

Massenbewegungen
Diese Massenbewegungen treten 1- bis 2mal täglich auf und befördern den Chymus vom querliegenden Grimmdarm zum s-förmigen Grimmdarm. Sie werden auch als Holzknecht-Bewegung bezeichnet.

Die Dickdarmbewegungen werden vom Auerbach- und Meissner-Geflecht reguliert, die wiederum vom Parasympathikus und Sympathikus beeinflußt werden. Der Parasympathikus fördert die Darmbewegung und der Sympathikus hemmt sie.
Streßzustände, wie sie z.B. durch Prüfungssituationen hervorgerufen werden, können die Frequenz der Darmperistaltik erhöhen. Furcht und Depressionen setzen sie herab.

Merke **Das Zentralnervensystem (ZNS) kann über das vegetative Nervensystem die Dickdarmmotorik beeinflussen.**

Neben diesen nervalen Einflüssen, stimulieren die Hormone Gastrin und Cholezystokinin die Dickdarmmotorik. Sekretin und Glukagon sind Hormone, die hemmend auf die Motorik wirken.

Dickdarmsekretion

Die Dickdarmschleimhaut bildet in größeren Mengen Schleim. Dieser wird von den zahlreichen in das Epithel eingestreuten Becherzellen abgegeben. Der Schleim verbessert die Gleitfähigkeit und Formplastizität des Dickdarminhaltes. Desweiteren hat der Schleim eine wasserbindende Funktion, so daß es zu einer gewissen Quellung des Darminhaltes kommt. Der Dickdarm kann auch z.B. Kalzium- und Magnesium-Ionen ausscheiden, wenn es der Stoffwechsel erfordert.

Merke **Die Dickdarmschleimhaut sezerniert vorwiegend Schleim. Dieser ist das Produkt der Becherzellen.**

Dickdarmresorption und Bakterienwirkung

Im Dickdarmm werden fast nur noch Wasser und Elektrolyte resorbiert, da alles Resorbierbare bereits im Dünndarm aufgenommen wurde. Somit werden die 500 - 1500 ml Chymus, die täglich in den Dickdarm eintreten, auf 100 ml eingedickt. Auf diese Art und Weise wird der dünnflüssige Chymus in den konsistenteren Kot umgewandelt.

Merke **Die Dickdarmschleimhaut ist in der Lage, die gleichen Substanzen zu resorbieren wie der Dünndarm, nur in entsprechend geringem Umfang. Deshalb können Arzneimittel rektal verabreicht werden.**

Im Gegensatz zum Magen und oberen Dünndarm, die weitgehend steril sind, nimmt die Zahl der Bakterien analwärts zu. Im Krummdarm (Ileum) beträgt die Bakterienzahl/ml Chymus 10^6 und im Dickdarm 10^{11} -10^{12}. Die Bakterien greifen in den Abbau der bisher der enzymatischen Verdauung entgangenen Substanzen ein. Zu den Mechanismen, denen sie sich bedienen, gehören:

- die Gärung,
- die Fäulnis.

Gärung
Unter der Einwirkung von Bakterien (Escherichia coli, Bact. lactis aerogens) entstehen aus unverdaulichen Kohlenhydraten (Zellulose, Pektine, Lignine) u.a. Milchsäure, Essigsäure, Alkohol, Kohlendioxid und Methan.

Fäulnis
Bei der Fäulnis entstehen unter bakterieller Einwirkung (Bact. putrificans) Stoffe, die einen charakteristischen Fäkalgeruch haben. Zu den Fäulnisprodukten zählen z.B. Indol, Skatol, Phenol, Kresol, Kadaverin, Schwefelwasserstoff, Kohlendioxid und Methan. Die letzten drei Stoffe sind Gase.

Die Besiedelung des Dickdarms mit Bakterien ist eine physiologische Erscheinung. Bakterien der Koligruppe bilden, unter Nutzung der gewonnenen Spaltungsenergie, das fettlösliche Vitamin K. Dieses Vitamin ist wichtig für die Synthese von Blutgerinnungsfaktoren.

Darmentleerung

Die gebildeten Kotmassen sammeln sich allmählich, ohne bis zum Mastdarm zu gelangen, im Sigmoid. Sowie sie einen genügend großen Druck auf die Dickdarmwand ausüben, kontrahiert sich reflektorisch dieser Dickdarmabschnitt und befördert die Fäkalmassen in den Mastdarm.
Bei genügender Auffüllung des Mastdarmes wird der Defäkationsreflex ausgelöst. Beim Defäkationsakt kontrahiert sich die Muskulatur des Mastdarms und des Dammes. Gleichzeitig erschlaffen der aus glatter Muskulatur bestehende innere Schließmuskel (M. sphincter ani internus) und der quergestreifte willkürliche äußere Schließmuskel (M. sphincter ani externus). Die Vorschubperistaltik des Mastdarms wird von den Muskeln der Bauchpresse unterstützt und so gelangt der Kot ins Freie.
Der komplizierte Defäkationsreflex wird durch das Zentralnervensystem und von Zentren koordiniert, die sich im Lenden- und Kreuzmark befinden. Bei Fehlfunktionen der Rückenmarkszentren kann es zu Störungen der willkürlichen Kotentleerung oder zur Unterbrechung des Stuhldranges kommen.

Zusammenfassung

Blinddarm

Bauhin-Klappe Zum Blinddarm rechnet man den Bereich unterhalb einer Schleimhautfalte, die als Bauhin-Klappe bezeichnet wird.

Bänder Am Blinddarmumfang kommen drei Bänder vor. Sie stellen Verstärkungszüge der Längsmuskelschicht dar.

Fettläppchen Das sind fettgewebshaltige Ausstülpungen der Serosa längs der Bänder.

Schöpfeimer Es sind Ausbuchtungen der zwischen den Bändern verbleibenden dünnen Wand. Die Ausbuchtungen wandern mit der Peristaltik über die Darmoberfläche.

Wandaufbau Der Blinddarm besteht aus einer Schleimschicht, Unterschleimhaut, Muskelschicht und der Serosa.

Lieberkühn-Krypten Die Schleimhaut des Blinddarms enthält zahlreiche schlauchförmige Drüsen, die Lieberkühn-Krypten.

Becherzellen Diese einzelligen Drüsen kommen reichlich innerhalb des Schleimhautepithels und in den Lieberkühn-Krypten vor.

Lymphfollikel Das sind Anhäufungen von lymphatischem Gewebe in der Unterschleimhaut des Blinddarms.

Darmtonsille Im Wurmfortsatz kommt das lymphatische Gewebe gehäuft vor. Wegen der Abwehrfunktion, die von diesem Gewebe ausgeht, wird der Wurmfortsatz auch als Darmtonsille bezeichnet.

Auerbach-Geflecht Das ist ein autonomes Nervengeflecht in der Muskelschicht des Blinddarms.

Meissner-Geflecht Dieses autonome Nervengeflecht befindet sich in der Unterschleimhaut.

Grimmdarm

Abschnitte Der Grimmdarm besteht aus einem aufsteigenden, querverlaufenden, absteigenden und s-förmigen Abschnitt.

Beziehung zum Bauchfell Der auf- und absteigende Grimmdarmabschnitt liegen retroperitoneal. Der querverlaufende Abschnitt und das Sigmoid haben ein Aufhängeband, sind beweglich und liegen intraperitoneal.

Gefäße Das Versorgungsgebiet der oberen Gekrösearterie reicht bis etwa zur linken Grimmdarmbiegung. Die restlichen Grimmdarmteile erhalten ihren Sauerstoff aus der unteren Gekrösearterie. Beide Gekrösearterien stammen aus der Bauchaorta. Das venöse Blut wird in die Pfortader geleitet.

Nerven Bis zur linken Grimmdarmbiegung innervieren der Kopfteil des N. vagus und der Brustteil des Sympathikus den Blind- und Grimmdarm. Die sich anschließenden Abschnitte des Grimmdarms werden vom Beckenteil des Parasympathikus und vom Brustteil des Sympathikus innerviert. Die beiden autonomen Nervengeflechte (Auerbach, Meissner) sind ebenfalls vorhanden.

Cannon-Boehm-Punkt Das ist der Innervationswechselpunkt, der sich etwa an der linken Grimmdarmbiegung befindet.

Mastdarm

Abschnitte Zu den Abschnitten des Mastdarms gehören die Ampulle und der Analkanal.

Wandaufbau Die Mastdarmwand besteht aus der Schleimhaut, Unterschleimhaut, Muskelschicht, Serosa bzw. Adventitia.

Zonen des Analkanals Zu diesen gehören die Hämorrhoidalzone, Zwischenzone und die Hautzone.

Gefäße Die A. rectalis superior versorgt den oberen Mastdarmabschnitt, die A. rectalis media den mittleren und die A. rectalis inferior den unteren Mastdarmbereich. Das venöse Blut fließt aus dem oberen Abschnitt letztlich in die Pfortader, während das venöse Blut der restlichen Mastdarmanteile in die untere Hohlvene fließt.

Nerven Das Mastdarmgeflecht mit seinen parasympathischen und sympathischen Nervenfasern innerviert den Mastdarm.

Physiologie

Segmentationen Das sind unregelmäßige Kontraktionen der Ringmuskulatur, die an verschiedenen Stellen gleichzeitig erfolgen.

Peristaltische Bewegungen Diese wellenförmigen Kontraktionen der Ringmuskulatur transportieren den Chymus.

Massenbewegungen Sie treten 1- bis 2mal täglich auf und befördern den Chymus vom querliegenden Grimmdarmabschnitt zum Sigmoid.

Sekretion Die Dickdarmschleimhaut sezerniert vorwiegend Schleim.

Resorption Im Dickdarm werden nur noch Wasser und Elektrolyte resorbiert.

Bakterienwirkung Unverdauliche Kohlenhydrate werden von Bakterien zu Milchsäure, Essigsäure, Alkohol, Kohlendioxid und Methan vergoren. Unverdauliche Eiweiße und Fette unterliegen bakteriell bedingten Fäulnisprozessen. Produkte, die dabei entstehen sind z.B. Indol, Skatol, Kresol, Kohlendioxid und Methan. Bakterien der Koligruppe bilden das Vitamin K, das für die Synthese von Gerinnungsfaktoren bedeutsam ist.

5.6. Bauchspeicheldrüse

5.6.1. Lage und Bau

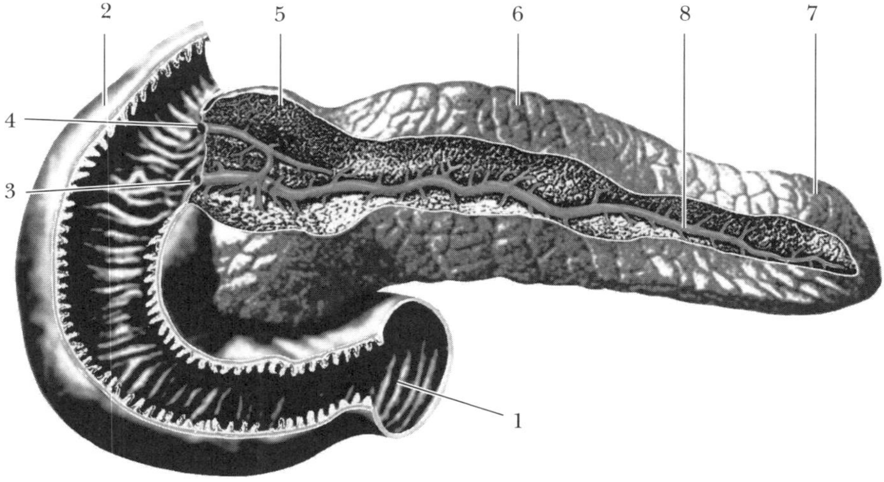

Abb. 75 Zwölffingerdarm und Bauchspeicheldrüs

1 Ringfalten (Plicae circulares; Kerckring-Falten)
2 absteigender Teil des Zwölffingerdarms
3 große Papille Papilla duodeni major)
4 kleine Papille (Papilla duodeni minor)
5 Bauchspeicheldrüsenkopf (Caput pancreatis)
6 Bauchspeicheldrüsenkörper (Corpus pancreatis)
7 Bauchspeicheldrüsenschwanz (Cauda pancreatis)
8 Bauchspeicheldrüsengang (Ductus pancreaticus)

Allgemeines

Die Bauchspeicheldrüse (Pankreas) ist ein Drüsenorgan, welches quer im Oberbauch liegt und dessen Oberfläche in kleine Läppchen unterteilt wird. Die Bauchspeicheldrüse ist ein 15 - 20 cm langes und 60 - 100 g schweres Organ, das nur an seiner Vorderseite vom Bauchfell überzogen wird. Das Organ liegt retroperitoneal.
Das Drüsenorgan besteht aus folgenden Teilen:

- exokriner Teil,
- endokriner Teil.

Exokriner Teil

Der exokrine Teil der Bauchspeicheldrüse besteht aus folgenden Abschnitten:

- Kopf der Bauchspeicheldrüse (Caput pancreatis),
- Körper der Bauchspeicheldrüse (Corpus pancreatis),
- Schwanz der Bauchspeicheldrüse (Cauda pancreatis).

Kopf der Bauchspeicheldrüse
Der Kopf der Bauchspeicheldrüse schmiegt sich in die Konkavität des Zwölffingerdarms und ist mit diesem verwachsen. Hinter dem Kopf der Bauchspeicheldrüse münden die Milzvene (Vena lienalis) und die obere Gekrösevene (Vena mesenterica superior) in die Pfortader.

Körper der Bauchspeicheldrüse
Der Körper verläuft quer, überkreuzt die Lendenwirbelsäule, Bauchaorta und die untere Hohlvene.

Schwanz der Bauchspeicheldrüse
Der Schwanz des Organs steht mit der inneren Milzfläche und mit dem oberen Ende der linken Niere in Verbindung.

Merke

An der Rückseite der Bauchspeicheldrüse verlaufen die großen Gefäßstämme des Oberbauchs. Zu diesen zählen:

- **die Bauchaorta mit dem Truncus coeliacus und seinen Ästen,**
- **die Pfortader (Vena portae),**
- **die untere Hohlvene (Vena cava inferior).**

Der Ausführungsgang des exokrinen Drüsenteils (Ductus pancreaticus) durchzieht das Organ in Längsrichtung und mündet zusammen mit dem Gallengang (Ductus choledochus) in den absteigenden Teil des Zwölffingerdarms auf einer warzenartigen Erhebung, der Papilla duodeni major.
Der exokrine Drüsenanteil ist wie eine seröse Drüse aufgebaut. Die Drüsenendstücke produzieren den Saft der Bauchspeicheldrüse, der Enzyme für die Verdauung der Kohlenhydrate, Fette und Eiweiße sowie Hydrogenkarbonationen enthält. Letztere sind für das Säurebindungsvermögen der Bauchspeicheldrüse verantwortlich.

Endokriner Teil

Innerhalb des exokrinen Drüsengewebes befinden sich Zellhaufen, die besonders zahlreich in der Körper- und Schwanzregion der Bauchspeicheldrüse vorkommen. Die Zellhaufen sind inselartig angeordnet und werden als Langerhans-Inseln bezeichnet. Die Langerhans-Inseln bestehen aus verschiedenen Zellen. Zu diesen gehören:

- A-Zellen (α-Zellen),
- B-Zellen (β-Zellen),
- D-Zellen (δ-Zellen).

A-Zellen In den A-Zellen wird das Polypeptid Glukagon hergestellt.

B-Zellen In den B-Zellen wird das Hormon Insulin synthetisiert.

D-Zellen Die D-Zellen produzieren das Hormon Somatostatin.

Die Hormone Glukagon, Insulin und Somatostatin regulieren die Konstanz des Blutzuckerspiegels. Die Hormone werden an das Blut abgegeben.

Gefäß- und Nervenversorgung

Äste aus der Milzarterie versorgen den Körper- und Schwanzteil der Bauchspeicheldrüse. Der Kopf der Bauchspeicheldrüse wird aus dem Stromgebiet des Truncus coeliacus und aus dem der oberen Gekrösearterie (Arteria mesenterica superior) versorgt. Der venöse Abfluß erfolgt über die Milzvene und die obere Gekrösevene letztlich in die Pfortader.
Das Nervengeflecht der Bauchspeicheldrüse (Plexus pancreaticus) mit seinen sympathischen und parasympathischen Fasern ist für die Innervation der Bauchspeicheldrüse verantwortlich.

5.6.2. Physiologie der Bauchspeicheldrüse

Allgemeines

Die Bauchspeicheldrüse ist neben der Leber eine für die Verdauung im Dünndarm wichtige Drüse. Ihr exokriner Drüsenanteil produziert den Bauchspeicheldrüsensaft. Dieser enthält als wesentliche Bestandteile Bikarbonationen und Verdauungsenzyme. Sie neutralisieren den sauren Magensaft und spalten die Fette, Kohlenhydrate und Eiweiße in f FS, Glyzerin, Glukose und Aminosäuren. Somit werden die Hauptbestandteile der Nahrung enzymatisch zerlegt. Die Regulation der Freisetzung des Saftes geschieht vor allem durch den Eingeweidenerv (N.vagus) und durch die Hormone Sekretin, Cholezystokinin, Somatostatin und Glukagon.
Die Drüsenzellen der Langerhans-Inseln bilden Hormone und stellen gleichzeitig den endokrinen Teil der Bauchspeicheldrüse dar. Die Besprechung der Hormone und deren Wirkung erfolgt im Kapitel „Hormone".

Sekretion des Bauchspeicheldrüsensaftes

Ähnlich wie bei der Magensaftsekretion verläuft die Sekretion des Bauchspeicheldrüsensaftes in Phasen, die sich zeitlich überschneiden. Es werden folgende Phasen unterschieden:

- psychisch-nervale Phase,
- Magenphase (gastrische Phase),
- Dünndarmphase (intestinale Phase).

Psychisch-nervale Phase
Bereits die Vorstellung, der Geruch, der Geschmack von Speisen führen reflektorisch, über den N.vagus vermittelt, zur Stimulation und Absonderung des Bauchspeicheldrüsensaftes.
Im gleichen Sinn wirken das Kauen und Schlucken von Nahrungsbestandteilen.

Magenphase
Durch den Eintritt von Speisen in den Magen wird ebenfalls Bauchspeicheldrüsensaft sezerniert. Die Bildung wird über den N.vagus und das Hormon Gastrin beeinflußt. Es sind die gleichen Stimuli, die auch die Magensaftsekretion steigern.

Merke **Sowohl die psychisch-nervale als auch die gastrale Phase sorgen dafür, daß die Speisen, wenn sie in den Zwölffingerdarm kommen, bereits Bauchspeicheldrüsensaft vorfinden.**

Dünndarmphase
Die Salzsäure ist der sekretionsfördernde Faktor für die Saftproduktion der Bauchspeicheldrüse. Sowie der saure Chymus vom Magen in den Zwölffingerdarm tritt, beginnt seine Schleimhaut die Hormone Sekretin und Cholezystokinin freizusetzen. Sie werden über den Blutweg zur Bauchspeicheldrüse transportiert und entfalten dort ihre Wirkung.
Das Sekretin stimuliert die Sekretion von Bikarbonationen, Wasser und Elektrolyten in der Bauchspeicheldrüse, während Cholezystokinin für die Enzymfreisetzung verantwortlich ist.
Im gewissen Maße ergänzen sich beide Hormone.

Weitere Hormone, die jedoch hemmend auf die Saftsekretion der Bauchspeicheldrüse wirken, sind das Somatostatin und Glukagon.

Bauchspeicheldrüsensaft

Der exokrine Teil der Bauchspeicheldrüse stellt täglich etwa 1 l Bauchspeicheldrüsensaft her. Über den Hauptausführungsgang (Ductus pancreaticus) wird der gebildete Saft in den Zwölffingerdarm geleitet.

Der alkalische Saft enthält im wesentlichen folgende Bestandteile:

- Elektrolyte,
- Enzyme.

Elektrolyte
Der Bauchspeicheldrüsensaft weist eine Bikarbonatkonzentration von 130 - 140 mmol/l auf. Diese hohe Konzentration wird durch einen aktiven Sekretionsvorgang der Drüsenzellen hervorgerufen.
Wasserstoffionen werden aktiv aus dem Ganglumen im Austausch gegen Natriumionen, die in das Ganglumen ausgeschieden werden, in die Drüsenzelle transportiert.
Wasserstoffionen werden dann an der gegenüberliegenden Zellmembran wieder im Austausch gegen Natriumionen aus der Drüsenzelle ins Blutplasma ausgeschieden.
Im Blutplasma reagiert es mit Kohlendioxid und Wasser zu Kohlensäure. Diese Säure wird enzymatisch in Kohlendioxid und Wasser zerlegt. Kohlendioxid diffundiert aus dem Blutplasma zurück in die Drüsenzelle und gelangt von dort aus in die Gangsysteme der Bauchspeicheldrüse. In diesen reagiert es mit Wasser enzymatisch zu Bikarbonationen und Wasserstoffionen.
Die Bikarbonationen sind für die Neutralisation des sauren, aus dem Magen in den Zwölffingerdarm tretenden, Chymus bedeutsam.
Neben diesen Bikarbonationen enthält der Bauchspeicheldrüsensaft eine Reihe weiterer Elektrolyte zu denen z.B. die Chloridionen, Natriumionen, Kaliumionen, Kalziumionen, Phosphationen und Sulfationen zählen.

Enzyme
Etwa 90 % der Verdauungsenzyme sind Eiweiße. Der Bauchspeichelsaft enthält folgende Enzyme:

- fettspaltende Enzyme,
- kohlenhydratspaltende Enzyme,
- eiweißspaltende Enzyme.

Fettspaltende Enzyme
Die Lipasen sind Enzyme, die Triglyzeride in Fettsäuren und Glyzerin spalten. Für eine gute Fettverdauung sind die Gallensäuren notwendig, die eine Fettemulgierung des Chymus durchführen und dadurch die Lipaseaktivität verbessern. Die Gallensäuren, die in der Leber hergestellt werden, gelangen gleichzeitig mit dem Bauchspeicheldrüsensaft in den Zwölffingerdarm.

Kohlenhydratspaltende Enzyme
Der Bauchspeichelsaft enthält das Enzym Amylase, das Stärke und Glykogen zu Maltose spaltet. Weitere Enzyme sind die Maltase, die Saccharidasen und Laktasen. Die Maltase überführt die Maltose in Traubenzucker. Saccharidasen zerlegen den Rohr-oder Rübenzucker in Glukose und Fruktose. Milchzucker wird von den Laktasen in Glukose und Galaktose abgebaut.

Eiweißspaltende Enzyme
Diese Enzyme sind als inaktive Vorstufen im Bauchspeicheldrüsensaft enthalten und werden in Endo- und Exopeptidasen eingeteilt. Ihre Aktivierung erfolgt erst im Zwölffingerdarm durch das Enzym Enterokinase. Dadurch wird eine Selbstverdauung der Bauchspeicheldrüse verhindert.
Der Bauchspeicheldrüsensaft enthält Trypsinogen, Chymotrypsinogen, Elastase als Endopeptidasen und Karbopeptidasen, die zu den Exopeptidasen zählen.

Zusammenfassung

Lage Die Bauchspeicheldrüse ist ein Organ des Oberbauches. Nur die Vorderseite wird von einem Bauchfell überzogen. Das Organ liegt retroperitoneal.

Abschnitte Zu den Abschnitten gehören der Kopf, Körper und Schwanz.

Ausführungsgang Der Ausführungsgang heißt Ductus pancreaticus und mündet in den absteigenden Teil des Zwölffingerdarms.

Langerhans-Inseln Das sind Zellhaufen, die besonders häufig in der Körper- und Schwanzregion vorkommen. Sie bestehen aus endokrinen Drüsenzellen. Die A-Zellen stellen das Hormon Glukagon und die B-Zellen das Hormon Insulin her.

Gefäße Die Bauchspeicheldrüse erhält Äste aus der Milzarterie, des Truncus coeliacus und aus der oberen Gekrösearterie. Das venöse Blut wird in die Pfortader geleitet.

Nerven Das Drüsenorgan wird von einem Nervengeflecht versorgt, das parasympathische und sympathische Fasern enthält.

Sekretion des Saftes der Bauchspeicheldrüse Die Sekretion unterliegt nervalen und humoralen Einflüssen. Stimulierung des N. vagus führt zur Sekretion des Saftes. Die Hormone Sekretin und Cholezystokinin fördern die Sekretion des Bauchspeicheldrüsensaftes. Die Hormone Somatostatin und Glukagon hemmen die Bildung des Saftes.

Saft der Bauchspeicheldrüse Er enthält vor allem Elektrolyte und Verdauungsenzyme. Zu den Elektrolyten zählen z.B. die Hydrogenkarbonationen, Natriumionen, Kaliumionen, Kalziumionen, Phosphationen und Sulfationen.

Fettverdauende Enzyme sind die Lipasen.

Kohlenhydratverdauende Enzyme sind Amylasen, Maltasen, Saccharidasen und Laktasen.

Eiweißverdauende Enzyme sind Trypsinogen, Chymotrypsinogen und Karbopeptidasen.

5.7. Leber

5.7.1. Lage und Bau

Allgemeines

Die Leber (Hepar) ist die größte Verdauungsdrüse des Organismus und wiegt etwa 1500 g. Die rotbraun gefärbte Leber besitzt eine derbe Konsistenz und hat sich durch Epithelsprossung, wie die Bauchspeicheldrüse auch, aus dem Epithelgewebe der Zwölffingerdarmschleimhaut entwickelt. Die Leber liegt zum größten Teil im rechten Oberbauch und erstreckt sich jedoch mit ihrem linken Lappen bis unter den linken Rippenbogen. Zwischen den Rippenbögen liegt der linke Leberlappen der vorderen Bauchwand an und bildet hier das Leberfeld. Die Leber wird vom Brustraum durch das Zwerchfell getrennt. Die rechte Zwerchfellkuppel steht höher als die linke und projiziert sich auf den vierten Zwischenrippenraum.
Die Leber wird vom Eingeweideblatt des Bauchfells überzogen und liegt somit intraperitoneal.

Leberflächen

An der Leber werden zwei Leberflächen unterschieden. Zu diesen Flächen zählen:

- die Zwerchfellfläche (Facies diaphragmatica),
- die Eingeweidefläche (Facies visceralis).

Zwerchfellfläche
Diese konvexe Fläche zeigt zum Zwerchfell. Ein sichelförmiges Band (Ligamentum falciforme) trennt den größeren rechten vom kleineren linken Leberlappen. Das sichelförmige Band ist eine Bauchfellduplikatur und zieht zur vorderen Bauchwand. An seinem unteren freien Rand verläuft das runde Leberband (Ligamentum teres hepatis).
Dieses Band stellt die verödete Nabelvene dar. Während der Fetalzeit führte diese Nabelvene das sauerstoffreiche Blut aus dem Mutterkuchen (Plazenta) über die Nabelschnur zur Leberpforte. Über einen venösen Verbindungsgang (Ductus venosus Arantii) gelangte das sauerstoffreiche Blut an der Leber vorbei direkt in die untere Hohlvene. Nach der Geburt verödet dieser Gang zum Venenband (Ligamentum venosum).
Ein dreieckiger Bereich der oberen und hinteren Zwerchfellfläche ist mit dem Zwerchfell verwachsen. An dieser Stelle ist die Leber nicht vom Bauchfell überzogen. Dieser Bereich wird als nackte Zone (Area nuda) bezeichnet. Die Leber folgt den Atembewegungen des Zwerchfells.

Eingeweidefläche
Die untere konkave Leberfläche wird wegen ihrer Beziehung zu Eingeweideorganen als Eingeweidefläche (Facies visceralis) bezeichnet. Am rechten Leberlappen hinterlassen folgende Organe Eindrücke:

- der querliegende Teil des Grimmdarms (Colon transversum),
- die rechte Niere und Nebenniere (Ren dexter, Glandula suprarenalis),
- der Zwölffingerdarm (Duodenum).

Am linken Leberlappen hinterlassen die nachfolgenden Organe Eindrücke:

- der Magen (Gaster),
- die Speiseröhre (Ösophagus).

Die Lappengrenzen werden auf der Eingeweidefläche durch eine sagittal gestellte Furche (Fissura sagittalis) sichtbar. In dieser verlaufen das runde Leberband (Lig. teres hepatis) und das Venenband (Lig. venosum). Parallel zu dieser sagittalen Furche befindet sich eine weitere, aus zwei Gruben bestehende, sagittale Furche. In der vorderen Grube befindet sich die Gallenblase (Vesica fellea) und in der hinteren die untere Hohlvene. Etwa in der Mitte die-

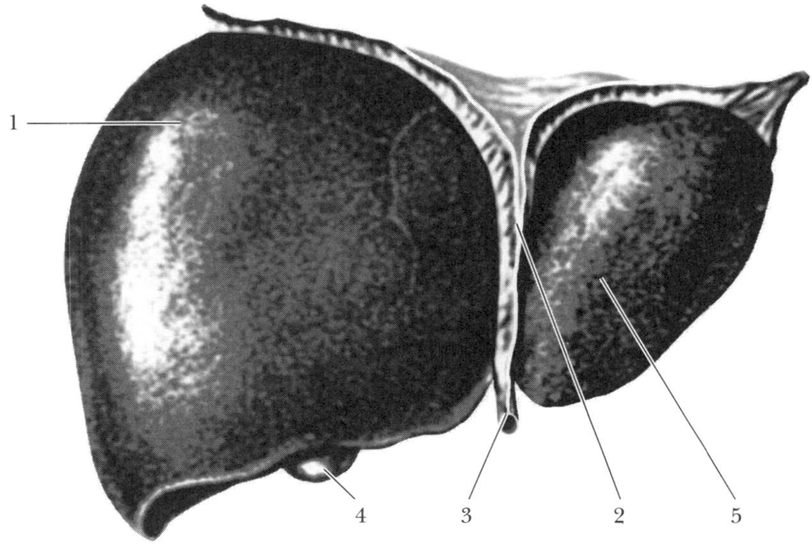

Abb. 76
Zwerchfellfläche der Leber (Facies diaphragmatica)

1 rechter Leberlappen (Lobus hepatis dexter)
2 Sichelband (Lig. falciforme)
3 rundes Leberband (Lig. teres hepatis)
4 Gallenblase (Vesica fellea)
5 linker Leberlappen (Lobus hepatis sinister)

ser Furchen liegt eine Querfurche für die Leberpforte (Porta hepatis). Durch diese Furchen werden auf der Eingeweidefläche vom rechten Leberlappen noch zwei weitere Lappen unter teilt. Der quadratische Lappen (Lobus quadratus) liegt vorn und der Schweiflappen (Lobus caudatus) hinten.
In die Leberpforte treten die Leberarterie (Arteria hepatica) und die Pfortader (Vena portae) ein und die großen ableitenden Gallenwege aus.

Merke **An der Leberpforte bilden die Leberarterie, die Pfortader und die großen ableitenden Gallenwege eine Triade, die als Glisson-Trias bezeichnet wird.**

Feinbau

Die Leber wird vom Eingeweideblatt des Bauchfells (Peritoneum viscerale) umgeben. Dieses Blatt wird auch als Serosa bezeichnet. Unter der Serosa befindet sich die Leberkapsel (Capsula hepatis). Die Kapsel besteht aus straffem Bindegewebe.
Von der Leberpforte an begleitet das Bindegewebe die Gefäße, die in die Leber ein- bzw. austreten. Innerhalb der Leber wird das Lebergewebe (Leberparenchym) durch bindegewebige Septenbildung in Leberläppchen (Lobuli hepatis) unterteilt. Diese Läppchen sind etwa 1 - 2 mm lang, haben einen Durchmesser von etwa 1 mm und bilden die kleinste Baueinheit der Leber.

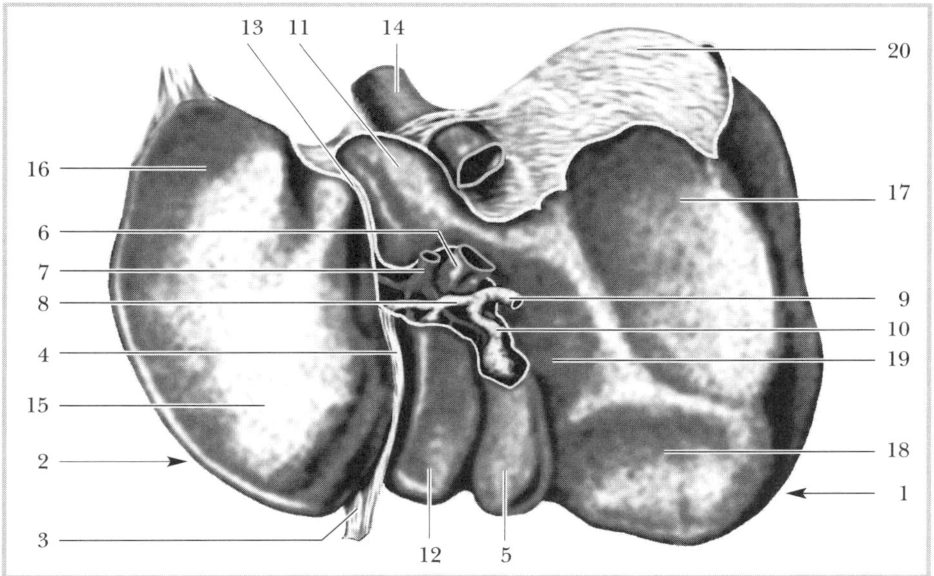

Abb. 77
Eingeweidefläche der Leber (Facies visceralis)

1 rechter Leberlappen (Lobus hepatis dexter)
2 linker Leberlappen (Lobus hepatis sinister)
3 Sichelband (Lig. falciforme)
4 rundes Leberband (Lig. teres hepatis)
5 Gallenblase (Vesica fellea)
6 Pfortader (V. portae)
7 Leberarterie (A. hepatica)
8 gemeinsamer Lebergang (Ductus hepaticus communis)
9 Gallengang (Ductus choledochus)
10 Gallenblasengang (Ductus cysticus)
11 Schweiflappen (Lobus caudatus
12 quadratischer Lappen (Lobus quadratus)
13 Venenband (Lig. venosum)
14 untere Hohlvene (V. cava inferior)
15 Anlagerungsfläche des Magen
16 Anlagerungsfläche der Speiseröhr
17 Anlagerungsfläche der rechten Nier
18 Anlagerungsfläche des Kolon
19 Anlagerungsfläche des Zwölffingerdar
20 nackte Zone (Area nuda)

Jedes Leberläppchen wird vom lockeren Bindegewebe umgeben. An den Stellen, wo mehrere Läppchen aneinander grenzen, verdichtet sich dieses Bindegewebe zu Zwickeln. Sie werden als periportales Bindegewebe bezeichnet. Innerhalb der Zwickel verlaufen Aeste der Leberarterie, der Pfortader sowie kleinere Gallengänge immer zusammen.

Merke **Aeste der Leberarterie, der Pfortader und kleinere Gallengänge verlaufen immer innerhalb der bindegewebigen Zwickel zusammen und bilden die Glisson-Trias.**

Ein Leberläppchen besteht aus kubischen Leberzellen, die plattenartig übereinander gelagert sind. Sie stehen untereinander in Verbindung, so daß der Eindruck eines riesigen Zellschwammes entsteht. Die Leberzellen ordnen sich radiär um die im Leberläppchen gelegene Zentralvene an. Die Hohlräume zwischen den Leberzellplatten enthalten geweitete Kapillaren, die Sinusoide.

In den Sinusoiden befindet sich folgendes Blut:

- sauerstoffreiches Blut aus der Leberarterie,
- nährstoffreiches, sauerstoffarmes Blut aus der Pfortader.

In den Lebersinusoiden ist somit ein Mischblut enthalten. Die Wand der Sinusoide weist neben Kapillarendothelzellen Kupffer-Sternzellen auf. Diese können sich aus dem Zellverband lösen und besitzen die Eigenschaft der Phagozytose. Zwischen den Leberzellen und den Sinusoiden existiert ein spaltförmiger Stoffwechselraum, der Disse-Raum.
Die zwischen den Leberzellen angeordneten Gallenwege verfügen über keine Wand. Es sind zunächst nur kleine Aussparungen zweier benachbarter Leberzellen.
Blut- und Gallenwege sind innerhalb eines Leberläppchens völlig voneinander getrennt angeordnet. Erst in den bindegewebigen Zwickel finden sich kleine Gallengänge, die eine Wand besitzen. Sie transportieren die Lebergalle entgegen der Fließrichtung des Blutes aus der Leber.

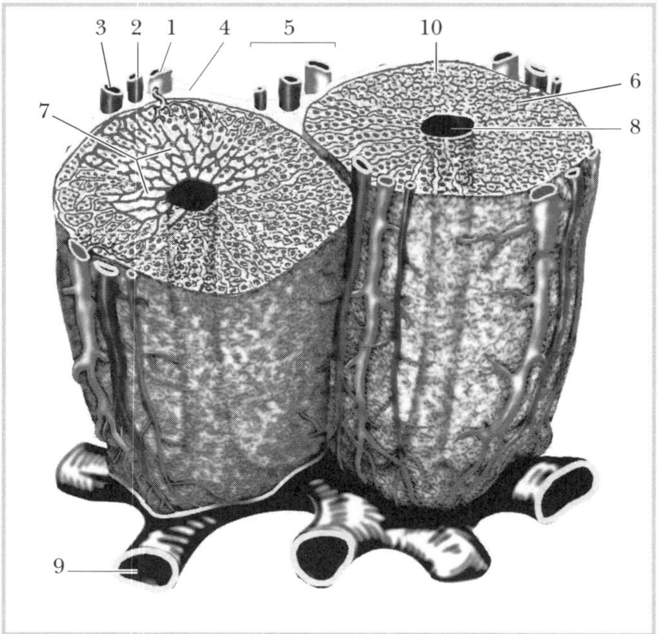

Abb. 78
Leberläppchen
(Lobuli hepatis)

1 Ast der Pfortader
2 Gallengang
3 Ast der Leberarterie
4 lockeres Bindegewebe
5 Leberzwickel mit Glisson-Trias
6 Leberzellbalken
7 Lebersinusoide
8 Zentralvene
9 Sammelvenen
10 Gallenkapillaren

Gallenwege und Gallenblase

Aus jedem Leberlappen sammelt sich die gebildete Lebergalle in einem größeren ableitenden Gallengang. In der Leberpforte vereinigen sich der rechte und linke Lebergang (Ductus hepaticus dexter, Ductus hepaticus sinister) zum gemeinsamen Lebergang (Ductus hepaticus communis). Von diesem gemeinsamen Lebergang zweigt der Gallenblasengang (Ductus cysticus) ab, der zur Gallenblase verläuft. Ab der Abzweigungsstelle bezeichnet man den Gallengang als Ductus choledochus. Dieser mündet gemeinsam mit dem Ausführungsgang der Bauchspeicheldrüse(Ductus pancreaticus) auf einer warzenartigen Erhebung der Zwölffingerdarmschleimhaut (Papilla duodeni major).

Die Gallenblase (Vesica fellea) liegt in einer Einbuchtung der Eingeweidefläche der Leber. An der Gallenblase werden folgende Abschnitte unterschieden:

- der Gallenblasengrund (Fundus vesicae felleae),
- der Gallenblasenkörper (Corpus vesicae),
- der Gallenblasenhals (Collum vesicae).

Gallenblasengrund
Der Gallenblasengrund liegt am rechten Rippenbogen der vorderen Bauchwand an.

Gallenblasenkörper
Der Gallenblasenkörper ist mit der Einbuchtung der Eingeweidefläche der Leber bindegewebig verwachsen.

Gallenblasenhals
Der Blasenhals ist beweglich und geht kranial in den Gallenblasengang über.

Die Gallenblase besitzt folgenden Wandaufbau:

- Schleimhaut (Tunica mucosa),
- Schicht glatter Muskelzellen (Tunica muscularis),
- Eingeweideblatt des Bauchfells (Peritoneum viscerale).

Schleimhaut
Die Schleimhaut bildet unregelmäßig geformte Falten und trägt ein einschichtiges hochprismatisches Epithel. Zwischen den Falten befinden sich taschenartige Buchten. Die Epithelzellen tragen einen Bürstensaum. Die Epithelzellen haben resorptive und sekretorische Eigenschaften.

Schicht glatter Muskelzellen
Die glatten Muskelzellen bilden Bündel, die in Spiraltouren verlaufen. Sie ermöglichen ein gleichmäßiges Zusammenziehen der Gallenblase.

Eingeweideblatt des Bauchfells
Die Blasenfläche, die nicht mit der Leberbucht verwachsen ist, wird vom Eingeweideblatt, der Serosa, überzogen.

Gefäß- und Nervenversorgung

Die Sauerstoffversorgung der Leber erfolgt durch die Leberarterie, die aus dem Truncus coeliacus der Bauchaorta entspringt. Die Arterienaufzweigung innerhalb der Leber folgt nicht der anatomischen Lappeneinteilung der Leber, sondern ist ähnlich wie bei der Lunge segmental gegliedert. Es werden vier Segmente unterschieden.

Der venöse Abfluß aus der Leber wird über 2 - 3 Lebervenen, die unmittelbar unter dem Zwerchfell in die untere Hohlvene einmünden, ermöglicht.
Die Nerven werden von Ästen des N. vagus und des Sympathikus geliefert, die in die Leberpforte mit den Blutgefäßen eintreten.

Die Gallenblase erhält ihren Sauerstoff von einem Ast der Leberarterie, der Gallenblasenarterie (Arteria cystica).
Das venöse Blut fließt über die Gallenblasenvene (Vena cystica) in die Pfortader.

Äste des N. vagus und des Sympathikus innervieren die Gallenblase.

5.7.2. Leberphysiologie

Allgemeines

Die Leber ist die größte exokrine Drüse des menschlichen Organismus. Das Drüsensekret wird als Gallensaft bezeichnet. Täglich bildet die Leber etwa 600 ml Gallensaft. Die Lebergalle hat eine goldgelbe Farbe, die auf den Bilirubingehalt zurückzuführen ist.
Bilirubin ist ein Abbauprodukt des roten Blutfarbstoffes und stellt einen Gallenfarbstoff dar. Die von den Leberzellen (Hepatozyten) synthetisierte Gallenflüssigkeit wird in die Gallenkanälchen (Canaliculi), die sich zwischen den Leberzellen befinden, sezerniert. Die Gallenkanälchen vereinen sich zu größeren Gallengängen (Ductus biliferi), die sich innerhalb der bindegewebigen Zwickel, also zwischen den Leberläppchen, befinden.
Die Lebergalle verläßt das Organ über den rechten und linken Lebergang (Ductus hepaticus dexter et sinister) an der Leberpforte. Etwa 50 % der sezernierten Galle fließt an der Gallenblase (Vesica fellea) vorbei in den Zwölffingerdarm. Der Rest gelangt in die Gallenblase. In dieser wird die Lebergalle durch resorptive Vorgänge eingedickt. Durch die Konzentrierung und die teilweise Umwandlung von Bilirubin in den Gallenfarbstoff Biliverdin erhält die Blasengalle eine rötlich-gelbliche oder grünliche Farbe. Die Menge der freigegebenen Blasengalle hängt von der Zusammensetzung des Chymus ab, der vom Magen in den Zwölffingerdarm übertritt.

Gallensaftsekretion

Die Leberzellen nehmen aus dem Pfortaderblut Gallensäuren auf und sind auch in der Lage, selber Gallensäuren aus Cholesterin zu bilden. Diese werden als primäre Gallensäuren bezeichnet (Chenodesoxycholsäure, Cholsäure). Zu den Mechanismen, die die Gallensaftsekretion fördern, zählen

- die Leberdurchblutung,
- die Gallensäuren,
- der Eingeweidenerv (N.vagus),
- das Sekretin,
- das Cholezystokinin.

Leberdurchblutung
Die Nahrungsaufnahme führt zu einer stärkeren Durchblutung der Leber und damit zu einer Steigerung der Gallenbildung.

Gallensäuren
Gallensäuren werden aus dem Pfortaderblut aktiv durch die Leberzellen aufgenommen, und zusammen mit den zelleigenen Gallensäuren wird ein Konzentrationsgradient geschaffen, der zu einer verstärkten Sekretion in die Gallenkanälchen führt. Wasser folgt aus osmotischen Gründen nach. Außerdem werden Bilirubin, Cholesterin und Phospholipide zusätzlich, unabhängig von den Gallensäuren, in die Gallenkanälchen sezerniert.

> Merke
> **Gallensäuren, die durch die Leberzellen aus dem Pfortaderblut aufgenommen werden und Gallensäuren, die die Leberzellen selber herstellen, erhöhen den Gallenfluß (Cholerese).**

Eingeweidenerv
Schon beim Auffüllen des Magens mit Nahrung und sowie der Mageninhalt in den Zwölffingerdarm tritt, steigt die Gallensekretion, und der Tonus der Gallenblasenmuskulatur erhöht sich. Diese Reaktionen werden reflektorisch über den Eingeweidenerv (N. vagus) vermittelt.

Sekretin
Dieses Hormon wird von der Schleimhaut des Zwölffingerdarms gebildet, wenn saurer Chymus vom Magen in den Zwölffingerdarm gelangt. Sekretin stimuliert die Gallesekretion.

Cholezystokinin
Besonders fetthaltiger Chymus fördert die Bildung dieses Hormons in der Schleimhaut des Zwölffingerdarms. Über den Blutweg erreicht das Hormon die Gallenblase und veranlaßt sie zur Kontraktion, und somit gelangt der Gallensaft aus der Gallenblase in den Zwölffingerdarm.

Gallensaft

Zu den Hauptbestandteilen des Gallensaftes gehören neben Wasser und Elektrolyten

- Gallensäuren und
- Gallenfarbstoffe.

Gallensäuren
Die von den Leberzellen aus Cholesterin gebildeten primären Gallensäuren unterstützen die Spaltung und Resorption der Fette im Dünndarm. Sie emulgieren das Nahrungsfett und verteilen es in feine Tröpfchen. In dieser Form wird das Fett dem Angriff der Lipase zugänglich. Die Gallensäuren besitzen die Fähigkeit, in einer wäßrigen Lösung, als solche ist der Chymus im Dünndarm aufzufassen, Mizellen zu bilden. Das sind gerichtete Molekülaggregate, die wasserunlösliche Stoffe (Fettsäuren, Monoglyzeride, Cholesterin, Phospholipide) im inneren Kern enthalten. Die wasserlöslichen Anteile der Gallensäuren sind nach außen gerichtet, und in dieser löslichen Form wird der zu resorbierende Inhalt zum Saumepithel der Dünndarmschleimhaut transportiert.
Den Mizellinhalt resorbiert das Saumepithel des oberen Dünndarms, und die Gallensäuren bleiben im Dünndarmlumen zurück.
Gallensäuren unterliegen im Endabschnitt des Krummdarms einer aktiven und im Dickdarm einer passiven Resorption. Etwa 7 - 20 % der Gallensäuren stehen nicht zur Resorption zur Verfügung und werden über den Stuhl ausgeschieden.
Im Endabschnitt des Krummdarms und im Grimmdarm wandeln Bakterien einen Teil der primären Gallensäuren in sekundäre Gallensäuren (Lithocholsäure, Desoxycholsäure) um. Die resorbierten primären und sekundären Gallensäuren werden der Leber über die Pfortader wieder zugeführt. Die Leberzellen ersetzen die über den Stuhl ausgeschiedenen Gallensäuren, und der Gallenfluß beginnt erneut.

Merke **Der Gesamtgallensäurepool beträgt nur 3 g und reicht nicht für die Fettverdauung aus. Deshalb zirkulieren die Gallensäuren täglich mehrfach durch den Darm und die Leber. Diese Zirkulation bezeichnet man als enterohepatischen Kreislauf.**

Gallenfarbstoffe
Gallenfarbstoffe entstehen beim Abbau des Hämoglobins alter roter Blutkörperchen (Erythrozyten). Der Abbau erfolgt in der Milz, Leber und im Knochenmark. Dort wird das Hämoglobin zu Biliverdin (blaugrüner Farbstoff) oxidiert, anschließend zu Bilirubin (orange-roter Farbstoff) reduziert und dann an das Blut abgegeben.
Im Blut wird das Bilirubin an ein Eiweiß (Albumin) gebunden und zur Leber transportiert. Die Leberzellen nehmen nur dieses Bilirubin auf und überführen es in eine wasserlösliche Form. Dieser auch als indirektes Bilirubin bezeichnete Gallenfarbstoff gelangt in die Gallenkanälchen und wird zum Bestandteil des Gallensaftes. Das Bilirubin wird mit dem Gallensaft fast vollständig in den Darm ausgeschieden.
Darmbakterien wandeln das Bilirubin letztlich in Urobilinogen (farblos) um, das durch eine Reduktionsreaktion in Sterkobilinogen (farblos) übergeht.

Das Urobilinogen und Sterkobilinogen werden durch oxidative Reaktionen in Urobilin (orangefarbender Gallenfarbstoff) und Sterkobilin (goldfarbender Gallenfarbstoff) überführt. Beide Gallenfarbstoffe geben dem Kot seine Farbe.
Ein kleiner Teil der im Darm entstehenden Gallenfarbstoffe wird rückresorbiert. Die Ausscheidung geschieht über die Nieren. Die Urinfärbung ist zum Teil auf diese Farbstoffe zurückzuführen.

Merke **Die Gallenfarbstoffe sind Abbauprodukte des Hämoglobins der roten Blutkörperchen. Sie geben sowohl dem Urin als auch dem Kot seine Farbe.**

Zusammenfassung

Lage	Die Leber ist eine exokrine Drüse und wird vom Bauchfell, der Serosa, umgeben. Sie liegt intraperitoneal.
Leberflächen	An der Leber werden die Zwerchfell- und Eingeweidefläche unterschieden. Die Zwerchfellfläche ist konvex und liegt direkt unter dem Zwerchfell. Die Eingeweidefläche ist konkav und hat Lagebeziehungen zum querliegenden Teil des Grimmdarms, zur rechten Niere und Nebenniere, zum Zwölffingerdarm, zum Magen und zur Speiseröhre.
Leberpforte	An der Leberpforte münden die Leberarterie und Pfortader ein und die beiden Lebergänge aus. Diese anatomischen Gebilde werden als Glisson-Trias bezeichnet.
Leberlappen	Das Sichelband trennt den größeren rechten vom kleineren linken Leberlappen. Vom rechten Lappen werden auf der Eingeweidefläche noch der quadratische Lappen und der Schweiflappen unterteilt.
Leberläppchen	Sie stellen die kleinste Baueinheit der Leber dar und bestehen aus Leberzellen, die plattenartig übereinander gelagert sind. Zwischen den Leberzellen befinden sich geweitete Kapillaren, die Sinusoide. Diese enthalten sauerstoffreiches, sauerstoffarmes und nährstoffreiches Blut. Lockeres Bindegewebe begrenzt jedes Läppchen in deren Zentrum sich eine Zentralvene befindet.
Bindegewebige Zwickel	In diesem Bindegewebe verlaufen Äste der Leberarterie, Pfortader und kleine Gallengänge. Diese anatomischen Strukturen gehören zur Glisson-Trias.
Gallenblase	Sie besteht aus dem Blasengrund, Gallenblasenkörper und Gallenblasenhals.
Wand der Gallenblase	Die innere Schicht wird von einer Schleimhaut gebildet, an die eine Muskelschicht grenzt, die außen vom Bauchfell bzw. lockeren Bindegewebe umgeben wird.
Gefäße	Die Leber und Gallenblase werden aus Ästen des Truncus coeliacus, der aus der Bauchaorta stammt, arteriell versorgt. Das Venenblut fließt aus der Leber über 2 - 3 Lebervenen in die untere Hohlvene. Das venöse Blut der Gallenblase wird in die Pfortader geleitet.
Nerven	Der N. vagus und Sympathikus innervieren die Leber, die Gallenblase und die ableitenden Gallenwege.

Physiologie

Gallensaftsekretion

Die Gallensaftsekretion wird nerval und humoral geregelt. Der N. vagus fördert auf reflektorischem Weg die Saftsekretion, während das Hormon Sekretin über den Blutweg die Gallenproduktion der Leber anregt. Gallensäuren erhöhen den Gallenfluß.

Primäre Gallensäuren

Diese Gallensäuren werden von den Leberzellen aus Cholesterin hergestellt. Primäre Gallensäuren sind die Chenodesoxycholsäure und die Cholsäure.

Sekundäre Gallensäuren

Ein Teil der primären Gallensäuren wird im Endabschnitt des Krummdarms und im Grimmdarm von Bakterien in sekundäre Gallensäuren umgewandelt. Sekundäre Gallensäuren sind die Lithocholsäure und die Desoxycholsäure.

Enterohepatischer Kreislauf

In diesem Kreislauf zirkulieren die Gallensäuren täglich mehrfach durch den Darm und die Leber.

Gallenfarbstoffe

Sie entstehen beim Abbau des Hämoglobins alter roter Erythrozyten. Biliverdin ist ein blaugrüner Farbstoff. Bilirubin besitzt eine orange-rote Farbe. Urobilin ist orangefarben. Sterkobilin weist eine Goldfärbung auf. Die Gallenfarbstoffe färben den Urin und Kot.

5.8. Klinischer Anhang

Magengeschwür

Das Magengeschwür (Ulcus ventriculi) ist ein Substanzdefekt der Schleimhaut, der die glatten Muskelzellen derselben mit einbezieht, aber auch tiefere Wandbestandteile betreffen kann. Magengeschwüre entstehen, wenn ein Mißverhältnis zwischen defensiven und aggressiven Mechanismen, die die Schleimhaut gleichzeitig beeinflussen, besteht. Zu den Mechanismen, die eine schützende Wirkung auf die Schleimhaut ausüben, zählen

- die kontinuierliche Neubildung des Schleimhautepithels,
- die Synthese eines schützenden Schleimfilms und
- die intensive Durchblutung der Schleimhaut.

Aggressive Mechanismen sind:

- die Salzsäureproduktion,
- die Pepsinogensynthese,
- die Gastrinfreisetzung,
- die Histaminfreisetzung,
- die Gallen- und Pankreassaftsekretion.

Beim Magengeschwür entsteht das Mißverhältnis zwischen defensiven und aggressiven Mechanismen vor allem durch den Rücklauf (Reflux) der Gallensäuren und des Pankreassaftes vom Duodenum in den Magen. Die Magengeschwüre sind oft an der kleinen Kurvatur gelegen. Bei einer rechtzeitig durchgeführten Therapie heilen die Magengeschwüre meist mit einer sternförmigen Ulkusnarbe aus. Diese Heilung bezeichnet man als Defektheilung.

Darmverschluß

Der Darmverschluß (Ileus) ist ein inkompletter oder kompletter Stopp der Darmpassage aus mechanischen und /oder funktionellen Ursachen.
Pathophysiologisch werden folgende Formen unterschieden:

- der mechanische Ileus,
- der paralytische Ileus.

Mechanischer Ileus
Bei diesem Darmverschluß erfolgt die Einengung des Lumens durch mechanischen Verschluß von innen oder außen. Beispiele für den Verschluß von innen sind Tumorbildungen, Gallensteine, Kotsteine und Einstülpungen eines oberen in einen unteren Darmabschnitt (Invagination). Darmverdrehungen (Volvulus), Verwachsungen nach Operationen im Bauchbereich und äußere Brüche (Hernien) sind Beispiele für die Entstehung eines mechanischen Ileus von außen.

Paralytischer Ileus
Die Lähmung der Darmmotorik kann infolge einer Pankreatitis, Appendizitis, Cholezystitis und Peritonitis auftreten. Er tritt bei diesen Erkrankungen als „Begleitsymptom" auf.
Gallen- oder Nierenkoliken, Bauchoperationen oder Blutungen in die Bauchhöhle können reflektorisch zu einem Ileus führen.
Der Darmverschluß stellt eine Operationsindikation dar.
„Über einem Ileus darf die Sonne nicht untergehen".

Hirschsprung-Krankheit

Der Hirschsprung-Krankheit (Megacolon congenitum) liegt ein angeborenes Fehlen oder eine abnorme Anordnung des autonomen Nervengeflechts (Meissner-Plexus) zugrunde. Betroffen sind meist der obere Rektumabschnitt und das Sigmoid. In diesen Dickdarmab-

schnitten wird der Ablauf der normalen Peristaltik verhindert. Daraus resultiert eine Kotstauung mit erheblicher Erweiterung der oberhalb liegenden Kolonabschnitte. Von dieser angeborenen Krankheit (Morbus) sind oft Knaben betroffen, die schon in der frühen Kindheit einen aufgetriebenen Bauch zeigen.
Das pathologische Dickdarmsegment wird operativ entfernt, und dies führt zu einer Normalisierung des Reflexablaufes im Kolon.

Gelbsucht

Die Gelbsucht (Ikterus) ist ein Symptom, dem verschiedene pathogene Mechanismen zugrunde liegen. Zu diesen zählen z.B.

- Verlegung der Gallengänge,
- Leberzellschädigungen,
- verstärkter Hämoglobinabbau.

Verlegung der Gallengänge
Die außerhalb der Leber gelegenen Gallengänge können von Gallensteinen, Tumoren oder durch Strikturen verlegt werden. Der folgende Rückstau der Galle ist mit einem Übertritt von Bilirubin in das Blut verbunden.

Leberzellschädigungen
Ursächlich kommen dafür z.B. akute und chronische Leberentzündungen, medikamentös bedingte Leberschädigungen und die alkoholisch provozierte Fettleber bzw. Leberzirrhose in Frage. Die Leberzellschädigungen führen zur Erhöhung des Bilirubinspiegels im Blut.

Verstärkter Hämoglobinabbau
Bestimmte Anämieformen und wiederholte Bluttransfusionen rufen einen vermehrten Anfall von Bilirubin im Blut hervor.

Der erhöhte Bilirubinspiegel im Blut geht einher, da Bilirubin ein goldgelber Gallenfarbstoff ist, mit einer Gelbfärbung von Haut, Schleimhäuten und der Skleren. Die Therapie beinhaltet die Behandlung des jeweiligen Grundleidens.

6. Harn- und Geschlechtssystem

6.1. Allgemeines

Entwicklungsgeschichtlich gehören das Harn- und Geschlechtssystem zusammen. Beide Systeme entstehen aus dem mittleren Keimblatt und entwickeln sich dicht nebeneinander. Daraus ergeben sich die späteren engen Lagebeziehungen beider Organsysteme zueinander. Bestimmte Bereiche sowohl der Harn- als auch der Geschlechtswege werden beiden Funktionen gerecht. Beim Mann vereinigt sich die Harnröhre mit den Samenwegen zur gemeinsamen Harn-Samenröhre. Bei der Frau münden die Scheide (Vagina) und die Harnröhre getrennt in den gemeinsamen Scheidenvorhof (Vestibulum vaginae).

6.2. Harnsystem

6.2.1. Niere

Lage

Die Niere (lat. ren) ist ein paariges Organ, das in einem Raum, der sich hinter dem wandständigen Blatt des Bauchfells und der hinteren Bauchwand befindet, liegt. Dieser Raum erstreckt sich vom Zwerchfell bis zum Becken und wird als Retroperitonealraum bezeichnet.
Der Retroperitonealraum enthält Organe, die ursprünglich innerhalb der Bauchhöhle (intraperitoneal) lagen und durch sekundäre Verwachsungen hinter das Bauchfell verlagert wurden. Organe mit dieser sekundär retroperitonealen Lage sind:

- der Zwölffingerdarm (Duodenum),
- die Bauchspeicheldrüse (Pankreas),
- der aufsteigende Teil des Grimmdarms (Colon ascendens),
- der absteigende Teil des Grimmdarms (Colon descendens).

Organe, die sich immer schon im Retroperitonealraum befanden, weisen eine primäre retroperitoneale Lage auf. Zu diesen Organen zählen:

- die paarigen Nieren und Nebennieren,
- die beiden Harnleiter,
- der Milchbrustgang,
- der Grenzstrang des Sympathikus,
- die untere Hohlvene mit ihren Zuflußvenen,
- die Bauchaorta mit ihren Ästen.

Merke **Die paarigen Nieren sind die größten Organe des Retroperitonealraumes. Sie liegen außerhalb der Bauchhöhle, also extraperitoneal.**

Nierenäußeres

Die beiden Nieren stellen bohnenförmige, etwas abgeplattete Organe von braunroter Farbe und ziemlich fester Konsistenz dar. Das Gewicht einer Niere beträgt etwa 120 - 200 g. Die Längsachsen verlaufen nicht parallel, sie nähern sich kaudal. Nieren haben eine Länge von 11 - 12 cm, eine Breite von 5 - 6 cm und eine Dicke von 3 - 4 cm.
An den Nieren werden eine Vorderfläche, eine Hinterfläche, ein oberer Pol, ein unterer Pol, ein medialer und lateraler Rand unterschieden. An den oberen Polen befinden sich die Nebennieren, die zu den endokrinen Drüsen gehören. Sie haben mit den Nieren nichts gemein.

Am medialen Rand ist die Nierenoberfläche eingebuchtet (Sinus renalis). In der Bucht befindet sich die Nierenpforte (Hilus renalis). Am Hilus treten die Nierenarterie (A. renalis) ein, die Nierenvene (V. renalis) und der Harnleiter (Ureter) aus.
Beide Nieren sind an ihrer Oberfläche von einer bindegewebigen Kapsel (Capsula fibrosa) überzogen. Die Nieren werden von einer Fettkapsel (Capsula adiposa) umgeben. Dieser Nierenfettkörper ist für die Nierenlage bedeutsam. Ein bindegewebiger Sack (Fascia renalis) umhüllt die Niere, die Nebenniere und den Fettkörper. Der Fasziensack ist oben mit dem Zwerchfell verwachsen und medial offen.

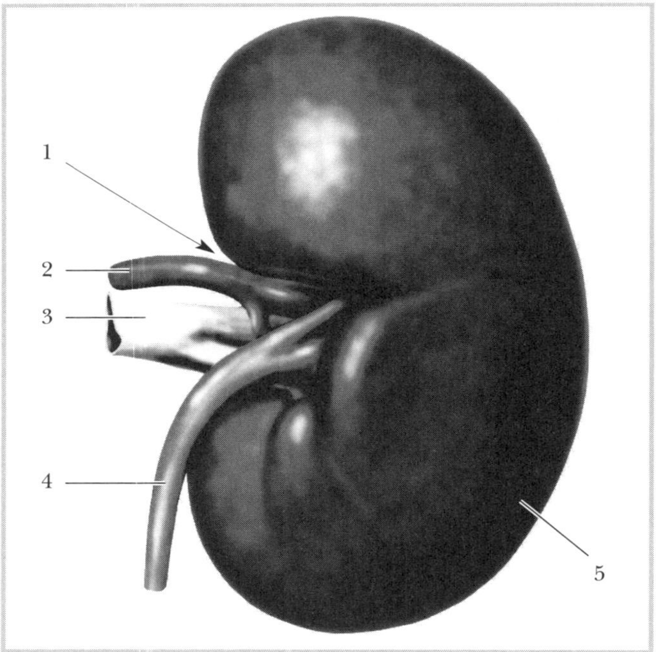

Abb. 79
Linke Niere von ventral

1 Nierenpforte (Hilus renalis)
2 Nierenarterie (Arteria renalis)
3 Nierenvene (Vena renalis)
4 Harnleiter (Ureter)
5 Nierenkapsel (Capsula fibrosa)

Merke **Die Nieren sind im sogenannten Nierenlager eingebettet. Das Nierenlager wird von einer Fettkapsel und einem bindegewebigen Sack gebildet. Die Nieren verschieben sich in Abhängigkeit von der Körperlage und den Atembewegungen um einige Zentimeter.**

Die rechte Niere hat Umgebungsbeziehungen zur Leber und zum Zwölffingerdarm. Sie steht etwas tiefer als die linke Niere. Die linke Niere hat Lagebeziehungen zum Magen, zur Milz, zur Bauchspeicheldrüse und zur linken Kolonbiegung.

Nierengewebe

Wird durch die Niere ein Frontalschnitt gelegt, können makroskopisch zwei Schichten unterschieden werden. Zu diesen gehören:

- die Nierenrinde (Cortex renis),
- das Nierenmark (Medulla renis).

Nierenrinde

Die Nierenrinde sieht gekörnt aus und wird von radiären Streifen durchzogen. In der Nierenrinde befinden sich die Nierenkörperchen (Corpuscula renis), die auch als Malpighische Körperchen bezeichnet werden. Sie sind für die gekörnte Struktur der Nierenrinde verantwortlich. Die Rindenstreifung kommt durch die Markstrahlen, die vom Nierenmark ausgehend in die Rinde ziehen, zustande.

Die Rinde umgibt konzentrisch das Nierenmark. Da das Nierenmark keine geschlossene Schicht ergibt, werden die Räume zwischen den Markpyramiden ebenfalls von der Rinde ausgefüllt. Die Anordnung der Nierenrinde ist in diesem Bereich säulenförmig. Die Nierensäulen werden auch als Columnae renales bezeichnet.

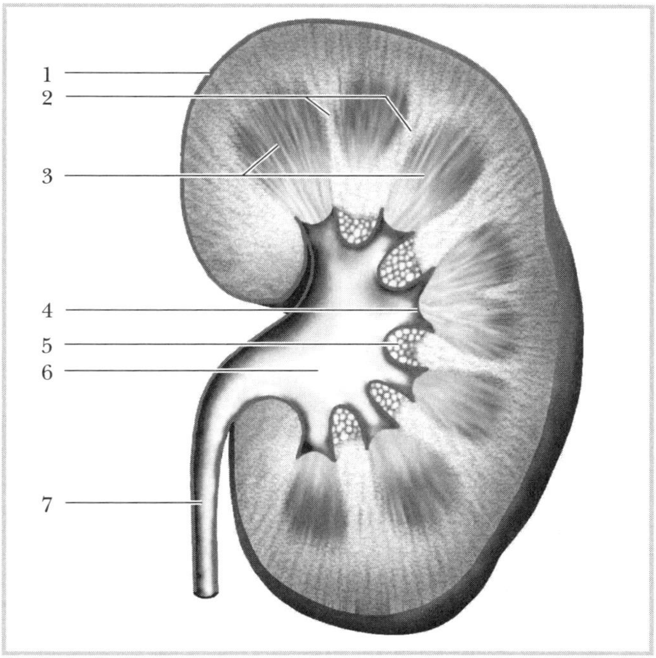

Abb. 80
Frontalschnitt durch die rechte Niere

1 Nierenrinde (Cortex renis)
2 Nierensäulen (Columnae renales)
3 Markpyramiden (Pyramides renales)
4 Nierenspitze (Papilla renalis)
5 Fettgewebe der Nierenbucht (Sinus renalis)
6 Nierenbecken (Pelvis renalis)
7 Harnleiter (Ureter)

Nierenmark

Die durch die Nierensäulen getrennte Markschicht setzt sich aus 8 - 15 Markpyramiden (Pyramides renales) zusammen. Eine einzelne Pyramide besteht aus einer Basis, die zur Nierenrinde zeigt und einer Nierenspitze, die in die Nierenbucht (Sinus renalis) hineinragt. Sie wird auch Papilla renalis genannt. Die Seitenflächen werden von der Nierenrinde umgeben

Merke	**Eine Markpyramide und den sie umgebenden Rindenmantel bezeichnet man als Nierenlappen (Lobus renalis).**

Merke	**Ein Markstrahl und die ihn umgebende Rindenschicht nennt man Rindenläppchen (Lobulus corticalis).**

Feinbau

Die kleinste morphologisch-funktionelle Einheit des Nierengewebes ist das Nephron. Jede Niere enthält ungefähr 1 Million Nephrone. Das Nephron besteht aus zwei Abschnitten. Zu diesen gehören:

- das Nierenkörperchen (Malpighi-Körperchen),
- das Harnkanälchen (Tubulus renis).

Nierenkörperchen

Das Nierenkörperchen weist zwei bauliche Komponenten auf. Zu diesen rechnet man:

- das Glomerulus,
- die Bowman-Kapsel.

Glomerulus

Das Glomerulus ist ein Knäuel von etwa fünfzig parallel geschalteten Kapillarschlingen. Sie stehen am Gefäßpol mit einer zuführenden und wegführenden Arteriole in Verbindung. Die einzelnen Kapillarschlingen sind an einem zarten Bindegewebe, dem Mesangium, befestigt. Das Blut wird in diesen Kapillarschlingen gefiltert. Das bedeutet die Befreiung des Blutes von harnpflichtigen Substanzen. Sowohl die zuführende als auch die wegführende Arteriole enthalten sauerstoffreiches Blut. Da aus den Kapillaren wiederum sauerstoffreiches Blut hervorgeht, bezeichnet man das Glomerulus als arterielles Wundernetz.
Die Kapillarwand, durch die das Blut gefiltert wird, besteht aus:

- den Endothelzellen,
- der Basalmembran,
- den Deckzellen.

Endothelzellen: Die Endothelzellen kleiden die Kapillaren innen aus. Es handelt sich um ein gefenstertes Endothel.

Basalmembran: Die Basalmembran ist aus der Vereinigung der Basalmembranen der Kapillarwand und der Deckzellen hervorgegangen.

Deckzellen: Die Deckzellen bilden einen netzartigen Zellverband. Die Fortsätze dieser Zellen sind fußförmig und stehen derart miteinander in Verbindung, daß Poren entstehen, die von einem kohlenhydrathaltigem Film ausgefüllt werden.

Bowman-Kapsel

Die Bowman-Kapsel fängt den von den Kapillarschlingen gebildeten Primärharn auf und besteht aus zwei Blättern. Das innere Blatt (viscerales Blatt) umgibt die Kapillarschlingen von außen und wird von den schon erwähnten Deckzellen gebildet. Am Gefäßpol geht es in das äußere Blatt (parietales Blatt) über. Dieses besteht aus einer Lage platter Epithelzellen, die einer Basalmembran aufsitzen. Dem Gefäßpol gegenüber liegt der Harnpol, der den Beginn des Harnkanälchensystems darstellt.

Harnkanälchen

Am Harnpol der Bowman-Kapsel beginnt ein Harnkanälchen, das etwa 3 - 4 cm lang ist und aus folgenden Abschnitten besteht:

- gewundenes Hauptstück,
- gerades Hauptstück,
- Überleitungsstück,
- gerades Mittelstück,
- gewundenes Mittelstück,
- Verbindungsstück.

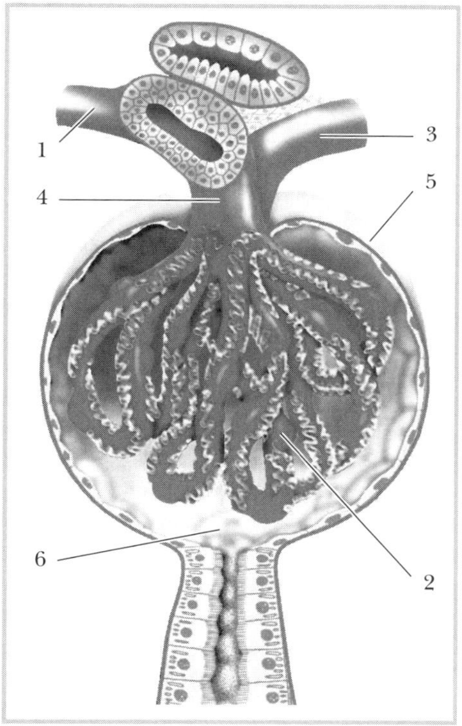

Abb. 81 Nierenkörperchen

1 zuleitendes Gefäß (Vas afferens)
2 Kapillarknäuel (Glomerulus)
3 ableitendes Gefäß (Vas efferens)
4 Gefäßpol
5 Bowman-Kapsel
6 Harnpol

Gewundenes Hauptstück
Der gewundene Teil des Hauptstücks (Pars contorta) verläuft in der Rinde. Die Wand besteht aus hochprismatischen Epithelzellen, die an ihrer freien Oberfläche Mikrozotten (Mikrovilli) tragen. Die Gesamtheit der Mikrozotten bezeichnet man als Bürstensaum. Er stellt die bauliche Grundlage für resorptive Prozesse dar. Die Epithelzellen enthalten reichlich Mitochondrien und Ribosomen, ein gut ausgeprägtes ribosomales endoplasmatisches Retikulum, ein ebensolcher Golgi-Apparat und zahlreiche Lysosomen.

Gerades Hauptstück
Der gerade Teil des Hauptstücks (Pars recta) verläuft im Markstrahl und in der Außenzone des Nierenmarks. Die Wand besteht ebenfalls aus hochprismatischen Epithelzellen, die lumenwärts einen Bürstensaum ausbilden.

Überleitungsstück
Das Überleitungsstück besteht aus flachen Epithelzellen. Sie sind nicht so reichlich mit Zellorganellen versehen, und Mikrozotten sind unregelmäßig vorhanden. Das Überleitungsstück verfügt über einen absteigenden und aufsteigenden Teil. Der Durchmesser ist kleiner als bei dem geraden Abschnitt des Hauptstücks. Der aufsteigende Teil enthält flache Epithelzellen, die frei von Mikrozotten sind.

Gerades Mittelstück
Gegenüber dem Überleitungsstück nimmt der Durchmesser des geraden Mittelstücks (Pars recta) zu. Die Epithelzellen sind nicht mehr flach, sondern kubisch. Sie besitzen jedoch keine Mikrozotten. Das gerade Mittelstück verläuft im Nierenmark bzw. im Markstrahl.

Gewundenes Mittelstück
Der gewundene Teil des Mittelstücks (Pars contorta) liegt vollständig in der Nierenrinde. Die Epithelzellen sind kubisch und frei von Mikrozotten. Eine Schlinge des gewundenen Mittelstücks lagert sich an den Gefäßpol des dazugehörigen Nierenkörperchens an. An diesem Kontaktpunkt steht das Epithel sehr dicht und bildet die Macula densa (Natriumfühler) aus.

Verbindungsstück
Das Verbindungsstück besteht aus flachen Epithelzellen. Dieses baulich und funktionell uncharakteristische Verbindungsstück stellt den Übergang zwischen dem Nierenkanälchen und einem Sammelrohr her. Das Sammelrohr ist kein Bestandteil des Nephrons.

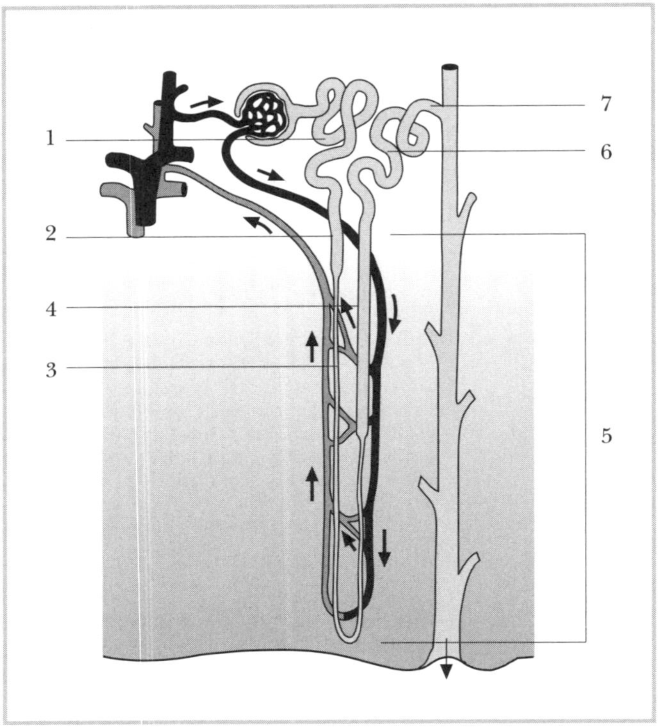

Abb. 82 Harnkanälchen

1 gewundenes Hauptstück (Pars contorta)
2 gerades Hauptstück (Pars recta)
3 Überleitungsstück
4 gerades Mittelstück (Pars recta)
5 Henle-Schleife
6 gewundenes Mittelstück (Pars contorta)
7 Verbindungsstück

Merke **Das gerade Hauptstück, das Überleitungsstück sowie das gerade Mittelstück bilden die Henle-Schleife.**

Merke **Die gerade verlaufenden Kanälchenabschnitte und die Sammelrohre befinden sich in den Markstrahlen und im Nierenmark.**

Merke **Die gewundenen Kanälchenabschnitte und die Malpighi-Körperchen liegen in der Nierenrinde.**

Gefäß- und Nervenversorgung

Die beiden von der Bauchaorta abzweigenden Nierenarterien (Aa. renales) verlaufen zum Nierenhilus und liegen hier zwischen der Nierenvene und dem Harnleiter. Die Nierenarterie verzweigt sich innerhalb der Niere in die Zwischenlappenarterien (Aa. interlobares), die zwischen den Markpyramiden verlaufen. An der Mark-Rinden-Grenze teilen sie sich in die Bogenarterien (Aa. arcuatae) auf. Die Bogenarterien geben Äste ab, die zwischen den Nierenläppchen zur Nierenoberfläche verlaufen. Jede der Nierenläppchenarterien (Aa. interlobulares) gibt zahlreiche Arteriolen ab, die gleichzeitig die zuführenden Gefäße für die Nierenkörperchen darstellen. Die Arteriolen bilden ein Kapillarknäuel (Glomerulus), aus dem eine wegführende Arteriole hervorgeht. Die wegführende Arteriole bildet in ihrem

Verlauf ein zweites Kapillarsystem, das die Harnkanälchen umspinnt und dem Nierengewebe u.a. den notwendigen Sauerstoff zuführt. Von den Bogenarterien ziehen auch langgestreckte Arterien (Aa. rectae) in die innere Markzone.

Die wegführenden Arteriolen der untersten, dem Mark benachbart liegenden, Nierenkörperchen versorgen ebenfalls das Nierenmark arteriell.
Das venöse Blut wird über gleichnamige Venen in die Nierenvene (V. renalis) geleitet, die in die untere Hohlvene (V. cava inferior) einmündet.
Nervenfasern aus dem vegetativen Nierengeflecht (Plexus renalis) innervieren die Niere.

6.2.2. Ableitende Harnwege

Neben der Niere, die u.a. ein Organ der Harnbereitung ist, werden folgende harnableitende Organe unterschieden:

- die Sammelrohre,
- das Nierenbecken,
- die Harnleiter,
- die Harnblase,
- die Harnröhre.

Sammelrohre

Die kleinen Sammelrohre liegen in den Markstrahlen. Zusammen mit den Henle-Schleifen ziehen sie in das Nierenmark ein. Die Sammelrohre vereinigen sich mehrfach, und etwa 20-30 Papillargänge (Ductus papillares) münden auf jeder Nierenpapille. Das Epithel der kleinen Sammelrohre ist kubisch, während die größeren Sammelrohre prismatisch bis hochprismatisches Epithel aufweisen.

Nierenbecken

Das Nierenbecken (Pelvis renalis) ist eine sackartige Erweiterung der harnableitenden Wege im Bereich der Nierenbucht (Sinus renalis). Die zu dem Nierenbecken gehörenden Nierenkelche (Calices renales) umfassen die Nierenpapillen und fangen den gebildeten Harn auf. Im Nierenbecken sammelt sich der Harn, um über den Harnleiter (Ureter) in die Harnblase (Vesica urinaria) abzufließen. Die Form des Nierenbeckens kann verschieden sein. Es wird ein ampullärer von einem dendritischen Typ unterschieden.
Sowohl die Nierenkelche als auch das Nierenbecken sind innen von einem Übergangsepithel ausgekleidet. Sie enthalten in ihren Wandschichten glatte Muskelzellen in bestimmter Anordnung. Diese Muskulatur dient dazu, den Harn durch aktive Wandspannung und Kontraktionswirkung durch die ableitenden Harnwege zu transportieren.

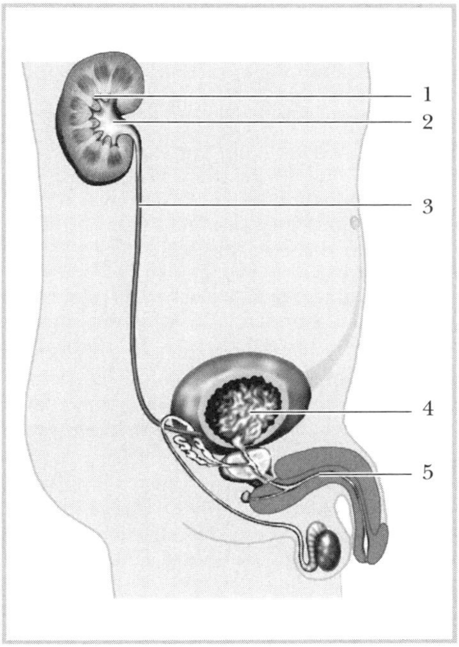

Abb. 83 Ableitende Harnwege

1 Sammelrohr (Tubulus renalis colligens)
2 Nierenbecken (Pelvis renalis)
3 Harnleiter (Ureter)
4 Harnblase (Vesica urinaria)
5 Harnröhre (Urethra)

Harnleiter

Der Harnleiter (Ureter) geht in Höhe des 2. - 3. Lendenwirbels aus dem Nierenbecken hervor, hat eine Länge von etwa 30 cm und eine Dicke von 2 - 3 mm. Er leitet den Harn vom Nierenbecken in die Harnblase. Auf Grund seines Verlaufes wird ein längerer Bauchteil (Pars abdominalis) von einem kürzeren Beckenteil (Pars pelvina) unterschieden. Der Harnleiter weist drei verengte Stellen auf:

- die obere Harnleiterenge,
- die mittlere Harnleiterenge,
- die untere Harnleiterenge.

Obere Harnleiterenge
Sie liegt 7 - 8 cm nach dem Abgang vom Nierenbecken.

Mittlere Harnleiterenge
Diese Enge befindet sich am Eintritt des Ureters in das kleine Becken.

Untere Harnleiterenge
An der Einmündung in die Harnblasenwand entsteht diese untere Enge.

Der Harnleiter besitzt folgenden Wandaufbau:

- Schleimhaut (Tunica mucosa),
- Unterschleimhaut (Tela submucosa),
- Muskelschicht (Tunica muscularis),
- Bindegewebsschicht (Adventitia),

Schleimhaut
Die Schleimhaut zeigt typische Längsfalten, die durch die Kontraktion der glatten Muskulatur zustande kommen. Die Schleimhaut trägt ein Übergangsepithel, dessen Deckzellen ein Harnmukoid produzieren.

Unterschleimhaut
Sie ist aus lockerem Bindegewebe aufgebaut und enthält vereinzelt kleine schlauchförmige Schleimdrüsen. Diese Schicht wirkt als Verschiebeschicht der Schleimhaut gegen die Muskelschicht.

Muskelschicht
Die Muskelschicht besteht im Bauchteil des Harnleiters aus einer inneren Längsmuskelschicht (Stratum longitudinale) und äußeren Ringmuskelschicht (Stratum circulare). Im Beckenteil kommt außen noch eine Längsmuskelschicht hinzu.

Merke **Die Muskelschicht des Harnleiters stellt ein System von spiralförmig verlaufenden Muskelbündeln dar, die einen wechselnden Steigungswinkel besitzen.**

Bindegewebsschicht
Diese Schicht verbindet den Harnleiter mit seiner Umgebung.

Harnblase

Die Harnblase (Vesica urinaria) ist ein muskulöses Hohlorgan. Es liegt im kleinen Becken, hinter der Schambeinfuge (Symphyse) in einem bindegewebigen Raum. Dieser wird als Retzius-Raum bezeichnet und ermöglicht der Harnblase während ihrer Füllung eine gewisse Beweglichkeit. Im leeren Zustand ist die Blase schüsselförmig. An der Harnblase unterscheidet man den Blasengrund (Fundus), den Blasenkörper (Korpus) und den Blasenscheitel (Apex).

Die Wand der Blase besteht aus:

- einer Schleimhaut (Tunica mucosa),
- einer Unterschleimhaut (Tela submucosa),
- einer Muskelschicht (Tunica muscularis),
- einer Serosa bzw. Adventitia.

Schleimhaut
Die Schleimhaut enthält kleine schlauchförmige Schleimdrüsen und vereinzelt Lymphfollikel. Im Fundusbereich ist die Schleimhaut, unabhängig vom Füllungszustand der Blase, glatt. Dieser dreieckförmige glatte Schleimhautbereich wird als Trigonum vesicae bezeichnet.

Unterschleimhaut
Sie besteht aus lockerem Bindegewebe, enthält einzelne schlauchförmige Schleimdrüsen und stellt eine Verschiebeschicht dar.

Muskelschicht
Die Muskulatur ist dreischichtig, aber nicht so scharf zu trennen, wie beim Harnleiter. Die Schichten gehen stellenweise ineinander über. Am Blasengrund verstärkt sich die zirkulär verlaufende Schicht zum Schließmuskel der Blase (M. sphincter vesicae). Die Blasenmuskulatur paßt sich immer der vorliegenden Füllung an. Es kommt nicht zu einer Hohlraumbildung.

Serosa bzw. Adventitia
Der obere und hintere Bereich der Blasenwand wird vom Bauchfell (Serosa) überzogen. Beim Mann erreicht das Bauchfell an der Blasenhinterwand den tiefsten Punkt und schlägt sich dann auf das Rektum über. Diese Umschlagstelle bezeichnet man als Excavatio rectovesicalis. Bei der Frau verläuft das Bauchfell einerseits von der Blasenhinterwand auf die Gebärmutter (Uterus) und andererseits von dieser auf den Mastdarm. Somit entstehen im Beckenbereich zwei Ausbuchtungen, die Excavation vesicouterina und die Excavation rectouterina. Letztere bildet den tiefsten Punkt der Bauchhöhle bei der Frau und wird als Douglas-Raum bezeichnet. Die nicht von einer Serosa umgebenden Blasenabschnitte besitzen als äußere Wandschicht eine Adventitia.

Harnröhre

Die Harnröhre (Urethra) beginnt mit der inneren Harnröhrenöffnung der Blasenwand und endet mit der äußeren Harnröhrenöffnung. Zwischen der weiblichen und männlichen Harnröhre gibt es anatomische Unterschiede.
Die weibliche Harnröhre (Urethra feminina) ist nur 3 - 5 cm lang, verläuft vor der Scheide (Vagina) und mündet hinter der Klitoris in den Scheidenvorhof (Vestibulum vaginae). Die Harnröhrenwand besteht aus einer Schleimhaut, einer Unterschleimhaut, einer Muskelschicht und einer Adventitia. Der untere Abschnitt der Harnröhre ist mit der Scheidenwand verwachsen.
Die männliche Harnröhre (Urethra masculina) ist etwa 20 - 25 cm lang. Am Samenhügel (Colliculus seminalis) vereinigt sich die Harnröhre mit den Samenwegen zur Harnsamenröhre. Diese weist folgende Abschnitte auf:

- hinterer Abschnitt,
- mittlerer Abschnitt,
- vorderer Abschnitt.

Hinterer Abschnitt
Dieser Abschnitt ist 3 - 4 cm lang, durchsetzt die Wand der Harnblase und durchbohrt die Vorsteherdrüse (Prostata). Er wird deshalb auch Pars prostatica genannt.

Mittlerer Abschnitt
Dieser nur 1 cm lange Abschnitt tritt durch die Muskelplatte des Beckenbodens hindurch und ist besonders eng. Dieser Abschnitt wird als Pars membranacea bezeichnet.

Vorderer Abschnitt
Der vordere Abschnitt ist ungefähr 20 cm lang, verläuft im Harnröhrenschwellkörper (Pars spongiosa) des männlichen Gliedes (Penis).
Die männliche Harnröhrenwand besteht aus einer Schleimhaut, Unterschleimhaut und Muskelschicht, die sich im Anfangsteil der Pars spongiosa verliert.

6.2.3. Nierenphysiologie

Allgemeines

Die Niere ist ein Organ, welches vielfältige Funktionen ausübt. Zu den wichtigsten Funktionen der Niere und der harnableitenden Wege zählen:

- die Harnbildung,
- der Harntransport und die Harnausscheidung,
- die Regulation des pH-Wertes des Blutes,
- die Regulationsaufgaben im Wasser-Elektrolyt-Haushalt.

Harnbildung

Sie findet in den morphologisch-funktionellen Einheiten der Niere, den Nephronen, statt. Zu den physiologischen Mechanismen, die dabei bedeutsam sind, gehören die Filtration, die Resorption, die Sekretion und die Diffusion. An der Harnbildung sind sowohl die Abschnitte eines Nephrons als auch die Sammelrohre beteiligt. Für die Harnbildung bedeutsame Abschnitte sind:

- das Glomerulus,
- das gewundene Hauptstück (proximaler Tubulus),
- die Henle-Schleife,
- das gewundene Mittelstück (distaler Tubulus),
- das Sammelrohr.

Glomerulus
Im Glomerulus wird das Blut gefiltert. Verantwortlich für die treibende Kraft ist der effektive Filtrationsdruck. Er beträgt etwa 40 Torr und preßt aus dem Blut, das durch die Kapillarschlingen fließt, ein Ultrafiltrat in die Bowman-Kapsel. Die Filtermembran, bestehend aus Endothelzellen, der Basalmembran und den Deckzellen, ist undurchlässig für Blutzellen und großmolekulare Plasmaeiweiße.

Merke **Das Ergebnis der Filtration ist eine zellfreie Flüssigkeit, welche nur in Spuren Eiweiße enthält. Dieses Ultrafiltrat bezeichnet man auch als Primärharn.**

Die Filtratmenge, die gleichzeitig in allen Glomeruli gebildet wird, heißt glomeruläre Filtrationsrate. Sie beträgt etwa 120 ml/min, was einer Tagesmenge von 180 l entspricht. Geht man davon aus, daß die Blutplasmamenge 3 l ausmacht, dann wird das Blut pro Tag 60mal der Filtration unterzogen.

Gewundenes Hauptstück
In diesem proximalen Tubulus wird der Primärharn durch resorptive Vorgänge auf ein Drittel des Ausgangsvolumens reduziert. Das entspricht einer Menge von 60 l. Die Natrium-Ionen unterliegen einem aktiven und passiven Transport. Dieser Rücktransport fördert auch Wasser, Bikarbonationen, Chloridionen und als Kotransport Glukose und Aminosäuren. Phosphate und Sulfate werden ebenfalls rückresorbiert.

Merke **Im proximalen Tubulus werden lebenswichtige Stoffe des Primärharns durch Transportprozesse dem Blut wieder zugeführt. Von dem filtrierten Kochsalz werden 65 % wieder rückresorbiert.**

Die Ausscheidung harnpflichtiger Stoffe aus dem Blut in das Harnkanälchensystem nennt man Sekretion. Dieser unterliegen im proximalen Tubulus Wasserstoff-Ionen, Ammoniak, Harnsäure und evtl. eingenommene Pharmaka wie z.B. Penicillin und Sulfonamide. Die genannten Stoffe werden nicht durch die Kapillarschlingen der Glomeruli filtriert. Sie entstammen aus den arteriellen Gefäßen, welche die Harnkanälchen begleiten (Vasa rectae).

Henle-Schleife
Der proximale Tubulus mündet in den wasserdurchlässigen absteigenden Schenkel der Henle-Schleife. Nach der Haarnadelkurve geht dieser in den aufsteigenden wasserundurchlässigen Schenkel über.
Der aufsteigende Schenkel enthält eine aktive „Kochsalzpumpe", die NaCl aus der Tubulusflüssigkeit in das Zwischengewebe (Interstitium) des Nierenmarks pumpt. Da dieser Schenkel wasserundurchlässig ist, wird die Tubulusflüssigkeit hypoton. Das bedeutet, sie hat einen niedrigeren osmotischen Druck als das Blut. Die zunehmende NaCl-Konzentration im Interstitium führt dort zu hypertonen Druckverhältnissen. Die Wand des absteigenden Schenkels ist für Na- und Cl-Ionen in hohem Maße durchlässig, so daß der osmotische Druck bis zur Scheitelspitze zunimmt und Wasser in das Interstitium ausgeschieden wird.

Merke **Die „Kochsalzpumpe" des aufsteigenden Schenkels pumpt etwa 25 % der gesamten filtrierten Kochsalzmenge in das Interstitium des Nierenmarks zurück.**

Gewundenes Mittelstück
In diesem distalen Tubulus erfolgt die Rückresorption von Kochsalz und Wasser, die einer hormonellen Regulation unterliegt. Die Rückresorption von Kochsalz ist an eine aktive Na^+/K^+-ATPase („Kochsalzpumpe") gebunden, welche durch das Hormon Aldosteron aktiviert wird. Sie pumpt Na-Ionen, die aus dem Tubuluslumen in die Tubuluszellen diffundiert sind, im Austausch gegen Kalium-Ionen in das Interstitium. Die Kalium-Ionen diffundieren dagegen in die Tubulusflüssigkeit.
Der distale Tubulus ist wasserdurchlässig, sofern das Hormon Vasopressin vorhanden ist. Deshalb kann Kochsalz zusammen mit Wasser aus dem distalen Tubulus ins Interstitium des Nierenmarks gelangen.

Merke **Etwa 10 % der gesamten filtrierten Kochsalzmenge werden im distalen Tubulus rückresorbiert. Am Ende des Harnkanälchensystems ist das Ausgangsvolumen auf 20 - 25 l eingeengt. Diese Tubulusflüssigkeit bezeichnet man als Tubulusendharn.**

In das distale Tubuluslumen werden Kalium-Ionen und Ammoniak sezerniert.

Sammelrohr
In Abhängigkeit von Vasopressin und dem hohen osmotischen Druck im Interstitium des Nierenmarks wird die Tubulusflüssigkeit im Sammelrohr auf weniger als 1% des Primärharns eingeengt. Das entspricht etwa einer Tagesmenge von 1 - 1,5 l.
Vasopressin öffnet im Sammelrohr und im distalen Tubulus „Wasserkanäle" und bewirkt dadurch einen osmotischen Wasserrückfluß ins Interstitium des Nierenmarks. Dieses Wasser wird von den Vasa recta aufgenommen und abtransportiert. Die Vasa recta bestehen aus einem absteigenden und aufsteigenden Schenkel. In den absteigenden Schenkel diffundieren Salze aus dem hypertonen Interstitium und Wasser in umgekehrter Richtung. Im aufsteigenden Schenkel diffundieren Salze in das Interstitium und Wasser zurück ins Blut. Es kommt nicht zum Abtransport der osmotisch aktiven Substanzen durch das Blut. Das Blut, welches durch die wegführenden Schenkel fließt, ist isoton.

Merke **Der Sinn des Aufbaus eines hohen osmotischen Gradienten im Interstitium des Nierenmarks besteht in der damit verbundenen Konzentrierung des Harns in den distalen Tubuli und Sammelrohren.**

Harntransport und Harnausscheidung

Der gebildete Endharn wird über die Sammelrohre in das Nierenbecken geleitet und erreicht von dort den Ureter. Er transportiert den Endharn in die Blase, wobei seine glatte Wandmuskulatur peristaltische Kontraktionen durchführt. Beide Ureteren münden schräg in die Blasenwand und üben eine Ventilwirkung aus.
Die Harnblase kann sich verschiedenen Füllungszuständen anpassen. Es kommt zunächst noch nicht zu einer Drucksteigerung. Erreicht die Füllung einen bestimmten Grad, wird die Blasenentleerung eingeleitet. Sie wird reflektorisch über das Kreuzbeinmark vermittelt. Dieses Zentrum unterliegt dem Einfluß höherer Zentren, so daß die Harnentleerung willkürlich beherrscht werden kann. Die willkürliche Blasenentleerung erfolgt, wenn das Gefühl des Harndranges besteht. Die parasympathischen Nervenfasern führen zur Kontraktion der Blasenmuskulatur und zur Erschlaffung des Sphinkters (M. sphincter vesicae).
Die täglich ausgeschiedene Endharnmenge beträgt etwa 1,5 l. Der Endharn besteht zu 95 - 98 % aus Wasser. Mit dem Harn werden ungefähr 60 g feste Substanzen ausgeschieden.

Niere und pH-Wert des Blutes

Die Niere übt einen regulativen Einfluß auf den pH-Wert des Blutes aus. Sie scheidet pro Tag 60 mmol Wasserstoff-Ionen, die durch im Stoffwechsel entstehende fixe Säuren anfallen, aus. Desweiteren kann sie über das Tubulussystem bedarfsgerecht Bikarbonat-Ionen dem Blut zur Verfügung stellen. Somit ist die Niere in der Lage, die Konzentration der Bikarbonat-Ionen an die Ausscheidung der Wasserstoff-Ionen anzupassen.
Die Niere trägt neben der Lunge dazu bei, daß die Konzentration der Wasserstoff-Ionen im Blutplasma konstant gehalten wird. Der negative dekadische Logarithmus der Konzentration der Wasserstoff-Ionen wird als pH-Wert bezeichnet.

Merke **Die Konstanz des pH-Wertes im Blutplasma bezeichnet man als Isohydrie. Im arteriellen Blut beträgt der pH-Wert 7,37 bis 7,43.**

Niere und Wasser-Elektrolyt-Haushalt

Die Einbindung der Niere in die Regulation des Wasser-Elektrolyt-Haushaltes geschieht dadurch, daß die Niere Erfolgsorgan für die Hormone Vasopressin und Aldosteron ist. Vasopressin wird im Hypophysenhinterlappen gebildet und wirkt „wasserkonservierend", und Aldosteron ist ein Hormon, welches in der Nebennierenrinde synthetisiert wird und „kochsalzkonservierend" wirkt. Über diese Hormone ist die Niere beteiligt an

- der Osmoregulation und
- der Volumenregulation.

Osmoregulation
Im Hypothalamus befinden sich Osmorezeptoren, welche die Osmolarität des Blutplasmas ständig kontrollieren. Es wird ein konstanter osmotischer Druck im Blutplasma eingestellt. Diese Konstanz bezeichnet man als Isotonie. Abweichungen werden regulativ durch Vasopressinfreisetzung bzw. Vasopressinhemmung korrigiert.

Steigt die Osmolarität im Blutplasma an, dann werden von den Osmorezeptoren Signale zum Hypophysenhinterlappen zur Freisetzung von Vasopressin abgegeben. Vasopressin öffnet im distalen Tubulus und im Sammelrohr die „Wasserkanäle", so daß Wasser aus der Tubulusflüssigkeit in das hypertone Interstitium des Nierenmarks strömen kann. Dieses Wasser wird dem Gefäßsystem zugeführt, so daß durch diese Volumenzunahme im Gefäßsystem die erhöhte Osmolarität des Blutplasmas normalisiert wird.

Eine Volumenverminderung im Gefäßsystem löst ebenfalls die Ausschüttung von Vasopressin aus mit der gleichen nach sich ziehenden Wirkung.

Eine erniedrigte Osmolarität des Blutplasmas sowie eine Volumenvermehrung im Gefäßsystem hemmen die Bildung des Vasopressins. Durch die nun verschlossenen „Wasserkanäle" kommt es zu einer vermehrten Ausscheidung eines verdünnten Harnes. Diese Diurese hält solange an, bis die Osmolarität bzw. das Gefäßvolumen sich normalisiert haben.

Merke **Durch eine vasopressingesteuerte Harnkonzentrierung bzw. Harnverdünnung wird der osmotische Druck im Blutplasma konstant gehalten. Diese Konstanz nennt man Isotonie.**

Volumenregulation

Liegt ein Druckabfall im Gefäßsystem vor, kommt es in der Niere zur Bildung von Renin. Die Media der zuführenden Arteriole des Glomerulus besitzt epitheloide Zellen, welche für die Reninbildung verantwortlich sind. Renin ist eine Protease, die aus dem Angiotensin, einem Globulin des Blutplasmas, das wirkungslose Angiotensin I (Dekapeptid) abspaltet. Ein weiteres Enzym trennt vom Angiotensin I zwei Aminosäuren ab. Das so entstandene Angiotensin II (Oktapeptid) wirkt gefäßkontrahierend und somit blutdrucksteigernd. Besonders empfindlich reagieren die Nierengefäße, so daß sich durch deren Kontraktion die glomeruläre Filtrationsrate vermindert. Angiotensin II fördert die Bildung des Aldosterons. Aldosteron ist ein Hormon der Nebennierenrinde. Es erhöht die Salz- und Wasserrückresorption im Tubulussystem. Damit steigt das Blutvolumen an, und der Druckabfall im Gefäßsystem wird kompensiert. Aldosteron führt auch zur Erhöhung der Flüssigkeitsaufnahme durch Reizung des Durstzentrums.

Die Volumenauffüllung wird unterstützt durch Volumenrezeptoren, die sich im linken Herzvorhof befinden. Sie registrieren ebenfalls den Druckabfall im Gefäßsystem und leiten Impulse zur Freisetzung von Vasopressin zum Hypophysenhinterlappen. Folglich steigt die osmotische Wasserrückresorption im distalen Tubulus und Sammelrohr.
Besteht im Blut ein Natrium-Ionen-Mangel, dann wird in der Macula densa die Reninfreisetzung ausgelöst. Die Macula densa ist ein „Natriumfühler". Er befindet sich an der Stelle, wo sich eine zuführende Schlinge des distalen Tubulus mit dem Gefäßpol des zugehörigen Nierenkörperchens berührt. Das in der Folge freigesetzte Aldosteron fördert die Natriumrückresorption im Tubulussystem.

Merke **Vasopressin und das Renin-Angiotensin-Aldosteron-System sind für die Osmo- und Volumenregulation verantwortlich. Aldosteron sorgt für die Konstanz der Salzkonzentration im Blutplasma, die man als Isoionie bezeichnet.**

Zusammenfassung

Nierenlage Die Nieren liegen extraperitoneal im Retrositus.

Nierenlager Das Nierenlager wird von einer Fettkapsel und einem bindegewebigen Sack gebildet.

Nierengewebe Das Nierengewebe (Parenchym) besteht aus der Nierenrinde und dem Nierenmark, welches keine geschlossene Schicht bildet.

Nephron Das Nephron stellt die morphologisch-funktionelle Einheit des Nierengewebes dar. Es besteht aus einem Nierenkörperchen und dem Harnkanälchen.

Nierenkörperchen Zu diesem Körperchen gehören das Kapillarknäuel (Glomerulus) und die Bowman-Kapsel.

Harnkanälchen Das Harnkanälchen besteht aus einem Hauptstück, Überleitungsstück, Mittelstück, Verbindungsstück und ist etwa 3 - 4 cm lang. Das Hauptstück und Mittelstück verfügen über einen gewundenen und geraden Abschnitt.

Henle-Schleife Sie wird gebildet durch das gerade Hauptstück, das Überleitungsstück sowie das gerade Mittelstück.

Gefäß- und Nervenversorgung Die arterielle Versorgung der Niere erfolgt durch die A. renalis, welche aus der Bauchaorta stammt. Der venöse Abfluß aus der Niere wird über die Vv. renales in die untere Hohlvene geleitet. Die Niere wird vom Plexus renalis innerviert.

Ableitende Harnwege Zu diesen gehören die Sammelrohre, das Nierenbecken, der Harnleiter, die Harnblase und die Harnröhre.

Harnleiter Der Harnleiter weist eine obere, mittlere und untere Enge auf. Seine Wand besteht aus einer Schleimhaut, Unterschleimhaut, Muskelschicht und Bindegewebsschicht.

Harnblase Zu den Abschnitten der Harnblase gehören der Blasengrund, Blasenkörper und Blasenscheitel. Der obere und hintere Bereich der Blase wird vom Bauchfell überzogen. Am Blasengrund ist die Schleimhaut glatt.

Weibliche Harnröhre Sie verläuft vor der Scheide und mündet hinter der Klitoris in den Scheidenvorhof und hat eine Länge von 3 - 5 cm.

Männliche Harnröhre Zu den Abschnitten dieser zählen die Pars prostatica, Pars membranacea und Pars spongiosa. Sie hat eine Länge von etwa 20 - 25 cm.

Physiologie

Glomeruläre Filtration Sie findet in den Glomeruli der Nierenkörperchen statt. Das Ultrafiltrat ist eine zellfreie Flüssigkeit, die nur in Spuren Eiweiße enthält und auch als Primärharn bezeichnet wird. Die Tagesmenge der glomerulären Filtrationsrate beträgt 180 l.

Proximaler Tubulus In ihm wird der Primärharn durch resorptive Prozesse von 180 l auf 60 l eingeengt. Dabei werden 65 % des filtrierten Kochsalzes, Glukose, Aminosäuren, Phosphate, Sulfate, Hydrogenkarbonat-Ionen und Chlorid-Ionen dem Blut wieder zugeführt.

Henle-Schleife

Die aktive „Kochsalzpumpe“ im aufsteigenden Schenkel sorgt dafür, daß der osmotische Druck im Interstitium des Nierenmarks bis zur Scheitelspitze zunimmt. Sie pumpt etwa 25 % der gesamten filtrierten Kochsalzmenge in das Interstitium.

Distaler Tubulus

In diesem Tubulus findet die hormonell gesteuerte Rückresorption von Kochsalz (Aldosteron) und Wasser (Vasopressin) statt. Etwa 10 % der gesamten filtrierten Kochsalzmenge werden rückresorbiert. Der Tubulusendharn beträgt 20 - 25 l.

Sammelrohr

Im Sammelrohr wird die Tubulusflüssigkeit auf weniger als 1 % des Primärharns eingeengt. Diese Konzentrierung erfolgt in Abhängigkeit von Vasopressin und dem hohen osmotischen Druck im Interstitium des Nierenmarks, welcher von der „Kochsalzpumpe“ des aufsteigenden Schenkels der Henle-Schleife aufgebaut wird.

Isohydrie

Darunter versteht man die Konstanz des pH-Wertes im Blutplasma. Neben der Lunge trägt die Niere dazu bei, daß die Konzentration der Wasserstoff-Ionen im Blutplasma konstant gehalten wird.

Isotonie

Auf das Blutplasma bezogen bedeutet die Isotonie eine Konstanz des osmotischen Druckes. Die Niere ist an dieser durch eine vasopressingesteuerte Harnkonzentrierung bzw. Harnverdünnung beteiligt.

Isoionie

Die Konstanz der Salzkonzentration im Blutplasma bezeichnet man als Isoionie. Das Nebennierenrinden-Hormon Aldosteron ist im wesentlichen für diese Konstanz zuständig.

6.3. Geschlechtssystem

6.3.1. Männliches Geschlechtssystem

6.3.1.1. Innere männliche Geschlechtsorgane

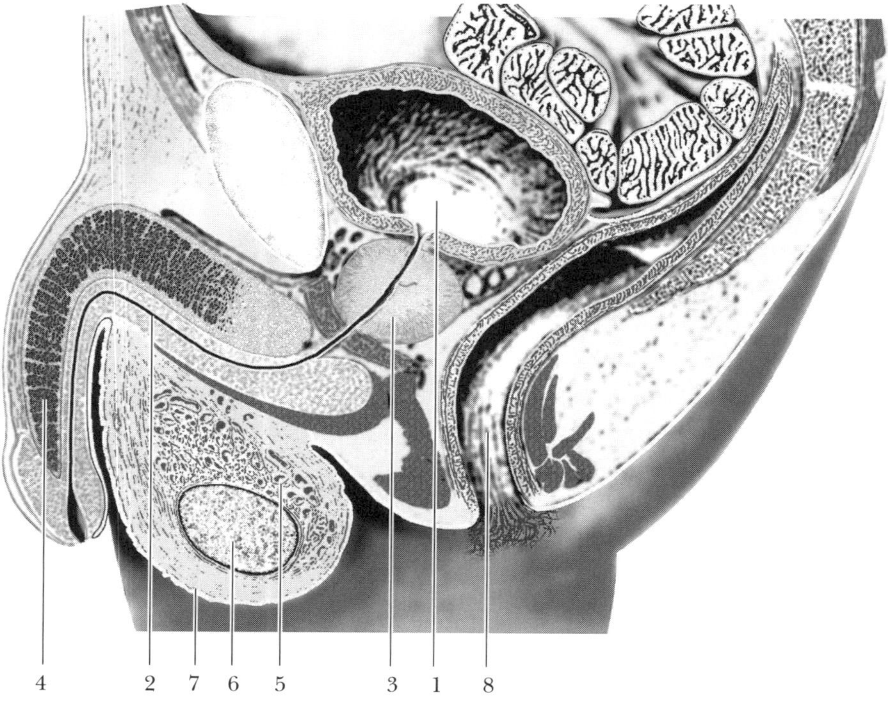

Abb. 84
Medianschnitt
durch das männliche Becken

1 Harnblase (Vesica urinaria)
2 Harnröhre (Urethra masculina)
3 Vorsteherdrüse (Prostata)
4 Glied (Penis)
5 Nebenhoden (Epididymis)
6 Hoden (Testis)
7 Hodensack (Scrotum)
8 Mastdarm (Rectum)

Hoden

Der Hoden (griech. orchis, lat. testis) liegt zusammen mit dem Nebenhoden im Hodensack (Scrotum). Beide Hoden werden durch eine Bindegewebsplatte (Septum scroti) voneinander getrennt. Die Form eines Hodens entspricht dem eines abgeplatteten Hühnereies. Das Gewicht beträgt ungefähr 30 g. Der anatomische Bau des Hodens gliedert sich in

- den makroskopischen Bau,
- den mikroskopischen Bau (Feinbau).

Makroskopischer Bau

Der Hoden wird von einer festen Bindegewebskapsel (Tunica albuginea) umgeben. Von dieser ziehen Bindegewebssepten (Septula testis) in das Hodengewebe. Sie unterteilen es in etwa 200 kleine Hodenläppchen (Lobuli testis). Die Bindegewebssepten vereinigen sich im Hodenhilus zum Bindegewebslager (Mediastinum testis). Die Hodenläppchen enthalten Hodenkanälchen (Tubuli seminiferi contorti), die stark gewunden sind. Ein Hodenkanälchen hat etwa eine Länge von 50 cm und ist in ein zartes, lockeres Bindegewebe eingebaut. Pro Hoden kommen ca. 500 Hodenkanälchen vor, so daß die Gesamtlänge der Hodenkanälchen beider Hoden ungefähr 500 m beträgt. Die Hodenkanälchen münden in das Hodennetz (Rete testis), welches im Bindegewebslager des Hodens liegt.
Der Hoden wird von Hüllen umgeben. Das Eingeweideblatt überzieht die Hodenoberfläche und wird Epiorchium genannt. Das wandständige Blatt heißt Periorchium. Zwischen beiden Blättern besteht ein kapillärer Spalt, der eine seröse Flüssigkeit enthält.
Ursprünglich lagen die Hoden in der Bauchhöhle. Bis etwa zu Beginn des 9. Schwangerschaftsmonats liegen die Hoden im Hodensack. Diesen Hodenabstieg von der Bauchhöhle in den Hodensack bezeichnet man als Descensus testis. Dabei bilden sich aus der Bauchfellausstülpung, die während des Hodenabstiegs in den Hodensack gelangt, die Bauchfellanteile der Hodenhüllen (Epiorchium, Periorchium).

Mikroskopischer Bau

In jedem Hodenläppchen liegen mehrere Hodenkanälchen (Tubuli seminiferi), die durch eine Basalmembran begrenzt und in ein lockeres Bindegewebe eingebettet sind. Die Hodenkanälchen werden von einem mehrschichtigen Keimepithel ausgekleidet. Die Basis des Keimepithels wird von einer Basalmembran gebildet. Im Keimepithel findet die Spermiogenese statt. Der Basalmembran sitzen in bestimmten Abständen Stützzellen auf, die als Sertoli-Zellen bezeichnet werden. Neben einer Stützfunktion für das Keimepithel sind sie auch für die Ausreifung der Spermien bedeutsam.
In dem lockeren Bindegewebe zwischen den Hodenkanälchen befinden sich epithelartige Zellgruppen. Diese Zellhaufen heißen Leydig-Zwischenzellen. Es sind hormonproduzierende Zellen, die das männliche Geschlechtshormon Testosteron herstellen.
Die Samenzellen (Spermien) sind spezialisierte Zellen, die die Fähigkeit zur Eigenbeweglichkeit besitzen. Die Länge eines Spermiums beträgt etwa 50 - 70 µm. Das Spermium weist folgende Abschnitte auf:

- Kopf,
- Hals,
- Mittelstück,
- Schwanz.

Kopf
Der Spermienkopf enthält den Zellkern und ist in der vorderen Hälfte abgeplattet. Dieser Bereich wird vom Akrosom überkappt. Das Akrosom ist eine aus dem Golgi-Apparat hervorgegangene Kopfkappe. Sie enthält Enzyme (Hyaluronidase, Proteinase), die an der Perforation der Eihüllen während des Befruchtungsvorganges beteiligt sind.

Hals
Der Halsteil ist kurz, enthält die Basalplatte und ein Zentriol. Der Halsteil ist das Bewegungszentrum des Spermiums. Von ihm gehen die Fibrillen des Schwanzfadens aus.

Mittelstück
Das Mittelstück enthält zahlreiche Mitochondrien, die den Achsenfaden umgeben. Es bildet das energetische Zentrum des Spermiums.

Schwanz
Der Schwanz entsteht aus dem Zytoplasma der Spermatiden. Er wird vom Achsenfaden durchzogen, der seinen Ausgang vom Zentriol des Halsteiles nimmt. Der Achsenfaden stellt

in seiner Struktur ein Flimmerhaar dar. Dieses besteht aus Mikrotubuli, die durch kontraktile Eiweiße in der Lage sind, eine Bewegung des Spermienschwanzes durchzuführen.

Nebenhoden

Der Nebenhoden (griech. epididymis) ist etwa 5 cm lang, liegt dem hinteren Rand des Hodens an und wird teilweise vom Epiorchium überzogen. Nebenhoden und Hoden sind miteinander verwachsen. Der Nebenhoden wird in folgende Abschnitte unterteilt:

- Nebenhodenkopf (Caput epididymis),
- Nebenhodenkörper (Corpus epididymis),
- Nebenhodenschwanz (Cauda epididymis).

Nebenhodenkopf
Der Nebenhodenkopf enthält 12 - 15 gewundene und wegführende Gänge (Ductuli efferentes). Sie kommen vom Hodennetz (Rete testis) und verlaufen in den bindegewebig abgegrenzten Nebenhodenläppchen (Lobuli epididymis). Die Wand der wegführenden Gänge besteht aus einschichtigem bis mehrreihigem Epithel, einer Basallamina und glatten Muskelzellen. Das Epithel ist prismatisch bis kubisch, und z.T. sind die Epithelzellen mit einem Flimmersaum versehen.

Nebenhodenkörper
Der Nebenhodenkörper verjüngt sich entlang der Rückseite des Hodens. Er enthält den gewundenen Nebenhodengang (Ductus epididymis). Die Wand dieses Ganges besteht aus einem zweireihigen, prismatischen Epithel, einer Basallamina und einer glatten Muskelschicht.

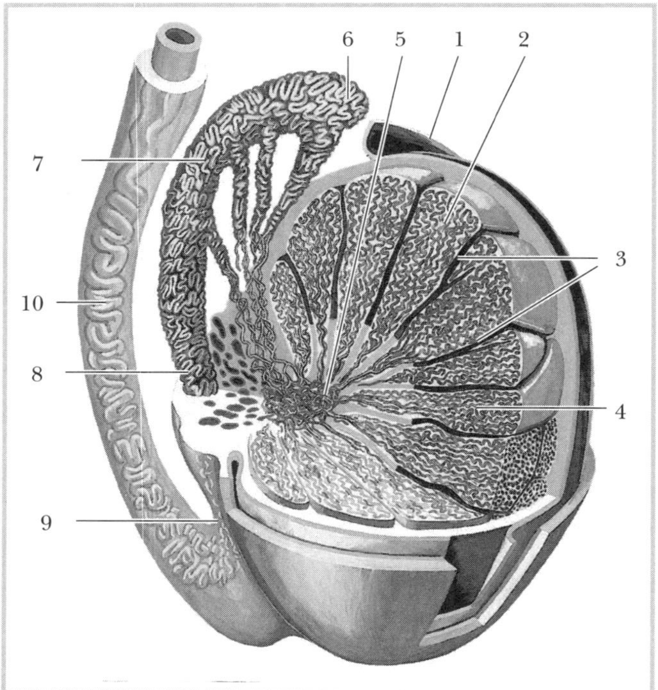

Abb. 85
Hoden und Nebenhoden

1 Bindegewebskapsel (Tunica albuginea)
2 Hodenläppchen (Lobuli testis)
3 Bindegewebssepten (Septula testis)
4 Hodenkanälchen (Tubuli seminiferi contorti)
5 Hodennetz (Rete testis)
6 Nebenhodenkopf (Caput epididymis)
7 Nebenhodenkörper (Corpus epididymis)
8 Nebenhodenschwanz (Cauda epididymis)
9 Nebenhodengang (Ductus epididymis)
10 Samenleiter (Ductus deferens)

Nebenhodenschwanz
Der Nebenhodenschwanz wird ebenfalls vom gewundenen Nebenhodengang durchzogen, der kaudal in den Samenleiter (Ductus deferens) übergeht. Die Gesamtlänge des Nebenhodenganges beträgt 4 - 5 m. Das Epithel des Nebenhodens ist in der Lage, durch Resorption von Flüssigkeit die Spermienmenge und ihre umgebende Flüssigkeitsmenge einzudicken. Die Spermien sind in dem schwach sauren Millieu, das in der Flüssigkeit herrscht, unbeweglich.

Merke **Im Hoden erfolgt die Bildung und Entwicklung der Samenzellen, die Synthese von Geschlechtshormonen und die Ableitung der Samenzellen aus den Hodenkanälchen.**

Merke **Der Nebenhoden speichert die im Hoden gebildeten Spermien, und in ihm erfolgt die funktionelle Reifung der Spermien.**

Samenleiter

Der Samenleiter (Ductus deferens) ist ein muskelstarker, kanalisierter Strang von etwa 50cm Länge. Er stellt die kontinuierliche Fortsetzung des Nebenhodenganges dar. Die anatomische Besprechung des Samenleiters berücksichtigt:

- den Verlauf,
- den Wandaufbau,
- den Samenstrang.

Verlauf
Der Anfangsteil am Nebenhoden ist noch stark gewunden. Der Samenleiter verläuft danach auf der Rückseite des Nebenhodens im Hodensack aufwärts und tritt durch den äußeren Leistenring in den Leistenkanal ein. Er durchzieht ihn und wendet sich am inneren Leistenring kaudalwärts zum kleinen Becken, überkreuzt den Harnleiter und erreicht den Blasengrund. Am Blasengrund liegen beide Samenleiter dicht nebeneinander, zwischen zwei länglichen Aussackungen, den Samenbläschen (Vesiculae seminales). In diesem Bereich erweitern sich die Samenleiter zu den Ampullen und nehmen die Ausführungsgänge der beiderseitigen Samenbläschen auf.
Das gemeinsame Endstück, das vom Samenleiter und dem Ausführungsgang der Samenblase gebildet wird, heißt Spritzkanal (Ductus ejaculatorius). Beide Spritzgänge durchbohren die Vorsteherdrüse (Prostata) und münden unter Bildung des Samenhügels (Colliculus seminalis) in die Harnröhre.

Wandaufbau
Der Anfangsteil des Samenleiters besitzt noch ein zweireihiges prismatisches Epithel, das Mikrovilli ausbildet. Im weiteren Verlauf verschwinden diese Mikrovilli. Die Schleimhaut weist wenige niedrige Längsfalten auf, die im Querschnittsbild eine sternförmige Lichtung ergeben.
Die Muskelschicht ist gut entwickelt. Sie verläuft spiralig in Lagen mit verschiedenen Steigungswinkeln. Diese Anordnung der glatten Muskulatur bewirkt das Ansaugen, den Transport und die Entleerung der Samenflüssigkeit in die Harnsamenröhre.
Die Muskulatur wird außen von einem Bindegewebe (Adventitia) umgeben, dem glatte Muskelzellen beigemischt sind.

Samenstrang
Der Samenleiter (Ductus deferens) ist ein Bestandteil des Samenstranges (Funiculus spermaticus). Der Samenleiter wird von der Hodenarterie (A. testicularis), den dazugehörigen Venen (Plexus pampiniformis), von Lymphgefäßen und vegetativen Nerven begleitet.
Diese anatomischen Gebilde bilden den Samenstrang, der vom Nebenhoden zum Leistenkanal zieht und von den Hodenhüllen umgeben wird.

Merke **Die wegführenden Gänge der Hoden (Ductuli efferentes testis), der Nebenhodengang (Ductus epididymis), Samenleiter (Ductus deferens), die Spritzkanäle (Ductus ejaculatorii) und die Harnsamenröhre (Urethra masculina) zählen zu den ableitenden Samenwegen.**

Vorsteherdrüse

Die Vorstehrdrüse (lat. prostata) ist ein etwa wallnußgroßes Organ, das zwischen der Harnblase und der Beckenbodenmuskulatur liegt. Sie wird von einer festen Bindegewebskapsel umgeben.
An der Vorsteherdrüse unterscheidet man folgende Abschnitte:

- eine Blasenfläche (Facies vesicalis),
- eine Schambeinfläche (Facies pubica),
- eine Mastdarmfläche (Facies rectalis).

Die Vorsteherdrüse besteht aus zwei Seitenlappen, dem rechten Lappen (Lobus dexter) und dem linken Lappen (Lobus sinister). Hinten werden beide vom Mittellappen (Lobus medius) verbunden. Die Drüse wird vom Anfangsteil der Harnröhre (Pars prostatica) und den beiden Spritzkanälen (Ductus ejaculatorii) durchsetzt.
Das Drüseninnere besteht aus 30 - 50 verästelten serösen Drüsen. Diese tubulo-alveolären Drüsen sind in Bindegewebe mit zahlreichen Muskelzellen eingelagert. Die Ausführungsgänge der Vorsteherdrüse münden links und rechts des Samenhügels (Colliculus seminalis) in die Harnsamenröhre.

Merke **Die Vorsteherdrüse bildet ein alkalisches Sekret, das die Hauptmenge des Sperma ausmacht und die Beweglichkeit der Spermien ermöglicht.**

Samenbläschen

Die beiden Samenbläschen (Vesiculae seminales) sind aus der Ampulle des Samenleiters hervorgegangen und liegen direkt am Blasengrund. Die Samenbläschen sind etwa 15 - 20 cm lang und werden von einer Bindegewebskapsel umgeben. Ähnlich wie bei der Vorsteherdrüse sind die tubulo-alveolären Drüsen in ein muskelreiches Bindegewebe eingebettet.
Die Samenblasen bilden ein gelatinöses alkalisches Sekret, das über den Ausführungsgang der Samenblase in den Samenspritzgang (Ductus ejaculatorius) geleitet wird.

Merke **Das alkalische Sekret enthält Fruktose als Energiespender und wirkt auf die Spermien bewegungsauslösend.**

Cowper-Drüsen

Die erbsengroßen paarigen Drüsen liegen im Beckenboden. Ihre Ausführungsgänge münden in den Anfangsteil des vorderen Abschnittes der Harnsamenröhre (Pars spongiosa). Sie stellen ein alkalisches Sekret her.

Merke **Die Cowper-Drüsen bilden ein schleimiges alkalisches Sekret, welches vor dem Samenerguß (Ejakulation) in die Harnsamenröhre abgegeben wird. Das Sekret neutralisiert die Harnreste, die sich auf der Schleimhaut der Harnsamenröhre befinden.**

Merke **Die Ampullen der Samenleiter, die Vorsteherdrüse (Prostata), die Samenbläschen (Vesiculae seminales) und die Cowper-Drüsen sind akzessorische Geschlechtsdrüsen.**

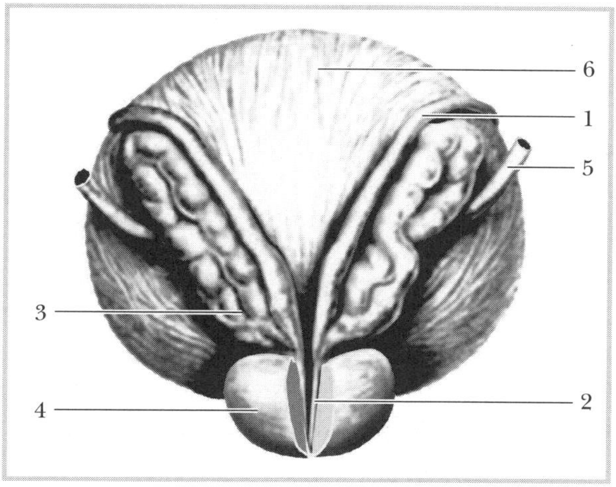

Abb. 86
Samenleiter, Samenbläschen und Vorsteherdrüse

1 Samenleiter (Ductus deferens)
2 Spritzkanal (Ductus ejaculatorius)
3 Samenbläschen (Vesicula seminalis)
4 Vorsteherdrüse (Prostata)
5 Harnleiter (Ureter)
6 Harnblase (Vesica urinaria)

Gefäß- und Nervenversorgung

Hoden und Nebenhoden
Die Hodenarterie (A. testicularis) entspringt aus der Bauchaorta, verläuft von der hinteren Bauchwand zu dem Leistenkanal und erreicht von diesem ausgehend den Hoden sowie über abzweigende Aeste auch den Nebenhoden.
Die Venen bilden im Samenstrang ein Venengeflecht (Plexus pampiniformis), das sich im Leistenkanal als Hodenvene (V. testicularis) fortsetzt. Die rechte Hodenvene mündet in die untere Hohlvene (V. cava inferior), während die linke Hodenvene in die linke Nierenvene (V. renalis sinistra) mündet.
Die Innervation erfolgt über ein vegetatives Nervengeflecht (Plexus testicularis).

Samenleiter
Aeste aus der Samenleiterarterie (A. ductus deferentis), die aus dem Stromgebiet der inneren Hüftarterie (A. iliaca interna) stammt, versorgen den Samenleiter mit Sauerstoff. Der venöse Blutstrom wird über den Plexus pampiniformis in die venösen Beckengeflechte geleitet.
Die Innervation erfolgt über ein vegetatives Nervengeflecht (Plexus hypogastricus).

Vorsteherdrüse und Samenbläschen
Beide werden aus Aesten der inneren Hüftarterie (A. iliaca interna) mit Sauerstoff versorgt. Das venöse Blut fließt über das venöse Vorsteherdrüsengeflecht (Plexus prostaticus) in die großen Beckenvenen.
Die Innervation erfolgt über das Beckengeflecht (Plexus pelvinus – auch als Plexus hypogastricus inferior bezeichnet).

6.3.1.2. Aussere männliche Geschlechtsorgane

Hodensack

Der Hodensack (lat. scrotum) ist eine Fortsetzung der äußeren Haut. Er stellt einen schlaffen, faltigen Sack dar, der durch ein bindegewebiges Septum in zwei Hälften getrennt wird. In jeder dieser befindet sich ein Hoden und Nebenhoden. Die Haut des Hodensacks besitzt Schweiß- und Talgdrüsen, ist pigmentiert und behaart. Die Subkutis enthält reichlich glatte Muskulatur und ist frei von Fettgewebe. Sie wird deshalb auch Fleischhaut (Tunica dartos) genannt.

Sie ist zur Wärmeregulierung befähigt und sorgt dafür, daß die Umgebungstemperatur der Hoden niedriger ist als im Bauchraum. Höhere Temperaturen, wie sie etwa im Bauchraum herrschen, würden die Spermienbildung unterdrücken.

Männliches Glied

Das männliche Glied (lat. penis) weist hauptsächlich folgende Bestandteile auf:

- zwei Penisschwellkörper (Corpora cavernosa penis),
- ein Harnröhrenschwellkörper (Corpus spongiosum penis),
- äußere Haut.

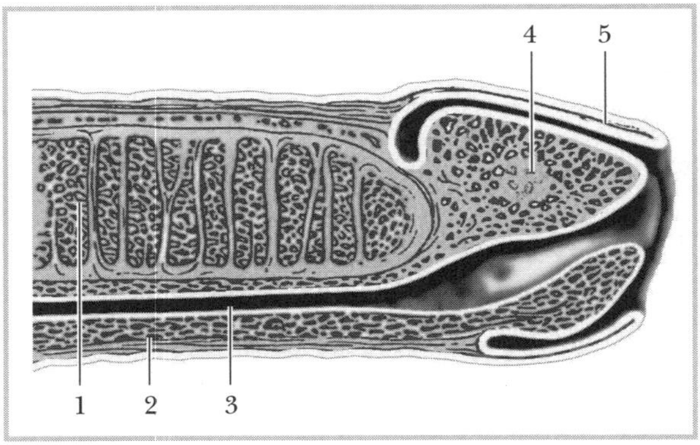

Abb. 87 Männliches Glied

1 Penisschwellkörper (Corpora cavernosa penis)
2 Harnröhrenschwellkörper (Corpus spongiosum penis)
3 Harnsamenröhre (Urethra masculina)
4 Eichel (Glans penis)
5 Vorhaut (Praeputium)

Penisschwellkörper
Die Penisschwellkörper entspringen am absteigenden Ast des Schambeines, verlaufen nach vorn und oben und verschmelzen am unteren Rand der Schambeinfuge (Symphyse) miteinander, unter Bildung eines unvollständigen Septums. Beide Schwellkörper stehen somit untereinander in Verbindung. Die vorderen Enden der Schwellkörper sind abgerundet und in die Konkavität der Eichel eingelagert. An der unteren Fläche der vereinigten Schwellkörper befindet sich eine Furche (Sulcus urethralis), die zur Aufnahme des Harnröhrenschwellkörpers dient. Die obere Fläche weist eine kleine Furche auf (Sulcus dorsalis penis), in der Gefäße und Nerven verlaufen.
Die Penisschwellkörper bestehen aus Spalträumen (Kavernen), die in ein Bindegewebe eingebettet sind, welches glatte Muskelzellen enthält. Die Spalträume werden von einem Endothel ausgekleidet und stellen Bluträume dar, die miteinander verbunden sind. Ihr Blutgehalt wechselt in Abhängigkeit der Penisfunktion. Die Penisschwellkörper werden außen von einer straffen Bindegewebshülle (Tunica albuginea) umgeben.

Harnröhrenschwellkörper
Der Harnröhrenschwellkörper schließt die Harnröhre ein und bildet vorne die Eichel (Glans penis). An der Eichel mündet die Harnröhre mit ihrer äußeren Öffnung (Ostium urethrae externum). Das hintere Ende ist zwiebelartig erweitert und heißt Bulbus penis.
Der Harnröhrenschwellkörper besteht aus einem weitmaschigen Venengeflecht. Zwischen diesem sind elastische Fasern und Muskelbündel eingelagert. Die Volumenzunahme ist bei der Erektion gering, so daß die Harnsamenröhre durchgängig bleibt.

ƒußere Haut
Die Schwellkörper werden von einer etwas pigmentierten, leicht verschieblichen, dünnen und fettlosen Haut überzogen. Die Eichel des männlichen Gliedes wird von einer Hautduplikatur, der Vorhaut (Praeputium), bedeckt. An der Vorhaut wird ein äußeres von einem inne-

ren Blatt unterschieden. Sie sind sehr leicht gegen einander verschieblich, so daß die ganze Vorhautfalte durch Zurückziehen der Penishaut vollständig ausgeglichen werden kann.
An der unteren Seite steht die Vorhaut mit der Eichel durch das Vorhautbändchen (Frenulum praeputii) in Verbindung. Zwischen Eichel und Vorhaut befinden sich Talgdrüsen (Tyson-Drüsen), die die sogenannte Vorhautbutter (Smegma praeputii) bilden. Sie besteht aus Talgdrüsensekret und abgeschilferten Epidermiszellen.

Gefäß- und Nervenversorgung

Hodensack
Sowohl die innere Schamarterie (A. pudenda interna) als auch die äußeren Schamarterien (Aa. pudendae externae) geben Äste ab, die den Hodensack arteriell versorgen. Die innere Schamarterie entspringt der inneren Hüftarterie (A. iliaca interna). Die äußeren Schamarterien stammen aus der Oberschenkelarterie ab (A. femoralis).
Der venöse Abfluß geschieht über gleichnamige Venen.
Die Innervation erfolgt aus dem Lenden- und Kreuzbeingeflecht (Plexus lumbalis, Plexus sacralis).

Männliches Glied
Die arterielle Versorgung des männlichen Gliedes wird über mehrere Äste, die aus der inneren Schamarterie (A. pudenda interna) stammen, ermöglicht.
Das venöse Blut wird über die Venengeflechte des Beckens und über die große verborgene Vene (V. saphena magna), die in die Oberschenkelvene (V. femoralis) mündet, abgeleitet.
Die Innervation erfolgt über das vegetative Beckengeflecht (Plexus pelvinus oder Plexus hypogastricus inferior).

6.3.1.3. Physiologie des männlichen Geschlechtssystems

Sexualdifferenzierung

In der männlichen Sexualdifferenzierung werden 5 Stufen unterschieden, die zeitlich nacheinander verlaufen. Zu diesen Stufen gehören:

- das genetische Geschlecht,
- das Keimdrüsengeschlecht,
- das somatische Geschlecht,
- das neuronale Geschlecht,
- die Differenzierung der geschlechtlichen
- Selbstidentifizierung.

Genetisches Geschlecht
Das genetische Geschlecht wird bei der Vereinigung von Ei- und Samenzelle bestimmt. Das Verschmelzungsprodukt, die Zygote, ist männlich, wenn ein Y-Chromosom in der Samenzelle enthalten war. Es liegt somit ein männlicher XY-Chromosomenstatus vor.

Keimdrüsengeschlecht
Die Keimdrüsen werden beim 4 Wochen alten Embryo zunächst als indifferente Genitalleiste angelegt. Das bedeutet, daß zwischen Hoden und Eierstöcken noch nicht unterschieden werden kann. Die Keimzellen stammen aus der Wand des Dottersackes und erreichen in der 6. Woche durch amöboide Bewegungen die Genitalleisten. In der 6. - 8. Entwicklungswoche beginnen sich die primären Keimstränge in der Markregion der Keimdrüsenanlage zu differenzieren. Am Ende der 7. Woche haben sich aus den primären Keimsträngen die Hodenstränge entwickelt, und die Keimdrüsenanlage wird von einer bindegewebigen Kapsel (Tunica albuginea) umgeben. Sie wird vom Bauchfell überzogen.
Die Hodenstränge bestehen aus Urkeimzellen, Epithelzellen und besitzen noch keine Lichtung.

Die Urkeimzellen treten erst in der Pubertät in die Phase der Zellvermehrung und in die Reifeteilung ein. Während dieser Zeit bekommen die Hodenstränge ein Lumen und heißen dann Hodenkanälchen (Tubuli seminiferi).
Die Epithelzellen differenzieren sich in der Fetalzeit zu Sertoli-Zellen. Im Mesenchym zwischen den Hodensträngen entwickeln sich die Leydig-Zellen, die während der Embryonalzeit das Hormon Androgen herstellen. Androgene sind für die Entwicklung der männlichen Geschlechtsorgane notwendig.

Somatisches Geschlecht
Unter Anwesenheit des Anti-Müller-Faktors bilden sich die Müller-Gänge zurück, und unter Testosteroneinfluß differenzieren sich die Wolff-Gänge zu den männlichen inneren Geschlechtsorganen. Diese Differenzierung erfolgt zwischen dem 2. und 3. Fetalmonat.
Während des 3. und 4. Fetalmonats entstehen aus dem indifferenten Geschlechtshöcker, den Geschlechtsfalten und Geschlechtswülsten der männliche Penis und der Hodensack. Voraussetzung für diese Entwicklung ist ein genügend hoher Androgenspiegel.

Neuronales Geschlecht
Das neuronale Geschlecht wird zwischen dem 4. und 7. Fetalmonat festgelegt. Im Gehirn befinden sich Zentren, die in männlicher Richtung differenziert werden. Zu diesen zählen:

- die Sexualzentren,
- die Erotisierungszentren,
- die Geschlechtsrollenzentren.

Sexualzentren
Besteht zu dieser Zeit ein relativ hoher Spiegel von Östrogenen bzw. Androgenen, dann wird eine männliche tonische Gonadotropinsekretion festgelegt.

Erotisierungszentren
Diese Zentren kontrollieren das Sexualverhalten. Liegen zu dieser Zeit hohe Östrogen- und/oderAndrogenspiegel vor, dann differenzieren sich die Erotisierungszentren männlich.

Geschlechtsrollenzentren
Sie kontrollieren das Geschlechtsrollenverhalten. Verantwortlich für die spätere männliche Funktionsweise der Geschlechtsrollenzentren sind hohe Androgenspiegel.

Differenzierung der geschlechtlichen Selbstidentifizierung
Sie bestimmt die Identifizierung der Individuen hinsichtlich ihrer Zugehörigkeit zum männlichen Geschlecht. Diese Differenzierung ergibt sich aus der vorangegangenen Entwicklung des somatischen und neuronalen Geschlechts und aus späteren psychosozialen Einflüssen.

Entwicklung der Spermien

Die Entwicklung der Spermien findet in den Hodenkanälchen statt. Sie vollzieht sich in zwei Stufen. Zu diesen gehören:

- die Spermatogenese,
- die Spermiogenese.

Spermatogenese
Die Spermatogenese beginnt erst mit der Pubertät und geht von den Ursamenzellen (Spermatogonien), die sich auf der Basalmembran der Hodenkanälchen befinden, aus. Durch mitotische Teilungsvorgänge entstehen aus den Spermatogonien neue Spermatogonien und Spermatozyten 1. Ordnung. Die Spermatozyten 1. Ordnung wachsen durch Eiweißaufbau, verdoppeln ihren DNS-Gehalt im Zellkern und führen anschließend die 1. Reifeteilung durch.

Merke **Bei der 1. Reifeteilung werden die paarweise angeordneten Chromosomen getrennt. Das Ergebnis dieser Reduktionsteilung sind Spermatozyten 2. Ordnung.**

Aus einer Spermatozyte entstehen also zwei Spermatozyten 2. Ordnung. Sie enthalten jeweils einen halbierten (haploiden) Chromosomensatz in ihrem Zellkern. Die 1. Reifeteilung dauert etwa 16 Tage. Die Spermatozyten 2. Ordnung vollziehen im Anschluß die 2. Reifeteilung.

Merke **Bei der 2. Reifeteilung werden die doppelt vorhandenen Chromatiden getrennt und gleichmäßig auf die Tochterzellen verteilt. Es handelt sich hierbei um eine Äquationsteilung. Die Tochterzellen werden als Spermatiden bezeichnet.**

Aus einer Spermatozyte 2. Ordnung entstehen zwei Spermatiden, die jeweils einen halbierten Chromosomensatz enthalten. Wenn von einer Spermatozyte 1. Ordnung ausgegangen wird, dann entstehen durch die beiden Reifeteilungen vier Spermatiden, die jeweils halbierte Chromosomensätze besitzen.

Spermiogenese
Darunter versteht man die Umwandlung der Spermatiden zu reifen, befruchtungsfähigen Spermien. Vom Golgi-Apparat entwickelt sich ein Lysosom, welches sich als Kopfkappe (Akrosom) über den vorderen Pol des Zellkerns stülpt. Die Mitochondrien ordnen sich im Mittelstück um den Schwanzfaden, der vom Zentriol ausgeht, an. Das verbleibende Plasma wird dann abgestoßen. Während dieses Reifungsprozesses befinden sich die Spermatiden an den Spitzen der Sertoli-Zellen, welche sie ernähren. Die Entwicklung eines Spermiums aus einer Spermatogonie dauert etwa 11 - 12 Wochen. Sowie die Spermien vollständig ausgereift sind, treten sie in das Lumen der Hodenkanälchen. Sie gelangen über das Hodennetz (Rete testis) in die ausführenden Hodengänge (Ductuli efferentes) in den Nebenhoden.

Merke **Die Spermatogenese wird vom follikelstimulierenden Hormon, das auch beim Mann gebildet wird, reguliert. Das von den Leydig-Zwischenzellen gebildete Testosteron fördert den Eiweißaufbau und bildet die sekundären männlichen Geschlechtsmerkmale aus.**

Männliche Pubertät

Die Pubertät (lat. pubertas = Geschlechtsreife) ist die Entwicklungsphase vom Auftreten der ersten sekundären Geschlechtsmermale bis zur Fortpflanzungsfähigkeit. Die männliche Pubertät beginnt zwischen dem 10. und 16. Lebensjahr und dauert durchschnittlich 4 Jahre. Zu den körperlichen Veränderungen, die mit der Pubertät einhergehen, zählen:

- der Wachstumsschub,
- der männliche Behaarungstyp,
- der Stimmbruch.

Wachstumsschub
Die männliche Pubertät wird mit einer Androgenproduktion der Hoden eingeleitet, die vom Zwischenhirn bzw. vom Hypophysenvorderlappen hormonell gesteuert wird. Innerhalb des Hodens sind die Leydig-Zwischenzellen für die vermehrte Androgenproduktion verantwortlich, die den Wachstumsschub auslösen. Dieser macht sich besonders an den Extremitäten bemerkbar, während der Rumpf nicht in gleicher Schnelligkeit wächst. Gleichzeitig kommt es zur männlichen Formung des Knochenbaus und der Skelettmuskulatur. Die Androgene begünstigen die Mineralisierung des Skeletts, den Eiweißaufbau im Knochen und in der Muskulatur. Diese Wirkung der Androgene bezeichnet man als Eiweißanabolismus. Das innere und äußere Genitale wächst ebenfalls unter dem Einfluß der Androgene.

Männlicher Behaarungstyp
Neben der Auslösung eines Längenwachstums beeinflussen die Androgene auch das Haarwachstum. Das Testosteron, ein Androgen, wird von den haarbildenden Follikeln zu Dihydrotestosteron reduziert, welches das männliche Haarwuchsbild erzeugt. Dazu zählen der Bartwuchs, die Brustbehaarung sowie die männliche Schambehaarung. Die Axillarbehaarung beginnt etwa 2 Jahre später.

Stimmbruch
Die Androgene stimulieren auch das Wachstum des Kehlkopfes. Das Kehlkopfgewicht nimmt zu, und die Stimmbänder werden länger. Der Wechsel von der Kinder- zur Erwachsenenstimme wird als Stimmbruch bezeichnet. Bei Jungen senkt sich die Stimmlage um etwa eine Oktave. Der Stimmwechsel ist ausgeprägter als bei Mädchen.

Sexueller Reaktionsablauf

Der sexuelle Reaktionsablauf eines Mannes setzt die Libido voraus. Die Libido bedeutet Geschlechtstrieb bzw. Geschlechtslust und ist individuell verschieden ausgeprägt. Der sexuelle Reaktionsablauf kann in vier Phasen unterteilt werden. Zu diesen zählen:

- die Erregungsphase,
- die Plateauphase,
- die Orgasmusphase,
- die Rückbildungsphase.

Erregungsphase
Der geschlechtlichen Vereinigung geht ein zeitlich unterschiedlich langes Vorspiel voraus. Durch Berührung individuellspezifischer erogener Zonen des Mannes werden bei ihm sexuelle Erregungen ausgelöst. Besonders empfindlich ist die Eichel des männlichen Gliedes (Glans penis), da sie reich an Sinnesrezeptoren ist. Die sexuelle Erregung führt beim Mann zur Erektion des Penis. Die Cowper-Drüsen entleeren ein schleimiges Sekret, das die Wand der Harnsamenröhre gleitfähig macht.

Plateauphase
Während dieser Phase versteift sich das männliche Glied zunehmend. Hierfür sind parasympathische Nervenimpulse aus dem Sakralmark verantwortlich. Sie erreichen die Arteriolen der Schwellkörper (Corpora cavernosa, Corpus spongiosum) und stellen diese weit. Daraus folgt die Blutfüllung der Schwellkörper. Da der venöse Abfluß zum Teil blockiert wird, rufen die mit Blut gefüllten Schwellkörper eine Anspannung der sie umgebenden straffen Bindegewebshülle (Tunica albuginea) hervor. Das Ergebnis ist ein hart und verlängertes männliches Glied. Der Harnröhrenschwellkörper (Corpus spongiosum) zeigt nur eine geringe Volumenzunahme bei der Erektion, so daß die Harnsamenröhre durchgängig bleibt.

Orgasmusphase
In dieser Phase kontrahieren sich die Samenleiter mit ihren Ampullen und transportieren so die Spermien in die Harnröhre. Dieser Teil des Orgasmus wird als Emission bezeichnet. Die Füllung der Harnröhre führt zur Aktivierung eines Reflexzentrums im Sakralmark. Daraus resultiert letztlich die rhythmische Kontraktion der basalen Penisanteile und die ebenfalls rhythmische Herausschleuderung des Samens aus der männlichen Harnröhre. Dieser Vorgang wird als Ejakulation bezeichnet.

Merke | **Der männliche Orgasmus setzt sich aus dem Vorgang der Emission und Ejakulation zusammen und dauert nur wenige Sekunden.**

Der männliche Orgasmus wird von einer Verstärkung der vegetativen Reaktionen begleitet, die in der Erregungsphase ihren Ausgang nahmen. Dazu gehören die Steigerung der Herzfrequenz, die Blutdruckerhöhung, die verstärkte Hautdurchblutung und die Schweißneigung.

Rückbildungsphase
Die sexuelle Ansprechbarkeit ist nach dem Orgasmus stark reduziert, so daß erneute Erektionen erst innerhalb der nächsten Minuten bis Stunden möglich sind.

Der sexuelle Reaktionsablauf des Mannes ist im starken Maße vom Testosteronspiegel im Blut abhängig.

Zusammenfassung

Hoden

Das Hodenparenchym wird durch Septen in Hodenläppchen unterteilt, die Hodenkanälchen enthalten. Die Hodenoberfläche wird von der Bindegewebskapsel gebildet. Epiorchium und Periorchium sind Bauchfellblätter, die den Hoden umgeben.

Nebenhoden

Er besteht aus einem Nebenhodenkopf, Nebenhodenkörper und einem Nebenhodenschwanz. Im Kopfteil befinden sich die wegführenden Gänge (Ductuli efferentes), und die übrigen Teile enthalten den gewundenen Nebenhodengang (Ductus epididymis).

Samenleiter

Der Samenleiter (Ductus deferens) setzt den Nebenhodengang fort und vereinigt sich am Blasengrund mit dem Ausführungsgang des Samenbläschens zum Spritzkanal (Ductus ejaculatorius).

Samenstrang

Bestandteile des Samenstranges (Funiculus spermaticus) sind der Samenleiter, die Hodenarterie, die Hodenvene, Lymphgefäße und vegetative Nerven.

Vorsteherdrüse

Sie besteht aus einem rechten und linken Lappen, die hinten durch den Mittellappen verbunden werden. Die Vorsteherdrüse ist eine seröse Drüse, die ihr alkalisches Sekret über ihren Ausführungsgang in die Harnsamenröhre leitet.

Samenbläschen

Die Samenbläschen bilden ein alkalisches Sekret, welches sie über ihren Ausführungsgang dem Samenspritzgang zuführen.

Cowper-Drüsen

Sie liegen im Beckenboden, stellen ein alkalisches Sekret her, das vor dem Samenerguß in die Harnsamenröhre abgegeben wird.

Hodengefäße

Die arterielle Versorgung von Hoden und Nebenhoden erfolgt durch die Hodenarterie (A. testicularis). Die rechte Hodenvene (V. testicularis) mündet in die untere Hohlvene und die linke in die linke Nierenvene. Für die Nervenversorgung ist das vegetative Nervengeflecht (Plexus testicularis) verantwortlich.

Hodensack

Die Haut des Hodensackes verfügt über Schweiß- und Talgdrüsen, ist pigmentiert und behaart. Die Subkutis enthält glatte Muskelzellen und kein Fettgewebe.

Männliches Glied

Es besteht aus zwei Penisschwellkörpern (Corpora cavernosa penis), einem Harnröhrenschwellkörper (Corpus spongiosum) und wird von einer pigmentierten, verschieblichen und fettlosen Haut überzogen.

Physiologie

Differenzierung der Geschlechter

Bei der männlichen Sexualdifferenzierung unterscheidet man das genetische Geschlecht, das Keimdrüsengeschlecht, das somatische Geschlecht, das neuronale Geschlecht und die Differenzierung der geschlechtlichen Selbstidentifizierung. Die Hoden haben sich am Ende der 7. Woche differenziert.

Spermatogenese

Sie beginnt mit der Pubertät, geht von den Spermatogonien aus und führt zur Bildung der Spermatozyten 1. Ordnung, der Spermatozyten 2. Ordnung und der Spermatiden. Die Spermatozyten 2. Ordnung besitzen bereits einen halbierten Chromosomensatz. Aus einer Spermatide 1. Ordnung entstehen durch die beiden Reifeteilungen vier Spermatiden, die jeweils halbierte Chromosomensätze besitzen.

Spermiogenese

Während der Spermiogenese werden die Spermatiden zu reifen, befruchtungsfähigen Spermien umgewandelt. Dabei dienen die Sertoli-Zellen den Spermatiden zur Ernährung.

Pubertät

Die männliche Pubertät beginnt zwischen dem 10. und 16. Lebensjahr und dauert etwa 4 Jahre.

Wachstumsschub

Die Androgenproduktion löst den Wachstumsschub aus, und gleichzeitig kommt es zur männlichen Formung des Knochenbaus und der Muskulatur.

Behaarungstyp

Zum männlichen Behaarungstyp zählen der Bartwuchs, die Brustbehaarung sowie die männliche Schambehaarung.

Stimmbruch

Das Kehlkopfwachstum ruft den Stimmbruch hervor, der bei Jungen zur Senkung der Stimmlage um etwa eine Oktave führt.

Sexueller Reaktionsablauf

Er wird in 4 Phasen eingeteilt. Zu diesen gehören die Erregungsphase, die Plateauphase, die Orgasmusphase und die Rückbildungsphase. Der männliche Orgasmus wird in die Emission und Ejakulation unterteilt.
Der Transport der Spermien in die Harnröhre wird als Emission bezeichnet. Die rhythmische Herausschleuderung des Samens aus der männlichen Harnröhre nennt man Ejakulation.

6.3.2. Weibliches Geschlechtssystem

6.3.2.1. Innere weibliche Geschlechtsorgane

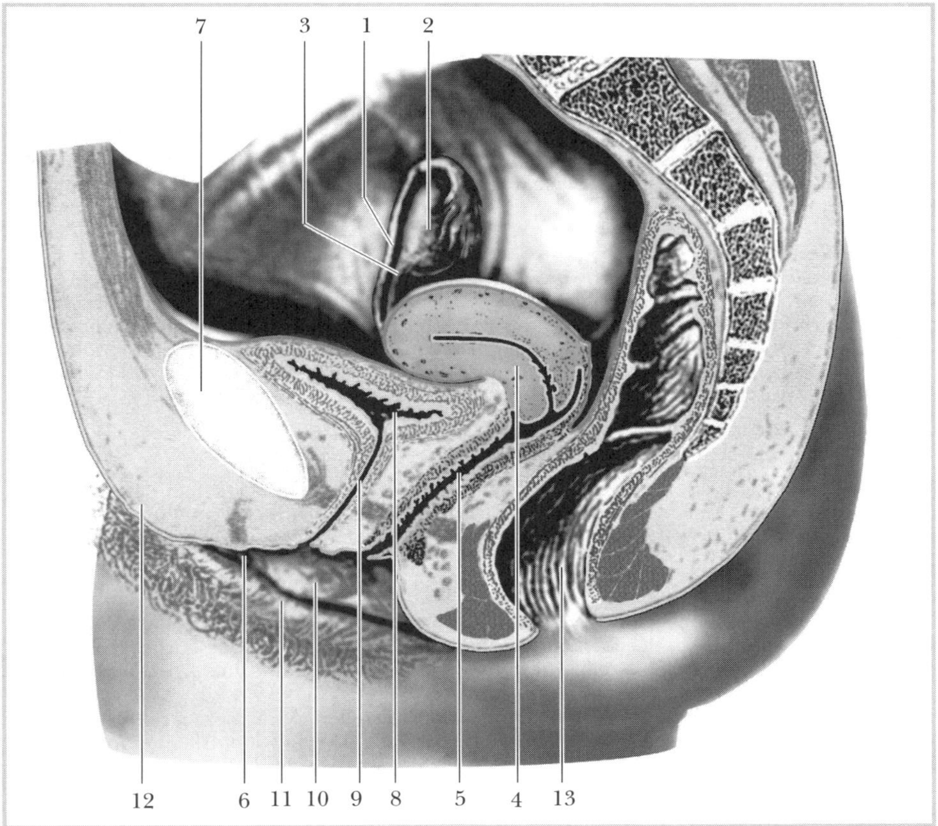

Abb. 88
Medianschnittdurch das weibliche Becken

1 Eileiter (Tuba uterina)
2 Eierstock (Ovar)
3 Eierstockband (Lig. ovarii proprium)
4 Gebärmutter (Uterus)
5 Scheide (Vagina)
6 Kitzler (Klitoris)
7 Symphyse
8 Harnblase (Vesica urinaria)
9 Harnröhre (Urethra feminina)
10 kleine Schamlippen (Labia minora pudendi)
11 große Schamlippen (Labia majora pudendi)
12 Schamberg (Mons pubis)
13 Mastdarm (Rectum)

Eierstock

Der Eierstock (lat. ovar) ist ein paariges Organ, das in Höhe der Teilungsstelle der gemeinsamen Hüftschlagader (A. iliaca communis) nahe der Wand des kleinen Beckens liegt. Das hintere Blatt des breiten Mutterbandes (Lig. latum) bildet unterhalb des Eileiters eine Falte, in die der Eierstock eingelagert ist. Er wird allseitig vom Bauchfell umgeben, besitzt ein Aufhängeband (Mesovarium) und weist somit eine intraperitoneale Lage auf. Der anatomische Bau des Eierstocks gliedert sich in:

- den makroskopischen Bau,
- den mikroskopischen Bau (Feinbau).

Makroskopischer Bau
Die Form eines Eierstocks ist mandelähnlich. Der Eierstock ist ungefähr 4 cm lang, 2 cm breit und 1 cm dick. Sein oberes Ende wird vom Eileiter bogenartig umschlungen. Es ist mittels einer Bauchfellfalte (Lig. suspensorium ovarii) an der seitlichen Beckenwand verankert. Das untere Ende wird über eine weitere Bauchfellfalte (Lig. ovarii proprium) am Eileiterwinkel der Gebärmutter befestigt. Gefäße und Nerven passieren den Eierstock über eine Pforte, dem Hilum ovarii.

Mikroskopischer Bau
Die Oberfläche des Eierstocks wird von einem kubischen Mesothel überzogen, das ein abgewandeltes Bauchfellepithel darstellt. Bei jungen Mädchen ist die Oberfläche des Eierstocks glatt, jedoch nicht so glänzend wie die des Bauchfells. Geschlechtsreife Frauen haben Eierstöcke, deren Oberfläche narbig bis buckelig ist. Unter dem Mesothel liegt eine dünne Bindegewebskapsel, die Tunica albuginea. Sie umschließt das eigentliche Gewebe des Eierstocks. Zu diesem gehören:

- die Markzone,
- die Rindenzone.

Markzone
Die im Inneren des Eierstocks gelegene Markzone besteht aus lockerem Bindegewebe. In dieses sind Blut- und Lymphgefäße eingebettet, die von Nervenfasern begleitet werden.

Rindenzone
Diese Zone breitet sich unterhalb der dünnen Bindegewebskapsel (Tunica albuginea) aus. Die Rindenzone besteht aus einem zellreichen Bindegewebe (Stroma ovarii), das unterschiedlich weit entwickelte bzw. in der Rückbildung befindliche Follikel und Gelbkörper enthält.
Ein Follikel besteht aus einer Eizelle, die von einem ein- oder mehrschichtigen Verband von epithelartig angeordneten Zellen umgeben wird.
Beide Eierstöcke enthalten zusammen etwa 400000 Eizellen. Von diesen reifen zwischen Menarche und Menopause ca. 400 bis zum Follikelsprung. Der Rest unterliegt einer Rückbildung (Follikelatresie). Es werden folgende Entwicklungsstadien der Follikel unterschieden:

- Primordialfollikel,
- Primärfollikel,
- Sekundärfollikel,
- Tertiärfollikel.

Primordialfollikel
Diese jüngsten Follikel haben einen Durchmesser von 20 - 25 µm und bestehen aus einer Lage abgeplatteter Follikelepithelzellen, die der Eizelle dicht anliegen.

Primärfollikel
Der Primärfollikel besteht aus einem kubischen Follikelepithel, das die Eizelle umgibt.

Sekundärfollikel
Dieser Follikel besitzt ein mehrschichtiges Follikelepithel, das die sich vergrößernde Eizelle umhüllt. Zwischen den Follikelepithelzellen und der Eizelle befindet sich eine glashelle Schicht, die Zona pellucida. Sie entsteht durch Absonderung einer Schleimsubstanz, die aus den Follikelepithelzellen stammt. Eine bindegewebige Hüllschicht (Theca folliculi) umgibt den Sekundärfollikel.

Tertiärfollikel
Die Follikelepithelzellen sezernieren eine Flüssigkeit (Liquor folliculi), die zur Ausbildung von flüssigkeitsgefüllten Hohlräumen führt. Die bindegewebige Hüllschicht differenziert sich in eine innere und äußere Schicht. Die innere Schicht (Theca interna) enthält Kapillaren, Lymphgefäße und hormonproduzierende Zellen. Die äußere Schicht (Theca externa) besteht aus einem verflochtenen Bindegewebe.

Graaf-Follikel
Im Graaf-Follikel sind die flüssigkeitsgefüllten Hohlräume zu einem großen Hohlraum vereinigt (Antrum folliculi). Die randständige Eizelle bleibt vom Follikelepithel umhüllt und ragt in den großen Hohlraum als Eihügel (Cumulus oophorus) hinein. Der große Hohlraum, der mit Liquor gefüllt ist, wird von dicht liegenden Follikelepithelzellen umgeben. Diese Schicht wird als Stratum granulosum bezeichnet. Der Graaf-Follikel wird außen von der Theca interna und Theca externa umgeben. Die Theca interna dient der Ernährung des Follikels. Der Graaf-Follikel ist ein sprungreifer Follikel, der eine Größe von bis zu 2 cm aufweisen kann.

Merke **Der Eierstock einer jungen Frau enthält Primordialfollikel, Primär-, Sekundär- und Tertiärfollikel. Jeder Eierstock verfügt über etwa 60 - 70 Tertiärfollikel, von denen einer in Zyklusmitte zum Graaf-Follikel ausreift.**

Merke **Nach dem Eisprung verbleiben das Follikelepithel und die aus zwei Blättern bestehende bindegewebige Hüllschicht im Eierstock zurück. Aus ihnen entwickelt sich der Gelbkörper (Corpus luteum). Die Zellen des Gelbkörpers synthetisieren gelbe Lipide, die für seine Farbe verantwortlich sind.**

Eileiter

Der Eileiter (Tuba uterina) ist ein paariges Organ, das im breiten Mutterband (Lig. latum) liegt. Er bekommt dadurch einen Bauchfellüberzug und ein Aufhängeband (Mesosalpinx). Der Eileiter weist somit eine intraperitoneale Lage auf. Der Eileiter kann vorn an die gefüllte Harnblase und hinten an das Rektum grenzen. Der linke Eileiter hat Lagebeziehungen zum Sigmoid und der rechte zum Wurmfortsatz (Appendix vermiformis).
Der Eileiter ist etwa 10 - 15 cm lang und wird in folgende Abschnitte gegliedert:

- in den Trichter mit Fransen,
- in die Ampulle,
- in die verengte Stelle,
- in den Gebärmutterwandabschnitt.

Trichter mit Fransen
Der Eileiter beginnt seitlich mit einer Öffnung zur Bauchhöhle (Ostium abdominale). Diese ist trichterförmig gestaltet (Infundibulum tubae uterninae). Der Rand dieser Öffnung ist in zahlreiche Fransen (Fimbriae tubae) gegliedert, die fingerförmig den Eierstock umgreifen.

Ampulle
Auf die trichterförmige Öffnung folgt in Richtung Gebärmutter der längste und weiteste Abschnitt, die Ampulle (Ampulla tubae). Sie ist etwa 8 cm lang und umschlingt den Eierstock bogenförmig.

Verengte Stelle
Die sich an die Ampulle anschließende verengte Stelle (Isthmus tubae) ist ca. 4 cm lang, verläuft gerade und mündet in die Gebärmutter ein.

Gebärmutterwandabschnitt
Dieser Teil (Pars uterina) ist der kürzeste Abschnitt des Eileiters, mit dem engsten Querschnitt und mündet in die Gebärmutterhöhle (Cavum uteri).

Merke **Der Eileiter steht sowohl mit der Bauchhöhle (Cavum abdominale) als auch mit der Gebärmutterhöhle (Cavum uteri) in einer offenen Verbindung.**

Die Wand des Eileiters besteht aus folgenden Schichten:

- der Schleimhaut (Tunica mucosa),
- der Muskelschicht (Tunica muscularis),
- dem Bauchfellüberzug (Tunica serosa).

Schleimhaut
Die Schleimhaut besteht aus Längsfalten, die in zahlreiche Nebenfalten geteilt sind. Sie trägt ein Epithel, das sich aus Flimmerzellen und Sekretzellen zusammensetzt.

Muskelschicht
Die Muskelschicht besteht aus glatten Muskelzellen, die in gegenläufigen Spiraltouren verlaufen.

Bauchfellüberzug
Er stellt die äußere Schicht dar und entspricht dem Eingeweideblatt des Bauchfells (Peritoneum viscerale).

Merke **Die Eileiter sind für die Aufnahme der Eizelle und ihren Transport in die Gebärmutter verantwortlich. Im Eileiter findet die Befruchtung der Eizelle statt.**

Merke **Die Eierstöcke, die Eileiter sowie das breite Mutterband werden als Anhänge (Adnexe) der Gebärmutter bezeichnet.**

Gebärmutter

Der anatomische Bau der Gebärmutter gliedert sich in:

- die Lage,
- die Abschnitte,
- den Halteapparat,
- die Wandschichten,

Lage
Die Gebärmutter (lat. uterus, griech. metra oder hystera) hat die Form einer Birne und liegt im kleinen Becken zwischen Harnblase und Rektum. Das obere Ende überragt jedoch den Beckeneingang nicht. Die nicht gravide Gebärmutter hat eine Länge von 7 - 8 cm, eine Dicke von 3 cm, eine obere Breite von 5 cm und eine untere von 2 cm. Sowohl die Vorder- als auch die Hinterfläche werden vom Bauchfell (Perimetrium) überzogen. An der Grenze zum Gebärmutterhals schlägt sich das Bauchfell von der Vorderfläche der Gebärmutter auf die Harnblase um. Auf der Hinterfläche reicht das Bauchfell bis zum hinteren Scheidengewölbe, welches es überzieht, bevor sich das Bauchfell zum Rektum wendet. Die dabei gebildete hintere Bucht wird als Douglas-Raum bezeichnet und stellt zugleich den tiefsten Punkt der Bauchhöhle dar. Der vordere und hintere Bauchfellüberzug bildet an den Seitenkanten der Gebärmutter eine Bauchfellduplikatur, das breite Mutterband (Lig. latum). Dieses setzt sich zur seitlichen Beckenwand fort.

Abschnitte
An der Gebärmutter werden folgende Abschnitte unterschieden:

- der Gebärmutterkörper (Corpus uteri),
- die Gebärmutterenge (Isthmus uteri),
- der Gebärmutterhals (Cervix uteri).

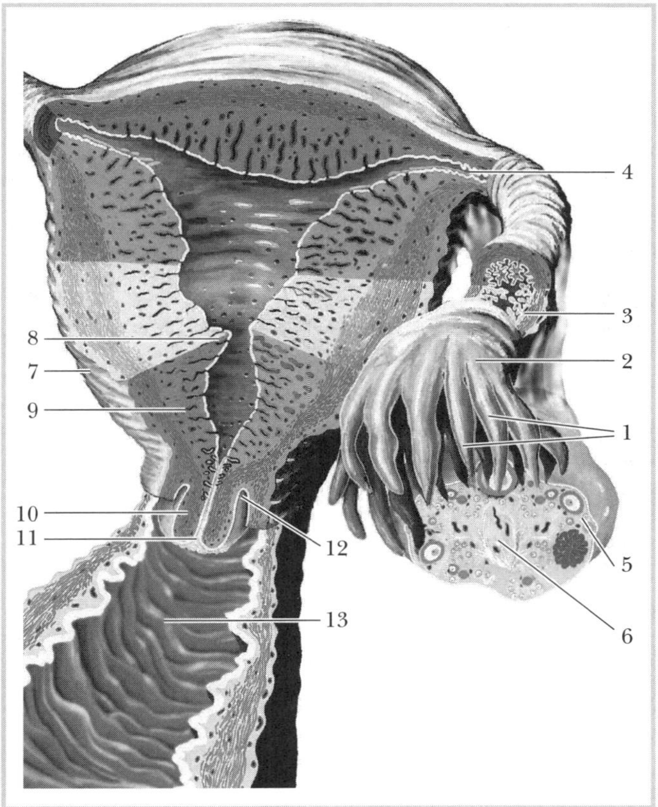

Abb. 89
Innere weibliche Geschlechtsorgane

1 Eileiterfransen (Fimbriae tubae)
2 Eileitertrichter (Infundibulum tubae uterinae)
3 Ampulle (Ampulla tubae)
4 Eileiterenge (Isthmus tubae)
5 Eierstockrinde mit Follikeln
6 Eierstockmark
7 Gebärmutterkörper (Corpus uteri)
8 Gebärmutterenge (Isthmus uteri)
9 Gebärmutterhals (Cervix uteri)
10 Mutterkegel (Portio vaginalis uteri)
11 Muttermund (Orificium uteri)
12 Scheidengewölbe (Fornix vaginae)
13 Scheidenfalten (Rugae vaginales)

Gebärmutterkörper
Der Gebärmutterkörper überragt mit seinem breiten oberen Teil die Einmündungsstelle der Eileiter. Dieser Körperteil wird als Gebärmuttergrund (Fundus uteri) bezeichnet. Der Gebärmutterkörper wird kaudalwärts immer schmaler und geht in die Gebärmutterenge über. Im Inneren des Korpus befindet sich die Gebärmutterhöhle (Cavum uteri). Diese Höhle ist etwa dreieckig geformt. Der Korpus ist der größte Abschnitt der Gebärmutter und gegenüber dem Gebärmutterhals nach vorn um etwa 70 - 100 ° geneigt. Diese Lage nennt man Anteflexio uteri. Die vordere Seite der Gebärmutter weist somit zur Harnblase und heißt Harnblasenfläche (Facies vesicalis). Die Rückseite ist etwas stärker gewölbt als die Harnblasenfläche und hat Kontakt mit Dünndarmschlingen. Sie wird deshalb Darmfläche (Facies intestinalis) genannt.

Gebärmutterenge
Am Übergang zwischen dem unteren Ende des Gebärmutterkörpers zum Gebärmutterhals befindet sich die Gebärmutterenge (Isthmus uteri). Sie ist nur etwa 1cm lang und wird auch als unteres Uterinsegment bezeichnet.

Gebärmutterhals
Der runde und schmale Gebärmutterhals (Cervix uteri) ragt mit seinem kaudalen Ende in die Scheide hinein. Diesen in das Scheidengewölbe hineinragenden Teil bezeichnet man als

Mutterkegel (Portio vaginalis uteri). Am Ende der Portio befinden sich die beiden Muttermundslippen (Labium anterius, Labium posterius), die den äußeren Muttermund (Orificium uteri externum) begrenzen. Dieser ist bei der noch nicht Gebärenden (Nullipara) grübchenförmig und nach Geburten eingekerbt. Der größere obere Abschnitt des Gebärmutterhalses, der oberhalb der Scheide liegt, heißt Portio supravaginalis.

Der innere Muttermund (Orificium uteri internum) befindet sich an der Stelle, wo die Gebärmutterhöhle in den Gebärmutterhals übergeht. Der Gebärmutterhals enthält den Zervikalkanal (Canalis cervicis uteri), der sich im äußeren Muttermund öffnet.
Die Achse des Gebärmutterhalses ist nach vorn gegen die Achse der Scheide geneigt. Diese Lage wird Anteversio uteri genannt.

Merke **Die nicht gravide Gebärmutter bildet mit der Scheide einen nach vorn unten offenen Winkel (Anteversio). Der Gebärmutterkörper ist gegenüber dem Gebärmutterhals nach vorn geneigt (Anteflexio).**

Halteapparat
Die normale Lage der Gebärmutter wird durch einen funktionsfähigen Band- und Stützapparat aufrechterhalten. Zum Bandapparat zählen folgende Bänder:

- das runde Mutterband (Lig. teres uteri),
- das Eierstockband (Lig. ovarii proprium),
- das breite Mutterband (Lig. latum),
- das Mastdarm-Gebärmutter-Band (Lig. rectouterinum).

Rundes Mutterband
Das kräftige runde Mutterband setzt an den Fundusecken an, zieht bogenförmig zur vorderen Bauchwand, verläuft durch den Leistenkanal und endet fächerförmig in den großen Schamlippen. Die beiden Bänder sind bedeutsam für die anteflektierte Haltung der Gebärmutter. Bei einer Vergrößerung der Gebärmutter, etwa während einer Schwangerschaft, ändert das symmetrisch elastische Band seine Länge.

Eierstockband
Dieses Band reicht vom Tubenwinkel zum unteren Ende des Eierstocks. Lageveränderungen der Gebärmutter wirken sich über dieses Band auf die Position des Eierstocks aus.

Breites Mutterband
Das breite Mutterband ist eine Bauchfellduplikatur mit Bindegewebszügen, die zur Seitenwand des Beckens verlaufen. Zwischen dem Gebärmutterhals und der seitlichen Beckenwand spannen sich besonders derbe Faserzüge des Bindegewebes aus. Sie werden als Ligg. cardinalia bezeichnet und verlaufen an der Basis des breiten Mutterbandes zum Gebärmutterhals.

Mastdarm-Gebärmutter-Band
Das Band zieht von der Gebärmutterenge zum Mastdarm.

Merke **Der Bandapparat bewirkt die federnde Aufhängung der Gebärmutter in die Mitte des kleinen Beckens. Er ermöglicht seine bewegliche Anpassung an die wechselnden Füllungsgrade von Harnblase und Rektum.**

Der Stützapparat wird im wesentlichen durch den Mastdarmheber (M. levator ani) gebildet. Er verschließt fächerförmig den Beckenboden unter Aussparung der Harnröhren- und Scheidenmündung (Hiatus genitalis). Dieser Muskel wird auch als Zwerchfell des Beckens (Diaphragma pelvis) bezeichnet. Es bildet den eigentlichen tragfähigen Abschluß des Bauchraumes.

Wandaufbau
Die Wand der Gebärmutter besteht aus

- der Schleimhaut (Endometrium),
- der Muskelschicht (Myometrium) und
- dem Bauchfellüberzug (Perimetrium).

Endometrium
Das Endometrium trägt ein einschichtig und hochprismatisches Epithel. Dieses senkt sich unter Bildung von schlauchförmigen Drüsen in das Schleimhautbindegewebe ein. Die Drüsen sezernieren Schleim und Glykogen. Das Schleimhautbindegewebe besteht aus retikulärem Bindegewebe. Im Korpus bildet das Epithel schlauchförmige, unverzweigte Drüsen (Glandulae uterinae), die sich gestreckt in das Schleimhautbindegewebe einsenken und stellenweise in die Muskelschicht hineinragen. Die Gebärmutter besitzt keine Unterschleimhaut. Nach ihrer zyklischen Funktion wird eine Basalis (Lamina basalis) von einer Funktionalis (Lamina functionalis) unterschieden. Die Basalis ist etwa 1 mm dick, grenzt an die Muskelschicht und nimmt an den Zyklusveränderungen nicht teil. Von ihr geht der Wiederaufbau des Endometriums nach der menstruellen Blutung aus. Die Funktionalis unterliegt den zyklischen Einflüssen und weist somit baulich und funktionell Veränderungen auf. Sie wird während der menstruellen Blutung abgestoßen. Die Dicke der Funktionalis schwankt dementsprechend zwischen 1 - 7 mm.
Die Schleimhaut im Gebärmutterhals (Zervixschleim) unterscheidet sich baulich und funktionell von der Korpusschleimhaut. Sie besitzt an ihrer Oberfläche längsgerichtete Falten (Plicae palmatae). Die vom Oberflächenepithel ausgehenden Zervixdrüsen (Glandulae cervicales) sind verzweigt und bilden den Kristeller-Schleimpfropf. Er übt einen Infektionsschutz aus und fördert die Samenzellwanderung. Die Schleimsekretion unterliegt zyklischen Veränderungen. Das Endometrium wird im Bereich der Zervix während der Menstruation nicht abgestoßen. Die Dicke der Zervixschleimhaut beträgt etwa 2 - 3 mm. Am äußeren Muttermund geht das einschichtige prismatische Zervixepithel in das mehrschichtige Plattenepithel der Portio und Scheide über. Dieser Übergang ist makroskopisch sichtbar. Das Zervixepithel sieht rötlich und das Portioepithel weißlich glänzend aus.

Myometrium
Das Myometrium besteht aus glatter Muskulatur und ist die dickste Wandschicht. Die glatte Muskulatur weist Muskelfaserzüge auf. Sie bilden ein gegenläufig spiraliges System, deren Anordnung die Entfaltung der Gebärmutter während der Schwangerschaft ermöglicht. Zwischen den Faserzügen ist reichlich Bindegewebe eingelagert, das zahlreiche Blutgefäße enthält.

Perimetrium
Der größte Teil der Gebärmutter wird vom Perimetrium überzogen. Das Perimetrium ist mit der darunterliegenden Muskulatur verwachsen. An den seitlichen Rändern geht das Perimetrium in das breite Mutterband (Lig. latum) über. Das zwischen den beiden Blättern des breiten Mutterbandes gelegene Bindegewebe und jenes, welches den Bereich der Zervix umgibt, wird als Parametrium bezeichnet.

Scheide

Die Scheide (lat. vagina) ist ein bindegewebig-muskulöser Schlauch, welcher die Gebärmutter mit den äußeren weiblichen Geschlechtsorganen verbindet. Sie liegt in einem Bindegewebsraum unterhalb des Bauchfells (subperitonealer Bindegewebsraum) und hat Lagebeziehungen zur Harnblase und Harnröhre nach vorn und zum Rektum nach hinten.
Das hintere Ende umgibt als Scheidengewölbe (Fornix vaginae) die Portio. Da diese in das Scheidengewölbe hineinragt, wird es in ein vorderes und hinteres Gewölbe unterteilt. Das hintere Gewölbe grenzt an den tiefsten Punkt des Bauchfells, den Douglas-Raum. Im vorderen Ende öffnet sich die Scheide (Ostium vaginae) in den Scheidenvorhof (Vestibulum vaginae), der schon zu den äußeren weiblichen Geschlechtsorganen zählt.

Vor der Defloration wird der Scheideneingang durch eine halbmondförmige Falte, das Jungfernhäutchen (Hymen), eingeengt. Danach bleiben Reste erhalten (Carunculae hymenales). In Funktionsruhe liegen die Vorder- und Hinterwand in Falten (Rugae vaginales) aneinander. Die Scheide läßt folgenden Wandaufbau erkennen:

- die Scheidenhaut (Tunica mucosa),
- die Muskelschicht (Tunica muscularis).

Scheidenhaut
Die Scheidenhaut trägt ein mehrschichtiges unverhorntes Plattenepithel, dessen Zellen glykogenreich sind. Drüsen kommen in der Scheidenhaut nicht vor. Das Scheidensekret setzt sich aus abgeschilferten Plattenepithelzellen, einem Transsudat und dem Zervixschleim zusammen. Das Transsudat stammt aus den Blutgefäßen der Scheidenwand. Die in der Scheide physiologisch vorkommenden Döderlein-Stäbchen zersetzen das beim Zerfall der Epithelzellen freiwerdende Glykogen zu Milchsäure. Das so entstandene saure Scheidenmilieu schützt die Scheide vor einer Besiedlung mit pathogenen Keimen.
Das Scheidenhautbindegewebe ist reich an elastischen Fasern, Blut- und Lymphgefäßen. Die Scheidenhaut unterliegt zyklischen Veränderungen. Eine Unterschleimhaut gibt es in der Scheide nicht.

Muskelschicht
Sie besteht aus scherengitterartigen Bündel glatter Muskulatur, die unter der Geburt eine starke Erweiterung der Scheide zuläßt. Die dünne Muskelschicht wird von Bindegewebszügen durchsetzt.
Die Muskelschicht geht ohne scharfe Begrenzung in das die Scheide umgebende Bindegewebe (Parakolpium) über.

Gefäß- und Nervenversorgung

Eierstöcke
In Höhe des zweiten Lendenwirbels zweigt die Eierstockarterie (A. ovarica) aus der Bauchaorta ab und erreicht von oben her den Eierstock. Der aus der Gebärmutterarterie (A. uterina) stammende Tubenast (Ramus tubarius) bildet mit der Eierstockarterie die Eierstocksarkade.
Ausgedehnte Venengeflechte leiten das Blut in die Eierstockvene (V. ovarica) ab. Die rechte Eierstockvene mündet in die untere Hohlvene (V. cava inferior) und die linke Eierstockvene in die linke Nierenvene (V. renalis sinistra).
Das vegetative Nervengeflecht (Plexus ovaricus) ist für die Innervation des Eierstocks verant wortlich. Es enthält Nervenfasern, die aus dem Brustgrenzstrang und dem N. vagus stammen.

Eileiter
Von oben erreichen ƒste der Eierstockarterie (Rami ovaricae) den Eileiter und von unten gelangt der Tubenast (Ramus tubarius), der aus der Gebärmutterarterie stammt, zum Eileiter.
Aus zahlreichen Venengeflechten fließt das Blut in die Eierstockvene (V. ovarica) und in das Venengeflecht der Gebärmutter (Plexus venosus uterinus).
Die Innervation erfolgt aus Nervenfasern, die aus den vegetativen Nervengeflechten des Eierstocks (Plexus ovaricus) und der Gebärmutter (Plexus uterovaginalis) stammen.

Gebärmutter
Die Gebärmutter erhält ihren Sauerstoff durch die Gebärmutterarterie (A. uterina), die einen Eingeweideast der inneren Hüftschlagader (A. iliaca interna) darstellt. Die Gebärmutterarterie erreicht die Gebärmutter vom breiten Mutterband kommend. Der Hauptstamm verläuft aufsteigend und gibt zahlreiche ƒste in die Muskelwand ab. Diese verbinden sich mit den Gefäßen der Gegenseite. Ein oberer Ast (Ramus tubarius) erreicht den Eileiter.
Der nach unten gerichtete Zweig, die Scheidenarterie (A. vaginalis), verästelt sich in der Scheidenwand.

Das venöse Blut fließt aus dem Venengeflecht der Gebärmutter (Plexus venosus uterinus) über die Gebärmuttervene (V. uterina) in die innere Hüftvene (V. iliaca interna).
Die Innervation erfolgt durch das innerhalb des breiten Mutterbandes gelegenen Frankenhäuser-Geflecht (Plexus uterovaginalis). Dieses vegetative Nervengeflecht enthält sympathische und parasympathische Nervenfasern.

Scheide
Die aus der Gebärmutterarterie (A. uterina) stammende Scheidenarterie (A. vaginalis), die untere Blasenarterie (A. vesicalis inferior) und Äste der inneren Schamarterie (A. pudenda interna) versorgen die Scheide mit Sauerstoff. Die letzten beiden Arterien sind Eingeweideäste der inneren Hüftarterie.
Das Venengeflecht der Scheide (Plexus venosus vaginalis) steht über venöse Beckengeflechte mit der inneren Hüftvene (V. iliaca interna) in Verbindung.
Die Innervation der Scheide erfolgt durch das Scheiden-Gebärmutter-Geflecht (Plexus uterovaginalis).

6.3.2.2. Äußere weibliche Geschlechtsorgane

Schamlippen

Zu den äußeren weiblichen Geschlechtsorganen gehören:

- die großen Schamlippen (Labia majora pudendi),
- die kleinen Schamlippen (Labia minora pudendi),
- der Kitzler (Clitoris),
- der Scheidenvorhof (Vestibulum vaginae).

Große Schamlippen
Die großen Schamlippen stellen zwei mit Fett ausgepolsterte, mit Haaren und zahlreichen Talg- und Schweißdrüsen besetzte Hautfalten dar. Sie entsprechen entwicklungsgeschichtlich dem Hodensack des Mannes.
Beide Schamlippen lassen zwischen sich einen spaltförmigen Raum, die Rima pudendi frei. Vorn und oben stehen sie durch eine schmale Hautleiste miteinander in Verbindung.
Oberhalb dieser gehen die Schamlippen in den Schamberg (Mons pubis) über. Er wird von der vor der Schamfuge gelegenen äußeren Haut gebildet und enthält ein reich entwickeltes subkutanes Fettpolster, das seine Vorwölbung hervorruft. Die Behaarung des Mons pubis endet kranial in einer horizontalen Linie, die etwa eine Handbreite unterhalb des Nabels liegt.
Die Haare der großen Schamlippen und die des Schamberges werden als Schamhaare bezeichnet.
Hinten und unten werden die großen Schamlippen durch eine breite Hautleiste verbunden.

Kleine Schamlippen
Sie werden erst sichtbar wenn die Schamspalte entfaltet wird. Die kleinen Schamlippen sind Hautfalten, die im Gegensatz zu den großen Schamlippen keine Unterhaut enthalten. Entwicklungsgeschichtlich entsprechen sie der Haut des männlichen Gliedes.
Diese Hautfalten tragen innen unverhorntes und außen schwach verhorntes mehrschichtiges Plattenepithel. Haare und Schweißdrüsen kommen in den kleinen Schamlippen nicht vor. Jedoch besitzen sie Talgdrüsen. Das Bindegewebe dieser Schamlippen enthält reichlich elastische Fasern sowie ein Venengeflecht (Plexus venosus).

Kitzler

Er entspricht entwicklungsgeschichtlich dem Schwellkörper (Corpus cavernosum penis) des männlichen Gliedes.
Der Kitzler besteht aus einem 3 - 4 cm langen, aufrichtungsfähigen Schwellkörper (Corpus clitoridis). Das vordere Ende des Kitzlers ist von Schleimhaut überzogen und bildet die Ei-

chel (Glans clitoridis). Im oberen Breich sind die kleinen Schamlippen aufgespalten. Die entstandenen Hautfalten beider Schamlippen vereinigen sich oberhalb und unterhalb des Kitzlers. Sie bilden eine Vorhaut, das Präputium, welches die Eichel des Kitzlers überlagert. Die Klitoris besitzt Talgdrüsen, deren Sekret mit den abgeschilferten Epidermiszellen die weißliche Klitorisbutter (Smegma clitoridis) bilden. Die Schleimhaut der Eichel enthält sensible Nervenendigungen.

Scheidenvorhof

Sowie die kleinen Schamlippen gespreizt werden (sog. „Nymphen") wird der Scheidenvorhof sichtbar. In diesen gemeinsamen Vorraum münden die Scheide und die Harnröhre.
An der Scheidenöffnung befindet sich die Scheidenklappe, das Jungfernhäutchen (Hymen). Diese Hautfalte wird durch Kohabitationen verletzt und durch Geburten soweit zerstört, daß vom Hymen nur ein schmaler Randsaum (Caruncluae hymenales) verbleibt.
Die Harnröhrenöffnung liegt zwischen der Klitoris und der Scheide.
In den Bereich des Vorhofes münden kleine und große Vorhofdrüsen. Die großen Vorhofdrüsen heißen Bartholini-Drüsen und entsprechen den Cowper-Drüsen des Mannes. Diese erbsengroßen schlauchförmigen Drüsen sezernieren ein muköses Sekret, welches kurz vor der Scheidenöffnung in den Vorhof geleitet wird.

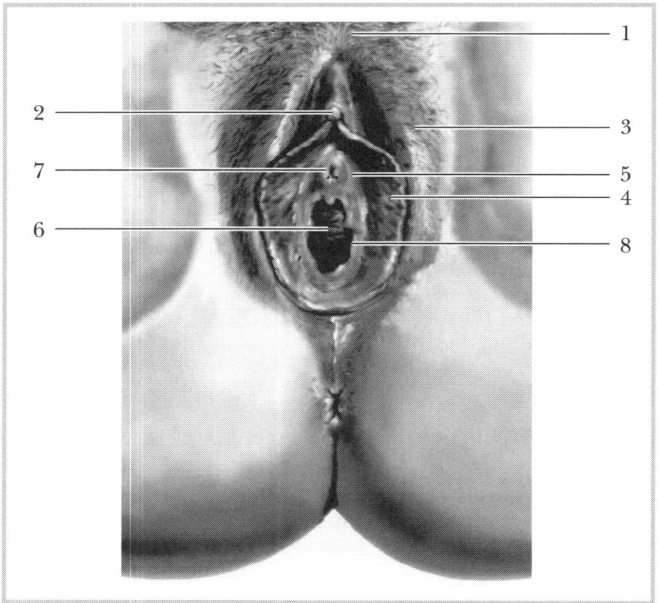

Abb. 90
Äußeres weibliches Genitale

1 Schamberg (Mons pubis)
2 Kitzler (Klitoris)
3 große Schamlippe (Labium majus pudendi)
4 kleine Schamlippe (Labium minus pudendi)
5 Scheidenvorhof (Vestibulum vaginae)
6 Scheidenöffnung (Ostium vaginae)
7 äußere Harnröhrenmündung (Ostium urethrae externum)
8 Randsaum des Jungfernhäutchens (Caruncluae hymenales)

Merke **Die äußeren weiblichen Geschlechtsorgane werden insgesamt als Vulva bezeichnet.**

Gefäß- und Nervenversorgung

Die arterielle Versorgung der äußeren weiblichen Geschlechtsorgane erfolgt sowohl aus dem Stromgebiet der inneren Schamarterie (A. pudenda interna) als auch aus dem der äußeren

Schamarterien (Aa. pudendae externae). Die innere Schamarterie entspringt aus der inneren Hüftarterie (A. iliaca interna) und die äußeren Schamarterien aus der Oberschenkelarterie (A. femoralis). Die Venengeflechte stehen mit dem Venengeflecht der Scheide (Plexus venosus vaginalis) und den Beckenvenen in Verbindung.
Die Innervation erfolgt aus dem Kreuzbein- und Lendengeflecht (Plexus sacralis, Plexus lumbalis).

6.3.2.3. Physiologie des weiblichen Geschlechtssystems

Sexualdifferenzierung

In der weiblichen Sexualdifferenzierung werden 5 Stufen unterschieden, die zeitlich nacheinander durchlaufen werden. Zu diesen Stufen gehören:

- das genetische Geschlecht,
- das Keimdrüsengeschlecht,
- das somatische Geschlecht,
- das neuronale Geschlecht,
- die Differenzierung der geschlechtlichen Selbstidentifizierung.

Genetisches Geschlecht
Das genetische Geschlecht wird bei der Vereinigung von Ei- und Samenzelle bestimmt. Das Verschmelzungsprodukt, die Zygote, ist weiblich, wenn ein X-Chromosom in der Samenzelle enthalten war. Es liegt somit ein weiblicher XX-Chromosomenstatus vor.

Keimdrüsengeschlecht
Die Keimdrüsen werden beim 4 Wochen alten Embryo zunächst als indifferente Genitalleisten angelegt. Das bedeutet, daß zwischen Eierstöcken und Hoden noch nicht unterschieden werden kann. Die Keimzellen stammen aus der Wand des Dottersackes und erreichen in der 6. Woche durch amöboide Bewegungen die Genitalleisten. In der 7. Entwicklungswoche entstehen aus dem Mesenchym der Genitalleiste die typischen baulichen Merkmale für die weiblichen Keimdrüsen. Die Keimdrüsen zeigen eine ausgeprägte Entwicklung ihrer Rindenregion, in der zahlreiche Primordialfollikel nachzuweisen sind. Die Eizellbildung ist etwa im 6. Monat abgeschlossen.

Somatisches Geschlecht
Unter Abwesenheit des Anti-Müller-Faktors und des Testosterons werden die Wolff-Gänge zu den weiblichen inneren Geschlechtsorganen ausdifferenziert. Diese Differenzierung erfolgt zwischen dem 2. und 3. Fetalmonat.
Während des 3. und 4. Fetalmonats entstehen aus dem indifferenten Geschlechtshöcker, den Geschlechtsfalten und Geschlechtswülsten die weibliche Klitoris, die kleinen und großen Schamlippen. Voraussetzung für diese Entwicklung ist ein niedriger Androgenspiegel.

Neuronales Geschlecht
Das neuronale Geschlecht wird zwischen dem 4. und 7. Fetalmonat festgelegt. Im Gehirn befinden sich Zentren, die in weiblicher Richtung differenziert werden. Zu diesen zählen:

- die Sexualzentren,
- die Erotisierungszentren,
- die Geschlechtsrollenzentren.

Sexualzentren
Die Sexualzentren kontrollieren die Gonadotropinproduktion der Hirnanhangsdrüse. Gonadotropine sind z.B. das follikelstimulierende-Hormon (FSH) und das luteinisierende Hormon (LH). Letzteres entspricht dem Gelbkörperhormon. Existiert in der kritischen Entwicklungsphase ein niedriger Östrogen- bzw. Androgenspiegel im Gehirn, wird eine weiblich-zyklische Gonadotropinproduktion festgelegt.

Erotisierungszentren
Diese Zentren kontrollieren das Sexualverhalten. Liegen zu dieser Zeit niedrige Östrogen- und Androgenspiegel im Gehirn vor, dann differenzieren sich die Erotisierungszentren weiblich.

Geschlechtsrollenzentren
Sie kontrollieren das Geschlechtsrollenverhalten. Verantwortlich für die spätere weibliche Funktionsweise der Geschlechtsrollenzentren sind niedrige Androgenspiegel.

Differenzierung der geschlechtlichen Selbstidentifizierung
Sie bestimmt die Identifizierung der Individuen hinsichtlich ihrer Zugehörigkeit zum weiblichen Geschlecht. Diese Differenzierung ergibt sich aus der vorangegeangenen Entwicklung des somatischen und neuronalen Geschlechts und aus späteren psychosozialen Einflüssen.

Entwicklung der Eizellen und Follikelreifung

Bei der Entwicklung der Eizellen und Reifung der Follikel unterscheidet man folgende Perioden:

- vorgeburtliche (pränatale) Periode,
- nachgeburtliche (postnatale) Periode.

Pränatale Periode
Die Eizellenentwicklung geht von den sogenannten Ureiern aus. Sie stammen aus der Wand des Dottersackes ab und erreichen durch amöboide Bewegungen die weiblichen Keimdrüsenanlagen. Innerhalb dieser differenzieren sie sich zu Oogonien. Die Oogonien der Rindenschicht des Eierstockes vermehren sich mitotisch, während die im Eierstockmark vorhandenen Oogonien zugrunde gehen. Bereits im 3. Entwicklungsmonat beginnen die Oogonien zu Oozyten 1. Ordnung heranzuwachsen. Diese Oozyten werden von einem einschichtigen Zellverband umgeben, dem Follikelepithel. Dieses stammt aus dem Mesenchym der Eierstöcke ab.

Merke **Die Oozyte 1. Ordnung und das sie umgebende Epithel bezeichnet man als Primordialfollikel. Er hat eine Größe von etwa 22 µm.**

Zum Zeitpunkt der Geburt enthalten beide Eierstöcke etwa 400 000 Primordialfollikel, deren Oozyten 1. Ordnung sich in der Prophase der 1. Reifeteilung (Meiose) befinden.

Postnatale Periode
In dem Zeitraum von der Geburt bis zur Pubertät verringert sich die Anzahl der Primordialfollikel von 400 000 auf etwa 40 000. Das heißt, eine große Anzahl der Primordialfollikel unterliegt einer Atresie (Rückbildung). Mit dem Eintreten der Pubertät beginnen eine Reihe der Primordialfollikel mit jedem Menstruationszyklus zu reifen. Die Oozyten 1. Ordnung nehmen an Größe zu, und das sie umgebende flache Epithel wird kubisch.

Merke **Die Oozyte 1. Ordnung und das sie umgebende kubische Epithel bezeichnet man als Primärfollikel. Er hat eine Größe von etwa 50 - 70 µm.**

Das zunächst einschichtige kubische Epithel wird mehrschichtig und die Epithelzellen erhalten eine prismatische Form. Zwischen der Oozyte 1.Ordnung und den angrenzenden Epithelzellen befindet sich die Zona pellucida. Eine bindegewebige Hülle (Theca folliculi) umgibt diesen Follikel.

Merke **Die Oozyte 1. Ordnung und das sie umgebende mehrschichtige Epithel bezeichnet man als Sekundärfollikel. Er wird von der Theca folliculi umgeben und besitzt schon die Zona pellucida, einer Schicht, die aus Glykoproteinen besteht. Der Sekundärfollikel hat eine Größe von etwa 100 µm.**

Im weiteren Verlauf entstehen flüssigkeitsgefüllte Räume zwischen den Follikelzellen, und die bindegewebige Hülle differenziert sich in zwei Schichten.

Merke **Die Oozyte 1. Ordnung und das sie umgebende Follikelepithel, in dessen Zwischenräumen sich Flüssigkeit befindet, bezeichnet man als Tertiärfollikel. Das zweischichtige, den Follikel umgebende, Bindegewebe sowie die Zona pellucida sind weitere Bestandteile. Der Tertiärfollikel hat eine Größe von etwa 1 mm.**

Kurz vor dem Eisprung tritt ein Tertiärfollikel in die Reifungsperiode ein. Innerhalb weniger Tage wächst er bis zu einem Follikeldurchmesser von 15 - 20 mm heran. Dabei rückt er an die Oberfläche des Eierstockes und wölbt diese nach außen vor. Die Oozyte 1. Ordnung setzt ihre 1. Reifeteilung fort. Als Teilungsergebnis entstehen eine große plasma- und dotterreiche Oozyte 2. Ordnung und 1 Polkörperchen, dessen Kern lediglich von einem dünnen Plasmasaum umgeben ist. Beide Tochterzellen verfügen über einen halbierten Chromosomensatz.
Die 1. Reifeteilung ist somit unmittelbar vor dem Eisprung abgeschlossen. Das entstandene Polkörperchen liegt zwischen der Zona pellucida und der Zellmembran der Oozyte 2. Ordnung.

Merke **Eine Oozyte 2. Ordnung und das sie umgebende Follikelepithel bezeichnet man als sprungreifen Follikel, den Graaf-Follikel. Er hat eine Größe von 15 - 20 mm.**

Die zweite Reifeteilung beginnt mit dem Eisprung. Sowohl die Eizelle als auch das Polkörperchen teilen sich. Das Ergebnis sind ein großes dotterreiches Ei und drei Polkörperchen. Alle Teilungsprodukte weisen einen halbierten Chromosomensatz, also 23 Chromosomen, auf. Die Polkörperchen sind infolge des Dottermangels nicht entwicklungsfähig.
Etwa in der Zyklusmitte platzt die Follikelhülle des Graaf-Follikels und das Ei, mit seiner umgebenden Follikelhülle (Zona radiata), wird in der ausfließenden Follikelflüssigkeit ausgestoßen. Dieser Vorgang wird als Eisprung bezeichnet. Das Ei wird durch den Fimbrientrichter des Eileiters aufgenommen. Der Flimmerstrom und die peristaltischen Kontraktionen der Eileiterwand ermöglichen den Weitertransport des Eies.
Bleibt die Eizelle unbefruchtet, geht sie wenige Stunden nach dem Eisprung zugrunde. Sie wird in der Gebärmutter aufgelöst. Wird sie befruchtet, dann beginnt schon während der Eileiterpassage die Furchung der Zygote und damit die Ontogenese.

Menstruationszyklus

Der normale Menstruationszyklus hat die Aufgabe, den geschlechtsreifen weiblichen Organismus in Abständen auf eine Schwangerschaft vorzubereiten und befruchtungsfähige Eizellen bereitzustellen.
Der Menstruationszyklus unterliegt neuro-hormonellen Regulationen, die vom Hypothalamus, von der Hypohyse und den Eierstöcken (Ovarien) ausgehen. Die weiblichen inneren Geschlechtsorgane weisen in Abhängigkeit dieser Regulationen zyklusabhängige morphologisch-funktionelle Veränderungen auf. Der weibliche Zyklus kann unterteilt werden in:

- den Ovarialzyklus,
- die zyklischen Veränderungen der Tubenschleimhaut,
- den Endometriumzyklus,
- die zyklischen Veränderungen der Zervixschleimhaut,
- die zyklischen Veränderungen der Vaginalschleimhaut.

Ovarialzyklus
Der Ovarialzyklus wird aus hormonaler und morphologischer Sicht in 4 Phasen unterteilt. Zu diesen zählt man:

- das beginnende Follikelwachstum,
- die Follikelreifung und Hormonbildung,
- der Eisprung (Ovulation),
- die Gelbkörperphase (Corpus luteum- Phase).

Beginnendes Follikelwachstum
Unter dem Einfluß des im Hypophysenvorderlappen (HVL) gebildeten follikelstimulierenden Hormons(FSH), welches über den Blutweg den Eierstock erreicht, beginnt die Heranreifung mehrerer Follikel.

Follikelreifung und Hormonbildung
Das Follikelwachstum wird fortgesetzt. Im Hypophysenvorderlappen wird das luteinisierende Hormon (LH) zunächst in einer geringen Menge gebildet und an das Blut abgegeben. Im Eierstock stimuliert es zusammen mit dem FSH in den heranreifenden Follikeln die Östrogenbildung.

Eisprung
In den heranreifenden Follikeln kommt es vor dem Eisprung zu einer Erhöhung der Östrogenproduktion. Es wird somit ein präovulatorischer Gipfel erreicht. Dieser bewirkt die jetzt rasch einsetzende Bildung und Freigabe des LH im Hypophysenvorderlappen.
Das LH induziert im sprungreifen Follikel die Bildung von Progesteron (Gelbkörperhormon). In Zyklusmitte erreicht die LH-Produktion des Hypophysenvorderlappens einen Gipfel, der zur Auslösung des Eisprungs, der Ovulation, führt.

Merke **Der LH-Gipfel ist das typische Merkmal eines ovulatorischen Zyklus. Er wird von einem FSH-Gipfel begleitet. Ohne den LH-Gipfel kann es zu keiner Ovulation kommen.**

Gelbkörperphase
Nach dem Eisprung verbleiben im Eierstock die Granulosazellen und die bindegewebige Hülle (Theca folliculi). Sowohl die wachsenden Granulosazellen als auch die wachsende innere Bindegewebsschicht (Theca interna) lagern das Lutein, ein gelber Carotinfarbstoff, ein. Alle zusammen bilden den Gelbkörper. Die Ernährung des Gelbkörpers erfolgt durch einsprossende Gefäße. Er produziert die Hormone Progesteron und Östrogen. Das Progesteron ist für die sekretorische Umwandlung der Gebärmutterschleimhaut (Endometrium) und das Östrogen zu deren Aufrechterhaltung verantwortlich. In der Mitte der zweiten Zyklushälfte steigt die Progesteron- und Östrogenproduktion an und übt auf den Hypophysenvorderlappen letztlich eine Hemmwirkung (negativer Feedback) aus. Ein weiterer Eisprung wird damit ausgeschlossen.
Bleibt eine Befruchtung aus, dann kommt es zum Abfall der Progesteron- und Östrogenproduktion, die in der Gebärmutter eine Hormonentzugsblutung, die Menstruation, hervorruft. Der Gelbkörper verfällt der fettigen Degeneration (Corpus albicans).

Zyklische Veränderungen der Tubenschleimhaut
Unter dem Einfluß der im Eierstock gebildeten Östrogene wächst die Muskulatur der Eileiterwand und in deren Schleimhaut kommt es zur Ausbildung von Flimmerzellen. Desweiteren wird die aktive Beweglichkeit gesteigert. Progesteron stellt die Muskulatur der Eileiter ruhig, bewirkt den Rückgang der Flimmerzellen und das vermehrte Auftreten von schleimsezernierenden Drüsenzellen. Ihr Sekret dient zur Ernährung der Eizelle während der Eileiterpassage. Die Eileiter dienen der Aufnahme, der Ernährung und dem Weitertransport der Eizelle und sind gleichzeitig der Ort der Befruchtung.

Endometriumzyklus
Der Endometriumzyklus ist zeitlich von den Funktionsabläufen im Eierstock abhängig und kann als Reflektion des Ovarialzyklus aufgefaßt werden. Der Endometriumzyklus dauert etwa 28 Tage und verläuft in vier Phasen. Zu diesen rechnet man:

- die Proliferationsphase (Phase der Erneuerung),
- die Sekretionsphase (Phase der Sekretbildung),
- die Desquamationsphase (Phase der Ausstoßung).

Proliferationsphase
Unter dem Einfluß der von den reifenden Follikeln gebildeten Östrogene wird die Gebärmutterschleimhaut, das Endometrium, aufgebaut. Dieser Aufbau geschieht aus den verbliebenen Epithelresten der Basalis. Diese Epithelzellen überziehen die Wundfläche, die durch Abstoßung der Funktionalis während der Menstruation entstanden ist. Nach Verschluß der Wunde wird eine drüsenreiche Schleimhaut aufgebaut. Die Proliferationsphase dauert 10 Tage.

Sekretionsphase
Sie beginnt nach dem Eisprung unter dem Einfluß des hormonproduzierenden Gelbkörpers des Eierstocks. Während dieser Phase werden die Voraussetzungen für die Einbettung des befruchteten Eies geschaffen. Dazu wächst das Drüsenepithel, und es entstehen weitlumige geschlängelte Drüsen. Sie bilden unter Progesteroneinfluß des Gelbkörpers Schleim und Glykogen. In das Schleimhautbindegewebe wird reichlich Gewebsflüssigkeit eingelagert, so daß eine Auflockerung und Schwellung der Schleimhaut von 4 mm auf 8 mm die Folge ist.
Während dieser Phase erhöht das Progesteron die Körpertemperatur und steigert die Herz- und Atemfrequenz. Die Sekretionsphase dauert 14 Tage.

Desquamationsphase
Erfolgt keine Befruchtung, so wird die Sekretionsschleimhaut abgestoßen. Die Ursache liegt in dem Abfall der Östrogen- und Progesteronproduktion, des in Rückbildung befindlichen Gelbkörpers, begründet. Die Folge ist ein Verlust von Gewebsflüssigkeit, so daß das Endometrium an Höhe verliert und eine Abnahme der Drüsensekretion. Sogenannte Spiralarterien kontrahieren sich und unterbinden über mehrere Stunden die oberen Schleimhautbereiche von der Nährstoff- und Sauerstoffversorgung. Die nachfolgende Weitstellung dieser Gefäße hat Blutaustritt zur Folge, der die abgestorbene Schleimhaut (Funktionalis) in Fetzen abhebt. Diesen Vorgang bezeichnet man als Menstruation. Die Blutung dauert etwa 4 Tage.

Merke

Der Endometriumzyklus beginnt mit dem ersten Tag der Blutung, obwohl sie das Ergebnis der zyklischen Abläufe darstellt.

- **Desquamationsphase: 1. - 4. Zyklustag,**
- **Proliferationsphase: 4. - 14. Zyklustag,**
- **Sekretionsphase: 14. - 28. Zyklustag.**

Zyklische Veränderungen der Zervixschleimhaut
Unter dem Einfluß der Östrogene in der 1. Zyklushälfte synthetisieren die Zervixdrüsen einen dünnflüssigen klaren Schleim mit geringer Viskosität. Das Eindringen der Spermien wird erleichtert. Zum Zeitpunkt des Eisprunges wird der Muttermund (Portio) weitgestellt.
In der 2. Zyklushälfte (Sekretionsphase) nimmt die Schleimsekretion ab, seine Viskosität zu, und somit wird das Eindringen der Spermien erschwert. Der Muttermund wird wieder enger gestellt.

Zyklische Veränderungen der Vaginalschleimhaut
Die Scheidenschleimhaut trägt ein mehrschichtiges Plattenepithel, welches folgende Schichtung von innen nach außen aufweist:

- Basalzellschicht (Regenerationsschicht),
- Parabasalschicht (Stachelzellschicht),
- Intermediärschicht (Zwischenzellschicht),
- innere Oberflächenschicht (basophile Schicht),
- äußere Oberflächenschicht (eosinophile Schicht).

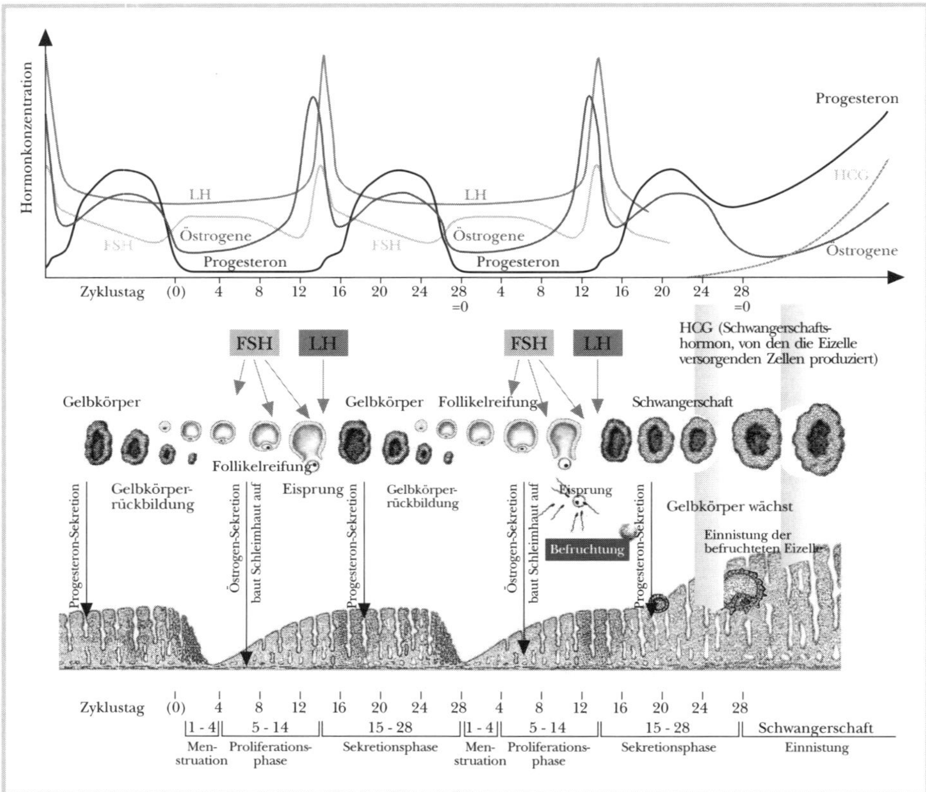

Abb. 91 Menstruationszyklus

Das Scheidenepithel schilfert ständig Zellen ab. Die Regeneration der abgeschilferten Zellen erfolgt durch die Basalzellschicht durch mitotische Teilungsvorgänge. In einem Zellabstrich erscheinen nur Zellen der dem Scheidenlumen zugewandten Epithelseite.
Ihre Gestalt verändert sich in Abhängigkeit der zyklischen Hormonschwankungen.
In der Phase bis zum Eisprung reift das Scheidenepithel unter dem Östrogeneinfluß in allen Schichten voll aus. Wird ein Abstrich kurz vor oder während des Eisprunges vorgenommen, enthält dieser vorwiegend Oberflächenzellen, die geschrumpfte Kerne (Karyopyknose) auf weisen.

Merke **Findet man in einem Scheidenabstrich vorwiegend Oberflächenzellen mit geschrumpften Zellkernen, dann existiert im Blut ein hoher Östrogenspiegel, und die geschlechtsreife Frau befindet sich am Ende ihrer ersten Zyklushälfte**

Mit der um den Eisprung einsetzenden Progesteronbildung setzt eine starke Abschilferung der oberflächlichen Zellschichten ein und gleichzeitig wird in der Zwischenzellschicht Glykogen eingelagert. Die in der Vaginalhaut vorkommenden Döderlein-Stäbchen vermehren sich, da das Glykogen für sie einen guten Nährboden darstellt. Sie bilden aus dem Glykogen Milchsäure und sind für das saure Scheidenmilieu verantwortlich. Es schützt vor einer Ansiedlung pathogener Keime.

Merke **Findet man in einem Scheidenabstrich vorwiegend Zwischenzellen, die Glykogen enthalten, dann existieren im Blut sowohl ein hoher Progesteron- als auch Östrogenspiegel, und die geschlechtsreife Frau befindet sich in der Mitte ihrer zweiten Zyklushälfte.**

Mit der einsetzenden Menstruatiosblutung treten im Vaginalabstrich neben Erythrozyten, Leukozyten, Bakterien, auch Zwischenzellen und Parabasalzellen auf. Der Neuaufbau der Vaginalschleimhaut geschieht dann wieder unter dem Einfluß der Östrogene, die von den reifenden Follikeln im Eierstock gebildet werden.

Weibliche Pubertät

Die weibliche Pubertät (lat. pubertas = Geschlechtsreife) ist die Entwicklungsphase vom Auftreten der ersten sekundären Geschlechtsmerkmale bis zur Fortpflanzungsfähigkeit. Die weibliche Pubertät beginnt zwischen dem 8. und 14. Lebensjahr und dauert durchschnittlich 4 Jahre. Zu den körperlichen Veränderungen, die mit der Pubertät einhergehen, zählen:

- der Wachstumsschub,
- die Thelarche,
- die Pubarche,
- die Menarche.

Wachstumsschub
Die Pubertät wird eingeleitet mit einer Östrogenproduktion des Eierstocks, die vom Zwischenhirn bzw. vom Hypophysenvorderlappen hormonell gesteuert wird. Die Follikelreifung ist noch unvollkommen, so daß kein Eisprung stattfindet. Eine Blutung tritt ebenfalls nicht auf, da die Östrogenproduktion für das Endometrium unterschwellig ist. Die synthetisierten Östrogenmengen reichen jedoch aus, um einen Wachstumsschub auszulösen. Dieser macht sich besonders an den Extremitäten bemerkbar, während der Rumpf nicht in gleicher Schnelligkeit wächst. Gleichzeitig kommt es zur weiblichen Formung des Knochenbaus und der Skelettmuskulatur. Das innere und äußere Genitale wächst ebenfalls unter dem Einfluß der Östrogene.

Thelarche
Unter der Thelarche (griech. thele = Brust; griech. arche = Beginn) versteht man die östrogenstimulierte Entwicklung der Brustdrüse und Brustwarze.

Pubarche
Nach dem Beginn der Brustdrüsenentwicklung zeigt sich die erste Schambehaarung. Verantwortlich für die Pubarche (lat. pubes = Schamhaare) sind die von der Nebennierenrinde produzierten Androgene. Der weibliche Behaarungstyp entsteht in Kombination mit dem ansteigenden Östrogenspiegel.

Menarche
Die Menarche (griech. menos = Monat; griech. arche = Beginn) ist die erste auftretende Blutung im Leben eines Mädchens. Auf diese folgen in den nächsten beiden Jahren Blutungen, die relativ unregelmäßige Abstände aufweisen. Häufig liegen anovulatorische Zyklen vor, d.h. es treten keine Eisprünge auf. Dabei reift ein Follikel heran, persistiert für eine verschieden lange Zeit, und wird wieder zurückgebildet. Mit dieser Follikelrückbildung entsteht eine Östrogenabbruchblutung. Die Fruchtbarkeit (Fertilität) eines Mädchens wird erst erreicht, wenn ovulatorische Zyklen einsetzen. Es sind Zyklen, die durch eine Follikelphase, einen Eisprung und eine Gelbkörperphase gekennzeichnet sind. Der Übergang von anovulatorischen

zu ovulatorischen Zyklen erfolgt nicht abrupt. Es treten nach einer Reihe von Eisprüngen immer wieder anovulatorische Zyklen auf.

Merke

Die sekundären Geschlechtsmerkmale bilden sich in folgender Reihenfolge aus:
- **Thelarche,**
- **Pubarche,**
- **Menarche.**

Sexueller Reaktionsablauf

Der sexuelle Reaktionsablauf einer Frau setzt die Libido voraus. Die Libido bedeutet Geschlechtstrieb bzw. Geschlechtslust und ist individuell verschieden ausgeprägt. Der sexuelle Reaktionsablauf kann in vier Phasen unterteilt werden. Zu diesen zählen:

- die Erregungsphase,
- die Plateauphase,
- die Orgasmusphase,
- die Rückbildungsphase.

Erregungsphase
Der geschlechtlichen Vereinigung geht ein zeitlich unterschiedlich langes Vorspiel voraus. Durch Berührung erogener Zonen der Frau werden bei ihr sexuelle Erregungen ausgelöst. Zu den erogenen Zonen der Frau gehören die Klitoris, die kleinen Schamlippen, die Brüste mit ihren Warzen, die Hautbereiche um den Mund, den Hals, den After sowie die Innenseiten der Oberschenkel. Bei der Frau wird dabei von den Bartholin-Drüsen ein schleimiges klares Sekret abgesondert, welches den Scheideneingang (Introitus) gleitfähig macht.

Plateauphase
Die zunehmende sexuelle Erregung, die durch rhythmische Bewegungen des in die Scheide eingeführten erigierten Penis hervorgerufen wird, führt bei der Frau zu einer Blutfülle mit Schwellung der großen und kleinen Schamlippen sowie der Klitoris. In der Scheide setzt eine Flüssigkeitstranssudation ein, die mit einer Erschlaffung der oberen zwei Drittel und einer ödematösen Schwellung der Schleimhautfalten im unteren Drittel der Scheide verbunden ist. Der Brustumfang nimmt leicht zu und die Warzen richten sich auf. Die Herz- und Atemfrequenz steigen und der Muskeltonus erhöht sich.

Orgasmusphase
Auf dem Höhepunkt der sexuellen Erregung kommt es bei der Frau zu 3 - 12 rhythmischen Kontraktionen der Beckenbodenmuskulatur, des unteren Scheidendrittels und der Gebärmutter.
Der systolische Blutdruck erhöht sich um weitere 20 - 40 Torr, und die Atmungsfrequenz steigt im Sinne einer Hyperventilation an. Der Orgasmus geht mit einer vorübergehenden Bewußtseinstrübung und Schmerzunempfindlichkeit einher.

Rückbildungsphase
Nach dem Orgasmus bilden sich die sexuellen Erregungen zurück. Die Rückbildung geht mit einer angenehm empfundenen körperlichen und geistigen Schlaffheit, die mit einem Schlafbedürfnis verbunden ist, einher. Im Unterschied zum Mann sind bei der Frau Orgasmen rascher wiederholbar.

Klimakterium

Unter dem Klimakterium (griech. klimax = Wechseljahre) der Frau versteht man die gesamte Phase der allmählichen Umstellung von der Geschlechtsreife bis zum Senium. Das Klimakterium dauert etwa vom 45. bis zum 60. Lebensjahr und gliedert sich in die Zeit der Prämenopause, den Zeitpunkt der Menopause und in die Zeit der Postmenopause. Während der Prämenopause treten gehäuft anovulatorische Zyklen auf. Mit der Menopause ist das

Aufhören der Menstruationsaktivität verbunden. Die sich anschließende Zeit bis zum Senium wird als Postmenopause bezeichnet.
Mit dem Eintreten der Frau in das Klimakterium treten physiologische Veränderungen auf. Diese betreffen folgende Organe:

- die Eierstöcke (Ovarien),
- die Eileiter (Tuben),
- die Gebärmutter (Uterus),
- die Scheide (Vagina).

Eierstöcke
Die Ansprechbarkeit der Eierstöcke auf die Gonadotropine (FSH, LH), die vom Hypophysenvorderlappen über den Blutweg zu den Eierstöcken gelangen, läßt nach. Es kommt gehäuft zu Zyklen, die keine Eisprünge aufweisen (anovulatorische Zyklen). Später verschwinden die Follikel aller Reifungsstadien nach und nach, bis kein reaktionsfähiges Gewebe übrig bleibt. Da die Follikel atrophisch werden, läßt auch die Hormonbildung nach.
Demzufolge sinken die Östrogen- und Progesteronspiegel im Blut. Die Hirnanhangsdrüse beantwortet die Verminderung dieser Hormone mit einer vermehrten Ausschüttung von Gonadotropinen, die jedoch auf ein reaktionsloses Eierstockgewebe treffen.
Der Hormonmangel hat Auswirkungen auf die Eileiter, die Gebärmutter und die Scheide.

Eileiter
Östrogen- und Progesteronmangel führen zu einer Atrophie sowohl der Eileiterschleimhaut als auch der Eileitermuskulatur.

Gebärmutter
Nach der Menopause wird die Gebärmutter kleiner, und die Gebärmutterschleimhaut (Endometrium) wird atrophisch. Sie bleibt aber ansprechbar auf Östrogene, welche eine therapeutische Bedeutung haben. Der Muttermund wird vollständig vom Plattenepithel überzogen.

Scheide
Nach der Menopause bilden die Eierstöcke noch mehrere Jahre Östrogene. Die Konzentration reicht nicht zum Schleimhautaufbau der Gebärmutter aus, bewirkt aber einen gewissen Aufbau des Scheidenepithels, der noch durch die östrogenproduzierenden Nebennieren unterstützt wird.
Eine vollkommene Atrophie der Scheidenschleimhaut liegt erst bei älteren Frauen vor. Sie geht auch mit einer Schrumpfung der Scheide und des Scheideneinganges (Introitus) einher.

Mit der nachlassenden Hormonproduktion (Östrogene, Progesteron) besteht auch die Neigung zur Adipositas („Matronenspeck"), und im späteren Alter wird oft die Stimme tiefer. Die Brustdrüse unterliegt einer Involution (Rückbildung). Als Folge des Östrogenmangels werden Knocheneiweiße abgebaut, was evtl. eine vermehrte Knochenbrüchigkeit (Osteoporose) nach sich zieht.
Das Klimakterium kann im unterschiedlichen Maße von vegetativen Erscheinungen begleitet sein. Zu diesen gehören Hitzewallungen, Schweißausbrüche, Schwindel und Kopfschmerzen. Psychonervöse Störungen wie Reizbarkeit, Lustlosigkeit, Leistungsabfall und Schlaflosigkeit können ebenfalls auftreten.

Zusammenfassung

Eierstock	Der Eierstock weist eine intraperitoneale Lage auf. Sein Inneres wird in eine Rinden- und Markzone unterteilt. Die Rindenzone enthält Follikel, während die Markzone aus lockerem Bindegewebe besteht, in das Gefäße und Nerven eingebettet sind.
Eileiter	Der Eileiter besitzt eine offene Verbindung zur Bauchhöhle und zur Gebärmutter. Seine Abschnitte heißen Infundibulum mit Fimbrien, Ampulle, Isthmus und Gebärmutterteil (Pars uterina). Seine Wand besteht aus einer Schleimhaut, Muskelschicht und der Serosa.
Gebärmutter	Die Gebärmutter liegt intraperitoneal und hat folgende Abschnitte: Gebärmutterkörper, Gebärmutterenge, Gebärmutterhals. Der Gebärmutterhals enthält den Zervikalkanal, der sich im äußeren Muttermund öffnet.
Halteapparat	Zum Halteapparat der Gebärmutter gehören das runde Mutterband, das Eierstockband, das breite Mutterband und das Mastdarm-Gebärmutter-Band.
Stützapparat	Er wird im wesentlichen durch den Mastdarmheber (M. levator ani) gebildet.
Wandaufbau	Die Gebärmutterwand besteht aus dem Endometrium, Myometrium und Perimetrium.
Scheide	Die Scheide ist ein bindegewebig-muskulöser Schlauch, dessen Schleimhaut keine Drüsen enthält und ein mehrschichtiges unverhorntes Plattenepithel trägt.
Eierstockgefäße	Die arterielle Versorgung erfolgt durch die Eierstockarterie (A. ovarica). Die rechte Eierstockvene (V. ovarica) mündet in die untere Hohlvene und die linke in die linke Nierenvene. Das vegetative Nervengeflecht (Plexus ovaricus) ist für die Innervation verantwortlich.
Gebärmuttergefäße	Die arterielle Versorgung erfolgt durch die Gebärmutterarterie (A. uterina). Das venöse Blut fließt über die V. uterina in die innere Hüftvene (V. iliaca interna). Die Innervation geschieht über das Frankenhäuser-Geflecht.
Schamlippen	Es werden große und kleine Schamlippen unterschieden. Die großen Schamlippen entsprechen entwicklungsgeschichtlich dem Hodensack des Mannes. Die kleinen entsprechen dagegen der Haut des männlichen Gliedes.
Kitzler	Er besteht aus einem Schwellkörper, der Eichel und einer Vorhaut. Die Schleimhaut der Eichel enthält sensible Nervenendigungen.
Scheidenvorhof	In diesen gemeinsamen Vorhof münden die Scheide und die Harnröhre sowie die Bartholini-Drüsen.

Physiologie

Differenzierung der Geschlechter

Bei der weiblichen Sexualdifferenzierung unterscheidet man das genetische Geschlecht, das Keimdrüsengeschlecht, das neuronale Geschlecht und die Differenzierung der geschlechtlichen Selbstidentifizierung. Die Eierstöcke haben sich am Ende der 7. Woche differenziert.

Eizellenentwicklung

Die Eizellenentwicklung (Oogenese) beinhaltet folgende Entwicklungsstufen: Oogonie, Oozyte 1. Ordnung, Oozyte 2. Ordnung, reife Eizelle (Ovum). Die Oozyten 2. Ordnung verfügen bereits über halbierte Chromosomensätze. Aus einer Oozyte 1. Ordnung entstehen durch die beiden Reifeteilungen eine reife Eizelle und drei Polkörperchen.

Follikelreifung

Nach dem Reifegrad unterscheidet man Primordialfollikel, Primärfollikel, Sekundärfollikel, Tertiärfollikel und den sprungreifen Graaf-Follikel.

Menstruationszyklus

Der weibliche Menstruationszyklus unterliegt neuro-hormonellen Regulationen, die vom Hypothalamus und der Hypophyse ausgehen. Der Zyklus kann unterteilt werden in den Ovarialzyklus, die zyklischen Veränderungen der Tubenschleimhaut, den Endometriumzyklus, die zyklischen Veränderungen der Zervix- und Vaginalschleimhaut. Der Ovarialzyklus verläuft in Phasen. Zu diesen gehören das beginnende Follikelwachstum, die Follikelreifung und Hormonbildung, der Eisprung sowie die Gelbkörperphase. Der Endometriumzyklus weist eine Proliferationsphase, Sekretionsphase und Desquamationsphase auf.

Pubertät

Die weibliche Pubertät beginnt zwischen dem 8. und 14. Lebensjahr und dauert etwa 4 Jahre. Während der Pubertät werden der Wachstumsschub, die Thelarche, die Pubarche und die Menarche durchlaufen.

Sexueller Reaktionsablauf

Er wird in 4 Phasen eingeteilt. Zu diesen zählen die Erregungsphase, die Plateauphase, die Orgasmusphase und die Rückbildungsphase.

Klimakterium

Es dauert etwa vom 45. bis zum 60. Lebensjahr der Frau und geht mit physiologischen Veränderungen einher. Zu diesen zählen z.B. anovulatorische Zyklen, Follikelatrophie, Abnahme der Östrogen- und Progesteronbildung, Atrophie der Tuben- Endometrium- und Vaginalschleimhaut, Schrumpfung der Gebärmutter und der Vagina.

6.4. Klinischer Anhang

Zystennieren

Es werden vier verschiedene angeborene Zystennieren-Typen unterschieden. Zu diesen gehören:

- die doppelseitige Schwammniere,
- die hypoplastische Zystenniere,
- die Zystennieren des Erwachsenen,
- die Zystennieren mit Stenose der Harnröhre.

Doppelseitige Schwammniere
Die Sammelrohre weisen alle eine sackförmige Ausweitung auf. Diese Zysten sind sehr klein und zahlreich. Das Nephron ist normal gestaltet und regulär mit dem Sammelrohr verbunden. Beide Nieren sind betroffen, stark vergrößert und besitzen eine glatte Oberfläche. Zystische Veränderungen kommen auch in der Leber, im Pankreas und in der Milz vor. Die doppelseitige Schwammniere wird autosomal rezessiv vererbt. Die Prognose ist schlecht, da sich schon im Kindesalter eine Urämie entwickelt.

Hypoplastische Zystenniere
Die Zysten sind unterschiedlich groß und kommen ein- oder doppelseitig vor. Die Zahl der Verzweigungen der Sammelrohre ist vermindert und die Enden dieser sind zystisch erweitert. Die zugehörigen Nephrone fehlen. In diesen unterentwickelten Zystennieren finden sich abnorme Blutgefäße und Knorpelinseln.

Zystennieren der Erwachsenen
Sie kommen schon als kleinblasige Zysten beim Neugeborenen vor. Mit dem Lebensalter entsprechend vergrößern sich diese und es entstehen doppelseitige Zystennieren, welche großblasig sind. Diese Zystennieren haben vielfach eine grobgebuckelte Oberfläche. Diese Mißbildung kann klinisch lange symptomlos bleiben.

Zystennieren mit Stenose der Urethra
Die Zystenbildung betrifft, wie bei den Zystennieren der Erwachsenen auch, die Sammelrohre und das Nephron mit Glomerulus. Der bestehende Harnrückstau, als Folge des gestörten Abflusses, steht mit der Zystenbildung pathogenetisch im Zusammenhang.

Kryptorchismus

Die in der Lumbalgegend gelegenen Hoden unterliegen während der Fötalentwicklung einem Abstieg, den man als Deszensus bezeichnet. Zum Zeitpunkt der Geburt haben sie den Boden des Hodensacks erreicht. Hormonale oder mechanische Faktoren können den Hodendeszensus an einer Stelle des Weges zum Stillstand bringen. Damit verbunden entsteht der Kryptorchismus (griech. kryptos = verborgen; griech. orchis = Hoden). Es entstehen verschiedene Formen des „verborgenen" Hodens. Verbleibt der Hoden im Bauchraum, dann spricht man vom Bauchhoden. Er kann auch im Leistenkanal zu liegen kommen und wird dann als Leistenhoden bezeichnet. Der Kryptorchismus tritt ein- oder beidseitig auf. Bei den Bauch- bzw. Leistenhoden bleibt die Ausreifung der Hodenkanälchen aus. Die später einsetzende Spermiogenese verläuft nicht normal. Dagegen werden von den Leydig-Zwischenzellen die männlichen Geschlechtshormone produziert, so daß Potenz, Libido und Virilität ausgeprägt sind.

Ab dem dritten Lebensjahr wird die Schädigung des Epithels der Hodenkanälchen manifest. Hoden, welche sich dauerhaft im Bauchraum oder Leistenkanal befinden, unterliegen einer erhöhten Malignisierung. Deshalb sollte der oder die „verborgenen" Hoden vor dem dritten Lebensjahr durch eine Hormonbehandlung oder operative Behandlung (Orchidopexie) in den Hodensack gebracht werden. Beginnt die Therapie erst nach Eintritt der Pubertät, so ist mit einer Fertilität kaum noch zu rechnen.

Blasenmole

Die Blasenmole ist ein gutartiger Tumor der Plazenta. Im Gegensatz zu normalen Zotten sind jene der Blasenmole plumper und verfügen über blasige Auftreibungen. Diese können Stecknadelkopf- bis Weinbeergröße aufweisen. Das Bindegewebe der Zotten ist weitestgehend verschwunden und durch eine ödematöse Masse ersetzt. Diese strukturellen Veränderungen bedingen, daß die Zotten ihrer Ernährungsfunktion nicht mehr gerecht werden. Liegt eine ausgedehnte Blasenmole vor, stirbt der Fetus ab. Liegt nur eine partielle Blasenmole vor, kann der Fetus ausgetragen werden.
Wird eine bestehende Blasenmole nachgewiesen, werden die Wehen eingeleitet und anschließend die Blasenmole völlig entfernt.

Retroflexio uteri

Es handelt sich hierbei um eine Neigung des Corpus uteri nach hinten. Sie kann angeboren oder erworben sein. Bis zum Ende der Schwangerschaft muß sich das Lig. rotundum stark verlängern. Nach der Geburt bildet sich dieses bindegewebig-elastische Band nicht so schnell zurück. Daraus resultiert eine Lockerung und der Gebärmutterkörper neigt sich nach hinten. Er kann auch mit der Serosa des Rektums verwachsen.
Gelegentlich treten ein Druckgefühl auf den Darm, Verstopfung (Obstipation), unbestimmte Kreuzschmerzen sowie verstärkte Regelschmerzen und -blutungen auf. Nur in wenigen Fällen erfolgt eine operative Aufrichtung der Gebärmutter, wobei die Ligg. rotunda verkürzt werden.

7. Hormonsystem

7.1. Allgemeines

Das Hormonsystem umfaßt alle hormonproduzierenden Zellen, die ihre Inkrete in den Blut- und Lymphstrom absondern.
Man unterscheidet reine Hormondrüsen von gemischten Hormondrüsen. Die Drüsen bestehen aus epitheloiden Zellen, die eine definierte Anordnung aufweisen. Sie werden vom Bindegewebe begrenzt und von geweiteten Kapillaren durchzogen. In diese erfolgt die Hormonabgabe. Weitere Organe, die hormonproduzierende Zellen enthalten, sind z.B. der Thymus, das Herz, die Nieren, die Milz, die Schleimhaut des Magen-Darm-Kanals und die Plazenta. Aus Gründen der Überschaubarkeit werden nur die reinen und gemischten Hormondrüsen besprochen.

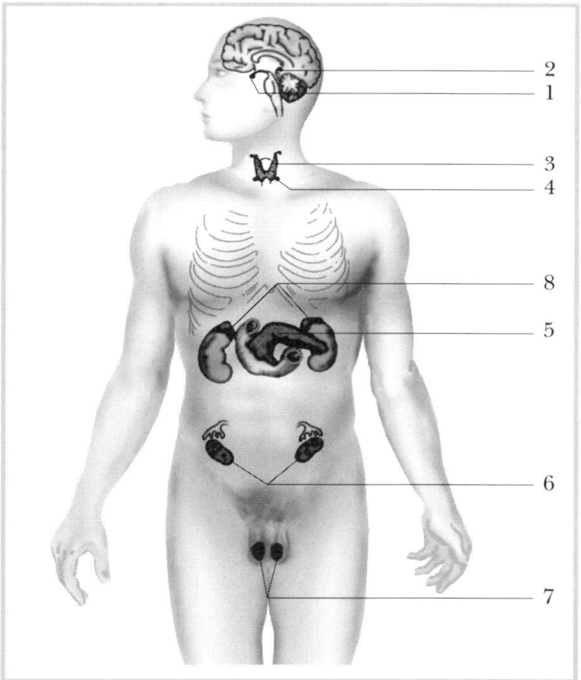

Abb. 92
Hormonproduzierende Drüsenorgane

1 Hirnanhangsdrüse (Hypophyse)
2 Zirbeldrüse (Epiphyse)
3 Schilddrüse (Glandula thyroidea)
4 Nebenschilddrüsen (Glandulae parathyroideae)
5 Bauchspeicheldrüse (Pancreas)
6 Eierstöcke (Ovaria) ♀
7 Hoden (Testis) ♂
8 Nebennieren (Glandulae pararenales)

7.2. Reine Hormondrüsen

7.2.1. Hypothalamus

Lage und Bau

Der Hypothalamus ist ein Bestandteil des Zwischenhirns und besteht aus Nervenzellansammlungen, die als Kerne bezeichnet werden. Der Hypothalamus kontrolliert die vegetativen Funktionen, die Nahrungsaufnahme, das Sexualverhalten, den Schlaf-Wach-Rhythmus sowie psychische Reaktionen. Darüber hinaus ist er eine endokrine Drüse. Neurosekretorische Zellen, die über Synapsen unter zentralnervösem Einfluß stehen, produzieren Neurohormone, Sie erreichen den Hirnteil der Hypophyse (Neurohypophyse) über marklose Nervenfasern und den Drüsenteil der Hypophyse (Adenohypophyse) über den Blutweg.

Merke **Zu den Neurohormonen, welche über marklose Fasern in die Neurohypophyse gelangen, zählen das Vasopressin und das Oxytozin.**

Merke **Neurohormone, die über den Blutweg die Adenohypophyse erreichen, sind Freisetzungshormone (Releasing-Hormone) bzw. Hemmungshormone (Inhibiting-Hormone).**

Der Hypothalamus übt einen regulatorischen Einfluß auf die Tätigkeit der Drüsenzellen der Hypophyse aus.

7.2.2. Hirnanhangsdrüse

Lage und Bau

Die Hirnanhangsdrüse (Hypophysis cerebri) befindet sich im Türkensattel (Sella turcica), der ein Bestandteil des Keilbeins ist. Vor der Hypophyse liegt die Sehnervenkreuzung (Chiasma opticum) und seitlich verläuft die A. carotis interna und ein venöser Gefäßring (Sinus cavernosus). Eine Bindegewebskapsel umhüllt die Hypophyse.
Die Hypophyse besteht aus einem Drüsenteil und einem Hirnteil. Beide Teile unterscheiden sich hinsichtlich ihrer entwicklungsgeschichtlichen Herkunft.
Der Drüsenteil geht aus der Rathke-Tasche des embryonalen Mundhöhlendaches hervor. Er ist ein Derivat des oralen Ektoderms und wird als Adenohypophyse bezeichnet.
Der Hirnteil hat sich aus dem Boden des Zwischenhirns entwickelt und bleibt mit ihm über den Hypophysenstiel verbunden. Der Hirnteil ist ein Abkömmling des neuralen Ektoderms und heißt auch Neurohypophyse.

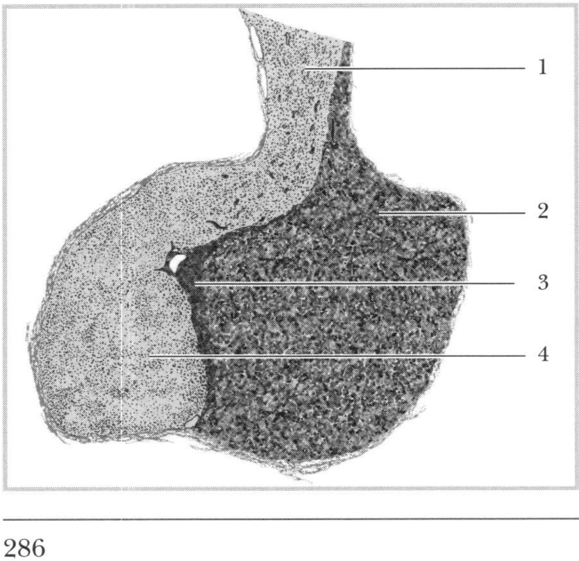

Abb. 93 Hirnanhangsdrüse

1 Hypophysenstiel (Infundibulum)
2 Hypophysenvorderlappen (Adenohypophyse)
3 Hypophysenzwischenlappen (Pars intermedia)
4 Hypophysenhinterlappen (Neurohypophyse)

Feinbau der Adenohypophyse

Die Adenohypophyse wird in Drüsenlappen unterteilt. Zu diesen gehören:

- der Vorderlappen,
- der Trichterlappen,
- der Zwischenlappen.

Vorderlappen
Der Hypophysenvorderlappen (HVL) enthält epitheloide Zellen, die sich in Ballen und Zellsträngen anordnen. Zwischen den Zellen liegen geweitete Kapillaren.

Merke **Die epitheloiden Zellen des HVL stellen glandotrope und effektorische Hormone her. Zu den glandotropen Hormonen zählen das thyreoideastimulierende Hormon (TSH), das adrenocorticotrope Hormon (ACTH), das follikelstimulierende Hormon (FSH) und das luteinisierende Hormon (LH).**

Merke **Zu den effektorischen Hormonen gehören das somatotrope Hormon (STH) und das Prolaktin (PRL).**

Trichterlappen
Dieser Lappen liegt am Hypophysenstiel und enthält parallele Zellstränge, die dem Verlauf der Gefäße entsprechen. Die Bedeutung der Zellen ist unklar.

Zwischenlappen
Der Zwischenlappen (Pars indermedia) befindet sich an der Grenze zur Neurohypophyse und enthält Intermediazellen. Zwischen diesen kommen Spalten vor, die mit einer hyalinen Masse ausgefüllt sind. Sie werden auch als Kolloidzysten bezeichnet.

Merke **Die Intermediazellen synthetisieren das Melanozyten-stimulierende Hormon (MSH).**

Feinbau der Neurohypophyse

Die Neurohypophyse wird unterteilt in:

- den Hypophysenstiel,
- den Hinterlappen.

Hypophysenstiel
Der Hypophysenstiel zieht vom Hypothalamus zum Hypophysenhinterlappen. Er besteht aus marklosen Nervenfaserbündeln, die ihren Ursprung von hormonproduzierenden Nervenzellen des Hypothalamus nehmen und im Hinterlappen enden, sowie aus Gefäßen.

Hinterlappen
Dieser Hypophysenhinterlappen (HHL) setzt sich aus den endenden marklosen Nervenfasern, den Gliazellen (Pituizyten), lockerem Bindegewebe und Blutgefäßen zusammen. Die Neurohypophyse stellt selber keine Hormone her.

Merke **Die Neurohypophyse speichert das von den Nervenzellen des Hypothalamus synthetisierte Neurosekret, welches die Hormone Vasopressin und Oxytozin enthält. Diese Effektorhormone werden nach Bedarf an das Blut abgegeben.**

7.2.3. Zirbeldrüse

Lage und Bau

Die Zirbeldrüse ist aus dem Dach des Zwischenhirns hervorgegangen und bleibt mit ihm über den Zirbelstiel in Verbindung. Die Drüse ist etwa 1 cm lang, hat ein Gewicht von 0,2 g und wird von einer gefäßreichen Bindegewebskapsel, die der weichen Hirnhaut entstammt, umhüllt.

Feinbau

Von der Bindegewebskapsel strahlen Septen in das Innere und gliedern es in unvollständige Läppchen. Diese enthalten in Gruppen und Strängen angeordnete Pineozyten, Gliazellen, marklose Nervenfasern, Kapillaren und Gitterfasern.
In der Zirbeldrüse befinden sich rundliche, geschichtete organische Substanzen, die mit Kalksalzen imprägniert sind. Sie werden als Hirnsand (Acervulus cerebri) bezeichnet.

Merke **Die stoffwechselaktiven Pineozyten synthetisieren das Hormon Melatonin, ein biogenes Amin.**

7.2.4. Schilddrüse

Lage und Bau

Die Schilddrüse (Glandula thyroidea) ist die größte endokrine Drüse, die gefäßreich ist und entwicklungsgeschichtlich aus dem entodermalen Mundhöhlenepithel hervorgeht. Sie besitzt eine feste Konsistenz, hat eine dunkelrotbraune Farbe und wiegt etwa 30 - 60 g.
Das Drüsenorgan weist im wesentlichen Lagebeziehungen zur Trachea, zum Schildknorpel, zum Ösophagus, zum Pharynx, zur A. carotis communis, zum N. vagus und zum N. recurrens laryngeus auf.
Die Drüse wird von einer bindegewebigen Kapsel (Capsula fibrosa) umgeben und besteht aus einem rechten und linken Seitenlappen (Lobus dexter, Lobus sinister), welche über den schmalen Isthmus miteinander verbunden sind.

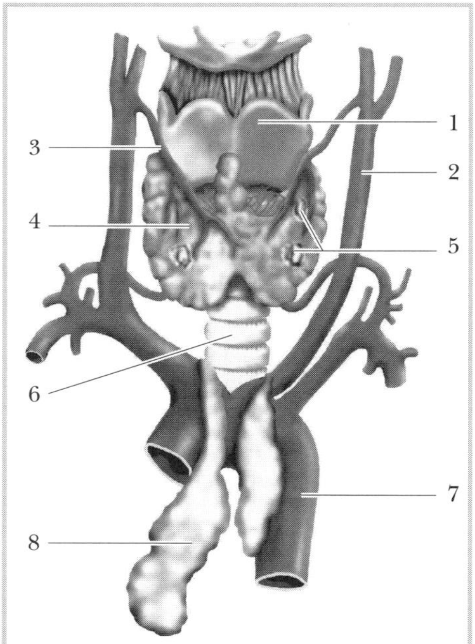

Abb. 94 Lage der Schilddrüse

1 Kehlkopf (Larynx)
2 gemeinsame Kopfschlagader (A. carotis communis)
3 obere Schilddrüsenarterie (A. thyroidea superior)
4 Schilddrüse (Gl. thyroidea)
5 Nebenschilddrüsen (Gll. parathyroideae) (hier sichtbar, liegen aber eigentlich dorsal)
6 Luftröhre (Trachea)
7 absteigende Aorta
8 Thymusdrüse

Feinbau

Von der bindegewebigen Kapsel ziehen Septen in das Innere der Drüse und unterteilen das Drüsenparenchym in kleine, unregelmäßig begrenzte Läppchen. In diesen Läppchen befindet sich das eigentliche Schilddrüsengewebe, die Schilddrüsenfollikel. Diese Bläschen (Follikel) enthalten einen eiweißhaltigen homogenen glasigen Inhalt, das Kolloid, und werden von einem einschichtigen Epithel ausgekleidet. Bei einer stärkeren Funktionsbeanspruchung können diese kubischen Epithelzellen eine prismatische Form annehmen. Das Kolloid wird von den Epithelzellen synthetisiert und in den Follikelhohlraum abgegeben. Es stellt die an Glykoprotein gebundene Speicherform der Schilddrüsenhormone dar. Helle Zellen, die einzeln oder in Gruppen vorkommen, sind dem Follikelepithel angelagert. In ihren Vesikeln befindet sich ein Peptidhormon.

Merke **Die Follikelepithelzellen stellen die Hormone Thyroxin und Trijodthyronin her. Die hellen Zellen synthetisieren das Peptidhormon Calcitonin und werden auch C-Zellen genannt.**

7.2.5. Beischilddrüse

Lage und Bau

Die Beischilddrüsen (Glandulae parathyroideae) liegen an der Hinterfläche der Schilddrüsenlappen und sind über lockeres Bindegewebe mit ihnen verbunden. Es werden zwei obere und zwei untere Beischilddrüsen unterschieden. Die oberen findet man in Höhe des Ringknorpels und die unteren am kaudalen Schilddrüsenpol. Letztere weisen eine Lagevariabilität auf und können sogar im vorderen Mediastinum zu liegen kommen.
Die Beischilddrüsen haben eine gelblichbraune Farbe und die Größe einer Erbse. Sie werden von einer zarten Bindegewebskapsel umhüllt.
Synonyme Bezeichnungen für die Beischilddrüsen sind Nebenschilddrüsen und Epithelkörperchen.

Feinbau

Von der zarten Bindegewebskapsel ziehen gefäßführende Septen in das Innere der Beischilddrüse. Die epitheloiden Zellen werden dadurch zu Haufen und Strängen gruppiert. Nach der Färbbarkeit unterscheidet man lichtmikroskopisch wasserhelle Hauptzellen, dunkle Hauptzellen und Welsh-Zellen. Die Hauptzellen sind hormonbildende Zellen. Die Funktion der oxiphilen Welsh-Zellen ist noch nicht geklärt. Zwischen den überwiegend vorhandenen Hauptzellen befindet sich ein gefäßführendes Bindegewebe, das einzelne Fettzellen enthält.

Merke **Die Hauptzellen stellen das Parathormon (PTH) her, das ein Proteohormon darstellt.**

7.2.6. Nebennieren

Lage und Bau

Die Nebennieren (Glandulae suprarenales) sitzen jeweils am oberen Nierenpol und sind von diesem durch eine geringe Fettschicht getrennt. Beide Nebennieren werden von der Capsula adiposa umhüllt. Die rechte Nebenniere hat Lagebeziehungen zum rechten Leberlappen und zur unteren Hohlvene. Die linke Nebenniere grenzt an die Hinterfläche des Magens und an die Milz. Der Form nach sieht die rechte Nebenniere dreieckig und die linke halbmondförmig aus. Die Nebennieren wiegen zusammen etwa 10 - 14 g und liegen in Höhe des 11. - 12. Brustwirbels.

Feinbau

Die Nebennieren bestehen aus einer Rinden- und Marksubstanz, welche eine unterschiedliche entwicklungsgeschichtliche Herkunft aufweisen. Die Rinde entstammt aus dem Mesothel der Leibeshöhle und das Mark aus der Anlage des Sympathikus. Die Rinde ist somit mesodermaler und das Mark ektodermalen Ursprungs.

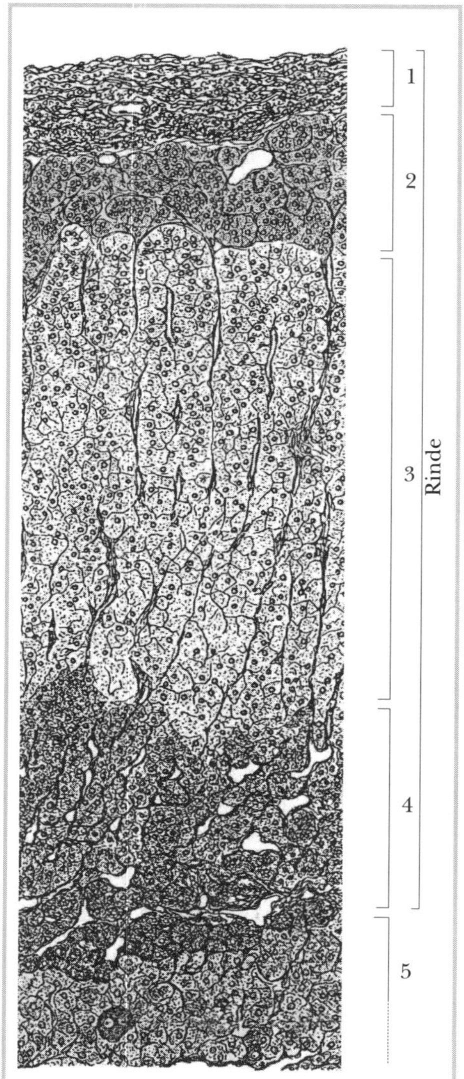

Nebennierenrinde
Innerhalb der Rinde sind die epitheloiden Zellen zu Strängen und Haufen angeordnet. Die unterschiedliche Zellanordnung ermöglicht eine Einteilung der Rinde in drei Zonen. Zu diese Zonen gehören

- die Zona glomerulosa,
- die Zona fasciculata und
- die Zona reticularis.

Zona glomerulosa
In der Zona glomerulosa liegen rundliche Haufen von großen Zellen, die runde Kerne besitzen.

Zona fasciculata
Innerhalb dieser Zone sind die Zellen zu Balken angeordnet, die senkrecht zur Oberfläche verlaufen. Sie enthalten reichlich Lipide.

Zona reticularis
Sie enthält Zellen, die einen netzartigen Verband bilden.

Zwischen den epitheloiden Zellen befinden sich sinusartige Kapillaren, die zum Nierenmark ziehen.

Merke: **Die epitheloiden Zellen der Zona glomerulosa stellen Mineralkortikoide her. Zu diesen zählt das Aldosteron.**

Merke: **Die epitheloiden Zellen der Zona fasciculata synthetisieren Glukokortikoide. Zu diesen gehören das Kortisol, das Kortison und das Kortikosteron.**

Abb. 95
Mikroskopischer Bau der Nebenniere

1 Nebennierenkapsel (Capsula)
2 Zona glomerulosa
3 Zona fasciculata
4 Zona reticularis
5 Nebennierenmark (Medulla)

Merke **Die epitheloiden Zellen der Zona reticularis produzieren hauptsächlich Androgene. Ein Vertreter dieser ist das Testosteron.**

Nebennierenmark
Das Nebennierenmark enthält sympathische Ganglienzellen, in Strängen und Gruppen angeordnete spezifische Markzellen, marklose Nervenfasern und gefensterte Kapillaren.
Die spezifischen Markzellen sind phäochrome Zellen. Ihre Granula lassen sich mit Chromsäure bräunlich anfärben.

Merke **In den phäochromen Zellen werden die Hormone Adrenalin und Noradrenalin hergestellt. Beide sind ihrer chemischen Struktur nach Katecholamine.**

7.3. Gemischte Drüsen

7.3.1. Langerhans-Inseln

Feinbau

Die Langerhans-Inseln bestehen aus etwa 1 - 2 Mio Zellhaufen, die verstreut in das exokrine Drüsengewebe der Bauchspeicheldrüse (Pankreas) eingelagert sind. Besonders zahlreich kommen sie jedoch im Schwanzteil des Pankreas vor. Die Inseln werden von einer spärlichen Bindegewebshülle umgeben und bestehen aus epitheloiden Zellen, die Zellstränge ausbilden und von Blutkapillaren durchzogen werden. Die Zellstränge setzen sich aus verschiedenen Zellen, den A-Zellen, den B-Zellen und den D-Zellen zusammen. Sie können durch Färbemethoden voneinander unterschieden werden. Diese epitheloiden Zellen sind durch Aussprossung aus dem Gangsystem des exokrinen Pankreas hervorgegangen und stellen Hormone her.

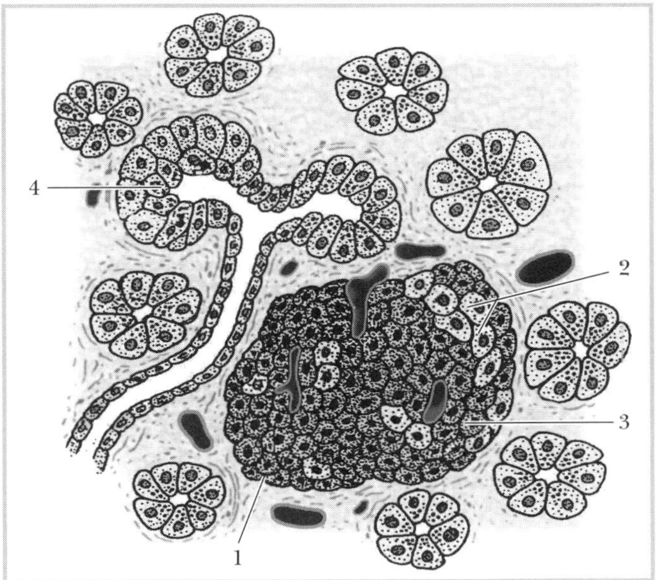

Abb. 96
Langerhans-Inseln

1 epitheloider Zellhaufen (Inselzellen)
2 α-Zellen
3 β-Zellen
4 exokrine Pankreaszellen

Merke **Die epitheloiden A-Zellen produzieren das Polypeptidhormon Glukagon.**

Merke **Die epitheloiden B-Zellen synthetisieren das Peptidhormon Insulin.**

Merke **Die epitheloiden D-Zellen stellen das Hormon Somatostatin her, das chemisch ein Peptid ist.**

7.3.2. Hoden

Feinbau

Das Hodengewebe besteht aus den Hodenkanälchen (Tubuli seminiferi) und aus lockerem Bindegewebe. Die Hodenkanälchen enthalten ein mehrschichtiges Keimepithel, in dem die Spermiogenese stattfindet. Der Hoden kann als eine exokrine Keimdrüse aufgefaßt werden. Er besitzt Hodenkanälchen (Ausführungsgänge), welche die gebildeten Spermien (Sekret) weiterleiten. In diese exokrine Keimdrüse sind hormonproduzierende Zellen eingelagert. Sie befinden sich im gefäßführenden lockeren Bindegewebe, das sich zwischen den Hodenkanälchen ausbreitet. Diese epitheloiden Zellen liegen in Zellhaufen und heißen Leydig-Zwischenzellen.

Merke **Die epitheloiden Leydig-Zwischenzellen stellen das männliche Geschlechtshormon Testosteron her. Chemisch handelt es sich um ein Steroidhormon.**

7.3.3. Eierstock

Feinbau

Das Eierstockgewebe besteht aus einer Mark- und Rindenzone. Die Markzone enthält lockeres Bindegewebe, in welches Gefäße und Nervenfasern eingebettet sind. Follikel kommen in der Markzone nicht vor. Die Rindenzone besteht aus einem zellreichen Bindegewebe, das unterschiedlich weit entwickelte bzw. in der Rückbildung befindliche Follikel und Gelbkörper enthält. Es werden Primordialfollikel, Primärfollikel, Sekundärfollikel, Tertiärfollikel und der Graaf-Follikel unterschieden. Hormonproduzierende Zellen sind die Follikelepithelzellen und die Zellen des Gelbkörpers. Zu diesen zählen die Granulosa-Luteinzellen und die Theka-Luteinzellen.

Merke **Die Follikelepithelzellen produzieren die Östrogene. Zu diesen weiblichen Sexualhormonen zählen das Östron, das Östradiol und das Östriol. Sie gehören zu der Klasse der Steroidhormone.**

Merke **Die Granulosa-Luteinzellen und die Theka-Luteinzellen des Gelbkörpers synthetisieren das Progesteron. Dieses weibliche Sexualhormon ist ebenfalls der chemischen Struktur nach ein Steroidhormon.**

7.4. Physiologie des Hormonsystems

7.4.1. Hormonbegriff

Hormone sind chemische Botenstoffe, die in endokrinen Drüsenzellen synthetisiert und von diesen in die Blutbahn ausgeschieden werden. Über den Blutweg erreichen die Hormone die entsprechenden Zielorgane und üben dort eine spezifische Wirkung aus. Als Endokrinie bezeichnet man die Hormonübertragung von den Bildungszellen über den Blutweg zu den entfernten Erfolgsorganen. Da die Hormonbildung in endokrinen Drüsen erfolgt, nennt man die Hormone Drüsenhormone.
Von dieser klassischen Hormondefinition abweichend gibt es auch Hormone, die nicht an das Blut abgegeben werden. Diese Hormone diffundieren von ihren Bildungszellen durch das Zwischengewebe (Interstitium) zu den in der Nähe liegenden Zielzellen. Einen derartigen Hormonabgabemodus definiert man als Parakrinie. Da die Hormonwirkung unmittelbar im Gewebe stattfindet, heißen diese Hormone Gewebshormone.
Die von Nervenzellen gebildeten Neurotransmitter werden nach dem gleichen Prinzip in den synaptischen Spalt freigesetzt.
Neurosekretorische Nervenzellen bilden Hormone, die über den Blutweg das Zielorgan erreichen. Diese Hormone heißen Neurohormone und der Abgabemodus wird Neurokrinie genannt. Es gibt auch Nervenzellen, die ihr Produkt einerseits als Neurotransmitter in den synaptischen Spalt und andererseits als Neurohormon an das Blut abgeben.

Merke

Es werden Drüsenhormone, Gewebshormone sowie Neurohormone unterschieden. Die Hormonwirkung kann von den Bildungszellen entfernt oder in deren Nähe ablaufen. Zu den Hormonabgabemodi gehören die Endokrinie, die Neurokrinie und die Parakrinie.

7.4.2. Hormonklassifizierung

Hormone können wie folgt eingeteilt werden:

- nach chemischen Gesichtspunkten,
- nach der Rezeptorlokalisation in den Zielzellen.

Einteilung nach chemischen Gesichtspunkten

Die Hormone werden nach folgenden Kriterien unterteilt:

- Hormone mit Oligopeptid- Polypeptid- oder Proteinnatur,
- Hormone, die sich von Aminosäuren ableiten,
- Hormone mit Steroidnatur,
- Hormone, die sich von Fettsäuren ableiten.

Hormone mit Oligopeptid- Polypeptid- oder Proteinnatur
Peptide unterscheiden sich von den Proteinen in der Anzahl der miteinander verknüpften Aminosäuren. Werden 2 - 100 Aminosäuren verknüpft, dann spricht man von Peptiden. Es werden Di-, Tri,- Oligo- und Polypeptide unterschieden. Ein Oligopeptid liegt vor, wenn bis zu 10 Aminosäuren verknüpft sind und werden 10 - 100 Aminosäuren miteinander verbunden, dann liegt ein Polypeptid vor. Bei höheren Verknüpfungsgraden entstehen Proteine.

Beispiele für Oligopeptide sind:
Releasing-Hormone, Inhibiting-Hormone des Hypothalamus, Vasopressin, Oxytozin aus dem HHL.

Beispiele für Polypeptide sind:
Adrenocorticotropes Hormon (ACTH) aus dem HVL,
Melanozyten-stimulierendes Hormon (MSH),
Insulin aus den Langerhans-Inseln,
Glukagon aus den Langerhans-Inseln,
Parathormon aus der Beischilddrüse,
Kalzitonin aus der Schilddrüse.

Beispiele für Proteine sind:
Somatotropes Hormon (STH) aus dem HVL,
Thyreoidea-stimulierendes Hormon (TSH) aus dem HVL,
Follikel- stimulierendes Hormon (FSH) aus dem HVL,
Prolaktin (PRL) oder
luteotropes Hormon (LTH) aus dem HVL.

Hormone, die sich von Aminosäuren ableiten
Aus der Aminosäure Tyrosin lassen sich die Schilddrüsenhormone Trijodthyronin und Thyroxin sowie die Nebennierenmark-Hormone Adrenalin und Noradrenalin ableiten.
Das Epiphysenhormon Melatonin ist ein Derivat der Aminosäure Tryptophan. Ebenfalls Derivate des Tryptophans sind die lokalen Gewebshormone Tryptamin und Serotonin.
Das Gewebshormon Histamin ist ein Abkömmling der Aminosäure Histidin.

Merke **Tyrosin, Tryptophan und Histidin sind Aminosäuren, aus denen im menschlichen Körper durch bestimmte chemische Reaktionen Hormone gebildet werden können.**

Hormone mit Steroidnatur
Steroidhormone sind Hormone deren Struktur sich vom Cholesterol ableiten. Cholesterol ist eine organische Verbindung mit drei Sechserringen mit einem Fünferring (Sterangerüst). Die Ringe der Kohlenwasserstoff-Gerüstes werden mit A, B, C und D bezeichnet.
Abkömmlinge des Cholesterols sind die Nebennierenrinden-Hormone Aldosteron, Kortisol, Kortison und Kortikosteron.
Weitere Abkömmlinge sind die Keimdrüsenhormone Östron, Östradiol, Östriol, Androsteron, Testosteron und Progesteron.

Hormone, die sich von Fettsäuren ableiten
Als Vorläufer dienen ungesättigte Fettsäuren mit 20 C-Atomen und 3 - 5 Doppelbindungen. Zu den ungesättigten Fettsäuren zählen:

- die Eicosatriensäure (3 Doppelbindungen),
- die Eicosatetraensäure (= Arachidonsäure mit 4 Doppelbindungen),
- die Eicosapentaensäure (aus Linolensäure hervorgehend, 5 Doppelbindungen).

Durch Oxidation dieser mehrfach ungesättigten Fettsäuren, insbesondere der Arachidonsäure, entstehen die Eikosanoide. Zu diesen rechnet man die Prostaglandine, die Thromboxane und die Leukotriene. Sie werden als Hormone aufgefaßt.

Einteilung nach der Rezeptorlokalisation in den Zielzellen

Die Rezeptoren, an denen sich die Hormone binden, können lokalisiert sein:

- an der Oberfläche der Zellmembran,
- im Zytoplasma der Zelle,
- im Zellkern der Zelle.

Beispiele für Hormone, welche sich an Rezeptoren der Zellmembranoberfläche binden,
sind die Protein- und Peptidhormone. Infolge ihres großen Molekulargewichtes und ihrer schlechten Fettlöslichkeit können sie die Lipidbarriere der Zellmembran kaum passieren. Ihre Rezeptoren befinden sich deshalb an der Oberfläche der Zellmembran.

Beispiele für Hormone, deren Rezeptoren sich im Zytoplasma der betreffenden Zelle befinden,
sind die Hormone aus der Lipidgruppe. Sie können aufgrund ihrer Fettlöslichkeit durch die Zellmembran diffundieren und sich an die entsprechenden Rezeptoren im Zytoplasma binden.

Beispiele für Hormone, die sich an Rezeptoren im Zellkern binden,
sind die niedermolekularen Schilddrüsenhormone.

7.4.3. Mechanismen der Hormonwirkung

Die Zellen des Erfolgsorgans besitzen spezifische Rezeptoren, die sich an der Zellmembranoberfläche, im Zytoplasma oder innerhalb des Zellkerns befinden. Das Hormon lagert sich an den entsprechenden Rezeptor an und bildet mit ihm den Hormon-Rezeptor-Komplex. Da dieser Komplex in der Zellmembran oder innerhalb der Zelle entsteht, können zwei verschiedene Wirkungsmechanismen unterschieden werden. Zu diesen gehören:

- die Weiterleitung der Hormoninformation über einen 2. Boten,
- die Weiterleitung der Hormoninformation ohne einen 2. Boten.

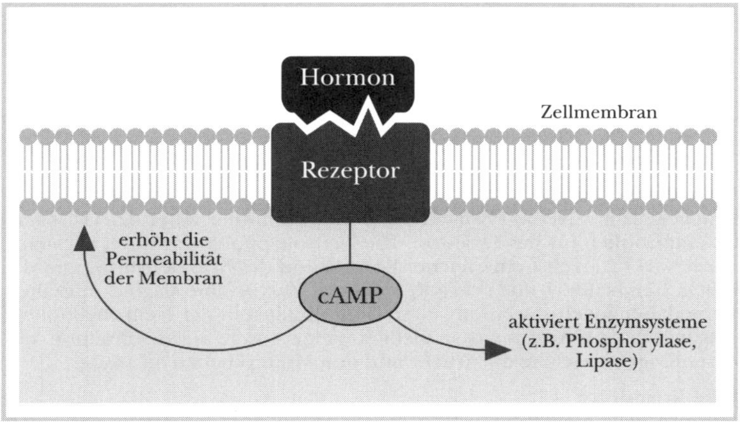

Abb. 97 Hormon-Rezeptor-Bindung (Schema)

Weiterleitung der Hormoninformation über einen 2. Boten

Das Hormon diffundiert an den Zellmembranrezeptor und bewirkt an ihm eine Konformationsänderung. Dadurch wird eine Adenylatzyklase aktiviert, welche ebenfalls in der Zellmembran sitzt. Dieses Enzym überführt das Adenosintriphosphat (ATP) in das zyklische Adenosinmonophosphat (cAMP) unter Abspaltung von 2 Phosphaten. Das verstärkt gebildete cAMP fungiert als 2. Bote (second messenger) und löst bestimmte Stoffwechselreaktionen in der Zelle aus. Dies geschieht z.B. durch Aktivierung bzw. Hemmung von vorhandenen Enzymsystemen.
Das Hormon, das sich an den Zellmembranrezeptor bindet, stellt den 1. Boten (first messenger) dar.
Die meisten Hormone entfalten ihre Wirkung nach diesem Prinzip.

Weiterleitung der Hormoninformation ohne einen 2. Boten

Das Hormon diffundiert durch die Zellmembran und bindet sich z.B. an den Rezeptor im Zytoplasma. Dieser Hormon-Rezeptor-Komplex wird anschließend in den Zellkern transportiert, wo er die Eiweißsynthese beeinflußt. Solche Hormon-Rezeptor-Komplexe können bestimmte Stoffwechselwege durch Neubildung von Enzymen anschalten. Steroidhormone bewirken z.B. die Induktion bestimmter Enzyme oder anderer Eiweiße im Erfolgsorgan. Die so induzierten Eiweiße vermitteln die weiteren Wirkungen der Steroidhormone.

7.4.4. Hypothalamus-Neurohypophysen-System

Teile des Zentralnervensystems haben den Charakter endokriner Drüsen. So produzieren Nervenzellen bestimmter Kerngebiete des Hypothalamus (Nucleus supraopticus, Nucleus paraventricularis) Neurohormone. Die Axone dieser Nervenzellen enden in der Neurohypophyse, wo die Neurohormone in Granula gespeichert werden. Die Freisetzung der Neurohormone aus den Granula erfolgt, wenn die Axonendigungen depolarisiert werden. Die Neurohormone gelangen aus den terminalen Axonabschnitten durch den Vorgang der Exozytose in das systemische Blut. Zu den Neurohormonen, die in den beiden Kerngebieten des Hypothalamus gebildet werden, gehören:

- das Oxytozin (auch Ocytocin),
- das Vasopressin (auch antidiuretisches Hormon = ADH).

Oxytozin-Hormonwirkung

Das Oxytozin besteht aus 9 Aminosäuren, von denen 2 Cysteine sind, die über eine Disulfidbrücke verbunden sind. In dieser Ringform entfaltet das Hormon seine biologische Wirkung. Zielorgane des Oxytozins sind:

- das Myometrium der Gebärmutter,
- das Myoepithel der Brustdrüse.

Hormonwirkung auf das Myometrium
Gegen Ende der Schwangerschaft wird das Myometrium der Gebärmutter unter der Östrogeneinwirkung besonders empfindlich für das Oxytozin. Die Neurohypophyse schüttet vermehrt dieses Hormon aus. Es bewirkt zunächst eine leichte Kontraktion des Myometriums, und die Frucht wird in Richtung Cervix uteri und Vagina gedrückt. Zervix und Vagina enthalten Mechanorezeptoren, die dabei gedehnt werden. Diese Dehnung löst in der Neurohypophyse die vermehrte Freisetzung des Oxytozins aus. Letztlich steigert sich die Kontraktion des Myometriums zur Wehentätigkeit, welche die Frucht und den Mutterkuchen austreibt.

Hormonwirkung auf die Brustdrüse
Nach der Entbindung produziert die Brustdrüse innerhalb von 24 Stunden Milch. Die Milch schießt ein und das Baby kann gesäugt werden. Die Saugakte bewirken eine Reizung der Mamillen der Brustdrüse. Über nervalem Weg wird diese Reizung den Kerngebieten des Hypothalamus mitgeteilt, die vermehrt Oxytozin bilden. Das Oxytozin ruft eine Kontraktion des Myoepithels der Brustdrüse hervor. Sie führt zur Ejektion der Milch. Der Säugling saugt die Brustdrüse nicht aktiv leer, sondern der Milch-Ejektions-Reflex unterstützt ihn dabei.

Vasopressin-Hormonwirkung

Das Vasopressin besteht ebenfalls aus 9 Aminosäuren, von denen 2 Cysteine sind, die über eine Disulfidbrücke verbunden sind. In dieser Ringform entfaltet das Hormon seine biologische Wirkung. Zielorgane des Vasopressins sind:

- die Nieren,
- die Arterien.

Hormonwirkung auf die Nieren
Das Vasopressin wird z.B. vermehrt von der Neurohypophyse ausgeschüttet, wenn im Blut der osmotische Druck zu hoch ist. Dieser hyperosmotische Reiz regt die Nervenzellen in den beiden Kerngebieten des Hypothalamus zur vermehrten Bildung des Vasopressins an. Über den Blutweg erreicht dieses Hormon die Sammelrohre und die distalen Tubuli der Nieren. Unter Anwesenheit des Vasopressins wird das Epithel der Sammelrohre und distalen Tubuli für Wasser permeabel, und es kann passiv resorbiert werden. Es wird ein konzentrierter Urin ausgeschieden und der osmotische Druck des Blutes normalisiert.

Hormonwirkung auf die Arterien
Liegt eine starke Erniedrigung des Blutdrucks (Blutverlust, Schock) vor, dann führt die vermehrte Ausschüttung von Vasopressin zur Konstriktion der Arterien und somit zu einer Erhöhung des Blutdrucks.

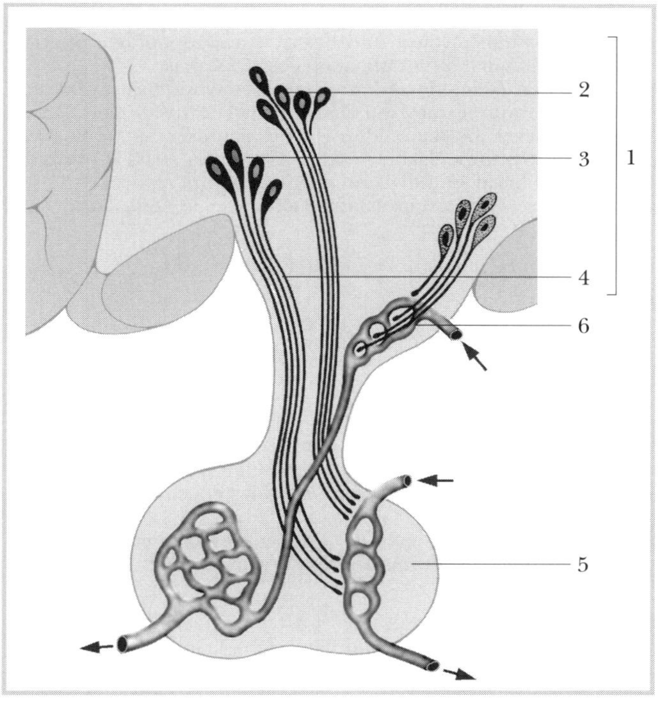

Abb. 98
Hypothalamus-Hypophysen-System

1 Hypothalamus
2 Nucleus paraventricularis
3 Nucleus supraopticus
4 Nervenzellaxone
5 Hypophysenhinterlappen (Neurohypophyse)
6 hypophysäres Pfortadersystem

7.4.5. Hypothalamus-Adenohypophysen-System

Die Adenohypophyse stellt den Drüsenteil der Hirnanhangsdrüse dar und ist in der Lage, eigene Hormone herzustellen. Die Hormonproduktion unterliegt regulativen Einflüssen, die vom Hypothalamus ausgehen. Die hormonproduzierenden epitheloiden Zellen der Adenohypophyse haben keine Nervenverbindung zum Hypothalamus. Die Regulation der Hormonproduktion der Adenohypophyse geht von Kerngebieten (Nucleus dorsomedialis, Nucleus ventromedialis, Nucleus infundibularis) des Hypothalamus aus, deren Nervenzellen Neurohormone bilden. Diese Neurohormone gelangen über ein Kapillarsystem des Hypothalamus in das Pfortadersystem, das sich in der Adenohypophyse zu einem zweiten Kapillarnetz verzweigt. Über dieses erreichen die Neurohormone des Hypothalamus die hormonproduzierenden Zellen der Adenohypophyse. Die Neurohormone werden in Releasing- und Inhibiting-Hormone eingeteilt. Releasing-Hormone stimulieren die Hormonbildung in der Adenohypophyse und die Inhibiting-Hormone hemmen sie.

In der Adenohypophyse werden folgende Hormone gebildet:

- nichtglandotrope Hormone (STH, PRL, MSH),
- glandotrope Hormone (TSH, ACTH, FSH, LH).

Nichtglandotrope Hormone

Nichtglandotrope Hormone sind effektorische Hormone, deren Zielzelle keine Hormone produziert, sondern als Endglied in der Informationskette eine Reaktion hervorruft.

Somatotropes Hormon (STH)
Das somatotrope Hormon ist das Wachstumshormon und besitzt eine ausgeprägte Speziesspezifität, so daß beim Menschen ausschließlich menschliches STH wirksam ist.
Dieses Hormon wird in den somatotropen Zellen der Adenohypophyse synthetisiert und setzt sich aus einer Peptitkette mit 191 Aminosäuren und zwei Disulfidbrücken zusammen. Durch Exozytoseprozesse wird das STH sezerniert, und die beiden Hypothalamushormone Somatostatin und Somatoliberin regulieren die Synthese. Dabei wirkt Somatostatin als STH-inhibitierendes Hormon hemmend und Somatoliberin stimulierend auf den Bildungsprozeß.
Zusätzlich wird die STH-Freisetzung durch stoffwechselaktive Faktoren wie Fettsäuren, Aminosäuren und Glukose beeinflußt.

Die Funktionen des somatotropen Hormons sind sehr vielseitig. Es beeinflußt

- das Längenwachstum,
- die Proteinsynthese,
- den Kohlenhydratstoffwechsel und
- den Fettstoffwechsel.

Wirkung auf das Längenwachstum
In der jugendlichen (juvenilen) Phase wirkt STH auf das Längenwachstum des Knochens, indem es zum einen die Aktivität des Knorpels in den Epiphysenfugen der Röhrenknochen steigert und zum anderen die knochenbildenden Zellen, die Osteoblasten, stimuliert.

Merke **Obwohl das Wachstumshormon ständig gebildet und ausgeschieden wird, hört das Längenwachstum mit der Verknöcherung der Epiphysenfugen auf.**

Wirkung auf die Proteinsynthese
Als aufbauendes (anaboles) Hormon fördert STH die Aufnahmefähigkeit der Körperzellen für Aminosäuren und erhöht somit die Proteinsynthese.

Wirkung auf den Kohlenhydratstoffwechsel
Das STH nimmt in zwei Wirkungsphasen Einfluß auf den Kohlenhydratstoffwechsel. In der ersten Phase stimuliert es die Bildung von Insulin, indem es direkt auf die B-Zellen der Bauchspeicheldrüse einwirkt. In der zweiten Phase hemmt das STH den Glukoseverbrauch und fördert gleichzeitig die Neubildung von Zucker (Glukoneogenese). Damit gehört das STH zu den Hormonen, die eine diabetische Stoffwechsellage auslösen (diabetogene Hormone).

Wirkung auf den Fettstoffwechsel
Durch seine lipolytische Wirkung auf das Fettgewebe unterstützt das STH die Freisetzung von Fettsäuren und schafft somit Energieträger für die Proteinsynthese.

Prolaktin (PRL)
Das Peptidhormon Prolaktin setzt sich aus 199 Aminosäuren und drei stabilisierenden Disulfidbrücken zusammen. Es wird in den laktotropen Zellen der Adenohypophyse synthetisiert. Zusammen mit Sexualhormonen und dem STH bewirkt es das Wachstum der Brustdrüse und der Milchgänge, was während der Schwangerschaft besonders ausgeprägt ist. In der Laktationsperiode am Ende einer Schwangerschaft und während der Stillzeit stimuliert Prolaktin die Milchproduktion in der weiblichen Brustdrüse. Dies setzt jedoch eine vorherige Östrogen- und Progesteroneinwirkung voraus. Über die biologische Wirkung des Prolaktins beim Mann ist bisher wenig bekannt. Es wird ein gewisser Einfluß auf immunologische Prozesse angenommen.
Prolaktin wurde früher als luteotropes Hormon (LTH) bezeichnet.

Melanozytenstimulierendes Hormon (MSH)
Das auch als Melanotropin bekannte Hormon ist ein Polypeptid, was im Bereich zwischen der Adeno- und der Neurohypophyse, dem Hypophysenzwischenlappen (Pars intermedia), gebildet wird. Es werden zwei Formen dieses Hormons unterschieden, das α-MSH mit 13 Aminosäuren und das β-MSH mit 22 Aminosäuren.
Als effektorisches Hormon wirkt es beim Menschen auf die Melanozyten (Pigmentzellen) der Haut ein, wo es die Bildung und die Ausbreitung von Melaninpigmenten fördert. Neben der wesentlich stärkeren Einflußnahme der UV-Strahlung der Sonne bewirkt das MSH eine Bräunung der Haut.

Glandotrope Hormone

Die glandotropen Hormone stimulieren die Hormonproduktion in peripher gelegenen endokrinen Drüsen. Sie beeinflussen deren Stoffwechsel und Wachstum. Zu den glandotropen Hormonen gehören

- das thyroideastimulierende Hormon (TSH),
- das adrenokortikotrope Hormon (ACTH)
- das follikelstimulierende Hormon (FSH) und
- das luteinisierende Hormon (LH).

Thyroideastimulierendes Hormon (TSH)
Dieses, auch als Thyrotropin bezeichnete Proteohormon, wird in den β-Zellen der Adenohypophyse gebildet und steuert die Synthese- und Sekretionsprozesse der Schilddrüse. Die hypophysäre TSH-Freisetzung unterliegt den regulativen Einflüssen des Thyrotropin-Releasing-Hormon (TRH, Thyroliberin) aus dem Hypothalamus.

Adrenokortikotropes Hormon (ACTH)
Das ACTH wird von den kortikotropen Zellen der Adenohypophyse synthetisiert und reguliert die Bildung und Freisetzung der Nebennierenrindenhormone. Das im Hypothalamus gebildete ACTH-Releasing-Hormon übt einen steuernden Einfluß auf die ACTH-Synthese aus.

Follikelstimulierendes Hormon (FSH)
Das FSH oder Follitropin ist ein Glykoprotein. Es fördert bei der Frau das Wachstum der Granulosazellen in den Graaf-Follikeln des Eierstocks und regt die Produktion von Östrogenen an. Beim Mann stimuliert das FSH die Entwicklung der Spermien (Spermiogenese), und es bewirkt außerdem eine Vergrößerung der Samenkanälchen im Hoden.

Luteinisierendes Hormon (LH)
Das LH oder Lutropin ist ein Glykoprotein, das in den basophilen Zellen der Adenohypophyse synthetisiert wird. Es löst bei der Frau die Ovulation aus und ruft die Umwandlung des Follikels in den Gelbkörper (Corpus luteum) hervor. Dieser Luteinisierung ist mit einer zunehmenden Synthese und Freisetzung des Gelbkörperhormons Progesteron unter Einwirkung des LH verbunden.

Beim Mann regt dieses Hormon das Wachstum der Leydig-Zwischenzellen im Hoden an und induziert dort die Bildung und Freisetzung des männlichen Sexualhormons Testosteron. Das LH wird beim Mann als ICSH (engl.: interstitial cells stimulating hormone) bezeichnet.

Merke **Das FSH und das LH werden auch als gonadotrope Hormone oder Gonadotropine bezeichnet, da sie auf die Keimdrüsen (Gonaden) wirken. Das Releasing-Hormon für die Gonadotropine ist das hypothalamische Gonadoliberin oder GnRH.**

7.4.6. Zirbeldrüse

Hormonwirkung

Das Melatonin der Zirbeldrüse (Corpus pineale, Epiphyse) ist ein neurosekretorisches Hormon, das in Abhängigkeit vom Hell-Dunkel-Rhythmus sezerniert wird und bis zu Beginn der Pubertät die Freisetzung der gonadotropen Hormone hemmt. Durch den hemmenden Einfluß wird eine vorzeitige Geschlechtsreife (Pubertas praecox) verhindert.
Eine weitere Bedeutung der Zirbeldrüse besteht in der Regulation von Schlaf-Wach-Rhythmen.

7.4.7. Schilddrüse

Hormonregulation

Die Regulation der gezielten Freisetzung der Schilddrüsenhormone Thyroxin (T_4) und Trijodthyronin (T_3) geschieht über drei Ebenen, wobei ein enges Zusammenspiel der Regulationsebenen von großer Bedeutung ist. Die Regulation erfolgt über

- die Hypothalamus-Hypophysen-Schilddrüsen-Achse,
- die Schilddrüsenhormonkonzentration im Blut und
- die Jodzufuhr durch die Nahrung.

Hypothalamus-Hypophysen-Schilddrüsen-Achse
Im Hypothalamus wird die Konzentration der Schilddrüsenhormone T_3 und T_4 ständig kontrolliert und einer Messung unterzogen. Sinkt der Hormonspiegel, geben die neurosekretorischen Zellen des Hypothalamus vermehrt Thyrotropin-Releasing-Hormon (TRH) ab. Über die Blutbahn des hypophysären Pfortadersystems wird das TRH zur Adenohypophyse transportiert, wo es die Synthese und Freisetzung des thyroideastimulierenden Hormons (TSH) hervorruft.
Das TSH fördert die Aufnahme von Jod in das Schilddrüsengewebe und aktiviert die Jodierung der Aminosäure Tyrosin. Das jodierte Tyrosin wird in das Kolloid der Schilddrüsenfollikel sezerniert, und durch Molekülanlagerung werden die Schilddrüsenhormone T_3 und T_4 kondensiert, die dann an das Blut abgegeben werden.
Im Blut erfolgt der Transport von Schildrüsenhormonen durch die Bindung an Transportproteine. Dazu zählen das Albumin, das thyroxinbindende Präalbumin und das thyroxinbindende Globulin. Das proteingebundene Jod (PBI = protein-bound-iodine) gibt je nach Bedarf T_3 oder T_4 an die Gewebszellen ab.

Schilddrüsenhormonkonzentration im Blut
Das TRH aus dem Hypothalamus stimuliert die hormonproduzierenden thyrotropen Zellen des Hypophysenvorderlappens zur Synthese und Freisetzung des TSH. Über den Blutweg erreicht dieses Hormon die Schilddrüse und regt hier die Schilddrüsenzellen zur Produktion von Schilddrüsenhormon an. Zu diesen gehören das Thyroxin und das Trijodthyronin.
Steigende Schilddrüsenhormonspiegel im Blut hemmen die TRH-Wirkung auf den Hypophysenvorderlappen. Dieser Wirkungsmechanismus wird als negative Rückkopplung (negatives Feedback) bezeichnet und dient zur Aufrechterhaltung eines konstanten Plasmaspiegels an Schilddrüsenhormonen.

Jodzufuhr durch die Nahrung
Die Schilddrüse benötigt zum Auf- und Abbau ihrer Hormone Jod. Die Jodzufuhr erfolgt vorwiegend durch Nahrungsmittel. Täglich werden etwa 0,15 mg Jod aufgenommen. Beträgt die Jodzufuhr über einen längeren Zeitraum weniger als 0,1 mg, dann entwickelt sich ein Jodmangelkropf. Darunter versteht man ein durch TSH induziertes Schilddrüsenwachstum mit begleitender Unterfunktion der Schilddrüse. Dieser Kropf tritt endemisch in Jodmangelgebieten auf. Zu diesen gehören z.B. die Alpen, der Schwarzwald, der Kaukasus und die Karpaten. Diese Gegenden weisen eine Jodarmut des Trinkwassers und des Bodens auf. Prophylaktisch erweist sich in diesen Gebieten die Verabreichung von jodiertem Salz.

Hormonwirkung

Die Schilddrüsenhormone haben sehr breit gefächerte biologische Wirkungen. Sie stimulieren den Stoffwechsel und beeinflussen auch das Wachstum und die Entwicklung. Das in den parafollikulären C-Zellen produzierte Calcitonin wird bei erhöhtem Plasmakalziumspiegel freigesetzt und senkt diesen, indem es den Kalziumeinbau in den Knochen fördert.

Besonderen Einfluß haben die Schilddrüsenhormone Trijodthyronin und Thyroxin auf

- die zellulären Funktionen,
- das Wachstum, die Entwicklung und
- den Stoffwechsel.

Einfluß auf zelluläre Funktionen
Auf Grund ihrer wasserabweisenden (hydrophoben) Eigenschaft können die Hormone durch die Zellmembran diffundieren und sich in der Zelle an nukleäre Rezeptorproteine binden. Die dadurch aktivierten Bindungsproteine regulieren Transkriptionsprozesse, wodurch die Synthese vieler körpereigener Eiweiße induziert wird. Durch die Schilddrüsenhormone wird auch die Aktivität der Mitochondrienenzyme gesteigert.

Einfluß auf Wachstum und Entwicklung
Zusammen mit dem Wachstumshormon STH üben die Schilddrüsenhormone Einfluß auf das normale Längenwachstum der Knochen, auf die Knochenreifung sowie auf zahlreiche andere Reifungsvorgänge im wachsenden Organismus aus.
Die normale Entwicklung und Reifung des Nervensystems setzt beim Fetus eine ausreichende Schilddrüsenhormonkonzentration voraus. Beim Erwachsenen bleibt der hormonelle Einfluß auf viele Funktionen des Zentralnervensystems (ZNS) erhalten.

Einfluß auf den Stoffwechsel
Durch Thyroxin und Trijodthyronin werden oxidative Stoffwechselvorgänge beschleunigt. Diese metabolische Wirkung führt zu einer Erhöhung des Grundumsatzes sowie zu einer Steigerung des Sauerstoffverbrauches in den Geweben. Eine Ausnahme bilden das Gehirn, die Keimdrüsen und die Milz. Das Thyroxin stimuliert auch den Kohlenhydrat- und Fettstoffwechsel.

7.4.8. Beischilddrüse

Hormonwirkung

Das in den hellen Hauptzellen produzierte Parathormon (PTH) ist ein Polypeptid, dessen Aufgabe es ist, regulierend auf den Kalzium- und Phosphathaushalt des Körpers einzuwirken. Bei der Freisetzung des Hormons kommt es zu einer Erhöhung des Kalziumspiegels im Blut. Zu den Zielorganen der PTH-Wirkung gehören

- der Dünndarm,
- die Nierentubuli und
- die Knochen.

PTH-Wirkung auf den Dünndarm
Das Parathormon fördert die Kalziumresorption in den oberen Dünndarmabschnitten. Ist die Kalziumbalance ausgeglichen, endet der hormonelle Einfluß, und das mit der Nahrung aufgenommene überschüssige Kalzium wird über den Stuhl ausgeschieden.

PTH-Wirkung auf die Nierentubuli
In den proximalen Nierentubuli hemmt das PTH die Resorption von Phosphat, und somit wird dieses vermehrt über die Nieren (renal) ausgeschieden. In den Henle-Schleifen der Nierentubuli wird gleichzeitig unter dem Parathormoneinfluß Kalzium resorbiert..

PTH-Wirkung auf die Knochen
Aus dem Knochen mobilisiert das Parathormon Kalzium, indem es den Abbau von Hydroxylapatitkristallen erhöht.

Merke **Das Parathormon ruft im Knochen die Freisetzung von Kalzium hervor, indem es die knochenabbauenden Zellen, die Osteoklasten, stimuliert.**

Merke **Bei einem zu hohen Kalziumspiegel im Blut setzen die C-Zellen der Schilddrüse Calcitonin frei, welches die knochenaufbauenden Zellen, die Osteoblasten, aktiviert und somit den Kalziumeinbau in den Knochen fördert.**

7.4.9. Nebennieren

Hormonregulation

Regulation der Nebennierenrindenhormone
Die Freisetzung der Nebennierenrindenhormone (NNR-Hormone), zu denen Glukokortikoide, Mineralokortikoide und Androgene zählen, erfolgt hauptsächlich über die Regulation im Hypothalamus-Hypophysen-NNR-System. Es gibt unterschiedliche Mechanismen für die

- Freigabe der Glukokortikoide,
- Freigabe der Mineralkortikoide und
- Freigabe der Androgene.

Freigabe der Glukokortikoide
Wichtiger Gradmesser für Regulationsvorgänge ist die Kortisolkonzentration im zirkulierenden Blut. Sinkt der Kortisolspiegel, dann wird im Hypothalamus das hypophyseotrope Hormon CRH (Corticotropin-Releasing-Hormon) ausgeschüttet, das stimulierend auf den Hypophysenvorderlappen wirkt. Dieser bildet daraufhin ACTH (adrenocorticotropes Hormon), ein wichtiges Hormon für die Synthese und Abgabe der Glukokortikoide aus der NNR. Im Sinne des Feedback-Mechanismus hemmt ein zu hoher Kortisolspiegel die CRH- und die ACTH- Freisetzung. Dieser Regelkreis ermöglicht die Aufrechterhaltung des physiologischen Glukokortikoidspiegels im Blutplasma. Infektionen, mechanische Traumata und psychische Belastungen stimulieren ebenfalls die Kortisolfreisetzung.

Freigabe der Mineralkortikoide
Die Regelgröße für die Ausschüttung des Mineralkortikoids Aldosteron, das in der NNR synthetisiert wird, ist die Natriumkonzentration im Blut. Sinkt der Natriumspiegel, wird in der Niere das Enzym Renin freigesetzt, das aus Angiotensinogen, einem Globulin des Blutplasmas, Angiotensin I abspaltet. Dieses Dekapeptid wird durch ein weiteres Enzym in das Angiotensin II umgewandelt. Das entstandene Oktapeptid stimuliert die Sekretion von Aldosteron, das die Salz- und Wasserrückresorption in den Nieren erhöht und somit den gesunkenen Natriumspiegel wieder anhebt. Die verstärkte Bildung von Aldosteron erfolgt auch bei Blutverlusten, erhöhtem Kaliumspiegel und starken Schweißabsonderungen.

Freigabe der Androgene
Bei stark erhöhter ACTH-Ausschüttung steigt auch die Freigabe von Androgenen aus der Zona reticularis der Nebennierenrinde. Auslöser dafür kann eine verminderte Kortisolproduktion sein.

Regulation der Nebennierenmarkhormone
Die Freisetzung von Adrenalin und Noradrenalin wird nicht durch Hormoneinwirkung sondern über den Einfluß des vegetativen Nervensystems gesteuert. Die Zentren der vegetativen Regulation liegen im Hypothalamus und im Hirnstamm. Auslösende Faktoren für eine erhöhte Ausschüttung dieser Hormone sind starke physische und psychische Belastungen, Streßsituationen oder Angst.

Hormonwirkung

Wirkung der Glukokortikoide
Die Glukokortikoide besitzen ein weitgefächertes Wirkungsspekrum. Zu den wichtigsten Glukokortikoidwirkungen gehören:

- die Stoffwechselwirkungen,
- die Organwirkungen,
- die Wirkungen in Arzneiform.

Stoffwechselwirkungen
Glukokortikoide fördern in den Leberzellen die Neubildung von Zucker (Glukoneogenese) aus Aminosäuren. Sie erhöhen den Blutzuckerspiegel, indem sie den Glukosetransport und die Glukoseverwertung hemmen. Hierbei handelt es sich um eine diabetogene Wirkung. Glukokortikoide haben eine katabole Wirkung auf die Muskulatur, die Haut und die Knochen. Das bedeutet, sie fördern den Eiweißabbau in diesen Organen. Das Kortisol, als ein Vertreter der Glukokortikoide, mobilisiert freie Fettsäuren aus dem Fettgewebe und entfaltet damit eine lipolytische Wirkung.

Organwirkung
Glukokortikoide stimulieren die Magensaftsekretion, steigern die glomeruläre Filtrationsrate in der Niere und fördern den Knochenabbau und hemmen den Knochenaufbau. Glukokortikoide sind in der Lage, die Rezeptorempfindlichkeit im Nervensystem zu erhöhen. Sie üben somit einen permissiven Effekt aus. Desweiteren steigern Glukokortikoide die Wahrnehmung akustischer und taktiler Reize.

Wirkung in Arzneiform
Glukokortikoide hemmen Entzündungsprozesse, das z.B. bei der Behandlung rheumathischer Erkrankungen von Bedeutung ist. Sie unterdrücken die körpereigenen Abwehrreaktionen. Diese Eigenschaft kann bei der Organtransplantation zur Verhinderung von Gewebeunverträglichkeitsreaktionen ausgenutzt werden. Ihre antiallergische Wirkung besteht in der Verhinderung überschießender Immunreaktionen. Deshalb werden Glukokortikoide auch zur Behandlung von allergischen Erkrankungen eingesetzt. Zu diesen gehören z.B. das Asthma bronchiale und der Heuschnupfen.

Merke **Der medikamentöse Einsatz von Steroiden ist mit dem Auftreten von Nebenwirkungen verbunden.**

Wirkung der Mineralkortikoide
Das Aldosteron ist das wichtigste Mineralkortikoid, dessen Hormonwirkung sich vor allem auf folgende Zielorgane konzentriert:

- die Nieren und
- der Darm.

Aldosteronwirkungen auf die Nieren
Das Aldosteron fördert die Natriumrückresorption in den distalen Tubulusabschnitten und damit verbunden auch die Rückresorption von Wasser. Es fördert weiterhin die Kalium- und Wasserstoffionenausscheidung.

Aldosteronwirkung auf den Darm
Das Hormon fördert die Synthese und den Einbau von Natriumkanälen in die zum Darmhohlraum gerichteten Membranabschnitte der Zottenepithelzellen und erhöht damit die Natrium- und Wasserrückresorption.

Wirkung der Androgene
Zu den eigentlichen Hormonen der Nebennierenrinde zählen die Mineralkortikoide und die Glukokortikoide. Ihrer chemischen Struktur nach erweisen sie sich als Steroide, bei deren Synthese auch Sexualhormone als Zwischenprodukte auftreten. Unter normalen Umständen ist deren Produktion sehr gering. Bei Störungen der Steroidsynthese können sich diese Zwischenprodukte anhäufen und biologische Wirkungen entfalten. Ein Enzymdefekt (C-21-Hydroxylase) läßt anstelle der Kortisolsynthese vermehrt Androgene entstehen. Sie führen bei der Frau zu einer Behaarung vom männlichen Typus (Hirsutismus), zu einer Klitorisvergrößerung, zum Ausfall des Kopfhaares und zum Tieferwerden der Stimmlage. Beim Mann findet man dagegen eine Verstärkung der sekundären männlichen Geschlechtsmerkmale und eine Unterentwicklung der primären Geschlechtsmerkmale. Dieses meist angeborene Krankheitsbild wird als Adrenogenitales Syndrom bezeichnet.

Wirkung von Adrenalin und Noradrenalin
Beide Hormone werden von den phäochromen Zellen des Nebennierenmarks hergestellt, die von sympathischen Nervenfasern umgeben werden. Sie beeinflussen das Herz-Kreislauf-System und haben unterschiedlich starke Wirkung auf den Stoffwechsel. Adrenalin erhöht das Herzzeitvolumen, indem es die Herzfrequenz steigert. Es fördert weiterhin den Abbau der Zuckerspeicher in der Leber und in der Muskulatur. Damit wird der Blutglukosespiegel angehoben. Auf die Magen-Darm-Peristaltik übt Adrenalin eine hemmende Wirkung aus. Das Noradrenalin erhöht dagegen den peripheren Gefäßwiderstand, was einen Blutdruckanstieg zur Folge hat. Beide Hormone stimulieren die Lipolyse im Fettgewebe und die Proteolyse im Lebergewebe. Sie hemmen gemeinsam die Insulinsekretion, so daß über diesen Mechanismus ebenfalls ein erhöhter Blutzuckerspiegel entsteht. In Streßsituationen kann die Adrenalin-Noradrenalin-Sekretion auf das 100fache ansteigen, und die Hormonwirkungen führen zu einer angepaßten Reaktion des Körpers an die Belastungssituation. So wird z.B. die Magen-Darm-Tätigkeit reduziert, die Bronchien erweitern sich, die Gefäße der Muskulatur werden verstärkt durchblutet und es stehen vermehrt Energieträger zur Verfügung, die durch die Lipolyse und Glykogenolyse gewonnen wurden.

7.4.10. Langerhans-Inseln

Hormonwirkung

Die Inselhormone sind Peptidhormone, die vorrangig für die Regulation des Kohlenhydratstoffwechsels zuständig sind. Im endokrinen Teil der Bauchspeicheldrüse werden folgende Hormone synthetisiert:

- das Insulin,
- das Glukagon und
- das Somatostatin.

Insulin
Das in den B-Zellen der Langerhans-Inseln gebildete Insulin verbessert die Verwertung von Glukose, wobei die Freisetzung des Hormons vom aktuellen Blutzuckerspiegel abhängt. Fast alle Körperzellen verfügen über Insulinrezeptoren in der Zellmembran.

Hauptwirkungsgebiete für das Insulin sind die Leber, die quergestreifte Muskulatur und das Fettgewebe.
In der Leber erhöht Insulin die Glukoseaufnahme und bewirkt die Umwandlung in das Glykogen, das die Speicherform von Zucker darstellt. Insulin senkt den Blutzuckerspiegel. Die quergestreifte Muskulatur nimmt bei einem ausreichenden Insulinspiegel Glukose auf und kann sie dann verbrauchen. Von stark beanspruchten Muskeln wird die Glukose auch aufgenommen, wenn lediglich eine basale Insulinsekretion vorliegt.

Der durch Insulin stimulierte Glykogenaufbau in der Leber kann ein bestimmtes Maß nicht überschreiten. Die überschüssige Glukose, die in die Leberzellen gelangt, wird in Fett umgewandelt. Die gebildeten Fettsäuren gelangen auf dem Blutweg in das Fettgewebe und werden hier in Form der Triglyzeride gespeichert.

Insulin ermöglicht den Transport von vielen Aminosäuren in die Zellen und fördert den Proteinaufbau. Ähnlich wirkt auch das Wachstumshormon.

Merke **Unter einem Insulinmangel werden die aus dem Fettdepot freigesetzten Fettsäuren von den Leberzellen aufgenommen und in Triglyzeride umgewandelt. Auf diese Weise entsteht die Fettleber eines Diabetikers.**

Glukagon
Das Glukagon wird in den A-Zellen der Langerhans-Inseln synthetisiert und ist der direkte Gegenspieler des Insulins. Durch Wirkung von Glukagon wird der Blutzuckerspiegel erhöht. Das Glukagon stimuliert den Abbau des Leberglykogens (Glykogenolyse), der zur Erhöhung des Blutzuckers führt. Auf das Fettgewebe wirkt es lipolytisch und stellt so Fettsäuren für die Energielieferung zur Verfügung.

Somatostatin
Dieses Hormon wird in den Langerhans-Inseln von den D-Zellen gebildet und wirkt im Pankreas selbst hemmend auf die Freisetzung von Insulin und Glukagon. Das Somatostatin hemmt die Motorik des Magen-Darm-Traktes und die Sekretion von Verdauungssäften. Daraus resultiert die Verlangsamung der Verdauungsaktivität und zu großen Blutzuckerschwankungen wird somit hormonell vorgebeugt.

Blutzuckerregulation

Der Glukosespiegel im Blutserum wird durch die Aufnahme von Kohlenhydraten mit der Nahrung und durch den Verbrauch von Glukose bei körperlicher Arbeit ständigen Veränderungen unterworfen. Die glukoseliefernden und glukoseverbrauchenden Vorgänge im Organismus bestimmen somit die Konzentration des Blut-Glukose-Spiegels. Die regulativen Hormonwirkungen ermöglichen eine Konstanthaltung dieses Glukosespiegels um einen Wert von 3,6 - 5,6 mmol/l.
Insulin stimuliert sämtliche stoffwechselbezogenen (metabolischen) Mechanismen, die zur Senkung des Blutzuckerspiegels führen. Dazu gehören die Steigerung der Glukoseaufnahme in die Zellen, die Glykogensynthese, die Hemmung der Glykogenolyse und der Glukoneogenese. Sinkt die Glukosekonzentration im Blutserum stark ab, werden die gegenregulatorischen Hormone des Insulins wirksam, um den Normalwert wieder herzustellen. Zu den gegenregulatorischen Hormonen des Insulins zählen das Glukagon, das Somatostatin, das Adrenalin und das Somatotropin. Das Somatotropin ist ein Wachstumshormon, das im Hypophysenvorderlappen hergestellt wird.

Merke **Die Konstanthaltung des notwendigen Blutzuckerspiegels steht vorrangig unter der regulativen Wirkung der Pankreashormone Insulin, Glukagon und Somatostatin.**

7.4.11. Hoden

Hormonwirkung

Das in den Leydig-Zwischenzellen des Hodens synthetisierte Testosteron ist das wichtigste männliche Sexualhormon. Die androgene Wirkung des Testosterons besteht im Einfluß auf die Entwicklung der sekundären männlichen Geschlechtsmerkmale. Das sind u.a. die Ausbildung der Schambehaarung, das Peniswachstum, der Stimmbruch, der männliche Körperbau und die Talgdrüsenaktivität. Eine ausreichende Testosteronfreisetzung ist Voraussetzung für die Reifung der Samenzellen (Spermiogenese) und die Absonderung von Sekreten aus den Bläschendrüsen und der Vorsteherdrüse. Das Hormon beeinflußt auch den Geschlechtstrieb (Libido), die Zeugungsfähigkeit (Potentia generandi) sowie die Begattungsfähigkeit (Potentia coeundi) des Mannes.
Das Testosteron fördert die Blutbildung, den Eiweißaufbau und das Längenwachstum der Knochen. Diese Eigenschaft bezeichnet man als anabole Wirkung.

Merke **Zu den wichtigsten biologischen Wirkungen des Testosterons gehören der Einfluß auf die Geschlechtsdifferenzierung, auf die Samenbildung und auf den Geschlechtstrieb.**

7.4.12. Eierstöcke

Hormonwirkungen

Östrogene
Das am stärksten wirksame Östrogen ist das in den Follikelepithelzellen synthetisierte Östradiol (E_2). Unter Mitwirkung von Östron (E_1) und Östriol (E_3) fördert es das Wachstum der weiblichen Geschlechtsorgane und beeinflußt die Entwicklung der sekundären Geschlechtsmerkmale wie Brustentwicklung, weiblicher Körperbau und Fettgewebseinlagerungen in die Unterhaut.
Östradiol fördert außerdem den Aufbau der Gebärmutterschleimhaut (Proliferation), beeinflußt die Bildung der Endometriumdrüsen und verstärkt die Kontraktionen der Gebärmuttermuskulatur beim Geburtsvorgang. Während des Ovulationszeitraumes bewirken die Östrogene die Auflockerung des zervikalen Schleimpfropfes, was eine größere Spermiendurchlässigkeit zur Folge hat. Auch die Wanderungsgeschwindigkeit des Eies im Eileiter wird durch Östrogene beeinflußt. Extragenitale Wirkungen der Östrogene sind u.a. die Erhöhung der Gerinnungsfähigkeit des Blutes, die Senkung des Cholesterinspiegels und die Hemmung der Talgdrüsenbildung in der Haut.

Gestagene
Während der sekretorischen Phase des Endometriumzyklus wird in den Luteinzellen des Gelbkörpers das wirksamste gestagene Hormon, das Progesteron (P), gebildet und aus den Zellen freigesetzt. Seine Wirkung besteht vor allem in der Vorbereitung des Endometriums auf die Aufnahme der Frucht. In der Frühschwangerschaft unterstützt es die Einnistung (Nidation) und das Wachstum des befruchteten Eies. Um das Eindringen von Spermien nach der Ovulation zu verhindern, verfestigt sich unter der Progesteronwirkung die Konsistenz des Zervixschleims. Die Entwicklung des Milchgangsystems und die Milchbildung in der Brustdrüse werden durch das Progesteron stimuliert.
Das Progesteron ist ein schwangerschaftserhaltendes Hormon.

Merke **Das Gestagen Progesteron ist für den drüsigen Umbau der Gebärmutterschleimhaut zuständig. In der zweiten Zyklushälfte leitet es die Sekretionsphase ein.**

Zusammenfassung

Reine Hormondrüsen:

Hypothalamus Die neurosekretorischen Zellen produzieren Neurohormone, zu denen Vasopressin und Oxytozin gehören.

Adenohypophyse Sie besteht aus einem Vorder-, Trichter- und Zwischenlappen. Die Drüsenzellen des Vorderlappens synthetisieren: TSH, ACTH, FSH, LH, STH, PRL. Die Drüsenzellen des Zwischenlappens bilden das MSH.

Neurohypophyse Der Hinterlappen speichert Vasopressin und Oxytozin.

Zirbeldrüse Die Zirbeldrüse ist ein Bestandteil des Zwischenhirns und produziert das Hormon Melatonin.

Schilddrüse Diese größte endokrine Drüse besteht aus zwei Lappen, die über den Isthmus verbunden sind. Die Follikelepithelzellen stellen Thyroxin und Trijodthyronin und die C-Zellen Calcitonin her.

Beischilddrüse Man bezeichnet sie auch als Epithelkörperchen. Das Parathormon wird von den Welsh-Zellen gebildet.

Nebennierenrinde Sie gliedert sich in drei Zonen, in denen folgende Hormone hergestellt werden: Mineralkortikoide und Glukokortikoide.

Nebennierenmark Das Mark besteht aus sympathischen Ganglienzellen, phäochromen Zellen, marklosen Nervenfasern und Kapillaren. Adrenalin und Noradrenalin werden von den phäochromen Zellen synthetisiert.

Gemischte Hormondrüsen:

Langerhans-Inseln Das sind epitheloide Zellen, die verstreut in das exokrine Pankreasgewebe eingelagert sind. Die A-Zellen stellen Glukagon, die B-Zellen Insulin und die D-Zellen Somatostatin her.

Hoden Die zwischen den Hodenkanälchen gelegenen Leydig-Zellen synthetisieren das Testosteron.

Eierstock Die Follikelepithelzellen bilden Östron, Östradiol und Östriol. Die Granulosa-Luteinzellen und die Theka-Luteinzellen des Gelbkörpers produzieren das Gestagen Progesteron.

Physiologie des Hormonsystems:

Endokrinie Das ist die Hormonübertragung von den Bildungszellen über den Blutweg zu den entfernten Erfolgsorganen.

Parakrinie Die Hormone diffundieren von ihren Bildungszellen durch das Zwischengewebe zu den in der Nähe liegenden Zielzellen.

Neurokrinie Die neurosekretorischen Nervenzellen bilden Hormone, die über den Blutweg das Zielorgan erreichen.

Chemische Hormonklassifizierung Es werden unterschieden: Hormone mit Peptid- oder Proteinnatur, Hormone als Abkömmlinge von Aminosäuren, Hormone mit Steroidnatur und Hormone als Fettsäurederivate.

Hormonwirkung	Hormone entfalten ihre Wirkung über Bindung an Rezeptoren der Zellmembran oder des Zytoplasmas.
Hypothalamus-HHL-System	Die Neurohormone Oxytozin und Vasopressin werden im Hypothalamus hergestellt und im HHL gespeichert.
Oxytozin	Hormonwirkung: Kontraktion der Uterusmuskulatur, Auslösung der Wehentätigkeit, Kontraktion des Myoepithels der Brustdrüse.
Vasopressin	Hormonwirkung: Wasserresorption in den Sammelrohren und distalen Tubuli der Nieren, Konstriktion der Arterien.
Hypothalamus-HVL-System	Kerngebiete des Hypothalamus regulieren die Tätigkeit der Adenohypophyse. Die Neurohormone des Hypothalamus erreichen den HVL über den Blutweg. Er stellt folgende Hormone her: STH, PRL, MSH, TSH, ACTH, FSH und LH.
Somatotropes Hormon (STH)	Hormonwirkung: Stimulation des Längenwachstums, Erhöhung der Eiweißsynthese, Förderung der Neubildung von Zucker, fettabbauende Wirkung.
Prolaktin (PRL)	Hormonwirkung: Förderung des Wachstums der Brustdrüse und der Milchgänge, Stimulation der Milchproduktion.
Melanozytenstimulierendes Hormon (MSH)	Hormonwirkung: Bildung von Melaninpigmenten, Bräunung der Haut.
Thyroideastimulierendes Hormon (TSH)	Hormonwirkung: Steuerung der Synthese- und Sekretionsprozesse der Schilddrüse.
Adrenokortikotropes Hormon (ACTH)	Hormonwirkung: Regulation der Bildung und Freisetzung von NNR-Hormonen.
Follikelstimulierendes Hormon (FSH)	Hormonwirkung: Reifung der Follikel im Eierstock, Spermiogenese im Hoden.
Luteinisierendes Hormon (LH)	Hormonwirkung: Auslösung des Eisprungs, Bildung des Gelbkörpers, Wachstumsstimulation der Leydig-Zellen, Förderung der Progesteron- und Testosteronproduktion.
Melatonin der Zirbeldrüse	Hormonwirkung: Verhinderung einer vorzeitigen Geschlechtsreife, Regulation von Schlaf-Wach-Rhythmen.
Trijodthyronin, Thyroxin der Schilddrüse	Hormonwirkung: Induzierung körpereigener Eiweißsynthesen, Förderung der Knochenreifung und der des Nervensystems, Erhöhung des Grundumsatzes, Stimulation des Kohlenhydrat- und Fettstoffwechsels.
Parathormon der Beischilddrüse	Hormonwirkung: Förderung der Kalziumresorption im Dünndarm und in den Nieren, Erhöhung der renalen Phosphatausscheidung, Mobilisation von Kalzium aus den Knochen.
Glukokortikoide der NNR	Hormonwirkung: Stimulation der Zuckerneubildung, Förderung des Eiweißabbaus, lipolytische Wirkung, Stimulation der Magensaftsekretion, Erhöhung der glomerulären Filtration, Steigerung der Empfindlichkeit der Rezeptoren im Nervensystem, Hemmung von Entzündungsprozessen, Unterdrückung der Abwehr.
Mineralkortikoide der NNR	Hormonwirkung: Aldosteron fördert die Rückresorption von Natrium in den Nieren und im Darm, vermehrte Ausscheidung von Kalium- und Wasserstoffionen.

Adrenalin, Noradrenalin aus dem NNM	Hormonwirkung: Steigerung der Herzfrequenz, Anhebung des Blutzuckerspiegels, Hemmung der Peristaltik im Magen-Darm-Kanal, Stimulation der Lipolyse im Fettgewebe, Stimulation der Proteolyse im Lebergewebe, Blutdruckanstieg.
Insulin der Bauchspeicheldrüse	Hormonwirkung: Verbesserung der Zuckerverwertung in den Körperzellen, Förderung der Zuckerspeicherung in der Leber, Förderung der Zuckeraufnahme in der Skelettmuskulatur, Fettbildung aus überschüssiger Glukose und Speicherung im Fettgewebe, Förderung des Eiweißabbaus.
Glukagon der Bauchspeicheldrüse	Hormonwirkung: Erhöhung des Blutzuckerspiegels, lipolytische Wirkung auf das Fettgewebe.
Somatostatin der Bauchspeicheldrüse	Hormonwirkung: Hemmung von Insulin und Glukagon, Hemmung der Motorik und Sekretion im Magen-Darm-Kanal.
Testosteron der Hoden	Hormonwirkung: Ausbildung der sekundären männlichen Geschlechtsmerkmale, anabole Wirkung.
Östrogene der Eierstöcke	Hormonwirkung: Beeinflussung der weiblichen sekundären Geschlechtsmerkmale, Wachstumsförderung der weiblichen Geschlechtsorgane, Proliferation der Uterusschleimhaut.
Gestagene der Eierstöcke	Hormonwirkung: Vorbereitung der Uterusschleimhaut auf die Nidation, Verfestigung des zervikalen Schleimpfropfes, Entwicklung des Milchgangsystems, Stimulation der Milchbildung, schwangerschaftserhaltendes Hormon.

7.5. Klinischer Anhang

Akromegalie

Die übermäßige Produktion des Wachstumshormons STH (somatotropes Hormon) führt beim Erwachsenen zum Krankheitsbild der Akromegalie. Die Ursache für diese Erkrankung ist häufig ein gutartiger Tumor des Hypophysenvorderlappens. Dieser Tumor führt zu einem verstärkten Wachstum der distalen Teile des Körpers wie Finger, Zehen, Hände, Füße, Nase sowie der Jochbögen und des Kinnes. Ein Längenwachstum kann nicht erfolgen, da sich die Epiphysenfugen erwachsener Menschen bereits geschlossen haben. Ebenfalls vergrößern sich die Gesichtsweichteile wie die Lippen die Nasolabialfalten und die Haut. Insgesamt entsteht dadurch eine charakteristische Vergröberung der Gesichtszüge. Dem Wachstum unterliegen weiterhin die Zunge, der Kehlkopf, die Schilddrüse und innere Organe wie das Herz und die Leber. Die Patienten klagen häufig über Kopf- und Gliederschmerzen und neigen zum Schwitzen. Desweiteren können auch Sehstörungen, Amenorrhöen bei Frauen und Impotenz bei Männern auftreten. Die Therapie der Wahl ist die operative Entfernung des Hypophysentumors. Tritt nach der Operation keine Normalisierung der STH-Sekretion ein, dann wird eine Bestrahlungsbehandlung durchgeführt. Unbehandelt führt die Akromegalie zur Herzinsuffizienz.

Hypophysärer Zwergwuchs

Ein Mangel bzw. das Fehlen des Wachstumshormons (STH) kann durch inaktive Hypophysentumoren, entzündliche Erkrankungen der Hirnhäute, Geburtstraumen oder Schädel-Hirn-Traumen hervorgerufen werden. Die Kinder bleiben ab dem zweiten Lebensjahr deutlich im Wachstum zurück. Im Erwachsenenalter erreichen sie nur eine Größe von 100 - 150 cm. Die Körperproportionen sind bis auf einen etwas vergrößerten Kopf annähernd normal.
Auffallend sind neben einem oft puppenhaften Gesicht kleine Hände und kleine Füße (Akromikri). Psychisch leiden diese Menschen unter ihrer Kleinheit und haben Minderwertigkeitskomplexe. Die Intelligenz ist meist normal. In vielen Fällen bleibt das Genitale auf einer kindlichen (infantilen) Stufe stehen und die sekundären Geschlechtsmerkmale kommen nicht zur Ausbildung. Eine normale Geschlechtsentwicklung ist bei einer erhaltenen Gonadotropinbildung durchaus möglich. Es können aus Ehen hypophysärer Zwerge dann Kinder geboren werden, die normal groß sind. Die Behandlung der hypophysären Kinder besteht in der frühzeitigen Gabe von Wachstumshormonpräparaten, wobei es zu einem gewissen Aufholwachstum kommt.

Morbus Cushing

Diese Krankheit wurde von dem amerikanischen Neurochirurgen Harvey Cushing 1932 beschrieben. Tumoren der Hypophyse, Nebennierenrindenadenome, Nebennierenrindenkarzinome, kleinzellige Bronchialkarzinome, zu starke hypothalamische Releaser-Aktivität sowie eine Langzeittherapie mit Glukokortikoiden sind Ursachen für die Entstehung eines Morbus Cushing. Der erhöhte Glukokortikoidspiegel wandelt Glukose vermehrt in Depotfett um. Das führt zu einer Fettverteilungsstörung mit zunehmendem Fettansatz im Gesicht (Vollmondgesicht), im Nacken (Büffelnacken) und im Körperstammbereich (Stammfettsucht). In der Haut entstehen atrophische Spannungslinien (Striae rubrae). Sie treten besonders in den Regionen der Haut auf, die durch Fettansammlungen stärker gespannt sind. Die katabolische Wirkung der Glukokortikoide führt zur Atrophie von Muskulatur, Knochengrundsubstanz und Haut. Muskelschwäche, Wirbelzusammenbrüche und eine leicht verletzbare Haut sind die Folge. Abbauprodukte des Kortisols wirken schwach androgen. Frauen entwickeln deshalb eine mäßig ausgeprägte Behaarung vom männlichen Typus (Hirsutismus) und haben Periodenstörungen (Amenorrhoe). Die Androgenwirkung führt bei Männern zur Hodenatrophie und Impotenz. Ist ein Hypophysentumor die Ursache des Morbus Cushing,

dann treten Gesichtsfeldausfälle und Kopfschmerzen auf.
Die Therapie richtet sich nach den auslösenden Ursachen. Hypophysentumoren werden operativ beseitigt (Adenomektomie). Die Hypophyse wird nur dann bestrahlt, wenn eine Operation nicht mehr durchgeführt werden kann. Die Entfernung der Nebennierenrinden (Adrenalektomie) ist angezeigt, wenn NNR-Tumoren vorliegen. Im Anschluß erfolgt eine lebenslange pharmakologische Hemmung der Glukokortikoidproduktion. Auch bei der Entfernung von nur einer Nebennierenrinde müssen über einen längeren Zeitraum Glukokortikoide verabreicht werden, bis die atrophische Nebennierenrinde der Gegenseite funktionstüchtig wird.

Hyperthyreose

Die Hyperthyreose ist ein Überfunktionszustand der Schilddrüse, der hervorgerufen werden kann durch:

- ein autonomes Adenom,
- durch Autoimmunprozesse.

Autonomes Adenom
Es handelt sich hierbei um verselbständigte Zellkomplexe der Schilddrüse, die nicht mehr hypophysär gesteuert Hormone herstellen. Diese hormonproduzierenden Zellen können umschriebene Knoten (autonome Adenome) bilden oder diffus im Schilddrüsengewebe verteilt sein. Übersteigt die produzierte Hormonmenge den Tagesbedarf, dann treten Symptome der Hyperthyreose auf. Zu diesen gehören u.a. die Gewichtsabnahme, die Nervosität, die Schlaflosigkeit, die Wärmeintoleranz, das Herzklopfen, das Schwitzen, die Neigung zum Durchfall, das Glanzauge, die schnelle Ermüdbarkeit, sowie der vermehrte Appetit und Durst. Die Therapie der Wahl besteht in der operativen Entfernung des autonomen Adenoms.

Autoimmunprozesse
B-Lymphozyten synthetisieren abnorme schilddrüsenstimulierende Antikörper, die zu einer Funktionssteigerung des hormonproduzierenden Schilddrüsengewebes führen. Neben den schon genannten Symptomen kommt es zur Ausbildung eines Exophthalmus und zu Myxödemen in der Haut der Schienbeingegend. Die Therapie der Wahl besteht in der Gabe von Thyreostatika. Das sind Medikamente, die z.B. die Synthese von Schilddrüsenhormonen hemmen.

8. Hautsystem

8.1. Allgemeines

Die äußere Haut (Integumentum commune) umhüllt die gesamte Körperoberfläche und bildet einen wirkungsvollen Schutz gegenüber den vielseitigen Umwelteinflüssen. Gleichzeitig fällt ihr aber auch eine wichtige Vermittlerfunktion zwischen dem Organismus und der Außenwelt zu.
Als größtes Körperorgan mit einer Gesamtoberfläche von 1,5 bis 1,8 m^2 kann ihr Gewicht bis zu 10 kg betragen. Die Dicke der Haut variiert an verschiedenen Körperstellen zwischen 0,5 - 5 mm. Besonders dicke Haut befindet sich an den Fußsohlen, an den Handinnenflächen sowie am Rücken und am Gesäß. Die Bauchhaut, die Gesichtshaut und die Haut auf der Beugeseite der Extremitäten ist dagegen wesentlich dünner.
Die Farbe der Haut hängt von ihrem Pigmentgehalt, der Durchblutung und der Oberhautdicke ab.

8.2. Haut

8.2.1. Hautschichten

Die Haut setzt sich aus drei Schichten zusammen. Die Ober- und Lederhaut bilden die beiden obersten Schichten, die die eigentliche Haut (lat. cutis) darstellen, während die unterste Hautschicht als Unterhaut (Tela subcutanea) bezeichnet wird. Sie ist eine Schicht, die die Haut mit der jeweiligen Unterlage (Muskelbinden, Knochenhaut) verschieblich verbindet.
Zu den Schichten der Haut gehören somit:

- die Oberhaut (Epidermis),
- die Lederhaut (Corium) und
- die Unterhaut (Tela subcutanea).

Oberhaut

Die Basalmembran der Oberhaut verläuft nicht glatt und eben, sie liegt der warzen- oder leistenförmig vorspringenden Lederhaut auf.
Die Oberhaut ist die äußerste Hautschicht und auf Grund der Beanspruchung einer konstanten Neubildung unterworfen. Sie besteht aus mehrschichtig verhorntem Plattenepithel, das von der Tiefe zur Oberfläche gerichtet in folgende fünf Schichten unterteilt wird:

- Grundschicht (Stratum basale),
- Stachelzellschicht (Stratum spinosum),
- Körnerschicht (Stratum granulosum),
- Glanzschicht (Stratum lucidum) und
- Hornschicht (Stratum corneum).

Grundschicht
Sie enthält hochprismatische Zellen, die alle auf einer Basalmembran (Basallamina) aufsitzen und über diese Membran mit der darunterliegenden Lederhaut verankert sind. Die hohe Mitoserate dieser Zellschicht gewährleistet eine fortlaufende Erneuerung des Epithels.
Zwischen den Epithelzellen liegen die etwas größeren Pigmentzellen (Melanozyten), welche in Abhängigkeit der ultravioletten Lichteinstrahlung ein stickstoffhaltiges dunkles Pigment bilden, das Melanin. Das in Körnchenform vorliegende Pigment (Melaningranula) wird an die Basalzellen selbst und an die darüberliegenden Stachelzellen abgegeben.

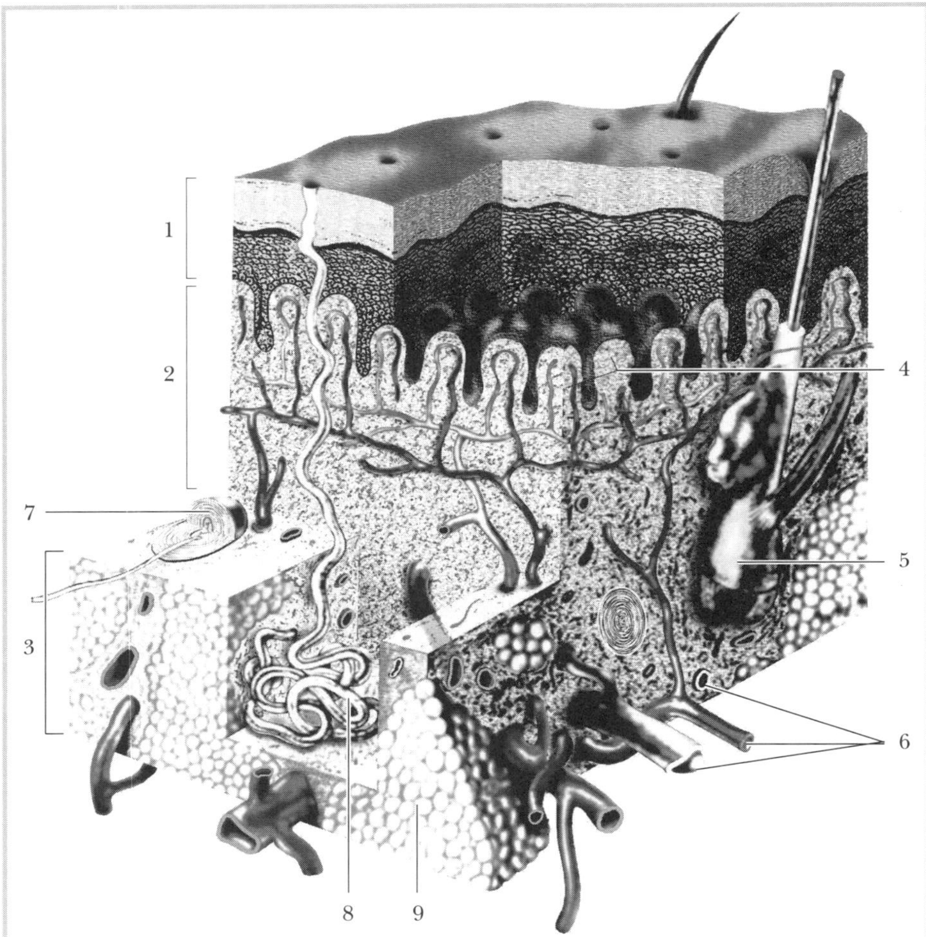

Abb. 99 Schematische Darstellung der Haut (nach Ad van Horssen, 1994)

1 Oberhaut (Epidermis)
2 Lederhaut (Corium)
3 Unterhaut (Subcutis)
4 Bindegewebspapillen
5 Haarzwiebel
6 Blut- und Lymphgefäße
7 Vater-Pacini-Körperchen
8 Schweißdrüse
9 Speicherfett

Stachelzellschicht
In acht bis zehn Reihen übereinandergeschichtet stehen die zunehmend flacher werdenden Zellen über stachelförmige Zytoplasmaausläufer (lat. spinosus = stachelig) miteinander in Verbindung. Durch elektronendichte Haftplatten (Desmosomen) werden die Epithelzellen zusammengehalten. Zwischen den Zellen liegen größere Interzellularspalten.

Merke **Die beiden untersten Schichten, das Stratum basale und das Stratum spinosum, bilden zusammen die Keimschicht (Stratum germinativum).**

Körnerschicht
In der aus ein bis fünf Zellreihen bestehenden Schicht bilden die Zellen das Keratohyalin, eine weiche Vorstufe der Hornsubstanz (Keratin). Neben der Keratohyalingranula stellen diese Zellen auch eine lipidhaltige Granula (MCG = membrane coating granules) her, durch welche eine Abdichtung der Interzellularräume ermöglicht wird. Sie verhindert einen zu großen Flüssigkeitsverlust über die Haut.

Glanzschicht
Diese helle und stark lichtbrechende Zellschicht ist nur an dicken Epidermisstellen ausgebildet (z.B. Fußsohle oder Hohlhand). Die Zellen sind mit einem sauren Farbstoff anfärbbar (azidophil) und enthalten eine aus Eiweißverbindungen und Lipoiden bestehende Substanz, das Eleidin. Es verleiht dieser Schicht ein homogenes (= gleichartiges) Aussehen. Die Zellen besitzen keinen Zellkern mehr, und die Zellgrenzen sind nicht deutlich zuzuordnen.

Hornschicht
In dieser Schicht sind die Epithelzellen zu Hornschuppen umgewandelt, und alle Zellorganellen bereits vollständig abgebaut. Die somit plattgewordenen kernlosen Zellen enthalten Keratin, ein schwefelfreies Skleroprotein, das durch die Umwandlung des Keratohyalins entsteht. Die oberste Hornlage wird stetig abgeschilfert und stellt die eigentliche Grenzschicht zur Außenwelt dar.

Lederhaut

Die Lederhaut beginnt direkt unter der Basalmembran der Oberhaut und besteht aus dichtem Bindegewebe, das netzartig von kollagenen und elastischen Faserbündeln durchflochten ist. Dieses filzartige Fasergeflecht verleiht der Haut insgesamt Zugfestigkeit und Elastizität. Die Bezeichnung Lederhaut stammt daher, daß durch Gerbung dieser Schicht Leder aus tierischen Häuten hergestellt wird. Die Dicke dieser Hautschicht variiert zwischen 0,3 mm (z.B. am Penis, am Hodensack sowie an den Augenlidern) und 2,4 mm (z.B. an den Fußsohlen und an den Handflächen). Es werden zwei Zonen unterschieden:

- die Papillarschicht (Stratum papillare) und
- die Netzschicht (Stratum reticulare).

Papillarschicht
Sie bildet die Grenzschicht zur Basalmembran der Oberhaut. Wellenartige Ausstülpungen gegen die Oberhaut (Bindegewebspapillen) vergrößern die Haftfähigkeit und die Kontaktfläche dieser Schicht. Die Bindegewebspapillen werfen die Oberhaut zu linienartigen Mustern auf, die in Form der charakteristischen Hautlinien auf die Oberfläche projiziert werden. In den Bindegewebspapillen liegen Kapillarschlingen zur Blutversorgung der Oberhaut und Mechanorezeptoren in Form von Tastkörperchen (Meissner-Tastkörperchen).

Netzschicht
Diese Schicht enthält vorwiegend kollagene und retikuläre Fasern. Durch die mit einem Karomuster vergleichbare Anordnung der Kollagenfasern ergeben sich feinste Spaltlinien (Langer-Linien), die in Richtung der geringsten Hautdehnbarkeit verlaufen. In der Netzschicht verzweigen sich zahlreiche Blutgefäße. Sie enthält weiterhin Nerven, Haarfollikel, Fettgewebe, Talgdrüsen und Schweißdrüsengänge.

Merke **Die Papillarschicht der Lederhaut dient der festen Verzahnung mit der Oberhaut und prägt deren Leistenmuster. Die kollagenen und elastischen Fasern der Netzschicht bestimmen wesentlich die reversible Dehnbarkeit und Reißfestigkeit der Haut.**

Unterhaut

Die Unterhaut, kurz Subkutis genannt, besteht hauptsächlich aus lockerem Bindegewebe. Über Bindegewebssepten (Retinaculae cutis) erfolgt die Anheftung an die jeweilige Hautunterlage, was z.B. Muskelfaszien oder Knochenhäute sein können. Als Verschiebeschicht zu diesen Unterlagen gleicht die Unterhaut auftretende Spannungen aus. Je nach Körperregion ist die Einlagerung von Fettgewebe in die Unterhaut unterschiedlich stark ausgeprägt. Als Baufett bildet es ein Stoßpolster an stark beanspruchten Körperstellen wie z.B. an den Fußsohlen und an den Handinnenflächen. Als Speicherfett, das in seiner Gesamtheit den Fettmantel der Haut bildet und gleichzeitig ein wichtiges Energiereservoir darstellt, beeinflußt es die Wärmeabgabe.
In der Unterhaut liegen zahlreiche Schweißdrüsen, Haarzwiebeln, Blut- und Lymphgefäße sowie Druck- und Vibrationstastkörperchen.

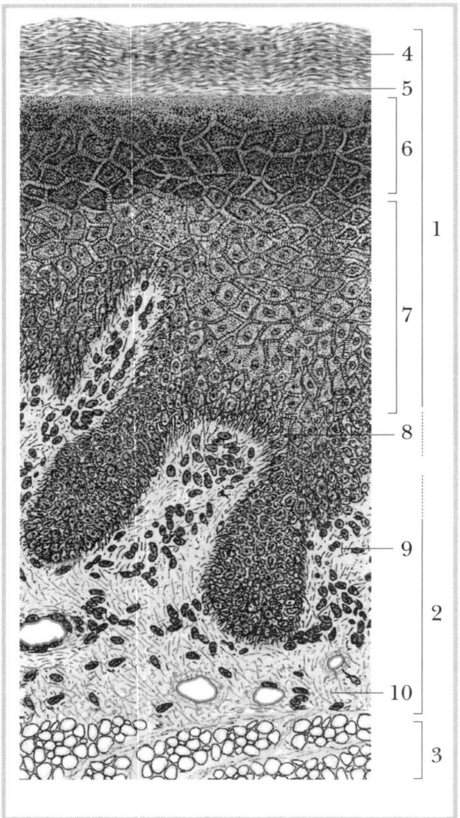

Merke	**Die Unterhaut enthält fast den gesamten Fettanteil der Haut, der auch als Fettmantel (Panniculus adiposus) bezeichnet wird.**

Abb. 100 Hautschichten

1 Oberhaut (Epidermis)
2 Lederhaut (Corium)
3 Unterhaut (Subcutis)

4 Stratum corneum
5 Stratum lucidum
6 Stratum granulosum
7 Stratum spinosum
8 Stratum basale
9 Stratum papillare
10 Stratum reticulare

8.2.2. Anhangsorgane der Haut

Hautdrüsen

Bei den Hautdrüsen (Glandulae cutis) werden folgende Drüsenarten unterschieden:

- die Talgdrüsen (Glandulae sebaceae),
- die Schweißdrüsen (Glandulae sudoriferae eccrinae),
- die Duftdrüsen (Glandulae sudoriferae apocrinae) und
- die Brustdrüsen (Glandulae mammariae).

Talgdrüsen
Da sich die Drüsenzellen bei der Sekretabgabe vollständig auflösen, zählen die Talgdrüsen zu den holokrinen Drüsen. Vorrangig sind sie an Haare gebunden und geben ihr Sekret

(Sebum) in den nahe der Hautoberfläche gelegenen Haarbalg ab. Die Haare und die Haut werden somit von einer dünnen und schützenden Talgschicht überzogen, die aus Fetten, Proteinen und Elektrolyten besteht.
Sogenannte freie Talgdrüsen kommen unabhängig von Haaren dort vor, wo die Haut in Schleimhaut übergeht. Dazu gehören das Lippenrot, die Peniseichel, die kleinen Schamlippen, der Anus, der Brustwarzenvorhof und die Augenlider. An den Handflächen und an den Fußsohlen kommen Talgdrüsen nicht vor.

Merke **Bei Abflußbehinderungen füllen sich die Talgdrüsen prall mit Sekret und werden zu Mitessern (Comedones). Spezialisierte Talgdrüsen im Gehörgang produzieren das Ohrenschmalz (Cerumen).**

Schweißdrüsen
Mit ihren röhrenförmigen Ausführungsgängen und den knäuelartig gewundenen Endstükken gehören die Schweißdrüsen zu den tubulären Knäueldrüsen. Die Endstücke reichen bis zur Unterhaut und besitzen ein einschichtiges kubisches bis prismatisches Epithel, dessen Zellen Fetttröpfchen und Pigmentgranula enthalten. Die Ausführungsgänge verlaufen bis zu den Spitzen der Oberhauteinzapfungen und schlängeln sich dann zwischen den Epithelzellen zur Hautoberfläche, wo sie mit einer Porenöffnung münden. In der Oberhautschicht geht die Form des Ausführungsganges verloren. Das Sekret der Schweißdrüsen wird durch die Drüsenzellmembran abgegeben, ohne daß die Zelle einen Substanzverlust erleidet. Diesbezüglich zählen die Schweißdrüsen zu den ekkrinen Drüsen. Insgesamt verteilen sich über die ganze Haut etwa 2 bis 3 Millionen Schweißdrüsen. Ihr saures Sekret hat einen pH-Wert von 4,5 und baut den Säureschutzmantel der Haut auf.

Duftdrüsen
Sie gehören auch zu den Knäueldrüsen mit subkutan gelegenen Endstücken. Das Lumen dieser Drüsen ist weiter als das der ekkrinen Schweißdrüsen, und die Sekretabgabe erfolgt durch Abschnürung der mit Prosekretgranula gefüllten Drüsenzellspitzen. Es sind apokrine Drüsen, die ihr Sekret bei einem Teilverlust der Zellsubstanz abgeben. Duftdrüsen kommen meist im Zusammenhang mit Haaren vor und sind besonders zahlreich in der Achselhöhle, in der Schamhaargegend, in der Analregion und in der Umgebung der Brustwarze vertreten. Unter dem Einfluß von Geschlechtshormonen werden die Duftdrüsen während der Pubertät vermehrt gebildet und kommen in diesem Zeitraum zur Ausreifung. Das Sekret der Duftdrüsen ist alkalisch und enthält verschiedenartig zusammengesetzte Duftstoffe. Infektionen durch Bakterien werden dadurch begünstigt, daß dieses alkalische Sekret den Säureschutzmantel auflöst. Durch die bakteriellen Abbauprodukte wird der typische Schweißgeruch hervorgerufen.

Brustdrüsen
Die Brust- oder Milchdrüse ist die größte apokrine Hautdrüse. Auch beim Mann ist die Brustdrüse angelegt, bleibt aber im unterentwickelten (rudimentären) Stadium erhalten. Bei der Frau entwickeln sich die Brustdrüsen zu Brüsten, und erst während der Schwangerschaft werden sie funktionell zu Milchdrüsen. Die weibliche Brustdrüse setzt sich aus 15 - 20 kegelförmigen Drüsenlappen zusammen, die durch lockeres Bindegewebe voneinander getrennt sind. Die Lappen bestehen aus mehreren kleinen Läppchen, die die alveolären Endkammern enthalten. Somit stellt jeder Drüsenlappen eine zusammengesetzte alveoläre Drüse dar, die einen Ausführungsgang, den Milchgang (Ductus lactiferus) aufweist. Kurz vor der Brustwarze (Papilla mammae) erweitern sich die Milchgänge zu kleinen Aussackungen, den Milchbuchten (Sinus lactiferi). Diese verengen sich im Verlauf durch die Brustwarze und münden mit feinen Öffnungen, den Milchporen, auf der Brustwarze. Die Brustwarze selbst ist reich an glatter Muskulatur, die auch im umgebenden Warzenhof (Areola mammae) ausgebildet ist.

Der Warzenhof umgibt die Brustwarze als ein rundliches, stark pigmentiertes Feld mit kleinen Höckerchen, welche durch die Warzenhofdrüsen (Glandulae areolares oder Montgomery-Drüsen) hervorgerufen werden. Die Montgomery-Drüsen sind rudimentäre Milchdrüsen.

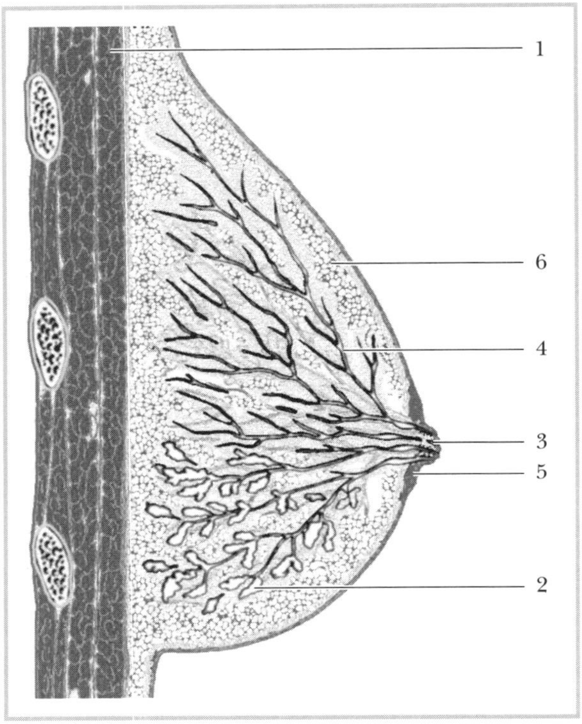

Abb. 101 Brustdrüse

1 Brustfascie (Fascia pectoralis)
2 Drüsenlappen (Lobi glandulae mammariae)
3 Brustwarze (Papilla mammae)
4 Milchgang (Ductus lactiferus)
5 Warzenvorhof (Areola mammae)
6 Fettgewebe

Haare

Die Haare (Pili) sind biegsame Hornfäden, die in verschiedener Länge und Dicke an fast allen Körperstellen vorkommen. Im folgenden sollen näher betrachtet werden:

- die Haararten und
- der Bau des Haares.

Haararten
Hinsichtlich der Haarlänge und Haardicke sowie des regionalen Wachstums werden drei Arten von Haaren unterschieden:

- die Wollhaare,
- die Kurz- oder Borstenhaare und
- die Langhaare.

Wollhaare
Die Wollhaare bilden als Lanugo-Haare das erste Haarkleid des Fetus. Beim Erwachsenen kommen sie als etwas dickere Vellushaare neben anderen Haaren im Gesicht, am Rumpf und an den Extremitäten vor. Ihre Länge kann bis zu 14 mm betragen.

Kurz- oder Borstenhaare
Sie werden 1 bis 1,5 cm lang und kommen nur an bestimmten Körperstellen vor. Zu diesen Haaren zählen die Augenbrauen (Supercilia), die Wimpern (Cilia), die Haare im Nasenvorhof (Vibrissae) und die Haare des äußeren Gehörgangs (Tragi).

Langhaare
Hierzu gehören die Kopfhaare (Capilli), die Barthaare (Barbae), die Achselhaare (Hirci) und die Schamhaare (Pubes).

Merke **Die bereits vorgeburtlich gebildeten Lanugo-Haare werden nach der Geburt durch die etwas dickeren, am ganzen Körper vorkommenden Vellushaare und die regional ausgebildeten Terminalhaare ersetzt. Zu den Terminalhaaren gehören die Kurz- und Langhaare.**

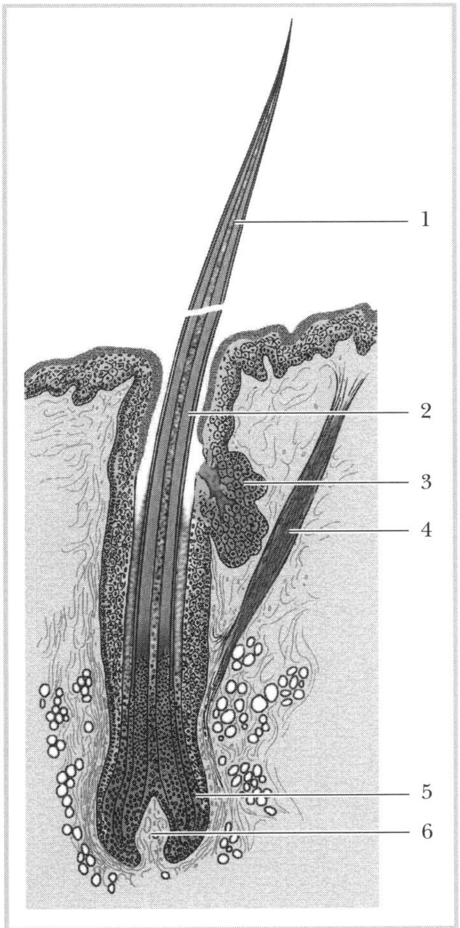

Bau des Haares
Die Haare bestehen aus einer Hornsubstanz, dem Keratin. Es werden zwei Abschnitte am Haar unterschieden:

- die Haarwurzel (Radix pili) und
- der Haarschaft (Scapus pili).

Haarwurzel
Die Wurzel wird von einer aus mehreren Schichten bestehenden Wurzelscheide umgeben. Sie endet mit einer Anschwellung, der Haarzwiebel im Bereich der Lederhaut oder Unterhaut. Von unten stülpt sich die blutgefäßtragende bindegewebige Haarpapille in die Haarzwiebel, und beide zusammen bilden mit dem umgebenden Bindegewebe den Haarfollikel. Hier setzt der zur Lederhaut ziehende Haarbalgmuskel (M. arrector pili) an, der im kontrahierten Zustand das Haar aufrichtet (Gänsehaut). Die Haarzwiebel enthält eine Zellschicht (Matrix), von der aus neue Wachstumszellen gebildet werden. Im oberen Bereich der Wurzelscheide mündet eine Talgdrüse. Über der Einmündung erweitert sich die Wurzelscheide zum Haartrichter.

Abb. 102 Bau des Haares

1 Haarschaft (Scapus pili)
2 Haarwurzel (Radix pili)
3 Talgdrüse (Glandula sebacea)
4 Haarbalgmuskel (M. arrector pili)
5 Haarzwiebel (Bulbus pili)
6 Haarpapille (Papilla pili)

Haarschaft
Es ist der Teil des Haares, der über die Hautebene hinausragt. Der Haarschaft besteht aus dachziegelartig angeordneten und verhornten Epithelzellen, die der Oberfläche die Rauhigkeit verleihen. Diese kernlosen Zellen bedecken als Haaroberhäutchen (Cuticula) die darunterliegende Rinde und im Haarinnern das Mark.

Nägel

Die Nägel (Ungues) sind gebogene Hornplatten, die die dorsale Seite der Finger- und Zehenglieder bedecken und ein Widerlager für die Tastballen bilden. Da sie größtenteils aus einem farblosen Vorstadium des Karotins zusammgesetzt sind, scheint das Epithel des darunterliegenden Nagelbetts (Hyponychium) hindurch. Die seitlichen Nagelränder sind in Hautfurchen eingeschoben, vorn ragt der freie Rand (Margo liber) als Abnutzungs- oder Schnittkante über das vordere Nagelbettende. Der hintere Abschnitt des Nagels wird als Nagelwurzel (Radix unguis) bezeichnet, die in der etwa 0,5 cm langen Nageltasche eingebettet ist. Der hufeisenförmige vordere Rand dieser Nageltasche umgibt die Nagelplatte als Nagelwall (Vallum unguis), von dem aus ein dünnes Nagelhäutchen (Eponychium) nach vorn zieht. In diesem Bereich ist unter der Nagelplatte die weißliche Wachstumszone, das Möndchen (Lunula), zu erkennen. Das Nagelbettepithel im Bereich von Wurzel und Lunula gehört zur Nagelmatrix, von der aus die Neubildung des Nagels erfolgt.

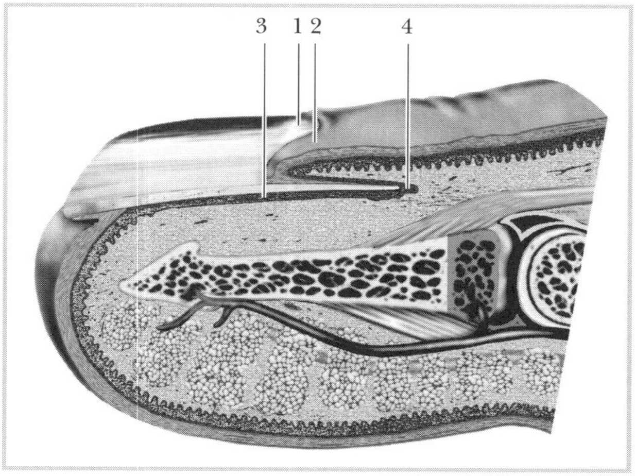

Abb. 103 Bau des Nagels

1 Wachstumszone (Lunula)
2 Nagelwall (Vallum unguis)
3 Nagelbett (Matrix unguis)
4 Nagelwurzel (Radix unguis)

Merke **Bei Verlust eines Fingernagels ist die Tastfähigkeit des betreffenden Fingers stark eingeschränkt.**

8.2.3. Physiologie der Haut

Schutzhülle

Die Haut ist vor allem durch ihre äußerste Schicht zum Schutz gegenüber schädigenden Umwelteinflüssen befähigt. Auch die Lederhaut verleiht dem Organ eine schützende Funktion. Bis zu einem gewissen Grade werden dadurch gewährleistet:

- die Abwehr mechanicher Einflüsse,
- die Abwehr chemischer Einflüsse,
- die Abwehr thermischer Einflüsse und
- die Abwehr mikrobieller Einflüsse.

Abwehr mechanischer Einflüsse
Die verhornte Oberhautschicht mit ihrer fettigen und feuchtglatten Oberfläche läßt kleinere auftreffende Partikel abstoßen und abgleiten. Durch die hohe Zugelastizität und Reißfestigkeit des dreidimensionalen Fasernetzes der Lederhaut werden traumatische Einwirkungen, entsprechend ihrer Intensität und ihrer Einwirkungsrichtung, abgefangen bzw. abgemildert. Auch die Behaarung bietet Scher- und Reibekräften Widerstand.
Langfristig einwirkende mechanische Reize führen dazu, daß es zu einer Steigerung der normalen Verhornung kommt und die Hornhaut an den beanspruchten Körperstellen an Dicke zunimmt.

Abwehr chemischer Einflüsse
Der Lipidfilm der Hautoberfläche läßt Wasser von der gesunden Haut abperlen. Erst durch den längeren Flüssigkeitskontakt dringt Wasser in die Hornschicht ein und löst aus ihr Imprägnierstoffe heraus, was die Hornschicht zur Quellung bringt (Waschfrauenhände). Umgekehrt schützt eine intakte Hornschicht als Wasserbarriere den Körper vor Austrocknung. Die Imprägnierschicht der Hornhaut besteht aus einer Lipid-Wasser-Emulsion, die als „Pufferschutzhülle" aggressive Schadstoffe durch Lipidumhüllung und Emulgierung unschädlich macht oder durch den Schweiß verdünnt. Die „Pufferschutzhülle" der Hautoberfläche wehrt die zahlreichen alkalischen Valenzen unserer chemischen Umwelt (z.B. Seife, Zement, Kalk) und stärkere Säuren ab. Organische Lösemittel können diese Barriere allerdings leicht zerstören, da sie schneller und stärker als Wasser die lipidhaltige Imprägnierung herauslösen können. Schadstoffe, die bis in die lebenden Schichten eingedrungen sind, werden durch weitere chemische Abwehrsysteme entgiftet oder von den Langerhans-Zellen phagozytiert. Wird die Hornschicht zerstört, spielen Verdünnung und Abtransport der chemischen Noxe über das Gefäßnetz sowie der nach außen gerichtete Wundsekretstrom als Schutzmechanismus eine besondere Rolle.

Abwehr thermischer Einflüsse
Die Haut schützt den Menschen vor äußeren thermischen Einwirkungen sowie vor Auskühlung durch Wärmeverlust und vor stoffwechselbedingter Überhitzung. Dabei dienen als wärmeregulierende Hauptmechanismen die Regulation der Körpertemperatur durch den Stoffwechsel, die Regulation der Hautdurchblutung und Schweißdrüsensekretion durch das vegetative Nervensystem. Die Haut besitzt einen sehr großen Temperaturtoleranzbereich und kann somit Kälte- und Hitzeeinflüsse bis zu einer gewissen Kontaktzeit und Stärke ohne größere Schadensnahme abwehren. Bei Sonneneinstrahlung wird ein Großteil der Strahlen an der Hautoberfläche reflektiert. Bei hoher Strahlungsintensität wirken die UV-Strahlen zytotoxisch (zellschädigend) und können gegebenenfalls Basaliome, Plattenepithelkarzinome oder maligne Melanome hervorrufen.

Abwehr mikrobieller Einflüsse
Um das Eindringen von Mikroben wie Bakterien, Viren oder Pilze zu verhindern, bietet die Haut verschiedene Schutzmechanismen. Die Hornschicht der Hautoberfläche bildet eine mechanische Barriere, um Mikroorganismen abzustoßen. Durch die saure „Pufferschutzhülle" und antibiotisch wirkende ungesättigte Fettsäuren wird ein Großteil der kontaktierenden Mikroorganismen unschädlich gemacht. Zusätzlich gibt die Haut bakterizid (bakterientötend) und fungizid (pilztötend) wirksame Substanzen an die Oberfläche ab. Der Talg- und Schweißdrüsenstrom dient dabei der Selbstreinigung der Hautoberfläche.

Ausscheidungsfunktion

Über die Haut werden wechselnd große Mengen von Wasser ausgeschieden, was vorrangig durch die Sekretion von Schweiß (Perspiratio sensibilis) erfogt. Im geringen Maße geschieht das ebenfalls durch Wasserdampfdiffusion (Perspiratio insensibilis). Bis zu 22 % der gesamten Wasserabgabe des Organismus erfolgt durch die Haut. Über den Schweiß werden auch geringe Mengen an Harnstoff, Milchsäure und Natriumchlorid ausgeschieden.

Fette und exogen aufgenommene giftige Substanzen sind u.a. im Talg enthalten und werden über die Talgdrüsen abgegeben. Durch die ständige Abschilferung der obersten Hornschicht ist auch die Abgabe stickstoffhaltiger Aminosäuren für den Körper von großer Bedeutung. Auch das Kohlendioxid (CO_2) wird teilweise über die Haut ausgeschieden. Die Haut erfüllt somit als Ausscheidungsorgan im Stoffwechsel ebenso wichtige Funktionen wie die Nieren, der Darm und die Lunge.

Stoffwechselfunktion

Die Haut besitzt trotz ihrer Größe, in bezug auf andere Körperorgane einen geringen Eigenstoffwechsel, und der dazu benötigte Sauerstoffbedarf liegt bei 1 bis 2 % vom Gesamtbedarf. Eine wichtige Funktion erfüllt die Haut beim Vitamin-D-Metabolismus (Stoffwechsel). Durch die sonnenlichtbedingte Ultraviolettbestrahlung entsteht in der Haut aus dem dort ständig vorkommenden Provitamin-D (7-Dehydrocholesterin) das Vitamin-D_3 (Calciol). Aus diesem geht durch weitere Umwandlungsprozesse in der Leber bzw. der Niere das wirksame D-Hormon (Calcitriol) hervor, das einen regulativen Einfluß auf den Kalzium- und Phosphathaushalt des Organismus ausübt.

Depotfunktion

Die Haut ist ein durchaus bedeutsames Speicherorgan. Als wichtige Energiereserve speichert die Unterhaut bis zu mehrere Kilogramm Neutralfett. Das Wasserdepot der Haut kann bei Bedarf dem Organismus zur Verfügung gestellt werden. Auch die Blutgefäße der Haut sind in der Lage, sich zu erweitern, um größere Mengen Blut aufnehmen zu können.

Immunologische Funktion

In die Haut eingedrungene Fremdstoffe werden durch die phagozytierenden Langerhans-Zellen aufgenommen, verarbeitet und zu den Lymphknoten transportiert, die in unmittelbarer Hautnachbarschaft liegen. Die Langerhans-Zellen vermitteln spezifische Informationen an die Lymphozyten, die zu Immunreaktionen befähigt sind. Die Haut kann jedoch auch im Sinne allergischer Erkrankungen reagieren.

Wärmeregulation

Um die Körperkerntemperatur konstant zu halten, müssen Wärmeproduktion und Wärmeabgabe im Gleichgewicht sein. Hierbei spielen die wärmeregulatorischen Mechanismen der Haut eine wesentliche Rolle. Zu diesen Mechanismen zählen u.a.

- die Schweißsekretion,
- die Isolierfunktion,
- die Verkleinerung der Hautoberfläche sowie
- die Regulierung der Hautdurchblutung.

Schweißsekretion

Das Schwitzen geht mit der Verdunstung von Schweiß auf der Haut einher und dabei wird dem Körper Wärme entzogen. Bei starker körperlicher Belastung kann die Schweißabsonderung bis zu 1,5 Liter pro Stunde ansteigen. Diese regulative Funktion ist notwendig, da je nach Schwere der geleisteten Arbeit die Wärmeproduktion des Körpers das 20fache der Ruheproduktion erreichen kann. Bei hoher Luftfeuchtigkeit kann weniger Schweiß verdunsten.

Isolierfunktion

Sinkt die Außentemperatur unter die Körpertemperatur, dann verliert der Organismus Wärme. Von den wärmebildenden Stoffwechselorganen wie Leber, Muskeln, Herz und Gehirn gelangt die Wärme durch die Körperschale an die Körperoberfläche, wo sie abgegeben wird. Um einen zu großen Wärmeverlust zu verhindern, ist die geringe Wärmeleitfähigkeit des Unterhautfettgewebes, der Lederhaut und der Hornschicht für die Erhaltung der Normaltemperatur von wesentlicher Bedeutung. Umgekehrt wirken diese Schichten auch isolierend bei Kälteeinwirkung von außen.

Verkleinerung der Hautoberfläche
Bei Kälteeinwirkung schützt sich der Organismus auch durch Verkleinerung der Hautoberfläche, indem sich die Haarbalgmuskeln (Mm. arrectores pilorum) kontrahieren und somit die Vellushaare aufrichten (Gänsehaut). Da beim Mensch das schützende dichte Haarkleid fehlt, ist dieser Schutzmechanismus von untergeordneter Bedeutung.

Regulierung der Hautdurchblutung
Bei erhöhter Wärmeproduktion und bei äußerer Wärmebelastung steigt die Hautdurchblutung stark an. Der Blutrückstrom wird dabei durch oberflächliche Venen umgeleitet. Besonders hoch ist dabei die Durchblutung der distalen Körperbereiche (Akren) wie Finger, Zehen, Hände, Füße, Kinn, Nase, Ohren und Jochbögen. Bei Wärmebelastung öffnen sich in diesen Bereichen Gefäßverbindungen (arterio-venöse Anastomosen) und ermöglichen durch die verstärkte Durchblutung eine größere Wärmeabgabe.

Sinnesorgan

Die Haut ist ein hochsensibles Sinnesorgan, über das unterschiedliche Empfindungen vermittelt werden. In erster Linie haben die Hautsinne eine Schutzfunktion gegenüber mechanischen, chemischen und thermischen Einflüssen. Sie dienen weiterhin der Kontaktkontrolle Mensch-Umwelt beim Laufen, Stehen, Greifen, Halten und Arbeiten mit der Hand. Die Aufnahme von Informationen erfolgt durch spezifische Hautrezeptoren, die eine selektive Empfindlichkeit für bestimmte Reizqualitäten besitzen. Nach Art der wirksamen Reize unterscheidet man in der Haut:

- Mechanorezeptoren,
- Thermorezeptoren und
- Schmerzrezeptoren.

Mechanorezeptoren
Die Mechanorezeptoren kommen, entsprechend ihrer Funktion, in allen Schichten der Haut vor. Da sie unterschiedliche mechanische Reizqualitäten aufnehmen, werden sie in drei Gruppen unterteilt:

- Druckrezeptoren,
- Berührungsrezeptoren und
- Vibrationsrezeptoren.

Druckrezeptoren
Als Intensitätsdetektoren übertragen sie die Information über die Stärke eines anhaltenden Druckes auf die Haut. Druckrezeptoren gehören zu den langsam anpassenden (adaptierenden) Mechanorezeptoren. Druckempfindung wird über Intensitätsdetektoren vom Typ I, den Merkel-Zellen, und über Intensitätsdetektoren vom Typ II, den Ruffini-Körperchen, vermittelt. Merkel-Zellen stellen einen Komplex von 30 bis 50 spezialisierten Epithelzellen dar, die im Stratum basale der unbehaarten Haut bzw. in der Schleimhaut liegen und in Verbindung mit den Endästen eines Axons den Axon-Merkel-Zell-Komplex bilden. In der behaarten Haut stellen sie leicht erhabene epidermale Haarscheiben dar. Ruffini-Körperchen liegen vorwiegend im Stratum reticulare der Haut und vermitteln Druck- und Spannungsempfindungen. Sie bestehen aus einem Knäuel von Nervenendaufzweigungen, das von einer länglichen, flüssigkeitsgefüllten Kapsel umgeben ist. Über Kollagenfasern sind sie mit der Umgebung verankert. Diese Fasern übertragen auch die Dehnungsreize auf den Rezeptor.

Berührungsrezeptoren
Schon die geringfügige Berührung der Haut oder der Haare wird von schnell adaptierenden Mechanorezeptoren wahrgenommen. Zu diesen zählen die Meissner-Körperchen und die

Haarfollikelrezeptoren. Als Geschwindigkeitsdetektoren reagieren sie auf ƒnderung eines Hautreizes und nicht auf einen gleichbleibenden Druckreiz. Meissner-Körperchen kommen im Bindegewebe des Stratum papillare der unbehaarten Haut sowie in der Mundhöhlenschleimhaut und im Lippenrot vor. In einer Bindegewebskapsel liegen scheibenförmig übereinandergeschichtet mehrere Tastzellen (Schwann-Zellen) zwischen die sich Endaufzweigungen von markhaltigen Nervenfasern drängen. Jede Formveränderung der Haut wird über schräg angeordnete elastische Fasern auf die flachen Zellen übertragen und führt zur Reizung der Nervenfasern. Haarfollikelrezeptoren sind Endverzweigungen von Rezeptorneuronen, welche die Berührung des Haares registrieren.

Vibrationsrezeptoren
Vibrationen im Frequenzbereich von 100 bis 1000 Hz werden von Beschleunigungsdetektoren wahrgenommen. Zu ihnen gehören die Vater-Pacini-Körperchen, die in den tieferen Schichten der Lederhaut und in der Unterhaut anzutreffen sind. Auf Grund ihrer zwiebelschalenartig übereinander geschichteten Schwann-Zellen werden sie auch Lamellenkörperchen genannt. Umgeben werden diese Rezeptoren von einer Hülle aus Bindegewebszellen, die zusammen mit den Schwann-Zellen den Außenkolben bilden. Das zentral gelegene und verdickte Ende eines Axons dient als Innenkolben der Reizaufnahme.

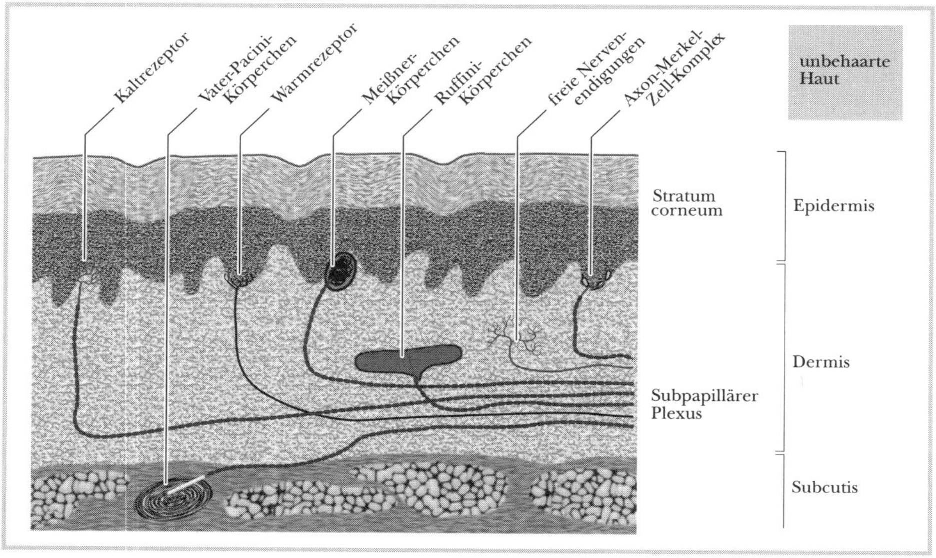

Abb. 104 Hautrezeptoren

Thermorezeptoren
Die Temperaturempfindung ist abhängig von der Temperaturänderung und der Reizfläche. Im Vergleich mit den Mechanorezeptoren besitzen die Thermorezeptoren eine weniger ausgeprägte Adaptationsfähigkeit. Eine absolute Temperaturempfindung ist über diese Rezeptoren nicht möglich, es werden lediglich Temperaturänderungen reizwirksam. Zwei Arten von Thermorezeptoren werden unterschieden:

- die Kaltrezeptoren und
- die Warmrezeptoren.

Kaltrezeptoren
Sie liegen als rezeptive Nervenendigungen unterhalb der Oberhaut und reagieren auf Temperaturreize zwischen 10 und 40 °C. Sie vermitteln die Geschwindigkeit und das Ausmaß einer Abkühlung, nicht aber die jeweilige absolute Temperatur.

Warmrezeptoren
Die Warmrezeptoren befinden sich in der Lederhaut, reagieren auf Erwärmung der Haut und sind bei ca. 30 bis 40 °C spontanaktiv.

Merke **Die Verteilung der Thermorezeptoren auf der Hautoberfläche ist nicht gleichförmig. Im Gesicht überwiegen z.B. die Warmrezeptoren, an der Handfläche die Kaltrezeptoren.**

Schmerzrezeptoren
Der Schmerzsinn ist in seiner Funktion als Alarmsignal ein für die Lebenserhaltung wichtiger Schutzsinn. Schmerzrezeptoren (Nozirezeptoren) sind freie Nervenendigungen, die in den unteren Abschnitten der Oberhaut, in der Lederhaut und in der Unterhaut vorkommen. Sie sind in der Haut dichter verteilt als alle anderen Rezeptoren. Erregt werden die Schmerzrezeptoren bei Freisetzung von körpereigenen Substanzen wie z.B. Histamin, Kinin oder Serotonin. Sie reagieren aber auch auf mechanische Reize, auf Hitze und Kälte sowie chemische Substanzen. Eine Adaptation gibt es bei Schmerzrezeptoren nicht.

Merke **Ohne Reizeinwirkung sind die Schmerzrezeptoren der Haut nicht spontanaktiv. Bei mehrfach schädigender Reizung erhöhen sie ihre Empfindlichkeit.**

Gestaltungsfunktion

In vielfältiger Gestalt wird das äußere Erscheinungsbild des Menschen über die Haut vermittelt. Zum einen bestimmen subkutane Fetteinlagerungen die Körperproportionen, zum anderen geben Hautfarbe und Elastizität Anhaltspunkte über Herkunft, Alter aber auch Krankheit und Erregungszustand des Menschen. Die Haut ist somit Spiegel der Empfindungen und des Gesundheitszustandes und als wichtiges Kommunikationsorgan zu betrachten.

Zusammenfassung

Haut Die Haut ist das oberflächengrößte Organ des Körpers. Sie dient dem mechanischen, chemischen, immunologischen und thermischen Schutz des Körpers. Sie ist ebenfalls ein wichtiges Sinnesorgan.

Oberhaut Sie weist ein mehrschichtig verhorntes Plattenepithel auf, das sich in fünf Schichten unterteilt: die Grundschicht, die Stachelzellschicht, die Körnerschicht, die Glanzschicht und die Hornschicht.

Lederhaut Sie besteht aus dichtem Bindegewebe mit netzartig verflochtenen kollagenen und elastischen Fasern. Ihre zwei Schichten sind die Papillar- und die Netzschicht.

Unterhaut Sie bildet die Verschiebeschicht zur jeweiligen Unterlage (z.B. Muskel oder Knochen) und ist eine wichtige Lagerstätte für Bau- und Speicherfett.

Hautdrüsen Sie unterteilen sich in Talgdrüsen, Schweißdrüsen, Duftdrüsen und Brustdrüsen.

Haare Haare sind aus Keratin bestehende Hautanhangsorgane. Man unterscheidet: Lanugo-Haare, Vellushaare, Augenbrauen, Wimpern, Nasenvorhofhaare, Gehörgangshaare, Kopfhaare, Barthaare, Achselhaare, Schamhaare.

Haaraufbau Es werden die Haarwurzel mit der wachstumsfördernden Matrix und der über der Hautebene liegende Haarschaft unterschieden.

Nägel Es sind gebogene Hornplatten, die als Widerlager an Fingern und Füßen die Tastfähigkeit erhöhen.

Physiologie der Haut

Abwehr mechanischer Einflüsse Die mechanische Abwehr wird ermöglicht durch die Zugelastizität und Reißfestigkeit der Lederhaut, die Behaarung und durch eine Steigerung der Verhornung.

Abwehr chemischer Einflüsse Der Lipidfilm bietet der Haut einen Wasserschutz und verhindert die Austrocknung des Körpers. Die „Pufferschutzhülle" wehrt alkalische Valenzen aus der chemischen Umwelt (z.B. Seife, Zement, Kalk) ab. Die Langerhans-Zellen phagozytieren toxische Stoffe.

Pufferschutzhülle Sie ist eine der chemischen Abwehr dienende Lipid-Wasser-Emulsion in der Hornschicht der Haut.

Abwehr thermischer Einflüsse An der Hautoberfläche erfolgt die Reflexion eines großen Teils der Sonnenstrahlen.

Abwehr mikrobieller Einflüsse Zu den Mechanismen der mikrobiellen Abwehr zählen die mechanische Barriere der Hornschicht, die saure „Pufferschutzhülle", die Abgabe bakterizider und fungizider Stoffe an die Hautoberfläche.

Ausscheidungsfunktion Über die Haut werden z.B. Wasser, Harnstoff, Milchsäure, Kochsalz, Kohlendioxid, stickstoffhaltige Aminosäuren Fette und exogen aufgenommene toxische Substanzen ausgeschieden.

Stoffwechselfunktion Aus dem Provitamin-D entsteht durch UV-Lichtanteile das Vitamin-D_3, das in der Leber und den Nieren Umwandlungsprozessen unterliegt. Die Wirkform des D-Hormons beeinflußt den Kalzium-Phosphathaushalt.

Depotfunktion Die Subkutis speichert Neutralfett und ist bedeutsam bei der Regulation im Wasserhaushalt.

Immunologische Funktion Die Langerhans-Zellen besitzen die Eigenschaft zur Phagozytose und vermitteln Immunreaktionen an die Lymphozyten.

Wärmeregulation Mechanismen der Wärmeregulation sind die Schweißsekretion, die Isolierfunktion der Subkutis und der Leder- und Hornhaut sowie die Regulation der Hautdurchblutung.

Arterio-venöse Anastomosen Durch Gefäßverbindungen zwischen Arterien und Venen in den distalen Hautbereichen kann die Durchblutung erhöht werden, um eine größere Wärmeabgabe zu ermöglichen.

Sinnesorgan Als hochsensibles Sinnesorgan besitzt die Haut Mechano-, Thermo- und Schmerzrezeptoren.

Mechanorezeptoren Als Mechanorezeptoren fungieren die Merkel-Zellen und die Ruffini-Körperchen.

Merkel-Zellen Das sind spezialisierte Epithelzellen, die Druckrezeptoren darstellen.

Ruffini-Körperchen Das sind Rezeptoren für Druck- und Spannungsempfindungen.

Berührungsrezeptoren Zu diesen Rezeptoren zählen die Meissner-Körperchen und die Haarfollikelrezeptoren.

Meissner-Körperchen Diese schnell adaptierenden Mechanorezeptoren dienen zur Wahrnehmung von Berührungsreizen. Sie bestehen aus Tastzellen, die von einer Bindegewebskapsel umgeben werden.

Haarfollikelrezeptoren Das sind Endverzweigungen von Rezeptorneuronen, die Haarberührungen registrieren.

Vibrationsrezeptoren Das sind Beschleunigungsdetektoren, zu denen die Vater-Pacini-Körperchen gerechnet werden.

Vater-Pacini-Körperchen Es sind lamellenartig gebaute Vibrationsrezeptoren, die aus geschichteten Schwann-Zellen, einer Bindegewebshülle und einem zentral gelegenen Axon bestehen.

Thermorezeptoren Es werden Kalt- von Warmrezeptoren unterschieden.

Nozirezeptoren Das sind freie Nervenendigungen, die in allen Hautschichten vorkommen und Schmerzempfindungen registrieren.

Gestaltungsfunktion Die Haut vermittelt das äußere Erscheinungsbild des Menschen.

8.3. Klinischer Anhang

Basaliom

Das Basaliom ist ein Hauttumor, der langsam infiltrierend wächst, aber keine Metastasen bildet. Das Basaliom tritt gehäuft an chronisch lichtexponierten Körperstellen wie im Gesicht am Hals, auf der Rumpfhaut oder am Handrücken auf. Ursachen für die Entstehung eines Basalioms können sein:

- häufige und langeinwirkende Sonnenstrahlung,
- genetische Belastung oder
- krebserzeugende (kanzerogene) Schadstoffe.

Gewöhnlich zählen die Basaliome zu den Hauttumoren im höheren Lebensalter, können aber hinsichtlich der oben angeführten Ursachen früher auftreten. Als Therapie gilt die vollständige operative Entfernung des Tumors. Rezidive treten nicht oder sehr selten auf.

Malignes Melanom

Es handelt sich dabei um einen bösartigen Tumor, der von den pigmentbildenden Zellen (Melanozyten) der Haut ausgeht und sowohl lymphogen als auch hämatogen metastasiert. Die Hälfte aller Melanome geht aus einem pigmentierten Naevus (Muttermal) hervor, und die übrigen Melanome entstehen auf einer klinisch unauffälligen Haut. Auch hier ist ein steigendes Vorkommen durch höhere Sonnenbelastung der Haut als eine der Ursachen anzusehen. Besonders gefährdet sind hellhäutige und rotblonde Personen sowie jene, die wenig sonnenexponiert einen Sonnenbrand erfahren. Als besondere Gefahrenzeichen für die Entstehung eines Melanoms sind folgende objektive Symptome anzusehen:

- schnelle Größenzunahme eines Naevus,
- Zunahme der Pigmentierung,
- blauschwarze Verfärbung eines Naevus,
- entzündlicher Hof um einen Naevus,
- Blutungsneigung und Ulzeration der Haut.

Die chirurgische Exzision mit einer 3 cm großen Sicherheitszone um den Tumor sowie die chemotherapeutische Behandlung stellen eine Therapieform bei bereits existierender Metastasierung dar. Die Prognose wird mit zunehmenden Tumorstadium ungünstiger.

Acne vulgaris

Die Acne vulgaris ist eine in der Pubertät, aber auch im Erwachsenenalter auftretende Hautkrankheit, bei der es zu Verstopfungen und zum Verschluß der Talgdrüsenausführungsgänge kommt. Dies hat einen Talgstau zur Folge. Besonders betroffen sind dabei die Hautbezirke, die reich an Talgdrüsen sind wie z.B. Gesicht, Nacken, Brust und Rücken. Da die Talgdrüsen erst in der Pubertät ihre volle Produktionsleistung entfalten, kommt es in diesem Zeitraum auch zu einem vermehrten Talgfluß (Seborrhoe). Bei Mädchen geht der erste verstärkte Talgfluß (Sebarche) der ersten Regelblutung (Menarche) etwa ein Jahr voraus.
Die leichteste Form der Akne ist die Komedonenakne (comedones = Mitesser). Kommt es zum Zusammenfluß entzündlicher Infiltrate und zu eitrigen Einschmelzungen, dann bilden sich tiefe Abszeßhöhlen aus. Diese schwere Form der Akne wird als Acne conglobata bezeichnet, die jedoch sehr selten auftritt.

Therapeutisch sind vor allem schonende Methoden der Hautpflege erfolgversprechend. Heiße Waschungen mit flüssigen Seifen und heiße Kompressen stellen einfache Mittel dar, mit denen eine Besserung erreicht werden kann.

Glatzenbildung

Als Glatze (Alopezie) wird die Kahlheit der Kopfhaut infolge eines vermehrten Haarausfalls (Emuvium) bezeichnet. Es werden irreversible und reversible Formen unterschieden. Beispiele dafür sind:

- die Alopecia androgenetica,
- die Alopecia areata.

Alopecia androgenetica
Die Alopecia androgenetica ist eine autosomal dominant erbliche Variante der Kopfbehaarung, die sich etwa ab dem 30. Lebensjahr entwickelt und hauptsächlich Männer betrifft. Die erhöhte Androgenempfindlichkeit der Haarfollikel führt zum irreversiblen Kopfhaarausfall, der sich individuell verschieden manifestiert. Beim Mann sind zunächst die seitlichen Stirnareale betroffen (Geheimratsecken), später werden die Scheitel- und Hinterhauptsregionen (Hinterhauptsglatze) mit einbezogen. Bei der Frau kann ein entsprechender, jedoch weniger ausgeprägter Haarausfall, zum Schütterwerden der Haare führen. Weitere irreversible Formen der Glatzenbildung werden durch das Tragen zu straffer Frisuren (Zugalopezien), durch das Tragen von z.B. Helmen (Druckalopezien) und durch Verbrennungen, Verätzungen, ulzerierende Basaliome, Lepra, Pilzerkrankungen (narbige Alopezien) hervorgerufen. Bei Frauen kann in der Menopause ebenfalls ein irreversibler Haarausfall auftreten.

Therapeutisch wirksam sind östrogenhaltige Haarwässer bei Frauen, bei Männern stehen Möglichkeiten der Haartransplantation bzw. Reduktionsplastiken offen.

Alopecia areata
Diese Form der Glatzenbildung ist reversibel. Für die Entstehung kommen allergische Mechanismen und psychischer Stress in Frage. Die Alopecia areata tritt in jedem Alter auf, ist aber bei Kindern und jüngeren Erwachsenen am häufigsten. Es entwickeln sich kreisrunde Kahlstellen an der Kopfhaut, die unsymmetrisch angeordnet sind und später konfluieren. Die Alopecia areata kann auch das Barthaar, die Brauen, die Wimpern und die Körperbehaarung betreffen. Die Prognose ist gut, da etwa nach einem halben Jahr die Spontanheilung eintritt. Weitere reversible Formen der Glatzenbildung können durch die Einnahme von Medikamenten (z.B.: Zytostatika, Antikoagulantien, Ovulationshemmer), durch bestehende Krankheiten (z.B.: Anämieformen, Kachexie, Mykosen, Pyodermien, Lues im zweiten Stadium), sowie durch Störungen der weiblichen Gonadenfunktion hervorgerufen werden.

9. Nervensystem

9.1. Allgemeines

Das Nervensystem reguliert das Zusammenwirken aller Organsysteme und ermöglicht dem Organismus die Fähigkeit zur Anpassung sowohl an veränderte äußere als auch innere Umweltbedingungen. Dieser Funktion entsprechend wird das Nervensystem eingeteilt in:

- das zerebrospinale Nervensystem,
- das vegetative Nervensystem.

Zerebrospinales Nervensystem
Die Nervenzellen dieses Systems befinden sich im Gehirn (lat. cerebrum), Rückenmark (Medulla spinalis) und den Spinalganglien. Unter anatomischen Gesichtspunkten werden das Gehirn und Rückenmark zum zentralen Nervensystem (ZNS) zusammengefaßt. Die 12 Hirnnervenpaare, die das Gehirn an der Hirnbasis verlassen und die 31 Paare von Rückenmarknerven, welche das Rückenmark verlassen, bilden mit den dazugehörigen Ganglien das periphere Nervensystem (PNS). Die genannten Nervenpaare verbinden das ZNS mit der Peripherie.

Vegetatives Nervensystem
Das vegetative Nervensystem steuert z.B. die Herz- und Kreislauffunktionen, die Atmung, die Verdauung, die Funktionen der Fortpflanzungsorgane sowie die Sekretion. Die Koordination dieser vegetativen Lebensfunktionen geschieht in der Regel ohne unser Bewußtsein und Willen. Es wird deshalb auch als autonomes Nervensystem bezeichnet. Die Bestandteile des vegetativen Nervensystems sind der Sympathikus und Parasympathikus.

9.2. Zerebrospinales Nervensystem

9.2.1. Zentrales Nervensystem

9.2.1.1. Gehirn

Allgemeines

Das Gehirn ist ein Bestandteil des Zentralnervensystems und befindet sich innerhalb der Schädelhöhle. Die gewölbte Fläche (Facies convexa) des Gehirns entspricht dem Schädeldach und die Fläche, welche der knöchernen Schädelbasis aufliegt, heißt Hirnbasis (Facies basalis). Das Hirngewicht eines Erwachsenen beträgt 1350 - 1500 g. Am Gehirn lassen sich folgende Abschnitte unterscheiden:

- das Endhirn (Telencephalon),
- das Zwischenhirn (Diencephalon),
- das Mittelhirn (Mesencephalon),
- das Hinterhirn (Metencephalon),
- das Nachhirn (Myelencephalon).

Endhirn

Das Endhirn ist der vorderste und größte der fünf Hirnabschnitte. Es besitzt eine durchschnittliche Masse von 1300 g und überlagert die anderen Hirnabschnitte weitgehend. Das Endhirn ist der Hirnabschnitt, der in der Stammesentwicklung die fortschreitendste Entwicklung aufweist. Beim Menschen hat sie ihren Höhepunkt erreicht. Somit beherrscht das Endhirn die übrigen Hirnabschnitte und bildet die höchste Instanz des Zentralnervensystems.

Das Endhirn besteht aus den zwei symmetrisch gelegenen Hemisphären und deren Verbindungen. Die Hemisphären sind durch eine tiefe Längsspalte voneinander getrennt. Sie reicht bis zum Balken (Corpus callosum), welcher die Hemisphären miteinander verbindet. In der Hemisphärenspalte liegt die Hirnsichel (Falx cerebri) der harten Hirnhaut (Dura mater). Die Oberfläche der Hemisphären weist Windungen (Gyri) und Furchen (Sulci) auf, die individuell verschieden ausgeprägt sind, so daß keine Endhirnoberfläche einer anderen völlig gleicht. An jeder Hemisphäre unterscheidet man eine konvexe, mediale und basale Fläche.
Die Hemisphären setzen sich jeweils aus folgenden Teilen zusammen:

- Mantelteil,
- Stammteil.

Mantelteil
Dieser Teil der Hemisphäre umhüllt bzw. bedeckt wie ein Mantel (Pallium) den Stammteil und die anderen Hirnabschnitte. Jeder Mantelteil der Hemisphären wird in vier große Lappen (Lobi cerebris) unterteilt. Zu diesen gehören:

- der Stirnlappen (Lobus frontalis),
- der Scheitellappen (Lobus parietalis),
- der Hinterhauptlappen (Lobus occipitalis),
- der Schläfenlappen (Lobus temporalis).

An der Abgrenzung der Hirnlappen sind folgende Furchen beteiligt:

- die Seitenfurche des Gehirns (Sulcus cerebri lateralis),
- die Zentralfurche (Sulcus centralis),
- die Scheitel-Hinterhaupt-Furche (Sulcus parieto-occipitalis).

Seitenfurche des Gehirns
Die Seitenfurche beginnt an der Schädelbasis und steigt nach lateral und dorsal aufwärts. Sie trennt den Stirn- und Scheitellappen vom Schläfenlappen. Der Sulcus lateralis wird auch Sylvi-Furche genannt.

Zentralfurche
Die Zentralfurche nimmt ihren Ausgang an der medialen Hemisphärenfläche, verläuft zur Mitte der oberen Hemisphärenkante und zieht dann in Richtung auf die Seitenfurche zu. Die Zentralfurche bildet die Grenze zwischen Scheitel- und Stirnlappen.

Scheitel-Hinterhaupt-Furche
Diese Furche grenzt an der medialen Hemisphärenfläche den Scheitel- gegen den Hinterhauptlappen ab.

Wird durch das Gehirn ein Flachschnitt gelegt, dann werden die Bestandteile des Endhirns sichtbar. Zu diesen gehören:

- die graue Substanz der Hirnrinde,
- die grauen Kerne,
- die weiße Substanz,
- die Seitenventrikel.

Graue Substanz der Hirnrinde
Die Hirnrinde (Cortex cerebri) ist eine Schicht, die etwa 1,5 - 5 mm dick ist und die ganze Oberfläche des Endhirns überzieht. Sie besteht vorwiegend aus Nervenzellen, deren Anzahl etwa 9 Milliarden beträgt. Die Nervenzellen bedingen die graue Farbe der Hirnrinde und liegen in 6 Zellschichten übereinander.

In bestimmten Abschnitten verdichten sich die Nervenzellen und bilden Funktionsfelder, während sich dazwischen stumme Zonen befinden, denen keine bestimmte Funktion zugeordnet werden kann.

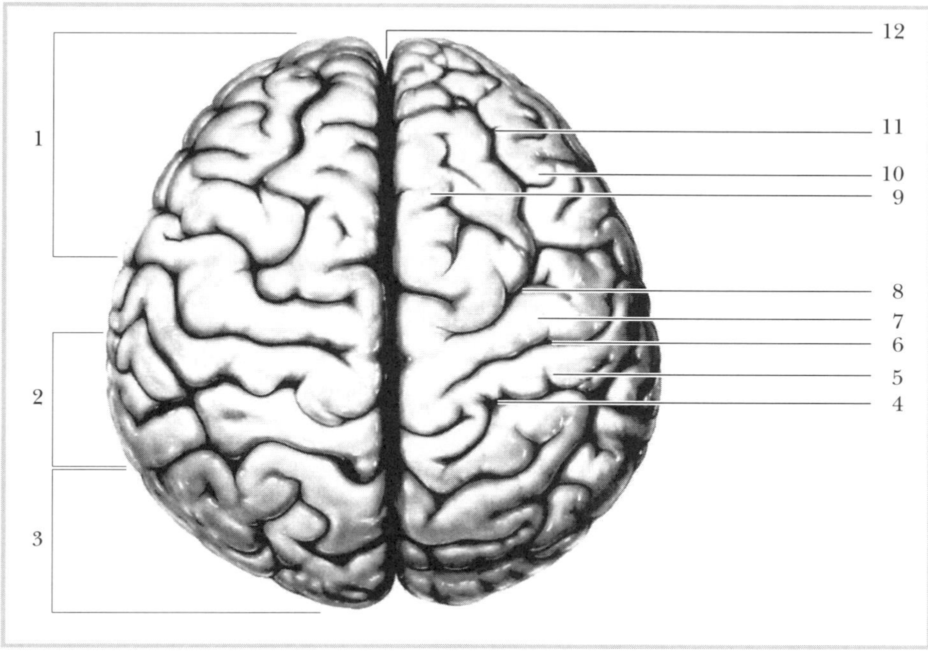

Abb. 105 Furchen, Windungen und Lappen des Endhirns

1 Stirnappen (Lobus frontalis)
2 Scheitellappen (Lobus parietalis)
3 Hinterhauptlappen (Lobus occipitalis)
4 Furche hinter der Zentralwindung (Sulcus postcentralis)
5 hintere Zentralwindung (Gyrus postcentralis)
6 Zentralfurche (Sulcus centralis)
7 vordere Zentralwindung (Gyrus praecentralis)
8 Furche vor der Zentralwindung (Sulcus praecentralis)
9 obere Stirnwindung (Gyrus frontalis superior)
10 mittlere Stirnwindung (Gyrus frontalis medius)
11 obere Stirnfurche (Sulcus frontalis superior)
12 Spalt zwischen den Hemisphären

Merke **Die Hirnrinde wird nach ihrem regionalen Aufbau in etwa 200 Rindenfelder (Areae) eingeteilt, denen spezifische Funktionen zugeordnet werden.**

Beispiele für Rindenfelder mit spezifischen Funktionen sind:

- das Zentrum für die Willkürmotorik,
- das Zentrum für die Sensibilität,
- das Sprachzentrum,
- das Hörzentrum,
- das Sehzentrum.

Zentrum für die Willkürmotorik
Sitz dieses Zentrums ist die vordere Zentralwindung (Gyrus praecentralis), welche der Zentralfurche (Sulcus centralis) direkt vorgelagert ist. In der vorderen Zentralwindung befindet sich das motorische Rindenfeld, in das jede Körperhälfte seitenvertauscht und auf dem Kopf

stehend abgebildet ist. Im oberen Teil der Zentralwindung liegen die motorischen Zentren für die Bein- und Rumpfmuskeln, im mittleren Teil für die Muskulatur der Arme und im unteren Teil für die Hals- und Kopfmuskeln.

Zentrum für die Sensibilität
Sitz dieses Zentrums ist die hintere Zentralwindung (Gyrus postcentralis). In ihr befinden sich die Zentren für die Wahrnehmung von Temperatur, Schmerz, Tastsinn, Berührung und Druck. Die Projektion dieser Körperfühlsphäre auf die hintere Zentralwindung entspricht derjenigen des Gyrus praecentralis.

Sprachzentrum
Das motorische Sprachzentrum befindet sich in einem Rindenfeld im unteren Abschnitt des Stirnlappens. Es dient der Koordination der Muskulatur, die beim Sprechen benötigt wird. Das motorische Sprachzentrum wird auch Broca-Zentrum genannt.
Das sensorische Sprachzentrum ist in der oberen Schläfenwindung lokalisiert und enthält die akustischen Erinnerungsbilder der Worte. Es wird auch als Wernicke-Zentrum bezeichnet.

Sehzentrum
Das Sehzentrum befindet sich im Hinterhauptlappen und wird in ein Wahrnehmungs- und Erinnerungsfeld unterteilt.

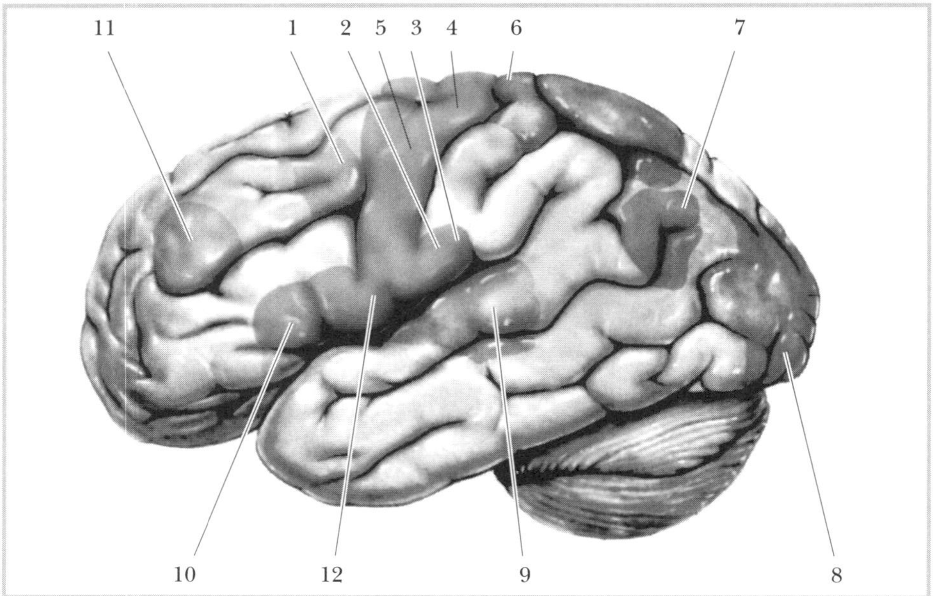

Abb. 106 Rindenzentren im Endhirn

1 Schreibzentrum
2 Kauzentrum
3 Schlundzentrum
4 Beinzentrum
5 Armzentrum
6 Körperfühlsphäre
7 optisches Sprachzentrum
8 optische Erinnerungsbilder
9 akustisches Sprachzentrum (Wernicke)
10 motorisches Sprachzentrum (Broca)
11 Kopf- und Augenbewegungszentren
12 Zungenzentrum

Graue Kerne
Die grauen Kerne des Endhirns sind Anhäufungen von Nervenzellen, die in die Tiefe verlagert sind. In jeder Hemisphäre sind vier Kerne vorhanden.

Zu den grauen Kernen gehören:

- der schweifförmige Kern (Nucleus caudatus),
- der linsenförmige Kern (Nucleus lentiformis),
- die Vormauer (Claustrum),
- der Mandelkern (Corpus amygdaloideum).

Schweifförmiger Kern
Der schweifförmige Kern besteht aus dem Kopf (Caput) und dem Schweif (Cauda). Die obere Fläche ragt in den Seitenventrikel hinein und bildet einen Teil seiner seitlichen Begrenzung.

Linsenförmiger Kern
Der linsenförmige Kern liegt seitlich vom Schweifkern und ist von ihm durch eine starke weiße Fasermasse (Capsula interna) getrennt. Durch sie ziehen alle Bahnen, die vom Endhirn absteigen bzw. zum Endhirn aufsteigen. Da die Trennung nicht vollständig ist, werden beide Kerne zusammen als Streifenkörper (Corpus striatum) bezeichnet.
Der linsenförmige Kern gliedert sich in die Schale (Putamen), welche eine rotbraune Farbe hat und den blassen kugelförmigen Teil (Globus pallidus) schalenförmig umgibt.

Vormauer
Die Vormauer liegt seitlich vom Linsenkern und stellt ein schmales, sagittales Blatt grauer Substanz dar. Der linsenförmige Kern und die Vormauer sind durch die äußere Kapsel (Capsula externa) getrennt.

Mandelkern
Dieser Kern befindet sich in der Nähe der Spitze des Schläfenlappens. Der Mandelkern besitzt verbindende Nervenbahnen zur Vormauer und zum Schweifkern.

Von den Kernen des Endhirns ist der Streifenkörper funktionell am wesentlichsten.

Merke

Der Streifenkörper ist das Zentrum für alle Reaktions- und Ausdrucksbewegungen, die ohne Beteiligung der Hirnrinde ausgelöst werden. Der Streifenkörper reguliert den Muskeltonus in Ruhe und Bewegung, die individuellen Mitbewegungen, wie z.B. Körperhaltung, Mimik und Gestik.

Weiße Substanz
Die weiße Substanz wird auch als Endhirnmark bezeichnet und besteht nur aus Nervenbahnen, welche die Farbe bedingen. Nach dem Faserverlauf werden folgende Systeme unterschieden:

- Assoziationssysteme,
- Kommissurensysteme,
- Projektionssysteme.

Assoziationssysteme
Es werden kurze und lange Assoziationsfasern unterschieden, die immer nur Teile einer Hemisphäre miteinander verbinden. Die Fasern sind besonders mächtig entwickelt und bilden Nervenfaserbündel aus.

Kommissurensysteme
Das sind Nervenfasern, die beide Hemisphären miteinander verbinden. Eine mächtige quergestellte dicke Nervenfaserplatte wird als Balken (Corpus callosum) bezeichnet. Der Balken bildet den größten Teil der Kommissurensysteme.

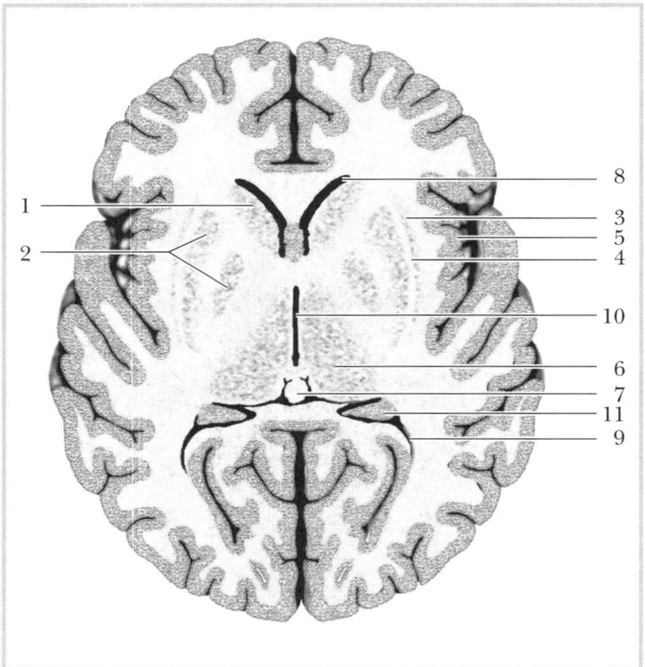

Abb. 107
Gehirn, Horizontalschnitt

1 Schweifkern (Nucleus caudatus)
2 Linsenkern (Nucleus lentiformis) mit Putamen und Globus pallidus
3 Vormauer (Claustrum)
4 äußere Kapsel (Capsula externa)
5 Insel (Insula)
6 Sehhügel (Thalamus)
7 Zirbeldrüse (Epiphyse)
8 Vorderhorn des Seitenventrikels
9 Hinterhorn des Seitenventrikels
10 III. Ventrikel
11 Adergeflecht (Plexus chorioideus)

Projektionssysteme
Die Nervenfasern der Projektionssysteme steigen vom Rückenmark und Hirnstamm zur Hirnrinde auf oder verlaufen in umgekehrter Richtung. Durch die aufsteigenden Nervenfasern werden Eindrücke sowohl von der Innen- als auch von der Außenwelt auf die Hirnrinde projiziert, und die absteigenden Nervenfasern teilen der Peripherie die Impulse der Hirnrinde mit.

Merke **Die Gesamtheit aller auf- und absteigenden Projektionsfasern bilden die innere Kapsel (Capsula interna).**

Seitenventrikel
Im Inneren der Hemisphären befinden sich die paarigen Seitenventrikel, welche mit Liquor gefüllte Hohlräume darstellen. Die Seitenventrikel beginnen im Stirnlappen, laufen nach dorsal zum Hinterhauptlappen und von dort aus abwärts zum Schläfenlappen. Die Seitenventrikel weisen folgende Teile auf: ein Vorderhorn, einen zentralen Teil, ein Hinterhorn und ein Unterhorn. Die beiden Seitenventrikel sind durch je eine Öffnung mit dem dritten Ventrikel verbunden, der ein Bestandteil des Zwischenhirns ist.

Stammteil
Der Stammteil einer Hemisphäre bildet das vorderste Ende des Hirnstammes und besteht aus

- dem Riechhirn,
- dem limbischen Kortex,
- der Insel.

Riechhirn
Das Riechhirn ist der stammesgeschichtlich älteste Teil des Endhirns. Es spielt beim Menschen jedoch eine untergeordnete Rolle.

Limbischer Kortex
Der limbische Kortex umgibt wie ein Saum den Balken und die Basalganglien (Striatum, Pallidum). Er liegt zwischen dem Zwischenhirn und den mächtigen Hemisphären eigebettet. Der limbische Kortex ist für die Verhaltensregulation des Menschen gegenüber seiner Umwelt bedeutsam. So werden z.B. emotionale Äußerungen wie Lust, Freude, Angst und Wut im limbischen Kortex gebildet. Desweiteren hat dieser Kortex Einfluß auf das Sexualverhalten, die Fortpflanzung und auf die Tätigkeit innerer Organe. Es bestehen funktionelle Beziehungen zum Hypothalamus, der ein Bestandteil des Zwischenhirns ist.

Insel
Die Insel besitzt an ihrer Oberfläche Windungen und Furchen und lag ursprünglich an der freien Oberfläche des Endhirns. Sie wurde von dem sich bildenden Mantelteil überlagert bzw. zugedeckt. Die Insel wird von Teilen des Stirn-, Scheitel- und Schläfenlappens, welche einen Deckel (Operculum) bilden, bedeckt. Die Insel kann demnach als verdeckter Teil der Endhirnrinde aufgefaßt werden.

Zwischenhirn

Das Zwischenhirn (Diencephalon) ist ein Hirnabschnitt, der zwischen End- und Mittelhirn liegt. Am Zwischenhirn werden zwei Abteilungen unterschieden. Dazu gehören

- der Thalamus und
- der Hypothalamus.

Thalamus
Wegen seiner Beziehung zur zentralen Sehbahn wird der Thalamus als Sehhügel bezeichnet. Seitlich vom Thalamus befindet sich der zum Endhirn gehörende Schweifkern (N. caudatus). Der Thalamus besteht aus einer Ansammlung grauer Kerne, die man in eine vordere, mittlere, seitliche und hintere Kerngruppe unterteilt. Zwischen den grauen Kernen breitet sich die weiße Substanz aus. Sämtliche sensible Nervenbahnen, die zur Endhirnrinde ziehen, werden im Thalamus umgeschaltet. Die Erregungen der sensiblen Nervenbahnen erreichen dann die Hirnrinde über aufsteigende Projektionsfasern und werden dort zu bewußten Empfindungen.

Merke **Der Thalamus ist das Tor zu unserem Bewußtsein.**

Der Thalamus ist auch in die absteigenden Nervenbahnen der Hirnrinde eingeschaltet. Vom hinteren Anteil beider Sehhügel entspringt die Zirbeldrüse (Epiphyse).

Hypothalamus
Der Hypothalamus ist ein Teil des Zwischenhirns, der unter dem Thalamus liegt. Er bildet mit seinen Ganglienzellen den Boden des Zwischenhirns. Wichtige Kerne sind der Nucleus paraventricularis und der Nucleus supraopticus. Von diesen Kernen gehen Bahnen aus, die den Hypothalamus mit der Neurohypophyse verbinden. Sie stellen einen Teil des endokrinen Regelsystems dar. Desweiteren befinden sich im Hypothalamus Kerngebiete, in denen Releasing- und Inhibitinghormone hergestellt werden. Im Hypothalamus liegen regulative Zentren für:

- die Atmung,
- den Kreislauf,
- den Stoffwechsel,
- die Körpertemperatur,
- die Nahrungs- und Flüssigkeitsaufnahme,
- das Sexualverhalten,
- den Schlaf- Wach- Rhythmus.

Der Hypothalamus ist das übergeordnete Zentrum aller Eingeweidefunktionen. An die genannten Teilfunktionen sind bestimmte Gemütszustände gebunden.

Merke **Der Hypothalamus ist die Betriebsseele des Menschen.**

Der Hypothalamus steht über den Hypophysenstiel mit der Hypophyse in Verbindung, die ebenfalls ein Bestandteil des Zwischenhirns ist. Hypothalamus und Hypophyse bilden eine funktionelle Einheit. Sie ist charakterisiert durch die Verknüpfung des neuralen und endokrinen Systems. Zwischen dem rechten und linken Anteil des Zwischenhirns befindet sich der dritte Hirnventrikel.

Mittelhirn

Das Mittelhirn (Mesencephalon) befindet sich zwischen dem Hinter- und Zwischenhirn und repräsentiert den kleinsten Hirnabschnitt Zu den Bestandteilen, die wie drei Stockwerke übereinanderliegen, zählen:

- die Hirnschenkel (Crura cerebri),
- die Haube (Tegmentum),
- die Vierhügelplatte (Lamina tecti).

Hirnschenkel

Die Hirnschenkel bilden das vordere Stockwerk und enthalten ausschließlich Nervenbahnen, die von der Endhirnrinde abwärts verlaufen. Jeweils in der Mitte der beiden Hirnschenkel befindet sich die Pyramidenbahn, die Bahn der Willkürmotorik.

Die Pyramidenbahn nimmt ihren Ausgang in den Betz-Riesenpyramidenzellen, die in der Rinde der vorderen Zentralwindung gelegen sind. Die Pyramidenbahn verläuft durch die innere Kapsel, steigt abwärts durch die Hirnschenkel des Mittelhirns, dann durch die Brücke und das verlängerte Mark. Sie bildet hier eine Vorwölbung, die Pyramide, nach der sie benannt wurde. Unterhalb dieser Vorwölbung kreuzt der größte Teil der Nervenfasern auf die andere Seite. Die Pyramidenfasern enden an den motorischen Vorderhornzellen des Rückenmarks.

Merke **Die Pyramidenbahn leitet die Erregungen für die Willkürbewegungen, und sie übt einen dämpfenden Einfluß auf die Reflexe aus.**

Haube

Die Haube besteht aus einer grauen und weißen Substanz. Die graue Substanz wird durch zahlreiche Kerngebiete gebildet. Wichtige Kerngebiete der Haube sind:

- die schwarze Substanz (Substantia nigra),
- der rote Kern (Nucleus ruber),
- die netzförmige Haubensubstanz (Substantia reticularis tegmenti),
- die Ursprungskerne des Augenmuskelnervs,
- der Ursprungskern des Rollnervs.

Schwarze Substanz

Die schwarze Substanz liegt an der Grenze zwischen Haube und Hirnschenkel. Die Nervenzellen enthalten Melaninkörnchen, die der Ganglienzellansammlung die schwarze Farbe verleihen. Die schwarze Substanz ist ein wichtiges extrapyramidales Kerngebiet. Das extrapyramidale System besteht aus einer Vielzahl von Nervenbahnen, die der Entlastung der Pyramidenbahn dienen. Sie verlaufen nicht durch die Pyramiden.

Merke **Das extrapyramidale System stimmt die Muskeltätigkeit bei zielgerichteten Bewegungen aufeinander ab, steuert automatische Bewegungsabläufe, dient zur Aufrechterhaltung des Gleichgewichts und kontrolliert den Spannungszustand der Muskulatur.**

Roter Kern
Dieser rundliche Kern besitzt Einlagerungen eisenhaltiger Verbindungen, und daraus resultiert seine Farbe. Er ist ein Sammelpunkt und Umschaltungsort für Nervenbahnen des extrapyramidalen Systems.

Netzförmige Haubensubstanz
Sie besteht aus zahlreich verstreuten Nervenzellen zwischen denen markscheidenhaltige Nervenfasern verlaufen. Sie gehört ebenfalls zum extrapyramidalen System.

Ursprungskerne des Augenmuskelnervs
Der Augenmuskelnerv (N. oculomotorius) ist der III. Hirnnerv und besteht aus motorischen und parasympathischen Nervenfasern. Die Ursprungskerne dieser Fasern befinden sich in der Haube.

Ursprungskern des Rollnervs
Der Rollnerv (N. trochlearis) ist der IV. Hirnnerv, dessen Ursprungskern ebenfalls in der Haube liegt. Er gehört zur Gruppe der Augenmuskelnerven.

Die weiße Substanz enthält Nervenbahnen, die die Haube durchlaufen. Man unterscheidet eine mediale und laterale Schleife (Lemniscus medialis, Lemniscus lateralis).

Vierhügelplatte
Sie besteht aus zwei oberen und zwei unteren Hügeln (Colliculi superiores, Colliculi inferiores), die Nervenkerne enthalten. Die oberen Hügel bilden ein wichtiges Umschaltzentrum für die optische Reflexbahn und die unteren für die akustische Reflexbahn. Die Haube wird in ihrem dorsalen Teil von einer Wasserleitung (Aquaeductus cerebri) durchzogen, die den dritten Ventrikel mit dem vierten Ventrikel verbindet.

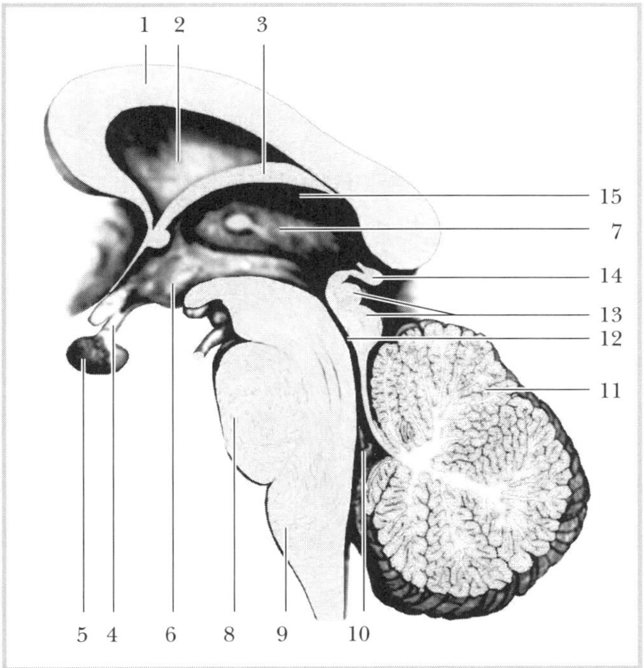

Abb. 108
Hirnstamm und Kleinhirn

1 Balken (Corpus callosum)
2 durchscheinendes Septum (Septum pellucidum)
3 Gewölbebogen (Fornix)
4 Hypophysenstiel
5 Hirnanhangsdrüse (Hypophyse)
6 Hypothalamus
7 Sehhügel (Thalamus)
8 Brücke (Pons)
9 verlängertes Mark (Medulla oblongata)
10 IV. Ventrikel
11 Kleinhirn (Cerebellum)
12 Hirnwasserleitung (Aquaeductus cerebri)
13 Vierhügelplatte (Lamina tecti)
14 Zirbeldrüse (Epiphyse)
15 Adergeflecht (Plexus chorioideus)

Hinterhirn

Dem Mittelhirn schließt sich das Hinterhirn (Metencephalon) an, das aus zwei Abschnitten besteht. Zu diesen gehören:

- die Brücke (Pons),
- das Kleinhirn (Cerebellum).

Brücke

Die Brücke liegt zwischen dem verlängerten Mark (Medulla oblongata) und den Hirnschenkeln (Crura cerebri), die zum Mittelhirn zählen. Mit dem Kleinhirn verbindet sich die Brükke über die mittleren Kleinhirnstiele (Pedunculi cerebellaris medii).

Die Brücke bildet einen mächtigen weißen Wulst, der einen basalen und dorsalen Teil besitzt. Bei der Betrachtung der Hirnbasis ist nur der basale Teil der Brücke zu sehen, der eine mediane Längsfurche aufweist, in welcher die Hirnbasisarterie (A. basilaris) verläuft.

Den dorsalen Teil bildet die Brückenhaube (Tegmentum pontis). Der basale Teil der Brücke enthält jeweils die durchziehenden Pyramidenbahnen. Neben diesen längsverlaufenden Nervenbahnen wird die Brücke hauptsächlich von querverlaufenden Faserzügen und den Brükkenkernen gebildet. Letztere sind Umschaltstationen der Endhirn-Brücken-Kleinhirnbahn.

Kleinhirn

Das Kleinhirn befindet sich in der hinteren Schädelgrube, wird vom Kleinhirnzelt (Tentorium cerebelli), einer Duplikatur der harten Hirnhaut (Dura mater), überdacht und von den Hemisphären des Endhirns überlagert. Das Kleinhirn steht über die Kleinhirnschenkel mit dem Mittelhirn, der Brücke und dem verlängerten Mark in Verbindung.

Das Kleinhirn besteht aus zwei Kleinhirnhemisphären (Hemispheria cerebelli), zwischen denen sich ein mittlerer Teil, der Wurm (Vermis), befindet. Die Oberfläche des Kleinhirns zeigt schmale Furchen und Windungen, welche ohne Unterbrechung von einer Hemisphäre zur anderen ziehen. Die Kleinhirnhemisphären bestehen aus:

- der Kleinhirnrinde (Cortex cerebelli),
- den Kleinhirnkernen,
- dem Marklager (Corpus medullare).

Kleinhirnrinde

Der Kleinhirnrinde werden zwei Schichten zugeordnet. Zu diesen zählen

- die Molekularschicht (Stratum moleculare) und
- die Körnerschicht (Stratum granulosum).

Molekularschicht

Die Molekularschicht ist die oberflächliche Rindenschicht und besteht aus:

- den Purkinjezellen,
- den Korbzellen,
- den Sternzellen.

Purkinjezellen

Diese Nervenzellen besitzen voluminöse Zelleiber und liegen an der Grenze beider Rindenschichten. Die Dendriten (2 - 3) einer Purkinjezelle ziehen in die Peripherie der Molekularschicht während der Neurit zu den Kernen des Kleinhirnmarkes verläuft.

Korbzellen

Die Korbzellen liegen im inneren Drittel der Molekularschicht. Der Neurit der Korbzellen gibt zahlreiche Äste ab, die sich um die Purkinjezellen korbartig aufzweigen. Eine Korbzelle innerviert gleichzeitig mehrere Purkinjezellen.

Sternzellen

Sie befinden sich im äußeren Drittel der Molekularschicht. Ihre Neuriten verhalten sich ähnlich wie die der Korbzellen.

Körnerschicht
Diese zellreiche Schicht enthält kleine und große Körnerzellen. Der Neurit der kleinen Körnerzellen zieht in die Molekularschicht, teilt sich T-förmig und bildet die Parallelfasern, die mit den Purkinjezellen, Korbzellen und Sternzellen in Verbindung treten. Der Neurit einer großen Körnerzelle tritt mit den Dendriten der kleinen Körnerzellen in Kontakt.

Merke **Die Körnerzellen sind die einzigen Nervenzellen, die in der Kleinhirnrinde erregende Synapsen ausbilden. Alle anderen Nervenzellen bilden hemmende Synapsen aus.**

Kleinhirnkerne
Analog den Basalganglien des Endhirns befinden sich in der weißen Substanz (Marklager) Kernansammlungen. Man unterscheidet von medial nach lateral folgende Kerne:

- den Giebelkern (Nucleus fastigii),
- den kugelförmigen Kern (Nucleus globosus),
- den pfropfenförmigen Kern (Nucleus emboliformis),
- den zahnförmigen Kern (Nucleus dentatus).

Sie bilden den Beginn oder das Ende von bestimmten Nervenbahnen oder dienen zu deren Umschaltung.

Marklager
Das Kleinhirnmark enthält nach dem Verlauf der markscheidenhaltigen Nervenfasern

- die Assoziationsfasern und
- die Projektionsfasern.

Assoziationsfasern
Sie werden in kurze und lange Fasern unterteilt, welche verschiedene Abschnitte einer Kleinhirnhemisphäre verbinden.

Projektionsfasern
Sie dienen der Fernleitung und verbinden das Kleinhirn mit dem Rückenmark sowie verschiedenen Abschnitten des Gehirns. Die Projektionsfasern bauen die Kleinhirnstiele auf, von denen es drei auf jeder Seite gibt. Die unteren Kleinhirnstiele verbinden das Kleinhirn mit dem verlängerten Mark, die mittleren mit der Brücke und die oberen mit dem Mittelhirn.

Zwischen dem Kleinhirn und der Brücke befindet sich der vierte Ventrikel, der Hirnwasser (Liquor) enthält. Gegenüber der Wasserleitung (Aquaeductus cerebri), die durch das Mittelhirn zieht, erscheint er geweitet.

Merke **Das Kleinhirn besitzt folgende funktionelle Bedeutung:**

- **Regulation des Gleichgewichts,**
- **Aufrechterhaltung des Muskeltonus,**
- **Koordination der Willkürmotorik.**

Nachhirn

Das Rückenmark verbreitert sich nach dem Eintritt in das Schädelinnere zum verlängerten Mark (Medulla oblongata), welches bis zur Brücke reicht. Dieser Hirnabschnitt wird als Nachhirn (Myelencephalon) bzw. verlängertes Rückenmark bezeichnet.
Die Vorderseite der Medulla oblongata wird durch eine Fissur in zwei Hälften geteilt. Seitlich von dieser Fissur liegen jeweils längliche Vorwölbungen, die Pyramiden. Neben den Pyramiden befinden sich ebenfalls in Form von Vorwölbungen die Oliven, die in ihrem Inneren einen grauen Kern, den Olivenkern, enthalten.

Dicht unterhalb der Pyramiden wird die mediane Fissur durch sich kreuzende Nervenfasern überbrückt. Diese Fasern gehören der absteigenden Pyramidenbahn an und werden als Pyramidenkreuzung bezeichnet.
An der dorsalen Seite des verlängerten Markes verlaufen die vom Rückenmark aufsteigenden und geteilten Hinterstränge. Sie enden mit einer leichten Anschwellung, in der die Hinterstrangkerne liegen, die als Umschaltstationen der aufsteigenden Hinterstrangsbahnen dienen. Diese enden in der hinteren Zentralwindung.

Merke	**Im verlängerten Rückenmark verlaufen alle absteigenden Bahnen des Gehirns, welche den Vordersträngen des Rückenmarks entsprechen und alle aufsteigenden Bahnen, die den Hintersträngen des Rückenmarks entsprechen.**

Das Hinter- und Nachhirn faßt man zum Rautenhirn (Rhombencephalon) zusammen. Der vierte Ventrikel bildet den zentralen mit Hirnwasser gefüllten Hohlraum. Dessen Boden wird als Rautengrube bezeichnet und enthält die Hirnnervenkerne V - XII.

9.2.1.1.1. Hirnhäute

Allgemeines

Das Gehirn wird als Bestandteil des Zentralnervensystems von mehreren bindegewebigen Häuten umgeben. Zu diesen rechnet man:

- die weiche Hirnhaut (Pia mater),
- die Spinnwebenhaut (Arachnoidea),
- die harte Hirnhaut (Dura mater).

Weiche Hirnhaut

Die weiche Hirnhaut besteht aus einer gefäßreichen Bindegewebsschicht, die allen Windungen und Furchen des Gehirns folgt. Im Bereich der Hirnventrikel bildet die weiche Hirnhaut Adergeflechte aus, die der Hirnwasserproduktion dienen.

Spinnwebenhaut

Die Spinnwebenhaut besteht aus zartem Bindegewebe und ist gefäßfrei. Sie verläuft so, daß sie wie ein dünnes Netz über alle Spalten, Einsenkungen und Modellierungen der Hirnoberfläche hinwegzieht.

Merke	**Zwischen Pia mater und Arachnoidea befindet sich ein Spaltraum, das Cavum subarachnoidale, der mit Hirnwasser gefüllt ist.**

An bestimmten Stellen entfernen sich Pia mater und Arachnoidea voneinander und bilden Zisternen. Diese befinden sich besonders an der Gehirnbasis. Eine große Zisterne ist jene, welche sich zwischen der Medulla oblongata und dem Kleinhirn befindet (Cisterna cerebellomedullaris).

Harte Hirnhaut

Sie liegt dem Schädel von innen her an, bildet dadurch die innere Knochenhaut (Periost) und besteht aus straffem kollagenem Bindegewebe. Die harte Hirnhaut bildet an verschiedenen Stellen Duplikaturen, welche in die großen Spalten des Gehirns hineinragen und es in seiner Lage halten können. Zu diesen Duplikaturen, die auch als Septen aufzufassen sind, gehören:

- die Hirnsichel (Falx cerebri),
- das Kleinhirnzelt (Tentorium cerebelli),
- die Kleinhirnsichel (Falx cerebelli).

Hirnsichel
Sie schiebt sich zwischen die Hemisphären des Endhirns und reicht bis zum Balken (Corpus callosum).

Kleinhirnzelt
Zwischen dem Hinterhauptlappen des Endhirns (Lobus occipitalis) und dem Kleinhirn befindet sich eine quergestellte Duraplatte. Sie bedeckt von oben her das Kleinhirn und wird deshalb Kleinhirnzelt genannt. Sie reicht nach vorn bis zu den Felsenbeinpyramiden, die ein Bestandteil der knöchernen Schädelbasis darstellen, auf die das Gehirn aufsitzt.

Kleinhirnsichel
Die Kleinhirnsichel ist die Fortsetzung der Hirnsichel und schiebt sich zwischen die Hemisphären des Kleinhirns.

Merke **An den Stellen, wo die Septen die wandständige harte Hirnhaut berühren, verlaufen große venöse Blutleiter (Sinus durae matris), die das Blut aus dem Schädelinneren zur inneren Drosselvene (Vena jugularis interna) ableiten.**

Merke **Zwischen Dura mater und Arachnoidea befindet sich ein Spalt, das Cavum subdurale, der mit Flüssigkeit gefüllt ist.**

9.2.1.1.2. Hirnkammern und Adergeflechte

Allgemeines

Die Hirnkammern (Ventriculi cerebri) sind Hohlräume, die nach der endgültigen Differenzierung des Gehirns verbleiben. Sie befinden sich in allen Lappen des Endhirns und sind mit Hirnwasser (Liquor) gefüllt.

Merke **Die Liquorräume sind vom Nervengewebe (Hirn-Liquor-Schranke) und von den Gefäßen (Blut-Liquor-Schranke) getrennt.**

Man unterscheidet folgende Hirnkammern bzw. Ventrikel:

- die beiden Seitenventrikel (Ventriculi laterales),
- den dritten Ventrikel (Ventriculus tertius),
- den vierten Ventrikel (Ventriculus quartus).

Seitenventrikel

Die Seitenventrikel liegen in den Hemisphären des Endhirns und bestehen aus vier Abschnitten. Zu diesen gehören:

- der zentrale Teil (Pars centralis),
- das Vorderhorn (Cornu anterius),
- das Hinterhorn (Cornu posterius),
- das Unterhorn (Cornu inferius).

Zentraler Teil
Er bildet den mittleren Abschnitt im Scheitellappen. Über ihm liegt der Balken, seitlich der mittlere Teil des Schweifkerns und unten der Sehhügel. Im zentralen Teil befindet sich ein Teil des Adergeflechtes.

Vorderhorn
Das Vorderhorn ist im Stirnlappen gelegen. Beide Hörner werden durch eine durchscheinende Scheidewand (Septum pellucidum) voneinander getrennt. Die Vorderhörner enthalten kein Adergeflecht

Hinterhorn
Das Hinterhorn befindet sich im Hinterhauptlappen. Es wird oben und seitlich vom Balken bedeckt. Ein Adergeflecht kommt im Hinterhorn nicht vor

Unterhorn
Dieses Horn liegt im Schläfenlappen. In das Unterhorn setzt sich das Adergeflecht vom zentralen Teil fort.

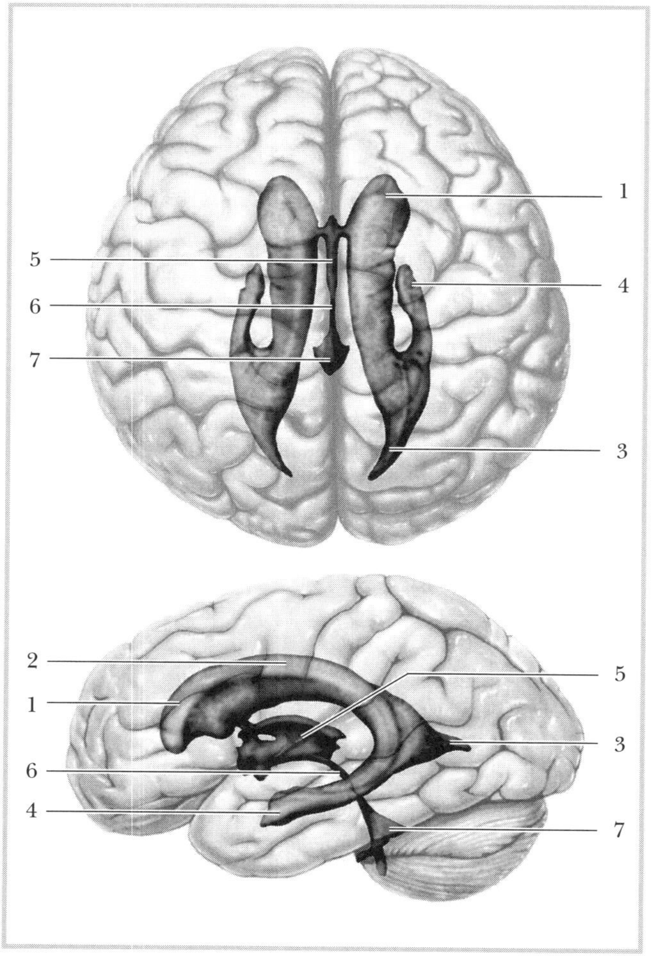

Abb. 109
Hirnventrikel und ihre Lage im Gehirn

1 Vorderhorn des II. Ventrikels
2 zentraler Teil des II. Ventrikels
3 Hinterhorn des II. Ventrikels
4 Unterhorn des II. Ventrikels
5 III. Ventrikel
6 Hirnwasserleitung
7 IV. Ventrikel

Dritter Ventrikel

Diese Hirnkammer liegt als schmaler Spalt im Zwischenhirn. Die Seitenwände werden vorwiegend vom Sehhügel gebildet. Seitlich besteht eine Verbindung mit den Seitenventrikeln. Diese Verbindung heißt Foramen interventriculare. Hinten verengt sich der dritte Ventrikel zur Hirnwasserleitung (Aquaeductus cerebri), die das Mittelhirn durchläuft.

Vierter Ventrikel

Er befindet sich unter dem Kleinhirn und sein Boden wird von der Rautengrube gebildet. Das zeltartig gestaltete Dach des vierten Ventrikels weist mit seiner Spitze zum Kleinhirn. Im Gebiet des Daches bestehen Öffnungen zur Verbindung mit dem Subarachnoidalraum (Cavum subarachnoidale).

Adergeflechte

Adergeflechte sind Gefäßzotten, die von der gefäßführenden weichen Hirnhaut (Pia mater) in den Ventrikelhohlraum eingewachsen sind. Sie haben Ähnlichkeit mit den Chorionzotten und werden deshalb auch als Plexus choroidei bezeichnet. Sie kommen in allen Hirnkammern vor und sondern die Gehirn-Rückenmarks-Flüssigkeit (Liquor cerebrospinalis) ab.
Der von den Adergeflechten gebildete Liquor ist eine wasserklare, eiweißhaltige und zellarme Flüssigkeit, welche die Außenfläche von Gehirn und Rückenmark umgibt. Das zirkulierende Gesamtvolumen beträgt etwa 140 ml. Der Liquor wird über die Piavenen und Lymphspalten der Spinalwurzeln rückresorbiert, so daß von einem Liquorkreislauf gesprochen werden kann. Störungen in der Liquorzirkulation können z.B. im Säuglingsalter zur Ausbildung eines Wasserkopfes (Hydrocephalus internus) führen.

Merke **Der Gehirn-Rückenmarks-Flüssigkeit (Liquor cerebrospinalis) werden eine ernährende Bedeutung für das Hirngewebe und mechanische Schutzfunktionen zugeschrieben.**

9.2.1.1.3. Blutversorgung des Gehirns

Hirnarterien

Die arterielle Versorgung des Gehirns wird durch zwei Stromgebiete gewährleistet. Zu diesen gehören:

- das Stromgebiet der inneren Kopfschlagader (A. carotis interna),
- das Stromgebiet der Wirbelschlagader (A. vertebralis).

Stromgebiet der inneren Kopfschlagader
Die innere Kopfschlagader verläuft aus dem Halsgebiet aufsteigend durch einen knöchernen Kanal (Canalis caroticus) der Felsenbeinpyramide in die Schädelhöhle. Sie gibt hier u.a. folgende Äste ab:

- die Augenarterie (A. ophthalmica),
- die vordere Gehirnarterie (A. cerebri anterior),
- die mittlere Gehirnarterie (A. cerebri media).

Augenarterie
Die Augenarterie verläuft durch den Canalis opticus zur Augenhöhle (Orbita) und versorgt u.a. die Augenmuskeln, Augenlider und die Tränendrüse.

Vordere Gehirnarterie
Diese Arterie zieht über den Balken entlang zu ihren Versorgungsgebieten. Zu diesen zählen das Riechhirn und der Stirn- und Scheitellappen des Endhirns.

Mittlere Gehirnarterie
Die mittlere Gehirnarterie ist die stärkste und verläuft in der Sylvi-Furche. Sie versorgt die Insel, den Stirn- und Schläfenlappen.

Stromgebiet der Wirbelschlagader
Die Wirbelarterie geht aus der Schlüsselbeinarterie hervor und gelangt durch das große Hinterhauptloch (Foramen magnum) in die Schädelhöhle.
Die rechte und linke Wirbelarterie vereinigen sich in Höhe der Brücke zur Basisarterie (A. basilaris). Äste dieser versorgen das Innenohr, das Kleinhirn und die Brücke. Die Basisarterie teilt sich in die rechte und linke hintere Hirnarterie (A. cerebri posterior). Sie versorgt den Hinterhauptlappen, den basalen Teil des Schläfenlappens und das Mittelhirn.

Merke **Beide Stromgebiete werden an der Hirnbasis über Verbindungsäste zu einem arteriellen Gefäßring (Circulus arteriosus cerebri) verbunden.**

Hirnvenen

Die Venen des Gehirns verlaufen z.T. unabhängig von den Arterien. Sie sind dünnwandig und klappenlos. Es werden zwei venöse Abflußgebiete unterschieden.
Die äußeren Hirnvenen erhalten das Blut von der Hirnoberfläche und leiten es in die venösen Blutleiter (Sinus durae matris). Die inneren Hirnvenen nehmen das Blut aus den inneren Hirnabschnitten auf und münden in die große Hirnvene (V. cerebri magna), deren Blut sich in den Sinus rectus, dem geraden Blutleiter, ergießt.

Merke **Der gesamte venöse Blutabfluß des Gehirns erfolgt über die beiden inneren Drosselvenen (Vv. jugularis internae) zur oberen Hohlvene (V. cava superior).**

9.2.1.2. Rückenmark

Lage und äußerer Aufbau

Das Rückenmark (Medulla spinalis) ist ein etwa 40 - 45 cm langer zylinderförmiger Stab, der im Wirbelkanal verläuft. Zwischen dem Rückenmark und Wirbelkanal befinden sich die Rükkenmarkhäute, Venengeflechte und Fettgewebe. Das obere Ende geht in das verlängerte Rückenmark (Medulla oblongata) über, während das untere Ende kegelförmig aussieht und als Markkegel (Conus medullaris) bezeichnet wird. Er reicht bis in Höhe des ersten und zweiten Lendenwirbels. Das Rückenmark wird nach der Beziehung zur Wirbelsäule in fünf Abschnitte unterteilt. Man unterscheidet:

- einen Halsteil (Pars cervicalis),
- einen Brustteil (Pars thoracica),
- einen Lendenteil (Pars lumbalis),
- einen Kreuzbeinteil (Pars sacralis),
- einen Steißbeinteil (Pars coccygea).

Die Abschnitte des Rückenmarks weisen eine segmentale Gliederung auf.

Merke **Ein Segment umfaßt den zu einem Spinalnervenpaar gehörigen Rückenmarkabschnitt.**

- **Der Halsteil (Pars cervicalis) umfaßt 8 Segmente (C_1-C_8),**
- **der Brustteil (Pars thoracica) 12 Segmente (Th_1-$Th1_2$),**
- **der Lendenteil (Pars lumbalis) 5 Segmente (L_1-L_5),**
- **der Kreuzbeinteil (Pars sacralis) 5 Segmente (S_1-S_5),**
- **der Steißbeinteil (Pars coccygea) 1 Segment (C_0).**

Das Rückenmark besitzt in seinem Verlauf eine obere und untere spindelförmige Anschwellung. Die obere Halsanschwellung liegt im unteren Abschnitt der Halswirbel- und im oberen Teil der Brustwirbelsäule. Die untere Lendenanschwellung befindet sich im unteren Abschnitt der Brustwirbelsäule. Beide Anschwellungen werden durch die Innervation der Extremitäten (Arme, Beine) hervorgerufen.
Die äußere Oberfläche des Rückenmarks weist verschiedene Furchen auf. Zu diesen Furchen zählen u.a.:

- die tiefe vordere Längsspalte (Fissura mediana anterior),
- die hintere Längsrinne (Sulcus medianus posterior),
- die vordere Seitenfurche (Sulcus lateralis anterior),
- die hintere Seitenfurche (Sulcus lateralis posterior).

Die Längsspalte bzw. Längsrinne unterteilen das Rückenmark in zwei symmetrische Hälften. An jeder Rückenmarkhälfte befinden sich die zwei Seitenfurchen, welche durch die vorderen und hinteren Wurzeln der Rückenmarknerven (Nn. spinales) bedingt sind. Die Spinalnerven treten über diese mit dem Rückenmark in Verbindung. Die aufsteigenden sensiblen Fasern der Spinalnerven verlaufen durch die Hinterwurzel (Radix dorsalis) zum Rückenmark, und die absteigenden motorischen Fasern ziehen durch die Vorderwurzel (Radix anterior) zu den Spinalnerven.
Die Austrittstellen der Wurzeln aus dem Rückenmark und dem Wirbelkanal liegen nicht in gleicher Höhe, da das Rückenmark im Wachstum gegenüber der Wirbelsäule zurückbleibt. Für die Lenden- und Kreuzbeinnerven bedeutet dies, daß deren Wurzeln eine lange Strecke im Wirbelkanal zurücklegen, ehe sie ihre zugehörigen Zwischenwirbellöcher erreichen.

Merke **Die Gesamtheit dieser langen Spinalwurzeln bezeichnet man als Pferdeschweif (Cauda equina), der den Lenden- und Kreuzbeinteil des Wirbelkanals ausfüllt.**

Innerer Aufbau

Der innere Aufbau wird sichtbar, wenn durch das Rückenmark ein Querschnitt gelegt wird. An diesem unterscheidet man

- die graue Substanz (Substantia grisea) und
- die weiße Substanz (Substantia alba).

Graue Substanz
Im Gegensatz zum Endhirn befindet sich die graue Substanz im Rückenmark innen. An einem Rückenmarkquerschnitt hat sie die Form eines Schmetterlings. Die graue Substanz durchzieht das Rückenmark von der Medulla oblongata bis zum Markkegel säulenförmig. Die Säulen erscheinen auf einem Querschnitt als Hörner (Cornua). Die Rückenmarksäulen ein jeder Rückenmarkhälfte lassen folgende Unterteilung erkennen:

- eine Vordersäule (Columna anterior),
- eine Hintersäule (Columna posterior),
- eine Seitensäule (Columna lateralis).

Vordersäule
Sie enthält motorische Vorderhornzellen (Wurzelzellen) und Binnenzellen. Die Neuriten der Binnenzellen haben Kontakt zu weiteren Nervenzellen der grauen Substanz. Sie werden als Zwischenneurone (Interneurone) bezeichnet. Sie können Verbindungen zu Neuronen im gleichen Segment, zu Neuronen der anderen Seite und zu höher oder tiefer gelegenen Segmenten herstellen.

Hintersäule
In ihr liegen Strang- und Binnenzellen. Die Neuriten der Strangzellen bilden in der weißen Substanz Leitungsbahnen.

Seitensäule
In ihr befinden sich die Wurzelzellen des vegetativen Nervensystems.

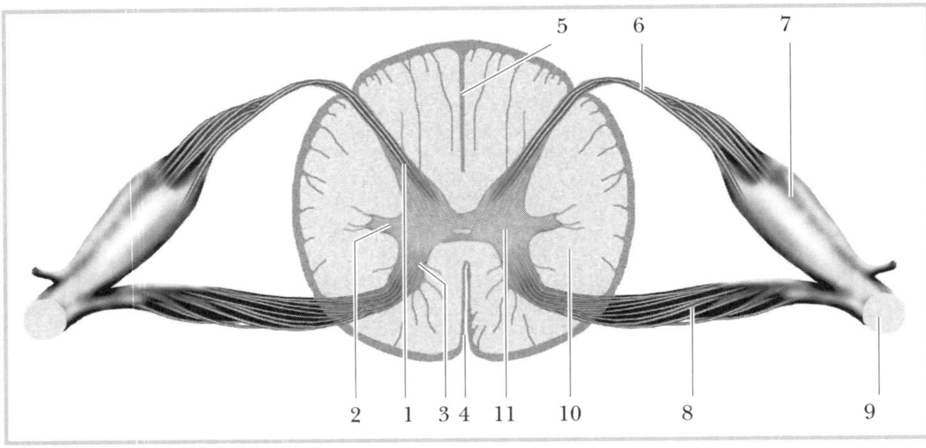

Abb. 110 Querschnitt durch das Rückenmark

1 Hinterhorn (Cornu posterius)
2 Seitenhorn (Cornu laterale
3 Vorderhorn (Cornu anterius)
4 vordere Längsspalte (Fissura mediana anterior)
5 hintere Längsrinne (Sulcus medianus posterior)
6 hintere Wurzel (Radix posterior)
7 Spinalganglion (Ganglion spinale)
8 vordere Wurzel (Radix anterior)
9 Rückenmarknerv (N. spinalis)
10 weiße Substanz (Substantia alba)
11 graue Substanz (Substantia grisea)

In der grauen Substanz des Rückenmarks liegen die Nervenzellen zerstreut, oder sie bilden Kerne, die als Schaltstation fungieren. So liegen z.B. im Bereich des Vorderhorns fünf Kerne. An ihnen entspringen die motorischen Anteile der peripheren Nerven. Die Kerne versorgen motorisch folgende Gebiete:

- die ventrale Stammesmuskulatur,
- die dorsale Stammesmuskulatur,
- das Zwerchfell und den muskulösen Beckenboden,
- die Beuger der Arme und Beine,
- die Strecker der Arme und Beine.

Weiße Substanz
Sie besteht vorwiegend aus markscheidenhaltigen Nervenfasern, die als Leitungsbahnen das periphere Nervensystem mit dem Gehirn verbinden. Die Leitungsbahnen steigen entweder von der Peripherie zum Gehirn auf oder vom Gehirn zur Peripherie ab. Zu den aufsteigenden Leitungsbahnen bzw. Strängen gehören:

- das Vorderseitenstrangsystem,
- das Kleinhirnseitenstrangsystem,
- das Hinterstrangsystem.

Vorderseitenstrangsystem
Die Ursprungszellen des Vorderseitenstrangsystems sind die großen Hinterhornzellen. Ihre Neuriten ziehen zum größten Teil nach vorn und seitlich und erreichen die Gegenseite des

Rückenmarks. Von hier aus steigt die Bahn bis zum Dach des Mittelhirns und Sehhügel aufwärts, um nach weiterer Umschaltung die hintere Zentralwindung (Gyrus postcentralis) zu erreichen.

Merke **Das Vorderseitenstrangsystem leitet die einfachen**

- **Druckempfindungen,**
- **Berührungsempfindungen,**
- **Schmerzempfindungen,**
- **Temperaturempfindungen.**

Kleinhirnseitenstrangsystem
Zum Kleinhirnseitenstrangsystem gehören folgende aufsteigende Bahnen:

- die vordere Rückenmark-Kleinhirn-Bahn (Gowers-Bündel),
- die hintere Rückenmark-Kleinhirn-Bahn (Flechsig-Bündel).

Gowers-Bündel
Dieses Bündel geht von großen Hinterhornzellen aus, zieht auf die andere Rückenmarkseite und von dort aufwärts bis in die Gegend der Vierhügelplatte des Mittelhirns. Hier biegen die Fasern schleifenartig um und verlaufen zum Kleinhirn, wo sie in der Rinde des Wurms enden.

Merke **Das Gowers-Bündel dient der Tonusregulation der Skelettmuskeln.**

Flechsig-Bündel
Das Flechsig-Bündel nimmt seinen Ausgang von den Zellen eines Kerngebietes (Nucleus thoracicus), das sich im Hinterhorn befindet. Die Neuriten dieser Nervenzellen verlaufen bogenförmig zum Vorderseitenstrang der gleichen Seite. Sie ziehen durch die Medulla oblongata und erreichen das Kleinhirn über den unteren Kleinhirnstiel und enden auch in der Rinde des Wurms.

Merke **Das Flechsig-Bündel dient der unbewußten Tiefensensibilität. Sie geht von den Rezeptoren in den Muskeln, Sehnen und Gelenken aus. Die Tiefensensibilität unterrichtet uns über die Stellung und Lage der Körperteile.**

Hinterstrangsystem
Die Hinterwurzelfasern enden nicht an Rückenmarkzellen, sondern sie treten direkt in die Hinterstränge ein. Die Fasern, welche aus kaudalen Segmenten stammen, liegen medial und diejenigen, die aus kranialen Segmenten stammen, liegen lateral im Hinterstrangsystem.
Die medial gelegenen Fasern bilden den Goll-Strang. Er enthält Fasern der unteren Körperhälfte.
Die lateral gelegenen Fasern bilden den Burdach-Strang, der Fasern aus der oberen Körperhälfte enthält. Das Hinterstrangsystem endet im Gyrus postcentralis des Endhirns und ein Teil der Fasern im Kleinhirn.

Merke **Das Hinterstrangsystem dient der höheren Sensibilität. Reize können nach ihrer Lokalisation, Entstehungsart und Beschaffenheit unterschieden werden.**

Die absteigenden Nervenbahnen verlaufen im Vorderseitenstrang des Rückenmarks. Zu den absteigenden Bahnen rechnet man vor allem:

- die Pyramidenbahn,
- die extrapyramidalen Bahnen.

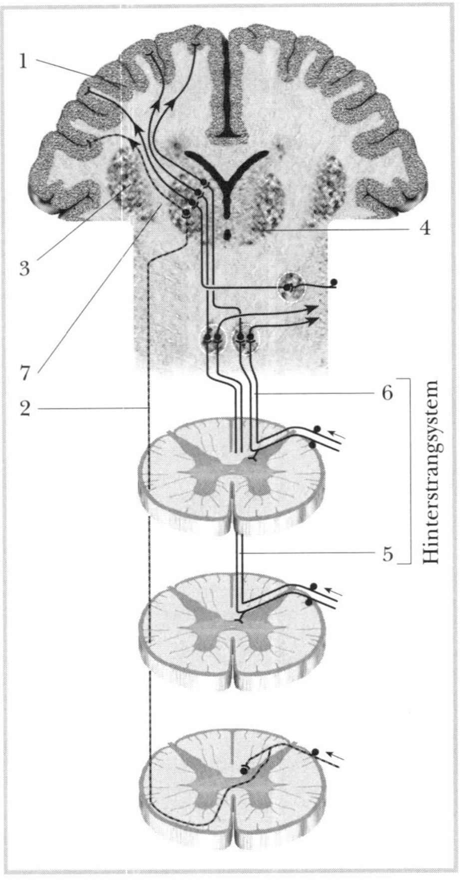

Abb. 111 (links)
Aufsteigende sensible Bahnen, vereinfacht

1 hintere Zentralwindung (Gyrus postcentralis)
2 Vorderseitenstrangsystem
3 Putamen
4 Thalamus
5 Goll-Strang
6 Burdach-Strang
7 innere Kapsel (Capsula interna)

Abb. 112 (unten) Pyramidenbahn, vereinfacht

1 Betz-Riesenzellen
2 Neuriten der Betz-Riesenzellen
3 innere Kapsel (Capsula interna)
4 Putamen
5 Thalamus
6 Kreuzung der Pyramidenbahn (80 % der Nervenfasern)
7 motorische Vorderhornzellen des Rückenmarks
8 Vorderwurzel des Spinalnervs

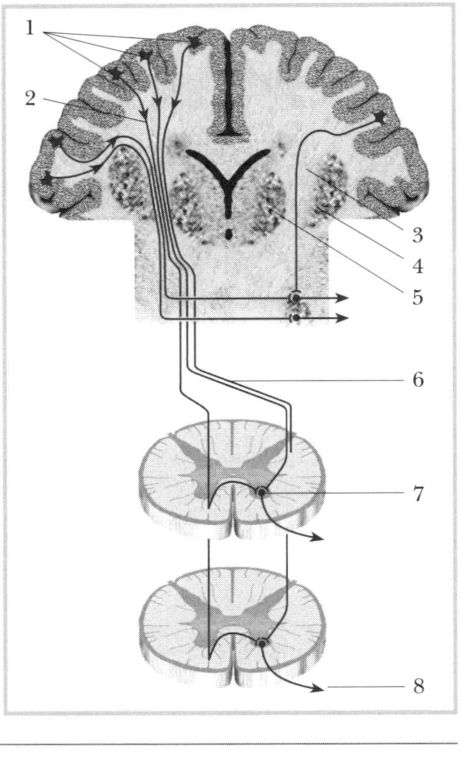

Pyramidenbahn
Die Ursprungszellen sind die Betz-Riesenzellen, welche sich in der vorderen Zentralwindung des Endhirns befinden. Ihre Neuriten ziehen durch die innere Kapsel, das Mittelhirn, die Brücke und durch das verlängerte Rückenmark. Hier kreuzt die Bahn zu 80 % auf die Gegenseite. Die gekreuzten Pyramidenfasern enden an den motorischen Vorderhornzellen des Rückenmarks.
Die Neuriten der motorischen Vorderhornzellen verlaufen durch die Vorderwurzel des Spinalnervs zur quergestreiften Muskulatur.

Merke **Die Pyramidenbahn leitet alle bewußt durchgeführten Bewegungen und hat einen dämpfenden Einfluß auf die Rückenmarkreflexe.**

Extrapyramidale Bahnen
Die Bahnen entspringen aus Regionen, die unterhalb der Hirnrinde liegen. Zu diesen gehören z.B. der Sehhügel, das Mittelhirndach, die Olive und der rote Kern. Die Bahnen verlaufen ebenfalls gekreuzt im Vorderseitenstrang und enden an motorischen Vorderhornzellen.

Merke **Die extrapyramidalen Bahnen haben folgende Aufgaben:**
- **Steuerung automatischer Bewegungsabläufe,**
- **Aufrechterhaltung des Gleichgewichts,**
- **Kontrolle des Spannungszustandes der Skelettmuskulatur,**
- **Abstimmung der Muskeltätigkeit bei zielgerichteten Bewegungen.**

Neben diesen motorischen Bahnen existieren auch Bahnen, die von im Gehirn höher gelegenen vegetativen Zentren ausgehen und zu den Seitensäulen des Rückenmarks ziehen. Hier befinden sich z.B. die Ursprungszellen für den Sympathikus, der zum vegetativen Nervensystem gehört.

9.2.2. Peripheres Nervensystem

Allgemeines

Sowohl die Hirnnerven als auch die Rückenmarknerven werden zum peripheren Nervensystem zusammengefaßt. Dieses bildet das periphere Leitwerk für das gesamte Nervensystem. Die Richtung der Erregungsleitung hängt von der Art der im peripheren Nerv enthaltenen Nervenfasern ab. Die peripheren Nerven enthalten motorische, sensible und sympathische Fasern. Sie sind demnach gemischte Nerven. Die peripheren Nerven verlaufen oft zusammen mit Blutgefäßen und bilden sogenannte Gefäß-Nervenstränge. Periphere Nerven neigen dazu, sich miteinander zu verbinden. Bei stärkerer Ausprägung dieser entstehen Nervengeflechte (Plexus).

Hirnnerven

Die Hirnnerven entspringen vom Gehirn und verlassen den Schädel an seiner Basis. Sie werden nach der Reihenfolge ihres Austretens aus dem Gehirn von vorn nach hinten gezählt und mit römischen Zahlen von I - XII bezeichnet. Zu den Hirnnerven (Nn. craniales) gehören:

- I. die Nn. olfactorii (die Riechnerven),
- II. der N. opticus (der Sehnerv),
- III. der N. oculomotorius (der Augenmuskelnerv),
- IV. der N. trochlearis (der Rollnerv),
- V. der N. trigeminus (der Drillingsnerv),
- VI. der N. abducens (der äußere Augenmuskelnerv),
- VII. der N. facialis (der Gesichtsnerv),
- VIII. der N. vestibulocochlearis (der Gleichgewichts- und Hörnerv),
- IX. der N. glossopharyngeus (der Zungenschlundnerv),
- X. der N. vagus (der Eingeweidenerv),
- XI. der N. accessorius (der Beinerv),
- XII. der N. hypoglossus (der Zungenmuskelnerv).

I. Nn. olfactorii
Die Riechnerven enthalten die Neuriten der Riechzellen in der Nasenschleimhaut (Regio olfactoria). Die Neuriten ziehen durch die Siebplatte des Siebbeins in den Riechkolben (Bul-

bus olfactorius), einem verdickten Teil des Riechhirns. Von hier aus gelangen sie über die Riechbahn (Tractus olfactorius) zum Geruchszentrum, das sich im Schläfenlappen befindet. Es bestehen Verbindungen mit dem vegetativen Kerngebiet des Hypothalamus.
Gerüche können zu Erbrechen und Kollaps führen oder Lust bzw. Unlust erzeugen. Es besteht somit ein Zusammenhang zwischen den Gerüchen und dem vegetativen Nervensystem. Die Nn. olfactorii sind rein sensorische Nervenfasern.

II. N. opticus
Der N. opticus ist eigentlich kein peripherer Nerv, sondern ein vorgeschobener Hirnteil. Er nimmt seinen Ausgang an der Netzhaut des Auges, durchzieht einen knöchernen Kanal (Canalis opticus) und verbindet sich vor dem Türkensattel (Sella turcica) mit der Gegenseite in der Sehnervenkreuzung (Chiasma opticum). Hierbei kreuzen die Fasern, die von den medialen Abschnitten der Netzhaut ausgehen, während die Fasern der seitlichen Netzhautregion nicht kreuzen. Die Sehbahn (Tractus opticus) endet letztlich in der Sehstrahlung, die eine direkte Verbindung mit der Sehrinde (Area striata) hat, welche sich im Hinterhauptlappen befindet. Der Sehnerv enthält nur sensorische Nervenfasern.

III. N. oculomotorius
Der N. oculomotorius innerviert motorisch die äußeren Augenmuskeln mit Ausnahme des seitlichen geraden und des oberen schrägen Augenmuskels. Die parasympathischen Nervenfasern versorgen die glatte Muskulatur des Pupillenverengers und des Ziliarmuskels, der zur Akkomodation dient. Die letzten beiden sind innere Augenmuskeln.

IV. N. trochlearis
Dieser Nerv innerviert den oberen schrägen Augenmuskel motorisch.

V. N. trigeminus
Der N. trigeminus teilt sich in drei Hauptäste. Zu diesen rechnet man:

- den N. opthalmicus (Augenhöhlennerv),
- den N. maxillaris (Oberkiefernerv),
- den N. mandibularis (Unterkiefernerv).

N. opthalmicus
Er führt nur sensible Nervenfasern und versorgt u.a. die Haut der Stirn, des oberen Augenlides, der Augenwinkel und des Nasenrückens. Weiterhin werden sensibel die Schleimhaut von der Stirnhöhle, Keilbeinhöhle, den Siebbeinzellen, dem oberen vorderen Teil der Nasenhöhle sowie der Bindehaut versorgt. Seine sensiblen Fasern innervieren auch die äußere und mittlere Augenhaut.

N. maxillaris
Der N. maxillaris innerviert die Haut des unteren Augenlides, der Wange, der Oberlippe und des Nasenflügels. Er versorgt die Schleimhaut des hinteren Abschnittes der Nasenhöhle, die Schleimhaut des Gaumens, der Oberlippe und der Kieferhöhle. Desweiteren versorgt er über drei verschieden Nerven die Zähne des Oberkiefers.

N. mandibularis
Der N. mandibularis versorgt sensibel die Haut des Kinns, der Unterlippe, des unteren Wangenteils, des vorderen Abschnitts der Ohrmuschel und des äußeren Gehörgangs sowie der Schläfe. Desweiteren innerviert dieser Nerv die Schleimhaut der Wange, des Mundhöhlenbodens und die vorderen zwei Drittel der Zunge. Die Zähne des Unterkiefers und das Kiefergelenk werden ebenfalls sensibel versorgt. Die motorischen Fasern gelangen zu den Kaumuskeln.

VI. N. abducens
Dieser Nerv innerviert den äußeren geraden Augenmuskel motorisch.

VII. N. facialis

Der N. facialis versorgt mit seinen motorischen Nervenfasern die mimische Gesichtsmuskulatur. Seine sensorischen Fasern (Geschmacksfasern) kommen aus den vorderen zwei Drittel der Zunge und die parasympathischen Nervenfasern versorgen die Tränen-, Nasen-, Gaumen-, Unterzungen- und Unterkieferdrüsen.

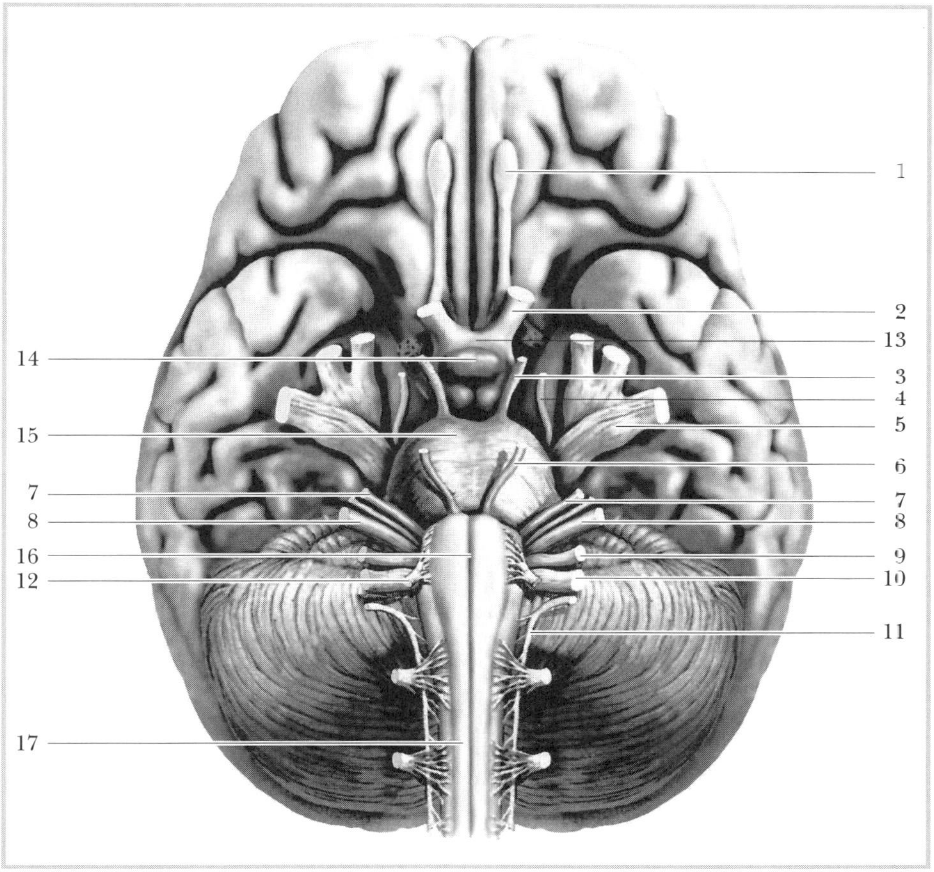

Abb. 113 Hirnbasis mit Hirnnerven

1 Riechkolben mit Riechnerven (Nn. olfactorii)
2 Sehnerv (N. opticus)
3 Augenmuskelnerv (N. oculomotorius)
4 Rollnerv (N. trochlearis)
5 Drillingsnerv (N. trigeminus)
6 äußerer Augenmuskelnerv (N. abducens)
7 Gesichtsnerv (N. facialis)
8 Gleichgewichts-Hörnerv (N. vestibulocochlearis)
9 Zungenschlundnerv (N. glossopharyngeus)
10 Eingeweidenerv (N. vagus)
11 Beinerv (N. accessorius)
12 Zungenmuskelnerv (N. hypoglossus)
13 Sehnervenkreuzung (Chiasma opticum)
14 Hirnanhangsdrüse (Hypophyse)
15 Brücke (Pons)
16 verlängertes Mark (Medulla oblongata)
17 Rückenmark

VIII. N. vestibulocochlearis

Der N. vestibulocochlearis ist ein rein sensorischer Nerv, der aus zwei Anteilen besteht. Zu diesen zählen der Hörnerv und der Gleichgewichtsnerv. Der Hörnerv beginnt an der Schnecke des Innenohrs, durchläuft den inneren Gehörgang und endet letztlich im Schläfenlappen, wo sich das Hörzentrum befindet. Der Gleichgewichtsnerv geht von den Bogengängen und vom Sacculus und Utriculus aus, zieht ebenfalls durch den inneren Gehörgang und erreicht den seitlichen Abschnitt der Rautengrube. Von dieser ziehen Fasern über den unteren Kleinhirnstiel zur Kleinhirnrinde.

IX. N. glossopharyngeus

Dieser Nerv enthält motorische, sensible, sensorische und parasympathische Nervenfasern. Die motorischen Fasern gelangen zur Schlundmuskulatur, die Zungenäste des N. glossopharyngeus führen sensible und sensorische (Geschmacksfasern) Fasern für das hintere Drittel der Zunge und die parasympathischen Fasern erreichen über eine weitere Verbindung die Ohrspeicheldrüse.

X. N. vagus

Der N. vagus setzt sich aus parasympathischen, motorischen und sensiblen Nervenfasern zusammen. Seine parasympathischen Fasern versorgen z.B. die Eingeweideorgane der Brust- und Bauchhöhle sowie die Nieren und Nebennieren. Die motorischen Fasern versorgen die äußeren und inneren Kehlkopfmuskeln. Die sensiblen Fasern innervieren den äußeren Gehörgang, Kehlkopf und den Rachen.

XI. N. accessorius

Der N. accessorius ist ein motorischer Nerv, der den Kopfwender und den Kapuzenmuskel innerviert.

XII. N. hypoglossus

Dieser motorische Nerv versorgt die Eigenmuskulatur der Zunge und die in die Zunge einstrahlende Muskulatur.

Rückenmarknerven

Die Rückenmarknerven verlassen den Wirbelkanal durch die Zwischenwirbellöcher und treten somit jeweils seitlich am Rückenmark aus. Das Rückenmark weist eine segmentale Gliederung auf, so daß jedem Rückenmarksegment ein Spinalnervenpaar zugeordnet wird. Auf jeder Seite unterscheidet man demnach folgende Rückenmark- bzw. Spinalnerven:

- 8 Halsnerven (Nn. cervicales),
- 12 Brustnerven (Nn. thoracici),
- 5 Lendennerven (Nn. lumbales),
- 5 Kreuznerven (Nn. sacrales),
- 1 Steißnerv (N. coccygeus).

Die Zahl der Spinalnerven stimmt überwiegend mit der Anzahl der Wirbel überein. Ausnahmen bilden lediglich die Hals- und Steißnerven. Den 7 Halswirbeln stehen 8 Halsnerven gegenüber. Die Erklärung dafür besteht darin, daß der 1. Halsnerv schon zwischen der Schädelbasis und dem ersten Halswirbel (Atlas) austritt. Das Steißbein besteht aus einer unterschiedlichen Anzahl von Steißbeinwirbeln (4 - 5), die miteinander verschmolzen sind und die Bestandteile eines Wirbels nicht mehr aufweisen. Ebenso wie die Zahl der Steißbeinwirbel variiert, können auch 2 - 3 Steißnerven vorhanden sein. In der Regel liegt jedoch ein Steißbeinnerv vor.

Ein Spinalnerv entsteht durch die Vereinigung der Vorder- mit der Hinterwurzel. Vor ihrer Vereinigung schwillt die Hinterwurzel zum Ganglion spinale an. Diese Nervenzellansammlung stellt eine Umschaltstation für die sensiblen Nervenfasern der Peripherie dar. Über eine sympathische Wurzel, welche in den Ganglienzellen des Grenzstrangs entspringt, werden dem Spinalnerv sympathische Fasern zugeführt.

Merke **Die Spinalnerven sind gemischte Nerven, die sensible, motorische und sympathische Fasern enthalten.**

Die durch die Vereinigung aller drei Wurzeln entstandenen Spinalnerven sind kurz und teilen sich in vier Äste. Zu diesen gehören:

- die Duraäste (Rami meningei),
- die hinteren Äste (Rami dorsales),
- die vorderen Äste (Rami ventrales),
- die Verbindungsäste (Ramus communicans albus und griseus).

Duraäste
Die Duraäste laufen in den Wirbelkanal zurück und versorgen die harte Hirnhaut des Rükkenmarks.

Hintere Äste
Die hinteren Äste innervieren die Rückenmuskulatur und einen Teil der Rückenhaut.

Vordere Äste
Diese Äste ziehen zur seitlichen und vorderen Leibeswand, versorgen die Haut und die ventrale Muskulatur, die Haut und Muskulatur der Extremitäten sowie die Haut der äußeren Geschlechtsorgane.

Verbindungsäste
Sie stellen die Verbindung zum Grenzstrang her.

Die vorderen Äste bilden mit Ausnahme der Brustnerven durch gegenseitige Verbindungen Nervengeflechte, aus denen die peripheren Nerven hervorgehen.
Entsprechend ihren Ausbreitungsgebieten unterscheidet man:

- das Halsgeflecht (Plexus cervicalis),
- das Armgeflecht (Plexus brachialis),
- das Lendengeflecht (Plexus lumbalis),
- das Kreuzgeflecht (Plexus sacralis),
- das Steißgeflecht (Plexus coccygeus).

Halsgeflecht
Das Halsgeflecht entsteht aus den vorderen Ästen der Halsnervenpaare, die aus den Segmenten C_1 - C_4 stammen. Aus dem Halsgeflecht gehen sensible und motorische Äste hervor, die zu den periphere Nerven gezählt werden. Die sensiblen Äste versorgen die Haut des Halses und der Schulter, während die motorischen Äste die tiefen Halsmuskeln innervieren.
Ein wichtiger Nerv, der aus dem Halsgeflecht hervorgeht, ist der

- Zwerchfellnerv (N. phrenicus).

Zwerchfellnerv
Der Zwerchfellnerv enthält motorische und sensible Nervenfasern. Die motorischen Faseranteile versorgen die Zwerchfellmuskulatur und die sensiblen Fasern innervieren die Pleura mediastinalis, die Pleura diaphragmatica und z.B. den Bauchfellabschnitt, der das Zwerchfell von unten her überzieht.

Armgeflecht
Das Armgeflecht wird von den vorderen Ästen der Halsnervenpaare, die aus den Segmenten C_5 - C_8 stammen sowie des ersten Brustnervs gebildet. Zu den peripheren Nerven, die aus dem Armgeflecht entstehen, zählen folgende lange Armnerven:

- der Muskelhautnerv (N. musculocutaneus),
- der Hautnerv der medialen Oberarmseite (N. cutaneus brachii medialis),
- der Hautnerv der medialen Unterarmseite (N. cutaneus antebrachii medialis),

- der Mittelnerv (N. medianus),
- der Ellennerv (N. ulnaris),
- der Speichennerv (N. radialis),

Muskelhautnerv
Dieser Nerv versorgt die Beuger am Oberarm und die Haut an der radialen Seite des Unterarms.

Hautnerv der medialen Oberarmseite
Er innerviert die Haut der ulnaren Seite des Oberarms.

Hautnerv der medialen Unterarmseite
Dieser Nerv versorgt die Haut an der vorderen und ulnaren Seite des Unterarms.

Mittelnerv
Der Mittelnerv versorgt die Beuger des Unterarms und der Hand. Sensibel innerviert er die Haut der Hohlhand und der ersten drei Finger einschließlich der Radialseite des vierten Fingers.

Ellennerv
Dieser Nerv versorgt die Beuger des Unterarms, die nicht vom Mittelnerv versorgt werden sowie die Beuger der Hand. Sensibel wird die Haut der Hohlhand, die des fünften Fingers und die ulnare Seite des vierten Fingers innerviert.

Speichennerv
Der Speichennerv versorgt die Streckmuskeln des Ober- und Unterarms und der Hand. Sensibel innerviert er die Haut der Streckseite des Ober- und Unterarms.

Merke **Bei einer Medianuslähmung ist eine Beugung am 1.-3. Finger im Mittel- und Grundgelenk aktiv nicht möglich. Es entsteht das Bild einer Schwurhand.**

Merke **Bei einer Ulnarislähmung werden die Finger im Grundgelenk überstreckt und in den Mittel- und Endgelenken gebeugt. Es entsteht das Bild einer Krallenhand.**

Merke **Bei einer Radialislähmung kann die Hand nicht aktiv dorsal gebeugt werden. Es entsteht das Bild einer Fallhand.**

Lendengeflecht
Das Lendengeflecht wird von den vorderen Ästen des 1. bis 3. und eines Teils des 4. Lendennervs gebildet. Die peripheren Nerven des Lendengeflechts versorgen die Bauchmuskeln und die Extensoren und Adduktoren am Oberschenkel. Die sensiblen Äste des Lendengeflechts innervieren den unteren Abschnitt der vorderen Bauchwand, die Haut am Oberschenkel und der Innenseite des Unterschenkels bis zum inneren Knöchel herab.
Aus dem Lendengeflecht gehen u.a. folgende periphere Nerven hervor:

- der Hautnerv der seitlichen Oberschenkelseite (N. cutaneus femoralis lateralis),
- der Oberschenkelnerv (N. femoralis),
- der Hüftlochnerv (N. obturatorius).

Hautnerv der seitlichen Oberschenkelseite
Dieser Hautnerv versorgt die Haut des Oberschenkels im Bereich der seitlichen Hälfte seiner Vorderseite sowie die Außenseite.

Oberschenkelnerv
Er versorgt die Haut des mittleren und inneren Teils der Vorderfläche des Oberschenkels bis zum Knie und die Innenseite des Unterschenkels bis zum inneren Knöchel. Die motorischen Fasern innervieren die Strecker des Oberschenkels.

Hüftlochnerv
Der Hüftlochnerv versorgt die Haut an der Innenseite des Oberschenkels und motorisch die Adduktoren des Oberschenkels.

Kreuzgeflecht
Das Kreuzgeflecht wird von den vorderen Ästen der fünf Kreuznerven und des unteren Teils des 4. sowie 5. Lendennervs gebildet. Ebenfalls ist an der Entstehung des Kreuzgeflechts der Steißnerv beteiligt. Das Kreuzgeflecht ist das stärkste Geflecht des menschlichen Körpers.
Die peripheren Nerven des Kreuzgeflechts versorgen motorisch die Gesäßmuskeln, den äußeren Schließmuskel des Afters, die Beuger des Oberschenkels, alle Muskeln am Unterschenkel und Fuß. Seine sensiblen Äste innervieren die Haut der Rückseite des Oberschenkels, die Haut des Unterschenkels und des Fußes sowie die Haut des Afters, des Damms und der Genitalien. Aus dem Kreuzgeflecht gehen u.a. folgende Nerven hervor:

- der Ischiasnerv (N. ischiadicus),
- der Schamnerv (N. pudendus).

Ischiasnerv
Dieser Nerv ist als stärkster Nerv des Körpers bekannt. Er verläuft an der Hinterseite des Oberschenkels zur Kniekehle, in der er sich in den Schienbeinnerv (N. tibialis) und Wadenbeinnerv (N. fibularis) teilt. Der Ischiasnerv versorgt motorisch die Beuger des Oberschenkels und alle Muskeln von Unterschenkel und Fuß. Seine sensiblen Äste innervieren die Haut von Unterschenkel und Fuß mit Ausnahme des vom Oberschenkelnerv versorgten Abschnittes.

Schamnerv
Der Schamnerv versorgt die Haut des Afters, des Damms, der Genitalien und motorisch u.a. den äußeren Schließmuskel des Anus (M. sphincter ani externus).

Steißgeflecht
Das Steißgeflecht entsteht aus dem vorderen Ast des 5. Kreuznervs und des Steißnervs. Motorisch werden der Steißmuskel (M. coccygeus) und der hintere Teil des Anushebers (M. levator ani) innerviert. Die sensiblen Äste versorgen die Haut zwischen Steißbein und After.

Die Brustnerven (Nn. thoracici) bilden keine Geflechte, sondern bleiben segmental gegliedert. Sie verlaufen zwischen den Rippen und werden auch Zwischenrippennerven (Nn. intercostales) genannt. Sie versorgen motorisch die Zwischenrippenmuskeln (Mm. intercostales) und die Muskeln der vorderen Bauchwand. Die sensiblen Äste innervieren die Haut der seitlichen Brust- und Bauchwand sowie das Brust- und Bauchfell.

9.3. Vegetatives Nervensystem

Sympathikus

Die Ursprungszellen des Sympathikus (Pars sympathica) liegen in den Seitenhörnern der Brust- und Lendensegmente des Rückenmarks (C_8 bis L_2/L_3). Die Neuriten der Ursprungszellen verlassen das Rückenmark durch die vordere Wurzel eines Spinalnervs. Sie ziehen über einen weißen Verbindungsast (Ramus communicans albus) zu einem Ganglion (Nervenzellansammlung), das sich neben der Wirbelsäule befindet und als paravertebrales Ganglion bezeichnet wird. Die weiße Farbe des Verbindungsastes wird durch die markscheidenhaltigen Neuriten der Ursprungszellen hervorgerufen.

Merke **Die Ursprungszellen mit ihren Neuriten bezeichnet man bezüglich ihrer Lage zum Ganglion, welches neben der Wirbelsäule liegt, als vor dem Ganglion gelegenes Neuron (präganglionäres Neuron). Die Neuriten der Ursprungszellen werden demnach präganglionäre Fasern genannt.**

In den paravertebralen Ganglien erfolgt die Umschaltung eines Teils der Nervenfasern auf das zweite Neuron. Die Neuriten, welche ihren Ausgang von diesem zweiten Neuron nehmen, verlaufen über einen grauen Verbindungsast (Ramus communicans griseus) zum Spinalnerv. Diese markscheidenlosen Nervenfasern rufen die graue Farbe des Verbindungsastes hervor.
Mit dem Spinalnerv erreichen die markscheidenlosen Nervenfasern die Rumpfwand und die Extremitäten.

Merke **Die markscheidenlosen Neuriten, die von einem zweiten Neuron, das sich im paravertebralen Ganglion befindet, ausgehen, verlaufen mit den Spinalnerven zur Rumpfwand und zu den Extremitäten, wo sie folgende anatomischen Gebilde innervieren:**

- **die glatten Muskelzellen der Gefäße,**
- **die glatten Muskelzellen der Haare.**
- **die Drüsen der Haut,**

Die nicht umgeschalteten Nervenfasern verlaufen durch das paravertebrale Ganglion hindurch zu den vor der Wirbelsäule gelegenen Ganglien, die wegen ihrer Lage als prävertebrale Ganglien bezeichnet werden. Diese befinden sich vor allem an den Abgängen der großen unpaaren Äste der Bauchaorta (Bauchhöhlenstamm, obere Gekrösearterie, untere Gekrösearterie). In diesen Ganglien erfolgt die Umschaltung auf das zweite Neuron.

Merke **Die markscheidenlosen Neuriten, die von einem zweiten Neuron, das sich im prävertebralen Ganglion befindet, ausgehen, lagern sich als zarte Geflechte den Arterienästen auf und ziehen mit diesen zu den Eingeweiden.**

Merke **Die markscheidenlosen Neuriten, welche aus dem zweiten Neuron entspringen, werden als postganglionäre Nervenfasern bezeichnet.**

Die rechts und links neben der Wirbelsäule gelegenen Ganglien sind untereinander über Nervenfasern (Rami interganglionares) strickleiterähnlich verbunden. Die Gesamtheit dieser miteinander verbundenen Ganglien bezeichnet man als Grenzstrang des Sympathikus (Truncus sympathicus). Die Ganglienstrickleiter reicht von der Schädelbasis bis zum Steißbein.
Die Ganglien weisen eine segmentale Anordnung auf. Im Halsbereich gibt es drei Ganglienpaare, im Brustbereich 12 Ganglienpaare, im Lendenbereich 4 - 5 Ganglienpaare, im Kreuzbeinbereich 4 - 5 Ganglienpaare und im Steißbeinbereich 1 unpaares Ganglion.
Nach der topographischen Ausdehnung unterscheidet man am Grenzstrang folgende Teile:

- einen Halsteil (Pars cervicalis),
- einen Brustteil (Pars thoracica),
- einen Bauchteil (Pars abdominalis),
- einen Beckenteil (Pars pelvina).

Halsteil
Im Halsteil befinden sich 3 Ganglien, die durch Verschmelzung von ursprünglich 8 Halsganglien entstanden sind. Aus den Halsganglien gehen Gefäßäste und Eingeweideäste hervor. Die Gefäßäste begleiten die innere und äußere Kopfschlagader (A. carotis interna, A. carotis externa), die gemeinsame Halsschlagader (A. carotis communis) sowie die Schlüsselbeinarterie (A. subclavia) in ihrem Verlauf.
Die Eingeweideäste versorgen das Herz, den Pharynx, die Schilddrüse und die Nebenschilddrüse.

Brustteil
Im Brustteil befinden sich 12 Ganglienpaare, die den Rippenköpfchen aufliegen. Aus den Brustganglien gehen Gefäßäste, Eingeweideäste und die grauen Verbindungsäste hervor, die mit den Spinalnerven verlaufen.
Die Eingeweideäste leiten die Eingeweideempfindungen zum Zentralnervensystem und führen somit afferente Nervenfasern. Die zu den Eingeweideorganen hinführenden Äste enthalten efferente Nervenfasern, die die glatte Muskulatur des Magen-Darm-Kanals und die Darmgefäße innervieren.
Zu den Eingeweideästen des Brustteils des Sympathikus gehören:

- die Äste für die Brusthöhle,
- die Äste für die Bauchhöhle.

Äste für die Brusthöhle
Der Brustteil des Sympathikus gibt u.a. Äste ab zum Herz, zur Speiseröhre, zum Milchbrustgang und zu den Bronchien.

Äste für die Bauchhöhle
Aus dem 6.-9. Brustganglion entspringt der große Eingeweidenerv (N. splanchnicus major). Er gelangt durch den Lendenteil des Zwerchfells in die Bauchhöhle, wo er Anschluß an eines der Ganglien des Bauchhöhlengeflechts findet.
Aus dem 10. - 11. Brustganglion geht der kleine Eingeweidenerv (N. splanchnicus minor) hervor, der mit dem großen Eingeweidenerv durch das Zwerchfell in die Bauchhöhle tritt. Seine Äste ziehen zum Bauchhöhlengeflecht und zum Nierengeflecht.
Die Gefäßäste ziehen zu den Venen der Brusthöhle und zum Brustaortengeflecht (Plexus aorticus), das sich in der Wand der Brustaorta befindet.

Bauchteil
Der Bauchteil des Sympathikus besteht aus 3 - 5 Ganglienpaaren, die auf der Vorderfläche der Lendenwirbelkörper liegen. Die peripheren Äste der Ganglien bilden Geflechte aus, die miteinander verbunden sind. In diesen Geflechten verlaufen die sympathischen Nervenfasern in Begleitung der Gefäße zu den Bauchorganen. Zu den großen Geflechten gehören:

- das Bauchhöhlengeflecht (Plexus coeliacus),
- das Bauchaortengeflecht (Plexus aorticus abdominalis).

Bauchhöhlengeflecht
Das Bauchhöhlengeflecht ist das größte Geflecht des vegetativen Nervensystems und enthält Ganglien. Die Nervenfasern dieses Geflechts strahlen in alle Richtungen aus. Deshalb wird es auch als Sonnengeflecht (Plexus solaris) bezeichnet. Das Geflecht erreicht in Begleitung der Gefäße die Bauchorgane, die mit verschiedenen Nervenfaserarten versorgt werden. Zu diesen rechnet man:

- die Fasern für die glatte Muskulatur,
- die sekretorischen Fasern für die Drüsen,
- die gefäßverengenden Fasern,
- die Fasern für die Sensibilität der Eingeweide.

Bauchaortengeflecht
Das Bauchaortengeflecht setzt das Bauchhöhlengeflecht im unteren Bereich fort. Dieses Geflecht liegt zu beiden Seiten der Bauchaorta und begleitet die untere Gekrösearterie, die obere Mastdarmarterie und die Hüftschlagader unter Ausbildung gleichnamiger Geflechte. Das Bauchaortengeflecht versorgt die Dickdarmabschnitte ab dem Cannon-Böhm-Punkt.

Beckenteil
Der Beckenteil des Sympathikus enthält 3 - 4 Kreuzbeinganglienpaare sowie ein unpaares Ganglion (Ganglion impar). Aus den peripheren Ästen der Kreuzbeinganglien geht das Beckengeflecht (Plexus pelvinus) hervor. Es befindet sich zu beiden Seiten von Mastdarm

und Harnblase und enthält zahlreiche Ganglien. Dieses Geflecht versorgt unter Ausbildung weiterer Geflechte die Eingeweide des kleinen Beckens.

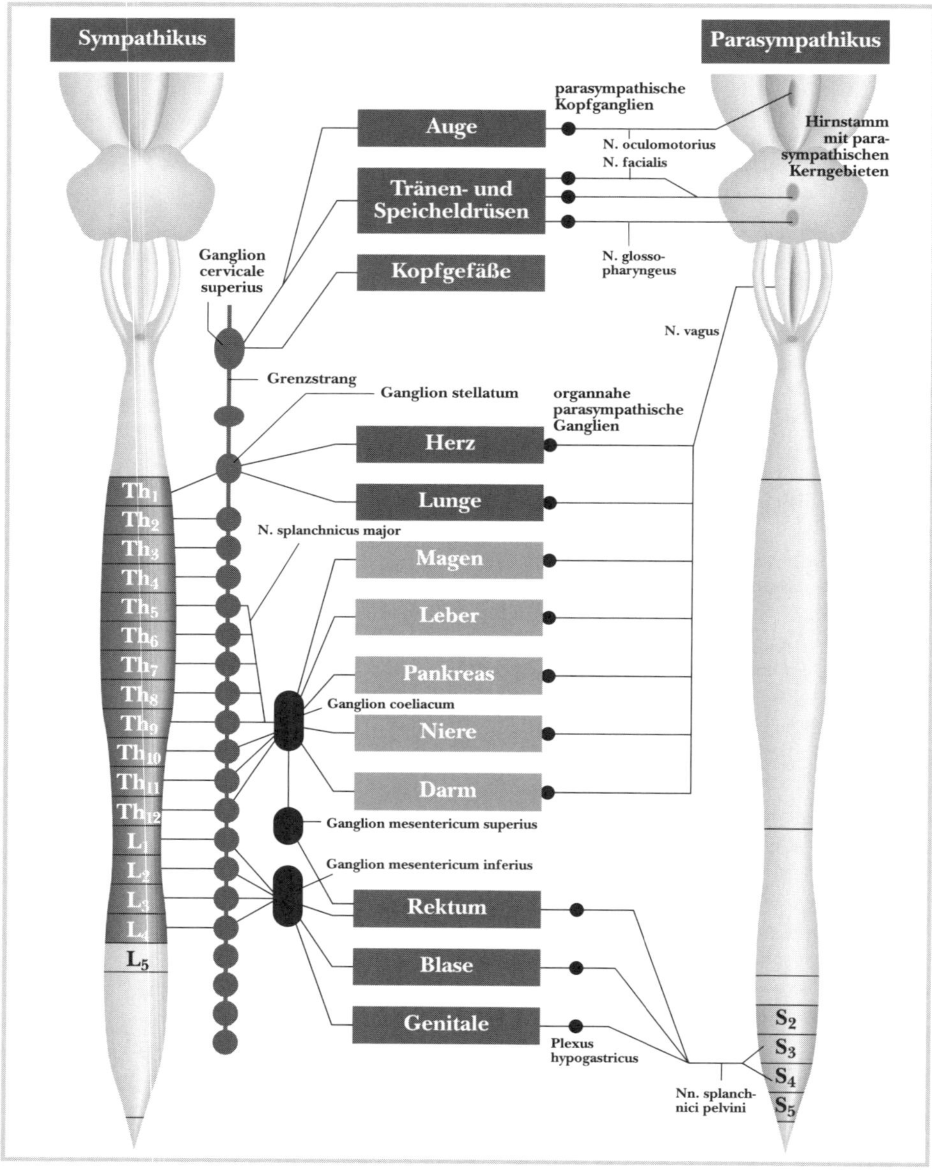

Abb. 114 Vegetatives Nervensystem

Parasympathikus

Die Ursprungszellen des Parasympathikus (Pars parasympathica) liegen im Mittel- und Rautenhirn sowie im sakralen Abschnitt des Rückenmarks. Nach dieser Lage der Ursprungszellen wird der Parasympathikus wie folgt eingeteilt:

- in einen kranialen Teil (Pars encephalica),
- in einen sakralen Teil (Pars sacralis).

Kranialer Teil
Die Neuriten der Ursprungszellen, die sich im Mittel- und Rautenhirn befinden, verlaufen in bestimmten Hirnnerven. Zu diesen gehören der N. oculomotorius, der N. facialis, der N. glossopharyngeus und der N. vagus. Die langen präganglionären Fasern werden in entsprechenden Ganglien auf das zweite Neuron umgeschaltet. Von hier aus erreichen die kurzen postganglionären Fasern ihre Zielorgane. Zu diesen gehören z.B. im Kopfbereich die Tränendrüsen, die Gaumendrüsen, die Unterzungendrüsen, die Zungendrüsen, die Nasendrüsen, die Pupillenverengerer und die Ziliarmuskeln des Auges.
Das Innervationsgebiet des N. vagus umfaßt die Haut des äußeren Gehörgangs, das hintere Drittel der Zunge, Schleimhaut und Muskulatur von Pharynx, Kehlkopf, Trachea, Bronchien, Ösophagus, Magen-Darm-Kanal (bis zum Cannon-Böhm-Punkt) sowie die Muskulatur des Herzens. Wegen seiner Ausbreitung vom Kopf bis zum Bauch wird dieser Nerv auch als der umherschweifende (vagabundierende) Nerv bezeichnet.

Sakraler Teil
Die Neuriten der Ursprungszellen, die sich im sakralen Abschnitt des Rückenmarks befinden, verlassen das Rückenmark durch die Vorderwurzel und verlaufen zunächst im Schamnerv (N. pudendus). Von diesem zweigen sie als selbständige Nerven (Nn. splanchnici pelvini) ab und erreichen u.a. das vegetative Beckengeflecht (Plexus pelvinus). Ein Teil der präganglionären parasympathischen Fasern wird hier auf das postganglionäre Neuron umgeschaltet. Der Rest der präganglionären parasympathischen Fasern wird erst in der Nachbarschaft der innervierten Organe oder in der Wandung dieser Organe selbst umgeschaltet.

Merke **Die parasympathischen Fasern des Beckengeflechts versorgen:**

- **die inneren und äußeren Geschlechtsorgane,**
- **die Blase,**
- **die Harnröhre,**
- **den Darm vom linken Drittel des Colon transversum bis zum Anus.**

Viele innere Organe werden durch den Sympathikus und den Parasympathikus innerviert, dabei verhalten sich die Effekte der Erregung beider vegetativer Systeme antagonistisch zueinander. Reizung bestimmter sympathischer Nervenfasern führt z.B. zu einer Zunahme der Schlagfrequenz und des Schlagvolumens des Herzens, zur Abnahme der Darmmotorik, zur Kontraktion der Sphinkteren des Magen-Darm-Kanals und zur Erschlaffung der Bronchien. Reizung der parasympathischen Fasern dieser Organe führt zur Abnahme von Schlagfrequenz und Schlagvolumen des Herzens, zur Zunahme der Darmmotorik, zur Erschlaffung der Sphinkteren des Magen-Darm-Kanals und zur Kontraktion der Bronchien.

Merke **Die vegetative Regulation dieser Organe ist als die Summe der antagonistischen Effekte von Sympathikus und Parasympathikus aufzufassen.**

Emotionen gehen mit bestimmten vegetativen Reaktionen einher. Prüfungsängste, die Angst vor dem „weißen Arztkittel", die Angst vor einer Spritze und die Angst vor dem Zahnarzt z.B. können zur Blässe der Haut, zur Erhöhung der Herz- und Atemfrequenz, zu einer erhöhten Schweißsekretion, zum gesteigerten Harndrang sowie zum Durchfall führen.

Zusammenfassung

Nervensystem
Das Nervensystem wird in das zerebro-spinale und vegetative Nervensystem unterteilt.

Zentrales Nervensystem
Das zentrale Nervensystem gliedert sich in das Endhirn, Zwischenhirn, Mittelhirn, Hinterhirn und Nachhirn.

Endhirn
Es besteht aus zwei Hemisphären, an denen ein Mantelteil und Stammteil unterschieden wird. Der Mantelteil weist vier Hirnlappen auf. Zu diesen zählt man den Stirnlappen, den Scheitellappen, den Schläfenlappen und den Hinterhauptlappen.
Die Hemisphärenoberfläche besitzt Windungen und Furchen. Zu den Bestandteilen des Endhirns gehören die Hirnrinde, die Basalganglien, die weiße Substanz und die Seitenventrikel.
Die Hirnrinde enthält wichtige Rindenfelder. Die weiße Substanz besteht aus Nervenbahnen, die nach ihren Verläufen in Assoziationssysteme, Kommissurensysteme und Projektionssysteme unterteilt werden.
Zum Stammteil des Endhirns gehört das Riechhirn, der limbische Kortex und die Insel.

Zwischenhirn
Es liegt zwischen dem End- und Mittelhirn und besteht aus dem Thalamus und Hypothalamus. Im Hypothalamus befinden sich vegetative Regulationszentren. Der Thalamus ist das Tor zum Bewußtsein, da alle sensiblen Nervenbahnen, die zum Endhirn ziehen, im Thalamus umgeschaltet werden.

Mittelhirn
Zum Mittelhirn gehören die Hirnschenkel, die Haube und die Vierhügelplatte. Das Mittelhirn ist eine wichtige Schaltzentrale für das extrapyramidale System. Im Mittelhirn liegen die Ursprungskerne für den N. oculomotorius und den N. trochlearis. Im Mittelhirn befindet sich das Umschaltzentrum für die Seh- und Hörbahn.

Hinterhirn
Brücke und Kleinhirn sind die Abschnitte des Hinterhirns. Die Brücke enthält die durchziehenden Pyramidenbahnen sowie querverlaufende Faserzüge und Brückenkerne. Sie stellen Umschaltstationen der Endhirn-Brücken-Kleinhirnbahn dar.

Kleinhirn
Das Kleinhirn besteht aus der Kleinhirnrinde, den Kleinhirnkernen sowie dem Marklager. Es dient der Regulation des Gleichgewichts, der Aufrechterhaltung des Muskeltonus und der Koordination der Willkürmotorik.

Nachhirn
Alle vom Endhirn absteigenden und zum Endhirn aufsteigenden Bahnen verlaufen durch das Nachhirn, das auch als verlängertes Rückenmark bezeichnet wird.

Hirnhäute
Man unterscheidet die weiche Hirnhaut, die Spinnwebenhaut und die harte Hirnhaut.

Hirnkammern
Zu den Hirnkammern gehören die beiden Seitenventrikel, der dritte Ventrikel, die Wasserleitung und der vierte Ventrikel. Sie enthalten das Hirnwasser.

Adergeflechte
Die Adergeflechte sind Gefäßzotten, die in die Hohlräume der Ventrikel eingewachsen sind. Sie bilden die Gehirn-Rückenmark-Flüssigkeit (Liquor cerebrospinalis).

Hirngefäße

Das Gehirn wird von zwei arteriellen Stromgebieten versorgt. Zu diesen zählt man das Stromgebiet der A. carotis interna und der A. vertebralis. Aus dem Stromgebiet der A. carotis interna gehen die vordere und mittlere Hirnarterie und aus dem der A. vertebralis die hintere Hirnarterie hervor. Beide Stromgebiete bilden an der Hirnbasis einen Arterienring (Circulus arteriosus).

Rückenmark

Es besteht aus einem Hals-, Brust-, Lenden-, Kreuzbein- und Steißbeinteil und ist segmental gegliedert. Man unterscheidet 8 Halssegmente, 12 Brustsegmente, 5 Lendensegmente, 5 Kreuzbeinsegmente und 1 Steißbeinsegment. Die graue Substanz befindet sich im Rückenmark innen und sieht im Querschnitt schmetterlingsförmig aus. Sie durchzieht das Rückenmark säulenförmig (Vordersäule, Hintersäule, Seitensäule). In den Säulen liegen bestimmte Nervenzellen. Die weiße Substanz besteht aus Nervenfasern, die als Leitungsbahnen dienen. Zu diesen zählt man das Vorderseitenstrangsystem, das Kleinhirnseitenstrangsystem, das Hinterstrangsystem und als absteigende Bahnen die Pyramidenbahnen und die extrapyramidalen Bahnen.

Hirnnerven

Zu den 12 Hirnnerven gehören: die Nn. olfactorii, der N. opticus, der N. oculomotorius, der N. trochlearis, der N. trigeminus, der N. abducens, der N. facialis, der N. vestibulocochlearis, der N. glossopharyngeus, der N. vagus, der N. accessorius und der N. hypoglossus.

Rückenmarknerven

Beispiele für Rückenmarknerven sind der N. phrenicus, der N. medianus, der N. ulnaris, der N. radialis, der N. femoralis, der N. obturatorius, der N. ischiadicus, der N. pudendus, der N. coccygeus und die Nn. thoracici.

Sympathikus

Die Ursprungszellen liegen in den Seitenhörnern der Brust- und Lendensegmente (C_8 bis L_2/L_3). Er bildet ein energieentfaltendes System.

Parasympathikus

Die Ursprungszellen liegen im Mittel- und Rautenhirn sowie im sakralen Teil des Rückenmarks. Der Parasympathikus liefert das erholende und aufbaufördernde System. Beide Anteile des vegetativen Nervensystems stimmen die Funktion der Eingeweideorgane aufeinander ab.

9.4. Physiologie des Zentralnervensystems

9.4.1. Elektrophysiologische Grundlagen

Allgemeines

Die kleinste morphologisch-funktionelle Einheit des Nervengewebes ist das Neuron. Es ermöglicht dem Zentralnervensystem z.B. die Funktion der Informationsübertragung und -verarbeitung. Wie jede lebende Zelle besitzt die Nervenzelle mit ihren Fortsätzen (Neuron) die Eigenschaft der Erregbarkeit. Diese ist bei den Nervenzellen besonders ausgeprägt und auf ihr beruht die Fähigkeit, Erregungen zu bilden.
Erregungen können automatisch oder auf einen Reiz hin ausgelöst werden. Ein Reiz stellt eine Veränderung in der Umgebung der Nervenzellmembran dar, während die Erregung sich an der Nervenzellmembran vollzieht.
Die Eigenschaft der Weiterleitung und Übertragung von Erregungen von Nervenzelle zu Nervenzelle ist an elektrophysiologische Vorgänge, welche sich an der Nervenzellmembran abspielen, gebunden. Zu diesen gehören:

- die Bildung des Ruhemembranpotentials,
- die Bildung des Aktionspotentials,
- die synaptische Erregungsübertragung,
- die postsynaptischen Prozesse.

Bildung des Ruhemembranpotentials

Die Nervenzellmembran besteht aus einer elektrisch isolierenden bimolekularen Lipidschicht, in die Proteine eingelagert sind, von denen einige die Gesamtmembran als Tunnelproteine durchdringen. An der Zellmembranaußenseite befindet sich die Glykokalyx, die sich aus Kohlenhydraten zusammensetzt.
Die Tunnelproteine bilden selektive Kanäle, die nur bestimmte Ionen durchlassen. So werden z.B. Kaliumkanäle, Natriumkanäle und Kalziumkanäle unterschieden.
Die Ionenverteilung um die Nervenzellmembran ist verschieden. Im Inneren einer Nervenzelle besteht eine hohe Kaliumkonzentration sowie eine niedrige Natrium- und Chloridkonzentration. Extrazellulär dominieren die Natrium- und Chloridionen gegenüber den Kalium- und Kalziumionen.

Merke **Eine in der Nervenzellmembran lokalisierte Natrium-Kalium-Pumpe sorgt unter Energieverbrauch für eine hohe Kaliumkonzentration im Inneren der Nervenzelle und für eine hohe Konzentration der Natriumionen im Zelläußeren.**

Im unerregten Zustand verfügt die Nervenzellmembran über eine hohe Permeabilität für die Kaliumionen, d.h. die Kaliumkanäle sind geöffnet, während die Natriumkanäle weitgehend geschlossen sind. Die Kaliumionen diffundieren entlang ihres Konzentrationsgradienten von der Innenseite der Nervenzellmemran durch die Kaliumkanäle zur Außenseite der Nervenzellmembran. Die Zellmembran lädt sich dadurch an der Innenseite negativ und an der Außenseite positiv auf. Die Negativität ist auf den Kaliumausstrom und das Verbleiben negativ geladener Eiweiße und organischer Phosphate innerhalb der Zelle zurückzuführen. Die entstandene Ladungstrennung an der Nervenzellmembran, welche Kondensatoreigenschaften besitzt, kann mit Mikroelektroden gemessen werden. Das gemessene Potential beträgt -60 bis -90 mV und wird als Ruhemembranpotential bezeichnet.

Merke **Das Ruhemembranpotential wird hauptsächlich durch die Diffusion der Kaliumionen in den extrazellulären Raum hervorgerufen und bildet die Voraussetzung für die Erregbarkeit einer Nervenzelle.**

Bildung des Aktionspotentials

Nach Reizeinwirkung reagiert die Zellmembran einer Nervenzelle an dieser Stelle mit einer erhöhten Durchlässigkeit für Natriumionen, d.h. die Natriumkanäle öffnen sich, während die Kaliumkanäle geschlossen sind.
Wird das Membranpotential durch den zunächst langsamen Natriumeinstrom auf einen kritischen Wert vermindert, dann werden die Natriumkanäle aktiviert und Natriumionen strömen ein und depolarisieren ihrerseits die Membran weiter, was die weitere Aktivierung von Natriumkanälen zur Folge hat. Es entsteht ein autoregenerativer Prozeß, der zum explosionsartigen Anstieg des Natriumeinstroms führt. Dieser ruft an der gereizten Nervenzellmembran eine Umpolung der Membranladung hervor, die man als Depolarisation bezeichnet. Die Nervenzellmembran ist jetzt an ihrer Innenseite positiv und an ihrer Außenseite negativ geladen.

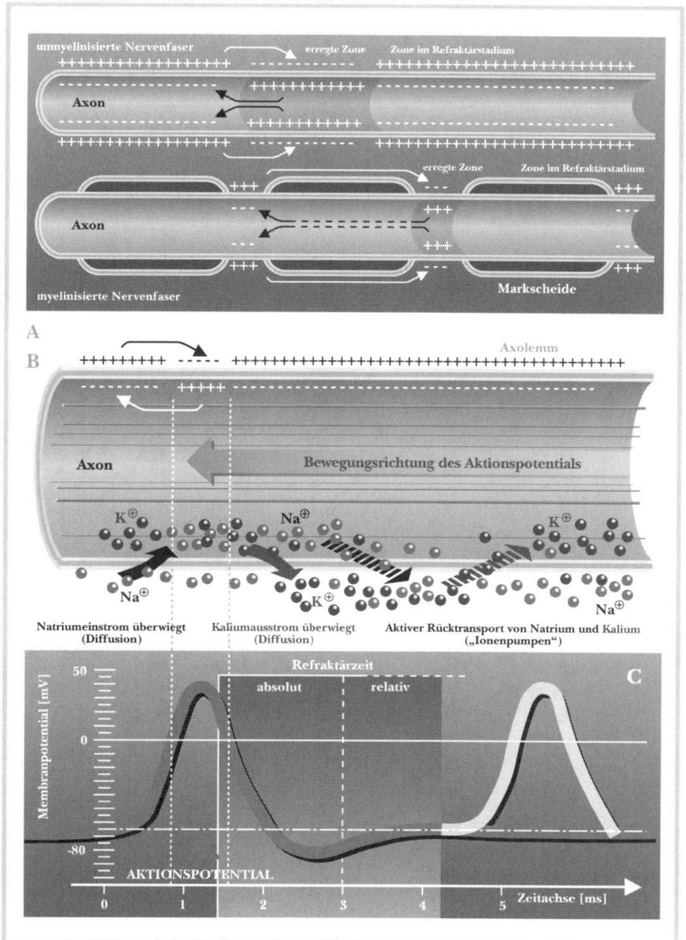

Merke

Wird eine Nervenzellmembran gereizt, so ruft der schnelle Natriumeinstrom eine Depolarisation dieser hervor. Diese dramatische kurzzeitige Änderung des Membranpotentials wird als Aktionspotential bezeichnet und beträgt etwa +20 mV bis +40 mV.

Abb. 115
Aktionspotential

A Vergleich der Erregungsleitung bei unmyelinisierten und myelinisierten Nervenfasern
B Ionenströme während des Aktionspotentials
C Verlauf des Aktionspotential in der elektrischen Ableitung

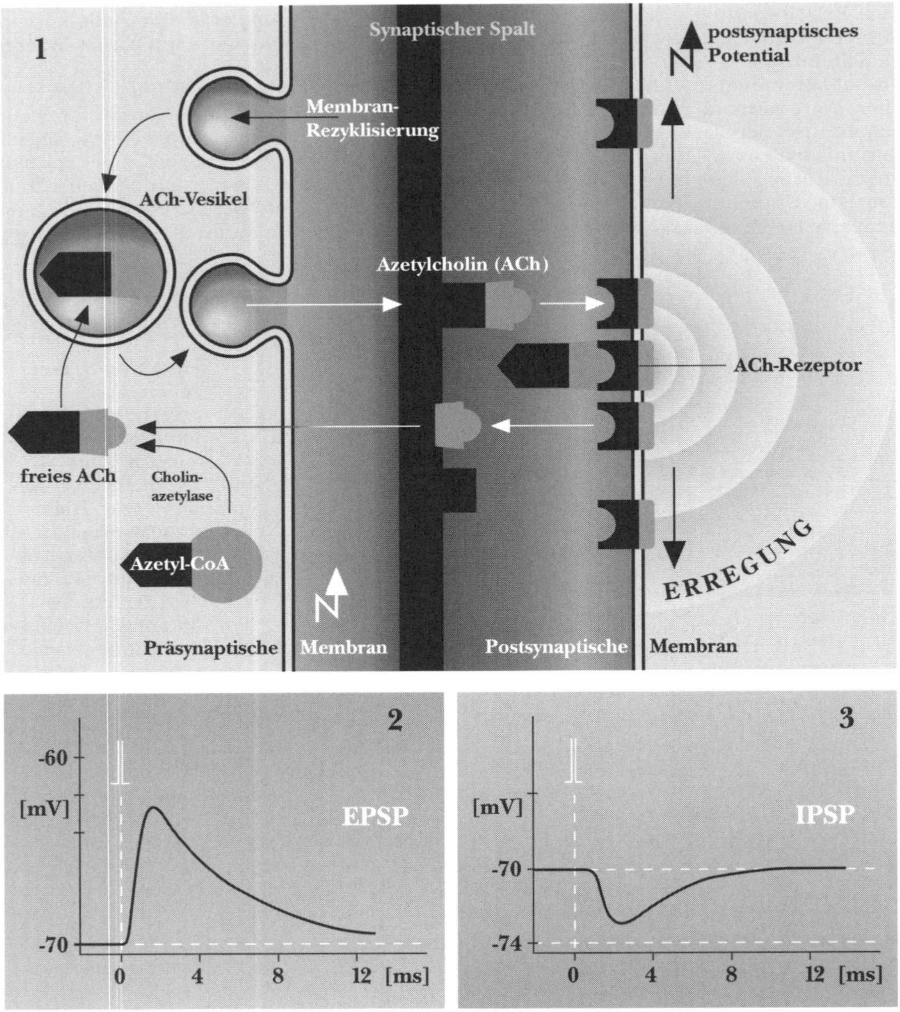

Abb. 116 Synaptische Erregungsübertragung

1 schematische Darstellung der Erregungsübertragung
2 exzitatorisches postsynaptisches Potential (EPSP)
3 inhibitorisches postsynaptisches Potential (IPSP)

Synaptische Erregungsübertragung

An den synaptischen Endigungen der Neuriten laufen die Aktionspotentiale als Erregungen ein. Jedes Aktionspotential setzt aus den Bläschen, die sich in den synaptischen Endigungen befinden, eine definierte Menge eines chemischen Überträgerstoffes (Transmittersubstanz) in den Synapsenspalt frei. An der postsynaptischen Membran des empfangenden Neurons ruft der chemische Überträgerstoff vorübergehende lokale Membranpotentialänderungen hervor. Der Bereich der postsynaptischen Membran, an dem sich diese vollziehen, wird als subsynaptische Membran bezeichnet.
Wird vom chemischen Überträgerstoff an der subsynaptischen Membran eine kurzzeitige Depolarisation(Umpolung) hervorgerufen, dann bezeichnet man die lokal entstandene Potentialänderung als exzitatorisches postsynaptisches Potential (EPSP).
Neben diesem erregenden oder exzitatorischen Potential kann an der subsynaptischen Membran auch ein hemmendes oder inhibitorisches postsynaptisches Potential (IPSP) gebildet werden. Die hemmende Wirkung auf das Neuron ist auf eine durch den chemischen Überträgerstoff hervorgerufene lokale Hyperpolarisation der subsynaptischen Membran zurückzuführen. Das vorhandene Ruhemembranpotential wird dadurch verstärkt, so daß keine Umpolung der Membranladung stattfinden kann.

Infolge der unterschiedlichen Potentialbildungsmöglichkeiten an der subsynaptischen Membran werden verschiedene chemische Überträgersubstanzen unterschieden. Als Transmittersubstanzen fungieren z.B. Acetylcholin, Adrenalin, Noradrenalin, Dopamin, Serotonin, Histamin, Gammaaminobuttersäure (GABA) und Glycin. Die beiden letzten Transmitter bilden an der subsynaptischen Membran eines Neurons inhibitorische postsynaptische Potentiale (IPSP) aus.

Merke **Die über den Neuriten einlaufende Aktionspotentialfolge (diskontinuierlich-analoges Signal) wird in der Präsynapse in ein chemisches Übertragungsglied umkodiert, welches an der subsynaptischen Membran ein graduelles lokales Potential bewirkt. In diesem EPSP oder IPSP ist die Information, die von der Aktionspotentialfolge ausging, kontinuierlich analog verschlüsselt.**

Postsynaptische Prozesse

Das exzitatorische postsynaptische Potential (EPSP) wird nicht fortgeleitet. Es breitet sich nur elektrotonisch aus. Durch die Potentialdifferenzen gegenüber benachbarten Membranteilen bilden sich elektrotonische Ströme, die depolarisierend auf die Nachbarmembran wirken. Erst wenn die Depolarisation des Membranpotentials einen kritischen Wert erreicht, kann das Aktionspotential gebildet werden. Die Schwelle für diesen Mechanismus ist an der Stelle, wo der Neurit von der Nervenzelle abzweigt (Axonhügel, Initialsegment), am niedrigsten. Hier entsteht die fortgeleitete Aktionspotentialfolge als diskontinuierlich-analoges Signal. Es wird über den Neuriten und seine Kollateralen sowie auch entgegengesetzt über den Zelleib und die Dendriten weitergeleitet.

Merke **Das weitergeleitete Aktionspotential stellt letztlich das Ergebnis der Verarbeitung aller am Neuron einlaufenden erregenden und hemmenden Synapsen dar.**

Die Weiterleitung der Aktionspotentiale erfolgt in markhaltigen Nervenfasern sprunghaft. Die Stromschleifen können nur die Schnürringe depolarisieren, da hier die eigentliche Membran des Neuriten frei vorliegt. Die Erregung breitet sich somit von Schnürring zu Schnürring sprunghaft (saltatorisch) aus. Hierbei handelt es sich um eine schnelle Erregungsweiterleitung.

In marklosen Nervenfasern wird die Erregung (das Aktionspotential) kontinuierlich weitergeleitet. Jedes Aktionspotential bildet in seiner ruhenden Nachbarschaft Stromschleifen aus und depolarisiert somit die betreffenden Membranabschnitte. Die zunächst entstehende lokale Erregung führt bis zum Überschreiten der Reizschwelle, so daß ein neues Aktionspotential entsteht. Die Erregung ist damit auf die Nachbarstelle der Membran übergegangen und der Vorgang wiederholt sich. Die Erregungsausbreitung entlang einer marklosen Nervenfaser geschieht langsamer als bei der saltatorischen Erregungsausbreitung.

9.4.2. Arbeitsweise neuronaler Verbände

Allgemeines

Das Neuron als morphologisch funktionelle Einheit funktioniert nicht nur als einzelnes sondern stets in mehr oder weniger komplexen Neuronenverbänden. Die Verarbeitung und Ausbreitung von Erregungen basiert auf den vielfältigen Verschaltungsmöglichkeiten der Neurone untereinander.
In der Endhirnrinde z.B. weisen die Neurone eine modulare Organisation auf. Ein Modul stellt eine vertikale Säule dar, die etwa 110 Neurone enthält. Diese Minisäule wird als eine elementare Informationsverarbeitungseinheit aufgefaßt und auch als lokaler Schaltkreis bezeichnet. Insgesamt enthält der Neokortex mehr als 400 Millionen dieser Module. Die Minisäulen werden zu Makrosäulen verschaltet, deren Zahl etwa 1 Millionen beträgt. Die Makrosäulen wiederum sind zu größeren komplexen Systemen verschaltet. Auf dieser morphologischen Grundlage erfolgt im Zentralnervensystem die Erregungsverarbeitung.
Die Arbeitsweise neuronaler Verbände kann durch folgende Mechanismen beschrieben werden. Zu diesen gehören:

- die Bahnung,
- die Hemmung,
- die präsynaptische Hemmung,
- die postsynaptische Hemmung,
- die Erregungskreise.

Bahnung

Gelangen zusätzliche Erregungen, die z.B. von höheren Abschnitten des Zentralnervensystems kommen, an ein die Erregung empfangendes Neuron, dann erfolgt an der postsynaptischen Membran des Neurons eine Vordepolarisation. Das bedeutet, daß schon die Aktivierung einer geringen Zahl erregender Synapsen ausreicht, um ein Aktionspotential zu bilden.

Merke **Unter einer Bahnung versteht man die zeitlich begrenzte Förderung der Erregungsübertragung durch zusätzliche Erregungen.**

Hemmung

Zusätzliche Erregungen, die ebenfalls von höheren Abschnitten des Zentralnervensystems kommen, können am empfangenden Neuron hemmende postsynaptische Potentiale ausbilden. Daraus resultiert eine zeitlich begrenzte Aktivitätsminderung des Neurons.

Merke **Unter einer Hemmung versteht man die zeitlich begrenzte Herabsetzung der Erregungsübertragung durch zusätzliche Erregungen.**

Eine Bahnung führt in einem neuronalen Netz zu einer vermehrten Erregungsausbreitung, die als Divergenz bezeichnet wird. Eine Hemmung bewirkt eine Erregungsbegrenzung. Nur Neurone, an die ausreichend Synapsen konvergieren (Konvergenz), kommen zur Erregung.

Präsynaptische Prozesse

Die Effektivität der synaptischen Erregungsübertragung kann im Sinne einer Hemmung beeinflußt werden. Die synaptische Endigung eines hemmenden Interneurons ruft nach seiner Erregung an der präsynaptischen Membran einer erregenden Synapse eine langdauernde geringe Depolarisierung hervor. Während dieser Zeit sind die erregenden postsynaptischen Potentiale (EPSP) verkleinert.

Merke **Die präsynaptische Hemmung verkleinert das erregende postsynaptische Potential (EPSP) durch eine verminderte Freisetzung der Transmittersubstanz in den synaptischen Spalt.**

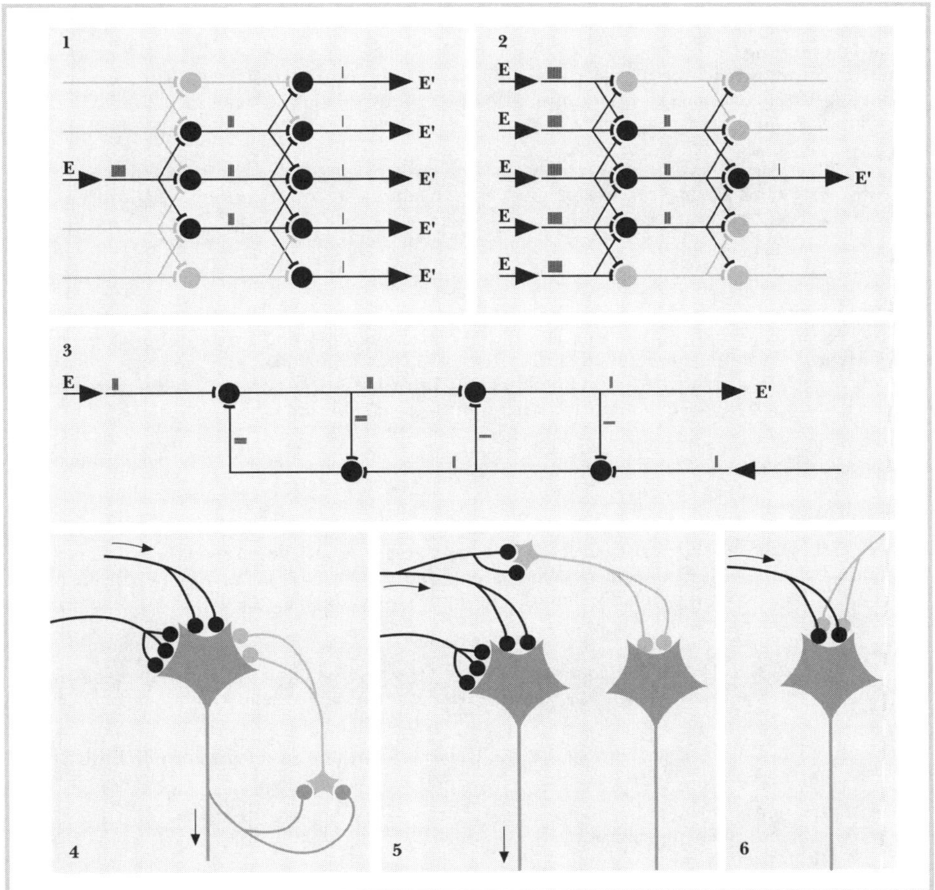

Abb. 117
Schaltprinzipien neuronaler Verbände

1 Divergenz
2 Konvergenz
3 Erregungskreise
4 Rückwärtshemmung
5 Vorwärtshemmung
6 präsynaptische Hemmung

Postsynaptische Prozesse

Die Aktivierung von Neuronen innerhalb neuronaler Verbände wird häufig von Hemmung benachbarter Neurone begleitet. Neben der präsynaptischen Hemmung werden folgende Hemmungsmechanismen an der Postsynapse unterschieden. Zu diesen zählen:

- die Rückwärtshemmung,
- die Vorwärtshemmung.

Rückwärtshemmung
Bei der Rückwärtshemmung (rekurrente Hemmung) wird ein hemmendes Interneuron von der synaptischen Endigung einer Kollaterale, die von einem erregten Neuron abzweigt, erregt. Der Neurit des hemmenden Interneurons ist synaptisch mit dem Zelleib des erregenden Neurons verbunden. Die freigesezte Transmittersubstanz ruft an der Postsynapse hemmende Potentiale hervor (IPSP), so daß das Neuron in seiner Tätigkeit gehemmt wird.

Vorwärtshemmung
Diese Hemmung wird auch als afferente kollaterale Hemmung bezeichnet. Kollateralen erregender Neuriten aktivieren ein hemmendes Interneuron, das seinerseits andere Neurone postsynaptisch hemmt.

Merke **Die postsynaptische Hemmung an der postsynaptischen Membran eines Neurons löst eine Hyperpolarisation aus, die zu einer Erschwerung oder Hemmung der Erregungsübertragung führt.**

Erregungskreise

Neurone können Ketten bilden, die über Kollateralen der Neuriten jeweils rückläufig Schaltzellen erregen. Dadurch bilden sich Erregungskreise, die eine Zeit fortbestehen. Ihnen wird eine funktionelle Bedeutung z.B. als Kurzzeitspeichermechanismus beigemessen.
Im Kurzzeitgedächtnis wird die zu speichernde Information gebunden an Erregungskreise erhalten, in denen die neuronalen Aktionspotentiale zirkulieren.

9.4.3. Reflexe

Allgemeines

Auf der Grundlage elektrophysiologischer Vorgänge sowie auf der Arbeitsweise neuronaler Verbände basieren die Funktionsprinzipien des Zentralnervensystems, welche die nervösen Steuer- und Regelvorgänge ermöglichen. Die einfachste Abstraktion dieser komplexen Mechanismen ist der Reflexbegriff.

Merke **Ein Reflex ist die Antwortreaktion des Organismus auf eine Reizung von Rezeptoren, die unter Beteiligung des Zentralnervensystems abläuft.**

Grundlage eines Reflexes ist der sogenannte Reflexbogen, der eine funktionelle Einheit darstellt und aus folgenden Teilen besteht:

- Rezeptor,
- afferente Leitungsbahnen,
- Reflexzentrum,
- efferente Leitungsbahnen,
- Erfolgsorgan.

Rezeptor
Im Rezeptor wird der Reiz in eine Erregung transformiert.

Afferente Leitungsbahnen
Über die afferente Leitungsbahn wird die kodierte Information als Aktionspotentialfolge zum Rückenmark und / oder Gehirn weitergeleitet.

Reflexzentrum
Im Reflexzentrum werden die einlaufenden Aktionspotentialfolgen (Erregungen) verarbeitet.

Efferente Leitungsbahnen
Die Verarbeitungsergebnisse werden über efferente Nervenfasern als Aktionspotentialfolgen zu den Erfolgsorganen geleitet.

Erfolgsorgan
Im Erfolgsorgan wird die einlaufende efferente Erregung z.B. in eine Muskelkontraktion transformiert. Vom Erfolgsorgan erfolgt eine Rückkopplung des Erfolgs auf den Rezeptor, so daß sich der Reflexbogen zu einem Kreis schließt.

Reflexe, die auf der Rückenmarkebene ablaufen, werden als spinale Reflexe bezeichnet und diejenigen, die im Gehirn ihr Reflexzentrum haben, nennt man supraspinale Reflexe. Die spinalen Reflexe unterliegen jedoch der Kontrolle übergeordneter Zentren.
Die Reflexe werden eingeteilt in:

- angeborene Reflexe,
- erworbene Reflexe.

Angeborene Reflexe

Zu den angeborenen Reflexen gehören die Eigenreflexe (Dehnungsreflexe) und die Fremdreflexe, zu denen die Hautreflexe, die Schutzreflexe, die Nutritionsreflexe (z.B. Schlucken und Saugen), die Lokomotionsreflexe (dienen der Fortbewegung) und die vegetativen Reflexe zählen.

Eigenreflexe
Dehnungsreflexe dienen der reflektorischen Konstanthaltung sowohl der Muskelspannung als auch der Muskellänge. Die Bedeutsamkeit besteht in der Aufrechterhaltung eines Haltetonus in der Stützmotorik. Die Dehnungsreflexe betreffen vor allem die Streckmuskulatur des Menschen. Die aufrechte Stellung des Körpers im Schwerefeld basiert darauf, daß vor allem in den Hüft- Knie- und Fußgelenken die Streckstellung gegen die Erdanziehung reguliert wird. Ohne den Haltetonus des vierköpfigen Muskelstreckers (M. quadriceps femoris) würden die Kniegelenke bei aufrechtem Stand ständig einknicken. Eine geringfügiges Einknicken im Knie führt zu einer reflektorischen Kontraktion des Oberschenkelstreckers, und somit wird die Streckstellung im Kniegelenk wieder hergestellt.
Jeder Skelettmuskel enthält Rezeptoren, die die Muskellänge und Muskelspannung ständig messen. Zu diesen Rezeptoren zählen:

- die Muskelspindeln,
- die Sehnenorgane.

Muskelspindeln
Eine Muskelspindel besteht aus Muskelfasern, die dünner sind als die gewöhnlichen Muskelfasern, die den Großteil der eigentlichen Arbeitsmuskulatur des Muskels ausmachen.
Die dünnen Muskelfasern werden von einer bindegewebigen Kapsel umhüllt. Eine Muskelspindel verfügt sowohl über eine sensible als auch motorische Innervation. An beiden Enden der Muskelspindel verbinden sehnenartige Bindegewebszüge die Muskelspindel mit dem Perimysium der umgebenden Arbeitsmuskulatur.

Sehnenorgane
Die Sehnenorgane (Golgi-Sehnenorgan) kommen in den Sehnen nahe dem muskulären Ursprung der Sehnen vor. Sie bestehen aus den Sehnenfaszikeln von etwa 10 Muskelfasern der

Arbeitsmuskulatur eines Muskels und werden von einer bindegewebigen Kapsel umhüllt. Die Sehnenorgane werden sensibel innerviert.
Wird ein Skelettmuskel gedehnt, dann werden die Muskelspindeln gereizt. Diese Reizung führt zu einer Erregung sensibler afferenter Nervenfasern (Ia-Fasern, Gruppe II-Fasern). Beide Nervenfasern ziehen über die Hinterwurzel zum Vorderhorn des Rückenmarks und erregen die dort liegenden A-Motoneurone desselben Muskels, der über die motorische efferente Innervation, die von den Neuriten der A-Motoneurone ausgeht, zur Kontraktion gebracht wird. Zwischen dem afferenten und efferenten Neuron besteht nur eine Schaltstelle (Synapse). Die Reflexzeit eines solchen monosynaptischen Dehnungsreflexes ist besonders kurz und beträgt etwa 20 ms. Reiz und Antwort erfolgen im selben Muskel und deshalb wird diese Reaktion auch Eigenreflex genannt.
Der mit der Muskelkontraktion verbundene Zug an der Sehne aktiviert durch Dehnung der Sehnenspindeln die hemmenden Neurone (I-Neurone) im Rückenmarksegment, welche die A-Motoneurone hemmen. Damit wird die von den Muskelspindeln ausgelöste Muskelkontraktion beendet. Damit während der Erschlaffung des Muskels eine erneute Kontraktion durch Muskelspindelreizung vermieden wird, hemmen die Renshaw-Zellen über den Mechanismus der Rückwärtshemmung die A-Motoneurone.

Merke **Muskelspindeln sind Rezeptoren, die die Länge der Skelettmuskulatur kontrollieren und bei Veränderungen dieser für eine reflektorische Konstanthaltung der Muskellänge sorgen.**

Merke **Sehnenorgane sind Rezeptoren, die die Muskelspannung kontrollieren und bei Veränderungen dieser für eine reflektorische Konstanthaltung der Muskelspannung sorgen.**

Die Dehnungsreflexe bzw. Eigenreflexe können mit einem Reflexhammer nachgewiesen werden. Beispiele für derartige Reflexnachweise sind:

- der Bizepssehnenreflex,
- der Radiusperiostreflex,
- der Trizepsreflex,
- der Patellarsehnenreflex,
- der Achillessehnenreflex.

Fremdreflexe
Im Unterschied zu den Eigenreflexen befinden sich die Rezeptoren nicht in der Muskulatur, sondern sie liegen in der Haut oder Schleimhaut. In den Reflexbogen sind mehrere zentrale Neurone hintereinander geschaltet, so daß Fremdreflexe polysynaptische Reflexe darstellen. Die neuronalen Verschaltungen der Fremdreflexe sind meist komplex und segmentüberschreitend aufgebaut. Zu den Fremdreflexen zählen z.B.:

- die Schutzreflexe (Lidschlußreflex, Hustenreflex, Niesreflex, Tränensekretionsreflex, Würgreflex, Pupillenreflex, Beugereflex),
- die Nutritionsreflexe (Schluckreflex, Saugreflex, Speichelsekretionsreflex),
- die Hautreflexe (Bauchhautreflex, Hodenheberreflex, Analreflex, Fußsohlenreflex),
- die vegetativen Reflexe (Blasenentleerungsreflex, Kotentleerungsreflex, Erektionsreflex, Schweißsekretionsreflex, reflektorische Atmungs- und Kreislaufregulation),
- die Lokomotionsreflexe (sie sind z.B. beteiligt beim Gehen, Laufen, Springen und Schwimmen).

Merke **Die Fremdreflexe bewahren den menschlichen Organismus vor Schäden, stehen im Dienste der Nahrungsaufnahme, ermöglichen reflektorisch-vegetative Funktionen und erlauben reflektorische Bewegungsabläufe.**

Die Eigen- und Fremdreflexe sind angeboren und werden von Generation zu Generation vererbt. Sie laufen immer auf fixierten Bahnen ab. Es sind zweckmäßige Reaktionen auf bestimmte Reize, die aber eine Anpassung an die vielfältigen Änderungen in der Umwelt, sowie eine Reaktion auf Reize, die aus der Ferne wirken, nicht ermöglichen.

Erworbene Reflexe

An der Ausbildung der im Leben erworbenen Reflexe ist immer das Gehirn beteiligt.
Erworbene Reflexe entstehen als Anpassungsreaktion an bestimmte Umweltbedingungen, sie sind erlernt. Sie stellen die einfachste Funktion der höheren Nervenfunktion dar. An der Ausbildung erworbener Reflexe sind in der Regel immer motorische und vegetative Komponenten beteiligt.
Ein bedingter Reflex bildet sich, wenn in fester zeitlicher Zuordnung ein beliebiger Reiz mit einem Reiz kombiniert wird, der einen unbedingten Reflex (Fremdreflex) auslöst. Nach mehrmaligen Wiederholungen der Kombination des Reizes mit dem unbedingten Reflex wird die Reaktion bereits durch den Reiz allein ausgelöst. Der vordem neutrale Reiz ist zu einem bedingten Reiz geworden, zu einem Reiz, der eine ganz bestimmte Reaktion auslöst.
Ein Beispiel für die Herausbildung eines bedingten Reflexes liefern die Untersuchungen von Pawlow über die Auslösung der Speichelsekretion beim Hund. Pawlow koppelte die Fütterung der Hunde, welche einen bedingten (angeborenen) Sekretionsreiz darstellt, mit einem zunächst neutralen akustischen Signal, z.B. mit einem Glockenzeichen. Nach wiederholter Kombination des Schallreizes mit der Fütterung fand Pawlow, daß der Schallreiz allein genügte, um bei den Hunden eine Speichelsekretion hervorzurufen. Neben dem angeborenen, unbedingten Speichelsekretionsreflex hatte sich ein neuer, bedingter Reflex entwickelt. Die von Pawlow angewandte Methode bezeichnet man als klassische Konditionierung. Die Hunde haben den bedingten Reflex passiv gelernt. Diese Lernart heißt bedingt-reflektorisches Lernen.

Merke **Bedingt-reflektorisches Lernen besteht in der Herstellung einer zeitweiligen Verbindung zwischen einem zunächst neutralen und einem unbedingten Reiz, in deren Folge die reflektorische Reizantwort ebenso vom neutralen Reiz, der nun eine Signalfunktion erlangt hat, ausgelöst (bedingt) wird.**

Merke **Die bedingte Reaktion muß bekräftigt werden, damit sie stabil bleibt. Eine ständige Nichtbekräftigung der bedingten Reaktion führt zu ihrer Schwächung bis zum Erlöschen.**

Eine weitere Form der Konditionierung ist die instrumentelle bzw. operante Konditionierung. Bei dieser folgt unmittelbar nach der zu erlernenden Reaktion ein belohnender oder bestrafender Reiz. Dies führt zu einer positiven oder negativen Verstärkung des Verhaltens. Das Tier erwirbt somit aktiv ein neues Verhalten. In der Tierdressur wendet der Mensch die operante Konditionierung an, um beim zu dressierenden Tier bestimmte motorische Verhaltensweisen hervorzurufen.

Das instrumentelle Konditionieren durch Unterdrückung bzw. Bekräftigung bestimmter Verhaltensweisen ist auch für den Menschen bedeutsam. Beispiele dafür sind:

- die Abgewöhnung von Kinderfehlern,
- die Beeinflussung des vegetativen Nervensystems.

Abgewöhnung von Kinderfehlern
Es sind kindliche Fehlverhaltensweisen, die früher auch als schlechte „Angewohnheiten" oder „Unarten" bezeichnet wurden. Zu diesen kindlichen Fehlverhaltensweisen gehören z.B.:

- das Einnässen (Enuresis),
- das Einkoten (Enkopresis),
- das Fingerlutschen,
- das Nägelknabbern (Onychophagie),
- das nächtliche Aufschrecken (Pavor nocturnus),
- das rhythmische Schaukeln (Jaktationen).

Einnässen
Das Einnässen tritt meist als nächtliches Bettnässen (Enuresis nocturna), seltener als Hosennässen tagsüber (Enuresis diurna) auf. Man unterscheidet ein primäres von einem sekundären, im Laufe der Kindheit erworbenen, Bettnässen. Die Ursachen sind komplexer Natur. Bei den betroffenen Kindern können Trotz, Protest, Ängstlichkeit, Bequemlichkeit und Geltungsbedürfnis für das Bettnässen bedeutsam sein. Erziehungsfehler der Eltern, wie zu harte Erziehung, zu hohe Forderungen, Vernachlässigung, Lieblosigkeit oder auch zu große Verwöhnung des Kindes, können ebenfalls Anlaß zum Bettnässen geben.
Vom Einnässen spricht man oberhalb des dritten Lebensjahres.

Einkoten
Das Einkoten hat ähnliche Ursachen wie das Einnässen und kann mit ihm kombiniert vorkommen.

Fingerlutschen
Das Fingerlutschen ist ein Relikt des angeborenen Saugreflexes. Es bringt Lustgewinn und wird deshalb betrieben. Hunger, Müdigkeit und ängstliche Verstimmung z.B. werden mit Fingerlutschen begegnet. Das Fingerlutschen kann als Selbstbefriedigungsmechanismus aufgefaßt werden der zu einer suchtähnlichen Gewöhnung führt. Betroffen sind z.B. introvertierte Kinder und Kinder, die in einem emotionalen Mangelmilieu aufwachsen.

Nägelknabbern
Das Nägelknabbern bertifft einen ähnlichen Kinderkreis wie das Fingerlutschen. Die Kinder kauen die Nägel in Streß-, Konflikt- und Angstsituationen häufig bis auf den letzten Rest ab. Der Beginn des Nägelkauens liegt in den ersten Schuljahren und wird häufig auch bis in das Erwachsenenalter übernommen.

Nächtliches Aufschrecken
Das nächtliche Aufschrecken betrifft vor allem Jungs und äußert sich z.B. mit Aufschreien aus dem Schlaf, Aufrichten und ängstlicher Unruhe. Zu den Ursachen zählen z.B. häusliche oder schulische Konflikte und angst- oder schreckerregende Erlebnisse.

Rhythmisches Schaukeln
Die Schaukelbewegungen des Kopfes oder Rumpfes treten während des Schlafes auf. Das Kind liegt auf dem Rücken und vollführt mit geschlossenen Augen pendelartige Schaukelbewegungen des Kopfes von Seite zu Seite. Eine Schaukelepisode dauert bis zu zehn Minuten und gewöhnlich treten bis zu zehn Schaukelattacken auf. Eine andere rhythmische Bewegung ist das Pochen, wobei das Kind mit der Stirn oder Wange auf das Kissen schlägt oder das Kind nimmt einen „Vierfüßlerstand" ein und beginnt in wechselnder Richtung intensiv zu schaukeln.
Bei den Kindern kann eine gewisse Abhängigkeit von dem jeweiligen Bewegungsakt bestehen, was sich in seiner Wiederholung und der dabei empfundenen Befriedigung äußert. Ursachen können eine gestörte Umweltbeziehung, Liebesmangel und Angstzustände sein.

Die Kinderfehler können durch eine liebevolle Erziehung, die auch die Konfliktbewältigung einschließt, beseitigt werden. Ein sinnvoller Umgang mit Lob und Tadel kann die erwünschten Verhaltensweisen des Kindes fördern. Diese instrumentelle Konditionierung versetzt die betroffenen Kinder in die Lage, selbst aktiv an der zu erlernenden Verhaltensweise beizutragen.

Beeinflussung des vegetativen Nervensystems
Das vegetative Nervensystem kann z.B. über das Biofeedback-Lernen beeinflußt werden. Die Biofeedback-Methode erlaubt dem Menschen die Wahrnehmung bestimmter vegetativer Funktionen. Die physiologischen Größen wie Atmung, Gefäßdurchblutung, Hautwiderstand, Hauttemperatur, Herzfrequenz und Hirnwellen werden mit Hilfe eines elektrischen Gerätes aufgenommen, verstärkt und simultan akustisch oder optisch der betreffenden Person rückgemeldet. Die Person soll durch zusätzliche Instruktionen versuchen, die angezeigten Meßwerte willkürlich in der therapeutisch wünschenswerten Richtung zu verändern, wobei die angewandte Strategie ihm selbst überlassen bleibt. Entscheidend ist, daß der Erfolg oder Mißerfolg der Modifikationsversuche stets unmittelbar rückgemeldet wird, um so durch Lernen am Erfolg allmählich die Strategie herauszufinden, die die stärksten Veränderungen der relevanten physiologischen Prozesse ermöglicht.
Das eigentliche Ziel der Biofeedback-Methode besteht darin, daß die Person lernt, die zunächst mit Hilfe der externen Feedbacksignale erreichten physiologischen Veränderungen mit zunehmender Übung auch ohne diese apparativen Hilfsmittel zu erzeugen und auf diese Weise zu einer echten Selbstkontrolle seiner physiologischen Funktionen auch außerhalb des Labors zu gelangen.

Merke **Die Eingeweidefunktionen, die der Kontrolle des vegetativen Nervensystems unterliegen, sind willkürlich beeinflußbar und einer instrumentellen Konditionierung (Lernen am Erfolg) zugänglich.**

Biofeedback-Anordnungen werden als therapeutische Ansätze angesehen, die auf nichtmedikamentösem Weg krankhafte Prozesse im Organismus zu bessern helfen. Dabei lernt der Patient z.B. eine veränderte vegetative Funktion als solche wahrzunehmen und bewußt über gelernte Entspannungstechniken zu korrigieren. Voraussetzung für das Funktionieren des Biofeedback-Mechanismus ist die Integration des vegetativen Nervensystems mit Strukturen des zerebrospinalen Nervensystems, das für die Koordination und Korrelation von physiologischen, somatischen und psychischen Vorgängen verantwortlich ist. Die subkortikalen Regulationszentren für vegetative Funktionen (z.B. der Hypothalamus) werden durch eine Rückkopplungsschleife vom peripheren Erfolgsorgan zur Endhirnrinde überformt und somit beeinflußt. Für das Biofeedback-Verfahren ist der Parasympathikus, der durch die Erzeugung einer trophotropen Reaktionslage gekennzeichnet ist, bedeutsam. Er fördert solche Funktionen, die auf körperliche Regeneration und Erholung ausgerichtet sind.

Merke **Biofeedback-Methoden erlauben Patienten, die z.B. an Herzrhythmusstörungen, Migräne und Einschlafstörungen leiden, bewußt diese durch erlernte Verhaltensstrategien positiv zu beeinflussen.**

Das Erlernen bestimmter Verhaltensweisen über das klassische bzw. instrumentelle Konditionieren ist an das bedingt-reflektorische Lernen bzw. instrumentale Lernen gebunden. Beim Menschen entstehen bedingte Reaktionen auch auf sprachliche Reize, denn allein der Mensch verfügt über ein zweites Signalsystem. Das bedingt-reflektorische Lernen und das instrumentale Lernen sind Lernformen, die zugleich Voraussetzung wie auch Bestandteil höherer Lernformen darstellen. Zu den höheren Lernformen zählen das Modellernen und das einsichtige Lernen.

Merke **Die verschiedenen Lernformen ermöglichen dem Menschen und dem Tier eine optimale Anpassung an die sich ständig ändernden Umweltbedingungen.**

9.4.4. Sensorik

Allgemeines

Hautrezeptoren registrieren Druck, Berührung, Vibration, Temperatur und Schmerzen, welche insgesamt als Oberflächensensibilität bezeichnet werden. Die Muskel-, Gelenk- und Sehnenrezeptoren vermitteln die Tiefensensibilität. Sie ermöglicht dem Menschen die bewußte Wahrnehmung von Gelenkpositionen und -bewegungen. Die Muskelkraft, die notwendig ist, um eine Bewegung durchzuführen oder eine Gelenkstellung einzuhalten, wird über den Kraftsinn wahrgenommen, der auch zur Tiefensensibilität zählt. Der Eingeweidesinn wird über verschiedene Rezeptoren vermittelt und unterliegt unterschiedlichen Ebenen der bewußten Wahrnehmung. Wahrgenommen werden z.B. Eingeweideschmerzen, Hunger, Durst, Harndrang, Sättigungs- und Völlegefühl.

Merke **Oberflächensensibilität, Tiefensensibilität und der Eingeweidesinn werden als somatoviszerale Sensibilität bezeichnet.**

Die von den Rezeptoren und Sinnesorganen ausgehenden Erregungen unterliegen im Zentralnervensystem einer Informationsverarbeitung. Sie vollzieht sich auf unterschiedlichen Stufen der zentralen Hierarchie. Zu diesen gehören das Rückenmark, das verlängerte Rükkenmark, die Brücke, das Mittelhirn, der Thalamus und die Endhirnrinde.

Die Informationsleitung erfolgt vom Rückenmarksegment über aufsteigende Nervenbahnen (Afferenzen) bis zur Endhirnrinde über ein spezifisches und unspezifisches sensorisches System. Das Ergebnis der Verarbeitung der Afferenzen führt zu motorischen Reaktionen, zu vegetativen Reaktionen, zur Ausbildung bestimmter Motivationen und Verhaltensweisen sowie zu Wahrnehmungen und Speicherungen von Informationen.

Spezifisches sensorisches System

Die spezifischen Afferenzen werden der Endhirnrinde über das Hinterstrangsystem zugeleitet. Die Afferenzen sowohl der Oberflächensensibilität als auch der Tiefensensibilität erreichen das Rückenmark über die Hinterwurzel. Auf der Rückenmarkebene erfolgt keine Umschaltung. Das Hinterstrangsystem liegt dorsal in der weißen Substanz des Rückenmarks und besteht aus dem medial gelegenen Goll-Strang und dem seitlich gelegenen Burdach-Strang. Der Goll-Strang enthält Fasern der unteren Körperhälfte und der Burdach-Strang Fasern aus der oberen Körperhälfte. Im verlängerten Rückenmark werden die Hinterstrangbahnen in den Hinterstrangkernen auf zweite Neurone umgeschaltet. Ein Teil dieser Neuriten zieht zum Kleinhirn ein weiterer Teil kreuzt zur Gegenseite und erreicht den Thalamus. In diesem erfolgt die Umschaltung auf dritte Neurone, deren Neuriten zu den Neuronen der Endhirnrinde (Gyrus postcentralis) ziehen. Die Hirnrinde und der Thalamus zeigen eine spezifische Projektion (Somatotopie), d.h. jedes Organ wird seitenverkehrt abgebildet und erhält somit eine feste Zuordnung zu einem bestimmten Thalamus- bzw. Hirnrindenabschnitt. Der Thalamus und der Gyrus postcentralis weisen somit eine somatotopische Gliederung auf.

Merke **Die Hinterstrangbahnen führen die Information über Druck, Berührung und Tiefensensibilität aus der unteren und oberen Körperhälfte. Reize können nach ihrer Lokalisation, Entstehungsart und Beschaffenheit unterschieden werden.**

Die sensorischen Fasern aus der Kopfregion werden dem Thalamus über den V. Hirnnerven (N. trigeminus) zugeleitet. Der Thalamus ist mit dem Gyrus postcentralis über spezifische Bahnen verbunden.

Unspezifisches sensorisches System

Im Gegensatz zum spezifischen sensorischen System, das eine somatotopische Projektion zeigt, erfolgt über das unspezifische sensorische System eine diffuse Aktivierung der Endhirnrinde. Das unspezifische System besteht aus vielen Neuronen, die synaptisch miteinander verbunden sind (multisynaptischer Aufbau), wird durch alle Sinnesmodalitäten unspezifisch aktiviert und endet diffus in der Endhirnrinde. Zum unspezifischen sensorischen System gehören:

- das Vorderseitenstrangsystem,
- die Formatio reticularis,
- der mediale Thalamus.

Vorderseitenstrangsystem
Die afferenten Zuflüsse erreichen das Rückenmark über die Hinterwurzel und stammen aus Schmerzrezeptoren, Temperaturrezeptoren, Druck- und Berührungsrezeptoren. Sie kreuzen im jeweiligen Rückenmarksegment auf die Gegenseite. Von hier aus verlaufen sie im Vorderseitenstrang bis zum Dach des Mittelhirns und Thalamus aufwärts, um nach weiterer Umschaltung verschiedene Hirnrindengebiete zu erreichen. Der Vorderseitenstrang leitet auch den Schmerz aus den Eingeweiden. Er wird häufig in den zum gleichen Rückenmarksegment gehörenden Hautbereichen (Head-Zonen) verspürt. Dieser übertragene Schmerz tritt z.B. bei einem Sauerstoffmangel des Herzens im linken Schulter-Arm-Bereich oder bei einer akuten Bauchspeicheldrüsenentzündung als gürtelförmiger Schmerz auf.
Jedem inneren Organ kann ein bestimmtes Hautareal, die Head-Zone, zugeordnet werden.

Merke **Der Vorderseitenstrang leitet vor allem die Schmerz- und Temperatursensibilität sowie die einfachen Druck- und Berührungsempfindungen.**

Formatio reticularis
Die Formatio reticularis durchzieht den Hirnstamm, der aus dem verlängerten Mark, der Brücke und dem Mittelhirn besteht. Sie erhält von allen spezifischen Projektionsbahnen Kollateralen, wobei Kollateralen verschiedener afferenter Systeme auf ein und derselben Nervenzelle der Formatio reticularis konvergieren. Darin begründet sich der Verlust der Sinnesmodalität, so daß die Formatio reticularis ein wesentlicher Bestandteil des unspezifischen sensorischen Systems darstellt. Die Formatio reticularis erhält nicht nur Kollateralen von allen aufsteigenden Bahnen, sondern auch von Fasern der Endhirnrinde, des Kleinhirns, des Hypothalamus und des limbischen Systems. Diese üben einen kontrollierenden Einfluß auf die Formatio reticularis aus.
Infolge der vielfältigen afferenten und efferenten synaptischen Verschaltungen innerhalb der Formatio reticularis wird sie als ein bedeutendes Integrationsgebiet des unspezifischen Systems aufgefaßt.

Merke **Der Formatio reticularis werden folgende Funktionen zugesprochen:**

- **Regulation eines bestimmten Aktivitätszustandes der Endhirnrinde (Schlaf-Wach-Rhythmus),**
- **Vermittlung emotional-affektiver Wirkungen sensorischer Reize,**
- **Mitwirkung z.B. bei Atem- Kreislauf-Schluck-Hustenreflexen,**
- **Mitwirkung an der Kontrolle der Ziel- und Stützmotorik.**

Medialer Thalamus
Der mediale Thalamus mit seinen unspezifischen Kernen verarbeitet die von der Formatio reticularis ankommenden Erregungen unter Einbeziehung des limbischen Systems, kontrolliert sie und bestimmt zusammen mit der Endhirnrinde Wachheit, Aufmerksamkeit und Zuwendung für Reize.

Der Thalamus wird mit Gebieten, die neben den spezifischen Projektionsfeldern liegen, über das thalamo-kortikale-System verbunden. Diese Gebiete werden als Assoziationsfelder bezeichnet. Über diese Felder wird das Erkennen wahrgenommener Sinneseindrücke ermöglicht. Fallen diese Felder aus, dann können wahrgenommene Dinge nicht erkannt werden. Diesen Zustand bezeichnet man als Agnosie.

9.4.5. Motorik

Allgemeines

Die Bewegungssteuerung des Körpers ist das Ergebnis der Zusammenarbeit motorischer Funktionsbereiche des Zentralnervensystems, die eine hierarchische Anordnung aufweisen.
Die Regulation der Motorik erfolgt auf der Rückenmarkebene, der Ebene des Hirnstamms, durch die grauen Kerne (Basalganglien) und durch die Endhirnrinde.
Alle komplexen motorischen Reaktionen unterliegen der sensorischen Kontrolle. Nach der Art der Bewegung und des dafür benötigten Bewegungsprogramms wird unterschieden in:

- die spinale Motorik,
- die Halte- und Stützmotorik,
- die Zielmotorik.

Spinale Motorik

Die Fortbewegung des Menschen erfolgt durch eine koordinierte Extremitätenbewegung. Das Grundmuster dieser Bewegung ist schon auf der Ebene des Rückenmarks ausgearbeitet, wird jedoch von supraspinalen Zentren kontrolliert.
Die spinale Motorik sorgt über die Eigenreflexe für die reflektorische Konstanthaltung sowohl der Muskelspannung als auch der Muskellänge. Daraus resultiert die Aufrechterhaltung eines Haltetonus in der Stützmotorik.

Merke **Die spinale Motorik regelt die einfachen, meist automatischen Bewegungsvorgänge.**

Halte- und Stützmotorik

Die Halte- und Stützmotorik ermöglicht die Aufrechterhaltung des Gleichgewichts und der Körperstellung beim stehenden Menschen. Sie gewährleistet weiterhin das Einnehmen einer zweckmäßigen Haltung bei den verschiedensten Bewegungsabläufen. Die Kontrolle der Halte- und Stützmotorik erfolgt vor allem durch die motorischen Zentren des Hirnstamms.
Zu diesen gehören:

- der rote Kern (Nucleus ruber),
- der Deiter-Kern,
- Teile der Formatio reticularis.

Diese motorischen Zentren erhalten Afferenzen von den Gleichgewichtsorganen, aus der optischen Informationsverarbeitung, von Druck- und Berührungsrezeptoren, von Muskel- und Sehnenrezeptoren, aus dem Kleinhirn sowie den Basalganglien und der motorischen Endhirnrinde. Die motorischen Zentren des Hirnstamms erarbeiten aus der Vielfalt der Afferenzen Bewegungsprogramme, die über die extrapyramidalen Bahnen die Motoneurone des Rückenmarks erreichen. Sie beeinflussen die spinalen Bewegungsprogramme und Kontrollmechanismen.
Zu den erarbeiteten Bewegungsprogrammen rechnet man:

- die Haltereflexe,
- die Stellreflexe.

Haltereflexe
Die Haltereflexe dienen der Tonusverteilung der Muskulatur, besonders der Strecker im Hals, des Rumpfes und der proximalen Extremitäten. Sie werden von Afferenzen der Nakkenmuskulatur und des Gleichgewichtsorgans ausgelöst. Man bezeichnet sie deshalb auch als tonische Hals- und Labyrinthreflexe. Die Haltereflexe sichern die aufrechte Stellung des Körpers sowie die Einstellung der Augen auf den Sehgegenstand unabhängig von der Kopflage.

Stellreflexe
Die Stellreflexe ermöglichen das Einnehmen der normalen Körperstellung aus abnormalen Körperlagen. Zuerst erfolgt die Normaleinstellung des Kopfes. Diese Einstellung wird vom Gleichgewichtsorgan als Labyrinthreflex ausgelöst. In der Folge wird der Rumpf in seine Normalstellung gebracht. Diese Einstellung wird von den Propriozeptoren des Halses als tonischer Halsreflex ausgelöst.

Merke **Halte- und Stellreflexe lösen eine geordnete Bewegungsfolge aus. Sie wirken auch im Ablauf von Bewegungen (z.B. Lauf, Sprung) und sichern dabei die Körperhaltung und das Gleichgewicht.**

Zielmotorik

An der Ausführung zielgerichteter Bewegungen sind die höchsten motorischen Zentren der Endhirnrinde, die Basalganglien, der motorische Thalamus, das limbische System und der Hirnstamm beteiligt.
Das Zusammenspiel dieser Funktionsbereiche des Zentralnervensystems ermöglicht das Zustandekommen einer gezielten Bewegung. Es wirken dabei mehrere Vorgänge zusammen. Zu diesen gehören:

- die Bewegungsantriebe,
- die Bewegungsentwürfe,
- die Bewegungsprogramme,
- die Bewegungsausführung.

Bewegungsantriebe
Die Erregungsmuster der Bewegungsantriebe stammen aus subkortikalen Gehirnteilen, vor allem aus der motivationellen Aktivität des limbischen Systems und aus der integrativen Tätigkeit des Zentralnervensystems. Für Verhaltensmuster von Abwehr, Flucht, Ernährung oder Fortpflanzung bestehen angeborene Handlungsantriebe, die der Hypothalamus beisteuert.

Bewegungsentwürfe
Die Bewegungsantriebe erreichen die nichtmotorischen Zentren der Endhirnrinde. Sie werden als sekundäre Rindenzentren bezeichnet und dienen als assoziative Felder der Speicherung motorischer Gedächtnismuster und der Erarbeitung neuer Muster aus gespeicherten Einzelelementen. Die Bewegungsentwürfe werden von diesen sekundären Rindenfeldern erstellt.

Bewegungsprogramme
Bei der Umsetzung der Bewegungsentwürfe in Bewegungsprogramme sind die Basalganglien, das Kleinhirn, der Thalamus und die motorischen Teile der Endhirnrinde beteiligt. Dabei erfolgt die Verarbeitung von Motivationen, Gedächtnisinhalten, sensorischen Afferenzen über die gegenwärtige Situation und der allgemeinen Aktivität der Formatio reticularis und des möglichen Auslösereizes.

Bewegungsausführung
Die Bewegungsausführung wird von den motorischen Zentren der Endhirnrinde, die als Projektionsfelder bezeichnet werden und im Gyrus praecentralis liegen, eingeleitet. Die Be-

wegungsausführung integriert in die Zielmotorik die von den motorischen Zentren der Endhirnrinde, den Basalganglien und dem Thalamus programmierte Zielrichtung, die im Hirnstamm erarbeiteten Halte- und Stellreflexe sowie die spinalen Bewegungsvorgänge.
Die efferente Leitung erfolgt über die Pyramidenbahn und das extrapyramidale System.

Merke **Die Zielmotorik erlaubt die Ausführung geordneter Bewegungen oder ermöglicht komplexe Informationsmuster wie Schrift und Sprache.**

9.4.6. Integrative Leistungen des Zentralnervensystems

Allgemeines

Hierbei handelt es sich um neuronale Mechanismen, die dem Schlaf-Wach-Zyklus, dem Bewußtsein, der Sprache, dem Denken, dem Gedächtnis, der Motivation und Emotion zugrunde liegen. Die integrativen Leistungen sind nicht angeboren. Sie entwickeln sich in langen Zeiträumen und erreichen ihre volle Ausbildung meist erst im Erwachsenenalter. Für die integrativen Leistungen des Zentralnervensystems sind vor allem die Endhirnrinde und das limbische System verantwortlich.

Wachen und Schlafen

Der Schlaf-Wach-Rhythmus wird von einer „inneren Uhr" gesteuert und beträgt etwa 25 Stunden. Wichtige Schrittmacher dieser zirkadianen Periodik liegen im Hypothalamus. Der Schlaf-Wach-Rhythmus mit einer Dauer von 25 Stunden läuft nur bei völliger Isolierung von der Umwelt ungestört ab. Durch äußere Zeitgeber, z.B. den Hell-Dunkel-Wechsel oder soziale Faktoren, wird dieser Rhythmus auf die gewohnte 24-Stunden-Periodik synchronisiert.

Merke **Der Schlaf dient der Reproduktion der geistigen und körperlichen Prozesse, ist ein aktiver physiologischer Vorgang, da die Hirntätigkeit im Schlaf nicht vermindert ist.**

Merke **Der Schlaf kann auch als eine vom Wachsein verschiedene Organisationsform der Gehirnfunktion aufgefaßt werden.**

Der Schlaf ist eine psychobiologische Funktion, die sich aus zwei Zuständen zusammensetzt. Zu diesen rechnet man:

- den orthodoxen Schlaf,
- den paradoxen Schlaf.

Orthodoxer Schlaf
Der orthodoxe oder ruhige Schlaf umfaßt beim Erwachsenen etwa 80% der Gesamtschlafdauer und reicht vom Einschlafen bis zum Tiefschlaf. Mit Hilfe des Elektroenzephalogramms werden Schlafphasen, die vom Einschlafen bis zum Tiefschlaf durchlaufen werden, abgegrenzt. Es werden folgende Schlafphasen unterschieden:

- Übergang vom Wachsein zum Einschlafen,
- Einschlafstadium und leichtester Schlaf,
- leichter Schlaf,
- mittlerer Schlaf,
- Tiefschlaf.

Beim Übergang vom Wachsein zum Einschlafen werden im EEG die Alpha-Wellen abgelöst von Theta-Wellen, die eine niedrige Amplitude haben.

Das Einschlafstadium ist durch Theta-Wellen gekennzeichnet und am Ende dieses Stadiums treten hohe Vertexzacken auf, die eine Vertiefung des Schlafes anzeigen.
Im leichten Schlaf sind Schlafspindeln und K-Komplexe im EEG nachweisbar.
Im mittleren Schlaf werden im EEG rasche Delta-Wellen (3,0 - 3,5 Hz) angetroffen.
Das Tiefschlafstadium ist durch das Auftreten maximal verlangsamter Delta-Wellen (0,7 - 1,2 Hz) gekennzeichnet.
Der orthodoxe oder ruhige Schlaf ist gekennzeichnet durch eine Verminderung des Blutdrucks, der Herz- und Atemfrequenz sowie der Körperkerntemperatur. Das Atemminutenvolumen und die Diurese sind ebenfalls verringert. Die Rückenmarkreflexe und der Muskeltonus sind herabgesetzt und Husten wird nicht ausgelöst.

Merke **Die vegetativen Funktionen verändern sich im Sinne einer Verminderung des Sympathikotonus und Erhöhung des Parasympathikotonus. Der orthodoxe oder ruhige Schlaf weist somit trophotrope energiesparende Merkmale auf.**

Paradoxer Schlaf
Der paradoxe oder schnelle Schlaf tritt 70 - 90 Minuten nach dem Einschlafen im Anschluß an die Tiefschlafphase auf und dauert etwa 10 - 15 Minuten. Die Weckschwelle ist etwa so hoch wie im Tiefschlaf jedoch gleicht das EEG einem Einschlaf- oder Wach-EEG. Deshalb wird der schnelle Schlaf paradoxer Schlaf genannt. Im Anschluß an den paradoxen Schlaf werden die Schlafstadien von der Einschlafphase bis zum Tiefschlaf wieder durchlaufen. Während einer Nacht wiederholen sich die Schlafstadien etwa 3- bis 5mal. Der paradoxe Schlaf tritt alle 1,5 Stunden auf und seine Dauer nimmt im Verlauf der Nacht zu. Die Gesamtdauer des paradoxen Schlafes in einer Nacht beträgt etwa 60 - 150 Minuten.
Der paradoxe Schlaf ist gekennzeichnet z.B. durch einen erhöhten Blutdruck, einem Anstieg der Herzfrequenz, periodische Schwankungen der Atemtiefe, kurze Phasen der Apnoe, einen minimalen Muskeltonus, phasisches Auftreten von Muskelzuckungen und schnellen Augenbewegungen, eine fehlende Temperaturregulation und das Auftreten von Peniserektionen.

Merke **Der paradoxe Schlaf wird wegen des Auftretens der schnellen Augenbewegungen (engl. rapid eye movements) als REM-Schlaf und der orthodoxe Schlaf in diesem Zusammenhang als Non-REM-Schlaf bezeichnet.**
Die vegetativen Parameter zeigen eine starke Variabilität.

Merke **Die REM-Schlafphasen weisen ergotrope energieverbrauchende Merkmale auf.**
Die Energieversorgung ist in erster Linie für das Gehirn vorgesehen.

Nach der Schlafdauer unterscheidet man Kurz-, Mittellang- und Langschläfer. Die Kurzschläfer schlafen weniger als 6 Stunden, die Mittellangschläfer 6 - 9 Stunden und die Langschläfer mehr als 9 Stunden. Die Gesamtschlafdauer sinkt mit zunehmenden Alter und der relative Anteil des REM-Schlafes verkürzt sich.

Schlaf und Traum
Träume treten sehr häufig im REM-Schlaf auf, der deshalb auch als Traumschlaf bezeichnet wird. Die Grundlage dafür sind Gedächtnisinhalte, die der Mensch im Laufe seines Lebens gesammelt hat. Träume können sich aus visuellen, akustischen, taktilen und thermischen Sinnesqualitäten zusammensetzen. Es ist auch möglich, daß sich die Träume in der Sphäre des Geruchs- und Geschmackssinnes abspielen. Die Traumbilder können farbig oder schwarz-weiß erlebt werden. Der Mensch ist in der Lage, in Fortsetzung zu träumen, was mit der Wiederholung der REM-Schlafphasen zusammenhängt.
Kinder träumen vom 2. bis 3. Lebensjahr an häufig und mit 5 Jahren besonders oft, da sie einen höheren prozentualen Anteil des REM-Schlafes am Gesamtschlaf aufweisen als die Er-

wachsenen. Mit zunehmenden Alter wird weniger geträumt.
Die Trauminhalte sind mit Interessen, Wünschen und Bedürfnissen des Menschen verbunden und spiegeln seine Probleme wider.
Häufig erlebt der Mensch im Traumbild nur fragmentarische Erscheinungen, die er durch seine Phantasie beim Erzählen des Traumerlebnisses, sofern er sich daran erinnern kann, als geschlossene Handlung wiedergibt.
Im REM- bzw. Traumschlaf werden die am Tage aufgenommenen Informationen in Zeitraffung analysiert, selektiert und gespeichert. Während dieser Informationsverarbeitung wird der Mensch in einen stärkeren emotionellen Zustand versetzt als am Tag. Dabei spielen vor allem die Sexualhormone eine Rolle. Durch sie werden emotions- und gedächtnisrelevante Hirnstrukturen (z.B. im limbischen System) in ihrer Beziehung verstärkt.

Merke **Der REM- oder Traumschlaf ist für die Reproduktion geistiger Prozesse unbedingt erforderlich.**

Merke **Schlaf- und Beruhigungsmittel reduzieren den REM- oder Traumschlaf, stören den Rhythmus der Schlafphasen und haben nach Absetzen ein REM-Überschuß zur Folge.**

Bewußtsein und Sprache

Das Bewußtsein ist an das Vorhandensein eines hochentwickelten Nervensystems gebunden und ermöglicht die Anpassung an die sich ständig verändernde Umwelt. Es setzt ein mittleres Aktivitätsniveau der beteiligten Strukturen des Zentralnervensystems voraus. Eine zu geringe Aktivität der Neurone, wie sie im Zustand der Narkose oder im Koma auftritt, ist genauso wie eine übersteigerte Neuronenaktivität, die z.B. beim großen epileptischen Anfall nachzuweisen ist, mit dem Auftreten von Bewußtsein nicht vereinbar.
Das Bewußtsein entsteht nur im Zusammenspiel kortikaler und subkortikaler Hirnstrukturen, wobei die Formatio reticularis eine Schlüsselstellung einnimt. Beide Endhirnhemisphären wirken bei der Ausbildung des Bewußtseins zusammen.

Merke **Das Bewußtsein ist an komplexe neuronale Hirnstrukturen gebunden und kann außerhalb dieser nicht existieren.**

Das menschliche Bewußtsein beinhaltet vor allem:

- die gerichtete Aufmerksamkeit,
- die Fähigkeit zum Denken,
- die Selbsterkennung,
- die Wertvorstellung,
- die Sprache.

Das menschliche Zentralnervensystem ist in der Lage, von Gegenständen zu abstrahieren und dafür sowie für ideelle Begriffe Worte zu bilden. Aus diesen setzt sich die Sprache zusammen.
Verbunden mit der Sprache ermöglicht das Zentralnervensystem durch komplexe neuronale Leistungen die Fähigkeiten des Denkens, des Rechnens, des Lesens und Schreibens.
Das Endhirn enthält die für die Sprache notwendigen Regionen. Die sprachdominante linke Endhirnhemisphäre verfügt über die Broca- und Wernicke-Sprachregion. Der untere Abschnitt der dritten Stirnwindung links wird als motorische Broca-Sprachregion bezeichnet. Im hinteren Abschnitt der ersten Schläfenwindung befindet sich in unmittelbarer Nachbarschaft der Hörrinde die sensorische Wernicke-Sprachregion.

Der Sprache können Teilfunktionen zugeordnet werden. Zu diesen zählen:

- rezeptive Sprachleistungen,
- expressive Sprachleistungen,
- assoziative Sprachleistungen.

Rezeptive Sprachleistungen
Sie führen zum Verstehen der Sprachinhalte. Dabei wird das Wahrnehmen der Schrift- und Sprachmuster durch das Sehen und Hören vermittelt und mit Hilfe des Gedächtnisses das Verstehen der Sprachinhalte ermöglicht.

Expressive Sprachleistungen
Die expressiven Sprachleistungen erarbeiten Handlungsentwürfe und -programme für die Äußerung von Sprachinhalten. Durch motorische Umsetzung der Programme bringen sie ihre sprachliche oder schriftliche Äußerung zustande.

Assoziative Sprachleistungen
Sie koordinieren das Erkennen der Sprachinhalte, die sprachliche Fassung von beabsichtigten Gedankeninhalten sowie die Mitaktivierung sensorischer, motorischer und vegetativer Reaktionen bei sprachlichen Aktivitäten.

Merke **Beim Zustandekommen der Fähigkeiten der Sprachfunktionen sind mehrere Hirnrindenfelder beteiligt. Zu diesen gehören z.B.:**

- **die motorischen Rindenfelder für die Sprachwerkzeuge,**
- **die Sehrinde,**
- **die Hörrinde,**
- **die motorische Sprachregion (Broca-Region),**
- **die sensorische Sprachregion (Wernicke-Region).**

Lernen und Gedächtnis

Allgemeines
Lernen ist eine Tätigkeit, die auf die Aneignung von Wissen und Können gerichtet ist. In ihr werden Kenntnisse, Fähigkeiten, Fertigkeiten und Gewohnheiten ausgebildet. Die Lerntätigkeit ist eng mit Motivationen und Einstellungen zum zu erlernenden Lehrstoff verbunden.

Merke **Im Lernprozeß werden Informationen im Zentralnervensystem aufgenommen und gespeichert.**

Merke **Gedächtnis ist die Fähigkeit, durch Erinnern Informationen aus dem Speicher zu reproduzieren bzw. abzurufen.**

Lernen und Gedächtnis basieren auf die dynamischen und plastischen Eigenschaften des Zentralnervensystems. Neuronale Zellverbände besitzen die Fähigkeit, ihre Impulsmuster kurzfristig zu verändern. Diese Eigenschaft bezeichnet man als Plastizität.
Nur ein kleiner Teil der ununterbrochen das Gehirn erreichenden afferenten Impulse wirkt gedächtnisbildend. Das Gehirn verhält sich dem Informationsfluß gegenüber auswählend.

Elementarer Gedächtnisprozeß
Zum elementaren Gedächtnisprozeß gehören folgende Vorgänge:

- die Informationsaufnahme,
- die Informationsspeicherung,

- der Lesemechanismus der Information,
- die Reproduktion der gespeicherten Information.

Informationsaufnahme
Die Informationsaufnahme erfolgt über die Sinnesorgane und beinhaltet die Umwandlung der spezifischen Reize in Aktionspotentialfolgen, die weitergeleitet werden an verschiedene Strukturen des Zentralnervensystems, wo die weitere Verarbeitung erfolgt.

Informationsspeicherung
Die das Gehirn erreichenden Informationen werden einer Auswahl unterzogen. Es werden nur Informationen gespeichert, für die eine biosoziale Bedeutung besteht.

Lesemechanismus der Information
Die gesamte gespeicherte Information wird nicht gelesen, es erfolgt immer eine Auswahl. Die dem Lesemechanismus zugrunde liegenden physiologischen Prozesse ermöglichen, daß im richtigen Moment der Zugriff zur richtigen Information gewährleistet wird.

Reproduktion der gespeicherten Information
Die Reproduktion äußert sich in einer neuronalen Aktivität, die zu einer bestimmten Leistung führt, wie z.B. definierte Verhaltensweisen oder verbale Äußerungen.

Auf diese elementaren Gedächtnisprozesse haben z.B. Motivationen, Emotionen und der allgemeine Aktivitätszustand einen Einfluß.

Gedächtnisarten
Nach der Zeit der Informationserhaltung unterscheidet man:

- das sensorische Gedächtnis,
- das primäre Gedächtnis,
- das sekundäre Gedächtnis,
- das tertiäre Gedächtnis.

Sensorisches Gedächtnis
Das sensorische Gedächtnis speichert die sensorischen Reize für die Dauer von Bruchteilen einer Sekunde. Nur ein Teil der Information wird für den Kurzzeitspeicher kodiert der Rest wird durch Verblassen vergessen.

Primäres Gedächtnis
Das primäre Gedächtnis oder auch Kurzzeitgedächtnis genannt, bewertet die aus dem sensorischen Speicher kommende Information, faßt sie in Worte und speichert sie für mehrere Sekunden. Das Vergessen erfolgt durch Ersetzen der gespeicherten Information durch neue. Durch Üben wird die Übertragung aus dem primären Gedächtnis in das dauerhaftere sekundäre Gedächtnis erleichtert.

Sekundäres Gedächtnis
Das sekundäre Gedächtnis ist ein großes und dauerhaftes Speichersystem. Die hier gespeicherte Information steht auch nach längerer Zeit (Minuten, Jahre) zur Erinnerung zur Verfügung. Die Information wird nach ihrer Bedeutung gespeichert. Das Vergessen im sekundären Gedächtnis beruht auf Störung des zu lernenden Lehrstoffs durch vorher oder anschließend Gelerntes.

Tertiäres Gedächtnis
Dieses Gedächtnis enthält sehr lange und fortlaufend geübte Dinge, wie z.B. das Schreiben, Lesen, den eigenen Namen sowie täglich praktizierte Handfertigkeiten. Der Zugriff zu diesem Speicher ist sehr kurz und die gespeicherten Informationen werden nie mehr vergessen.

Merke **Das sekundäre und tertiäre Gedächtnis werden zusammen als Langzeitgedächtnis bezeichnet.**

Mechanismen der Gedächtnisbildung
Zu den Mechanismen der Gedächtnisbildung zählen z.B.:

- die Erregungskreise in neuronalen Verbänden,
- die molekularbiologischen Vorgänge,
- die morphologischen Veränderungen.

Erregungskreise in neuronalen Verbänden
Im Anfangsstadium eines Speicherprozesses wird die Information gebunden an Erregungskreise erhalten. Dies trifft besonders für das Kurzzeitgedächtnis zu. Es kommt dabei zu einem zeitweiligen Fortbestehen der neuronalen Aktivität, die den Reiz überdauert.

Molekularbiologische Vorgänge
Die chemischen Überträgerstoffe, die während der Informationsverarbeitung an den beteiligten Synapsen freigesetzt werden, induzieren innerhalb der Neurone Stoffwechselprozesse, in deren Ergebnis bleibende Rekonstruktionen prä- und postsynaptischer Strukturen erfolgen. So wird das Gedächtnis gefestigt (Konsolidierung) und bleibt im Langzeitgedächtnis erhalten.

Morphologische Veränderungen
Zu den morphologischen Veränderungen gehören z.B. strukturelle Veränderungen im Bereich von Synapsen, Neubildungen von Synapsen, Wachstumserscheinungen an Neuronen und Markscheidenbildung präsynaptischer Faseranteile.

Merke **Den Mechanismen der Gedächtnisprozesse liegen die Arbeitsweise neuronaler Zellverbände, induzierte Stoffwechselvorgänge innerhalb der Neurone sowie morphologische Veränderungen an diesen zugrunde.**

Zusammenfassung

Ruhemembranpotential	Dieses Potential ist hauptsächlich ein Kaliumdiffusionspotential. Es bildet die Voraussetzung für die Erregbarkeit der Nervenzelle.
Aktionspotential	Nach Reizung einer Nervenzellmembran kommt es durch den schnellen Natriumioneneinstrom in diesem gereizten Membranbereich zur Umpolung der Membranladung. Diese kurzfristige Änderung des Membranpotentials bezeichnet man als Aktionspotential.
Erregungsübertragung	Die neuro-neuronale Erregungsübertragung wird durch einen chemischen Überträgerstoff ermöglicht. Dieser kann an der Postsynapse ein erregendes (EPSP) oder hemmendes (IPSP) Potential hervorrufen.
Erregungsweiterleitung	Die Weiterleitung der Erregung geschieht in markhaltigen Nervenfasern sprunghaft (saltatorisch) und in marklosen Nervenfasern kontinuierlich.
Bahnung	Das ist die zeitlich begrenzte Förderung der Erregungsübertragung durch zusätzliche Erregungen.
Hemmung	Das ist die zeitlich begrenzte Hemmung der Erregungsübertragung durch zusätzliche Erregungen.
Präsynaptische Hemmung	Sie verkleinert das erregende postsynaptische Potential durch eine verminderte Freisetzung der chemischen Substanz in den Synapsenspalt.
Postsynaptische Hemmung	Sie löst an der postsynaptischen Membran eines Neurons eine Hyperpolarisation aus, welche zur Hemmung der Erregungsübertragung führt.
Erregungskreise	Das sind Neurone, die Ketten bilden und über Kollateralen der Neuriten jeweils rückläufig Schaltzellen erregen. Dadurch bilden sich Erregungskreise, die eine Zeit fortbestehen.
Reflexbogen	Er besteht aus dem Rezeptor, den afferenten (aufsteigenden) Leitungsbahnen, dem Reflexzentrum, den efferenten (absteigenden) Leitungsbahnen und dem Erfolgsorgan.
Eigenreflexe	Das sind angeborene Dehnungsreflexe, welche die Länge der Skelettmuskulatur und die Muskelspannung kontrollieren. Bei Veränderungen dieser, sorgen die Dehnungsreflexe für eine reflektorische Konstanthaltung.
Fremdreflexe	Das sind angeborene Schutzreflexe, Nutritionsreflexe, Hautreflexe, vegetative Reflexe und Lokomotionsreflexe.
Bedingte Reflexe	Das sind erworbene Reflexe an deren Ausbildung das Gehirn beteiligt ist. Sie basieren auf einem Lernvorgang.
Biofeedback-Methoden	Sie erlauben Patienten, die z.B. an Herzrhythmusstörungen, Migräne und Einschlafstörungen leiden, bewußt diese durch erlernte Verhaltensstrategien positiv zu beeinflussen.
Hinterstrangbahn	Sie führt die Information über Druck, Berührung und Tiefensensibilität aus der oberen und unteren Körperhälfte.

Vorderseitenstrang
Er leitet vor allem die Schmerz- und Temperatursensibilität sowie die einfachen Druck- und Berührungsempfindungen.

Formatio reticularis
Sie besteht aus längs- und querverlaufenden markhaltigen Nervenfasern und diffus verteilten Ganglienzellen, die den Hirnstamm durchziehen. Sie ist u.a. an der Regulation des Schlaf-Wach-Rhythmus beteiligt.

Spinale Motorik
Diese Motorik regelt die einfachen, meist automatischen Bewegungsvorgänge.

Halte- und Stützmotorik
Sie ermöglicht die Aufrechterhaltung des Gleichgewichts und der Körperstellung beim stehenden Menschen. Die Kontrolle der Halte- und Stützmotorik erfolgt durch die motorischen Zentren des Hirnstamms.

Zielmotorik
An der Ausbildung der Zielmotorik sind die motorischen Zentren der Endhirnrinde, die Basalganglien, der motorische Thalamus, das limbische System und der Hirnstamm beteiligt. Das Zusammenspiel dieser erlaubt das Zustandekommen einer gezielten Bewegung.

Orthodoxer Schlaf
Der orthodoxe oder ruhige Schlaf umfaßt beim Erwachsenen etwa 80 % der Gesamtschlafdauer. Im orthodoxen Schlaf verändern sich die vegetativen Funktionen im Sinne einer Verminderung des Sympathikotonus und Erhöhung des Parasympathikotonus.

Paradoxer Schlaf
Im paradoxen Schlaf treten schnelle Augenbewegungen auf und die vegetativen Parameter zeigen eine starke Variabilität. Die Gesamtdauer des paradoxen Schlafs in einer Nacht beträgt etwa 60 - 150 Minuten.

Bewußtsein
Es ist an komplexe neuronale Hirnstrukturen gebunden und beinhaltet vor allem die gerichtete Aufmerksamkeit, das Denken, die Selbsterkennung, die Wertvorstellung und die Sprache.

Sprache
An ihrem Zustandekommen sind vor allem die motorische Sprachregion, die sensorische Sprachregion, die Hörrinde, die Sehrinde und die motorischen Rindenfelder für die Sprachwerkzeuge beteiligt.

Lernen
Im Lernprozeß werden Informationen im Zentralnervensystem aufgenommen und gespeichert.

Gedächtnis
Gedächtnis ist die Fähigkeit, durch Erinnern Informationen aus dem Speicher zu reproduzieren. Man unterscheidet das sensorische, primäre, sekundäre und tertiäre Gedächtnis. Das sekundäre und teriäre Gedächtnis bezeichnet man als Langzeitgedächtnis und das primäre Gedächtnis entspricht dem Kurzzeitgedächtnis.

9.5. Klinischer Anhang

Zentrale Sprachstörungen

Die zentralen Sprachstörungen können schleichend als Folge arteriosklerotisch bedingter Hirndurchblutungsstörungen oder plötzlich durch einen Hirnschlag (Apoplex) hervorgerufen werden. Bei den zentralen Sprachstörungen unterscheidet man vor allem:

- die motorische Sprachstörung (Aphasie),
- die sensorische Aphasie.

Motorische Aphasie
Die motorische Aphasie wird als Broca-Aphasie bezeichnet. Das sprachliche Denken kann nicht in Sprache umgesetzt werden und das Sprachverständnis ist nur gering beeinträchtigt. Der betroffene Patient ist sich seiner Aphasie bewußt und unternimmt wenig Sprechversuche, er zeigt einen verringerten Sprechantrieb. Weiterhin tritt eine zentrale Schreibstörung (Agraphie) und häufig eine Parese des rechten Armes auf.

Sensorische Aphasie
Die sensorische Aphasie wird als Wernicke-Aphasie bezeichnet. Bei dieser Aphasie ist das Sprachverständnis aufgehoben oder stark herabgesetzt trotz erhaltenen Hörvermögens. Der Patient versteht den Wortsinn nicht oder hat kein Satzsinnverständnis. Der Patient kann spontan sprechen, jedoch kommt es zu erheblichen Laut-Wort- und Satzentgleisungen. Somit wird das Gesprochene unverständlich. Im Gegensatz zur motorischen Aphasie besteht ein gesteigerter Redefluß, wobei Wortneubildungen entstehen oder auf diffuse Umschreibungen ausgewichen wird. Mit der sensorischen Aphasie ist eine Schriftveränderung und ein gestörtes Leseverständnis (Paralexie) verbunden.

Hirntod

Die Feststellung des Hirntodes ist unter den Aspekten der apparativen Intensivmedizin und Reanimation und der Organspende von besonderer Bedeutung, um den Todeszeitpunkt frühzeitig ermitteln zu können. Es existieren Kriterien, die für einen irreversiblen Funktionsausfall des Gehirns sprechen. Dazu zählen:

- eine tiefe Bewußtlosigkeit ohne Reaktion auf starke sensible und
- sensorische Reize,
- das Fehlen der Spontanatmung,
- das Fehlen motorischer Reaktionen,
- die weiten lichtstarren Pupillen,
- das Vorliegen eines Null-Linien-EEGs,
- der zerebrale Kreislaufstillstand.

Durchblutungsstörungen des Gehirns

Hirndurchblutungsstörungen können durch Erkrankungen der Hirnarterien, durch Verengungen der großen zuführenden Arterien, durch hypertonische Massenblutung oder durch eine Thrombembolie bestimmter Hirngefäße hervorgerufen werden.
Die Mangeldurchblutung bei der häufigsten Form, dem Hirninfarkt (Apoplex), beruht auf einer Hirnarteriosklerose. Der Apoplex tritt selten vor dem 50. Lebensjahr auf. Er bildet sich häufig in der Nacht aus und wird beim morgendlichen Erwachen bemerkt. Der Apoplex kann auch tagsüber nach körperlicher Anstrengung, Infekten, üppigen Mahlzeiten und starker Aufregung ausgelöst werden.
Zu den auftretenden Symptomen gehören z.B.:

- die Halbseitenlähmung,
- die Sprachstörungen,

- die Lautbildungsstörungen,
- die Schluckstörungen,
- die Gesichtslähmung,
- der Schweißausbruch,
- der Stuhl- und Urinabgang.

Hypnagogen

Unter diesem Begriff versteht man zum Schlaf hinführende Phänomene. Zu diesen Phänomenen gehören z.B.:

- die Myoklonie,
- die Fallträume,
- die hypnagogischen Halluzinationen.

Myoklonie
Das sind spürbare plötzlich einsetzende Zuckungen zahlreicher Muskeln, die als Begleiterscheinung beim Einschlafen auftreten.

Fallträume
Der Mensch hat das Gefühl, daß er beim Einschlafen plötzlich in eine Tiefe fällt. Häufig führt dieser Falltraum zum Erwachen.

Hypnagogische Halluzinationen
Beim Einschlafen können optische und akustische Sinneserlebnisse auftreten, die nicht zu einem Umweltreiz in Beziehung zu bringen sind. Der Mensch hört z.B. Stimmen, das Rufen seines eigenen Namens, Musik, Gespräche oder er erlebt Lichtblitze, geometrische Figuren und Handlungszenen. Der Unterschied zwischen hypnagogischen Halluzinationen und Träumen besteht darin, daß diese Erscheinungen noch nicht im Schlaf befindlich wahrgenommen werden.
Im Traumschlaf weiß der Mensch nicht, daß er schläft oder träumt. Bei der hypnagogischen Halluzination erlebt sich der Mensch als unbeteiligter Zuschauer, während er im Traum selbst in die Handlung einbezogen ist.

Die Begleitphänomene beim Einschlafen sind keine krankhaften Erscheinungen. Sie sind zurückzuführen auf schwache Stimulation von Strukturen des Hirnstamms. Im Wachzustand stehen diese Hirnbereiche unter Kontrolle der Endhirnrinde, welche sich mit dem Einschlafen verliert.

10. Sinnessystem

10.1. Allgemeines

Neben Wachstum, Stoffwechsel, Vermehrung und Bewegung gehört auch die Erregbarkeit zu den Eigenschaften des lebenden menschlichen Organismus. Er verfügt über Organe, die sowohl Reize aus der äußeren als auch inneren Umwelt aufnehmen, sie in nervale Erregungen umwandeln und über bestimmte Bahnen dem Gehirn zuleiten. Die Sinnesorgane besitzen diesbezüglich Aufnahmeapparate, sogenannte Rezeptoren, die durch den betreffenden Reiz erregt werden. Rezeptoren bestehen aus Sinneszellen, die meist im Verband mit Stützzellen vorkommen und das Sinnesepithel bilden. Zu den Sinnesorganen zählen:

- das Sehorgan (Organum visus),
- das Hör- und Gleichgewichtsorgan (Organum vestibulocochleare),
- das Geruchsorgan (Organum olfactus),
- das Geschmacksorgan (Organum gustus),
- die Tast- oder Sensibilitätsorgane (Organum tactus).

10.2. Sehorgan

Allgemeines

Das Sehorgan wird als Auge (lat. oculus) bezeichnet und unterrichtet uns über die Form und Farbe der uns umgebenden Umwelt. Es besteht aus dem Augapfel (Bulbus oculi), den Schutz- und Hilfsorganen (Augenlider, Bindehaut, Tränenapparat, Augenmuskeln) sowie dem Inhalt der Augenhöhle.

10.2.1. Augapfel

Allgemeines

Der Augapfel liegt geschützt im vorderen Teil der Augenhöhle und hat annähernd eine Kugelform. Die Wandung des Augapfels besteht aus der äußeren, mittleren und inneren Augenhaut. Der Glaskörper (Corpus vitreum) füllt den größten Teil des Innenraumes des Augapfels aus, dazu kommen die Linse (Lens) und die vordere und hintere Augenkammer mit dem Augenwasser.

Wandschichten

Zu den vom Glaskörper straff und glatt gehaltenen häutigen Wandschichten des Augapfels gehören:

- die äußere Augenhaut (Tunica fibrosa),
- die mittlere Augenhaut (Tunica vasculosa),
- die innere Augenhaut (Tunica nervosa).

Äußere Augenhaut
Bestandteile der äußeren Augenhaut sind:

- die Lederhaut (Sclera) und
- die Hornhaut (Cornea).

Lederhaut
Die Lederhaut besteht aus straffem Bindegewebe und besitzt deshalb eine weiße Farbe. Sie ist undurchsichtig und ihre Bindegewebskapsel dient dem Ansatz der äußeren Augenmuskeln.

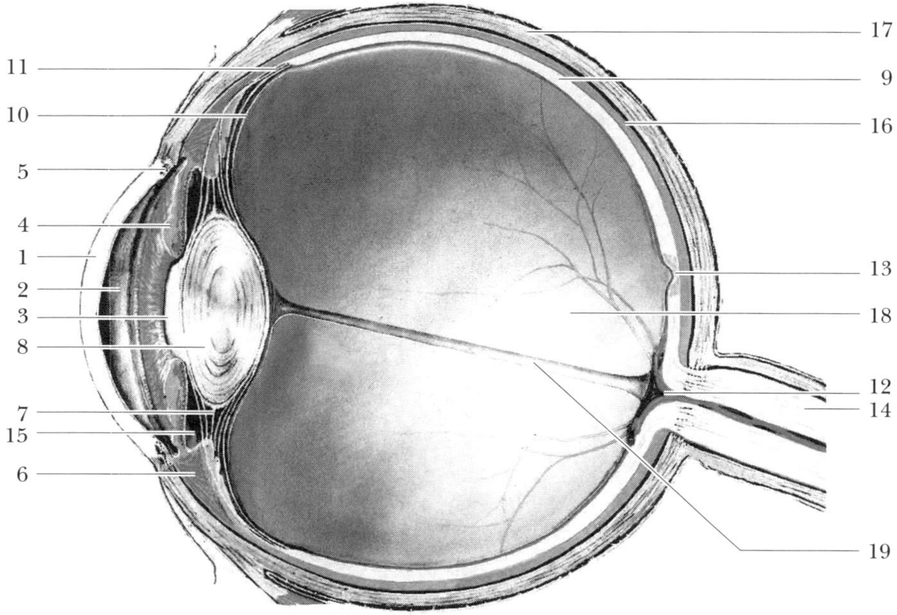

Abb. 118
Horizontaler Schnitt durch das rechte Auge

1 Hornhaut (Cornea)
2 vordere Augenkammer
3 Sehloch (Pupille)
4 Regenbogenhaut (Iris)
5 Schlemm-Kanal
6 Strahlenkörper (Corpus ciliare)
7 Zonulafasern
8 Linse (Lens)
9 Sehzone der Netzhaut (Pars optica)
10 blinder Teil der Netzhaut (Pars caeca)
11 gezackte Linie (Ora serrata)
12 blinder Fleck
13 gelber Fleck
14 Sehnerv (N. opticus)
15 hintere Augenkammer
16 Aderhaut (Chorioidea)
17 Lederhaut (Sclera)
18 Glaskörper (Corpus vitreum)
19 Hyaloidkanal

Durch eine Reihe von Lücken, die sich in der Lederhaut befinden, verlaufen Nerven und Gefäße. Neben dem hinteren Augenpol befindet sich eine siebartige Öffnung, durch die der Sehnerv tritt. Der vordere Abschnitt der Lederhaut wird außen von der Bindehaut überzogen. Der Innenseite der Lederhaut liegt die Aderhaut, ein Bestandteil der mittleren Augenhaut, an.

Hornhaut
Die Hornhaut weist eine vordere konvexe und eine hintere konkave Fläche auf. Sie ähnelt der Form eines Uhrglases, ist transparent, so daß die dahinter gelegene Regenbogenhaut durchscheint. Die Hornhaut besteht hauptsächlich aus Bindegewebslamellen, zwischen denen sich spaltförmige Lücken befinden, die mit einer klaren Flüssigkeit gefüllt sind. Die Bin-

degewebslamellen ergeben insgesamt das bindegewebige Stroma, das außen von einem mehrschichtigen Plattenepithel und innen von einem einschichtigen Endothel überzogen wird.
Die Hornhaut ist gefäßfrei . Ihre Ernährung erfolgt durch das Kammerwasser.

Merke **Die Durchsichtigkeit der Hornhaut basiert auf einem bestimmten Flüssigkeitsgehalt und Quellungszustand des bindegewebigen Stromas.**

Mittlere Augenhaut
Die mittlere Augenhaut enthält viel Pigment und erscheint dadurch schwarz. Bei Entfernung der weißen Lederhaut ähnelt der Augapfel dem Aussehen einer Weinbeere. Deshalb bezeichnen die Kliniker die mittlere Augenhaut auch als Uvea, was lateinisch Weinbeere bedeutet. An der mittleren Augenhaut werden folgende Abschnitte unterschieden:

- die Aderhaut (Chorioidea),
- der Ziliarkörper (Corpus ciliare),
- die Regenbogenhaut (Iris).

Aderhaut
Die Aderhaut liegt zwischen der Leder- und Netzhaut. Zu den Bestandteilen der Aderhaut zählen die in Bindegewebe eingebetteten Gefäße, Nerven und Pigmentzellen. Die Bruchsche Membran grenzt die Aderhaut von der Pigmentschicht der Netzhaut ab und sie besteht sowohl aus elastischen als auch kollagenen Fasern. Die Aderhaut dient der Ernährung der angrenzenden Augenhäute, besonders der äußeren Netzhautschichten.

Ziliarkörper
Der Ziliarkörper enthält strahlenförmige Leisten, die gefäßreich sind und nach vorn in 70 - 80 Fortsätze auslaufen. Die Gefäße dieser Fortsätze produzieren das Kammerwasser, das als Transsudat in die hintere Augenkammer abgegeben wird. Sie wird vorne von der hinteren Fläche der Regenbogenhaut und hinten vom Glaskörper begrenzt. Von den Ziliarfortsätzen gehen Zonulafasern aus, die die Linse mit dem Ziliarkörper verbinden.
Der Ziliarkörper enthält den aus glatten Muskelzellen bestehenden Ziliarmuskel (M. ciliaris). Kontrahiert sich dieser, dann erschlaffen die Zonulafasern, und die Linse nimmt infolge ihrer Elastizität mehr eine Kugelform ein. Auf diese Art und Weise erfolgt die Naheinstellung des Auges, die als Akkommodation bezeichnet wird.

Regenbogenhaut
Die Regenbogenhaut setzt den Ziliarkörper nach vorn fort. Sie befindet sich zwischen der Hornhaut und der Linse. Damit unterteilt sie den Raum zwischen Hornhaut und Linse in eine vordere und hintere Augenkammer. Die Regenbogenhaut besteht aus einem lockeren Bindegewebe, das Gefäße, Nerven und zwei aus glatten Muskelzellen bestehende Muskeln enthält. Das Bindegewebe wird zur Hornhaut hin von einem lückenhaften Verband von Endothelzellen überzogen. Dem Bindegewebe folgt auf der Seite zum Glaskörper hin ein kubisches Epithel, das stark pigmentiert ist. Blauäugige Menschen haben nur in diesem kubischen Epithel Pigmente, während braunäugige Menschen auch pigmentierte Bindegewebszellen im lockeren Bindegewebe besitzen.
Die Regenbogenhaut begrenzt mit ihrem freien Rand das Sehloch, die Pupille. Mit ihren Muskeln kann sie die Weite der Pupille nach Art einer Lochblende regulieren. Die Kontraktion des parasympathisch versorgten Pupillenschließmuskels (M. sphincter pupillae) ruft eine Pupillenverengung (Miosis) und die des sympathisch versorgten Pupillenöffners (M. dilatator pupillae) eine Pupillenerweiterung (Mydriasis) hervor. Die Einstellung der Pupillenweite erfolgt reflektorisch. Den seitlichen Übergang von der Regenbogenhaut zur Hornhaut bildet der Kammerwinkel. Dort wird das Kammerwasser durch ein Maschenwerk von Endothelzellen (Fontana-Räume) gefiltert und zum Schlemm-Kanal geleitet. Dieser befindet sich am Übergang der Lederhaut zur Hornhaut und stellt eine weitlumige Vene dar, die das Kammerwasser der vorderen Augenkammer ableitet.

Merke **Verstopfungen des Schlemm-Kanals führen zum Druckanstieg im Augapfel, was einen grünen Star (Glaukom) hervorrufen kann.**

Innere Augenhaut
Die innere Augenhaut setzt sich aus folgenden Schichten zusammen:

- dem Pigmentepithel (Stratum pigmenti) und
- der Netzhaut (Retina).

Pigmentepithel
Das Pigmentepithel ist einschichtig und besteht aus kubischen Epithelzellen, die Melanin als Pigment enthalten. Dieses einschichtige Epithel überzieht die Innenseite der Aderhaut, der Regenbogenhaut und des Ziliarkörpers. Das Pigmentepithel verhindert eine Streustrahlung im Auge und dient der Ernährung der Sinneszellen der Netzhaut.

Netzhaut
Die Netzhaut gliedert sich in einen vorderen blinden (Pars caeca) und hinteren sehenden Teil (Pars optica). Der kleinere vordere Abschnitt bedeckt den Ziliarkörper und die Regenbogenhaut.
In Form einer gezackten Linie (Ora serrata) geht der blinde Teil am Rande des Ziliarkörpers in den sehenden Teil über. Dieser setzt sich aus den folgenden Zellschichten zusammen:

- Sinneszellschicht (Stratum neuroepitheliale),
- bipolare Nervenzellschicht (Stratum ganglionare retinae),
- multipolare Nervenzellschicht (Stratum ganglionare nervi optici).

Sinneszellschicht
Die Sinneszellschicht besteht aus Stäbchen- und Zapfenzellen, die der Pigmentepithelschicht nach innen aufliegen. Die Stäbchenzellen dienen dem Dämmerungssehen. Ihr Sehpigment ist das Rhodopsin. Die Zapfenzellen sind für das Tages- und Farbensehen verantwortlich und enthalten als Pigment das Jodopsin. Es werden drei Jodopsintypen unterschieden mit Maxima der Lichtempfindlichkeit im Rotorange, Gelbgrün oder Blauviolett. Demnach werden die Zapfenzellen in drei Gruppen mit verschiedener Farbempfindlichkeit eingeteilt.
Die Sinneszellen besitzen erregungsleitende Fortsätze, die synaptisch mit der folgenden bipolaren Nervenzellschicht verschaltet sind.

Bipolare Nervenzellschicht
Eine bipolare Nervenzelle verfügt über zwei Fortsätze, die vom Zelleib an gegenüberliegenden Polen entspringen. Die Gesamtheit aller bipolaren Nervenzellen bildet das Ganglion retinae. Zwischen den bipolaren Nervenzellen befinden sich Müllersche Stützzellen, die zu den Gliazellen gehören.

Multipolare Nervenzellschicht
Die zahlreichen Dendriten der multipolaren Nervenzellen nehmen die Erregung von den bipolaren Nervenzellen auf und leiten sie über ihren Neuriten weiter. Die Neuriten verlassen zu Bündeln geordnet am Sehnervenaustritt (Discus nervi optici) den Augapfel Diese Stelle enthält keine Sinneszellen, ist lichtunempfindlich und entspricht im Gesichtsfeld dem blinden Fleck.
Etwa 4 mm seitlich vom Sehnervenaustritt liegt eine gelblich pigmentierte Stelle, der gelbe Fleck (Macula lutea). Er befindet sich genau in der Sehachse und bildet die Stelle des schärfsten Sehens.

Merke **Das Licht muß alle Netzhautschichten durchdringen, um die außen liegenden Sinneszellen zu erreichen. Die nervöse Erregung verläuft umgekehrt. Deshalb wird das menschliche Auge als umgekehrtes oder inverses Auge bezeichnet.**

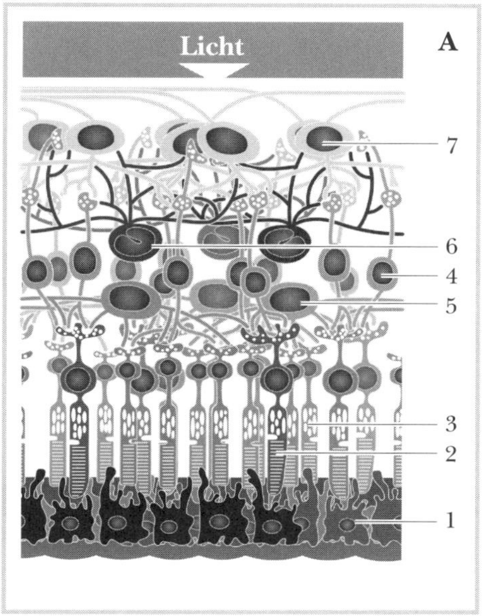

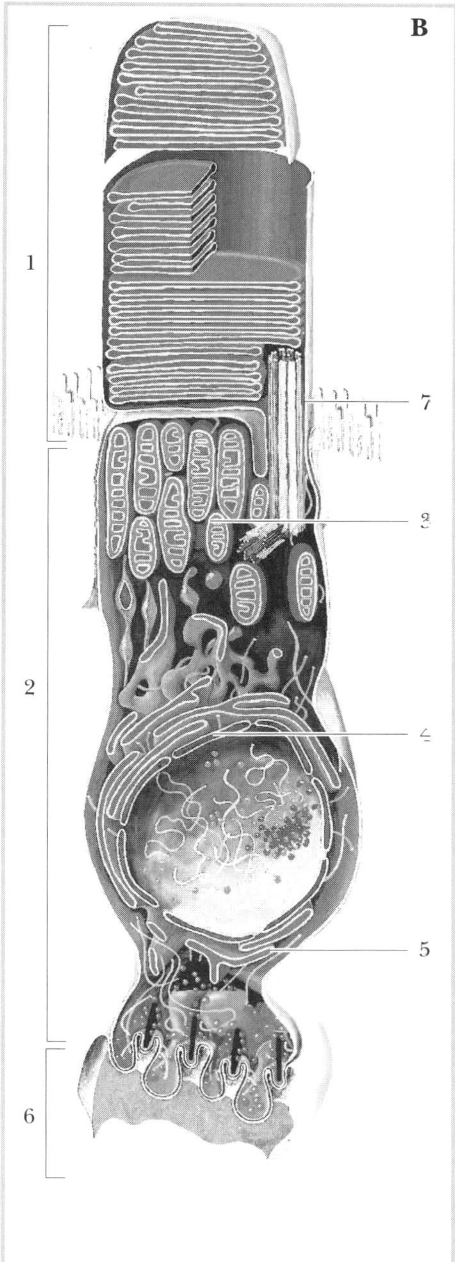

Abb. 119 Aufbau der Netzhaut, Zapfenzelle

A Aufbau der Netzhaut
1 Pigmentzelle
2 Zapfenzelle
3 Stäbchenzelle
4 bipolare Nervenzelle
5 Horizontalzelle
6 amakrine Zelle
7 multipolare Ganglienzelle

B Bau einer Zapfenzelle
1 Außenglied mit Membraneinfaltungen
2 Innenglied
3 Mitochondrien
4 endoplasmatisches Retikulum (ER)
5 Zellkern (Nucleus)
6 Synapse
7 Zentriol

Kern oder Inhalt

Zum Kern oder Inhalt des Augapfels gehören:

- das Kammerwasser (Humor aquosus),
- die Linse (Lens),
- der Glaskörper (Corpus vitreum).

Kammerwasser
Das Kammerwasser wird aus den Gefäßen des Ziliarkörpers abgesondert und gelangt in die hintere Augenkammer. Es fließt zwischen dem Vorderrand der Linse und der ihr aufliegenden Regenbogenhaut in die vordere Augenkammer. Sie befindet sich zwischen der Vorderseite der Regenbogenhaut, der Linse und der Hornhautrückseite. An der Grenze von Hornhaut und Regenbogenhaut fließt das Kammerwasser über den Schlemm-Kanal ab. Das Gleichgewicht zwischen Kammerwasserbildung und Kammerwasserabstrom stellt den Innendruck des Augapfels ein.

Linse
Die bikonvexe Linse liegt zwischen der Regenbogenhaut und dem Glaskörper. Die Linse wird außen von einer elastischen Kapsel umgeben. Feinste Fäserchen (Zonulafasern), die am Äquator der Linsenkapsel ihren Ursprung nehmen, hängen die Linse an den Fortsätzen des Strahlenkörpers auf. Unter der Kapsel befindet sich nur vorn ein einschichtiges Linsenepithel. Unter dem Epithel vorn und der Kapselschicht der Rückseite liegt die aus einer Rinde und einem Kern bestehende Linsensubstanz. Sie wird durch bandförmige Zellen, den Linsenfasern, gebildet. Die schalenartig übereinanderliegenden Fasern sind im Linsenkern kernlos.
Die Zonulafasern üben auf die Linse einen Zug aus, die dadurch abgeflacht wird. Sie nimmt damit eine Form an, die für den Blick in die Ferne geeignet ist. Kontrahiert sich der Ziliarmuskel, dann erschlaffen die Zonulafasern und die Linse wölbt sich stärker. Sie erhält dadurch eine größere Brechkraft, die für das Nahsehen notwendig ist.

Merke	**Eine Trübung der Linsenrinde oder des Linsenkerns bezeichnet man als grauen Star (Katarakt).**

Glaskörper
Der Glaskörper füllt den Innenraum des Augapfels zwischen Netzhaut und Linse aus. Er hat die Form einer Kugel, deren vorderer Pol eine Mulde aufweist, in die die Linsenrückseite eingepaßt ist. Der Glaskörper setzt sich aus einer gallertigen, glasklaren und zellosen Masse zusammen, die zu 98% aus Wasser besteht. Der Glaskörpers verleiht dem Augapfel eine Spannung, die dafür sorgt, daß seine Wandschichten straff und glatt bleiben.

10.2.2. Schutz- und Hilfsorgane

Allgemeines

Die Schutz- und Hilfsorgane schützen das Sehorgan vor Umwelteinflüssen, Austrocknung und ermöglichen deren Einstellung auf das Sehobjekt. Zu ihnen gehören:

- die Augenlider,
- die Bindehaut,
- der Tränenapparat
- die Augenmuskeln.

Augenlider

Die Augenlider sind Weichteilfalten des Gesichts, die als Ober- und Unterlid die Vorderfläche des Augapfels bedecken. An den Augenwinkeln vereinigen sich beide Lider und ihr freier

Rand umschließt die Lidspalte. Die Augenlider besitzen außen eine dünne Haut, die am Lidrand in die Bindehaut übergeht. An den Lidrändern befinden sich 2 - 3 Reihen von Wimperhaaren und hier münden die Mollschen Drüsen, die modifizierte Schweißdrüsen darstellen. Unter der Haut der Augenlider liegt der Ringmuskel des Auges (M. orbicularis oculi), dessen Fasern konzentrisch um die Lidspalte verlaufen. Kontrahiert sich dieser Muskel, dann schließen sich die Augenlider.
Ober- und Unterlid werden durch eine schalenförmige Lidplatte (Tarsus) versteift, die aus derbem Bindegewebe besteht. In die Lidplatte sind Meibomsche Lidtalgdrüsen eingebettet, die am Lidrand münden. An den Rand der Lidplatte strahlen im Oberlid Sehnenfasern des Lidhebermuskels (M. levator palpebrae superiores) ein, der das Öffnen des Auges ermöglicht.

Bindehaut

Sie bedeckt als eine Schleimhaut die Innenseite der Augenlider und verbindet sie mit dem Augapfel. Das Epithel, welches der lockeren Bindegewebsschicht aufsitzt, ist an der Lidplatte ein mehrschichtiges Zylinderepithel und am Augapfel ein mehrschichtiges unverhorntes Plattenepithel. Die Bindehaut wird sensibel innerviert und ist deshalb sehr schmerzempfindlich. Entzündungen oder mechanische Reizungen der Bindehaut führen zur Rötung, die auf einer vermehrten Blutfülle in den Gefäßen der Schleimhaut beruht.

Tränenapparat

Er dient zur Feuchthaltung der Binde- und Hornhaut des Augapfels. Zum Tränenapparat zählen

- die Tränendrüse (Glandula lacrimalis) und
- die ableitenden Tränenwege.

Tränendrüse
Die Tränendrüse liegt seitlich oben in der Augenhöhle und wird durch die Sehne des Lidhebers in einen oberen (Pars orbitalis) und einen kleineren unteren Teil (Pars palpebralis) getrennt. Beide werden durch kleine Drüsenausführungsgänge miteinander verbunden. Als eine rein seröse Drüse produziert sie kontinuierlich Tränenflüssigkeit, die kochsalzreich und eiweißarm ist und bakterizide Enzyme enthält. Durch den Salzgehalt der Tränenflüssigkeit wird der Quellungsdruck der Hornhaut aufrechterhalten, um somit Hornhauttrübungen zu verhindern. Durch den Lidschlag wird die Tränenflüssigkeit auf der Augenoberfläche verteilt.

Ableitende Tränenwege
Die ableitenden Tränenwege beginnen am inneren Augenwinkel mit je einem Tränenpunkt (Punctum lacrimale), der in den Tränensee (Lacus lacrimalis) eintaucht. Die aufgesaugte Tränenflüssigkeit wird über die Tränenkanälchen (Canaliculi lacrimales) zum Tränensack (Saccus lacrimalis) weitergeleitet. Aus dem Tränensack geht der Tränen-Nasengang (Ductus nasolacrimalis) unmittelbar hervor. Durch diesen gelangt die Tränenflüssigkeit in den unteren Nasengang.

Augenmuskeln

Der Augapfel wird von sechs äußeren Muskeln (Mm. bulbi) bewegt. Vier dieser Muskeln verlaufen gerade und setzen oben, unten, außen und innen vor dem Äquator des Augapfels an. Die beiden schrägverlaufenden Muskeln inserieren dagegen hinter dem Äquator. Die Lederhaut dient dem Ansatz dieser äußeren Augenmuskeln. Zu den sechs Augenmuskeln gehören:

- der obere gerade Augenmuskel (M. rectus superior),
- der untere gerade Augenmuskel (M. rectus inferior),
- der innere gerade Augenmuskel (M. rectus medialis),
- der äußere gerade Augenmuskel (M. rectus lateralis),
- der obere schräge Augenmuskel (M. obliquus superior),
- der untere schräge Augenmuskel (M. obliquus inferior).

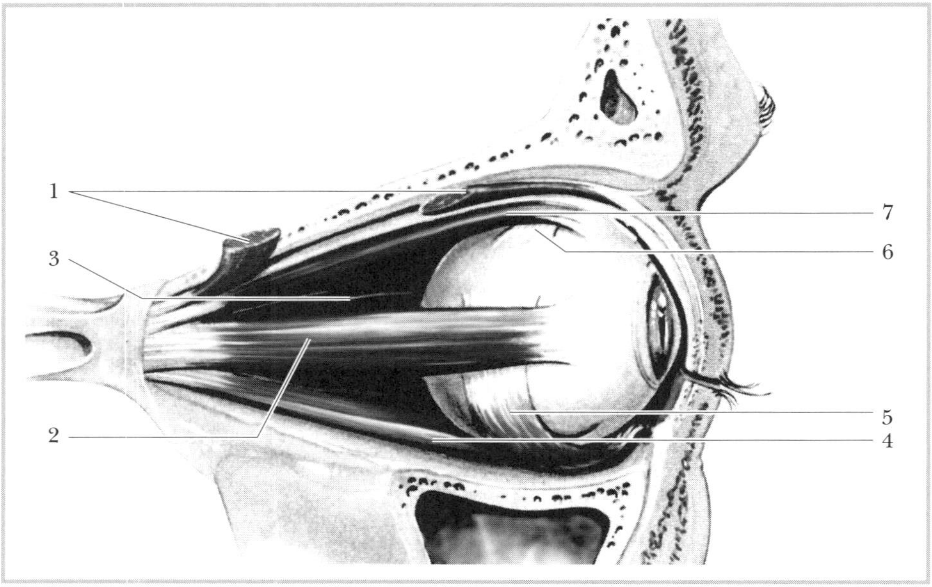

Abb. 120
Augenhöhle mit den Augenmuskeln, Lidheber

1 Oberlidheber (M. levator palpebrea superioris)
2 äußerer gerader Augenmuskel (M. rectus lateralis)
3 innerer gerader Augenmuskel (M. rectus medialis)
4 unterer gerader Augenmuskel (M. rectus inferior)
5 unterer schräger Augenmuskel (M. obliquus inferior)
6 oberer schräger Augenmuskel (M. obliquus superior)
7 oberer gerader Augenmuskel (M. rectus superior)

Oberer gerader Augenmuskel
Er ermöglicht die Hebung und Innenrollung des oberen Augenpols. Die nervale Versorgung erfolgt durch den III. Hirnnerv (N. oculomotorius).

Unterer gerader Augenmuskel
Kontrahiert sich dieser Muskel, dann kommt es zur Blicksenkung und Außenrollung des oberen Augenpols. Die nervale Versorgung erfolgt ebenfalls durch den III. Hirnnerv.

Innerer gerader Augenmuskel
Dieser Augenmuskel dreht den Augapfel zur Nase hin. Auch dieser Muskel wird vom III. Hirnnerv innerviert.

ƒußerer gerader Augenmuskel
Seine Aufgabe besteht darin, das Auge zur Seite zu bewegen. Zuständig für die Innervation ist der VI. Hirnnerv (N. abducens).

Oberer schräger Augenmuskel
Dieser Muskel bewirkt die Abduktion, Senkung und Rotation der oberen Hälfte des Augapfels nach innen. Die Innervation erfolgt durch den IV. Hirnnerv (N. trochlearis).

Unterer schräger Augenmuskel
Dieser Muskel bewirkt die Abduktion, Hebung und Rotation der oberen Hälfte des Augapfels nach außen. Die Innervation erfolgt durch den III. Hirnnerv.

Merke **Die koordinierte Bewegung der Augen wird durch das Blickzentrum im Mittelhirn reguliert. Beim Schielen (Strabismus) ist diese Koordination zwischen den einzelnen Augenmuskeln gestört.**

10.2.3. Inhalt der Augenhöhle

Allgemeines

Den Inhalt der Augenhöhle (Orbita) bilden der Augapfel, der Sehnerv, die Tränendrüse, die Augenmuskeln, die Gefäße, die Nerven und das Fettgewebe. Das Fettgewebe bildet in seiner Gesamtheit den Fettkörper der Augenhöhle (Corpus adiposum orbitae) und übt eine Füll- und Polsterfunktion aus. Bei Schwund dieses Baufetts tritt der Augapfel weiter in die Augenhöhle zurück (Enophthalmus).

10.3. Hör- und Gleichgewichtsorgan

Allgemeines

Dieses Sinnesorgan wird als Ohr bezeichnet. Es enthält das Hörorgan und das Gleichgewichtsorgan, die baulich eng miteinander verbunden sind.
Das Hörorgan dient der Wahrnehmung von Tönen und Geräuschen. Es ist ein komplexes Sinnesorgan, in dem die Umwandlung von Schallwellen in mechanische Schwingungen erfolgt. Die Schwingungsübertragungen auf die Hörsinneszellen im Innenohr sind die Voraussetzung für eine Erregungsbildung und Erregungsweiterleitung zu den zentralen Hirnstrukturen, in denen die Erregungsverarbeitung und die Wahrnehmung erfolgt.
Das Gleichgewichtsorgan befindet sich ebenfalls im Innenohr und besitzt Sinneszellen, die auf eine Veränderung des Bewegungszustandes des Körpers reagieren. Die entstehenden Erregungen werden zentral verarbeitet. Dabei fließen auch Erregungen, die vom Auge und von den Muskelrezeptoren kommen, in die Verarbeitung ein. Als Ergebnis entstehen Halte- und Stellreflexe sowie kontrollierte Körperbewegungen. Haltereflexe sichern die aufrechte Stellung des Körpers sowie die Einstellung der Augen auf den Sehgegenstand unabhängig von der Kopflage. Stellreflexe ermöglichen das Einnehmen der normalen Körperstellung aus abnormalen Körperlagen. Beide Reflexe sichern im Ablauf von Bewegungen die Körperhaltung und das Gleichgewicht.
Das Ohr wird unterteilt in:

- das äußere Ohr (Auris externa),
- das Mittelohr (Auris media) und
- das innere Ohr (Auris interna).

10.3.1. Äußeres Ohr

Allgemeines

Das äußere Ohr bildet den reizempfangenden Teil des Hörorgans und setzt sich zusammen aus:

- der Ohrmuschel (Auricula),
- dem äußeren Gehörgang (Meatus acusticus externus) und
- dem Trommelfell (Membrana tympani).

Ohrmuschel

Die Ohrmuschel besteht mit Ausnahme des Ohrläppchens (Lobulus auricularis) aus einem elastischen Knorpelskelett, das von einer dünnen Haut überzogen wird. Die Haut der Ohrmuschel enthält zahlreiche Talg- und Schweißdrüsen. An dem äußeren gebogenen Ohrmuschelrand (Helix) schließt sich nach innen ein tiefer liegender Bogenwulst (Anthelix) an. Die etwa in der Mitte gelegene Höhlung der Ohrmuschel bildet den Übergang in den äußeren Gehörgang.

ƒußerer Gehörgang

Der äußere Gehörgang reicht von der äußeren Gehörgangsöffnung bis zum Trommelfell und hat eine Länge von 30 - 35 mm. Das äußere Drittel wird von einer Knorpelrinne gebildet und die inneren zwei Drittel von der knöchernen Wand des Schläfenbeins. Der leicht S-förmig gebogene Gang ist von Haut überzogen, die im vorderen Abschnitt zahlreiche apokrine tubulöse Zeruminaldrüsen (Gll. ceruminosae) enthält, die zusammen mit den holokrinen Talgdrüsen (Gll. sebaceae) in diesen Hautbezirken das Ohrenschmalz (Cerumen) bilden. Dieses gelblich bis bräunliche Sekret enthält auch abgeschilferte Epithelzellen und verhin-

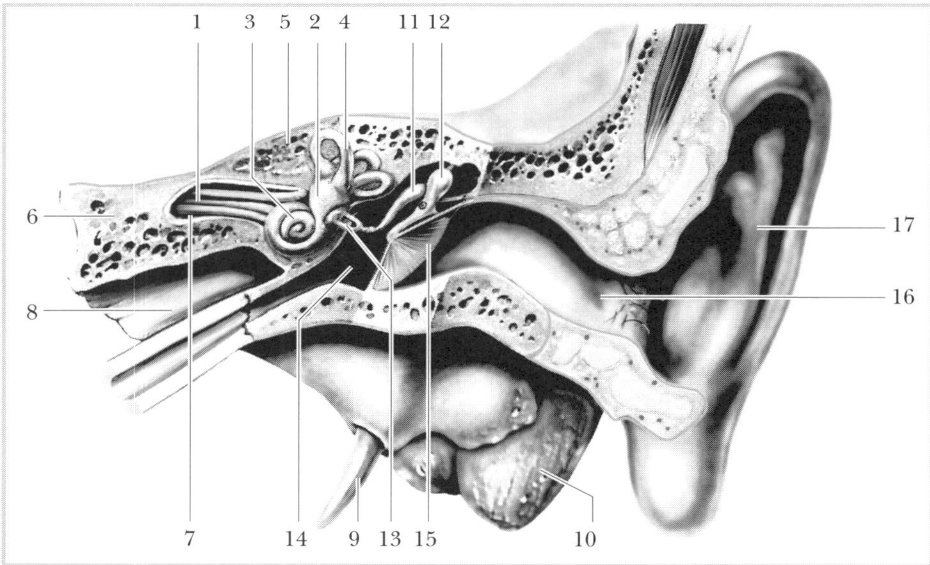

Abb. 121 Hör- und Gleichgewichtsorgan

1 Hör- und Gleichgewichtsnerv (N. vestibulocochlearis)
2 Vorhof (Vestibulum)
3 Schnecke (Cochlea)
4 Bogengänge (Canales semicirculares ossei)
5 Felsenteil des Schläfenbeins (Pars petrosa)
6 Pyramide
7 innerer Gehörgang (Meatus acusticus internus)
8 Karotiskanal (Canalis caroticus)
9 Griffelfortsatz (Processus styloideus)
10 Warzenfortsatz (Processus mastoideus)
11 Amboß (Incus)
12 Hammer (Malleus)
13 Steigbügel (Stapes)
14 Paukenhöhle (Cavum tympani)
15 Trommelfell (Membrana tympani)
16 äußerer Gehörgang (Meatus acusticus externus)
17 Ohrmuschel (Auricula)

dert die Hautaustrocknung. Am Eingangsbereich des äußeren Gehörgangs befinden sich dicke und kräftige Haare (Tragi).

Trommelfell

Das Trommelfell ist eine etwa 0,1 mm dicke Membran, die die Scheidewand zwischen dem äußeren Gehörgang und dem Mittelohr bildet. Es hat eine rauchgraue Farbe und wird durch einen Faserknorpelring in die knöcherne Furche des äußeren Gehörgangs eingefalzt. Der große untere Teil des Trommelfells ist gespannt (Pars tensa) und der schmale obere Teil ist schlaff und wesentlich dünner (Pars flaccida = Shrapnell'sche Membran). Der dem Trommelfell innen anliegende Handgriff des Hammers, ein Bestandteil der Gehörknöchelchenkette, zieht das Trommelfell nach innen, so daß das Trommelfell die Form eines flachen Trichters erhält. Das Trommelfell besteht aus einem straffen Bindegewebe, dem außen eine Hautschicht und innen eine Schleimhaut anliegt.

10.3.2. Mittelohr

Allgemeines

Zum Mittelohr gehören:

- die Paukenhöhle (Cavum tympani),
- die Gehörknöchelchen (Ossicula auditus),
- die Ohrtrompete (Tuba auditiva).

Paukenhöhle

Die Paukenhöhle ist ein schmaler mit Schleimhaut ausgekleideter Raum, der Luft enthält. Der Luftausgleich und die Belüftung der Paukenhöhle erfolgt über die Ohrtrompete . Die Paukenhöhle hat sechs Wände, die wichtige Lagebeziehungen zur Umgebung aufweisen. Das dünne Dach der Paukenhöhle grenzt an die mittlere Schädelgrube und der ebenfalls dünne Boden ist der Drosselvenengrube benachbart. Die Hinterwand steht mit den Nebenhöhlen der Paukenhöhle in Verbindung. Die Seitenwand wird vom Trommelfell gebildet. Die mediale Paukenhöhlenwand wird als Labyrinthwand bezeichnet. Sie besteht aus einer rundlichen Vorwölbung (Promontorium), die durch die basale Schneckenwindung hervorgerufen wird. Oberhalb des Promontoriums befindet sich das ovale Vorhoffenster (Fenestra vestibuli) und unterhalb das runde Schneckenfenster (Fenestra cochleae), das durch eine feine Haut verschlossen ist. Die Vorderwand der Paukenhöhle hat enge Beziehungen zur A. carotis interna, die im Canalis caroticus verläuft.
Die Paukenhöhle besitzt lufthaltige Nebenhöhlen zu denen die Hohlräume des Warzenfortsatzes (Cellulae mastoideae) und der Vorhof (Antrum mastoideum) zählen.

Gehörknöchelchen

Im oberen Teil des Mittelohres liegen drei kleine Gehörknöchelchen, die in Form einer Kette das Trommelfell mit der Labyrinthwand der Paukenhöhle verbinden. Untereinander sind die Knöchelchen durch Gelenke und über Bänder verbunden. Die Knöchelchen werden von einer Schleimhaut überzogen, deren feine Gefäße die Gehörknöchelchen ernähren. Nach dem Aussehen unterscheidet man

- den Hammer (Malleus),
- den Amboß (Incus) und
- den Steigbügel (Stapes).

Hammer
Er besteht aus dem Köpfchen, dem Handgriff und zwei Fortsätzen. Das Köpfchen trägt eine Gelenkfläche für den Amboß und der Handgriff ist in das Trommelfell eingewebt. Ein nach

oben ziehendes Band befestigt den Kopf am Dach der Paukenhöhle. An der Basis des Hammerhandgriffes setzt ein Muskel an, der Trommelfellspanner (M. tensor tympani). Dieser Muskel ist eine Abspaltung des medialen Flügelmuskels (M. pterygoideus medialis), der zu den Kaumuskeln gehört.

Amboß
Der Amboß setzt sich aus dem Körper und zwei schenkelartigen Fortsätzen zusammen. Der Körper liegt hinter dem Hammerkopf und ist mit diesem gelenkig verbunden. Der längere Fortsatz artikuliert mit dem Steigbügel. Das hintere Amboßband befestigt den kleinen Fortsatz an der Wand der Paukenhöhle.

Steigbügel
Der Steigbügel besteht aus einem Köpfchen, zwei Schenkeln und einer Fußplatte. Das Köpfchen ist gelenkig mit dem Amboß verbunden. Zwischen den Schenkelinnenseiten spannt sich das Verschlußband des Steigbügels (Membrana stapedis) aus. Die bewegliche Fixierung der Fußplatte erfolgt im ovalen Fenster über ein dünnes Ringband. Am Köpfchen setzt die Sehne des Steigbügelmuskels (M. stapedius) an. Er ist der kleinste Muskel des menschlichen Körpers.

Ohrtrompete

Die Ohrtrompete verbindet das Mittelohr mit dem Nasen-Rachen-Raum und ermöglicht einen ständigen Druckausgleich zwischen beiden Räumen. Die etwa 3 - 4 cm lange Röhre besteht aus einem medialen knorpeligen und einem lateralen knöchernen Abschnitt. Die Schleimhaut der Ohrtrompete trägt ein einschichtiges Flimmerepithel mit zahlreichen Becherzellen. Im Schleimhautbindegewebe kommen muköse Drüsen vor.

Merke **Das äußere und das Mittelohr dienen ausschließlich der Schalleitung. Der Schall reizt indirekt die Sinneszellen des Hörorgans, die sich im Innenohr befinden.**

10.3.3. Inneres Ohr

Allgemeines

Das Felsenbein des Schläfenknochens enthält ein Gangsystem, das aus Geflechtknochen besteht. Dieses Gangsystem wird als knöchernes Labyrinth (Labyrinthus osseus) bezeichnet.
Das knöcherne Labyrinth enthält, eingebettet in eine Flüssigkeit (Perilymphe), ein System von dünnwandigen Gängen und Bläschen, das häutige Labyrinth (Labyrinthus membranaceus). In der Wand des häutigen Labyrinthes befinden sich die spezifischen Sinnes- und Stützzellen des Hör- und Gleichgewichtsorgans (Organum vestibulocochleare). Das häutige Labyrinth enthält eine visköse Flüssigkeit, die Endolymphe. Bindegewebsstränge befestigen das häutige Labyrinth an der Innenseite des knöchernen Labyrinthes. Es ist somit schwimmend in diesem aufgehängt.

10.3.3.1. Knöchernes Labyrinth

Allgemeines

Zum inneren Ohr gehören folgende Bestandteile:

- der innere Gehörgang (Meatus acusticus internus),
- der Vorhof (Vestibulum),
- die knöchernen Bogengänge (Canales semicirculares ossei),
- die knöcherne Schnecke (Cochlea).

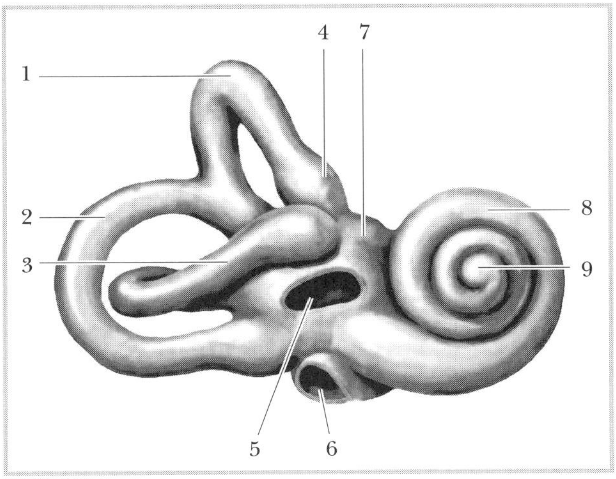

Abb. 122
Rechtes knöchernes Labyrinth von medial und hinten gesehen

1 oberer Bogengang (Canalis semicircularis superior)
2 hinterer Bogengang (Canalis semicircularis posterior)
3 seitlicher Bogengang (Canalis semicircularis lateralis)
4 Bogengangsampulle (Ampulla ossea)
5 ovales Fenster = Vorhoffenster (Fenestra vestibuli)
6 rundes Fenster = Schneckenfenster (Fenestra cochleae)
7 Vorhof (Vestibulum)
8 Schnecke (Cochlea)
9 Schneckenkuppel (Cupula cochleae)

Innerer Gehörgang

Der innere Gehörgang verbindet das innere Ohr mit der Schädelhöhle. Er mündet mit der inneren Gehörgangsöffnung (Porus acusticus internus) an der Hinterseite der Felsenbeinpyramide in die hintere Schädelgrube. Im inneren Gehörgang verlaufen die Fasern des VIII. Hirnnervs (N. vestibulocochlearis) und des VII. Hirnnervs (N. facialis) sowie die Labyrintharterie (A. labyrinthi) und Labyrinthvene (V. labyrinthi).

Vorhof

Der Vorhof bildet das Mittelstück des knöchernen Labyrinthes. Er ist zugleich ein Vorhof für die vor ihm liegende Schnecke und für die hinten abgehenden Bogengänge. Seine äußere seitliche Wand entspricht der mittleren Wand der Paukenhöhle und enthält das ovale und das runde Fenster. Die medial gelegene Wand des Vorhofs entspricht dem Grund des inneren Gehörgangs und sie besitzt für den Durchtritt der Nervenfasern des VIII. Hirnnervs mehrere durchlöcherte Knochenfelder (Maculae cribrosae). Der Vorhof bildet knöcherne Ausbuchtungen für die beiden Vorhofsäckchen des Gleichgewichtsorgans.

Knöcherne Bogengänge

Zu den knöchernen Bogengängen gehören ein vorderer, hinterer und seitlicher Bogengang. Sie entspringen vom Vorhof und münden nach ihrem bogenförmigen Verlauf wieder in den Vorhof ein. Jeder Bogengang hat zwei Schenkel, wobei jeweils einer dieser in Vorhofnähe eine Erweiterung (Ampulla ossea) aufweist. Die drei Bogengänge stehen in den drei Raumebenen etwa senkrecht zueinander.

Knöcherne Schnecke

Die knöcherne Schnecke bildet den vorderen Labyrinthabschnitt und man unterscheidet an ihr eine fast senkrecht stehende Basis und eine seitlich gerichtete Schneckenkuppel (Cupula cochleae). Die Längsachse der Schnecke heißt Schneckenspindel (Modiolus). Sie besteht aus einer spongiösen Knochensubstanz. Um die Schneckenspindel verläuft mit zweieinhalb Windungen das Schneckenrohr (Canalis spiralis cochleae). Das Schneckenrohr wird in zwei Gänge aufgeteilt, die wie eine Wendeltreppe um die Schneckenachse verlaufen. Die obere Treppe heißt Vorhofstreppe (Scala vestibuli) und die untere Paukentreppe (Scala tympani). Die Aufteilung des Schneckenrohrs in diese beiden Treppen kommt zustande, da von der Schneckenachse ein dünnes Knochenplättchen (Lamina spiralis ossea) bis in die Mitte des Schneckenrohrs vorspringt. Eine Membran (Membrana spiralis) verbindet das freie Ende des Knochenplättchens mit der seitlichen Wand des Schneckenrohrs.

Merke **Das Knochenplättchen und die sich anschließende Membran unterteilen das Schneckenrohr in eine Vorhofs- und Paukentreppe.**

Die Vorhofstreppe grenzt an das Vorhofsfenster, verläuft in zweieinhalb Windungen zur Schneckenspitze und geht dort am Schneckenloch (Helicotrema) in die absteigende Paukentreppe über, die am Schneckenfenster endet.

10.3.3.2. Häutiges Labyrinth

Allgemeines

Das häutige Labyrinth befindet sich innerhalb des knöchernen Labyrinthes. Es ist jedoch kein vollständiger Abguß von diesem. Die Spalträume, die zwischen dem knöchernen und häutigen Labyrinth verbleiben, sind mit einer Flüssigkeit gefüllt, die man Perilymphe nennt. Das häutige Labyrinth selbst enthält die Endolymphe als Flüssigkeit.
Zum häutigen Labyrinth gehören die folgenden anatomischen Gebilde:

- das Schläuchlein (Utriculus),
- das Säckchen (Sacculus),
- der Endolymphgang (Ductus endolymphaticus),
- die häutigen Bogengänge (Ductus semicirculares),
- das Sinnesepithel des Gleichgewichtsorgans,
- der häutige Schneckengang (Ductus cochlearis)
- das Sinnesepithel des Hörorgans (Corti-Organ).

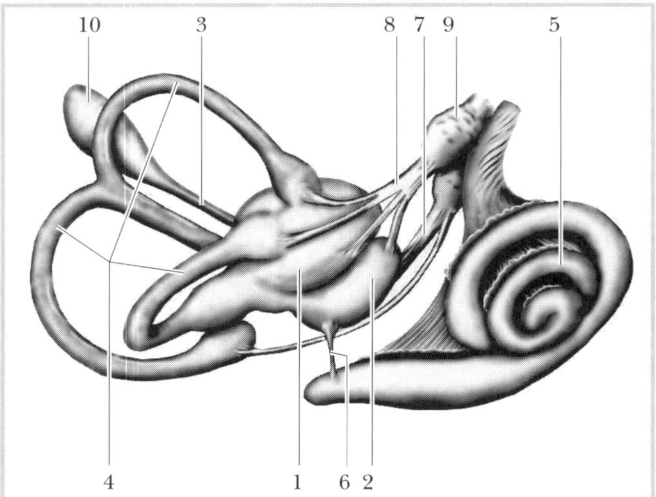

Abb. 123
Rechtes häutiges Labyrinth

1 Schläuchlein (Utriculus)
2 Säckchen (Sacculus)
3 Endolymphgang (Ductus endolymphaticus)
4 häutige Bogengänge (Ductus semicirculares)
5 häutige Schnecke (Cochlea)
6 Vereinigungsgang (Ductus reuniens)
7 Hörnerv
8 Gleichgewichtsnerv
9 Gleichgewichtsganglion (Ganglion vestibulare)
10 Endolymphsack (Saccus endolymphaticus)

Schläuchlein

Das Schläuchlein besitzt eine ovale Gestalt und liegt waagerecht in einer Ausbuchtung des Vestibulums. Vom Schläuchlein gehen die drei häutigen Bogengänge aus und verlaufen wieder zu ihm zurück. Ein kurzer Gang (Ductus utriculosaccularis) verbindet das Schläuchlein mit dem Säckchen.

Säckchen

Das Säckchen ist rundlich und liegt unter dem Schläuchlein in einer Ausbuchtung des Vestibulums. Mit der häutigen Schnecke steht das Säckchen über einen Vereinigungsgang (Ductus reuniens) in Verbindung.

Endolymphgang

Er geht aus dem Gang, der das Schläuchlein mit dem Säckchen verbindet, hervor. Dieser Gang zieht nach medial und hinten und endet an der Hinterfläche des Felsenbeins mit einer sackartigen Erweiterung (Saccus endolymphaticus). Er ist verantwortlich für die Resorption der Endolymphe.

Häutige Bogengänge

Die häutigen Bogengänge sind dünner als die knöchernen Bogengänge. Jeder der drei häutigen Bogengänge besitzt eine häutige Ampulle, die in der knöchernen Ampulle liegt.

Merke **Das Schläuchlein und Säckchen sowie die drei häutigen Bogengänge bilden das Gleichgewichtsorgan.**

Sinnesepithel des Gleichgewichtsorgans

Die Wand des Schläuchleins und Säckchens besteht aus einschichtigem Plattenepithel, dem sich außen eine Bindegewebshülle anlegt. Das Schläuchlein und das Säckchen enthalten jeweils ein ovales Sinnesepithelfeld (Macula utriculi, Macula sacculi), das aus Sinnes- und Stützzellen aufgebaut ist. Dem Sinnesepithel liegt eine gallertige Membran auf, in die kleine Prismen eingelagert sind. Diese sechsseitigen Prismen bestehen aus kohlensaurem Kalk und werden auch als Statolithen bezeichnet. Da die gallertige Membran diese Statolithen enthält, nennt man sie auch Statolithenmembran. In die Statolithenmembran ragen die Haare (Zilien) der Sinneszellen hinein. Sie werden bei Kopfverlagerungen gereizt und vermitteln den Raumsinn. Zwischen den Sinneszellen und den Neuriten des Gleichgewichtsnervs bestehen zahlreiche synaptische Verbindungen.
In den Ampullen der häutigen Bogengänge sitzt das Sinnesepithel einer Leiste (Crista ampullaris) auf. Die Stützzellen tragen die birnenförmigen Sinneszellen, dessen Haare in eine kuppelförmige Gallertmasse (Cupula ampullaris) eindringen. Die Sinneszellen vermitteln den Beschleunigungssinn und bilden zahlreiche synaptische Verbindungen mit den Neuriten des Gleichgewichtsnervs aus.

Merke **Die Macula utriculi, Macula sacculi und die Crista ampullaris enthalten Sinnes- und Stützzellen und bilden in ihrer Gesamtheit das Sinnesepithel des Gleichgewichtsorgans, das den Raum- und Beschleunigungssinn vermittelt.**

Häutiger Schneckengang

Der häutige Schneckengang liegt in der seitlichen Hälfte des Schneckenrohres. Im Querschnitt sieht er dreiseitig aus, und man unterscheidet demnach folgende Wände:

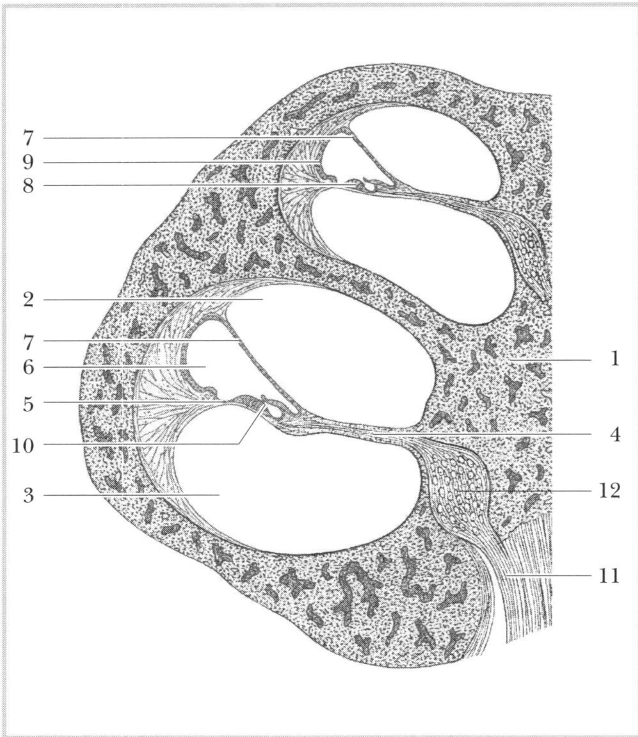

Abb. 124
Längsschnitt durch die Schnecke

1 Schneckenlängsachse (Modiolus)
2 Vorhoftreppe (Scala vestibuli)
3 Paukentreppe (Scala tympani)
4 Knochenplättchen (Lamina spiralis ossea)
5 Membran (Membrana spiralis)
6 häutiger Schneckengang (Ductus cochlearis)
7 Reissner-Membran (vestibuläre Wand)
8 tympanale Wand
9 seitliche Wand
10 Corti-Organ
11 Hörnerv
12 Ganglion spirale

- die vestibuläre Wand,
- die laterale Wand,
- die tympanale Wand.

Vestibuläre Wand
Die vestibuläre Wand (Reissner-Membran) trennt den häutigen Schneckengang von der Vorhofstreppe. Die Reissner-Membran besteht aus einer inneren Epithelschicht und einer äußeren Bindegewebsschicht.

Laterale Wand
Sie wird vom bindegewebigen Spiralband (Lig. spirale) gebildet, dem ein Gefäßstreifen (Stria vascularis) aufsitzt. Zahlreiche Kapillaren durchdringen die folgende Epithelschicht und sind verantwortlich für die Bildung der Endolymphe.

Tympanale Wand
Diese Wand wird von einer dünnen Haut (Membrana spiralis) gebildet. Sie entspringt an dem wendeltreppenförmig verlaufenden Knochenplättchen (Lamina spiralis ossea) der Schnekkenspindel und zieht zur seitlichen Wand.
Die tympanale Wand trennt den häutigen Schneckengang von der Paukentreppe. Die Membrana spiralis besteht aus einer Basilarmembran, die einer Bindegewebsschicht (tympanale Belegschicht) aufsitzt. Auf der Basilarmembran ruht das Corti-Organ.

Sinnesepithel des Hörorgans

Das der Basilarmembran aufsitzende Sinnesepithel wird als Corti-Organ bezeichnet und besteht aus

- Sinneszellen und
- Stützzellen.

Sinneszellen
Die Sinneszellen, auch Hör- oder Haarzellen genannt, werden in innere und äußere Sinneszellen unterteilt. Die inneren Haarzellen sind einreihig und die Anordnung der äußeren Haarzellen erfolgt dagegen in drei bis vier Reihen. Über die Haarzellen erstreckt sich eine gallertig-filamentöse Membran (Membrana tectoria), in die die Sinneshärchen eindringen. Die inneren und äußeren Haarzellen verbinden sich über zahlreiche Synapsen mit den Neuriten des Hörnervs.

Stützzellen
Die Stützzellen sind länger als die Sinneszellen und bilden einen kompliziert aufgebauten Stützapparat. Zu diesem gehören die Phalangenzellen (Deiters-Zellen), die Pfeilerzellen (Corti-Zellen), die inneren Grenzzellen (Held-Zellen) und die äußeren Grenzzellen (Hensen-Zellen).

Die Phalangenzellen tragen die inneren und äußeren Haarzellen. Die Pfeilerzellen befinden sich zwischen den Haarzellen und stützen diese. Die Grenzzellen begrenzen das Corti-Organ zu beiden Seiten.

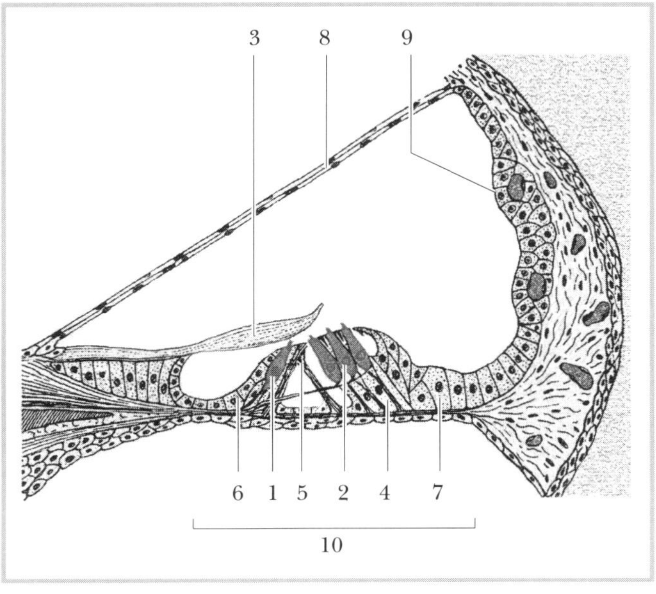

Abb. 125
Häutiger Schneckengang mit Corti-Organ

1 innere Haarzellen
2 äußere Haarzellen
3 gallertig-filamentös Membran (Membrana tectoria)
4 Phalangenzellen (Deiters-Zellen)
5 Pfeilerzellen (Corti-Zellen)
6 innere Grenzzellen (Held-Zellen)
7 äußere Grenzzellen (Hensen-Zellen)
8 Reissner-Membran
9 seitliche Wand
10 tympanale Wand

Merke **Das Corti-Organ besteht aus inneren und äußeren Haarzellen sowie verschiedenen Stützzellen. Die Haarzellen vermitteln den Hörsinn.**

10.4. Geruchsorgan

Allgemeines

Das Geruchsorgan entspricht der Ausdehnung der Riechschleimhaut. Diese befindet sich im Bereich der oberen Nasenmuschel und an der oberen Fläche der Nasenscheidewand. Sie nimmt eine Fläche von nur 5 cm^2 ein. Die Riechschleimhaut hat eine gelblich-bräunliche Farbe und unterscheidet sich somit von der rötlichen Nasenschleimhaut.

Riechepithel

Das Riechepithel besteht aus einem mehrreihigen prismatischen Epithel, das Sinneszellen, Stützzellen und Basalzellen enthält. Dazwischen befinden sich Becherzellen und Ausführungsgänge von tubulo-alveolären Drüsen, welche eine Schleimschicht bilden, die das Sinnesepithel bedeckt. Die Sinneszellen sind schlanke bipolare Nervenzellen. Sie tragen an ihrer freien Seite Riechhärchen (Zilien) und an ihrer Basis entspringt der Neurit. Die Riechhärchen ragen in den das Epithel bedeckenden Schleimfilm hinein und stellen Chemorezeptoren dar, die den Geruchssinn vermitteln. Die basalen Neuriten der Sinneszellen bilden kleine Bündel, die durch die Poren der Siebbeinplatte (Lamina cribrosa) zum Riechkolben (Bulbus olfactorius) verlaufen. Der Riechkolben befindet sich in der vorderen Schädelgrube. Die Bündel bezeichnet man als Riechnerven (Nn. olfactorii).
Die Stützzellen umgeben die einzelnen Sinneszellen schützend und von den basalen Zellen geht die Neubildung von Riech- und Stützzellen aus.

Merke **Die Sinneszellen sind bipolare Nervenzellen, deren Riechhärchen chemisch erregt werden. Die Erregung gelangt über den Neuriten zum Riechkolben.**

10.5. Geschmacksorgan

Allgemeines

Das Geschmacksorgan bildet kein räumlich zusammenhängendes Organ. Es kommt in Form von Geschmacksknospen, die spezielle Zellkomplexe darstellen, vor. Die Geschmacksknospen verteilen sich auf die Papillen der Zungenschleimhaut. Sie sind aber auch im Epithel des Gaumens, des Kehldeckels und im Epithel der oberen Speiseröhre vorhanden. Insgesamt wird die Zahl der Geschmacksknospen auf etwa 2000 geschätzt.

Geschmacksknospen

Die Geschmacksknospen liegen eingebettet im mehrschichtigen Plattenepithel und stehen mit der freien Oberfläche über eine grübchenartige Öffnung (Geschmacksporus) in Verbindung.
Die Geschmacksknospen bestehen aus Sinneszellen, Stützzellen und Basalzellen. Die langgestreckten Sinneszellen senden kurze Fortsätze (Geschmacksstifte), die Chemorezeptoren darstellen, in den Geschmacksporus. Sie vermitteln den Geschmackssinn. Man unterscheidet die Geschmacksqualitäten süß, salzig, bitter und sauer. Die Stützzellen stützen die Sinneszellen und von den Basalzellen geht die Regeneration aus. In der Umgebung der Geschmacksknospen enthält das lockere Schleimhautbindegewebe seröse Spüldrüsen. Diese befreien mit ihren Sekreten die Epitheloberfläche von alten Geschmacksstoffen.
Die Sinneszellen werden von Geschmacksfasern umsponnen, die zum N. glossopharyngeus und zum N. vagus gehören. Sie bilden synaptische Kontakte zu den Sinneszellen aus.

Merke **Die Sinneszellen der Geschmacksknospen besitzen Geschmacksstifte, die in den Geschmacksporus ragen. Sie vermitteln als Chemorezeptoren den Geschmackssinn.**

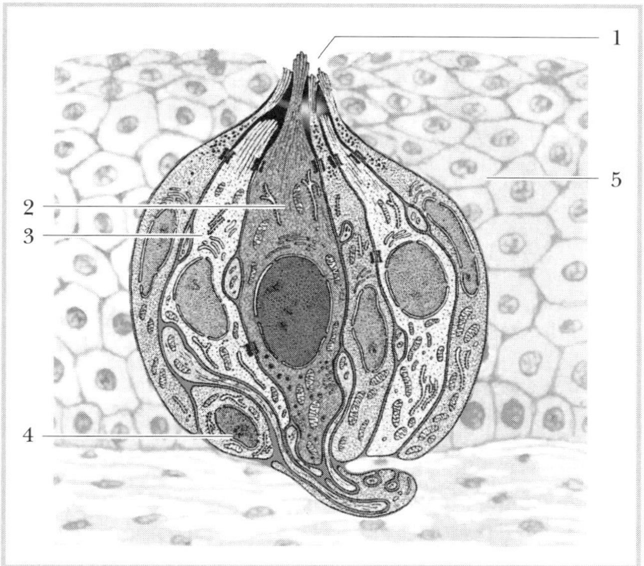

Abb. 126 Geschmacksknospe

1 Geschmacksporus
2 Sinnesepithel mit Fortsätzen
3 Stützzelle
4 Basalzelle
5 mehrschichtiges Plattenepithel

10.6. Tastorgane

Allgemeines

Die Tastorgane sind Sinnesorgane, über welche verschiedene Empfindungen vermittelt werden. Zu diesen gehören Druck-, Berührungs-, Vibrations-, Temperatur- und Schmerzempfindungen.
Tastorgane kommen vor allem in der Haut und Schleimhaut als Rezeptoren vor.
Beispiele für derartige Rezeptoren sind Merkel-Zellen, Ruffini-Körperchen, Meissner-Körperchen, Haarfollikelrezeptoren, Vater-Pacini-Körperchen, Kalt- und Warmrezeptoren sowie Schmerzrezeptoren.

Oberflächensensibilitä

Druck-, Berührungs-, Vibrations-, Temperatur- und Schmerzempfindungen werden insgesamt als Oberflächensensibilität zusammengefaßt

Tiefensensibilität

Empfindungen, die aus den Muskeln, Sehnen und Gelenken stammen, unterrichten uns über die Stellung und Lage der Körperteile. Diese Empfindungen werden als Tiefensensibilität bezeichnet. Rezeptoren der Tiefensensibilität sind z.B. die Muskel- und Sehnenspindeln.

Zusammenfassung

Sehorgan	Das Sehorgan besteht aus dem Augapfel, den Schutz- und Hilfsorganen sowie dem Inhalt der Augenhöhle.
Wandschichten des Augapfels	Zu den Wandschichten gehören die äußere Augenhaut (Lederhaut, Hornhaut), die mittlere Augenhaut (Aderhaut, Ziliarkörper, Regenbogenhaut) und die innere Augenhaut (Pigmentepithel, Netzhaut).
Kern oder Inhalt des Augapfels	Dazu zählen das Kammerwasser, die Linse und der Glaskörper.
Schutz- und Hilfsorgane	Sie bestehen aus dem Augenlid, der Bindehaut, dem Tränenapparat und den Augenmuskeln.
Inhalt der Augenhöhle	Den Inhalt der Augenhöhle bilden der Augapfel, der Sehnerv, die Tränendrüse, die Augenmuskeln, die Gefäße und Nerven sowie das Fettgewebe.
Hör- und Gleichgewichtsorgan	Es dient der Wahrnehmung von Tönen und Geräuschen sowie dem Gleichgewichts- und Raumsinn.
Äußeres Ohr	Bestandteile des äußeren Ohres sind die Ohrmuschel, der äußere Gehörgang und das Trommelfell.
Mittelohr	Zum Mittelohr gehören die Paukenhöhle, die Gehörknöchelchen und die Ohrtrompete.
Inneres Ohr	Es befindet sich in der Pyramide des Schläfenbeins und besteht aus einem knöchernen und häutigen Labyrinth.
Knöchernes Labyrinth	Das knöcherne Labyrinth setzt sich zusammen aus dem inneren Gehörgang, dem Vorhof, den knöchernen Bogengängen und der knöchernen Schnecke.
Häutiges Labyrinth	Das häutige Labyrinth befindet sich innerhalb des knöchernen Labyrinthes und besteht aus dem Schläuchlein, dem Säckchen, dem Endolymphgang, den häutigen Bogengängen und der häutigen Schnecke.
Gleichgewichtsorgan im häutigen Labyrinth	Es wird vom Schläuchlein, Säckchen, Endolymphgang und von den häutigen Bogengängen gebildet. Sinnesepithelfelder kommen innerhalb des Schläuchleins und Säckchens vor und in den Ampullen der häutigen Bogengänge sitzt das Sinnesepithel einer Leiste auf.
Hörorgan im häutigen Labyrinth	Das Corti-Organ sitzt der Basilarmembran des häutigen Schneckenganges auf. Es besteht aus inneren und äußeren Haarzellen und aus verschiedenen Stützzellen.
Geruchsorgan	Es entspricht der Ausdehnung der Riechschleimhaut und besteht aus Sinneszellen, Stützzellen und Basalzellen. Die Sinneszellen sind bipolare Nervenzellen und vermitteln den Geruchssinn.
Geschmacksorgan	Das Organ ist kein räumlich zusammenhängendes Organ, sondern es wird von zahlreichen Geschmacksknospen gebildet, die im Epithel der Zungenschleimhaut, des Gaumens, des Kehldeckels und der oberen Speiseröhre vorkommen. Die Geschmacksknospen bestehen aus Sinneszellen, Stützzellen und Basalzellen. Den Geschmackssinn vermitteln die Sinneszellen.

Tastorgane	Das sind Rezeptoren, die vor allem in der Haut und Schleimhaut vorkommen.
Oberflächensensibilität	Druck-, Berührungs-, Vibrations-, Temperatur- und Schmerzempfindungen werden insgesamt als Oberflächensensibilität bezeichnet.
Tiefensensibilität	Das sind Empfindungen, die aus den Muskeln, Sehnen und Gelenken stammen. Sie vermitteln die Stellung und Lage der Körperteile.

10.7. Physiologie der Sinnesorgane

10.7.1. Gesichtssinn

Allgemeines

Der Gesichtssinn vermittelt für die Wahrnehmung und das Gedächtnis Helligkeit, Farbe und Form der Sehgegenstände. Er ist an der Auslösung von Halte- und Stellreflexen beteiligt. Informationen des Gesichtssinnes gehen in die integrative Verarbeitung des Zentralnervensystems ein. Durch komplexe neuronale Leistungen entstehen Bewußtsein, Sprache, Lernen und Gedächtnis.
Der Gesichtssinn ist für die Beobachtung und Kontrolle der Umwelt sowie deren Einwirkungen auf den Organismus bedeutsam.

10.7.1.1. Lichtantransport im Auge

Allgemeines

Der adäquate Reiz für das Auge sind die Lichtstrahlen. Die sichtbaren Strahlen nehmen im Spektrum der elektromagnetischen Wellen nur einen kleinen Abschnitt ein. Ihre Wellenlängen liegen zwischen 400 und 750 nm. Die langwelligen Anteile erscheinen rot und mit Abnehmen der Wellenlängen entstehen Farbeindrücke von orange, gelb, grün, blau und violett. Das menschliche Auge ist für die langwelligen infraroten Strahlen und für die kurzwelligen ultravioletten Strahlen unempfindlich.

Optischer Apparat

Der optische Apparat des Auges setzt sich aus der Hornhaut, der vorderen Augenkammer, der Linse und dem Glaskörper zusammen. Der Strahlengang des Lichtes passiert somit mehrere Grenzflächen und unterschiedlich dichte Medien im Auge, ehe die Lichtstrahlen die Rezeptoren der Netzhaut erreichen. Die Lichtstrahlen, die von einem in der Ferne sich befindlichen Gegenstand in unser Auge gelangen, werden durch die Brechkraft des optischen Apparates so gebrochen, daß sie in der Netzhaut auftreffen und ein umgekehrtes verkleinertes Bild von diesem Gegenstand erzeugen.

Merke **Unter der Brechkraft des optischen Apparates versteht man den Kehrwert der in Metern gemessenen Brennweite. Die Einheit der Brechkraft ist die Dioptrie (dpt).**

Merke **Die Brennweite ist der Abstand von der Linse und dem Brennpunkt, der sich in der Netzhaut befindet und beträgt 17 mm.**

Die Gesamtbrechkraft des Auges beträgt somit 58,9 dpt, wobei die Hornhaut mit 43 dpt den größten Teil der Brechkraft beisteuert.

Akkommodation

Damit unterschiedlich weit entfernte Gegenstände scharf auf der Netzhaut abgebildet werden können ist das Auge befähigt, seine Brechkraft zu verändern. Diese Anpassung der Brechkraft des optischen Apparates an die Distanz des jeweils fixierten Sehgegenstandes wird als Akkommodation bezeichnet und erfolgt durch eine Änderung der Linsenkrümmung.
Man unterscheidet zwei Formen der Akkommodation:

- die Nahakkommodation und
- die Fernakkommodation.

Nahakkommodation
Eine Kontraktion des Ziliarmuskels führt zur Reduzierung der über die Zonulafasern auf die Linse wirkenden elastischen Kräfte. Dadurch nimmt die Spannung der Linsenkapsel ab, die Linse krümmt sich und die Brechkraft nimmt zu.

Fernakkommodation
Erschlafft der Ziliarmuskel, dann sind die Zonulafasern straff gespannt, und die Linse wird auseinandergezogen. Dabei flacht sich ihre Vorderfläche ab und die Linse erreicht ihre geringste Brechkraft.

Die Grenzen der Akkommodation werden durch den nächsten und fernsten Punkt bestimmt. Der Nahpunkt entspricht der geringsten Entfernung, bei der das Auge im Zustand maximaler Akkommodation die Gegenstände noch deutlich sehen kann. Der Fernpunkt entspricht der größten Entfernung, bei der noch deutliche Abbilder auf der Netzhaut erscheinen, wenn der Ziliarmuskel erschlafft ist. Der Abstand zwischen Nah- und Fernpunkt heißt Akkommodationsstrecke und der Brechkraftunterschied zwischen maximaler Nah- und Fernakkommodation wird als Akkommodationsbreite bezeichnet. Die Akkommodationsbreite ist altersabhängig. Sie verringert sich mit zunehmendem Alter. Der Nahpunkt rückt mit dem Alter immer weiter vom Auge weg und deshalb benötigen ältere Menschen häufig eine Lesebrille.

Pupillenreaktion

Die Akkommodation wird von Pupillenreaktionen begleitet.
Bei der Nahakkommodation krümmt sich die Linse, und die Pupille verengt sich. Die Pupillenverengung (Miosis) wird durch den parasympathisch innervierten Pupillenverengerer (M. sphincter pupillae) hervorgerufen. Die Verengung der Pupillen dient der Ausblendung von Randstrahlen, welche den verstärkten Lichtfall begrenzt und der Verbesserung der Tiefenschärfe. Bei der Fernakkommodation weitet sich die Pupille. Die Pupillenerweiterung (Mydriasis) wird durch den sympathisch innervierten Pupillenerweiterer (M. dilatator pupillae) hervorgerufen.

Die wichtigste physiologische Funktion der Pupille besteht in der Regulation der in das Auge einfallenden Lichtstrahlen. Bei hellem Sonnenschein wird durch die Miosis der Lichteinfall auf die Netzhaut reduziert und bei Verdunkelung wird durch die Mydriasis der relative Lichteinfall auf die Netzhaut erhöht. Die Pupillenreaktionen erfolgt nicht nur in dem Auge, wo das Licht einwirkt, sondern auch im anderen Auge. Diese Reaktion nennt man konsensuell. Psychiche Faktoren können die Pupillenweite beinflussen, da die beiden Muskeln der Regenbogenhaut von vegetativen Nerven versorgt werden.

Konvergenzreaktion

Die Akkommodation wird auch von Bewegungen der Augäpfel begleitet.
Beim Fixieren naher Gegenstände bewegen sich beide Augäpfel gleichzeitig nach innen, d.h. in Richtung Nase. Somit können Sehgegenstände auf einander entsprechenden Netzhautorten abgebildet werden. Diese gemeinsame Neigung der Augenachsen wird als Konvergenz

bezeichnet. Beim Blick in die Ferne verlaufen die Sehachsen beider Augen parallel und die Abbildung erfolgt in beiden Augen auf gleichen Netzhautorten.

Merke **Die Nahakkommodation wird durch die Verstärkung der Linsenkrümmung, die Verengung der Pupillen und die Konvergenz der Augäpfel begleitet.**

Merke **Die reflektorische Einstellung der Pupillenweite reguliert den Lichteinfall auf die Netzhaut.**

10.7.1.2. Lichttransformation in der Netzhaut

Allgemeines

Die Netzhaut besteht in ihrem lichtempfindlichen Teil aus hintereinander geschalteten Zellen, denen definierte physiologische Funktionen zugeordnet werden. Zu diesen Zellen gehören:

- die Zapfen und Stäbchen,
- die bipolaren Nervenzellen,
- die multipolaren Nervenzellen.

Funktion der Zapfen und Stäbchen

Die Zapfen und Stäbchen bilden die Schicht der Sinneszellen und werden auch als Photorezeptoren bezeichnet. Das menschliche Auge besteht aus etwa 6 Millionen Zapfen und 120 Millionen Stäbchen. Beide Zellarten sind ähnlich aufgebaut. Sie bestehen aus einem Außenglied, dem Zellkörper und einem Neuriten. Das Außenglied enthält die Sehpigmente und der Neurit ist synaptisch mit einer bipolaren Nervenzelle verbunden. Die physiologischen Aufgaben der Sinneszellen bestehen in

- der Lichttransformation,
- dem Farbensehen und
- der Hell-Dunkel-Adaptation.

Lichttransformation

Die Aufnahme des Lichtes erfolgt durch die Absorption von Lichtquanten. Dies geschieht in den Sehpigmenten. Dabei wird das Sehpigment der Stäbchen (Rhodopsin) zu Retinal und Opsin (Eiweißanteil) abgebaut. Die blau-, gelb- und rotempfindlichen Zapfen enthalten entsprechend drei unterschiedliche Sehpigmente (Jodopsine), die sich vom Rhodopsin in ihrem Eiweißanteil unterscheiden. Auch diese Pigmente zerfallen durch die Absorption von Lichtquanten in ihre Bestandteile. In der Folge kommt es zu einer Änderung der Ionenpermeabilität der Stäbchen- und Zapfenmembranen. Es entsteht ein Natriumauswärtsstrom, der die Zellmembran hyperpolarisiert. Diese Hyperpolarisation führt an der Synapse des Neuriten der betreffenden Sinneszelle zur Freisetzung einer Transmittersubstanz. Sie ruft an der postsynaptischen Membran eines Dendriten einer bipolaren Nervenzelle ein Potential hervor.

Merke **Das absorbierte Licht bedingt in den Zapfen und Stäbchen den Zerfall der Sehpigmente. Dadurch entsteht eine Hyperpolarisation der Zellmembran, die sich den bipolaren Nervenzellen über die Freisetzung einer chemischen Überträgersubstanz mitteilt. Das einfallende Licht wurde somit von den Sinneszellen in eine elektrische Erregung transformiert.**

Farbensehen

Die Netzhaut enthält Zapfentypen mit Lichtabsorptionsmaxima im kurzwelligen (430 nm), im mittelwelligen (540 nm) und im langwelligen (575 nm) Bereich. Danach unterscheidet man Blau-Zapfen, Grün-Zapfen und Rot-Zapfen. Die Absorptionsbereiche der Sehpigmente überschneiden sich jedoch weitgehend. Die Dreifarbentheorie von Yang, Helmholtz und Maxwell geht von diesen drei Zapfentypen aus. Nach dieser Theorie wird durch Mischung der Signale dieser drei Zapfentypen jeder Farbeindruck erzeugt. Die Farbwahrnehmung wird erst durch die neuronale Verarbeitung der elektrischen Erregungen, die von den Zapfentypen ausgehen, in den farbspezifischen Nervenzellen der primären Sehrinde ermöglicht.

Hell-Dunkel-Adaptation
Die Anpassung des Auges an verschiedene Leuchtdichteverhältnisse wird durch die Zapfen und Stäbchen vermittelt. Man unterscheidet

- eine Helladaptation und
- eine Dunkeladaptation.

Helladaptation
Die Helligkeitsanpassung des Auges beruht auf einer Pupillenverengung und dem Übergang vom Stäbchen- zum Zapfensehen. Dabei wird das Rhodopsin der Stäbchen abgebaut. Gelangt man vom Dunklen in das Helle, dann adaptieren die Sinnesrezeptoren nach kurzer Blendung innerhalb von 20 bis 60 Sekunden. Das Tageslichtsehen (photopisches Sehen) wird durch die Zapfen vermittelt, die ihre größte Dichte im gelben Fleck haben. In diesem ist die Sehschärfe (Visus) am größten und die Kontrastempfindung am stärksten ausgeprägt.

Dunkeladaptation
Die Dunkelanpassung des Auges geschieht in zwei Phasen. In der ersten Phase findet nach 6 bis 8 Minuten der Übergang vom Zapfen- zum Stäbchensehen statt und in der zweiten Phase erfolgt die Daueradaptation an die Dunkelheit unter Regeneration des Rhodopsins. Nach etwa 25 Minuten hat sich das Auge optimal an die Dunkelheit angepaßt. Das Nachtsehen (skotopisches Sehen) wird nur über die Stäbchen vermittelt. Das an die Dunkelheit adaptierte Auge reagiert nicht auf Farben, da die Zapfen bei der Dunkeladaptation ausfallen und kann nicht scharf sehen.
Der Übergang vom Tages- zum Nachtsehen wird als Dämmerungssehen (mesoptisches Sehen) bezeichnet.

Merke **Die Sehpigmente der Zapfen und Stäbchen zerfallen unter dem Lichteinfluß in ihre Bestandteile und im Dunkeln erfolgt deren Resynthese.**

Merke **Für das Tages- und Farbensehen sind die Zapfen und für das Dämmerungs- und Nachtsehen die Stäbchen zuständig.**

Funktion der bipolaren Nervenzellen

Die bipolaren Nervenzellen übertragen die elektrischen Erregungen (Reizfolgepotentiale) der Sinneszellen auf die multipolaren Nervenzellen. Große bipolare Nervenzellen sind in der Lage, bis zu 130 Stäbchen mit einer multipolaren Nervenzelle zu verschalten. Dadurch entstehen große rezeptive Felder auf der Netzhaut. Diese bedingen eine schlechte räumliche Auflösung und die niedrige Reizschwelle der Stäbchen. Kleine bipolare Nervenzellen verbinden die Zapfen mit den multipolaren Nervenzellen. Dabei können mehrere bipolare Nervenzellen synaptische Kontakte mit einem Zapfen eingehen. Somit entstehen kleine rezeptive Netzhautfelder, die ein hohes räumliches Auflösungsvermögen hervorrufen.

Funktion der multipolaren Nervenzellen

Diese Nervenzellen erhalten elektrische Erregungen (Reizfolgepotentiale) von den bipolaren Nervenzellen. Durch Aufsummierung der Reizfolgepotentiale entstehen Aktionspotentialmuster, die über die Neuriten der multipolaren Nervenzellen weitergeleitet werden.

Innerhalb der Netzhaut gibt es noch Nervenzellen, die einerseits Sinnes- mit bipolaren Nervenzellen und andererseits bipolare Nervenzellen mit multipolaren Nervenzellen verbinden. Sie beeinflussen die rezeptiven Netzhautfelder.

10.7.1.3. Sehbahn

Verlauf der Sehbahn

Zur Sehbahn gehören alle an der visuellen Wahrnehmung und deren Verarbeitung beteiligten neuronalen Strukturen. Die Sehbahn beginnt somit mit den Zapfen und Stäbchen der Netzhaut und endet im Sehzentrum, das sich im Hinterhauptlappen befindet.
Zu den Abschnitten der Sehbahn gehören:

- die Zapfen und Stäbchen (Photorezeptoren),
- die Ganglienzellen,
- der Sehnerv (N. opticus),
- die Sehnervenkreuzung (Chiasma opticum),
- der Sehstrang (Tractus opticus),
- der seitliche Kniehöcker (Corpus geniculatum laterale),
- die Sehstrahlung (Radiatio optica) und
- das Sehzentrum (Area striata).

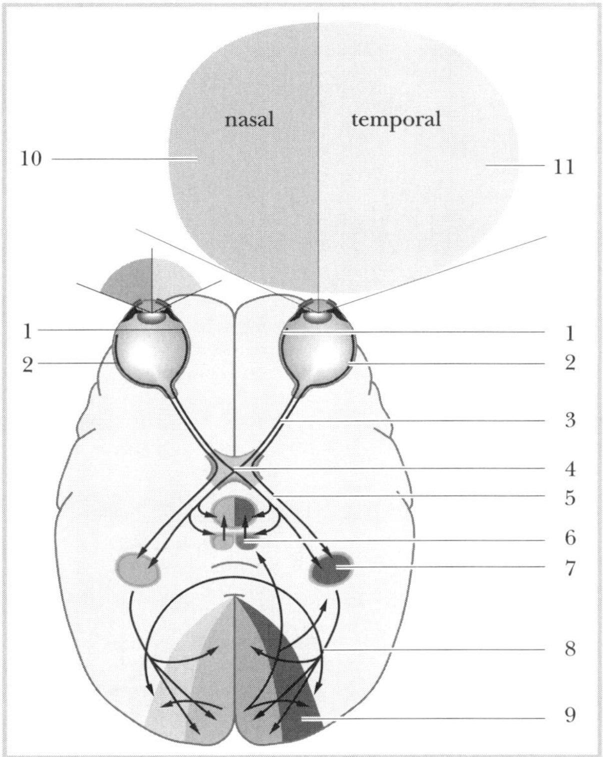

Abb. 127 Sehbahn

1 nasale Sehnervenfasern
2 temporale Sehnervenfasern
3 Sehnerv (N. opticus)
4 Sehnervenkreuzung (Chiasma opticum)
5 Sehstrang (Tractus opticus)
6 Mittelhirnkerne
7 seitliche Kniehöcker des Zwischenhirns
8 Gratiolet-Sehstrahlung (Radiatio optica)
9 Sehzentrum (visueller Kortex)
10 nasale Gesichtsfeldhälfte
11 temporale Gesichtsfeldhälfte

Zapfen und Stäbchen
Diese Sinneszellen stellen das 1. Neuron der Sehbahn dar und wandeln die Lichtreize in elektrische Erregungen um.

Ganglienzellen
Dazu gehören die bipolarenen Nervenzellen, die das 2. Neuron und die multipolaren Nervenzellen, die das 3. Neuron der Sehbahn bilden. Die Neuriten der multipolaren Nervenzellen verlaufen im Sehnerv und leiten die Aktionspotentiale.

Sehnerv
Der Sehnerv tritt medial vom hinteren Augenpol aus, verläuft durch die Augenhöhle und den Sehnervenkanal (Canalis opticus) zur Schädelhöhle.Vor dem Türkensattel des Keilbeins erreichen der rechte und linke Sehnerv die Sehnervenkreuzung.

Sehnervenkreuzung
Im Bereich der Sehnervenkreuzung tauschen der linke und rechte Sehnerv ihre von der nasalen Netzhauthälfte kommenden Nervenfasern aus, die zur Gegenseite wechseln. Die auf der äußeren Seite verlaufenden Fasern stammen von der temporalen Netzhauthälfte und kreuzen nicht. Aus der Sehnervenkreuzung geht der Sehstrang hervor.

Sehstrang
Der Sehstrang teilt sich in eine mediale und laterale Wurzel. In der lateralen Wurzel verläuft der größte Teil der Neuriten zum seitlichen Kniehöcker, der sich im Zwischenhirn befindet. Die Fasern der medialen Wurzel bilden Reflexbahnen, die zum Mittelhirn ziehen. Im Mittelhirn liegen die Zentren für die Steuerung der Blickmotorik und des Pupillenreflexes.

Seitlicher Kniehöcker
Die beiden seitlichen Kniehöcker des Zwischenhirns sind das einzige primäre Sehzentrum, das eine direkte Verbindung zur primären Sehrinde besitzt. In den seitlichen Kniehökkern beginnt das 4. Neuron der Sehbahn.

Sehstrahlung
Diese Strahlung (Gratiolet-Sehstrahlung) wird von den Neuriten des 4. Neurons gebildet und zieht als breit auslaufende Faserplatte zur primären Sehrinde, die sich im Hinterhauptlappen befindet. In der Sehstrahlung erfolgt eine Drehung der Projektionsfelder der Gesichtshälften.

Sehzentrum
Das Sehzentrum liegt in einem Streifenfeld (Area striata) der Hirnrinde des Hinterhauptlappens. Die Streifung wird durch eine helle Tangentialfaserschicht von markhaltigen Nervenfasern, die durch die graue Substanz der Sehrinde verläuft, hervorgerufen. Diesen schmalen weißen Streifen bezeichnet man als Vicq-d`Azyr-Streifen. Das Sehzentrum wird durch eine tiefe Furche (Sulcus calcarinus) in zwei Hälften geteilt. Im rechten Sehzentrum enden die Fasern der temporalen Netzhauthälfte des rechten Auges und die Fasern der nasalen Netzhauthälfte des linken Auges. Umgekehrt analog verhält es sich im linken Sehzentrum.
Neben diesen primären Sehrindenfeldern, die für die Wahrnehmung der optischen Eindrücke verantwortlich sind, gibt es noch sekundäre Sehrindenfelder. In diesen werden die visuellen Erfahrungen gespeichert. Zerstörungen der primären Sehrinde führen zur Rindenblindheit. Der Ausfall der sekundären Sehrindenfelder ruft eine Seelenblindheit hervor. Optische Eindrücke können dann zwar wahrgenommen werden, jedoch nicht mehr mit gespeicherten visuellen Erfahrungen verglichen werden.

Merke

Das 1. Neuron der Sehbahn (Zapfen, Stäbchen) wandelt den Lichtreiz in elektrische Erregungen um, die über das 2. Neuron (bipolare Nervenzellen) zum 3. Neuron (multipolare Nervenzellen) weitergeleitet werden. Die hier entstehenden Aktionspotentiale erreichen das 4. Neuron (Ganglienzellen im seitlichen Kniehöcker) und über dessen Neuriten die primären und sekundären Sehrindenfelder des Hinterhauptlappens.

10.7.1.4. Fehlsichtigkeit

Allgemeines

Sie können angeboren sein oder werden im Leben erworben. Zu den häufig auftretenden Formen der Fehlsichtigkeit zählen:

- die Strichsichtigkeit (Astigmatismus),
- die Kurzsichtigkeit (Myopie)
- die Weitsichtigkeit (Hypermetropie),
- die Altersweitsichtigkeit (Presbyopie) und
- das Schielen (Strabismus).

Strichsichtigkeit

Durch eine ungleichmäßige Hornhautwölbung werden die einfallenden Lichtstrahlen auf der Netzhaut nicht zu einem scharfen Bild vereinigt. Die Ursache hierfür sind das Auftreten unterschiedlicher Brennweiten. Auf der Netzhaut werden Punkte nicht punkt- sondern strichförmig abgebildet. Korrigiert wird dieser Sehfehler durch zylindrisch geschliffene Brillengläser oder Kontaktlinsen. Auch ein Hornhautersatz durch eine Spenderhornhaut ist möglich.

Kurzsichtigkeit

Besitzen die Augäpfel einen zu großen Längsdurchmesser, dann vereinigen sich parallel einfallende Lichtstrahlen vor der Netzhaut. Dadurch können entfernte Gegenstände nur unscharf wahrgenommen werden. Nahbilder werden dagegen deutlich gesehen. Besteht eine zu starke Brechkraft der Linse, so entsteht ebenfalls eine Kurzsichtigkeit. Durch konkav geschliffene Linsen (Zerstreuungslinsen) wird der Sehfehler ausgeglichen.

Weitsichtigkeit

Bei zu kurzem Augapfel vereinigen sich parallel eintreffende Lichtstrahlen hinter der Netzhaut. Um Gegenstände in der Ferne scharf sehen zu können, müssen weitsichtige Personen fortwährend ihre Brechkraft der Linse erhöhen. Dieser Sehfehler wird durch konvex geschliffene Gläser (Sammellinsen) korrigiert.

Altersweitsichtigkeit

Das Nachlassen der Linsenelastizität und die damit verbundene Abnahme der Akkommodationsfähigkeit rufen die Altersweitsichtigkeit hervor. Dadurch werden Gegenstände in der Nähe nicht mehr scharf gesehen. Sammellinsen mit einer Brechkraft von 2 bis 8 dpt werden als Lesebrille verordnet.

Schielen

Beim Schielen weichen die Augenachsen von der Normalstellung ab. Ist die Abweichung von der Parallelstellung gering, so kann durch die zerebrale Verarbeitung nicht übereinstimmender Bilder dennoch eine einheitliche Bilddeckung erreicht werden. Starkes Schielen erzeugt Doppelbilder. Ursachen des Schielens können u.a. Lähmungen der Augenmuskeln (Lähmungsschielen) oder Koordinationsstörungen der Augenbewegungen (Begleitschielen) sein. Zu den häufigsten Formen des Schielens zählen das Einwärtsschielen (Strabismus convergens) und das Auswärtsschielen (Strabismus divergens). Die Therapie ist abhängig von den Ursachen und dem Ausprägungsgrad dieser Fehlsichtigkeit. Zum Teil kann durch Übungsbehandlung mit Kräftigung der Augenmuskulatur erfolgreich behandelt werden. In ausgeprägten Fällen sind operative Eingriffe mit Kürzung von Augenmuskeln notwendig.

10.7.2. Gehörsinn

Allgemeines

Der Gehörsinn vermittelt die akustische Orientierung in der Umwelt und liefert auch Informationen in die Endhirnrinde für die weiterführende integrative Verarbeitung. So zum Beispiel werden Informationen zum Sprachzentrum geleitet, die zur Bildung, Speicherung und Auslösung gedanklicher oder sprachlicher Leistungen benötigt werden. Der Gehörsinn wird auch zum Erlernen des Sprechens und zu seiner Kontrolle gebraucht. Kinder, die eine angeborene Taubheit besitzen, erlernen die Sprache nicht. Ihnen fehlt der akustische Stimulus.

Vom Gehörsinn werden auch Afferenzen in den Hirnstamm, in dem sich die Formatio reticularis befindet, geleitet. Somit leistet auch der Gehörsinn einen Beitrag an dem Aktivitätszustand der Endhirnrinde und an der Schlaf-Wach-Regulation. Dabei spielen Wachheit, Aufmerksamkeit und Zuwendung für Reize eine Rolle. Ein aufmerksames Zuhören kann dazu führen, daß optische Reize vermindert wahrgenommen werden. Auch die Auslösung von Flucht- und Abwehrreaktionen ist eine Leistung des Gehörsinnes.

10.7.2.1. Physikalische und physiologische Eigenschaften des Schallreizes

Allgemeines

Der adäquate Reiz für den Gehörsinn ist der Schall. Das sind mechanische Schwingungen, die sich in einem ausgedehnten Medium (z.B. Luft) räumlich ausbreiten. Der Schall benötigt immer ein Überträgermedium. Im Vakuum kann sich keine Schallwelle ausbreiten und demzufolge können wir auch nichts hören. Die Schallgeschwindigkeit für Luft beträgt 331 ms^{-1}. Das menschliche Ohr kann Schall in einem Frequenzbereich von 16 Hz bis etwa 20 kHz wahrnehmen. Dieser Frequenzbereich wird als Hörschall bezeichnet. Der Frequenzbereich oberhalb von 20 kHz heißt Ultraschall und löst im menschlichen Ohr keine Schallempfindung aus. Fledermäuse, Hunde, Delphine und Wale nehmen Ultraschall wahr. Unterhalb der menschlichen Hörfrequenzschwelle liegt der Infraschall, der z.B. von Alligatoren zur Kommunikation verwendet wird.

Physikalische Eigenschaften

Zu diesen Eigenschaften des Schallreizes gehören:

- der Schalldruck,
- der Schalldruckpegel,
- die Schallintensität,
- die Schallfrequenz.

Schalldruck

Schallwellen werden durch schwingende Körper (z.B. Stimmbänder, Saiten, Luftsäulen, Lautsprechermembranen, Stimmgabeln) erzeugt. Die Luftmoleküle, die die Schallquelle direkt umgeben, werden beschleunigt. Sie geben die erhaltene Schwingungsenergie an die nächsten Luftmoleküle der Umgebung weiter. Dieser Vorgang breitet sich wellenförmig aus. In der Luft entstehen somit Verdichtungen und Verdünnungen der Moleküle. In den Bereichen, in denen mehr Luftmoleküle vorhanden sind, ist der Druck erhöht und in jenen, wo weniger Moleküle schwingen, ist der Druck niedriger.

Merke: **Als Schalldruck bezeichnet man die in einer Schallwelle auftretenden periodischen Druckabweichungen. Er wird in Pascal (Pa) angegeben.**

Schalldruckpegel
Der Schalldruckpegel wird in Dezibel (dB) angegeben und dient dem Vergleich zweier Schalldrücke. Man legt einen Bezugsschalldruck (p_0) von 2×10^{-5} (Pa) fest und setzt ihn in das Verhältnis mit jedem gemessenen Schalldruck (pn). Der gebildete Quotient aus p_n/p_0 wird logarithmiert und mit 20 multipliziert.

Merke

Als Schalldruckpegel (L) bezeichnet man den 20fachen Logarithmus vom Verhältnis zweier Schalldrücke (p_n/p_0).

$$L = 20 \times \lg p_n/p_0 \text{ (dB)}$$

Die für die Akustik bedeutsame Dezibel-Skala errechnet sich wie folgt:

L =	$20 \times 2 \times 10^{-5} / 2 \times 10^{-5}$	=	$20 \times \lg 1$	20×0	=	0 Dezibel
L =	$20 \times 2 \times 10^{-4} / 2 \times 10^{-5}$	=	$20 \times \lg 10$	20×1	=	20 Dezibel
L =	$20 \times 2 \times 10^{-3} / 2 \times 10^{-5}$	=	$20 \times \lg 100$	20×2	=	40 Dezibel
L =	$20 \times 2 \times 10^{-2} / 2 \times 10^{-5}$	=	$20 \times \lg 1000$	20×3	=	60 Dezibel
L =	$20 \times 2 \times 10^{-1} / 2 \times 10^{-5}$	=	$20 \times \lg 10000$	20×4	=	80 Dezibel
L =	$20 \times 2 \times 10^{0} / 2 \times 10^{-5}$	=	$20 \times \lg 100000$	20×5	=	100 Dezibel
L =	$20 \times 2 \times 10^{1} / 2 \times 10^{-5}$	=	$20 \times \lg 1000000$	20×6	=	120 Dezibel
L =	$20 \times 2 \times 10^{2} / 2 \times 10^{-5}$	=	$20 \times \lg 10000000$	20×7	=	140 Dezibel

Schallintensität
Die Ausbreitung der Schallwellen ist mit der Übertragung von Schallenergie verbunden. Den Quotient von übertragener Schallenergie und benötigter Zeit nennt man Schalleistung. Die Schallintensität (I) ergibt sich als Quotient aus der Schalleistung (P) und der beschallten Fläche (A). Sie wird in $W \times cm^{-2}$ angegeben.

Merke

Als Schallintensität (I) bezeichnet man das Verhältnis der auf eine Fläche auftreffenden Schalleistung (P) zur Größe dieser Fläche (A).

$$I = P / A \ (W \times cm^{-2})$$

Schallfrequenz
Unter einer Frequenz versteht man die Anzahl der Schwingungen pro Sekunde. Die Frequenz wird in Hertz (Hz) angegeben. Der Hörschall stellt ein Gemisch mechanischer Wellen unterschiedlicher Frequenzen dar. Von einem Ton spricht man, wenn eine reine harmonische Schwingung mit nur einer Frequenz bzw. Tonhöhe vorliegt. Unter einem Klang versteht man ein Gemisch von reinen Tönen, deren Frequenzen in einem ganzzahligen Verhältnis zueinander stehen. Geräusche sind unharmonische Schwingungen mit vielen verschiedenen Frequenzen.

Physiologische Eigenschaften

Schalldruck, Schalldruckpegel, Schallintensität und Schallfrequenz sind nur auf die physikalischen Eigenschaften der Schallwellen bezogen und machen keine Aussage über die Lautstärke eines Schallereignisses.
Zu diesen Eigenschaften des Schallreizes gehören:

- die Hörschwelle,
- die Lautstärke,
- der Lautstärkepegel.

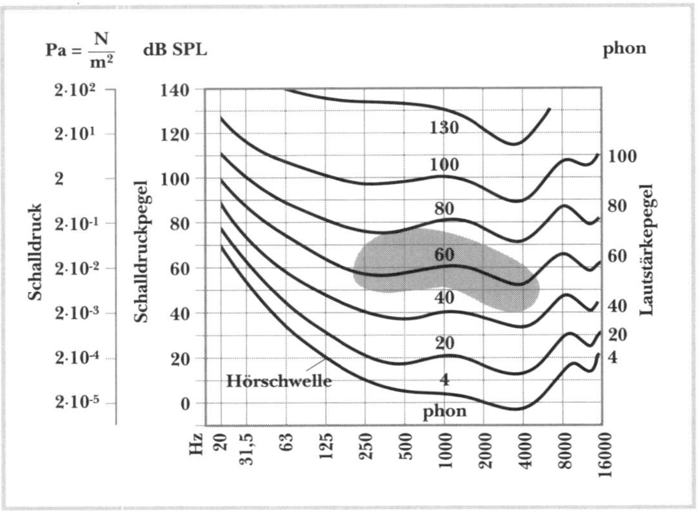

Abb. 128
Kurven gleicher Lautstärke (Isophone) (nach Schmidt/Thews, 1990)

Die Ordinaten bilden eine Gegenüberstellung von Schalldruck (Pa), Schalldruckpegel (dB) und Laustärkepegel (phon).
Bei einer Frequenz von 1000 Hz stimmen die Dezibelwerte mit den Phonwerten überein. Auf der Abszissenachse ist die Schallfrequenz aufgetragen. Etwa in der Mitte der Abbildung befindet sich der Hauptsprachbereich.

Hörschwelle
Der Schall muß einen bestimmten Schalldruckpegel überschreiten, damit er gehört werden kann. Diesen Schwellenwert bezeichnet man als Hörschwelle. Sie ist abhängig von der Schallfrequenz.
Am empfindlichsten ist das menschliche Ohr im Bereich von 2000 - 5000 Hz. Sowohl im Bereich hoher als auch tiefer Frequenzen sind höhere Schalldruckpegel nötig, um die Hörschwelle zu überschreiten.

Lautstärke und Lautstärkepegel
Die Lautstärke, mit der der Mensch eine Schallintensität subjektiv empfindet, ist eine physiologische Größe und hängt vom Gehörsinn ab. Sie wird in Phon (phon) angegeben. Bei Überschreiten der Hörschwelle wird, unabhängig von der Schallfrequenz, mit zunehmendem Schalldruck ein Ton immer lauter empfunden.

Merke **Die Lautstärke ist ein logarithmisches Schalldruckverhältnis, in dem die subjektive Gehörempfindung einfließt.**

Die Lautstärke wird durch einen subjektiven Vergleich mit einem Normschall (1000 Hz) gewonnen. Der Schalldruckpegel des Normtones ($p_0 = 2 \times 10^{-5}$ Pa, 1000 Hz) wird so eingestellt, daß Norm- und Testton gleich laut empfunden werden. Der gemessene Schalldruckpegel in dB wird in Phon angegeben. Ein Schall von z.B. 70 Phon Lautstärkepegel wird gerade so laut empfunden wie der Normton von 1000 Hz bei einem Schalldruckpegel von 70 dB.

Die Dezibel- und Phonskala unterscheiden sich. Sie stimmen nur bei einer Schallfrequenz von 1000 Hz überein. Die Differenz zwischen der Hörschwelle und der Schmerzgrenze beträgt 130 Phon. Töne, die unabhängig von ihrer Frequenz gleich laut empfunden werden, liegen auf Kurven, die gleiche Lautstärkepegel aufweisen. Diese Kurven heißen deshalb Isophone. Die Hörschwellenkurve ist ebenfalls eine Isophone.

Die Messung der Hörschwelle dient zur Beurteilung der Schwerhörigkeit und wird mit Hilfe eines Audiometers durchgeführt.

10.7.2.2. Schallantransport

Allgemeines

Der Hörschall wird vom äußeren Ohr und dem Mittelohr aufgenommen. Die Aufnahme des Schalles kann erfolgen über

- die Luftleitung und
- die Knochenleitung.

Luftleitung

Die auf das Ohr eintreffenden Schallwellen werden von der trichterförmigen Ohrmuschel aufgenommen und in den äußeren Gehörgang geleitet. Das am Ende des Gehörgangs gelegene Trommelfell wird dadurch in Schwingungen versetzt. Die Stärke dieser hängt von der Frequenz und Intensität der Schallwellen ab. Das Trommelfell überträgt die Schwingungsenergie direkt auf die Gehörknöchelchenkette. Sie beginnt mit dem Hammergriff, der fest mit dem Trommelfell verwachsen ist und endet mit der Steigbügelplatte am ovalen Fenster des Vorhofs.

Die Schwingungsenergie wird also vom Trommelfell über die Gehörknöchelchen an die Perilymphe der Vorhofstreppe des inneren Ohres übertragen. Normalerweise wird bei einem Schallübergang von Luft auf Flüssigkeit ein großer Teil der ankommenden Schallenergie reflektiert, denn beide Medien besitzen verschiedene Schallwellenwiderstände. Das Mittelohr hat die Aufgabe, diese unterschiedlichen Schallwellenwiderstände aneinander anzupassen. Es erreicht dies durch eine Verstärkung des aufgenommenen Schalldrucks in einem Verhältnis von 1 : 22. Die Fläche des Trommelfells ist wesentlich größer als die der Steigbügelplatte. Druck wird definiert aus dem Quotienten von Kraft und Fläche und somit wird der Druck am ovalen Fenster höher als am Trommelfell. Ein weiterer Druckanstieg wird durch die verschiedene Länge der Hebelarme in der Gehörknöchelchenkette erreicht. Es besteht eine Hebelübersetzung der Gehörknöchelchen von 1,3 zu 1. Die beiden Mittelohrmuskeln (M. tensor tympani, M. stapedius) kontrahieren sich bei Beschallung und üben einen gewissen Schutz vor Überschallung aus, da sie durch ihre reflektorische Kontraktion die Schallübertragung verschlechtern. Die Funktion der Ohrmuskeln besteht auch in einer Verbesserung der Sprachverständlichkeit bei hohem Geräuschpegel, da niedrige Störfrequenzen unterdrückt werden.

Die Luftleitung leitet Schallfrequenzen von 16 bis 2000 Hz ohne wesentliche Energieverluste, wobei Eigenschwingungen kaum auftreten.

Knochenleitung

Schallfrequenzen oberhalb von 2000 Hz werden dem Innenohr durch die Knochenleitung zugeführt. Dabei wird das Mittelohr umgangen. Schnelle Schalldruckschwankungen versetzen die Schädelknochen in Schwingungen, so daß Verdichtungs- und Verdünnungszonen entstehen. Diese erregen das Felsenbein und dadurch werden die Wände der Schneckengänge im Innenohr in Schwingungen versetzt, die über die Perilymphe der Basilarmembran mitgeteilt werden. Die Knochenleitung kann alle Frequenzen im Hörbereich leiten. Die Luftleitung ist aber für Frequenzen unterhalb von 2000 Hz empfindlicher.

10.7.2.3. Schallverteilung

Allgemeines

Die Schallverteilung erfolgt im inneren Ohr. Die Vorhofstreppe, die Paukentreppe und der häutige Schneckengang sind daran beteiligt. Der häutige Schneckengang liegt zwischen den Treppen und wird von diesen durch die Reissner-Membran und Basilarmembran abgetrennt.

Das häutige Labyrinth enthält Endolymphe und die beiden Treppen enthalten Perilymphe. Die Durchmesser aller Gänge nehmen von der Schneckenbasis zur Spitze hin zu.

Tonzuordnung auf der Basilarmembran

Die Steigbügelplatte ist am ovalen Fenster des Vorhofs befestigt und überträgt die Schallenergie auf die Perilymphe der Vorhofstreppe, die sich hinter dem ovalen Fenster befindet. Die Innenohrflüssigkeit ist nicht zusammendrückbar und deshalb erfolgt ein Druckausgleich am runden Fenster des Vorhofs, das sich entsprechend nach außen und innen bewegt.
Die Schwingungen der Steigbügelplatte lenken sowohl die Reissner-Membran als auch die Basilarmembran aus ihrer Ruhelage aus. Dieses Membransystem schwingt gegen die Vorhofstreppe und Paukentreppe auf und ab. Dadurch entstehen ständig Wellen, die zum Schneckenloch (Helicotrema) wandern. Die Steife der Basilarmembran nimmt von der Steigbügelplatte zum Schneckenloch hin ab. Deshalb wird die Ausbreitungsgeschwindigkeit der Welle zum Schneckenloch kleiner und die Wellenlängen nehmen ab. Die Amplitude der gegen das Schneckenloch laufenden Welle nimmt zunächst zu, wird dann gedämpt und verschwindet schließlich völlig. Die Dämpfung wird durch Reibungskräfte hervorgerufen.
Es bildet sich für jede Schallfrequenz (Ton) ein Amplitudenmaximum, das sich an einem anderen Ort der Basilarmembran befindet. Die Sinneszellen werden besonders an den Orten der Schwingungsmaxima erregt.

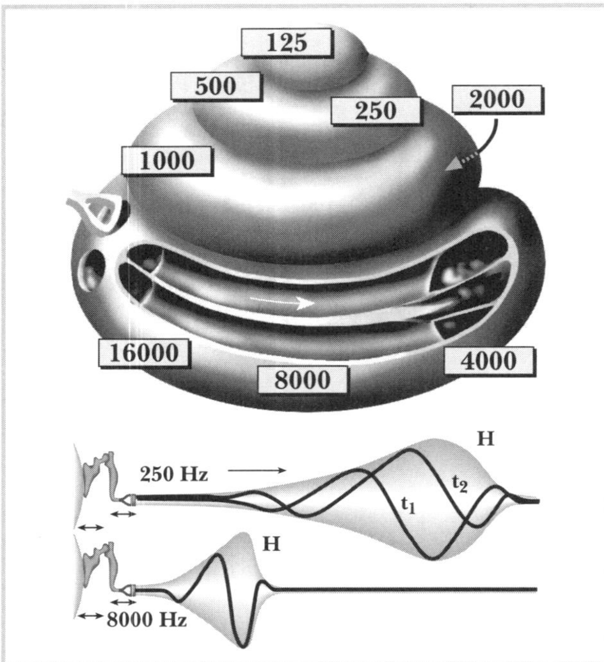

Abb. 129
Tonzuordnung auf der Basilarmembran
(nach Schubert, 1986)

Merke **Jeder Tonfrequenz wird ein fester Abbildungsort auf der Basilarmembran zugeordnet. Hohe Töne bilden sich nahe der Schneckenbasis und tiefe Töne nahe der Schneckenspitze ab.**

10.7.2.4. Schalltransformation

Allgemeines

Das Corti-Organ sitzt auf der Basilarmembran des häutigen Schneckengangs und ist für die Transformation der Schallwellen in eine elektrische Erregung verantwortlich. Die in diesem Organ vorkommenden inneren und äußeren Haarzellen stellen die spezifischen Sinneszellen dar, an denen sich die Transformation vollzieht.

Transformationsvorgang

In dem Bereich, wo die Reissner- und Basilarmembran ihr Schwingungsmaximum für eine bestimmte Schallfrequenz erreicht haben, entstehen auch Relativbewegungen zwischen der Basilar- und Deckmembran (Tektorialmembran). Diese rufen eine Abscherung der Zilien der Haarzellen hervor. Die Abscherung der Zilien bedingt die Öffnung von Kaliumkanälen an der Spitze der Haarzellen und Kaliumionen strömen aus der Endolymphe in die Haarzellen ein. Der Kaliumeinstrom führt zur Depolarisation der Haarzellen, die daraufhin an ihrem unteren Ende einen Transmitter freisetzen. Die Bindung des Transmitters an der Synapse der afferenten Nervenfaser des Hörnervs ruft ein postsynaptisches Potential hervor. Der Hörnerv besteht aus Nervenfasern, die mit den inneren und äußeren Haarzellen synaptisch verbunden sind. Jede innere Haarzelle besitzt ihre eigene Nervenleitung während mehrere äußere Haarzellen mit einer Ganglienzelle verschaltet sind. Innere Haarzellen haben eine höhere Reizschwelle und äußere dagegen eine niedrige Reizschwelle.

Merke **Die inneren Haarzellen vermitteln die Hörschärfe und die äußeren Haarzellen das Hören leiser Töne.**

Die Aktionspotentiale werden über die Nervenfasern des Hörnervs zum Hörzentrum weitergeleitet.

10.7.2.5. Hörbahn

Verlauf der Hörbahn

Die Aktiospotentiale werden von den Haarzellen über die afferenten Nervenfasern zum 1. Neuron geleitet. Das sind Ganglienzellen, die sich in der Schneckenspindel befinden. Die Neuriten dieser Ganglienzellen bilden den Hörnerv. Der Hörnerv verläuft durch den inneren Gehörgang und vereinigt sich dort mit dem Gleichgewichtsnerv zum Hör-Gleichgewichtsnerv (N. vestibulocochlearis). Dieser zieht zum verlängerten Rückenmark. Hier enden die Hörfasern an den Hörkernen (Nuclei cochleares) und die Gleichgewichtsfasern an den Gleichgewichtskernen (Nuclei vestibulares). Die Hörkerne bilden das 2. Neuron der Hörbahn.

Die Neuriten des 2. Neurons reichen bis in das Mittelhirn zu den unteren Hügeln (Colliculi inferiores) der Vierhügelplatte (Lamina tecti). Die unteren Hügel bilden das 3. Neuron, dessen Neuriten zum Zwischenhirn verlaufen und dort an den medialen Kniehöcker enden. Die medialen Kniehöcker bilden das 4. Neuron, dessen Neuriten ziehen in die primäre Hörrinde, die sich in der hinteren oberen Schläfenwindung des Schläfenlappens befindet. Die Hörrinde wird von den Heschl-Querwindungen gebildet. Die Projektion jedes Corti-Organs auf die Hörrinde erfolgt bilateral. Die Impulse aus beiden Corti-Organen werden gleichzeitig verarbeitet und somit wird das räumliche Hören ermöglicht.

Auch die Hörrinde enthält primäre Wahrnehmungs- und sekundäre Erinnerungsfelder.

Zerstörungen der Wahrnehmungsfelder führen zur Rindentaubheit und Zerstörungen der Erinnerungsfelder zur Seelentaubheit. Bei der Seelentaubheit kann das Gehörte nicht gedeutet bzw. verstanden werden.

10.7.2.6. Hörstörungen

Allgemeines

Erkrankungen können das äußere, mittlere und innere Ohr betreffen. Ursächlich kommen z.B. Entzündungen, Verletzungen, Tumoren, Mißbildungen, Verbrennungen, Erfrierungen, Intoxikationen, Infektionen, Durchblutungsstörungen, Leitungsstörungen im Hör- und Gleichgewichtsnerv sowie Altersprozesse in Frage.
Ausgewählte Beispiele für Hörstörungen sind:

- die Altersschwerhörigkeit (Presbyakusis),
- der Hörsturz,
- die Menière-Krankheit,
- die Otosklerose.

Altersschwerhörigkeit

Im Alter kommt es meist zu einer beiderseitigen Gehörabnahme mit Verlust im hohen und später auch im mittleren Frequenzbereich. Verursacht wird die physiologisch bedingte Altersschwerhörigkeit durch einen Schwund der Ganglienzellen im Hörnervenbereich sowie durch Nervenzellschäden im Verlauf der zentralen Hörbahn.

Hörsturz

Der Hörsturz wird durch Mikrozirkulationsstörungen oder autoimmunologisch hervorgerufen. Der Hörsturz beginnt mit einem Druckgefühl im Ohr, dann folgen heftige Ohrgeräusche sowie eine innerhalb weniger Minuten einsetzende Gehörabnahme. Sie kann zur Ertaubung führen.

Menière-Krankheit

Bei dieser Krankheit kommt es infolge von Rückresorptionsstörungen der kaliumreichen Endolymphe zu einer Erhöhung des osmotischen Druckes, die zur Ruptur der Reissner-Membran führt. Perilymphe und Endolymphe vermischen sich, und in der Umgebung der afferenten Neurone des Hör- und Gleichgewichtsnervs steigt die Kaliumionenkonzentration an. Die Folge ist eine Lähmung des Hör- und Gleichgewichtsnervs. Typische Symptome, die auftreten, sind das anfallsartige Ohrensausen, die anfallsweise Schwerhörigkeit und der anfallsweise Schwindel. Sie treten in der Regel einseitig auf.

Otosklerose

Die Otosklerose ist eine nichtentzündliche Erkrankung der knöchernen Labyrinthkapsel. Ursächlich liegt eine vererbte Störung im Mineral- und Knochenstoffwechsel vor. An der Labyrinthkapsel entstehen Knochenneubildungen und der Steigbügel wird durch diesen Prozeß eingemauert. Es entsteht eine Schalleitungsschwerhörigkeit mit besonderer Schädigung der tiefen Tonfrequenzen.

10.7.3. Gleichgewichtssinn

Allgemeines

Der Gleichgewichtssinn dient der Orientierung im Raum und der Aufrechterhaltung des Gleichgewichts. Dabei werden die aufsteigenden Erregungen gemeinsam mit den Erregungen, die von den Augen, den Gelenk- und Muskelrezeptoren stammen, zu Halte- und Stellreflexen verarbeitet. Sie lösen eine geordnete Bewegungsfolge aus und wirken auch im Ablauf von Bewegungen, wie Lauf und Sprung, und sichern dabei die Körperhaltung und das Gleichgewicht.

Die reflektorische Einstellung der Augen erfolgt immer entgegen der Kopfbewegung, so daß die Abbildung des Sehgegenstandes auf der Netzhaut stabil bleibt. Informationen des Gleichgewichtsorgans erreichen die Formatio reticularis und auch den Hypothalamus, der das übergeordnete Zentrum für die Eingeweidefunktionen darstellt. Deshalb entstehen bei übermäßiger Reizung des Gleichgewichtsorgans vegetative Symptome wie Schwindel, Schweißausbrüche, Übelkeit und Erbrechen.

10.7.3.1. Funktion des Schläuchleins und des Säckchens

Allgemeines

Der adäquate Reiz für das Schläuchlein und das Säckchen, die beide auch als Vorhofsäckchen bezeichnet werden, ist eine Linearbeschleunigung. Die Sinnesfelder der Vorhofsäckchen sind unterschiedlich angeordnet, so daß sie sowohl senkrechte als auch waagerechte Beschleunigungen registrieren können.
Die Sinneszellen der Vorhofsäckchen tragen an ihrer Oberfläche Härchen, die in etwa 60 - 80 Zilien und in ein Kinozilium unterteilt werden. Eine gallertige Statolithenmembran bedeckt die Härchen. Sie enthält sechsseitige Prismen, die aus kohlensaurem Kalk bestehen. Die Dichte der Statolithenmembran ist deshalb höher als die der Endolymphe.

Arbeitsweise der Vorhofsäckchen

Bei der aufrechten Körperhaltung drückt die Statolithenmembran die Härchen etwas ein und vermittelt so die Erdbeschleunigung als Meßnormale. Senkrechte Beschleunigungsveränderungen, die z.B. beim Fahrstuhlfahren auftreten, führen entweder zur Stauchung oder Streckung der leicht gebogenen Sinneszellhärchen, welche sich im Säckchen befinden. Hier ist das Sinnesfeld fast senkrecht an dessen Vorderwand befestigt und kann somit auf senkrechte Beschleunigungen reagieren.
Das Sinnesfeld des Schläuchleins liegt waagerecht und wird durch Horizontalbeschleunigungen gereizt. Beschleunigungsänderungen beim Autofahren z.B. stimulieren dieses waagerechte Sinnesfeld.

Merke **Waagerechte und senkrechte Beschleunigungen führen zu einer Bewegung der Zilien. Werden die Zilien einer Sinneszelle zum Kinozilium hingebogen, dann nimmt die Aktivität der ableitenden Nervenfaser zu und im umgekehrten Fall nimmt sie ab.**

10.7.3.2. Funktion der häutigen Bogengänge

Allgemeines

Die häutigen Bogengänge sind mit der Endolymphe gefüllt und tragen im Bereich der Ampullen ein Sinnesepithel, das einer Leiste aufsitzt. Die Sinneszellen ragen in eine kuppelförmige Gallertmasse ein, die keine Prismen enthält und deshalb die gleiche Dichte besitzt wie die Endolymphe. Die Gallertmasse ist mit der Kanalwand flüssigkeitsdicht verwachsen. Die Sinneszellen unterscheiden sich im Aufbau nicht wesentlich von den Sinneszellen der Vorhofsäckchen. Der adäquate Reiz ist eine Drehbeschleunigung.

Arbeitsweise der häutigen Bogengänge

Erfährt der Kopf eine Drehbeschleunigung, dann bleibt die Endolymphe in den halbkreisförmigen Bogengängen zunächst hinter der Drehbewegung zurück. Verursacht wird dieses Zurückbleiben durch die Trägheit der Endolymphe. Es entsteht eine Relativbewegung der

Endolymphe, die der Kopfdrehung entgegengesetzt ist. Dadurch wird die kuppelförmige Gallertmasse entgegen der Kopfdrehung ausgelenkt und die Zilien der Sinneszellen werden abgeschert. Die Abscherung führt zu einer Aktivitätsänderung der ableitenden Nervenfaser. Langanhaltende Kopfdrehungen mit gleichbleibender Geschwindigkeit bewirken, daß sich die Endolymphe der Drehbewegung anpaßt und die kuppelförmige Gallertmasse langsam in die Ruhelage zurückkehrt. Ein plötzliches Stoppen der Drehung lenkt die Gallertmasse erneut aus.

Merke **Drehbeschleunigungen führen zur Abscherung der Zilien, die der Drehrichtung entgegengesetzt ist. Werden die Zilien einer Sinneszelle zum Kinozilium hingebogen, dann nimmt die Aktivität der ableitenden Nervenfaser zu und im umgekehrten Fall nimmt sie ab.**

10.7.3.3. Gleichgewichtsbahn

Verlauf der Gleichgewichtsbahn

Die Informationsübertragung von den Sinneszellen des Gleichgewichtsorgans auf die afferenten Nervenendigungen erfolgt über eine chemische Überträgersubstanz. Die Aktionspotentiale werden über die afferenten Nervenfasern zu den Zelleibern der bipolaren Nervenzellen (1. Neuron), die in ihrer Gesamtheit ein Ganglion (Ganglion vestibulare) bilden, geleitet. Das Ganglion befindet sich im inneren Gehörgang. Die Neuriten der bipolaren Nervenzellen vereinen sich zum Gleichgewichtsnerv, der sich am Ende des inneren Gehörgangs mit dem Hörnerv zum Gleichgewichtshörnerv verbindet. Die Neuriten des Gleichgewichtsnervs enden zu einem großen Teil an vier Gleichgewichtskernen (Schwalbe-Kern, Deiters-Kern, Bechterew-Kern, Roller-Kern), die sich im verlängerten Rückenmark befinden und das 2. Neuron der Gleichgewichtsbahn bilden. Ein kleiner Teil der Neuriten zieht direkt zum Kleinhirn. Den Gleichgewichtskernen werden auch Informationen, die aus den Rezeptoren der Halsmuskeln und Halswirbelgelenke stammen, zugeführt. Damit erhalten sie Informationen über die Stellung und Bewegung des Kopfes zum Rumpf. Es bestehen weiterhin reflektorische Verbindungen zwischen den Gleichgewichtskernen und den äußeren Augenmuskelkernen, dem Rückenmark und zur Formatio reticularis.

Über die Lage eines primären Gleichgewichtszentrums in der Endhirnrinde ist noch wenig bekannt, wahrscheinlich verteilt sich dieses über eine größere Fläche der Endhirnrinde.

10.7.4. Geschmackssinn

Allgemeines

Der Geschmackssinn vermittelt die Wahrnehmung der Geschmacksqualitäten süß, salzig, sauer und bitter. Sie ist verbunden mit einer emotionalen Bewertung. Eine schlechtschmeckende Speise kann Übelkeit oder Ekel hervorrufen. Gutschmeckende Speisen führen dagegen zu einer angenehmen emotionalen Bewertung, die mit Freude oder Lust verbunden sein kann.

Als ein wichtiges Kontrollorgan prüft der Geschmackssinn die aufgenommene Nahrung hinsichtlich der Genießbarkeit. Geschmacksreize lösen auch Nahrungsreflexe aus und dienen somit der Sicherung lebenswichtiger Funktionen. Zu den Nahrungsreflexen gehören z.B. der Schluckreflex, Saugreflex, Speichel- und Magensaftsekretionsreflex. Als Schutzreflex dient der Brechreflex.

10.7.4.1. Arbeitsweise der Geschmacksknospen

Allgemeines

Der adäquate Reiz für den Geschmackssinn sind die Geschmacksstoffe, die mit der Nahrung aufgenommen werden. Die Geschmacksstoffe werden durch den Speichel gelöst und in dieser Form erreichen sie die Geschmacksknospen der Zunge, des Gaumens, des Kehldeckels und die der oberen Speiseröhre.
Die gelösten Geschmacksstoffe diffundieren durch die Poren der Geschmacksknospen zu den Sinneszellen. Die Sinneszellen ragen mit ihren kurzen Fortsätzen in diese Poren hinein. Die kurzen Fortsätze entsprechen feinen Zellmembranausstülpungen, die auch als Mikrovilli oder Geschmacksstifte bezeichnet werden. Sie bilden die eigentlichen Chemorezeptoren der Sinneszellen.

Geschmacksqualitäten

Die vier Grundempfindungen süß, salzig, sauer und bitter werden im gewissen Ausmaß durch eine Spezialisierung der Sinneszellen bestimmt. Die Empfindung süß vermitteln vor allem die Geschmacksknospen an der Zungenspitze. Die Bitterempfindungen werden von den Sinneszellen am Zungengrund und die Salzig- und Sauerempfindungen von Sinneszellen des seitlichen Zungenbereichs hervorgerufen.
Die Geschmacksempfindung ist von der Konzentration des gelösten Stoffes und vom Alter des Menschen abhängig. Neben diesen Grundempfindungen gibt es noch Mischempfindungen. Eine Pampelmuse schmeckt z.B. sauer, bitter und süß. Geschmacksstoffe können auch gleichzeitig den Temperatursinn erregen. So löst Menthol eine Kälteempfindung und Alkohol eine Wärmempfindung aus.

Transformation des Geschmacksreizes

Die Geschmacksstoffe binden sich an die Chemorezeptoren der Sinneszellen und bedingen die Entstehung der Rezeptorpotentiale. Zucker oder Bitterstoffe bewirken eine Depolarisation der Sinneszellmembran über bestimmte Botenstoffe und Salze depolarisieren die Membran direkt.
Die Aktionspotentiale, die von den Geschmackssinneszellen gebildet werden, verlaufen in den afferenten Fasern des N. facialis, des N. glossopharyngeus und im N. vagus.

10.7.4.2. Geschmacksbahn

Verlauf der Geschmacksbahn

Die Neuriten der geschmacksführenden Nerven enden am Geschmackskern (Nucleus solitarius), der sich im verlängerten Rückenmark befindet. Von hier aus ziehen Nervenfasern über den Sehhügel (Thalamus) des Zwischenhirns zum primären sensorischen Rindenfeld des Endhirns. Dieses befindet sich in der hinteren Zentralwindung (Gyrus postcentralis), und hier erfolgt die Verarbeitung der eintreffenden Erregungen.

10.7.5. Geruchssinn

Allgemeines

Der Geruchssinn dient der Wahrnehmung verschiedenster Geruchsqualitäten. Die Wahrnehmung wird, wie beim Geschmackssinn, emotional bewertet und kann vegetative Reaktionen auslösen.

Dieser Sinn erlaubt die geruchliche Kontrolle der Umwelt und der Nahrungsmittel. Gerüche lösen Reflexe aus, zu denen z.B. der Speichelsekretions- und Magensaftsekretionsreflex zählen.

10.7.5.1. Arbeitsweise des Geruchsorgans

Allgemeines

Dieses Sinnesorgan wird von der Riechregion (Regio olfactoria) gebildet. Sie hat eine Größe von 5 cm^2 und befindet sich im Bereich der oberen Nasenmuschel und an der oberen Fläche der Nasenscheidewand. Das Sinnesepithel besteht aus Sinneszellen, Stützzellen und Basalzellen. Wie die Sinneszellen der Geschmackssknospen werden auch die Sinneszellen der Riechregion ständig erneuert. Die Erneuerungsrate nimmt im Alter ab, so daß sich die Riechempfindlichkeit verschlechtert. Der Mensch hat einen gering ausgeprägten Geruchssinn und zählt deshalb zu den Mikrosomatikern. Die Riechregion bei Hunden nimmt eine Fläche von etwa 100 cm^2 ein und somit besitzen Hunde einen sehr gut entwickelten Geruchssinn und gehören zu den Makrosomatikern.
Der Geruchssinn zeigt eine starke Adaptation.

Antransport der Riechstoffe und Rezeptorfunktion

Der adäquate Reiz für die Riechregion sind die Duftstoffe, die in der Atemluft enthalten sind. Sie erreichen die Riechregion über den oberen Nasengang. Im geringen Umfang gelangen auch Duftstoffe aus der Mundhöhle durch die hinteren Nasenöffnungen (Choanen) zum Riechepithel.
Deshalb können sich bei der Nahrungsaufnahme Geruchs- und Geschmacksempfindungen überlagern und Mischempfindungen entstehen lassen. Die Duftstoffe lösen sich in der Schleimschicht, die das Riechepithel bedeckt und erreichen so die Riechhärchen (Zilien) der Sinneszellen. Die Duftstoffe werden von den Chemorezeptoren der Zilien gebunden. Die Bindung führt zur Entstehung eines Rezeptorpotentials. Das ist eine lokale Erregung an der Sinneszellmembran. Die Weiterleitung schwellenüberschreitender Erregungen erfolgt über die marklosen Neuriten, die als Fortsätze am basalen Ende der Sinneszellkörper entspringen.

Geruchsqualitäten

Der Mensch ist in der Lage, etwa 3000 - 4000 verschiedene Gerüche wahrzunehmen. Eine Reduzierung dieser Einzelgerüche auf etwa 4 Grundqualitäten, wie das beim Geschmack der Fall ist, kann nicht durchgeführt werden. Dennoch gibt es ähnlich riechende Stoffe, die sich in Gruppen von einheitlichen Geruchsqualitäten zusammenfassen lassen. Zu den Geruchsqualitäten gehören z.B. blumig, fruchtig, schweißig, scharf, moschusartig, faulig, stechend, kampferartig, ätherisch, harzig und verbrannt.
Auch die Nervenfasern des N. trigeminus, N. glossopharyngeus und N. vagus reagieren auf Duftstoffe und tragen zur Geruchsempfindung bei.

10.7.5.2 Riechbahn

Verlauf der Riechbahn

Die Neuriten der Sinneszellen (1. Neuron) verlaufen durch die Siebbeinplatte und enden an den Mitralzellen (2. Neuron) des Riechkolbens (Bulbus olfactorius). Etwa 1000 Neuriten der Sinneszellen sind mit einer Mitralzelle synaptisch verschaltet. Die Neuriten der Mitralzellen bilden den Riechstrang (Tractus olfactorius), der zur Rinde des Riechhirns zieht. Das Riechhirn repräsentiert den stammesgeschichtlich ältesten Teil des Endhirns.

Im Riechhirn erfolgt die Verarbeitung der Informationen, und es entstehen bewußte Wahrnehmungen von Geruchsempfindungen. Vom Riechhirn erreichen Nervenfasern das Zwischenhirn (Hypothalamus) und zahlreiche Schaltsysteme des Stammhirns, die zum limbischen System gehören. Auf die enge Beziehung zum limbischen System ist die Entstehung der emotionalen Komponente bei der Geruchswahrnehmung zurückzuführen.

Merke

Geschmack und Geruch sind chemische Sinne, die vorwiegend aus der Umgebung stammende Reize aufnehmen. Im Vergleich zu den anderen Sinnen zeigen sie eine ausgeprägte Reizanpassung.

Zusammenfassung

Gesichtssinn Der Gesichtssinn vermittelt Farbe, Form und Helligkeit der Sehgegenstände und ist an der Auslösung von Halte- und Stützreflexen beteiligt. Informationen des Gesichtssinnes gehen in die integrative Tätigkeit des ZNS ein.

Optischer Apparat Dieser besteht aus der Hornhaut, vorderen Augenkammer, Linse und dem Glaskörper.

Brechkraft Das ist der Kehrwert der in Metern gemessenen Brennweite. Sie wird in Dioptrien angegeben.

Brennweite Darunter versteht man den Abstand von der Linse zum Brennpunkt, der sich in der Netzhaut befindet. Sie beträgt 17 mm.

Akkommodation Die Anpassung der Brechkraft des optischen Apparates an die Entfernung des jeweils fixierten Sehgegenstandes wird als Akkommodation bezeichnet.

Pupillenreflex Der Pupillenreflex sorgt dafür, daß sich die Pupillen bei Lichteinfall verengen (Miosis) und bei Dunkelheit erweitern (Mydriasis). Adäquat verhalten sich die Pupillen während der Nah- und Fernakkommodation.

Konvergenzreaktion Das ist die reflektorisch gesteuerte Einwärtsdrehung der Augäpfel bei der Nahakkommodation.

Zapfen und Stäbchen Sie ermöglichen als Sinneszellen die Lichttransformation, das Farbensehen und die Hell-Dunkel-Anpassung. Für das Tages- und Farbensehen sind die Zapfen und für das Dämmerungs- und Nachtsehen die Stäbchen zuständig.

Bipolare Nervenzellen Diese Nervenzellen stellen synaptische Verschaltungen zwischen den Sinneszellen und den multipolaren Nervenzellen her. Sie sind für die Entstehung großer und kleiner rezeptiver Felder auf der Netzhaut verantwortlich.

Multipolare Nervenzellen Die Neuriten dieser Nervenzellen leiten die Aktionspotentiale.

Sehbahn Zu den Neuronen der Sehbahn gehören die Sinneszellen (1. Neuron), die bipolaren Nervenzellen (2. Neuron), die multipolaren Nervenzellen (3. Neuron) und der seitliche Kniehöcker des Zwischenhirns (4. Neuron). Die Neuriten des 4. Neurons enden im Sehzentrum. Dieses befindet sich in der Area striata der Endhirnrinde des Hinterhauptlappens.

Gehörsinn Er vermittelt die akustische Orientierung, wird benötigt für gedankliche und sprachliche Leistungen, für den Aktivitätszustand des Endhirns sowie für die Schlaf-Wach-Regulation.

Eigenschaften der Schallreize Dazu gehören der Schalldruck, der Schalldruckpegel, die Schallintensität, die Schallfrequenz, die Hörschwelle, die Lautstärke und der Lautstärkepegel.

Luftleitung Hierbei werden Schallwellen durch den äußeren Gehörgang zum Trommelfell geleitet. Die entstehenden Schwingungen des Trommelfells übertragen sich über die Gehörknöchelchenkette auf das ovale Fenster.

Knochenleitung Die Schallwellen versetzen die Schädelknochen in Schwingungen, die sich bis zur Pyramide fortsetzen, in dem sich das Innenohr befindet.

Schallverteilung Jede Tonfrequenz erhält auf der Basilarmembran des Corti-Organs einen festen Abbildungsort.

Schalltransformation Das ist die Umwandlung der Schallenergie in eine elektrische Erregung der inneren und äußeren Haarzellen.

Hörbahn Zu den Neuronen der Hörbahn gehören die Ganglienzellen in der Schneckenspindel (1. Neuron), die Hörkerne des verlängerten Rückenmarkes (2. Neuron), der untere Hügel der Vierhügelplatte des Mittelhirns (3. Neuron) und die medialen Kniehöcker des Zwischenhirns (4. Neuron). Die Neuriten des 4. Neurons ziehen zur Hörrinde, die sich im Schläfenlappen des Endhirns befindet.

Gleichgewichtssinn Dieser Sinn dient der Raumorientierung und der Aufrechterhaltung des Gleichgewichts. Er ist beteiligt an der Ausbildung der Halte- und Stützreflexe, der reflektorischen Augeneinstellung sowie der Auslösung vegetativer Reaktionen.

Gleichgewichtsorgan Der adäquate Reiz für dieses Organ sind Linear- und Drehbeschleunigungen.

Gleichgewichtsbahn Zu den Neuronen dieser Bahn zählen die Ganglienzellen (1. Neuron) und die vier Gleichgewichtskerne (2. Neuron). Es bestehen Verbindungen zum Kleinhirn, zu den äußeren Augenmuskelkernen, zum Rückenmark und zur Formatio reticularis.

Geschmackssinn Er vermittelt die Wahrnehmung der Geschmacksqualitäten süß, salzig, sauer und bitter und dient der Kontrolle der aufgenommenen Nahrung.

Geschmacksfasern Sie verlaufen im N. facialis, N. glossopharyngeus und im N. vagus.

Geruchssinn Dieser Sinn ermöglicht die geruchliche Kontrolle der Umwelt und der Nahrungsmittel.

Geruchsqualitäten Zu den Geruchsqualitäten gehören z.B. blumig, faulig, scharf, schweißig, fruchtig, stechend, ätherisch und verbrannt.

10.8. Klinischer Anhang

Grüner Star

Der Begriff Star wird für eine Gruppe von Augenkrankheiten verwendet, die mit einer Sehverschlechterung oder Erblindung einhergehen. Er leitet sich aus dem althochdeutschen starplint und aus dem angelsächsischen staerblind ab. Damit bezeichnete man ursprünglich den starren leblosen Blick der Erkrankten.

Der grüne Star (Glaukom) ist eine Augenkrankheit, bei der eine Erhöhung des Augeninnendruckes vorliegt, die zur Schädigung der Netzhaut und des Sehnervs führen kann.
Eine häufige Ursache für die Glaukomentstehung ist die Abflußbehinderung des Kammerwassers im Bereich des Kammerwinkels. Sie kann angeboren oder erworben sein. Symptome, die bei dieser Erkrankung auftreten, sind z.B. eine Verschlechterung der Sehleistung, Gesichtsfeldausfälle, Kopfschmerzen, verschwommenes Sehen und das Sehen von bunten Ringen um Lichtquellen. Von einem akuten Glaukomanfall spricht man, wenn ein sehr starkes Druckgefühl in der Augengegend besteht, heftige Kopfschmerzen auftreten und Brechreiz, Erbrechen, Durchfälle, Schweißausbrüche, Kollapsneigung und Magenschmerzen bestehen. Unbehandelt führt die Erkrankung zur Erblindung.
Die Therapie besteht in der Gabe drucksenkender und parasympathisch wirksamer Medikamente. Die dadurch ausgelöste Reizung des M. sphincter pupillae führt zu einer Pupillenverengung mit Erweiterung der Kammerwinkel, was den Abfluß des Kammerwassers begünstigt. Kann auf diese Weise der Augeninnendruck nicht erfolgreich gesenkt werden, dann werden operative Maßnahmen durchgeführt.

Grauer Star

Der graue Star (Katarakt) ist eine Trübung der Linse. Sie beruht auf einer umschriebenen oder allgemeinen Verdickung der Linsenkapsel, auf Einlagerungen proteinhaltiger Substanzen sowie auf Quellung oder Sklerosierung der Linse. Der Katarakt kann angeboren oder erworben sein. Zu den erworbenen Starformen zählen z.B. der Altersstar (Cataracta senilis), der Zuckerstar (Cataracta diabetica), der Tetaniestar (Cataracta tetanica) und der Wundstar (Cataracta traumatica). Zu den möglichen Symptomen gehören das Sehen von Punkten oder Scheibchen, das Empfinden eines Schleiers vor den Augen, das Doppeltsehen und die Sehschwäche.
Der graue Star wird operativ behandelt.

Kinetosen

Das sind Reise- oder Bewegungskrankheiten, die durch Schiffs-, Flugzeug-, Auto- oder Eisenbahnreisen ausgelöst werden und oft Kinder aber auch Erwachsene betreffen.
Durch die wiederholte Stimulation des Gleichgewichtsorgans, das in enger Verbindung mit vegetativen Zentren des Hirnstammes steht, werden vegetative Symptome wie Schwindel, Schweißausbrüche, Übelkeit, Erbrechen oder Kopfschmerzen hervorgerufen.
Werden den Betroffenen etwa 30 Minuten vor Reiseantritt und bei Bedarf alle 6 Stunden Pharmaka (z.B. Kinetosin- Dragees) verabreicht, dann kann den Kinetosen vorgebeugt werden.

11. Knochensystem

11.1. Allgemeines

Die Knochen des menschlichen Körpers bilden ein Stützgerüst und sind dadurch mitbestimmend für seine Form und Größe. Alle Knochen zusammen bezeichnet man als das Skelett Es besteht aus etwa 223 Einzelknochen, Knochenverbindungen und Bändern, welche insgesamt den passiven Bewegungsapparat darstellen. Die Knochen zeichnen sich durch ihre Festigkeit und Elastizität aus und dienen den Skelettmuskeln zur Befestigung. Letztere ermöglichen, wenn die Knochen besondere Ausbildungen tragen, Bewegungen in den Gelenken. Das Skelett verleiht vielen lebenswichtigen Organen einen Schutz. So bilden am Schädel die Knochen eine schützende feste Hülle für das Gehirn und die Sinnesorgane. Die Wirbelsäule umgibt schützend das Rückenmark, der Brustkorb die Brusteingeweide und das Becken die Beckeneingeweide. Die Knochenhartsubstanz ist ein wichtiger Kalzium-Phosphat-Speicher für den Organismus und im roten Knochenmark erfolgt die Blutbildung.

Merke **Das Knochensystem dient dem Körper als Stütze, besonders gefährdeten Weichteilen als Schutz, es spielt eine Rolle im Mineralhaushalt und ist bedeutsam für die Blutbildung.**

11.2. Allgemeine Knochenlehre

Knochenformen

Die Knochen werden nach ihrer Form unterteilt in:

- lange Röhrenknochen (Ossa longa),
- kurze Knochen (Ossa brevia),
- flache Knochen (Ossa plana),
- lufthaltige Knochen (Ossa pneumatica),
- unregelmäßige Knochen (Ossa irregularia).

Lange Röhrenknochen
Die langen Röhrenknochen bilden die Knochen der Gliedmaßen zu denen die Oberarm- und Unterarmknochen sowie die Oberschenkel- und Unterschenkelknochen gehören. Die Röhrenknochen gliedern sich in den Schaft (Diaphyse) und in die meistens verdickten Knochenenden (Epiphysen).

Kurze Knochen
Diese Knochen haben die Form eines Würfels oder sind prismatisch gestaltet. Zu diesen zählen hauptsächlich die Hand- und Fußwurzelknochen sowie die Wirbel.

Flache Knochen
Sie bestehen aus zwei Schichten einer Hartsubstanz, zwischen denen sich die Knochenbälkchen (Spongiosa) befinden. Die Knochen des Schädeldaches, die Schulterblätter und die Hüftbeine werden zu dieser Form gerechnet.

Lufthaltige Knochen
Die lufthaltigen Knochen treten nur am Gesichtsschädel und am Schläfenbein auf und enthalten die Nasennebenhöhlen. Das sind mit Schleimhaut ausgekleidete Hohlräume, die belüftet werden.

Unregelmäßige Knochen
Hierher gehören Knochen, die in die bisher genannten Knochenformen nicht einzuordnen sind. Zu diesen Knochen rechnet man z.B. die Knochen des Gesichtsschädels.

Knochenbestandteile

Zu den Knochenbestandteilen zählen:

- die Knochenhaut,
- die Knochensubstanz,
- das Knochenmark.

Knochenhaut
Die Knochenhaut umhüllt die Knochen mit Ausnahme der Gelenkenden, welche von Knorpel überzogen sind. Die Knochenhaut besteht aus einem gefäßführenden straffen Bindegewebe, das sich aus einer äußeren Faserhaut und einer inneren zellreichen Keimschicht zusammensetzt. Beide Schichten enthalten kollagene und elastische Fasern. Die Knochenhaut wird durch kollagene Faserbündel (Sharpeysche Fasern) mit der Knochenhartsubstanz verankert. Die innere Schicht enthält Osteoblasten, die für die Knochenbildung wichtig sind. Von diesen Zellen geht die Neubildung des Knochens nach Knochenbrüchen aus.
Die Knochenhaut ist für die Schmerzempfindlichkeit der Knochen verantwortlich, da sie sensible Nervenfasern enthält.

Knochensubstanz
Die Knochensubstanz ist an der Oberfläche zu einer dicken Schicht verdichtet, die man Substantia compacta nennt. Die Hartsubstanz besteht aus kollagenen Fibrillen, eiweißgebundenen Polysacchariden, Wasser, Kalziumphosphaten, Kalziumkarbonaten, Magnesium- und Alkalisalzen. Im Inneren des Knochens ist die Knochensubstanz zu einem schwammartigen Gefüge aufgelockert, das man als Substantia spongiosa bezeichnet. Sie besteht aus feinen Knochenbälkchen, die ein Gerüst darstellen, dessen Lücken rotes Knochenmark enthalten. Im Mittelstück der langen Röhrenknochen kommen die Spongiosabälkchen nicht vor, so daß hier die Markhöhle (Cavum medullare) entsteht. Diese ist mit Knochenmark ausgefüllt. Die Spongiosabälkchen sind nach Druck- und Zuglinien angeordnet und ergeben die Spongiosaarchitektur.

Knochenmark
Das Knochenmark kommt in den Knochenbälkchen und in den Markhöhlen der Knochen vor. Nach der Farbe unterscheidet man ein rotes, blutbildendes Knochenmark und ein gelbes Fettmark. Das rote Knochenmark befindet sich zwischen den Knochenbälkchen der Spongiosa folgender Knochen:

- der Epiphysen der Röhrenknochen,
- der Wirbel,
- der Rippen,
- des Brustbeins,
- der Schädelknochen,
- der Handwurzelknochen,
- der Fußwurzelknochen.

Das gelbe Fettmark ist vor allem in der Markhöhle der langen Röhrenknochen enthalten und bildet kein Blut.

Das Knochenmark und die Knochensubstanz werden von Gefäßen ernährt, die von der Knochenhaut ihren Ausgang nehmen. Sie erreichen die Hartsubstanz über die Volkmann-Kanäle, die sich in die Havers-Kanäle verzweigen und in das Knochenmark eindringen.

Knochenentwicklung

Das Knochengewebe ist ein Abkömmling der Mesenchymzellen, die über zwei Wege den Knochen bilden können. Zu diesen gehören:

- die desmale Ossifikation,
- die chondrale Ossifikation.

Desmale Ossifikation
Als desmale Ossifikation bezeichnet man die direkte Bildung des Knochens aus einer bindegewebigen Vorstufe. Hierbei wandeln sich die embryonalen Bindegewebszellen in Osteoblasten um und beginnen mit der Synthese der organischen Grundsubstanz. Durch Einlagerung von Kalksalzen und enzymatischer Ausfällung dieser bilden sich Knochenspangen, die zu einem einheitlichen Knochen zusammenwachsen. Auf diese Weise entstehen

- die platten Knochen des Schädeldaches,
- Teile des Schlüsselbeins und
- einige Gesichtsknochen.

Chondrale Ossifikation
Innerhalb des embryonalen Bindegewebes wird zunächst ein hyalines Knorpelskelett angelegt, das nachfolgend in Knochengewebe umgewandelt wird. Diese Knochenentwicklung bezeichnet man als chondrale Ossifikation. Die Mehrheit der Knochen des Skeletts entsteht auf diese Weise. Da das hyaline Knorpelskelett ersetzt wird durch das knöcherne Skelett, nennt man diese Knochenentwicklung auch Ersatzknochenentwicklung.

Knochenwachstum

Das Knochenwachstum erfolgt durch

- die perichondrale Ossifikation und
- die enchondrale Ossifikation.

Perichondrale Ossifikation
Das knorpelige Skelettstück wird von der bindegewebigen Knorpelhaut (Perichondrium) umgeben, das Knochenbildner (Osteoblasten) enthält. Die Osteoblasten beginnen zuerst im Mittelstück Knochengewebe aufzubauen. Diese Knochensubstanz liegt dem knorpeligen Mittelstück außen auf und bildet einen dünnen Knochenmantel um das Mittelstück. Dieser Mantel wird allmählich durch weitere Auflagerung (Apposition) von neuer Knochensubstanz dicker. Dieses Wachstum bezeichnet man als Dickenwachstum bzw. als perichondrale Ossifikation.

Enchondrale Ossifikation
In dem Abschnitt, den der Knochenmantel umgibt, erscheinen die Knorpelzellen blasig aufgetrieben. Er wird als Blasenknorpel bezeichnet. Die Grundsubstanz wird hier verdichtet und mit Kalziumsalzen inkrustiert. An definierten Stellen wachsen Gefäßsprosse durch die Knochenmanschette in den Blasenknorpel ein. In Begleitung der Gefäßsprosse wachsen Mesenchymzellen ein und differenzieren sich in unterschiedliche Zelltypen. Zu diesen zählen z.B. die Knorpelfreßzellen (Chondroklasten) und die Knochenbildner(Osteoblasten). Die Chondroklasten bauen den größten Teil der Knorpelgrundsubstanz ab. Auf diese Weise entstehen Hohlräume mit wenigen erhalten gebliebenen Spangen inkrustierter Knorpelgrundsubstanz. Diese dient den Osteoblasten als Anlagerungsort. Die Osteoblasten scheiden die organische Knochengrundsubstanz (Osteoid) aus, in die anschließend Kalksalze eingelagert werden. Die inkrustierte Knorpelgrundsubstanz, die von Knochengewebe umgeben wird, bezeichnet man als Verknöcherungspunkt.
Der innerhalb des Knochenmantels eingeschlossene Raum wird als primäre Markhöhle bezeichnet. Sie enthält undifferenzierte Mesenchymzellen, die das primäre Mark bilden. In der weiteren Entwicklung gehen aus ihnen die Gefäßwandzellen und die Stammzellen der Blutbildung (Myeloblasten) hervor, welche insgesamt das sekundäre oder blutbildende Mark ergeben.

Vom Knochenschaft (Diaphyse) aus schreiten die peri- und enchondrale Ossifikation in Richtung auf beide Knochenenden (Epiphysen) fort. In den Epiphysen treten ebenfalls Verknöcherungspunkte auf. Zwischen der epiphysären und diaphysären Verknöcherungszone bleibt ein schmaler Abschnitt Knorpelgewebe erhalten. Von dieser Epiphysenscheibe wird nach beiden Seiten Knorpelgewebe abgebaut und durch Knochengewebe ersetzt. Gleichzeitig regeneriert sich die Epiphysenscheibe wieder durch Teilung ihrer Knorpelzellen. Auf diese Weise vollzieht sich das Längenwachstum. Das Längenwachstum wird beendet, wenn die Regenerationsleistung der Epiphysenscheibe abnimmt und der Verknöcherung unterliegt. Das Längenwachstum wird mit dem Schließen der Epiphysenfugen, das im Alter zwischen 20 und 25 erfolgt, abgeschlossen.

Knochenverbindungen

Die Knochen sind entweder fest oder beweglich miteinander verbunden und ergeben so ein zusammenhängendes Skelett. Zu den Knochenverbindungen gehören:

- die Haften,
- die Gelenke.

Haften

Diese festen Knochenverbindungen werden nach der Beschaffenheit des Haftmaterials unterteilt in

- die Bandhaften (Syndesmosen),
- die Knorpelhaften (Synchondrosen) und
- die Knochenhaften (Synostosen).

Bandhaften

Bei der Bandhaft sind benachbarte Knochen untereinander durch straffes Bindegewebe verbunden. Bandhaften kommen als Zwischenknochenmembran (Membrana interossea) zwischen dem Schien- und Wadenbein des Unterschenkels sowie zwischen der Elle und Speiche des Unterarms vor. Die große und kleine Fontanelle am Schädel eines Neugeborenen, und die Schädelnähte (Suturae) vor Abschluß des Schädelwachstums sind ebenfalls Bandhaften. Die Zahnwurzeln des Ober- und Unterkiefers werden über Bindegewebe mit den Zahnalveolen verbunden. Diese Verbindung wird als Einzapfung oder Gomphosis bezeichnet.

Knorpelhaften

Nebeneinanderliegende Knochen werden bei dieser Haft durch Faser- oder Hyalinknorpel miteinander verbunden. Erfolgt die Verbindung durch Faserknorpel, dann liegt eine Symphyse vor. Dazu gehören die Symphysenscheibe, die sich zwischen den beiden Schambeinen befindet und die zwischen den Wirbelkörpern gelegenen Bandscheiben. Die Rippen sind mit dem Brustbein durch hyalinen Knorpel verbunden und bilden somit eine Synchondrose. Die Epiphysenscheiben, die im wachsenden Röhrenknochen sich zwischen der Diaphyse und Epiphyse befinden, bestehen aus hyalinem Knorpel und gehören zu den Synchondrosen.

Knochenhaft

Unter einer Knochenhaft vertseht man die sekundäre Verschmelzung von Einzelknochen. Das Hüftbein besteht vor Abschluß des Wachstums aus drei Knochen, dem Darmbein, Sitzbein und Schambein. Sie verwachsen sekundär zu einem einheitlichen Knochen, dem Hüftbein.
Ebenso verschmelzen die fünf Kreuzbeinwirbel nach Abschluß des Wachstums zum Kreuzbein. Die Schädelnähte des Erwachsenen stellen ebenfalls Synostosen dar.

Gelenke

Gelenke (Articulationes) sind bewegliche Knochenverbindungen. Diesen echten Gelenken liegt ein einheitlicher Aufbau zugrunde. An der Gelenkbildung sind folgende Bestandteile beteiligt:

- die Gelenkkörper,
- die Gelenkkapsel,
- die Gelenkhöhle,
- die Gelenkschmiere.

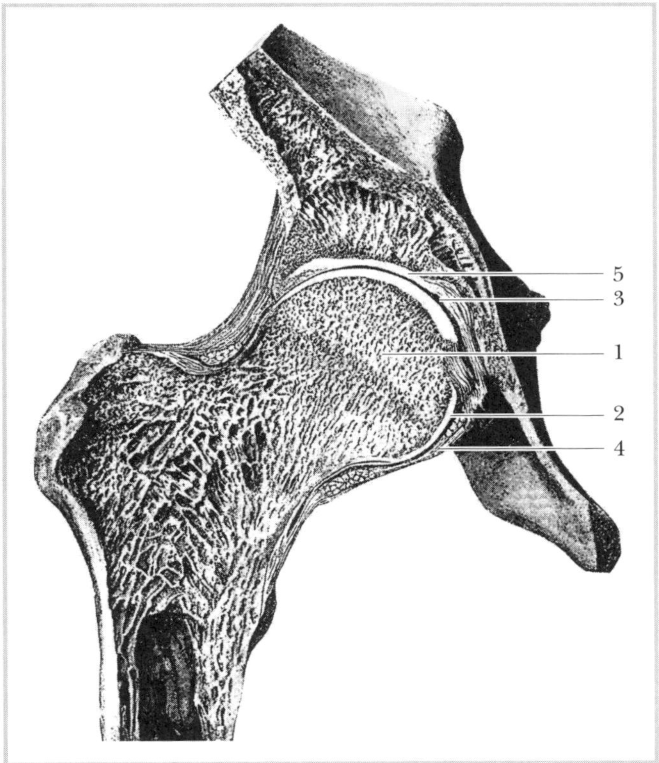

Abb. 130
Allgemeiner Gelenkaufbau

1 Gelenkkopf (Caput articularis)
2 Gelenkknorpel (Cartilago articularis)
3 Gelenkhöhle (Cavum articulare)
4 Gelenkkapsel (Capsula articularis)
5 Gelenkpfanne (Fossa articularis)

Gelenkkörper
Die Gelenkkörper sind besondere Bildungen der Knochenenden, die am Gelenkaufbau beteiligt sind. Sie werden von Gelenkknorpel (Cartilago articularis) überzogen, der bei den meisten Gelenken aus hyalinem Knorpel besteht. Dieser hyaline Knorpel besitzt keine Knorpelhaut (Perichondrium), keine Blutgefäße und wird von der Gelenkschmiere durch Diffusion ernährt. Die Dicke der Gelenkknorpel ist unterschiedlich, sie beträgt etwa 2 - 5 mm.
Der Knorpelüberzug ist druckelastisch und schützt den Knochen vor Abnutzung. Der mehr bewegliche Gelenkkörper (Corpus articularis) bildet den konvexen Kelenkkopf (Caput articularis) und der weniger bewegliche die konkave Gelenkpfanne (Fossa articularis).
Der Gelenkknorpel ermöglicht ein reibungsarmes Gleiten der Gelenkflächen und überträg und verteilt den auf einem Gelenk lastenden Druck.

Gelenkkapsel
Die Gelenke werden von einer Gelenkkapsel (Capsula articularis) umschlossen. Sie besteht aus zwei Schichten. Zu diesen gehören

- die Membrana fibrosa und
- die Membrana synovialis.

Membrana fibrosa
Diese äußere Schicht besteht aus überwiegend kollagenen Bindegewebsfasern und setzt sich kontinuierlich in die fibröse Knochenhaut (Periost) des benachbarten Knochens fort. Die äußere Schicht wird häufig durch Bänder verstärkt.

Membrana synovialis
Die innere Schicht der Kapsel wird Membrana synovialis genannt, weil sie die Gelenkschmiere (Synovia) bildet. Diese dünne innere Schicht ist reich an Blutgefäßen und Nerven. Sie verfügt über nach innen vorspringende Falten und Zotten und grenzt an den Gelenkinnenraum. Die Gelenkschmiere wird von der Membrana synovialis gebildet und auch resorbiert. Die Gelenkkapsel mit ihren beiden Schichten schließt die Gelenkhöhle nach außen hin luftdicht ab und ist an beiden artikulierenden Knochen befestigt.

Gelenkhöhle
Die Gelenkhöhle (Cavum articulare) stellt einen kapillären Spalt dar, der luftleer ist. der äußere Luftdruck preßt die Gelenkflächen fest aneinander. Der Gelenkspalt enthält die Gelenkschmiere und wird von der Gelenkkapsel und den Gelenkkörpern begrenzt.

Gelenkschmiere
Die Gelenkschmiere (Synovia) ist eine zähe schleimhaltige Flüssigkeit, die die Reibung an den Gelenkflächen herabsetzt und den Gelenkknorpeln zur Ernährung dient.

Neben diesen Hauptbestandteilen eines Gelenkes werden Hilfseinrichtungen, die allein oder in Kombination auftreten, unterschieden. Zu diesen zählt man:

- die Gelenkscheiben,
- die Gelenklippen,
- die Schleimbeutel,
- die Gelenkbänder.

Gelenkscheiben
Die Gelenkscheiben bestehen aus Faserknorpel und gleichen größere Unterschiede in der Form der Gelenkkörper aus. Sie unterteilen das Gelenk vollständig oder unvollständig. Faserknorpelscheiben bezeichnet man als Disci articulares und Faserknorpelhalbscheiben als Menisci articulares. Das Kiefergelenk und das Schlüsselbein-Brustbein-Gelenk werden durch eine Faserknorpelscheibe (Discus) vollständig unterteilt. Das Kniegelenk z.B. wird durch Faserknorpelscheiben (Menisci) unvollständig unterteilt.

Gelenklippen
Die Gelenklippen (Labrum articulares) kommen an Gelenken vor, wo die Gelenkpfanne wesentlich kleiner ist als der Gelenkkopf. Dieser Unterschied wird durch eine Randwulst, bestehend aus Faserknorpel, ausgeglichen. Solche Gelenklippen befinden sich z.B. in den Schultergelenken.

Schleimbeutel
Die Schleimbeutel (Bursae synoviales) sind flüssigkeitsgefüllte Polster, die sich zwischen Knochen und Sehnen befinden. Sie schützen den Knochen vor zu starkem Druck und können mit dem Gelenkinnenraum in Verbindung stehen oder auch nicht. Desweiteren erleichtern sie das Gleiten von Muskeln und Sehnen. Das Kniegelenk besitzt z.B. Schleimbeutel, die mit dem Gelenkinnenraum kommunizieren.

Gelenkbänder
Gelenkbänder kommen häufig in der Umgebung der Gelenke vor. Man unterscheidet Verstärkungsbänder, Führungsbänder, die Art und Ausmaß der Bewegungen festlegen, und Hemmungsbänder, welche das Ausmaß von Gelenkbewegungen einschränken.

Gelenke werden nach der Form der Gelenkkörper unterteilt in:

- Kugelgelenke,
- Nußgelenke,
- Walzengelenke
- Ellipsoidgelenke,
- Sattelgelenke,
- plane Gelenke.

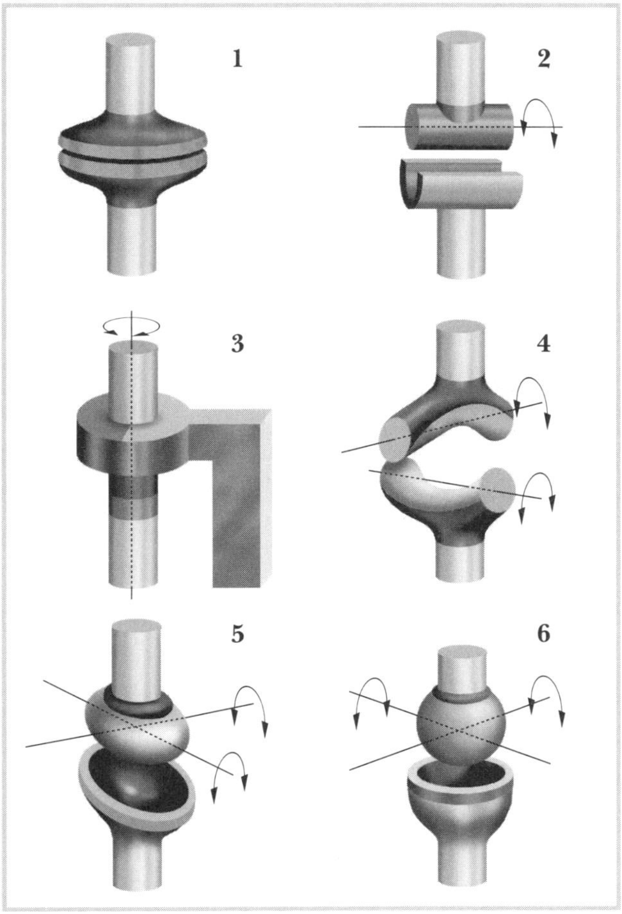

Abb. 131 Gelenkformen

1 planes Gelenk
2 Scharniergelenk
3 Radgelenk
4 Sattelgelenk
5 Eigelenk
6 Kugelgelenk

Kugelgelenke
Das Kugelgelenk (Articulatio sphaeroidea) besteht aus einem kugelförmigen Gelenkkopf und einer entsprechend passenden Gelenkpfanne. Kugelgelenke weisen drei Hauptbewegungsachsen auf, die senkrecht zueinander stehen.
Hüft- und Schultergelenke sind Kugelgelenke.

Nußgelenke
Das Nußgelenk (Articulatio cotylica) ist ein Sonderfall eines Kugelgelenkes, bei dem der Gelenkkopf zu mehr als 50% von der Gelenkpfanne umgeben wird. Das Hüftgelenk ist sowohl ein Kugel- als auch ein Nußgelenk.

Walzengelenke
Das Walzengelenk (Articulatio condylaris) besitzt einen walzenförmigen Gelenkkörper, der von einer rinnenförmigen Pfanne umfaßt wird. Zu den Walzengelenken gehören die Scharnier- und Radgelenke, die beide einachsig sind. Das Ellenbogengelenk ist ein Scharniergelenk und das proximale Speichen-Ellen-Gelenk ist ein Radgelenk.

Ellipsoidgelenke
Das Ellipsoidgelenk (Articulatio ellipsoidea) wird auch als Eigelenk bezeichnet und besitzt zwei Hauptachsen der Bewegung, die senkrecht aufeinander stehen. Das proximale Handwurzelgelenk und die Gelenke zwischen den Hinterhauptkondylen und dem Atlas (1. Halswirbel) sind Eigelenke.

Sattelgelenke
Das Sattelgelenk (Articulatio sellaris) besteht aus einem konvexen und konkaven Gelenkkörper. Sattelgelenke haben zwei Hauptbewegungsachsen und können funktionell als Kugelgelenke aufgefaßt werden. Das Gelenk zwischen dem ersten Mittelhandknochen und dem großen Vieleckbein ist ein Sattelgelenk. Es wird als Daumensattelgelenk bezeichnet.

Plane Gelenke
Das flache Gelenk (Articulatio plana) ermöglicht Verschiebebewegungen der flachen Gelenkflächen. Die kleinen Wirbelgelenke sind plane Gelenke.

Merke

Die Führung eines Gelenkes hängt ab von:

- **der Form der Gelenkkörper (Knochenführung),**
- **der Stärke und Anordnung der Bänder (Bandführung),**
- **den auf das Gelenk wirkenden Muskeln (Muskelführung).**

11.3. Spezielle Knochenlehre

Wirbelsäule

Die Wirbelsäule (Columna vertebralis) bildet das Achsenskelett des menschlichen Körpers und besteht aus folgenden Bestandteilen:

- den Wirbeln,
- den Zwischenwirbelscheiben,
- dem Bandapparat,
- den Gelenken.

Wirbel
Die Wirbelsäule besteht insgesamt aus 33 - 34 Wirbeln (Vertebrae). Die Wirbel werden unterteilt in:

- 7 Halswirbel (Vertebrae cervicales),
- 12 Brustwirbel (Vertebrae thoracicae),
- 5 Lendenwirbel (Vertebrae lumbales),
- 5 Kreuzwirbel (Vertebrae sacrales),
- 4 - 5 Steißwirbel (Vertebrae coccygeae).

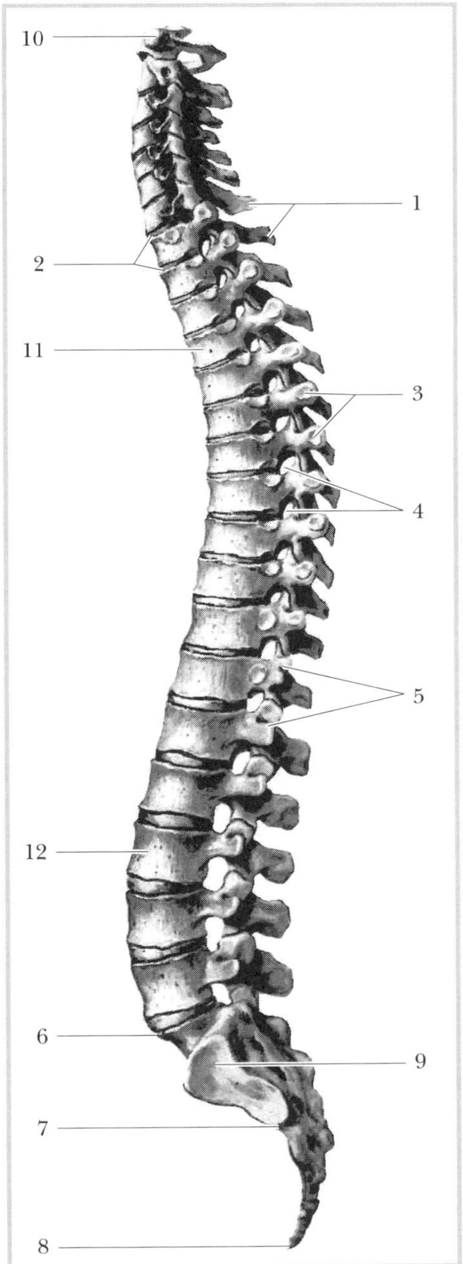

Abb. 132 Wirbelsäule

1 Dornfortsätze
2 Zwischenwirbelscheiben
3 Gelenkflächen für eine Rippe
4 Zwischenwirbellöcher
5 Gelenkfortsätze
6 Vorgebirge
7 Kreuzbein
8 Steißbein
9 Gelenkfläche (Iliosakralgelenk)
10 Halswirbel
11 Brustwirbel
12 Lendenwirbel

Alle Wirbel sind nach dem gleichen Bauplan aufgebaut, zeigen Gemeinsamkeiten, aber auch Unterschiede in den verschiedenen Abschnitten der Wirbelsäule. Zum Grundbauplan eines Wirbels gehören:

der Wirbelkörper,
der Wirbelbogen,
das Wirbelloch,
die Wirbelfortsätze.

Wirbelkörper
Der Wirbelkörper (Corpus vertebrae) ist der eigentliche lasttragende Teil der Wirbelsäule, und die Größe der Wirbelkörper nimmt von kranio-kaudaler Richtung zu. Ein Wirbelkörper besteht vorwiegend aus der spongiösen Substanz (Substantia spongiosa), die von einer dünnen Schale aus harter Substanz (Substantia compacta) umgeben wird. Zwischen den Spongiosabälkchen befindet sich das rote Knochenmark.

Wirbelbogen
Von jedem Wirbelkörper geht ein nach dorsal gerichteter Wirbelbogen (Arcus vertebrae) ab. Am Abgang des Wirbelbogens ist dieser sowohl an seiner Ober- als auch Unterkante etwas eingeschnürt. Der untere Einschnitt eines Wirbelbogens und der obere Einschnitt des nächstfolgenden unteren Bogens ergänzen sich zum Zwischenwirbelloch (Foramen intervertebrale). Dieses Zwischenwirbelloch dient dem Durchtritt der Rückenmarknerven.

Wirbelloch
Das Wirbelloch (Foramen vertebrale) wird vom Wirbelkörper und vom Wirbelbogen begrenzt. Die Gesamtheit der übereinanderliegenden Wirbellöcher bildet den Wirbelkanal (Canalis vertebralis), in dem sich das Rückenmark und die umhüllenden Rückenmarkhäute befinden.

Wirbelfortsätze
Von jedem Wirbel gehen in der Regel sieben Fortsätze ab. Zu diesen rechnet man:

- die Querfortsätze,
- die Gelenkfortsätze,
- den Dornfortsatz.

Querfortsätze
Der paarige Querfortsatz (Processus transversus) dient dem Ansatz von Muskeln, und in der Brustwirbelsäule fungieren die Querfortsätze als Widerlager für die Rippen.

Gelenkfortsätze
Die paarigen oberen und unteren Gelenkfortsätze (Processus articulares) tragen Gelenkflächen und sind Teile der Wirbelgelenke, welche die Beweglichkeit der Wirbelsäule ermöglichen. Die Beweglichkeit der Wirbelsäule ist als eine Summation der Bewegungen in den Einzelgelenken aufzufassen. Der beweglichste Abschnitt der Wirbelsäule ist die Halswirbelsäule.

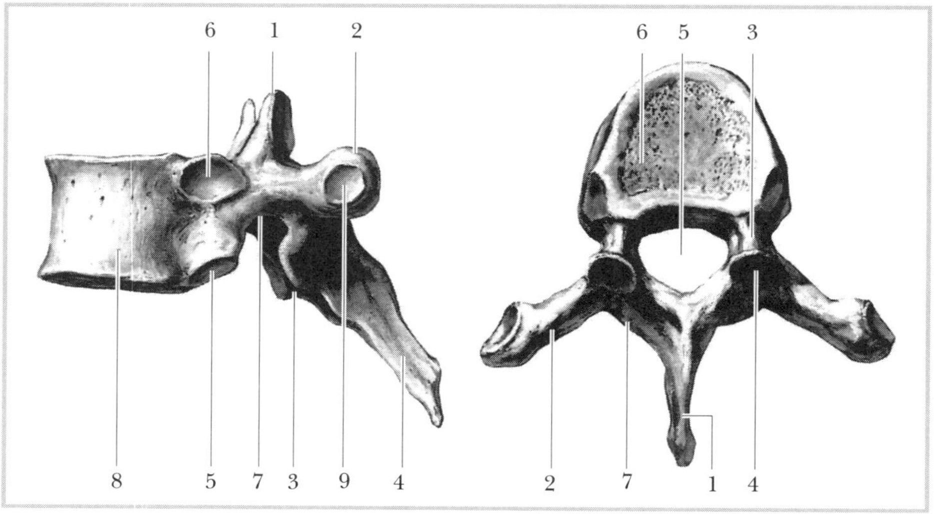

Abb. 133 Brustwirbel

A Brustwirbel von der Seite
1 oberer Gelenkfortsatz (Processus articularis superior)
2 Querfortsatz (Processus transversus)
3 unterer Gelenkfortsatz (Processus articularis inferior)
4 Dornfortsatz (Processus spinosus)
5 untere Rippengelenkfläche
6 obere Rippengelenkfläche
7 unterer Wirbeleinschnitt
8 Wirbelkörper (Corpus vertebrae)
9 Rippengelenkfläche des Querfortsatzes

B Brustwirbel von unten
1 Dornfortsatz
2 Querfortsatz
3 oberer Gelenkfortsatz
4 obere Rippengelenkfläche
5 Wirbelloch (Foramen vertebrale)
6 Wirbelkörper (Corpus vertebrae)
7 Wirbelbogen (Arcus vertebrae)

Dornfortsatz
Der Dornfortsatz (Processus spinosus) ist unpaar und nach dorsal ausgerichtet. Die Dornfortsätze der Brust- und Lendenwirbelsäule liegen unter der Rückenhaut und können hier getastet oder sogar gesehen werden.

Zwischenwirbelscheiben
Insgesamt gibt es 23 Zwischenwirbelscheiben (Disci intervertebrales), welche zwischen den ebenen Flächen der Wirbelkörper liegen. Sie bestehen zentral aus einem weichen Anteil, dem Nucleus pulposus und einem diesen umgebenden Faserknorpelring (Anulus fibrosus). Die Verbindung von zwei Wirbelkörpern durch eine Zwischenwirbelscheibe bezeichnet man als eine Knorpelhaft. Die Bandscheiben befestigen die Wirbelkörper untereinander. Sie erlauben aber eine gewisse Beweglichkeit und wirken als Polster.

Bandapparat
Der Bandapparat erstreckt sich in kranio-kaudaler Längsrichtung.
Das vordere Längsband (Lig. longitudinale anterius) verläuft vom Hinterhauptbein bis zum ersten Kreuzwirbel und setzt sich über das Kreuzbein hinweg nach kaudal fort. Es ist fest mit den Wirbelkörpern verwachsen.
Das hintere Längsband (Lig. longitudinale posterius) ist fest mit den Zwischenwirbelscheiben verwachsen und verläuft in kranio-kaudaler Richtung an der Hinterseite der Wirbelkörper und Bandscheiben.
Die gelben elastischen Bänder (Ligg. flava) verbinden die Wirbelbögen untereinander, engen die Zwischenwirbellöcher ein und steuern die Beweglichkeit der kleinen Wirbelgelenke. Die Dornfortsätze sind durch mehrere längs verlaufende Bänder untereinander verbunden.

Gelenke
Die Gelenkfortsätze der Wirbel weisen einen Knorpelüberzug auf. Sie lagern sich derart zusammen, daß die unteren Gelenkfortsätze mit den oberen des darunter gelegenen Wirbels gelenkig verbunden sind. Auf diese Weise entstehen 23 Gelenkpaare.

Merke **Die Wirbelsäule setzt sich aus den Wirbeln, den Zwischenwirbelscheiben, dem Bandapparat und den 23 Gelenkpaaren zusammen.**

Die Wirbelsäule besteht aus folgenden Abschnitten:

- der Halswirbelsäule,
- der Brustwirbelsäule,
- der Lendenwirbelsäule,
- dem Kreuzbein,
- dem Steißbein.

Halswirbelsäule
Die sieben Halswirbel zeigen alle ein großes fast dreieckiges Wirbelloch (Foramen vertebrale). Die Wirbelkörper des 2. bis 7. Halswirbels sind relativ klein. Die Querfortsätze der Halswirbel umschließen ein Loch, das Foramen transversarium. In ihm verlaufen auf beiden Seiten die Wirbelarterie (A. vertebralis) und Wirbelvene (V. vertebralis).

Der 1. Halswirbel trägt den Kopf und wird Atlas genannt. Er hat die Form eines Ringes, besitzt keinen Körper und sein Wirbelloch ist besonders groß. Die beiden massiven Seitenteile (Massae laterales) tragen zwei obere und zwei untere Gelenkflächen und werden durch einen vorderen und hinteren Bogen miteinander verbunden. Die oberen ovalen Gelenkflächen sind über das obere Kopfgelenk mit den Gelenkflächen des Hinterhauptbeins verbunden. Die unteren sind dagegen fast rund und artikulieren mit den oberen Gelenkflächen des 2. Halswirbels und bilden einen Teil des unteren Kopfgelenkes.

Der 2. Halswirbel heißt Axis, besitzt einen Körper, der an seiner oberen Fläche einen zahnartigen Fortsatz (Dens axis) aufweist. Dieser trägt eine Gelenkfläche an seiner Vorderseite, über die Atlas und Axis zusätzlich gelenkig verbunden sind. Diese gelenkige Verbindung wird ebenfalls zum unteren Kopfgelenk gezählt.
Ein querverlaufendes Atlasband trennt den Zahn (Dens) vom Rückenmark.

Merke **Das obere Kopfgelenk ermöglicht die „Nickbewegungen" und Seitwärtsneigungen des Kopfes.**

Merke **Das untere Kopfgelenk erlaubt Drehbewegungen des Kopfes.**

Der 7. Halswirbel ragt wegen seines langen Dornfortsatzes über das Oberflächenniveau der anderen Dornfortsätze hinaus, dient als Orientierungspunkt beim Abzählen der Wirbel und hat schon Ähnlichkeit mit einem Brustwirbel.

Brustwirbelsäule
Die Brustwirbelsäule besteht aus 12 Brustwirbeln, deren Körper nach kaudal zunehmend mächtiger werden. Seitlich befinden sich an den Wirbelkörpern kleine Eindellungen, denen die Rippenköpfchen anliegen. An den Querfortsätzen befinden sich ebenfalls kleine Gelenkflächen zur Anlagerung der Rippen. Die Dornfortsätze sind lang, nach kaudal gerichtet und liegen dachziegelartig übereinander. Das Wirbelloch eines Brustwirbels ist fast rund und kleiner als bei den Halswirbeln und Lendenwirbeln.

Lendenwirbelsäule
Die Lendenwirbelkörper sind die größten Wirbel des menschlichen Körpers. Die Gelenkflächen stehen in sagittaler Richtung, und die Dornfortsätze verlaufen in fast gerader Richtung nach dorsal. Die platten und langen Querfortsätze stellen Rippenreste dar und werden auch Processus costarii genannt. Das Wirbelloch der Lendenwirbel ist dreieckig und relativ groß.

Kreuzbein
Das Kreuzbein (Os sacrum) ist ein Knochen, der aus der Verschmelzung der 5 Kreuzwirbel, den jeweiligen Rippenrudimenten und den Zwischenwirbelscheiben entstanden ist. Das Kreuzbein wird durch zwei Gelenkflächen mit dem Hüftbein verbunden. Die breite Basis ist dem 5. Lendenwirbel zugekehrt. Die Spitze des Kreuzbeins ist mit dem Steißbein durch eine faserknorpelige Scheibe verbunden. Die Innenseite des Kreuzbeins ist konkav und bildet die hintere Wand des Beckens. In den seitlichen Abschnitten liegen jederseits 4 große Löcher (Foramina sacralia pelvina), die dem Durchtritt von Gefäßen und Nerven dienen. Die hintere Kreuzbeinfläche ist konvex und läßt noch die Anteile der ursprünglichen Wirbelfortsätze erkennen. Das Innere des Kreuzbeins wird vom Canalis sacralis durchsetzt. Das Kreuzbein überträgt die Last des Rumpfes auf das Becken.

Steißbein
Das Steißbein (Os coccygis) heißt Kuckucksbein, da es dem Schnabel dieses Vogels ähnelt. Es besteht aus 4 - 5 Steißwirbeln, die beim Erwachsenen meist knöchern verwachsen sind. Die einzelnen Wirbel sind stark zurückgebildet, so daß die Wirbelbestandteile nicht mehr erkennbar sind.

Die Wirbelsäule ist die Stütze des Rumpfes und überträgt das auf ihr lastende Gewicht der oberen Körperhälfte auf das Becken und die Gelenkanteile der Hüftgelenke. Die Wirbelsäule weist einen von kranial nach kaudal doppelt-S-förmig gekrümmten Verlauf auf. Im Bereich der Halswirbel- und Lendenwirbelsäule liegt eine nach vorn konvexe Biegung (Lordose) vor, während die Brustwirbelsäule und das Kreuzbein nach ventral konkav (Kyphose) gekrümmt sind. Die 7 Halswirbel, 12 Brustwirbel und 5 Lendenwirbel sind in den Wirbelgelenken beweglich, während das Kreuzbein mit dem Hüftbein relativ fest zum sogenannten Beckenring verbunden ist. Die Wirbelsäule ermöglicht folgende Hauptbewegungen:

- die Beugung und Streckung,
- die Seitwärtsneigung,
- die Drehbewegung.

Merke **Die Beweglichkeit der Wirbelsäule nimmt in kranio-kaudaler Richtung ab. Sie kommt durch Summation der Einzelbewegungen der Wirbelgelenke zustande.**

Brustkorb

Der Brustkorb (Thorax) besteht aus

- den 12 Brustwirbeln,
- den 12 Rippenpaaren und
- dem Brustbein.

Brustwirbel
Die Brustwirbelkörper nehmen nach kaudal zu und tragen Gelenkflächen für die Anlagerung und gelenkige Verbindung mit den Rippenköpfchen. Die Querfortsätze besitzen ebenfalls Gelenkflächen zur gelenkigen Verbindung mit den Rippen. Die langen Dornfortsätze sind schräg nach kaudal gerichtet und liegen dachziegelartig übereinander.

Rippen
Die Rippen (Costae) setzen sich zusammen aus einem knöchernen Teil (Os costale) und dem hyalinen Rippenknorpel (Cartilago costalis), der mit dem Brustbein verbunden ist. Eine einzelne Rippe besteht aus dem Rippenköpfchen (Caput costae), das mit einer kleinen Gelenkfläche den Wirbelkörpern und der Zwischenwirbelscheibe gelenkig anliegt, dem Rippenhals (Collum costae), der nur wenige cm lang ist und in den größeren Rippenkörper (Corpus costae) übergeht. Der Übergang wird durch den Rippenhöcker (Tuberculum costae) gekennzeichnet. Der Rippenhöcker trägt bei den Rippen 1 - 10 eine Gelenkfläche, die die gelenkige Verbindung mit dem Querfortsatz der entsprechenden Brustwirbel herstellt. Auf der Innenseite der Rippenkörper verläuft eine Rinne (Sulcus costae), in welcher die zwischen den Rippen verlaufenden Blutgefäße (Aa. und Vv. intercostales) und Nerven (Nn. intercostales) eingebettet sind.
Die oberen 7 Rippenpaare sind mit dem Brustbein über eine Knorpelhaft direkt verbunden, während die Rippenpaare 8, 9, und 10 den knorpeligen Rippenbogen (Arcus costalis) bilden und somit indirekt mit dem Brustbein verbunden sind. Das 11. und 12. Rippenpaar hat keine Verbindung zum Brustbein, es endet frei in der Muskulatur der Bauchwand.

Brustbein
Das Brustbein ist ein flacher Knochen, der die Form eines kurzen römischen Schwertes aufweist und aus folgenden Abschnitten besteht:

- dem Handgriff (Manubrium sterni),
- dem Körper (Corpus sterni),
- dem Schwertfortsatz (Processus xiphoideus).

Handgriff
Der Handgriff ist mit der ersten Rippe verbunden. Zwischen dem Handgriff und dem Körper befindet sich bis zum mittleren Lebensalter eine Spalte, die mit Faserknorpel ausgefüllt ist. An dieser Stelle setzt die 2. Rippe am Brustbein an.

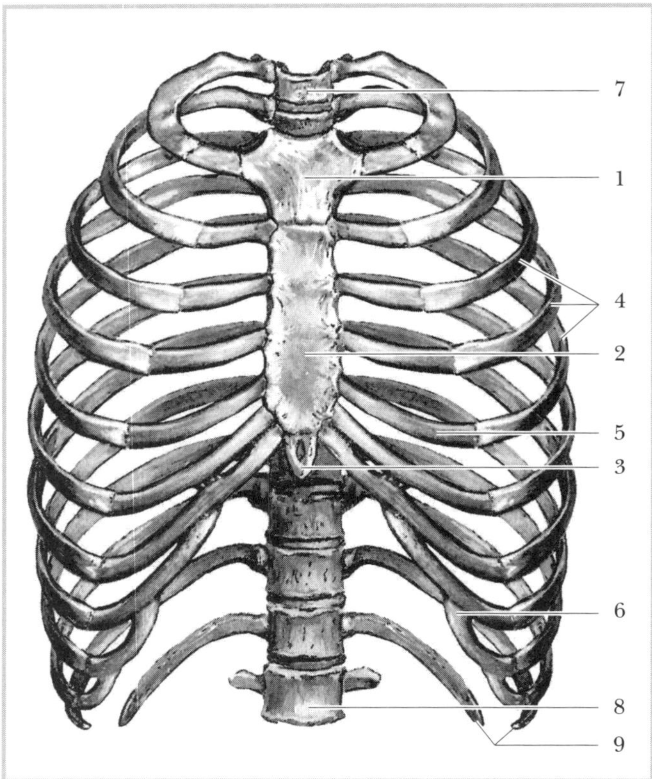

Abb. 134
Knöcherner Brustkorb

1 Handgriff des Brustbeins (Manubrium sterni)
2 Körper des Brustbeins (Corpus sterni)
3 Schwertfortsatz (Processus xiphoideus)
4 Rippen (Costae)
5 Rippenknorpel (Cartilago costalis)
6 Rippenbogen (Arcus costalis)
7 1. Brustwirbel
8 1. Lendenwirbel
9 freie 11. und 12. Rippe (Costae fluctuantes)

Körper
Der Körper zeigt seitlich die Vertiefungen für die Ansätze der 2. - 7. Rippe. Er liegt dicht unter der Brusthaut und enthält rotes Knochenmark, das leicht punktiert (Sternalpunktion) werden kann.

Schwertfortsatz
Dieser Fortsatz ist individuell verschieden geformt, besteht in der Jugend aus Knorpel, der später durch Knochen ersetzt wird.

Der Brustkorb besitzt eine obere und untere Öffnung (Apertur). Die obere wird vom 1. Brustwirbel, dem 1. Rippenpaar sowie dem Handgriff des Brustbeins begrenzt und die untere Öffnung vom 10. Brustwirbel, den Rippenbögen und dem Schwertfortsatz. Die Rippenbögen bilden am Schwertfortsatz den epigastrischen Winkel, der etwa 80° beträgt.

Schultergürtel

Der Schultergürtel verbindet die obere Extremität mit dem Rumpf und bildet einen unvollständigen knöchernen Gürtel, der vorn und hinten offen ist. Die vordere Öffnung wird vom Handgriff des Brustbeins ausgefüllt, und die hintere Öffnung bleibt unausgefüllt. Die knöcherne Grundlage dieses Schultergürtels wird von folgenden Skelettanteilen gebildet:

- dem Schlüsselbein (Clavicula),
- den Schulterblättern (Scapulae).

Schlüsselbein
Das Schlüsselbein ist ein S-förmig geschwungener Knochen, dessen beiden Enden zu Gelenkkörpern verdickt sind, die jeweils einen Knorpelüberzug aufweisen.
Der innere Gelenkkörper bildet mit der Gelenkpfanne am Handgriff des Brustbeins das Brustbein-Schlüsselbein-Gelenk (Articulatio sternoclavicularis), das ein Kugelgelenk darstellt. Zwischen Gelenkkopf und Gelenkpfanne befindet sich eine Gelenkscheibe (Discus articularis). Zwischen beiden Gelenkkörpern verlaufen mehrere Bänder, die das Gelenk sichern.
Der äußere Gelenkkörper des Schlüsselbeins bildet mit einer kleinen Gelenkpfanne auf der Schulterhöhe (Acromion) des Schulterblattes das Schulterblatt-Schlüsselbein-Gelenk (Articulatio acromioclavicularis). Eine Gelenkscheibe zwischen Kopf und Pfanne kann vorkommen. Das äußere Gelenk ist ebenfalls ein durch Bänder gesichertes Kugelgelenk.

Schulterblatt
Das Schulterblatt ist ein platter Knochen, der dreieckig geformt ist und dem Brustkorb dorsal aufliegt. Man unterscheidet am Schulterblatt einen medialen, seitlichen und oberen Rand (Margo scapulae medialis, lateralis und superior) sowie einen unteren, seitlichen und oberen Schulterblattwinkel (Angulus scapulae inferior, lateralis und superior). Durch die Schulterblattgräte (Spina scapulae) wird die Hinterfläche in die obere und untere Schulterblattgrube (Fossa supraspinata, Fossa infraspinata) geteilt.
Die Schulterblattgräte endet seitlich als Schulterhöhe (Acromion), die eine Gelenkfläche für das Schlüsselbein trägt. Am seitlichen Schulterblattwinkel (Angulus lateralis) befindet sich die Gelenkfläche für das Schultergelenk (Cavitas glenoidalis).
Der obere Rand (Margo superior) zeigt einen Einschnitt (Incisura scapulae), von dessen seitlicher Kante der Rabenschnabelfortsatz (Processus coracoideus) ausgeht.

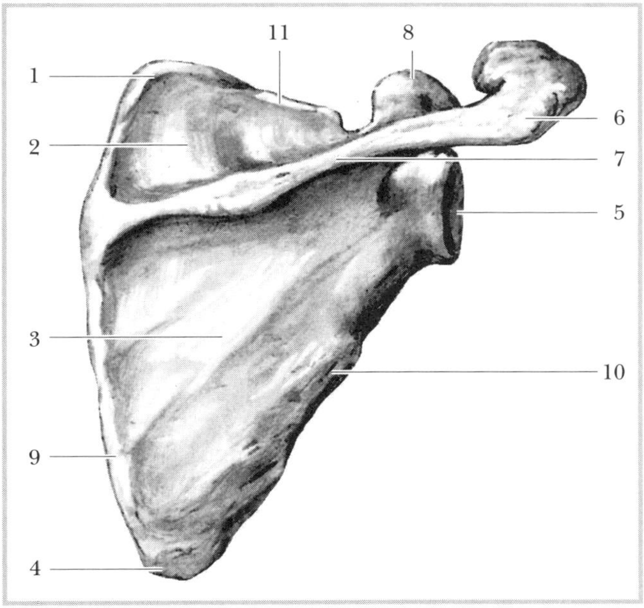

Abb. 135
Schulterblatt (Scapula) von hinten

1 oberer Schulterblattwinkel (Angulus superior)
2 Obergrätengrube (Fossa supraspinata)
3 Untergrätengrube (Fossa infraspinata)
4 unterer Schulterblattwinkel (Angulus inferior)
5 Gelenkfläche für den Oberarmkopf (Cavitas glenoidalis)
6 Schulterhöhe (Acromion)
7 Schultergräte (Spina scapulae)
8 Rabenschnabelfortsatz (Processus coracoideus)
9 medialer Rand (Margo medialis)
10 seitlicher Rand (Margo lateralis)
11 oberer Rand (Margo superior)

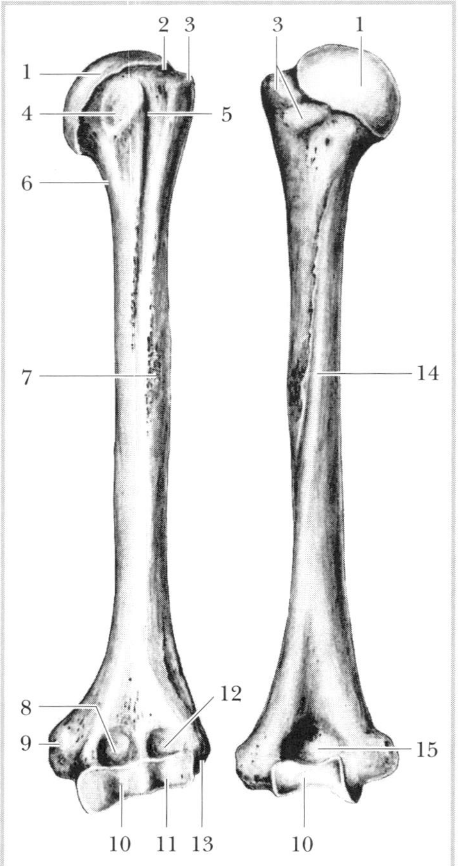

Abb. 136 Linkes Oberarmbein (Humerus)

A linkes Oberarmbein von vorn
B linkes Oberarmbein von hinten
1 Oberarmkopf (Caput humeri)
2 anatomischer Hals (Collum anatomicum)
3 großer Höcker (Tuberculum majus)
4 kleiner Höcker (Tuberculum minus)
5 Furche zwischen den Höckern
6 chirurgischer Hals (Collum chirurgicum)
7 Rauhigkeit für den Ansatz des Deltamuskels
8 Grube für die Elle (Fossa coronoidea)
9 innerer Obergelenkknorren (Epicondylus medialis)
10 Oberarmrolle (Trochlea humeri)
11 Oberarmköpfchen (Capitulum humeri)
12 Grube für die Speiche (Fossa radialis)
13 äußerer Obergelenkknorren (Epicondylus lateralis)
14 Furche für den Speichennerven (Sulcus n. radialis)
15 Grube für den Ellenhaken (Fossa olecrani)

Obere Gliedmaßen

Die oberen Gliedmaßen werden jeweils unterteilt in:

- das Oberarmbein,
- die Knochen des Unterarmes,
- die Knochen der Hand.

Oberarmbein

Das Oberarmbein (Humerus) ist ein langer Röhrenknochen, an dem ein Kopf (Caput), der Hals (Collum), der Schaft (Corpus) und der Knorren (Condylus) unterschieden werden.
An der medialen Seite sitzt dem Schaft der Kopf in Form einer Halbkugel auf und bildet mit dem Schaft einen Winkel von 130°. Die mit Knorpel überzogene Gelenkfläche ruht in der Gelenkpfanne des Schulterblattes. Der anatomische Hals befindet sich distal vom Kopf und stellt eine flache ringförmige Einziehung dar. Darauf wölben sich seitlich der große Höcker (Tuberculum majus) und medial der kleine Höcker (Tuberculum minus) vor, die nach distal in einer Leiste auslaufen. Zwischen beiden Höckern befindet sich eine Furche, der Sulcus intertubercularis. Unterhalb der Höcker verschmälert sich der Knochen und bildet den chirurgischen Hals. Er wird so genannt, da hier nicht selten Brüche auftreten.

Der Schaft ist der größte Teil des Oberarmbeines und besitzt an seinem hinteren Umfang eine Furche (Sulcus nervi radialis), die den Speichennerv (N. radialis) aufnimmt. Der seitliche und mediale Rand des Schaftes endet distal in den seitlichen und medialen Knochenvorsprung (Epicondylus lateralis und medialis). Am medialen Knochenvorsprung befindet sich dorsal eine tiefe Furche, die Furche des Ellennerven (Sulcus nervi ulnaris). Das distale Ende des Oberarmbeines trägt die Gelenkflächen für die Speiche und Elle. Dazu zählen das Humerusköpfchen (Capitulum humeri) und die Humerusrolle (Trochlea humeri). An der Hinterseite, oberhalb der Humerusrolle, befindet sich die Ellenhakengrube (Fossa olecrani).

Abb. 137 Rechte Elle (Ulna) und Speiche (Radius), dorsale Fläche

A Elle (Ulna)

1 Hakenfortsatz (Olecranon)
2 Gelenkfläche für die Oberarmrolle
3 Gelenkfläche für die Speiche
4 Rauhigkeit der Elle (Tuberositas ulnae)
5 Ellenkopf (Caput ulnaris)
6 Griffelfortsatz (Processus styloideus ulnae)

B Speiche (Radius)

1 Speichenkopf (Caput radii)
2 Speichenhals (Collum radii)
3 Rauhigkeit der Speiche (Tuberositas radii)
4 Gelenkfläche für die Elle
5 Griffelfortsatz der Speiche (Processus styloideus radii)

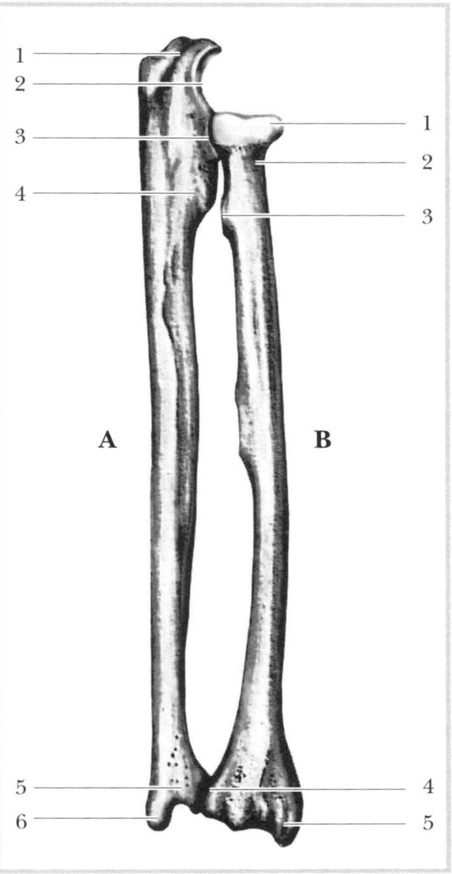

Knochen des Unterarmes
Die Knochen des Unterarmes sind, wie der Humerus, lange Röhrenknochen. Zu den Knochen des Unterarmes gehören

- die Speiche (Radius) und
- die Elle (Ulna).

Speiche
Die Speiche ist an ihrem proximalen Ende schmal und distal verdickt. An ihr unterscheidet man den Kopf, den Hals, den Körper und das distale Gelenkende.
Der Kopf wird von dem Gelenkknorpel überzogen und bildet eine flache Gelenkpfanne für das Oberarmköpfchen (Capitulum humeri). Der Umfang des Kopfes, der sich der Elle anlagert, ist auch vom hyalinen Knorpel bedeckt und bildet eine ringförmige Gelenkfläche für die Elle. Am Übergang vom Hals zum Körper befindet sich eine Rauhigkeit (Tuberositas radii).
Der Körper besitzt drei Kanten und Flächen. Der Rand, welcher der Elle zugewandt ist, wird Zwischenknochenrand (Margo interosseus) genannt.
Das distale verbreiterte Ende der Speiche trägt die Gelenkfläche für die proximale Reihe der Handwurzelknochen (Facies articularis carpea). Im seitlichen Abschnitt verjüngt sich das distale Ende zum Griffelfortsatz (Processus styloideus). Im medialen Abschnitt des distalen Endes befindet sich ein überknorpelter Einschnitt (Incisura ulnaris) zur gelenkigen Verbindung mit der Elle.

Elle
Die Elle ist an ihrem proximalen Ende verdickt und distal schmal. Im proximalen Abschnitt zeigt die Elle einen tiefen Einschnitt (Incisura trochlearis). Dieser ist mit hyalinem Knorpel ausgekleidet und nimmt die Humerusrolle (Trochlea humeri) des Oberarmbeins auf. Der seitliche Rand des proximalen Endes ist etwas eingebuchtet, überknorpelt und stellt die

Gelenkfläche für das Radiusköpfchen dar. Die hintere Kante der Elle bildet proximal den Ellenhaken (Olekranon).
Der Körper der Elle besitzt drei Kanten und Flächen. Der Rand, der der Speiche zugewandt ist, heißt Zwischenknochenrand (Margo interosseus). Das distale schmale Ende ist überknorpelt (Caput ulnae) und trägt die Gelenkfläche für die Speiche. Das distale Ende spitzt sich medial zum Griffelfortsatz (Processus styloideus) zu.
Die Elle wird vom proximalen Handgelenk durch einen faserknorpeligen Discus articularis getrennt.
Speiche und Elle werden durch eine bindegewebige Membran (Membrana interossea) miteinander verbunden, die an den gegenüberliegenden Innenkanten beider Unterarmknochen befestigt ist.

Knochen der Hand
Das Handskelett wird unterteilt in

- die Handwurzel (Carpus),
- die Mittelhand (Metacarpus) und
- die Finger (Digiti).

Handwurzel
Die Handwurzel besteht aus in zwei Reihen angeordneten Handwurzelknochen (Ossa carpi). Die proximale Reihe umfaßt von der Daumenseite zur Kleinfingerseite folgende Knochen:

- das Kahnbein (Os scaphoideum),
- das Mondbein (Os lunatum),
- das Dreiecksbein (Os triquetrum),
- das Erbsenbein (Os pisiforme).

Zur distalen Reihe gehören von radial nach ulnar betrachtet folgende Knochen:

- das große Vieleckbein (Os trapezium),
- der kleine Vieleckbein (Os trapezoideum),
- das Kopfbein (Os capitatum),
- das Hakenbein (Os hamatum).

Die acht Handwurzelknochen bilden ein auf der Rückseite konvexes und auf der Handtellerseite konkaves Gewölbe, über welches sich das quere Handwurzelband (Ligamentum carpi transversum) spannt. Durch diesen osteofibrösen Handwurzelkanal ziehen die Sehnen der Muskeln und die Nerven des Unterarmes zur Hohlhand. Zum Einprägen der acht Handwurzelknochen gilt folgender Merksatz.

Merke **Ein Kahn, der fuhr im Mondenschein im Dreieck um das Erbsenbein, Vieleck groß und Vieleck klein, am Kopf, da muß der Haken sein.**

Das Kahnbein, Mondbein und Dreiecksbein besitzen Gelenkflächen und bilden zusammen mit der Gelenkfläche der Speiche das proximale Handgelenk. Zwischen den beiden Knochenreihen der Handwurzel befindet sich das distale Handgelenk.

Mittelhand
Die Mittelhand besteht aus fünf Mittelhandknochen (Ossa metacarpalia), die kurze Röhrenknochen darstellen, und ebenso wie die Handwurzelknochen weisen sie eine räumliche Anordnung auf. Sie gliedern sich in die Basis, den Körper und in den Kopf. Die distale Reihe der Handwurzelknochen und die Basen der Mittelhandknochen sind gelenkig miteinander verbunden. Vom 2. - 5. Mittelhandknochen fixieren zahlreiche Bänder die Gelenke derart, daß praktisch keine Bewegung möglich ist. Diese straffen Gelenke bezeichnet man als Amphiarthrosen. Dagegen ist der 1. Mittelhandknochen des ersten Fingers (Daumen) mit dem

großen Vieleckbein der Handwurzel über ein Sattelgelenk beweglich verbunden. Es ist ein sehr wichtiges Gelenk der Hand, da es die Greifbewegung ermöglicht. Der Daumen kann in diesem Gelenk den anderen Fingern gegenübergestellt werden.

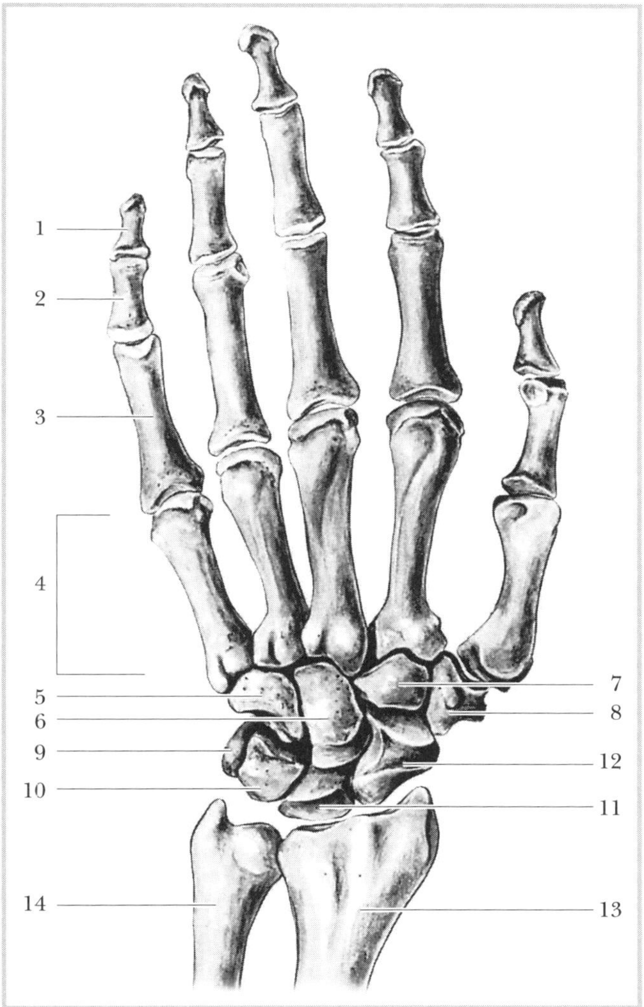

Abb. 138
Knochen der linken Hand

1 Fingerendglied (Phalanx distalis)
2 Fingermittelglied (Phalanx media)
3 Fingergrundglied (Phalanx proximalis)
4 Mittelhandknochen (Ossa metacarpalia I-V)
5 Hakenbein (Os hamatum)
6 Kopfbein (Os capitatum)
7 kleines Vieleckbein (Os trapezoideum)
8 großes Vieleckbein (Os trapezium)
9 Erbsenbein (Os pisiforme)
10 Dreieckbein (Os triquetrum)
11 Mondbein (Os lunatum)
12 Kahnbein (Os scaphoideum)
13 Speiche
14 Elle

Finger
Den Mittelhandknochen schließen sich die Finger (Phalangen) an. Der 2. - 5. Finger unterteilt sich jeweils in ein Grund-, Mittel- und Endglied (Phalanx proximalis, media und distalis). Der Daumen (Pollex) hat nur zwei Glieder, das mittlere Glied fehlt.
Die Grund- und Mittelglieder der Finger gliedern sich in Basis, Körper und Kopf. Die Endglieder schließen distal mit einer Rauhigkeit ab.

Zwischen den Mittelhandknochen und den Grundgliedern der Finger befinden sich die Fingergrundgelenke, die mit Ausnahme des Daumengrundgelenks Kugelgelenke sind. Die Finger können somit in drei Richtungen bewegt werden.
Die Fingermittelgelenke, die Fingerendgelenke und das Daumengrundgelenk sind dagegen Scharniergelenke, die nur Beugung und Streckung erlauben.

Die oberen Gliedmaßen besitzen zahlreiche gelenkige Verbindungen. Zu den größeren Gelenken der oberen Gliedmaßen zählen:

- das Schultergelenk (Articulatio humeri),
- das Ellenbogengelenk (Articulatio cubiti),
- das proximale Handgelenk (Articulatio radiocarpea),
- das distale Handgelenk (Articulatio mediocarpea).

Schultergelenk
Das Schultergelenk ist ein Kugelgelenk und zugleich das beweglichste Gelenk des menschlichen Organismus.
Die flache Gelenkfläche des Schulterblattes (Cavitas glenoidalis) wird von einer Gelenklippe, die aus Faserknorpel besteht, umzogen und dadurch pfannenähnlich gestaltet. Diese Pfanne nimmt den Humeruskopf (Caput humeri) auf. Die Gelenkfläche des Humeruskopfes ist

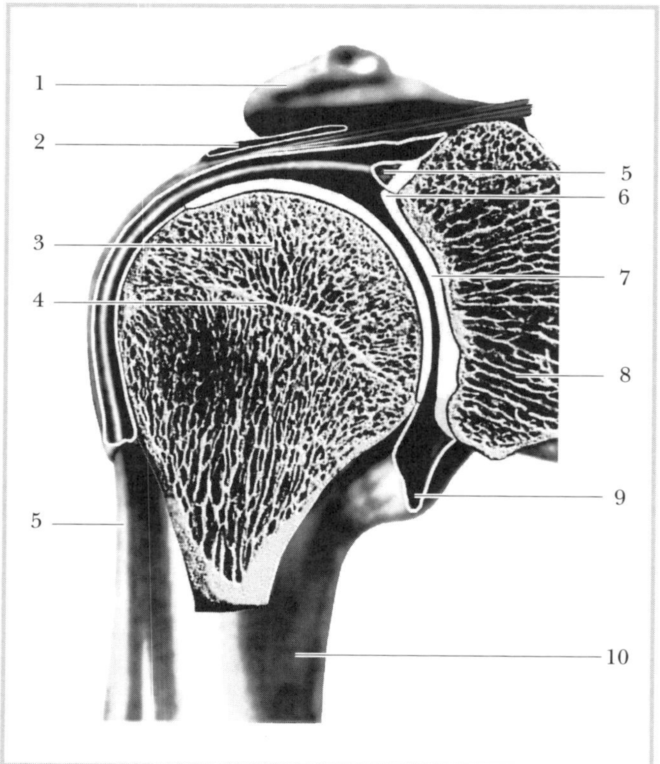

Abb. 139 Schultergelenk

1 Schulterhöhe (Acromion)
2 Schleimbeutel (Bursa)
3 Humeruskopf (Caput humeri)
4 verknöcherte Epiphysenfuge
5 Sehne des M. biceps brachii (langer Kopf)
6 Gelenkspalt
7 Gelenkpfanne (Cavitas glenoidalis)
8 Schulterblatt (Scapula)
9 Aussackung (Recessus axillaris)
10 Oberarmbein (Humerus)

wesentlich größer als die Gelenkfläche der Pfanne. Aus diesem Mißverhältnis resultiert die große Beweglichkeit im Schultergelenk. Die Gelenkkapsel ist weit und schlaff und wird nur oben durch ein Band (Lig. coracohumerale) verstärkt.
Die Gelenkkapsel weist bei herunterhängendem Arm auf der Innenseite eine Aussackung (Recessus axillaris) auf. Das Schultergelenk wird von der Sehne des zweiköpfigen Oberarmmuskels (M. biceps brachii) durchzogen. Zusammen mit dem deltaförmigen Muskel (M. deltoideus) drückt sie den Humeruskopf in die Pfanne.
Das Schultergelenk wird vom Schulterdach überdeckt, das die Bewegungsmöglichkeit nach oben begrenzt und gleichzeitig den Humeruskopf in der Gelenkpfanne sichert. Das Schulterdach wird von der Schulterhöhe (Acromion), dem Rabenschnabelfortsatz (Processus coracoideus) und das sie verbindende Band (Lig. coracoacromiale) gebildet. Dieses Schulterdach verhindert, daß der Arm bei ruhendem Schulterblatt über die Horizontale hinaus erhoben werden kann. Bei der Armbewegung über diese Horizontale hinaus muß das Schulterblatt im äußeren Schlüsselbeingelenk gedreht werden und gleichzeitig dreht sich auch das Schlüsselbein im inneren Schlüsselbeingelenk, und es wird der Schultergürtel in beiden Schlüsselbeingelenken gehoben.
Die Gelenkkapsel wird von einem Muskel-Sehnen-Mantel umgeben, der als Schutz für das Gelenk dient und die Bewegungen im Schultergelenk sichert. Da das Schultergelenk ein Kugelgelenk ist, gestatten die drei Hauptachsen Bewegungen in alle möglichen Richtungen.

Ellenbogengelenk
Das Ellenbogengelenk ist ein zusammengesetztes Gelenk. In ihm sind drei funktional verschiedene Teilgelenke zu einem Gelenk vereinigt. Alle Teilgelenke werden von einer gemeinsamen Gelenkkapsel umgeben, die seitlich von den Kollateralbändern verstärkt wird. Die drei Teilgelenke werden nach den gelenkbildenden Knochen benannt. Zu diesen Teilgelenken gehören:

- das Humeroulnargelenk (Articulatio humeroulnaris),
- das Humeroradialgelenk (Articulatio humeroradialis),
- das proximale Radioulnargelenk (Articulatio radioulnaris proximalis).

Humeroulnargelenk
Dieses Gelenk ist ein einachsiges Scharniergelenk, in dem die Beugung und Streckung des Unterarmes gegen den Oberarm erfolgt. Der konvexe Gelenkkörper ist die Humerusrolle (Trochlea humeri), die in einer Gelenkpfanne an der Innenseite des Olekranons liegt.

Humeroradialgelenk
Dieses Gelenk ist ein Dreh-Scharniergelenk. Als Gelenkkörper fungieren das konvexe Humeruskopfchen und die flache Gelenkpfanne, die am Radiusköpfchen liegt. Das Radiusköpfchen ist durch ein Band (Lig. anulare radii) an der Elle befestigt. Dadurch wird die Speiche bei der Beugung und Streckung in dem Humeroradialgelenk mitgenommen.

Proximales Radioulnargelenk
Dieses Gelenk ist für die Beuge- und Streckbewegungen unbedeutend. Es arbeitet funktionell immer mit dem distalen Radioulnargelenk zusammen. In diesen beiden Gelenken erfolgen die Umwendebewegungen der Hand. Dabei wird die Speiche in beiden Gelenken um die feststehende Elle bewegt. Stehen die Elle und Speiche parallel zueinander und zeigt die Hohlhand nach oben, dann heißt die Bewegung der Hand Supination. Überkreuzen sich die beiden Unterarmknochen und weist der Handrücken nach oben, nennt man diese Handbewegung Pronation.

Merke	**Im Ellenbogengelenk kann der Unterarm gegenüber dem Oberarm gebeugt und gestreckt werden. In den Ellen-Speichengelenken werden Drehbewegungen des Unterarmes ausgeführt.**

Proximales Handgelenk
Im proximalen Handgelenk bildet die Speiche mit ihrer distalen Gelenkfläche (Facies articularis carpea) den pfannenförmigen Teil des Gelenkes, in den sich die proximale Reihe der Handwurzelknochen nach Art eines Gelenkkopfes einfügt. Das proximale Handgelenk ist ein zweiachsiges Eigelenk, in der die Hand gestreckt, gebeugt sowie nach radial und ulnar geführt werden kann.

Distales Handgelenk
Dieses Gelenk liegt zwischen der proximalen und distalen Reihe der Handwurzelknochen und ist ebenfalls ein zweiachsiges Eigelenk. Die Hand kann gestreckt, gebeugt sowie nach radial und ulnar geführt werden.

Beide Gelenke wirken bei den Bewegungen der Hand zusammen.

Beckengürtel

Die unteren Gliedmaßen werden durch den Beckengürtel mit dem Rumpf verbunden. Im Gegensatz zum Schultergürtel, der hinten offen ist, stellt der Beckengürtel einen geschlossenen Knochenring dar. Die unteren Gliedmaßen tragen die Last des Rumpfes, die durch Vermittlung des Beckengürtels auf die Beine übertragen wird und dienen der Fortbewegung unseres Körpers. Dabei sind die Hauptgelenke des Beines, zu denen das Hüft-, Knie- und das obere Sprunggelenk gehören, so gebaut, daß sie dieser Rolle gerecht werden.
Der Beckengürtel besteht aus drei Knochen, die zusammen das Becken (Pelvis) bilden. Zu diesen Knochen gehören:

- die beiden Hüftbeine,
- das Kreuzbein.

Hüftbein
Das Hüftbein (Os coxae) entsteht aus drei verschiedenen Knochenanlagen, deren Verbindung während der Embryonalentwicklung durch Knorpel und nach der Geburt bis etwa zum 22. Lebensjahr durch Knochen ersetzt wird. Das Hüftbein eines Erwachsenen ist somit ein Beispiel für eine Synostose. Zu den drei Knochen, aus denen sich das Hüftbein zusammensetzt, zählen:

- das Darmbein (Os ilium),
- das Sitzbein (Os ischii)
- das Schambein (Os pubis).

Die Körper der drei Knochen stoßen am Azetabulum, dem Essignäpfchen, zusammen. Dieses befindet sich seitlich am Hüftbein und bildet die Pfanne des Hüftgelenkes.

Darmbein
Das Darmbein besteht aus einem Körper (Corpus) und der Darmbeinschaufel (Ala ossis ilii). Der kräftige Körper beteiligt sich an der Bildung des Azetabulums, und an der Innenseite trennt die bogenförmige Linie (Linea arcuata) den Körper von der Darmbeinschaufel. Die Innenfläche der Darmbeinschaufel bildet die Darmbeingrube (Fossa iliaca), in welcher die Darmschlingen ruhen. Der obere Rand der Darmbeinschaufel wird als Darmbeinkamm (Crista iliaca) bezeichnet. An diesem setzen die Bauchmuskeln an. Der Darmbeinkamm endet vorn mit dem vorderen oberen Darmbeinstachel (Spina iliaca anterior superior) und hinten mit dem hinteren oberen Darmbeinstachel (Spina iliaca posterior superior). An der Außenseite der Darmbeinschaufel entspringt die Gesäßmuskulatur. Zum Kreuzbein hin trägt das Darmbein eine ohrenförmige Fläche (Facies auricularis), die überknorpelt ist. Sie dient der gelenkigen Verbindung mit dem Kreuzbein.
Die beiden Kreuzbein-Darmbein-Gelenke werden durch kräftige Bänder, die in verschiedenen Ebenen und Verlaufsrichtungen angeordnet sind, in ihrer Beweglichkeit stark eingeschränkt.

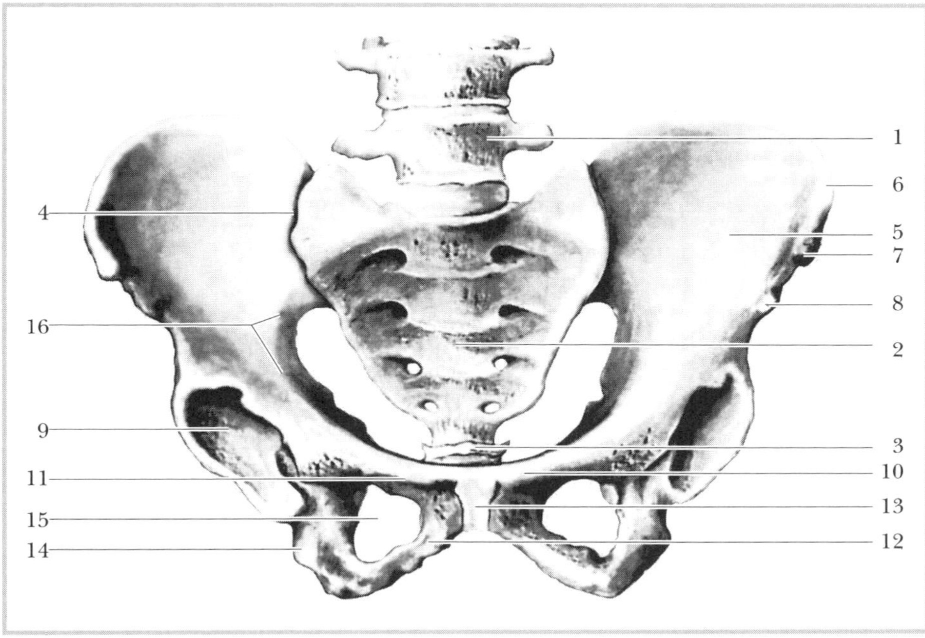

Abb. 140 Becken, von vorn

1 5. Lendenwirbel (Vertebra lumbalis V)
2 Kreuzbein (Os sacrum)
3 Steißbein (Os coccygis)
4 Darmbein-Kreuzbein-Gelenk (Iliosakralgelenk)
5 Darmbein (Os ilium)
6 Darmbeinkamm (Crista iliaca)
7 vorderer oberer Darmbeinstachel (Spina iliaca anterior superior)
8 vorderer unterer Darmbeinstachel (Spina iliaca anterior inferior)
9 Hüftgelenkpfanne (Acetabulum)
10 Schambein (Os pubis)
11 oberer Schambeinast (Ramus superior ossis pubis)
12 unterer Schambeinast (Ramus inferior ossis pubis)
13 Schambeinfuge (Symphyse)
14 Sitzbein (Os ischii)
15 verstopftes Loch (Foramen obturatum)
16 Linea terminalis

Die beiden Kreuzbein-Darmbein-Gelenke sind der Gelenkart nach Wackelgelenke (Amphiarthrosen). An der Grenze zum Sitzbein befindet sich ein Einschnitt, die Incisura ischiadica major.

Sitzbein

Das Sitzbein besteht aus einem Körper und einem Ast (Ramus). Der Körper bildet den größten Anteil des Azetabulums. An der Hinterseite trennt der Sitzbeinstachel (Spina ischiadica) den großen Sitzbeineinschnitt (Incisura ischiadica major) von dem kleinen Sitzbeineinschnitt (Incisura ischiadica minor). An der Grenze vom Körper zum Ast befindet sich der kräftige Sitzbeinhöcker (Tuber ischiadicum). Von ihm biegt nach vorn und medial der Sitzbeinast (Ramus ossis ischii) ab, der sich nahe der Schambeinfuge mit dem unteren Schambeinast verbindet.

Schambein
Das Schambein besteht aus einem Körper, der das Azetabulum vorn und oben vervollständigt, und aus einem oberen und unteren Schambeinast. Der obere Schambeinast (Ramus superior) verbindet sich mit dem Ast der Gegenseite knorpelig in der Symphyse, und der untere Schambeinast (Ramus inferior) verbindet sich mit dem Sitzbeinast.
Das Sitz- und Schambein umschließen ein Loch, das durch eine Membran fast vollständig verschlossen ist. Es wird als verstopftes Loch (Foramen obturatum) bezeichnet.

Kreuzbein
Das Kreuzbein (Os sacrum) ist ein Knochen, der aus der Verschmelzung der 5 Kreuzwirbel, den jeweiligen Rippenrudimenten und den Zwischenwirbelscheiben entstanden ist. Es ist durch zwei Gelenkflächen mit dem Darmbein verbunden. Die innere konkave Seite bildet die hintere Wand des Beckens. Die seitlichen Abschnitte enthalten jederseits 4 große Löcher, die Foramina sacralia pelvina, die dem Durchtritt von Gefäßen und Nerven dienen. Die hintere Fläche ist konvex und läßt noch Anteile der ursprünglichen Wirbelfortsätze erkennen. Das Kreuzbein überträgt die Last des Rumpfes auf das Becken.

Der Innenraum des knöchernen Beckens wird in ein großes und kleines Becken unterteilt. Die Grenzlinie zwischen beiden Beckenanteilen ist die Linea terminalis. Sie verläuft vom unteren Rand des 5. Lendenwirbels (Promontorium) jederseits über die Linea arcuata nach vorn zur Symphyse. Das große Becken wird seitlich von den Darmbeinschaufeln und hinten vom Kreuzbein begrenzt und gehört zum Abdomen. Das kleine Becken wird von den beiden Scham- und Sitzbeinen begrenzt und stellt das eigentliche Becken im klinischen Sprachgebrauch dar. Die Linea terminalis entspricht der Beckeneingangsebene des kleinen Beckens. Diese Ebene ist gegen die Horizontale um 60° nach abwärts geneigt. Diese Neigung bezeichnet man als Beckenneigung (Inclinatio pelvis). Der Ausgang des kleinen Beckens wird von der Symphyse, den unteren Ästen des Schambeins, den Sitzbeinästen, den Sitzbeinhöckern und dem Steißbein begrenzt.

Merke **Die Beckeneingangsebene, der Beckenkanal und der Beckenausgang haben als Geburtskanal praktische Bedeutung.**

Das weibliche und männliche Becken unterscheiden sich in mehrfacher Hinsicht. Der Beckeneingang der Frau ist queroval und der des Mannes hat die Form eines Kartenherzens. Das weibliche Becken ist in seinem Innenraum größer als das männliche Becken. Es ist auch breiter, weiter und niedriger als das Becken eines Mannes. Das verstopfte Loch ist bei der Frau mehr dreieckig und beim Mann fast oval.
Die Größe des knöchernen Geburtskanals wird durch Beckenmaße gekennzeichnet. Zum knöchernen Geburtskanal zählt man den quer ovalen Beckeneingangsraum, die runde Beckenhöhle und den längs ovalen Beckenausgangsraum. Die Beckenmaße werden unterteilt in:

- äußere Beckenmaße,
- innere Beckenmaße.

Äußere Beckenmaße
Zu den äußeren Beckenmaßen, die bei der Frau mittels eines Tastzirkels abgenommen werden, gehören z.B.:

- die Distantia cristarum,
- die Distantia spinarum,
- die Distantia trochanterica,
- die Conjugata externa.

Distantia cristarum
Dieses Beckenmaß gibt die größte Entfernung zwischen den Darmbeinkämmen beider Seiten an und beträgt etwa 28 cm.

Distantia spinarum
Sie gibt den Abstand zwischen den beiden vorderen oberen Darmbeinstacheln an, der etwa 25 cm beträgt.

Distantia trochanterica
Es ist der Abstand zwischen den beiden großen Rollhügeln der Oberschenkelknochen, der etwa 32 cm beträgt.

Conjugata externa
Das ist die Verbindungslinie zwischen der Symphyse und dem Dornfortsatz des 5. Lendenwirbels. Sie hat eine Länge von etwa 20 cm.

Innere Beckenmaße
Zu den inneren Beckenmaßen zählt man z.B.:

- die Conjugata vera obstetrica,
- der Diameter transversa,
- der Diameter obliqua,
- der Diameter recta.

Conjugata vera obstetrica
Dieser gerade Durchmesser ist der Abstand zwischen der hinteren Symphysenfläche und dem Promontorium und ist 11 cm lang. Es ist ein wichtiges Maß des Beckeneingangsraumes.

Diameter transversa
Dieser quere Durchmesser gibt den größten Abstand an, der zwischen der Linea terminales beider Seiten besteht. Er hat ein Ausmaß von 13 cm.

Diameter obliqua
Der schräge Durchmesser ist die Entfernung vom Kreuzbein-Darmbein-Gelenk zur Eminentia iliopubica. Man unterscheidet einen ersten und zweiten schrägen Durchmesser. Der erste schräge Durchmesser verläuft von der linken Eminentia iliopubica zum rechten Kreuzbein-Darmbein-Gelenk und der zweite von der rechten Eminentia iliopubica zum linken Kreuzbein-Darmbein-Gelenk. Der schräge Durchmesser beträgt 12 cm und gibt Auskunft über die Symmetrie eines Beckens.

Diameter recta
Der gerade Durchmesser ist ein Maß des Beckenausganges. Es ist der Abstand zwischen dem unteren Symphysenrand und der Steißbeinspitze, der 9 cm beträgt. Die Beweglichkeit der Steißbeinspitze kann den geraden Durchmesser auf 11cm vergrößern.

Die Beckenachse befindet sich in der Mitte aller medianen Verbindungslinien zwischen Symphyse und Kreuzbein. Sie verläuft zunächst gerade und biegt dann in einem nach vorn offenen Bogen um die Symphyse herum und bildet hier das Knie des Geburtskanals. Die Beckenachse stellt die Führungslinie des vorangehenden kindlichen Teils während der Geburt dar.

Untere Gliedmaßen

Die unteren Gliedmaßen werden jeweils unterteilt in:

- das Oberschenkelbein,
- die Kniescheibe,
- das Schienbein,
- das Wadenbein,
- die Knochen des Fußes.

Oberschenkelbein
Das Oberschenkelbein (Femur) ist der längste Röhrenknochen des Menschen und besteht aus dem Kopf (Caput femoris), dem Hals (Collum femoris), dem Körper (Corpus femoris)

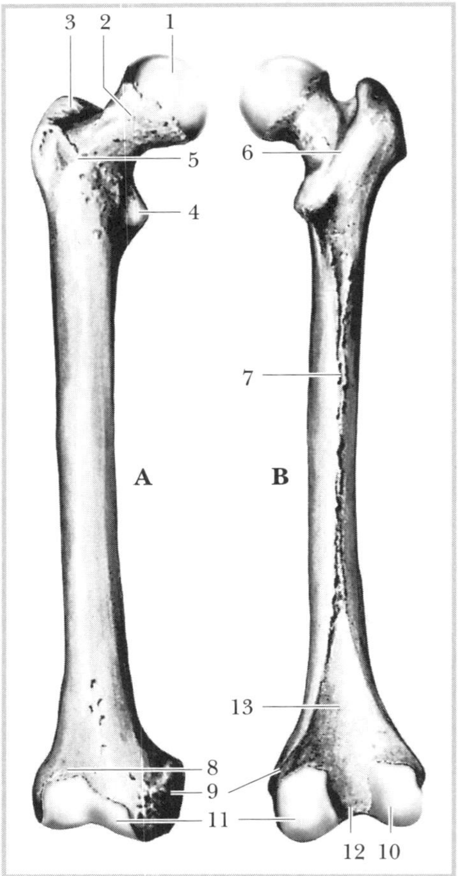

Abb. 141 Rechtes Oberschenkelbein (Femur)

A rechtes Oberschenkelbein von vorn
B rechtes Oberschenkelbein von hinten

1 Oberschenkelkopf (Caput femoris)
2 Schenkelhals (Collum femoris)
3 großer Rollhügel (Trochanter major)
4 kleiner Rollhügel (Trochanter minor)
5 Linie zwischen den Rollhügeln (Linea intertrochanterica)
6 Knochenkamm zwischen den Rollhügeln
7 rauhe Linie (Linea aspera)
8 äußerer Obergelenkknorren (Epicondylus lateralis)
9 innerer Obergelenkknorren (Epicondylus medialis)
10 äußerer Gelenkknorren (Condylus lateralis)
11 innerer Gelenkknorren (Condylus medialis)
12 Grube zwischen den Gelenkknorren (Fossa intercondylaris)
13 Kniekehlenfläche (Facies poplitea)

oder Schaft (Diaphyse) und den Knorren (Kondylen).
Der Kopf besitzt einen Knorpelüberzug, sitzt dem Hals medial auf, ist kugelförmig und ruht in der Hüftgelenkspfanne, dem Acetabulum. Nahe dem Zentrum des Kopfes befindet sich die Kopfgrube (Fossa capitis), in der das Oberschenkelkopfband (Lig. capitis femoris) verankert ist.
Der Hals weist nach medial und aufwärts und bildet mit dem Schaft den Kollodiaphysenwinkel, der im mittleren Lebensalter etwa 120-130° beträgt. Im Bereich zwischen Hals und Schaft verdickt sich das Knochenmaterial zu den beiden Rollhügeln, den Trochanteren. Der große Rollhügel (Trochanter major) liegt außen und der kleine Rollhügel (Trochanter minor) an der Innenseite etwas nach hinten. Die Rollhügel werden vorn durch eine Knochenlinie (Linea intertrochanterica) und hinten durch eine Knochenleiste (Crista intertrochanterica) verbunden.
Der Schaft des Femurs ist nach vorn konvex, und man kann an ihm drei Kanten und Flächen unterscheiden. Von den drei Kanten sind die beiden vorderen sehr stumpf und wenig ausgeprägt, die hintere Kante dagegen ist um so stärker entwickelt und wird wegen ihrer rauhen Beschaffenheit als Linea aspera bezeichnet. Sie besteht aus einer medialen und lateralen Knochenlippe (Labium mediale, Labium laterale). Die Knochenlippen setzen sich nach oben hin bis zu den beiden Rollhügeln und nach unten hin bis zu den beiden Kondylen des Femurs fort.

Im Bereich des distalen Endes verdickt sich der Femur zum medialen und lateralen Epikondylus. Die Epikondylen tragen an ihrer Unterseite die Kondylen, die mit Knorpel überzogen sind. Der vordere Krümmungsradius der Kondylen ist größer als der hintere. Auf der

Abb. 142 Linkes Schienbein (Tibia) und Wadenbein (Fibula) von vorn

A Schienbein
1 Höcker zwischen den Gelenkflächen (Eminentia intercondylaris)
2 innerer Gelenkknorren (Condylus medialis)
3 äußerer Gelenkknorren (Condylus lateralis)
4 Rauhigkeit (Tuberositas tibiae)
5 vordere Scheinbeinkante (Margo anterior)
6 innerer Knöchel (Malleolus medialis)
7 unteres Schienbein-Wadenbein-Gelenk
8 oberes Schienbein-Wadenbein-Gelenk

B Wadenbein
1 Wadenbeinköpfchen (Capitulum fibulae)
2 äußerer Knöchel (Malleolus lateralis)

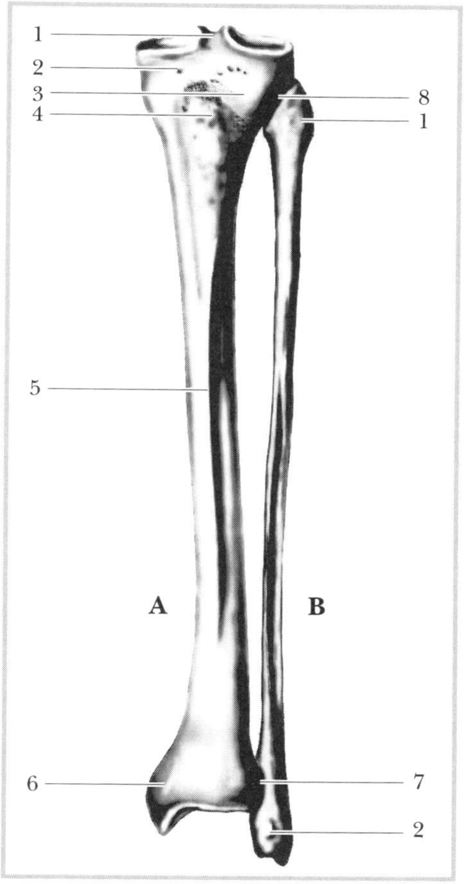

Hinterseite befindet sich zwischen den Kondylen eine Grube (Fossa intercondylaris). Vorn setzt sich der Gelenkknorpel von den Kondylen fort und bildet eine Fläche für die Anlagerung der Kniescheibe (Facies patellares).

Kniescheibe
Die Kniescheibe (Patella) ist ein großes Sesambein, das in die Sehne des vierköpfigen Schenkelstreckers (M. quadriceps femoris) eingefügt ist. An der Kniescheibe unterscheidet man ein breites oberes Ende (Basis patellae), ein spitzes unteres Ende (Apex patellae), eine rauhe vordere Fläche und eine überknorpelte hintere Fläche. Die überknorpelte hintere Fläche der Kniescheibe wird durch eine Erhabenheit in zwei Abschnitte geteilt, von denen der kleinere, medial gelegene für den medialen Kondylus des Femurs und der größere, seitlich gelegene für den lateralen Kondylus des Femurs bestimmt ist.

Schienbein
Das Schienbein (Tibia) besteht aus einem proximalen Gelenkende, dem Schaft und dem distalen Gelenkende.
Das proximale Gelenkende besteht aus zwei Kondylen (Condylus medialis, Condylus lateralis), deren Oberfläche überknorpelt ist. Die beiden Kondylen werden durch eine Knochenerhebung getrennt. Unterhalb des seitlichen Kondylus befindet sich eine Gelenkfläche zur Anlagerung des Wadenbeins.
Am Schaft kann man drei Kanten und Flächen erkennen. Die vordere Kante beginnt mit einer Rauhigkeit (Tuberositas), die mediale ist abgerundet und die dritte Kante zeigt nach lateral. Die mediale Fläche liegt unmittelbar unter der Haut und kann dort getastet werden.
Das distale Ende des Schienbeins verjüngt sich medial zum inneren Knöchel (Malleolus medialis), der innen mit Knorpel überzogen ist. Die untere Fläche des unteren Tibiaendes ist überknorpelt und mit dem Sprungbein durch ein Gelenk verbunden. Die seitliche Fläche des unteren Schienbeinendes bildet einen Ausschnitt (Incisura fibularis) zur Anlagerung des Wadenbeins.

Wadenbein

Das Wadenbein (Fibula) ist ein schlanker Röhrenknochen, der wie die Tibia in ein proximales Ende, in den Schaft und in ein distales Ende unterteilt wird.

Das obere Ende ist zum Wadenbeinköpfchen (Capitulum fibulae) verdickt und artikuliert mittelst einer flachen rundlichen Gelenkfläche mit dem seitlichen Kondylus des Schienbeins. Der Schaft des Wadenbeins ist spiralig um seine Längsachse gedreht, weist vier Kanten auf und verdickt sich distal zum äußeren Knöchel (Malleolus lateralis), welcher an der Innenseite eine überknorpelte Gelenkfläche trägt. Der äußere Knöchel bildet mit dem inneren Knöchel des Schienbeins die Malleolengabel.

Knochen des Fußes

Das Fußskelett gliedert sich in:

- die Fußwurzel (Tarsus),
- den Mittelfuß (Metatarsus),
- die Zehenknochen (Digiti pedis).

Fußwurzel

Die Fußwurzel wird von folgenden Knochen gebildet:

- Sprungbein (Talus),
- Fersenbein (Calcaneus),
- Kahnbein (Os naviculare),
- Würfelbein (Os cuboideum),
- Keilbeine (Ossa cuneiformis).

Sprungbein

Das Sprungbein besteht aus einem Kopf, Hals und Körper. Der Kopf ist nach distal zum Kahnbein gerichtet. Der kurze Hals verbindet den Kopf mit dem Körper, der die Rolle (Trochlea tali), eine nach proximal gerichtete Gelenkfläche, trägt. Die Seitenflächen der Rolle sind ebenfalls überknorpelt. Das Sprungbein ist gelenkig mit der Malleolengabel der Unterschenkelknochen verbunden.

Die Unterseite des Sprungbeins besitzt drei Gelenkflächen, die der Verbindung mit dem Fersenbein dienen.

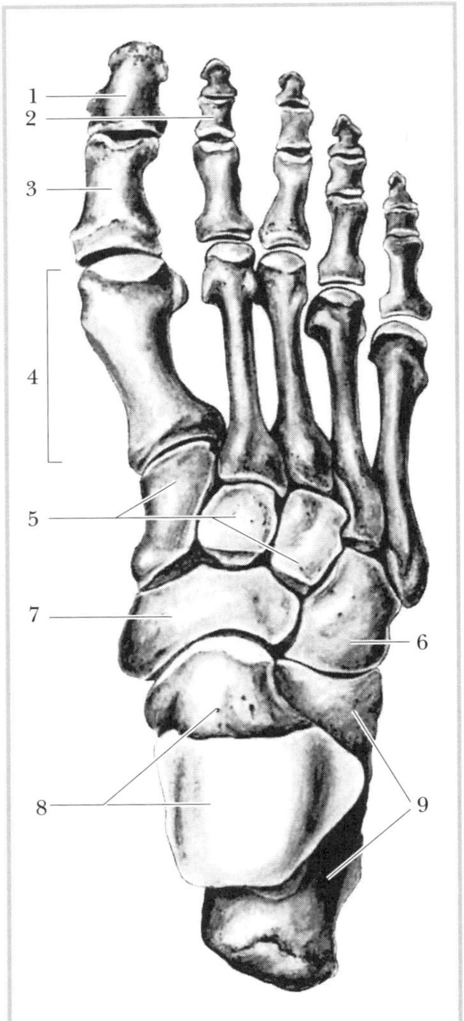

Abb. 143 Knochen des rechten Fußes (Fußrücken)

1 Zehenendglied (Phalanx distalis)
2 Zehenmittelglied (Phalanx media)
3 Zehengrundglied (Phalanx proximalis)
4 Mittelfußknochen (Ossa metatarsalia I-V)
5 Keilbeine (Ossa cuneiformia)
6 Würfelbein (Os cuboideum)
7 Kahnbein (Os naviculare)
8 Sprungbein (Talus)
9 Fersenbein (Calcaneus)

Fersenbein
Das Fersenbein ist der größte Fußwurzelknochen. Es grenzt mit der oberen Seite an das Sprungbein, distal an das Würfelbein, und sein hinterer Abschnitt ist zum Fersenbeinhöcker (Tuber calcanei) verdickt.

Kahnbein
Das Kahnbein grenzt proximal an den Kopf des Sprungbeins, distal an die drei Keilbeine und lateral an das Würfelbein.

Würfelbein
Das Würfelbein artikuliert medial mit dem dritten Keilbein und dem Kahnbein, hinten mit dem Fersenbein und vorn mit dem 4. und 5. Mittelfußknochen.

Keilbeine
Die drei Keilbeine sind derart aneinandergelagert, daß ein Quergewölbe entsteht.

Mittelfuß
Die fünf Mittelfußknochen (Ossa metatarsalia) sind länger und stärker entwickelt als die Mittelhandknochen, gleichen ihnen jedoch in ihrem Aufbau. Sie bestehen ebenfalls aus einer Basis, einem Körper und einem Kopf. Die Mittelfußknochen sind leicht nach dorsal gebogen, so daß ein Längsgewölbe entsteht.

Zehenknochen
Die Zehenglieder des Fußes verhalten sich ebenso wie die der Hand. Die Phalangen der Zehen sind jedoch viel kleiner und schwächer entwickelt als diejenigen der Hand. Das Skelett der 2.-5. Zehe wird demnach unterteilt in Grund-, Mittel- und Endphalanx. An der Großzehe (Hallux) unterscheidet man wie beim Daumen (Pollicis) nur eine Grund- und Endphalanx. Die Grund- und Mittelphalangen bestehen wiederum aus der Basis, dem Körper und dem Kopf. Die Endphalangen weisen eine Basis, einen Körper und eine distale Rauhigkeit auf.

Merke **Das Skelett des Fußes besitzt sowohl ein Quergewölbe als auch ein Längsgewölbe.**

Zu den größeren Gelenken der unteren Gliedmaßen zählen:

- das Hüftgelenk (Articulatio coxae),
- das Kniegelenk (Articulatio genus),
- das obere Sprunggelenk (Articulatio talocruralis),
- das untere Sprunggelenk (Articulatio talotarsalis).

Hüftgelenk
Das Hüftgelenk ist ein Nußgelenk, dessen Pfanne vom Acetabulum des Hüftbeins gebildet wird, in dem der Femurkopf (Caput femoris) artikuliert. Die Gelenkpfanne wird durch die Gelenklippe (Labrum acetabuli), die aus Faserknorpel besteht, vergrößert. Die Gelenkkapsel entspringt außerhalb der Gelenklippe und reicht vorn über den ganzen Schenkelhals bis zur Linea intertrochanterica und hinten bis zur Mitte des Schenkelhalses. Die Kapsel des Hüftgelenks wird durch eine Bänderschraube verstärkt. Sie besteht aus Bändern, die von den Knochenteilen des Hüftbeins zum Femur ziehen. Zu diesen gehören das Lig. iliofemorale, das Lig. pubofemorale und das Lig. ischiofemorale. Die Bänderschraube hemmt die Streckung bzw. verhindert das Umkippen des Rumpfes nach hinten und sichert den Femurkopf in der Pfanne. Das Hüftgelenk kann in drei Achsen bewegt werden. Das Bein kann um eine transversale Achse nach vorn und hinten bewegt werden, um eine sagittale Achse vom Rumpf weg oder an ihn herangeführt werden und um eine vertikale Achse nach außen und innen gedreht werden.
Die Bewegung des Beines nach vorn nennt man Anteversion und die Bewegung nach hinten Retroversion. Das Abspreizen des Beines heißt Abduktion und das Anziehen des Beines Adduktion. Die Drehbewegungen werden als Rotation bezeichnet.

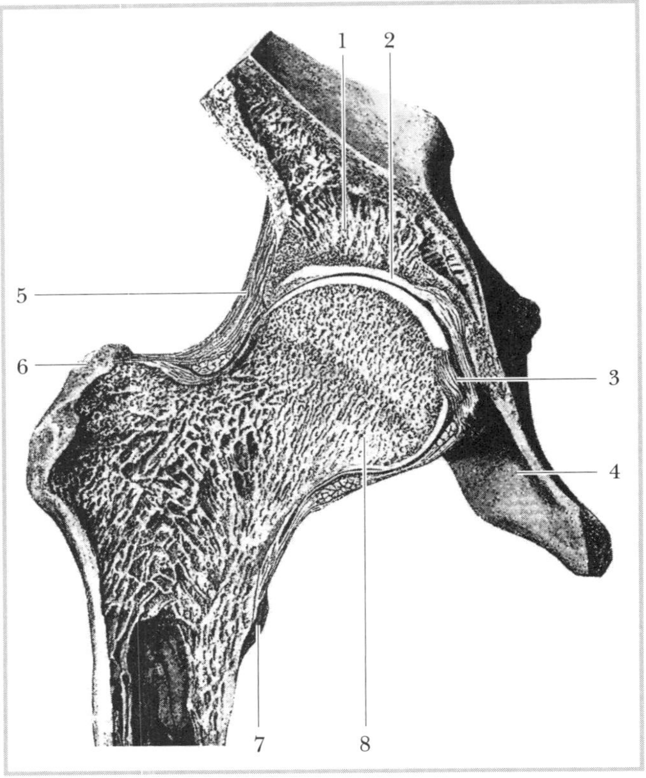

Abb. 144 Rechtes Hüftgelenk

1 Darmbein (Os ilium)
2 Gelenkpfanne (Acetabulum)
3 Kopfband des Oberschenkelbeins (Lig. capitis femoris)
4 Sitzbein (Os ischii)
5 Darmbein-Oberschenkelbein-Band (Lig. iliofemorale)
6 großer Rollhügel (Trochanter major)
7 kleiner Rollhügel (Trochanter minor)
8 Kopf des Oberschenkelbeins (Caput femoris)

Kniegelenk
Das Kniegelenk ist das größte Gelenk des Menschen, und in ihm artikulieren die Femurkondylen, die flachen oberen Gelenkflächen der Tibia und die Patella miteinander. Die Ungleichheiten, die zwischen den Femurkondylen und den Gelenkflächen der Tibia bestehen, werden durch die beiden halbmondförmigen Faserknorpelscheiben, die Menisken, ausgeglichen.
Die Gelenkkapsel befestigt sich am Femur etwas oberhalb der Knochen-Knorpel-Grenze. Im Tibiabereich weichen die beiden Schichten der Gelenkkapsel auseinander. Die Membrana fibrosa verläuft zur Knochen-Knorpel-Grenze der Tibia, und die Membrana synovialis zieht zu der Erhabenheit (Eminentia intercondylaris), die sich zwischen den flachen Kondylen der Schienbeinoberfläche befinde
Die Gelenkkapsel wird vorn vom Kniescheibenband (Lig. patellae) und lateral vom inneren und äußeren Seitenband verstärkt. Das innere Seitenband (Lig. collaterale tibiale) verläuft vom medialen Kondylus des Femurs zum medialen Kondylus der Tibia. Das äußere Seitenband (Lig. collaterale fibulare) zieht vom seitlichen Kondylus des Femurs zum Kopf der Fibula. In die hintere Wand der Kniegelenkkapsel ist das schräge Kniekehlenband (Lig. popliteum obliquum) eingelagert.
Die Kreuzbänder (Ligamenta cruciata) befinden sich zwischen den beiden Schichten der Gelenkkapsel. Das vordere Kreuzband (Lig. cruciatum anterius) entspringt vor der Erhabenheit, die sich zwischen den flachen Kondylen der Schienbeinoberfläche befindet und setzt an

der medialen Seite des seitlichen Kondylus des Femurs an. Das hintere Kreuzband (Lig. cruciatum posterius) nimmt seinen Ausgang hinter der Eminentia intercondylaris und verläuft zur seitlichen Fläche des medialen Kondylus des Femurs.
Das Kniegelenk besitzt zahlreiche Schleimbeutel, die zum Teil mit der Gelenkhöhle in Verbindung stehen. Zu den mit der Gelenkhöhle kommunizierenden Schleimbeuteln zählt z.B. die Bursa suprapatellaris, die sich oberhalb der Kniescheibe befindet.
Das Kniegelenk besitzt zwei Achsen. Die quere Achse verläuft durch beide Kondylen des Femurs und um sie erfolgt die Beugung und Streckung. Die zweite Achse entspricht der Längsachse der Tibia. Um diese werden Drehbewegungen ausgeführt, die nur im gebeugten Kniegelenk möglich sind. Bei gestrecktem Kniegelenk verhindern die Seitenbänder eine Drehbewegung.

Merke **Das Kniegelenk (Articulatio genus) verfügt über eine ausgesprochene Bandführung.**

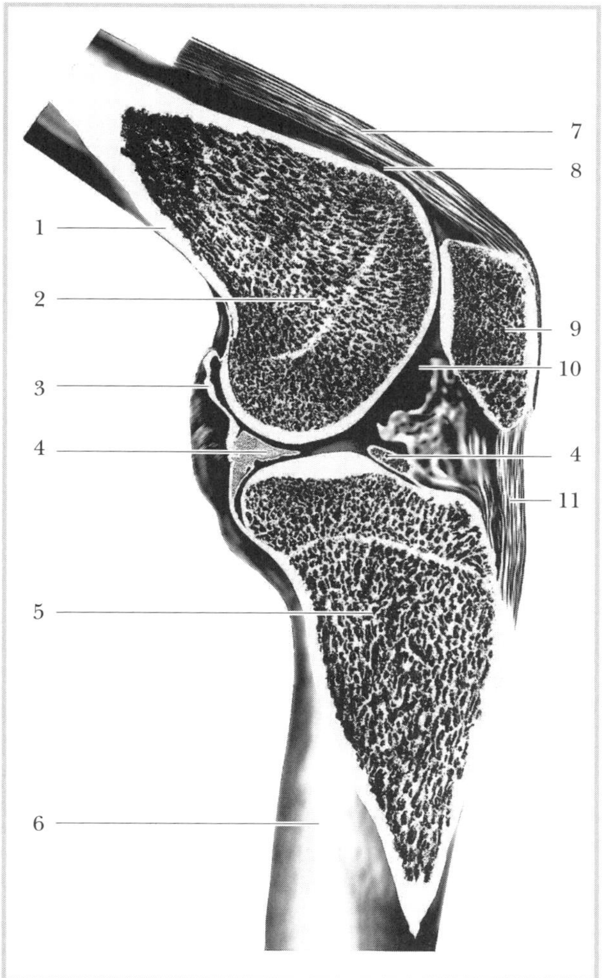

Abb. 145 Rechtes Kniegelenk

1 Oberschenkelbein (Femur)
2 seitlicher Gelenkknorren des Oberschenkelbeins (Condylus lateralis ossis femoris)
3 Gelenkkapsel (Capsula articularis)
4 seitlicher Meniskus (Meniscus lateralis)
5 seitlicher Gelenkknorren des Schienbeins (Condylus lateralis tibiae)
6 Schienbein (Tibia)
7 Sehne des vierköpfige Oberschenkelstreckers (Tendo m. quadricipitis femoralis)
8 Schleimbeutel oberhalb der Kniescheibe (Bursa suprapatellaris)
9 Kniescheibe (Patella)
10 Gelenkspalt (Gelenkspalt)
11 Kniescheibenband (Lig. patellae)

Oberes Sprunggelenk
Das obere Sprunggelenk ist ein Scharniergelenk, in dem der Fuß um eine Achse, die quer durch den inneren und äußeren Knöchel und die Trochlea verläuft, bewegt wird. Die Bewegung des Fußes nach oben nennt man Dorsalflexion und die nach unten Plantarflexion.
Die Gelenkpfanne des oberen Sprunggelenkes wird durch die Malleolengabel gebildet, in die die Rolle des Talus eingepaßt ist. Die Gelenkkapsel befestigt sich ringsum an der Knochen-Knorpel-Grenze und wird durch kräftige Seitenbänder verstärkt, die fächerförmig zu den benachbarten Knochen ausstrahlen.

Unteres Sprunggelenk
Das untere Sprunggelenk wird in ein hinteres und vorderes Gelenk geteilt.
Im hinteren Gelenk artikulieren der Körper des Sprungbeins mit der hinteren Gelenkfläche des Fersenbeins.
Im vorderen Gelenk bilden die Gelenkflächen des Fersenbeins und des Kahnbeins eine Pfanne für den Kopf und Körper des Sprungbeins.

Funktionell gehören beide unteren Sprunggelenke zusammen. Um deren schräge Achse erfolgt die Pronation und Supination des Fußes. Wird der seitliche Fußrand angehoben, dann heißt die Bewegung Pronation und wird der mediale Fußrand gehoben, dann nennt man diese Bewegung Supination.

Schädel

Der Schädel bildet die knöcherne Grundlage des Kopfes und wird unterteilt in den

- Hirnschädel (Neurocranium) und
- Gesichtsschädel (Viscerocranium).

Hirnschädel
Der Hirnschädel umgibt die Schädelhöhle (Cavum cranii), in der das Gehirn mit seinen Häuten liegt. Die oberen Anteile des Hirnschädels bezeichnet man als Schädeldach (Calvaria) und die unteren basalen Anteile bilden die knöcherne Schädelbasis (Basis cranii).
Zum Hirnschädel gehören folgende Knochen:

- das Stirnbein (Os frontale),
- das Siebbein (Os ethmoidale),
- das Keilbein (Os sphenoidale),
- das Schläfenbein (Os temporale),
- das Scheitelbein (Os parietale),
- das Hinterhauptsbein (Os occipitale).

Stirnbein
Das Stirnbein bildet den vorderen Abschnitt des Hirnschädels. Es besteht aus der Stirnbeinschuppe (Squama frontalis), dem Nasenteil (Pars nasalis) und den Augenhöhlenteilen (Partes orbitales).
Die Stirnschuppe bildet die knöcherne Grundlage der Stirn, der Nasenteil besitzt einen Fortsatz, an den sich die Nasenbeine anlagern, und die Augenhöhlenteile bilden das Dach der Augenhöhle (Orbita) und mit ihren oberen Seiten den Boden der vorderen Schädelgrube.
Im Inneren des Stirnbeins liegt die Stirnhhöhle (Sinus frontalis), welche paarig ist und durch ein Septum ungleich geteilt wird. Die Stirnhöhle ist mit dem mittleren Nasengang verbunden. Sie gehört zu den Nebenhöhlen der Nase.

Siebbein
Das Siebbein besteht aus der Siebbeinplatte (Lamina cribrosa), dem Hahnenkamm (Crista galli), dem Siebbeinlabyrinth (Labyrinthus ethmoidalis) und dem senkrechten Siebbeinblatt (Lamina perpendicularis).

Die Siebbeinplatte enthält etwa 30 kleine Löcher, durch welche die Riechnerven treten. Nach vorn erhebt sich der Hahnenkamm und teilt sie unvollständig.
Das Siebbeinlabyrinth enthält die Siebbeinzellen, die zu den lufthaltigen Knochen zählen. Die hinteren Siebbeinzellen münden in den oberen Nasengang und die vorderen und mittleren in den mittleren Nasengang. An der Innenfläche des Siebbeinlabyrinthes wölben sich die obere und mittlere Nasenmuschel vor.
Das senkrechte Siebbeinblatt ist an der Bildung der knöchernen Nasenscheidewand beteiligt.

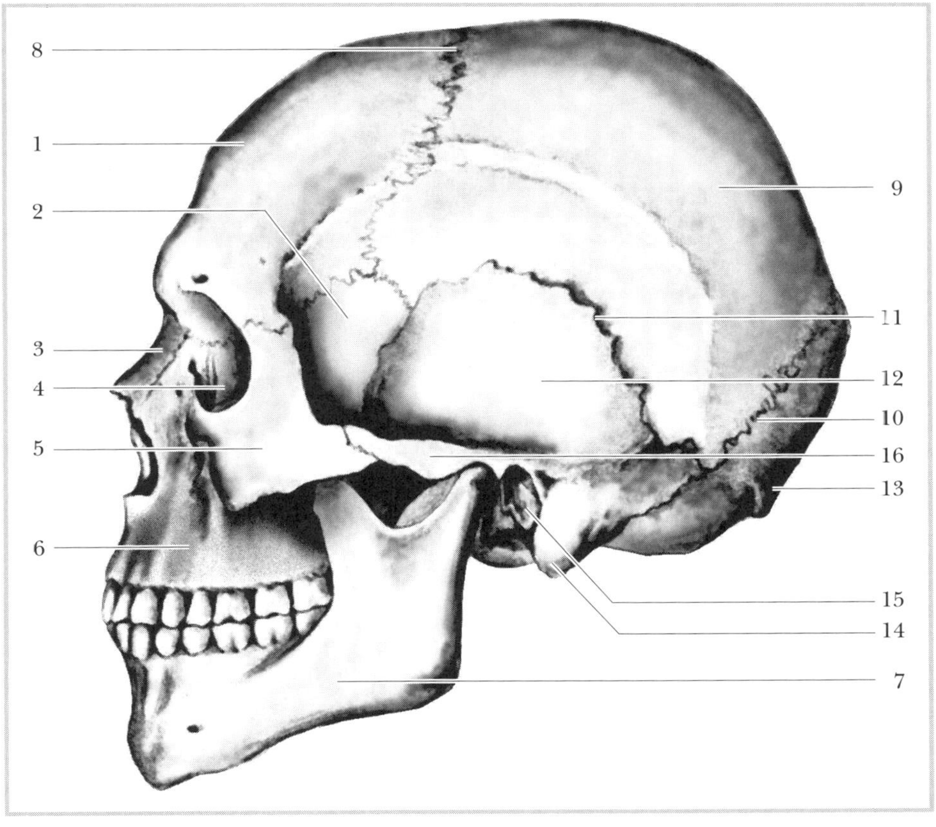

Abb. 146 Schädel von der Seite

1 Stirnbein (Os frontale)
2 Keilbein (Os sphenoidale)
3 Nasenbein (Os nasale)
4 Tränenbein (Os lacrimale)
5 Jochbein (Os zygomaticum)
6 Oberkiefer (Maxilla)
7 Unterkiefer (Mandibula)
8 Kranznaht (Sutura coronalis)
9 Scheitelbein (Os parietale)
10 Lambdanaht (Sutura lambdoidea)
11 Schuppennaht (Sutura squamosa)
12 Schläfenbein (Os temporale)
13 Hinterhauptbein (Os occipitale)
14 Warzenfortsatz (Processus mastoideus)
15 äußerer Gehörgang (Meatus acusticus externus)
16 Jochbogen (Arcus zygomaticus)

Keilbein
Dieser Knochen hat Ähnlichkeit mit einer Wespe und hieß ursprünglich Os sphecoidale, das Wespenbein. Durch einen Schreibfehler eines Mönches im Mittelalter wurde aus dem Os sphecoidale das Os sphenoidale, das Keilbein. Es hat bis heute diese Bezeichnung beibehalten.
Am Keilbein unterscheidet man den Keilbeinkörper (Corpus sphenoidale), die paarigen kleinen Flügel (Alae minores), die paarigen großen Flügel (Alae majores) und die beiden Flügelfortsätze (Processus pterygoidei).
Der Keilbeinkörper enthält die Keilbeinhöhle (Sinus sphenoidales), die durch eine Knochenwand unsymmetrisch geteilt wird und zu den lufthaltigen Knochen zählt.
Die obere Wand des Keilbeinkörpers senkt sich zum Türkensattel (Sella turcica), auf dem die Hypophyse reitet.
Vom Keilbeinkörper gehen die Fortsätze aus. Die paarigen kleinen Flügel begrenzen von oben her die beiden oberen Augenhöhlenspalten (Fissurae orbitales superiores) und werden in der Nähe des Keilbeinkörpers vom Sehkanal (Canalis opticus) durchbohrt. Die paarigen großen Flügel enthalten drei wichtige Öffnungen. Zu diesen gehören das runde Loch (Foramen rotundum), das ovale Loch (Foramen ovale) und das Stachelloch (Foramen spinosum). Diese Öffnungen dienen dem Durchtritt von Nerven und Gefäßen. Die großen Flügel begrenzen die obere Augenspalte von unten und die untere Augenspalte (Fissura orbitalis inferior) von hinten.
Die beiden senkrecht nach abwärts verlaufenden Flügelfortsätze dienen als Ansatz für die Kau- und Schlundmuskeln.

Schläfenbein
Das kompliziert aufgebaute Schläfenbein besteht aus drei Teilen. Zu diesen rechnet man:

- den Felsenteil (Pars petrosa),
- den Paukenteil (Pars tympanica),
- den Schuppenteil (Pars squamosa).

Felsenteil
Er besitzt die Form einer dreiseitigen Pyramide, deren Spitze nach medial und vorn und deren Basis nach lateral und hinten zeigt. Der Felsenteil bildet die Grenze zwischen der mittleren und hinteren Schädelgrube und enthält das Innenohr, das Mittelohr mit seinen Gehörknöchelchen und Teile des äußeren Gehörgangs.
Der Warzenfortsatz (Processus mastoideus) ist ein Teil des Felsenbeins, der hinter der Ohrmuschel getastet werden kann. Er besteht aus Hohlräumen (Cellulae mastoideae), die mit dem Mittelohr in Verbindung stehen.

Paukenteil
Der Paukenteil ist eine Knochenrinne, die vorn und unten den äußeren Gehörgang (Meatus acusticus externus) begrenzt.

Schuppenteil
Der Schuppenteil ist eine Knochenplatte, die mit dem Keilbein und Scheitelbein die knöcherne Basis für die Schläfengrube (Fossa temporalis) an der Seitenwand des Schädels bildet. Der Jochbeinfortsatz (Processus zygomaticus) entspringt am vorderen unteren Bereich der Schuppe und verbindet sich mit dem entsprechenden Fortsatz des Jochbeins (Os zygomaticum), der zum Gesichtsschädel zählt, zum Jochbogen (Arcus zygomaticus). Die Unterseite der Schuppe weist eine Vertiefung auf, die Fossa mandibularis. Vor dieser befindet sich eine Vorwölbung, das Tuberculum articulare. Beide Anteile sind überknorpelt und artikulieren im Kiefergelenk mit dem Gelenkkopf des Unterkiefers.

Scheitelbein
Die beiden Scheitelbeine sind nach außen konvex gewölbte platte Knochen, die den größten Teil des Schädeldaches ausmachen und sich in der Medianlinie untereinander verbinden.

Hinterhauptsbein
Das Hinterhauptsbein besteht aus einer Basis, den beiden Seitenteilen und der Hinterhauptsschuppe. Die Basis grenzt an den Keilbeinkörper. Die Seitenteile tragen an der Unterseite die Gelenkhöcker (Condyli occipitales) für die beiden Atlas-Hinterhaupts-Gelenke. Die Seitenteile umfassen das große Hinterhauptsloch (Foramen magnum), das eine breite Verbindung zwischen dem Schädelinneren und dem Wirbelkanal darstellt.
An der Außenfläche der Hinterhauptsschuppe befindet sich die Hinterhauptserhebung (Protuberantia occipitalis externa), welche dem Nackenband und dem Musculus trapezius als Befestigung dient.

Das Schädeldach wird von der Schuppe des Stirnbeins (Squama frontalis), von den beiden Scheitelbeinen (Ossa parietalia) und der Schuppe des Hinterhauptsbeins (Squama occipitalis) gebildet. Die einzelnen Knochen werden durch Schädelnähte (Suturae) untereinander fest verbunden. Zu den Schädelnähten gehören:

- die Kranznaht (Sutura coronalis),
- die Pfeilnaht (Sutura sagittalis),
- die Lambdanaht (Sutura lambdoidea).

Kranznaht
Die Kranznaht verläuft zwischen der Stirnbeinschuppe und den vorderen Kanten der beiden Scheitelbeine.

Pfeilnaht
Sie verbindet die beiden Scheitelbeine miteinander.

Lambdanaht
Diese Naht verläuft zwischen der Hinterkante der beiden Scheitelbeine und dem Hinterhauptsbein.

Merke **Die Schädelnähte verknöchern bis etwa zum 40. Lebensjahr.**

Am Schädeldach eines Neugeborenen befinden sich Fontanellen. Es sind bindegewebige Vorläufer der Nähte, welche als Zuwachsfläche für den Knochen dienen. Unter der Geburt erlauben sie eine Anpassung des kindlichen Kopfes an die Geburtswege. Praktische Bedeutung für den Geburtshelfer haben die vordere Fontanelle (Fonticulus anterior) und die hintere Fontanelle (Fonticulus posterior).
Die vordere Fontanelle liegt zwischen der paarig angelegten Stirnbeinschuppe und den beiden Scheitelbeinen. Diese zugleich große Fontanelle schließt sich im 2. - 3. Lebensjahr.
Die hintere Fontanelle liegt zwischen den hinteren Kanten der Scheitelbeine und der Hinterhauptsschuppe. Diese kleine Fontanelle schließt sich während des 1. Lebensjahres.

Gesichtsschädel
Der Gesichtsschädel wird auch der Eingeweideschädel (Viscerocranium) genannt, weil er den Anfang der Atem- und Verdauungswege bildet. Der Gesichtsschädel setzt sich aus verschieden geformten Knochen zusammen. Zu diesen zählt man:

- das Nasenbein (Os nasale),
- die untere Nasenmuschel (Concha nasalis inferior),
- das Pflugscharbein (Vomer),
- das Tränenbein (Os lacrimale),
- das Gaumenbein (Os palatinum),
- den Oberkiefer (Maxilla),
- das Jochbein (Os zygomaticum),
- den Unterkiefer (Mandibula),
- das Zungenbein (Os hyoideum).

Nasenbein
Die beiden Nasenbeine bilden den knöchernen Nasenrücken. Sie grenzen nach oben an das Stirnbein und nach hinten an den Stirnfortsatz des Oberkiefers.

Untere Nasenmuschel
Die untere Nasenmuschel ist ein selbständiger Knochen, der den unteren Nasengang begrenzt. Die unteren Nasenmuscheln liegen von innen jeweils dem Oberkiefer und dem Gaumenbein an.

Pflugscharbein
Dieser Knochen beteiligt sich an der Bildung der knöchernen Nasenscheidewand. Das Pflugscharbein ist unten mit dem harten Gaumen, hinten oben mit dem Keilbein und vorn oben mit dem senkrechten Siebbeinblatt des Siebbeins verbunden.

Tränenbein
Die beiden Tränenbeine sind kleine rechteckige Knochen, die jeweils an der medialen Wand der Augenhöhle liegen.

Gaumenbein
Die beiden Gaumenbeine bestehen aus einer waagerechten Platte (Lamina horizontalis) und einer senkrechten Platte (Lamina perpendicularis). Die waagerechte Platte verschmilzt mit der gleichnamigen Platte der Gegenseite in der Mitte und vorn mit dem Hinterrand des Gaumenfortsatzes des Oberkiefers. Das Gaumenbein bildet ein Viertel des harten Gaumens. An dem hinteren freien Rand der waagerechten Platte heftet sich das Gaumensegel an. Die senkrechte Platte lagert sich dorsal an den Oberkiefer.

Oberkiefer
Der Oberkiefer ist der größte Knochen des Gesichts. Der Körper des Oberkiefers enthält im Inneren die Oberkieferhöhle (Sinus maxillaris), die eine Nasennebenhöhle darstellt und somit zu den lufthaltigen Knochen zählt. Die Oberkieferhöhle mündet in den mittleren Nasengang.
Von dem zentral gelegenen Körper gehen Fortsätze aus. Zu diesen gehören der Stirnfortsatz (Processus frontalis), der Jochbeinfortsatz (Processus zygomaticus), der Zahnfortsatz (Processus alveolaris) und der Gaumenfortsatz (Processus palatinus). Der Stirnfortsatz verbindet den Oberkiefer mit dem Stirnbein, der Jochbeinfortsatz mit dem Jochbein, der Zahnfortsatz trägt die Zähne und die Gaumenfortsätze beider Seiten vereinen sich in der Mittellinie zum harten Gaumen. Der paarige Oberkiefer ist an der Wandbildung der Nasen- und Augenhöhle und am Aufbau des harten Gaumens beteiligt. Er bestimmt wesentlich die Form des Gesichts.

Jochbein
Das Jochbein besteht aus einem Körper, von dem drei Fortsätze ausgehen. Der Stirnfortsatz (Processus frontalis) verläuft zum Stirnbein, der Schläfenfortsatz (Processus temporalis) verläuft nach hinten und bildet mit dem Processus zygomaticus des Schläfenbeins den Jochbogen und der Oberkieferfortsatz (Processus maxillaris) zieht zum Oberkiefer.
Das Jochbein ist ein paariger Knochen.

Unterkiefer
Der Unterkiefer ist ein symmetrisch gebauter Knochen, der aus der Verschmelzung zweier Teile hervorgeht und über Bänder, Muskeln, Weichteile sowie über die Kiefergelenke mit dem Schädel in Verbindung steht. Der Unterkiefer besteht aus einem Körper und zwei seitlichen Ästen. Der Körper bildet den waagerechten Teil des Unterkiefers, hat die Form einer Parabel und trägt die Zähne. Der Körper biegt an seinem hinteren Ende in die Unterkieferäste (Rami mandibulae) um. Der zwischen dem Körper und einem Ast bestehende Winkel (Kieferwinkel) beträgt etwa 90-140°. Ein Ast teilt sich jeweils kranial in zwei Fortsätze. Zu den Fortsätzen gehören der vordere Kronenfortsatz (Processus coronoideus) und der hintere Gelenkfortsatz (Processus condylaris). Letzterer verjüngt sich zum Hals (Collum) und trägt den Gelenkkopf des Kiefergelenks.

An der Innenseite eines jeden Astes befindet sich das Unterkieferloch (Foramen mandibulae), das den Beginn des Unterkieferkanals (Canalis mandibulae) darstellt. Dieser Kanal endet jeweils an der Außenseite des Körpers 1-2 cm seitlich vom Kinn mit dem Unterkieferloch (Foramen mentale).

Zungenbein
Das Zungenbein ist ein spangenförmiger unpaarer Knochen, der sich am Übergang des Halses zur Mundhöhle befindet. Es besteht aus einem Körper und beiderseits zwei Fortsätzen, dem großen und kleinen Horn (Cornu majus, Cornu minus). Das Zungenbein ist mit keinem Knochen der Nachbarschaft gelenkig verbunden, sondern frei beweglich zwischen Muskeln aufgehängt.

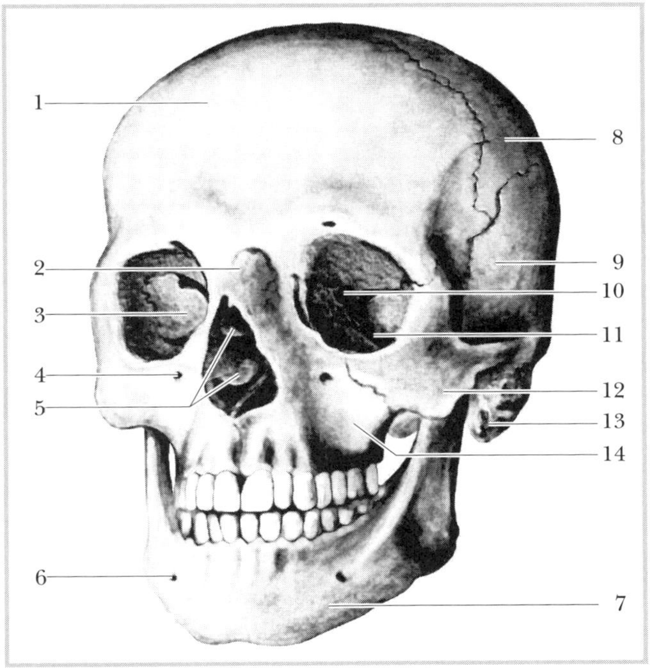

Abb. 147 Schädel von vorn

1 Stirnbein (Os frontale)
2 Nasenbein (Os nasale)
3 obere Augenhöhlenspalte (Fissura orbitalis superior)
4 unter der Augenhöhle gelegenes Loch (Foramen infraorbitale)
5 Nasenmuscheln (Cochae)
6 Loch in der Nähe des Kinns (Foramen mentale)
7 Unterkiefer (Mandibula)
8 Scheitelbein (Os parietale)
9 Schläfenbein (Os temporale)
10 Sehnervenkanal (Canalis opticus)
11 untere Augenhöhlenspalte (Fissura orbitalis inferior)
12 Jochbein (Os zygomaticus)
13 Warzenfortsatz (Processus mastoideus)
14 Oberkiefer (Maxilla)

Betrachtet man den Schädel als Ganzes, so werden außer dem Schädeldach (Calvaria) vor allem folgende Abschnitte unterschieden:

- die innere Schädelbasis (Basis cranii interna),
- die äußere Schädelbasis (Basis cranii externa),
- die Augenhöhle (Orbita),
- die Nasenhöhle (Cavum nasi).

Innere Schädelbasis
Wird das Schädeldach entfernt, verbleibt die knöcherne innere Schädelbasis, auf der das Gehirn ruht. Die innere Schädelbasis gliedert sich auf jeder Seite in drei terassenförmig übereinanderliegende Gruben. Zu diesen gehören:

- die vordere Schädelgrube (Fossa cranii anterior),
- die hintere Schädelgrube (Fossa cranii posterior).

Vordere Schädelgrube
Diese Grube wird von den Augenhöhlenteilen des Stirnbeins, der zwischen ihnen liegenden Siebbeinplatte und den sich anschließenden kleinen Flügeln des Keilbeins gebildet. In der vorderen Schädelgrube liegen die Stirnlappen des Endhirns und Abschnitte des Riechhirns. Am Hahnenkamm der Siebbeinplatte (Crista galli) ist die Hirnsichel (Falx cerebri) der harten Hirnhaut (Dura mater) befestigt.
Die vordere Schädelgrube besitzt folgende Öffnungen:

- die Siebbeinplatte (Lamina cribrosa),
- den Sehkanal (Canalis opticus).

Siebbeinplatte
Durch die Siebbeinplatte verlaufen die Riechnerven aus der Nasenhöhle kommend in die Schädelhöhle zum Riechhirn.

Sehkanal
Der Sehkanal enthält den N. opticus (II. Hirnnerv) und die A. opthalmica. Sie erreichen über den Sehkanal die Augenhöhle.

Mittlere Schädelgrube
Die mittlere Schädelgrube wird vorn von der Hinterkante des kleinen Flügels des Keilbeins und hinten von der oberen Kante der Felsenbeinpyramide des Schläfenbeins begrenzt. Die seitlichen Teile werden vor allem vom großen Flügel des Keilbeins und der Schläfenbeinschuppe gebildet. In der Mitte der mittleren Schädelgrube liegt der Körper des Keilbeins, dessen Oberfläche zum Türkensattel eingedellt ist, auf dem die Hypophyse reitet.
Die mittlere Schädelgrube wird von den Schläfenlappen des Endhirns ausgefüllt.
Die mittlere Schädelgrube besitzt folgende Öffnungen:

- die obere Augenhöhlenspalte (Fissura orbitalis superior),
- das runde Loch (Foramen rotundum),
- das ovale Loch (Foramen ovale),
- das Stachelloch (Foramen spinosum),
- das zerrissene Loch (Foramen lacerum),
- den Karotiskanal (Canalis caroticus).

Obere Augenhöhlenspalte
Sie befindet sich unterhalb der Kante des kleinen Keilbeinflügels. Durch sie verlaufen der N. oculomotorius (III. Hirnnerv), der N. trochlearis (IV. Hirnnerv), der N. abducens (VI. Hirnnerv) und der sensible N. ophthalmicus aus dem N. trigeminus (V. Hirnnerv) zur Augenhöhle. Die V. opthalmica superior gelangt durch diese obere Augenhöhlenspalte zum Sinus cavernosus. Das ist ein venöser Blutleiter, der an der seitlichen Fläche des Keilbeinkörpers liegt.

Rundes Loch
Das runde Loch befindet sich unter dem medialen Ende der oberen Augenspalte im großen Flügel des Keilbeins. Durch dieses Loch zieht der N. maxillaris. Er ist der zweite Ast des N. trigeminus (V. Hirnnerv).

Ovales Loch
Das ovale Loch liegt etwas seitlich vom runden Loch und enthält den N. mandibularis. Das ist der dritte Ast des N. trigeminus (V. Hirnnerv).

Stachelloch
Das Stachelloch befindet sich hinten und seitlich vom ovalen Loch und dient der A. meningea media zum Eintritt in die Schädelhöhle.

Zerrissenes Loch
Es liegt zwischen dem großen Flügel des Keilbeins und der Vorderseite der Felsenbeinpyramide. Es wird durch Faserknorpel verschlossen.

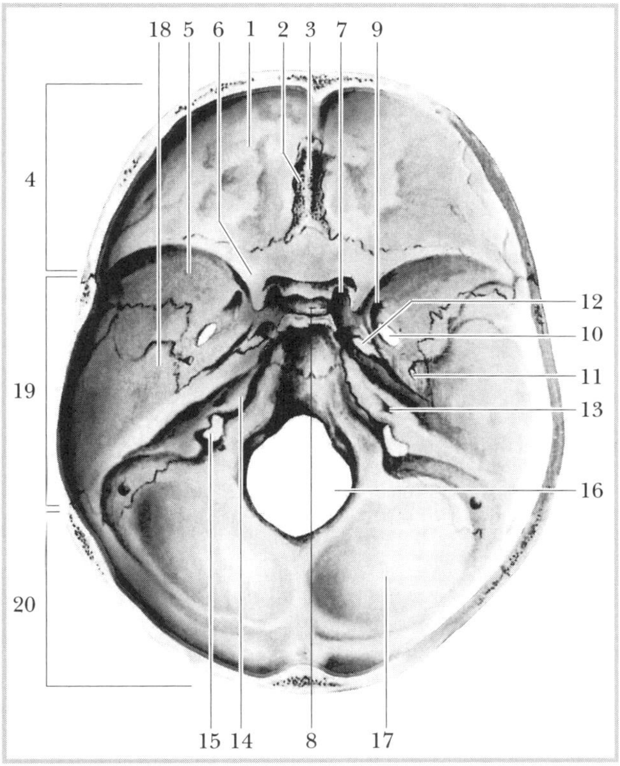

Abb. 148 Innere Schädelbasis

1 Stirnbein (Os nasale)
2 durchlöcherte Platte des Siebbeins (Lamina cribrosa)
3 Hahnenkamm (Crista galli)
4 vordere Schädelgrube
5 großer Keilbeinflügel (Ala major ossis sphenoidalis)
6 kleiner Keilbeinflügel (Ala minor ossis sphenoidalis)
7 Sehnervenkanal (Canalis opticus)
8 Türkensattel (Sella turcica)
9 rundes Loch (Foramen rotundum)
10 ovales Loch (Foramen ovale)
11 Dornloch (Foramen spinosum)
12 unregelmäßiges Loch (Foramen lacerum)
13 Eingang zum inneren Gehörgang (Porus acusticus internus)
14 Pyramide
15 Foramen jugulare
16 großes Hinterhauptloch (Foramen magnum)
17 Hinterhauptbein
18 Schläfenbein
19 mittlere Schädelgrube
20 hintere Schädelgrube

Karotiskanal
Durch diesen Kanal erreicht die A. carotis interna die Schädelhöhle.

Hintere Schädelgrube
Die hintere Schädelgrube wird von Teilen des Keilbeins, des Schläfenbeins und des Hinterhauptsbeines gebildet. Sie beginnt an der Kante des Felsenbeins, liegt tiefer als die mittlere Schädelgrube und enthält die Kleinhirnhemisphären, die Brücke, das verlängerte Mark und die Hinterhauptslappen des Endhirns.
Die hintere Schädelgrube besitzt folgende Öffnungen:

- das große Hinterhauptsloch (Foramen magnum),
- den inneren Gehörgang (Porus acusticus internus),
- das Drosselvenenloch (Foramen jugulare),
- den Hypoglossuskanal (Canalis hypoglossi).

Großes Hinterhauptsloch
Das große Hinterhauptsloch verbindet die Schädelhöhle und den Wirbelkanal miteinander. Durch dieses Loch verläuft vor allem das verlängerte Mark, der N. accessorius (XI. Hirnnerv) und die Wirbelarterien.

Innerer Gehörgang
Er beginnt an der Hinterfläche der Felsenbeinpyramide und enthält den N. vestibulocochlearis oder auch N. statoacusticus genannt (VIII. Hirnnerv), den N. facialis (VII. Hirnnerv), die Labyrintharterien und Labyrinthvenen.

Drosselvenenloch
Es befindet sich an der Grenze von Hinterhaupts- und Schläfenbein und enthält den N. glossopharyngeus (IX. Hirnnerv), den N. vagus (X. Hirnnerv), den N. accessorius (XI. Hirnnerv) und die Drosselvene.

Hypoglossuskanal
Dieser Kanal liegt in der vorderen Hälfte der seitlichen Wand des Hinterhauptsloches. Durch diesen Kanal verläßt der N. hypoglossus (XII. Hirnnerv) die Schädelhöhle.

Äußere Schädelbasis
Die äußere Schädelbasis ist erst nach Entfernung des Unterkiefers zu übersehen. Sie reicht von den oberen Schneidezähnen vorn bis zur Unterseite der Hinterhauptsschuppe hinten und dehnt sich in querer Richtung zwischen den Zahnbögen des Oberkiefers und den Warzenfortsätzen aus. Es können drei hintereinanderliegende Abschnitte unterschieden werden.
Der vordere Abschnitt besteht aus dem knöchernen Gaumen und dem Alveolarfortsatz des Oberkiefers, der die Zähne trägt.
Der mittlere Abschnitt reicht vom Hinterrand des harten Gaumens bis zum Vorderrand des großen Hinterhauptsloches. Die knöcherne Grundlage des mittleren Abschnittes wird vom Pflugscharbein, Keilbein, Schläfenbein und Hinterhauptsbein gebildet.
Den hinteren Abschnitt der äußeren Schädelbasis bildet das Hinterhauptsbein und die angrenzenden Teile des Schläfenbeins.

Augenhöhle
Die beiden Augenhöhlen haben die Form einer vierseitigen Pyramide, deren Achsen nach hinten konvergieren. Das Dach wird vorn vom Stirnbein und hinten vom kleinen Flügel des Keilbeins gebildet. Der Boden der Augenhöhle wird vom Oberkieferknochen, der Maxilla, gebildet. Der Körper des Oberkiefers enthält die Kieferhöhle (Sinus maxillaris).
Am Aufbau der medialen Seitenwand sind der Stirnfortsatz des Oberkiefers (Processus frontalis), das Tränenbein (Os lacrimale), das Siebbein (Os ethmoidale) und der Keilbeinkörper beteiligt. Die laterale Seitenwand wird vorn vom Jochbein (Os zygomaticum) und hinten vom großen Flügel (Ala major) des Keilbeins (Os sphenoidale) gebildet.

Nasenhöhle
Die knöcherne Nasenhöhle beginnt vorn mit der birnenförmigen Öffnung, die man als Apertura piriformis bezeichnet. Sie endet hinten beiderseits mit einer trichterförmigen Öffnung, der Choane. Der Boden einer Nasenhöhle wird vom Oberkiefer und vom Gaumenbein, das Dach von der Siebbeinplatte des Siebbeins und vom Nasenbein gebildet.
Am Aufbau der Seitenwand sind vor allem der Stirnfortsatz des Oberkiefers, das Tränenbein, das Siebbein, die Nasenmuscheln, der Oberkiefer und die senkrechte Platte des Gaumenbeins beteiligt.
Die Nasenscheidewand teilt die Nasenhöhle in zwei Teile, die meist unsymmetrisch sind. Die knöcherne Scheidewand setzt sich aus der senkrechten Platte des Siebbeins und dem Pflugscharbein zusammen.

Zusammenfassung

Knochenformen	Es werden lange Röhrenknochen, kurze Knochen, flache Knochen, lufthaltige Knochen und unregelmäßige Knochen unterschieden.
Knochenbestandteile	Die Knochen bestehen aus der Knochenhaut, der Knochensubstanz und dem Knochenmark. Das Knochenmark befindet sich in den Knochenbälkchen und in den Markhöhlen der Knochen.
Desmale Ossifikation	Hierbei entwickelt sich der Knochen direkt aus einer bindegewebigen Vorstufe.
Chondrale Ossifikation	Diese Knochenentwicklung geht von einem hyalinen Knorpelskelett aus, das in Knochengewebe umgewandelt wird.
Perichondrale Ossifikation	Diese Verknöcherung bedingt das Dickenwachstum der Knochen.
Enchondrale Ossifikation	Sie ist verantwortlich für das Längenwachstum eines Knochens und für die Markbildung.
Haften	Das sind feste Knochenverbindungen, zu denen die Band-, Knorpel- und Knochenhaften zählen.
Gelenke	Gelenke sind bewegliche Knochenverbindungen, die aus den Gelenkkörpern, der Gelenkkapsel, der Gelenkhöhle und der Gelenkschmiere bestehen.
Gelenkarten	Man unterscheidet Kugelgelenke, Nußgelenke, Walzengelenke, Eigelenke, Sattelgelenke und flache Gelenke.
Wirbelsäule	Sie besteht aus den Wirbeln, den Zwischenwirbelscheiben, dem Bandapparat und den Wirbelgelenken.
Wirbelgrundaufbau	Ein Wirbel besteht aus dem Wirbelkörper, dem Wirbelbogen, den beiden Querfortsätzen, den vier Gelenkfortsätzen, dem Dornfortsatz und dem Wirbelloch.
Brustkorb	Der Brustkorb besteht aus 12 Brustwirbeln, den 12 Rippenpaaren und dem Brustbein.
Schultergürtel	Er setzt sich aus den beiden Schlüsselbeinen und Schulterblättern zusammen.
Obere Extremität	Zur oberen Extremität gehören der Humerus, der Radius, die Ulna und das Handskelett.
Gelenke der oberen Extremität	Zu den wichtigen Gelenken gehören das Schultergelenk, das Ellenbogengelenk, das proximale und distale Handgelenk.
Beckengürtel	Er setzt sich aus den beiden Hüftbeinen und dem Kreuzbein zusammen. Das Hüftbein geht aus der Verschmelzung des Darm-, Scham- und Sitzbeins hervor.
Untere Extremität	Zur unteren Extremität gehören der Femur, die Tibia, die Fibula und das Fußskelett.
Gelenke der unteren Extremität	Zu den wichtigen Gelenken gehören das Hüftgelenk, das Kniegelenk, das obere und untere Sprunggelenk.

Hirnschädel	Er setzt sich aus dem Stirnbein, dem Siebbein, dem Keilbein, den Schläfenbeinen, den Scheitelbeinen und dem Hinterhauptsbein zusammen.
Gesichtsschädel	Zum Gesichtsschädel gehören die Nasenbeine, die unteren Nasenmuscheln, das Pflugscharbein, die Tränenbeine, die Gaumenbeine, der Oberkiefer, die Jochbeine und der Unterkiefer.
Innere Schädelbasis	Sie besteht auf jeder Seite aus drei hintereinanderliegenden Schädelgruben, besitzt Öffnungen für Gefäße und Nerven, und auf ihr ruht das Gehirn.
Äußere Schädelbasis	Sie gliedert sich in drei Abschnitte und weist eine unregelmäßige Oberfläche auf.
Augenhöhlen	Am Aufbau einer Augenhöhle sind das Stirnbein, das Keilbein, der Oberkiefer, das Tränenbein, das Siebbein und das Jochbein beteiligt.
Seitliche Nasenwand	Sie besteht aus drei übereinanderliegenden Nasenmuscheln, unter denen sich die Nasengänge befinden. Letztere haben Verbindung zu den Nasennebenhöhlen.

11.4. Physiologie des Knochensystems

Regulation der Mineralisation

Das Skelett eines Erwachsenen enthält etwa 1 kg Kalzium, das in Form von Apatitkristallen abgelagert wird. Ungefähr 40 g Kalzium der Apatitkristalloberfläche stehen im Austausch mit Kalziumionen des Blutplasmas. Dieser Austausch wird hormonell so geregelt, daß die Konzentration der freien Kalziumionen im Blutplasma auf 1,4 mmol/l geregelt wird. Im Blutplasma sind neben den freien Kalziumionen noch etwa 1,2 mmol/l Kalzium in nichtionisierter Form vorhanden, das an Plasmaproteine gebunden ist. Für die Regulation des Kalziumstoffwechsels spielt diese Kalziumfraktion eine untergeordnete Rolle.

Der Erwachsene scheidet etwa 180 mg Kalzium im Harn, 20 mg im Schweiß und 120 mg im Stuhl aus. Da nur ein Drittel des Nahrungskalziums zur Resorption gelangt, muß der Erwachsene pro Tag etwa 1 g Kalzium aufnehmen. Neben der Hartsubstanz verfügt der Knochen über eine organische Grundsubstanz, die aus kollagenen Fibrillen, Proteoglycanen und Glucosaminglycanen besteht. Proteoglycane sind Einzelkettenproteine, an die unverzweigte Polysaccharidketten gebunden sind. Es sind wasserbindende Moleküle. Die Polysaccharidseitenketten nennt man auch Glucosaminglycane. Sie enthalten Carboxyl- und Sulfatgruppen.

Die Mineralisierung der Knochen wird hormonell gesteuert. Zu den regulierenden Hormonen zählen:

- das Vitamin-D_3-Hormon,
- das Parathormon,
- das Calcitonin.

Vitamin-D_3-Hormon
Dieses Hormon ist ein Steroidhormon, das die Mineralisierung von Hartgeweben vor allem über die Stimulierung der Kalziumresorption im Dünndarm fördert. Das Steroidhormon induziert in den Dünndarmepithelzellen (Saumepithel) die Synthese eines kalziumbindenden Proteins, welches im Bürstensaum die Resorption von Kalzium- und Phosphationen erhöht. An der Synthese des Vitamin-D_3-Hormons sind die Haut, die Leber und die Niere beteiligt. Einen höheren Bedarf an diesem Hormon haben Säuglinge, Kleinkinder, Jugendliche, Schwangere und Stillende.

Parathormon
Das Parathormon ist ein Proteohormon, das in der Nebenschilddrüse bei sinkendem Kalzium- und/oder Phosphatspiegel im Blutplasma sezerniert wird. Wirkungsorte für das Parathormon sind das Skelett und die Nieren.
Das Parathormon stimuliert in Gegenwart von Vitamin-D_3-Hormon den Transport von Kalzium- und Phosphationen aus dem Knochen in das Blutplasma. Es führt zur Demineralisierung der Knochen.
In den Nierenkanälchen hemmt das Parathormon in Gegenwart von Vitamin-D_3-Hormon die Rückresorption von Phosphationen und beschleunigt die Rückresorption von Kalziumionen.

Calcitonin
Dieses Peptidhormon wird in den C-Zellen der Schilddrüse gebildet und bei ansteigenden Kalziumionenkonzentrationen im Blutplasma sezerniert. Es ist ein Gegenspieler des Parathormons und stimuliert den Transport von Kalzium- und Phosphationen aus dem Blutplasma in den Knochen. Dadurch werden die Spiegel beider Ionen im Blutplasma erniedrigt und die Mineralisation der Knochen begünstigt.

Merke **Vitamin-D_3-Hormon, Parathormon und das Calcitonin regulieren den Kalziumplasmaspiegel sowie den Mineralisationsgrad der Knochen.**

Blutbildung

Die Blutzellen werden beim Erwachsenen im roten Knochenmark gebildet, das sich z.B. in der Substantia spongiosa der Wirbelkörper, der Rippen, des Brustbeins, des Hüftbeins, der Hand- und Fußwurzelknochen und in den Epiphysen der Röhrenknochen befindet. Das rote Knochenmark besteht aus retikulärem Bindegewebe, in dessen Maschen die unreifen Vorstufen der Leukozyten, Erythrozyten und Thrombozyten enthalten sind. Diese können alle auf eine gemeinsame pluripotente Stammzelle zurückgeführt werden, die sich unter hormonellem Einfluß (Erythropoetin) in Myeloblasten, Monoblasten, Lymphoblasten, Proerythroblasten und Megakaryoblasten differenzieren kann. Diese Zellen sind Vorläuferzellen für die Bildung (Poese) der Granulozyten, der Monozyten, der Lymphozyten, der Erythrozyten und der Thrombozyten.
Die ausgereiften Zellen gelangen aus dem roten Knochenmark in das zirkulierende Blut.
Bei der Blutbildung unterscheidet man demnach

- die Leukopoese,
- die Erythropoese und
- die Thrombopoese.

Leukopoese
Unter der Leukopoese versteht man die Bildung der reifen Leukozyten (Granulozyten, Monozyten, Lymphozyten) aus unreifen Vorstufen. Die Leukopoese beinhaltet die Granulopoese, Monopoese und die Lymphopoese.

Granulopoese
Im Ablauf der Granulozytenbildung werden im roten Knochenmark folgende Entwicklungsstufen durchlaufen:

- die Myeloblasten,
- die Promyelozyten,
- die Myelozyten,
- die Metamyelozyten,
- die stabkernigen Granulozyten,
- die segmentkernigen Granulozyten.

Die segmentkernigen Granulozyten sind die häufigsten Granulozytenformen im strömenden Blut. Nach der Anfärbbarkeit der Granula unterscheidet man die eosinophilen, die basophilen und die neutrophilen Granulozyten.

Monopoese
Aus den Monoblasten entstehen über mehrere Zellteilungsschritte die Promonozyten, aus denen sich die Monozyten, die größten weißen Blutzellen, entwickeln.

Lymphopoese
Die Lymphozyten gehen aus den Lymphoblasten des roten Knochenmarks über die Stufe der Prolymphozyten hervor, wobei die T-Lymphozyten im Thymus und die B-Lymphozyten im Knochenmark (bone marrow) geprägt werden. Die Lymphozyten können sich in den Lymphknoten, den Tonsillen, den Peyer-Plaques, im Appendix vermiformis, in der Milz und im Thymus durch Teilung vermehren.

Erythropoese
Unter der Erythropoese versteht man die Bildung der reifen Erythrozyten aus unreifen Vorstufen. Im Ablauf der Erythropoese unterscheidet man die folgenden Entwicklungsstufen:

- die Proerythroblasten,
- die Erythroblasten,
- die Retikulozyten,
- die Erythrozyten.

Die Erythrozyten sind kernlose und hämoglobinhaltige Zellen, die vom Knochenmark in das strömende Blut gelangen. Die im peripheren Blut vereinzelt vorkommenden Retikulozyten sind ebenfalls kernlos, enthalten jedoch noch Reste basophiler Zytoplasmastrukturen (Substantia granulofilamentosa). Reife Erythrozyten besitzen diese Substanz nicht.

Thrombopoese
Unter der Thrombopoese versteht man die Bildung der Thrombozyten aus den unreifen Vorstufen. Im Ablauf der Thrombopoese unterscheidet man die folgenden Entwicklungsstufen:

- die Megakaryoblasten,
- die Promegakaryozyten,
- die Megakaryozyten.

Die Megakaryozyten werden auch als Knochenmarksriesenzellen bezeichnet. Die Thrombozyten entstehen aus ihnen durch Abschnürung vom Zytoplasma. Wie die Erythrozyten, so sind auch die Thrombozyten kernlose Gebilde.

Merke **Die pluripotente Stammzelle des roten Knochenmarks kann sich in die Myeloblasten, Monoblasten, Lymphoblasten, Proerythroblasten und Megakaryoblasten differenzieren. Von diesen Vorläuferzellen entwickeln sich im roten Knochenmark die Granulozyten, Monozyten, Lymphozyten, Erythrozyten und die Thrombozyten.**

11.5. Klinischer Anhang

Osteoporose

Die Osteoporose ist ein mit Brüchen einhergehender Verlust von Knochenmasse, Knochenstruktur und Knochenfunktion. Dieser wird durch einen verminderten Knochenanbau bei gestörtem Abbau hervorgerufen. Die Osteoidbildung (organische Knochengrundsubstanz) ist bei der Osteoporose herabgesetzt, so daß das beim Knochenabbau frei werdende Kalzium und Phosphor nicht durch neugebildetes Osteoid gebunden werden kann. In der Folge kommt es zu einer erhöhten Kalzium- und Phosphorausscheidung durch die Nieren.

Die Osteoporose befällt grundsätzlich alle Knochen, bevorzugt jedoch die Wirbelsäule, das Becken, die Rippen, die Epiphysen der Oberschenkelbeine und die Kieferknochen. An den Lendenwirbelkörpern führt die Osteoporose durch Nachgeben der Deckplatte unter Druck der Zwischenwirbelscheiben zur Formveränderung, den Fischwirbeln. In der Brustwirbelsäule dagegen haben die geschwächten Wirbel eine Keilform.

Die Osteoporose kann durch verschiedene Ursachen hervorgerufen werden.
Hunger und Eiweißmangelernährung führen zur Hungerosteoporose, da Eiweiße zur Osteoidbildung benötigt werden. Den gleichen Effekt haben Erkrankungen, die mit einem erhöhten Eiweißabbau einhergehen, wie z.B. die Schilddrüsenüberfunktion (Hyperthyreoidismus). Sexualhormone fördern den Eiweißanbau und damit auch die Osteoidablagerung. Die Osteoporose bei klimakterischen Frauen wird durch einen Östrogenmangel hervorgerufen. Der senilen Osteoporose liegen u.a. die erlöschende Keimdrüsenfunktion, die herabgesetzte Aktivität und eine fehlerhafte Ernährung zugrunde. Beim Morbus Cushing besteht eine Überaktivität der Nebennierenrinde, die zu einer verstärkten Absonderung von Glukokortikoiden führt. Diese wirken hemmend auf den Eiweißanbau, und daraus resultiert ein erheblicher Mineralverlust des Skeletts.

Zu den Osteoporoserisikofaktoren gehören eine frühe Menopause, unzureichende Kalziumzufuhr mit der Nahrung, Nikotin-Alkohol-Abusus, Vitamin-D-Mangel und eine familiäre Osteoporosehäufung.

Osteosarkom

Das Osteosarkom ist ein bösartiger Knochentumor, der sich im Markraum entwickelt, die Knochenhartsubstanz (Kortikalis) sowie die Knochenhaut durchbricht und in das umgebende Weichteilgewebe vorwächst. Der Tumor befällt häufig das untere Ende des Femurs, die Tibia und den Humerus. Das Osteosarkom bevorzugt das männliche Geschlecht und zeigt ein Häufigkeitsmaximum zwischen 10 und 25 Jahren.
Dieser Tumor ist äußerst maligne und setzt frühzeitig Lungenmetastasen.

Marmorknochenkrankheit

Es handelt sich um eine angeborene vererbte marmorartige Verdichtung der Struktur von Teilen des Skeletts oder des ganzen Systems. Der Knochenanbau erfolgt normal, dagegen ist der Knochenabbau gestört, da die Osteoklastenaktivität verringert ist. Die Knochenhartsubstanz (Kortikalis) wird durch Anlagerung immer neuer Knochenschichten erheblich verdickt, und die Knochenbälkchen (Spongiosa) werden engmaschig. Der Knochen wird dadurch spröde und neigt zu Querbrüchen. Die Markräume werden zunehmend eingeengt, und das führt zu den Symptomen der prognostisch infausten Knochenmarkinsuffizienz.

Knochenmetastasen

Das Skelettsystem ist prädisponiert für die Absiedlung von Karzinomen. Nicht selten führt eine hämatogene Knochenmetastase zu Beschwerden, bevor der Primärtumor in Erscheinung tritt. Bevorzugt metastasieren die Karzinome von der Vorsteherdrüse, der Brustdrüse, der Schilddrüse, den Bronchien, den Nieren, vom Magen sowie den malignen Melanomen in die Knochen.

12. Muskelsystem

12.1. Allgemeines

Die allgemeine Muskellehre beschäftigt sich mit dem Bau und der Funktion der quergestreiften Muskulatur, die zwischen den Knochen des Skeletts ausgebildet ist und dabei ein oder mehrere Gelenke überspannt. Die Muskeln sind Organe des aktiven Bewegungsapparates und besitzen die Fähigkeit, sich zu kontrahieren und damit zu verkürzen. Der Zug, den sie somit auf die Knochen des passiven Bewegungsapparates ausüben, bewirkt, daß sich die Knochen gegeneinander bewegen. Neben ihrer mechanischen Arbeitsleistung dienen die Muskeln auch der Bildung von Körperwärme. Der lebende Muskel besitzt eine dunkelrote Farbe, die durch seine gute Durchblutung bedingt ist. Im kontrahierten Zustand ist er hart und derb. Erschlaffte Muskeln sind dagegen weich.

Wichtige Aufgaben der Muskulatur bestehen in

- der Bewegung der Knochen und des Körpers als Ganzes,
- der Sicherung der aufrechten Körperhaltung und
- der Produktion von Körperwärme.

12.2. Allgemeine Muskellehre

Allgemeines

Die eigentliche Muskelmasse wird als Muskelbauch (Venter musculi) bezeichnet. Der Muskel befestigt sich über zwei Sehnen (lat. tendo = Sehne) am Knochen. Die rumpfnahe Sehne heißt Ursprungssehne und die rumpfferne Ansatzsehne. Somit besitzt jeder Muskel einen Ursprung (Origo) und einen Ansatz (Insertio). Ein Muskel, der zwischen zwei gelenkig miteinander verbundenen Skeletteilen gespannt ist, übt bei einer Kontraktion einen Zug aus und bewegt die Teile des Skeletts gegeneinander. In diesem Fall ist die Befestigungsstelle am Ursprung als feststehender Punkt (Punctum fixum) und diejenige am Ansatz als bewegter Punkt (Punctum mobile) zu betrachten.

Gegenstand der allgemeinen Muskellehre sind:

- Muskelformen,
- Muskelbestandteile,
- Hilfseinrichtungen der Muskeln,
- Wirkungsweise der Muskeln.

Muskelformen

Die etwa 400 einzelnen Muskeln unterscheiden sich hinsichtlich ihrer Größe und Form.
Zu den wichtigsten Muskelformen gehören

- der spindelförmige Muskel (Musculus fusiformis),
- der einfach gefiederte Muskel (Musculus unipennatus),
- der doppelt gefiederte Muskel (Musculus bipennatus),
- der zweibäuchige Muskel (Musculus biventer),
- der gerade Muskel (Musculus rectus),
- der schräge Muskel (Musculus obliquus),
- der platte Muskel (Musculus planus) und
- der zwei-, drei- oder vierköpfige Muskel (Musculus bi-, tri- oder quadriceps).

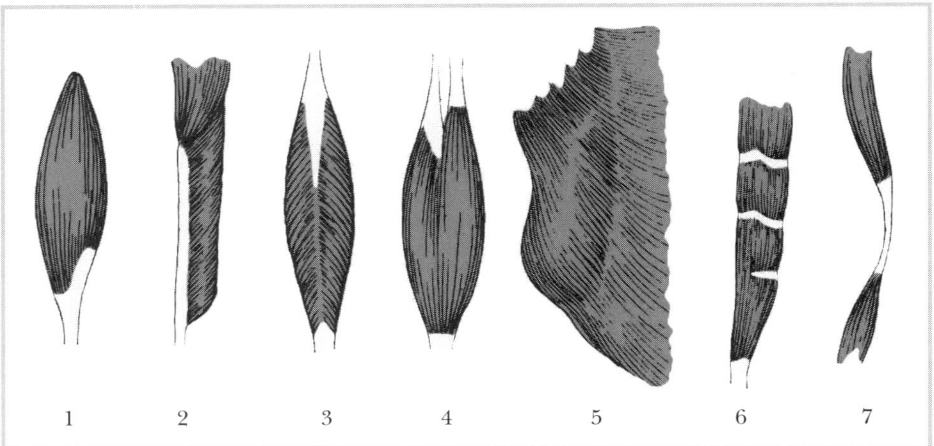

Abb. 149 Muskelformen

1 spindelförmiger Muskel
2 einfach gefiederter Muskel
3 doppelt gefiederter Muskel
4 doppelköpfiger Muskel
5 platter Muskel
6 gerader Muskel mit Zwischensehnen
7 zweibäuchiger Muskel

Spindelförmiger Muskel
Die Muskelfasern verlaufen parallel, sind lang und ermöglichen eine ausgiebige Bewegung. Spindelförmige Muskeln verkörpern die typische Muskelform und gehören zu den sogenannten Bewegungsmuskeln.

Einfach gefiederter Muskel
Nach kurzem Verlauf strahlen die Muskelfasern von einer Seite in eine Sehne ein und ermöglichen dem Muskel eine kraftvolle aber wenig ergiebige Bewegung.

Doppelt gefiederter Muskel
Bei diesen Muskeln strahlen die Muskelfasern von zwei Seiten in eine zentral gelegene Sehne ein. Sowohl die einfach gefiederten als auch die doppelt gefiederten Muskeln zählen zu den Haltemuskeln.

Zweibäuchiger Muskel
Zwei hintereinanderliegende Muskelbäuche werden bei diesen Muskeln durch eine Sehne verbunden.

Gerader Muskel
Die geraden Muskeln überbrücken bandförmig längere Abschnitte und besitzen in manchen Fällen quer verlaufende Sehnenstreifen, die als Zwischensehnen bezeichnet werden.

Schräger Muskel
Die Fasern dieser Muskeln verlaufen schräg auf- oder absteigend.

Platter Muskel
Platte Muskeln besitzen flächenartig ausgebreitete Muskelfasern, die auch an breit verlaufenden flächigen Sehnenplatten (Aponeurosen) befestigt sind.

Zwei- und mehrköpfige Muskeln
Diese Muskeln haben zwei oder mehrere Muskelbäuche, die meist einen selbständigen Ursprung besitzen, aber einer gemeinsamen Ansatzsehne zustreben.

Muskelbestandteile

Die kleinste funktionelle Einheit eines Skelettmuskels ist die quergestreifte Muskelfaser. Alle Muskelfasern eines Muskels verlaufen parallel zueinander und weisen untereinander keine Verbindung auf. Somit kann jede Faser einzeln erregt werden und sich isoliert kontrahieren. Ein größerer Skelettmuskel enthält bis zu einigen Millionen Muskelfasern. Das zwischen den Muskelfasern liegende lockere Bindegewebe ist von einem dichten Kapillarnetz durchsetzt. Der anatomische Bau eines Muskels gliedert sich wie folgt:

- Muskelfilamente (Myofilamente),
- Muskelfibrillen (Myofibrillen),
- Muskelfasern (Plasmodien),
- Muskelfaserbündel,
- Muskelbauch (Musculus).

Muskelfilamente
Die Muskelfilamente sind fibrilläre Eiweißkörper, die aus Aktin- und Myosinfilamenten bestehen. Diese Filamente können nur elektronenmikroskopisch gesehen werden. Sie stehen über Proteinbrücken miteinander in Verbindung und sind parallel zueinander ausgerichtet. Aktinfilamente bilden auf einer Muskelfibrille die hellen I-Segmente und Myosinfilamente die dunklen A-Segmente.

Muskelfibrillen
Die Myofibrillen durchziehen das Sarkoplasma einer Muskelfaser in Längsrichtung. Auf einer Myofibrille wechseln sich die hellen und dunklen Segmente einander ab, so daß eine Bänderung entsteht. Sie liegt bei den benachbarten Myofibrillen auf der gleichen Höhe und so ergibt sich eine Querstreifung. Myofibrillen bestehen aus kettenförmig angeordneten Sarkomeren. Das sind sich wiederholende Abschnitte der Myofibrillen, die etwa 3 µm lang sind und seitlich durch die Z-Streifen begrenzt werden. Der Z-Streifen liegt in der Mitte des hellen I-Segmentes. Die Sarkomeren werden auch als Fibrillenperioden bezeichnet.
Muskelfibrillen bilden die kontraktilen Elemente des Muskels.

Muskelfaser
Eine Muskelfaser setzt sich aus zahlreichen Myofibrillen zusammen, die in das Sarkoplasma eingelagert sind. Sie verlaufen, zu mehreren Gruppen vereinigt, innerhalb einer Muskelfaser parallel. Auf dem Querschnitt einer Skelettmuskelfaser sehen die Myofibrillen punktförmig aus und zwischen ihnen befinden sich Sarkoplasmabezirke. Diese Anordnung wird als Cohnheim-Felderung bezeichnet. Die Zellkerne der Muskelfaser liegen randständig. Je nach Größe des Gesamtmuskels variiert die Länge der Muskelfasern zwischen wenigen Millimetern bis zu über 15 cm. Die Begrenzung der Muskelfaser erfolgt durch eine verdickte Membran. Sie heißt Sarkolemm und wird außen von einer gefäß- und nervenführenden Hülle umgeben. Die Hülle besteht aus lockerem Bindegewebe und wird als Endomysium bezeichnet.

Muskelfaserbündel
Mehrere Muskelfasern mit ihrem Endomysium werden zu Bündeln zusammengefaßt. Dabei werden folgende Bündelarten unterschieden:

- die Primärbündel und
- die Sekundärbündel.

Primärbündel
Sie enthalten eine wechselnde Zahl einzelner Muskelfasern und werden von einer strafferen Bindegewebshülle (Perimysium internum) umgeben. Über diese bindegewebigen Scheiden ist eine Verschiebung der Muskelfasereinheiten gegeneinander möglich.

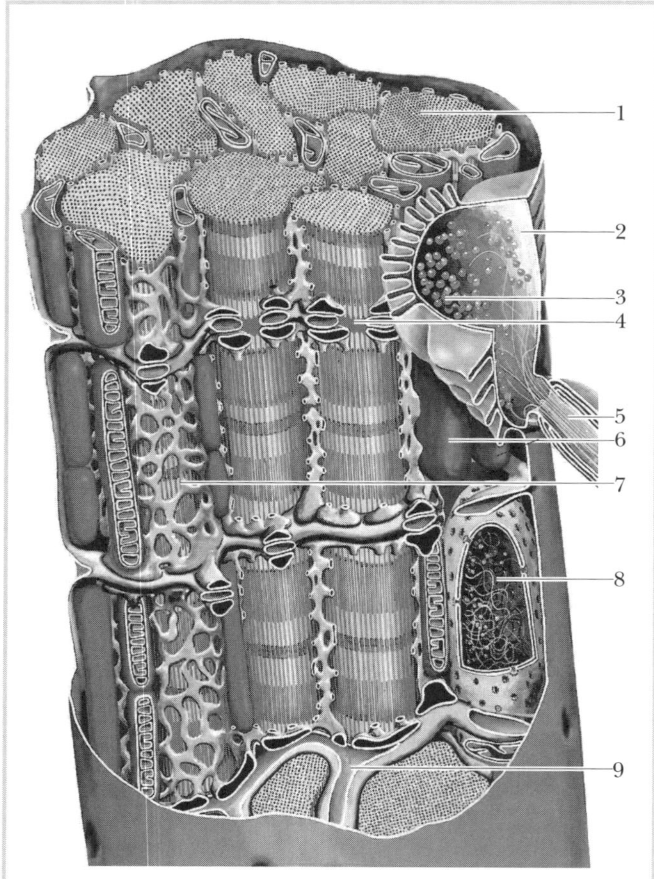

Abb. 150
Bau einer quergestreiften Muskelfaser

1 Myofibrillen
2 motorische Endplatte
3 synaptische Vesikel
4 Z-Linie
5 Nervenfaser
6 Mitochondrien
7 sarkoplasmatisches Retikulum
8 Zellkern
9 T-Tubuli

Sekundärbündel
Die mit bloßem Auge sichtbaren Sekundärbündel (Fleischfasern) werden durch den Zusammenschluß mehrerer Primärbündel gebildet. Eine kräftige Bindegewebshülle (Perimysium externum) umgibt die Sekundärbündel.

Den äußeren Abschluß bildet eine Bindegewebsumhüllung, das Epimysium.

Muskelbauch
Die Summe aller Muskelbündel ergibt den Muskelbauch, der außen von einer derben Schutz- und Führungshülle, der Muskelfaszie, umschlossen wird. Das Epimysium verbindet den Muskel mit der Faszie, die man auch Muskelbinde nennt.

Merke **Ein Muskel setzt sich aus Muskelfasergruppen zusammen, die durch bindegewebige Hüllschichten zu Funktionseinheiten zusammengefaßt werden.**

Hilfseinrichtungen der Muskeln

Aus den mechanischen Beziehungen der Muskeln zu den Nachbarorganen ergeben sich Einrichtungen, die die Reibung bei der Muskelarbeit herabsetzen und eine optimale Kraftübertragung ermöglichen. Zu diesen Hilfseinrichtungen gehören:

- die Sehnen (Tendines),
- die Faszien (Fasciae),
- die Schleimbeutel (Bursae synoviales) und
- die Sehnenscheiden (Vaginae synoviales tendines).

Sehnen
Die Muskeln werden über Sehnen am Knochen oder an der Knochenhaut (Periost) befestigt. Bei direkter Befestigung am Knochen, strahlen radiäre Faserbündel (Sharpey-Fasern) in die Knochensubstanz ein. Sehnen dienen der Übertragung von Muskelkräften auf die Knochen des Skeletts. Da sie wesentlich weniger Blutgefäße als der Muskel selbst besitzen, erscheinen sie weißglänzend. Eine Sehne besteht aus sehr zugfesten, parallel verlaufenden kollagenen Sehnenfasern, die durch eine kittartige Interzellularsubstanz zusammengehalten werden. In dieser Kittsubstanz liegen dreieckige bis sternförmige Sehnen- oder Flügelzellen. Ebenso wie beim Muskelbauch, werden die Sehnenbündel außen von einer bindegewebigen Führungshülle, dem Peritonium, umgeben. Es gibt kurze, lange strangförmige, breite und flache Sehnen. Letztere bezeichnet man als Sehnenhäute (Aponeurosen). Bestimmte Muskeln werden durch Zwischensehnen in einzelne Muskelabschnitte untergliedert.

Faszien
Muskeln oder Muskelgruppen besitzen als Umhüllung eine mehr oder minder derbe, aus straffem Bindegewebe bestehende Muskelfaszie, welche auch die Verschieblichkeit gegenüber der Umgebung gewährleistet. Die Faszie bildet eine Führungshülle für den Muskel und hält ihn sowohl im kontrahierten als auch im erschlafften Zustand in der richtigen Lage.

Schleimbeutel
An Stellen, an denen Sehnen über Knochen oder Gelenke gleiten, dienen Schleimbeutel als Druckpolster, um dauerhafte Reibungswirkungen auszuschließen. Es sind dünnwandige Bindegewebssäckchen, die aus einer äußeren fibrösen und einer inneren synovialen Wandschicht aufgebaut sind. Die von der Innenschicht gebildete schleimige Flüssigkeit ähnelt in ihrer Zusammensetzung der Gelenkschmiere (Synovia).

Sehnenscheiden
An den Stellen, wo Muskelsehnen aus ihrem geraden Verlauf abbiegen und gegen Knochen oder Gelenke andrängen, verhindern Sehnenscheiden einen hohen Reibungsdruck. Sehnenscheiden sind Bindegewebsschläuche, die aus einer äußeren straffen Bindegewebshülle (Vagina fibrosa) und aus einer inneren, Synovialflüssigkeit produzierenden Haut (Vagina synovialis), bestehen. Die Vagina fibrosa ist fest mit der Umgebung verbunden und wird innen vom äußeren Blatt (Peritenon) der Vagina synovialis überzogen. Die Sehne selbst wird von einem inneren Blatt (Epitenon) der Vagina synovialis bedeckt. Beide Blätter sind an ihren Enden miteinander verwachsen, und zwischen ihnen befindet sich der mit Synovia gefüllte Spalt.

Merke **Bei chronischer Reizung kann es zu Entzündungen der Schleimbeutel (Bursitis) oder zu Entzündungen der Sehnenscheiden (Tendovaginitis) kommen.**

Wirkungsweise der Muskeln

Bewegungen werden meist durch das Zusammenspiel mehrerer Muskeln ausgeführt. Dabei gibt es immer Muskelgruppen, die gleichsinnig auf ein Gelenk wirken (Synergisten) und solche, die entgegengesetzt wirken (Antagonisten). Das sinnvolle Zusammenspiel von Synergisten und Antagonisten ermöglicht koordinierte Bewegungsabläufe.

Auch innerhalb eines Muskels können bestimmte Fasergruppen eine entgegengesetzte Wirkung entfalten. Unter der Kontraktion eines Muskels versteht man rasch aufeinanderfolgende Einzelverkürzungen oder Zuckungen der Muskelfasern. Die dabei entfaltete Muskelkraft nennt man Verkürzungs- oder Spannkraft. Ist ein Muskel erschlafft bzw. im nichtkontrahierten Zustand, besitzt er trotzdem eine vom Nervensystem abhängige innere Spannung, die sog. Ruhespannung oder den Tonus.

Merke **Der Tonus der Muskeln bestimmt wesentlich den Haltungstyp eines Menschen. Der Muskeltonus kann willkürlich erhöht werden.**

Die bei der Muskelkontraktion auftretende Zugwirkung ist vom Verlauf des Muskelbauches und der Sehnen abhängig. Sie ergibt sich aus der Resultante aller Zugwirkungen der Fasern eines Muskels und bildet eine Kraftlinie. Die spezielle Wirkungsweise eines Muskels auf ein Gelenk ist somit vom Verlauf seiner Kraftlinie zu den Hauptachsen des Gelenkes abhängig. Muskeln, welche nur über ein Gelenk hinwegreichen, heißen eingelenkige Muskeln, diejenigen, die über mehrere Gelenke ziehen, werden als mehrgelenkige Muskeln bezeichnet.

12.3. Spezielle Muskellehre

Allgemeines

Während der embryonalen Entwicklung bilden sich die Muskeln der Extremitäten und des Rumpfes (somatische Muskulatur) aus den Ursegmenten (Myotome) des mittleren Keimblattes (Mesoderm). Die Muskeln für die Kopf- und Halsregion (viszerale Muskulatur) gehen aus dem nichtsegmentierten Mesoderm hervor.

Muskulatur des Schultergürtels

Die Muskulatur des Schultergürtels wirkt im wesentlichen auf das Schulterblatt (Scapula) ein, welches an der Bildung des Schultergelenkes beteiligt ist und somit auch für die Bewegungsfähigkeit des Armes von großer Bedeutung ist.
Am Schultergürtel werden eine vordere (ventrale) und eine hintere (dorsale) Gruppe von Muskeln unterschieden.

Zu den ventralen Muskeln gehören:

- der kleine Brustmuskel (M. pectoralis minor),
- der vordere Sägemuskel (M. serratus anterior) und
- der Unterschlüsselbeinmuskel (M. subclavius).

Kleiner Brustmuskel
Er wird vom großen Brustmuskel bedeckt und zieht sowohl das Schulterblatt als auch den erhobenen Arm nach vorn und nach unten.

Vorderer Sägemuskel
Er zieht das Schulterblatt nach vorn und dreht den unteren Schulterblattwinkel ebenfalls nach vorn, wobei er die Hebung des Armes über die Waagerechte (Elevation) unterstützt. Gleichzeitig fixiert er das Schulterblatt am Rumpf. Ist dieser Muskel gelähmt, steht das Schulterblatt flügelartig vom Rumpf ab (Scapula alata) und der Arm kann auf der betroffenen Seite nicht über die Horizontale gehoben werden.

Unterschlüsselbeinmuskel
Er setzt als einziger Schultergürtelmuskel am Schlüsselbein an und zieht dieses nach unten in Richtung des Brustkorbes.

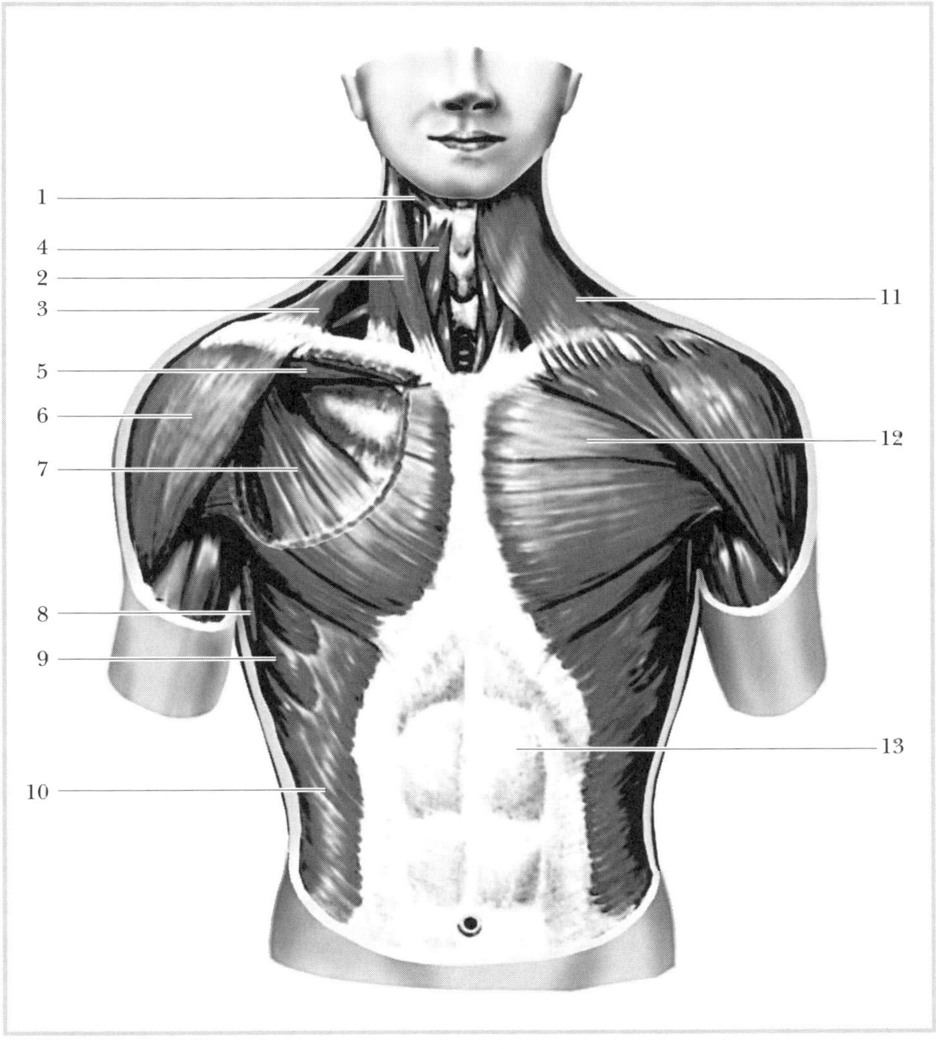

Abb. 151 Muskeln des Halses und der Brust

1 obere Zungenbeinmuskulatur
2 Kopfwender (M. sternocleidomastoideus)
3 Kapuzenmuskel (M. trapezius)
4 untere Zungenbeinmuskulatur
5 Unterschlüsselbeinmuskel (M. subclavius)
6 Deltamuskel (M. deltoideus)
7 kleiner Brustmuskel (M. pectoralis minor)
8 breiter Rückenmuskel (M. latissimus dorsi)
9 vorderer Sägemuskel (M. serratus anterior)
10 äußerer schräger Bauchmuskel (M. obliquus externus abdominis)
11 Halshautmuskel (Platysma)
12 großer Brustmuskel (M. pectoralis major)
13 gerader Bauchmuskel (M. rectus abdominis)

Zu den dorsalen Muskeln gehören:

- der Kapuzenmuskel (M. trapezius),
- der Rautenmuskel (M. rhomboideus) und
- der Schulterblattheber (M. levator scapulae).

Kapuzenmuskel
Dieser trapezförmige Muskel entspringt vom äußeren Hinterhauptshöcker, vom Nackenband und von den Dornfortsätzen aller Brustwirbel. Seine Fasern verlaufen fächerartig zum Schlüsselbein (Clavicula), zur Schulterhöhe (Acromion) und zur Schultergräte (Spina scapulae). Die dreieckigen Muskeln beider Seiten ergeben ein Trapez bzw. sehen wie eine Kapuze aus. Der Kapuzenmuskel zieht die Schulter nach oben, hinten und unten.

Rautenmuskel
Der Rautenmuskel wird nochmals in einen großen und einen kleinen Muskel (M. rhomboideus major et minor) unterteilt. Der große Rautenmuskel entspringt von den Dornfortsätzen des 1. - 4. Brustwirbels und der kleine Rautenmuskel von den Dornfortsätzen des 6. und 7. Halswirbels. Beide Muskeln sind am medialen Rand des Schulterblattes befestigt und ziehen den Schultergürtel nach oben und innen. Über den Rautenmuskel ist das Schulterblatt mit dem Rumpf befestigt.

Schulterblattheber
Als strangförmiger Muskel zieht er von den Querfortsätzen des 1. - 4. Halswirbels zum oberen Schulterblattwinkel. Er hebt das Schulterblatt und damit den Schultergürtel.

Merke **Der Schultergürtel ist nahezu vollständig von Muskeln eingehüllt und erhält dadurch eine große Bewegungsfreiheit.**

Muskeln mit Wirkung auf das Schultergelenk

Das Schultergelenk ist das beweglichste Gelenk des Organismus. Diese große Beweglichkeit wird im wesentlichen durch die folgenden vier Muskeln gewährleistet:

- großer Brustmuskel (M. pectoralis major),
- Deltamuskel (M. deltoideus),
- breiter Rückenmuskel (M. latissimus dorsi) und
- großer Rundmuskel (M. teres major).

Großer Brustmuskel
Er liegt direkt unter der Brusthaut und wird von der Brustfaszie (Fascia pectoralis) bedeckt. Seinen Ursprung nimmt er von der inneren Hälfte des Schlüsselbeines, vom Brustbein, von den angrenzenden Rippenknorpeln und von der Rektusscheide. Der Muskel hat seinen Ansatz an den Höckerleisten (Crista tuberculi majoris et minoris) des Oberarmbeines. Als sehr kräftiger Muskel zieht er den Oberarm zum Körper heran (Adduktion), unterstützt die Drehung des Armes nach innen (Innenrotation) sowie das Heben nach vorn (Anteversion). Sind beide Arme fixiert, können die großen Brustmuskeln den Körper nach oben ziehen (z.B. beim Klimmzug).

Deltamuskel
Der Deltamuskel entspringt vom seitlichen Drittel des Schlüsselbeines, von der Schulterhöhe und von der Schulterblattgräte und setzt an der Außenfläche des Oberarmbeines (Tuberositas deltoidea) an. Seinen Namen hat er seiner dreieckigen Form, die bei seiner Ausbreitung entsteht, zu verdanken. Der Deltamuskel überspannt das gesamte Schultergelenk. Für den Zusammenhalt des Schultergelenkes ist er der wichtigste Muskel, wodurch dieses Gelenk auch eine Muskelführung erhält. Der Deltamuskel ist an fast allen Bewegungen des Armes im Schultergelenk beteiligt. Wichtigste Bewegungsformen sind das Abspreizen des Oberarmes (Abduktion), das Heben nach vorn (Anteversion) und nach hinten (Retroversion). Für i.m. Injektionen in den Oberarm besitzt er auch klinische Bedeutung.

Breiter Rückenmuskel
Der breite Rückenmuskel nimmt seinen Ausgang vom Beckenkamm, von den Dornfortsätzen des 7. - 12. Brustwirbels und 1. - 5. Lendenwirbels sowie von der 9. - 12. Rippe. Er setzt an der kleinen Höckerleiste (Crista tuberculi minoris) des Oberarmbeines an. Er ist ein flächenhafter Muskel, dessen Hauptwirkungen in der Adduktion, der Retroversion und Innenrotation des Armes besteht. Beim Husten unterstützt dieser Muskel die Ausatmung.

Großer Rundmuskel
Der große Rundmuskel entspringt vom unteren Schulterblattwinkel und inseriert an der kleinen Höckerleiste (Crista tuberculi minoris) des Oberarmbeines.
Der große Rundmuskel besitzt den gleichen Ansatz und die gleiche Funktion wie der breite Rückenmuskel und wird deshalb auch als dessen Brudermuskel bezeichnet.

Merke | **Muskeln, die auf das Schultergelenk wirken, stellen in ihrem Verlauf sowohl die Verbindung zwischen Schultergürtel und Oberarmbein als auch zwischen Rumpf und Oberarmbein her.**

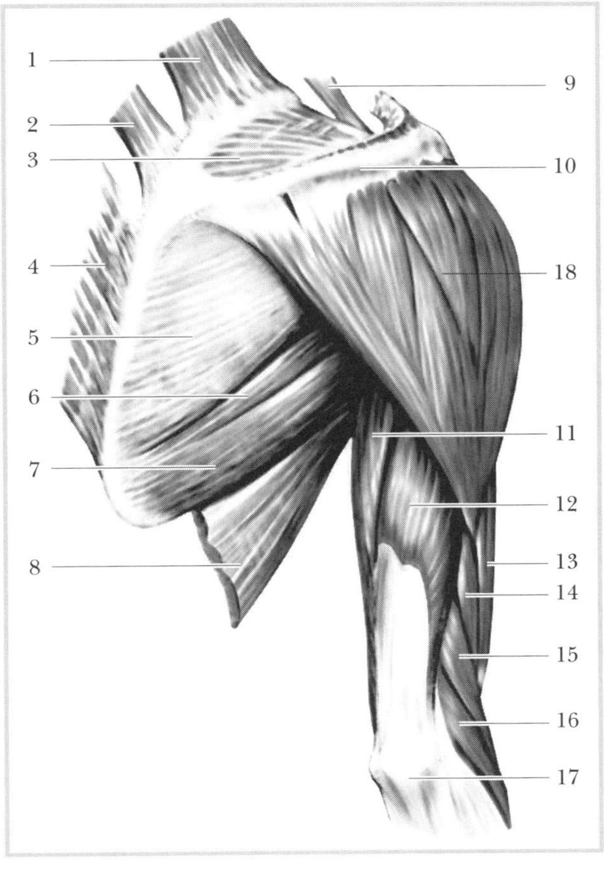

Abb. 152 Schulter- und Oberarmmuskeln, von hinten

1 Schulterblattheber (M. levator scapulae)
2 kleiner Rautenmuskel (M. rhomboideus minor)
3 Obergrätenmuskel (M. supraspinatus)
4 großer Rautenmuskel (M. rhomboideus major)
5 Untergrätenmuskel (M. infraspinatus)
6 kleiner Rundmuskel (M. teres minor)
7 großer Rundmuskel (M. teres major)
8 breiter Rückenmuskel (M. latissimus dorsi)
9 Schulterzungenbeinmuskel (M. omohyoideus)
10 Schultergräte (Spina scapulae)
11 Armstrecker (M. triceps brachii, Caput longum)
12 Armstrecker (M. triceps brachii, Caput laterale)
13 zweiköpfiger Armmuskel (M. biceps brachii)
14 Armbeuger (M. brachialis)
15 Armspeichenmuskel (M. brachioradialis)
16 langer radialer Handstrecker (M. extensor carpi radialis longus)
17 Ellenbogen
18 Deltamuskel (M. deltoideus)

Muskeln mit Wirkung auf das Ellenbogengelenk

Auf das Ellenbogengelenk wirken Muskeln, die ihren Ursprung am Oberarm oder teilweise am Schultergürtel haben. Im wesentlichen sind diese Muskeln an der Beugung (Flexion) und an der Streckung (Extension) des Ellenbogengelenkes beteiligt. Durch die Bewegung im Ellenbogengelenk werden aber auch die Einwärtsdrehung (Pronation) und die Auswärtsdrehung (Supination) des Unterarmes durch bestimmte Muskeln ermöglicht. Bei der Pronation liegen die beiden Unterarmknochen in überkreuzter Stellung, und die Handfläche weist nach unten. In Supinationsstellung liegen Elle und Speiche nebeneinander, und die Handfläche ist nach oben gekehrt.

Zu den Beugern (Flexoren) des Ellenbogengelenkes gehören am Oberarm:

- der zweiköpfige Armmuskel (M. biceps brachii)
- der Armbeuger (M. brachialis) und
- der Oberarmspeichenmuskel (M. brachioradialis).

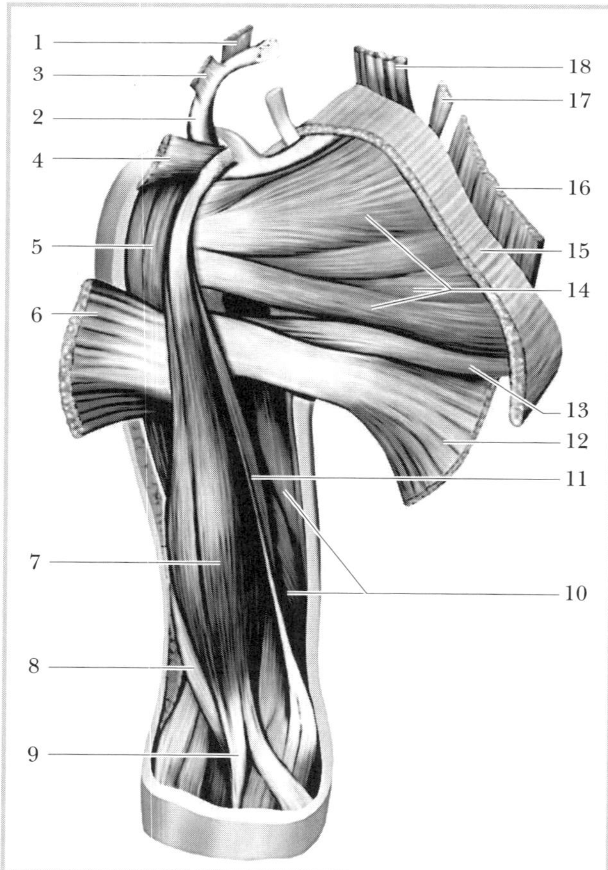

Abb. 153 Schulter- und Oberarmmuskeln, von vorn

1 Stumpf des Kopfwenders (M. sternocleidomastoideus)
2 Schlüsselbein (Clavicula)
3 Stumpf des Unterschlüsselbeinmuskels (M. subclavius)
4 Stumpf des kleinen Brustmuskels (M. pectoralis minor)
5 Deltamuskel (M. deltoideus)
6 Stumpf des großen Brustmuskels (M. pectoralis major)
7 zweiköpfiger Armmuskel (M. biceps brachii)
8 Armbeuger (M. brachialis)
9 Sehne des Bizeps
10 Armstrecker (M. triceps)
11 Hakenmuskel (M. coracobrachialis)
12 breiter Rückenmuskel (M. latissimus dorsi)
13 großer Rundmuskel (M. teres major)
14 Unterschulterblattmuskel (M. subscapularis)
15 vorderer Sägemuskel (M. serratus anterior)
16 großer Rautenmuskel (M. rhomboideus major)
17 kleiner Rautenmuskel (M. rhomboideus minor)
18 Schulterblattheber (M. levator scapulae)

Zweiköpfiger Armmuskel
Als wichtigster Unterarmbeuger besitzt er zwei Muskelköpfe oder -bäuche, die getrennt oberhalb des Schultergelenkes entspringen, aber über eine gemeinsame Sehne an der Rauhigkeit der Speiche (Tuberositas radii) ansetzen. Da diese Sehne vor ihrem Ansatz noch teilweise den Speichenschaft umschlingt, kann sich der „Bizeps" auch an der Supination des Unterarmes beteiligen.

Armbeuger
Er liegt unter dem Bizeps und überragt ihn auf Grund seiner Breite an beiden Seiten. Dieser Muskel wirkt beugend auf den Unterarm und fixiert ihn in Beugestellung.

Oberarmspeichenmuskel
Mit seiner schmalen langen Endsehne setzt er am distalen Ende der Speiche (Processus styloideus radii) an und liegt zum größten Teil am Unterarm. Er ist besonders wichtig bei schneller Beugung im Ellenbogengelenk.

Der einzige Strecker (Extensor) am Oberarm ist:

- der dreiköpfige Armmuskel (M. triceps brachii).

Dreiköpfiger Armmuskel
Als Antagonist der Beugemuskeln liegt er an der Rückseite des Oberarmes. Er besitzt drei Muskelköpfe, wobei zwei von ihnen mit ihren Sehnen an der Hinterfläche des Oberarmbeines entspringen. Der lange Kopf hat seinen Ursprung unterhalb der Gelenkfläche des Schulterblattes. Mit einer gemeinsamen Sehne setzt der dreiköpfige Armmuskel am Ellenhaken (Olecranon ulnae) an Der „Trizeps" streckt den Unterarm im Ellenbogengelenk.

Zu den Einwärtsdrehern (Pronatoren) des Unterarmes gehören:

- der runde Einwärtsdreher (M. pronator teres) und
- der viereckige Einwärtsdreher (M. pronator quadratus).

Runder Einwärtsdreher
Der Muskel zieht vom inneren Obergelenkknorren des Oberarmbeines schräg abwärts zur Speichenmitte und setzt an deren seitlichen hinteren Fläche an. Er ist Beuger im Ellenbogengelenk und ermöglicht die Einwärtsdrehung (Pronation) des gestreckten Unterarmes in beiden Radioulnargelenken.

Viereckiger Einwärtsdreher
Er ist ein viereckiger platter Muskel und liegt am distalen Ende der Unterarmknochen. Dieser Muskel ist der Hauptpronator. Er zieht von der palmaren Fläche der Elle zur gleichen Fläche der Speiche.

Zu den Auswärtsdrehern (Supinatoren) des Unterarmes gehören:

- der Auswärtsdreher (M. supinator) und
- der zweiköpfige Armmuskel (M. biceps brachii).

Auswärtsdreher
Er entspringt am proximalen Ende der Elle und legt sich schalenförmig um die Speiche. Der Auswärtsdreher ist ausschließlich für die Supination zuständig.

Zweiköpfiger Armmuskel
Der Bizeps ist neben seiner Funktion als Beuger im Ellenbogengelenk auch für eine kräftige Supinationsbewegung des Unterarmes von Bedeutung. Er wirkt stärker supinierend als der Musculus supinator selbst.

Merke **Auf das Ellenbogengelenk wirken am Oberarm drei Beugermuskeln und nur ein Streckermuskel. Die Muskeln für die Ein- und Auswärtsdrehung des Unterarmes liegen hauptsächlich zwischen den beiden Unterarmknochen.**

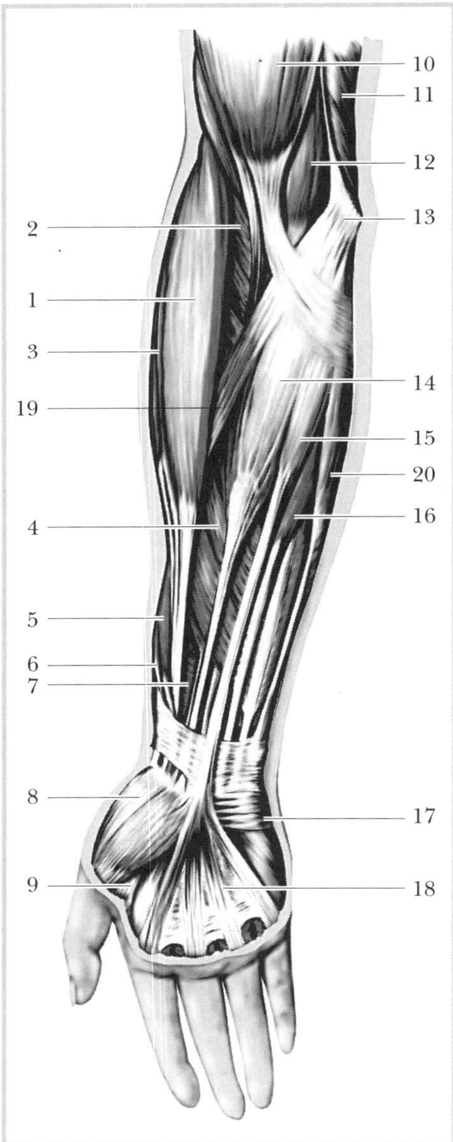

Muskeln mit Wirkung auf das Handgelenk

Nach ihrer Funktion werden diese Muskeln in Flexoren und Extensoren eingeteilt. Es sind lange schmale Muskeln mit langen Sehnen, wobei die Flexoren an der Hohlhandseite des Unterarmes und die Extensoren an der Handrückenseite des Unterarmes liegen. Im Bereich der Handwurzel verlaufen die Muskelsehnen in den Sehnenscheiden (Vaginae tendineae) und werden von querliegenden Haltebändern überbrückt. Die dorsalen Sehnenscheiden der Extensoren werden vom Retinaculum extensorum, und die ventralen Sehnenscheiden der Flexoren werden vom Retinaculum flexorum überspannt.

Abb. 154 Oberflächliche Unterarmmuskeln der Beugeseite

1 Oberarmspeichenmuskel (M. brachioradialis)
2 Auswärtsdreher (M. supinator)
3 langer radialer Handstrecker (M. extensor carpi radialis longus)
4 oberflächlicher Fingerbeuger (M. flexor dig torum superficialis)
5 langer Daumenabzieher (M. abductor pollicis longus)
6 kurzer Daumenstrecker (M. extensor pollicis brevis)
7 viereckiger Einwärtsdreher (M. pronator quadratus)
8 kurzer Daumenabzieher (M. abductor pollicis brevis)
9 kurzer Daumenbeuger (M. flexor pollicis brevis)
10 zweiköpfiger Armmuskel (M. biceps brachii)
11 Armstrecker (M. triceps, Caput mediale)
12 Armbeuger (M. brachialis)
13 Obergelenkknorren (Epicondylus medialis)
14 radialer Handbeuger (M. flexor carpi radialis
15 langer Hohlhandmuskel (M. palmaris longus)
16 oberflächlicher Fingerbeuger (M. flexor dig torum superficialis)
17 kurzer Hohlhandmuskel (M. palmaris brevis)
18 Hohlhandsehne (Palmaraponeurose)
19 runder Einwärtsdreher (M. pronator teres)
20 ulnarer Handbeuger (M. flexor carpi ulnaris)

Zu den Beugern (Flexoren) des Handgelenkes gehören am Unterarm:

- der radiale Handbeugemuskel (M. flexor carpi radialis),
- der ulnare Handbeugemuskel (M. flexor carpi ulnaris) und
- der lange Hohlhandmuskel (M. palmaris longus).

Radialer Handbeugemuskel
Er zieht vom medialen Obergelenkknorren des Oberarmbeines zur Basis der Mittelhandknochen II und III. Dieser Muskel gehört zur oberflächlichen Schicht der Beugemuskeln am Unterarm. Seine Funktion besteht neben der Handflexion auch noch darin, die Pronation und die Radialabduktion zu unterstützen.

Ulnarer Handbeugemuskel
Dieser Muskel hat zwei Ursprungsstellen, die eine liegt am medialen Obergelenkknorren des Oberarmbeines, die andere am Ellenhaken und am Ellenhinterrand. Seine Ansatzsehne zieht zu den ulnaren Handwurzelknochen (Erbsenbein, Hakenbein) und zur Basis des V. Mittelhandknochens.
Funktionell ist er für die Handflexion und die Ulnarabduktion zuständig.

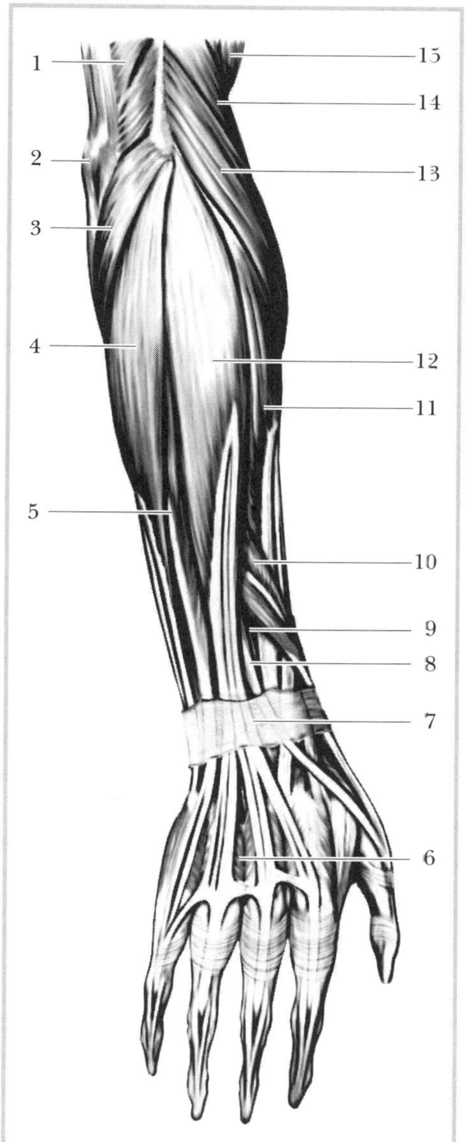

Abb. 155 Oberflächliche Unterarmmuskeln der Streckseite

1 Armstrecker (M. triceps brachii)
2 Ellenbogenhaken
3 Knorrenmuskel (M. anconaeus)
4 ulnarer Handstrecker (M. extensor carpi ulnaris)
5 Kleinfingerstrecker (M. extensor digiti minimi)
6 Zwischenknochenmuskeln (Mm. interossei dorsales manus)
7 Sehnenband (Retinaculum extensorum)
8 langer Daumenstrecker (M. extensor pollicis longus)
9 kurzer Daumenstrecker (M. extensor pollicis brevis)
10 langer Daumenabzieher (M. abductor pollicis longus)
11 kurzer radialer Handstrecker (M. extensor carpi radialis brevis)
12 Fingerstrecker (M. extensor digitorum communis)
13 langer radialer Handstrecker (M. extensor carpi radialis longus)
14 Oberarmspeichenmuskel (M. brachioradialis)
15 zweiköpfiger Armmuskel (M. biceps brachii

Langer Hohlhandmuskel
Er zieht vom medialen Obergelenkknorren des Oberarmbeines zur Hohlhand, wo er sich fächerförmig zu einer Sehnenplatte, der Palmaraponeurose (Aponeurosis palmaris), verbreitert. Die Sehne des langen Hohlhandmuskels verläuft oberhalb des Retinaculum flexorum. Er kann auch fehlen.
Dieser Muskel beugt die Hand und spannt die Palmaraponeurose.

Zu den Streckern (Extensoren) des Handgelenkes gehören am Unterarm:

- der lange radiale Handstrecker (M. extensor carpi radialis longus),
- der kurze radiale Handstrecker (M. extensor carpi radialis brevis) und
- der ulnare Handstrecker (M. extensor carpi ulnaris).

Langer radialer Handstrecker
Er hat seinen Ursprung am seitlichen Obergelenkknorren (Epicondylus lateralis) des Oberarmbeines und zieht zur Basis des II. Mittelhandknochens. Seine Funktion besteht in der Handstreckung und der Radialabduktion.

Kurzer radialer Handstrecker
Vom seitlichen Obergelenkknorren des Oberarmbeines zieht dieser Muskel zur Basis des III. Mittelhandknochens. Er bewirkt ebenfalls die Streckung und Radialabduktion der Hand.

Ulnarer Handstrecker
Dieser Muskel entspringt zweiköpfig vom seitlichen Obergelenkknorren des Oberarmbeines und von der Ellenhinterfläche. Er setzt an der Basis des V. Mittelhandknochens an.
Er ist sowohl für die Handstreckung als auch für die Ulnarabduktion zuständig.

Merke **Die drei Beugermuskeln bewirken die Bewegung der Hand in Richtung Handfläche (Palmarflexion), und die drei Streckermuskeln ziehen den Handrücken nach hinten (Dorsalbewegung).**

Merke **Eine gleichzeitige Innervation der Beuger und Strecker auf der radialen Seite führt zur speichenseitigen Abziehung (Radialabduktion), und auf der ulnaren Seite führt sie zur ellenseitigen Abziehung (Ulnarabduktion) der Hand.**

Muskeln mit Wirkung auf die Fingergelenke

Diese Muskeln liegen teils am Unterarm, teils an der Hand. Die Finger (Digiti) selbst besitzen keine eigenen Muskeln. In den Fingergrundgelenken, welche zu den Kugelgelenken zählen, sind Bewegungen wie Beugung und Streckung sowie Spreizen und Zusammenziehen der Finger möglich.
Auf die Fingergelenke wirken lange und kurze Fingermuskeln.

Zu den langen Fingermuskeln gehören:

- der oberflächliche Fingerbeuger (M. flexor digitorum superficialis),
- der tiefe Fingerbeuger (M. flexor digitorum profundus),
- der Fingerstrecker (M. extensor digitorum),
- der Zeigefingerstrecker (M. extensor indicis) und
- der Kleinfingerstrecker (M. extensor digiti minimi).

Oberflächlicher Fingerbeuger
Dieser breite Muskel entspringt mit seinen beiden Köpfen vom medialen Obergelenkknorren des Oberarmbeines, von der Rauhigkeit der Elle und von der Vorderfläche der proxima-

len Speiche. Im unteren Teil des Unterarmes gehen von seinem Muskelbauch vier Sehnen ab, die an der Basis der Mittelglieder des 2. - 5. Fingers ansetzen.
Seine Funktion besteht in der Flexion der Grund- und Mittelgelenke dieser Finger.

Tiefer Fingerbeuger
Er entspringt von der Vorderfläche der Elle und der Zwischenknochenmembran. Seine Sehnen inserieren an den Endgliedern der Finger 2 - 5. Dieser Muskel gehört zur tiefen Schicht der Beugemuskeln am Unterarm.
Er ist für die Flexion in allen Fingergelenken, die er überspringt, zuständig.

Fingerstrecker
Der Fingerstrecker hat seinen Ursprung am seitlichen Obergelenkknorren des Oberarmbeines und gliedert sich in vier Sehnen auf. Diese sind am Handrücken durch Faserzüge miteinander verbunden und setzen auf der Dorsalseite der Grund-, Mittel- und Endglieder der Finger 2 - 5 an. Der Fingerstrecker ist für die Extension dieser vier Finger verantwortlich.

Zeigefingerstrecker
Er entspringt an der Hinterfläche der Elle und der Zwischenknochenmembran. Der Muskel inseriert am Grund-, Mittel- und Endglied des Zeigefingers. Dieser Muskel ist für die Streckbewegung des Zeigefingers verantwortlich. Gegenüber den anderen Fingern ist der Zeigefinger in seiner Streckbewegung am unabhängigsten.

Kleinfingerstrecker
Als kleiner schmaler Muskel zieht der Kleinfingerstrecker vom seitlichen Obergelenkknorren des Oberarmbeines zur Dorsalaponeurose des fünften Fingers, wo er mit der Sehne des Fingerstreckers ansetzt, dessen Funktion er hier unterstützt.

Zu den kurzen Fingermuskeln gehören:

- die Regenwurmmuskeln (Mm. lumbricales) und
- die Zwischenknochenmuskeln (Mm. interossei).

Regenwurmmuskeln
Die Musculi lumbricales (lat. lumbricus = Regenwurm) bilden eine Gruppe von vier rundlichen Muskeln, die unter der Palmaraponeurose in der Hohlhand liegen. Sie ziehen von den seitlichen Rändern des tiefen Fingerbeugers in die auf der Streckseite der Finger ausgespannte Dorsalaponeurose. Die Regenwurmmuskeln beugen die Finger im Grundgelenk und strecken sie in den Mittel- und Endgelenken.

Zwischenknochenmuskeln
Sie füllen die Räume zwischen den Mittelhandknochen aus und werden in vier dorsal liegende Muskeln (Mm. interossei dorsales) und in drei palmar liegende Muskeln (Mm. interossei palmares) unterteilt. Erstere bewirken die Abduktion des zweiten bis fünften Fingers, letztere die Adduktion des zweiten, vierten und fünften Fingers gegen den Mittelfinger.

Merke **Als ulnarer Randfinger besitzt der Kleinfinger (fünfter Finger) zusätzlich drei kurze Muskeln, die zusammen den Kleinfingerballen (Hypothenar) bilden.**

Muskeln mit Wirkung auf die Daumengelenke

Unter den fünf Fingern der Hand nimmt der Daumen (Pollex) eine Sonderstellung ein, da er sich den übrigen Fingern gegenüberstellen läßt (Oppositionsbewegung). Durch die große Beweglichkeit des Daumens im Sattelgelenk der Handwurzel erhält die Hand die Funktion einer Greifzange.
Der Daumen besitzt insgesamt acht Muskeln, wobei die langen Muskeln am Unterarm und die kurzen Muskeln an der Hand liegen. Letztere bilden hier den Daumenballen (Thenar).

Zu den langen Daumenmuskeln gehören:

- der lange Daumenbeuger (M. flexor pollicis longus),
- der lange Daumenstrecker (M. extensor pollicis longus),
- der kurze Daumenstrecker (M. extensor pollicis brevis) und
- der lange Daumenabzieher(M. abductor pollicis longus).

Langer Daumenbeuger
Er zieht von der Vorderfläche der Speiche zur Basis des Daumenendgliedes. Neben der Beugung beider Daumenglieder unterstützt er auch die Handbeugung.

Langer Daumenstrecker
Dieser tiefliegende Streckmuskel entspringt hauptsächlich der Hinterfläche der Elle und zieht zur Basis des Daumenendgliedes. Er streckt den Daumen.

Kurzer Daumenstrecker
Er verläuft von der Speichenhinterfläche zur Basis des Daumengrundgliedes. Seine Aufgabe ist es, den Daumen im Grundgelenk zu strecken.
Die beiden Sehnen des langen und kurzen Daumenstreckers treten bei Streckung und Abduktion deutlich unter der Haut hervor und bilden eine grubenförmige Vertiefung (Fossa radialis), die auch als Tabatière (Tabaksdose) bezeichnet wird.

Langer Daumenabzieher
Dieser Muskel entspringt an den Hinterflächen der beiden Unterarmknochen und zieht zum ersten Mittelhandknochen. Er führt den opponierten Daumen zurück und unterstützt die Radialabduktion im Handgelenk.

Zu den kurzen, im Daumenballen gelegenen Daumenmuskeln, gehören:

- der Daumenanzieher (M. adductor pollicis),
- der Daumengegensteller (M. opponens pollicis),
- der kurze Daumenbeuger (M. flexor pollicis brevis) und
- der kurze Daumenabzieher (M. abductor pollicis brevis).

Daumenanzieher
Er bewegt den Daumen in Oppositionsstellung an die anderen Finger.

Daumengegensteller
Er beugt den Daumen und führt die wichtige Oppositionsbewegung aus.

Kurzer Daumenbeuger
Dieser Muskel ist vor allem für die Beugung des Daumens zuständig.

Kurzer Daumenabzieher
Er unterstützt die Abspreizbewegung des Daumens.

Merke **Die Ursprünge der kurzen Daumenmuskeln liegen vor allem an den Handwurzelknochen und die Ansätze an der Basis der Grundphalanx des Daumens.**

Atemmuskulatur

Bei der äußeren Atmung (Lungenatmung) werden die Lungen im Thoraxraum passiv gedehnt, wobei die Aufgabe der dabei beteiligten Muskeln und Muskelsysteme darin besteht, bei der Einatmung (Inspiration) den Brustraum zu erweitern und bei der Ausatmung (Exspiration) wieder zu verkleinern. Die Mechanik der Lungenatmung ist ein komplexer Vorgang, bei dem vor allem die Zwischenrippenmuskeln (Interkostalmuskeln) und das Zwerchfell (Diaphragma) aktiv beteiligt sind. Diese Muskeln zählen zu den Hauptatemmuskeln. Bei der Ausatmung bewirken auch einige Bauchmuskeln die Brustraumverkleinerung. Nach großer Anstrengung oder bei Erkrankungen der Atemorgane unterstützen Atemhilfsmuskeln die Thoraxbewegungen.

Zu den Hauptatemmuskeln gehören:

- die äußeren Zwischenrippenmuskeln (Mm. intercostales externi),
- die inneren Zwischenrippenmuskeln (Mm. intercostales interni) und
- das Zwerchfell (Diaphragma).

Äußere Zwischenrippenmuskeln
Sie verlaufen schräg zwischen den Rippen von hinten oben nach vorn unten. Die äußeren Zwischenrippenmuskeln heben die Rippen und erweitern somit den Thoraxinnenraum. Damit bewirken sie die Einatmung und zählen zu den Inspirationsmuskeln.

Innere Zwischenrippenmuskeln
Die Fasern der inneren Zwischenrippenmuskeln verlaufen entgegengesetzt von vorn oben nach hinten unten. Sie senken die Rippen, und dadurch verkleinert sich der Thoraxinnenraum. Die Musculi intercostales interni zählen zu den Exspirationsmuskeln.

Zwerchfell
Als eine muskulös-sehnige Platte wölbt sich das Zwerchfell (Diaphragma) kuppelförmig aus der unteren Thoraxapertur in den Brustkorb empor und trennt die Brusthöhle von der Bauchhöhle. Es besteht aus einem muskulösen Ring mit einer zentral gelegenen Sehnenplatte (Centrum tendineum), die im vorderen Abschnitt mit dem Herzbeutel verwachsen ist und eine Öffnung (Foramen venae cavae) für den Durchtritt der unteren Hohlvene besitzt. Entsprechend den Ursprungsstellen werden am muskulösen Bereich drei Teile unterschieden:

- der Brustbeinteil (Pars sternalis),
- der Rippenteil (Pars costalis) und
- der Lendenteil (Pars lumbalis).

Brustbeinteil
Es ist der kleinste Muskelanteil und zieht von der Innenfläche des Schwertfortsatzes zur zentralen Sehnenplatte.

Rippenteil
Als größter Zwerchfellteil entspringt er von den Knorpeln der 7. bis 12. Rippe und seine Muskelfasern ziehen bogenförmig zur Zentralsehne.

Lendenteil
Der Lendenteil entspringt u.a. vom 1. bis 3. Lendenwirbel und setzt an der zentralen Sehnenplatte an. Er besteht aus zwei Schenkeln, deren Muskelfasern S-förmig verlaufen und sich dabei überkreuzen. Zwischen diesen Kreuzungsstellen liegen in Wirbelsäulennähe die Durchtrittsöffnung für die Aorta (Hiatus aorticus) und davor die Öffnung für den Durchtritt der Speiseröhre (Hiatus oesophageus).

Merke **Das Zwerchfell ist der wichtigste Atemmuskel. Seine Kontraktion führt zur Einatmung.**

Zu den wichtigsten Atemhilfsmuskeln gehören:

- der große und kleine Brustmuskel (M. pectoralis major et minor),
- der hintere untere Sägemuskel (M. serratus posterior inferior),
- der hintere obere Sägemuskel (M. serratus posterior superior)
- die Treppenmuskeln (Mm. scaleni) und
- der Kopfwender (M. sternocleidomastoideus).

Großer und kleiner Brustmuskel
Bei Atemnot oder bei forcierter Einatmung können diese Muskeln, bei gleichzeitiger Fixierung der Arme und des Schultergürtels, die Hauptatemmuskeln in ihrer Funktion unterstützen. Sie ziehen die Rippen nach oben und erweitern somit den Thoraxinnenraum.

Hinterer unterer Sägemuskel
Er entspringt von den Dornfortsätzen des 11. Brustwirbels bis zum 2. Lendenwirbel und zieht zur 9. - 12. Rippe. Dieser Muskel senkt den Brustkorb und unterstützt somit die Exspirationsbewegung.

Hinterer oberer Sägemuskel
Von den Dornfortsätzen des 6. - 7. Halswirbels und denen des 1. - 2. Brustwirbels zieht er schräg nach unten und setzt an der 2. - 5. Rippe an. Wie die äußeren Zwischenrippenmuskeln hebt er die Rippen bei der Inspiration.

Treppenmuskeln
Die zu den tiefen Halsmuskeln gehörenden Treppenmuskeln bilden mit einem vorderen, mittleren und hinteren Muskel eine seitlich am Hals liegende Muskelgruppe (Skalenusgruppe), deren Ansätze an den ersten beiden Rippen liegen. Sie heben die Rippen bei der Inspiration.

Kopfwender
Er ist ebenfalls ein Halsmuskel, und bei der Kontraktion tritt er deutlich als schräg verlaufender Wulst an der seitlichen Halsfläche hervor. Der Name Sternocleidomastoideus leitet sich von seinen Ursprungsstellen (Sternum und Clavicula) und seinem Ansatz (Processus mastoideus) ab. Er unterstützt die Inspiration.

Merke **Zur Ausatemhilfsmuskulatur gehören auch die äußeren Bauchmuskeln.**

Bauchmuskulatur

Der untere Rand des Brustkorbes und der obere Rand des Beckens sind durch einen Muskelgürtel verbunden, der hinten bis zur Wirbelsäule reicht. Mehrere übereinandergelagerte Muskelschichten bilden die Bauchwand und schützen die Bauchorgane. Mit Ausnahme der Streckung kann dieser Muskelgürtel durch Vermittlung der Rippen Bewegungen wie Vorwärtsneigung, Seitwärtsneigung oder Drehung auf die Wirbelsäule übertragen. Kontrahieren sich alle Muskelschichten gleichzeitig, wird eine Kompression der Baucheingeweide erzeugt, welche als Bauchpresse bezeichnet wird. Durch die Bauchpresse werden die Darmentleerung (Defäkation), die Harnblasenentleerung (Miktion) oder der Geburtsvorgang wirkungsvoll unterstützt.
Die vordere und seitliche Bauchwand wird von kräftigen Muskelplatten gebildet, die durch straffe Sehnenplatten (Aponeurosen) miteinander verbunden sind.

Zu den wichtigsten Bauchmuskeln gehören:

- der schräge äußere Bauchmuskel (M. obliquus externus abdominis),
- der schräge innere Bauchmuskel (M. obliquus internus abdominis),
- der quere Bauchmuskel (M. transversus abdominis),
- der gerade Bauchmuskel (M. rectus abdominis) und
- der viereckige Lendenmuskel (M. quadratus lumborum).

Schräger äußerer Bauchmuskel
Er liegt am weitesten oberflächlich, und seine Fasern verlaufen schräg absteigend von oben seitlich nach unten zur Mitte gerichtet. Er entspringt den Außenflächen der 5. - 12. Rippe, und vorn gehen seine Fasern in eine flächenhafte, breite Sehnenplatte (Aponeurosis musculi

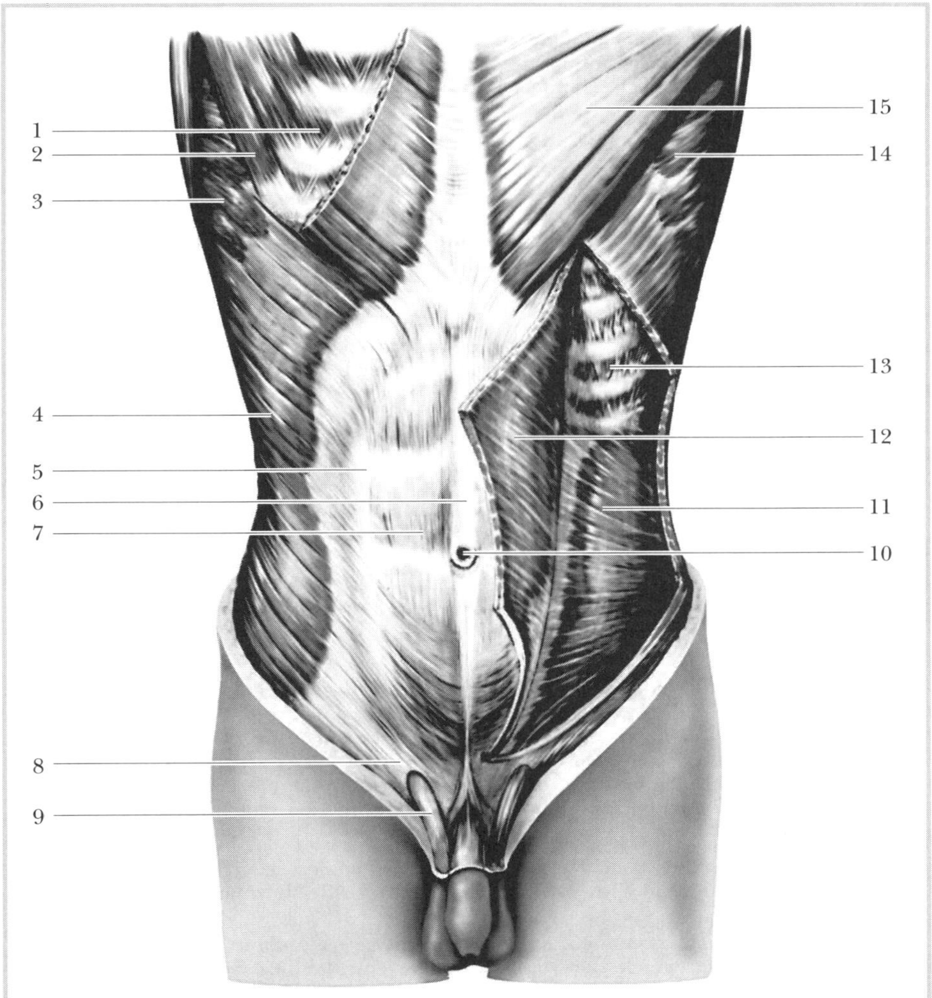

Abb. 156 Oberflächliche Bauchmuskel

1 Zwischenrippenmuskeln (Mm. intercostales)
2 kleiner Brustmuskel (M. pectoralis minor)
3 breiter Rückenmuskel (M. latissimus dorsi)
4 äußerer schräger Bauchmuskel (M. obliquus externus abdominis)
5 Sehnenscheide des geraden Bauchmuskels
6 weiße Linie (Linea alba)
7 gerader Bauchmuskel (M. rectus abdominis)
8 äußerer Leistenring (Anulus inguinalis superficialis)
9 Samenstrang (Funiculus spermaticus)
10 Nabel (Umbilicus)
11 innerer schräger Bauchmuskel (M. obliquus internus abdominis)
12 äußerer schräger Bauchmuskel (M. obliquus externus abdominis)
13 Zwischenrippenmuskeln (Mm. intercostales)
14 vorderer Sägemuskel (M. serratus anterior)
15 großer Brustmuskel (M. pectoralis major)

obliqui externi) über, die am äußeren Rand des Darmbeinkammes, am Schambeinhöcker, am Leistenband (Ligamentum inguinale) und an der sehnigen weißen Linie (Linea alba) der vorderen Bauchwandmitte ansetzt. Der schräge äußere Bauchmuskel ist für die Bauchpresse, die Rumpfdrehung, die Neigung nach vorn sowie für die Hebung des Beckens zuständig.

Schräger innerer Bauchmuskel
Er liegt unter dem schrägen äußeren Bauchmuskel und ist über eine Verschiebeschicht aus lockerem Bindegewebe mit diesem verbunden. Seine Ursprungsstellen sind der Beckenkamm, das Leistenband und eine tiefliegende Sehnenplatte, die Fascia thoracolumbalis. Er setzt ebenfalls mit einer flächenhaften Aponeurose an der Linea alba und der 9. - 12. Rippe an. Die Fasern des schrägen inneren Bauchmuskels verlaufen schräg aufsteigend und überkreuzen die des schrägen äußeren Bauchmuskels fast rechtwinklig. Er unterstützt die Rumpfdrehung und die seitliche Rumpfbeugung.

Querer Bauchmuskel
Er liegt in der Tiefe, und seine Fasern verlaufen transversal von den Innenflächen der 7. - 12. Rippe, dem Leistenband, dem Darmbeinkamm und der Fascia thoracolumbalis zum Brustbein und der Linea alba. Der quere Bauchmuskel unterstützt die Bauchpresse sowie die Einziehung und Spannung der Bauchwand.
Vom unteren Rand des queren Bauchmuskels zweigen Fasern ab, die beim Mann entlang des Samenstranges bis zum Hoden ziehen. Damit bildet er einen zusätzlichen kleinen Muskel, den Hodenheber (M. cremaster). Durch Hautreizung an der Oberschenkelinnenseite kontrahiert sich dieser Muskel und zieht den Hoden nach oben (Kremasterreflex).

Merke **Die oben genannten drei Muskeln sind dem Zwischenrippensystem vergleichbare Muskeln und unterstützen die Bauchatmung , indem sie die Baucheingeweide zurückpressen und dadurch das Zwerchfell nach oben verlagern.**

Gerader Bauchmuskel
Im Bereich der vorderen Bauchwandmitte liegen rechts und links der Linea alba die beiden geraden Bauchmuskeln, die zwischen Brustkorb und Becken ein breites Muskelband bilden. Die geraden Bauchmuskeln werden jeweils von den Sehnenplatten der schrägen und queren Bauchmuskeln so umschlossen, daß sie wie ein Schwert in seiner Scheide liegen. Diese Sehnenumschließung trägt die Bezeichnung Rektusscheide. Funktionell ist der gerade Bauchmuskel an der Rumpfbeugung, der Hebung des Beckens und der Bauchpresse beteiligt.

Viereckiger Lendenmuskel
Er verspannt an der hinteren Bauchwand den Raum zwischen der letzten Rippe und dem Darmbeinkamm zur Seite der Lendenwirbelsäule. Dieser Muskel unterstützt u.a. die Rippensenkung.

Merke **An Bauchwandabschnitten, wo die kreuzweise verspannten Muskel- und Sehnenplatten Schwachstellen aufweisen (z.B. Durchtrittsstellen von Nerven, Gefäßen oder anderer Gebilde), können bei Druckanstieg in der Bauchhöhle Eingeweidebrüche (Hernien) auftreten. Solche Schwachstellen liegen oberhalb und unterhalb des Leistenbandes, in der Nabelregion und an den Zwerchfellücken.**

Rückenmuskulatur

Allgemeines
Die Rückenmuskeln werden in vier Schichten gegliedert. Zur ersten oberflächlichen Schicht gehören der Trapezmuskel und der breite Rückenmuskel und zu der zweiten nächsttieferen Schicht zählen der große und kleine Rautenmuskel. In der dritten Schicht befinden sich der obere hintere und der untere hintere Sägemuskel und in der vierten Schicht verlaufen die eigentlichen Rückenmuskeln.

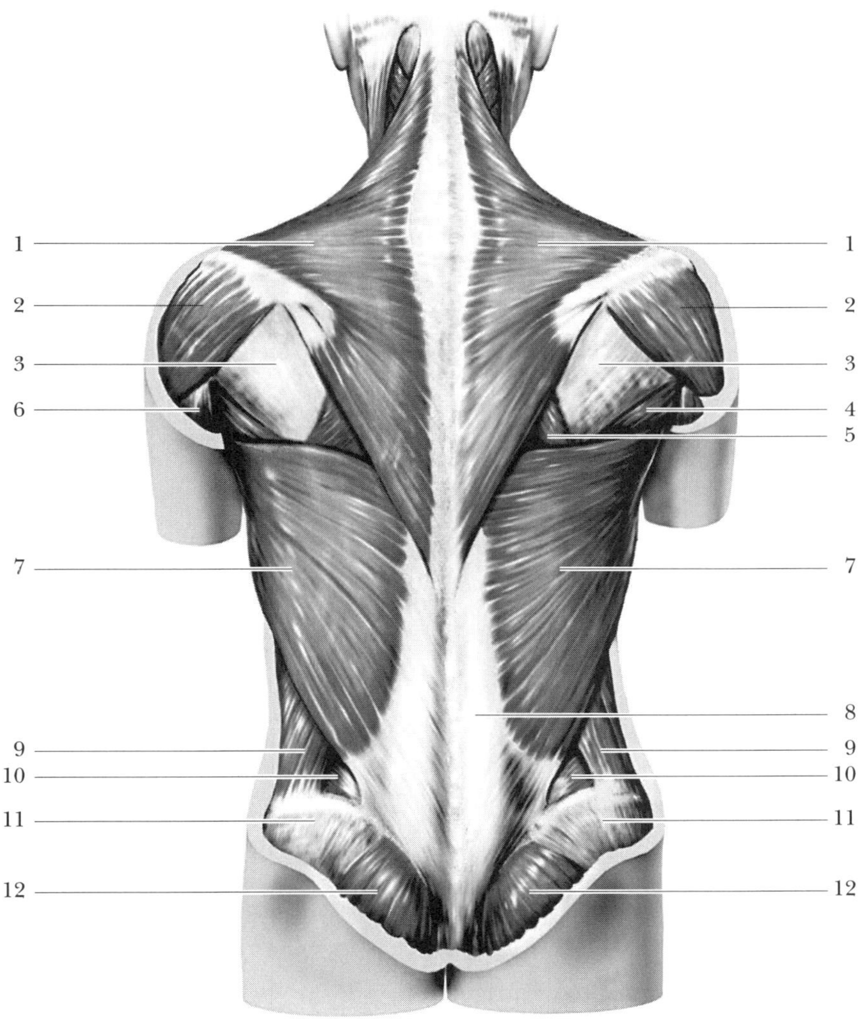

Abb. 157 Oberflächliche Rückenmuskel

1 Kapuzenmuskel (M. trapezius)
2 Deltamuskel (M. deltoideus)
3 Faszie (Fascia infraspinata)
4 großer Rundmuskel (M. teres major)
5 großer Rautenmuskel (M. rhomboideus major)
6 Armstrecker (M. triceps brachii)
7 breiter Rückenmuskel (M. latissimus dorsi)
8 Faszie (Fascia thoracolumbalis)
9 äußerer schräger Bauchmuskel (M. obliquus externus abdominis)
10 innerer schräger Bauchmuskel (M. obliquus internus abdominis)
11 mittlerer Gesäßmuskel (M. glutaeus medius)
12 großer Gesäßmuskel (M. glutaeus maximus)

Obwohl die Muskeln gemeinsam im Rückenbereich liegen, besitzen sie nach funktionellen Gesichtspunkten verschiedene Zugehörigkeit. Der Trapezmuskel, der breite Rückenmuskel und die Rautenmuskeln sind Schultergürtelmuskeln.
Die Sägemuskeln gehören zu den vorderen Stammesmuskeln und die eigentlichen Rückenmuskeln zählen zur hinteren Stammesmuskulatur.

Eigentliche Rückenmuskulatur
Die eigentlichen Rückenmuskeln liegen in der Tiefe und werden in ihrer Gesamtheit als autochthone Rückenmuskeln (griech. autochthon = ortsständig) bezeichnet. Es sind mehrere kleine Muskeln, die von der äußeren Schädelbasis bis zum Becken ziehen, und deren Hauptfunktion im Aufrichten und Strecken der Wirbelsäule besteht. Die autochthonen Muskeln werden zu einem Einzelmuskel zusammengefaßt, der die Bezeichnung „Rückenstrecker" (M. erector spinae) trägt und von den dorsalen Ästen der Spinalnerven innerviert wird. Eine breite, sehnige Muskelfaszie (Fascia thoracolumbalis) verbindet den M. erector spinae mit den oberflächlichen, kräftigen Rückenmuskeln zu einer Funktionseinheit bei der Wirbelsäulenstreckung. Zusätzlich bewirken die Einzelmuskeln des M. erector spinae auch die Seitwärtsneigung, die Drehung und die Wendung der Wirbelsäule.

Zu den wichtigsten Anteilen des M. erector spinae gehören:

- der mediale Trakt und
- der laterale Trakt.

Medialer Trakt
Die Muskeln und Muskelgruppen verbinden sämtliche Wirbel über ihre Dorn- und Querfortsätze miteinander und sind somit über die gesamte Wirbelsäule untereinander verspannt. Mit Ausnahme der Beugung unterstützen sie alle Bewegungsmöglichkeiten der Wirbelsäule. Wichtige Muskeln des medialen Traktes sind die Dornmuskeln (Mm. spinales), die Zwischendornmuskeln (Mm. interspinales), die Wirbeldreher (Mm. rotatores) und der Halbdornmuskel (M. semispinalis).

Lateraler Trakt
Die Muskeln des lateralen Traktes verlaufen in langen Muskelzügen vom Hinterhauptsbein zum Kreuz- und Darmbein und nehmen den seitlichen Raum von den Dornfortsätzen bis zu den Rippenwinkeln ein. Sie haben die gleiche Funktion wie die Muskeln des medialen Traktes. Zu ihnen gehören die Zwischenquerfortsatzmuskeln (Mm. intertransversarii), der Riemenmuskel (M. splenius), der Darmbeinrippenmuskel (M. iliocostalis) und der Langmuskel (M. longissimus).

Merke **Die autochthonen Rückenmuskeln stabilisieren zusammen mit dem Bandapparat die Wirbelsäule und formen ebenfalls deren physiologische Krümmungen.**

Muskeln mit Wirkung auf das Hüftgelenk

Das Hüftgelenk (Articulatio coxae) ist mantelartig von Muskeln umlagert, die die Bewegungen des Oberschenkels (Femur) um die drei Hauptachsen (Horizontal-, Sagittal- und Longitudinalachse) ermöglichen. Die eigentlichen Hüftmuskeln sind fast alle kurze Muskeln, die am Becken entspringen und am Oberschenkelbein ansetzen. Durch ihren großen Querschnitt entfalten diese eingelenkigen Muskeln eine große Kraft bei relativ geringer Hubhöhe. Dabei liegen die Beuger (Flexoren) vorn, die Strecker (Extensoren) hinten, die Abspreizer (Abduktoren) lateral und die Heranzieher (Adduktoren) medial.
Am Becken entspringen auch lange, zweigelenkige Muskeln, die neben dem Hüftgelenk auch das Kniegelenk überspringen und somit ihre Hauptwirkung auf das Kniegelenk entfalten.

Zu den Beugern (Flexoren) des Oberschenkels im Hüftgelenk gehören:

- der Hüftlendenmuskel (M. iliopsoas),
- der vierköpfige Oberschenkelmuskel (M. quadriceps femoris),
- der Spanner der Oberschenkelfaszie (M. tensor fasciae latae) und
- der Schneidermuskel (M. sartorius).

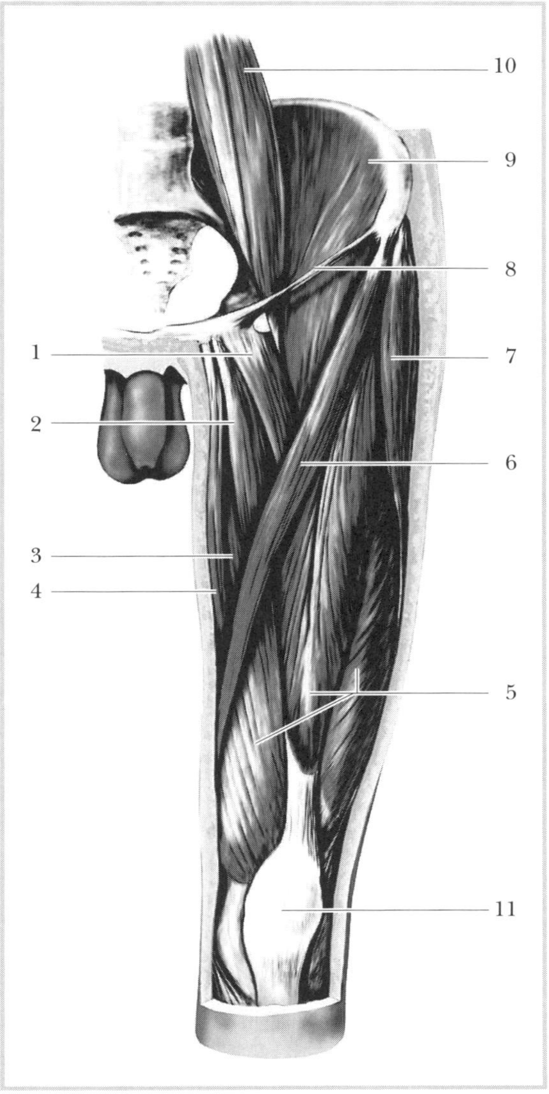

Abb. 158 Oberflächliche Oberschenkel muskeln von vorn

1 Kammmuskel (M. pectineus)
2 langer Oberschenkelanzieher (M. adductor longus)
3 großer Oberschenkelanzieher (M. adductor magnus)
4 Schlankmuskel (M. gracilis)
5 vierköpfiger Oberschenkelmuskel (M. quadriceps femoris)
6 Schneidermuskel (M. sartorius)
7 Sehnenspanner (M. tensor fasciae latae)
8 Leistenband (Lig. inguinale)
9 Darmbeinmuskel (M. iliacus)
10 großer Lendenmuskel (M. psoas major)
11 Kniescheibe (Patella)

Hüftlendenmuskel
Er setzt sich aus dem an der Innenfläche der Darmbeinschaufel (Fossa iliaca) entspringenden Darmbeinmuskel (M. iliacus) und dem an den Lendenwirbeln entspringenden großen Lendenmuskel (M. psoas major) zusammen. Über eine gemeinsame Endsehne ist der Hüftlendenmuskel am kleinen Rollhügel (Trochanter minor) des Oberschenkelbeines befestigt. Mit seinen beiden Abschnitten ist er für die Beugung, Adduktion und Außenrotation des Beines verantwortlich. Er ist der typische Laufmuskel. Da er vor dem Hüftgelenk liegt, wird er auch als innerer Hüftmuskel bezeichnet.

Vierköpfiger Oberschenkelmuske
Er ist der größte und kräftigste Muskel des Körpers. Seine vier Köpfe (= Muskelbäuche) sind der gerade Schenkelmuskel (M. rectus femoris), der innere Schenkelmus-

kel (M. vastus medialis), der äußere Schenkelmuskel (M. vastus lateralis) und der mittlere Schenkelmuskel (M. vastus intermedius). Der gerade Schenkelmuskel zieht vom Darmbein über das Hüft- und Kniegelenk zum Schienbeinschaft, wo er mit den anderen drei Muskelbäuchen, die ihren Ursprung am Oberschenkelknochen haben, eine gemeinsame Endsehne bildet. In diese breite Endsehne ist über dem Kniegelenk ein Sesambein, die Kniescheibe (Patella), eingelagert. Die Endsehne wird deshalb als „Patellarsehne" bezeichnet.

Merke

Beim vierköpfigen Oberschenkelmuskel wirkt anteilig nur der gerade Schenkelmuskel als eigentlicher Beuger. Die anderen drei Muskelbäuche rufen im Kniegelenk eine Streckung hervor. Sie verhindern beim Stehen das Einknicken im Kniegelenk.

Spanner der Oberschenkelfaszie
Alle Muskeln des Oberschenkels werden von einer derben Bindegewebshülle, der Oberschenkelfaszie (Fascia lata), umhüllt. Die Ansatzsehne des am vorderen oberen Darmbeinstachels entspringenden Spannmuskels geht seitlich in einen Verstärkungszug der Oberschenkelfaszie, dem Tractus iliotibialis, über. Der Muskel ist für die Beugung und die Abduktion des Oberschenkels zuständig und spannt die Oberschenkelfaszie.

Schneidermuskel
Der Schneidermuskel verläuft vom vorderen oberen Darmbeinstachel (Spina iliaca anterior superior) zur Rauhigkeit des Schienbeines (Tuberositas tibiae) und zieht somit schräg über den Oberschenkel. Er beugt gleichzeitig das Hüft- und das Kniegelenk, ist aber auch für die Abduktion und die Außenrotation im Hüftgelenk zuständig. Sein Name rührt daher, daß die früheren Anatomen irrtümlich annahmen, er würde das Bein in die typische Schneidersitzstellung bringen. Richtigerweise trifft das für die oberen Adduktoren zu.

Zu den Streckern (Extensoren) des Oberschenkels im Hüftgelenk gehören:

- der große Gesäßmuskel (M. glutaeus maximus),
- der zweiköpfige Oberschenkelmuskel (M. biceps femoris),
- der Halbsehnenmuskel (M. semitendinosus) und
- der halbmembranöse Muskel (M. semimembranosus).

Großer Gesäßmuskel
Er entspringt von der Dorsalfläche des Kreuzbeines und der Darmbeinschaufel. Seine Muskelfasern ziehen zum Tractus iliotibialis und zur Rauhigkeit unterhalb des großen Rollhügels. Der große Gesäßmuskel liegt oberflächlich, bedeckt als mächtigster Muskel in diesem Bereich fast alle anderen Muskeln und bestimmt das Oberflächenrelief des Gesäßes.
Der große Gesäßmuskel streckt und dreht den Oberschenkel nach außen. Er ist für das Aufrichten des Rumpfes aus der Beugestellung verantwortlich. Mit seiner Hilfe können wir uns aus der Kniebeuge aufrichten, Treppensteigen oder Bergsteigen. Desweiteren verhindert dieser Muskel das Überkippen des Rumpfes nach vorn und somit erfüllt er eine statische Aufgabe.

Zweiköpfiger Oberschenkelmuskel
Mit einem langen und einem kurzen Kopf (Caput longum et breve) entspringt er am Sitzbeinhöcker (Tuber ischiadicum) bzw. am äußeren Rand der rauhen Linie (Linea aspera) des Femurschaftes und zieht zum Wadenbeinkopf an der Knieaußenseite.
Er ist verantwortlich für die Streckung, Adduktion und Außenrotation des Oberschenkels.

Halbsehnenmuskel
Als ein schlanker Muskel verläuft er vom Sitzbeinhöcker zur Rauhigkeit des Schienbeines (Tuberositas tibiae). Dieser Muskel ermöglicht die Streckung, Adduktion und Innenrotation des Oberschenkels sowie die Beugung und Innenrotation des gebeugten Unterschenkels.

Halbmembranöser Muskel
Er besitzt eine platte, breite Ursprungssehne am Sitzbeinhöcker und zieht ebenfalls zum Schienbein, wo er am medialen Kondylus ansetzt. Seine Funktionen entsprechen dem Halbsehnenmuskel.

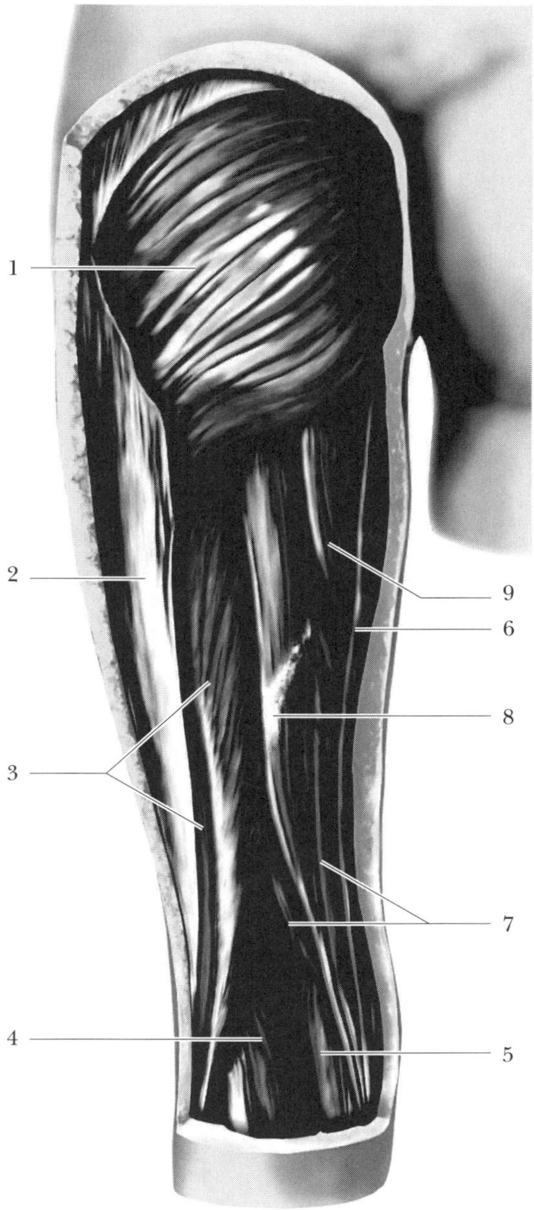

Abb. 159 Oberflächliche Oberschenkelmuskeln von hinten

1 großer Gesäßmuskel (M. glutaeus maximus)
2 Oberschenkelbinde (Fascia lata)
3 zweiköpfiger Oberschenkel muskel (M. biceps femoris)
4 Wadenmuskel (M. gastrocnemius mit lateralem Kopf)
5 Wadenmuskel (M. gastrocnemius mit medialem Kopf)
6 Schlankmuskel (M. gracilis)
7 Flachsehnenmuskel (M. semimembranosus)
8 Halbsehnenmuskel (M. semitendinosus)
9 großer Anziehmuskel (M. adductor magnus)

Zu den wichtigen Abduktoren des Beines im Hüftgelenk gehören:

- der mittlere Gesäßmuskel (M. glutaeus medius) und
- der kleine Gesäßmuskel (M. glutaeus minimus).

Mittlerer Gesäßmuskel
Es ist ein kräftiger, dreieckiger Muskel, der an der Außenfläche der Darmbeinschaufel entspringt und am großen Rollhügel (Trochanter major) des Oberschenkelbeines ansetzt. Im hinteren Abschnitt wird er vom großen Gesäßmuskel bedeckt. Der mittlere Gesäßmuskel abduziert das Bein und unterstützt auch die Außen- und Innenrotation. Des weiteren fixiert es das Hüftgelenk auf der Standbeinseite und verhindert das Abkippen nach der Spielbeinseite.

Klinisch hat dieser Muskel Bedeutung für die ventrogluteale i.m. Injektion nach Lanz-Wachsmuth.

Kleiner Gesäßmuskel
Er ist vom mittleren Gesäßmuskel ganz bedeckt, hat den gleichen Ansatz und die gleiche Wirkung wie dieser. Sind beide Muskeln gelähmt, dann wird die Gehfähigkeit beeinträchtigt, und es entsteht ein watschelnder Gang.

Zu den wichtigen Adduktoren des Beines im Hüftgelenk gehören:

- der Kammuskel (M. pectineus),
- der lange und kurze Schenkelanzieher (M. adductor longus et brevis),
- der große Schenkelanzieher (M. adductor magnus) und
- der Schlankmuskel (M. gracilis).

Kammuskel
Er hat seinen Ursprung am Schambeinkamm (Pecten ossis pubis) und setzt an der Hinterfläche des Oberschenkelbeines an. Seine Funktion besteht in der Adduktion, der Beugung und der Außenrotation des Oberschenkels.

Langer und kurzer Schenkelanzieher
Diese beiden Muskeln ziehen vom Schambein zur rauhen Linie (Linea aspera) des Oberschenkelbeines. Sie unterstützen die Adduktion, die Beugung und die Außenrotation des Oberschenkels.

Großer Schenkelanzieher
Er entspringt vom Ast des Sitzbeines und vom Sitzbeinhöcker. Die rauhe Linie und der mediale Obergelenkknorren des Oberschenkelbeines dienen diesem Muskel als Ansatz.
Seine Aufgabe besteht in der Adduktion, der Beugung, der Streckung sowie der Außen- und Innenrotation des Oberschenkels.

Schlankmuskel
Als dünner, bandförmiger Muskel zieht er vom unteren Schambeinast zur medialen Seite des Schienbeins. Dieser zweigelenkige Muskel wirkt auf das Hüftgelenk als Adduktor und auf das Kniegelenk als Beuger.

Zu den wichtigsten Muskeln für die Außenrotation des Beines gehören:

- der birnenförmige Muskel (M. piriformis),
- der innere und äußere Hüftlochmuskel (M. obturatorius internus et externus),
- die Zwillingsmuskeln (Mm. gemelli).

Birnenförmiger Muskel
Er verläuft von der Innenfläche des Kreuzbeines zum großen Rollhügel (Trochanter major) des Oberschenkelbeines und wirkt außenrotierend auf das Oberschenkelbein.

Innerer und äußerer Hüftlochmuskel
Diese Muskeln liegen an der Seiten- bzw. Vorderwand des kleinen Beckens und ziehen zur Fossa trochanterica, einer Grube an der Innenfläche des großen Rollhügels. Beides sind vorrangig Außenrotatoren.

Zwillingsmuskeln
Der obere Zwillingsmuskel (M. gemellus superior) hat seinen Ursprung am Sitzbeinstachel (Spina ischiadica) und der untere Zwillingsmuskel (M. gemellus inferior) am darunterliegenden Sitzbeinhöcker (Tuber ischiadicum) des Beckens. Beide Muskeln setzen an der Fossa trochanterica an und sind für die Außenrotation des Oberschenkels zuständig.

Muskeln mit Wirkung auf das Kniegelenk

Die Hauptbewegungen im Kniegelenk sind die Beugung und die Streckung. Einige Muskeln, die auf die Bewegungen im Kniegelenk Einfluß ausüben, wurden bereits im Zusammenhang mit der Hüftgelenksmechanik erwähnt. Der wichtigste Strecker im Kniegelenk ist der vierköpfige Oberschenkelmuskel (M. quadriceps femoris).
Zu den Beugern im Kniegelenk zählen der Schneidermuskel (M. sartorius), der zweiköpfige Schenkelmuskel (M. biceps femoris), der Halbsehnenmuskel (M. semitendinosus) und der halbmembranöse Muskel (M. semimembranosus).
Die zwei letztgenannten Muskeln sowie der M. sartorius unterstützen auch die Innenrotation bei gebeugtem Knie und der zweiköpfige Schenkelmuskel die Außenrotation.
Zusätzlich sind folgende Muskeln für die Beugung (Flexion) im Kniegelenk verantwortlich:

- der Kniekehlenmuskel (M. popliteus) und
- der Zwillingswadenmuskel (M. gastrocnemius).

Kniekehlenmuskel
Er liegt in der Tiefe der Kniekehle und zieht vom lateralen Femurkondylus zur Kniekehlenfläche des Schienbeines. Neben der Beugung unterstützt er die Innenrotation im Kniegelenk.

Zwillingswadenmuskel
Dieser Muskel ist mit seinen zwei Köpfen, dem Caput mediale und dem Caput laterale, ein Bestandteil des dreiköpfigen Wadenmuskels (M. triceps surae). Er entspringt an den beiden Femurkondylen und setzt mit einer kräftigen Sehne, der Achillessehne, am Fersenhöcker an. Der Zwillingswadenmuskel beugt neben dem Kniegelenk auch das Fußgelenk.

Muskeln mit Wirkung auf die Fuß- und Zehengelenke

Alle Muskeln, die an den Knochen des Unterschenkels entspringen und zum Fuß ziehen, gehören zu den langen Fußmuskeln. Sie bewegen den Fuß im oberen und unteren Sprunggelenk und in den Zehengelenken. Muskeln, die direkt am Fuß entspringen und dort auch ansetzen, zählen zu den kurzen Fußmuskeln. Auch diese Muskeln bewegen den Fuß und die Zehen. Entsprechend ihrer Funktion unterscheidet man Beuge- und Streckmuskeln. Die Beuger senken den Fuß und die Zehen in Richtung Fußsohle (Plantarflexion), und die Strecker heben den Fuß und die Zehen in Richtung Fußrücken (Dorsalflexion). Bei der Neigung der Fußsohle nach medial (Supination) sind fast alle Beuger beteiligt. Alle Strecker beteiligen sich beim Heben des lateralen Fußrandes nach oben (Pronation).

Merke **Die für die Beugung zuständigen langen Fußmuskeln verlaufen an der Rückseite des Unterschenkels und bilden mit ihrer Muskelmasse die Wade.**

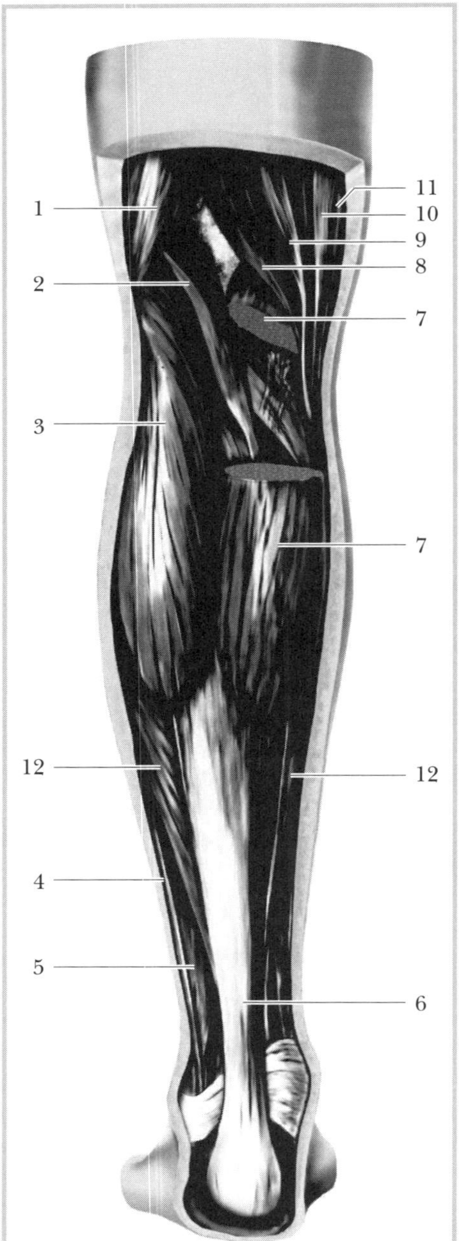

Abb. 160 Oberflächliche Unterschenkelmuskeln von hinten, Beuger

1 zweiköpfiger Oberschenkelmuskel (M. biceps femoris)
2 Sohlenspanner (M. plantaris)
3 Wadenmuskel (M. gastrocnemius, lateraler Kopf)
4 langer Wadenbeinmuskel (M. peronaeus longus)
5 kurzer Wadenbeinmuskel (M. peronaeus brevis)
6 Achillessehne
7 Wadenmuskel (M. gastrocnemius, medialer Kopf)
8 Flachsehnenmuskel (M. semimembranosus)
9 Halbsehnenmuskel (M. semitendinosus)
10 Schlankmuskel (M. gracilis)
11 Schneidermuskel (M. sartorius)
12 Schollenmuskel (M. soleus)

Insgesamt sind die langen Fußmuskeln durch bindegewebige Trennwände (Septen) abgeteilt, wodurch vier Muskellogen entstehen. Das sind die Logen der oberflächlichen und tiefen Flexorengruppe, der Peroneusgruppe und der Extensorengruppe. Ebenso wie bei der Hand verlaufen die Sehnen im Gelenkbereich durch Sehnenscheiden, die von straffen Haltebändern überspannt werden.

Zu den wichtigsten Beugern (Flexoren) der Fußgelenke und Zehen gehören folgende langen Fußmuskeln:

- der lange und kurze Wadenbeinmuskel (M. peronaeus longus et brevis),
- der dreiköpfige Wadenmuskel (M. triceps surae),
- der hintere Schienbeinmuskel (M. tibialis posterior),
- der lange Großzehenbeuger (M. flexor hallucis longus) und
- der lange Zehenbeuger (M. flexor digitorum longus).

Langer und kurzer Wadenbeinmuskel
Beide Muskeln liegen seitlich vom Wadenbein (Fibula), und ihre Endsehnen setzen am

Abb. 161 Oberflächliche Unterschenkelmuskeln von vorn, Strecker

1 Kniescheibe (Patella)
2 Wadenmuskel (M. gastrocnemius)
3 Schollenmuskel (M. soleus)
4 Schienbein (Tibia)
5 oberes Halteband der Strecksehnen
6 unteres Halteband der Strecksehnen
7 kurzer Großzehenstrecker (M. extensor hallucis brevis)
8 langer Großzehenstrecker (M extensor hallucis longus)
9 Wadenbein (Fibula)
10 langer Zehenstrecker (M. extensor digitorum longus)
11 langer und kurzer Wadenbeinmuskel (M. peronaeus longus et brevis)
12 vorderer Schienbeinmuskel (M. tibialis anterior)
13 langer Zehenbeuger (M. flexor digitorum longus)
14 innerer Schenkelmuskel (M. vastus medialis)

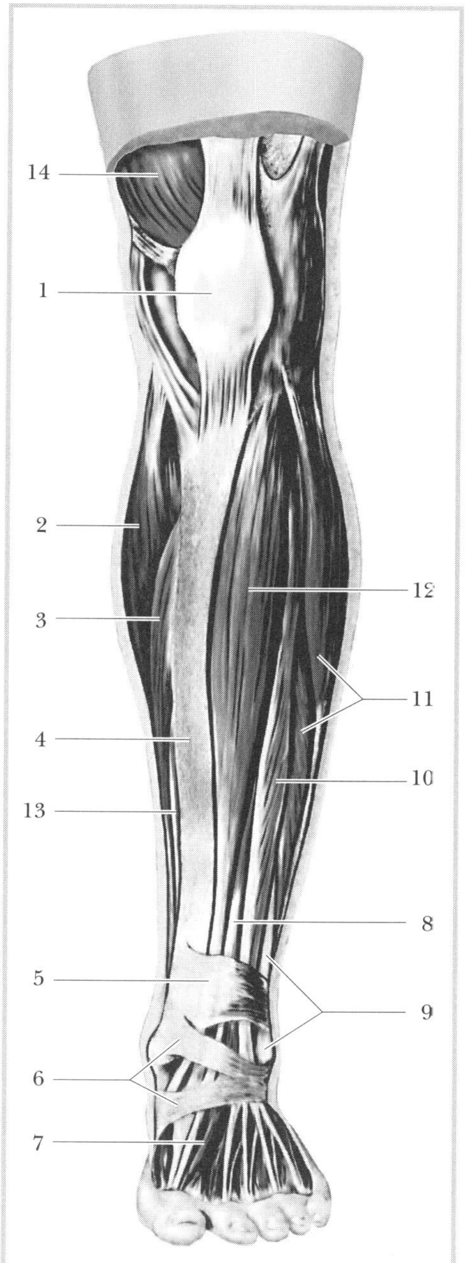

ersten bzw. fünften Mittelfußknochen an. Sie unterstützen die Plantarflexion, sind aber als einzige Beugemuskeln nicht an der Supination, sondern an der Pronation des Fußes beteiligt.

Dreiköpfiger Wadenmuske
Er ist der größte Muskel am Unterschenkel und setzt sich aus dem zweiköpfigen Zwillingswadenmuskel (M. gastrocnemius) und dem Schollenmuskel (M. soleus) zusammen. Der Gastrocnemius entspringt den beiden Femurkondylen und der Soleus am oberen Schien- und Wadenbein. Am Fersenhöcker inseriert der dreiköpfige Wadenmuskel über die Achillessehne. Er bewirkt eine kräftige Plantarflexion, wodurch beim Standbein die Ferse gehoben wird(auf den Zehen stehen). Zugleich unterstützt er die Supinationsbewegung des Fußes.

Hinterer Schienbeinmuskel
Er entspringt an den proximalen Rändern der beiden Unterschenkelknochen und an der Zwischenknochenmembran (Membrana interossea), verläuft in der Tiefe liegend zu den Fußwurzelknochen (Kahnbein, Keilbeine) wo er auf der Fußsohlenseite ansetzt. Der hintere Schienbeinmuskel bewirkt die Plantarflexion und die Supination des Fußes.

Langer Großzehenbeuger
Sein Ursprung befindet sich an der Wadenbeinrückfläche und der Membrana interossea und sein Ansatz am Großzehenendglied. Der Muskel bewirkt nicht nur die Beugung der Großzehe, sondern auch die Plantarflexion und Supination des Fußes.

Langer Zehenbeuger
Von der Schienbeinrückfläche zieht er zu den Endgliedern der 2. - 5. Zehe. Neben der Zehenbeugung besteht seine Aufgabe auch in der Plantarflexion des Fußes.

Zu den wichtigsten Streckern (Extensoren) der Fußgelenke und Zehen gehören folgende lange Fußmuskeln:

- der vordere Schienbeinmuskel (M. tibialis anterior),
- der lange Zehenstrecker (M. extensor digitorum longus) und
- der lange Großzehenstrecker (M. extensor hallucis longus).

Vorderer Schienbeinmuskel
Er zieht sowohl von der seitlichen Fläche des Schienbeines als auch von der Zwischenknochenmembran zur plantaren Fläche des medialen Keilbeines und zum I. Mittelfußknochen. Er ist für die Dorsalflexion zuständig und unterstützt die Supination des Fußes.

Langer Zehenstrecker
Der lange Zehenstrecker entspringt am oberen Schien- und Wadenbein sowie an der Membrana interossea. Am Übergang auf den Fußrücken spaltet sich sein abgeplatteter Muskelbauch in vier Sehnen auf, die zur 2. - 5. Zehe ziehen. Die vier fächerförmig auseinanderweichenden Streckersehnen bilden am Fußrücken die Dorsalaponeurose der 2. - 5. Zehe. Neben der Zehenstreckung unterstützt dieser Muskel die Dorsalflexion und die Pronation in den Sprunggelenken.

Langer Großzehenstrecker
Er nimmt seinen Ursprung vom Wadenbein und der Membrana interossea, zieht zur Dorsalseite des Grund- und Endgliedes der Großzehe und bewirkt deren Streckung. Dieser Muskel ist auch an der Dorsalflexion des Fußes beteiligt.

Die kurzen Fußmuskeln liegen im Bereich des Fußes und dort v.a. an der Fußssohle. Sie wirken hauptsächlich auf die Zehen und ziehen nicht über das obere Sprunggelenk.

Zu den wichtigsten kurzen Fußmuskeln gehören:

- der kurze Zehenbeuger (M. flexor digitorum brevis),
- der kurze Zehenstrecker (M. extensor digitorum brevis),
- der Sohlenviereckmuskel (M. quadratus plantae),
- die Regenwurmmuskeln (Mm. lumbricales) und
- die Zwischenknochenmuskeln (Mm. interossei pedis).

Kurzer Zehenbeuger
Der kurze Zehenbeuger zieht vom Fersenbeinhöcker zu den Mittelphalangen der 2. - 5. Zehe, die er beugt.

Kurzer Zehenstrecker
Er entspringt an der dorsalen und fibularen Fläche des Fersenbeines und zieht über den Fußrücken. Mit drei Sehnen geht er in die Dorsalaponeurose der 2. - 4. Zehe über. Seine Aufgabe besteht in der Zehenstreckung.

Sohlenviereckmuskel
Der Sohlenviereckmuskel entspringt von der tibialen und unteren Fläche des Fersenbeines und strahlt in die Sehne des langen Zehenbeugers ein. Er verstärkt dessen Wirkung.

Regenwurmmuskeln
Die vier Regenwurmmuskeln entspringen von den Sehnen des langen Zehenbeugers und gelangen alle zur Dorsalaponeurose der 2. - 5. Zehe. Diese Muskeln beugen im Gegensatz zu den Regenwurmmuskeln der Hand nur in den Zehengrundgelenken.

Zwischenknochenmuskeln
Zwischen den Mittelfußknochen liegen vier dieser Muskeln dorsal (am Fußrücken) und drei plantar (an der Fußsohle). Sie unterstützen die Abduktion und Adduktion der Zehen.

Merke

Die kurzen Muskeln des Fußes sind Spannmuskeln, die das Fußgewölbe quer und längs verspannen. Im Gegensatz zur Hand ist der Fuß kein Greiforgan, sondern ein Stützorgan. Dafür spricht auch die im Verhältnis zu den Fingern gering ausgeprägte Beweglichkeit der Zehen.

Kopfmuskulatur

Die Muskeln des Kopfes werden in drei Muskelgruppen unterteilt, von denen nur einige aufgeführt werden sollen. Zu den Kopfmuskeln zählen:

- die mimischen Muskeln (Mm. faciales),
- die oberen Zungenbeinmuskeln (Mm. suprahyoidei) und
- die Kaumuskeln (Mm. masticatores).

Mimische Muskeln
Sie sind die eigentlichen Gesichtsmuskeln und gruppieren sich um die Mundöffnung und die Nasenöffnungen, um die Lidspalten und um das äußere Ohr. Zu ihnen zählen auch die Muskeln des Schädeldaches. Die mimischen Muskeln überspringen kein Gelenk, besitzen keine Oberflächenfaszie und strahlen zumeist in die Haut aus. Insgesamt vermittelt die Gesichtsmuskulatur den Gesichtsausdruck und das Minenspiel.
Zu den mimischen Muskeln gehören z.B.:

- der Ringmuskel des Mundes (M. orbicularis oris),
- der Ringmuskel des Auges (M. orbicularis oculi),
- der Wangenmuskel (M. buccinator),
- der Lachmuskel (M. risorius),
- der große und kleine Jochbeinmuskel (M. zygomaticus major et minor),
- der Nasenmuskel (M. nasalis),
- der Kinnmuskel (M. mentalis) und
- der Schädelhaubenmuskel (M. epicranius).

Ringmuskel des Mundes
Der Muskel gehört zur oberflächlichen Schicht des zirkulären oralen Systems. Er bildet die muskuläre Grundlage des Mundes und hat seinen Ursprung an Bindegewebsstreifen der Mundschleimhaut im Mundwinkelbereich. Funktionell schließt er den Mund und formt die Lippen beim Sprechen.

Ringmuskel des Auges
Er liegt unter der dünnen fettlosen Haut des Augenlides. Dieser Ringmuskel schließt das Auge und besitzt eine wichtige Funktion bei der Regulation des Tränenflusses.

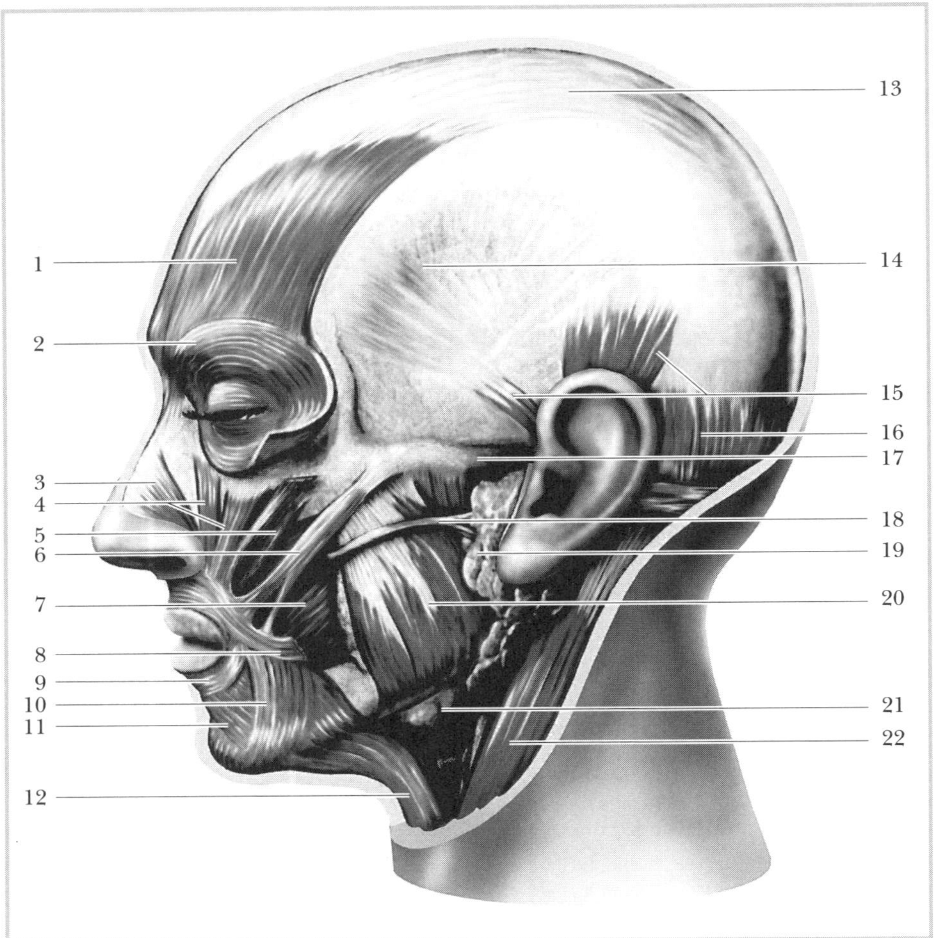

Abb. 162 Kopfmuskulatur

1 Stirnmuskel (M. frontalis)
2 Augenringmuskel (M. orbicularis oculi)
3 Nasenmuskel (M. nasalis)
4 Nasenflügel- und Lippenheber (M. l. nasi et labri)
5 Mundwinkelheber (M. levator anguli oris)
6 großer Jochbeinmuskel (M. zygomaticus major)
7 Wangenmuskel (M. buccinator)
8 Lachmuskel (M. risorius)
9 Ringmuskel des Mundes (M. orbicularis oris)
10 Mundwinkelsenker (M. depressor anguli oris)
11 Lippensenker (M. depressor labii inferioris)
12 Halshautmuskel (M. Platysma)
13 Sehnenhaube (Galea aponeurotica)
14 Schläfenfaszie (Fascia temporalis)
15 Ohrmuskeln (Mm. auriculares)
16 Hinterhauptmuskel (M. occipitalis)
17 Jochbogen (Arcus zygomaticus)
18 Ausführungsgang der Ohrspeicheldrüse (Ductus parotideus)
19 Ohrspeicheldrüse (Glandula parotis)
20 Kaumuskel (M. masseter)
21 Unterkieferdrüse (Glandula submandibularis)
22 Kopfwender (M. sternocleidomastoideus)

Wangenmuskel
Der Buccinator (lat. = Hornbläser) gehört zur tiefen Schicht des zirkulären oralen Systems und bildet die muskuläre Grundlage der Wange. Er zieht von den Alveolarfortsätzen des Ober- und Unterkiefers zum Mundwinkel. Sammelt sich Luft bei geschlossenem Mund in der Mundhöhle, können beide Wangenmuskeln durch ihre Kontraktion die Mundspalte sprengen und einen gerichteten Luftstrom erzeugen, was beim Blasen oder Pfeifen der Fall ist. Er trägt daher auch die Bezeichnung „Trompetermuskel". Zusätzlich unterstützt der Wangenmuskel die Kautätigkeit, indem er die Nahrung zwischen die Zahnreihen schiebt.

Lachmuskel
Er zieht als schwaches Muskelbündel von der Wangenhaut zum Mundwinkel. Beim Lachen verbreitert er den Mundwinkel und erzeugt die „Lachgrübchen" in der Wange.

Großer und kleiner Jochbeinmuskel
Beide Muskeln entspringen am Jochbein und ziehen zum Mundwinkel bzw. zur Nasenlippenfurche. Sie heben den Mundwinkel nach oben lateral, was den Gesichtsausdruck des Lächelns bis hin zum Lachen entstehen läßt.

Nasenmuskel
Er ist der einzige Muskel im Bereich der Nase und entspringt mit seinen zwei Teilen (Pars transversa et alaris) am Oberkiefer. Der Nasenmuskel kann die Nasenlöcher sowohl erweitern als auch zusammenziehen.

Kinnmuskel
Dieser Muskel zieht vom vorderen Unterkieferbereich nach unten medial zur Kinnhaut. Er bewegt die Kinnhaut nach oben und wirkt unterstützend beim Vorstülpen der Unterlippe („Schnute ziehen").

Schädelhaubenmuskel
Der Musculus epicranius wird durch zwei flache Muskeln gebildet, die an beiden Seiten das Schädeldach überspannen und durch eine breite Sehnenhaube (Galea aponeurotica) getrennt werden. Die beiden Muskeln sind:

- der Hinterhauptsstirnmuskel (M. occipitofrontalis) und
- der Schläfenscheitelmuskel (M. temporoparietalis).

Hinterhauptsstirnmuskel
Seine beiden Muskelbäuche (Venter frontalis et occipitalis) spannen die Galea aponeurotica in Längsrichtung. Kontrahiert sich der Stirnteil, dann legt er die Stirnhaut in Falten („Stirnrunzler") und hebt die Augenbrauen.

Schläfenscheitelmuskel
Er zieht von der Wurzel der Ohrmuschel seitlich zur Galea aponeurotica, wobei er diese in Querrichtung spannt.

Obere Zungenbeinmuskeln
Diese Muskeln entspringen alle am Schädel und ziehen zum Zungenbein (Os hyoideum). Obwohl sie im Halsbereich verlaufen, zählen sie ihrem Ursprung und ihrer entwicklungsgeschichtlichen Herkunft betreffend zu den Kopfmuskeln. Zu den oberen Zungenbeinmuskeln gehören:

- der zweibäuchige Kiefermuskel (M. digastricus),
- der Griffel-Zungenbein-Muskel (M. stylohyoideus),
- der Unterkiefer-Zungenbein-Muskel (M. mylohyoideus) und
- der Kinn-Zungenbein-Muskel (M. geniohyoideus).

Zweibäuchiger Kiefermuskel
Seinem Namen entsprechend besitzt er zwei Muskelbäuche. Der Muskel entspringt mit dem hinteren Bauch (Venter posterior) am Warzenfortsatz (Processus mastoideus) des Schläfenbeines, und sein vorderer Bauch (Venter anterior) setzt an der Innenseite des Unterkiefers

an. Beide Muskelbäuche sind über eine Zwischensehne verbunden, die in einer am Zungenbein befestigten Bindegewebsschlinge verläuft. Der M. digastricus hebt das Zungenbein und senkt den Unterkiefer.

Griffelzungenbeinmuskel
Er entspringt vom Griffelfortsatz (Processus styloideus) des Schläfenbeins und verläuft zum großen Horn des Zungenbeines. Der Muskel zieht das Zungenbein nach oben und hinten.

Unterkiefer-Zungenbein-Muskel
Von der Innenseite des Unterkiefers zieht ein Teil seiner Fasern direkt zum Zungenbein, ein weiterer Teil der Fasern setzt an einem nahtartigen Sehnenstreifen (Raphe mylohyoidea) in der Mundbodenmitte an. Dieser Muskel ist der eigentliche Mundbodenmuskel, der von beiden Seiten zur Raphe ziehend den muskulären Mundboden (Diaphragma oris) bildet. Er unterstützt das Absenken des Unterkiefers.

Kinn-Zungenbein-Muskel
Der Geniohyoideus (griech. geneion = Kinn) ist ein strangförmiger Muskel, der von der Innenseite des Kinnes zum Zungenbein verläuft. Er bewegt das Zungenbein nach vorn.

Merke **Die oberen Zungenbeinmuskeln sind an der Bildung des muskulären Mundbodens beteiligt, wirken an der Kieferöffnung mit und unterstützen das Kauen, Schlucken und Sprechen.**

Kaumuskeln
Die Kaumuskeln führen durch kräftige Kontraktionsbewegungen den Unterkiefer an den Oberkiefer heran und zählen somit zu den Kieferschließern oder Kieferadduktoren. Zu den Kaumuskeln gehören:

- der Schläfenmuskel (M. temporalis),
- der Kaumuskel (M. masseter),
- der mediale Flügelmuskel (M. pterygoideus medialis) und
- der seitliche Flügelmuskel (M. pterygoideus lateralis).

Schläfenmuskel
Er entspringt fächerförmig von der Seitenwand des Schläfenbeines (Os temporale) und setzt mit einer flächenhaften Sehne am Kronenfortsatz (Processus coronoideus) des Unterkiefers an. Der Schläfenmuskel ist der größte und kräftigste Kaumuskel. Er ist für den Kieferschluß verantwortlich und kann den vorgeschobenen Unterkiefer zurückziehen.

Kaumuskel
Der Kaumuskel entspringt am Jochbogen (Arcus zygomaticus) und setzt am äußeren Unterkieferwinkel sowie am Unterkieferast an. Er besitzt einen oberflächlichen und einen tiefen Teil (Pars superficialis et profunda). Er wirkt als kräftiger Adduktor und schließt ebenfalls den Kiefer.

Medialer Flügelmuskel
Seine Fasern entspringen am Flügelfortsatz des Keilbeins (Os sphenoidale) und setzen an der Innenseite des Unterkieferwinkels an. Auch dieser Muskel zieht den Unterkiefer an den Oberkiefer heran.

Seitlicher Flügelmuskel
Der Pterygoideus lateralis (griech. pteryx = Flügel; eides = ähnlich) verläuft annähernd horizontal und entspringt mit seinem unteren Kopf von der Außenfläche des äußeren Blattes des Keilbein-Flügelfortsatzes (Lamina lateralis processus pterygoidei). Der obere Kopf entspringt von einer schwachen Leiste an der temporalen Fläche des großen Keilbeinflügels (Crista infratemporalis). Die Sehnenfasern des oberen Kopfes inserieren an der Kapsel und am

Diskus des Kiefergelenkes und die des unteren Kopfes befestigen sich in der Flügelgrube (Fovea pterygoidea) des Gelenkfortsatzes des Unterkiefers.
Als einziger Kaumuskel ist der äußere Flügelmuskel nicht am Kieferschluß beteiligt. Die abwechselnde Kontraktion der beiden Muskeln führt zur Mahlbewegung des Unterkiefers. Kontrahieren sie sich gleichzeitig, dann wird der Unterkiefer vorgeschoben. Er ist auch an der Öffnungsbewegung beteiligt.

Für die Öffnungsbewegungen im Kiefergelenk sind vor allem die oberen und unteren Zungenbeinmuskeln verantwortlich.

Merke **Die Kaumuskeln ermöglichen in kombinierter Form die drei Hauptbewegungen des Kiefers beim Kauen. Dazu gehören die Öffnungs- und Schließbewegungen, die Vor- und Rückbewegungen des Unterkiefers und die seitlich gerichteten Mahlbewegungen.**

Halsmuskulatur

Die Muskeln des Halses haben unterschiedliche Aufgaben zu erfüllen und sind deshalb ganz verschieden angeordnet. Sie können topographisch in drei Schichten unterteilt werden. Zu diesen gehören:

- die oberflächliche Schicht,
- die mittlere Schicht,
- die tiefe Schicht.

Oberflächliche Schicht
In dieser Schicht liegen

- der Halshautmuskel (Platysma) und
- der Kopfwender (M. sternocleidomastoideus),

Halshautmuskel
Das Platysma (griech. platys = flach) ist eine dünne, großflächige Muskelplatte, die direkt unter der Halshaut liegt, und deren Muskelfasern im vorderen und seitlichen Halsbereich von oben medial nach unten lateral ziehen. Bei Kontraktion dieses Muskels legt sich die Halshaut in Falten, und die Mundwinkel werden durch die enge Verbindung des Platysmas zu den Gesichtsmuskeln nach unten gezogen.

Kopfwender
Er verbindet den Brustkorb mit dem Kopf und dreht bei einseitiger Kontraktion das Gesicht zur jeweils anderen Seite. Ziehen sich die Muskeln an beiden Halsseiten gemeinsam zusammen, dann heben sie das Gesicht, indem der Kopf nach dorsal geneigt wird.

Mittlere Schicht
In der mittleren Schicht befinden sich die Zungenbeinmuskeln. Die oberen Zungenbeinmuskeln bilden die Mundbodenmuskeln und die unteren bedecken die Halseingeweide. Zu den unteren Zungenbeinmuskeln zählt eine Gruppe von gerade verlaufenden Muskeln, die deshalb auch als Muskeln der Rektus-Gruppe bezeichnet werden.
Die vier dazugehörigen Muskeln liegen alle unter dem Zungenbein und werden nach ihrem Ursprung und Ansatz benannt. Zu den unteren Zungenbeinmuskeln gehören:

- der Brust-Zungenbein-Muskel (M. sternohyoideus),
- der Brust-Schildknorpel-Muskel (M. sternothyreoideus),
- der Schild-Zungenbein-Muskel (M. thyreohyoideus) und
- der Schulter-Zungenbein-Muskel (M. omohyoideus).

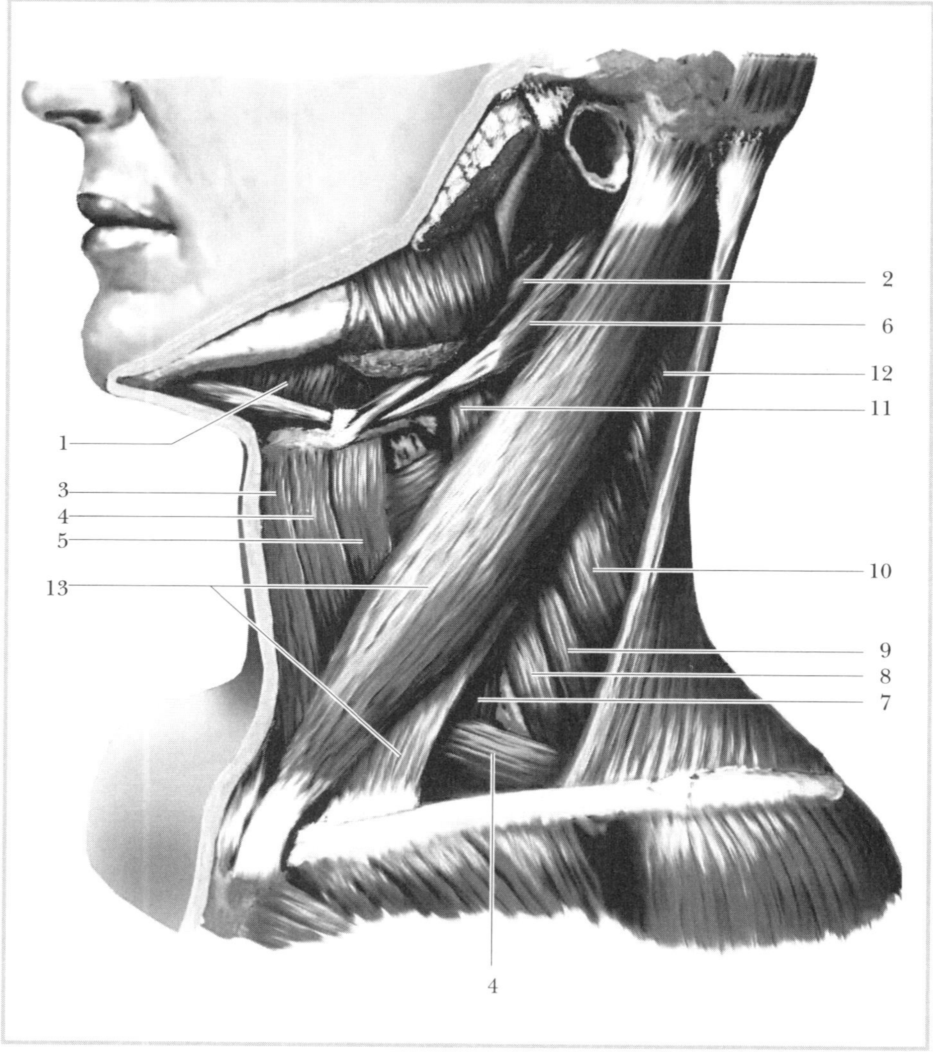

Abb. 163 Halsmuskeln

1 Kiefer-Zungenbein-Muskel (M. mylohyoideus)
2 Griffel-Zungenbein-Muskel (M. stylohyoideus)
3 Brustbein-Zungenbein-Muskel (M. sternohyoideus)
4 Schulter-Zungenbein-Muskel (M. omohyoideus)
5 Brustbein-Schildknorpel-Muskel (M. sternothyreoideus)
6 zweibäuchiger Kiefermuskel (M. digastricus)
7 vorderer Treppenmuskel (M. scalenus anterior)
8 mittlerer Treppenmuskel (M. scalenus medius)
9 hinterer Treppenmuskel (M. scalenus posterior)
10 Schulterblattheber (M. levator scapulae)
11 langer Kopfmuskel (M. longus capitis)
12 Riemenmuskel (M. splenius capitis)
13 Kopfwender (M. sternocleidomastoideus)

Brust-Zungenbein-Muskel
Er zieht vom Handgriff (Manubrium) des Brustbeines gerade aufsteigend zum Zungenbeinkörper. Die medialen Ränder der beiden Muskeln sind an der Halsvorderseite nicht zusammengewachsen, sondern lassen einen schmalen muskelfreien Streifen offen, der eine klinische Bedeutung für den chirurgischen Zugang zum Kehlkopf, zur Schilddrüse und zur Luftröhre hat.

Brust-Schildknorpel-Muskel
Er liegt unter dem Brust-Zungenbein-Muskel, ist etwas breiter als dieser und verläuft vom Brustbein zum Rand des Schildknorpels.

Schild-Zungenbein-Muskel
Als gleichsame Fortsetzung des vorigen Muskels zieht er vom Schildknorpel zum Zungenbein.

Schulter-Zungenbein-Muskel
Der zweibäuchige Omohyoideus (griech. omos = Schulter) verläuft vom oberen Rand des Schulterblattes zum Zungenbeinkörper. Er spannt u.a. die Halsfaszie und erweitert somit auch das Lumen der tiefliegenden Venen.

Merke **Funktionell dienen die unteren Zungenbeinmuskeln vor allem der Feststellung des Zungenbeines, wodurch die Tätigkeit der oberen Zungenbeinmuskeln unterstützt wird. Gleichzeitig nehmen sie Einfluß auf die Bewegungen des Kehlkopfes.**

Tiefe Schicht
Diese Schicht bildet den seitlichen und hinteren Abschluß des Halses und beinhaltet nachfolgende Muskeln:

- die Treppenmuskeln (Mm. scaleni),
- die prävertebrale Gruppe (Mm. praevertebrales).

Treppenmuskeln
Die Musculi scaleni (lat. scala = Treppe) bilden eine seitlich am Hals liegende Muskelgruppe (Skalenus-Gruppe). Zu dieser Gruppe gehören der vordere, mittlere und hintere Treppenmuskel (M. scalenus anterior, medius et posterior). Alle drei Muskeln unterstützen die Einatmung, indem sie die ersten beiden Rippen anheben („Rippenhalter"). Sie wirken auch bei der Beugung und Seitwärtsdrehung der Halswirbelsäule mit. Zwischen dem vorderen und mittleren Treppenmuskel liegt eine dreieckige Muskellücke (Skalenuslücke), durch welche die Schlüsselbeinarterie (A. subclavia) und die Nervenstämme des Armgeflechtes (Plexus brachialis) ziehen.

Prävertebrale Gruppe
Diese Muskelgruppe liegt unmittelbar vor der Halswirbelsäule. Zu ihr gehören der lange Halsmuskel (M. longus colli), der vordere gerade Kopfmuskel (M. rectus capitis anterior) und der lange Kopfmuskel (M. longus capitis). Die genannten Muskeln unterstützen die Vorbeugung und die Seitwärtsdrehung des Kopfes.

Zusammenfassung

Muskelformen Zu den Muskelformen gehören spindelförmige, gefiederte, zweibäuchige, dreibäuchige, vierbäuchige, schräge und platte Muskeln.

Muskelbestandteile Sie werden gebildet von den Myofilamenten, Myofibrillen, Muskelfasern, Muskelfaserbündel, dem Muskelbauch und der Muskelbinde.

Hilfseinrichtungen Dazu zählen Sehnen, Faszien, Schleimbeutel und Sehnenscheiden.

Bewegungen im Schultergelenk:

Abduktion Das Abspreizen des Armes ermöglichen der Deltamuskel und der Obergrätenmuskel.

Adduktion Für das Heranführen des Armes an den Körper sind der Deltamuskel, der große Brustmuskel, der breite Rückenmuskel und der große Rundmuskel verantwortlich.

Anteversion Das Heben des Armes nach vorn erlauben der Deltamuskel, der große Brustmuskel und der Hakenarmmuskel, den man als M. coracobrachialis bezeichnet.

Retroversion Das Führen des Armes nach hinten ermöglichen der breite Rückenmuskel, der große Rundmuskel und der Deltamuskel.

Innenrotation Der Deltamuskel, der Unterschulterblattmuskel, der breite Rückenmuskel und der große Rundmuskel führen die Drehung des Armes nach innen aus.

Außenrotation Die Drehung des Armes nach außen erlauben der Obergräten- und Untergrätenmuskel des Schulterblattes und der kleine Rundmuskel.

Bewegungen im Ellenbogengelenk:

Flexion Zu den Beugern im Ellenbogengelenk gehören der zweiköpfige Armmuskel, der Armbeuger und der Oberarmspeichenmuskel.

Extension Für die Streckung des Ellenbogengelenkes ist der dreiköpfige Armmuskel zuständig.

Pronation Das Einwärtsdrehen des Unterarmes ermöglichen der viereckige und runde Einwärtsdreher.

Supination Zu den Auswärtsdrehern gehören der Supinator, der zweiköpfige Armmuskel und der Oberarmspeichenmuskel.

Bewegungen im Handgelenk:

Palmarflexion An der Beugung im Handgelenk sind der radiale Handbeugemuskel, der ulnare Handbeugemuskel und der lange Hohlhandmuskel beteiligt.

Dorsalflexion An der Streckung des Handgelenkes sind der lange radiale Handstrecker, der kurze radiale Handstrecker und der ulnare Handstrecker beteiligt.

Hauptatemmuskulatur Zu dieser Muskulatur zählen die äußeren und inneren Zwischenrippenmuskeln sowie das Zwerchfell.

Atemhilfsmuskeln Der große Brustmuskel, der hintere untere und obere Sägemuskel, die Treppenmuskeln und der Kopfwender sind Atemhilfsmuskeln.

Bauchmuskeln Zu diesen Muskeln gehören der schräge äußere und innere Bauchmuskel sowie der quere und gerade Bauchmuskel.

Eigentliche Rückenmuskulatur Diese Muskeln werden zum Rückenstrecker, dem M. erector spinae, zusammengefaßt.

Bewegungen im Hüftgelenk:

Abduktion Das Abspreizen des Beines ermöglichen der mittlere und kleine Gesäßmuskel.

Adduktion Für das Heranführen des Beines sind der Kammuskel, die Adduktoren und der Schlankmuskel zuständig.

Extension Diese Streckbewegung führt der große Gesäßmuskel aus.

Flexion Die Beugung des Beines führen die Hüftlendenmuskeln, der gerade Schenkelmuskel, der Schneidermuskel und der Spanner der Oberschenkelfaszie aus.

Außenrotation Diese Bewegung ermöglichen der birnenförmige Muskel, die Hüftlochmuskeln, die Zwillingsmuskeln und der viereckige Schenkelmuskel.

Innenrotation Der kleine Gesäßmuskel dreht das Bein nach innen.

Bewegungen im Kniegelenk:

Extension Die Unterschenkelstreckung führt der vierköpfige Schenkelstrecker aus.

Flexion Folgende Muskeln beugen den Unterschenkel im Knie: der Schneidermuskel, der zweiköpfige Schenkelmuskel, der Halbsehnenmuskel, der halbmembranöse Muskel, der Kniekehlenmuskel und der Zwillingswadenmuskel.

Außenrotation An der Auswärtsdrehung des Unterschenkels sind der zweiköpfige Schenkelmuskel, der große Gesäßmuskel und der Spanner der Oberschenkelfaszie beteiligt.

Innenrotation Der Schneidermuskel, der Halbsehnenmuskel, der halbmembranöse Muskel und der Schlankmuskel führen diese Bewegung aus.

Bewegungen im Sprunggelenk:

Dorsalflexion Am Heben des Fußes sind der vordere Schienbeinmuskel, der lange Zehenstrecker und der lange Großzehenstrecker beteiligt.

Plantarflexion Am Senken des Fußes beteiligen sich der hintere Schienbeinmuskel, die Wadenbeinmuskeln und der lange Großzehenbeuger.

Supination Das Heben des medialen Fußrandes ermöglichen der vordere Schienbeinmuskel, der dreiköpfige Wadenmuskel, der hintere Schienbeinmuskel und der lange Großzehenbeuger.

Pronation Das Heben des seitlichen Fußrandes ermöglichen der lange und kurze Wadenbeinmuskel.

Kopfmuskulatur Zu dieser Muskulatur gehören die mimischen Muskeln, die oberen Zungenbeinmuskeln und die Kaumuskeln. Zu den Kaumuskeln zählen der Schläfenmuskel, der Kaumuskel sowie der mediale und laterale Flügelmuskel.

Halsmuskulatur Zu den Halsmuskeln rechnet man den Halshautmuskel, den Kopfwender, die unteren Zungenbeinmuskeln, die Treppenmuskeln und die prävertebrale Muskelgruppe.

12.4. Muskelphysiologie

Allgemeines

Die reguläre Funktionstätigkeit der Muskulatur in ihrer Gesamtheit ist eine wichtige Grundvoraussetzung für die Lebensfähigkeit des Menschen. Das betrifft sowohl die Skelettmuskulatur als auch die Herz- und glatte Muskulatur. Die nachfolgenden Beispiele zeigen Auswirkungen von Muskelfunktionsstörungen.
Traumatisch bedingte Rückenmarksverletzungen können u.a. zu Lähmungen der Armmuskulatur, der Beinmuskulatur und der Atmungsmuskulatur führen. Entscheidend für das Ausmaß der Lähmung ist die Höhe der Rückenmarksverletzung. Verletzungen des oberen Halsmarkes führen zur Lähmung beider Arme und Beine sowie zur Insuffizienz der Atmungsmuskulatur.
Beim Herzinfarkt kommt es zu einer Herzmuskelnekrose infolge einer unzureichenden Sauerstoffversorgung durch die Herzkranzarterien. Damit verbunden entstehen u.a. Schocksymptome, Übelkeit, Erbrechen, Dyspnoe und ein vernichtendes Schmerzgefühl.
Die Strangulation der Gekrösegefäße ruft eine Ernährungsstörung der Darmwand sowie die Verlegung der Darmlichtung hervor. Es entstehen u.a. peristaltiksynchrone Koliken, Aufstoßen und Erbrechen. Die Störung der glatten Darmwandmuskulatur wird operativ behoben, indem der ernährungsgestörte Darmwandabschnitt reseziert wird und die Enden mit einer End-zu-End-Anastomose wieder vereint werden.

Merke **Die normale Muskelfunktion spielt eine wesentliche Rolle für das Funktionieren des Gesamtorganismus.**

Der Muskel selbst besitzt die Fähigkeit zur Verkürzung und zur Kraftentwicklung. Eine Muskelverkürzung bewirkt, daß bestimmte Organe gegeneinander bewegt werden und somit eine Ortsveränderung vornehmen (Lokomotion).
Durch Muskelarbeit ist der Organismus in der Lage, Stoffe zu transportieren (Konvektion). Das betrifft den Blut- und Flüssigkeitstransport im Herz-Kreislauf-System, den Nahrungstransport im Magen-Darm-Trakt oder den Gastransport bei der Atmung.
Im Zusammenhang mit der Muskeltätigkeit ist das Verständnis folgender Teilprozesse wichtig:

- die Mechanismen der Muskelkontraktion
- die Bewegungsformen des Muskels sowie
- die Leistung und Ausdauer des Muskels.

Mechanismen der Muskelkontraktion

Voraussetzung für die Auslösung einer Muskelkontraktion ist immer die Erregung der Muskelfaser. Die Membran der Muskelfaser (Sarkolemm) ist in der Lage, auf direkte und indirekte Reizung eine Erregung zu bilden und diese, bei entsprechender Reizstärke, auf die kontraktilen Elemente des Muskels weiterzuleiten. Die Summe der Tätigkeit aller aktiven kontraktilen Elemente äußert sich in der Bewegung des Muskels. Um mechanische Arbeit verrichten zu können, benötigt die Muskulatur Energie aus dem Körperstoffwechsel. Beim Kontraktionsvorgang zeigt sich eine zeitliche Verzögerung zwischen der Reizabgabe und der beginnenden Kontraktion. Diese Zeit ist die Latenzzeit. Sie beträgt beim Skelettmuskel etwa 1 msec. Innerhalb eines Muskels liegen bis zu 500 Rezeptoren, die Längenänderungen registrieren und vorwiegend auch der Regelung der Muskellänge dienen. Diese Propriorezeptoren werden als Muskelspindeln bezeichnet und enthalten dehnungsempfindliche anulospiralige (lat. anulus = Ring) Endigungen.

Im Zusammenhang mit der Muskelkontraktion werden folgende Funktionsabläufe betrachtet:

- die Erregungsübertragung auf den Muskel,
- die elektromechanische Kopplung und
- die elementare Kontraktion.

Erregungsübertragung auf den Muskel
Die Muskeltätigkeit wird durch das Nervensystem gesteuert. Ausgehend vom Zentralnervensystem (ZNS), werden fortgeleitete Erregungen über motorische Nervenfasern auf den Muskel übertragen. Die Verbindungsstelle zwischen der motorischen Nervenfaser und der Muskelfaser ist die motorische Endplatte oder Muskelendplatte. Sie ist ähnlich gebaut wie ein neuronaler Endkopf (Synapse), hat aber ausschließlich Kontakt zur Muskelfaser und ist wesentlich größer. Die motorische Endplatte liegt über einen Endplattenspalt der Muskelfasermembran an. In diesen Endplattenspalt wird bei Nervenerregung der Neurotransmitter Acetylcholin aus den Vesikeln der motorischen Endplatte freigesetzt. Dieser Transmitter depolarisiert die subsynaptische Membran der Muskelfaser und es entsteht das Endplattenpotential mit dem anschließenden, über die Muskelfaser fortgeleiteten Aktionspotential.
Motorische Endplatten enthalten keine hemmenden Transmitter.

Merke **Eine Muskelfaser besitzt eine oder mehrere Endplatten, wobei sich mit zunehmender Zahl die Abstufung der Bewegungen verfeinert. Ein motorischer Nerv und die zugehörigen Muskelfasern bilden eine motorische Einheit.**

Elektromechanische Kopplung
Wie bei allen erregbaren Zellen (z.B. Nerven- und Sinneszellen), besteht auch bei der Muskelfaser in Ruhe eine negative Spannung (Ruhemembranpotential) zwischen dem Faserinneren und der Faserumgebung. Erst durch das Entstehen eines Aktionspotentials kommt es zu einer fortleitenden Erregung auf der Muskelfasermembran, die sich in Form einer Depolarisationswelle ausbreitet.
Die Auslösung einer Muskelkontraktion durch die Erregung setzt voraus, daß eine Informationsübermittlung von der Membran auf die kontraktilen Elemente der Muskelfaser, den Myofibrillen, stattfindet. In den longitudinalen Tubuli (sarkoplasmatisches Retikulum; L-System) der Muskelfaser sind große Mengen an Kalziumionen gespeichert, die beim Eintreffen eines Aktionspotentials in Bruchteilen von Sekunden freigesetzt werden und die Kontraktion einleiten. Mit den zusätzlich von außen einströmenden Ionen erhöht sich die Kalziumkonzentration an den Myofilamenten und den Mitochondrien auf das 1000fache. Die Kalziumionen bilden die Voraussetzung für die Bindung der Myosinköpfchen an die Aktinfilamente. Dieser Prozeß wird als elektromechanische Kopplung bezeichnet.

Nach einer Erregung erfolgt unter Energieverbrauch die Ca^{2+}-Rückbindung an das sarkoplasmatische Retikulum, und das Ruhemembranpotential wird wieder hergestellt. Die aus der Zellumgebung eingeströmten Ionen werden ebenfalls unter Energieverbrauch mittels der „Ca-Pumpe" wieder nach außen befördert.

Merke **Die Menge der freigesetzten Kalziumionen wird durch die Stärke der Erregung und die Anzahl der daraus resultierenden Aktionspotentiale bestimmt.**

Elementare Kontraktion
Die bei der elektromechanischen Kopplung freigesetzten Kalziumionen sind Auslöser der Aktin-Myosin-Reaktion. Diese Reaktion führt zur Verkürzung der Myofibrille.
Dabei legen sich die Köpfchen der Myosinfilamente auf beiden Seiten eines Sarkomers an die Moleküle der Aktinfilamente, und durch Kippbewegungen ziehen die Myosinköpfchen die Aktinfilamente aufeinander zu. Die Sarkomerlänge nimmt ab, und die Myofibrille verkürzt sich. Hinsichtlich der Streifenstruktur beim Skelettmuskel kommt es zu einer Annäherung der Z-Streifen bei der Kontraktion, da die Aktinfilamente an diesen befestigt sind. Die Notwendigkeit der Kalziumionen besteht darin, an den Aktinfilamenten Anlegestellen für die Ankopplung der Myosinköpfchen zu öffnen. Das Vorbeigleiten der Myosinfilamente an den Aktinfilamenten ist ein energieverbrauchender Prozeß.
Zur Lösung des Myosinköpfchens vom Aktinfilament ist ATP (Adenosintriphosphat) notwendig. Bindet der Myosinkopf ATP, nimmt seine Affinität zur Kopplung mit dem Aktin stark ab, und es kommt zur Trennung beider Filamente voneinander.
Fehlt ATP, bleibt der Myosinkopf fest mit dem Aktinmolekül verbunden, und es kommt zur Muskelkontraktur (z.B. Rigor mortis = Totenstarre). Ohne ATP kann der Muskel nicht erschlaffen und Störungen des Ca^{2+}- Stoffwechsels können zur Kontraktionsschwäche des Muskels führen.

Merke **Die elementare Kontraktion führt zur Verkürzung der Myofibrille. Es ist ein zyklischer Prozeß, der nur in Gegenwart von Kalziumionen und ATP ablaufen kann. Kalzium aktiviert die ATP-spaltende Wirkung des Aktin-Myosin-Komplexes.**

Bewegungsformen des Muskels

Die verschiedenen Arbeitsweisen eines Muskels sind von der Form der Erregung abhängig. Ein einzelnes Aktionspotential löst eine Einzelzuckung und eine Aktionspotentialserie eine tetanische Zuckung aus. Je höher die Frequenz der Aktionspotentialserie um so stärker und kraftvoller ist die darauffolgende Muskelbewegung. Muskelfasern mit einer Zuckungsdauer von 30 - 40 ms zählen zu den schnellen (phasischen) Fasern, die mit einer Zuckungsdauer von 100 ms zu den langsamen (tonischen) Fasern.
Bei einer Muskelkontraktion teilen sich die elementaren Kontraktionen der Myofibrillen den Muskelfasern mit, was eine Kontraktion des Gesamtmuskels bewirkt. In Abhängigkeit von den äußeren Arbeitsbedingungen lassen sich verschiedene Formen der Kontraktion unterscheiden. Die wichtigsten Kontraktionsformen sind:

- die isometrische Kontraktion,
- die isotone Kontraktion,
- die auxotone Kontraktion,
- die Unterstützungszuckung und
- die Anschlagszuckung.

Isometrische Kontraktion
Bei dieser Form der Kontraktion verändert der Muskel seine Länge nicht, entwickelt aber eine große Kraft oder Spannung. Der Muskel kontrahiert sich isometrisch (griech. isos =

gleich; metron = Maß) beim Halten eines Gewichtes. Auch die Wirbelsäulenmuskulatur leistet durch isometrische Kontraktion Haltearbeit.

Isotone Kontraktion
Bei der isotonen Kontraktion (griech. tonos = Spannung) verkürzt sich der Muskel, ändert aber dabei seine Spannung nicht. Diese Kontraktionsform erfolgt beim Heben eines

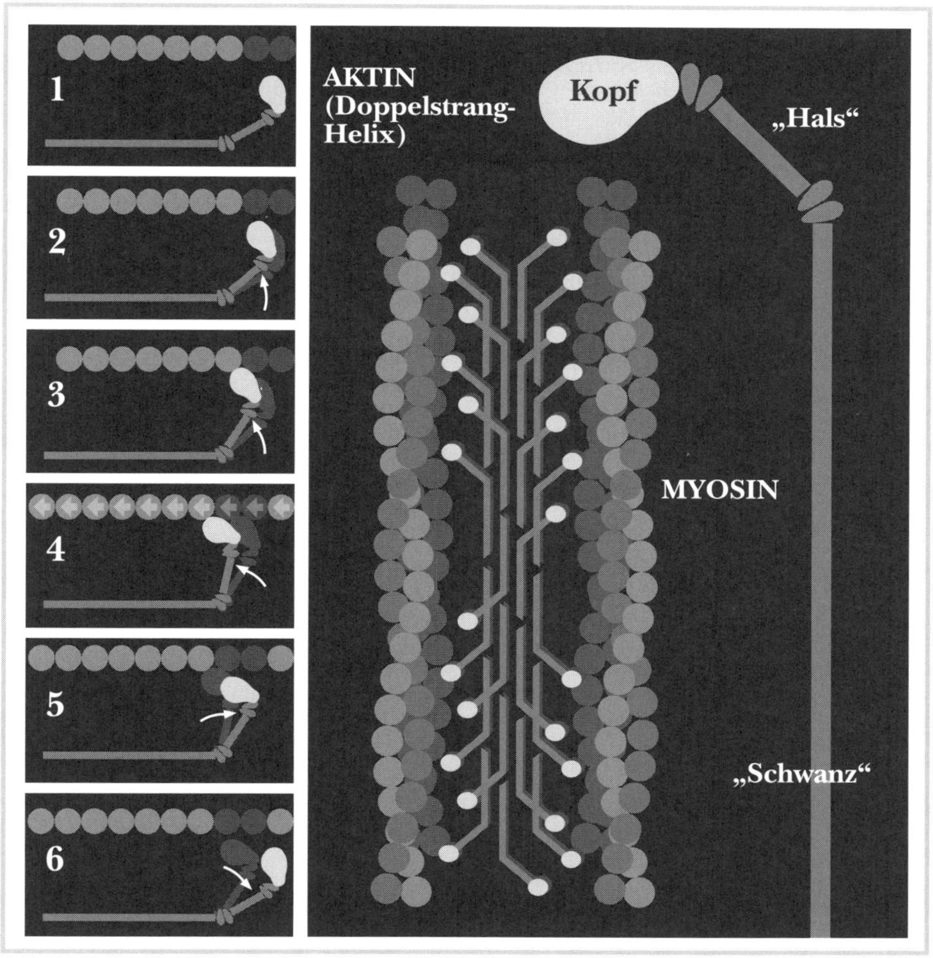

Abb. 164 Mechanismus der Muskelkontraktion (vgl. auch Abb. 38)

Der mit „Scharnieren“ versehene „Schwanz“ der Myosinmoleküle führt bei Energiezufuhr (ATP) rasche Nickbewegungen aus. Der „Kopf“ bindet dabei vorübergehend an die Aktin-Kette und nimmt sie gewissermaßen mit. Die gleichzeitige Hangelbewegung vieler hundert Myosinmoleküle führt dabei zu einer Verkürzung des Muskels. Links ist ein solcher Bewegungszyklus in 6 Phasen dargestellt.

Gewichtes, wobei das gleichbleibend schwere Gewicht eine konstante Muskelspannung hervorruft. Unter dieser Spannung verkürzt sich der Muskel.

Auxotone Kontraktion
Hierbei ändern sich Muskellänge und Kraft gleichzeitig. Arbeitet ein Muskel gegen einen Federzug, kontrahiert er sich auxoton.

Unterstützungszuckung
Diese Form der Kontraktion findet beim Aufheben und weiteren Heben eines Gewichtes statt. Die Unterstützungszuckung wird in zwei Phasen unterteilt. In der ersten Phase erhöht sich die Muskelspannung isometrisch, bis das Gewicht getragen werden kann. Ist die Spannung oder Kraft groß genug, wird es durch die anschließende isotone Kontraktion gehoben, wobei jetzt die Spannung konstant bleibt und der Muskel kürzer wird.

Anschlagszuckung
Hierbei verlaufen die beiden Phasen in umgekehrter Reihenfolge. Ein typisches Beispiel für eine Anschlagszuckung ist der Kieferschluß. Zuerst wird der Unterkiefer durch die isotone Kontraktion gegen den Oberkiefer gehoben, danach wird eine Kraft (Kaudruck) gegen den Oberkiefer ausgeübt, ohne daß eine weitere Muskelverkürzung erfolgt. Das ist die isometrische Phase einer Anschlagszuckung.

Merke **Bei den natürlichen Muskelbewegungen kommen rein isotone bzw. isometrische Kontraktionen kaum vor.**

Leistung und Ausdauer

Bei der Muskelkontraktion wird chemische Energie in mechanische Energie umgewandelt. Leistung und Ausdauer der Muskeln hängt nicht nur von seiner Größe, sondern auch von der Energieversorgung ab. Zu betrachten sind dabei:

- der Energieumsatz im Muskel,
- die Muskelarbeit und
- die Muskelermüdung.

Energieumsatz im Muskel
Die Energie für die Muskelkontraktion stammt aus der Hydrolyse des ATP sowie aus dem Abbau von Kreatinphosphat und Glykogen.
Das ATP (Adenosintriphosphat) ist der wichtigste Energielieferant des Intermediärstoffwechsels und somit auch für die Muskelkontraktion von großer Bedeutung. Innerhalb des Muskels ist allerdings ein begrenzter ATP-Vorrat vorhanden, der auch nicht nennenswert aus den Speicherbereichen im Extrazellulärraum aufgefüllt werden kann. Da dieser geringe Muskelvorrat für ca. 10 Kontraktionen reicht, muß bei verstärkter Muskeltätigkeit das energieliefernde ATP intrazellulär resynthetisiert werden. Das geschieht in den Mitochondrien der Muskelfasern, wo unter Sauerstoffverbrauch Nährstoffe (v.a. Fette und Kohlenhydrate) verbrannt werden.
Die Resynthese von ATP selbst kann sowohl ohne Sauerstoffverbrauch (anaerob) als auch mit Hilfe von Sauerstoff (aerob) ablaufen. Zwei wichtige Formen der Resynthese sind:

- die ATP-Bildung mit Kreatinphosphat und
- die ATP-Bildung durch Glykolyse.

ATP-Bildung mit Kreatinphosphat
Bei der Muskelkontraktion bildet sich durch Einfluß von Kalzium und ATP aus dem Aktin und dem Myosin verstärkt Aktomyosin. Gleichzeitig wirkt das Aktomyosin als ATPase ATP-spaltend, wobei Energie freigesetzt wird, aber auch das energieärmere ADP intrazellulär zunimmt. Mit Hilfe von Kreatinphosphat kann aus ADP wiederum ATP aufgebaut werden.

Die Reaktionsformel dafür lautet

Kreatinphosphat + ADP ⇔ Kreatin + ATP.

Durch diese Reaktion (Lohmann-Reaktion) kann kurzzeitig Energie für bis zu 100 zusätzliche Kontraktionen gebildet werden.

Merke **Die erneute Auffüllung des ATP-Speichers geht mit dem Zerfall des Aktomyosins einher und fällt mit der Erschlaffung des Muskels zusammen.**

ATP-Bildung durch Glykolyse
Bei größerem Energiebedarf muß eine ständige Zufuhr aus dem Glykogenspeicher des Muskels gewährleistet werden. Glykogen ist die Speicherform von Glukose und kommt im Muskel und in der Leber vor. Zunächst verläuft die Spaltung der Glukose unter aeroben Bedingungen ab, wobei die Endprodukte Wasser (H_2O) und Kohlendioxid (CO_2) sind. Die chemische Reaktionsgleichung dieser aeroben Oxidation lautet

$$C_6H_{12}O_6 + 6\ O_2 \Leftrightarrow 6\ CO_2 + 6\ H_2O + 674\ \text{kcal.}$$

Pro Mol Glukose entstehen bei diesem Verbrennungsvorgang 38 Mol ATP, die den 674 kcal entsprechen. Durch den dafür benötigten Sauerstoffbedarf sinkt der intrazelluläre Sauerstoffdruck rasch ab. Das wiederum begünstigt die Umwandlung von Pyruvat in Laktat. Sauerstoff und zusätzliche Glukose müssen ständig neu zugeführt werden, was eine gute Muskeldurchblutung voraussetzt. Der Abbau von Glukose zu Laktat läuft unter anaeroben Bedingungen ab und ergibt ca. 2 Mol ATP pro Mol Glukose. Das Laktat diffundiert in die Blutbahn und kann in der Leber erneut zu Glykogen resynthetisiert werden.

Merke **Reicht bei größerer Muskelarbeit die aerob gewonnene Energie aus dem Glukoseabbau nicht aus, läuft zusätzlich die anaerobe Glykolyse ab, wobei Milchsäure (Laktat) gebildet wird.**

Muskelarbeit
Arbeit ist das Produkt aus Kraft und Weg. Für die isotone Kontraktion kann die Muskelarbeit durch Multiplikation des gehobenen Gewichtes mit der Hubhöhe berechnet werden. Das einfache Produkt der Messung ist die sog. äußere Arbeit.
Geht eine Muskelanspannung mit einer Längenänderung einher und folgt darauf eine Erschlaffung, leistet der Muskel positiv dynamische Arbeit. Das ist z.B. beim Bergansteigen der Fall. Beim Bergabsteigen verrichtet der Muskel negativ dynamische Arbeit, da sich hierbei eine gebremste Muskeldehnung mit einer lastlosen Kontraktion abwechseln.
Bei der isometrischen Kontraktion wird innere Arbeit geleistet, deren Größe aus dem Energieverbrauch während der Kontraktion ermittelt wird. Das entspricht der statischen Arbeit oder Haltearbeit des Muskels. Diese Arbeit wird auch in entspannter Körperhaltung verrichtet, da ohne Haltearbeit der Halsmuskeln der Kopf auf die Brust kippen würde oder ohne Haltearbeit zahlreicher anderer Muskeln ruhiges Stehen nicht möglich wäre.

Muskelermüdung
Durch langzeitig andauernde oder häufig wiederholte Kontraktionen entsteht im Muskel einerseits ein Mißverhältnis zwischen Sauerstoffverwertung und Energieverbrauch und andererseits zwischen An- und Abtransport der energieliefernden Stoffe bzw. Abbauprodukte. Die Glykogenreserven sind vermindert und die Laktatkonzentration nimmt zu. Der Muskel verliert die Fähigkeit sich immer weiter zu kontrahieren, eine muskuläre Ermüdung ist die Folge. Die subjektiven Anzeichen sind Muskelschmerzen und Kraftlosigkeit, objektiv macht sich

die Ermüdung in einer Verkleinerung der Kontraktionen und einer unvollständigen Erschlaffung bemerkbar.
Liegen zwischen den Kontraktionen ausreichende Pausen, kann ein Skelettmuskel praktisch unbegrenzt arbeiten. Für den Menschen hat das lebenswichtige Bedeutung hinsichtlich der rhythmischen Arbeit aller Atemmuskeln.
Die muskuläre Ermüdung ist aber auch ein wichtiger Schutzmechanismus vor zu starker Übersäuerung des Muskels. Da ein Laktatanstieg zum Abfall des pH-Wertes führt, wird durch Ermüdung verhindert, daß eine Übersäuerung (Laktatazidose) der Muskelfasern Schädigungen zur Folge haben. Die Annahme, daß eine übergroße Sauerstoffschuld und ansteigende Laktatmengen Ursachen für die schmerzhafte Symptomatik des „Muskelkaters" sind, hat sich nach neuesten Erkenntnissen nicht bestätigt. Der Muskelkater hat seine Ursachen in kleinsten Verletzungen an überstrapazierten Muskelfasern nach ungewohnten Kraftbelastungen. Für den Muskelschmerz sind dabei lokale Entzündungsreaktionen verantwortlich.

Merke **Die Muskelermüdung beruht auf einer Verarmung an Substraten, wenn durch zu kurze Erschlaffungsphasen auftretende Defizite nicht ausgeglichen werden können.**

12.5. Klinischer Anhang

Muskelatrophie

Bei der Muskelatrophie handelt es sich um einen Muskelschwund infolge der Verschmälerung von Muskelfasern. Dadurch verkleinert sich der Muskelquerschnitt, was eine deutliche Leistungsminderung des Gesamtmuskels zur Folge hat. Wichtige Formen sind

- die Inaktivitätsatrophie,
- die neurogene Muskelatrophie und
- die spinale Muskelatrophie.

Inaktivitätsatrophie
Wenn Muskeln über einen längeren Zeitraum nicht beansprucht werden, atrophieren sie durch die fehlende Kraftentwicklung. Immobilisierung der Skelettmuskulatur kann eine motorische Lähmung als Ursache haben, ist aber auch bei bettlägerigen Patienten sowie an betreffenden Muskelgruppen unter Gipsverbänden mit deutlich atrophischen Veränderungen erkennbar. Durch gezieltes Training oder nervaler Reizung der Muskeln kann diese Art Atrophie rückgängig gemacht werden.

Neurogene Muskelatrophie
Nach Durchtrennung von Nervenfasern, die einen Muskel innervieren, nimmt das Membranpotential der Muskelfaser ab. Folglich treten zunächst fibrilläre Zuckungen auf. Erfolgt keine alsbaldige nervale Wiederversorgung (Reinnervation), atrophiert der Muskel nach einiger Zeit vollständig. Die Schrumpfung des Muskels kann bis zu 25 % gegenüber seiner Ursprungsmasse betragen. Das Muskelgewebe wird zum Teil durch einwachsendes Bindegewebe ersetzt. Im fortgeschrittenen Stadium ist dieser Vorgang nicht mehr umkehrbar.

Spinale Muskelatrophie
Eine Degeneration der motorischen Vorderhornzellen des Rückenmarkes führt zunächst zu einer fortschreitenden Muskelschwäche, später atrophiert der betreffende Muskel. Auch diese Form der Atrophie ist lediglich im Anfangsstadium therapeutisch zu beinflussen.

Duchenne-Muskeldystrophie

Es ist eine erbliche Muskelerkrankung, die auf einem genetischen Defekt beruht. Die klinische Verlaufsform ist fortschreitend (progredient), und beginnt im speziellen Fall mit Ernährungsstörungen (Dystrophien) der Muskulatur des Beckengürtels. Es kommt zur Umwandlung der Skelettmuskulatur in Bindegewebe, was zu schweren Funktionseinschränkungen der Bewegungsabläufe führt. Meist werden Patienten zwischen dem 8. und 15. Lebensjahr gehunfähig. Später greift die Krankheit auf andere Muskelgruppen über. Auch der Herzmuskel kann davon betroffen werden. Die Lebenserwartung der Patienten liegt bei dieser schweren Erkrankung zwischen 15 und 30 Jahren.

Muskelhernien

Eine Hernie (lat. hernia = Bruch) tritt im allgemeinen an den Körperstellen auf, wo durch Bindegewebsschwäche oder Rupturen Bruchpforten entstehen. Bei einer echten Muskelhernie quillt die weiche Muskelmasse durch Rißstellen in der Bindegewebsfaszie nach außen. Diese können traumatisch hervorgerufen sein. Bei Faszienschwäche kommt es zu Auswölbungen von Muskelteilen. Diese Form wird als falsche Muskelhernie bezeichnet.

Myasthenia gravis

Bei der Myasthenia gravis (Myasthenie = Muskelschwäche) handelt es sich um eine Autoimmunkrankheit mit Störung der neuromuskulären Erregungsübertragung. Durch Autoantikörper werden die Azetylcholinrezeptoren der motorischen Endplatte blockiert. Diese Blockade führt zu schnellen Muskelermüdungen, wobei vorrangig Muskelpartien im Gesicht und im Rachenraum betroffen sind. Besonders gefürchtete Komplikationen dieser Krankheit sind Schluck- und Atemlähmungen.

13. Ganzheitliche Betrachtung des menschlichen Organismus

13.1. Der Mensch als bio-psycho-soziales Wesen

Allgemeines

Unter dem Blickwinkel der Evolution stellt der menschliche Organismus eine neue Qualität dar. Er unterscheidet sich vom Tier dadurch, daß er bewußt, aktiv und zielstrebig auf sich selbst und auf seine Umwelt einwirken kann. Der Mensch ist in seiner Ganzheit und Einheit ein bio-psycho-soziales Lebewesen. Um komplexe Reaktionen und Verhaltensweisen eines Menschen richtig zu erfassen und beurteilen zu können, ist es erforderlich, die Einheit von Körper und Geist sowie die Einheit von Organismus und Umwelt zu berücksichtigen. Der Mensch ist auch ein gesellschaftliches Wesen. Die Gesellschaft ist der Lebensraum, in dem sich die biotisch vorgegebenen Elementarbefähigungen, -empfindungen und -bedürfnisse des Menschen ausbilden und ausdrücken. Die menschlichen biotischen Funktionen sind im psychisch-geistigen und zum Teil auch im physischen Bereich gesellschaftlich bedingt und andererseits stellen sie die Basis und den Rahmen für alles Gesellschaftliche dar.

Biologischer Aspekt

In der Ganzheitsbetrachtung des menschlichen Organismus beinhaltet die biologische Seite die individuellen Erbanlagen eines Menschen, die Morphe und Funktion des menschlichen Organismus sowie dessen Wachstum, Entwicklung und Alterung. Die Lebensabschnitte Geburt, Neugeborenenalter, Säuglingsalter, Kleinkindalter, Schulalter, Pubertät, Adoleszenz, Erwachsenenalter (Maturitätsstufe), Klimakterium, Senium und der Tod werden seit die Menschheit existiert durchlaufen und stellen biologische Zyklen dar.

Psychischer Aspekt

Zu den Begriffen, die die Persönlichkeit eines Menschen beschreiben, gehören u.a. die Empfindungen, die Wahrnehmungen, das Gedächtnis, das Lernen, die Vorstellungen, das Denken, die Phantasie, die Aufmerksamkeit, die Sprache, die Tätigkeit, das Erleben, die Motivationen, die Emotionen, der Charakter, das Temperament und die Fähigkeiten. Bei der Psyche einer Persönlichkeit geht es um innere Mechanismen des Erkenntnisvorganges und des Handlungsentwurfes, um Handlungsprogramme, um Emotionen und deren Rolle in Erkenntnis und Handeln, um Aspekte der Streßbewältigung und Konfliktbearbeitung, um Antriebe, Reaktionsweisen und psychohygienische Verhaltenserfordernisse. Die Mechanismen des Psychischen unterliegen ganzheitlichen psychischen Prozessen, die eine besondere Form der Wechselwirkung mit der Umwelt darstellen.

Sozialer Aspekt

Der Mensch wird in eine bestimmte Gesellschaft hineingeboren, in der er u.a. definierte Werte, Normen und sittliche Anschauungen vorfindet. Erst durch den Kontakt mit seiner sozialen Umwelt erwirbt der Mensch die Sprache und gewünschte Verhaltensweisen. In seinem weiteren Leben nimmt er innerhalb der gesellschaftlichen Umwelt eine Reihe von sozialen Stellungen ein, die durch seine sozialen Beziehungen fixiert werden. Dabei erfüllt er die Verhaltenserwartungen, die an die jeweiligen sozialen Positionen geknüpft sind.

Bio-psycho-soziale Einheit

Die psychischen Erscheinungen sind an die Arbeitsweise komplexer Neuronenverbände gebunden, die in der Hirnrinde miteinander verschaltete Mini- und Makrosäulen bilden. Letztere vereinen sich funktionell zu größeren komplexen Schaltsystemen. Die Quelle des Psychischen ist die gesellschaftliche und soziale Umwelt, mit der der menschliche Organismus durch Wechselbeziehungen verbunden ist.

Über die Sinnesorgane werden alle Informationen über die Umwelt und die Zustandsänderungen des Organismus vermittelt. Nach der Umwelt-Körper-Beziehung lassen sich die Rezeptorsysteme in Exterorezeptoren, Propriorezeptoren und Interorezeptoren einteilen.
Die Exterorezeptoren dienen der Aufnahme von Reizen aus der Außenwelt. Sie vermitteln die Empfindung der klassischen fünf Sinne, zu denen das Sehen, das Hören, das Tasten, der Geschmack und das Riechen gehören.
Die propriorezeptiven Meldungen aus Gelenken, Muskeln und Labyrinth dienen der Regulation von Körperhaltung und -bewegung.
Die Eingeweidenerven leiten Sinnesinformationen aus den inneren Organen zur Hirnrinde. Diese Afferenzen werden als Interorezeptoren bezeichnet.

Das Zentralnervensystem verarbeitet die eintreffenden Informationen und als Ergebnis entsteht das Bewußtsein, das sich vor allem aus dem Denken, der Sprache, dem Gedächtnis und der Wahrnehmung zusammensetzt sowie Verhaltensweisen, die mit emotionellen Reaktionen verbunden sind. Emotionen können sich in motorischen und vegetativ-hormonellen Funktionen ausdrücken. Zu den Emotionen gehören Begriffe wie Wut, Entsetzen, Angst, Lust, Unlust, Eifersucht, Neid, Mitleid, Traurigkeit, Qual, Erstaunen, Begeisterung und Ekel.
Das Erleben der Emotion wird bei jedem Menschen durch emotionales Verhalten begleitet. Zu diesem gehören z.B. Gestik, Mimik und Klangfarbe (Zittern, Vibrieren, Stottern) der Stimme.

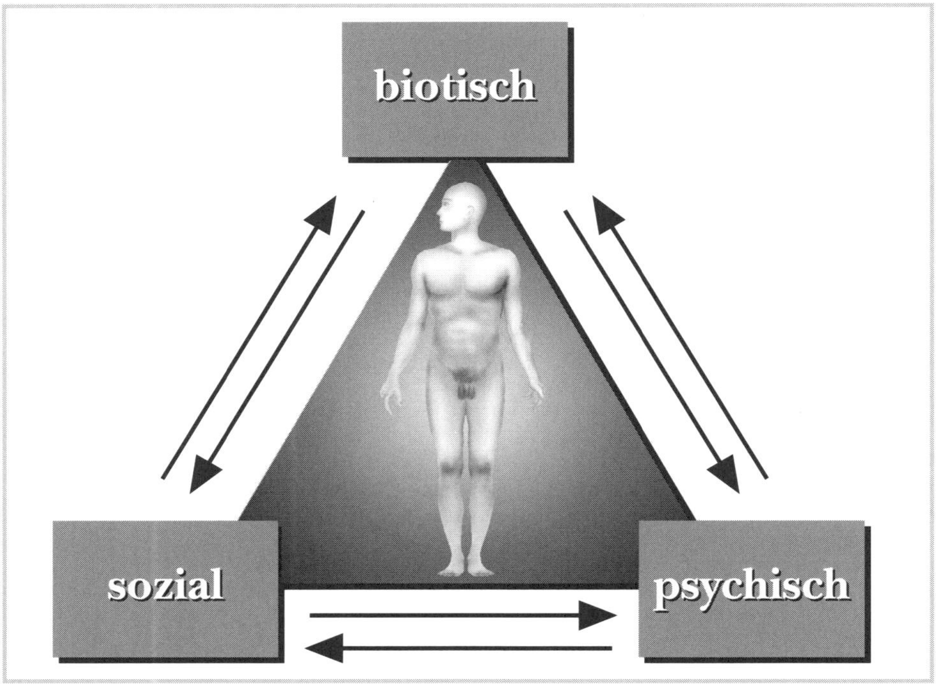

Abb. 165 Der Mensch als bio-psycho-soziales Wesen

Emotionen werden auch durch Veränderungen vegetativer und hormoneller Funktionen sichtbar. Scham treibt das Blut in die Gesichtshaut, was zur Errötung führt. Schreck kann zum Erbleichen führen, da sich die Blutgefäße verengen. Im Zustand der Prüfungsangst kommt es zu einer Erhöhung der Atemfrequenz und, hervorgerufen durch eine gesteigerte Ausschüttung der Katecholamine, zu einer Blässe der Haut sowie zu einer vermehrten Schweißdrüsentätigkeit.

Emotionelle Spannungen können gemessen werden. Physiologische Parameter sind z.B. die Herzfrequenz, Blutdruck, Hirnströme, Hautwiderstand und Katecholamin- und Kortikosteroid-Konzentration im Blutplasma. Es besteht somit eine enge Wechselbeziehung zwischen psychischen Erscheinungen und physiologischen Parametern. Die Grundlage aller psychophysiologischen Reaktionen sind Rückkopplungsvorgänge, die natürlichen Feedbacksysteme. Biofeedback-Methoden sind künstliche Feedbacksysteme, die dazu dienen, daß veränderte vegetative Funktionen wahrgenommen und bewußt über gelernte Entspannungstechniken korrigiert werden.

Die Gesellschaft, in der wir leben, stellt hohe Leistungsanforderungen, die die psychischen Prozesse besonders beanspruchen. Dazu gehören das ständige Anwachsen des Wissens, der damit verbundene hohe Anspruch an den Lernprozeß, die Zunahme der Verantwortung des einzelnen innerhalb der Gesellschaft, die Flexibilität im Denken, sowie der ständige Wandel im sozialen Zusammenleben und Zusammenarbeiten. Diese psycho-sozialen Beziehungen rufen emotionelle Spannungen und Konfliktsituationen hervor, die durch erlernte Konfliktbewältigungsmechanismen zu beherrschen sind.

Merke

Der Mensch in seiner Ganzheit ist ein physio-psycho-gesellschaftlich-soziales Wesen. Die psycho-physiologische und psycho-soziale Ebene einer Persönlichkeit bedingen einander und unterliegen einem dynamischen Entwicklungsprozeß.

13.2. Zeitverhalten und Chronobiologie

Allgemeines

Seit mindestens drei Milliarden Jahren existiert Leben auf der Erde. Während dieser Zeit erfolgte die Evolution von den primitivsten Organismen bis zum menschlichen Organismus. Dabei wurde die Entwicklung des organischen Lebens rhythmischen Bedingungen unterworfen.

Zu diesen gehören der Umlauf der Erde um die Sonne, die Rotation der Erde um ihre Achse und der Umlauf des Mondes um die Erde. Es handelt sich hierbei um zeitlich sehr regelmäßig und in der Form nach gleichartig sich wiederholende Vorgänge. So beträgt die Umlaufzeit der Erde um die Sonne 365,2422 Sonnentage, die Eigenrotation der Erde 23 h 56 min (1 Sterntag), die Eigenrotation der Sonne im Mittel 27 d, die siderische Umlaufzeit des Mondes 27,322 d und die synodische Umlaufzeit des Mondes 29,531 d. Auf dieser Grundlage definierte man das Jahr, den Tag und den Monat. Die zivilisatorische Entwicklung des Menschen ist verbunden mit den naturgegebenen rhythmischen Zeitordnungen seiner irdischen und kosmischen Umwelt. In der phylogenetischen und ontogenetischen Evolution setzte sich der menschliche Organismus mit seiner Umwelt auseinander und als Ergebnis entstanden zyklische Verläufe von Körperfunktionen, die auch als Biorhythmen bezeichnet werden und das Resultat eines Anpassungsprozesses darstellen. Man unterscheidet z.B. Minutenrhythmen, ultradiane Rhythmen (weniger als ein Tag), zirkadiane Rhythmen (Tagesrhythmen), zirkaseptane Rhythmen (Wochenrhythmen) und Jahresrhythmen.

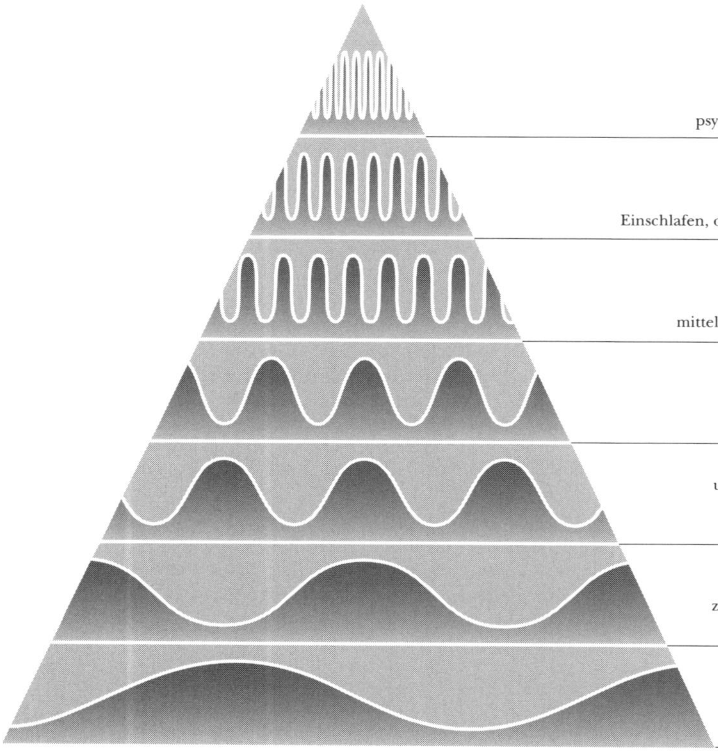

Abb. 166 Biologische Rhythmen

Merke **Die Chronobiologie ist eine Disziplin der Medizin, die sich mit den Beziehungen und Zusammenhängen von Biorhythmen sowie deren Wechselbeziehungen zu den vielfältigen Rhythmen bzw. periodischen Vorgängen der Umwelt, die als Taktgeber bezeichnet werden, beschäftigt.**

Der Mensch bewegt sich in räumlich-zeitlichen Dimensionen und ist auch räumlich-zeitlich gegliedert. Der zyklische Verlauf von Körperfunktionen gehört als ein Ausdruck der raumzeitlichen Organisierung eines Organismus zu den Grundeigenschaften des Lebens. Jeder Erneuerung der verschiedenen Struktur- und Funktionseinheiten liegen regelmäßige Zyklen zugrunde. Diese Feststellung bezieht sich auf alle Regulationsebenen eines Organismus, von der molekularen bis zur Ganzheitsregulation. Die Synthese und der Abbau von Makromolekülen wie RNS und Proteine, die Entstehung von Zellorganellen, das Wachstum und die Zellteilung sowie die Entwicklung, Fortpflanzung und das Altern eines Organismus erfolgen auf der Basis von Biorhythmen.
In der Medizin wird vorwiegend der Raumdimension Aufmerksamkeit geschenkt, während die zeitliche vernachlässigt wird. Pathologische Zustände oder Mechanismen versucht man,

immer erfolgreicher, zu lokalisieren. Der Dynamik, d.h. in der Zeit ablaufende Vorgänge, wird dagegen weniger Bedeutung beigemessen. Die zeitlichen Abläufe bestimmen aber alle unsere Körperfunktionen. Sie halten die Homöostase aufrecht. Die Aufrechterhaltung der Homöostase unterliegt Regulationsprozessen, die sich auf den verschiedenen Integrationsebenen des Organismus vollziehen. Auf allen Regulationsebenen sind Biorhythmen (Schwingungen = Perioden) nachzuweisen und zwar in unterschiedlichen Frequenzbereichen (Perioden von 10^{-6} bis 10^{8} Sekunden).

Zeitwahrnehmung

Der Mensch lebt in raum-zeitlichen Umweltverhältnissen. Der Raum ist dreidimensional und die Zeit eindimensional. Der Mensch denkt in Sekunden, Minuten, Jahren, Jahrzehnten und Jahrhunderten. Er kann die Vergangenheit, die Gegenwart und perspektivisch Zeiträume überschauen. Die Zeitwahrnehmung des Menschen ist keine absolute feststehende Größe.
Sie wird vom inneren und äußeren Milieu der jeweiligen Person bestimmt. Emotionen beeinflussen die Zeitwahrnehmung. Negative Emotionen bewirken, daß die Zeit subjektiv länger erlebt wird. Das Warten auf den Freund oder auf die Freundin zu einer verabredeten Zeit kann zur Ewigkeit werden. Positive Emotionen lassen die Zeit subjektiv kürzer erscheinen. Das Lesen eines spannenden Buches z.B. läßt die Zeit wie im Fluge vergehen.

Merke **Die reale Zeit kann subjektiv länger oder kürzer erlebt werden.**

Zeitverhalten

Die Umwelt des Menschen unterliegt ständigen Veränderungen der Folge von Prozessen, Vorgängen und Ereignissen. Der Prozeß der Anpassung an diese wird als Zeitverhalten bezeichnet. Dabei werden die Zeitwahrnehmung und die Zeitregulation einbezogen. Die genaue Zeitwahrnehmung läßt sich erlernen und anerziehen. Bei Leistungssportlern zeigt sich eine feste Verbindung zwischen Geschwindigkeit motorischer Reaktionen und der Schätzung sehr kleiner Zeitabschnitte in hundertstel Sekunden. Langläufer und Geher können auf diese Weise sehr genau ihr Tempo einschätzen und kontrollieren. An der Entwicklung der Zeitwahrnehmung sind mehrere Analysatoren beteiligt. Zu diesen gehören optische, akustische und motorische Rindenfelder. Soziale Faktoren spielen eine wichtige Rolle bei der Zeitwahrnehmung des Menschen. Gewohnte Tätigkeiten und Regelmäßigkeiten erhöhen die Qualität der Zeitwahrnehmung und steigern die Leistungsfähigkeit. Dabei bildet sich ein dynamischer Stereotyp aus. Man versteht darunter die in gleicher zeitlicher Anordnung wiederkehrende Aufeinanderfolge von Handlungen und Tätigkeiten verschiedenen oder vorbestimmten Inhaltes. Die Aneignung einer zielstrebigen und kontinuierlichen Lernmethode setzt analytisch-synthetische Denkoperationen voraus, die trainierbar sind. Der anfänglich hohe Energieaufwand verringert sich, wenn die geistigen Reaktionsabläufe ständig wiederholt werden. Die Einhaltung eines rhythmischen Arbeits- und Lebensablaufes ist wesentlich für die Festigung des dynamischen Stereotypes und das Erlernen des Zeitverhaltens.

Minutenrhythmus

In den Regulationsprozessen der verschiedenen Integrationsebenen des menschlichen Organismus sind Periodizitäten im Minutenbereich nachgewiesen worden. Derartige periodische Schwankungen treten in den unterschiedlichen Funktionen des Zentralnervensystems und des neuroendokrinen Systems auf. Unter Streß werden die Periodenlängen gleitend oder sprunghaft verkürzt. Durch Messung des Hautwiderstandes können biorhythmische Analysen im Minutenbereich durchgeführt werden. Unter Belastungssituationen, so zum Beispiel in Prüfungssituationen, verkürzen sich die Periodenlängen.

Zirkadianer Rhythmus

Der zirkadiane Rhythmus ist das Ergebnis einer Anpassung an die äußere Zeitstruktur der Hell-Dunkel-Periodik, die sich in einem langen phylogenetischen Entwicklungsprozeß vollzogen hat. Bei jedem Menschen bildet sich dieser Rhythmus in Abhängigkeit der Ortszeit innerhalb der postnatalen Entwicklung heraus. Die zirkadianen Rhythmen entstehen auf der Basis eines Systems vererbter und selbsterregter Oszillationen (Schwingungen) mit hierarchischer Ordnung durch äußere Taktgeber. Zeitgeber sind das Wetter, das Klima, die Tag-Nacht-Periodik und vor allem zahlreiche soziale Faktoren und das menschliche Bewußtsein selbst. Der zirkadiane Rhythmus betrifft die Aktivität vegetativer, psychischer und motorischer Funktionen sowie den Schlaf-Wach-Rhythmus.
Betrachtet man das vegetative Nervensystem, so kann man sagen, daß der Sympathikus am Tag überwiegt. Er stellt eine ergotrope Reaktionslage ein, die leistungssteigernd auf den Organismus wirkt. Während der Nacht dominiert der Parasympathikus mit seiner trophotropen Wirkung. Sie führt zu einem Aufbau von Leistungsreserven. Körperfunktionen unterliegen somit tagesrhythmischen Schwankungen, die durch ein Maximum und Minimum gekennzeichnet werden. Beispiele dafür sind die elektrische Aktivität des Gehirns, die Pulsfrequenz, die Atemfrequenz, der Blutdruck, der Insulinspiegel im Blutplasma, der Adrenalinspiegel im Blutplasma, der Glykogengehalt der Leber, die Gallensekretion und die Elektrolyt- und Wasserausscheidung der Nieren. Die Maxima und Minima der zirkadianen Verläufe von Körperfunktionen sind von Mensch zu Mensch zeitlich verschieden. Darauf basiert die Einteilung des zirkadianen Rhythmus in Morgentypen („Lerchen"), Abendtypen („Eulen") und Indifferenztypen. Diese Typen weisen z.B. verschiedene tagesrhythmische Schwankungen ihrer Aufmerksamkeit (Vigilanz) auf.

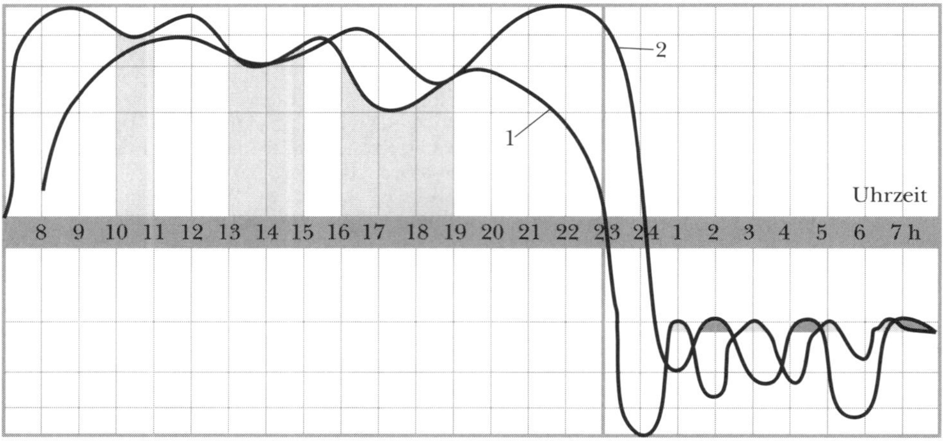

Abb. 167 Vergleich der Aktivitätskurven von „Morgentypen" (1) und „Abendtypen" (2). Die Aktivitätsmaxima sind deutlich verschoben.

Merke **Die Verabreichung von Medikamenten sollte in Abhängigkeit vom Phasengang des zirkadianen Rhythmus erfolgen. Die übliche Dosierung 3mal 1 Tablette basiert auf keiner wissenschaftlichen Grundlage.**

13.3. Biologische Regulation

Regulation und medizinische Diagnostik

In der medizinischen Diagnostik begann in den letzten Jahren eine Wende. Bisher stand die punktuelle Diagnostik im Vordergrund. Dies bedeutet, daß zu irgendeinem Zeitpunkt eine Untersuchung vorgenommen wurde. Vom Temperaturmessen weiß man z.B. aber schon seit Jahrzehnten, daß beim Gesunden morgens die Körpertemperatur niedriger ist als am Abend. Punktuelle Messungen können daher nur einen kleinen Ausschnitt aus unseren Funktionen, aber keine ganzheitlichen Zusammenhänge bieten, sowie einige ausgeschnittene Bilder eines Spielfilms uns keine Information über dessen Handlung geben können. Deshalb orientiert man sich in der medizinischen Diagnostik in zunehmenden Maße auf die Beurteilung der Regulation.

Diese Regulation bringt auch mehr als nur eine Abweichung von der „Norm", z.B. hoher oder niedriger Blutdruck, zum Ausdruck. Schwingungen, also periodische Abläufe der Körperfunktionen, enthalten viel mehr Informationen für die Diagnostik als einmalige Stichproben. Perioden unterliegen gesetzmäßigen Variabilitäten in der Länge und Amplitude. Die Tendenz zu kürzeren Periodenlängen bedeutet Erregung, gesteigerte Aufmerksamkeit und Stress. Der Trend zu längeren Perioden gibt den Zustand der Ruhe, der Relaxation und schließlich auch des Schlafes an. Das Dominieren kürzerer Periodenlängen ist mit hohem Energieaufwand verbunden, das der längeren mit Energiesparsamkeit. In unseren Lebensprozessen gibt es ständig sprunghafte Veränderungen der Periodenlängen. Vergleichbar sind diese Vorgänge mit dem Gangschalten beim Auto oder Radfahren. Hier gibt es schnelle und langsame Umdrehungen im Getriebe. Die Regulationsperiodik spiegelt auch psycho-physiologische Zustände wider. Bekannt ist, daß vom EEG Hirnstromwellen über 13 Hz Erregung reflektieren, von 7 bis 12 Hz Relaxation und von 1 bis 6 Hz verschiedene Schlaftiefen.

Regulationsbegriff

Die Regulation ist das Grundprinzip des Lebens. Sie gewährleistet das Gleichgewicht (Homöostase) des inneren funktionellen Milieus eines Lebewesens und koordiniert alle seine Funktionen. Somit wird das innere Regulationsgleichgewicht und das Gleichgewicht mit der Umwelt aufrecht erhalten. Diesen Prozeß nennt man Adaptation (Anpassung). Häufig wird deshalb Gesundheit als dynamisches Fließgleichgewicht zwischen einem Individuum und der Umwelt einschließlich des sozialen Milieus definiert.

Die Regulation wird vom zentralen Nervensystem gesteuert. Sie bezieht die Funktionen des Hormonsystems, des Immunsystems, des motorischen Systems (Bewegungsapparat), des Stützapparates (Skelett, vor allem die Wirbelsäule) und das sensorische System (Sinnesorgane, Wahrnehmung, Empfindung) in sich ein. Alle Regulationsvorgänge verlaufen in Schwingungen, bzw. in Perioden der physischen und psychischen Funktionen. Die Dynamik eines geregelten Systems, ganz gleich ob es ein psychobiologisches, ein technisches oder ein meteorologisches ist, wird durch rhythmische Vorgänge gewährleistet. Die Synchronisation von Perioden der Funktionen eines Menschen und denen der Umwelt bewirkt Wohlbefinden, innere Harmonie und Gesundheit. Die periodischen Abläufe der psycho-physiologischen Funktion sind meßbar und durch entsprechende mathematische Verfahren verifizierbar. Dazu sind Zeitreihenuntersuchungen erforderlich, d.h. Messungen über einen längeren Zeitraum.

Bekannt sind die 24h-EKGs und Langzeit-Blutdruckmessungen. Nur auf diese Weise lassen sich die Regulationsprozesse real beurteilen.

Selbstregulation und Stress

Die psychischen und körperlichen Prozesse werden schwingend in einem Regulationsgleichgewicht, das man Homöostase nennt, gehalten. Bei Veränderungen der Umwelt, bei Anforderungen oder Überforderungen usw. verändert sich das Regulationsgleichgewicht. Beim

Gesunden ist die Regulation so eingestellt, daß sie stets wieder in das Regulationsgleichgewicht zurückgeführt wird. Diesen Vorgang nennt man Selbstregulation. Als Maßstab für das Funktionieren der Selbstregulation kann das Verhältnis zwischen der Leistungsanforderung und dem Leistungsvermögen zu Grunde gelegt werden.
Wenn es durch Anforderungen oder Überforderungen des Leistungsvermögens zu einem Ungleichgewicht kommt, sind drei Stufen der Selbstregulation möglich. Die nachfolgenden Stufen werden nach der Berliner Stress-Skala (BSS) bewertet. Die Bewertung geht aus der Abbildung 168 hervor.

Das vorhandene Fitnessvermögen wird genutzt. (Vgl. die Noten der BSS 1 - 6)
Es erfolgt eine Leistungssteigerung durch Veränderung des gesamten Regulationsniveaus. Damit wird die Belastung abgewendet bzw. nicht als Belastung wahrgenommen. Dies ist bei Menschen mit einer hohen psycho-physischen Kondition der Fall. Sie haben durch Training bzw. durch eine gesunde Lebensweise oder infolge einer guten genetischen Konstitution eine gute bzw. sehr gute Selbstregulation und können entsprechend gut bis sehr gut mit Stress umgehen.

Abb. 168
Berliner Stress-Skala (modifiziert nach Hecht und Balzer, 1996)

Die Regulation des Individuums hilft sich selbst. (Vgl. die Noten der BSS 7 - 10)
Das Regulationssystem entwickelt Strategien, die die Beanspruchung des funktionellen Systems bei Belastung vermindern oder vermindern sollen. Das geschieht z.B. durch Mobilisierung von Energiereserven. In diesen Fällen bietet die Selbstregulation einen guten Schutz gegen Überforderung und Krankheit (Trend zu kürzeren Perioden). Das wird u.a. erreicht durch Willenskraft, Ehrgeiz und Motivation. Die Selbstregulation kann damit solange aufrechterhalten werden, bis die Energiereserven aufgebraucht sind.
Es besteht eine Verbesserungsnotwendigkeit für den Umgang mit Stress.
Mit täglich 1 - 3 Entspannungspausen von jeweils 10 Minuten oder mit einem 10minütigen Minischlaf täglich kann die Selbstregulation wieder aufgebaut werden und weiterhin den Schutz gegen Überbeanspruchung, Überforderung und Krankheit bieten. Wenn dies nicht geschieht, kommt es früher oder später zum partiellen oder vollständigen Ausfall der Selbstregulation.

Die Selbstregulation setzt partiell oder ganz aus. (Vgl. die Noten der BSS 11 - 16)
Das durch Anforderung bzw. Belastung entstandene Ungleichgewicht kann mit den eigenen Regulationsmechanismen aus eigener Kraft nicht beseitigt werden. Infolgedessen muß die Selbstregulation unbedingt durch therapeutische und präventive Maßnahmen neu aufgebaut bzw. gestärkt werden.
Es besteht dringende Verbesserungsnotwendigkeit im Umgang mit Stress.
Je nach Lage der Dinge sollen verschiedene Entspannungstechniken und Physiotherapien angewendet werden bzw. die ganze Lebensweise überdacht und möglichst verändert werden.

Hierarchischer Aufbau der Regulationssysteme

Der menschliche Organismus weist alle Eigenschaften eines lebenden Systems auf. Zu diesen gehören der Stoffwechsel, die Reizbarkeit, die Beweglichkeit, die Fortpflanzung und das Wachstum. Diese Lebensprozesse sind an morphologisch-funktionelle Organisationsebenen gebunden, zu denen die Zellen, die Gewebe, die Organe, die Organsysteme und der Organismus gehören. Diese Ebenen stehen durch Regulationsvorgänge untereinander in Verbindung.
Biologische Regulationen ermöglichen die Abstimmung von Stoffwechsel, Energiewechsel und Informationsaustausch aufeinander sowie deren Anpassung an veränderliche Umweltbedingungen. Das hierarchische Regulationssystem gewährleistet die Konstanthaltung aller Körperfunktionen. Innere und äußere Störeinflüsse, welche lebenswichtige Körperfunktionen beeinträchtigen, werden durch Fließgleichgewichte oder Regelkreise korrigiert.

Auf der Zellebene sind Fließgleichgewichte chemischer Reaktionen die bestimmenden Regulationsmechanismen. Beispiele sind die wechselseitigen Einflüsse zwischen Sauerstoff- und Kohlendioxid im Blut (Bohr- und Haldane-Effekt) und die Blutpuffersysteme. Die Reaktionsgleichgewichte chemischer Systeme auf der zellulären Ebene erlauben eine Anpassung der Aufnahme und Abgabe von Wasserstoffionen, Sauerstoff und Kohlendioxid an wechselnde Bedürfnisse bei Sicherung eines fest eingestellten inneren Milieus (Homöostase) oder fester Transportbedingungen des Hämoglobins.

Auf der Organebene erfolgt eine Regelung durch örtliche Regelsysteme, besonders durch die metabolische Autoregulation. Beispiele sind die Autoregulation der Nierendurchblutung und der Koronardurchblutung.

Auf der Ebene der Organsysteme erfolgt die Regelung durch Regelkreise, die nach dem Prinzip der negativen Rückkopplung aufgebaut sind. Beispiele sind die Regulation der Atmung, des Kreislaufs, des Blutdrucks, der glandotropen Hormonproduktion, des Wasser- und Elektrolythaushaltes, des Säure-Basen-Haushaltes, der aufrechten Körperhaltung, der Bewegungsabläufe und der Körpertemperatur.

Auf der höchsten Ebene im Organismus existiert eine komplexe Regelung durch Verflechtung der Regelkreise. Dabei erfolgt eine Abstimmung zwischen bestimmten Regelkreisen mit dem Ziel der Optimierung der Körperfunktionen.

Merke **Das Ergebnis aller Regulationsvorgänge ist die Einstellung eines dynamischen Gleichgewichts („steady state"). Dieses besteht sowohl zur äußeren als auch zur inneren Umwelt.**

Regulationsstörungen

Ein Regelkreis besteht aus den Meßfühlern, den afferenten Informationssystemen, dem Regelzentrum, den efferenten Informationssystemen und den Erfolgsorganen. Jedes Glied eines Regelkreises kann ausfallen oder gestört sein.

Meßfühlerstörungen
Die inneren und äußeren Haarzellen des Corti-Organs können durch chronische Lärmeinwirkung auf das Innenohr zugrunde gehen. Werden keine Lärmschutzmaßnahmen durchgeführt, entwickelt sich eine hochgradige Schwerhörigkeit.
Störungen des Farbensinnes werden u.a. durch pathologische Veränderungen der Pigmente in den Zapfen hervorgerufen. Man unterscheidet eine Störung im Rot-Grün-System und Gelb-Blau-System. Störungen im Bereich der Stäbchen führen zu einer stark eingeschränkten Dunkeladaptation, zur „Nachtblindheit".
Die pathologische Veränderung der Pressorezeptoren im Bereich des Karotissinus kann das Bild einer Hypertonie entstehen lassen.
Ein Diabetes mellitus entwickelt sich, wenn eine gestörte Biosynthese oder Sekretion des Insulins vorliegt. Ist die Ansprechbarkeit der Körperzellen auf Insulin herabgesetzt, dann bildet sich ebenfalls ein Diabetes mellitus. Ursächlich kommen eine Störung der Insulinrezeptor-Synthese oder der Ansprechbarkeit des Rezeptors auf Insulin in Frage.

Störungen der afferenten Informationssysteme
Traumatisch bedingte Nervendurchtrennungen und entzündliche Erkrankungen der Nerven verursachen diese Störungen.
Die Syringomyelie, eine Mißbildung des Rückenmarkes, geht mit einem kontralateralen Ausfall der Schmerz- und Temperaturempfindung einher. Dieses Vorderseitenstrangsyndrom beruht auf einem Ausfall der Vorderseitenstrangkerne im Hinterhorn des Rückenmarkes, so daß die Schmerz- und Temperaturempfindungen nicht als Afferenzen weitergeleitet werden.
Die Friedreich-Krankheit führt zu einer Degeneration der Hinterstrang- und Kleinhirnbahnen. Als Folge entstehen u.a. Störungen der Bewegungs-, Lage- und Vibrationsempfindung sowie Nystagmus, Intensionstremor, skandierende Sprache und Atrophien der kleinen Handmuskeln und der Unterschenkelmuskulatur. Auch bei diesem Hinterstrangsyndrom werden die Afferenzen nicht weitergeleitet.

Störungen im Bereich der Regulationszentren
Atemregulatorische Neurone können auf unterschiedliche Art und Weise geschädigt werden und somit pathologische Atemtypen hervorrufen. Die Cheyne-Stokes-Atmung ist ein Atemtyp, bei dem nach wenigen tiefen Atemzügen eine Atempause (Apnoe) auftritt, der dann wieder tiefe Atemzüge folgen. Unter pathologischen Bedingungen entsteht dieser Atemtyp bei Urämievergiftungen infolge eines Nierenversagens, bei gefäßbedingt ungenügender Hirndurchblutung sowie bei Herzinsuffizienz mit erheblich reduzierter Auswurfsleistung.

Die Biot-Atmung entsteht durch Schädigung der atemregulatorischen Neurone. Ursächlich kommen eine Meningitis, Hirnverletzungen, erhöhter Liquordruck und Hirntumoren in Betracht. Die Biot-Atmung wird durch Atemzüge mit regelmäßigen Amplituden und unterschiedlich langen Atempausen charakterisiert.
Die Schnappatmung tritt während der Agonie (griech. agonia = Todeskampf) auf und wird durch tiefe Atemzüge, die durch lange Atempausen unterbrochen werden, gekennzeichnet.
Die Hypophyse ist ein wichtiges Regulationszentrum für endokrinologische Funktionen. Pathologische Veränderungen der Hypophyse ziehen Funktionsstörungen der untergeordneten Drüsenorgane nach sich. Ein Hypophysenadenom kann z.B. die Akromegalie oder das

Cushing-Syndrom hervorrufen. Hypophysärer Zwergwuchs und der Diabetes insipidus (lat. insipidus = geschmacklos) entstehen infolge einer Hypophyseninsuffizienz.

Störungen der efferenten Informationssysteme
Eine typische Erkrankung, die die efferente Erregungsleitung betrifft, ist die multiple Sklerose. Bei dieser Krankheit erfolgt der Myelinabbau der Markscheiden. Dieser Prozeß vollzieht sich im Endhirn, Kleinhirn, Hirnstamm und Rückenmark. Die Unterbrechung der Erregungsweiterleitung führt zu der Entstehung verschiedener Symptome. Zu diesen gehören u.a. Doppeltsehen, Paresen, Nystagmus, Intensionstremor, skandierende Sprache, Harn- und Stuhlinkontinenz und Stimmungslabilität.
Bei der Myasthenia gravis rufen Antikörper, die gegen die Azetylcholinrezeptoren der muskulären Endplatte gerichtet sind, eine Schwächung der neuromuskulären Erregungsübertragung hervor. Es folgt eine krankhafte Muskelermüdbarkeit, die sich im Laufe des Tages steigert. Bei Schonung und Ruhe nimmt die Schwäche ab.

Störungen im Bereich der Erfolgsorgane
Die Muskeldystrophie geht mit dem Abbau von Muskeleiweiß einher, der zu einem fortschreitenden Muskelschwund führt. Die motorischen und sensiblen Nerven zeigen keine Ausfälle. Nach dem Verlauf unterscheidet man u.a. die maligne Beckengürtelform (Typ Duchenne) von der benignen Beckengürtelform (Typ Becker-Kiener). Die Zentren für die Regulation der Motorik sind nicht gestört und die Informationsleitung über die efferenten Nervenbahnen verläuft regelrecht. Der Defekt liegt im Erfolgsorgan. In diesem Fall wird er durch einen gestörten Muskelstoffwechsel hervorgerufen.
Schilddrüsenadenome produzieren abgekoppelt vom Hypothalamus-Hypophysen-Schilddrüsen-System Schilddrüsenhormone. Da die Schilddrüse als Erfolgsorgan nicht auf diese übergeordnete Regulation anspricht, entstehen Symptome der Schilddrüsenüberfunktion. Zu diesen gehören u.a. Herzklopfen, Herzrhythmusstörungen, feuchtwarme Haut, Durchfall, Ermüdbarkeit der Muskulatur, Muskelschwund im Bereich des Schulter- und Beckengürtels, Nervosität, Konzentrationsschwäche, Schlaflosigkeit und emotionale Labilität.

13.4. Gesundheit und Krankheit

Allgemeines

Lange Zeit beschäftigte sich die Medizin mehr mit den kranken Menschen und wußte bis zur Gründung der Weltraummedizin wenig von den gesunden Menschen. Deshalb hat es viele Versuche gegeben, die Krankheit zu definieren ohne dabei Bezug auf die Gesundheit zu nehmen.
Die Weltraummedizin hat erstmalig in der Medizingeschichte den gesunden Menschen allumfassend untersucht und somit zur Gesundheitsdefinition beigetragen. In diesem Zusammenhang wird darauf verwiesen, daß nicht die Krankheit behandelt wird sondern der kranke Mensch wie auch nicht schlechthin die Gesundheit aufrechterhalten wird, sondern der gesunde Mensch bzw. die Gesundheit des Menschen. Gesundheit und Krankheit sind immer individuell spezifisch zu verstehen. Der große deutsche Internist Max Bürger (1885-1966) vertrat die Auffassung, daß Krankheit bei jedem Menschen anders verlaufe und auch dann, wenn ein Mensch mehrmals erkrankt, sind immer andere Verläufe des pathologischen Prozesses zu finden.

Historische Betrachtungen

Über die Krankheit gab es während der Entwicklungsgeschichte des Menschen verschiedene Auffassungen, die in den historischen Definitionsversuchen zum Ausdruck kommen.
Die hippokratische Medizin war der Auffassung, daß im menschlichen Körper vier verschiede-

ne Säfte vorkommen. Zu diesen zählen das Blut, der Schleim, die gelbe und schwarze Galle. Dem Blut wurde die Eigenschaft des Warm-Feuchten, dem Schleim die des Kalt-Feuchten, der gelben Galle die des Warm-Trockenen und der schwarzen Galle die des Kalt-Trockenen zugewiesen. Die richtige Mischung (Krasis) der vier Säfte bedeutet Gesundheit (Eukrasie) und die nicht richtige Mischung Krankheit (Dyskrasie). Die hippokratische Medizin geht auf den Namen Hippokrates (460 - 375 v.u.Z) von Kos zurück.
Die byzantinische Medizin (3. - 4. Jh.) war der Überzeugung, daß Krankheiten durch den Einfluß von Dämonen und des Teufels entstehen, die durch exorzistische Praktiken vertrieben werden müssen.
Gerolamo Fracastoro (1478 - 1553) aus Verona war der Ansicht, daß die Ansteckung durch ein lebendiges und atomartiges Contagium zustande kommt, das durch bestimmte Eintrittspforten in den Körper gelangt. Das Contagium wirke nicht bei allen Menschen auf die gleiche Weise, es sei eine Verwandtschaft zwischen ihm und dem Organismus notwendig, damit es seine Schädlichkeit hervorrufen kann.
Bombastus Theophrastus von Hohenheim, genannt Paracelsus (1493 - 1541) war der Auffassung, daß der menschliche Organismus ein chemisches System sei. Es besteht aus dem Sulphur, dem Mercurius und dem Sal. Unter dem Sulphur verstand er das Prinzip der Brennbarkeit, unter dem Mercurius das der Flüchtigkeit und unter dem Sal das des Rückstandes. Eine Störung des Gleichgewichtes zwischen diesen Grundstoffen führt seiner Meinung nach zur Krankheit.
Friedrich Hoffmann (1660 - 1742) betrachtete den Organismus als eine Art hydraulische Maschine. Sie wird vom Nervenäther gespeist und in Gang gesetzt. Ein normaler Tonus der Teile bedeutet Gesundheit und ein gestörter Krankheit.
Hieronymus Gaub (1705 - 1780) meinte, daß zur Entstehung von Krankheiten eine Schädigung der anatomischen Struktur und eine Störung der physiologischen Funktion gehört, gegen die der Mensch ankämpft.
John Brown (1735 - 1788) faßte das Leben als einen durch äußere oder innere Reize erzwungenen Zustand auf. Gesundheit besteht, wenn der Körper auf die Reize im mittelmäßigen Grad reagiert. Übererregbarkeit und Untererregbarkeit führen zu Krankheiten.
Rudolf Virchow (1821 - 1902) sah die Zelle als kleinste morphologisch-funktionelle Einheit und das Wesen der Krankheit lokalisierte er in die Zelle.

Gesundheit – Krankheit

Iwan Pawlow (1849 - 1936) gab eine allgemeingültige und sehr logische Definition der Gesundheit, in der er auch die Zeit mit einbezog. „Die Gesundheit ist das dynamische Fließgleichgewicht zwischen einem lebenden Organismus und seiner Umwelt. Unter Umwelt werden hierbei die soziale, natürliche und vom Menschen geschaffene baulich-technische Umwelt verstanden."
Gesundheit und Krankheit sind in der Zeit verlaufende Prozesse. Es gibt auch keinen abrupten Übergang von Gesundheit zur Krankheit. Die Gesundheits-Krankheits-Beziehung ist ein dynamischer Prozeß, bei dem Sanogenese und Pathogenese in einem Regulationsverhältnis stehen. Unter der Sanogenese versteht man einen funktionellen Komplex von Schutz- und Anpassungsmechanismen, die in den dynamischen Organismus-Umwelt-Beziehungen in Abhängigkeit jeweils dominierender Reiz-Reaktions-Konstellationen mit dem Ziel mobilisiert werden, die Optimierung der Regulationsprozesse im Organismus aufrechtzuerhalten oder bei Störung wiederherzustellen.
Die Pathogenese beschreibt die einzelnen Vorgänge und Phasen der Krankheitsentstehung. Sanogenetische und pathogenetische Prozesse stehen in einem Regulationsgleichgewicht zueinander. Überwiegt die Sanogenese, liegt Gesundheit vor, überwiegt die Pathogenese, dann entsteht Krankheit über prämorbide und Frühstadien.
In diesen Übergangsstadien muß die primäre Prävention (lat. praevenire = zuvorkommen) einsetzen. Sie beinhaltet vor allem die Ausschaltung von gesundheitsschädigenden Risikofaktoren.
Die Gesundheit ist als das Gleichgewicht der Regulation funktioneller Zustände in der Zeit

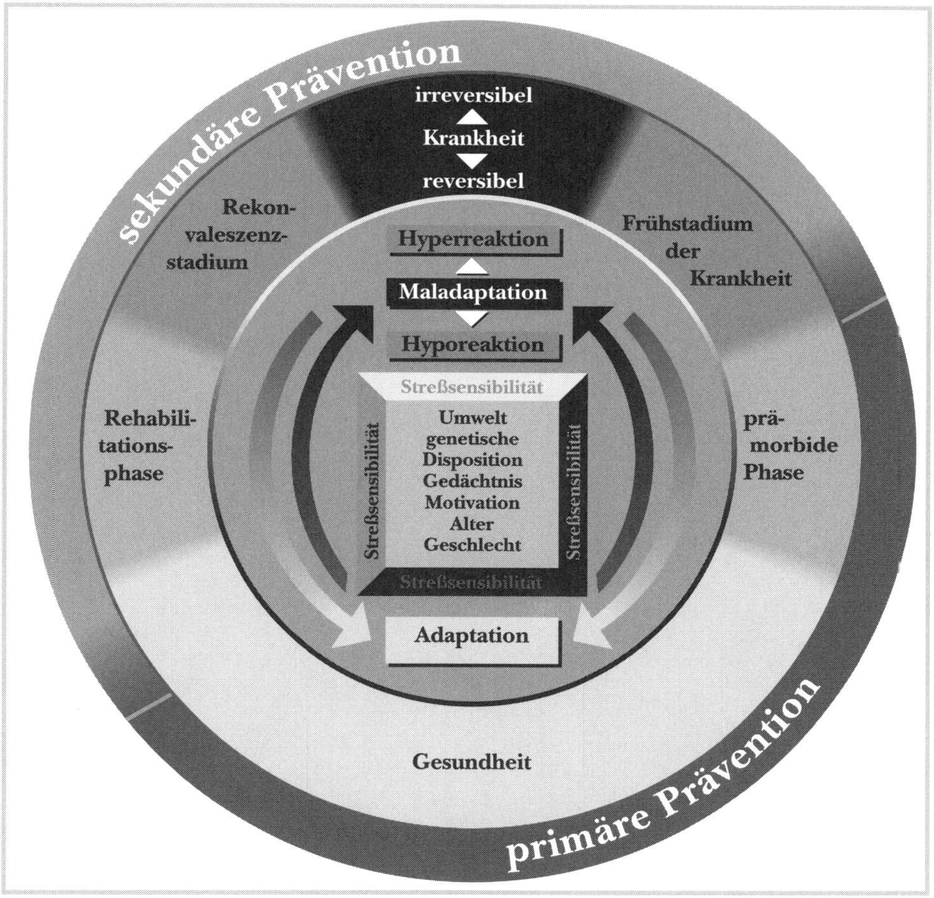

Abb. 169 Schema der Gesundheits-Krankheits-Dynamik (nach Hecht und Baumann, 1974)

aufzufassen. Die Weltgesundheitsorganisation (WHO) definiert die Gesundheit wie folgt:

Merke

"Health is a state of complete physical, mental and social wellbeing and not merely the absence of disease or infirmity".
Die deutsche Übersetzung lautet: Gesundheit ist der Zustand des vollständigen körperlichen, geistigen und sozialen Wohlbefindens und nicht nur das Freisein von Krankheit oder Gebrechen.

Aus der Definition der WHO wird ersichtlich, daß der Mensch ganzheitlich als bio-psycho-soziales Wesen angesehen wird. Gleichzeitig bezieht diese Definition die drei Ebenen der Krankheit ein. Menschliche Erkrankungen spielen sich häufig in einer Wechselwirkung der biologischen, psychischen und sozialen Ebene ab. Nach Iwan Pawlow entsteht Krankheit infolge des gestörten Fließgleichgewichtes zwischen dem Organismus und seiner Umwelt.

Merke **Krankheit entsteht, wenn der regulatorische Apparat des menschlichen Organismus nicht in der Lage ist, das Gleichgewicht zwischen sanogenetischen und pathogenetischen Prozessen aufrechtzuerhalten.**

Glossar

A

Abdomen	Bauch
Abducens	Zur Seite wegführend
Abrasio	Auskratzung, Abschabung
Accessorius	Hinzukommend
Acinus	Beere
Acromion	Schulterhöhe
Adductor	Heranführer
Adeps, adipis	Fett
Adhaesio	Verbindung
Aditus	Zugang
Adventicius	Hinzukommender
Afferens	Heranbringend
Ala	Flügel
Albicans	Weißlich schimmernd
Albugineus	Weißlich
Albus	Weiß
Alveolus	Kleine Aushöhlung
Alveus	Höhlung
Amnion	Eihaut
Ampulla	Bauchfläschchen
Amygdala	Mandel
Anastomosis	Querverbindung
Anatomia, anatomica	Zergliederungskunst
Angulus	Winkel
Antrum	Grotte
Anulus	Ring
Anus	After
Aorta	Hauptschlagader
Apertura	Öffnung
Apex	Spitze
Aponeurosis	Flächensehne
Appendix	Anhängsel
Aquaeductus	Wasserleitung
Arachne	Spinne
Arbor	Baum
Arcuatus	Bogenförmig
Arcus	Bogen
Area	Bezirk
Areola	Warzenhof
Arrector	Aufrichter
Arteria	Schlagader
Articulatio	Gelenk
Arytenoideus	Gießbeckenähnlich
Ascendens	Aufsteigend
Asper	Rauh
Atrium	Vorhof
Auditus	Gehör
Auricula	Öhrchen
Auris	Ohr
Axilla	Achselhöhle
Axis	Achse
Azygos	Unpaar

B

Basis	Grundfläche
Biceps	Zweiköpfig
Bifurcus	Zweizinkig
Brachium	Arm (Oberarm)
Brevis	Kurz
Bronchiolus	Kleiner Bronchus
Bronchus	Luftröhrenast
Bucca	Wange
Bulbus	Zwiebel
Bulla	Blase
Bursa	Beutel

C

Caecum	Blinddarm
Caecus	Blind
Calcaneum	Ferse
Calix	Kelch
Callosus	Schwielig
Calvaria	Schädeldach
Canaliculus	Kleiner Kanal
Canalis	Kanal
Capillaris	Haarähnlich
Capillus	Haupthaar
Capitulum	Köpfchen
Capsula	Kapsel
Caput	Kopf
Cardia	Herz
Carpus	Handwurzel
Cartilago, cartilaginis	Knorpel
Caruncula	Fleischwärzchen
Cauda	Schwanz
Caverna	Höhle
Cavum	Hohlraum
Cavus	Hohl
Cellula	Kämmerchen
Centrum	Mittelpunkt
Cerebellum	Kleinhirn
Cerebrum	Gehirn
Cervix	Hals
Chiasma	Kreuzung
Chorda	Strang
Chorion	Zottenhaut
Choroidea	Zur Aderhaut gehörend
Chroma	Farbe
Cilium	Wimper, Lid
Circulus	Kreis
Circumflexus	Herumgebogen
Cisterna	Zisterne
Claustrum	Verschluß
Clavicula	Schlüsselbein
Clitoris	Kitzler
Coccyx	Steißbein

Coeliacus	Zum Colon gehörend
Collateralis	Seitlich
Colliculus	Kleiner Hügel
Collum	Hals
Colon	Dickdarm
Columna	Säule
Commissura	Verbindung
Communis	Gemeinsam
Compactus	Zusammengedrängt
Concha	Muschel
Condylus	Gelenkfortsatz
Congenitus	Angeboren
Conjugatio	Verbindung
Constrictor	Zusammenzieher
Contortus	Gewunden
Conus	Kegel
Convolutus	Zusammengerollt
Cor	Herz
Coracoideus	Rabenschnabelförmig
Corium	Lederhaut
Cornea	Hornhaut
Cornu	Horn
Corona	Kranz
Corpus	Körper
Cortex, corticis	Rinde
Costa	Rippe
Coxa	Hüfte
Cranium	Schädel
Cremaster	Hodenheber
Cribriformis	Siebartig
Cribrosus	Durchlöchert
Crista	Kamm
Cruciatus	Gekreuzt
Crus, cruris	Schenkel
Cubitum	Ellenbogen
Cumulus	Haufe
Cuneus	Keil
Cupula	Kuppel
Curvatura	Krümmung
Cuspis, cuspidis	Zipfel
Cuticula	Häutchen
Cutis	Haut

D

Deferens	Herabführend
Delta	Dreieck
Dens, dentis	Zahn
Dentinum	Zahnbein
Depressor	Herabdrücker
Dermis	Lederhaut
Descendens	Herabsteigend
Diaphragma	Trennwand
Diaphysis	Mittelstück d. langen Knochen
Diastema	Lücke
Diencephalon	Zwischenhirn
Digastricus	Zweibäuchig
Digitalis	Zu Finger/Zehe gehörend
Digitus	Finger/Zehe
Dilator	Erweiterer
Discus	Scheibe
Diverticulum	Aussackung
Dorsum	Rücken
Ductulus	Kleiner Gang
Ductus	Gang
Duodenum	Zwölffingerdarm
Durus	Hart

E

Efferens	Herausführend
Ejaculatorius	Dem Herausschleudern dienend
Elasticus	Elastisch
Eminentia	Erhöhung
Encephalon	Gehirn
Epicondylus	Auf dem Gelenkfortsatz aufgesetzter Fortsatz
Epidermis	Oberhaut
Epididymis	Nebenhoden
Epiphysis	Knochenendstück, Zirbeldrüse
Equinus	Zum Pferd gehörend
Erector	Aufrichter
Excavatio	Aushöhlung
Exspiratio	Ausatmung
Extensor	Strecker
Extremitas	Gliedmaße

F

Facies	Außenfläche, Gesicht
Falx, falcis	Sichel
Fascia	Derbe Bindegewebshülle
Fauces	Schlund
Fenestra	Fenster
Fibra	Faser
Fibula	Wadenbein
Filamentum	Fäserchen
Filum	Faden
Fimbria	Franse
Fissura	Spalte
Flexor	Beuger
Flexura	Biegung
Folliculus	Häufchen, Bläschen
Fonticulus	Fontanelle
Foramen	Loch
Formatio, formationis	Gebilde
Fornix, fornicis	Gewölbebogen
Fossa	Graben
Fovea	Grube
Foveola	Grübchen
Frenulum	Bändchen
Frons, frontis	Stirn
Fundus	Boden

Funiculus	Kleiner Strang
Fusiformis	Spindelförmig

G

Galea	Helm, Haube
Gallus	Hahn
Ganglion	Nervenknoten
Gaster	Bauch, Magen
Gemellus	Zweifach
Genitalis	Zur Zeugung gehörig
Genu	Knie
Germen, germinis	Keim
Germinativus	Zum Keimen geeignet
Gingiva	Zahnfleisch
Glandula	Drüse
Glans, glandis	Eichel
Globus	Kugel
Glomerulus	Kleines Knäuel
Glomus, glomeris	Knäuel
Gluteus	Zum Gesäß gehörend
Gomphosis	Befestigung durch Einkeilung
Gracilis	Schlank
Granulatio	Körnelung
Griseus	Grau
Gyrus	Windung

H

Haema	Blut
Hallux, hallucis	Großzehe
Hamatus	Mit einem Haken versehen
Haustrum	Ausbuchtung des Dickdarms
Helix, helicis	Windung
Hemispherium	Halbkugel
Hepar, hepatis	Leber
Hernia	Eingeweidebruch
Hiatus	Öffnung
Hilus	Gefäßeintrittsort
Histologia	Gewebelehre
Homo, hominis	Mensch
Hydratus	Wasserhaltig
Hymen, hymenis	Jungfernhäutchen
Hyoideus	Zum Zungenbein gehörend
Hypogastrium	Unterbauchgegend
Hypoglossus	Unter der Zunge gelegen
Hypophysis	Hirnanhangsdrüse

I

Ictus	Stoß
Ileum	Krummdarm
Ilia, ilium	Weichen
Iliacus	Zum Darmbein gehörend
Impar	Ungleich
Impressio, impressionis	Eindruck
Incisura	Einschnitt.
Index, indicis	Zeigefinger
Infundibulum	Trichter
Inguen, inguinis	Leistengegend
Insertio	Ansatz
Inspiratio	Einatmung
Insula	Insel
Integumentum	Haut
Interstitium	Zwischenraum
Intestinum	Eingeweide
Intima	Innerste Gefäßauskleidung
Introitus	Eingang
Intumescentia	Anschwellung
Iris, iridis	Regenbogenhaut
Ischiadicus	Zum Sitzbein gehörend
Ischium	Gesäß
Isthmus	Engpaß

J

Jejunum	Leerdarm
Jugulum	Drosselgrube
Jugum	Joch

L

Labium	Lippe
Labrum	Lippe
Labyrinthus	Labyrinth
Lac, lactis	Milch
Lacerus	Zerrissen, zerfetzt
Lacrima	Träne
Lamina	Blatt
Larynx	Kehlkopf
Latissimus	Breitester
Latus	Breit
Lemniscus	Scheibe
Lens, lentis	Linse
Levator	Heber
Liber	Frei
Lien, lienis	Milz
Ligamentum	Band
Limbus	Saum
Limen, liminis	Schwelle
Linea	Linie
Lingua	Zunge
Liquor	Flüssigkeit
Lobulus	Läppchen
Lobus	Lappen
Longissimus	Längster
Longus	Lang
Lucidus	Hell
Lumbalis	Zur Lende gehörend
Lumbricus	Regenwurm
Lumbus	Lende
Lunula	Möndchen
Luteus	Gelb
Luxare	Verrenken
Luxatio	Verrenkung
Lympha	Lymphe
Lymphaticus	Lymphatisch

M

Macula	Fleck
Major	Größerer
Malleolus	Hämmerchen
Malleus	Hammer
Mamilla	Brustwarze
Mandibula	Unterkiefer
Manubrium	Handgriff
Manus	Hand
Margo, marginis	Rand
Massa	Masse
Masseter	Kaumuskel
Masticatorius	Das Kauen betreffend
Masticatus	Gekaut
Mastoideus	Brustwarzenförmig
Mater, matris	Umhüllende
Matrix, matricis	Mutterboden
Meatus	Gang
Medianum	In der Mittellinie gelegen
Mediastinum	Mittelfell
Medulla	Mark
Meiosis	Reifeteilung
Melania	Schwarzer Fleck
Membrana	Zarte Haut
Meninx, meningis	Hirnhaut
Meniscus	Halbmondförmiger Schaltknorpel
Mentum	Kinn
Mesencephalon	Mittelhirn
Mesenterium	Dünndarmgekröse
Metacarpus	Mittelhand
Metatarsus	Mittelfuß
Metencephalon	Hinterhirn
Mictio	Harnlassen
Minimus	Kleinster
Minor	Kleinerer
Mitosis	Zellteilung
Mitra	Zweizipfelige Mütze
Modiolus	Hohlachse
Molecularis	Kleinstteilig
Mollis	Weich
Mons, montis	Berg
Mortalis	Den Tod betreffend
Mucosus	Schleimig
Mucus	Schleim
Musculus	Muskel
Myelencephalon	Nachhirn

N

Naris	Nasenloch
Nasus	Nase
Navicula	Schifflein
Nervus	Nerv
Niger	Schwarz
Nodulus	Knötchen
Nodus	Knoten
Nucha	Nacken
Nucleolus	Kernkörperchen
Nucleus	Kern
Nudus	Nackt

O

Obliquus	Schräg
Obturator	Verstopfer
Occiput, occipitis	Hinterhaupt
Oculus	Auge
Oesophagus	Speiseröhre
Olecranon	Ellenbogenhöcker
Olfactus	Geruchssinn
Oliva	Olive
Omentum	Netz
Omphalos	Nabel
Operculum	Deckel
Ophthalmicus	Auge
Opponens	Gegenüberstellend
Orbita	Augenhöhle
Orificium	Mündung
Origo	Ursprung
Os, oris	Mund
Os, ossis	Knochen
Ostium	Mündung
Oticus	Zum Ohr gehörend
Ovar	Eierstock
Ovum	Ei

P

Palatum	Gaumen
Pallium	Mantel
Palma	Handfläche
Palmaris	Zur Handfläche gehörend
Palpebra	Augenlid
Pampiniformis	Weinrankenförmig
Pancreas	Bauchspeicheldrüse
Papilla	Warze
Parasympathicus	Antagonist des Sympathicus
Parenchyma	Spezifisches Organgewebe
Paries, parietis	Wand
Parotis, parotidis	Ohrspeicheldrüse
Pars, partis	Teil
Patella	Kniescheibe
Pecten, pectinis	Kamm
Pectus, pectoris	Brust
Pedalis	Zum Fuße gehörig
Pedunculus	Stiel
Pellucidus	Durchscheinend
Pelvis	Becken
Penis	Männliches Glied
Pennatus	Gefiedert
Pericardium	Herzbeutel
Perichondrium	Knorpelhülle
Perineon	Damm
Periosteum	Knochenhülle

Peritoneum	Bauchfell
Peroneus	Zum Wadenbein gehörend
Perpendicularis	Senkrecht
Pes, pedis	Fuß
Petra	Fels
Petrosus	Felsig
Phallanx, phalangis	Finger (Zehen-) Knochen
Pharynx, pharyngis	Rachen
Philtrum	Oberlippenrinne
Phrenicus	Das Zwerchfell betreffend
Pilus	Haar
Pinea	Fichtenzapfen
Piriformis	Birnenförmig
Pisiformis	Erbsenförmig
Planus	Flach
Plasma	Gebilde, Bildung
Plasmalemma	Plasmahülle
Platysma	Halshautmuskel
Pleura	Brustfell
Plexus	Geflecht
Plica	Falte
Pneumaticus	Lufthaltig
Pollex, pollicis	Daumen
Pons, pontis	Brücke
Popliteus	Zur Kniekehle gehörend
Porta	Pforte
Porus	Öffnung
Praeputium	Vorhaut
Processus	Fortsatz
Prominens, prominentis	Vorsprung
Promontorium	Bergvorsprung
Pronator	Einwärtsdreher
Prostata	Vorsteherdrüse
Psoicus	Zum Lendenmuskel gehörend
Pterygoma, pterygomatis	Flügel
Pubes	Schamgegend
Pudendus	Zur Schamgegend gehörend
Pulmo, pulmonis	Lunge
Pulpa	Mark
Pulposus	Aus weicher Substanz bestehend
Punctum	Punkt
Pylorus	Pförtner
Pyramis, pyramidis	Pyramide

Q

Quadratus	Rechteckig
Quadriceps	Vierköpfig

R

Radiatio	Strahlung
Radius	Speiche, Strahlung
Radix, radicis	Wurzel
Ramus	Ast
Raphe	Naht
Recessus	Winkel, Nische
Rectum	Mastdarm
Rectus	Gerade
Recurrens, recurrentis	Zurücklaufend
Regio	Gegend
Ren	Niere
Respiratio, respirationis	Atmung
Rete	Netz
Reticulum	Kleines Netz
Retinaculum	Halteband
Retroflexus	Rückwärts gebogen
Rhomboides	Rautenförmig
Rigor	Starre
Rima	Spalte
Risorius	Das Lachen betreffend
Rotundus	Rund
Ruber	Rot

S

Sacculus	Säckchen
Saccus	Sack
Sacrum	Heilig, groß
Sanguis, sanguinis	Blut
Sarkoma	Fleischgeschwulst
Sartorius	Schneider (-muskel)
Scala	Treppe
Scalenus	Schief
Scapha	Kahn
Scapula	Schulterblatt
Scapus	Schaft
Sceletus	Skelett
Sclera	Derbe Augapfelwand
Scrotum	Hodensack
Sebaceus	Talgartig
Sebum	Talg
Secretum	Absonderung
Segmentum	Abschnitt
Sella	Sattel
Semen, seminis	Samen
Sensorium	Empfindungsvermögen
Sensus	Sinn
Septum	Scheidewand
Serratus	Gezähnt
Serum	Blutflüssigkeit
Sigmoideus	S- oder C- förmig
Sinus	Erweiterung
Smegma	Vorhauttalg
Soleus	Scholle
Solitarius	Alleinstehend
Soma	Körper
Spatium	Zwischenraum
Sphenoidalis	Keilähnlich
Sphincter	Verengerer, Schließmuskel
Spina	Dorn, Rückenmark, Rückgrat

Splanchnicus	Zu den Eingeweiden gehörend
Splenium	Wulst
Spongiosus	Schwammig
Squama	Schuppe
Stella	Stern
Stellatus	Sternförmig
Sternum	Brustbein
Stoma, stomatis	Mund
Stratum	Zone, Decke
Stria	Streifen
Striatus	Gestreift
Stroma, stromatis	Stützgerüst
Stylus	Griffel
Substantia	Substanz
Sudor, sudoris	Schweiß
Sulcus	Rinne
Supinus	Rückwärts gekehrt
Sura	Wade
Suspensus	Aufgehängt
Sutura	Naht
Sympathicus	Lebensnerv
Symphysis	Vereinigung
Synapsis	Verbindungsstelle
Synchondrosis	Knorpelhaft
Synovia	Gelenkschmiere

T

Taenia	Band, Streifen
Tectum	Dach
Tegmentum	Decke
Telencephalon	Endhirn
Tempus, temporis	Schläfe
Tendo	Sehne
Tentorium	Zelt
Teres, teretis	Rund
Terminalis	Zur Grenze gehörend
Terminatio	Grenze
Testis	Hoden
Theca	Kapsel
Thenar	Daumenballen
Thorax, thoracis	Brustkorb
Thyroideus	Schildförmig
Tibia	Schienbein
Tonsilla	Mandel
Trachea	Luftröhre
Tractus	Zug
Transversus	Querverlaufend
Trapezius	Trapezförmig
Triceps	Dreiköpfig
Trigonum	Dreieck
Trochlea	Rolle
Truncus	Stamm
Tuba	Trompete
Tube	Eileiter
Tuber, tuberis	Höcker
Tuberculum	Höckerchen
Tuberositas	Rauhigkeit
Tubulus	Röhrchen
Tubus	Röhre
Tunica	Gewebsschicht
Tympanum	Pauke

U

Ulcus	Geschwür
Ulna	Elle
Umbilicus	Nabel
Uncus	Haken
Unguis	Nagel
Ureter	Harnleiter
Urethra	Harnröhre
Uterus	Gebärmutter
Utriculus	Schläuchlein
Uvula	Zäpfchen

V

Vagina	Scheide
Vagus	Weitschweifender
Valva	Klappe
Valvula	Kleine Klappe
Vas	Gefäß
Vastus	Groß, gewaltig
Velum	Segel
Vena	Blutader
Venter, ventris	Bauch
Ventriculus	Magen, Kammer
Vermis	Wurm
Vertebra	Wirbel
Vesica	Blase
Vesicula	Bläschen
Vestibulum	Vorraum
Viscus, visceris	Eingeweide
Visus	Sehen
Vitreus	Gläsern
Vocalis	Tönend
Vola	Hohlhand
Vortex, vorticis	Haarwirbel

X

Xiphoideus	Schwertähnlich

Z

Zona	Gürtel
Zonula	Kleiner Gürtel
Zygomaticus	Zum Jochbogen gehörend

Namensregister

Im Text enthaltene Eigennamen

Arantius, Caesar	(1530-1589)	italienischer Anatom, Bologna
Aschoff, Ludwig	(1866-1942)	deutscher Pathologe, Freiburg
Auerbach, Leopold	(1828-1897)	Anatom, Breslau
Bartholin, Caspar	(1655-1738)	dänischer Physiker und Arzt
Basedow, K. Adolf	(1799-1854)	deutscher Arzt, Merseburg
Bauhin, Caspar	(1560-1624)	Anatom, Basel
Bechterew, Wladimir	(1857-1927)	sowjetischer Neurologe, Leningrad
Becker, Peter	(geb 1908)	Humangenetiker, Göttingen
Bell, Alexander Graham	(1847-1922)	US-amerikanischer Techniker
Betz, Wladimir A.	(1834-1894)	Anatom, Kiew
Biot, Camille	(1774-1862)	französischer Physiologe
Blandin, Philippe F.	(1798-1849)	Chirurg, Paris
Böhm, Gottfried	(1880-1952)	Röntgenologe, München
Bohr, Christian	(1855-1911)	Physiologe, Kopenhagen
Botallo, Leonardo	(etwa 1530-1600)	italienischer Militärarzt, Paris
Bowmann, William	(1816-1892)	englischer Anatom, Chirurg
Breuer, Josef	(1842-1925)	Internist, Wien
Broca, Paul	(1824-1880)	französischer Anthropologe und Chirurg, Paris
Bruch, Karl	(1819-1884)	Anatom, Basel
Brunner, Johann Conrad	(1653-1727)	Anatom, Mannheim, Heidelberg
Burdach, Karl Friedrich	(1776-1847)	russischer Anatom und Physiologe, Königsberg
Cannon, Walter	(1871-1945)	amerikanischer Physiologe, Bredford
Cheyne, John	(1777-1836)	Arzt, Dublin
Cohnheim, Julius Friedrich	(1839-1884)	deutscher Histopathologe
Corti, Alfonso Marchese de	(1822-1876)	italienischer Anatom, Wien, Würzburg, Turin
Cowper, William	(1666-1708)	Anatom und Chirurg, London
Cushing, Harvey	(1869-1939)	amerikanischer Neurochirurg
Deiters, Otto Friedrich Karl	(1834-1863)	deutscher Anatom, Bonn
Disse, Joseph	(1852-1912)	Anatom, Göttingen
Döderlein, Albert	(1860-1941)	Gynäkologe, München
Douglas, James	(1675-1742)	Arzt und Anatom, London
Down, John L.	(1828-1896)	Arzt, London
Duchenne, Guillaume	(1806-1875)	Neurologe, Paris
Ebner, Victor	(1842-1925)	Anatom, Wien
Einthoven, Willem	(1860-1927)	Physiologe, Leiden
Eustachio, Bartolomeo	(1520-1574)	Anatom, Rom
Fallot, Etienne L.	(1850-1911)	Arzt, Marseille
Fick, Adolf E.	(1829-1901)	Physiologe, Zürich, Würzburg
Flack, Martin W.	(1882-1931)	englischer Internist, London
Flechsig, Paul Emil	(1847-1929)	deutscher Psychiater und Hirnpathologe, Leipzig
Fontana, Felice	(1720-1805)	Physiologe, Florenz
Frankenhäuser, Ferdinand	(1832-1894)	deutscher Gynäkologe, Jena
Friedreich, Nicolaus	(1825-1882)	Internist, Heidelberg, Würzburg
Glisson, Francis	(1597-1677)	Anatom, London
Goldberger, Emanuel	(geb 1913)	Kardiologe, New York
Golgi, Camillo	(1843-1926)	Pathologe, Pavia
Goll, Friedrich	(1829-1903)	Schweizer Pharmakologe, Zürich
Gowers, William Richard	(1845-1915)	englischer Internist und Neurologe, London
Graaf, Reinier	(1641-1673)	niederländischer Anatom, Delft
Gratiolet, Louis	(1815-1865)	Anatom, Paris

Haldane, John Scott	(1860-1936)	Physiologe, Oxford
Haller, Albrecht	(1708-1777)	Anatom, Physiologe, Bern
Hassall, Arthur	(1817-1894)	Arzt, Chemiker, London
Havers, Clopton	(1650-1702)	Anatom, London
Head, Henry	(1861-1940)	englischer Neurologe, London
Held, Hans	(1866-1942)	Anatom, Leipzig
Helmholtz, Hermann	(1821-1894)	Physiker und Physiologe, Berlin
Henle, Jakob	(1809-1885)	deutscher Anatom, Göttingen
Hensen, Victor	(1835-1924)	Anatom und Physiologe, Kiel
Hering, Heinrich E.	(1866-1949)	Physiologe, Wien, Köln
Heschl, Richard	(1824-1881)	österreichischer Pathologe, Wien
Hirschsprung, Harald	(1830-1916)	Pädiater, Kopenhagen
His, Wilhelm	(1863-1934)	Internist, Göttingen, Berlin
Holzknecht, Guido	(1872-1931)	Röntgenologe, Wien
Hortega, Pio del Rio	(1882-1945)	Histologe, Madrid
Keith, Artur	(1866-1955)	englischer Anatom, London
Kerckring, Theodorius	(1640-1693)	Anatom, Amsterdam, Hamburg
Kohlrausch, Otto	(1811-1854)	Arzt, Hannover
Korotkow, Nikolai S.	(1874-1937)	Chirurg, Moskau
Kristeller, Samuel	(1820-1900)	Gynäkologe, Berlin
Kupffer, Karl Wilhelm	(1829-1902)	Anatom, München
Landsteiner, Karl	(1868-1943)	Serologe, Wien, New York
Langer, Karl	(1819-1887)	Anatom, Wien
Langerhans, Paul	(1847-1888)	Pathologe, Freiburg, Madeira
Lanz, Titus, Ritter v.	(1897-1967)	Anatom, München
Leydig, Franz	(1821-1908)	Anatom, Würzburg, Bonn
Lieberkühn, Johannes Nathanael	(1711-1756)	Arzt, Anatom, Berlin
Lohmann, Karl	(1898-1978)	Biochemiker, Heidelberg, Berlin
Malpighi, Marcello	(1628-1694)	italienischer Anatom, Rom
Maxwell, James Clerk	(1831-1879)	britischer Physiker
Meibom, Heinrich	(1638-1700)	deutscher Arzt und Anatom, Helmstedt
Meissner, Georg	(1829-1905)	deutscher Anatom, Physiologe, Basel
Meniere, Prosper	(1799-1862)	Arzt, Paris
Merkel, Friedrich	(1845-1919)	Anatom, Göttingen
Moll, Jakob	(1832-1914)	Ophthalmologe, Den Haag, Utrecht
Montgomery, William Fatherston	(1797-1859)	irländischer Geburtshelfer
Müller, Johannes	(1801-1858)	deutscher Anatom und Physiologe, Berlin
Nissl, Franz	(1860-1919)	Psychiater, Heidelberg
Nuhn, Anton	(1814-1889)	Anatom, Heidelberg
Pacini, Filippo	(1812-1883)	Anatom, Florenz
Paneth, Josef	(1857-1890)	Physiologe, Wien
Pawlow, Iwan	(1849-1936)	Physiologe, St Petersburg
Peyer, Johann Conrad	(1653-1712)	Anatom, Basel
Purkinje, Johannes Evangelista	(1787-1869)	Physiologe, Breslau, Prag
Ranvier, Louis Antoine	(1835-1922)	Histologe, Paris
Rathke, Martin	(1793-1860)	Anatom, Königsberg
Reissner, Ernst	(1824-1878)	Anatom, Dorpat, Breslau
Renshaw, Birdsey	(1911-1948)	englischer Neurophysiologe
Retzius, Anders	(1796-1860)	schwedischer Anatom, Lund
Riva-Rocci, Scipione	(1863-1937)	Pädiater, Pavia
Roller, Ch. F. W.	(1802-1878)	deutscher Psychiater
Ruffini, Angelo	(1864-1929)	Anatom, Bologna, Siena
Sachs, Bernard	(1858-1944)	Neurologe, New York

Schlemm, Friedrich	(1795-1858)	deutscher Anatom, Berlin
Schwalbe, G A	(1844-1916)	deutscher Anatom, Königsberg, Straßburg
Schwann, Theodor	(1810-1882)	Anatom, Löwen, Lüttich
Sertoli, Enrico	(1842-1910)	Physiologe, Histologe, Mailand
Sharpey, William	(1802-1880)	Anatom, Edinburgh, London
Shrapnell, Henry Jones	(1761-1841)	englischer Militärarzt und Anatom
Stokes, William	(1804-1878)	Arzt, Dublin
Sylvius, Frans de la Boe	(1614-1672)	holländischer Anatom
Tawara, Suano	(1873-1952)	japanischer Pathologe, Tokio, Marburg
Tyson, Edwin	(1850-1908)	Anatom, London
Tay, Warren	(1843-1927)	Opthalmologe, London
Vater, Abraham	(1684-1751)	Anatom, Wittenberg
Vicq-d'Azyr, Felix	(1748-1794)	Anatom, Paris
Virchow, Rudolf	(1821-1902)	deutscher Pathologe, Würzburg, Berlin
Volkmann, Alfred Wilhelm	(1800-1877)	Physiologe, Halle
Wernicke, Karl	(1848-1905)	deutscher Psychiater und Neurologe, Halle
Wharton, Thomas	(1614-1673)	Anatom, London
Wiener, Alexander Salomon	(1907-1976)	Serologe, New York
Wilson, Frank W.	(1890-1952)	Kardiologe, New York
Wolff, Kaspar	(1733-1794)	Anatom, Embryologe, Berlin
Young, Thomas	(1773-1829)	britischer Arzt, Physiker und Philologe

Sachwortregister

A
A-Bänder 46
A-Zellen 217, 291
AB0-System 76 f., 79
Abduktion 461
Abduktoren 500
Abendtypen 532
Abgewöhnen von Kinderfehlern 374
Ableitung nach Einthoven 94
– nach Goldberger 94
– nach Wilson 95
Absorption 122
Abwehr 70
Abwehrmechanismen, spezifische 73 ff.
–, unspezifische 70 ff.
Abwehrmilz 117
Acervulus cerebri 288
Acetabulum 458
Acetylcholin 191, 367, 519
Achillessehnenreflex 372
Acne vulgaris 328
Acromion 447, 453
Adduktion 461, 500
Adenohypophyse 286
–, Feinbau 287
Adenoide Vegetationen 163
Adenokarzinome 58
Adenom, autonomes 311
Adenome 58
Adenomektomie 311
Adenosindiphosphat, ADP 64, 68
Adenosinmonophosphat, AMP 295
Adenosintriphosphat, ATP 6, 295, 520
Adenylatzyklase 295
Aditus laryngis 136, 175
Adiuretin 128
Adiuretinsystem 126
Adnexe 264
Adrenalektomie 311
Adrenalin 64, 68, 291, 367, 304
adrenocorticotropes Hormon, ACTH 287, 299, 302
Adrenogenitales Syndrom 304
Adventitia 98, 99, 177, 209, 210
Agglutinine 77
Agonie 536
Akkommodation 412
Akromegalie 310, 537
Akrosom 249
Aktin-Myosin-Filamente 16, 64
Aktin-Myosin-Komplex 520
Aktinfilamente 10, 46
Aktionspotential 97, 519
–, Bildung 89
–, Weiterleitung 90
Akute lymphatische Leukämie 80
Ala major 472
– ossis ilii 454
Alae majores 466
– minores 466
– nasi 131
Albumine 64, 227
Aldosteron 128, 245, 302
Aldosteronsystem 126
Alopecia androgenetica 329
– areata 329
Altersschwehrhörigkeit 424
Altersstar 432
Altersweitsichtigkeit 417
alveoläre Drüsenendstücke 27, 31
Alveolarknochen 170
Alveolarphagozyten 148
Alveolarseptum 147
Alveolen 141, 147
Alveoli dentales 168, 170
Amboß 402
Amenorrhoe 310
Aminosäuren 202
Amniozentese 20, 21
amöboide Bewegungen 16, 19
Amphiarthrosen 450, 455
Ampulla ossea 403
– recti 210
– tubae 263
Amylase 179, 201, 219
Anaphase 12, 14, 15
Anastomosen 101
Androgene, Wirkung 304
Angiotensin I, II 245, 302
Anguli oris 166
Angulus scapulae inferior, lateralis, superior 447
Ansatzrohr 139
Anspannungsphase 93, 97
Anspannungston 94
Antagonisten 483
Anteflexio uteri 265
Anteversio uteri 266
Anteversion 461
Anthelix 400
Anti-D-Prophylaxe 78
Anti-Müller-Faktor 271
Antigene, Ag 72
Antikörper, AK 72
Antrum folliculi 263
– mastoideum 401
Aorta 102
– abdominalis 104, 195
– ascendens 82, 86
– descendens 103, 176
– thoracica 103
Aortenenge 177
Aortenklappe 87, 88
Apertur 446
Apertura piriformis 131
Apex linguae 172
– nasi 131
– patellae 459
– radicis dentis 168
Aphasie, motorische 388
–, sensorische 388
Apnoe 536
apokrine Drüsen 29, 31
Aponeurosen 35, 480
Aponeurosis lingualis 172
– palatina 174
Appendices epiploicae 206
Appendix vermiformis 206, 263
Aqaeductus cerebri 339, 341, 345
Arachnoidea 342
Arbeitsmuskulatur 45, 48
Arbeitsweise neuronaler Verbände 368 ff.
Arcus aortae 102
– dentalis superior, inferior 167
– palatoglossus 133, 174, 175
– palatopharyngeus 174
– vertebrae 441
Area nuda 221, 223
– striata 415
Areae gastricae 185
Areola mammae 317, 318
Armbeuger 489
Armgeflecht 355 f.
Armmuskel, dreiköpfiger 489
–, zweiköpfiger 489
Arteria axillaris 103
– basilaris 103, 346
– brachialis 103
– carotis communis 135, 159
– – communis dextra 102
– – communis sinistra 103
– – interna 103
– cerebri anterior 345
– – media 345
– – posterior 346
– coronaria dextra 84
– – sinistra 84
– cystica 225
– ductus deferentis 253
– femoralis 105, 255, 271
– fibularis 105
– gastrica sinistra 104, 105, 178, 188
– hepatica 222, 223
– – communis 104, 105, 188
– iliaca communis 261
– – communis dextra, sinistra 104
– – interna 253, 255, 268, 271
– – interna dextra, sinistra 104
– – interna, externa 105
– labyrinthi 403
– lienalis 104, 105, 188
– mesenterica superior 217
– – superior, inferior 104, 105
– ophthalmica 345
– ovarica 105, 268
– peronea 104
– phrenica inferior 105, 178
– poplitea 104, 105
– profunda 104
– pudenda interna 211, 255, 269, 270
– radialis 103
– rectalis media 211
– – superior 211
– renalis 105, 234
– subclavia dextra 102
– – sinistra 103
– testicularis 105, 251, 253
– thyroidea inferior 178
– tibialis anterior, posterior 104, 105
– ulnaris 103
– uterina 268

– vaginalis 268
– vertebralis 103
– vesicalis inferior 269
Arteriae femorales 104
– intercostales posteriores 104
– interlobares 238
– lumbales 105
– phrenicae superiores 104
– pudendae externae 255, 271
– rectae 239
– renales 238
– umbilicales 109
arterieller Mitteldruck 124
Arterien 98, 111
– als Leitungsgefäße 120 f.
– als Widerstandsgefäße 122
– der Bauchaorta 104
– der Brustaorta 103 f.
– der Hüftschlagadern 104
– des Körperkreislaufes 101 ff.
–, Kopf-Hals-Arm-Gebiet 102 f.
Arterio-venöse Kopplung 123
Arteriolen 98, 111
Articulatio acromioclavicularis 447
– condylaris 440
– cotylica 440
– coxae 461
– cricoarytaenoidea 136
– cricothyroidea 136
– cubiti 452
– ellipsoidea 440
– genus 461
– humeri 452
– humeroradialis 453
– humeroulnaris 453
– mediocarpea 452
– plana 440
– radiocarpea 452
– radioulnaris proximalis 453
– sellaris 440
– sphaeroidea 439
– sternoclavicularis 447
– talocruralis 461
– talotarsalis 461
Articulationes 436 f.
Artikulation 139
Asthma bronchiale 164
Astigmatismus 417
Astrozyten 55
Atemarbeit und -leistung 154
Atembewegungen 150 f.
Atemdrücke 152 f.
Atemformen 161
Atemgasdiffusion 155 f.
Atemgrenzwert 154
Atemhilfsmuskulatur 495 f.
Atemkapazitäten 152
Atemleistung 154, 161
Atemminutenvolumen 154
Atemmuskulatur 494 ff.
Atemruhevolumen 151, 161
Atemvolumina 151
– und -kapazitäten 151 f.
Atemwiderstände 153 f.
Atlas 443
Atmung 161
Atmungsphysiologie 150 ff.
Atmungsregulation 158 ff.
–, chemische 159 f.
–, physikalische 160
Atmungssystem 131 ff.
ATPase 44
Atrio-Ventrikular-Knoten 87
Atrium dextrum 83, 85
– sinistrum 83, 86
Atrophie 279
Auerbach-Geflecht 178, 195, 196, 198, 199, 207, 205
Aufhängeband 204
Aufschrecken, nächtliches 374
Augapfel 391 ff.
–, Aderhaut 393
–, äußere Augenhaut 391 ff.
–, Glaskörper 396
–, Hornhaut 392 f.
–, innere Augenhaut 394
–, Kammerwasser 396
–, Kern oder Inhalt 396
–, Lederhaut 391 f.
–, Linse 396
–, mittlere Augenhaut 393
–, Netzhaut 394
–, Pigmentepithel 394
–, Regenbogenhaut 393
–, Wandschichten 391 ff.
–, Ziliarkörper 393
Auge, inverses 394
Augenarterie 345
Augenhöhle 472
–, Inhalt 399
Augenlider 396 f.
Augenmuskel, oberer gerader 398
–, unterer gerader 398
–, äußerer gerader 398
–, innerer gerader 398
–, oberer schräger 398
–, unterer schräger 399
Augenmuskelnerv 351
Augenmuskeln 397 f.
Augenmuskelnerv, äußerer 351
Auricula 400
– dextra 85
– sinistra 86
Auris externa 400
– interna 400
– media 400
Ausscheidungsfunktion, Haut 321 f.
Austreibungsphase 93, 97
Auswärtsdreher 489
Auswärtsschielen 417
Autoimmunprozesse 311
Axis 444
azinöse Drüsenendstücke 27, 31

B

B-Lymphozyten 64
B-Zellen 217, 291
Bahnung 368
Bakterienwirkung 213, 215
Balkenarterie 116
Balkenvenen 116
Bänder 207, 214
Bandführung 440
Bandhaften 436
Barbae 166, 319
Bartholin-Drüsen 270
Basaliom 328
Basilarmembran, Tonzuordnung 422
Basis cranii externa 469
– – interna 469
– patellae 459
basophile Granulozyten 62, 67
Bauchaorta 111
Bauchaortengeflecht 359
Bauchhöhlengeflecht 359
Bauchmuskel, gerader 498
–, querer 498
–, schräger äußerer 496 f.
–, schräger innerer 498
Bauchmuskulatur 496 ff.
Bauchspeicheldrüse 216 ff.
–, endokriner Teil 217
–, exokriner Teil 216 f.
–, Gefäße u. Nerven 217
–, Physiologie 218 ff.
–, Saftsekretion 218
Bauchspeicheldrüsensaft 218 f.
Baufett 34
Bauhin-Klappe 206, 214
Becherzellen 25, 196, 199, 200, 210, 212, 214, 408
Bechterew-Kern 426
Beckengürtel 454 ff.
Beckenmaße, äußere 456 f.
–, innere 457
Begleitschielen 417
Behaarungstyp, männlicher 257
Beinerv 351
Beischilddrüse 289, 301 f.
Belegzellen 187
Belüftung der Lungenbläschen 155
Berliner Stress-Skala 534
Berührungsrezeptoren 323 f.
Betz-Riesenzellen 50, 338, 350
Bewegung 16
–, Zelle 16 f.
Bewegungsantriebe 379
Bewegungsausführung 379 f.
Bewegungsentwürfe 379
Bewegungsprogramme 379
Bewußtsein und Sprache 382 f.
Bifurcatio tracheae 140
Bifurkation 141
Bilirubin 9, 226, 227, 231
Biliverdin 226, 227
Binde- und Stützgewebe 33 ff.
Bindegewebe 33 ff.
–, embryonales 33
–, faserreiches 35
–, gallertiges 33
–, lockeres 35
–, retikuläres 33
–, straffes 35
–, zellreiches 33 f.
Bindegewebs-Knorpelschicht 140
Bindegewebsraum, Rachen 175 f.
Bindehaut 397
Biofeedback-Methode 375
Biologische Regulation 533 ff.
Biorhythmen 529
Biot-Atmung 536

bipolare Ableitung 97
– Nervenzellen 50, 56
Bizepssehnenreflex 372
Blandin-Nuhn-Drüsen 171
Bläschentransport 17
Blasenmole 282
Blattpapillen 173
Blinddarm 206 f.
–, Gefäße u. Nerven 207
–, Wandaufbau 207
Blut 61 ff.
–, Abwehr 70 ff.
Blut-Liquor-Schranke 343
Blutbildung 476 f.
Blutdruck 124
Blutdruckamplitude 124
Blutgruppen 76 ff.
Blutkörperchen, rote 61 f.
–, weiße 62 f.
Blutphysiologie 68 ff.
Blutplasma 64 ff.
–, Elektrolyte 66
Blutplättchen 64
Blutstillung, Blutgerinnung 68 ff.
Blutströmung, Gesetzmäßigkeiten 119 f.
Blutversorgung des Gehirns 345 f.
Blutzellen 61 ff.
Blutzuckerregulation 305 f.
Bogengänge, häutige 405
–, häutige, Arbeitsweise 425 f.
–, knöcherne 403
Bohr-Effekt 159, 162
Bolus 179
Bone marrow 476
Booster-Effekt 75
Borstenhaare 319
Bouton 54
Bowmann-Kapsel 236
Brechkraft 411
Brennweite 411
Bries 117
Broca-Aphasie 388
Broca-Sprachregion 382
Broca-Zentrum 334
Bronchi lobares 141
– principales 141
– segmentales 141
– terminales 141
Bronchialarterien 146
Bronchialbaum 141 f.
Bronchialvenen 146
Bronchioli respiratorii 141
– terminales 141
Bronchus lobaris inferior 141
– – medius 141
– – superior 141
Brunner-Drüsen 195, 199, 200, 204
Brust-Schildknorpel-Muskel 515
Brust-Zungenbein-Muskel 515
Brustaorta 111
Brustdrüsen 317
Brustfell 149
Brustgrenzstrang 268
Brustkorb 445 f.
–, Brustbein 445 f.
–, Brustwirbel 445
–, Rippen 445
Brustmuskel, großer 486
–, großer u. kleiner 496
–, kleiner 484
Brustnerven 357
Buccae 165
Büffelnacken 310
Bulbus duodeni 195
– olfactorius 408, 428
– pili 319
Burdach-Strang 349, 376
Bursae synoviales 438, 483
Bursitis 483
Bürstensaum 196

C
C-reaktives Eiweiß 73
Caecum 206
Calcaneus 460
Calciol 322
Calcitonin 302, 475
Calcitriol 322
Calices renales 239
Canales semicirculares ossei 402
Canaliculi lacrimales 397
Canalis analis 210
– caroticus 470
– cervicis uteri 266
– hypoglossi 471
– mandibulae 469
– opticus 416, 466, 470
– radicis dentis 168
– spiralis cochleae 403
– vertebralis 442
Cannon-Böhm-Punkt 209, 359, 361
Capilli 319
Capitulum fibulae 460
– humeri 448, 449
Capsula adiposa 234, 289
– articularis 437
– fibrosa 234, 288
– hepatis 222
– interna 336
Caput articularis 437
– costae 445
– epididymis 250
– femoris 457, 461
– humeri 452
– longum, breve 502
– pancreatis 216
– ulnaris 450
Carboanhydrase 157
Carpus 450
Carrier-Transport 17, 19
Cartilagines arytaenoideae 135
– tracheales 140
Cartilago epiglottica 135
– articularis 437
– costalis 445
– cricoidea 135, 175
– thyroidea 135
Caruncula sublingualis 171
Carunculae hymenales 268, 270
Cataracta diabetica 432
– senilis 432
– tetanica 432
– traumatica 432
Cauda epididymis 250
– equina 347
– pancreatis 216
Cavitas dentis 168
– glenoidalis 447, 452
– laryngis 136
– nasi 131
– oris propria 165, 172
– thoracis 143
Cavum abdominale 264
– articulare 438
– infraglotticum 136
– medullare 434
– nasi 174, 469
– oris 131, 133, 165, 174
– subarachnoidale 342
– tympani 401
– uteri 263, 264, 265
Cellulae ethmoidales 132
– mastoideae 401, 466
Cementum 169
Centrum tendineum 495
Cerumen 400
Cervix dentis 168
– uteri 264, 265
Chemorezeptorenreflexe 125, 127
Chenodesoxycholsäure 226
Cheyne-Stokes-Atmung 536
Chiasma opticum 286, 415
Chiasmabildung 15
Choanen 132, 175
Cholerese 226
Cholesterin 226
Cholesterol 294
Cholezystokinin 212, 218, 227
Cholezystokinin-Pankreozymin 200
Cholsäure 226
chondrale Ossifikation 41, 42
Chondroklasten 435
Chondron 37, 42
Chondrozyten 37
Chordae tendineae 85
Chorioidea 393
Chorionbiopsie 20, 21
Chromatiden 12, 15, 257
Chromatin 8, 10
Chromatingerüst 12
Chromosomen 8, 12, 14,
Chromosomenpaarung 14
Chromosomensatz, haploider 14
Chronobiologie 530
Chylomikronen 201
Chymotrypsin 202
Chymotrypsinogen 219
Chymus 190, 198, 212
Cilia 319
Circulus arteriosus cerebri 346
Cisterna cerebellomedullaris 342
Claustrum 335
Clavicula 447
Clitoris 269
Cochlea 402
Colliculi inferiores 423
– superiores, inferiores 339
Colliculus seminalis 241, 251, 252
Collum costae 445
– femoris 457
– vesicae 225

Columna anterior 347
– lateralis 347
– posterior 347
– vertebrales 440 ff.
Columnae anales 211
–renales 235
Comedones 328
Commissura labiorum 166
Concha nasalis inferior 467
Conchae nasales 132
Condyli occipitales 467
Condylus medialis, lateralis 459
Conjugata externa 457
– vera obstetrica 457
Conus elasticus 136
– medullaris 346
Cornea 391
Cornu anterius 343
– inferius 343
– majus 469
– minus 469
– posterius 343
Cornua superiora, inferiora 135
Corona clinica 168
– dentis 168
Corpora cavernosa 258
– – penis 254
Corpus adiposum orbitae 399
– albicans 274
– amygdaloideum 335
– articularis 437
– callosum 332, 335
– cavernosum penis 269
– ciliare 393
– clitoridis 269
– costae 445
– epididymis 250
– femoris 457
– geniculatum laterale 415
– linguae 165, 173
– luteum 263
– medullare 340
– pancreatis 216
– pineale 300
– sphenoidale 466
– spongiosum 258
– – penis 254
– sterni 445
– uteri 264
– ventriculi 184
– vesicae 225
– vitreum 391, 396
Cortex cerebelli 340
– cerebri 332
– renis 234, 235
Corti-Organ 404, 406, 407
–, Sinneszellen 407
–, Stützzellen 407
Corticotropin-Releasing-Hormon, CRH 302
Costae 144, 445
Cowper-Drüsen 252, 258, 270
Crista ampullaris 405
– galli 464
– iliaca 454
– intertrochanterica 458
Crossing over 14, 19
Crura cerebri 338, 340
Cumulus oophorus 263
Cupula cochleae 403
Cupula pleurae 143
Curvatura ventriculi major, minor 184
Cuticula 320

D

D-Zellen 217, 291
Dammbiegung 210
Dämmerungssehen 414
Darmbein 454 f.
Darmentleerung 213
Darmlymphstamm 113
Darmtonsille 207, 214
Darmverschluß 230
Daumenabzieher, kurzer 494
–, langer 494
Daumenanzieher 494
Daumenbeuger, kurzer 494
–, langer 494
Daumengegensteller 494
Daumenstrecker, kurzer 494
–, langer 494
Deckzellen 236
Defäkationsreflex 213
Deformationswiderstände 154
Dehnungsrezeptorenreflexe 125, 127
Deiter-Kern 378, 426
Deiters-Zellen 407
Deltamuskel 486
Dens axis 444
– caninus 167
Dentes 166
– decidui 166
– incisivi 167
– molares 167
– permanentes 166
– praemolares 167
– serotini 168
Dentinkanälchen 169
Dentinum 169
Depotfunktion, Haut 322
Descensus testis 249
desmale Ossifikation 41, 42
Desmodontium 169, 314
Desoxycholsäure 227
Desoxygenation 157
Desoxyribonukleinsäure, DNS 6
Desquamationsphase 275
Deszensus 282
Diabetes mellitus 536
Diameter obliqua 457
– recta 457
– transversa 457
Diaphragma 150, 495
– oris 165, 171
– pelvis 266
Diaphyse 458
Diastase 93
Diastemen 166
Diaster 12
diastolischer Blutdruck 124
Dickdarm 206 ff.
–, Resorption u. Bakterienwirkung 213
Dickdarmmotorik 212
Dickdarmphysiologie 212 ff.
Dickdarmresorption 213
Dickdarmsekretion 212
Dickenwachstum 435
Diencephalon 331, 337 f.
Diffusion 18, 19, 122
Digiti 450
Diktyosomen 5
Diphyodontie 166
Diplotän 15
Disaccharide 201
Discus 438
– articularis 447
– nervi optici 394
Disse-Raum 224
Distantia cristarum 456
– spinarum 457
– trochanterica 457
Divergenz 368
Döderlein-Stäbchen 268, 275
Dopamin 367
Dorsalbewegung 492
Dorsalflexion 505
Dorsum linguae 172
– nasi 131
Dottersack 255, 271
Douglas-Raum 241, 264, 267
Dreiecksbein 450
Drillingsnerv 351
Druck-Saugpumpe der Atmung 123
Druckalopezien 329
Druckpuls 120
Druckrezeptoren 323
Drüsen, gemischte 291 f.
Drüsenendstücke 27
Drüsenepithel 27 ff.
Drüsenhormone 293
Ductuli efferentes 250, 257
Ductus alveolares 142
– arteriosus Botalli 109
– biliferi 226
– choledochus 195, 201, 217, 223
– cochlearis 404
– cysticus 223, 224
– deferens 250, 251
– ejaculatorii 252
– ejaculatorius 251, 252
– endolymphaticus 404
– epididymis 250
– hepaticus communis 223, 224
– – dexter, sinister 224, 226
– lactiferus 317, 318
– nasolacrimalis 132, 397
– pancreaticus 195, 201, 202, 216, 217, 224
– papillares 239
– parotideus 171
– reuniens 405
– sublinguales minores 171
– – major 171
– submandibularis 171
– thoracicus 201
– utriculosaccularis 405
– venosus Arantii 109, 221
Duftdrüsen 317
Dunkeladaptation 414
Dünndarm 194 ff.
Dünndarmmotorik 198 f.

Dünndarmphase 191
Dünndarmphysiologie 198 ff.
Dünndarmresorption 200 ff.
Dünndarmsaft 200
Dünndarmsekretion 199 f.
Duodenum 194
Dura mater 332, 342
Durchblutung, kapilläre 156

E
Eckzähne 168
Eierstock 261 f. , 292
Eierstockband 266
Eigenfunktion der Gefäße 120 ff.
Eigenreflexe 371 f.
Eikosanoide 294
Eileiter 263 f.
–, Wandaufbau 264
Einatmungsdruck 152
Eingeweideblatt 143, 186
Eingeweidefläche 221 f.
Eingeweidenerv 351
Einkoten 374
Einnässen 374
Einschlüsse 9
Einwärtsdreher, runder 489
–, viereckiger 489
Eisprung 274
Eiweißresorption 202
Eizelle 14
Ejakulation 258
Ektoderm 50, 286
Elastase 202, 219
elastische Fasern 37
– Widerstände 153, 161
elastischer Knorpel 37, 42
Elektrokardiogramm 94 ff.
Elektrolyte 219
Elektrolytresorption 202
elektromechanische Kopplung 90, 97
Elephantiasis 129 f.
Elle 449 f.
Ellenbogengelenk 453
Ellennerv 356
Ellipsoidgelenke 440
embryonaler Kreislauf 109, 111
embryonales Bindegewebe 33, 42
Eminentia intercondylaris 462, 463
Emission 258
Enamelum 169
enchondrale Ossifikation 41, 42
Endbronchien 141
Endhirn 331 ff.
–, Assoziationssysteme 335
–, graue Kerne 335
–, graue Substanz 332
–, Insel 337
–, Kommissurensysteme 335
–, limbischer Kortex 337
–, linsenförmiger Kern 335
–, Mandelkern 335
–, Mantelteil 332 ff.
–, Projektionssysteme 336
–, Riechhirn 337
–, Rindenfelder 333 f.
–, Scheitel-Hinterhaupt-Furche 332
–, schweifförmiger Kern 335
–, Sehzentrum 334
–, Seitenfurche 332
–, Seitenventrikel 336
–, Sprachzentrum 334
–, Stammteil 336 f.
–, Vormauer 335
–, weiße Substanz 335 f.
–, Zentralfurche 332
–, Zentrum für die Sensibilität 334
–, Zentrum für die Willkürmotorik 333 f.
Endokard 85
endokrine Drüsen 27, 31
Endokrinie 293
Endolymphgang 405
Endometrium 267
Endometriumzyklus 274 f.
Endomysium 46, 48, 481
Endoneurium 53, 56
Endopeptidasen 202, 219
Endozytose 17, 19
Endplatte, motorische 519
Enkopresis 374
Enophthalmus 399
enterohepatischer Kreislauf 229
Enterokinase 219
Enterokinin 200
Entwicklung der Eizellen 272 f.
Enuresis 374
Enzyme 219
eosinophile Granulozyten 62, 67
Eosinophilie 62
Ependymzellen 55
Epicondylus lateralis, medialis 448
Epiglottis 133, 136, 175
Epikard 85
Epikondylen 458
Epimysium 46, 48, 482
Epineurium 53, 56
Epiorchium 249
Epipharynx 133, 174
Epitenon 483
Epithel, kubisches 25
Epithelgewebe 24
Epithelkörperchen 289
Eponychium 320
EPSP, exzitatorisches postsynaptisches Potential 367
Erbsenbein 450
Erdbeertüpfelung 62
Ergastoplasma 4
Erotisierungszentren 271
Erregungsbildungs- und -leitungssystem 87
Erregungskreise 370
Erregungsphase 258, 278
Erschlaffungsphase 93, 97
Erythroblast 62
Erythroblasten 476
Erythropoese 62, 476 f.
Erythropoetin 476
Erythrozyten 61, 67, 476
Euchromatin 9
Eustachische Röhre 175
Excavatio rectouterina 241
Excavatio vesicouterina 241
exokrine Drüsen 27, 31
Exopeptidasen 202, 219
Exophthalmus 311
Exozytose 17, 19
Explosionslaute 140
Exspiration 151
Extensoren 490, 500
extraepitheliale Drüsen 31
extraperitoneal 210, 233
Extrapyramidale Bahnen 351
Extrinsic System 68

F
Facies articularis carpea 449
– auricularis 454
– costalis 144
– diaphragmatica 115, 144, 221
– interlobares 144
– intestinalis 265
– medialis 144
– occlusalis 168
– patellares 459
– publica 252
– rectalis 252
– vesicalis 252, 265
– visceralis 115, 221
Fadenpapillen 173
Fallhand 356
Fallot-Tetralogie 129
Fallträume 389
Falx cerebelli 343
– cerebri 332, 343
Farbensehen 413 f.
Fascia pectoralis 318
– renalis 234
– thoracolumbalis 498
Fasciae 483
Faserknorpel 37 f.
faserreiches Bindegewebe 35, 42
Faszien 35, 483
Fäulnis 213
Feedback, negativer 274
Fehlsichtigkeit 417
Feinbau der Leber 222 f.
Feinbau der Niere 236 f.
Femur 457 f.
Fenestra cochleae 401
– vestibuli 401
Fernakkommodation 412
Ferritin 117
Fersenbein 461
Fertilität 277, 282
Fettemulgierung 219
Fettgewebe 33 f.
Fettläppchen 207, 214
Fettleber 231
Fettmantel 316
Fettresorption 201
Fibrae obliquae 186
Fibrillen 7, 37
Fibrinolyse 70, 79
Fibrinolysin 70
Fibula 460
Fick'sches Diffusionsgesetz 156
Filamente 7, 10
Filtration 122
Finger 451 f.
Fingerbeuger, oberflächlicher 492 f.

–, tiefer 493
Fingerlutschen 374
Fingerstrecker 493
First messenger 295
Fissura horizontalis 144
– mediana anterior 347
– obliqua 144
– orbitalis inferior 466
– – superior 470
– sagittalis 221
Fissurae dentis 168
– orbitales superiores 466
fixiertes Wachstum 16, 19
Flechsig-Bündel 349
Flexoren 490, 500
Flexura coli dextra 208
– coli sinistra 208
– duodenojejunalis 194, 195
– perinealis 209
– sacralis 209
Flimmerbewegungen 16, 17, 19
Flimmerhärchen 17, 25
Flügelmuskel, medialer 512
–, seitlicher 512
Flügelzellen 483
Follikel 113
Follikelarterien 116
Follikelreifung, Hormonbildung 274
follikelstimulierendes Hormon, FSH 299
Follikelwachstum, beginnendes 274
Fontana-Räume 393
Fontanelle, hintere 467
–, vordere 467
Fonticulus anterior 467
– posterior 467
Foramen apicis dentis 168
– interventriculare 345
– intervertebrale 441
– jugulare 471
– lacerum 470
– magnum 346, 467, 471
– mandibulae 469
– mentale 469
– obturatum 456
– oesophageum 176
– ovale 109, 466, 470
– rotundum 466, 470
– spinosum 466, 470
– venae cavae 495
– vertebrale 442
Foramina sacralia pelvina 456
Formanten 139
Formatio reticularis 377
Fornix vaginae 267
– vestibuli 166
Fossa articularis 437
– capitis 458
– cranii anterior 469
– cranii posterior 469
– iliaca 454
– intercondylaris 459
– olecrani 448
– supraspinata, infraspinata 447
– temporalis 466
– tonsillaris 174
Foveolae gastricae 185
Fremdreflexe 372 f.
Frenulum labii superioris 165
– labii superioris, inferioris 166
– linguae 172
– praeputii 255
Friedreich-Krankheit 536
Fruktose 201
Füllungsphase 93, 97
Füllungsplastizität 193
Fundus uteri 265
– ventriculi 184
– vesicae felleae 225
Fundusdrüsen 187
Funiculus spermaticus 251
Funktion der Zapfen und Stäbchen 413 f.
Funktion, bipolare Nervenzellen 414
Funktion, multipolare Nervenzellen 414 f.
Fußwurzel 460 f.

G
G-Zellen 191
Galaktose 201
Gallenblase 224, 228
Gallenblasengrund 225
Gallenblasenhals 225
Gallenblasenkörper 225
Gallenfarbstoffe 227 f. , 229
Gallensaft 227 f.
Gallensaftsekretion 226 f.
Gallensäuren 227, 229
Gallenwege, Gallenblase 224 f.
Gammaaminobuttersäure, GABA 367
Ganglienzellen 50, 416
Ganglion vestibulare 426
–, prävertebrales 358
Ganzheitliche Betrachtung 527 ff.
Gärung 213
Gasaustausch, alveolärer 154 ff.
Gaster 184
Gastransport im Blut 156 ff.
Gastrin 188, 191, 200, 212
Gastroferrin 192
Gaumen 174
–, harter 174
–, weicher 174
Gaumenbein 468
Gaumenspeicheldrüsen 171
Gebärmutter 264 ff.
Gebärmutterenge 265
Gebärmutterhals 265
Gebärmutterkörper 265
Gedächtnisarten 384
Gedächtnisbildung, Mechanismen 385
Gedächtnisprozeß, elementarer 383 f.
Gedächtniszellen 73
Gefäßlehre 98 ff.
–, allgemeine 98 ff.
–, spezielle 101 ff.
Gefäßsystem, Physiologie 119 ff.
Gefäßwände 111
gefensterte Kapillaren 99
Geflechtknochen 39
Gehirn 331 ff.
–, Durchblutungsstörungen 388
Gehirnarterie, mittlere 346
Gehirnarterie, vordere 345
Gehörgang, äußerer 400 f.
Gehörgang, innerer 403
Gehörknöchelchen 401 f.
Gehörsinn 418
Gekröseарterien 198
Gelbkörper 263, 292
Gelbkörperphase 274
Gelbsucht 231
Gelenkbänder 438
Gelenke 436 f.
–, plane 440
Gelenkhöhle 438
Gelenkkapsel 437 f.
Gelenkkörper 437
Gelenklippen 438
Gelenkscheiben 438
Gelenkschmiere 438
Genitalleiste 255
Gerinnungsfaktoren 69
Gerinnungskaskade 70, 71
Geruchsorgan 408
–, Arbeitsweise 428
–, Rezeptorfunktion 428
Geruchsqualitäten 428
Geruchssinn 427 f.
Gesäßmuskel, großer 502
–, kleiner 504
–, mittlerer 504
Geschlecht, genetisches 255, 271
–, neuronales 256, 271
–, somatisches 256, 271
Geschlechtsrollenzentren 271
Geschlechtssystem 248 ff.
–, männliches 248 ff.
–, weibliches 261 ff.
Geschmacksbahn, Verlauf 427
Geschmacksknospen 173, 408 f.
–, Arbeitsweise 427
Geschmacksorgan 408
Geschmacksporus 408
Geschmacksqualitäten 427
Geschmacksreiz, Transformation 427
Geschmackssinn 426 f.
Geschmacksstifte 408
Gesichtsnerv 351
Gesichtsschädel 467 ff.
Gesichtssinn 411 ff.
Gestagene 306
gestaltlicher Aufbau, Drüsen 28
Gestaltungsfunktion, Haut 325
Gesundheit 539
Gesundheit, Krankheit 537 ff.
Gewebelehre 23 ff.
Gewebshormone 293
Gingiva 168, 169
Gitterfaserhülle 44
Glandula lacrimalis 397
– parotidea 179
– parotis, parotidea 171
– sebacea 319
– sublingualis 171
– submandibularis 171
– thyroidea 135, 288 f.
Glandulae areolares 318
– cervicales 267
– cutis 316 ff.

– gastricae 187
– intestinales 195
– labiales 166
– mammariae 316
– oesophageae 177
– palatinae 174
– parathyroideae 289
– pharyngeae 134, 175
– salivatoriae majores 171
– salivatoriae minores 171
– sebaceae 316
– serosae 173, 180
– sudoriferae eccrinae 316
– suprarenales 289 f.
– tracheales 140
– uterinae 267
Glans clitoridis 270
– penis 254
Glanzschicht 315
Glanzstreifen 44
glatte Muskulatur 44, 48
Glatzenbildung 329
Glaukom 394, 432
Gleichgewichts- und Hörnerv 351
Gleichgewichtsbahn, Verlauf 426
Gleichgewichtsorgan, Sinnesepithel 405
Gleichgewichtssinn 424 ff.
Gliascheide 52
Gliazelle 55 f.
Gliedmaßen, obere 448 ff.
–, untere 457 ff.
Glisson-Trias 222, 223
Gll. ceruminosae 400
Gll. sebaceae 400
Globuline 64
Glomerulus 236
Glomus aorticum 159
Glomus caroticum 159
Glukagon 190, 212, 217, 218, 292, 305
Glukokortikoide 290
–, Wirkung 303
Glukose 201
Glycin 367
Glykogen 9, 201, 267
Glykokalyx 3
Glykolipide 3
Glykoproteine 3
Glykosphingolipide 76
Golgi-Apparat 5, 10, 12,
Golgi-Sehnenorgane 371
Golgi-Vesikel 5
Goll-Strang 349, 376
Gowers-Bündel 349
Graaf-Follikel 263, 273, 292
Granulomer 64
Granulopoese 476
Granulosa-Zellen 274, 292
Granulozyten 62
–, segmentkernige 476
–, stabkernige 476
Gratiolet-Sehstrahlung 416
Griffelzungenbeinmuskel 512
Grimmdarm 208 f.
–, Gefäße u. Nerven 209
–, Teile 208 f.
–, Wandaufbau 209
Großzehenbeuger, langer 508
Großzehenstrecker, langer 508
Grundplasma 9
Grundschicht, Oberhaut 313
Gyri 332
Gyrus postcentralis 427

H

Haaraufbau 319 f.
Haare 318 f.
Haarschaft 320
Haarwurzel 319
Haften 436
Hakenbein 450
Halbsehnenmuskel 502
Haldane-Effekt 159, 162
Hallux 461
Halluzinationen, hypnagogische 389
Halsgeflecht 355
Halshautmuskel 513
Halsmuskeln, prävertebrale 515
Halsmuskulatur 513 ff.
Halte- und Stützmotorik 378 f.
Halteapparat, Uterus 266
Haltereflexe 379
Hämatoxylin 8, 62
Hammer 401 f.
Hämoglobin 9, 61, 227
Hämophilie A 80
Hämorrhoidalzone 210
Handbeugemuskel, radialer 491
–, ulnarer 491
Handgelenk, distales 454
Handgelenk, proximales 454
Handstrecker, kurzer radialer 492
–, langer radialer 492
–, ulnarer 492
Handwurzel 450
Harn- und Geschlechtssystem 233 ff.
Harnbildung 242 f.
Harnblase 240 f.
–, Wandaufbau 241
Harnkanälchen 236 f.
Harnleiter 240
–, Wandaufbau 240
Harnleiterengen 240
Harnröhre 241 f.
–, Abschnitte 241 f.
Harnröhrenschwellkörper 254
Harnsystem 233 ff.
Harntransport, Harnausscheidung 244
Harnwege, ableitende 239 ff.
Hassall-Körperchen 117
Hauptbronchien 141
Hauptlymphstamm, linker 112 f.
–, rechter 113
Hauptstück, gerade 237
–, gewunden 237
Hauptzellen 187
Haustra coli 206
Haut 313 ff.
– als Sinnesorgan 323 ff.
–, Anhangsorgane 316 ff.
–, Physiologie 320 ff.
Hautdrüsen 316 ff.
Hautnerv der medialen Oberarmseite 356
– der medialen Unterarmseite 356
– der seitlichen Oberschenkelseite 356
Hautreflexe 372
Hautschichten 313 ff.
Hautsystem 313 ff.
Hautzone 210
Havers-Kanäle 434
Haverskanal 40
Head-Zone 377
Held-Zellen 407
Helferzellen 73
Helicotrema 422
Helix 400
Helladaptation 414
Hemispheria cerebelli 340
Hemmung 368
–, postsynaptische 370
–, präsynaptische 369
Henle-Schleife 238
Hensen-Zellen 407
Hepar 221
Heparin 62
Hepatozyten 226
Hering-Breuer-Reflex 160
Hernien 230, 498
Herz 82 ff.
Herz-Kreislauf-System 61 ff.
Herzäußeres 83 f.
Herzbasisgefäße 82, 88
Herzbeutel 82
herzferne Arterien 127
Herzinneres 85 ff.
Herzkranzarterien 84, 88
Herzmechanik 92 ff.
Herzmuskulatur 44 f.
herznahe Arterien 127
Herzphysiologie 89 ff.
Herzspitze 82, 88
Herztöne 94, 97
Herzvenen 84, 88
Herzwand 84 f.
Heschl-Querwindungen 423
Heterochromatin 9
Hiatus genitalis 266
hierarchisches Bauprinzip 23
Hilus 114
– renalis 234
Hinterhauptsbein 467
Hinterhirn 340 f.
–, Assoziationsfasern 341
–, Brücke 340
–, Kleinhirn 340 f.
–, Kleinhirnkerne 341
–, Projektionsfasern 341
Hintersäule 347 f.
Hinterstrangsystem 349
Hirci 319
Hirn-Liquor-Schranke 343
Hirnanhangsdrüse 286 f.
Hirnarterien 345 f.
Hirnhäute 342 f.
–, harte Hirnhaut 342 f.
–, Hirnsichel 343
–, Kleinhirnsichel 343
–, Kleinhirnzelt 343
–, Spinnwebenhaut 342
–, weiche Hirnhaut 342

Hirnkammern und Adergeflechte 343 f.
–, Adergeflechte 345
–, dritter Ventrikel 345
–, Seitenventrikel 343 f.
–, vierter Ventrikel 345
Hirnnerven 351 ff.
Hirnsand 288
Hirnschädel 464 ff.
Hirntod 388
Hirnvenen 346
Hirschsprung-Krankheit 230 f.
Hirsutismus 304, 310
His-Bündel 87, 88
Histamin 62, 64, 325, 367
Histologie 23
Hochdrucksystem 124
Hochdruckzone, tonische 181
Hoden 248 f. , 292
Hodensack 253 f.
Hohlhandmuskel, langer 492
holokrine Drüsen 29, 31
Holzknecht-Bewegungen 212
Homöostase 533
Hör- und Gleichgewichtsorgan 400 ff.
Hörbahn, Verlauf 423
Hormon-Rezeptor-Komplex 295
Hormonbegriff 293
Hormondrüsen, reine 285 ff.
Hormone, glandotrope 299 f.
–, nichtglandotrope 298 f.
Hormonklassifizierung 293 f.
Hormonsystem 285 ff.
–, Physiologie 293 ff.
Hormonwirkung, Mechanismen 295 f.
Hornschicht 315
Hörorgan, Sinnesepithel 407
Hörschwelle 420
Hörstörungen 424
Hörsturz 424
Hortega-Zellen 55
Hüftbein 454 ff.
Hüftgelenk 461
Hüftlendenmuskel 501
Hüftlochmuskel, innerer u. äußerer 505
Hüftlochnerv 357
Hüftschlagadern 111
Humeroradialgelenk 453
Humeroulnargelenk 453
Humerus 448
Humor aquosus 396
humorale Immunreaktion 74
hyaliner Knorpel 37, 42
Hyalomer 64
Hyaloplasma 9, 10
Hyaluronidase 249
Hydrocephalus internus 345
Hymen 267
Hypermetropie 417
Hyperpolarisation 370
Hyperthyreose 311
Hypertonie 536
Hypnagogen 389
Hyponychium 320
Hypopharynx 133, 174
Hypophysenadenom 537
Hypophysenhinterlappen, HHL 287
Hypophysenstiel 286
Hypophysenvorderlappen, HVL 287
Hypophysis cerebri 286 f.
Hypothalamus 285 f.
Hypothalamus-Adenohypophysen-System 297 f.
Hypothalamus-Neurohypophysen-System 296 f.
Hypothenar 493
Hystera 264 ff.

I

I-Bänder 46
Ikterus 231
Ileum 196, 206
Ileus, mechanischer 230
–, paralytischer 230
Immunglobulin G 75
Immunglobulin M 75
immunologische Funktion, Haut 322
Impressio cardiaca 144
Inaktivitätsatrophie 525
Incisura angularis 184
– fibularis 459
– ischiadica major, minor 455
– scapulae 447
– thyroidea superior 135
– trochlearis 449
– ulnaris 449
Inclinatio pelvis 456
Incus 401
Inhibiting-Hormone 286
Inklusionen 9, 10
Innenrelief, Kehlkopf 136 f.
Inspiration 151
Inspirationskapazität 152
Insulin 217, 292, 304 f.
integrierte Proteine 3
Integumentum commune 313
Interferon 72
intermitotisches Wachstum 16, 19
Interphase 13
Interphasekern 9
Intima 85, 98, 99
Intimaduplikaturen 99
intraepitheliale Drüsen 31
intrapleuraler Druck 153, 161
intrapulmonaler Druck 152, 161
Intrinsic factor 187, 192
– System 69
Introitus 279
Invagination 230
IPSP, inhibitorisches postsynaptisches Potential 367
Iris 393
Ischiasnerv 357
Isohydrie 244
Isoionie 245
Isolierfunktion, Haut 322 f.
Isotonie 245
Isthmus faucium 133, 165, 174, 175
– tubae 263
– uteri 265

J

Jaktationen 374
Jejunum 196
Jochbein 468
Jochbeinmuskel, großer u. kleiner 511
Jodmangelkropf 301
Jodopsine 413

K

Kahnbein 450, 461
Kaltrezeptoren 325
Kammer, linke 86 f.
–, rechte 85
Kammerdiastole 93
Kammerschenkel 87, 88
Kammersystole 93
Kammuskel 504
Kanalsystem 114
Kapillardruck 122
Kapillaren 98 f.
– als Austauschgefäße 122
Kapillarreserve 122
Kapuzenmuskel 486
Karbopeptidasen 202, 219
Kardiadrüsen 188
Karies 170
Karyokinese 12
Karyolemma 8
Karyolymphe 8
Karzinome 58
Katarakt 396, 432
Kaudruck 179
Kauen 178 f.
Kaukraft 179
Kaumuskel 512
Kavernen 254
Kehldeckelknorpel 136
Kehlkopf 135 ff.
Kehlkopfgelenke u. Bänder 136
Kehlkopfmuskulatur 138 f.
Kehlkopfskelett 135 f.
Kehlrachen 135, 175
Keilbein 466
Keilbeinhöhle 132
Keimdrüsengeschlecht 255, 271
Keratin 315
Keratohyalin 315
Kerckring-Falten 195, 196, 197, 204, 207
Kerngerüst 9
Kernkörperchen 9
Kernmembran 9
Kernsaft 9, 10
Kieferhöhle 133
Kiefermuskel, zweibäuchiger 511 f.
Killerzellen 73
Kinetosen 432
Kinetosin-Dragees 432
Kinin 325
Kinn-Zungenbein-Muskel 512
Kinnmuskel 511
Kitzler 269
Kleinfingerstrecker 493
Kleinhirnseitenstrangsystem 349
Klimakterium 278 f.
Kniegelenk 462 f.
Kniehöcker, seitlicher 416
Kniekehlenmuskel 505
Kniescheibe 459

Knochen der Hand 450 f.
– des Fußes 460 f.
– des Unterarmes 449 ff.
Knochenbestandteile 434
Knochenentwicklung 41
Knochenentwicklung 435 f.
Knochenformen 433 f.
–, flache Knochen 433
–, kurze Knochen 433
–, lange Röhrenknochen 433
–, lufthaltige Knochen 433
–, unregelmäßige Knochen 434
Knochenführung 440
Knochengewebe 39 ff.
Knochenhaft 436
Knochenhaut 434
Knochenlehre, allgemeine 433 ff.
–, spezielle 440 ff.
Knochenleitung 421
Knochenmark 434
Knochenmetastasen 478
Knochensubstanz 434
Knochensystem 433 ff.
–, Physiologie 475 ff.
Knochenverbindungen 436 ff.
Knochenwachstum 41, 435 f.
Knorpel, elastischer 37
–, hyaliner 37
Knorpelgewebe 37 f.
Knorpelhaften 436
Knorpelspange 140
Kochsalzpumpe 243
Kohlendioxidtransport 157
Kohlenhydratresorption 201
Kohlrausch-Falte 210
kollagene Fasern 37
Kollapsvolumen 152, 161
Kollateralen 101
kolloidosmotischer Druck 122
Komplementsystem 72
Kondylen 458
Konsonanten 140
Kontinuitätsgleichung 120
–, Anschlagszuckung 522
–, auxotone 522
–, isometrische 520 f.
–, isotone 521 f.
–, Unterstützungszuckung 522
Kontraktionsphase 92
Konvergenz 368
Konvergenzreaktion 412 f.
Kopfbein 450
Kopfmuskulatur 509 ff.
–, Kaumuskeln 512 f.
–, mimische Muskeln 509 ff.
–, obere Zungenbeinmuskeln 511 f.
Kopfwender 496, 513
Kopplung, elektromechanische 90 f.
Korbzellen 340
Körnerschicht 315, 341
Korotkow`sche Klopfgeräusche 124
Körperkreislauf 108
Körperschale 322
Kortikosteron 290
Kortisol 290
Kortison 290
Krallenhand 356
Krankheit 540
Kranznaht 467
Krebsvorsorge 20
Kreislauf, embryonaler 109
Kremasterreflex 498
Kreuzbein 456
Kreuzbeinbiegung 210
Kreuzgeflecht 357
Kreuzprobe 76
Kristeller-Schleimpfropf 267
Krummdarm 196
Kryptengrund 196
Kryptorchismus 282
kubisches Epithel 25, 31
Kugelgelenke 439
Kugelzellanämie 80
Kupffer-Sternzellen 224
Kurzsichtigkeit 417
Kwashiorkor 80
Kyphose 444

L
Labia majora pudendi 269
– minora pudendi 269
– oris 165, 166
Labium anterius 266
– inferius 166
– mediale, laterale 458
– posterius 266
– superius 166
Labrum acetabuli 461
– articulares 438
Labyrinth, häutiges 404 f.
–, knöchernes 402 ff.
Labyrinthreflex 379
Labyrinthus ethmoidalis 464
Lachmuskel 511
Lacus lacrimalis 397
Lähmungsschielen 417
Laktase 201, 219
Laktose 201
Lambdanaht 467
Lamellenknochen 40 f.
Lamina basalis 267
– cribrosa 408, 464, 470
– epithelialis 177
– functionalis 267
– horizontalis 174, 468
– mediana ossis ethmoidalis 132
– muscularis mucosae 177, 186
– parietalis 82
– perpendicularis 464, 468
– propria 177
– propria mucosae 186
– spiralis ossea 406
– tecti 338, 423
– visceralis 82
Längenwachstum 436
Langer-Linien 315
Langerhans-Inseln 217, 220, 291 f.
–, Hormonwirkung 304 f.
Langhaare 319
Lanugo-Haare 318
Lappenbronchien 141
Larynx 134, 174
Lateralis 138
Lautbildung 139
–, Artikulation 139
Lautklasse 140
Lautstärke 420
Lautstärkepegel 420
Leber 221 ff.
Leber, Feinbau 222 ff.
Leber, Gefäße u. Nerven 225
Leberarterie 225
Leberflächen 221 f.
Leberläppchen 228
Leberparenchym 222
Leberpforte 228
Leberphysiologie 226 ff.
Lebervenen 225
Leberzirrhose 231
Lederhaut 315
Leer- und Krummdarm 196 ff.
–, Gefäße u. Nerven 198
–, Wandaufbau 196 ff.
Leerdarm 196
Leitgefäße 112
Lemniscus medialis, lateralis 339
Lendengeflecht 356 f.
Lendenmuskel, viereckiger 498
Lens 391, 396
Leptotän 15
Lernen und Gedächtnis 383 ff.
Leukopoese 476
Leukotriene 294
Leukozyten 62
Leukozytendiapedese 62
Leydig-Zwischenzellen 249, 257, 292
Lichtantransport im Auge 411 f.
Lichttransformation 413
– in der Netzhaut 413 f.
Lieberkühn-Drüsen 195, 196, 199, 200, 204, 207, 214
Lien 115
Ligamentum capitis femoris 458
– carpi transversum 450
– collaterale fibulare 462
– collaterale tibiale 462
– conicum 136
– coracoacromiale 453
– coracohumerale 453
– cricothyroideum 136
– cricotracheale 136
– cruciatum anterius 462
– cruciatum posterius 463
– falciforme 221, 223
– gastrocolicum 184, 185, 209
– gastrolienale 115, 184, 185
– hepatogastricum 184, 185
– inguinale 498
– ischiofemorale 461
– latum 261, 263, 264, 266
– ovarii proprium 262, 266
– patellae 462
– phrenico-lienale 115
– phrenicocolicum 115, 208
– popliteum obliquum 462
– pubofemorale 461
– rectouterinum 266
– spirale 406
– suspensorium ovarii 262
– teres hepatis 221, 223
– teres uteri 266

– venosum 221, 223
– vocale 135
Ligg. anularia 140
– cruciata 462
– rotunda 283
– vocalia 136
Limen nasi 131
Linea arcuata 454
– aspera 458
– intertrochanterica 458, 461
Lingua 172
linker Hauptlymphstamm 112
linker Vorhof 86
Lipasen 201, 219, 227
Lipid-Wasser-Emulsion 321
Lippen 166, 182
Lippenspeicheldrüsen 171
Liquor 341
– cerebrospinalis 345
– folliculi 263
Lithocholsäure 227
Lobi glandulae mammariae 318
Lobuli 146
– epididymis 250
– hepatis 222
– testis 249, 250
Lobulus auricularis 400
– corticalis 235
Lobus caudatus 223
– dexter 252, 288
– frontalis 332
– hepatis dexter, sinister 223
– medius 144, 252
– occipitalis 332
– parietalis 332
– quadratus 222, 223
– renalis 235
– sinister 252, 288
– superior 144
– temporalis 332
lockeres Bindegewebe 35, 42, 141
Lohmann-Reaktion 523
Lokomotionsreflexe 372
Lordose 444
Luftleitung 421
Luftröhre 140 f.
Lunge 143 ff.
, Feinbau 147 f.
Lungenbelüftung 150 ff.
Lungenbläschen 147
Lungendurchblutung, kapilläre 156, 162
Lungenemphysem 163 f.
Lungenfeinbau 149
Lungenflächen 144
Lungengewebe 146
Lungenkreislauf 108
Lungenlappen 144
Lungenparenchym 146
Lungensegmente 144
Lungenwurzel 144 f.
Lunula 320
Lutein 274
luteinisierendes Hormon, LH 271, 299
lymphatisches Gewebe 113, 207
Lymphe 114
Lymphfollikel 210, 214
Lymphgefäße 112 f.
Lymphgefäßsystem 112 ff.
Lymphkapillaren 112
Lymphknoten 113 f.
Lymphoblasten 476
Lymphopoese 476
Lymphozyten 63 f.
Lysosomen 5
Lysozym 73

M

Macula cribrosa 403
– densa 237
– lutea 394
– sacculi 405
– utriculi 405
Magen 184 ff.
–, Gefäße u. Nerven 188 f.
–, Wandaufbau 186
Magenäußeres 184 f.
Magendrüsen 187 f.
Mageneingang 184
Magengeschwür 230
Magengewölbe 184
Mageninneres 185 ff.
Magenkörper 184
Magenkrümmungen 185
Magenmotorik 189 f.
Magenpförtner 185
Magenphase 191
Magenphysiologie 189 ff.
Magensaft 191 f.
Magensaftsekretion 190 f.
Magenstraße 185
Mahlbewegung 179
Mahlzähne 168
Major-Test 77
Malignes Melanom 328
Malleolengabel 460
Malleolus lateralis 460
– medialis 459
Malleus 401
Malpighische Körperchen 235
Maltase 219
Maltose 201
Mandibula 467
männliches Glied 254 f.
Mantelzellen 55
Manubrium sterni 445
Margo incisalis 168
– interosseus 449, 450
– liber 320
– linguae 172
– scapulae medialis, lateralis, superior 447
markhaltige Nervenfasern 52, 56
marklose Nervenfasern 52, 56
Markpyramiden 235
Markstrahlen 235
Markstränge 113
Markzone, Ovar 262
Marmorknochenkrankheit 478
Massae laterales 443
Massenbewegungen 212, 215
Mastdarm 209 ff.
–, Biegungen 210
–, Gefäße u. Nerven 211
–, Wandaufbau 210
Mastdarm-Gebärmutter-Band 266
Maxilla 467
Meatus acusticus externus 400, 466
– acusticus internus 402
– nasi 132
Mechanorezeptoren 323 f.
Media 98, 99
Mediastinum 143
– anterius 82
– posterius 176
– testis 249
Medizin, byzantinische 538
–, hippokratische 537 f.
Medulla oblongata 160, 340, 346
– renis 234
– spinalis 346 ff.
Megacolon congenitum
Megakaryoblasten 476, 477
Megakaryozyten 477
Meibomsche Lidtalgdrüsen 397
Meiose 14 f.
Meissner-Geflecht 195, 196, 197, 198, 199, 207, 214
Meissner-Körperchen 323, 409
Meissner-Plexus 178, 205, 230
Meissner-Tastkörperchen 315
Melaningranula 313
Melanozyten 313
Melanozyten-stimulierendes Hormon, MSH 299
Melatonin 288, 300
Membrana elastica externa 98
– elastica interna 98, 99
– fibrosa 438
– spiralis 406
– stapedis 402
– synovialis 438
– thyrohyoidea 136
– tympani 400
Membranrezeptoren 54
Membranzisternen 5
Menarche 277, 328
Menieresche Krankheit 424
Menisci 438
Menopause 278
Mensch als bio-psycho-soziales Wesen 527 f.
Menstruationszyklus 273 ff.
Merkel-Zellen 323, 409
merokrine Drüsen 29, 31
Mesencephalon 331, 338 ff.
Mesenchym 256, 271
Mesenterium 196
Mesopharynx 133, 174
Mesosalpinx 263
Mesothel 262
Mesovarium 262
Metacarpus 450
Metamyelozyten 476
Metaphase 12, 14
Metencephalon 331, 340 f.
Metra 264 ff.
Mikrotubuli 7, 10
Mikrovilli 195, 196, 200
Mikrozotten 1, 204
Milch-Ejektions-Reflex 296

Milchbrustgang 113, 118
Milz 115 ff.
Milzarterie 116
Milzaufbau 115
Milzfollikel 115
Milzfunktion 116 f.
Milzknötchen 116
Milzlage 115
Milzsinus 115
Milzvene 116
Mineralisation, Regulation 475
Mineralkortikoide, Wirkung 303 f.
Minimalvolumen 152, 161
Minor-Test 77
Minutenrhythmus 531
Miosis 412
Mitochondrien 6
Mitose 12 f.
Mitralis 86, 88
Mitralzelle 428
Mittelfuß 461
Mittelhand 450 f.
Mittelhirn 338 ff.
–, Haube 338 f.
–, Hirnschenkel 338
–, netzförmige Haubensubstanz 339
–, roter Kern 339
–, schwarze Substanz 338
–, Ursprungskern des Rollnervs 339
–, Ursprungskerne des Augenmuskelnervs 339
–, Vierhügelplatte 339
Mittelnerv 356
Mittelohr 401 f.
–, gerade 237
–, gewunden 237
mittleres Stockwerk 136
Mizellen 201, 227
Modiolus 403
Mollsche Drüsen 397
Monaster 12
Mondbein 450
Monoblasten 476
Monoglyzeride 201
Monopoese 476
Monosaccharide 201
Monozyten 63
Mons pubis 269
Montgomery-Drüsen 318
Morbus 231
Morbus Cushing 310
Morgentypen 532
Motilin 190
Motorik 378 ff.
Motorik, spinale 378
muköse Drüsen 30, 31
Müller-Gänge 256
Müllersche Stützzellen 394
Multienzymkomplexe 6, 10
Multiple Sklerose 537, 59
multipolare Nervenzellen 50, 56
Mundboden 171
Mundhöhle 165 ff.
Mundrachen 133 f., 148, 175
Mundspalte 166
Mundspeicheldrüsen 171 f.
Mundspeicheldrüsen, große 171
Mundspeicheldrüsen, kleine 171
Mundvorhof 166
Musculi arrectores pilorum 323
– bulbi 397 f.
– gemelli 504
– intercostales 150, 357
– intercostales externi 495
– intercostales interni 495
– interossei 493
– interossei pedis 508
– interspinales 500
– intertransversarii 500
– linguae 173
– lumbricales 493, 508
– masticatores 179
– pectinati 85
– praevertebrales 515
– rotatores 500
– scaleni 495, 515
– spinales 500
– vocales 137, 139
Musculus 481
– abductor pollicis brevis 494
– – pollicis longus 494
– adductor longus, brevis 504
– – magnus 504
– – pollicis 494
– arrector pili 319
– biceps 479
– – brachii 453, 488, 489
– – femoris 502, 505
– bipennatus 479
– biventer 479
– brachialis 488
– brachioradialis 488
– buccinator 166, 509
– chondroglossus 173
– ciliaris 393
– coccygeus 357
– cremaster 498
– deltoideus 453, 486
– digastricus 511
– dilatator pupillae 412
– epicranius 509
– errector spinae 500
– extensor carpi radialis brevis 492
– – carpi radialis longus 492
– – carpi ulnaris 492
– – digiti minimi 492
– – digitorum 492
– – digitorum brevis 508
– – digitorum longus 508
– – hallucis longus 508
– – indicis 492
– – pollicis brevis 494
– – pollicis longus 494
– flexor carpi radialis 490
– – carpi ulnaris 490
– – digitorum brevis 508
– – digitorum longus 506
– – digitorum profundus 492
– – digitorum superficialis 492
– – hallucis longus 506
– – pollicis brevis 494
– – pollicis longus 494
– fusiformis 479
– gastrocnemius 505, 507
– genioglossus 173
– geniohyoideus 511
– glutaeus maximus 502
– – medius 504
– – minimus 504
– gracilis 504
– hyoglossus 173
– iliocostalis 500
– iliopsoas 501
– latissimus dorsi 486
– levator ani 266, 357
– – palpebrae superiores 397
– – scapulae 486
– longissimus 500
– longitudinalis superior, inferior 174
– longus capitis 515
– – colli 515
– masseter 179, 512
– mentalis 509
– mylohyoideus 171, 511
– nasalis 509
– obliquus externus abdominis 496
– – inferior 397
– – internus abdominis 496
– – superior 397
– obturatorius internus, externus 504
– omohyoideus 513
– opponens pollicis 494
– orbicularis oculi 397, 509
– – oris 509
– palatopharyngeus 175
– palmaris longus 490
– pectineus 504
– pectoralis major 485 f.
– pectoralis minor 484 f.
– peronaeus longus, brevis 506
– piriformis 504
– planus 479
– popliteus 505
– pronator quadratus 489
– – teres 489
– pterygoideus lateralis 179, 512
– – medialis 402, 512
– quadratus lumborum 496
– – plantae 508
– quadriceps 479
– – femoris 459, 501
– rectus 479
– – abdominis 496
– – capitis anterior 515
– – femoris 501
– – inferior 397
– – lateralis 397
– – medialis 397
– – superior 397
– rhomboideus 486
– risorius 509
– salpingopharyngeus 175
– sartorius 501, 505
– scalenus anterior 515
– – medius 515
– – posterior 515
– semimembranosus 502, 505
– semitendinosus 502, 505
– serratus anterior 484
– – posterior inferior 495
– – posterior superior 495

– soleus 507
– sphincter ani externus 213, 357
– – ani internus, externus 211
– –pylori 185, 186
– – vesicae 241
– splenius 500
– stapedius 402, 421
– sternocleidomastoideus 495, 513
– sternohyoideus 513
– sternothyreoideus 513
– styloglossus 173
– stylohyoideus 511
– stylopharyngeus 175
– subclavius 484
– supinator 489
– temporalis 512
– tensor fasciae latae 501
– – tympani 402, 421
– teres major 486
– thyreohyoideus 513
– tibialis anterior 508
– – posterior 506
– transversus abdominis 496
– – linguae 174
– trapezius 486
– triceps 479
– – brachii 489
– – surae 505, 506
– unipennatus 479
– vastus intermedius 502
– – lateralis 502
– – medialis 502
– verticalis linguae 174
– zygomaticus major, minor 509
Muskel, birnenförmiger 505
–, Energieumsatz 522 f.
–, halbmembranöser 503
Muskelarbeit 523
Muskelatrophie 525
Muskelatrophie, neurogene 525
Muskelatrophie, spinale 525
Muskelbälkchen 85
Muskelbestandteile 481 f.
Muskelbewegungen 16, 17, 19
Muskelbinde 46
Muskeldystrophie 59, 537
–, Duchenne 525, 537
–, Becker-Kiener 537
Muskelermüdung 523
Muskelfaser 481
Muskelfaserbündel 481
Muskelfaszie 48, 482
Muskelfibrillen 481
Muskelfilamente 481
Muskelformen 479 f.
–, doppelt gefiederter Muskel 480
–, einfach gefiederter Muskel 480
–, gerader Muskel 480
–, mehrköpfige Muskeln 481
–, platter Muskel 480
–, schräger Muskel 480
–, spindelförmiger Muskel 480
–, zweibäuchiger Muskel 480
–, zweiköpfige Muskeln 481
Muskelführung 440
Muskelgewebe 44 ff.
Muskelhautnerv 356
Muskelhernien 525
Muskelkontraktion 519 f.
–, elektromechanische Kopplung 519 f.
–, elementare Kontraktion 520
–, Erregungsübertragung auf den Muskel 519
–, Mechanismen 519 f.
Muskellehre, allgemeine 479 ff.
–, spezielle 484 ff.
Muskeln, Hilfseinrichtungen 483
–, Wirkungsweise 483 f.
Muskelphysiologie 518 ff.
Muskelpumpe 123
Muskelspindeln 371, 519
Muskelstränge 85
Muskelsystem 479 ff.
Muskulatur, Daumen 493 f.
–, Ellenbogengelenk 488 f.
–, Fingergelenke 492 f.
–, Fußgelenke u. Zehengelenke 505 ff.
–, glatte 44
–, Handgelenk 490 ff.
–, Hüftgelenk 500 ff.
–, Kniegelenk 505
–, Schultergelenk 486 f.
–, Schultergürtel 484 f.
Mutterband, breites 266
–, rundes 266
Muttermal 328
Myasthenia gravis 525, 537
Mydriasis 412
Myelencephalon 331, 341 f.
Myeloblasten 435, 476
Myelozyten 476
Myofibrillen 45, 46, 48, 481
Myofilamente 7, 481
Myoglobin 45, 46, 48
Myokard 85
Myoklonie 389
Myometrium 267
Myopie 417
Myosinfilamente 10, 46
Myxödem 311

N
Na-K-ATPase 89
Nachhirn 341f.
–, Medulla oblongata 341 f.
–, Oliven 341
Nachtblindheit 536
Nachtsehen 414
Naevus 328
Nägel 320
Nägelknabbern 374
Nagelmatrix 320
Nahakkommodation 412
Nasale 140
Nase 131
Nasenbein 468
Nasenhöhle 131 f., 472
Nasenhöhlenboden 131, 148
Nasenhöhlendach 131, 148
Nasenhöhlenwand, mediale 148
–, seitliche 132, 148
Nasenmuschel, untere 468
Nasenmuskel 511
Nasennebenhöhlen 132 f.
Nasenrachen 175
Nasenrachenraum 133, 148, 175
Nasus 131
Natriumfühler 245
Nebenhoden 250 f.
Nebenhodenkopf 250
Nebenhodenkörper 250
Nebenhodenschwanz 251
Nebennieren 289 f. , 302 ff.
–, Feinbau 290 f.
Nebennierenmark, NNM 291
Nebennierenrinde, NNR 290
Nebenschilddrüsen 289
Nebenzellen 187
Nerv, peripherer 53
Nervenfaser 52
Nervenfasern, postganglionäre 358
–, präganglionäre 357
Nervengewebe 50 ff.
Nervensystem 331 ff.
–, peripheres 351 ff.
–, vegetatives 357 ff.
–, zentrales 331 ff.
–, zerebrospinales 331 ff.
Nervenversorgung 111
Nervenzelle 50 f.
Nervi cervicales 354
– lumbales 354
– olfactorii 351 f., 408
– sacrales 354
– splanchnici pelvini 361
– thoracici 354, 357
Nervus abducens 352, 398
– accessorius 354
– coccygeus 354
– cutaneus antebrachii medialis 355
– cutaneus femoralis lateralis 356
– cutaneus medialis 355
– facialis 179, 353, 403
– femoralis 356
– fibularis 357
– glossopharyngeus 159, 354
– hypoglossus 179, 354
– ischiadicus 357
– mandibularis 179, 352
– maxillaris 352
– medianus 356
– musculocutaneus 355
– obturatorius 356
– oculomotorius 352, 398
– ophthalmicus 352
– opticus 352, 415
– phrenicus 146, 355
– pudendus 357, 361
– radialis 356
– splanchnicus major, minor 359
– tibialis 357
– trigeminus 352
– trochlearis 352, 398
– ulnaris 356
– vagus 87, 88, 146, 159 191, 199, 207, 209, 225, 268, 354
– vestibulocochlearis 354, 403
Netzschicht 315
Neurocranium 464
Neurofilamente 7
Neurogener Schock 130

Neurohormone 286, 293
Neurohypophyse 286
–, Feinbau 287
Neurokrinie 293
Neuron 50, 56
–, präganglionäres 357
Neurone, exspiratorische 160
–, inspiratorische 160
Neurotransmitter 519
Neurozyten 50
neutrophile Granulozyten 62, 67
Nexus 44
nichtgefensterte Kapillaren 99
Nidation 306
Niederdrucksystem 124
Niere 233 ff.
–, pH-Wert des Blutes 244
–, Wasser-Elektrolyt-Haushalt 244
Nierenäußeres 233 f.
Nierenbecken 239
Nierengewebe 234 f.
Nierenkörperchen 236 f.
Nierenlager 234
Nierenmark 235
Nierenphysiologie 242 ff.
Nierenrinde 235
Nissl-Substanz 51
Nll. cervicales profundi 178
Nll. gastrici 178
Nll. paratracheales 178
NNM-Hormone, Regulation 303
NNR-Hormone, Regulation 302 f.
Noradrenalin 64, 291, 367
–, Wirkung 304
Normoblast 62
Nozirezeptoren 325
Nuclei cochleares 423
– vestibulares 423
Nucleolus 8
Nucleus caudatus 335
– dentatus 341
– dorsomedialis 297
– emboliformis 341
– fastigii 341
– globosus 341
– infundibularis 297
– lentiformis 335
– paraventricularis 337
– ruber 338, 378
– solitarius 427
– supraopticus 337
– thoracicus 349
– ventromedialis 297
Nukleolus 10
Nukleolusorganisator 9
Nullipara 266
Nußgelenke 440
Nutritionsreflexe 372
Nymphen 270

O

Oberarmbein 448
Oberarmspeichenmuskel 489
obere Gekrösearterie 209
– Gekrösevene 207, 209
– Hohlvene 111
oberes Stockwerk 136
Oberflächenepithel 24 ff.
Oberflächensensibilität 409
Oberhaut 313 ff.
Oberkiefer 468
Oberschenkelbein 457 f.
Oberschenkelfaszie, Spanner 502
Oberschenkelmuskel, vierköpfiger 501 f.
–, zweiköpfiger 502
Oberschenkelnerv 356
Odontoblasten 169
Ohr, äußeres 400 f.
–, inneres 402 ff.
Ohrmuschel 400
Ohrspeicheldrüse 171
Ohrtrompete 402
Olekranon 450
Oligodendrozyten 55
Oligopeptid(e) 202, 293
Onychophagie 374
Oozyte 1. Ordnung 272
– 2. Ordnung 273
Optischer Apparat 411 f.
Ora serrata 394
Orbita 132, 399, 464, 469
Orchidopexie 282
Orchis 248 f.
Organ, gasaustauschendes 143 ff.
Organe, luftleitende 131 ff.
Orgasmusphase 258, 278
Orificium uteri externum 266
– uteri internum 266
Orthostase 123
Os alveolare 169
– capitatum 450
– coccygis 444
– coxae 454
– cuboideum 460
– ethmoidale 464, 472
– frontale 464
– hamatum 450
– hyoideum 135, 467
– ilium 454
– ischii 454
– lacrimale 467, 472
– lunatum 450
– nasale 467
– naviculare 460
– occipitale 464
– palatinum 174, 467
– parietale 464
– pisiforme 450
– pubis 454
– sacrum 444, 456
– scaphoideum 450
– sphecoidale 466
– sphenoidale 464, 466, 472
– temporale 464
– trapezium 450
– trapezoideum 450
– triquetrum 450
– zygomaticum 466, 467, 472
Osmoregulation 244
Osmose 18, 19
Ösophagus 133, 140, 144, 174, 176
Ösophagusengen 176, 183
Ösophagussphinkter 181
Ösophagusvarizen 129
Ossa brevia 433
– cuneiformia 460
– irregularia 433
– longa 433
– metacarpalia 450
– nasalia 131
– parietalia 467
– plana 433
– pneumatica 433
Ossicula auditus 401
Ossifikation, chondrale 435
–, desmale 435
–, enchondrale 435 f.
–, perichondrale 435
Osteoblasten 39, 435
Osteoid 435
Osteoklasten 39
Osteon 40, 42
Osteoporose 58, 477, 279
Osteosarkom 478
Osteozyten 39
Ostium abdominale 263
– atrio-ventriculare 85, 86
– urethrae externum 254
– vaginae 267
Östrogen(e) 274, 306
Oszillationen 531
Otosklerose 424
Ovar 261 f.
Ovarialzyklus 273 f.
Oxygenation 157
Oxyhämoglobin 157
Oxytozin 286, 287
Oxytozin-Hormonwirkung 296

P

Pachytän 15
Palatum 165
– durum 165
– –, molle 174
– osseum 131
Palmaraponeurose 493
Palmarflexion 492
Paneth-Körnerzellen 195, 196
Pankreas 216
Panniculus adiposus 316
Papilla duodeni major 216, 224
– duodeni minor 216
– mammae 317
– parotidea 166
– pili 319
– renalis 235
Papillae filiformes 172
– foliatae 172
– fungiformes 172
– linguales 172
– vallatae 172
Papillarmuskeln 85, 87
Papillarschicht 315
Papillome 58
Paradontium 169
Parakolpium 268
Parakortikalzone 114
Parakrinie 293
Parasympathikus 212, 361
–, kranialer Teil 361
–, sakraler Teil 361

Parathormon 289, 301 f., 475
Paries membranaceus 140
Pars abdominalis 176
- alveolaris 166
- ascendens 194, 208
- caeca 394
- cardiaca 176, 184
- centralis 343
- cervicalis 140, 346
- coccygea 346
- descendens 194, 208
- flaccida 401
- inferior 194
- lumbalis 346
- mediastinalis 144
- nasalis 464
- parasympathica 361
- petrosa 466
- pylorica 184, 186
- sacralis 346
- sigmoideum 208
- squamosa 466
- superior 194
- thoracica 140, 176, 346
- transversum 208
- tympanica 466
- uterina 263
- vertebralis 144
Partes orbitales 464
Partialdruck 155
Patella 459
Patellarsehne 502
Patellarsehnenreflex 372
Pathogenese 538
Paukenhöhle 401
Pavor nocturnus 374
PBI, protein-bound-iodine 300
Pedunculi cerebellaris medii 340
Pelvis renalis 235, 239
Pendelbewegungen 198
Penis 254 f.
Penisschwellkörper 254
Pepsinogene 192
Peptidasen 202
perichondrale Ossifikation 41, 42
Perichondrium 37, 435, 437
Perikard 82
Perimetrium 264, 267
Perimysium 46, 48
- externum 482
- internum 481
Perineurium 53, 56
Periode, postnatale 272
-, pränatale 272
Periorchium 249
Periost 41
periphere Neuroglia 55, 56
peripherer Nerv 53, 56
peristaltische Bewegungen 199, 212, 215
Peritenon 483
Peritoneum parietale 196
- viscerale 186, 195, 196, 207, 210, 222, 225
Perizyten 112
Perspiratio insensibilis 321
- sensibilis 321
Peyersche Plaques 197, 204
Pfeilnaht 467
Pferdeschweif 347
Pflugscharbein 468
Pfortader 107, 116, 198, 207, 217, 198
Pfortaderkreislauf 109
Phagolysomen 17
Phagozytose 17
Phagozytoseeigenschaften 16
Phagozytosemechanismus 72
Phalangen 451
Phalanx proximalis, media, distalis 451
Pharynx 133, 174
Philtrum 166
Phon 420
Phonation 135, 139
Phospholipid 3
Phospholipidfilm 148
Photorezeptoren 415
Physiologie von Mundhöhle, Rachen und Speiseröhre 178 ff.
-, männliches Geschlechtssystem 255 ff.
-, weibliches Geschlechtssystem 271 ff.
Pia mater 342
Pigment, anthrakotisches 148
Pigmente 9
Pilzpapillen 173
Pinealozyten 288
Pinozytose 17
Pinselarterien 116
Pituizyten 287
Plantarflexion 505
Plasmaeiweiße 64 f.
Plasmaelektrolyte 66
Plasmaströmungen 16, 19
Plasmodien 481
Plateauphase 258, 278
Plattenepithel 24 f.
Platysma 513
Plazenta 221
Pleura 143 f.
- costalis 143
- diaphragmatica 143
- mediastinalis 143
- parietalis 143
- visceralis 143
Pleuradruck 152
Pleuraduplikatur 143
Pleurahöhle 143
Pleurakuppel 143
Pleuraspalt 143, 149
Plexus aorticus 359
- aorticus abdominalis 359
- brachialis 355
- cervicalis 355
- coccygeus 355
- coeliacus 359
- hypogastricus 253
- - inferior 253, 255
- lumbalis 255, 271, 355
- myentericus 181
- oesophageus 178
- ovaricus 268
- pampiniformis 251, 253
- pancreaticus 217
- pelvinus 253, 255, 359
- prostaticus 253
- rectalis 211
- renalis 239
- sacralis 255, 271, 355
- solaris 359
- testicularis 253
- uterovaginalis 268, 269
- venosus 269
- - uterinus 268, 269
- - vaginalis 269, 271
Plica sublingualis 171
Plicae circulares 216
- palatinae transversae 174
- palmatae 267
- semilunares coli 206
- transversae 211
- vestibulares 136
- vocales 136
Pneumocystis-carinii-Pneumonie (PcP) 164
Pneumozyten 147
Pollicis 451, 461
Polkörperchen 14
Pollex 493
Polypeptid 293
Porta hepatis 222
Portio supravaginalis 266
- vaginalis uteri 266
Porus acusticus internus 403, 471
Postmenopause 278
postsynaptische Membran 54
Potentia coeundi 306
- generandi 306
Praeputium 254
präkapilläre Sphinktergefäße 98
Prämenopause 278
Pränatale Diagnostik 20
Präputium 270
präsynaptische Membran 54
Prävention 538
Presbyakusis 424
Presbyopie 417
Primärbündel 481
primäre Hämostase 68
Primärfollikel 272, 262, 292
Primärharn 242
Primordialfollikel 262, 271, 272, 292
Processus alveolaris 166, 468
- articulares 442
- condylaris 468
- coracoideus 447, 453
- coronoideus 468
- frontales maxillae 131
- frontalis 468, 472
- mastoideus 466
- maxillaris 468
- muscularis 135
- palatini 174
- palatinus 468
- pterygoidei 466
- spinosus 443
- styloideus 449, 450
- temporalis 468
- transversus 442
- vocalis 135
- xiphoideus 445
- zygomaticus 466, 468
Proerythroblast 62

Proerythroblasten 476
Profibrinolysin 70
Progesteron 274, 292
Prolaktin 287
Prolaktin, PRL 299
Proliferationsphase 275
Promegakaryozyten 477
Prominentia laryngea 135
Promontorium 401, 456
Promyelozyten 476
Pronation 464, 505
Prophase 12, 14
Prosekrete 5
Prosekretgranula 317
Prostaglandine 294
Prostata 252
Proteine 293
Pseudopodien 16
pseudounipolare Nervenzellen 50, 56
Pubarche 277
Pubertas praecox 300
Pubertät, männliche 257 f.
–, weibliche 277 f.
Pubes 319
Pufferschutzhülle 321
Pulmo 143
Pulmonalklappe 85, 88
Pulpa dentis 169
Pulpaarterie 116
Pulpastränge 115
Pulpavenen 116
Pulswelle 121
Punctum lacrimale 397
Pupillenreaktion 412
Purkinje-Fasern 87, 88
Purkinjezellen 340
Pylorus 190, 194
– ventriculi 184
Pylorusdrüsen 188
Pyramidenbahn 338, 350

Q

Querbrücken 46
Querstreifung 46
QRS-Komplex 36
QT-Dauer 36

R

Rachen 133 ff., 174 ff., 183
Rachenmuskulatur 175
Rachenraum 174 f.
Radialabduktion 492
Radiatio optica 415
Radioulnargelenk, proximales 453
Radius 449
Radiusperiostreflex 372
Radix anterior 347
– dentis 168
– dorsalis 347
– linguae 172
– mesenterii 196
– nasi 131
– pili 319
– pulmonis 144
– unguis 320
Rami bronchiales 104
– dorsales 355
– interganglionares 358
– mandibulae 468
– mediastinales 104
– meningei 355
– oesophagei 104, 178
– pericardiaci 104
– ventrales 355
Ramus circumflexus 84
– communicans albus 357
– communicans albus, griseus 355
– communicans griseus 358
– inferior 456
– interventricularis anterior 84
– ossis ischii 455
– superior 456
– tubarius 268
Ranvier'sche Schnürringe 52
Raphe mylohyoidea 171
– pharyngis 175
Rathke-Tasche 286
Rautenmuskel 486
Reaktionsablauf, sexueller, männlicher 258
–, sexueller, weiblicher 278
Recessus piriformis 135, 175
rechte Kammer 85
rechter Hauptlymphstamm 113, 118
rechter Vorhof 85
Rectum 209
Reduplikation, identische 13
Reflex, bedingter 373
Reflexe 370 ff.
– angeborene 371 ff.
–, erworbene 373 ff.
–, vegetative 372
Reflux 181, 230
Refluxösophagitis 181
Regenwurmmuskeln 493, 509
Regio olfactoria 132, 428
– respiratoria 132, 133
Regulation des Gesamtkreislaufs 125 ff.
Regulation, medizinische Diagnostik 533
Regulationsbegriff 533
Regulationsmechanismen 125 f.
–, kurzfristige 125
–, langfristige 126
–, mittelfristige 125 f.
Regulationsstörungen 536 f.
Regulationssysteme, hierarchischer Aufbau 535
Reibelaute 140
Reifeteilung, erste 14
Reissner-Membran 406
Rekurrensparese 163
Releasing-Hormone 286
Ren 233
Renin 302
Renin-Angiotensin-System 126, 127
Renshaw-Zellen 372
Reservevolumen 151 f. 161
–, exspiratorisches 151, 161
– inspiratorisches 151, 161
Residualkapazität, funktionelle 152, 161
Residualvolumen 161
Resorption von Eiweißen 202
Resorption 201 ff.
– von Fetten 201
– von Kohlenhydraten 201
– von Wasser, Elektrolyten 202 f.
Rete testis 249, 250, 257
retikuläres Bindegewebe 33, 42, 117
Retikulozyt 62
Retikulozyten 476
Retikulum, endoplasmatisches 4
–, glattes 4, 10
–, rauhes 4, 10
–, sarkoplasmatisches 45, 48
Retikulumzellen 117
Retina 394
Retinaculae cutis 316
Retinaculum extensorum 490
– flexorum 490
Retinal 413
Retroflexio uteri 283
retroperitoneal 208
Retroperitonealraum 195, 233
Retroversion 461
Retzius-Raum 240
reversibles Wachstum 16, 19
Rezeptorlokalisation, Zielzellen 294 f.
Rhesus-System 77 f.
Rhodopsin 413
Rhythmus, zirkadianer 531
Ribonukleinsäure, RNS 6
Riechbahn, Verlauf 428 f.
Riechepithel 408
Riechhirn 428
Riechnerven 351
Rigor mortis 520
Rima glottidis 136
– oris 166
Rindentaubheit 423
Rindenzone, Ovar 262 f.
Ringknorpel 135
Ringknorpelenge 177
Ringmuskel des Auges 509
– des Mundes 509
Rippenatmung 151
Rippenfell 143
Roller-Kern 426
Rollnerv 351
Rotation 461
rote Blutkörperchen 61
rote Pulpa 115
Rückbildungsphase 258, 278
Rückenmark 346 ff.
–, innerer Aufbau 347 ff.
–, weiße Substanz 348 ff.
Rückenmarknerven 354 ff.
Rückenmuskel, breiter 487
Rückenmuskulatur 498 ff.
–, eigentliche 500
Rückenstrecker 500
Rückwärtshemmung 370
Ruffini-Körperchen 323
Ruffini-Körperchen 409
Rugae vaginales 268
Ruhemembranpotential 519
Ruhepotential 97
–, Bildung 89
Rundmuskel, großer 487

S
Saccharasen 201
Saccharidasen 219
Saccharose 201
Sacculi alveolares 142
Sacculus 404
Saccus endolymphaticus 405
Säckchen 405
Sägemuskel, hinterer unterer 496
–, vorderer 484
Saliva 171
Salzsäure 192
Samenbläschen 252
Samenleiter 251
Samenstrang 251
Samenzellen 249
Sammellinsen 417
Sammelrohre 239
Sanogenese 538
Sarkolemm 45, 48
Sarkomeren 481
Sarkoplasma 45, 48
Sarkosomen 45, 48
Sarx 48
Sattelgelenke 440
Sauerstoff-Bindungskapazität 157
Sauerstofftransport 157
Saumzellen 200, 210
Säureschutzmantel 317
Scapulae 447
Scapus pili 319
Schädel 464 ff.
Schädelbasis, äußere 472
–, innere 469 ff.
Schädelgrube, hintere 471
–, mittlere 470
–, vordere 470
Schädelhaubenmuskel 511
Schallantransport 421
Schalldruck 418
Schalldruckpegel 419
Schallfrequenz 419
Schallintensität 419
Schallreiz 418 f.
–, physikalische Eigenschaften 418 f.
–, physiologische Eigenschaften 419 f.
Schalltransformation 423
Schallverteilung 421 f.
Schambein 456
Schamlippen 269
–, große 269
–, kleine 269
Schamnerv 357
Schaukeln, rhythmisches 374
Scheide 267 f.
Scheidenvorhof 270
Scheitelbein 466
Schenkelanzieher, großer 504
–, langer u. kurzer 504
Schielen 417
Schienbein 459
Schienbeinmuskel, hinterer 507
–, vorderer 508
Schild-Zungenbein-Muskel 515
Schilddrüse 288 f., 300 f.
–, Feinbau 289
–, Hormonregulation 300
Schilddrüsenadenome 537
Schilddrüsenfollikel 289
Schildknorpel 135
Schlaf 380 ff.
–, non-REM 381
–, orthodoxer 380 f.
–, paradoxer 381
–, REM 381
– und Traum 381 f.
Schlaf-Wach-Rhythmen 300, 532
Schläfenbein 466
Schläfenmuskel 512
Schlankmuskel 504
Schläuchlein 405
Schleim 192
Schleimbeutel 438, 483
Schleimhaut 140
Schlemm-Kanal 393
Schluckakt 180 f.
Schluckapnoe 181
Schluckphasen 183
Schluckreflex 183
Schlundheber 175
Schlundschnürer 175
Schlüsselbein 447
Schmerzrezeptoren 325
Schnappatmung 536
Schnecke, knöcherne 403 f.
Schneckengang, häutiger 405 f.
Schneidebewegung 179
Schneidermuskel 502
Schneidezähne 168
Schöpfeimer 207, 214
Schulter-Zungenbein-Muskel 515
Schulterblatt 447
Schulterblattheber 486
Schultergelenk 452 f.
Schultergürtel 446 f.
Schutzhülle 320 f.
Schutzreflexe 372
Schwalbe-Kern 426
Schwammniere 282
Schwann-Zellen 52, 55, 324
Schweißdrüsen 317
Schweißsekretion 322
Schwurhand 356
Sclera 391
Scrotum 253 f.
Sebarche 328
Seborrhoe 328
Second messenger 295
Seelentaubheit 423
Segmentationen 212, 215
Segmentationsbewegungen 198
Segmentbronchien 141
Sehbahn, Verlauf 415 f.
Sehen 414
–, mesoptisches 414
–, photopisches 414
–, skotopisches 414
Sehnen 483
Sehnenfäden 85, 88
Sehnenorgane 371 f.
Sehnenscheiden 483
Sehnenzellen 483
Sehnerv 351, 416
Sehnervenkreuzung 416
Sehorgan 391 ff.
– Schutz- und Hilfsorgane 396 ff.
Sehstrahlung 416
Sehstrang 416
Sehzentrum 416
Seitensäule 348
Sekretabgabemodus, Drüsen 29
Sekretin 190, 212, 218, 227
Sekretionsphase 275
Sekretiosrichtung, Drüsen 27
Sekretzusammensetzung, Drüsen 30
Sekundärbündel 482
sekundäre Hämostase 68
Sekundärfollikel 262, 272, 292
Selbstregulatrion, Stress 533 f.
Selbststeuerung der Atmung 158 f.
Sella turcica 132, 286, 466
Sensorik 376 ff.
–, spezifisches sensorisches System 376
–, unspezifisches sensorisches System 377
Septula testis 249, 250
Septum interatriale 85
– interventriculare 83
– linguae 173
– nasi 131
– pellucidum 344
– rectovaginale 210
– rectovesicale 210
sero-muköse Drüsen 30, 31
Serosa 195, 198
seröse Drüsen 30, 31
Serotonin 64, 68, 200, 325, 367
Sertoli-Zellen 249, 256, 257
Serum 67
Sexualdifferenzierung 255 f., 271 f.
Sexualzentren 271
Sharpey-Fasern 170, 483
Sharpey'sche Fasern 434
Shrapnell'sche Membran 401
Siebbein 464
Siebbeinhöhle 132
Siebbeinzellen 132
Sinnesorgane, Physiologie 411 ff.
Sinnessystem 391 ff.
Sinus cavernosus 286
– durae matris 346
– ethmoidale 132
– frontalis 132, 464
– lactiferi 317
– maxillaris 132, 468
– renalis 234, 239
– sphenoidale 132
– sphenoidales 466
Sinusknoten 87, 88
Sinusoide 99, 223
Sitzbein 455
Sitzbeinhöcker 455
Skelettmuskulatur 45 f.
Skleren 231
Smegma clitoridis 270
Sohlenviereckmuskel 509
Sol-Gel-Zustand 16
solitäre Lymphfollikel 207
Solitärfollikel 197, 204
Somatostatin 190, 217, 218, 292, 305
somatotropes Hormon, STH 287, 298

Sondergefäße 100 f.
Sonnentage 529
Spannapparat 139
Spatium parapharyngeum 175
– retropharyngeum 176
Speiche 449
Speichel, Speichelsekretion 179 f.
Speichennerv 356
Speicherfett 34
Speichergefäße 123, 127
Speiseröhre 176 ff., 183
–, Abschnitte 176
–, Engen 176 f.
–, Gefäße u. Nerven 178
–, Wandaufbau 177
Spermatiden 257
Spermatogenese 256 f.
Spermatogonien 256
Spermatozyten 1. Ordnung 256
– 2. Ordnung 256
Spermien 249
Spermiogenese 257
spezifische Herzmuskelzellen 45, 48
Spina iliaca anterior superior 454
– iliaca posterior superior 454
– ischiadica 455
Spindelapparat 7, 12,
Splen 115
Sprachleistungen, assoziative 383
–, expressive 383
–, rezeptive 383
Sprachstörungen, zentrale 388
Sprungbein 460
Sprunggelenk, oberes 464
–, unteres 464
Squama frontalis 464, 467
– occipitalis 467
Stachelzellschicht 314
Stammfettsucht 310
Stammzelle, pluripotente 477
Stapes 401
Star, grauer 432
–, grüner 432
Steady state 535
Steigbügel 402
Steißgeflecht 357
Stellapparat 138
Stellknorpel 135
Stellreflexe 379
Sterangerüst 294
Sterkobilin 228
Sterkobilinogen 227
Sternalpunktion 446
Sterntag 529
Sternum 143
Sternzellen 340
Stimmbildung, Phonation 139
Stimmbruch 258
Stirnbein 464
Stirnhöhle 132
Stoffaufnahme, Zelle 17 f.
Stoffwechselfunktion, Haut 322
Strabismus 399, 417
– convergens 417
– divergens 417
straffes Bindegewebe 35
Stratum basale 313
– circulare 177, 186, 198
– corneum 313
– ganglionare nervi optici 394
– ganglionare retinae 394
– germinativum 315
– granulosum 313, 340
– longitudinale 177, 186, 198
– lucidum 313
– moleculare 340
– neuroepitheliale 394
– papillare 315
– pigmenti 394
– reticulare 315
– spinosum 313
Stria vascularis 406
Strichsichtigkeit 417
Stroma ovarii 262
Stromgebiet 345 f.
– der inneren Kopfschlagader 345 f.
– der Wirbelschlagader 346
Strömungsgesetz, Widerstandsgesetz 119 f.
Strömungswiderstände 153
Stützgewebe 36 ff.
Substantia alba 347
– compacta 434, 441
– grisea 347
– nigra 338
– reticularis tegmenti 338
– spongiosa 434, 441, 476
Sulci 332
Sulcus calcarinus 416
– centralis 332
– cerebri lateralis 332
– coronarius 83
– costae 445
– dorsalis penis 254
– interventricularis anterior 83
– – posterior 83
– lateralis anterior 347
– – posterior 347
– medianus posterior 347
– nervi radialis 448
– – ulnaris 448
– parieto-occipitalis 332
– urethralis 254
Supercilia 319
Supination 464, 505
Suppressorzellen 73
Surfactant 148
Sutura coronalis 467
– lambdoidea 467
– sagittalis 467
Suturae 467
Sylvi-Furche 332, 346
Sympathikus 87 f., 199, 207, 209, 212, 225, 357 ff.
–, Bauchteil 359
–, Beckenteil 359 f.
–, Brustteil 359
–, Halsteil 358
Synapse 54 f., 519
Synapsenspalt 54
Synergisten 483
Synovia 438, 483
Synthesephase 13
Synzytium 45
Syringomyelie 536
System, extrapyramidales 338
Systole 92
systolischer Blutdruck 124

T

T-Lymphozyten 64
Tabatiere 494
Taenia coli 206
Taenia libera 206
Tageslichtsehen 414
Talgdrüsen 316 f.
Talus 460
Tastorgane 409
Tegmentum 338
– pontis 340
Teile des Zahnes 168 f.
Teilungsebene 14
Tektorialmembran 423
Tela submucosa 177, 186, 195, 196, 207, 209, 210
Telencephalon 331
Telophase 12, 15
Tendines 483
Tendovaginitis 483
Tentorium cerebelli 340, 343
Tertiärfollikel 263, 273, 292
Testis 248 f.
Testosteron 292, 306
Tetaniestar 432
Thalamus, medialer 377 f.
Theca externa 263
– folliculi 262, 272, 274
– interna 263
Theka-Luteinzellen 292
Thelarche 277
Thenar 493
Thermorezeptoren 324 f.
Thorax 445 f.
Thrombopoese 477
Thromboxan A2 68
Thromboxane 294
Thrombozyten 64, 67
Thrombozytenadhäsion 68
Thrombozytenaggregation 68
Thymosin, Thymopoietin 117
Thymozyten 117
Thymus 117
Thymusfettkörper 117
Thymuslappen 117
Thymusmark 117
Thymusrinde 117
thyroideastimulierendes Hormon, TSH 287, 299
Thyroxin 289, 301
Tibia 459
Tiefensensibilität 349, 409
Tochterchromosomen 12
Tonofilamente 7
Tonsilla lingualis 133, 175
– palatina 165, 174
– pharyngea 133, 175
– tubaria 133
Tonsillae palatinae 133, 175
Tonus 189
Totalkapazität 152, 161
Totraumbelüftung 154 f.

Trabekel 85, 113, 115
Trachea 133, 140
Tractus olfactorius 428
– opticus 415
Tragi 319
Tränenapparat 397
Tränenbein 468
Tränendrüse 397
Tränenwege, ableitende 397
Transferrin 203
Transmitter 54
Transportgefäße 112
Transversus 138
Treppenmuskeln 496, 515
Trigonum vesicae 241
Trijodthyronin 289, 301
Trikuspidalklappe 88
Trizepsreflex 372
Trochanter major, minor 458
Trochlea humeri 448, 449
– tali 460
Trommelfell 401
Tropomyosin 90
Troponin 90
Truncus brachiocephalicus 102
Truncus coeliacus 104, 105, 196, 217
– intestinalis 113
– lumbalis dexter 113
– lumbalis sinister 113
– pulmonalis 82, 85
– sympathicus 146, 358
– vagalis anterior, posterior 189
Trypsin 202
Trypsinogen 219
Tuba auditiva 37, 133, 175, 401
– uterina 263 f.
Tuben, zyklische Veränderungen 275
Tuber ischiadicum 455
Tuberculum costae 445
– majus, minus 448
Tuberositas 459
– radii 449
Tubuli seminiferi 256, 292
– – contorti 249
tubulöse Drüsenendstücke 27, 31
Tumoren des Epithelgewebes 58
Tunica adventitia 140, 141, 177, 195
– albuginea 249, 250, 254, 255, 258, 262
– dartos 253
– externa 98
– fibrocartilaginea 140
– fibrosa 391
– intima 98
– media 98
– mucosa 140, 165, 174, 177, 185, 186, 195, 196, 207, 209, 210, 225
– mucosae linguae 172
– muscularis 186, 195, 196, 207, 209, 210, 225
– nervosa 391
– serosa 177
– vasculosa 391
Tunnelproteine 3
–, Transport 17
Türkensattel 132, 286
Tyrosin 300
Tyson-Drüsen 255

U
Übergangsepithel 25
Überleitungsstück 237
Ulcus ventriculi 230
Ulnarabduktion 492
Ultrafiltrat 242
Umlaufzeit, siderische 529
–, synodische 529
Ungues 320
unipolare Ableitung 97
– Nervenzellen 50, 56
untere Hohlvene 111, 211, 225
unteres Stockwerk 136
Unterhaut 316
Unterkiefer 468
Unterkiefer-Zungenbein-Muskel 512
Unterkieferspeicheldrüse 171
Unterschlüsselbeinmuskel 484
Unterzungenspeicheldrüse 171
Ureter 235, 239, 240
Urethra 241 f.
– feminina 241
– masculina 241
Urkeimzellen 255
Urobilin 228
Urobilinogen 227
Uterus 264 ff.
Utriculus 404
Uvula 174

V
Vagina 241, 267 f.
– fibrosa 483
– synovialis 483
–, zyklische Veränderungen 275 f.
Vaginae synoviales tendines 483
– tendineae 490
Vallum unguis 320
Valva aortae 87
– bicuspidalis 86
– tricuspidalis 85
– trunci pulmonalis 85
Vasa privata 101, 146
– publica 101
Vasodilatation 98
Vasokonstriktion 98
Vasopressin 243, 286, 287
Vasopressin-Hormonwirkung 296 f.
Vater-Pacini-Körperchen 324, 409
Vellushaare 318
Velum palatinum 133, 174, 175
Vena axillaris 108
– azygos 106
– basilica 108
– brachialis 108
– brachiocephalica 106, 107
– cava inferior 82, 85, 106, 107, 195, 217, 223, 239, 253, 268
– – superior 82, 85, 106, 107, 346
– cephalica 108
– cordis magna 84
– – parva 84
– cystica 225
– Ebner-Drüsen 173, 180
– facialis 106
– femoralis 106, 108, 225
– hemiazygos 107
– hemiazygos accessoria 107
– iliaca communis 106, 107
– – communis dextra 107
– – externa 106, 107
– – interna 107, 269
– jugularis interna 107
– – interna sinistra 106
– labyrinthi 403
– lienalis 217
– lumbalis 107
– mediana cubiti 106, 108
– mesenterica superior 217
– ovarica 107, 268
– poplitea 108
– portae 106, 217, 222
– renalis 234, 239
– – dextra 107
– – sinistra 253, 268
– saphena magna 255
– – parva 108
– subclavia 106
– – sinistra 106, 107
– – dextra 107
– suprarenalis sinistra 107
– testicularis 107, 253
– umbilicalis 109
– uterina 269
Venae brachiales 106
– cordae minimae 84
– cordis 84
– hepaticae 106, 107
– jugularis interna 106, 346
– lumbales 107
– oesophageae 178
– phrenicae inferiores 107
– pulmonales 82, 86
– renales, suprarenales 106
– tibiales anteriores 106
Venen 99 f.
– als Speichergefäße 123
– des Körperkreislaufes 106 ff.
Venendruck 123
Venenklappen 99
Venolen 99
venöser Rückstrom 127
Ventilation 150
–, alveoläre 155, 161
Ventilebenenmechanismus 123
Ventriculi cerebri 343 f.
Ventriculus 184
– dexter 83, 85
– laryngis 136
– laterales 343
– quartus 343
– sinister 83
– tertius 343
Verbindungsstück 237
Verdauungssystem 165 ff.
Vermis 340
Vertebrae sacrales 440
– cervicales 440
– coccygeae 440
– lumbales 440
– thoracicae 440
Vesica fellea 221, 223, 226
– urinaria 240 f.
Vesiculae seminales 252

Vestibulum 402
– laryngis 136
– nasi 131
– oris 165, 166
– vaginae 241, 267, 269
Vibrationsrezeptoren 324
Vibrissae 131, 319
Vicq-d'Azyr-Streifen 416
Vieleckbein, großes 450
–, kleines 450
Villi 195, 196
Villikinin 200
Viscera 143
Viscerocranium 464, 467 ff.
Vitalkapazität 152, 161
Vitamin-D_3-Hormon 475
Vokalis 138
Volkmann-Kanäle 434
Vollmondgesicht 310
Volumenpuls 120
Volumenregulation 245
Volvolus 230
Vomer 132, 467
Vordersäule 347
Vorderseitenstrang 377
Vorderseitenstrangsystem 348 f.
Vorhof 403
–, linker 86
–, rechter 85
Vorhof-Kammerknoten 87, 88
Vorhofsäckchen, Arbeitsweise 425
Vorhofsystole 93
Vormahlzähne 168
Vorschubperistaltik 213
Vorsteherdrüse 252
Vorwärtshemmung 370
Vulva 270

W
Wachen und Schlafen 380 ff.
Wachstum 15, 19
–, Zelle 15 f.
Wachstumsphase 13
Wachstumsschub, männlicher 257
–, weiblicher 277
Wackelgelenke 455
Wadenbein 460
Wadenbeinmuskel, langer u. kurzer 506 f.
Wadenmuskel, dreiköpfiger 507
Wallpapillen 173
Walzengelenke 440
wandständiges Blatt 143
Wangenmuskel 511
Wangenspeicheldrüsen 171
Wärmeregulation, Haut 322 f.
Warmrezeptoren 325
Wasserresorption 202
weiße Blutkörperchen 62
weiße Pulpa 115
Weitsichtigkeit 417
Welsh-Zellen, oxiphile 289
Weltgesundheitsorganisation, WHO 539
Wernicke-Aphasie 388
Wernicke-Sprachregion 382
Wernicke-Zentrum 334
Wharton'sche Sulze 33
Widerstände, elastische 153
Widerstandgesetz 119, 127
Wirbelbogen 441
Wirbelfortsätze 442
Wirbelkörper 441
Wirbelloch 442
Wirbelsäule 440 ff.
–, Bandapparat 443
–, Brustwirbelsäule 444
–, Gelenke 443
–, Halswirbelsäule 443 f.
–, Kreuzbein 444
–, Lendenwirbelsäule 444
–, Steißbein 444
–, Wirbel 440 ff.
Wolff-Gänge 256, 271
Wollhaare 318
Wundstar 432
Würfelbein 461
Wurmfortsatz 206
Wurzelhaut 170

Z
Zahnbein 169
Zähne 166 ff.
Zahngewebe 169, 182
Zahngruppen u. Einzelzähne 167 f.
Zahnhals 168
Zahnhalteapparat 169 f.
Zahnhöhle 169
Zahnkrone 168
Zahnmark 169
Zahnschmelz 169
Zahnwurzel 168
Zahnzement 169, 170
Zapfen und Stäbchen 416
Zehenbeuger, kurzer 508
–, langer 508
Zehenknochen 461
Zehenstrecker, kurzer 508
–, langer 508
Zeigefingerstrecker 493
Zeitverhalten 531
– und Chronobiologie 529 ff.
Zeitwahrnehmung 531
Zelle 1, 10
Zelle, Grundbauplan 2 ff.
Zellen, phäochrome 291
Zellenlehre 1 ff.
Zellkern 8 f.
Zellmembran 3
Zellphysiologie 12 ff.
zellreiches Bindegewebe 33, 42
zelluläre Immunreaktion 73
Zellwachstum 15
zentrale Neuroglia 55, 56
Zentralnervensystem, Physiologie 364 ff.
Zentriol 7, 10
Zentroplasma 7
Zentrosom 7
Zerstreuungslinsen 417
Zervix, zyklische Veränderungen 275
Zervixschleim 267
Zielmotorik 379 f.
Zirbeldrüse 288, 300
ZNS 364 ff.
–, Bildung des Aktionspotentials 365
–, Bildung des Ruhemembranpotentials 364
–, elektrophysiologische Grundlagen 364 ff.
–, integrative Leistungen 380 ff.
–, postsynaptische Prozesse 367 f.
–, synaptische Erregungsübertragung 367
Zona cutanea 210
– fasciculata 290
– glomerulosa 290
– hämorrhoidalis 210
– intermedia 210
– pellucida 262, 272
– radiata 273
– reticularis 290
Zonulafasern 396
Zotten 195, 196, 204
Zottenbewegungen 199
Zuckerstar 432
Zugalopezien 329
Zunge 172 ff.
Zungenbein 469
Zungenmuskelnerv 351
Zungenmuskulatur 173 f.
Zungenpapillen 182
Zungenschleimhaut 172 f.
Zungenschlundnerv 351
Zungenspitzenspeicheldrüsen 171
Zwerchfell 495
Zwerchfellatmung 150 f.
Zwerchfellenge 177
Zwerchfellfläche 221
Zwerchfellnerv 355
Zwergwuchs, hypophysärer 310
Zwickel 223
Zwillingsmuskel 505
Zwillingswadenmuskel 505
Zwischenhirn 337 f.
–, Hypothalamus 337 f.
–, Thalamus 337
Zwischenknochenmuskeln 493, 509
Zwischenrippenmuskeln, äußere 495
–, innere 495
Zwischenwirbelscheiben 443
Zwischenzone 210
Zwölffingerdarm 194 ff.
–, Abschnitte 194 f.
–, Gefäße u. Nerven 196
–, Wandaufbau 195 f.
Zyanose 166
Zygotän 15
Zyklen, anovulatorische 279
Zylinderepithel 25
Zystennieren 282
Zytokinese 12
Zytologie 1, 10
Zytoplasma 2
Zytoskelett 7